中 国 古 生 物 志

总号第 199 册　新乙种第 36 号

中国科学院　南京地质古生物研究所　编辑
　　　　　　古脊椎动物与古人类研究所

鄂尔多斯地台西缘及南缘寒武纪地层及三叶虫动物群

袁金良　张文堂　朱兆玲　著

（中国科学院南京地质古生物研究所）

中华人民共和国科学技术部基础性工作专项（2006FY120400）资助

科 学 出 版 社

北 京

内 容 简 介

鄂尔多斯地台属于华北地台的西区，寒武系第三统徐庄阶的非球接子类三叶虫十分繁盛，在世界寒武纪三叶虫动物群中实属少见，是研究寒武纪三叶虫，特别是研究褶颊虫类三叶虫的起源、演化和灭绝必不可少的重要资料。本书详细记载内蒙古自治区乌海市岗德尔山东山口等 7 条地层剖面，系统描述三叶虫 5 目、30 科、129 属（亚属）、267 种、4 未定种，其中有 17 新属、1 新亚属、98 新种。鄂尔多斯地台西缘及南缘寒武系第三统（毛庄阶、徐庄阶和长清阶）可分为 16 个三叶虫化石带。此外，作者还对叉尾虫科、双岛虫科、杷榔虫科、野营虫科、劳伦斯虫科、武安虫科、原附栉虫科、贺兰山虫科、德氏虫科、无肩虫科、光壳虫科和古油栉虫科三叶虫的分类位置、属与属之间的演化关系进行了初步探讨。鄂尔多斯地台西缘及南缘寒武纪地层及三叶虫动物群的研究，对于正确认识地台区寒武纪地层、三叶虫动物群的演化和古生物地理分区具有重要意义。本书共附图版 98 幅，插图 1 幅，表 2 张。

本书可供生产、科研和教学单位的地质、地层古生物工作者以及三叶虫收藏爱好者参考。

图书在版编目（CIP）数据

中国古生物志. 新乙种第 36 号（总号第 199 册）：鄂尔多斯地台西缘及南缘寒武纪地层及三叶虫动物群/袁金良，张文堂，朱兆玲著. —北京：科学出版社，2016.11

ISBN 978-7-03-050419-7

Ⅰ. ①中…　Ⅱ. ①袁…②张…③朱…　Ⅲ. ①古生物-中国②寒武纪-三叶虫纲-动物区系-鄂尔多斯市　Ⅳ. ①Q911.72

中国版本图书馆 CIP 数据核字（2016）第 262733 号

责任编辑：孟美岑　胡晓春/责任校对：何艳萍
责任印制：肖　兴/封面设计：黄华斌

科 学 出 版 社 出版

北京东黄城根北街 16 号
邮政编码：100717
http://www.sciencep.com

中 国 科 学 院 印 刷 厂 印刷

科学出版社发行　各地新华书店经销

＊

2016 年 11 月第 一 版　开本：A4（880×1230）
2016 年 11 月第一次印刷　印张：34 1/4　插页：50
字数：1 130 000

定价：278.00 元

《中国古生物志》编辑委员会

主编

周志炎　张弥曼

委员

吴新智　沙金庚　王元青　张元动

编辑

胡晓春　常美丽

《中国古生物志》新乙种出版品目录

目　录

一、绪　言

为了研究华北地台南部边缘地区寒武纪地层底部磷矿的时代及其分布以及寒武系-前寒武系的分界，1976 年 8 月至 9 月卢衍豪、袁克兴及袁金良在宁夏贺兰山苏峪口及山西南部中条山观察寒武系底部磷矿地层。同年 9—10 月张文堂、林焕令、伍鸿基、袁金良（张文堂等，1980b）在山西中条山芮城水峪磷矿地区详细研究寒武系底部地层，并测量该地区的寒武系剖面。1977 年 4 月，张文堂、朱兆玲、袁克兴、林焕令、钱逸、伍鸿基、袁金良等沿华北地台南缘由东向西在安徽淮南孔家集孔家院子、凤台、霍丘马店，河南临汝罗圈、鲁山辛集、灵宝朱阳及陕西洛南石门、灵口黄坪等地，观察寒武系磷矿地层及晚前寒武纪地层（张文堂等，1979b，1980c）。1977 年 5 月张文堂、黄弟凡、刘文斌等，对陕西礼泉泾河口惠渠及唐王陵一带寒武纪及前寒武纪地层进行了研究（张文堂等，1979b，1980c）。通过这些研究，对华北地台南区寒武系与上前寒武系分界以及磷矿分布规律等，有了全面的认识。

为配合陕甘宁地区的石油勘探工作，1977 年 6—7 月，张文堂、朱兆玲、伍鸿基、袁金良、蒋筱梅与甘肃庆阳石油指挥部沈后、罗坤全、姚宝琦、王旭萍等，在陕西省陇县、岐山，宁夏回族自治区贺兰山苏峪口至五道塘（又称五道淌）、内蒙古自治区阿拉善盟呼鲁斯太陶思沟（当时属宁夏）及乌海市岗德尔山（又称甘德尔山）东山口一带研究寒武纪地层。2012 年 6 月 27 日至 7 月 7 日，袁金良、朱学剑、陈吉涛、Paul M. Myrow 和 Zachary Snyder 在内蒙古自治区乌海市苏拜沟（又称苏白音沟），岗德尔山北端、715 厂西侧及成吉思汗塑像公路旁对寒武、奥陶纪地层进行了野外考察，采集了部分三叶虫化石（插图 1）。

为了弄清目前颇有争议的含三叶虫 *Luaspides* 的地层年代，袁金良与吴天伟，河北省唐山市化石爱好者高健，于 2011 年 9 月 26 日至 10 月 10 日、2012 年 4 月 21 至 29 日两次对河北省唐山市丰润区左家坞乡大松林村、古仁庄，开平区双桥乡双桥村以及古冶区王辇庄乡长山沟、杏山沟一带的寒武系剖面进行了短期的野外考察，采集了丰富的三叶虫标本，弄清了地层层序，有关科研成果笔者将另文发表。

通过这两年的观察和对三叶虫化石的分类研究，我们对华北地台区南部及西部寒武系的底部地层，寒武系在华北地台的分布及其分区，寒武纪三叶虫在该区的分布及三叶虫动物群的演化趋向等，有了比较深入的了解。此外对华北地台斜坡相（岩相及生物相）的存在及其地质意义也有了进一步的认识。华北地台寒武纪地层及三叶虫的研究，过去多偏重在东部地区。本书的研究工作，对华北南部及西部地区寒武纪地层及三叶虫化石的分类、演化的研究，对深入了解整个华北地台的古地理、三叶虫动物群的分布及对扬子地台、华北地台的位移的各种假说的验证等，都具有重要意义。

虽然本书研究工作取得了一些重要成果，但是还存在不少问题：由于野外考察剖面的时间短，采集工作不够仔细，遗漏了不少化石层位，如芙蓉统长山期和凤山期的三叶虫没有采到；寒武系二、三统的界线划分在本区研究还不够深入；对于地台南缘、西缘和北缘可能存在的寒武纪斜坡相地层还没有做深入的野外工作，还有待今后进一步的工作。生物地层研究工作中，在华北地台上普遍存在的 *Amphoton deois* 带、*Crepicephalina convexa* 带和 *Damesella paronai* 带都没有采到很好的标本，是本区内缺失这些带，还是由于缺少详细的野外工作没有发现这些化石带？还有待今后进一步工作。本书三叶虫描述中所用术语是国际三叶虫论文专著修订本上修订后术语（Whittington *et al.*，1997）。

本书的研究工作得到科学技术部基础性工作专项（2006FY120400）、973 专项基金（2013CB835000）、国家科技重大专项"大型油气田及煤层气开发"专题（2011ZX05008-001-B0）、国家自然科学基金（41362002，41072002）和国家自然科学基金委创新研究群体项目（41221001）的资助；野外工作期间得到甘肃庆阳石油指挥部，内蒙古和宁夏地质局区域地质调查队，宁夏地质矿产局地质研究所、宁夏回族自治区地质矿产勘查开发局第二矿产地质调查队及西安地质矿产研究所的大力支持，甘肃庆阳石油指挥部

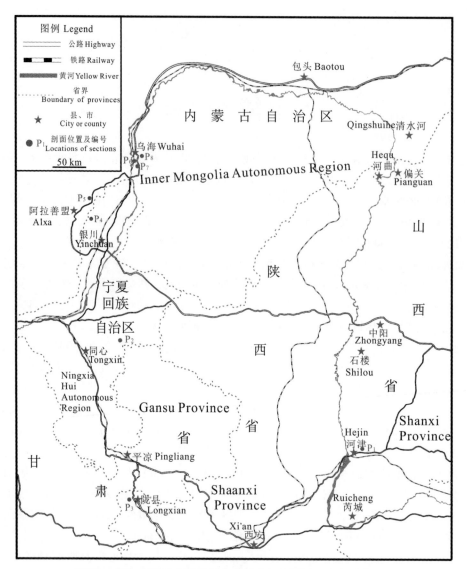

插图1　鄂尔多斯地台西缘及南缘寒武纪地层剖面及交通位置图

Figure 1　Map showing the localities of measured sections of Cambrian in western and southern marginal parts of the Ordos Platform

P₁ 山西省河津县西硇口剖面 (Xiweikou section, Hejin, Shanxi)；P₂ 宁夏同心县青龙山剖面 (Qinglongshan section, Tongxin, Ningxia)；P₃ 陕西省陇县景福山地区牛心山剖面 (Niuxinshan section, Jingfushan area Longxian, Shaanxi)；P₄ 宁夏贺兰山苏峪口至五道塘剖面 (Suyukou-Wudaotang section, Helanshan, Ningxia)；P₅ 内蒙古阿拉善盟呼鲁斯太陶思沟剖面 (Taosigou section, Hulusitai, Alxa, Inner Mongolia)；P₆ 内蒙古乌海市岗德尔山东山口剖面 (Dongshankou section, Gandeershan, Wuhai, Inner Mongolia)；P₇ 内蒙古乌海市桌子山地区阿不切亥沟剖面 (Abuqiehaigou section, Zhuozishan area, Wuhai, Inner Mongolia)；P₈ 内蒙古乌海市桌子山地区苏拜沟剖面 (Subaigou section, Zhuozishan area, Wuhai, Inner Mongolia)

沈后、罗坤全、姚宝琦、王旭萍等参加了野外考察和剖面的测量工作，野外工作期间还得到河北省唐山市高健等古生物化石爱好者的大力支持；中国科学院南京地质古生物研究所周志炎院士、朱学剑副研究员对本书提出了宝贵的修改意见；文中图版所用照片由陈周庆、邓东兴摄制；部分插图和表格由本所王雨楠和马兆亮协助清绘、整理。笔者对上述提出宝贵修改意见、参加野外工作、摄制照片、协助清绘插图和表格的同事深表谢意。

二、鄂尔多斯地台寒武系研究简史

鄂尔多斯地台位于华北地台的西部,包括陕西、甘肃、宁夏、内蒙古和山西5个省区,其西缘及南缘寒武纪地层的研究已有70多年的历史。较完整地层系统的建立和大量古生物材料的发现和采集,还是新中国成立后,特别是1970年以后的区域地质调查及专题研究。早在1943年,李星学、边兆祥就在贺兰山发现了中寒武世地层,并采集了部分三叶虫化石。经卢衍豪鉴定属徐庄期,如 *Inouyia*, *Sunaspis*, *Proasaphiscus* 等(卢衍豪,1962,32页)。1944年黄劭显在贺兰山也发现一些徐庄期的三叶虫如 *Holanshania ninghsiaensis* Tu in Wang *et al.*, *Inouyia* cf. *capax* (Walcott),产三叶虫的地层为胡鲁斯台层(杜恒俭,1950;汪龙文等,1956;卢衍豪,1962,32页)。新中国成立后,关士聪、车树政(1955年)在内蒙古桌子山地区岗德尔山南部,桌子山地区阿不切亥沟,发现了寒武纪三叶虫,并建立了阿不切亥系。1954年卢衍豪、穆恩之、张日东在内蒙古桌子山地区研究寒武纪及奥陶纪地层系统,采集了化石,但这些化石标本一直没有研究发表。他们认为贺兰山的胡鲁斯台层可命名为组,相当于徐庄组;关士聪、车树政的阿不切亥系也改为组,相当于张夏组。另外,在鉴定李星学、边兆祥采集的贺兰山的三叶虫化石后,卢衍豪认为有相当于毛庄期的地层。卢、穆在桌子山还发现崮山组的存在(卢衍豪,1962,32页)。1976—1977年,作者等先后在山西芮城、陕西岐山、陇县、宁夏贺兰山及内蒙古岗德尔山、桌子山地区系统研究寒武纪地层,采集了大量三叶虫化石。先后发表了"华北南部、西南部寒武系及上前寒武系的分界",论述磷矿的分布范围和地质时代及与磷矿有关的三叶虫化石(张文堂等,1979a;张文堂、朱兆玲,1979);还有"山西中条山寒武纪地层及三叶虫动物群"及"鄂尔多斯地台西缘及南缘的寒武纪地层"(张文堂等,1980b,1980c;张文堂、朱兆玲,2000),对各个地区寒武系的顶底界线、内部地层划分、化石带的建立等都有较详的论述。本书对我国鄂尔多斯地台西缘及南缘寒武纪地层及三叶虫动物群进行系统研究,将为该区寒武纪生物地层详细划分和对比提供可靠的化石依据。在1974年以后,宁夏地质局区域地质调查队、宁夏地质矿产局地质研究所、宁夏回族自治区地质矿产勘查开发局第二矿产地质调查队及西安地质矿产研究所在该地区进行区测、普查、专题研究时,也取得了大量地层古生物资料。其中重要的有内蒙古岗德尔山长山期三叶虫的发现(张进林,1986);另外,1982至1983年间,郑昭昌、李玉珍在贺兰山发现了牙形刺 *Cordylodus proavus*,确立了贺兰山晚寒武世凤山期地层的存在(郑昭昌等,1982;郑昭昌、李玉珍,1991)。

三、鄂尔多斯地台西缘及南缘寒武纪地层

（一）华北地台寒武纪地层分区

中国的断代地层分区最早开始于 1950 年第一届全国地层会议。通过 60 年的实践，证明这个分区是正确的。分区的原则，简单地说：一是沉积特征（包括岩性、厚度）；二是古生物属性（包括物种命名及分类，层位、地理分布）；三是大地构造。构造控制沉积（或沉积盖层），古代生物在其死后作为沉积物的组成部分，会遗留在地层内。利用生物活着时与环境的关系，也就是生态学或古生态学，可以推断当时的地质环境，或解释地质环境。地层分区是中国特有的，对了解小区或大区，以至于全国的地质是有帮助的。如果各地区的地层和其中的生物群都能够有较详细的研究，对了解中国的大陆地壳或全世界大陆地壳的演化或发展也是有用的。

黄汲清（1945）首先识别"中朝地块"这个重要的构造单位。后来，在地质文献中，有称"中国（华北）"，也有称"华北断块"、"华北地台"或"华北板块"。不论称其为何名称，其所指的这一构造单位与黄汲清的"中朝地块"的轮廓是一致的，所不同的是往往把朝鲜半岛这一地质范围省略（黄汲清，1954，1960；张文堂等，1979b；Zhang，1980，1985，1986，1988，1998a，1998b；叶连俊等，1983；张文佑等，1984；张步春、蔡文伯，1984；段吉业等，2005；张文堂，2006b）。现在看来，应该按黄汲清的原义，把朝鲜半岛这一地质范围补上。如此，在这一构造单元上，寒武系的分区应有 5 个小分区，而不是 4 个小分区。在华北地台上，由西向东，以前我们称西区（鄂尔多斯地台区）、中区（山西及太行山地区）、东区（吉林东南部、辽宁东部、山东、江苏北部、安徽北部及河南东北部地区）、南区（大别山伏牛山以北的凹陷区，渭河以北地区，六盘山以东地区及贺兰山地区）。第 5 个区这里我们暂称斜坡相区（朝鲜北部的中和和韩国的闻庆、宁越地区）。各区的形成与前震旦系的基底构造有关。现把各区的简要特征叙述于下（见 Zhang and Jell，1987，p. 5，Text-fig. 1）。

1. 西区：黄汲清（1945，1960）把这一地区称为鄂尔多斯地台。西界大概在平凉至内蒙古磴口一线，是鄂尔多斯地台的西缘的断裂带（张步春、蔡文伯，1984）。东界是吕梁山西侧的断裂带。南界是渭河河谷的北缘，也是南区的北界。西区的北界是阴山山脉的浅变质岩系。这一地区的寒武系只在桌子山、岗德尔山地区有出露，广大地区被中、新生代地层所覆盖。从桌子山地区的情况看，寒武系仅有徐庄期、长清期、济南期及部分长山期地层（张进林、陈振川，1982；张进林，1986）。张进林、陈振川认为在岗德尔山、五虎山一带的灰白色厚层白云岩，夹少量竹叶状灰岩及黄绿色粉砂岩地层（总厚度 60 m），应归凤山组。张进林等所发现长山期的化石，是长山期早期 *Chuangia* 带的三叶虫，含化石层厚度仅有 10 余米。其上 30 m（？）厚的白云岩及粉砂岩地层，没有任何化石，为什么一定认定它是属于凤山期，而不能归属长山期？大概他们认为五虎山位于黄河以西，并靠近贺兰山，可以和贺兰山相比，而贺兰山有相当于凤山组的地层，所以五虎山这段地层也应当是凤山组，并没有生物化石的证据。另外，张进林等认为桌子山地区有相当于毛庄组及馒头组的地层。根据他们的实测剖面图及其 715 厂毛庄组剖面记录，所列的化石名单全部属徐庄期早期和毛庄期的三叶虫化石，并没有见到属于寒武系第二统（即传统的下寒武统）的三叶虫化石。在内蒙古自治区阿拉善盟宗别立乡呼鲁斯太陶思沟，曾有 *Probowmania* 一属的发现（周志强等，1982），但此属并不是毛庄组标准的三叶虫，这一属据原记载，真实层位是馒头组（狭义）（即卢衍豪、董南庭，1952 修订过的馒头组）的顶部。这一属目前尚未在山东馒头山发现，但远藤隆次在辽西发现这一属，且其与 *Redlichia nobilis* Walcott 共生。标本保存在中国科学院南京地质古生物研究所（张文堂，1964；Zhang and Jell，1987，p. 69）。我们的研究证明，桌子山地区和岗德尔山地区没有龙王庙期地

层。桌子山地区虽与贺兰山相距很近，但贺兰山应当归属南区，而不属西区，稍后再作说明。从沉积物看，这一区主要以灰岩为主，徐庄期有些页岩的夹层。长清期、济南期有白云岩出现。其厚度和东区的有些相似。徐庄期三叶虫极为繁盛，属种和中区东区的相似，但长清期的三叶虫，如东区常见的 *Amphoton*，*Fuchouia*，*Mapania*，*Hypagnostus*，*Baltagnostus* 等属在西区都没有发现。这里见到的是 proasaphiscid 类、*Taitzuia*，*Megagraulos* 及一数量不多的新属。中区内长清期的 *Pseudocrepicephalus*（ = *Hadraspis*，*Xenosolenoparia*），*Psilaspis*，*Yujinia*，*Liopeishania* 等在桌子山地区也有出现。球接子类很少有发现。传统的早寒武世地层在这一地区缺失，南区含磷的地层这里也没有沉积。

2. 南区：这个地区是个条带状的地区。基本上位于大别山、秦岭以北的凹陷地带。在六盘山的南端转向北，伸延到贺兰山的西缘，终止在贺兰山北端。具体范围已有论述，这里不再重复（张文堂等，1979b，52 页），这一地区寒武系地层由老至新分别是：辛集组和朱砂洞组（ = 猴家山组）、馒头组、张夏组及炒米店组或三山子组。辛集组底部有层砾岩，砾石的成分因地而异，砾石的胶结物是磷矿。其中有三叶虫 *Estaingia*（ = *Hsuaspis*）及 *Redlichia*。*Estaingia* 的分布从淮南霍丘、河南西部到陕西渭河北岸的岐山及陇县，转向北可伸延到贺兰山的苏峪口地区。*Estaingia* 生活在海水较深的环境中，南区北部的浅水地区则只有腕足类的出现，不见腕足类与 *Estaingia* 共生，如山西芮城就是这种情况。*Estaingia* 除了华北南部和西南部有分布外，在澳大利亚南部、我国湖北、贵州和四川有广泛分布（尹恭正、李善姬，1978；张文堂等，1980a；孙振华，1984；Bengtson *et al*.，1990；Jago *et al*.，1997；Paterson *et al*.，2008）。关于这个三叶虫的时代，目前众说纷纭，有人认为属筇竹寺期（Dai and Zhang，2012），甚至将其精确到与筇竹寺期的 *Eoredlichia-Wutingaspis* 带对比，如果按照这样的对比，Emu Bay Shale 生物群应该与我国的澄江生物群是同时代的产物。*Estaingia* 的模式种 *Estaingia bilobata* Pocock，1964 产在 Emu Bay Shale 化石库中，澳大利亚学者认为这个化石库的时代大致可以与我国沧浪铺阶的中下部对比（袁金良、赵元龙，1999；Paterson and Brock，2007；Paterson *et al*.，2008；Edgecombe *et al*.，2011），同时也有人认为产 *Estaingia* 的层位大致与滇东 *Drepanuroides* 带及 *Palaeolenus* 带最底部的层位相当，相当于云南早寒武世红井哨组上部或乌龙箐组底部（张文堂、朱兆玲，1979；胡世学等，2013）；甚至也有对比到略晚于乌龙箐组关山动物群的杷榔动物群（Zhu *et al*.，2006）。笔者认为 *Estaingia*[包括同义名属 *Hsuaspis* Chang in Lu *et al*.，1965；*Strenax* Öpik，1975；*Hsuaspis*（*Madianaspis*）Zhang et Zhu，1979；*Hsuaspis*（*Yinshanaspis*）Zhang et Zhu，1979；*Longxianaspis* Zhang et Zhu，1979；*Ningxiaspis* Zhang et Zhu，1979；*Zhuxiella* Zhang et Zhu in Zhang *et al*.，1980a；*Yeshanaspis* Zhu et Jiang，1981，*Subeia* Li in Zhou *et al*.，1982]的时代应属寒武纪第二世第三期晚期（沧浪铺期中晚期），产在 *Palaeolenus* 带之下，但肯定在筇竹寺期的 *Eoredlichia-Wutingaspis* 带之上。第一，Paterson 和 Brock（2007）在 *Pararaia bunyerooensis* 带内并没有发现 *Estaingia*，*Estaingia* 出现在 *Pararaia bunyerooensis* 带之上，在这个带内出现的所谓 *Eoredlichia* sp.（Paterson and Brock，2007，p. 124，figs. 8.1—8.7）很可能是 *Redlichia* 的一些碎片，而且同层还产有 *Redlichia* sp.（Paterson and Brock，2007，p. 124，fig.7）；所谓 *Wutingaspis euryoptilos* Paterson et Brock（2007，p. 127—129，figs. 8.8—8.17，9.1—9.7）很可能属于 *Pararaia* 一属；所谓的 *Yunnanocephalus macromelos* Paterson et Brock（2007，p. 135—138，figs. 12.1—12. 26)没有下凹的鞍前区，很可能属于 *Kepingaspis* Chang，1965（ = *Wenganaspis* Yin in Yin et Lee，1978）或 *Qiaodiella* Zhang，Lin et Zhou in Zhang *et al*.，1980a，而 *Kepingaspis* 一般产在 *Drepanuroides* 带之上（Lin，2008）。第二，*Estaingia* 常与 *Redlichia* 共生（张文堂、朱兆玲，1979；Paterson and Brock，2007；Paterson *et al*.，2008），在我国 *Redlichia* 的最低层位出现在 *Drepanuroides* 带（Lin，2008），因此，笔者认为 *Estaingia* 的时限应局限于沧浪铺期 *Yunnanaspis-Yiliangella* 带之上的 *Drepanuroides* 带至 *Palaeolenus lantenoisi* 带之下的 *Paokannia-Szechuanolenus-Ushbaspis* 带。第三，是在这个条带内，胡鲁斯台组或张夏组至寒武系芙蓉统有大量白云岩的地层，如河南西部，山西芮城中条山地区、渭河河谷以及贺兰山地区。第四，是这一地区寒武系厚度较大，大概在 1000 m 或更大的厚度。第五，寒武系朱砂洞组以假整合关系覆盖在冰碛岩罗圈组之上。罗圈组与下伏地层的接触随地而异，可以是上太古界的登封群直到中元古界洛山峪口组（刘鸿允等，1991，104 页）。罗圈组及与其相当的地层，在华北也只限于南区。华北区最早的海侵也只限于南区，其时间是寒武纪第二世沧浪铺中期。最近在甘肃北部的北山地区

也发现 *Estaingia*（= *Subeia*）与 *Calodiscus tianshanicus*, *Serrodiscus areolosus* 等三叶虫共生（Bergström *et al.*, 2014, p. 125），这些含三叶虫地层与下伏的新元古代地层仅差 0.2 m，呈不整合接触，这一发现对于国内外同期地层对比具有重要意义。

3. 中区：该区的西界是吕梁山西侧的深大断裂，东界是太行山东侧的深大断裂。在内蒙古清水河及山西偏关，寒武纪地层有馒头组、张夏组、崮山组及炒米店组。馒头组与前寒武系的变质片麻岩系之间，是霍山砂岩，厚 30 m 至 50 m 左右。卢衍豪（1954b）怀疑这一带可能缺失馒头组的地层。另外，该区有没有长山期地层，没有证据。张进林、王绍鑫（1986）在报道山西平鲁的崮山组三叶虫时，曾提到有长山期的地层覆盖在崮山组之上，但没有任何化石证据。Willis 和 Blackwelder（1907）在山西东峪（五台和定襄之间）测量寒武系剖面及采集三叶虫化石时，注意到"馒头组"（52.3 m）和其上覆盖的"系州（=Ki-zhou）"灰岩（130.5 m），共厚 182.8 m。从三叶虫化石看，"馒头组"最底部的三叶虫化石有 *Lorenzella*, *Metagraulos*, *Lonchinouyia*, *Solenoparia* 等。这些都是徐庄阶上部 *Inouyops* 带或 *Metagraulos* 带的化石。徐庄阶中部及下部的化石在这里都没有出现，更谈不上有毛庄期或传统早寒武世的地层。"系州灰岩"内有张夏组、崮山组及凤山期的三叶虫化石，不见有长山期的任何化石（Zhang and Jell, 1987, p. 29）。1954 年张文堂在山西灵石两度参加石炭二叠纪煤田勘探时，有机会在太岳山汾河河谷东缘南北向深大断裂处观察出露的老地层，底部是前震旦纪变质的老地层，其上不整合覆盖着霍山砂岩，砂岩厚度有 30 m 左右。霍山砂岩之上是徐庄期上部的地层。徐庄期地层与霍山砂岩为假整合接触。从灵石再往南，在山西河津西砲口及稷山一带寒武纪地层出露完整，底部有馒头组，再向上是张夏组、崮山组、炒米店组。总厚度仅 480 m。狭义的馒头组只有 53 m，寒武系第三统 320 m，芙蓉统 102.6 m（张文堂等，1980b）。中条山西南部寒武系底部的磷矿地层在河津、稷山地区没有沉积。在吕梁山西坡隰县长山期及凤山期地层（仅 20.3 m）位于崮山组与奥陶纪白云岩之间（卢衍豪，1954b，315 页）。另外在河北南部太行山峰峰矿区响堂山石窟脚下，出露有相当于馒头组的页岩假整合覆盖在前寒武系石英岩之上。该处的石英岩厚度较大，并延伸到山西中部，称为霍山砂岩。

从以上所述的情况看，中区寒武系可以归纳以下几个特征：①寒武系的沉积厚度与华北各区相比最小，如五台、定襄地区总厚度只有 182.8 m；南部边缘的总厚度为 480 m，如河津及稷山地区。可能本区的东部太行山一带寒武系的厚度在 600 m 左右。②在本区的南缘和东部边缘地区，有馒头组的沉积。③由南缘或东缘向本区的中部地区，寒武纪第三世早期不同时代的地层超覆在霍山砂岩（实际上应为石英岩）之上。④霍山砂岩不属寒武系，应归属前寒武系。该石英岩是地台区基岩长期遭受风化的产物，成分为石英颗粒，没有长石矿物。岩石为白色或浅粉红色。华北或华南寒武系内都发现有砂岩沉积，但从来没有像霍山砂岩这种岩石。有地质学家认为霍山砂岩是寒武纪地层，缺乏化石证据。⑤从中区的三叶虫化石看与西区相似，尤其东区张夏组所产的球接子化石及 *Fuchouia*, *Amphoton*, *Mapania* 等在中区很少出现。西区和中区与东区张夏组三叶虫动物群不同的原因，可能是东区海水略深，或长清期西区、中区和东区海水水化学的差异。如西区徐庄期及长清期（可能包括济南期）白云岩的成分较多。

4. 东区：东区与中区的分界是太行山东麓的深大断裂，东边分界看来不是郯庐断裂。在郯庐断裂带以东，山东地区虽不见有寒武系出露，但越过渤海，这条断裂向东北方向延伸很远。辽宁太子河流域及辽东半岛地区有大面积的寒武系出露。这一地区寒武系与山东地区的寒武系相似，可是它是位于此断裂以东地区。目前看来东区的南界应当是大别山东南端北东向的断裂，越过皖北、苏北黄海伸向西朝鲜湾。因为皖北、苏北都被第四纪地层所覆盖，在平原和海水水域，这一界线不易识别。这条分界线在跨越西朝鲜湾后，在陆地上越过平壤和中和以北地区，再向北东方向延伸至日本海北部。东区的寒武系研究历史最长，有 100 多年的研究历史，在该区研究的学者也最多，研究的水平也最高。我国传统的中、上寒武统分统建阶的标准也在这个地区（Blackwelder, 1907；卢衍豪、董南庭，1952；王钰等，1954；朱兆玲等，2005, 2008；章森桂等，2008）。这一地区寒武系的最老地层是昌平组（碱厂组）或李官组，产 *Palaeolenus*（= *Megapalaeolenus*），分布在郯庐断裂带内，辽宁东部及燕山山脉的南部地区。昌平组相当于朱砂洞组的顶部，但比馒头组要老。昌平组之上，就是馒头组、张夏组、崮山组及炒米店组。三叶虫动物群以 *Palaeolenus*（= *Megapalaeolenus*）, *Redlichia*, *Yaojiayuella*, *Probowmaniella*, *Shantungaspis*,

Asteromajia，*Ruichengella*，*Ruichengaspis*，*Sunaspis*，*Metagraulos*，*Inouyops*，*Inouyia*，*Poriagraulos*，*Proasaphiscus*，*Bailiella*，*Inouyella*，*Peishania*，*Megagraulos*，*Crepicephalina*，*Dorypyge*，*Amphoton*，*Fuchouia*，*Hypagnostus*，*Baltagnostus*，*Peronopsis*，*Taitzuia*，*Poshania*，*Liopeishania*，*Damesella*，*Ajacicrepida*，*Blackwelderia*，*Neodrepanura*，*Chuangia*，*Changshania*，*Irvingella*，*Kaolishania*，*Ptychaspis*，*Tsinania*，*Mictosaukia* 等为主(Zhang and Jell，1987；刘怀书等，1987a；郭鸿俊等，1996；段吉业等，2005；袁金良等，2012)。寒武系之上是特马豆克阶的奥陶系地层。寒武系为石灰岩、鲕状灰岩、页岩的地层，典型的浅水台地型沉积。厚度一般在 600—800 m 之间。昌平组可以覆盖在不同时代的上前寒武系之上，在昌平组缺失的广大地区，馒头组可以覆盖在前寒武纪的花岗岩或花岗片麻岩之上，如山东张夏、新泰、莱芜等地区；曾有人认为东区有筇竹寺期地层的存在(王敏成、杨忠杰，1986)，主要依据是在 *Palaeolenus* (=*Megapalaeolenus*)带之下的地层中发现了高肌虫类(bradoriids)，但是高肌虫类从筇竹寺阶到寒武系第三统的凯里组中下部都有分布(Peng *et al*.，2010)，甚至一直可延伸到下奥陶统(舒德干，1990)，笔者认为在东区存在筇竹寺期地层的可能性不大。

5. 斜坡相区：从世界各洲地台区的情况看，其规模有大有小，每一个地台区，其向洋的一边，至少有一条带状的过渡带，这个过渡带指的是一个稳定区与活动区之间的过渡带，这里暂称斜坡相区。从寒武纪的情况看，过渡带的岩相是以深灰色(或黑色)灰岩或页岩为主，也有硅质岩。三叶虫动物群有球接子类 (agnostids)的大部分属种及与其伴生的一些非球接子类三叶虫，如中国南部的江南斜坡带，俄罗斯西伯利亚北部的过渡带，东欧地台西缘的过渡带(有些地质学家还有别的名称或解释)。澳大利亚昆士兰西部及新南威尔士西部地区是澳大利亚西部稳定地区和东部活动区之间的过渡带，从目前地形上看不出来，但从三叶虫动物群的分布来看，这条横穿大洋洲的北西-南东向条带是个过渡带。在南极洲 Whichaway Nunataks 向南至 North Victoria Land 这条北北西-南南东方向是南极洲横断山脉的走向，在横断山脉及其西侧，有斜坡相区的球接子三叶虫动物群及与其伴生的非球接子类三叶虫化石的分布。南美洲的斜坡相地区位于南美西部褶皱带的东侧。北美洲的斜坡相区位于北美大陆东部的纽芬兰岛一带。亚洲的大地构造和其他的洲不同，别的洲一般只有一个较大的地台区(或稳定区)，而亚洲则至少有 4 个稳定区，即俄罗斯西伯利亚地台，阿拉伯半岛、印度半岛和中国地台(包括扬子地台、塔里木地台和华北地台)，1954 年西尼村在《地质学报》上曾把塔里木地台、华北地台及扬子地台合起来称中国地台。俄罗斯西伯利亚地台的斜坡相区位于地台北部边缘。阿拉伯半岛的斜坡相区位于现在的伊朗北部山区，呈东西向延伸。塔里木地台的北缘库鲁克塔格地区应该说是斜坡相的沉积及斜坡生物相的地带。库鲁克塔格向东，在甘肃的北山区，刘义仁、张太荣(1979)发现 *Centropleura* 动物群，在内蒙古西北部杭乌拉山区和巴丹吉林地区，卢衍豪等(1981)、郑昭昌等(1982)研究这一地区的寒武系与奥陶系分界和早古生代地层时，也发现一些寒武纪及奥陶纪斜坡相的三叶虫动物群。看来华北地台的北缘，也有斜坡相地层的存在，其发育情况不如华南的江南斜坡带。有人认为华北地台东部也有斜坡相地层，并称为临沂-辽南斜坡相区(彭善池，2000，24 页)，但是从目前所发现的球接子三叶虫来看，典型的斜坡区球接子类三叶虫，如 *Glyptagnostus*，*Lejopyge*，*Goniagnostus*，*Linguagnostus* 等从未在本区内发现，因此，临沂-辽南斜坡相区是否存在值得怀疑。黄汲清等(1980)认为中亚-蒙古地槽区位于俄罗斯西伯利亚地台与塔里木-华北地台之间。地槽加里东及海西褶皱带总体表现为以由北向南离陆向洋迁移为主，由南向北迁移为副的偏对称迁移。看来塔里木-华北地台北缘的斜坡带不如华南的江南带发育。扬子地台区斜坡相带即大家都熟悉的江南斜坡带。该带的岩层及三叶虫化石在中国的最南端广西的靖西、大新都有出露(张文堂等，1979a；朱学剑等，2007)。这里靠近中越边境，估计再向南在越南北部也会有出现，可能止于红河河谷这个大断裂带。由广西境内的靖西、大新向东北伸延到黔东和湘西交界地区，在湖南西北部武陵山北端转向东进入湖北东南部及江西北部，经皖南、浙西，再经江苏昆山、上海，延伸到东海。江南区这个斜坡相的岩相带及生物相带围着扬子地台及中国(华北)的东南边缘在寒武纪时连续延伸达 2800 km，宽度可达 100—200 km。这不能说不是中国或亚洲东部地质上的一个奇迹。华北地台的南缘也有一个不太发育的斜坡相带，称为江北斜坡带，西部位于汉水上游的川、鄂、陕交界地区，而东部位于滁县-全椒地区，再向东北延伸到朝鲜北部平壤南边的中和地区和韩国的闻庆、宁越地区(彭善池，2000，2009)。

朝鲜寒武纪地层从北向南分布在三个地区，北部靠近鸭绿江的厚昌、江界、楚山地区，这一地区的寒武系是吉林东南部及辽宁太子河流域寒武系越过鸭绿江向东的延伸部分。仍属典型的地台区。中部是平壤，中和地区。南部的寒武系出露在汉城东南的闻庆、宁越地区。朝鲜北部平壤南边的中和地区，早寒武世地层与华北的南区相似，底部有磷矿并产 *Coreolenus coreanicus* (Saito, 1934)。中寒武世早期地层内产 *Pagetia*, *Oryctocephalus*, *Pianaspis* 等 (Saito, 1934)。中寒武世晚期地层内有 *Ptychagnostus atavus* 的化石。这些化石是斜坡区的三叶虫分子。在韩国的闻庆、宁越地区，据 Kobayashi 记述有 *Hedinaspis* cf. *regalis* (Troedsson), *Westergaardites coreanicus*, *Glyptagnostus reticulatus*, *Olenus asiaticus*, *Acrocephalina trisulcata*, *Tonkinella* 等传统的中、晚寒武世三叶虫(Kobayashi, 1935, 1953, 1960a, 1960b, 1961, 1962, 1966a, 1966b, 1967)。产三叶虫的地层是蓝黑色的薄层灰岩及黑色页岩。这些都是华南江南带的岩相及典型斜坡区的生物相。近些年古生物学家在韩国又发现了 *Glyptagnostus stolidotus*, *Olenus asiaticus*, *Agnostotes orientalis*, *Micragnostus* aff. *elongatus*, *Pseudorhaptagnostus* (*Machairagnostus*) *kentauensis*, *Lejopyge armata*, *Pseudeugonocare bispinatum*, *Fenghuangella laevis* 等重要的三叶虫化石 (Choi and Lee, 1995; Chough et al., 2000; Sohn and Choi, 2002; Hong et al., 2003; Choi et al., 2008; Park and Choi, 2011)。早在 1963 年 Öpik 就指出 Kobayashi 的 *Agnostus* (*Ptychagnostus*?) *orientalis* Kobayashi, 1935 应该归属 *Agnostotes*。最近的研究表明 *Pseudoglyptagnostus clavatus* Lu, 1964, *Glyptagnostus elegans* Lazarenko, 1966 与 *Agnostotes orientalis* 属同一个种，不属中寒武世，时代为芙蓉世(= 晚寒武世长山期) (Peng and Babcock, 2005)，分布在韩国、俄罗斯西伯利亚、哈萨克斯坦、加拿大和中国华南，是斜坡相典型的球接子三叶虫(Peng and Babcock, 2005)。

综上所述，在朝鲜平壤中和地区及韩国的闻庆、宁越地区，寒武纪地层及三叶虫动物群代表地台斜坡相区的存在。这个斜坡相区应附属在华北地台向着太平洋的边缘上，不是属于扬子地台的边缘。第一点原因是朝鲜半岛与中国(华北)北部相连，只有一江之隔，而且寒武系有些是连在一起的。第二点是朝鲜地层发育和华北地区更为相似，与扬子区有不少差异。第三点是在山东东部及辽东半岛东部有些寒武纪层位已经出现黑色页岩地层。如辽东半岛及山东东部徐庄组顶部及张夏组下部为黑色页岩沉积，说明这些地区与斜坡相区靠得更近。从三叶虫化石来说，东区的 *Ptychagnostus sinicus* Lu 就是在这层黑色页岩下部出现的。第四点是黄汲清(1945)很早就指出华北及东部南部与朝鲜合在一起为一个构造单位，即中朝地台，就会有斜坡相的地带，华北地台(或中朝地台)的斜坡相带在朝鲜的中部的中和地区。从目前的地理图上来看，江南斜坡带在江苏昆山及上海再向东北延伸到韩国的闻庆、宁越地区。由于中生代晚期的构造运动，中间有一段斜坡相带沉入黄海水域。

扬子地台及华北地台斜坡相带相连，有数千公里的延伸历程，看不出有位移的现象，因此我们认为在寒武纪时，这两个地台区可能是一个整体，没有位移。再就是沿着秦岭-大别山的轴线，两个地台区也没有扭动的证据。我们认为对朝鲜斜坡相带的识别及其归属的认识，不仅对生物地层对比、生物地理分区，同时对亚洲东部大地构造研究都有重要意义。

（二）鄂尔多斯地台西缘及南缘寒武系划分及顶底界线

有关华北地台西缘及南缘寒武系划分，张文堂等(1980c)在"鄂尔多斯地台西缘及南缘的寒武纪地层"一文内，有较详细的讨论。这里仅就近年来有关这一地区寒武系岩石地层的划分情况做简单的叙述。

近年来，由于岩石地层多重划分对比研究工作进展较快，对这个地区寒武系的划分所采用的"组"一级名称，各家不尽相同。如 1996 年在全国地层多重划分对比研究《宁夏回族自治区岩石地层》内，将华北西缘地层分区贺兰山及桌子山小区的寒武系自下而上划分为：朱砂洞组、陶思沟组、胡鲁斯台组和阿不切亥组(顾其昌等, 1996)。武铁山等(1997)将鄂尔多斯分区划分为霍山组、馒头组、张夏组和三山子组，将华北西缘地层分区(陕甘宁区)的贺兰山划分为辛集组、朱砂洞组、陶思沟组、胡鲁斯台组、阿不切亥组和崮山组，将陕南陇县一带划分为朱砂洞组、馒头组、张夏组和三山子组。项礼文等(1999)在《中国地层典寒武系》内则采用雨台山组、五道淌组、胡鲁斯台组和三山子组。项礼文、朱兆玲(2005)采用苏峪口组、朱砂洞组、馒头组或陶思沟组和三山子组。李文厚等（2012）则采用阿不切亥组、张夏组、胡鲁斯台组、陶思沟组、五道淌组和苏峪口组。本书寒武系在鄂尔多斯地台西缘及宁夏贺兰山采用三山子组、胡鲁斯台组、朱砂洞组和苏峪口组；在山西南部采用炒米店组、张夏组和馒头组；在陕西陇县景福山地区牛心山采用三山子组、张夏组、馒头组、朱砂洞组和辛集组（冯景兰、张伯声，1952；徐家炜，1956，1958；周志强、郑昭昌，1976）。

　　鄂尔多斯地台西区及南区的寒武系虽与东区相似，但还有些不同。地台西区及南区的芙蓉统主要是以白云岩为主夹薄层灰岩及竹叶状灰岩的三山子组，化石稀少，仅在贺兰山中部的紫花沟，苏峪口至五道塘，强岗岭至下岭南，正目观以及岗德尔山715厂西侧有出露（周志强、郑昭昌，1976；张进林，1986）。这套白云岩具非常明显的穿时现象，下限可在寒武系第三统上部，上限可进入到下奥陶统下部，因地而异（武铁山等，1997）。此外，在贺兰山北部的陶思沟、大井沟、王全口一带，在桌子山的苏拜沟和阿不切亥沟，岗德尔山东山口等地，三山子组完全缺失，奥陶系，甚至石炭系地层直接覆盖在胡鲁斯台组上（周志强、郑昭昌，1976；武铁山等，1997）。胡鲁斯台组上部以竹叶状灰岩及薄层灰岩为主，夹少量页岩及鲕状灰岩，与东区以鲕状灰岩、藻灰岩为主的张夏组在岩性上是不同的。其下部在岩性上与东区的馒头组相差不多，但页岩夹层较多。在岗德尔山和桌子山地区可能没有相当于龙王庙期的沉积。寒武系第二统（即传统的下寒武统）与东区馒头组相当的地层在贺兰山地区以白云岩沉积为主，紫红色砂岩、页岩较少，化石稀少。在河南西部，朱砂洞组（冯景兰、张伯声，1952）代表寒武纪第二世晚期沉积，之下还有一套含磷建造，这套地层在贺兰山地区曾命名为苏峪口组（周志强、郑昭昌，1976），河南鲁山一带称辛集组，在安徽霍邱一带曾称为雨台山组，在安徽淮南命名为猴家山组（徐家炜，1956，1958）。但在山西芮城中条山以北及山西河津等地缺失，在贺兰山北段陶思沟一带及内蒙古桌子山、岗德尔山地区也没有寒武纪第二世沉积。1982年董启贤在《中国区域地质》上报道了在桌子山色尔崩乌拉南发现cf. Redlichiidae科三叶虫，其时代为早寒武世，但文章内没有附此三叶虫化石照片，因此无法确定该地区是否有早寒武世地层存在。

（三）鄂尔多斯地台西缘、南缘寒武系剖面

1. 山西省河津县西硙口寒武系剖面[①]

上覆地层　下奥陶统冶里组：灰、浅灰色厚层微晶—细晶白云岩，富含燧石结核条带

——————整　合——————

寒武系芙蓉统和第三统上部（310.9 m）

炒米店组（107.6 m）

34. 灰、浅灰色中厚—厚层微晶白云岩	9.4 m
33. 灰、深灰色薄—中厚层细晶、微晶白云岩夹泥质白云岩、竹叶状白云岩	9.6 m
32. 灰、浅灰色中厚层细晶—微晶白云岩，含泥质	13.3 m
31. 灰、黄灰、黄绿色薄—中厚层白云岩夹泥质白云岩、竹叶状白云岩，产腕足类、笔石，以及三叶虫 *Prosaukia*,　*Calvinella* 等	25.0 m
30. 灰、灰白色薄—厚层细、中晶白云岩	5.8 m
29. 灰、浅灰色厚层—块状微晶白云岩	22.3 m
28. 灰、深灰色薄—中厚层微晶、细晶白云岩，中部见腕足类化石，底部产三叶虫 *Blackwelderia*, *Cycloloren-*　*zella*, *Homagnostus*, *Laoningaspis*	22.2 m

——————整　合——————

张夏组（203.3 m）

27. 灰色块状具白云岩条带的鲕状灰岩夹生物碎屑灰岩，产三叶虫 *Damesella* 等	25.9 m
26. 灰色薄板状细、微晶灰岩夹淡黄色泥灰岩薄层及条带	2.8 m

---

　　①　河津县西硙口寒武系剖面为长庆油田指挥部一分部同志于1977年测制。

25. 深灰色薄—中厚层鲕状灰岩，产三叶虫化石碎片　　　　　　　　　　　　　　　　　　　　6.7 m

24. 深灰、灰色厚层—块状白云质鲕状灰岩夹黄色薄板状泥灰岩，含三叶虫 Proasaphiscidae　　50.7 m

23. 灰黑色块状鲕状灰岩　　　　　　　　　　　　　　　　　　　　　　　　　　　　　　23.5 m

22. 灰、深灰色块状鲕状灰岩夹竹叶状灰岩、生物碎屑灰岩及泥灰岩扁豆体。含三叶虫 Poshania tangshan-
　　ensis Chang，Catillicephalidae　　　　　　　　　　　　　　　　　　　　　　　30.0 m

21. 灰、深灰色薄—厚层砾屑灰岩夹竹叶状灰岩与黄绿色泥岩和泥岩扁豆体，含三叶虫化石碎片　　26.6 m

20. 灰、深灰色薄—厚层鲕状灰岩，底部夹绿色泥岩，含三叶虫 Lioparia sp.　　　　　　　　29.0 m

19. 深灰色中厚层鲕状灰岩，局部夹竹叶状灰岩，产三叶虫 Lioparia sp.，Bailiella sp.，Proasaphiscus sp.，
　　ptychoparids　　　　　　　　　　　　　　　　　　　　　　　　　　　　　　　3.1 m

18. 灰、深灰色薄层—块状砾屑灰岩，产三叶虫（化 24）Inouyia（Inouyia）capax，Squarosoella sp.，Houmaia
　　hanshuigouensis　　　　　　　　　　　　　　　　　　　　　　　　　　　　　5.0 m

———整　合———

寒武系第二统上部至第三统下部(175.8 m)

馒头组(175.8 m)

17. 灰、灰绿色页岩、泥灰岩、灰岩互层，产三叶虫化石碎片　　　　　　　　　　　　　　　8.2 m

16. 灰色薄层—块状鲕状灰岩夹泥灰岩透镜体，泥灰岩中产三叶虫 ?Wuania sp.　　　　　　　10.9 m

15. 灰、黄灰色薄板状含泥质灰岩与薄层泥灰岩互层，产三叶虫化石碎片　　　　　　　　　　4.0 m

14. 灰色中厚—厚层鲕状灰岩夹生物碎屑灰岩透镜体和黄褐色泥灰岩扁豆体，产软舌螺类化石　　8.5 m

13. 灰色中厚层—块状鲕状灰岩夹生物碎屑灰岩，含大量三叶虫化石碎片　　　　　　　　　　6.1 m

12. 紫色薄板状灰岩夹细砂岩条带及生物碎屑灰岩，含三叶虫 Leiaspis sp.，proasaphiscids　　4.4 m

11. 灰、黄紫色薄板状鲕状灰岩，含三叶虫（化 15，15A）：Sunaspidella ovata，Pseudinouyia sp.，Taitzuina
　　lubrica　　　　　　　　　　　　　　　　　　　　　　　　　　　　　　　　　1.7m

10. 紫色页岩，夹灰色生物碎屑灰岩多层，底部灰黄、棕红、灰绿色页岩产极丰富的三叶虫化石（化 17）：
　　Holanshania hsiaoxianensis，Shanxiella（Shanxiella）xiweikouensis　　　　　　　41.9 m

9. 深灰、灰色薄—中厚层灰岩，顶部为生物碎屑灰岩，产极丰富的腕足类及少量的三叶虫 ptychoparids　11.0 m

8. 暗紫、黄绿、灰色页岩夹灰色灰岩与灰、灰绿色细砂岩、粉砂岩，产三叶虫（化 14）：Plesiagraulos sp.　5.6 m

7. 绿、灰、黄绿、巧克力色薄板状泥岩（或页岩）与灰色薄板状—中厚层砾屑灰岩互层，底部含三叶虫（化
　　8）：Danzhaina hejinensis，Proasaphiscidae，ptychoparids　　　　　　　　　　5.0 m

6. 灰紫色页岩夹紫灰色薄层灰岩，顶部产三叶虫 Probowmania sp.，Psilostracus sp.　　　19.8 m

5. 灰色薄层含砾砾屑灰岩，鲕状灰岩，含三叶虫（化 6）：Temnoura sp.　　　　　　　　13.5 m

4. 灰绿、棕红色薄层泥岩，上部夹紫灰色及浅灰绿色薄板状泥晶灰岩，中下部夹灰绿色薄板状砾屑灰岩　7.3 m

3. 浅灰、灰绿、紫色薄板状白云岩与灰色薄层灰岩互层，产三叶虫（化 4，化 5，化 10A，化 19A）：Qingshui-
　　heia hejinensis，Q. huangqikouensis，Redlichia sp.　　　　　　　　　　　　　9.1 m

2. 黄、灰色薄层泥质白云岩　　　　　　　　　　　　　　　　　　　　　　　　　　　18.8 m

〜〜〜〜〜不整合〜〜〜〜〜

下伏地层　前寒武系霍山组：1. 黄、浅灰白色薄—中厚层石英砂岩，灰白色厚层—块状石英砂岩　4.4 m

2. 宁夏回族自治区同心县青龙山寒武系剖面①

上覆地层　下奥陶统三道坎组：灰色薄—中层状钙质白云岩与泥质白云岩互层
———假整合———

寒武系芙蓉统(204.1 m)

三山子组(204.1 m)

42. 灰色中—厚层为主的白云岩，下部具竹叶状构造，顶部为灰色薄层灰岩　　　　　　　　6.2 m

41. 灰色中—厚层白云岩与灰色薄层泥质白云岩、泥质条带白云岩互层　　　　　　　　　　25.3 m

40. 灰色中层为主间夹厚层白云岩与黄色页岩、薄层泥质白云岩互层，夹少量竹叶状白云岩　　12.5 m

39. 灰色中—厚层白云岩与灰色薄层泥质白云岩互层夹少量竹叶状白云岩　　　　　　　　　17.2 m

---

① 同心县青龙山剖面为长庆油田部分同志 1978 年实测。

38. 灰色厚层—块状白云岩与薄层泥质条带白云岩、薄层白云岩互层夹灰黄色泥岩一层及少量竹叶状白
    云岩   33.8 m

37. 灰、灰紫、绿灰、黄绿色竹叶状白云岩与黄绿色薄层白云岩互层，间夹泥质条带白云岩、黄绿色页岩 49.2 m

36. 灰色薄层白云岩夹少量薄层竹叶状白云岩及砾屑白云岩   21.9 m

35. 灰色薄层泥质白云岩夹竹叶状白云岩   9.4 m

34. 灰色中厚层白云岩夹薄层白云岩   9.3 m

33. 灰色中层白云岩与灰色薄层白云岩互层，薄层白云岩中夹少量竹叶状白云岩   19.3 m

———— 整 合 ————

寒武系第三统（397.9 m）

胡鲁斯台组（397.9 m）

32. 底部为浅灰、灰色厚层白云岩夹 0.1 m 鲕状灰岩；上部为灰色薄层灰岩夹较多的竹叶状灰岩及少量鲕
    状灰岩及生物碎屑灰岩，产三叶虫（NC133）：*Monkaspis neimenggoensis*，*Blackwelderia tenuilimbata*，
    B. fortis，*Meropalla* sp.   37.9 m

31. 灰色白云岩，下部块状，上部中薄层状，中部为竹叶状。本层夹较多的泥质条带和少量生物碎屑灰
    岩，上部产三叶虫 *Blackwelderia* sp.   31.0 m

30. 灰色中厚层不规则瘤状灰岩与灰色灰岩、泥质条带灰岩互层，夹少量竹叶状灰岩，底部产三叶虫化石
    碎片   49.6 m

29. 灰色薄层灰岩夹竹叶状灰岩   19.6 m

28. 下部灰色块状鲕状灰岩，上部为灰色厚层鲕状灰岩与灰色薄层灰岩互层，见三叶虫化石碎片   14.3 m

27. 灰色竹叶状灰岩为主，夹少量鲕状灰岩及页岩，产三叶虫（NC116）：*Megagraulos armatus*，*M. longispinifer* 6.2 m

26. 下部灰色竹叶状灰岩与鲕状灰岩互层，上部为灰色薄层灰岩、灰绿色页岩与竹叶状灰岩互层，产三叶
    虫（NC110）：*Megagraulos inflatus*   16.8 m

25. 大部分覆盖，仅底部出露 1.2 m 灰色鲕状灰岩，中部出露少量黄灰色薄层灰岩   16.9 m

24. 灰色竹叶状灰岩，黄灰色泥灰岩与覆盖层间互层，顶部产三叶虫（NC107）：*Proasaphiscus quadratus* 11.5 m

23. 覆盖。仅底部和中部出露少量竹叶状灰岩   7.1 m

22. 灰色瘤状灰岩夹灰、灰绿色薄层泥灰岩。底部为 0.7 m 灰色厚层鲕状灰岩，产三叶虫（NC97）：*Lorenzella*
    sp.，*Gangdeeria* sp.   5.9 m

21. 下部灰色薄层灰岩夹灰绿色页岩，上部灰紫色页岩夹薄层灰岩，顶底为竹叶状灰岩   10.5 m

20. 中上部覆盖。仅见零星出露灰色薄层鲕状灰岩。下部 4.6 m 鲕状灰岩中产三叶虫（NC87）：*Metagraulos*
    sp.；（NC86）：*Metagraulos dolon*，*Inouyia*（*Bulbinouyia*）*lubrica*，*Lioparella walcotti*，*L. typica*，*Iranoleesia*
    （*Proasaphiscina*）sp.C   34.1 m

19. 灰色中层鲕状灰岩与紫色、褐紫色页岩互层，鲕状灰岩中产三叶虫（NC84）：*Lioparella walcotti*，*Metagr-*
    aulos sp.   6.1 m

18. 灰色厚层—块状鲕状灰岩，局部含砾石   11.9 m

17. 下部灰绿色、黄绿色页岩与粉砂质灰岩互层，上部灰紫，紫灰、黄绿色页岩夹薄层粉砂质灰岩及竹叶
    状灰岩，产三叶虫（NC75）：*Sunaspidella* sp.   10.7 m

16. 灰紫、褐灰、灰绿色页岩夹鲕状灰岩，薄层灰岩及石膏透镜体，产三叶虫（NC71）：*Sunaspidella* sp. 9.3 m

15. 灰紫、灰绿色页岩夹灰色鲕状灰岩、粉砂质灰岩及钙质粉砂岩，产三叶虫（NC68）：*Sunaspidella* sp. 3.9 m

14. 底部 2.1 m 灰色含砾灰岩，局部夹鲕状灰岩和生物碎屑灰岩，中上部为黄绿色页岩与竹叶状灰岩、薄
    层灰岩互层，产三叶虫（NC66）：*Sunaspidella* sp.；（NC65）：*Sunaspidella qinglongshanensis*，*Huainania*
    angustilimbata   7.2 m

13. 下部灰色白云质含鲕竹叶状灰岩及鲕状灰岩，上部灰绿色页岩夹少量灰色粉砂质灰岩，产三叶虫
    （NC63）：*Shanxiella*（*Shanxiella*）*venusta*，*Latilorenzella divi*，*Wuania* sp.   2.9 m

12. 覆盖   7.1 m

11. 下部灰色竹叶状灰岩，中部灰色鲕状灰岩，具泥质斑条，上部灰色鲕状灰岩和生物碎屑灰岩，产三叶
    虫（NC61）：*Holanshania hsiaoxianensis*，*Wuania spinata*；（NC59）：*Sunaspis laevis*   10.4 m

10. 杂色页岩夹钙质粉砂岩、粉砂质灰岩、鲕状灰岩及生物碎屑灰岩。页岩以灰绿色为主，褐灰、紫红色
    少量，产三叶虫（NC57）：*Tengfengia*（*Luguoia*）*helanshanensis*，*Koptura*（*Eokoptura*）sp.，*Jiangsucephalus*

sp., *Paraszeaspis* sp.；（NC50）：*Sinopagetia longxianensis*；（NC49）：*Solenoparia*（*Plesisolenoparia*）*ruichengensis*   26.5 m

9. 下部杂色页岩夹灰色粉砂岩、石英砂岩透镜体，中上部为褐灰、灰绿色页岩夹页状粉砂质灰岩、钙质粉砂岩及生物碎屑灰岩透镜体，产三叶虫（NC47）：*Ruichengaspis mirabilis*，*Solenoparia*（*Plesisolenoparia*）sp.，*Parachittidilla* sp.；（NC46）：*Parachittidilla* sp.；（NC45）：*Parachittidilla* sp.   17.9 m

8. 灰色含生物碎屑鲕状灰岩夹薄层灰岩及含生物碎屑瘤状灰岩，产三叶虫（NC37）：*Wuhaiaspis convexa*，*Parasolenopleura* cf. *cristata*，*Solenoparia*（*Plesisolenoparia*）sp.   12.2 m

7. 浅棕灰色、紫灰色页岩与灰绿色页岩互层，下部夹钙质粉砂岩透镜体。中部及上部产三叶虫（NC32）：*Luaspides shangzhuangensis*，ptychoparids；（NC31）：*Probowmaniella conica*   10.4 m

———整　合———

寒武系第二统（80.6 m）

五道淌组（80.6 m）

6. 下部灰、黄灰、紫灰色白云岩，含生物碎屑、鲕粒及砂质；上部为灰色砂质砾屑灰岩与鲕状灰岩互层。产三叶虫（NC29）：ptychoparids   12.3 m

5. 黄灰、灰黄色泥质白云岩，局部含砂质、鲕粒和生物碎屑并夹少量砂质条带   15.6 m

4. 上部黄灰色页岩夹薄层生物碎屑灰岩透镜体，顶部为 0.4 m 薄层生物碎屑灰岩。下部黄绿色页岩夹薄—中层鲕状灰岩和 0.5 m 灰色竹叶状灰岩，产三叶虫（NC17）：Antagmidae；（NC15）：*Probowmania qiannanensis*   27.2 m

3. 紫灰色泥质白云岩与土黄色、灰绿色页岩互层，页岩中夹薄层白云质粉砂岩及石英砂岩，顶部 0.3 m 白云质灰岩中，产腕足类及三叶虫（NC11）：Antagmidae   10.3 m

2. 灰白、紫灰色白云岩、泥质白云岩夹页岩、白云质泥岩、石英砂岩及含砾砂岩薄层   13.8 m

1. 灰色砾岩及砂岩   1.4 m

———假整合———

下伏地层　前寒武系：灰、灰绿色含砾石砂岩夹紫红色页岩，底部 1.7 m 为灰白色砾岩。

3. 陕西省陇县景福山地区牛心山寒武系剖面①

上覆地层　下奥陶统：灰白、紫红色厚层灰岩，底部为灰白色砾屑灰岩

———假整合———

寒武系芙蓉统和第三统上部（353.4 m）

三山子组（311.6 m）

48. 下部浅灰色薄层泥质白云岩，中部浅灰紫色中厚层微—细晶白云岩，上部浅紫红、浅灰色中厚层微—细晶钙质白云岩   68.7 m

47. 浅灰、浅灰红色中—厚层细—微晶白云岩，夹钙质白云岩，顶部夹一层砾屑灰岩   43.2 m

46. 下部为浅灰色厚层、块状隐—细晶钙质白云岩，中部为灰、灰黄、浅灰色薄层白云质灰岩，上部为浅灰色中薄层白云岩   52.6 m

45. 灰、浅灰、灰红色厚—中薄层鲕状白云岩，下部夹钙质白云岩   18.5 m

44. 浅灰、灰色厚层隐—细晶白云岩，底部为 2.2 m 厚的白云质灰岩   52.5 m

43. 浅灰、深灰色厚层、块状隐—细晶钙质白云岩，向上过渡为纯白云岩   39.5 m

42. 上部及中部为紫灰、灰色块状粗—细晶白云岩，下部为块状隐—细晶白云岩   15.2 m

41. 浅灰、深灰色中薄层—厚层鲕状白云岩，夹灰色薄层白云质灰岩   21.4 m

———整　合———

张夏组（41.8 m）

40. 灰、灰紫色块状鲕状灰岩   2.0 m

39. 下部深灰色厚层微晶白云质灰岩，上部深灰色中薄层微晶灰岩   6.8 m

38. 灰、深灰色薄层白云质灰岩，产三叶虫化石碎片   5.7 m

37. 灰、深灰色块状鲕状灰岩，产三叶虫（L27）：*Proasaphiscus quadratus*   5.7 m

---

① 陇县景福山地区牛心山剖面为作者等 1977 年野外实测。

36. 灰色厚层灰岩夹灰紫色砾屑灰岩，下部产三叶虫(L26)：*Lioparia* sp.，*Proasaphiscus quadratus*　　　7.5 m

35. 灰色薄层灰岩与竹叶状砾屑灰岩互层，产三叶虫(L25)：*Bailiella lantenoisi*　　　4.1 m

34. 灰、深灰色薄层泥晶灰岩，产三叶虫(L24)：*Honanaspis* sp.　　　2.2 m

33. 深灰色块状含鲕粒灰岩，三叶虫(L18)：*Proasaphiscus* sp. B　　　2.2 m

32. 灰色薄层泥质灰岩，夹竹叶状砾屑灰岩及薄层鲕状灰岩，产三叶虫(L17)：Proasaphiscidae　　　5.6 m

———整　合———

寒武系第三统下部至第二统上部(201.9 m)

馒头组(201.9 m)

31. 上部灰、深灰色厚层含鲕粒砾屑灰岩，下部浅紫色薄层泥质灰岩夹灰紫色页岩，下部产三叶虫(L23)：
Poriagraulos dactylogrammacus，*P.* sp.，*Liquanella venusta*　　　2.4 m

30. 灰紫色页岩与浅灰、紫褐色薄层灰岩、泥质灰岩不等厚互层，底部为深灰色中薄层藻灰岩及鲕状灰岩　　　15.6 m

29. 灰紫色页岩夹灰色薄层鲕状灰岩，产三叶虫(L22)：Proasaphiscidae，*Gangdeeria* sp.　　　5.3 m

28. 灰色厚层鲕状灰岩，产三叶虫(L22)：Proasaphiscidae　　　0.5 m

27. 灰紫色页岩夹灰红、浅灰色薄层含生物碎屑鲕状灰岩，自上而下产三叶虫三层(L20c)：*Inouyops titiana*；(L20b)：*Metagraulos* sp.，*Lioparella* sp.；(L20a)：*Inouyia* (*Bulbinouyia*) *lata*，*Metagraulos laevis*，*Lioparella walcotti*，*Iranoleesia* (*Proasaphiscina*) sp.　　　8.7 m

26. 紫红色中层含砂质生物碎屑鲕状灰岩，产三叶虫(L19)：*Metagraulos* sp.，*Lorenzella spinosa*　　　0.5 m

25. 灰紫色页岩夹灰色薄层生物碎屑鲕状灰岩，自上而下产三叶虫三层 (L16b)：*Lorenzella spinosa*，*Metagraulos* sp.；(L16)：*Inouyia* (*Bulbinouyia*) sp.；(L16a)：*Metagraulos laevis*，*Gangdeeria*? sp. B　　　5.9 m

24. 灰、褐灰色薄—中层灰岩及鲕状灰岩，产三叶虫(L15a)：*Sunaspidella* sp.　　　0.9 m

23. 灰紫色页岩夹灰色薄层生物碎屑鲕状灰岩，产三叶虫(L15)：*Sunaspidella transversa*，*S.* sp. B，*Honania yinjiensis*，*Wuhushania claviformis*，*W. cylindrica*，*Pseudinouyia* sp.　　　10.5 m

22. 灰紫色中层砂质灰岩，产三叶虫(L14)：*Holanshania hsiaoxianensis*，*Parashanxiella flabellata*，*Shanxiella* (*Jiwangshania*) *rotundolimbata*，*Taitzuina lubrica*　　　1.8 m

21. 灰黄色含海绿石灰岩，产三叶虫 *Iranoleesia* (*Proasaphiscina*) sp.　　　0.3 m

20. 上部灰黄色厚层含鲕粒碎屑灰岩，下部薄层粉砂质灰岩；上部产三叶虫 (L13)：*Sunaspis lui*，*Pseudinouyia* sp.，*Holanshania* sp.　　　4.1 m

19. 灰紫、紫红色钙质石英粉、细砂岩　　　12.8 m

18. 灰紫色页岩夹灰、灰紫色薄层灰岩及鲕状灰岩。上部 0.9 m 厚的灰岩夹层中，富产三叶虫(L12)：*Sinopagetia jinnanensis*，*S. neimengguensis*，*S. longxianensis*，*Parachittidilla xiaolinghouensis*，*P. obscura*，*Parainouyia fakelingensis*，*P. niuxinshanensis*，*Monanocephalus reticulatus*，*Metaperiomma spinalis*，*Jinnania* sp.，*Solenoparia* (*Plesisolenoparia*) sp.　　　18.0 m

17. 灰紫色薄层鲕状灰岩，产三叶虫(L11)：*Jinnania ruichengensis*，*Wuhaina lubrica*，*Parachittidilla* sp.，*Solenoparia* (*Plesisolenoparia*) sp.　　　1.3 m

16. 下部为紫褐色页岩夹薄层钙质粉砂岩，上部灰紫色薄层粉砂岩夹粉砂质鲕状灰岩　　　23.1 m

15. 紫红、紫褐色钙质页岩及钙质泥岩，夹灰岩及薄层鲕状灰岩，顶部为 1.4 m 厚的紫灰色厚层鲕状灰岩，产三叶虫(L10)：ptychoparids　　　44.2 m

14. 灰绿、浅灰紫色薄层灰岩及含泥质灰岩。顶部为厚 3.5 m 的鲕状灰岩，底部夹薄层生物碎屑灰岩　　　19.5 m

13. 棕灰、紫灰色厚层鲕状灰岩　　　1.1 m

12. 下部灰色钙质页岩夹鲕状灰岩，上部褐灰色薄层灰岩，上部产三叶虫(L8)：*Sanwania* sp.　　　9.7 m

11. 紫灰色厚层生物碎屑鲕状灰岩，产三叶虫(L7)：*Eoptychoparia* sp.　　　1.1 m

10. 上部为棕紫色钙质页岩，中部灰紫色白云岩及泥质白云岩，下部为灰色微—细晶灰岩，产三叶虫(L6)：ptychoparids　　　14.6 m

———整　合———

寒武系第二统中部(114.7 m)

朱砂洞组(76.4 m)

9. 浅紫灰色中厚层白云岩，泥质白云岩夹薄层白云质石英砂岩　　　10.0 m

8. 紫红、灰紫色钙质页岩、白云质页岩、泥灰岩及泥质白云岩互层，底部为灰色中薄层钙质白云岩　　　16.9 m

| 7. 浅灰、棕灰色中—薄层砂质白云岩夹白云岩及钙质泥岩 | 19.1 m |

7. 浅灰、棕灰色中—薄层砂质白云岩夹白云岩及钙质泥岩　　　　19.1 m

6. 浅灰色薄层白云岩，含丰富的藻类化石　　　　5.2 m

5. 上部深灰色块状含鲕粒砂质白云岩，下部灰色厚层砾屑白云岩　　　　17.2 m

4. 灰色块状白云岩，含丰富的藻类化石　　　　8.0 m

——整　合——

辛集组（38.3 m）

3. 褐黄、紫灰色中—薄层白云岩夹白云质石英粉砂岩，底部为中厚层白云岩　　　　33.6 m

2. 紫红、灰紫色块状含磷生物碎屑白云岩，产三叶虫（L2）：*Estaingia zhoujiaquensis*，*E. shaanxiensis*，*Longxianaspis latilimbatus*，*L. niuxinshanensis*　　　　2.3 m

1. 底部浅棕黄色薄层细晶白云岩，下部为暗紫色白云质鲕状磷块岩，中上部为灰、灰黄、灰褐色砾屑砂质磷块岩　　　　2.4 m

———假整合———

下伏地层　震旦系凤台组陇县段：暗紫、灰紫、灰绿色页岩

4. 宁夏回族自治区贺兰山苏峪口至五道塘寒武系剖面①

上覆地层　下奥陶统：灰色中厚层泥质灰岩

——整　合——

寒武系芙蓉统（206.4 m）

三山子组（206.4 m）

46. 上下部为灰色厚层状为主的白云质灰岩，中部为灰色薄—中层泥质条带灰岩　　　　34.3 m

45. 深灰色厚层—块状白云岩，下部含泥质，顶面含燧石团块，含叠层石　　　　4.0 m

44. 浅灰—深灰色白云岩，下部厚层，向上渐变为中薄层，顶部为含泥质白云岩　　　　21.8 m

43. 灰—深灰色厚层白云岩与灰色薄—中层泥质灰岩互层，夹少量竹叶状灰岩　　　　23.8 m

42. 灰色薄层灰岩、泥质灰岩夹中薄层竹叶状灰岩，产三叶虫 *Paracalvinella cylindrica*，*Tsinania* sp.　　　　6.2 m

41. 灰色厚层结晶白云岩，夹少许薄层泥质灰岩，底部为白云质灰岩　　　　31.2 m

40. 灰色薄层泥质灰岩与灰色中厚层结晶白云岩互层，夹中厚层竹叶状灰岩。中下部产三叶虫 *Chuangia* sp.，*Xiaoshiella* sp.　　　　34.2 m

39. 灰色薄层泥质灰岩、泥质条带灰岩及中厚层竹叶状灰岩互层，夹少量鲕状灰岩，自上而下产两层化石：*Chuangia* sp.（上部），*Yokusenia* sp.（下部）　　　　50.9 m

——整　合——

寒武系第三统（649.5 m）

胡鲁斯台组（649.5 m）

38. 灰色中厚层灰岩　　　　3.1 m

37. 灰色薄层泥质灰岩夹灰色中厚层灰岩及竹叶状灰岩，底部为灰色块状灰岩　　　　24.3 m

36. 灰色薄层泥质灰岩夹灰色中厚层灰岩及竹叶状灰岩，产三叶虫 *Homagnostus* sp.　　　　25.6 m

35. 灰色薄层泥质条带灰岩夹灰色中厚层灰岩、竹叶状灰岩及鲕状灰岩，产三叶虫 *Blackwelderia* sp.，*Cyclolorenzella* sp.　　　　46.9 m

34. 灰色薄—中层泥质灰岩夹灰色厚层竹叶状灰岩　　　　12.4 m

33. 灰色薄层泥质灰岩，泥质条带灰岩夹灰色中厚层竹叶状灰岩，上部产三叶虫 *Damesella* sp.　　　　62.8 m

32. 灰色中厚层竹叶状灰岩，底部为 0.9 m 厚深灰色含叠层石灰岩　　　　27.6 m

31. 下部灰色厚层泥质条带灰岩，中上部为深灰、青灰色薄层泥质条带灰岩夹竹叶状灰岩及一厚层灰岩，中下部产三叶虫 *Solenoparia* sp.，*Taitzuia* sp.，*Poshania* sp.　　　　78.0 m

30. 灰色厚层泥质条带灰岩夹灰色中厚层竹叶状灰岩及少量中厚层灰岩　　　　65.3 m

29. 灰色薄层灰岩夹中厚层灰岩　　　　10.9 m

28. 灰色薄层灰岩与灰绿色页岩互层　　　　8.4 m

---

① 贺兰山苏峪口至五道塘剖面分层、岩性及厚度参考周志强、郑昭昌"贺兰山的寒武系"一文。NH 编号的化石是作者等 1977 年野外所采集，其他未编号化石是周志强、郑昭昌原剖面所列，略有修改。

27. 灰色厚层泥质条带灰岩，夹中厚层竹叶状灰岩及鲕状灰岩数层，产三叶虫 *Szeaspis* sp.　　16.4 m

26. 灰色薄层灰岩夹中厚层灰岩　　15.6 m

25. 灰、灰白色灰岩与灰绿色页岩互层，夹灰色中厚层鲕状灰岩　　13.9 m

24. 灰色厚层泥质条带灰岩，夹两层中厚层鲕状灰岩，自上而下产三叶虫三层，（NH28）：? *Crepicephalina* sp.；（NH27，NH26）：*Proasaphiscus* sp.　　38.2 m

23. 灰色薄层灰岩　　6.2 m

22. 灰绿色页岩夹少量灰、灰白色薄层灰岩　　13.8 m

21. 灰色薄层泥质灰岩，夹少量灰绿色页岩，产三叶虫，（NH25）：*Bailiella lantenoisi*　　6.8 m

20. 灰白、灰色薄层灰岩、灰绿色页岩与竹叶状灰岩互层，夹少量黑色中厚层灰岩，自上而下产四层三叶虫化石，（NH24）：Proasaphiscidae；（NH23）：*Latilorenzella melie*；（NH22）：Proasaphiscidae；（NH21）：*Proasaphiscus* sp.　　26.8 m

19. 灰、灰黑色厚层泥质条带灰岩夹灰白、黄白色中厚层鲕状灰岩。顶部有一层 8.6 m 灰、灰黑色厚层团块状含泥质菱铁矿灰岩，自上而下产三叶虫化石三层，（NH20）：*Solenoparia* (*Plesisolenoparia*) sp.，*Lorenzella spinosa*，*Gangdeeria neimengguensis*，*Hyperoparia*? sp.；（NH19）：*Inouyops titiana*；（NH18）：*Gangdeeria neimengguensis*，*Solenoparia* (*Solenoparia*) cf. *talingensis*　　36.5 m

18. 灰、灰白色中厚层含泥质条带鲕状灰岩，底部产三叶虫（NH17）：*Inouyia* (*Sulcinouyia*) *rara*，*Inouyia* (*Bulbinouyia*) *lubrica*，*Koptura* (*Eokoptura*) *bella*，*Iranoleesia* (*Proasaphiscina*) sp. A　　4.8 m

17. 下部灰色薄层泥质条带灰岩，中部灰色薄层灰岩与竹叶状灰岩互层，夹少量灰绿色页岩及薄层灰岩，上部灰绿色页岩夹鲕状岩和砂质鲕状灰岩　　30.1 m

16. 下部灰、灰绿色竹叶状灰岩夹少量绿色页岩，上部灰色薄层灰岩夹灰褐色薄层生物碎屑灰岩，富产三叶虫化石，距顶 6 m 处（NH16）：*Sunaspidella rara*，*S. transversa*，*Leiaspis elongata*；距顶 9 m 处（NH15）：*Sunaspidella transversa*；距底 13 m 处（NH14）：*Xuainania* sp.；距底 5 m 处（NH13）：*Taitzuina lubrica*，*Wuania* sp.，*Parashanxiella flabellata*；距底 2.5 m 处（NH12）：*Wuania semicircularis*，*Pseudinouyia transversa*，*Wuanoides situla*，*Shanxiella* (*Shanxiella*) *xiweikouensis*，*Sunaspidella ovata*；距底 1.5 m 处（NH11）：*Sunaspidella ovata*　　22.2 m

15. 灰绿色页岩夹少量灰色薄层含生物碎屑及硅质条带灰岩透镜体。上部薄层灰岩及灰白、灰色生物碎屑灰岩与灰色薄层泥质条带灰岩互层。下部 17 m 左右为黄土覆盖。上部产三叶虫化石共四层，（NH10）：*Sunaspidlla* sp. A；（NH9）：*Sunaspis lui*；（NH8）：*Sunaspis laevis*，*Wuania oblongata*，*Iranoleesia* (*Proasaphiscina*) *pustulosa*；（NH7）：Solenopleuridae，Proasaphiscidae　　28.4 m

14. 灰绿色薄层灰岩、生物碎屑灰岩，夹少量灰绿色页岩，近底部产两层三叶虫化石，（NH6）：*Ruichengaspis* sp.，*Protochittidilla poriformis*，*Solenoparia* (*Solenoparia*) *granuliform*；（NH5）：Antagmidae，Solenopleuridae　　3.5 m

13. 灰绿色页岩夹薄层灰岩，中部灰岩中产三叶虫（NH4）：? *Parachittidilla* sp.，? *Probowmania* sp.　　7.0 m

12. 下部灰绿色页岩夹少量灰色薄层灰岩，上部为紫红色页岩，下部灰岩中产三叶虫（NH3b）：*Wuhaiaspis longispina*；（NH3a）：*Wuhaiaspis* sp.，*Solenoparops taosigouensis*　　7.0 m

11. 下部灰绿色页岩夹灰色薄层灰岩透镜体，上部紫红色页岩，在灰岩透镜体中产三叶虫（NH2）：*Probowmaniella conica*，*P. jiawangensis*　　7.0 m

———整　合———

寒武系第二统（109.8 m）

朱砂洞组（79.2 m）

10. 灰白色中厚层中粒石英砂岩　　2.2 m

9. 黄白色页状砂岩与页岩互层，底部夹灰、黄色薄层灰岩　　4.6 m

8. 灰色厚层含钙质结晶白云岩　　6.2 m

7. 下部灰色薄层灰岩，上部灰绿色页岩　　9.2 m

6. 灰色中厚层灰岩，顶部含藻类化石　　4.8 m

5. 黄、黄白色中厚层钙质砂岩，中薄层灰岩夹灰紫色页岩　　4.3 m

4. 乳白色薄层夹少量中厚层灰岩，顶部 1.9 m 为钙质白云岩　　25.8 m

3. 深灰色厚层—块状粉砂质钙质白云岩　　22.1 m

————整　合————

苏峪口组（30.6 m）

 2. 灰、黄灰色中厚层含钙质粉砂岩，底部为棕灰色含砾生物碎屑砂岩，在粉砂岩底部产三叶虫（NH1）：
  protolenid gen. et sp. indet.   28.3 m

 1. 下部黄褐色砾状磷块岩，上部土黄色中层砂质磷块岩及褐色含磷粉砂岩   2.3 m

———假整合———

下伏地层 震旦系凤台组下部：白云岩及砾岩，上部灰、灰黑、灰紫、灰绿色页岩，粉砂质页岩

5. 内蒙古自治区阿拉善盟宗别立乡呼鲁斯太陶思沟寒武系剖面①

上覆地层 中石炭统：浅褐色含砾粗砂岩。

〜〜〜〜不整合〜〜〜〜

寒武系第三统（319.3 m）

胡鲁斯台组（319.3 m）

 18. 灰白色薄层灰岩夹中厚层鲕状灰岩、竹叶状灰岩   53.8 m

 17. 灰白色薄层灰岩夹灰色页岩，中部夹数层中厚层碎屑灰岩、竹叶状灰岩及褐色钙质粉砂岩，自上而下
   产三叶虫化石三层，（NH63）：*Koptura* sp.；（NH62）：*Megagraulos* sp.；（NH61）：? *Crepicephalina* sp. 30.3 m

 16. 灰白色薄层灰岩，上部夹鲕状灰岩，产三叶虫（NH60、59）：*Crepicephalina* sp. 34.5 m

 15. 紫红、灰绿、褐红色页岩，夹2—3层薄层砂质灰岩，底部有一层40 cm厚的灰绿色细粒石英砂岩，产
   三叶虫（NH58）：Proasaphiscidae gen. et sp. indet.   18.1 m

 14. 灰白色薄层灰岩，底部有3—4 m中厚层竹叶状灰岩，自上而下产三叶虫化石三层，（NH57）：*Bailiella*
   lantenoisi；（NH57a）：*Bailiella lantenoisi*；（NH56）：*Bailiella lantenoisi*；*Michaspis taosigouensis* 13.1 m

 13. 下部灰黑色薄层泥质条纹鲕状灰岩，上部灰白色薄层竹叶状灰岩，自上而下产三叶虫两层，（NH55）：
   Michaspis taosigouensis；（NH54）：*Inouyops titiana*，*Gangdeeria neimengguensis*，*Solenoparia* sp. 47.8 m

 12. 灰绿色页岩薄—中层砂质灰岩，生物碎屑灰岩，顶部夹一层1.0 m厚的中层鲕状竹叶状灰岩，自上而
   下产三叶虫化石七层，（NH53）：*Solenoparia*（*Solenoparia*）*talingensis*；（NH52）：*Zhongweia transversa*，
   Z. sp.，*Lioparella typica*，*L. suyukouensis*；（NH51）：*Wuhushania cylindrica*，*Honania yinjiensis*，*Sunaspidella*
   transversa；（NH50）：*Sunaspidella transversa*，Ordosiidae；（NH49）：*Sunaspidella qinglongshanensis*，
   Huainania angustilimbata；（NH48）：*Pseudinouyia transversa*，*Leiaspis* sp.，*Taitzuina lubrica*，*Taosigouia*
   cylindrica；（NH48a）：*Pseudinouyia transversa*，*Taosigouiacylindrica*，*Taitzuina lubrica*，*Holanshania*
   ninghsiaensis   72.3 m

 11. 灰黄色薄层泥质条带灰岩，顶部夹一层鲕状灰岩，自上而下产三叶虫化石四层，（NH47）：
   Pseudinouyia transversa，*Taosigouia cylindrica*，*Holanshania hsiaoxianensis*，*Parashanxiella lubrica*；
   （NH46）：*Kootenia* sp.，*Wuania venusta*，*Taitzuina transversa*，*Shanxiella*（*Jiwangshania*）*flabelliformis*，
   Tengfengia（*Luguoia*）*helanshanensis*，*Proacanthocephala longispina*；（NH45）：*Kootenia* sp.；（NH44）：
   Solenoparops? intermedius，*Paraszeaspis quadratus*，*Iranoleesia*（*Iranoleesia*）*angustata*，*Qianlishania*
   megalocephala   24.9 m

 10. 灰黑色中层鲕状灰岩夹砾状灰岩，自上而下产三叶虫化石七层，（NH43a）：*Monanocephalus*
   taosigouensis，*M. zhongtiaoshanensis*，*Plesiagraulos pingluoensis*，*Solenoparia*（*Soelnoparia*）*porosa*，
   Solenoparops? intermedius，*Sulcipagetia gangdeershanensis*；（NH43）：*Paraszeaspis quadratus*，*Iranoleesia*
   （*Iranoleesia*）*angustata*，*Qianlishania megalocephala*；（NH42）：*Kootenia helanshanensis*；（NH41）：
   Sulcipagetia sp.，*Solenoparia*（*Plesisolenoparia*）sp.，*Monanocephalus taosigouensis*，*M. zhongtiaoshanensis*；
   （NH40）：*Sulcipagetia gangdeershanensis*，*Sinopagetia jinnanensis*，*S. longxianensis*；（NH39）：*Solenoparia*
   （*Plesisolenoparia*）*jinxianensis*；（NH38）：*Solenoparia*（*Plesisolenoparia*）*granulosa*，*Solenoparops taosigouensis*

                   17.3 m

 9. 灰黄色中厚层砂质灰岩，夹灰绿、紫红色页岩，自上而下产三叶虫化石八层，（NH37）：*Luaspides* sp.；

---

 ① 阿拉善盟宗别立乡呼鲁斯太陶思沟剖面岩性及厚度由宁夏回族自治区地质矿产局区测三分队提供。NH 编号的化石是作者 1977 年野外所采集。

（NH36）: *Luaspides? quadrata*；（NH35）: *Luaspides* sp., *Solenoparia* (*Plesisolenoparia*) sp.；（NH34）: *Plesiagraulos pingluoensis*, *P. triangulus*, *Gangdeeria* sp. A, *Solenoparia* (*Plesisolenoparia*) *jinxianensis*；*Parachittidilla* sp.；（NH33）: *Sinopagetia* sp., *Solenoparia* (*Plesisolenoparia*) sp.；（NH32）: *Zhongtiaoshanaspis similis*, *Z. ruichengensis*, *Qianlishania longispina*；（NH31a）: *Solenoparia* (*Plesisolenoparia*) *jinxianensis*, *Parachittidilla* sp., *Parainouyia prompta*, *Helanshanaspis abrota*；（NH31）: *Luaspides shangzhuangensis*, *Luaspides? sp.*   7.2 m

———整　合———

寒武系第二统(57.6 m)

五道淌组(57.6 m)

  8. 灰黑色厚层泥质条带灰岩，底部为 5 m 厚的灰黑色薄层泥质条带灰岩，上部多为泥砂质网纹状灰岩，近底部处产三叶虫(NH30)：*Eoptychoparia* sp.   15.9 m

  7. 灰黑色薄层竹叶状鲕状灰岩，产三叶虫化石碎片   8.6 m

  6. 灰白色薄层中粒长石石英砂岩，夹一层厚 30 cm 的灰黑色灰岩   12.0 m

  5. 土黄色中厚层白云岩，底部有一层 1 m 厚的灰绿色凝灰岩   12.0 m

  4. 土黄色薄层泥灰岩和土黄色板岩、页岩，其中夹一层 10 cm 厚的含海绿石中粒石英砂岩   7.3 m

  3. 灰色细砾岩   1.8 m

———假整合———

下伏地层　前寒武系

  2. 石英砂岩与土黄色含燧石团块泥质条带白云岩互层，底部砂岩为主，上部白云岩为主   19.5 m

  1. 灰绿色含细砾粗粒石英砂岩   14.3 m

6. 内蒙古自治区乌海市岗德尔山东山口寒武系剖面[①]

上覆地层　下奥陶统三道坎组：石英砂岩、砂质白云岩、白云岩互层

———假整合———

寒武系第三统(520.1 m)

胡鲁斯台组(520.1 m)

  45. 黄灰色中层白云岩与泥质条带白云岩互层   9.9 m

  44. 灰色薄层灰岩、竹叶状灰岩、藻灰岩、白云岩不等厚互层，底部 0.5 m 厚白云岩化藻灰岩中产三叶虫化石(NZ020)：*Cyclolorenzella* sp., Damesellidae gen. et sp. indet.   10.4 m

  43. 灰色薄层灰岩夹竹叶状灰岩及藻灰岩多层   12.0 m

  42. 下部灰色泥质条带灰岩，具层纹，上部灰色薄层灰岩夹竹叶状灰岩及藻灰岩透镜体。产藻类化石   8.8 m

  41. 灰色薄层灰岩夹竹叶状灰岩及薄层砾状灰岩   11.3 m

  40. 灰色薄层灰岩夹竹叶状灰岩及藻灰岩透镜体，顶部少量灰色页岩，产三叶虫(NZ50)：*Jiulongshania rotundata*, *Pingluaspis decora*, *Haibowania zhuozishanensis*   39.1 m

  39. 灰色薄层灰岩与竹叶状灰岩互层，横向与白云岩渐变，底部 1.3 m 为灰色瘤状灰岩，产三叶虫化石碎片   13.0 m

  38. 上下部为灰色薄层瘤状灰岩，夹白云岩及竹叶状灰岩，中部为灰黑色厚层白云岩夹钙质白云岩及竹叶状灰岩，中部产三叶虫化石碎片(NZ017)   30.9 m

  37. 灰色不规则瘤状灰岩与泥质、白云质条带灰岩互层，中下部产三叶虫化石(NZ016, NZ49)：*Camarella tumida* gen. et sp. nov.   18.9 m

  36. 灰色薄层灰岩、黄绿色页岩、瘤状灰岩互层，夹少量泥质条带灰岩及竹叶状灰岩，产三叶虫化石碎片（NZ48, NZ47）   12.9 m

  35. 灰色薄层灰岩与黄绿色页岩互层，夹一层灰色厚层灰岩及五层竹叶状灰岩，自上而下产三叶虫化石两层，（NZ46）：*Poshania poshanensis*, *Taitzuia lui*；（NZ45）：*Taitzuia lui*, *Yanshaniashania angustigenata*, *Poshania poshanensis*   14.3 m

  34. 下部灰色厚层瘤状灰岩及泥质灰岩，上部薄层灰岩夹竹叶状灰岩及黄绿色页岩   8.2 m

---

  ① 乌海市岗德尔山东山口剖面为杨甲明、赵松青等于 1977 年所测，厚度和岩性参考杨甲明、赵松青等的资料。NZ 化石编号为作者等 1977 年野外所采集；NZ0 为杨甲明、赵松青等所补采。

33. 灰绿、黄绿色页岩与竹叶状灰岩互层，夹薄层灰岩及少量钙质粉砂岩，产三叶虫（NZ44）：*Idioura* sp.，*Psilaspis dongshankouensis*；（NZ44 转）：*Sciaspis brachyacanthus*，*Lianglangshania transversa*　31.8 m

32. 下部灰色中层竹叶状灰岩与灰色薄层灰岩互层。上部灰色薄层灰岩夹灰绿色页岩，产三叶虫，（NZ015）：anomocarids　12.5 m

31. 灰色竹叶状灰岩、泥质条带灰岩、鲕状灰岩及薄层灰岩互层，夹生物碎屑灰岩及钙质页岩。产三叶虫化石碎片（NZ014，NZ42）　16.8 m

30. 灰色菊花状竹叶状灰岩与灰色薄层灰岩互层，夹薄层竹叶状灰岩及黄绿色页岩，产三叶虫（NZ41）：*Megagraulos armatus*，*Yanshaniashania similis*　7.4 m

29. 灰色瘤状灰岩与灰色竹叶状灰岩互层，夹鲕状灰岩及灰绿色页岩，产三叶虫（NZ40）：*Proasaphiscus tatian*　30.1 m

28. 灰色薄层灰岩夹多层竹叶状灰岩和鲕状灰岩　12.1 m

27. 灰色菊花状竹叶状灰岩、薄层灰岩及灰绿色页岩互层，产三叶虫（NZ012）：*Megagraulos* sp.　4.5 m

26. 灰色瘤状灰岩夹竹叶状灰岩、鲕状灰岩及薄层灰岩，底部 0.6 m 为含生物碎屑鲕状灰岩，自上而下产三叶虫化石四层，（NZ39）：*Megagraulos inflatus*，*Manchuriella* sp.，*Anomocarella? antiqua*；（NZ32）：*Megagraulos spinosus*；（NZ38）：*Tetracerura* sp.，*Tylotaitzuia truncata*；（NZ37）：*Olenoides longus*，*Megagraulos* sp.，*Asteromajia?* sp.，*Heyelingella shuiyuensis*，*Dorypyge* sp.，*Tylotaitzuia truncata*，*Anomocarioides?* sp.　10.0 m

25. 灰色瘤状灰岩与竹叶状灰岩互层，夹薄层生物碎屑鲕状灰岩，顶部为 1.2 m 厚的灰色砾状灰岩，自上而下产三叶虫化石三层，（NZ36）：*Jinxiaspis rara*，*Yujinia* sp.；（NZ35）：*Asteromajia dongshankouensis*，*Proasaphiscus quadratus*；（NZ34）：*Proasaphiscus* sp.　14.4 m

24. 深灰色瘤状灰岩，夹竹叶状灰岩及生物碎屑灰岩透镜体　10.6 m

23. 灰色竹叶状灰岩，灰色薄层灰岩、薄层泥灰岩，紫色钙质页岩及黄绿色砂质页岩组成的三个韵律层。产三叶虫（NZ31）：*Yujinia granulosa*，*Lioparia tsutsumii*　30.2 m

22. 灰色薄层灰岩，向上泥质增加，渐变为钙质页岩，夹竹叶状灰岩及生物碎屑鲕状灰岩透镜体多层，自上而下产三叶虫，（NZ29）：*Bailiella lantenoisi*，*Occatharia dongshankouensis*；（NZ28）：*Orientanomocare elegans*，*Proasaphiscus* sp. A，*Tengfengia (Tengfengia) striata*　22.8 m

21. 灰色薄层瘤状灰岩，夹数层鲕状灰岩，自上而下产三叶虫，（NZ27）：*Orientanomocare elegans*；（NZ26）：Proasaphiscidae gen. et sp. indet.，Solenopleuridae gen. et sp. indet.　14.1 m

20. 上部为灰色瘤状灰岩，中下部鲕状灰岩与瘤状灰岩互层，自上而下产三叶虫化石四层，（NZ25，NZ22）：*Lorenzella postulosa*，*Gangdeeria neimengguensis*，*Jinxiaspis intermedia*；（NZ24）：*Gangdeeria neimengguensis*，*Lorenzella postulosa*；（NZ21）：*Inouyops latilimbatus*；（NZ23）*Metagraulos dolon*，*Iranoleesia (Proasaphiscina) microspina*，*Iranoleesia (P.) pustulosa*，*Iranoleesia (P.)* sp. C，*Inouyia (Bulbinouyia) lubrica*，*Inouyia (Sulcinouyia) rara*，*Inouyia (S.) rectangulata*，*Lioparella typica*，*Tengfengia (Tengfengia) granulate*，*Jinxiaspis intermedia*　17.3 m

19. 褐、褐紫、灰绿色页岩夹深灰色鲕状灰岩及泥质灰岩。页岩局部含砂质及钙质，自上而下产三叶虫化石五层，（NZ20）：*Metagraulos dolon*，*Iranoleesia (Proasaphiscina) microspina*，*Inouyia (Bulbinouyia) lubrica*，*Inouyia (Sulcinouyia) rara*，*Inouyia (S.) rectangulata*，*Lioparella typica*，*Tengfengia (Tengfengia) granulata*，*Jinxiaspis intermedia*；（NZ19）：*Iranoleesia (Proasaphiscina) microspina*，*Inouyia (Bulbinouyia) lubrica*，*Inouyia (Sulcinouyia) rara*，*Inouyia (S.) rectangulata*，*Metagraulos* sp.；（NZ18）：*Metagraulos dolon*，*Zhongweia convexa*，*Z. transversa*，*Inouyia (Sulcinouyia) rara*；（NZ010）：*Daopingia quadrata*；（NZ17）：*Zhongweia transversa*，*Daopingia quadrata*，*Inouyia (Bulbinouyia) lubrica*　12.1 m

18. 下部为灰色薄层灰岩，向上钙质减少，渐变为黄绿色页岩夹页状粉砂质页岩，夹数层鲕状灰岩，自上而下产八层三叶虫化石，（NZ16）：*Zhongweia transversa*；（NZ15）：*Wuanoides lata*；（NZ14）：*Leiaspis elongata*；（NZ13）：*Leiaspis elongata*；（NZ09）：*Jiangsucephalus* sp.；（NZ12）：*Sunaspidella rara*，*Leiaspis* sp.；（NZ11）：*Monanocephalus reticulatus*，*Holanshania hsiaoxianensis*；（NZ08）：*Parayujinia convexa*　16.1 m

17. 灰绿色页岩夹薄层灰岩透镜体。底部有 1 m 厚深灰色灰岩，含生物碎屑，中部巨鲕富集。自上而下产三叶虫化石两层，（NZ07）：*Wuanoides lata*，*Taitzuina lubrica*，*Latilorenzella divi*，*Huainania angustilimbata*；（NZ06）*Wuania* sp.　15.5 m

16. 深灰色鲕状灰岩与深灰色薄层瘤状灰岩互层，顶部产三叶虫(NZ06a)：*Wuania* sp.　　　　5.7 m

15. 紫灰色钙质白云岩，底部 0.5 m 为软舌螺生物灰岩　　　　3.3 m

14. 下部深灰色白云岩与白云质灰岩互层，夹少量鲕状灰岩，上部为瘤状灰岩，产三叶虫，（NZ05）：
Sinopagetia sp., *Parainouyia* sp., 以及腕足类、软舌螺　　　　7.3 m

13. 下部瘤状灰岩，上部黄色页岩夹生物碎屑灰岩透镜体，自上而下产三叶虫化石四层，（NZ04）：
Solenoparia（*Plesisolenoparia*）*ruichengensis*, *Plesiagraulos* sp., *Sinopagetia* sp., *Monanocephalus* sp.；
（NZ03）：*Parainouyia* sp., *Plesiagraulos* sp., *Solenoparia*（*Plesisolenoparia*）sp.；（NZ9）：*Sinopagetia*
jinnanensis；（NZ02）：*Parainouyia prompta*, *Sinopagetia jinnanensis*, *S. neimengguensis*, *Plesiagraulos* cf.
intermedius, *Solenoparia*（*Plesisolenoparia*）sp.　　　　9.1 m

12. 深灰色含鲕粒灰岩，产三叶虫化石两层，（NZ8）：*Ruichengaspis mirabilis*, *Wuhaiaspis convexa*,
Solenoparia（*Plesisolenoparia*）*ruichengensis*；（NZ7）：*Ruichengaspis mirabilis*, *Wuhaiaspis longispina*,
Solenoparia（*Solenoparia*）*granuliformis*, *Solenoparia*（*Plesisolenoparia*）*ruichengensis*, *Jinnania*
ruichengensis, *Parachittidilla xiaolinghouensis*　　　　1.2 m

11. 黄灰色页岩夹竹叶状灰岩与含砾屑灰岩互层，自上而下产三叶虫化石三层，（NZ6）：*Shuiyuella*
miniscula；（NZ5）：*Jinnania ruichengensis*, *Shuiyuella scalariformis*, *S. triangularis*, *Wuhaina lubrica*,
Wuhaiaspis convexa, *Parachittidilla xiaolinghouensis*, *P.* sp.；（NZ4）：*Catinouyia typica*, *Plesiagraulos*
tienshihfuensis, *Kaotaia* sp., *Solenoparia*（*Plesisolenoparia*）*trapezoidalis*　　　　7.5 m

10. 灰绿色页岩，底部 0.15 m 为深灰色灰岩，富产三叶虫，（NZ3）：*Catinouyia typica*, *Luaspides brevis*,
Parachittidilla xiaolinghouensis, *Solenoparia*（*Solenoparia*）*accedens*, *Solenoparia*（*Plesisolenoparia*）
ruichengensis, *Solenoparia*（*P.*）*trapezoidalis*, *Jinnania poriformis*, *Plesiagraulos intermedius*, *Shuiyuella* sp.
　　　　1.4 m

9. 灰绿、蓝灰色页岩夹两层紫色页岩，底部 0.35 m 为深灰色含生物碎屑灰岩，自上而下产三叶虫化石三
层，（NZ2）：*Solenoparia*（*Plesisolenoparia*）*robusta*；（NZ2a）：*Luaspides brevis*, *Qianlishania* sp.；（NZ1）：
Solenoparia（*Solenoparia*）*accedens*, *Luaspides brevis*, *Solenoparia*（*Plesisolenoparia*）sp.　　　　12.2 m

8. 灰绿、黄灰色页岩夹钙质砂岩透镜体及薄层石膏，页岩中产三叶虫，（NZ02a）：ptychoparids　　　　4.4 m

―――假整合―――

下伏地层　前寒武系(>27.8 m)

7. 灰色白云质砂岩与深灰色砂质白云岩互层　　　　2.5 m

6. 灰、灰白色白云质石英砂岩与砂质白云岩、白云岩及褐黄、褐灰色砂质页岩不等厚互层。距离底部
0.3 m 的砂质白云岩中产叠层石　　　　7.3 m

5. 灰色白云岩，顶部渐变为钙质白云岩　　　　12.0 m

4. 灰白色石英砂岩　　　　2.0 m

3. 灰黑色泥晶白云岩，底部 0.2 m 白云岩含粉砂质多。夹白云质石英砂岩条带　　　　3.4 m

2. 浅灰色含砾石石英砂岩，灰色白云质含砾砂岩及浅灰色页岩　　　　0.6 m

1. 灰白色石英砂岩

7. 内蒙古自治区乌海市桌子山地区阿不切亥沟寒武系剖面①

上覆地层　下奥陶统三道坎组：石英砂岩与砂质白云岩互层

―――假整合―――

寒武系第三统(459.9 m)

胡鲁斯台组(459.9 m)

29. 薄—厚层白云质灰岩，风化面呈黄褐色　　　　13.6 m

28. 薄—厚层白云质灰岩夹页岩及少量竹叶状灰岩，顶部产三叶虫(CD114)：*Blackwelderia* cf. *sinensis*,
Jiulongshania parabola　　　　21.8 m

27. 薄—厚层白云质、泥质灰岩夹少量页岩　　　　19.4 m

26. 厚—薄层白云质灰岩，风化面呈黄褐色，夹少量竹叶状灰岩，底部为薄层结核状灰岩，底部含三叶虫

① 乌海市桌子山地区阿不切亥沟寒武系剖面系卢衍豪、穆恩之、张日东 1954 年所测

化石碎片（CD112）	19.1 m
25. 灰色及深灰色、薄层及厚层白云质灰岩夹少量白云质竹叶状灰岩	15.0 m
24. 深灰色薄层结核状灰岩，灰色白云质及泥质灰岩，风化面呈褐黄色	22.8 m
23. 灰色块状灰岩夹薄层灰岩及结核状灰岩夹少量页岩，产三叶虫（CD111）：*Solenoparops neimengguensis*	5.0 m
22. 上部为厚层至块状灰岩夹少量薄层灰岩；下部为薄层结核状灰岩，有时为鲕状，夹少量竹叶状灰岩	23.5 m
21. 上部为灰色薄层结核状灰岩，下部为灰色钙质灰岩及薄层泥质灰岩夹多层竹叶状灰岩	40.8 m
20. 绿色钙质页岩，薄层泥质灰岩夹竹叶状灰岩及透镜状灰岩，产三叶虫三层，（CD110）：*Psilaspis affinis*, *P. dongshankouensis*；（CD109）：*Psilaspis temenus*；（CD108）：*Psilaspis changchengensis*, *Eosoptychoparia truncata*, *Pseudocrepicephalus angustilimbatus*	34.4 m
19. 蓝灰色薄层结核状灰岩及竹叶状灰岩	12.0 m
18. 灰色厚层鲕状灰岩及鲕状、结核状灰岩，夹少量竹叶状灰岩，产三叶虫化石碎片（CD107）	30.0 m
17. 灰色薄层竹叶状灰岩及薄层鲕状灰岩互层，每层厚 1—15 cm，上部为较厚层的竹叶状灰岩	22.0 m
16. 灰色厚层竹叶状灰岩夹薄层灰岩及鲕状灰岩，顶部夹灰绿色页岩，产三叶虫（CD106）：*Megagraulos armatus*, *Lisania* sp.	8.8 m
15. 灰色薄板状灰岩、竹叶状灰岩及鲕状灰岩，夹少量页岩及灰岩透镜体	41.0 m
14. 灰色薄层灰岩夹泥质灰岩，顶部为厚层鲕状灰岩（1.7 m），产三叶虫（CD104）：*Proasaphiscus zhuozishanensis*, *Iranoleesia* (*Proasaphiscina*) *microspina*, *Squarrosoella dongshankouensis*	22.0 m
13. 灰色薄层竹叶状鲕状灰岩夹结核状灰岩，产三叶虫（CD103）：*Lorenzella* sp. A, *Gangdeeria obvia*, *Lioparella suyukouensis*；（CD102）：*Jinxiaspis intermedia*, *Metagraulos dolon*	7.8 m
12. 深灰色薄层泥质灰岩，结核状灰岩夹少量竹叶状灰岩，每层厚约 2.3 cm 至 10 cm 不等	22.6 m
11. 深灰色薄层鲕状灰岩，中上部产三叶虫（CD101）：*Jinxiaspis intermedia*, *Metagraulos* sp.；（CD100）：*Metagraulos dolon*, *Erratojincella convexa*	9.4 m
10. 灰色薄层泥质灰岩，顶部产三叶虫（CD99）：*Zhongweia convexa*, *Solenoparia* (*Solenoparia*) *lilia*；中部产三叶虫（CD98）：*Shanxiella* (*Shanxiella*) *venusta*	8.1 m
9. 深灰、灰色薄—厚层灰岩，顶部产三叶虫，（CD97）：*Sunaspis lui*	5.6 m
8. 灰色薄—中层灰岩，产三叶虫碎片（CD96A）	5.2 m
7. 深灰色厚层—块状灰岩	26.0 m
6. 灰色薄层结核状灰岩夹少量页岩，产三叶虫（CD94C）：*Sinopagetia jinanensis*, *Parainouyia prompta*, *Monanocephalus reticulatus*, *M.* sp., *Plesiagraulos* cf. *intermedius*, *Solenoparia* (*Solenoparia*) *porosa*, *Qianlishania conica*；（CD94B）：*Sinopagetia longxianensis*；（CD94A）：*Ruichengaspis mirabilis*, *Wuhaina* sp.；（CD94）：*Shuiyuella triangularis*, *S. scalariformis*	15.0 m
5. 绿色纸片状页岩夹薄层灰岩和灰岩透镜体，产三叶虫（CD93）：*Shuiyuella triangularis*, *S. scalariformis Wuhaina lubrica*, *Parachittidilla xiaolinghouensis*, *Solenoparia* (*Plesisolenoparia*) *ruichengensis*, *Jinnania convoluta*	7.0 m
4. 深灰色至蓝灰色结核状薄层灰岩夹少量页岩	1.5 m
3. 覆盖（砂堆）	11.8 m
2. 绿色似纸状页岩，大部被覆盖	10.3 m
1. 灰色中—细粒砂岩，底部为结核状薄层灰岩夹页岩	1.0 m

————假　整　合———

下伏地层　前寒武系：深灰、黑色块状或厚层细粒石英砂岩，出露厚度约 30 m，顶部为厚约 2 m 的深蓝灰色砂质灰岩

（四）渭河河谷北缘的寒武系

　　鄂尔多斯地台南缘、渭河河谷北缘在岐山至礼泉以北，东西向出露一些寒武系（冯增昭等，1991）。三原到韩城一带以南只有奥陶系出露，不见寒武系。这一带的寒武纪地层顺序及沉积情况，过去很少了解。笔者之一（张文堂）1977 年 5 月曾在泾河口及泾惠渠以东观察寒武系，并在泾惠渠水坝以南 100 m 左右的黄绿色页岩中发现原附栉虫类（proasaphiscid）或褶颊虫类（ptychoparids）三叶虫，时代应属寒武纪第三世。另外在泾惠渠以西的寒水沟沟顶发现 *Dorypyge*，原附栉虫类三叶虫，看来也应属寒武纪第三世。

寒水沟内出露的寒武系下部为黄绿色页岩，其中夹有深灰色薄层灰岩、砂屑灰岩和生物碎屑灰岩，厚度390 m左右，目前我们将这段地层暂称为馒头组。页岩之上是厚层灰岩、白云质石灰岩、白云岩夹鲕粒和砂屑白云岩，厚度至少有220 m。三叶虫化石是在白云岩与黄绿色页岩之间发现的。这段寒武系底部皆被断层所切。

麟游至岐山之间的公路上奥陶系之下有巨厚的白云岩地层，估计厚度有1000 m或数千米（其中可能有断层），因为没有发现化石，属寒武系哪些层段目前难以肯定。另外岐山二郎沟的寒武系也以白云岩为主，厚度较大，并有轻微变质，底部朱砂洞组有原油栉虫类（protolenid）类三叶虫发现，其他层位未见三叶虫化石。

从以上情况来看，渭河河谷北缘出露的寒武系特征一是以白云岩沉积为主，二是三叶虫化石极少，三是有些地区寒武系略有变质，渭河河谷北缘的寒武系与陇县一带的情况还有差异，一方面，陇县寒武系不见有轻度变质现象，另一方面，陇县寒武系毛庄组及徐庄组都是正常浅海沉积，化石较多。渭河河谷北缘岐山、礼泉一带的寒武系与韩城禹门口一带的寒武系差异较大，禹门口一带缺失朱砂洞组沉积，寒武系厚度不大，白云岩沉积较少，化石丰富。因此我们认为现在的渭河河谷在寒武纪时是古秦岭北麓的凹陷地区，这个凹陷南北两侧都有断裂控制，南侧的断裂可能较北侧的断裂更大而深。岐山一带由于更靠近古秦岭的刚性地块，在以后的地质变动过程中受力可能较强，因而显示了轻微变质现象。禹门口一带的寒武系已属正常地台上的沉积，所以不论从岩性还是化石方面看都与华北东部地区相似。鄂尔多斯地台西缘地区的寒武系也遭受后期的地质变动，但其西缘与地槽区相邻，缺少刚性基底物质，虽然后来遭受地质变动，它也没有变质。因此我们推测鄂尔多斯地台本区被广大中生代及晚古生代地层掩盖之下的寒武系，在沉积岩性、厚度和生物群方面都应与华北其他地区相似。

四、鄂尔多斯地台西缘及南缘寒武纪
三叶虫属种的地层分布及分带

　　鄂尔多斯地台西缘及南缘寒武系三叶虫的研究始于 20 世纪中期，杜恒俭(1950)在贺兰山首次发现了三叶虫新属 *Holanshania*，但没有详细描述，直到 1956 年才正式命名发表。大量的三叶虫基础性研究工作则是在 20 世纪 70 年代末、80 年代初进行的(张文堂、朱兆玲，1979；周志强、郑昭昌，1980；张文堂等，1980b；Zhang and Yuan，1981；周志强等，1982；张进林，1985，1986；Zhang *et al.*，1995)。在此期间共描述三叶虫新属(新亚属) 20 余个，如 *Hsuaspis* (*Madianaspis*) Zhang et Zhu，1979，*Hsuaspis* (*Yinshanaspis*) Zhang et Zhu，1979，*Longxianaspis* Zhang et Zhu，1979，*Ningxiaspis* Zhang et Zhu，1979，*Paracalvinella* Zhou in Zhou et Zheng，1980，*Gangdeeria* Zhang et Yuan in Zhang *et al.*，1980b，*Sinopagetia* Zhang et Yuan，1981，*Wuhaina* Zhang et Yuan，1981，*Catinouyia* Zhang et Yuan，1981，*Wuanoides* Zhang et Yuan，1981，*Wuhushania* Zhang et Yuan，1981，*Taitzuina* Zhang et Yuan，1981，*Zhuozishania* Zhang et Yuan，1981，*Sunaspidella* Zhang et Yuan，1981，*Yeshanaspis* Zhu et Jiang，1981，*Holocephalites* Zhou in Zhou *et al.*，1982，*Subeia* Li in Zhou *et al.*，1982，*Parasolenoparia* Li in Zhou *et al.*，1982，*Tianjingshania* Zhou in Zhou *et al.*，1982，*Zhongweia* Zhou in Zhou *et al.*，1982，*Liquania* Zhou in Zhou *et al.*，1982，*Parayuepingia* Zhou in Zhou *et al.*，1982，*Haibowania* Zhang，1986，*Pseudinouyia* Zhang et Yuan in Zhang *et al.*，1995。其中 *Hsuaspis* (*Madianaspis*)，*Hsuaspis* (*Yinshanaspis*)，*Longxianaspis*，*Ningxiaspis*，*Subeia*，*Yeshanaspis* 都是仅根据头盖建立的属，形态特征不仅与西伯利亚地台上的 *Bergeroniellus* Lermontova，1940 [模式种 *B. asiaticus* Lermontova (Лермонтова，1940，стр. 132，табл. 38，фиг. 1а—з；табл. 39，фиг. 1，1а；1951a，стр. 63—68，табл. 9，фиг. 1，1а—г，?2；табл. 10，фиг. 1，1а—d；табл. 11，фиг. 1，1а)]相似，而且与湖北的 *Hsuaspis* Chang in Lu *et al.*，1965 和澳大利亚的 *Estaingia* Pocock，1964 非常相似，这些属可能都是 *Estaingia* 的晚出异名。*Zhuozishania* 是 *Lioparella* Kobayashi，1937 的晚出异名(Zhang and Jell，1987)；*Parasolenoparia* 是 *Solenoparia* Kobayashi，1935 的晚出异名(Yuan *et al.*，2008；袁金良等，2012)；*Tianjingshania* 是 *Lorenzella* 一属的头盖和 *Lioparella* 一属的尾部相搭配建立的一个属；曾有人认为 *Haibowania* 是 *Damesella* 一属的晚出异名(Jell and Adrain，2003，p. 381)，经研究这两个属不仅尾部的区别较明显，头盖、唇瓣和活动颊的区别也很明显。本书根据所获得的三叶虫新材料，对我国以往所建立的 4 个属，如 *Zhicunia* Luo in Luo *et al.*，2009 (= *Catinouyia* Zhang et Yuan，1981)，*Bhargavia* Peng in Peng *et al.*，2009 (= *Plesiagraulos* Chang，1963)，*Liuheia* An in Duan *et al.*，2005 (= *Jinnania* Lin et Wu in Zhang *et al.*，1980b)，*Proposhania* Duan in Duan *et al.*，2005 (= *Daopingia* Lee in Yin et Lee，1978)又进行了一些修订。有关我国寒武系第三统与国内外同期地层的对比已有详细说明(袁金良等，2012，32—44，492—501 页)，本书不再赘述。此外，本书还建立了 17 个新属，1 个新亚属，它们是 *Angustinouyia* Yuan et Zhang，gen. nov.，*Camarella* Zhu，gen. nov.，*Eiluroides* Yuan et Zhu，gen. nov.，*Helanshanaspis* Yuan et Zhang，gen. nov.，*Inouyia* (*Sulcinouyia*) Yuan et Zhang，subgen. nov.，*Liquanella* Yuan et Zhang，gen. nov.，*Niuxinshania* Yuan et Zhang，gen. nov.，*Orientanomocare* Yuan et Zhang，gen. nov.，*Palaeosunaspis* Yuan et Zhang，gen. nov.，*Parashanxiella* Yuan et Zhang，gen. nov.，*Paraszeaspis* Yuan et Zhang，gen. nov.，*Prolisania* Yuan et Zhu，gen. nov.，*Qianlishania* Yuan et Zhang，gen. nov.，*Sciaspis* Zhu，gen. nov.，*Sinoanomocare* Yuan et Zhang，gen. nov.，*Sulcipagetia* Yuan et Zhang，gen. nov.，*Taosigouia* Yuan et Zhang，gen. nov.，*Wuhaiaspis* Yuan et Zhang，gen. nov.。有关种的变更和厘定，这里不一一列举。本书共记述三叶虫 5 目，30 科，129 属(亚属)，267 个种和未定种，其中 98 个新种，其地层分布见表 1。

表 1　鄂尔多斯地台西缘及南缘寒武纪三叶虫属（亚属）、种地层分布表

Table 1　Stratigraphic ranges of trilobite genera（subgenera）and species from the Cambrian in southern and western marginal parts of the Ordos Plarform

属种名称 Name of genera and species	A	B	C								D					E	
	1	2	3	4	5	6	7	8	9	10	11	12	13	14	15	16	17
Ammagnostus Öpik, 1967															▭		
A. shandongensis (Sun, 1989)															―		
Angustinouyia Yuan et Zhang, gen. nov.						▪											
A. quadrata Yuan et Zhang, sp. nov.						―											
Anomocarella Walcott, 1905												▭					
A.? antiqua Yuan in Yuan *et al.*, 2012												―					
Anomocarioides Lermontova, 1940												▭					
A. ? sp.												―					
Asteromajia Nan et Chang, 1982b			▬	▬	▬	▬	▬	▬	▬	▬	▬	▬					
A. dongshankouensis Zhu, sp. nov.											―						
A.? sp.											―						
Bailiella Matthew, 1885									▭								
B. lantenoisi (Mansuy, 1916)									―								
Blackwelderia Walcott, 1906																▭	
B. fortis Zhou in Zhou et Zheng, 1980																―	
B. tenuilimbata Zhou in Zhou et Zheng, 1980																―	
Camarella Zhu, gen. nov.														▭			
C. tumida Zhu, sp. nov.														―			
Catinouyia Zhang et Yuan, 1981		▭															
C. dasonglinensis Yuan et Gao, sp. nov.		―															
C. typica Zhang et Yuan, 1981		―															
C. sp.		―															
Changqingia Lu et Zhu in Qiu *et al.*, 1983												▭					
C. chalcon (Walcott, 1911)												―					
Chuangioides Chu, 1959																▭	
C. subaiyingouensis Zhang, 1985																―	
C. sp.																―	
Cyclolorenzella Kobayashi, 1960																▭	
C. distincta Zhang, 1985																―	
Danzhaina Yuan in Zhang *et al.*, 1980a		▭															
D. hejinensis (Zhang et Wang, 1985)		―															
D. triangularis Yuan et Gao, sp. nov.		―															
Daopingia Lee in Yin et Lee, 1978							▭										
D. quadrata Yuan et Zhang, sp. nov.							―										
Dorypyge Dames, 1883									▬	▬	▬	▬	▬	▬			
D. areolata Yuan et Zhang, sp. nov.									―								
D.? sp. A									―								
D. sp. B													―				
Eiluroides Yuan et Zhu, gen. nov.												▭					
E. triangula Yuan et Zhu, sp. nov.												―					
Eoptychoparia Rasetti, 1955	▭																
E. sp.	―																
Eosoptychoparia Chang, 1963												▭					
E. truncata Yuan et Zhu, sp. nov.												―					

· 23 ·

属种名称 Name of genera and species	A	B	C								D					E	
	1	2	3	4	5	6	7	8	9	10	11	12	13	14	15	16	17
E.? truncata Yuan et Zhang, sp. nov.																	
Eymekops Resser et Endo in Kobayashi, 1935																	
E. nitidus Zhu, sp. nov.																	
Formosagnostus Ergaliev, 1980																	
F. formosus Ergaliev, 1980																	
Gangdeeria Zhang et Yuan in Zhang *et al.*, 1980b																	
G. neimengguensis Zhang et Yuan in Zhang *et al.*, 1980b																	
G. obvia Yuan et Zhang, sp. nov.																	
G. sp. A																	
G. sp. B																	
Haibowania Zhang, 1985																	
H. brevis Yuan, sp. nov.																	
H. zhuozishanensis Zhang, 1985																	
Haniwoides Kobayashi, 1935																	
H.? niuxinshanensis Yuan et Zhang, sp. nov.																	
Helanshanaspis Yuan et Zhang, gen. nov.																	
H. abrota Yuan et Zhang, sp. nov.																	
Heyelingella Zhang et Yuan in Zhang *et al.*, 1980b																	
H. shuiyuensis Zhang et Yuan in Zhang *et al.*, 1980b																	
Holanshania Tu in Lu, 1957																	
H. hsiaoxianensis Pi, 1965																	
H.ninghsiaensis Tu in Lu, 1957																	
Honania Lee in Lu *et al.*, 1963a																	
H. yinjiensis Mong in Zhou *et al.*, 1977																	
Houmaia Zhang et Wang, 1985																	
H. hanshuigouensis Yuan et Zhang, sp. nov.																	
H. jinnanensis Zhang et Wang, 1985																	
Huainania Qiu in Qiu *et al.*, 1983																	
H. angustilimbata (Bi in Qiu *et al.*, 1983)																	
H. sphaerica Qiu in Qiu *et al.*, 1983																	
Hyperoparia Zhang in Qiu *et al.*, 1983																	
H. liquanensis Yuan et Zhang, sp. nov.																	
H.? sp.																	
Idioura Zhang et Yuan in Zhang *et al.*, 1980b																	
I. sp.																	
Inouyia (*Inouyia*) Walcott, 1911																	
I. (*I.*) *capax* (Walcott, 1906)																	
Inouyia (*Bulbinouyia*) Yuan in Yuan *et al.*, 2012																	
I. (*B.*) *lata* Yuan et Zhang, sp. nov.																	
I. (*B.*) *lubrica* (Zhou in Zhou *et al.*, 1982)																	
I. (*B.*) sp.																	
Inouyia (*Sulcinouyia*) Yuan et Zhang, subgen. nov.																	
I. (*S.*) *rara* Yuan et Zhang, sp. nov.																	
I. (*S.*) *rectangulata* Yuan et Zhang, sp. nov.																	
Inouyops Resser, 1942																	
I. latilimbata Zhang et Yuan, 1981																	
I. titiana (Walcott, 1905)																	

属种名称 Name of genera and species	A	B	C								D					E	
	1	2	3	4	5	6	7	8	9	10	11	12	13	14	15	16	17
I. sp.								▬									
Iranoleesia (*Iranoleesia*) King, 1955						▭											
I. (*I.*) *angustilimbata* Yuan et Zhang, sp. nov.						▬											
I. (*I.*) *qianlishanensis* Yuan et Zhang, sp. nov.						▬											
I. (*Proasaphiscina*) Lin et Wu in Zhang *et al.*, 1980b						▬▬▬▬											
I. (*P.*) *quadrata* Lin et Wu in Zhang *et al.*, 1980b						▬											
I. (*P.*) *microspina* Yuan et Zhang, sp. nov.						▬											
I. (*P.*) *pustulosa* Yuan et Zhang, sp. nov.							▬										
I. (*P.*) sp. A							▬										
I. (*P.*) sp. B							▬										
I. (*P.*) sp. C							▬										
Jiangsucephalus Qiu in Nan et Chang, 1982b						▬▬▬▬▬											
J. subaigouensis Yuan et Zhang, sp. nov.											▬						
J. sp.						▬											
Jinnania Lin et Wu in Zhang *et al.*, 1980b		▬▬▬															
J. convoluta (An in Duan *et al.*, 2005)				▬													
J. poriformis Yuan et Zhang, sp. nov.		▬															
J. ruichengensis Lin et Wu in Zhang *et al.*, 1980b				▬													
Jinxiaspis Guo et Duan, 1978							▬▬▬▬▬▬										
J. gaoi Yuan sp. nov.												▬					
J. intermedia Yuan et Zhang, sp. nov.							▬										
J. rara Zhu et Yuan, sp. nov.												▬					
Jiulongshania Park, Han et Choi, 2008																▭▭	
J. rotundata (Resser et Endo, 1937)																	▬
Kootenia Walcott, 1889						▭											
K. helanshanensis Zhou in Zhou *et al.*, 1982						▬											
Koptura (*Eokoptura*) Yuan in Yuan *et al.*, 2012						▬▬▬											
K. (*E.*) *bella* Yuan in Yuan *et al.*, 2012							▬										
K. (*E.*) sp.						▬											
Latilorenzella Kobayashi, 1960b						▬▬▬▬											
L. divi (Walcott, 1905)						▬											
L. melie (Walccott, 1906)								▬									
Leiaspis Wu et Lin in Zhang *et al.*, 1980b						▭											
L. elongata Zhang et Wang, 1985						▬											
Lianglangshania Zhang et Wang, 1985													▭				
L. transversa Zhu, sp. nov.													▬				
Lioparia Lorenz, 1906											▭						
L. blautoeides Lorenz, 1906											▬						
L. tsutsumii (Endo, 1937)											▬						
Lioparella Kobayashi, 1937							▬▬▬										
L. suyukouensis Yuan et Zhang, sp. nov.							▬										
L. tolus (Walcott, 1905)								▬									
L. typica (Zhang et Yuan, 1981)							▬										
L. walcotti (Kobayashi, 1937)							▬										
L. sp.							▬										
Liopeishania (*Liopeishania*) Chang, 1963															▭		

属种名称 Name of genera and species	A 1	B 2	C 3	4	5	6	7	8	9	10	D 11	12	13	14	15	E 16	17
L. (L.) convexa (Endo, 1937)															▬		
L. (L.) lata Yuan, sp. nov.															▬		
Liopeishania (*Zhujia*) Ju in Qiu *et al.*, 1983															▭		
L. (Z.) hunanensis Peng, Lin et Chen, 1995															▬		
L. (Z.) zhuozishanensis Yuan, sp. nov.															▬		
Liquanella Yuan et Zhang, gen. nov.									▭								
L. venusta Yuan et Zhang, sp. nov.									▬								
Lisania Walcott, 1911											▬	▬	▬	▬	▬		
L. subaigouensis Yuan, sp. nov.															▬		
L. zhuozishanensis Yuan et Zhu, sp. nov.															▬		
L. sp.											▬						
Lonchinouyia Chang, 1963								▭									
L. armata (Walcott, 1906)								▬									
Lorenzella Kobayashi, 1935							▭										
L. postulosa Yuan et Zhang, sp. nov.							▬										
L. spinosa (Zhou in Zhou *et al.*, 1982)							▬										
L. sp. A							▬										
L. sp. B							▬										
Luaspides Duan, 1966		▬	▬	▬	▬												
L. brevis Zhang et Yuan, 1981		▬															
L. lingyuanensis Duan, 1966		▬															
L.? quadrata Yuan et Zhang, sp. nov.					▬												
L. shangzhuangensis Zhang et Wang, 1985		▬															
L.? sp.		▬															
Manchuriella Resser et Endo in Kobayashi, 1935												▭					
M. sp.												▬					
Megagraulos Kobayashi, 1935												▭					
M. armatus (Zhou in Zhou *et al.*, 1982)												▬					
M. inflatus (Walcott, 1906)												▬					
M. longispinifer Zhu, sp. nov.												▬					
M. spinosus Duan in Duan *et al.*, 2005												▬					
M. sp.												▬					
Meropalla Öpik, 1967																	▭
M. sp.																	▬
Metagraulos Kobayashi, 1935							▭										
M. dolon (Walcott, 1905)							▬										
M. laevis An in Duan *et al.*, 2005							▬										
M. truncatus Zhang et Yuan, 1981							▬										
Metaperiomma An in Duan *et al.*, 2005					▭	▭											
M. spinalis Yuan, sp. nov.					▬												
Michaspis Egorova et Savitzky, 1968										▭							
M. taosigouensis (Zhang et Yuan, 1981)										▬							
Monanocephalus Lin et Wu in Zhang *et al.*, 1980b					▭												
M. reticulatus Yuan et Zhu, sp. nov.					▬												
M. taosigouensis Yuan et Zhang, sp. nov.					▬												
M. zhongtiaoshanensis Lin et Wu in Zhang *et al.*, 1980b					▬												

属种名称 Name of genera and species	A	B	C								D					E	
	1	2	3	4	5	6	7	8	9	10	11	12	13	14	15	16	17
M. sp.					▬												
Monkaspis Kobayashi, 1935																▬	▬
M. neimonggolensis Zhang, 1985																	▬
Niuxinshania Yuan et Zhang, gen. nov.						▬											
N. longxianensis Yuan et Zhang, sp. nov.					▬												
Occatharia Álvaro, 2007										▬							
O. dongshankouensis Yuan et Zhang, sp. nov.										▬							
Olenoides Meek, 1877												▬					
O. longus Zhu et Yuan, sp. nov.												▬					
Orientanomocare Yuan et Zhang, gen. nov.							▬	▬	▬	▬							
O. elegans Yuan et Zhang, sp. nov.										▬							
O. sp.						▬											
Palaeosunaspis Yuan et Zhang, gen. nov.										▬							
P. latilimbata Yuan et Zhang, sp. nov.										▬							
Parablackwelderia Kobayashi, 1942b																▬	
P. spectabilis (Resser et Endo, 1937)																▬	
Parachittidilla Lin et Wu in Zhang et al., 1980b		▬	▬	▬	▬												
P. obscura Lin et Wu in Zhang et al., 1980b					▬												
P. xiaolinghouensis Lin et Wu in Zhang et al., 1980b		▬	▬	▬	▬												
P. sp.				▬													
Parainouyia Lin et Wu in Zhang et al., 1980b					▬												
P. fakelingensis (Mong in Zhou et al., 1977)					▬												
P. prompta Zhang et Yuan, 1981					▬												
P. niuxinshanensis Yuan et Zhang, sp. nov.					▬												
Parajialaopsiis Zhang et Yuan in Zhang et al., 1980b					▬												
P. sp.					▬												
Parashanxiella Yuan et Zhang, gen. nov.					▬	▬											
P. flabelata Yuan et Zhang, sp. nov.						▬											
P. lubrica Yuan et Zhang, sp. nov.					▬												
Parasolenopleura Westergärd, 1953			▬														
P. cf. *cristata* (Linnarsson, 1877)			▬														
Paraszeaspis Yuan et Zhang, gen. nov.					▬												
P. quadratus Yuan et Zhang, sp. nov.					▬												
P. sp.					▬												
Parayujinia Peng, Babcock et Lin, 2004b					▬												
P. convexa Yuan et Zhang, sp. nov.					▬												
Peronopsis Hawle et Corda, 1847								▬									
P. guoleensis Zhang, Yuan et Sun in Sun, 1989								▬									
Pingluaspis Zhang et Wang, 1986																	▬
P. decora (Wang et Lin, 1990)																	▬
Plesiagraulos Chang, 1963		▬	▬	▬	▬												
P. intermedius (Kobayashi, 1942)		▬															
P. pingluensis (Li in Zhou et al., 1982)				▬													
P. cf. *subtriangulus* Qiu in Qiu et al., 1983				▬													
P. tienshihfuensis (Endo, 1944)		▬															

属种名称 Name of genera and species	A	B	C								D					E	
	1	2	3	4	5	6	7	8	9	10	11	12	13	14	15	16	17
P. triangulus Chang in Lu *et al.*, 1965					▨												
P. sp.					▨												
Plesioperiomma Qiu, 1980				■													
P. triangulata Yuan et Zhang, sp. nov.				▨													
Poriagraulos Chang, 1963									■								
P. dactylogrammacus Zhang et Yuan, 1981									▨								
P. sp.									▨								
Poshanaia Chang, 1959														■			
P. poshanensis Chang, 1959														▨			
Proacanthocephalus Özdikmen, 2008						■											
P. longispinus (Qiu in Qiu *et al.*, 1983)						▨											
Proasaphiscus Resser et Endo in Kobayashi, 1935									■	■	■	■	■				
P. butes (Walcott, 1905)													▨				
P. quadratus (Hsiang in Lu *et al.*, 1963a)											▨						
P. pustulosus Yuan et Zhu, sp. nov.										▨							
P. tatian (Walcott, 1905)												▨					
P. zhuozishanensis Yuan et Zhu, sp. nov.									▨								
P. sp. A										▨							
P. sp. B									▨								
Probowmania Kobayashi, 1935	■																
P. qiannanensis (Zhou in Lu *et al.*, 1974b)	▨																
Probowmaniella Chang, 1963		■															
P. conica (Zhang et Wang, 1985)		▨															
P. jiawangensis Chang, 1963		▨															
Probowmanops Ju, 1983	■																
P. sp.	▨																
Prolisania Yuan et Zhu, gen. nov.													■				
P. neimengguensis Yuan et Zhu, sp. nov.													▨				
Protochittidilla Qiu, 1980				■													
P. poriformis (Qiu in Qiu *et al.*, 1983)				▨													
Pseudinouyia Zhang et Yuan in Zhang *et al.*, 1995						■											
P. intermedia Yuan et Zhang, sp. nov.						▨											
P. punctata Zhang in Zhang *et al.*, 1995						▨											
P. transversa Zhang et Yuan in Zhang *et al.*, 1995						▨											
P. sp.						▨											
Pseudocrepicephalus Chu et Zhang in Chu *et al.*, 1979													■				
P. angustilimbatus Zhu, sp. nov.													▨				
Psilaspis Resser et Endo in Kobayashi, 1935													■				
P. affinis Zhu et Yuan, sp. nov.													▨				
P. changchengensis (Zhang et Wang, 1985)													▨				
P. dongshankouensis Zhu et Yuan, sp. nov.													▨				
P. temenus (Walcott, 1905)													▨				
Qianlishania Yuan et Zhang, gen. nov.			■	■	■	■											
Q. conica Yuan et Zhang, sp. nov.					▨												
Q. longispina Yuan et Zhang, sp. nov.			▨														

属种名称 Name of genera and species	A	B	C								D					E	
	1	2	3	4	5	6	7	8	9	10	11	12	13	14	15	16	17
Q. megalocephala Yuan et Zhang, sp. nov.						━											
Q. sp.		━															
Qingshuiheia Nan, 1976	▭																
Q. hejinensis Yuan et Zhang, sp. nov.	━																
Q. huangqikouensis Yuan et Zhang, sp. nov.	━																
Ruichengaspis Zhang et Yuan in Zhang *et al.*, 1980b				▭													
R. mirabilis Zhang et Yuan in Zhang *et al.*, 1980b				━													
Sanwania Yuan in Zhang *et al.*, 1980a	▭																
S. sp.	━																
Sciaspis Zhu, gen. nov.													▭				
S. brachyacanthus Zhu, sp. nov.													━				
Shanxiella (*Shanxiella*) Lin et Wu in Zhang *et al.*, 1980b						▭											
S. (*S.*) *venusta* Lin et Wu in Zhang *et al.*, 1980b						━											
S. (*S.*) *xiweikouensis* Yuan et Zhang, sp. nov.						━											
S. (*S.*) sp.						━											
Shanxiella (*Jiwangshania*) Zhang et Wang, 1985						▭											
S. (*J.*) *flabelliformis* Qiu in Qiu *et al.*, 1983						━											
S. (*J.*) *rotundolimbata* Zhang et Wang, 1985						━											
Shuiyuella Zhang et Yuan in Zhang *et al.*, 1980b		▭	▭	▭													
S. miniscula (Qiu in Qiu *et al.*, 1983)			━	━													
S. scalariformis Yuan et Zhu, sp. nov.			━														
S. triangularis Zhang et Yuan in Zhang *et al.*, 1980b			━														
S. sp.		━															
Sinoanomocare Zhang et Yuan, gen. nov.									▭								
S. lirellatus Yuan et Zhang, sp. nov.									━								
Sinopagetia Zhang et Yuan, 1981						▭											
S. jinnanensis (Lin et Wu in Zhang *et al.*, 1980b)						━											
S. longxianensis Yuan et Zhang, sp. nov.						━											
S. neimengguensis Zhang et Yuan, 1981						━											
Solenoparia (*Solenoparia*) Kobayashi, 1935		━	━	━	━	━	━	━	━								
S. (*S.*) *accedens* Yuan et Zhang, sp. nov.		━															
S. (*S.*) *consocialis* (Reed, 1910)								━									
S. (*S.*) *granuliformis* (Li in Zhou *et al.*, 1982)				━													
S. (*S.*) *lilia* (Walcott, 1906)							━										
S. (*S.*) *porosa* Yuan et Zhang, sp. nov.						━											
S. (*S.*) *subcylindrica* Yuan, sp. nov.							━										
S. (*S.*) *talingensis* (Dames, 1883)								━									
S. (*S.*) cf. *talingensis* (Dames, 1883)								━									
S. (*Plesiosolenoparia*) Zhang et Yuan in Zhang *et al.*, 1980b		━	━	━	━	━											
S. (*P.*) *granulosa* Guo et Zan in Guo *et al.*, 1996				━													
S. (*P.*) *jinxianensis* Guo et Zan in Guo *et al.*, 1996					━												
S. (*P.*) *robusta* Yuan et Zhang, sp. nov.		━															
S. (*P.*) *ruichengensis* Zhang et Yuan in Zhang *et al.*, 1980b		━	━	━	━	━											
S. (*P.*) *trapezoidalis* Zhang et Yuan in Zhang *et al.*, 1980b		━															
Solenoparops Chang, 1963			━	━	━	━	━	━	━	━	━	━	━	━			

属种名称 Name of genera and species	A	B	C								D					E	
	1	2	3	4	5	6	7	8	9	10	11	12	13	14	15	16	17
S.? intermedius Yuan et Zhang, sp. nov.					▬												
S. neimengguensis Yuan et Zhang, sp. nov.														▬			
S. taosigouensis Yuan et Zhang, sp. nov.				▬													
Squarrosoella Wu et Lin in Zhang *et al.*, 1980b								▭									
S. dongshankouensis Yuan et Zhang, sp. nov.								▬									
S. sp.								▬									
Sulcipagetia Yuan et Zhang, gen. nov.					▭												
S. gangdeershanensis Yuan et Zhang, sp. nov.					▬												
S. sp.					▬												
Sunaspis Lu in Lu et Dong, 1952						▭											
S. laevis Lu in Lu et Dong, 1952						▬											
S. lui Lee in Lu *et al.*, 1965						▬											
Sunaspidella Zhang et Yuan, 1981						▭											
S. ovata Zhang et Wang, 1985						▬											
S. qinglongshanensis Yuan et Zhang, sp. nov.						▬											
S. rara Zhang et Yuan, 1981						▬											
S. transversa Yuan et Zhang, sp. nov.						▬											
S. sp. A						▬											
S. sp. B						▬											
Taitzuia Resser et Endo in Kobayashi, 1935														▭			
T. lui Chu, 1960a														▬			
Taitzuina Zhang et Yuan, 1981						▭											
T. lubrica Zhang et Yuan, 1981						▬											
T. transversa Yuan et Zhang, sp. nov.						▬											
T. sp.						▬											
Taosigouia Yuan et Zhang, gen. nov.						▭											
T. concavolimbata (Wu et Lin in Zhang *et al.*, 1980b)						▬											
T. cylindrica (Li in Zhou *et al.*, 1982)						▬											
Teinistion Monke, 1903																	▭
T. triangulus Yuan, sp. nov.																	▬
Temnoura Resser et Endo in Kobayashi, 1935	▭																
T. sp.	▬																
Tengfengia (*Tengfengia*) Hsiang, 1962							▬▬▬										
T. (*T.*) *granulata* Yuan et Zhang, sp. nov.							▬										
T. (*T.*) *striata* Yuan et Zhang, sp. nov.									▬								
Tengfengia (*Luguoia*) Lu et Zhu, 2001						▭											
T. (*L.*) *helanshanensis* Yuan et Zhang, sp. nov.						▬											
Tetraceroura Chang, 1963												▭					
T. transversa Yuan et Zhu, sp. nov.												▬					
T. sp.												▬					
Tylotaitzuia Chang, 1963												▭					
T. truncata Zhu, sp. nov.												▬					
Wuania Chang, 1963						▭											
W. oblongata (Bi in Qiu *et al.*, 1983)						▬											
W. semicircularis Zhang et Wang, 1985						▬											
W. spinata Yuan et Zhang, sp. nov.						▬											

属种名称 Name of genera and species	A	B	C								D					E	
	1	2	3	4	5	6	7	8	9	10	11	12	13	14	15	16	17
W. venusta Zhang et Yuan, 1981						▭											
Wuanoides Zhang et Yuan, 1981						▭											
W. lata (Mong in Zhou *et al.*, 1977)						▭											
W. situla Zhang et Yuan, 1981						▭											
Wuhaiaspis Yuan et Zhang, gen. nov.				▭													
W. convexa Yuan et Zhang, sp. nov.				▭													
W. longispina Yuan et Zhang, sp. nov.				▭													
W. sp.				▭													
Wuhaina Zhang et Yuan, 1981				▭													
W. lubrica Zhang et Yuan, 1981				▭													
W. sp.				▭													
Wuhushania Zhang et Yuan, 1981						▭											
W. claviformis Yuan et Zhang, sp. nov.						▭											
W. cylindrica Zhang et Yuan, 1981						▭											
Yanshaniashania Jell in Jell et Adrain, 2003													▭	▭			
Y. angustigenata Zhu, sp. nov.														▭			
Y. similis Zhu et Yuan, sp. nov.													▭				
Yujinia Zhang et Yuan in Zhang *et al.*, 1980b											▭						
Y. granulosa Zhu, sp. nov.											▭						
Zhongtiaoshanaspis Zhang et Yuan in Zhang *et al.*, 1980b			▭														
Z. similis Zhang et Yuan, 1981			▭														
Z. ruichengensis Zhang et Yuan in Zhang *et al.*, 1980b			▭														
Zhongweia Zhou in Zhou *et al.*, 1982						▭	▭										
Z. convexa Yuan in Yuan *et al.*, 2012							▭										
Z. cylindrica Yuan et Zhang, sp. nov.							▭										
Z. latilimbata Zhang in Qiu *et al.*, 1983							▭										
Z. transversa Zhou in Zhou *et al.*, 1982							▭										
Z. sp.							▭										

注：寒武系第二统上部

A. 龙王庙阶上部（Upper Lungwangmiaoan） 1. *Qingshuiheia hejinensis* 带；

寒武系第三统

B. 毛庄阶（Maochuangian） 2. *Luaspides shangzhuangensis* 带；

C. 徐庄阶（Hsuchuangian） 3. *Zhongtiaoshanaspis similis* 带；4. *Ruichengaspis mirabilis* 带；5. *Sinopagetia jinnanensis* 带；6. *Sunaspis laevis-Sunaspidella rara* 带；7. *Metagraulos dolon* 带；8. *Inouyops titiana* 带；9. *Poriagraulos nanus* 带；10. *Bailiella lantenoisi* 带；

D. 长清阶（Changqingian） 11. *Lioparia blautoeides* 带；12. *Megagraulos inflatus* 带；13. *Psilaspis changchengensis* 带；14. *Taitzuia lui-Poshania poshanensis* 带；15. *Liopeishania lubrica* 带；

E. 济南阶（Jinanian） 16. *Damesella paronai* 带；17. *Blackwelderia tenuilimbata* 带。

有关鄂尔多斯地台西缘及南缘寒武系三叶虫的分带，Zhang 和 Yuan（1981）曾将徐庄阶的三叶虫分成 9 个带，自上而下为：*Bailiella* 带、*Poriagraulos* 带、*Inouyops* 带、*Metagraulos* 带、*Sunaspidella* 带、*Sunaspis* 带、*Pagetia jinnanensis* 带、*Ruichengaspis* 带和 *Kochaspis-Ruichengella* 带。后来，Zhang 等（1995）将 *Sunaspidella* 带、*Sunaspis* 带合并为 *Sunaspis-Sunaspidella* 带。袁金良等（2012, 2014）将整个华北地台上徐庄阶的三叶虫分带提升到种一级的水平，自上而下分为 8 个三叶虫带：*Bailiella lantenoisi* 带、*Tonkinella flabelliformis-Poriagraulos nanus* 带、*Inouyops titiana* 带、*Metagrulos nitidus* 带、*Sunaspis laevis-Sunaspidella rara* 带、*Sinopagetia jinnanensis* 带、*Ruichengaspis mirabilis* 带和 *Asteromajia hsuchuangensis* 带。这 8 个带在鄂尔多斯地台西缘及南缘是存在的，而且比东区更加发育，笔者在本区没有发现 *Asteromajia hsuchuangensis* 这个种，也没有发现 *Ruichengella* 属，但是 *Zhongtiaoshanaspis* 属确实是存在的，所以本书用 *Zongtiaoshanaspis similis* 带作为徐庄阶在这一地区最下部的一个化石带。现在看来以往把 *Luaspides* 的首现作为这一地区徐庄阶的底界的认识是错误的（Zhang and Yuan, 1981；王绍鑫、张进林，1993b）。*Luaspides* 在华北地台北缘的辽宁凌源和锦西，河北抚宁和唐山，河南与山西交界的壶关，山西五台山地区，以及华北地台南缘和西缘的山西南部的河津，内蒙古，宁夏和甘肃等地都有广泛分布（段吉业，1966；Zhang and Yuan, 1981；周志强等，1982；张进林、王绍鑫，1985；王绍鑫、张进林，1993b；段吉业等，2005）。关于卢氏宽壳虫（*Luaspides*）的时代目前有两种不同意见：一种意见认为属传统下寒武统（寒武系第二统）（段吉业，1966；郭鸿俊、段吉业，1978；程立人等，2001；段吉业等，2005）；另一种意见认为它属传统中寒武统（寒武系第三统徐庄阶底部）（张文堂等，1980c；Zhang and Yuan, 1981；周志强等，1982；张韦，1983；张进林、王绍鑫，1985；王绍鑫、张进林，1993a，1994a）。有报道在山西南部霍山及吕梁山 *Luaspides* 与 *Asteromajia* 共生（王绍鑫、张进林，1993a），但是在该文章所列的三叶虫地层分布表上并没有见到共生现象（王绍鑫、张进林，1993a，123 页）。在河北抚宁沙河寨所谓的 *Hsuchuangia funingensis* An in Duan et al.（段吉业等，2005，122 页，图版 14，图 16b，17b；图版 16，图 12）也与 *Luaspides lingyuanensis* Duan, 1966 共生。笔者认为基于三个头盖标本建立的 *Hsuchuangia funingensis* 这个种，头鞍呈锥形，眼叶短，眼脊自头鞍前侧角稍后向后斜伸，眼前翼和鞍前区较宽，置于这个属内是有问题的，其正模标本（图版 16，图 12）与 *Solenoparia*（*Plesisolenoparia*）*ruichengensis* Zhang et Yuan in Zhang et al., 1980b 非常相似。最近的研究表明在河北唐山地区 *Luaspides* 产出的层位之下有类似 *Kunmingaspis* Chang, 1964 或 *Eokochaspis* Sundberg et McCollum, 2000 的化石，而在 *Luaspides* 层位之上有 *Plesiagraulos tienshihfuensis*（Endo），*Danzhaiaspis* 等三叶虫，与 *Luaspides* 共生的三叶虫还有 *Catinouyia*，*Wuhaina*，*Probowmaniella*，*Solenoparia*（*Plesisolenoparia*）等，这些都是寒武系第三统的三叶虫分子。*Kunmingaspis* 以往也被认为是我国西南地区传统中寒武统的标准分子（张文堂，1964；张文堂等，1980a；罗惠麟等，1993），但是 *Kunmingaspis* 和 *Chittidilla* 等产在贵州东南部的凯里组下部，位于 *Oryctocephalus indicus* 的首现点之下，并与 *Redlichia*，*Bathynotus* 等共生（袁金良等，2002），因此华北地台的北缘、南缘和西缘以 *Luaspides lingyuanensis* 一种的首现来作为寒武系第三统的底界，与斜坡相区以 *Oryctocephalus indicus* 的首现来作为寒武系第三统的底界应该是一致的。基于在华北地台西缘及南缘毛庄阶的 *Yaojiayuella granosa* 带（= *Yaojiayuella ocellata* 带）和 *Shandongaspis aclis* 带缺失的事实，笔者将这一地区的 *Luaspides shangzhuangensis* 带作为毛庄阶化石带。

华北地台东区寒武系长清阶和济南阶的三叶虫分带和对比已有了很大的进展。济南阶自上而下分 3 个三叶虫带：*Neodrepanura premesnili* 带、*Blackwelderia paronai* 带和 *Damesella paronai* 带。长清阶自上而下分 6 个三叶虫带：*Liopeishania lubrica* 带、*Taitzuia insueta-Poshania poshanensis* 带、*Amphoton deois* 带、*Crepicephalina convexa* 带、*Megagraulos coreanicus* 带和 *Inouyella peiensis-Peishania convexa* 带（袁金良等，2012，35 页）。鄂尔多斯地台西缘及南缘寒武系长清阶和济南阶的三叶虫过去仅分出 3 个带：*Blackwelderia* 带、*Taitzuia* 带和 *Crepicephalina* 带（项礼文、朱兆玲，2005），主要原因是以往对这一地区三叶虫的研究程度较低，野外采集的标本较少，室内研究也不够深入。客观上来说相当地层，即胡鲁斯台组的中上部白云岩的夹层较多。经过本书的研究，笔者认为在这一地区自上而下可划分出 7 个三叶虫带：*Blackwelderia tenuilimbata* 带、*Damesella paronai* 带、*Liopeishania lubrica* 带、*Taitzuia lui-Poshania poshanensis* 带、*Psilaspis changchengensis* 带、*Megagraulos inflatus* 带和 *Lioparia blautoeides* 带。寒武系第二统上部（龙王庙阶）的三叶虫在鄂尔多斯地台西缘及南缘仅有零星分布，见有 *Eoptychoparia* sp.，*Qingshuiheia hejinensis*，*Q. huangqikouensis*，*Redlichia* sp. 等，本书仅以 *Qingshuiheia hejinensis* 带来代表。寒武系第二统中部（沧浪铺阶中部）的三叶虫已有详细报道（张文堂、朱兆玲，1979），本书不再赘述。至于寒武系芙蓉统的三叶虫，笔者在野外工作中由于山高

坡陡没有详细采集标本，本书从略。

从岗德尔山、陶思沟、苏峪口、青龙山、牛心山、西碰口及中条山等地区的三叶虫动物群顺序来看，鄂尔多斯地台西缘及南缘寒武系第三统（毛庄阶、徐庄阶和长清阶）可分为16个三叶虫带，而寒武系第二统上部（龙王庙阶）可分出1个三叶虫带。寒武系第三统自上而下为：长清阶，*Blackwelderia tenuilimbata* 带、*Damesella paronai* 带、*Liopeishania lubrica* 带、*Taitzuia lui-Poshania poshanensis* 带、*Psilaspis changchengensis* 带、*Megagraulos inflatus* 带和 *Lioparia blautoeides* 带；徐庄阶，*Bailiella lantenoisi* 带、*Poriagraulos nanus* 带、*Inouyops titiana* 带、*Metagraulos dolon* 带、*Sunaspis laevis-Sunaspidella rara* 带、*Sinopagetia jinnanensis* 带、*Ruichengaspis mirabilis* 带和 *Zhongtiaoshanaspis similis* 带；毛庄阶，*Luaspides shangzhuangensis* 带。寒武系第二统：龙王庙阶，*Qingshuiheia hejinensis* 带。*Neodrepanura premesnili* 带在鄂尔多斯地台西缘及南缘从未有报道。*Blackwelderia tenuilimbata* 带在这一地区基本上都能找到，但三叶虫的分异度不如东区的高，厚度从几十厘米到几米不等。*Damesella paronai* 带在本区确实存在，但三叶虫的分异度很低，有报道在本区发现了大量的 *Damesella* 标本（周志强、郑昭昌，1976；张进林、陈振川，1982），但没有发表有关图片。*Liopeishania lubrica* 带和 *Taitzuia lui-Poshania poshanensis* 带内三叶虫的分异度不如东区的高，厚度从一米到几米不等。东区常见的 *Amphoton deois* 带在本区没有发现，很可能代表这一时期的地层相变为白云岩，也有可能是野外采集工作还不够详细。许多文章提及本区产有 *Crepicephalina*（周志强、郑昭昌，1976；张文堂等，1980c；张进林、陈振川，1982；项礼文、朱兆玲，2005），但本书仅有 *Idioura* sp. 的记述且仅有一块尾部标本，而大量的标本是 *Psilaspis*，因此本书以 *Psilaspis changchengensis* 带来代替东区的 *Crepicephalina convexa* 带。*Megagraulos inflatus* 带与东区的 *Megagraulos coreanicus* 带大体相当。*Lioparia blautoeides* 带与东区的 *Inouyella peiensis-Peishania convexa* 带也大体相当，但是分异度很低，*Inouyella* 在本区有过报道（周志强等，1982），值得今后野外工作中注意。*Bailiella lantenoisi* 带在上述各剖面中几乎都有发现，在华北的东部及中部，这个化石带也很稳定。*Poriagraulos nanus* 带的层位也较稳定，与其共生的有 *Lorenzella*、*Inouyia*、*Proasaphiscus*、*Squarrosoella*、*Tengfengia*（*Tengfengia*）、*Dorypyge* 等属，但有时 *Poriagraulos* 一属分布不够普遍。*Inouyops titiana* 带和 *Metagraulos dolon* 带在本区分布很广，在岗德尔山、陶思沟、苏峪口、青龙山、陇县等地都很稳定，厚度从几米到几十米不等，*Inouyops*、*Metagraulos* 这两个三叶虫比较特殊，容易识别，而且分异度也很高。*Sunaspis laevis-Sunaspidella rara* 带的层位更是稳定，厚度从几米到二十几米不等，分异度极高，与其共生的还有 *Kootenia*、*Wuania*、*Iranoleesia*（*I.*）、*Iranoleesia*（*Proasaphiscina*）、*Shanxiella*、*Shanxiella*（*Jiwangshania*）、*Wuanoides*、*Holanshania*、*Proacanthocephala*、*Pseudinouyia*、*Angustinouyia*、*Latilorenzella*、*Wuhushania*、*Huainania*、*Tengfengia*（*Luguoia*）、*Leiaspis*、*Honania*、*Zhongweia*、*Parajialaopsis*、*Solenoparops*、*Jiangsucephalus*、*Parayujinia*、*Niuxinshania*、*Taitzuina*、*Paraszeaspis*、*Parashanxiella*、*Taosigouia* 等二十几个属和亚属。*Sinopagetia jinnanensis* 带分布在鄂尔多斯地台西缘及南缘条带状的凹陷区内，向东至山西芮城中条山、河南北部以及秦岭北麓的凹陷带也有此属的发现（如霍邱、马店等地），在山东枣庄峄城区石榴园和辽宁大连金州区拉树山也有发现（Zhang *et al.*，1995；郭鸿俊等，1996；袁金良等，2012），此带在本区内三叶虫的分异度较高，向东则分异度逐渐降低。*Ruichengaspis mirabilis* 带是鄂尔多斯地台西缘的一个重要化石层位，三叶虫分异度也较高，其厚度一般只有几米。这一属首先发现于山西芮城中条山，最近在河南北部、山东莱芜九龙山、河北唐山等地也有发现（Zhang *et al.*，1995；Chough *et al.*，2010）。*Asteromajia* 一属在鄂尔多斯地台西缘及南缘还没有发现，但代表此带的重要分子 *Zhongtiaoshanaspis* 在贺兰山一带有发现，本书用 *Zhongtiaoshanaspis similis* 带代替 *Asteromajia hsuchuangensis* 带，此带内三叶虫分异度较低，还有待今后进一步工作。*Luaspides shangzhuangensis* 带是毛庄期在华北地台西缘及南缘的一个重要化石层位，厚度一般在3—10 m左右，三叶虫分异度虽然不高，但是在华北地台上分布很广，东西向绵延数千公里，从辽宁凌源和锦西、河北抚宁和唐山，向西至河南与山西交界的壶关、山西五台山地区和华北地台南缘和西缘的山西南部的河津、内蒙古、宁夏和甘肃等地都有广泛分布（段吉业，1966；Zhang and Yuan，1981；周志强等，1982；张进林、王绍鑫，1985；王绍鑫、张进林，1993b；段吉业等，2005），为大区内地层对比提供了重要依据。此外，*Luaspides shangzhuangensis* 带之上是否有

Shandongaspis aclis 带，还需要以后做工作。*Qingshuiheia hejinensis* 带是华北地台西缘及南缘寒武系第二统最上部（传统下寒武统，龙王庙阶）的一个化石层位，*Qingshuiheia* 最早发现于内蒙古清水河的馒头组（毛庄期），但是在华北地台西缘及南缘都产在 *Luaspides shangzhuangensis* 带之下的地层内，在河北省唐山市古冶区长山沟一带也产在 *Luaspides shangzhuangensis* 带之下的地层内，这种褶颊虫类三叶虫很好辨认，因为尾部很大，分节较多。

五、鄂尔多斯地台西缘及南缘寒武系岩相变化

鄂尔多斯地台西缘及南缘的寒武系虽与华北东部相似，但还有些不同。鄂尔多斯地台西缘及南缘芙蓉统三叶虫化石稀少，与岩相有很大关系，这一地区的三山子组主要以白云岩为主，偶尔夹薄层白云质灰岩和薄层生物碎屑灰岩，而华北地台区中部及东部芙蓉统的炒米店组主要由灰色中厚层微晶灰岩、生物碎屑藻灰岩、中薄层竹叶状灰岩、灰色中薄层鲕状灰岩和角砾状灰岩组成（Blackwelder，1907）。寒武系第三统（传统的中寒武统）除去陇县、岐山及礼泉一带张夏组上部白云岩发育外，其他各地的胡鲁斯台组上部皆为灰岩及泥质灰岩，中下部则以页岩和灰岩互层为主，三叶虫化石极多。在地台西缘，徐庄期的地层比华北东部的厚度要大，中条山、陇县、青龙山、贺兰山及岗德尔山徐庄期地层比华北地台中区和东区同期地层的厚度大三倍或四倍。毛庄期的厚度虽与华北地台东区的厚度相似，但地台西缘灰岩及白云岩略多，页岩较少。馒头组及朱砂洞组或五道淌组，在地台西及南缘皆以白云岩为主。苏峪口组或辛集组除底部有原油栉虫类（protolenid）三叶虫发现外，三叶虫化石都很少。

综上所述，鄂尔多斯地台西缘及南缘寒武系第二统上部及芙蓉统白云岩比较发育，化石较少。寒武系第三统长清阶个别地区（如陇县及岐山、礼泉）白云岩也很发育，三叶虫化石稀少。其他地区虽不是白云岩沉积，但三叶虫动物群与华北东部还有不少差异。徐庄期和毛庄期与华北东部地区差异不大。这种差异的产生，与古秦岭北麓及地台西缘沉降带的古地理差异有关。在这个条带里，海水的深度与我国西南地区娄山关群沉积时相似，比华北东部及中部沉积鲕状灰岩、竹叶状灰岩等的海水要略深一些。毛庄期和徐庄期的海在地台西缘仍属正常浅海，三叶虫动物群十分繁盛，包括 *Lusapides*，*Plesiagraulos*，*Zhongtiaoshanaspis*，*Parachittidilla*，*Catinouyia*，*Solenoparia*，*S.*（*Plesisolenoparia*），*Monanocephalus*，*Erratojincella*，*Ruichengaspis*，*Sinopagetia*，*Iranoleesia*，*I.*（*Proasaphiscina*），*Shanxiella*，*S.*（*Jiwangshania*），*Holanshania*，*Gangdeeria*，*Lioparella*，*Daopingia*，*Parainouyia*，*Zhongweia*，*Lorenzella*，*Inouyia*，*I.*（*Bulbinouyia*），*I.*（*Sulcinouyia*），*Sunaspis*，*Sunaspidella*，*Wuania*，*Wuanoides*，*Taitzuina*，*Wuhushania*，*Houmaia*，*Metagraulos*，*Inouyops*，*Poriagraulos*，*Proasaphiscus*，*Bailiella* 等。

六、华北地台区寒武纪三叶虫的分类及演化趋向

在论述鄂尔多斯地台西缘及南缘寒武纪三叶虫动物群时，我们感到有必要对华北地台区寒武纪三叶虫动物群作一个简短和概括的回顾。因为对华北寒武纪三叶虫的研究有 100 多年的历史，进行研究的学者也很多，近年来有不少论著和专著发表。20 世纪七八十年代还有华东区、华北区、东北区、内蒙古地区、西北区、中南区和西南及各省区古生物化石图册的发表，其中都有华北地台区寒武纪三叶虫化石的篇幅（卢衍豪等，1974a，1974b；南润善，1976，1980；周天梅等，1977；尹恭正、李善姬，1978；李善姬，1978；朱兆玲等，1979；张文堂等，1980a，1980b；张太荣，1981；Zhang and Yuan，1981；周志强等，1982；刘义仁，1982；仇洪安等，1983；孙振华，1984；张进林、王绍鑫，1985；项礼文、张太荣，1985；Zhang and Jell，1987；孙红兵，1990，1994；朱乃文，1992；罗惠麟等，1994，2008，2009；钱义元，1994；Zhang et al.，1995；郭鸿俊等，1996；张梅生、彭向东，1998；张梅生，1999；Peng and Robison，2000；袁金良等，2002，2012；Peng et al.，2004a，2004b，2009；段吉业等，2005；Lin，2008；Yuan et al.，2008；Yuan and Li，2008；Zhu，2008；朱学剑等，2011）。目前看来，华北地区寒武纪三叶虫动物群的材料较多，这是个有利的条件。同时我们也注意到该区许多属种的完整标本为数不多，许多属的概念只是建立在少数特征上，这是不利和困难的方面。本书可作为今后深入研究上的参考，起到抛砖引玉的作用。还要说明的是，这里只对华北地台区即华北和东北南部浅海的底栖相寒武纪三叶虫的分类和演化作一尝试性的探讨。华北及西北地区的斜坡相区还有许多球接子类及多节类的寒武纪三叶虫暂不在这里讨论。

三叶虫在现今古生物学的分类上仍然保持"纲"的位置。这一纲内有 8 个目，即球接子目（Agnostida）、莱得利基虫目（Redlichiida）、耸棒头虫目（Corynexochida）、裂肋虫目（Lichida）、镜眼虫目（Phacopida）、栉虫目（Asaphida）、褶颊虫目（Ptychopariida）和砑头虫目（Proetida）。最近也有人将 Agnostida 和 Burlingiidae 排除在三叶虫纲之外，并废除 Ptychopariida 这个目，将三叶虫纲分成 11 个目：Eodiscida Kobayashi，1939，Redlichiida Richter，1932，Corynexochida Kobayashi，1935，Lichida Moore，1959，Odontopleurida Whittington in Harrington et al.，1959，Phacopida Salter，1864，Proetida Fortey et Owens，1975，Aulacopleurida Adrain，2011，Asaphida Salter，1864，Olenida Adrain，2011，Harpida Whittington in Harrington et al.，1959（Adrain，2011），但是这一分类意见还没有被多数三叶虫专家所接受。

此外，还有"目"的位置尚不肯定的 Burlingiidae，Bathynotidae，Bestjubellidae 及 Naraoiidae 等（Fortey，1997）。华北地台区寒武纪的三叶虫基本上归属 Agnostida，Redlichiida，Corynexochida，Ptychopariida，Asaphida 和 Lichida 6 个目，Phacopida 和 Proetida 是寒武纪以后才有的两个目。

我国寒武纪第二世（早寒武世）三叶虫，在上述前四个目内都有代表出现。各个目的代表出现的属、种数目有所不同。最多的是 Redlichiida（8 个科），其次是 Agnostida（包括 Eodiscina 亚目），还有 Corynexochida，Ptychopariida，而 Agnostina 亚目目前还没有发现。

球接子目（Agnostida Salter，1864）在北美及北欧格陵兰北部寒武纪第二世晚期就已经出现（Resser and Howell，1938；Rasetti and Theokritoff，1967；Blaker and Peel，1997；Geyer and Peel，2011），大致相当于我国沧浪铺晚期。球接子类三叶虫（agnostids）很有可能起源于北美的 Weymonthiidae Kobayashi，1943 科，这个科有 20 多属，只有 Weymonthia 头部和尾部光滑，有 3 个胸节，看来和球接子类三叶虫有些相似，这一属的模式种是 Agnostus nobilis Ford，1872。Walcott（1890）认为这个模式种的标本已经丢失。从图片上看（Jell，1997，Fig. 246. 6）很难说明这个种是两个胸节或是三个胸节。这一种原产地是美国马萨诸塞州（麻省）北阿特尔伯勒（North Attleboro）Hoppin 板岩内，时代大致相当于沧浪铺早期。

球接子目在我国西南地区最早出现在 *Oryctocephalus indicus* 带之上（黄友庄、袁金良，1994；袁金良等，2002；Zhao et al.，2004，2007，2008），大致相当于华北地台毛庄期晚期至徐庄期早期（袁金良等，2012）。在华北地区胸针球接子（*Peronopsis*）最早出现在徐庄期早期的 *Asteromajia hsuchuangensis* 带，产地包括安徽宿州解集龙骨山以及淮南洞山和八公山（姜立富，1988；李泉，2006）。但大量的球接子类三叶虫则从徐庄期的 *Poriagraulos nanus* 带开始出现，如 *Peronopsis*，*Ptychagnostus*，*Tomagnostus*（*Paratomagnostus*），*Archaeagnostus*（袁金良等，2012），繁盛于长清期（江南斜坡相区相当于 *Ptychagnostus atavus* 带至 *Glyptagnostus stolidotus* 带），这一时期出现的三叶虫还有 *Acmarhachis*，*Agnostus*，*Ammagnostus*，*Baltagnostus*，*Clavagnostus*，*Connagnostus*，*Diplagnostus*，*Diplorrhina*，*Euagnostus*，*Gratagnostus*，*Hadragnostus*，*Homagnostus*，*Hypagnostus*，*Iniospheniscus*，*Kormagnostus*，*Micagnostus*，*Pseudagnostus*，*Pseudoperonopsis*，*Quadrahomagnostus*，*Raragnostus*，*Tomagnostella*，*Utagnostus* 22 属，但大部分出现在华北地台的东区（Zhou and Zhen，2008a；袁金良等，2012）。至芙蓉统球接子类三叶虫明显减少，除了从长清期上延的 7 个属 *Agnostus*，*Ammagnostus*，*Clavagnostus*，*Connagnostus*，*Homagnostus*，*Kormagnostus*，*Pseudagnostus* 外，仅有 3 个属是新出现的，即 *Micragnostus*，*Neoagnostus*，*Rhaptagnostus*。另外，在西南地区繁盛的盘虫类三叶虫，仅在鄂尔多斯地台西缘、南缘及辽东半岛地区有个别属种出现，因此无法讨论其演化问题。

耸棒头虫目（Corynexochida Kobayashi，1935）共有 14 科，我国有 12 科：Balangiidae，Corynexochidae，Cheiruroididae，Chengkouiidae，Dorypygidae，Edelsteinaspididae，Oryctocaridae，Oryctocephalidae，Dolichometopidae，Longduiidae，Zacanthoididae，Dinesidae。在华北地台区出现的有 Cheiruroididae，Dorypygidae，Dolichometopidae，Oryctocaridae，Zacanthoididae 和 Dinesidae 6 个科。Longduiidae 产于云南东部，目前仅有 *Longduia lata* 一属一种。但在意大利撒丁（Sardinia）岛上的早寒武世地层中也有发现（Pillola，1991，1996），也许是这个目最早的代表，Dolerolenidae 可能是它们的祖先。Balangiidae 及 Oryctocephalidae 属于斜坡相区的科。Dolichometopidae 在我国最早出现在龙王庙期（杨洪等，2009），*Deiradonyx* 在澳大利亚也见于 Ordian 阶和 Templetonian 阶（Öpik，1982），有关此科三叶虫的演化已有研究报道（袁金良等，2012），本书不再赘述。

有关 *Cheiruroides* Kobayashi，1935 (= *Inikanella* Lermontova in Kryskov et al.，1960)的分类位置目前尚有不同意见：有人认为应置于 Oryctocephalidae 内（郭鸿俊等，1996；Jell and Adrain，2003）；另有人认为应属 Cheiruroideidae (=Cheiruroididae Sovorova，1964)（张文堂，1963；尹恭正、李善姬，1978；Zhang and Jell，1987；朱学剑、彭善池，2004；朱学剑等，2005；段吉业等，2005；Lin，2008）。真正的 Oryctocephalidae 如 *Protoryctocephalus*，*Arthricocephalus*，*Oryctocarella*，*Changaspis*，*Oryctocephalus*，*Oryctocephalites* 等属，其头鞍沟呈坑状且不与背沟相连，在我国南方沧浪铺中晚期出现。而 *Cheiruroides* 是相当于龙王庙期晚期出现的一个属，其头鞍、头鞍沟和尾部形态与 *Hunanocephalus* Lee in Egorova et al.，1963 较相似，笔者认为 *Cheiruroides* 与 *Hunanocephalus*，*H.* (*Duotingia*) Chow in Lu et al.，1974b，*Shabaella* Qian et Sun in Zhou et al.，1977，*Paracheiruroides* Repina in Okuneva et Repina，1973，*Teljanzella* Repina in Okuneva et Repina，1973，?*Shanghaia* Ju et Xu in Xu et Ju，1987 等属归于 Cheiruroideidae 是合适的。Oryctocephalidae 各属的头鞍、头鞍沟、胸节及尾部等都比较特殊，与目内其他各科有很大的不同。同时这一科内显示清楚的异时发育中幼型形成（paedomorphosis）的演化趋向，表现为头鞍由微微向前收缩变窄到两侧并行，再到向前扩大或膨大；头鞍沟从短的线条演化为三角坑状，再到圆坑状，其位置离背沟越来越远；固定颊在两眼叶之间由宽变窄；胸节数由多变少；尾部则由小变大，分节由少变多（袁金良等，2001a，2001b，2002）。

叉尾虫科（Dorypygidae Kobayashi，1935）的 *Kootenia* 是全球分布最广泛的一个属，目前建有 160 余种，这些种需要进一步厘定，但是已超出本书的研究范围。该属在中国南方最早出现在沧浪铺期晚期，在北方出现在龙王庙期，可延续到中寒武世。*Dorypyge* 可算得上是我国土生土长的一个属，也是长清期重要的三叶虫化石，在华北地台区分布很广，最早出现在徐庄期晚期，可延续到济南期早期。有关这个属的起源可追溯到寒武纪第二世晚期（龙王庙期），最近笔者在贵州铜仁以北盘信镇附近的清虚洞组中下部采到一些尾部和头盖，尾部有 7 对尾边缘刺，其中倒数第二对尾刺特别长，其生长方式很像 *Dorypyge*，主要区别是尾轴向后收缩较快，头盖上两眼叶之间的固定颊较窄，显示与 *Dorypyge* 有很近的亲缘关系。一些研究者发现 *Dorypyge* 完整个体标本显示胸部有 7 个胸节（韩乃仁，1984；Zhang and Jell，1987；郭鸿俊等，1996）。Dorypygidae 在 Corynexochida 内与其他 7 个科究竟有什么关系，还没有人详细论述过，有人认为这个科与 Corynexochidae 有共同的祖先（Суворова，1964，стр. 277）。

双岛虫科（Dinesidae Lermontova，1940）在 1959 年的古生物论著上只有 4 个属：*Dinesus*，*Erbia*，*Proerbia*，*Tollaspis*，近年来已增至近 30 个属（Jell and Adrain，2003）。1937 年，张文佑在"安徽定远寒武纪三叶虫"一文中有 *Tingyuania* 一属的建立，可惜刊载该文的前中央研究院地质研究所的这期刊物毁于战火，因而很多学者不知道在中国有 *Tingyuania* Sun et Zhang in Zhang，1937（＝*Ghwaiella* Kim，1980）。70 年代安徽区调队和 80 年代华东地质研究所的同志们在皖北定远附近发现一些标本，后来在辽东半岛、淮南也发现这种三叶虫（仇洪安，1980；仇洪安等，1983；郭鸿俊等，1996；朱学剑等，2009）。其实在朝鲜这个属也是存在的，即 *Ghwaiella* Kim，1980（模式种 *G. yemjenriensis*；Kim，1987，pl. 12，figs. 1—3），不论头鞍和头鞍沟形态，还是眼叶大小和位置、固定颊宽度 *Tingyuania* 与 *Ghwaiella* 都很相似，只是朝鲜这个种前边缘没有保存或前边缘较窄而已。*Tingyuania* 与俄罗斯西伯利亚的 *Proerbia* 有些相似，所不同的是后一属头鞍前及左右前侧有三个大的隆起，眼叶略短小。两属的地质时代都是寒武纪第二世晚期。以往人们把 *Dinesus*（＝*Erbia*）及 *Tollaspis* 等属都看作是寒武纪第三世（中寒武世）早期的三叶虫，其中的主要原因是世界各国对如何划分寒武系二、三统界线存在明显的不同，如澳大利亚将含 *Redlichia* 的 Ordin 阶划归传统的中寒武统（Öpik，1968），俄罗斯西伯利亚将寒武系第三统（传统意义上的中寒武统）划在 *Schistocephalus* 的首现点或者 *Oryctocara* 首现点（Astashkin *et al.*，1991），而西班牙传统中寒武统第一个阶 Leonian 阶底界则划在 *Acadoparadoxides mureroensis* 一种的首现点（Gozalo *et al.*，2003，2013）。目前已证明 *Schistocephalus* Tchernysheva，1956，*Megapalaeolenus* Chang，1966，*Latipalaeolenus* Kuo et An，1982，*Enixus* Özdikmen，2009 都是 *Palaeolenus* 的晚出异名（Rushton and Powell，1998；林天瑞、彭善池，2004；袁金良等，2010）。俄罗斯学者所说的 *Oryctocara* 实际上是 *Ovatoryctocara* Tchernysheva，1962，真正的 *Oryctocara* 只有在美国才有，确实产在寒武系第三统下部（袁金良等，2002）。*Ovatoryctocara* 在我国贵州凯里一带产在 *Oryctocephalus indicus* 带之下的凯里组底部和所谓的清虚洞组上部。*Acadoparadoxides mureroensis* 之下是产 *Protolenus* 的地层，而在我国，产 *Protolenus* 的地层如变马冲组、阎王碥组上部、水井沱组上部都是在产 *Palaeolenus* 的地层之下，因此西班牙寒武系第三统的底界比澳大利亚和俄罗斯西伯利亚的底界要低。*Dinesus* 原产于澳大利亚，*Erbia* Lermontova，1940（＝*Dinesus*）产于俄罗斯西伯利亚。在北山地区寒武纪第二世（早寒武世）晚期有 *Dinesus* 的发现（Zhang，1988），在新疆、甘肃肃北双鹰山、青海东北部北祁连山、秦岭、河南、安徽、贵州等地也有发现（项礼文，1963；周志强等，1982，1996；项礼文、张太荣，1985；朱洪源，1987；朱学剑等，2005，2009；Bergström *et al.*，2014）。这一属在我国各地都有发现，说明寒武纪时中国与澳大利亚及俄罗斯西伯利亚有密切的联系。Dinesidae 各属头鞍前叶圆滑，头鞍呈筒状，前侧有一对向前并向外斜伸的沟，最后一对头鞍沟长而深，并向后斜伸，尾部较小，与 Corynexochida 内其他各科的亲缘关系不明。

杷椰虫科（Balangiidae Chien，1961）仅有 *Balangia* 和 *Metabalangia* 两个属，有 4 个胸节，与 *Arthricocephalus* 等属在南方斜坡区共生。可能是早寒武世更早期的某类三叶虫的幼态形成的类型（paedomorphic form）。*Feilongshania* 可能与 Oryctocaridae 关系更密切，不应置于 Balangiidae 科内（袁金良等，2002）。

经过以上的分析，我们认为 Corynexochida 不是一个自然分类的目。Robison（1967）曾提到过，这一"目"内 *Bathyuriscus* 属的个体发育过程中，其原甲期（protaspis）与 Ptychopariida 更为相似，并认为这个目来源于 Ptychopariida 的异时发育。本目内除去 Dolichometopidae 与 Zacanthoididae 两科有些亲缘关系外，其他各科之间的亲缘关系并不清楚。

Sunaspis 原来归于 Tsinaniidae 内，后来发现当 *Sunaspis* 的外壳被剥蚀后，显示长方形的头鞍，其上有 4 对肌痕（侧头鞍沟），尾部呈半椭圆形，肋沟及间肋沟平伸。因此将其从 Tsinaniidae 内分出，另立一科

Sunaspidae。从头盖及尾部形态看，具有背壳光滑，头、尾几乎等大，颈环低平，宽度相等（纵向），角颊类面线，活动颊无颊刺等特征。此科是从哪个科演化而来，目前仍然是个谜。而根据对 *Tsinania canens* 和 *Shergoldia* 的个体发育研究，笔者也认为 Tsinaniidae 科内三叶虫可能与 Asaphidae，Ceratopygidae 等有密切关系，而不是与 leiostegioides 有密切关系（Zhu et al., 2007）。

莱得利基虫目（Redlichiida Richter, 1932）在西南及华北出现的共有 8 个科。由于华北地区缺失梅树村期、筇竹寺期及沧浪铺早期地层，因而其他 7 个科的属种都没有在华北及东北南部区出现。该区仅有早寒武世晚期的 Redlichiidae 科的 *Redlichia* (*Pteroredlichia*) 及 Neoredlichiinae 亚科的 *Neoredlichia*、*Leptoredlichia* (*Leptoredlichia*)、*Leptoredlichia* (*Xenoredlichia*)。这些是 Redlichiidae 科从筇竹寺期经历了沧浪铺期到龙王庙期最后出现的一些属种。*R.* (*Pteroredlichia*) 是该科早寒武世过型形成演化系列（Peramorphosis）最后的一类代表。其面线前支横向平伸，眼叶很长，后端靠近头鞍，后侧翼很细小，横向平伸，后侧沟已经位移到活动颊的后部，颊刺基部靠前。*Leptoredlichia*、*Xenoredlichia* 由于标本太少，其来源及演化不够清楚。因为华北及东北南部这一目其他各科三叶虫都不存在，演化关系暂不在这里论述。

褶颊虫目（Ptychopariida Swinnerton, 1915）是三叶虫纲最大的一个目。从 1959 年的无脊椎古生物三叶虫论著来看（Harrington et al., 1959），这一目的三叶虫包括早寒武世到二叠纪的多数三叶虫属种，后来把原来置于这个目内的砑头虫类三叶虫独立出来，建立为砑头虫目（Proetida Fortey et Owens, 1975）。即便如此，褶颊虫目仍然是三叶虫纲最大的也是自然分类上最困难的一个目。我们这里通过从中国发现的这个目的三叶虫，来论述华北地台区寒武纪三叶虫的分类及其演化的情况。

褶颊虫目在我国西南地区最早出现于沧浪铺期晚期，在华北及东北南部最早出现于龙王庙期中晚期。最早建立的种为 *Ptychoparia constricta* Walcott, 1905 和 *Ptychoparia ligea* Walcott, 1905。后来，前一个种被置于 *Yuehsienszella* 属（Zhang and Jell, 1987），Kobayashi（1935）以后一种为模式种建立 *Probowmania* 属。前一种与 *Redlichia nobilis* Walcott 共生，产于山东莱芜颜庄西南的葫芦山，后一种产于山东张夏馒头山。新中国成立后多年工作在张夏馒头山尚未发现这一种的确切层位，后来在远藤隆次从辽西采集的标本中发现这一种与 *R. nobilis* Walcott 共生（张文堂，1964）。翁发（1960）在张夏毛庄组底部发现 *Ptychoparia mantoensis* Walcott，*Shantungaspis aclis* Walcott 与 *Redlichia* cf. *nobilis* 共生。卢衍豪等（1988）详细研究了卢衍豪、董南庭（1952）所测的毛庄组标准剖面及其所采的三叶虫化石，在 0.5 m 厚的灰岩内，并没有发现如翁发所发表的上述褶颊虫类与 *Redlichia* 共生，上述褶颊虫类三叶虫都在产 *Redlichia* 的层位之上，相反，他们在张夏毛庄组（底部 0.5 m 灰岩）发现了 *Mantoushania*、*Qiaotouaspis*、*Laoyingshania* 等与 *Redlichia* 共生。*Qiaotouaspis* 是一种褶颊虫类三叶虫，郭鸿俊、安素兰（1982）在辽宁本溪地区早寒武世地层顶部发现这一属与 *Redlichia tumida* 共生，说明山东长清张夏馒头山与辽宁本溪馒头组的生物地层是相同的。此外，郭鸿俊等（1996）在复县磨盘山及冯家屯相当于馒头组的地层内发现 *Jianchangia*、*Periomma*、*Benxiaspis*（*Redlichia nobilis* 带至 *Bonnia-Tingyuania* 带）及 *Austinvillia*、*Paramecephalus*、*Weijiaspis*（*Weijiaspis-Redlichia tumida* 带）等褶颊虫类属群。相当于龙王庙阶底部的 *Redlichia murakamii* 带及碱厂组内所谓的 *Megapalaeolenus* 带内都还没有褶颊虫类三叶虫的出现。以上是北方地台区寒武纪第二世晚期（早寒武世晚期）褶颊虫类三叶虫出现的情况。

我国东北及华北地区毛庄期地层厚度不大，褶颊虫类三叶虫至少有 19 个属：*Catinouyia*、*Danzhaina*、*Jinnania*、*Kaotaia*、*Luaspides*、*Paraziboaspis*、*Plesiagraulos*、*Probowmania*、*Probowmaniella*、*Psilostracus*（= *Mopanshania*）、*Protochittidilla*、*Shantungaspis*、*Solenoparia*（*Solenoparia*）、*Solenoparia*（*Plesisolenoparia*）、*Temnoura*、*Wuhaina*、*Yaojiayuella*、*Ziboaspidella*、*Ziboaspis*（张文堂，1957、1959、1963；郭鸿俊、安素兰，1982；Zhang and Jell, 1987；卢衍豪等，1988；Zhang et al., 1995；郭鸿浚等，1996；袁金良、李越，1999；段吉业等，2005；Yuan et al., 2008）。以往认为 *Qingshuiheia* 是毛庄期的三叶虫，本书的研究发现应该是龙王庙期的三叶虫。莱得利基虫类（redlichiids）三叶虫在毛庄期内没有出现。毛庄期之后的徐庄期地层内，褶颊虫类三叶虫大量繁盛，有 14 个科之多。

褶颊虫类在三叶虫纲的家族史上不论在属种数量还是延续时限上都是演化上最成功的一类。从以上的回顾，可以看出其适应辐射（adaptive radiation）及分异度（diversity）增长的速率也是惊人的。褶颊虫类可能起源于早寒武世早期的莱得利基虫类，如 *Wutingaspis*，该属的眼叶较小，固定颊较宽，鞍前区纵向也较长，与褶颊虫类的头盖有些相似，而且在面线类型上也是后颊类的三叶虫。沧浪铺晚期出现的 *Yuehsienszella* 个体较小，头鞍向前收缩，前端圆，胸部有 13 个胸节，尾部较小。华北及东北南部寒武纪第二世（早寒武世）晚期也有这种类型的褶颊虫类三叶虫出现，如山东莱芜的 *Ptychoparia constricta* Walcott 以及东北南部的一些属种。现就一些科的情况简要论述如下：

龙王庙晚期的褶颊虫类三叶虫已经出现明显的分化现象，有些三叶虫尾部越变越小，胸节则变得越来越多，如 *Nangaops*、*Chittidilla*、*Parashuiyuella*、*Qiannanagraulos* 等属的胸节已达到 15—16 节（袁金良等，2002），有些则相反，如 *Qingshuiheia* 仅有 10 个胸节。但到毛庄期褶颊虫类三叶虫分节情况已有所不同，三叶虫的胸节数一般保持在 11—14 节，如 *Kaotaia*、*Probowmania*、*Sinoptychoparia* 等属有 14 个胸节；*Kailiella*、*Sanhuangshania*、*Eotaitzuia*、*Nangaoia*、*Danzhaina*、*Majiangia*、*Gedongaspis*、*Balangcunaspis* 有 13 个胸节；*Xingrenaspis*、*Danzhaiaspis*、*Temnoura*、*Probowmaniella* 等有 12 个胸节；*Catinouyia*、*Miaopanpoia*、*Wenshanaspis* 等有 11 个胸节（张文堂等，1980a；袁金良等，2002；罗惠麟等，2009）。有 15 个胸节的 *Luaspides* 出现在毛庄期早期是个例外。胸节减少，尾部变大，尾部肋部及中轴分节变多，这是三叶虫通过异时发育而发生进化的特征。很多三叶虫都有这种情况的发生，如 Oryctocephalidae、Redlichiidae、Raphiophoridae 等（张文堂等，1980a；袁金良等，2001a；周志毅等，2006；Zhou *et al*.，2007）。

Solenoparia 为沟颊虫类三叶虫，从毛庄期开始少量出现，可以延续到徐庄组，并在张夏组大量繁盛，有关这类三叶虫的演化趋向，已有详细论述，这里不再赘述（袁金良等，2012）。从这些情况来看，毛庄期和徐庄期内的三叶虫关系密切。以毛庄期的 *Luaspides lingyuanensis* 一种或 *Yaojiayuella granosa*（= *Yaojiayuella ocellata*）一种的首现来作为寒武系第三统的底界，即华北地台寒武系二、三统（早、中寒武世地层）界线，是有生物地层学依据的，而且与北美洲的界线是一致的（Sundberg *et al*.，1999）。

井上虫科（Inouyiidae Chang，1963）的主要特征是前边缘沟很浅，鞍前区较宽，其上或多或少有一个穹堆形的隆起，后边缘和后边缘沟在眼叶后方相对位置向后弯曲，尾部短小，分节也少。前面提到的 *Qiaotouaspis* 虽然有较宽的鞍前区并有一个穹堆形的隆起，但有较深的前边缘沟，后边缘和后边缘沟在眼叶后方相对位置没有向后弯曲，和 *Kaotaia* 一样，将其置于褶颊虫科是正确的（郭鸿俊、安素兰，1982；卢衍豪等，1988；段吉业等，2005）。井上虫科的起源可能与褶颊虫类的三叶虫有关，例如龙王庙晚期的 *Qiaotouaspis*、*Kaotaia*（包括所谓的 *Eokaotaia*）等或 Agraulidae 科内的 *Chittidilla*、*Qiannanagraulos*、*Paragraulos* 等，它们的鞍前区上或多或少也有一个穹堆状构造。井上虫科的后裔很可能是 Nepeidae Whitehouse，1939（Paterson，2005），因为两者有许多共同特征：鞍前区上有一个圆形穹堆形的隆起，头部有长间颊刺（intergenal spine），后边缘和后边缘沟横向极宽并在眼叶后方相对位置向后弯曲，具有相似的面线历程和相似的活动颊形态等。Nepeidae 目前有 4 个属：*Nepea* Whitehouse，1939，*Ferenepea* Öpik，1967，*Penarosa* Öpik，1970（= *Trinepea* Palmer et Gatehouse，1972），*Loxonepea* Öpik，1970。另外，产于贵州东南部芙蓉统的 *Guizhoucephalina* Chien，1961，笔者认为将其归于 Nepeidae 比归于 Guizhoucephalinidae Chien，1961、Eulomidae Kobayashi，1955（Jell and Adrain，2003）或 Ptychopariidae Matthew，1887（Peng，2008b）要好。因为此属与 Nepeidae 有许多共同特征：头部有长的间颊刺（intergenal spine），后边缘和后边缘沟横向极宽并在眼叶后方相对位置向后弯曲，鞍前区宽并有不发育的穹堆形的隆起，前边缘沟浅，活动颊有特别细长的颊刺等。Nepeidae 与 Inouyiidae 的不同之处是胸部分节较多，如 *Nepea* 的模式种（*Nepea narinosa* Whitehouse，1939）胸节不少于 22 节；*Penarosa retifera* Öpik，1970（= *Penarosa vittata* Öpik，1970）一种的胸节至少有 26 节，估计有 34—36 节，尾部较小。Nepeidae 的时限是从 *Ptychagnostus*（*Acidusus*）*atavus* 带到 *Glyptagnostus stolidotus* 带（Paterson，2005），如果加上 *Guizhoucephalina*，其时限可上延到寒武纪末期。这一科在澳大利亚产于斜坡区，中国的 Inouyiidae 产自浅水台地相地层，看来 Nepeidae 很可能是 Inouyiidae 由浅水台地区向较深水斜坡相区迁移后，过型形成（peramorphosis）的产物。Inouyiidae 在鄂尔多斯地台西缘及南缘胡鲁斯台组内特别繁盛，在徐庄和毛庄期几乎每个化石带内都有代表，仅顶部的 *Bailiella lantenoisi* 带除外。可以归于这一科的三叶虫目前已有 10 个属（亚属），包括 *Inouyia* Walcott，1911，*Inouyia*（*Bulbinouyia*）Yuan in Yuan *et al*.，2012，*Inouyia*（*Sulcinouyia*）Yuan et

Zhang, subgen. nov., *Eoinouyia* Lo, 1974, *Proinouyia* Qiu, 1980, *Parainouyia* Lin et Wu in Zhang *et al.*, 1980b, *Catinouyia* Zhang et Yuan, 1981, *Zhongweia* Zhou in Zhou *et al.*, 1982, *Pseudinouyia* Zhang et Yuan in Zhang *et al.*, 1995 (=*Inouyites* An et Duan in Duan *et al.*, 2005), *Angustinouyia* Yuan et Zhang, gen. nov.。关于这一科的演化，笔者认为大体分为两支：一支是 *Eoinouyia*—*Catinouyia*—*Parainouyia*—*Zhongweia*—*Inouyia* 演化系列，另一支是 *Proinouyia*—*Pseudinouyia*—*Angustinouyia* 演化系列，两者的主要区别是后者的眼脊自头鞍前侧角强烈向后斜伸，眼叶位于头鞍相对位置的后部。从龙王庙最晚期到徐庄期晚期 [*Ovatoryctocara* cf. *granulata*-*Bathynotus kueichouensis* 带至 *Ptychagnostus* (*Triplagnostus*) *gibbus* 带]，总的演化趋势是头鞍由截锥形向次柱形演变，背沟和头鞍沟由浅变深，鞍前区由窄变宽，两眼叶之间的固定颊由宽变窄，尾部则由小变大。澳大利亚的 Nepeidae 科在后，主要与 *Eoinouyia*—*Catinouyia*—*Parainouyia*—*Zhongweia*—*Inouyia*—*Guizhoucephalina* 演化系列有关，时代从长清期早期到济南期最晚期 [*Ptychagnostus* (*Acidusus*) *atavus* 带到 *Glyptagnostus stolidotus* 带]。

野营虫科(Agraulidae Raymond, 1913)也是我国寒武系第二统上部(龙王庙阶)和第三统下部(毛庄阶和徐庄阶)最常见的一类三叶虫，其中见于第二统上部的属有 *Benxiaspis* Guo et An, 1982, *Chittidilla* King, 1941, *Paragraulos* Lu, 1941, *Protochittidilla* Qiu, 1980 (=*Paraplesiagraulos* Qiu in Qiu *et al.*, 1983), *Pseudoplesiagraulos* Lu, Zhu et Zhang, 1988 (Lin, 2008)；第三统下部和中部的属有 *Levisia* Walcott, 1911 (=*Yabeia* Resser et Endo in Kobayashi, 1935), *Metagraulos* Kobayashi, 1935 (=*Jixianaspis* Zhang in Zhang *et al.*, 1995), *Parachittidilla* Lin et Wu in Zhang *et al.*, 1980b, *Plesiagraulos* Chang, 1963 (=*Bhargavia* Peng in Peng *et al.*, 2009), *Poriagraulos* Chang, 1963 (=*Porilorenzella* Chang, 1963; *Paraporilorenzella* Qiu in Qiu *et al.*, 1983) (Yuan *et al.*, 2008；袁金良等, 2012)。总体上来看，这类三叶虫个体小，尾部也很小。总的演化趋势是头盖由梯形变成三角形再到四方形；头鞍由细变粗，由截锥形到次柱形；颈环从没有颈刺，到短的颈刺，再到粗壮颈刺；鞍前区由窄变宽；两眼叶之间的固定颊由宽变窄；胸节由多(16 节)变少(11 节)；尾部由小变大，尾轴由细变粗。但是捷克波希米亚和加拿大纽芬兰地区的 *Agraulos* Hawle et Corda, 1847 (模式种 *Arion ceticephalus* Barrande, 1846)产出层位较我国毛庄阶和徐庄阶的要高(*Tomagnostus fissus*-*Ptychagnostus atavus* 带或 *Eccaparadoxides pusillus* 带)，而且有 16 个胸节(Šnajdr, 1958；Fletcher *et al.*, 2005)，因此不论从地层对比上，还是从野营虫科三叶虫的演化上，都不易作出合理的解释。

劳伦斯虫科(Lorenzellidae Chang, 1963)也是华北地台毛庄期和徐庄期三叶虫中重要的一科。包括 *Inouyops*, *Lorenzella* (=*Tianjingshania* Zhou in Zhou *et al.*, 1982), *Lonchinouyia*, *Jinnania*, *Plesiperiomma*, *Ptyctolorenzella* 等属。*Jinnania* (=*Trigonaspis* Yang in Yang *et al.*, 1991; *Trigonyangaspis* Jell in Jell et Adrain, 2003; *Liuheia* An in Duan *et al.*, 2005)最早出现于 *Luaspides shangzhuangensis* 带，可能是这个科最早的代表。这一科的演化趋向是鞍前区逐渐隆起，颈环上的颈刺从无到有，从短小到粗长，头盖的凸度逐渐加强。最特别的是 *Lonchinouyia* 的颈沟消失，头鞍与颈刺没有分界线，鞍前区与前边缘合在一起，隆起较高。这一科可能起源于 Ptychopariidae 或 Agraulidae。

武安虫科(Wuaniidae Zhang et Yuan, 1981)包括 *Wuania* (=*Plesiowuania* Bi in Qiu *et al.*, 1983), *Eotaitzuia*, *Ruichengaspis*, *Wuanoides*, *Latilorenzella* (=*Rencunia* Zhang et Yuan in Zhang *et al.*, 1995), *Houmaia* (=*Yunmengshania* Zhang et Wang, 1985), *Taitzuina*, *Megagraulos* 及 *Huainania* 等属。地层分布从 *Asteromajia hsuchuangensis* 带至 *Poriagraulos nanus* 带，也是徐庄期的重要一科。其主要特征是头盖前边缘沟消失，鞍前区与前边缘合在一起，具有呈圆弧形的穹堆状隆起，头鞍沟不很发育，当背壳被剥蚀后，内模或内核上显示 3 对或 4 对肌痕。这一科的演化趋向是头鞍由窄小变宽大，由向前收缩较快的截锥形演变为次柱形，两眼叶之间的固定颊由宽变窄，尾部由小变大，尾轴则由窄变宽。武安虫科主要分布在华北地台的中区及西区，在滇东南也有分布(罗惠麟等, 2009)。在澳大利亚，古丈阶下部(Guzhangian, *Lejopyge laevigata* 带)所产的 *Arminocephalus* 和 *Tasmacephalus* 被置于武安虫科(Bentley and Jago, 2004)，但是其尾部形态或许更接近 Agraulidae 科。除了 *Eotaitzuia* 已知有 13 个胸节外(李泉, 2006)，其余属还没有见到完整个体，其胸节数如何变化不得而知。以往将 *Wuhushania* Zhang et Yuan,

1981 也归于武安虫科（Zhang and Jell，1987；Jell and Adrain，2003；Bentley and Jago，2004）或 Inouyiidae（段吉业等，2005）。但是笔者认为根据其头盖和尾部形态，将 *Wuhushania*（= *Jiangjunshania* Qiu in Qiu *et al.*，1983），*Ignotogregatus* Zhang et Jell，1987，*Angsiduoa* Zhou in Zhou *et al.*，1996，*Woqishanaspis* Yuan in Yuan *et al.*，2012 置于 Ignotogregatidae Zhang et Jell，1987 更加合适（袁金良等，2012）。

李三虫科（Lisaniidae Chang，1963）也是华北地台区和江南斜坡带较繁盛的一类三叶虫，基本特征是头鞍宽长，微微向前收缩，3—4 对侧头鞍沟微弱，鞍前区极窄或缺失，两眼叶之间的固定颊窄，9 个胸节，尾部小，具窄的尾边缘。包括 *Baojingia* Yang in Zhou *et al.*，1977（= *Eoshengia* Yang in Zhou *et al.*，1977；*Extrania* Qian in Qiu *et al.*，1983；*Xichuania* Yan in Yang *et al.*，1991；*Quandraspis* Yang in Yang *et al.*，1991），*Baojingia*（*Eobaojingia*）Yuan in Yuan *et al.*，2012，*Dazhuia* Yang et Liu in Yang *et al.*，1991，*Himalisania* Peng in Peng *et al.*，2009，*Klimaxocephalus* Sun et Zhu in Zhou *et al.*，1977，*Lisania* Walcott，1911（= *Aojia* Resser et Endo in Kobayashi，1935；*Paraojia* Sun et Zhu in Zhou *et al.*，1977；*Megalisania* Qiu in Qiu *et al.*，1983；*Metalisania* Ju in Qiu *et al.*，1983；*Paraaojia* Rosova in Lisogor *et al.*，1988），*Neoanomocarella* Hsiang in Egorova *et al.*，1963，*Paralisaniella* Qiu in Qiu *et al.*，1983，*Parashengia* Luo，1982，*Parayujinia* Peng，Babcock et Lin，2004b，*Prolisania* Yuan et Zhu，gen. nov.，*Qiandongaspis* Yuan et Yin，1998，*Redlichaspis* Kobayashi，1935（= *Lisaniella* Chang，1963；*Platylisania* Zhang et Jell，1987），*Shengia* Hsiang in Egorova *et al.*，1963，*Tylotaitzuia* Chang，1963（= *Rinella* Poletaeva et Egorova in Egorova et Savitzky，1969）15 个属（亚属）（Peng *et al.*，2004b；Peng，2008b；Yuan and Li，2008；袁金良等，2012）。将 *Baoshanaspis* Luo，1983 置于 Leiostegiidae 或许更合适。*Prolisania* 也许是李三虫科内最早出现的一个属，它见于长清阶下部的 *Psilaspis changchengensis* 带，最晚出现的属有 *Neoanomocarella*，*Shengia* 等，可以到达芙蓉统的下部（Peng，2008b）。李三虫科向南可以扩展到喜马拉雅地区（Peng *et al.*，2009）和澳大利亚（Jago and McNeil，1997），向西到哈萨克斯坦（Крыськов и др.，1960；Крыськов，1977），向东则到达韩国和朝鲜（Kobayashi，1960b；Kim，1987），向北可延伸到俄罗斯西伯利亚地区（Егорова и Савицкий，1969）。其演化趋势是头鞍从截锥形到次柱形，鞍前区从较宽到窄再到消失，前边缘从窄凸到宽平，尾部从短（横向）变宽，分节从少变多。

原附栉虫科（Proasaphiscidae Chang，1963）可能是华北及东北南部地区寒武纪第三世最大的一个科，包括 60 余属，但是笔者认为只有 37 个是有效属，包括 *Daopingia*，*Derikaspis*，*Danzhaiaspis*，*Eymekops*（= *Kolpura* Resser et Endo in Kobayashi，1935），*Gangdeeria*，*Grandioculus*（*G.*）（= *Megalophthalmus* Lorenz，1906；*Xiasipingia* An in Duan *et al.*，2005），*Grandioculus*（*Protohedinia*）（= *Beikuangaspis* Zhang in Qiu *et al.*，1983），*Heyelingella*，*Honania*，*Hsiaoshia*（= *Huaibeia* Bi in Qiu *et al.*，1983；*Abharella* Wittke，1984；*Jixiania* Zhang in Zhang *et al.*，1995；*Jixianella* Zhang in Zhang *et al.*，2001），*Huayuanaspis*，*Iranochresterius*（= *Baldwinaspis* Laurie，2006b），*Iranoleesia*（= *Jiangsuaspis* Lin in Qiu *et al.*，1983），*Iranoleesia*（*Proasaphiscina*）（= *Orthodosum* Nan et Chang，1982b；*Hanshania* Zhang et Wang，1985），*Jiangsucephalus*，*Kotuia*（= *Jiangsuia* Lin et Zhou in Lin *et al.*，1983），*Lioparella*（= *Zhuozishania* Zhang et Yuan，1981；*Tianjingshania* Zhou in Zhou *et al.*，1982），*Manchuriella*，*Maotunia*，*Michaspis*，*Parashanxiella*，*Plectrocrania*，*Praeymekops*，*Proasaphiscus*（= *Honanaspis* Chang，1959；*Paofeniellus* Hsiang in Lu *et al.*，1963a；*Heukkyoella* Kim，1987；*Hunjiangaspis* An in Duan *et al.*，2005），*Pseudocrepicephalus*（= *Hadraspis* Wu et Lin in Zhang *et al.*，1980b；*Xenosolenoparia* Duan in Duan *et al.*，2005），*Psilaspis*，*Saimachia*，*Shanxiella*，*Shanxiella*（*Jiwangshania*），*Sudanomocarina*（= *Pingbiania* Luo in Luo *et al.*，2009），*Ulania*，*Yongwolia*（= *Guankouia* Zhang et Yuan in Zhang *et al.*，1995；*Shuangshania* Guo et Zan in Guo *et al.*，1996），*Yongwolia*（*Plesigangderria*）（= *Paragangdeeria* Guo et Zan in Guo *et al.*，1996），*Yanshaniashania*，*Yujinia*，*Zhaishania*，*Zhongtiaoshanaspis*（Jell and Adrain，2003；Yuan *et al.*，2008；Yuan and Li，2008；Peng，2008b；袁金良等，2012）。时代上从毛庄期，经徐庄期至长清期。*Koptura*（= *Parakoptura* Guo et Duan，1978），*Koptura*（*Teratokoptura*），*Koptura*（*Eokoptura*）现在归于 Anomocaridae Poulsen，1927。这一科总的演化趋势与褶颊虫类其他科的演化趋势大体相似，头鞍由窄小变宽大，由向前收缩较快的截锥形演变为

次柱形；两眼叶之间的固定颊由宽变窄；胸节越来越少但是变化不大，一般为 13 节（*Zhongtiaoshanaspis*），12 节（*Danzhaiaspis*，*Douposiella*，*Kutsingocephalus*），11 节（*Miaobanpoia*，*Daopingia*），10 节（*Psilaspis*，*Jiubaspis*），*Proasaphiscus* 在 11—13 节之间变动，*Maotunia* 则在 9—11 节之间变动；而尾部由小变大，尾轴由窄变宽，分节则越来越多。异时发育现象比较明显。这一科的个体发育研究尚未进行，希望今后能继续采集完整个体和幼虫标本，进行详细研究。俄罗斯西伯利亚地区有与 *Proasaphiscus* 相似的三叶虫，如 *Michaspis* Egorova et Savitzky，1968，*Hatangia* Egorova et Savitzky，1968，*Proasaphiscus*，*Suludella* Egorova et Savitzky，1968（Егорова и Савицкий，1968，1969）。原附栉虫科的祖先可能来自褶颊虫科的某个属，而其后裔则可能是 Anomocaridae，Anomocarellidae 等大多数寒武系第三统和芙蓉统内的三叶虫。

贺兰山虫科（Holanshaniidae Chang，1963）中，*Holanshania* 的头盖和尾部情况与 *Proasaphiscus* 相似，但前一属的头盖前侧有一对长的头盖刺伸向外侧前方。这一科目前只有两个属，都产在 *Sunaspis laevis-Sunaspidella rara* 带下部，而所发现的该科的材料较少，这一科可能是 Proasaphiscidae 特化的产物。但俄罗斯西伯利亚发现与 *Holanshania* 头盖相似的三属，即 *Regius* Egorova，1970（头盖前缘有 3 个长刺，一对向左右外侧伸出，中间的中刺直指向前），*Olenekina* Egorova，1970（头盖两侧有 2 个长刺，此长刺向外然后向后延伸），*Salankanaspis* Egorova，1970（头盖前部有一对宽圆的叶状体，伸向前方）（Егорова，1970；Савицкий и др.，1972），这三个属的时代都是寒武纪第三世早期，它们是否与中国的 *Holanshania* 有关系，值得今后深入研究。

德氏虫科（Damesellidae Kobayashi，1935）的基本特征是头鞍向前收缩，呈截锥形，鞍前区极窄或缺失，后颊类面线，活动颊颊刺或长或短，胸部 12 节，尾部具 2—11 对不同长度的尾边缘刺，壳面光滑或有瘤点装饰。该科以往被置于褶颊虫目，德氏虫超科（Dameselloidea Kobayashi，1935）（卢衍豪等，1963a，1965；Harrington *et al.*，1959），分为 5 个亚科，即 Damesellinae Kobayashi，1935，Drepanurinae Hupé，1953a，Chiawangellinae Chu，1959，Paramenomoniinae Kobayashi，1960 及 Dorypygellinae Kobayashi，1935。而且还把蒿里山虫科（Kaolishaniidae Kobayashi，1935）置于 Dameselloidea 超科内（Harrington *et al.*，1959）。近年来，又将德氏虫超科和德氏虫科置于裂肋虫目（Lichida Moore，1959）（Whittington *et al.*，1997；Peng *et al.*，2004a；袁金良等，2012），而把 Kaolishaniidae 置于光盖虫超科（Leiostegioidea Bradley，1925），归于 Corynexochida 目。曾有人将德氏虫科另分为 5 个亚科：Damesellinae Kobayashi，1935，Drepanurinae Hupé，1953a，Chiawangellinae Chu，1959，Blackwelderinae Yang，1992，Teinistioninae Yang，1992（杨家骙，1992），笔者认为 Blackwelderinae Yang，1992 和 Teinistioninae Yang，1992 没有必要新建。到目前为至，德氏虫科已经建有 50 余属（亚属），经过近几年的厘定，有效属只有 29 个，包括 *Bergeronites* Sun in Kuo，1965a，*Blackwelderia* Walcott，1906，*Blackwelderoides* Hupé，1953a，*Chiawangella* Chu，1959，*Damesella* Walcott，1905，*Dameselloides* Yuan in Yuan *et al.*，2012，*Danjiangella* Yang in Yang *et al.*，1991，*Dipyrgotes* Öpik，1967，? *Duamsannella* Kim，1980，*Fengduia* Chu in Lu *et al.*，1974，? *Funingia* Duan in Duan *et al.*，2005，*Guancenshania* Zhang et Wang，1985，*Haibowania* Zhang，1985，*Karslanus* Özdikmen，2009（= *Ariaspis* Wolfart，1974b），*Kiyakius* Özdikmen，2006（= *Pionaspis* Zhang in Qiu *et al.*，1983），*Neimengguaspis* Zhang et Liu，1986a（= *Eodamesella* Zhang et Liu，1986a；*Neimonggolaspis* Zhang et Liu，1991），*Neodrepanura* Özdikmen，2006（= *Drepanura* Bergeron，1899），*Palaeadotes* Öpik，1967（= *Spinopanura* Kushan，1973；*Pseudobergeronites* Jago et Webers，1992），*Pingquania* Guo et Duan，1978，*Parablackwelderia* Kobayashi，1942（= *Damesops* Chu，1959；*Meringaspis* Öpik，1967；*Paradamesops* Yang in Lu *et al.*，1974；*Hwangjuella* Kim，1980），*Paradamesella* Yang in Zhou *et al.*，1977（= *Falkopingia* Qian et Zhou，1984），? *Protaitzehoia* Yang in Yin et Lee，1978（= *Neodamesella* Nan et Chang，1985），*Shantungia* Walcott，1905（= *Metashantungia* Chang，1957；*Jiawangaspis* Zhang in Qiu *et al.*，1983），*Stephanocare* Monke，1903，*Taihangshaniashania* Jell in Jell et Adrain，2003（= *Taihangshania* Zhang et Wang，1985），*Taitzehoia* Chu，1959（= *Dipentaspis* Öpik，1967；*Cyrtoprora* Öpik，1967；*Pseudoblackwelderia* Zhu et Zhang in Qiu *et al.*，1983），*Teinistion* Monke，1903（= *Dorpygella* Walcott，1905；*Histiomona* Öpik，1967），*Xintaia*

Zhang in Qiu et al., 1983，Yanshanopyge Guo et Duan, 1978。此外，Prodamesella Chang, 1959（=Kopungiella Kim, 1980）长期以来都被置于德氏虫科内，由于尾部及完整个体的发现（袁金良、尹恭正，2000；Peng et al., 2004a；袁金良等，2012），这个属目前已被排除出这个科。目前将其归于 Aethidae Qian et Zhou, 1984（Yuan and Li, 2008；Yuan et al., 2012）或置于 Lonchocephalidae Hupé, 1953a（Peng et al., 2004a）；以往置于德氏虫科、贾汪虫亚科（Chiawangellinae）的 Chiawangella Chu, 1959 已移至 Leiostegiidae Brandley, 1925（Peng et al., 2004a），笔者认为 Chiawangella 的尾部具有尾边缘刺，其分类位置还需进一步研究。此外，产于河北和辽宁长清期的 Hebeia Guo et Duan, 1978（模式种 H. conica Guo et Duan, 1978），其头盖形态与 Polycrytaspis Öpik, 1967 非常相似，但是其尾部则是典型的德氏虫科三叶虫尾部，有可能是两个不同的属头、尾搭配而成的属，值得今后工作中加以注意。Liuheaspis Nan in Nan et Shi, 1985 以往也归于德氏虫科，由于发现了共生的尾部而被转移到 Ordosiidae（袁金良等，2012）。德氏虫科有广泛的地理分布，如中国华南、华北、西北和东北南部，朝鲜，韩国，越南北部，俄罗斯西伯利亚北部，喜马拉雅地区，哈萨克斯坦，阿富汗，伊朗，土耳其东南部，法国南部，瑞典，南极洲和澳大利亚等地（Mansuy, 1916；Kobayashi, 1941a, 1941b, 1941c, 1941d, 1987；朱兆玲，1959；Егорова и др., 1960；卢衍豪等，1965, 1974a, 1974b；Öpik, 1967；Wolfart, 1974b；罗惠麟，1974, 1982；周天梅等，1977；尹恭正、李善姬，1978；郭鸿俊、段吉业，1978；Ералиев，1980；张文堂等，1980a；Kim, 1980, 1987；Dean et al., 1981；张太荣，1981；周志强等，1982；刘义仁，1982；仇洪安等，1983；Feist and Courtessole, 1984；孙振华，1984；钱义元、周泽民，1984；张进林，1985；张进林、王绍鑫，1985；Jell, 1986；Whittington, 1986；张进林、刘雨，1986a, 1991；Zhang and Jell, 1987；Лисогор и др., 1988；杨家骅等，1991；Astashkin et al., 1991；杨家骅，1992；Jago and Webers, 1992；Fortey, 1994；Zhang, 1996, 1998b；郭鸿俊等，1996；Jell and Hughes, 1997；Shergold et al., 2000；Peng et al., 2004a；段吉业等，2005；Kang and Choi, 2007；Yuan and Li, 2008；Zhu, 2008；Peng, 2008b；罗惠麟等，2009；袁金良等，2010, 2012）。

有关德氏虫科的演化，已有了详细研究，将其分为 5 条演化路线和 3 个演化阶段：初始、繁盛和特化（杨家骅，1992）。杨家骅认为德氏虫科的祖先属是 Prodamesella，研究表明这个属已被排除在德氏虫科之外。目前来看 Danjiangella Yang in Yang et al., 1991 应该是这个科内最早出现的属，在河南淅川出现在 Triplagnostus gibbus-Doryagnostus incertus 带，而在山东则见于 Poriagraulos nanus-Tonkinella flabelliformis 带（杨家骅等，1991；袁金良等，2012）。Danjiangella 具有 5—6 对尾边缘刺，可能是德氏虫科的祖先属。稍晚出现的属有 Palaeadotes Öpik, 1967，最低层位在 Goniagnostus nathorsti 带顶部（Peng and Robison, 2000；Peng et al., 2004a）。在很长一段时间里，有人把 Palaeadotes 作为 Bergeronites 的亚属或同义名（Daily and Jago, 1975；周天梅等，1977；杨家骅，1978；尹恭正、李善姬，1978；郭鸿俊、段吉业，1978；卢衍豪、朱兆玲，1980；张太荣，1981；刘义仁，1982；罗惠麟，1982；仇洪安等，1983；林天瑞等，1983；Feist and Courtessole, 1984；钱义元、周泽民，1984；彭善池，1987；卢衍豪、林焕令，1989；Wang et al., 1989；Duan et al., 1999），而另外一些学者则认为它们是两个独立的属（Ералиев，1980；Zhang and Jell, 1987；Лисогор и др., 1988；Zhang, 1996；Shergold et al., 2000；Peng et al., 2004a；Kang and Choi, 2007）。Palaeadotes 与 Bergeronites 的主要区别在于 Palaeadotes 头鞍前缘较平直，头鞍沟较深，而且第一对头鞍沟（S1）往往分叉，往往具有头鞍边叶和头鞍基底叶，尾肋部上往往有肋沟和间肋沟。这是两个不同的属目前已达成共识，Bergeronites 主要分布在浅水相地区，Palaeadotes 主要分布在斜坡相区，而且分布很广，但华北地台上偶尔也能见到 Palaeadotes，如 Palaeadotes wennanensis Yang（杨显峰，2008，图版 29，图 1—10）。德氏虫科有可能与原附栉虫科有一定的亲缘关系，如在我国华北地区徐庄期中晚期（Metagraulos dolon 带至 Poriagraulos nanus 带）以及阿富汗和澳大利亚同期地层内所产的 Lioparella Kobayashi, 1937 的尾边缘刺的生长方式与 Karslanus（=Ariaspis）一属的生长方式非常相似。

笔者认为 Parablackwelderia—Karslanus—Neimengguaspis—Xintaia 的演化序列主要表现为头鞍由截锥形变为次柱形，头鞍沟由深变浅，两眼叶之间的固定颊由宽变窄，眼叶由前向后移，尾轴由细变粗，分节由多变少。

Parablackwelderia—Teinistion—Guancenshania—Dipyrgotes 是 Parablackwelderia 的另一演化支系，共同

特征为第一对和倒数第二对尾刺特别长。演化趋势主要表现为头鞍截锥形不变,头鞍沟由深变浅,两眼叶之间的固定颊由宽变窄,眼叶由后向前移,尾轴由细变粗,分节由多变少。

Danjiangella—Paradamesella—Damesella—Blackwelderia—Stephanocare 的演化序列中,还包括 *Dameselloides*, *Haibowania*, *Taitzehoia*, *Shantungia*, *Fengduia* 等。这类三叶虫的尾刺通常较短,而且长度较均匀。演化趋势是头鞍形态变化不大,都呈截锥形,但头鞍沟由深变浅,两眼叶之间的固定颊由宽变窄,眼叶由短变长,眼脊由长变短,头鞍后侧两边的固定颊上边叶(bacculae)逐步消失,头盖后侧边缘由宽变窄(横向),尾边缘由宽平变消失,尾轴由窄变宽,分节由多变少,尾边缘刺由多变少。

Palaeadotes—Bergeronites—Neodrepanura 的演化序列主要表现为头盖前边缘由宽(横向)变窄,头鞍向前收缩越来越明显,头鞍沟变浅,两眼叶之间的固定颊由宽变窄,眼叶从中部向前移,眼脊由长变短,由强烈向后倾斜到微微向后斜伸,尾部最前侧的一对大边缘刺越来越大,大刺之后的数对小刺越来越短,肋部的肋沟和间肋沟越来越浅等。

德氏虫科三叶虫的繁盛期与特化期不能截然分开,事实上在繁盛期的每个阶段都能发现一些非常特化的三叶虫属种,如长有长眼柄的 *Parablackwelderia luensis* Peng, Yang et Hughes(Peng *et al.*, 2008)和具有浆状尾刺的 *Haibowania zhuozishanensis* Zhang, 1985 都出现在 *Damesella paronai* 带和 *Blackwelderia paronai* 带内,而长有很长头盖中刺的 *Shantungia* Walcott, 1905 则出现在 *Neodrepanura premesnili* 带。笔者认为德氏虫科三叶虫的演化可分为起源与复苏期、辐射与扩散期和灭绝期。

德氏虫科三叶虫在地质时代上最早出现在徐庄期晚期,到济南期结束全部消失。不仅在中国而且在世界各地的情况是一致的。这一生物绝灭是由于海水化学成分的改变,地质事件的发生或其他什么原因,已经引起国际上地质界的注意,是今后值得研究的一个重要课题。

无肩虫科(Anomocaridae Poulsen, 1927)和光壳虫科(Liostracinidae Raymond, 1937),分别被置于 Anomocaroidea 和 Trinucleoidea 超科(Asaphiida 目),其证据还不清楚(Fortey, 1997)。到目前为止,无肩虫科在我国有 *Anomocare* Angelin, 1851, *Anomocarioides* Lermontova, 1940, *Callaspis* Zhang in Qiu *et al.*, 1983, *Fuquania* Zhao in Zhao et Huang, 1981, *Glyphaspellus* Ivshin, 1953, *Guizhouanomocare* Lee in Yin et Lee, 1978, *Hsiaoshia* Endo, 1944(= *Huaibeia* Bi in Qiu *et al.*, 1983;*Abharella* Wittke, 1984;*Jixiania* Zhang in Zhang *et al.*, 1995;*Jixianella* Zhang in Zhang *et al.*, 2001), *Hunanaspis* Zhou in Zhou *et al.*, 1977, *Jimanomocare* Yuan et Yin, 1998, *Jinxiaspis* Guo et Duan, 1978, *Koptura* Resser et Endo in Kobayashi, 1935(= *Parakoptura* Guo et Duan, 1978), *Koptura*(*Teratokoptura*)Xiang et Zhang, 1985, *Koptura*(*Eokoptura*)Yuan in Yuan *et al.*, 2012, *Lianglangshania* Zhang et Wang, 1985, *Longxumenia* Guo et Duan, 1978, *Paibianomocare* Peng, Babcock et Lin, 2004, *Palella* Howell, 1937, *Paracoosia* Kobayashi, 1936(= *Manchurocephalus* Endo, 1944;*Metalioparella* Qian et Qiu in Qiu *et al.*, 1983;*Mimoculus* An in Duan *et al.*, 2005), *Paranomocare* Lee et Yin, 1973(= *Afghanocare* Wolfart, 1974), *Qinlingialingia* Jell in Jell et Adrain, 2003, *Sinoanomocare* Yuan et Zhang, gen. nov. 20 个属(亚属),该科主要产于中国(华南、华北)、越南西北部、俄罗斯西伯利亚、喜马拉雅地区、哈萨克斯坦、阿富汗、伊朗、阿曼、瑞典、澳大利亚昆士兰等地(Angelin, 1851;Mansuy, 1916;Howell, 1937;Лермонтова, 1940;Endo, 1944;Westergärd, 1950;Ившин, 1953;Kobayashi, 1935;1936;1944;1960a;Hupé, 1953a;1955;Крыськов и др., 1960;Чернышева, 1960;卢衍豪等, 1965;Öpik, 1967;罗惠麟, 1974;Wolfart, 1974b;周天梅等, 1977;尹恭正、李善姬, 1978;郭鸿俊、段吉业, 1978;赵元龙、黄友庄, 1981;Егорова и др, 1982;仇洪安等, 1983;Wittke, 1984;项礼文、张太荣, 1985;张进林、王绍鑫, 1985;Zhang and Jell, 1987;杨家骙等, 1991;钱义元, 1994;Fortey, 1994;Zhang *et al.*, 1995;张文堂等, 2001;郭鸿俊等, 1996;Гогин и Пегель, 1997;袁金良、尹恭正, 1998;Jell and Adrain, 2003;Peng *et al.*, 2004a;段吉业等, 2005;Yuan *et al.*, 2008;Yuan and Li, 2008;Zhu, 2008;Peng, 2008b;罗惠麟等, 2009;袁金良等, 2012)。*Fuquania* 和 *Guizhouanomocare* 可能是这一科最早出现的属,始现于徐庄期中期,繁盛于长清期,至排碧期消失。其演化趋势是头鞍从截锥形到锥形或次柱形,鞍前区从窄变宽,两眼叶之间的固定颊从宽变窄,尾部从宽(横向)变窄,分节从少变多。

光壳虫科（Liostracinidae Raymond，1937）主要分布在中国（华北、华南）及澳大利亚，这个科共包括 4 个属：*Aplexura* Rozova，1963，*Doremataspis* Öpik，1967，*Liostracina* Monke，1903，*Lynaspis* Öpik，1967（Jell and Adrain，2003）。*Liostracina* 在地台区及斜坡相区都有出现，而 *Lynaspis* 及 *Doremataspis* 皆出现在斜坡相区，地台区尚未发现。1959 年美国的无脊椎古生物论著三叶虫卷内，把该科置于 Emmrichellacea 超科（Harrington *et al.*，1959），Чернышева（1960）把该科置于 Utiacea 超科，Öpik（1967）则建立新超科 Liostracinacea。笔者认为不必为该科另立超科，至于是否归于 Trinucleoidea 超科也值得进一步商榷。希望今后能多采集标本，研究这一科的起源与演化。

我国北方的长山期三叶虫以光盖虫科（Leiostegiidae Bradley，1925）、蒿里山虫科（Kaolishaniidae Kobayashi，1935）、小素木虫科（Shirakiellidae Kobayashi，1935）、长山虫科（Changshaniidae Kobayashi，1935）、翼头虫科（Pterocephalidae Kobayashi，1933）等科为主。凤山期三叶虫以济南虫科（Tsinaniidae Kobayashi，1935）、褶盾虫科（Ptychaspididae Raymond，1924）及索克氏虫科（Saukiidae Ulrich et Resser，1930）为主。我国的 *Chuangia*，*Pagodia* 等属置于光盖虫科（Leiostegiidae Bradley，1925），Kaolishaniidae 科置于 Leiostegioidea 超科是正确的。Fortey（1997）把 Saukiidae 及 Ptychaspididae 科置于 Dikelokephaloidea 超科，这一超科置于 Asaphida 目，是根据口板及腹部缝合线构造确定的，希望在今后的实践中来验证这一分类方式正确与否。

古油栉虫科（Palaeolenidae Hupé，1953b）、原油栉虫科（Protolenidae Richter et Richter，1948）、云南头虫科（Yunnanocephalidae Hupé，1953b）的时代和分布：华北地台寒武纪地层下部有 Palaeolenidae 科 *Palaeolenus*（＝*Megapalaeolenus*）出现；华北地台区的南区内有 Protolenidae 科的 *Estaingia*（＝*Hsüaspis*）等三叶虫出现；*Yunnanocephalus* Kobayashi，1936（＝*Pseuddoptychoparia* Ting，1940；*Luaspis* Hupé，1953b）属 Yunnanocephalidae 科，该科产于扬子地台区的筇竹寺期晚期。上述三个科都置于椭圆头虫超科（Ellipsocephaloidea Matthew，1887）（张文堂等，1980a）。这个超科与 Paradoxidoidea 超科一起在 1959 年的无脊椎古生物论著三叶虫卷中，被置于 Redlichina 亚目之内，这个分类是正确的（Harrington *et al.*，1959）。也有人把 Ellipsocephaloidea 超科置于 Ptychopariida 目内（Fortey，1997）。但是，从 Ellipsocephaloidea 超科内许多三叶虫个体发育的研究看，这一超科是 Paradoxidoidea 超科的祖先，而上述两个超科内三叶虫的个体发育早期阶段与 Redlichioidea 的个体发育早期阶段是相似的，基于这个理由，我们不同意 Fortey 的分类意见。

以上是我们对华北及东北南部寒武纪三叶虫的分类、演化和其他问题的概略回顾，希望今后华北及东北南部寒武纪三叶虫研究能考虑多方面的问题并取得更大的进展。

七、系统古生物学描述

三叶虫纲 **Trilobita Walch, 1771**

球接子目 **Agnostida Salter, 1864**

球接子亚目 **Agnostina Salter, 1864**

胸针球接子科 **Peronopsidae Westergård, 1936**

胸针球接子属 *Peronopsis* **Hawle et Corda, 1847**

Peronopsis Hawle et Corda, 1847, p. 115; Howell, 1935a, p. 220; 1935b, 226; Westergärd, 1936, p. 28; 1946, p. 36; Kobayashi, 1939a, p. 114, 115; Лермонтова, 1940, стр. 122; Rasetti, 1948b, p. 319; 1951, p. 133; 1967, p. 31; Hutchinson, 1952, p. 69; 1962, p. 68; Ившин, 1953, стр. 7—12; Hupé, 1953a, p. 174; 1953b, p. 64; Palmer, 1954, p. 60; 1968, p. 31; Егорова и др., 1955, стр. 103; 卢衍豪, 1957, 258 页; Šnajdr, 1958, p. 59, 60; Harrington *et al.* 1959, p. 186; Poulsen, 1960, p. 13; 朱兆玲, 1960b, 71 页; Sdzuy, 1961, p. 522; Öpik, 1961, p. 55; 1979, p. 53; 卢衍豪等, 1963a, 48 页; 1965, 46 页; 1974b, 100 页; 叶戈洛娃等, 1963, 67 页; Robison, 1964, p. 529, 530; 1978, p. 2; 1982, p.150; 1988, p. 47; 1994, p. 42; 1995, p. 302; Розова, 1964, стр. 61; 朱兆玲, 1965, 138, 146 页; Poulsen, 1969, p. 6; Егорова и Савицкий, 1969, стр. 105; Хайруллина, 1970, стр. 11; 1973, стр. 38; Богнибова и др., 1971, стр. 91; Pek and Vaněk, 1971, p. 269, 270; Pek, 1972, p. 105; Савицкий и др., 1972, стр. 62; Palmer and Gatehouse, 1972, p. 9; Репина и др., 1975, стр. 109; Jago, 1976, p. 136; Егорова и др., 1976, стр. 64; 1982, стр. 66; 周天梅等, 1977, 116 页; Jell and Robison, 1978, p. 8; 尹恭正、李善姬, 1978, 390 页; 杨家骒, 1978, 29 页; 朱兆玲等, 1979, 83 页; 1988, 80 页; Rushton, 1979, p. 49; 南润善, 1980, 485 页; Ергалиев, 1980, стр. 62; 张太荣, 1981, 144 页; 项礼文等, 1981, 196 页; 周志强等, 1982, 219 页; 刘义仁, 1982, 296 页; Rowell *et al.*, 1982, p. 174, 175; Dean, 1982, p. 5; Kindle, 1982, p. 10; 杨家骒, 1982, 306 页; Lu and Qian, 1983, p. 21; 林天瑞等, 1983, 401 页; 项礼文、张太荣, 1985, 67 页; 张进林、王绍鑫, 1985, 333 页; Романенко, 1985, стр. 56; Blaker, 1986, p. 70; Zhang and Jell, 1987, p. 45; 朱洪源, 1987, 87 页; Shah and Sudan, 1987b, p. 49; Morris, 1988, p. 170; Лисогор и др., 1988, стр. 61; Young and Ludvigsen, 1989, p. 10; Sun, 1989, p. 90; 卢衍豪、林焕令, 1989, 111 页; Schwimmer, 1989, p. 485; Nikolaisen and Henningsmoen, 1990, p. 57; Shergold *et al.*, 1990, p. 45, 46; Samson *et al.*, 1990, p. 1466; 王海峰、林天瑞, 1990, 118 页; 杨家骒等, 1991, 107 页; 董熙平, 1991, 449 页; Jago and Webers, 1992, p. 105; Yang *et al.*, 1993, p. 144; Fritz and Simandl, 1993, p. 184, 189; 王绍鑫、张进林, 1993b, 118 页; 黄友庄、袁金良, 1994, 296—300 页; 郭鸿俊等, 1996, 42 页; Westrop *et al.*, 1996, p. 822; Shah *et al.*, 1996, p. 952; Shergold and Laurie, 1997, p. 360; Blaker and Peel, 1997, p. 24—26; Гогин и Пегель, 1997, стр. 112; Peng *et al.*, 1999, p. 17; Peng and Robison, 2000, p. 29, 60; 袁金良等, 2002, 74 页; Axheimer and Ahlberg, 2003, p. 144; Jell and Adrain, 2003, p. 424; Laurie, 2004, p. 248; Лисогор, 2004, стр. 12; Geyer, 2005, p. 87; Dean, 2006, p. 236; 李泉, 2006, 13 页; Bordonaro and Banchig, 2007, p. 96, 97; Bordonaro *et al.*, 2008, p. 121; Коровников и Щабанов, 2008, стр. 76; Peng, 2008a, p. 24, 31; Høyberget and Bruton, 2008, p. 28; Ергалиев и Ергалиев, 2008, стр. 142, 143; Naimark, 2009, p. 24; Peng *et al.*, 2009, p. 19; 袁金良等, 2012, 66—70, 506 页。

Alesophonicus Hawle et Corda, 1847, p. 115, nom nud.

non *Diplorrhina* Hawle et Corda, 1847; Robison, 1964, p. 529; Blaker and Peel, 1997, p. 24; Peng, 2008a, p. 24, 31.

Mesophenicus Hawle et Corda, 1847, p. 46; Whitehouse, 1936, p. 88; Šnajdr, 1958, p. 59; Robison, 1964, p. 529; Jell and Adrain, 2003, p. 405.

Mesagnostus Jaeket, 1909, p. 398; Šnajdr, 1958, p. 59; Robison, 1964, p. 529; Jell and Adrain, 2003, p. 405; Peng *et al.*, 2009, p. 19.

non *Euagnostus* Whitehouse, 1936; Robison, 1994, p. 42; Blaker and Peel, 1997, p. 24.

non *Eoagnostus* Resser et Howell, 1938; Blaker and Peel, 1997, p. 24.

Acadagnostus Kobayashi, 1939a; Robison, 1964, p. 529; Shah and Sudan, 1987a, p. 57; Shergold *et al.*, 1990, p. 54, 55; Blaker and Peel, 1997, p. 24; Peng *et al.*, 2009, p. 19.

non *Archaeagnostus* Kobayashi, 1939a; Robison, 1994, p. 42; Blaker and Peel, 1997, p. 24.

non *Micagnostus* Hajrullina in Repina *et al.*, 1975, Репина и др. 1975, стр. 115; Robison, 1994, p. 42; Blaker and Peel, 1997, p. 24.

Itagnostus Öpik, 1979; Robison, 1994, p. 42; Blaker and Peel, 1997, p. 24.

non *Svenax* Öpik, 1979; Robison, 1994, p. 42; Blaker and Peel, 1997, p. 24.

Axagnostus Laurie, 1990, p. 318; Shergold and Laurie, 1997, p. 362; Bruton and Harper, 2000, p. 33; Jell and Adrain, 2003, p. 346; Peng *et al.*, 2009, p. 19.

模式种 *Battus integer* Beyrich, 1845, S. 44, Taf. 1, Bild 19, 捷克波希米亚, 寒武系第三统 Jince 组, *Paradoxides* (*P.*) *gracilis* 带。

特征和讨论 见袁金良等, 2012, 66—70, 506 页。

时代分布 寒武纪第二世晚期至第三世, 亚洲(中国、哈萨克斯坦、乌兹别克斯坦、俄罗斯西伯利亚、伊朗)、澳大利亚(昆士兰)、欧洲(法国、西班牙、瑞典、英国、挪威、捷克)、北美洲(加拿大纽芬兰、美国)、南美洲(阿根廷)和南极洲。

郭勒胸针球接子 *Peronopsis guoleensis* Zhang, Yuan et Sun in Sun, 1989
(图版 1, 图 1—17)

1989 *Peronopsis guoleensis* Zhang, Yuan et Sun, Sun, p. 90, 91, pl. 8, figs. 1—12.

正模 尾部 NIGP 89122 (Sun, 1989, pl. 8, fig. 12), 内蒙古自治区乌海市桌子山地区可就不冲郭勒, 寒武系第三统徐庄阶 *Inouyops titiana* 带。

材料 8 块头部和 9 块尾部标本。

特征 头部半卵形, 头鞍之前具短且微弱的中沟, 前叶呈五边形; 尾轴较宽, 最大宽度在中部, 后缘尖圆, 几乎伸达尾边缘沟。

比较 此种的形态与北美 *Ptychagnostus praecurrens* 带的 *Peronopsis montis* (Matthew, 1899) (Rasetti, 1951, p. 134, pl. 25, figs. 11—14) 和澳大利亚的 *Peronopsis elkedraensis* (Etheridge, 1902) (Öpik, 1979, p. 60, 61, pl. 3, figs. 1—5; Text-fig. 14) 较相似, 都具有相对较宽的头鞍前叶, 较宽的尾轴, 其后缘几乎伸达尾边缘沟, 尖顶式的轴末节, 其上有一个次生的轴疣, 尾边缘有一对不发育的尾侧刺。它与北美种的主要区别是头鞍前叶节呈明显的五边形, 头鞍之前有一微弱的中沟。此种与澳大利亚种的区别是头部呈半卵形, 头鞍前叶节呈明显的五边形, 尾轴较宽且长, 后缘尖圆, 几乎伸达尾边缘沟。就尾部形态来看, 此种与澳大利亚 *Ptychagnostus* (*Triplagnostus*) *gibbus* 带所产 *Peronopsis tramitis* (Öpik, 1979, p. 58, 59, pl. 2, figs. 1—3; Text-fig. 13) 也很相似, 不同的是后者的头鞍前叶节较小, 不呈五边形, 缺失头鞍前中沟。

产地层位 内蒙古自治区乌海市桌子山地区可就不冲郭勒, 胡鲁斯台组 *Inouyops titiana* 带。

球接子科 Agnostidae M'Coy, 1849
砂球接子亚科 Ammagnostinae Öpik, 1967

砂瘤球接子属 *Ammagnostus* Öpik, 1967

Ammagnostus Öpik, 1967, p. 75, 137—139; 彭善池, 1987, 86 页; Robison, 1988, p. 42, 43; Wang *et al.*, 1989, p. 111; Shergold *et al.*, 1990, p. 36; 董熙平, 1991, 451 页; Shergold and Webers, 1992, p. 134; Cooper *et al.*, 1996, p. 369; 郭鸿俊等, 1996, 47 页; Shergold and Laurie, 1997, p. 344; Гогин и Пегель, 1997, стр. 112; Peng and Robison, 2000, p. 25; Shergold *et al.*, 2000, p. 604, 605; Jago and Brown, 2001, p. 8; Peng *et al.*, 2001b, p. 138; 2001c, p. 159; Jell and Adrain, 2003, p. 340; Jago *et al.*, 2004, p. 27; Lieberman, 2004, p. 9; Jago and Cooper, 2005, p. 663; Kang and Choi, 2007, p. 283; Peng, 2008a, p. 24, 28; Ергалиев и Ергалиев, 2008, стр. 67; Bentley *et al.*, 2009, p. 169; Jago *et al.*, 2011, p. 19; 袁金良等, 2012, 57, 504 页; Bentley and Jago, 2014, p. 269; Sun *et al.*, 2014, p. 537.

Agnostoglossa Öpik, 1967, p. 145; Shergold *et al.*, 1990, p. 36; Shergold and Laurie, 1997, p. 344; Peng and Robison,

2000, p. 25；Shergold *et al.*, 2000, p. 604；Peng *et al.*, 2001b, p. 138；2001c, p. 159；Jell and Adrain, 2003, p. 338；Peng, 2008a, p. 28.

Glyptagnostus (*Lispagnostus*) Öpik, 1967, p. 169；Shergold *et al.*, 1990, p. 36；Shergold and Laurie, 1997, p. 344；Peng and Robison, 2000, p. 25；Shergold *et al.*, 2000, p. 604；Jell and Adrain, 2003, p. 399；Peng, 2008a, p. 28.

Tentagnostus Sun, 1989, p. 75；Jell and Adrain, 2003, p. 452；Peng, 2008a, p. 22, 28.

Ammagnostus (*Tentagnostus*) Sun, Shergold *et al.*, 1990, p. 36；Shergold and Laurie, 1997, p. 344.

模式种 *Ammagnostus psammius* Öpik, 1967, p. 139—141, pl. 55, fig. 3；pl. 66, figs. 1—4；Text-fig. 40, 澳大利亚昆士兰西北, 中上寒武统 Mindyallan Fauna *Glyptagnostus stolidotus* 带。

特征和讨论 见袁金良等, 2012, 57, 504 页。

时代分布 寒武纪第三世中期(长清期)至芙蓉世(长山期), 亚洲(中国华北、华南, 韩国, 哈萨克斯坦)、澳大利亚、北美洲和南极洲。

山东砂瘤球接子 *Ammagnostus shandongensis* (Sun, 1989)

(图版 2, 图 22)

1989 *Peronopsis shandongensis* Sun, p. 93, pl. 11, figs. 11—15, 21—23, 27—28 (non figs. 19, 25—26).
1996 *Peronopsis cylindrata* Guo et Luo, 郭鸿俊等, 43 页, 图版 4, 图 4—9, 11, 13, 18, 19, 21 (non 图 22, 23)。
1996 *Peronopsis shandongensis*, 郭鸿俊等, 43 页, 图版 4, 图 1—3, 10a, 12, 14, 15—17, 20。
1999 *Peronopsis shandongensis*, 雒昆利, 105 页, 图版 7, 图 14—16。
2012 *Ammagnostus shandongensis* (Sun), 袁金良等, 60 页, 图版 2, 图 1—6；图版 3, 图 1—25；图版 9, 图 2—12。

正模 尾部 NIGP89187 (Sun, 1989, pl. 11, fig. 12), 山东莱芜九龙村九龙山, 寒武系第三统长清阶 *Liopeishania lubrica* 带。

材料 1 块头部标本。

描述 见袁金良等, 2012, 60 页。

比较 当前头部标本与山东所产标本(袁金良等, 2012, 图版 2, 图 1—6；图版 3, 图 1—25；图版 9, 图 2—12)较相似, 如头盖、头鞍形态, 较窄深的边缘沟和较窄而突起边缘。由于没有发现尾部, 很难作进一步比较。

产地层位 内蒙古自治区乌海市桌子山地区苏拜沟(SBT2), 胡鲁斯台组 *Liopeishania convexa* 带。

美球接子属 *Formosagnostus* Ergaliev, 1980

Formosagnostus Ergaliev, Ергалиев, 1980, стр. 92；彭善池, 1987, 77, 78 页；1990, 276 页；Shergold *et al.*, 1990, p. 36；Cooper *et al.*, 1990, p. 59；Pratt, 1992, p. 29；周志强等, 1996, 44 页；Shergold and Laurie, 1997, p. 344；袁金良、尹恭正, 1998, 137 页；Peng and Robison, 2000, p. 30；Jell and Adrain, 2003, p. 376；Peng, 2008, p. 28；Ергалиев и Ергалиев, 2008, стр. 77, 78.

Kunshanagnostus Qian et Zhou, 钱义元、周泽民, 1984, 173 页；Shergold *et al.*, 1990, p. 36；Shergold and Laurie, 1997, p. 344；Jell and Adrain, 2003, p. 394；Peng, 2008a, p. 22, 28.

模式种 *Formosagnostus formosus* Ergaliev, Ергалиев, 1980, стр. 92, 93, табл. 5, фиг. 10, 11；табл. 8, фиг. 12, 13, 哈萨克斯坦, 寒武系第三统 Ayussokanian 阶 (= 古丈阶 Guzhangian) *Kormagnostus simplex* 带。

特征 球接子类三叶虫；次方形至长半椭圆形头部, 边缘沟浅；头鞍前中沟发育；头鞍前叶较大, 尖拱形或五边形, 第三对横越头鞍沟(F3)向后弯曲, 第二对头鞍沟(F2)清楚, 短, 向前略弯曲, 第一对头鞍沟(F1)缺失或很微弱；头鞍基底叶较大, 头鞍后叶后缘宽圆, 头鞍中疣紧靠 F2 之后；尾轴极宽长, 中部向后膨大, 后缘浑圆, 与边缘沟相接, 第一对尾轴环沟(F1)短浅, 向前斜伸, 与关节半环沟相连, 形成小的次三角形的侧叶, 第二对尾轴环沟(F2)清楚, 平伸, 第二尾轴环上有一长的尾轴瘤, 并伸向尾轴后叶；尾肋部窄, 中线位置不相连；尾边缘沟宽深；尾后侧部具一对短小侧刺。

讨论 对于 *Formosagnostus* Ergaliev, 1980 是否与庞大球接子(*Hadragnostus* Öpik, 1967)合并有两种

不同意见：一种意见认为应合并（Peng and Robison，2000，p. 30—32）；另一种意见认为应该分开（Pratt，1992，p. 29；Shergold and Laurie，1997，p. 344；Ергалиев и Ергалиев，2008，стр. 77，78）。笔者赞同第二种意见，从头部和尾部形态来看，*Formosagnostus* Ergaliev，1980 是处在 *Proagnostus* Butts in Adams *et al.*，1926 和 *Hadragnostus* Öpik，1967 两个属之间的类型，他们之间既有相似的特征，又有不同的特征。

时代分布　寒武纪第三世晚期（古丈期＝济南期），亚洲（哈萨克斯坦、中国）、澳大利亚和南极洲。

漂亮美球接子 *Formosagnostus formosus* Ergaliev，1980

（图版 2，图 13—21）

1980　*Formosagnostus formosus* Ergaliev，Ергалиев，стр. 92，табл. 5，фиг. 10，11；табл. 8，фиг. 12，13.

1984　*Kunshanagnostus kunshanensis* Qian et Zhou，钱义元、周泽民，173，174 页，图版 1，图 4—6，7a。

1987　*Formosagnostus formosus*，彭善池，78，79 页，图版 1，图 1—5。

1987　*Formosagnostus latus* Peng，彭善池，79 页，图版 1，图 6，7。

1988　*Formosagnostus formosus*，Лисогор и др.，стр. 61，табл. 5，фиг. 7.

1989　*Pseudagnostus* sp. 1，Zhu and Wittke，p. 210，pl. 1，figs. 12，13.

1990　*Formosagnostus formosus*，彭善池，276 页，图版 1，图 1，2。

1996　*Formosagnostus* sp.，周志强等，图版 3，图 8，9。

1997　*Formosagnostus formosus*，Shergold and Laurie，p. 344，fig. 221.

2000　*Hadragnostus modestus*（Lochman in Lochman et Duncan，1944），Peng and Robison，p. 32，figs. 23（1—18）.

2008　*Formosagnostus formosus*，Ергалиев и Ергалиев，стр. 78，79，табл. 22，фиг. 6—8，11；табл. 25，фиг. 8—12.

正模　头部（1950/92，1350），哈萨克斯坦，寒武系第三统 Ayussokanian 阶 *Kormagnostus simplex* 带。

材料　5 块头部和 4 块尾部标本。

比较　此种的形态变化较大，地质时限也较长，从 Ayussokanian 阶 *Kormagnostus simplex* 带至 *Glyptagnostus stolidotus* 带或从 *Lejopyge laevigata* 带上部至 *Linguagnostus reconditus* 带（Ергалиев и Ергалиев，стр. 78，79；Peng and Robison，2000，p. 32）。当前标本与哈萨克斯坦 Ayussokanian 阶 *Kormagnostus simplex* 带所产模式标本较相似（Ергалиев，1980，стр. 92，табл. 5，фиг. 10，11；табл. 8，фиг. 12，13；Ергалиев и Ергалиев，2008，стр. 78，79，табл. 22，фиг. 6—8，11），两者均尾轴较长，轴环沟较浅，轴瘤较短。产于美国蒙大拿州中部 *Crepicephalus* 带的 *Proagnostus modestus* Lochman in Lochman et Duncan，1944（p. 77，78，pl. 5，figs. 10—13）的正模是一块尾部标本（pl. 5，fig. 12），其尾轴较长，肋部相对较宽，与 *Formosagnostus formosus* 不同。

产地层位　内蒙古自治区乌海市桌子山地区苏拜沟（SBT1），胡鲁斯台组 *Blackwelderia tenuilimbata* 带。

古盘虫亚目 Eodiscina Kobayashi，1939（emend. Jell in Whittington *et al.*，1997）
古盘虫科 Eodiscidae Raymond，1913

中华佩奇虫属 *Sinopagetia* Zhang et Yuan，1981

Pagetia（*Sinopagetia*）Zhang et Yuan，1981，p. 162；裴放，1991，212 页；Zhang *et al.*，1995，p. 41；袁金良、李越，1999，413 页。

Sinopagetia Jell，1997，p. 403；Jell and Adrain，2003，p. 445；Cotton and Fortey，2005，p. 127；Yuan *et al.*，2008，p. 85，94，97；袁金良等，2012，14 页。

模式种　*Sinopagetia neimengguensis* Zhang et Yuan，1981，p. 162，pl. 2，figs. 1，2，内蒙古自治区乌海市岗德尔山东山口，寒武系第三统徐庄阶 *Sinopagetia jinnanensis* 带。

特征　头鞍和尾轴较宽，背沟较浅；颈环半椭圆形至三角形，不具长的颈刺；前边缘沟在两侧较清楚，中部变窄而浅或模糊不清；前边缘较宽，鞍前区窄而下凹，无中沟；尾轴无长的轴末刺，肋部较窄，肋沟、间肋沟较浅。

讨论　中华佩奇虫是一个地方性属，仅见于中国（华北）传统的中寒武世早期，一些作者认为它与佩奇虫是同一个属(仇洪安等,1983;郭鸿俊等,1996)。笔者认为Jell(1997)将其提升为属是正确的,因为佩奇虫通常头鞍和尾轴较窄,颈刺和尾轴后刺较长,两者容易区分。产于贵州都匀牛场高台组的 *Pagetides qianensis* Zhang et Clarkson, 2012 (p. 59—63, pl. 14, figs. 1—15; pl. 15, figs. 1—16; pl. 16, figs. 1—14; Text-figs. 4, 6A, 14, 16G, H)与 *Pagetides* 的模式种 *Pagetides elegans* (Rasetti, 1945, p. 313, pl. 1, figs. 15—18; 1967, p. 64, pl. 5, figs. 16—24) 差异较大,如 *Pagetides* 的前边缘在中线位置向后有钝角形后缘棘,头鞍之前有中沟,而与 *Sinopagetia* 较相似,本书将其归入此属。

时代分布 寒武纪第三世早期(毛庄期和徐庄期早期),华北和华南。

晋南中华佩奇虫 *Sinopagetia jinnanensis* (Lin et Wu in Zhang *et al.*, 1980b)

(图版1, 图18—20; 图版3, 图1, 7—22; 图版4, 图9—12; 图版6, 图17—20)

1980b *Pagetia jinnanensis* Lin et Wu in Zhang *et al.*, 张文堂等, 47页, 图版1, 图1—4。
1983 *Pagetia jinnanensis xiangshanensis* Qiu in Qiu *et al.*, 仇洪安等, 44页, 图版14, 图9。
1985 *Pagetia jinnanensis*, 张进林、王绍鑫, 334, 335页, 图版103, 图21—24。
1995 *Pagetia* (*Sinopagetia*) *jinnanensis*, Zhang *et al.*, p. 41, pl. 13, figs. 10—15; pl. 14, figs. 1—3.
non 1996 *Pagetia jinnanensis* Lin et Wu, 郭鸿俊等, 52页, 图版11, 图1—3。

正模 头盖 NIGP 51075 (张文堂等, 1980b, 图版1, 图1), 山西省芮城县水峪中条山, 寒武系第三统徐庄阶 *Sinopagetia jinnanensis* 带。

材料 19块头盖和9块尾部标本。

比较 仇洪安根据一块不完整的头盖标本建立的 *Pagetia jinnanensis xiangshanensis* Qiu in Qiu *et al.*, 1983 与 *Sinopagetia jinnanensis* (Lin et Wu in Zhang *et al.*, 1980b)的区别很小,本书将其合并。此种与 *Sinopagetia neimengguensis* Zhang et Yuan, 1981 的主要区别是头鞍前叶的横越头鞍沟较清楚,颈环向后较长,呈棍棒状或倒三角形,后端尖圆,尾肋部上肋沟和间肋沟较清楚。

产地层位 山西省芮城县水峪中条山, 安徽省淮南相山和陕西省陇县景福山地区牛心山(L12), 馒头组 *Sinopagetia jinnanensis* 带中下部。内蒙古自治区乌海市岗德尔山东山口(NZ9, NZ02), 桌子山地区阿不切亥沟(CD94C)和巴什图(Q5-25H-1-3), 阿拉善盟宗别立乡呼鲁斯太陶思沟(NH33, NH40), 胡鲁斯台组 *Sinopagetia jinnanensis* 带中下部。

内蒙古中华佩奇虫 *Sinopagetia neimengguensis* Zhang et Yuan, 1981

(图版4, 图1—8)

1981 *Pagetia* (*Sinopagetia*) *neimengguensis* Zhang et Yuan, p. 162, pl. 2, figs. 1, 2.
1997 *Sinopagetia neimengguensis* Zhang et Yuan, Jell, p. 403, figs. 253 (3a, 3b).

正模 头盖 NIGP62248 (Zhang and Yuan, 1981, p. 162, pl. 2, fig. 1), 内蒙古自治区乌海市岗德尔山东山口, 寒武系第三统徐庄阶 *Sinopagetia jinnanensis* 带。

材料 3块头盖和6块尾部标本。

比较 此种的主要特征是颈环半椭圆形,后端钝圆或宽圆,没有向后伸出粗壮颈刺,头鞍前叶的横越头鞍沟不清楚,鞍前区较低凹。但在前边缘上沟纹的粗细和数量的多少以及尾肋部上肋沟与间肋沟显示的清楚程度方面,不同的标本上仍有不同程度的差异,这些差异可看作种内的变异。

产地层位 内蒙古自治区乌海市岗德尔山东山口(NZ02), 胡鲁斯台组 *Sinopagetia jinnanensis* 带下部和陕西省陇县景福山地区牛心山(L12), 馒头组 *Sinopagetia jinnanensis* 带下部。

陇县中华佩奇虫(新种) *Sinopagetia longxianensis* Yuan et Zhang, sp. nov.

(图版3, 图2—6; 图版4, 图13, 14; 图版5, 图15—22)

词源 Longxian, 汉语拼音, 地名, 陇县, 指新种产地。

正模 头盖 NIGP62316 (图版3, 图2), 陕西省陇县景福山地区牛心山, 寒武系第三统徐庄阶

Sinopagetia jinnanensis 带。

材料　6 块头盖和 10 块尾部标本。

特征　颈环呈长半椭圆形，近后缘中部有一小颈疣，后端圆润，鞍前区宽，微下凹，其宽度大于或等于前边缘中部宽(纵向)，前边缘窄(纵向)，向两侧微微变窄，其上的沟纹少且微弱；尾部长，半椭圆形，尾轴宽长，背沟和轴环沟极浅，肋沟和间肋沟极浅或模糊不清。

描述　头盖中等突起，半椭圆形，正模标本长 2.7 mm，两眼叶之间宽 2.4 mm；背沟中等深，在头鞍之前略变浅；头鞍突起，次圆锥形，向前微扩大，至 1/3 处达最大宽度，然后逐渐向前收缩，前端圆润，其长度不足头盖长的 1/2，无侧头鞍沟；颈沟宽浅，微向前弯曲；颈环向后膨大，半椭圆形，近后缘中部有一小颈疣；固定颊宽而突起，近眼叶处突起最高，向背沟下倾；眼叶中等长，眼沟不显，眼脊模糊不清；前边缘窄，平缓突起，向前强烈拱曲，向两侧微微变窄，其上有 20 余条浅或模糊的放射状沟纹；鞍前区较宽，低平，等于或略宽于前边缘中部宽；后侧翼短(横向)而且窄(纵向)，后边缘沟深，略向前侧方斜伸；后边缘窄，平缓突起，至眼叶后端相对位置处向前弯曲；尾部长，半椭圆形；背沟及轴节沟极浅；尾轴宽长，平缓突起，后端几乎伸达尾边缘沟，隐约可见 5—6 节及一个末节；肋部比轴部略窄，平缓突起，肋沟和间肋沟极浅；尾边缘窄，低平，尾边缘沟清楚；壳面光滑。

比较　新种头盖和尾部的一般形态特征在具有浅的背沟，肋沟和间肋沟，半椭圆形的颈环等方面，与安徽淮南老鹰山毛庄早期地层中所产 *Sinopagetia huainanensis* Yuan et Li (袁金良、李越，1999，413，414 页，图版 5，图 1—6)较相似，不同的是新种的鞍前区较宽，有颈沟，颈环近后缘中部有一小颈疣，尾部较长，半椭圆形，尾轴较宽长，其上没有瘤状突起。新种与模式种 *Sinopagetia neimengguensis* Zhang et Yuan (1981, p. 162, pl. 2, figs. 1, 2) 的主要区别是前边缘较窄(纵向)，宽度较均匀，鞍前区较宽，尾部较长，尾轴较长，轴环沟、肋沟和间肋沟几乎消失。新种与 *Sinopagetia jinnanensis* (Lin et Wu) (张文堂等，1980b，47 页，图版 1，图 1—4)的主要区别是前者鞍前区较宽，颈环作半椭圆形，后者呈倒三角形，尾部轴环沟，肋沟和间肋沟几乎消失。

产地层位　陕西省陇县景福山地区牛心山(L12)，馒头组 *Sinopagetia jinnanensis* 带中下部；宁夏回族自治区同心县青龙山(NC50)，内蒙古自治区阿拉善盟宗别立乡呼鲁斯太陶思沟(NH40)和乌海市桌子山地区阿不切亥沟(CD94B)，胡鲁斯台组 *Sinopagetia jinnanensis* 带中下部。

沟佩奇虫属(新属) *Sulcipagetia* Yuan et Zhang, gen. nov.

词源　sulc (拉丁语)，沟，槽，指新属前边缘在中线位置有较宽而深的中沟；*Pagetia*，三叶虫属名。

模式种　*Sulcipagetia gangdeershanensis* Yuan et Zhang, sp. nov.，内蒙古自治区乌海市岗德尔山东山口，寒武系第三统徐庄阶 *Sinopagetia jinnanensis* 带上部。

特征　佩奇虫类三叶虫；具极宽而深的背沟和前边缘沟；头盖和尾部隆起高，头鞍长，锥形至尖锥形，几乎伸达前边缘沟，具 2—3 对侧头鞍沟，前一对横越头鞍清楚；鞍前区和眼前翼极窄或缺失；前边缘在中线位置由较宽而深的中沟分成两半；颈环半椭圆形至三角形，具短的颈刺；尾部强烈隆起，尾轴宽，分节少，具向后上方翘起的轴末刺，肋部较窄，肋沟、间肋沟较浅，尾边缘沟清楚，尾边缘窄而平缓突起。

讨论　沟佩奇虫是一个地方性属，仅见于中国(华北)寒武纪第三世(传统的中寒武世早期)，它与佩奇虫的主要区别是头盖和尾部隆起高，其上的背沟和前边缘沟特别宽而深，鞍前区极窄或缺失(纵向)，前边缘在中线位置由较宽而深的中沟分成两半，尾轴宽，肋叶窄，末端具较短向后上方翘起的轴末刺。它与中华佩奇虫的主要区别是头盖和尾部隆起高，其上的背沟特别宽而深，前边缘在中线位置由较宽而深的中沟分成两半，颈环具短的颈刺，尾轴宽，肋叶窄，末端具向后上方翘起的轴末刺。就尾部形态来看，特别是尾轴宽、分节少的特点，与澳大利亚昆士兰地区寒武系第三统(*Ptychagnostus punctuosus* 带至 *Lejopyge laevigata* 带)所产 *Helepagetia* Jell (模式种 *H. bitruncata* Jell, 1975, p. 82—84, pl. 29, figs. 1—11)较相似，但后者头鞍相对较短，鞍前区较宽而下凹，前边缘较窄，中线位置无较宽而深的中沟，颈刺和尾刺较长，壳面有瘤点装饰。

时代分布 寒武纪第三世早期(徐庄期),华北。

岗德尔山沟佩奇虫(新属、新种) *Sulcipagetia gangdeershanensis* Yuan et Zhang, gen. et sp. nov.

(图版5,图1—14;图版6,图1—16)

词源 Gangdeershan,汉语拼音,地名,岗德尔山,指新种产地。

正模 尾部 NIGP62356(图版6,图1),内蒙古自治区乌海市岗德尔山东山口,寒武系第三统徐庄阶 *Sinopagetia jinnanensis* 带上部。

材料 13块头盖和19块尾部标本。

特征 见属的特征。

描述 头盖中等突起,次方形,最大标本长2.7 mm,两眼叶之间宽2.7 mm;背沟极宽深;头鞍窄小,突起,向前收缩变窄,呈锥形至尖锥形,具2—3对侧头鞍沟,前叶小,半椭圆形,中后部具一小的乳头状凸起,前端圆润,横越头鞍沟浅而清楚,微向后弯曲,后叶的中后部有一对短且向内侧斜伸的侧头鞍沟,两侧具两对小的乳头状凸起,其中后一对略大;颈沟宽浅,中部微向前弯曲;颈环突起,呈倒三角形,后端尖圆,具很短的颈刺,后部具颈疣,在头鞍基部两侧的背沟内具次三角形的边叶;固定颊宽而突起,在两眼叶之间约为头鞍宽的2倍,近眼叶处突起最高,向背沟下倾;眼叶中等长,眼沟不显,眼脊模糊;前边缘宽,平缓突起,微向前拱曲,中部有一深的中沟将其分成二部分,其上各有6—7条浅的放射状沟纹;前边缘沟宽深;鞍前区缺失;后侧翼宽(横向)且窄(纵向),后边缘沟深,向外变宽,略向前侧方斜伸;后边缘窄,平缓突起,至眼叶后端相对位置处向前弯曲;前颊类面线,前支自眼叶前端微向外向前伸,后支向侧后方斜伸;尾部强烈突起,半圆形;尾轴宽长,强烈突起,向后收缩较快,分4节及一个末节,末节向后上方延伸成轴末刺,轴节沟浅;肋部较窄,平缓突起,其上有2—3对向后侧斜伸的肋沟和极浅的间肋沟;尾边缘窄,低平,尾边缘沟清楚;壳面光滑。

比较 就头盖和尾部的一般形态特征来看,新种与产于辽宁金县拉树山徐庄阶的 *Pagetia jinnanensis* Lin et Wu(昝淑芹,1992,252,253页,图版2,图10,15,16;郭鸿俊等,1996,52页,图版11,图1—3)较相似,但后者的头鞍呈次柱形,尾部较长,尾轴分节较多。产于辽宁金县拉树山徐庄阶的标本与山西省芮城县水峪中条山的模式标本差异较大,如有宽深的背沟和前边缘沟,缺失鞍前区,前边缘有中沟裂成两部分等,这些标本应归于 *Sulcipagetia* 属。

产地层位 内蒙古自治区乌海市岗德尔山东山口(NZ04)、岗德尔山北麓(GDNT0)和阿拉善盟呼鲁斯太陶思沟(NH40,NH43a),胡鲁斯台组 *Sinopagetia jinnanensis* 带中下部至上部。

沟佩奇虫未定种 *Sulcipagetia* sp.

(图版3,图23)

材料 1块头盖标本。

描述 头盖中等突起,次方形,长2.3 mm,两眼叶之间宽2.3 mm;背沟极宽深;头鞍突起,向前收缩变窄,呈锥形至尖锥形,具2—3对极浅侧头鞍沟,横越头鞍沟(F3)浅直,前叶次三角形或五边形,在头鞍基部两侧的背沟内具次三角形的边叶;颈沟宽浅,中部微向前弯曲;颈环突起,倒三角形,后端尖圆;固定颊宽而突起,在两眼叶之间约为头鞍宽的1.4倍,近眼叶处突起最高,向背沟下倾;眼叶中等长,眼沟不显,眼脊模糊;前边缘中部宽,平缓突起,微向前拱曲,两侧迅速变窄,中部有一极浅的中沟将其分成两部分,其上各有9—10条浅的放射状沟纹;前边缘沟宽深;鞍前区极窄;后侧翼宽(横向)而且窄(纵向),后边缘沟深,向外变宽,略向前侧方斜伸;后边缘窄,平缓突起,至眼叶后端相对位置处向前弯曲;面线前支自眼叶前端微向内向前伸,后支向侧后方斜伸。

比较 就头盖的一般形态特征来看,未定种与模式种较相似,但头鞍相对较宽,横越头鞍沟(F3)较清楚,前边缘中部宽度均匀,平缓突起,微向前拱曲,两侧迅速变窄,中部的中沟极浅,两侧的前边缘上各有9—10条浅的放射状沟纹。

产地层位 内蒙古自治区阿拉善盟呼鲁斯太陶思沟(NH41),胡鲁斯台组 *Sinopagetia jinnanensis* 带上部。

耸棒头虫目 Corynexochida Kobayashi, 1935
耸棒头虫亚目 Corynexochina Kobayashi, 1935
叉尾虫科 Dorypygidae Kobayashi, 1935

库廷虫属 *Kootenia* Walcott, 1889

Bathyuriscus (*Kootenia*) Walcott, 1889, p. 446.

Kootenia Walcott, 1918, p. 131; 1925, p. 92; Kobayashi, 1935, p. 156, 157, 192; 1961, p. 223; Resser, 1937a, p. 15; 1937c, p. 50; 1938a, p. 84; 1939a, p. 15; 1939b, p. 46; 1942, p. 27; 1945, p. 199; Deiss, 1939, p. 100; Лермонтова, 1940, стр. 139; 1951a, стр. 122—124; Howell, 1943, p. 244; Shimer and Shrock, 1944, p. 613; Leanza, 1947, p. 226; Lochman, 1948, p. 452; Rasetti, 1948a, p. 14; 1948b, p. 332; 1951, p. 188, 189; 1967, p. 82; Thorslund, 1949, p. 4; Cooper et al., 1952, p. 125; Hupé, 1953a, p. 186; 1955, p. 111 (=91); Ившин, 1953, стр. 42; 1957, стр. 37; 1978, стр. 68—70; Rusconi, 1954a, p. 54; 1954b, p. 93; Palmer, 1954, p. 64; 1968, p. 47; Егорова и др., 1955, стр. 120; 1960, стр. 192; 1976, стр. 83; Lochman, 1956, p. 1390; Shaw, 1956, p. 145; 1957, p. 791; Harrington et al., 1959, p. 218, 219; Суворова и Чернышева, 1960, стр. 78, 79; 朱兆玲, 1960a, 64 页; 1960c, 79, 80 页; Чернышева, 1961, стр. 126, 127; Федянина, 1962, стр. 35; Лазаренко, 1962, стр. 60; 卢衍豪等, 1963a, 62, 63 页; 1965, 104 页; 项礼文, 1963, 30 页; Репина и др., 1964, стр. 301; Демокидов и Лазаренко, 1964, стр. 204; Суворова, 1964, стр. 86—90; Poulsen, 1964, p. 33; Хоментовский и Репина, 1965, стр. 161; Rasetti, 1966, p. 42; Öpik, 1967, p. 173; Kay and Eldredge, 1968, p. 375; Егорова и Савицкий, 1969, стр. 169; Богнибова и др., 1971, стр. 128; Савицкий и др., 1972, стр. 73; Palmer and Gatehouse, 1972, p. 18; Fritz, 1972, p. 35; Окунева и Репина, 1973, стр. 172; Репина и др., 1975, стр. 137; Язмир и др., 1975, стр. 82; 李耀西等, 1975, 143 页; Ергалиев и Покровская, 1977, стр. 42—44; 周天梅等, 1977, 129 页; 1978, 153 页; 李善姬, 1978, 216 页; 尹恭正、李善姬, 1978, 435 页; 朱兆玲、林天瑞, 1978, 442 页; Репина и Романенко, 1978, стр. 172; Palmer and Halley, 1979, p. 81; 仇洪安, 1980, 51 页; 张文堂等, 1980a, 255 页; 1980b, 48 页; 张太荣, 1981, 156 页; Gunther and Gunther, 1981, p. 28; 周志强等, 1982, 232 页; 鞠天吟, 1983, 631 页; 仇洪安等, 1983, 57 页; 朱兆玲、林焕令, 1983, 26 页; Lu and Qian, 1983, p. 25; Dutro et al., 1984, p. 1367; 孙振华, 1984, 349 页; 张全忠、李昌文, 1984, 83 页; Morris and Fortey, 1985, p. 82; 项礼文、张太荣, 1985, 101 页; 张进林、王绍鑫, 1985, 340 页; 朱洪源, 1987, 88 页; Young and Ludvigsen, 1989, p. 17; Коробов, 1989, стр. 173; 杨家骥等, 1991, 128 页; Sundberg, 1994, p. 19; 1995, p. 209; Babcock, 1994, p. 94; Melzak and Westrop, 1994, p. 973; Geyer, 1994, p. 1037; Zhang et al., 1995, p. 46; 郭鸿俊等, 1996, 94 页; Blaker and Peel, 1997, p. 90; Eddy and McCollum, 1998, p. 869; Pegel, 2000, p. 1007; 段吉业、安素兰, 2001, 364 页; Korovnikov et al., 2002a, p. 466; 2002b, p. 324; Jell and Adrain, 2003, p. 394; Lieberman, 2004, p. 13, 14; 李泉, 2006, 19 页; Korovnikov, 2006, p. 426; 2011, p. 720; Bordonaro and Banchig, 2007, p. 98; Jago and Cooper, 2007, p. 477; Коровников и Щабанов, 2008, стр. 83; Sundberg, 2008, p. 383; Lin, 2008, p. 54, 58; Yuan et al., 2008, p. 92, 97; Bordonaro et al., 2008, p. 122; Jago and Bentley, 2010, p. 477; Robison and Babcock, 2011, p. 14; Geyer and Peel, 2011, p. 471, 473; Korovnikov and Novozhilova, 2012, p. 778; 胡世学等, 2013, 104 页; Bergström et al., 2014, p. 123—125; 袁金良、李越, 2014, 499—501 页。

Notasaphus Gregory, 1903, p. 155; Whitehouse, 1939, p. 241—243; Blaker and Peel, 1997, p. 90.

Kootenia (*Tienzhuia*) Chu, 朱兆玲, 1960c, 79 页; 卢衍豪等, 1963a, 63 页; 1965, 107 页; 朱洪源, 1987, 89 页; 杨家骥等, 1991, 130 页; Yuan et al., 2008, p. 113, 120, 128; Peng, 2008b, p. 166, 176, 201.

non *Kootenia* (*Duyunia*) Chien, 钱义元, 1961, 96 页; Kobayashi, 1962, p. 140; 卢衍豪等, 1963a, 63 页; 1965, 106 页; Palmer and Gatehouse, 1972, p. 18; 尹恭正、李善姬, 1978, 436 页; 刘义仁, 1982, 299 页; Blaker and Peel, 1997, p. 86; Lin, 2008, p. 42, 54, 59.

模式种 *Bathyuriscus* (*Kootenia*) *dawsoni* Walcott, 1889, p. 446; Sundberg, 1994, p. 21—24, figs. 14 (1—8), 加拿大不列颠哥伦比亚, 中寒武统 Stephen 组, *Ehmaniella* 带。

讨论 库廷虫(*Kootenia* Walcott, 1889)、小库廷虫(*Kooteniella* Lermontova, 1940)、拟油栉虫(*Olenoides* Meek, 1877)和叉尾虫(*Dorypyge* Dames, 1883)是早、中寒武世分布广而且形态相似的4个属。尤其是库廷虫分布最广, 延续的时间最长, 在北美(美国、加拿大)、南美(阿根廷)、亚洲(中国、俄罗斯西伯利亚、中亚、朝鲜、韩国)、欧洲(英国、丹麦)、北非(摩洛哥)、澳大利亚和南极洲都有发现。Palmer (1968, p. 47)对此属进行过详细的研究和讨论, 强调此属的主要特征是尾部具有清楚的边缘和边缘沟,

5—7 对尾边缘刺，尾肋部缺少清楚的间肋沟，以此与拟油栉虫和叉尾虫相区别。Суворова（1964，стр. 163）将 Kootenia (Duyunia) Chien, 1961 归于拟油栉虫是完全正确的，因为此亚属的模式种 Kootenia (Duyunia) constrictus Chien, 1961 没有清楚的边缘和边缘沟，而且有较发育的间肋沟（钱义元，1961，图版 2，图 1—4），没有必要现在还把它作为库廷虫的一个亚属（Lin, 2008）。小库廷虫［模式种 Proetus (Phaeton) slatkowskii Schmidt, 1886］（Schmidt, 1886, S. 508—510, Taf. 30, Bild. 11—14；Суворова，1964，стр. 122—125，табл. 12，фиг. 5, 6；табл. 13，фиг. 1—8；табл. 14，фиг. 1—5；рис. 28）是介于库廷虫和叉尾虫之间的一个属，它有一窄而平的尾边缘，很像库廷虫，但是头鞍的形态和凸度，鞍前区强烈向前拱曲，眼脊内端具有发育的前坑，活动颊的形态，长的颈刺，唇瓣形态，尤其是尾部倒数第二对特长的尾边缘刺等特征与叉尾虫（Dorypyge Dames, 1883）十分相似，很可能是叉尾虫的祖先。小库廷虫主要出现在寒武系第二统的上部，在俄罗斯西伯利亚地台曾作为下寒武统勒那阶（寒武系第二统）最顶部的一个带化石（Чернышева，1961），其上是中寒武统阿姆干阶（Amgan）的 Schistocephalus antiquus 带，Schistocephalus Lermontova in Tchernysheva et al., 1956 作为三叶虫是一个无效的属名，因为 Schistocephalus Creplin, 1829 已作为一个寄生虫属名建立在先。从形态上来看，Schistocephalus 属与古油栉虫 Palaeolenus Mansuy, 1912 无大的区别，Schistocephalus antiquus Tchernysheva in Tchernysheva et al., 1956 应更名为 Palaeolenus antiques（Rushton and Powell, 1998）。在俄罗斯西伯利亚地台的 Elanka 剖面，Palaeolenus antiquus 和 Kooteniella slatkowskii（Schmidt，1886）出现在 Elanka 组的 Lermontovia grandis 带上部、Anabaraspis splendens 带和所谓的 Schistocephalus antiquus 带，而 Palaeolenus antiquus 一种出现在 Elanka 组的上部所谓的 Schistocephalus antiquus 带，而且在 Palaeolenus antiquus 一种消失后，仍然有 Kooteniella 的存在（Varlamov et al., 2008, p. 165—171）。Palaeolenus antiquus 一种与我国的 Palaeolenus douvillei Mansuy, 1912，尤其是 Palaeolenus fengyangensis Chu, 1962 形态特别相似，因此，Palaeolenus antiquus 带可与我国扬子地台上的沧浪铺阶上部对比。Kooteniella 带可与我国扬子地台上的沧浪铺阶上部至龙王庙阶下部对比，最近笔者在贵州寒武纪第二世龙王庙早期（= 早寒武世）清虚洞组中下部发现了 Kootenia, Olenoides, Erbia 等属共生就是一个很好的例证。以往人们把俄罗斯西伯利亚地台上的 Palaeolenus antiquus 带与斜坡相的 Ovatoryctocara 带理解为相变关系，笔者认为时代上可能是上下之间的关系。此外，在库廷虫属内，某些种与种之间的差异很小，有些种的建立仅根据尾刺的长短或瘤点的大小，这些特征或许只有生态上的意义，或许是种内的变异。Kootenia longa Ju, 1983 是 Kootenia longa Repina in Repina et al., 1964 的晚出同名，笔者建议将 Kootenia longa Ju, 1983 改成 Kootenia jui。本书由于材料所限，不可能将所有的种进行讨论和归纳，仅将种名，尾刺对数，时代和产地列举于表 2。

时代分布　寒武纪第二世晚期至第三世，亚洲（中国、俄罗斯西伯利亚、哈萨克斯坦、乌兹别克斯坦、朝鲜、韩国、蒙古）、大洋洲（澳大利亚）、欧洲（英国、瑞典）、非洲（摩洛哥）、北美洲（美国、加拿大）、南美洲（阿根廷）和南极洲。

贺兰山库廷虫 *Kootenia helanshanensis* Zhou in Zhou et al., 1982
（图版 7，图 1—6）

1982　*Kootenia helanshanensis* Zhou，周志强等，232 页，图版 59，图 14，15。

1985　*Kootenia kelanensis* Zhang et Wang，张进林、王绍鑫，340，341 页，图版 105，图 16，17。

正模　头盖 XIGMTr203（周志强等，1982，图版 59，图 14），内蒙古自治区阿拉善盟呼鲁斯太陶思沟 *Sunaspis laevis-Sunaspidella rara* 带。

材料　2 块头盖和 5 块尾部标本。

比较　此种与山西省芮城县水峪中条山所产 *Kootenia shanxiensis* Lin et Wu in Zhang et al.（张文堂等，1980b，48 页，图版 1，图 10，11）最相似，不同之处是此种头鞍近柱形，前端向内收缩明显，无头鞍沟，尾轴向后收缩较快，分 4 节，尾边缘较宽，尾边缘刺较细长。就尾部的一般形态特征来看，此种与北美寒武纪第三统下部 *Glossopleura* 带所产 *Kootenia infera*（Deiss, 1939, p. 101, pl. 17, figs. 9, 10），

表 2 *Kootenia* 属内种的修订，产出层位及尾刺侧对数

Table 2 Revision and occurrences of species of *Kootenia* with the pair numbers of pygidial marginal spines

种名 Name of species	尾刺对数 Numbers of piar of pygidial marginal spine	层位 Horizon	产地 Location
Kootenia abacanica (Poletaeva , 1936)	4, 5	upper Cambrian Series 2	Siberian Platform
Kootenia a. forma *karatauensis* Ergaliev in Ergaliev et Pokrovskaya , 1977	?	upper Cambrian Series 2	southern Kazakhstan
Kootenia acicularis Resser , 1939b	6	lower Cambrian Series 3	Wasatch Mountains , Idaho , USA
Kootenia aldrichensis (Butts , 1926)	6	lower Cambrian Series 3	Alabama , USA
Kootenia amanoi Kobayashi , 1961	5	upper Cambrian Series 2	R. O. Korea
Kootenia amgensis Tchernysheva , 1961	6	lower Cambrian Series 3	Siberian Platform
Kootenia anabarensis Lermontova , 1951a	7	upper Cambrian Series 2	Siberian Platform
Kootenia angustirhachis Lermontova , 1940	7	? upper Cambrian Series 2	Siberian Platform
Kootenia anomalica Repina in Repina *et al.*, 1964	4	upper Cambrian Series 2	Sayan-Altay , Russia
Kootenia asiatica Kobayashi , 1935	5	upper Cambrian Series 2	D. P. R. Korea
Kootenia austivillensis Resser , 1938a	6	upper Cambrian Series 2	southern Appalachians , USA
Kootenia baishangonensis Nan in Hsiang , 1963 = *Kooteniella*	7	upper Cambrian Series 2	Xichuan , southwestern Henan
Kootenia (*Duyunian*) *balangensis* Yin in Yin et Lee , 1978 = *Olenoides constrictus*	5	upper Cambrian Series 2 , Stage 4	Taijiang , Guizhou , SW China
Kootenia bearensis Resser , 1939b	5	lower Cambrian Series 3	Laketown Randolph quadrangle , Utah , USA
Kootenia beethoveni Geyer , 1994	5	upper Cambrian Series 2	Morocco
Kootenia billingsi Rasetti , 1948b	6	lower Cambrian Series 3	Quebec , Canada
Kootenia bolgovae Repina in Repina *et al.*, 1975	3, 4	lower Cambrian Series 3	southern Tianshan (southern Kzakhstan)
Kootenia bolis Qian in Zhang *et al.*, 1980a	?	mid Cambrian Series 2	Hubei , China
Kootenia boucheri Shaw , 1957	6	lower Cambrian Series 3	Vermont , USA
Kootenia brevispina Resser , 1939b	6	lower Cambrian Series 3	Wasatch Mountains , Idaho , USA
Kootenia browni Resser , 1938a = *K. marcoui*	7	upper Cambrian Series 2	Virginia , southern Appalachians , USA
Kootenia burgessensis Resser , 1942	6	lower Cambrian Series 3	British Columbia , Canada
Kootenia buttsi Resser , 1938a	6	lower Cambrian Series 3	southern Appalachians , USA
Kootenia calvata Xiang et Zhang , 1985	6	upper Cambrian Series 2	Huocheng , Xinjiang , NW China

种名 Name of species	尾刺对数 Numbers of piar of pygidial marginal spine	层位 Horizon	产地 Location
Kootenia camptodroma Xiang et Zhang, 1985	5, 6	upper Cambrian Series 2	Huocheng, Xinjiang, NW China
Kootenia cloudensis Howell, 1943	5	lower Cambrian Series 3	Northern Newfoundland, Canada
Kootenia (Duyunian) constrictus Chien, 1961 = Olenoides constrictus	5	Cambrian Stage 4	Duyun, Guizhou, SW China
Kootenia convoluta Resser, 1939b	5	lower Cambrian Series 3	Wasatch Mountains, Idaho, USA
Kootenia crassinucha Fritz, 1968	5	lower Cambrian Series 3	East-central Nevada, USA
Kootenia currieri Resser, 1938a = Kootenia marcoui	7	upper Cambrian Series 2	Virginia, southern Appalachians, USA
Kootenia damesi Kobayashi, 1935 = Olenoides	5	mid Cambrian Series 3	D. P. R. Korea
Kootenia damiaoensis Qiu, 1980	6	Cambrian Stage 4	northern Jiangsu, China
Kootenia? dananzhuangensis Lin in Qiu et al., 1983	?	Cambrian Stage 4	northern Jiangsu, China
* Kootenia dawsoni (Walcott, 1889)	6	lower Cambrian Series 3	British Columbia, Canada; Alabama, Utah, USA
Kootenia deflexa Tomaschpolskaya in Bognibova et al., 1971	6	upper Cambrian Series 2	Siberian Platform
Kootenia (Tienzhuia) distensa Zhu, 1987 = Kooteniella	6	upper Cambrian Series 2	Xijiadian, Junxian, northern Hubei, China
Kootenia dultina Fritz, 1972	5	mid Cambrian Series 2	Mackenzie Mountains, Canada
Kootenia ellsi (Walcott, 1890) = Olenoides	6	upper Cambrian Series 2	Quebec, Canada
Kootenia elongata Rasetti, 1948b	6	lower Cambrian Series 3	Quebec, Canada
Kootenia elongata Lazarenko, 1964	7	upper Cambrian Series 2	Siberian Platform
Kootenia e. var. bateniensis Tomaschpolskaya in Bognibova et al., 1971	?	lower Cambrian Series 3	Siberian Platform
Kootenia e. var. ornata Ivshin, 1957	6	lower Cambrian Series 3	southern Kazakhstan
Kootenia erromena Deiss, 1939	6	lower Cambrian Series 3	northwestern Montana, USA
Kootenia eurekensis Resser, 1937a	?	lower Cambrian Series 3	Nevada, USA
Kootenia exilaxata Deiss, 1939	6	lower Cambrian Series 3	northwestern Montana, USA
Kootenia ezhimica Sovorova, 1964	4	upper Cambrian Series 2	Siberian Platform
Kootenia fera Sovorova, 1964	?	upper Cambrian Series 2	Siberian Platform
Kootenia fergusoni (Gregory, 1903)	5	lower Cambrian Series 3	Victoria, Australia

种名 Name of species	尾刺对数 Numbers of piar of pygidial marginal spine	层位 Horizon	产地 Location
Kootenia fida Qian et Zhou in Zhang et al., 1980a	4	Cambrian Stage 5	Nangao, Danzhai, Guizhou, SW China
Kootenia? fimbriata (Dean, 2005)	5	lower Cambrian Series 3	southwestern Turkey
Kootenia florens Sovorova, 1964	5	upper Cambrian Series 2	Siberian Platform
Kootenia fordi (Walcott, 1887)	6	upper Cambrian Series 2	New York, USA
Kootenia fragilis Deiss, 1939 = *Kootenia exilaxata* Deiss	6	lower Cambrian Series 3	Northwestern Montana, USA
Kootenia fuyangensis Ju, 1983	2	Cambrian Stage 4	Fuyang, Zhejiang, S China
Kootenia (Tienzhuia) gansuensis Chu, 1960 = *Kootenialla*	6	Cambrian Stage 5	Gansu, NW China
Kootenia gaspensis Rasetti, 1948b	6	lower Cambrian Series 3	Quebec, Canada
Kootenia g. var. similis Ivshin, 1957	6	lower Cambrian Series 3	southern Kazakhstan
Kootenia germana Resser, 1939a	6	lower Cambrian Series 3	North of Brigham City, Utah USA
Kootenia gimmelfarbi Ergaliev in Ergaliev et Poklovskaya, 1977	4	upper Cambrian Series 2	southern Kazakhstan
Kootenia gracilens Zhu, 1987 = *Kootenialla*	6	upper Cambrian Series 2	Xijiadian, Junxian, northern Hubei, China
Kootenia gracilis Resser, 1939a	6	lower Cambrian Series 3	North of Brigham City, Utah USA
Kootenia granulosa Resser, 1939b	5	lower Cambrian Series 3	Wasatch Mountains, Idaho, USA
Kootenia granulospinosa Palmer, 1968	6	lower Cambrian Series 3	East-Central Alaska
Kootenia havasuensis Resser, 1945	0—2	lower Cambrian Series 3	Grand Canyon Region, USA
Kootenia helanshanensis Zhou in Zhou et al., 1982	6	Cambrian Stage 5	Hulusitai, Inner Mongolia
Kootenia henglinheensis Yan in Yang et al., 1991 = *Kootenialla*	6	Cambrian Stage 4	Xichuan, southwestern Henan
Kootenia hirsuta Sovorova, 1964	?	upper Cambrian Series 2	Siberian Platform
Kootenia idahoensis Resser, 1939a	6	lower Cambrian Series 3	Bear River Range, Idaho, USA
Kootenia incerta (Rusconi, 1945)	4, 5	uppermost Cambrian Series 3	Argentina
Kootenia infera Deiss, 1939 = *K. exilaxata*	6	lower Cambrian Series 3	northwestern Montana, USA
Kootenia jakutensis Lermontova, 1940	7	mid Cambrian Series 2	Siberian Platform
Kootenia jialuoensis Lu et Qian in Yin and Lee, 1978 = *Olenoides*	6	Cambrian Stage 5	Nangao, Danzhai, Guizhou, SW China

种名 Name of species	尾刺对数 Numbers of piar of pygidial marginal spine	层位 Horizon	产地 Location
Kootenia jingheensis Xiang et Zhang, 1985	5	Cambrian Stage 5	Jinghe, Xinjiang, NW China
Kootenia jui Yuan, sp. nov.	2, 3	Cambrian Stage 4	Fuyang, western Zhejiang, China
? *Kootenia kallana* Rusconi, 1954a	4	Cambrian Series 3	Argentina
Kootenia kazakhstanica Poklovskaya in Ergaliev et Poklovskaya, 1977	?	upper Cambrian Series 2	southern Kazakhstan
Kootenia kelanensis Zhang et Wang, 1985 = *Kootenia helanshanensis*	6	Cambrian Stage 5	Kelan, northwestern Shanxi, N China
Kootenia koksuensis Ergaliev in Ergaliev et Poklovskaya, 1977	6	upper Cambrian Series 2	Siberia
Kootenia kooktensis Dalmatov in Jazmir et al., 1975	2	upper Cambrian Series 2	Siberia
Kootenia lakei (Cobbold, 1911)	6	lower Cambrian Series 3	Comley, England
Kootenia lata Korobov, 1989	?	upper Cambrian Series 2	Mongolia
Kootenia latidorsata Deiss, 1939	6	lower Cambrian Series 3	northwestern Montana, USA
Kootenia libertyensis Resser, 1939b	6	lower Cambrian Series 3	Bear River Range, Idaho, USA
Kootenia longa Repina in Repina et al., 1964	?	upper Cambrian Series 2	Sayan-Altay
Kootenia longa Ju, 1983 = *K. jui* sp. nov.	2, 3	Cambrian Stage 4	Fuyang, western Zhejiang, S. China
Kootenia longispina Howell, 1943 = *Olenoides*	4	lower Cambrian Series 3	northern Newfoundland, Canada
Kootenia longshanensis Qian in Zhang et al., 1980a	?	Cambrian Stage 4	Longshan, northwestern Hunan, S. China
Kootenia magna Lermontova, 1951a	4	upper Cambrian Series 2	Siberian Platform
Kootenia magnaformis Egorova in Egorova et al., 1960 = *Olenoides*	4	upper Cambrian Series	Sayan-Altay
Kootenia maladensis Resser, 1939b	5	lower Cambrian Series 3	Wasatch Mountains, Idaho, USA
Kootenia marcoui (Whitfield, 1884)	7, 8	upper Cambrian Series 2	Vermont, USA; Quebec, Canada
Kootenia? margoindistincta Sundberg, 1994	5	lower Cambrian Series 3	House Range, Utah, USA
Kootenia masoni Resser, 1937a	6	lower Cambrian Series 3	Marble Mountains, California, USA
Kootenia matheusi Resser, 1939a	6	lower Cambrian Series 3	North of Brigham City, Utah, USA
Kootenia mckeei Resser, 1945	6	lower Cambrian Series 3	Grand Canyon Region, USA
Kootenia mendosa Resser, 1939b	1, 2	lower Cambrian Series 3	North of Brigham City, Utah, USA

种名 Name of species	尾刺对数 Numbers of piar of pygidial marginal spine	层位 Horizon	产地 Location
Kootenia milleri Ivshin, 1953	?	lower Cambrian Series 3	southern Kazakhstan
Kootenia minima Ivshin, 1957	?	lower Cambrian Series 3	southern Kazakhstan
Kootenia mirabile Ergaliev in Ergaliev et Poklovskaya, 1977	4, 5	upper Cambrian Series 2	southern Kazakhstan
Kootenia modica (Whitehouse, 1939)	5	upper Cambrian Series 2	northwestern Mount Isa, Australia
Kootenia moori Lermontova in Lazarenko, 1962	7	upper Cambrian Series 2	Siberian Platform
Kootenia nana (Ford, 1878)	?	upper Cambrian Series 2	New York, USA
Kootenia nebulosa Repina in Homentovsky et Repina, 1965	?	mid-upper Cambrian Series 2	Siberian Platform
Kootenia nitida Resser, 1939b	?	lower Cambrian Series 3	Wasatch Mountains, Idaho, USA
Kootenia nodosa Babcock, 1994	6	lower Cambrian Series 3	North Greenland
Kootenia ontoensis Tchernusheva, 1961	5, 6	upper Cambrian Series 2—lower Cambrian Series 3	Siberian Platform
Kootenia oriens (Grönwall, 1902b)	?	lower Cambrian Series 3	Scandinavia
Kootenia oscari Blaker et Peel, 1997	2	upper Cambrian Series 2	North Greenland
Kootenia parallela Rasetti, 1948b	6	lower Cambrian Series 3	Quebec, Canada
Kootenia pariquadriceps Deiss, 1939	6	mid Cambrian Series 3	Pentagon Mountain, northwestern Montana, USA
Kootenia pectenoides Resser, 1939b	6	lower Cambrian Series 3	Bear River Range, Utah, USA
Kootenia pirumata Nan in Lu et al., 1965=*Kooteniella*	5	Cambrian Stage 4	Xichuan, southwestern Henan
Kootenia pricei Resser, 1938a	5	upper Cambrian Series 2	southern Appalachians, USA
Kootenia proxima Sovorova, 1964	?	upper most Cambrian Series 2	Siberian Platform
Kootenia punctata Kobayashi, 1935	6	lower-middle Cambrian Series 3	Neietsu, D. P. R Korea
Kootenia quadriceps (Hall et Whitfield, 1877)	6	lower Cambrian Series 3	Utah and Nevada, USA
Kootenia quebecensis Rasetti, 1948b	6	lower Cambrian Series 3	Quebec, Canada
Kootenia radiata Blaker et Peel, 1997	5	upper Cambrian Series 2	North Greenlland
Kootenia randolphi Robison et Babcock, 2011	4	lower Drumian	Utah, USA
Kootenia rasilis Sovorova, 1964	5	upper Cambrian Series 2	Siberian Platform

种名 Name of species	尾刺对数 Numbers of piar of pygidial marginal spine	层位 Horizon	产地 Location
Kootenia repinae Ivshin, 1978 = *Olenoides*	5	upper Cambrian Series 2	Central Kazakhstan
Kootenia resseri (Poulsen, 1927)	?	lower Cambrian Series 3	North Greenland
Kootenia reticulata (Cobbold, 1911)	?	Cambrian Series 3	Comley, England
Kootenia romensis Resser, 1938a	2	lower Cambrian Series 3	southern Appalachians, USA
Kootenia rotundata Rasetti, 1948b	3—5	lower Cambrian Series 3	Quebec, Canada
Kootenia rugosa Deiss, 1939	?	lower Cambrian Series 3	northwestern Montana, USA
Kootenia sagena Blaker et Peel, 1997	2, 3	upper Cambrian Series 2	North Greenland
Kootenia sanwanensis Zhou in Lu et al., 1974b	4	Cambrian Stage 5	Nangao, Danzhai, Guizhou, SW China
Kootenia scapegoatensis Deiss, 1939 = *K. exilaxata*	6	lower Cambrian Series 3	northwestern Montana, USA
Kootenia schenki Resser, 1945	6	lower Cambrian Series 3	Grand Canyon Region, USA
Kootenia semiglobosa Sun et Chang in Chang, 1937 = *Kooteniella?*	?	Cambrian Stage 4	Dingyuan, northern Anhui N China
Kootenia serrata (Meek, 1873)	6	mid-upper Cambrian Series 3	Montana, USA
Kootenia shanxiensis Lin et Wu in Zhang et al., 1980b	6	Cambrian Stage 5	Ruicheng, southern Shanxi, N China
Kootenia shangwanensis Ju, 1983	2	Cambrian Stage 4	Fuyang, Zhejiang, S China
Kootenia siberica Lermontova, 1940	5, 6	upper Cambrian Series 2	Siberian Platform
Kootenia simplex Resser, 1945	2	lower Cambrian Series 3	Grand Canyon Region, US
Kootenia slatkowskii (Schmidt, 1886) = *Kooteniella*	5	upper Cambrian Series 2	Siberian Platform
Kootenia solebrosa (Romanenko et Romanenko, 1962)	?	lower Cambrian Series 3	Siberian Platform
Kootenia solitaria Lermontova, 1951a	?	upper Cambrian Series 2	Siberian Platform
Kootenia spencei Resser, 1939a	7	lower Cambrian Series 3	Bear River Range, Idaho, USA
Kootenia styrax Palmer et Gatehouse, 1972	4	mid Cambrian Series 3	Neptune Range, Antarctica
Kootenia subequalis Deiss, 1939	?	mid Cambrian Series 3	northwestern Montana, USA
Kootenia sulcata Rasetti, 1948b	6	lower Cambrian Series 3	Quebec, Canada
Kootenia taijiangensis Yin in Yin et Lee, 1978 = *Olenoides constrictus*	5	Cambrian Stage 4	Taijiang, Guizhou, SW China

种名 Name of species	尾刺对数 Numbers of piar of pygidial marginal spine	层位 Horizon	产地 Location
Kootenia tenessensis Resser, 1938a	?	lower Cambrian Series 3	southern Appalachians, USA
Kootenia tersa Ergaliev in Ergaliev et Poklovskaya, 1977	5	upper Cambrian Series 2	southern Kazakhstan
Kootenia t. forma bifurcata Ergaliev in Ergaliev et Poklovskaya, 1977	5	upper Cambrian Series 2	southern Kazakhstan
Kootenia t. forma arcuata Ergaliev in Ergaliev et Poklovskaya, 1977	5	upper Cambrian Series 2	southern Kazakhstan
Kootenia tetonensis (Miller, 1936)	?	lower Cambrian Series 3	Tenton Range, Wyoming, USA
Kootenia tetraspinosa Resser, 1945	4	lower Cambrian Series 3	Grand Canyon Region, USA
Kootenia troyensis Resser, 1937	?	upper Cambrian Series 2	New York, USA
Kootenia tuberculata Poklovskaya in Ivshin, 1957	?	lower Cambrian Series 3	Siberian Platform
Kootenia typica Lermontova, 1940	?	mid Cambrian Series 3	Siberian Platform
Kootenia valid (Matthew, 1897)	?	lower Cambrian Series 3	New Brunswick, Canada
Kootenia varia Deiss, 1939	5	lower-mid Cambrian Series 3	Bear Creeks Ridge, northwestern Montana, USA
Kootenia venusta Resser, 1939b	6	lower Cambrian Series 3	Bear River Range, Idaho, USA
Kootenia virginiana Resser, 1938a = K. marcoui	7	upper Cambrian Series 2	Virginia, southern Appalachians, USA
Kootenia vologdini Lermontova, 1940 =? Olenoides	4, 5	lower Cambrian Series 3	Siberian Platform
Kootenia uestergaardi Thorslund, 1949	?	lower Cambrian Series 3	Jemtland, Sweden
Kootenia yichangensis Zhou in Zhou et al., 1978	3	Cambrian Stage 4	Yichang, Hubei, S China
Kootenia yichunensis Duan et An, 2001	5	Cambrian Stage 4	Yichun, Heilongjiang, NE China
Kootenia youngorum Robison et Babcock, 2011	5	lower Cambrian Series 3 Glossopleura Zone	Utah, USA
Kootenia yui Chang in Lu et al., 1963	4	Cambrian Stage 4	Hubei, S China
Kootenia yui kuruktagensis Zhu et Lin, 1983	4	Cambrian Stage 4	Kuruktag, Xinjiang, NW China
Kootenia zhenganensis Yin in Yin et Lee, 1978	5	Cambrian Stage 4	Zhen'an, Guizhou, SW China
Kootenia ziguiensis Lin in Zhou et al., 1978	?	Cambrian Stage 4	Yichang, Hubei, S. China
Kootenia sp. (Zhu et Lin, 1978)	5	Cambrian Stage 4	Yaxian, Hainan S. China
Kootenia sp. (Hu et al., 2013)	3	Cambrian Stage 4	Gaoloufang, Kunming, Yunnan, SW China

* 模式种

Kootenia erromena（Deiss，1939，p. 100，pl. 17，figs. 14—17）及 *Kootenia scapegoatensis*（= *Kootenia exilaxata* Deiss，1939）（Deiss，1939，p. 102，pl. 18，figs. 1—4）等种较相似，它与 *Kootenia infera* 的主要区别是后者头鞍在前端收缩不明显，颈环向后伸出一颈刺，眼叶较长，位置靠后，尾轴分 5 节。它与 *Kootenia erromena* 的区别是头鞍在前侧角向内收缩较明显，前坑较深，尾轴分 4 节，尾边缘刺较粗长。它与 *Kootenia scapegoatensis* 的不同之处是头盖前缘向前的拱曲度较小，前坑明显，尾部的背沟及边缘沟较深。

产地层位 内蒙古自治区阿拉善盟宗别立乡呼鲁斯太陶思沟（NH42）和乌海市北部千里山（Q35-XII-H8），胡鲁斯台组 *Sunaspis laevis-Sunaspidella rara* 带下部。

拟油栉虫属 *Olenoides* Meek，1877

Olenoides Meek，1877，p. 25；Walcott，1886，p. 180；1887，p. 195；1888，p. 42；Lorenz，1906，p. 68，69；Pack，1906，p. 292；Kobayashi，1935，p. 152—154；1962，p. 32；Resser，1938a，p. 91；1938c，p. 37；1939b，p. 46；1942，p. 34—36；Shimer and Shrock，1944，p. 613；Endo，1944，p. 62；Rasetti，1946，p. 459；1951，p. 189；1965a，p. 1008；1965b，p. 39；1967，p. 84；Rusconi，1950，p. 77；1952，p. 94，111，117；1954b，p. 88，101，107；Ившин，1953，стр. 37—45；1957，стр. 61—69；Hupé，1953a，p. 186；1955，p. 111；Palmer，1954，p. 62，63；1964，p. 5；Harrington *et al.*，1959，p. 218；Егорова и др.，1960，стр. 195，196；Чернышева，1961，стр. 138，139；卢衍豪等，1963a，63 页；Суворова，1964，стр. 163—167；Robison，1964，p. 537；1971，p. 789—800；1988，p. 64；Öpik，1967，p. 174；Fritz，1968，p. 199；Егорова и Савицкий，1969，стр. 176；Хайруллина，1970，стр. 19；1973，стр. 58；Богнибова и др.，1971，стр. 134；Palmer and Gatehouse，1972，p. 19；Окунева и Репина，1973，стр. 177；Репина и др.，1975，стр. 133；Whittington，1975，p. 101；1980，p. 171；1992，p. 114，115；Егорова и др.，1976，стр. 90；1982，стр. 81；Gunther and Gunther，1981，p. 49—52；张太荣，1981，156 页；周志强等，1982，233 页；Young and Ludvigsen，1989，p. 19；Sundberg，1994，p. 31；1995，p. 209；Babcock，1994，p. 96；Melzak and Westrop，1994，p. 973；赵元龙等，1994，369，370 页；袁金良等，1997，501 页；2002，88—91 页；Blaker and Peel，1997，p. 86；周震等，1998，30 页；Chough *et al.*，2000，p. 198，199；Jell and Adrain，2003，p. 413；Лисогор，2004，стр. 35；Dean，2005，p. 36；Sohn and Choi，2007，p. 297；Bordonaro *et al.*，2008，p. 121；Lin，2008，p. 54，59；Ergaliev *et al.*，2008，p. 94；Yuan *et al.*，2008，p. 93，97；Yuan and Li，2008，p. 121，128；Pour and Popov，2009，p. 1048；Johnston *et al.*，2009，p. 108；Robison and Babcock，2011，p. 15；袁金良等，2012，91，92 页；Jell，2014，p. 451.

Neolenus Matthew，1899，p. 52；Grönwall，1902b，p. 129；Walcott，1908，p. 30—36；Grabau and Schimer，1910，p. 270；Raymond，1913，p. 716；Kobayashi，1935，p. 152，153；Lake，1938，p. 260；Лермонтова，1940，стр. 138；1951b，стр. 7；Palmer，1954，p. 62；Суворова，1964，стр. 163；Blaker and Peel，1997，p. 86.

Kootenia（*Duyunia*）Chien，钱义元，1961，116 页；Суворова，1964，стр. 163；卢衍豪等，1965，106 页；尹恭正、李善姬，1978，436 页；刘义仁，1982，299 页；Blaker and Peel，1997，p. 86；Lin，2008，p. 42，54，59；Yuan *et al.*，2008，p. 97.

Kootenina Fedjanina，Федянина，1962，стр. 35，36；Суворова，1964，стр. 163；Blaker and Peel，1997，p. 86.

模式种 *Paradoxides? nevadensis* Meek，1870，p. 62，美国犹他州，寒武系第三统（鼓山阶）。

特征和讨论 见袁金良等，2012，91，92 页。

时代分布 寒武纪第二世晚期至第三世，亚洲、澳大利亚、欧洲、北美洲、南美洲和南极洲。

长形拟油栉虫（新种）*Olenoides longus* Zhu et Yuan，sp. nov.

（图版 7，图 13—15；图版 8，图 1—6）

词源 longus，-a，-um，拉丁语，长的，指新种的尾边缘刺较长。

正模 尾部 NIGP62395（图版 8，图 5），内蒙古自治区乌海市岗德尔山东山口，寒武系第三统长清阶 *Megagraulos inflatus* 带。

材料 3 块头盖和 6 块尾部标本。

描述 头盖次方形（后侧翼除外），前缘向前拱曲；头鞍强烈突起，微向前略膨大，呈棒槌状，3 对浅的侧头鞍沟，其中后一对较深；颈环具较长的颈刺；固定颊窄而突起；前边缘窄而突起，向前拱曲；眼叶中等大小，位于头鞍相对位置的中部；尾部大，半椭圆形，宽大于长；尾轴长而高凸，伸达尾部后缘，分5 节及 1 末节，轴环节沟宽深，向后略变浅；肋部平缓突起，横向与尾轴等宽，分 4—5 对肋脊，4 对肋沟宽深，向后侧斜伸，间肋沟窄而浅，微向后侧伸；尾边缘不明显，具 6 对细长的尾边缘刺，刺的长度几乎相等，尾边缘沟不连续；壳面具非常细小疣点。

比较　新种与韩国及山东等地寒武系第三统 *Megagraulos coreanicus* 带所产 *Olenoides damesi*（Kobayashi）（Kobayashi，1935，p. 158，pl. 18，figs. 11—13；袁金良等，2012，92 页，图版 15，图 1—12）很相似，但头鞍向前收缩较慢，尾部有 6 个轴环节及 6 对细长的尾边缘刺，壳面具非常细小疣点而不具不规则小疣脊。

产地层位　内蒙古自治区乌海市岗德尔山东山口（NZ37），胡鲁斯台组 *Megagraulos inflatus* 带。

叉尾虫属 *Dorypyge* Dames，1883

Dorypyge Dames，1883，p. 23，24；Walcott，1886，p. 221，222；1889，p. 443；1905，p. 29；1906，p. 573；Cobbold，1911，p. 287；Resser and Endo，1937，p. 208；Kobayashi，1938，p. 887；1960b，p. 347；Лермонтова，1940，стр. 141；1951b，стр. 11；Resser，1942，p. 15—17；Endo，1944，p. 61；Whitehouse，1945，p. 118，119；Westergärd，1948，p. 7；Rusconi，1952，p. 112；Егорова и др.，1955，стр. 123；Hupé，1955，p. 91；汪龙文等，1956，122 页；卢衍豪，1957，264 页；Sdzuy，1958，p. 240；1961，p. 617；Harrington *et al.*，1959，p. 217；Крыськов и др.，1960，стр. 218；Чернышева，1960，стр. 78；卢衍豪等，1963a，62 页，1965，96，97 页；叶戈洛娃等，1963，32 页；Palmer，1968，p. 47；Хайруллина，1970，стр. 18；1973，стр. 53；Репина，1973，стр. 175；Kushan，1973，p. 134，135；Репина и др.，1975，стр. 142；Fortey and Rushton，1976，p. 327；南润善，1976，333 页；1980，486 页；周天梅等，1977，129 页；Schrank，1977，S. 145；杨家骡，1978，31 页；1982，306 页；朱兆玲等，1979，85 页；鞠天吟，1979，295 页；张文堂等，1980b，48 页；张太荣，1981，154，155 页；Dean，1982，p. 12；2005，p. 35；仇洪安等，1983，56，57 页；韩乃仁，1984，15 页；钱义元、周泽民，1984，175 页；张进林、王绍鑫，1985，339 页；项礼文、张太荣，1985，101 页；Zhang and Jell，1987，p. 56—58；朱兆玲等，1988，79，80 页；杨家骡等，1991，127 页；朱乃文，1992，338 页；王绍鑫、张进林，1993b，118 页；Wolfart，1994，p. 40；Sundberg，1994，p. 17，18；Rudolph，1994，S. 163；郭鸿俊等，1996，92 页；Peng *et al.*，1999，p. 19；2004a，p. 70，71；雒昆利，2001，377 页；Jell and Adrain，2003，p. 368；Lieberman，2004，p. 12，13；Luo *et al.*，2005，p. 201；Duan，2006，p. 101；Kang and Choi，2007，p. 285；Jago and Bentley，2007，p. 289；Bentley and Jago，2008，p. 42；Landing *et al.*，2008，p. 897；Ergaliev *et al.*，2008，p. 94；Sundberg，2008，p. 383；Yuan and Li，2008，p. 110，120，128；Peng，2008b，p. 175，189；Pour and Popov，2009，p. 1046；袁金良等，2012，92—95 页；Bentley and Jago，2014，p. 282；Jell，2014，p. 463；Sun *et al.*，2014，p. 543.

Dorypyge（*Jiuquania*）Li in Zhang，张太荣，1981，155 页；Yuan and Li，2008，p. 110，120，128；Peng，2008b，p. 164，189.

Dorypygaspis Hajrullina，Хайруллина，1973，стр. 56，57；*Olenoides*（*Dorypyge*）Lorenz，1906，p. 81.

模式种　*Dorypyge richthofeni* Dames，1883，S. 24，25，Taf. 1，Fig. 1—6；Schrank，1977，S. 145—147，Taf. 1，Fig. 1—6；Taf. 2，Fig. 1—5；Taf. 4，Fig. 6，辽宁小市南五路坡（卧龙铺），寒武系第三统长清阶 *Crepicephalina convexa* 带顶部或 *Amphoton deois* 带下部。

特征和讨论　见袁金良等，2012，92—95，513，514 页。

时代分布　寒武纪第三世，亚洲（中国、伊朗、俄罗斯西伯利亚、乌兹别克斯坦、土耳其、朝鲜、韩国）、南极洲、欧洲（丹麦、英国、瑞典、西班牙）、美国（犹他州、阿拉巴马）、加拿大（新不伦瑞克）、阿根廷和澳大利亚。

网状叉尾虫（新种）*Dorypyge areolata* Yuan et Zhang，sp. nov.
（图版 7，图 7—11）

词源　areolata，-tus，-tum（拉丁语），网状的，指新种头盖和尾部上有网状小陷孔。

正模　头盖 NIGP62384（图版 7，图 9），陕西礼泉县寒水沟，寒武系第三统徐庄阶 *Poriagraulos nanus* 带。

材料　2 块头盖，2 块尾部和 1 块唇瓣标本。

特征　头鞍宽大，强烈突起，呈短棍棒状；固定颊窄而突起，在两眼叶之间不足头鞍宽的 1/2；前边缘沟宽深；尾边缘沟较清楚；尾边缘窄且平坦，自前向后略变宽；有 6 对尾边缘刺，自前向后尾刺逐渐变长变大，至第五对达最大长度，在第五对之间还有一对短向后伸的锯齿状小刺；头盖和尾部上有网状小陷孔。

描述　头盖突起，亚梯形至次方形，正模标本长 8.0 mm，两眼叶之间宽 9.7 mm；背沟宽深；头鞍宽大，强烈突起，短棍棒状，自后向前扩大，几乎伸达前边缘，前端略收缩，占头盖长的3/4，中前部达最大宽，具3—4对极浅的侧头鞍沟，其中后两对(S1，S2)较长，向后斜伸；颈沟清楚，微向后弯曲，颈环宽半椭圆形，中部向后上方伸出较长的颈刺，此颈刺在修理标本时易断裂；固定颊窄而突起，近眼叶处突起最高，向背沟倾斜，在两眼叶之间不足头鞍宽的1/2；眼叶中等长，位于头鞍相对位置中部，略大于头鞍长的1/3，眼沟清楚；前边缘沟宽深，前边缘极窄，强烈突起；缺失鞍前区；后侧翼次三角形；后边缘沟宽深，后边缘窄而平缓突起，向外伸出的距离不足头鞍基部宽的2/3；面线前支自眼叶前端近平行向前伸，后支向侧后方斜伸；同层所产唇瓣长椭圆形，前缘向前拱曲，中后部略向内收缩，后缘平圆，前翼次三角形；中体强烈突起，呈长卵形，中沟浅短，中体前叶占中体长的5/7，中体后叶呈新月形，占2/7；侧边缘沟和后边缘沟宽深，前边缘沟两侧极浅；侧边缘窄而平缓突起，中体和边缘的表面有不规则的网状小陷孔；尾部突起，倒三角形(尾刺除外)，尾轴强烈突起，倒锥形，后端宽圆，几乎伸达尾部后缘，分5个轴环节及一轴末节；肋部较窄，平缓突起，有4对宽深向后侧方斜伸的肋沟，间肋沟极浅，在前二个肋脊上隐约可见；尾边缘沟较清楚；尾边缘窄且平坦，自前向后略变宽；有6对尾边缘刺，自前向后尾刺逐渐变长变大，至第五对达最大长度，在第五对之间还有一对短向后伸的锯齿状小刺；头盖和尾部上有网状小陷孔。

比较 新种与模式种 *Dorypyge richthofeni* (Dames，1883，S. 24，25，Taf. 1，Fig. 1—6；Schrank，1977，S. 145—147，Taf. 1，Fig. 1—6；Taf. 2，Fig. 1—5；Taf. 4，Fig. 6) 的主要区别是有宽深的前边缘沟，次方形的头盖，较宽的头盖前缘，窄而且强烈突起的前边缘，窄长的尾轴，较清楚的尾边缘沟，壳面具网状小陷孔。就头盖和尾部的一般形态来看，新种与山东长清张夏馒头山和淄川峨庄杨家庄 *Poriagraulos nanus-Tonkinella flabelliformis* 带所产 *Dorypyge zhangxiaensis* Yuan in Yuan *et al.* (袁金良等，2012，102页，图版15，图13，14；图版16，图1—5；图版137，图15) 最相似，但后者的尾边缘刺更细长，间肋沟较清楚，尾边缘沟不清楚，头鞍呈柱形。就尾部形态来看，新种与新疆维吾尔自治区库鲁克塔格莫合尔山群所产 *Dorypyge richthofeni damesi* (张太荣，1981，155页，图版59，图5) 也有些相似，但后者的尾轴几乎呈柱形，仅有5对尾边缘刺，壳面不见网状小陷孔。

产地层位 陕西省礼泉县寒水沟(LQH-1)，馒头组 *Poriagraulos nanus* 带。

叉尾虫？未定种 A *Dorypyge*？ sp. A

(图版7，图12)

材料 1块受挤压的尾部标本。

描述 尾部突起，长半椭圆形(尾刺除外)，长约10.0 mm，最大宽13.0 mm；尾轴强烈突起，柱形，后端圆润，几乎伸达尾部后缘，分5个轴环节及1个轴末节；肋部比轴部略宽，4条较宽深的肋沟将肋部分成5对肋脊，间肋沟窄浅；肋脊的末端向后侧方延伸出5对短的边缘刺，其中最后一对较长；无尾边缘和尾边缘沟，尾部后缘向后弯曲；壳面光滑。

比较 *Dorypyge*？ sp. A 与 *Dorypyge* (*Jiuquania*) *multiformis* Li in Zhou *et al.* (周志强等，1982，232页，图版59，图10—13) 有些相似，主要区别是尾部较长，尾轴成长柱形，肋部间肋沟极浅。

产地层位 陕西省礼泉县寒水沟(LQH-1)，馒头组 *Poriagraulos nanus* 带。

叉尾虫未定种 B *Dorypyge* sp. B

(图版70，图25)

材料 1块唇瓣标本。

描述 唇瓣突起，长卵形，前缘向前呈弧形拱曲，后缘平圆，前翼三角形；中体强烈突起，呈长卵形，中沟在两侧较深，向后内方略弯曲斜伸，中部不相连，中体前叶占中体长的6/7，中体后叶呈新月形，占1/7；侧边缘沟宽深，前后边缘沟宽浅；侧边缘窄而平缓突起，中体和边缘的表面有不规则的指纹状细脊线。

比较 *Dorypyge* sp. B 与 *Dorypyge grandispinosa* Resser et Endo，1937 一种的唇瓣有些相似(袁金良等，

2012，图版26，图8，11—13；图版27，图5），主要区别是后者的唇瓣较宽，中沟极浅，侧缘有小刺。

产地层位 内蒙古自治区乌海市岗德尔山北麓（GDNT0-1），胡鲁斯台组中部。

光盖虫亚目 Leiostegiina Bradley, 1925
光盖虫科 Leiostegiidae Bradley, 1925

短袍虫属 *Meropalla* Öpik, 1967

Meropalla Öpik, 1967, p. 269；张进林、刘雨，1986a，13 页；袁金良、尹恭正，1998，138 页；Peng *et al.*, 2001a, p. 104, 117；2004a, p. 81；Jell and Adrain, 2003, p. 405；Yuan and Li, 2008, p. 121, 128；Zhu, 2008, p. 147, 154；Peng, 2008b, p. 176, 193.

模式种 *Meropalla quadrans* Öpik, 1967, p. 269, 270, pl. 1；pl. 18, fig. 7；pl. 19, figs. 1—3，澳大利亚昆士兰西北部，寒武系第三统 *Erediaspis eretes* 带 至 *Acmarhachis* (= *Cyclagnostus*) *quasivespa* 带（Mindyallan 阶）。

特征 头部强烈突起；背沟和前边缘沟窄；眼叶短，位于头鞍相对位置的后部；眼脊低，自头鞍前侧角稍后向后强烈斜伸；两眼叶之间固定颊窄，仅为头鞍宽的 1/2；头鞍宽而长，微微向前收缩，前缘伸达前边缘沟；前边缘极窄而强烈突起或翘起；尾部半椭圆形，尾轴宽锥形，轴环节沟和肋沟极浅或模糊不清；无尾边缘和尾边缘沟。

讨论 除模式种外，包括在这个属内的种还有 *Meropalla auriculata* Öpik, 1967, *M. bella* Yuan et Yin, 1998, *M. gibbera* Peng, Babcock et Lin, 2004。另外，产于湖北省咸丰县丁砦光竹岭组的 *Paramenocephalites acis* (Walcott, 1905)（周天梅等，1977，159 页，图版48，图18），由于具有柱形头鞍，短而且位于头鞍后部相对位置的眼叶，也应归入 *Meropalla* 属内。

时代分布 寒武纪第三世晚期（济南期），澳大利亚昆士兰，中国华南（贵州、湖南、湖北）及华北（内蒙古、宁夏）。

短袍虫未定种 *Meropalla* sp.
（图版8，图16）

材料 1块头盖标本。

描述 头盖横宽，近四方形，强烈突起，前缘直，长 12.7 mm，两眼叶之间宽 18.0 mm；背沟和前边缘沟窄；头鞍强烈突起，次柱形，微微向前收缩变窄，前端宽圆，伸达前边缘沟，无清楚的侧头鞍沟；颈环突起，中部较宽，颈沟清楚，微向后弯曲；两眼叶之间固定颊较宽，约为头鞍宽的 2/3；眼叶短至中等长，位于头鞍相对位置的后部，不足头鞍长的 2/5，眼沟清楚，眼脊清楚，自头鞍前侧角稍后强烈向后斜伸；后侧翼纵向极窄；面线前支自眼叶前端呈弧形向前向内伸，后支向侧后方斜伸；壳面光滑。

比较 未定种与澳大利亚昆士兰所产 *Meropalla auriculata* Öpik (1967, p. 271, 272, pl. 1；pl. 19, figs. 4, 5) 较相似，但眼叶略长，眼脊清楚。

产地层位 宁夏回族自治区同心县青龙山，胡鲁斯台组 *Blackweideria tenuilimbata* 带。

拟庄氏虫属 *Chuangioides* Chu, 1959

Chuangioides Chu, 朱兆玲, 1959, 77 页；卢衍豪等，1965，371 页；张进林，1985，113 页；张进林、王绍鑫，1985，454 页；张进林、周聘渭，1993，742 页；郭鸿俊等，1996，89 页；Jell and Adrain, 2003, p. 358；Zhu, 2008, p. 137, 146, 154.

模式种 *Chuangioides punctatus* Chu, 朱兆玲, 1959, 78 页，图版7，图 1, 2，山西省隰县石口镇云梦山，寒武系第三统济南阶 *Blackweideria tenuilimbata* 带。

特征 头盖突起，亚梯形，前缘微向前弯曲；头鞍长，截锥形，前缘直伸达前边缘，头鞍沟浅；两眼叶之间的固定颊窄；眼叶中等长，位于头鞍相对位置中部；面线前支自眼叶前端微向外分散向前伸，后支向侧后方斜伸；活动颊较宽，颊刺短；尾部椭圆形至倒梯形，尾轴窄短，分 4—5 节；肋部窄，有 3—4 对短的肋沟，间肋沟不发育；尾边缘及腹边缘宽，边缘沟不清楚；壳面具小瘤点和小坑。

讨论 朱兆玲建立此属时仅根据二块尾部标本,头盖和活动颊一直没发现。这次笔者在苏拜沟同一层中也发现了许多这样的尾部标本,但是成虫头盖未见,仅有少许可能属于这个属的未成年头盖,究竟成年头盖有些什么特征至今仍然未知。产于河北平泉杨树底下岗山组的 *Proliaoningaspis pingquanensis* Zhang et Wang, 1985(张进林、王绍鑫,1985,图版112,图5、6)其头盖可能属于 *Monkaspis*,而尾部则可能属于 *Chuangioides*。产于辽宁复县南海头太子组 *Damesella-Yabeia* 带的 *Chuangioides punctatus* Chu(郭鸿俊等,1996,89页,图版64,图10),尾轴较窄长,肋部较窄,有可能是 *Kaipingella* 一属的尾部。

时代分布 寒武纪第三世晚期(济南期),华北。

苏白音沟拟庄氏虫 *Chuangioides subaiyingouensis* Zhang, 1985

(图版9,图1—16)

1985 *Chuangioides subaiyingouensis* Zhang,张进林,113页,图版1,图14、15。
1993 *Chuangioides subaiyingouensis*,张进林、周聘渭,742页,图版1,图13—15。

正模 尾部(TIGM 85248),内蒙古自治区乌海市桌子山地区苏拜沟,寒武系第三统济南阶 *Blackwelderia tenuilimbata* 带。

材料 11块尾部,4块活动颊和1块未成年头盖标本。

描述 头盖突起,次方形(后侧翼除外),前缘微向前弯曲,长3.3 mm,两眼叶之间宽3.2 mm;背沟清楚;头鞍宽长,直伸达前边缘,头鞍沟浅,仅第一对头鞍沟(S1)较清楚,向后斜伸;颈沟浅,颈环突起,中部较宽;鞍前区缺失,前边缘窄,平缓突起,前边缘沟清楚;两眼叶之间的固定颊窄,不足头鞍宽的1/2;眼脊不清,眼叶中等长,位于头鞍相对位置中部;后侧翼和后边缘保存不全;面线前支自眼叶前端向外分散向前伸,后支自眼叶后端向侧后方斜伸;活动颊较宽,次椭圆形,颊刺短;侧边缘沟清楚;颊区宽,侧边缘突起,向后略变宽,其上有不规则的脊线和小坑;尾部横椭圆形,突起;尾轴短,突起,倒锥形,分4—5个轴环节,4条轴环沟向后变浅;背沟窄,清楚,向后变浅;肋部窄,平缓突起,3—4对肋节,3—4对短的肋沟,向后变短浅;尾边缘和腹边缘极宽,边缘沟不清;壳面具小坑和零星分布的小瘤点。

产地层位 内蒙古自治区乌海市桌子山地区苏拜沟(SBT1),胡鲁斯台组 *Blackwelderia tenuilimbata* 带。

拟庄氏虫未定种 *Chuangioides* sp.

(图版9,图17)

材料 1块尾部标本。

描述 尾部倒梯形,突起,后缘平直;尾轴短而突起,倒锥形,分5—6个轴环节,4条轴环沟极浅;背沟窄,清楚,向后变浅;肋部窄,平缓突起,肋沟极浅;尾边缘和腹边缘极宽,边缘沟不清;壳面光滑。

比较 未定种与 *Chuangioides subaiyingouensis* Zhang, 1985 的主要区别是尾部呈倒梯形,尾轴较长,分节不清楚,壳面光滑。

产地层位 内蒙古自治区乌海市桌子山地区苏拜沟(SBT1),胡鲁斯台组 *Blackwelderia tenuilimbata* 带。

孙氏盾壳虫科 Sunaspidae Zhang et Jell, 1987

孙氏盾壳虫属 *Sunaspis* Lu in Lu et Dong, 1952

Sunaspis Lu in Lu et Dong,卢衍豪、董南庭,1952,171页;汪龙文等,1956,111页;卢衍豪,1957,267页;卢衍豪等,1963a,102页;1965,343页;周天梅等,1977,185页;张文堂等,1980b,83页;Zhang and Yuan,1981,p. 168;周志强等,1982,253页;仇洪安等,1983,160、161页;张进林、王绍鑫,1985,443、444页;Zhang and Jell,1987,p. 198;昝淑芹,1989,134页;刘印环等,1991,184页;Zhang et al.,1995,p. 46、47;郭鸿俊等,1996,92页;卢衍豪、朱兆玲,2001,286页;雒昆利,2002,121页;Jell and Adrain,2003,p. 449;段吉业等,2005,171页;Yuan et al.,2008,p. 88、94、105;袁金良、李越,2014,503页。

模式种　*Sunaspis laevis* Lu in Lu et Dong，卢衍豪、董南庭，1952，171页，图2，山东省长清县张夏镇馒头山，寒武系第三统徐庄阶 *Sunaspis laevis-Sunaspidella rara* 带下部。

　　特征　头尾几乎等大；头盖近方形，前缘微向前弯曲；背沟窄而浅或模糊不清；头鞍长方形，微突起，中线位置有一低的中脊，具3—4对极浅的侧头鞍沟；颈环低而窄，宽度均匀，颈沟浅；前边缘沟浅，鞍前区窄至中等宽，向前边缘沟平缓下倾；前边缘较宽，微向前上方翘起；固定颊中等宽；眼叶中等长，位于头鞍相对位置的中后部，眼脊清晰，自头鞍前侧角向后侧斜伸；面线前支自眼叶前端微向外向前伸，越过边缘沟后向内斜切前边缘于头盖的前侧缘，后支向侧后方斜伸；尾部半椭圆形，尾轴较窄而长，几乎伸达尾部后缘，模糊地分9—11节，轴环节沟极浅；肋部略宽，肋沟浅，几乎向外平伸；尾边缘极窄或缺失，尾边缘沟不清。

　　讨论　有关 *Sunaspis* 的分类位置，目前有两种看法：一种意见认为它应归于 Tsinaniidae Kobayashi，1935（郭鸿俊等，1996；Jell and Adrain，2003；段吉业等，2005）；另一种意见认为它应归于 Sunaspidae Zhang et Jell，1987（Zhang *et al.*，1995；卢衍豪、朱兆玲，2001；Yuan *et al.*，2008）。笔者认为尽管 *Sunaspis* Lu in Lu et Dong，1952 和 *Tsinania* Walcott，1914 两属在形态上有许多相似之处，但这可能是在相同的生态环境中造成的趋同现象。最近对 *Tsinania canens*（Walcott，1905）进行的个体发育研究表明，它的幼年期尾部具有一对尾侧刺，与 *Kaolishania* Sun，1924，*Mansuyia* Sun，1924，*Prochuangia* Kobayashi，1935 等属成年期尾部特征很相似，因此具有某种亲缘关系（Park and Choi，2009；Park *et al.*，2014）。产于吉林省白山市砟子徐庄阶顶部的 *Sunaspis jilinensis* An in Duan *et al.*，2005（段吉业等，2005，171，172页，图版34，图9—11）其头盖为原附栉虫类（proasaphiscid），而尾部为 *Lioparia*，应排除在 *Sunaspis* 属外。

　　时代分布　寒武纪第三世早期（徐庄期），华北及东北南部。

光滑孙氏盾壳虫 *Sunaspis laevis* Lu in Lu et Dong，1952

（图版10，图6，17）

1952　*Sunaspis laevis* Lu，卢衍豪、董南庭，117页，插图2（1a，1b）。

1957　*Sunaspis laevis*，卢衍豪，267页，图版147，图7，8。

1963a　*Sunaspis laevis*，卢衍豪等，102页，图版20，图11a，11b。

1965　*Sunaspis laevis*，卢衍豪等，343页，图版64，图9，10。

1977　*Sunaspis laevis*，周天梅等，185，186页，图版55，图1，non 图2。

1980b　*Sunaspis laevis*，张文堂等，83页，图版11，图4。

1982　*Sunaspis lui* Lee，周志强等，253页，图版63，图12，non 图11。

1983　*Sunaspis laevis*，仇洪安等，161页，图版53，图1，2。

1983　*Sunaspis minor* Qiu，仇洪安等，161页，图版53，图3。

1985　*Sunaspis laevis*，张进林、王绍鑫，444页，图版130，图14。

1991　*Sunaspis laevis*，刘印环等，184页，图版15，图5，6。

1995　*Sunaspis laevis*，Zhang *et al.*，p. 47，pl. 17，figs. 6—8.

1996　*Sunaspis laevis*，郭鸿俊等，92页，图版33，图9—11。

2001　*Sunaspis laevis*，卢衍豪、朱兆玲，286页，图版2，图11，12；图版4，图1—5。

2010　*Sunaspis* sp.，Chough *et al.*，p. 265，figs. 14（d，e）.

2014　*Sunaspis laevis*，袁金良、李越，2014，503页，图版2，图1—4。

　　正模　头盖 NIGP132600（卢衍豪、董南庭，1952，图1a；卢衍豪、朱兆玲，2001，图版4，图1），山东省长清县张夏镇馒头山，寒武系第三统徐庄阶 *Sunaspis laevis-Sunaspidella rara* 带下部。

　　材料　1块头盖和1块尾部标本。

　　比较　当前标本与山东长清张夏馒头山的模式标本相比，头盖和尾部的一般形态特征都很相似，应为同一个种，但当前标本头鞍略显粗短。产于内蒙古自治区阿拉善盟呼鲁斯太陶思沟的归于 *Sunaspis lui* Lee in Lu *et al.*，1965 的标本（周志强等，253页，图版63，图12），其尾肋部也较宽，更像 *Sunaspis laevis*。仇洪安仅根据一块未成年的标本建立的新种 *Sunaspis minor* Qiu in Qiu *et al.*，1983，很可能就是 *Sunaspis* *laevis*，本书加以合并。

产地层位　宁夏回族自治区贺兰山苏峪口至五道塘（NH8）、同心县青龙山（NC59），胡鲁斯台组 *Sunaspis laevis-Sunaspidella rara* 带下部。

卢氏孙氏盾壳虫 *Sunaspis lui* Lee in Lu *et al.*, 1965
（图版8，图7—15；图版10，图1—5；15，16；图版11，图16）

1965　*Sunaspis lui* Lee, 卢衍豪等, 343 页, 图版 64, 图 11—13。

1977　*Sunaspis laevis* Lu, 周天梅等, 185, 186 页, 图版 55, 图 2, non 图 1。

1977　*Sunaspis lui*, 周天梅等, 186 页, 图版 55, 图 3—6。

1980b　*Sunaspis triangularis* Lin et Wu, 张文堂等, 83 页, 图版 10, 图 14, 15; 图版 11, 图 1—3。

1981　*Sunaspis triangularis*, Zhang and Yuan, p. 168, 169, pl. 2, figs. 4, 5.

non 1982　*Sunaspis lui*, 周志强等, 253 页, 图版 63, 图 11, 12。

1983　*Sunaspis tenella* Bi, 仇洪安等, 161 页, 图版 53, 图 4。

1983　*Sunaspis inflata* Qiu, 仇洪安等, 161 页, 图版 52, 图 12, 13。

1985　*Sunaspis triangularis*, 张进林、王绍鑫, 444 页, 图版 131, 图 1, 2。

1985　*Sunaspis pansa* Zhang et Wang, 张进林、王绍鑫, 444 页, 图版 130, 图 15。

1991　*Sunaspis lui*, 刘印环等, 184, 185 页, 图版 15, 图 3, 4。

1995　*Sunaspis lui*, Zhang *et al.*, p. 47, pl. 17, figs. 9—11; pl. 18, figs. 1—4.

　　选模　头盖（卢衍豪等, 1965, 图版 64, 图 11），河南登封，寒武系第三统徐庄阶 *Sunaspis laevis-Sunaspidella rara* 带下部。

　　材料　9 块头盖和 8 块尾部标本。

　　比较　当前标本与模式标本相比，头盖更显长三角形，面线前支自眼叶前端更明显向内收缩，这些可看作种内的变异。作者同意 Zhang 等（1995）的观点，将 *Sunaspis triangularis* Lin et Wu in Zhang *et al.*, 1980b, *Sunaspis tenella* Bi in Qiu *et al.*, 1983, *Sunaspis inflata* Qiu in Qiu *et al.*, 1983, *Sunaspis pansa* Zhang et Wang, 1985 等种与卢氏孙氏盾壳虫合并。

　　产地层位　内蒙古自治区乌海市桌子山地区阿不切亥沟（CD97），宁夏回族自治区贺兰山苏峪口至五道塘（NH9），胡鲁斯台组 *Sunaspis laevis-Sunaspidella rara* 带下部；陕西省陇县景福山地区牛心山（L13），馒头组 *Sunaspis laevis-Sunaspidella rara* 带下部。

小孙氏盾壳虫属 *Sunaspidella* Zhang et Yuan, 1981

Sunaspidella Zhang et Yuan, 1981, p. 169; 仇洪安等, 1983, 162 页; 张进林、王绍鑫, 1985, 445 页; Zhang and Jell, 1987, p. 199; 刘印环等, 1991, 185 页; 王绍鑫、张进林, 1994b, 238 页; Zhang *et al.*, 1995, p. 48; Jell and Adrain, 2003, p. 449; Yuan *et al.*, 2008, p. 88, 94, 105; 袁金良等, 2012, 120 页; 袁金良、李越, 2014, 504 页。

　　模式种　*Sunaspidella rara* Zhang et Yuan, 1981, p. 169, pl. 2, figs. 11, 12, 内蒙古自治区乌海市岗德尔山东山口, 寒武系第三统徐庄阶 *Sunaspis laevis-Sunaspidella rara* 带上部。

　　特征和讨论　见袁金良等, 2012, 120, 121 页。

　　时代分布　寒武纪第三世早期（徐庄期），华北。

卵形小孙氏盾壳虫 *Sunaspidella ovata* Zhang et Wang, 1985
（图版10，图12—14；图版11，图12—14, 17）

1985　*Sunaspidella ovata* Zhang et Wang, 张进林、王绍鑫, 445, 446 页, 图版 131, 图 4—6。

1985　*Leiaspis jiwangshanensis* Zhang et Wang, 张进林、王绍鑫, 447 页, 图版 131, 图 9, non 图 8。

2014　*Sunaspidella ovata*, 袁金良、李越, 2014, 504 页, 图版 2, 图 5—17。

　　正模　头盖 TIGM Ht378（张进林、王绍鑫, 1985, 图版 131, 图 5），山西万荣稷王山，寒武系第三统徐庄阶 *Sunaspis laevis-Sunaspidella rara* 带上部。

　　材料　5 块头盖和 2 块尾部标本。

比较 当前标本与山西万荣稷王山的模式标本相比，除了前边缘沟略浅外，特征一致。山西万荣稷王山所产 *Leiaspis jiwangshanensis* Zhang et Wang, 1985 与此种同层，且在尾部形态方面非常相似，应归于此种内。

产地层位 宁夏回族自治区贺兰山苏峪口至五道塘（NH11, NH12）和山西省河津县西硇口（化15A），胡鲁斯台组和馒头组 *Sunaspis laevis-Sunaspidella rara* 带中上部。

珍奇小孙氏盾壳虫 *Sunaspidella rara* Zhang et Yuan, 1981

(图版11, 图1—8)

1981 *Sunaspidella rara* Zhang et Yuan, p. 169, pl. 2, figs. 11, 12.

正模 头盖 NIGP 62258 (Zhang and Yuan, 1981, pl. 2, fig. 11)，内蒙古自治区乌海市岗德尔山东山口，寒武系第三统徐庄阶 *Sunaspis laevis-Sunaspidella rara* 带上部。

材料 3块头盖和5块尾部标本。

比较 此种以4对较深的侧头鞍沟和眼脊内端稍下方的头鞍向内明显收缩为特征，但一些未成年的小头盖上则没有显示这些特征（图版11, 图6），另外，较小的尾部（图版11, 图5）显示尾轴较细。

产地层位 内蒙古自治区乌海市岗德尔山东山口（76-302-F38, NZ12）和宁夏回族自治区贺兰山苏峪口至五道塘（NH16），胡鲁斯台组 *Sunaspis laevis-Sunaspidella rara* 带上部。

青龙山小孙氏盾壳虫（新种）*Sunaspidella qinglongshanensis* Yuan et Zhang, sp. nov.

(图版10, 图7—11；图版11, 图9—11；图版91, 图16)

词源 Qinglongshan，汉语拼音，地名，青龙山，指新种产地。

正模 头盖 NIGP62436（图版10, 图7），宁夏回族自治区同心县青龙山，寒武系第三统徐庄阶 *Sunaspis laevis-Sunaspidella rara* 带上部。

材料 5块头盖和4块尾部标本。

特征 头盖前缘强烈向前拱曲，前边缘和鞍前区几乎等宽（纵向），眼叶短，位于头鞍相对位置后部，尾部长半椭圆形，中线位置有低的中脊。

描述 头盖强烈突起，前缘强烈向前拱曲，次方形，正模标本长8.0 mm，两眼叶之间宽7.0 mm；背沟浅；头鞍宽大，强烈突起，微向前收缩变窄，呈截锥形，前端平圆，约占头盖长的6/11—7/11，中线位置具低的中脊，具4对浅的侧头鞍沟，后两对（S1, S2）内端分叉，前两对（S3, S4）位于眼脊内端和眼脊内端稍下方，微向前内方斜伸；颈沟宽浅，颈环窄而且低平，宽度均匀；前边缘沟浅，但清楚，向前拱曲，前边缘中等宽，向两侧迅速变窄，鞍前区与前边缘中部宽相等；固定颊窄，在两眼叶之间约为头鞍宽的1/2；眼脊突起，自头鞍前侧角稍后向后斜伸；眼叶中等偏短，位于头鞍横中线之后，不足头鞍长的1/2；眼沟宽浅；后侧翼短（横向），次三角形；后边缘沟宽浅，后边缘窄，平缓突起，向外伸出的距离约为头鞍基部宽的2/3；面线前支自眼叶前端微向外分散向前伸，越过边缘沟后向内呈弧形切前边缘于头盖前缘，后支自眼叶后端向侧后方斜伸；尾部突起，较长，半椭圆形，尾轴宽长，突起，中线位置有一低的中脊，分8—9节，每个轴环的中部有一凸疣；肋部平缓突起，与尾轴宽大致相等，分6—7对肋脊；肋沟浅，向外平伸，间肋沟模糊不清；尾边缘极窄，低平；壳面光滑。

比较 就头盖和尾部的一般形态特征来看，新种与 *Sunaspidella jiwangshanensis* (Zhang et Wang)（张进林、王绍鑫，1985, 447页，图版131, 图8, 9）较相似，但后者的头鞍呈柱形，4对侧头鞍沟极浅，前边缘沟较宽而且深，眼叶较长，位置较靠前。

产地层位 宁夏回族自治区同心县青龙山（NC65）和内蒙古自治区阿拉善盟呼鲁斯太陶思沟（NH49），胡鲁斯台组 *Sunaspis laevis-Sunaspidella rara* 带上部。

横宽小孙氏盾壳虫（新种）*Sunaspidella transversa* Yuan et Zhang, sp. nov.

(图版12, 图1—14；图版13, 图1—17)

词源 transversa, -us, -um, 拉丁语，横的，指新种有横宽的头盖。

正模　头盖 NIGP 62459（图版 12，图 1），陕西省陇县景福山地区牛心山，寒武系第三统徐庄阶 *Sunaspis laevis-Sunaspidella rara* 带上部。

材料　15 块头盖和 18 块尾部标本。

特征　头盖横宽，次方形，前缘较宽而且平直，鞍前区窄（纵向），尾部半圆形，中线位置有低的中脊，尾轴环两侧前后有凸起小疣。

描述　头盖横宽，强烈突起，前缘较宽而且平直，次方形，正模标本长 7.4 mm，两眼叶之间宽 9.0 mm；背沟浅；头鞍宽大，强烈突起，微向前收缩变窄，长方形至亚梯形，前端平圆，长略大于其基部宽，约占头盖长的 3/4，中线位置具低的中脊，具 4 对浅的侧头鞍沟，第一对（S1）很浅，内端分叉，第二对（S2）位于头鞍横中线之前，内端分叉，第三对（S3）位于眼脊内端稍下方，向前内方加宽加深，第四对（S4）位于眼脊内端，不与背沟相连，微向前内方斜伸；颈沟宽浅，颈环窄，低平，宽度均匀；前边缘沟浅，但清楚，微向前弯曲，前边缘中等宽，向两侧微变窄，微向前倾斜，鞍前区极窄或缺失；固定颊窄，向外平缓下倾，在两眼叶之间不足头鞍宽的 1/2；眼脊低平，自头鞍前侧角稍后向后斜伸；眼叶短，位于头鞍横中线之后，约有头鞍长的 2/7—1/3；眼沟浅；后侧翼短（横向），次三角形；后边缘沟浅，后边缘窄，平缓突起，向外伸出的距离略大于头鞍基部宽的 1/2；面线前支自眼叶前端微向内收缩向前伸，越过边缘沟后向内呈弧形切前边缘于头盖前缘，后支自眼叶后端向侧后方斜伸；尾部突起，半圆形，尾轴宽长，突起，中线位置有一低的中脊，分 5—6 节，每个轴环的两侧前后各有一凸疣；肋部比中轴略窄，平缓突起，分 5—6 对向外平伸的肋脊；肋沟宽浅，向外平伸，间肋沟模糊不清；无明显尾边缘；壳面光滑。

比较　新种与模式种 *Sunaspidella rara* Zhang et Yuan, 1981 的主要区别是头盖较横宽，前缘较宽而且平直，头鞍在第三对头鞍沟相对位置处向前收缩不明显，每个轴环的两侧前后各有一凸疣。就头盖外形来看，新种与山西繁峙汉山所产 *Sunaspidella wutaishanensis* Zhang et Wang（张进林、王绍鑫，1985，446 页，图版 131，图 7）较相似，不同的是新种的头盖为四方形，头鞍粗短，有 4 对浅的侧头鞍沟，面线前支自眼叶前端微向内收缩向前伸。

产地层位　陕西省陇县景福山地区牛心山（L15），馒头组 *Sunaspis laevis-Sunaspidella rara* 带上部；宁夏回族自治区贺兰山苏峪口至五道塘（NH15，NH16），内蒙古自治区阿拉善盟呼鲁斯太陶思沟（NH50，NH51）、乌海市岗德尔山成吉思汗塑像公路旁（GDME1-1）和桌子山地区苏拜沟（SBT3-2），胡鲁斯台组 *Sunaspis laevis-Sunaspidella rara* 带上部。

小孙氏盾壳虫未定种 *Sunaspidella* sp. A

（图版 11，图 15）

材料　1 块头盖标本。

描述　头盖强烈突起，前缘强烈向前拱曲，次方形，长 9.0 mm，两眼叶之间宽 9.0 mm；背沟、颈沟、头鞍沟和前边缘沟消失；头鞍宽大，强烈突起，微向前收缩变窄，呈截锥形，前端宽圆；颈环强烈突起，后缘强烈向后拱曲；固定颊窄，在两眼叶之间约为头鞍宽的 1/3；眼叶中等偏短，位于头鞍横中线之后，不足头鞍长的 1/2；后侧翼短（横向），次三角形；后边缘沟极浅，后边缘窄，平缓突起，向外伸出的距离不足头鞍基部宽的 2/3；面线前支自眼叶前端微向内向前伸，越过边缘沟后向内呈弧形切前边缘于头盖前缘，后支自眼叶后端向侧后方斜伸；壳面光滑。

比较　就头盖一般形态特征来看，*Sunaspidella* sp. A 与本书描述的另一新种 *Sunaspidella qinglongshanensis* Yuan et Zhang, sp. nov. 较相似，但背沟、颈沟、头鞍沟和前边缘沟消失，颈环向后强烈拱曲。

产地层位　宁夏回族自治区贺兰山苏峪口至五道塘（NH10），胡鲁斯台组 *Sunaspis laevis-Sunaspidella rara* 带中上部。

小孙氏盾壳虫未定种 *Sunaspidella* sp. B

(图版91, 图17)

材料 1块头盖标本。

描述 头盖横宽, 中等突起, 前缘宽, 微向前拱曲, 次方形, 长4.3 mm, 两眼叶之间宽5.3 mm; 背沟浅; 头鞍宽短, 平缓突起, 微向前收缩变窄, 呈截锥形, 前端平圆, 具4对浅的侧头鞍沟, 第一对(S1)很浅, 内端分叉, 前支较短, 微向前伸, 后支向后斜伸, 第二对(S2)位于头鞍横中线之前, 近乎平伸, 第三对(S3)位于眼脊内端稍下方, 微向前内方斜伸, 第四对(S4)位于眼脊内端, 不与背沟相连, 微向前内方斜伸; 颈环窄, 平缓突起, 后缘微向后拱曲, 颈沟深; 前边缘沟较宽深, 微向前拱曲, 前边缘窄, 突起; 鞍前区极窄(纵向), 眼前翼较宽, 向前边缘沟平缓下倾; 固定颊较宽, 平缓突起, 在两眼叶之间约为头鞍宽的2/3; 眼脊平缓突起, 自头鞍前侧角稍后微向后斜伸; 眼叶中等偏长, 位于头鞍相对位置的中后部, 略大于头鞍长的1/2; 后侧翼短(横向); 后边缘窄, 平缓突起; 面线前支自眼叶前端微向外向前伸, 越过边缘沟后向内呈弧形切前边缘于头盖前缘, 后支自眼叶后端向侧后方斜伸; 壳面光滑。

比较 就头盖的一般形态特征来看, *Sunaspidella* sp. B 与安徽省淮南市大小金山徐庄期所产 *Sunaspidella brevis* Qiu, 1983 (仇洪安等, 1983, 图版53, 图5—7) 较相似, 但有窄的鞍前区, 较深且向前弯曲的前边缘沟和窄的前边缘, 颈环较窄(纵向), 微微向后弯曲, 颈沟较深。

产地层位 陕西陇县景福山地区牛心山(L15), 馒头组 *Sunaspis laevis-Sunaspidella rara* 带中上部。

光滑盾壳虫属 *Leiaspis* Wu et Lin in Zhang *et al.*, 1980b

Leiaspis Wu et Lin in Zhang *et al.*, 张文堂等, 1980b, 84, 94页; 仇洪安等, 1983, 162页; 张进林、王绍鑫, 1985, 446页; 王绍鑫、张进林, 1994b, 238页; Zhang *et al.*, 1995, p. 48, 49; Jell and Adrain, 2003, p. 396; Zhu *et al.*, 2007, p. 248; Yuan *et al.*, 2008, p. 83, 93, 105; 袁金良等, 2012, 121页。

模式种 *Leiaspis shuiyuensis* Wu et Lin in Zhang *et al.*, 张文堂等, 1980b, 84页, 图版11, 图, 5, 6, 山西省芮城县水峪中条山, 寒武系第三统徐庄阶 *Sunaspis laevis-Sunaspidella rara* 带上部。

特征 头尾几乎等大; 头盖平缓突起; 背沟、头鞍沟、颈沟极浅; 头鞍宽长, 平缓突起, 呈截锥形, 两侧向前略收缩, 中线位置有一低的中脊, 具4对极浅的侧头鞍沟, 在外皮脱落后可见, 后三对(S1, S2 S3)内端往往分叉; 鞍前区宽, 向前边缘沟倾斜, 前边缘窄, 强烈突起或向前上方翘起, 前边缘沟宽浅; 颈环低而平, 宽度均匀, 中部有小的颈疣; 固定颊窄, 平缓突起; 眼叶短, 眼脊微弱, 自头鞍前侧角稍后向后斜伸; 面线前支自眼叶前端微向外分散向前伸; 尾部半圆形, 尾轴较窄而长, 微向后收缩, 分10—11节, 轴环节沟很浅; 肋部宽, 平缓突起, 有7—8对宽浅微向后侧斜伸的肋沟, 间肋沟模糊不清; 尾边缘宽, 无清楚的尾边缘沟; 壳面光滑。

讨论 光滑盾壳虫(*Leiaspis* Wu et Lin in Zhang *et al.*, 1980b)与孙氏盾壳虫(*Sunaspis* Lu, 1953)在形态上有许多相似之处, 如均为头尾几乎等大的三叶虫, 背沟、头鞍沟、颈沟都较浅, 头鞍呈截锥形, 颈环低而平, 宽度均匀, 眼叶短小, 尾轴较细长, 分节较多等, 但光滑盾壳虫的头盖和尾部的凸度较小, 前边缘较窄, 强烈突起或向前上方翘起, 两眼叶之间固定颊较窄, 眼脊微弱, 自头鞍前侧角稍后向后斜伸, 尾边缘较宽, 尾肋沟向侧后方斜伸, 面线前支自眼叶前端明显向外分散向前伸。到目前为止, 光滑盾壳虫已建有7个种和1个未定种: *Leiaspis shuiyuensis* Wu et Lin in Zhang *et al.*, 1980b, *L. concavolimbata* Wu et Lin in Zhang *et al.*, 1980b, *L. xiangshanensis* Bi in Qiu *et al.*, 1983, *L. jiwangshanensis* Zhang et Wang, 1985, *L. elongata* Zhang et Wang, 1985, *L. handanensis* Zhang et Wang, 1985, *L. latilimbata* Zhang et Wang, 1985 和 *L.* sp. (Zhang *et al.*, 1995, pl. 19, fig. 1)。其中 *L. concavolimbata* 也许可归入 *Taosigouia* gen. nov. 属内; *L. xiangshanensis* 是模式种 *Leiaspis shuiyuensis* Wu et Lin in Zhang *et al.*, 1980b 的晚出异名; *L. jiwangshanensis* 可归入 *Sunaspidella* 属内; *L. elongata*, *L. handanensis*, *L. latilimbata* 和 *L.* sp.可合并为一个种, 他们之间的区别很小, 这些差异或是因为个体发育阶段不同, 或是因为有些没有脱皮所致。

时代分布 寒武纪第三世早期(徐庄期), 华北。

长形光滑盾壳虫 *Leiaspis elongata* Zhang et Wang，1985

（图版 12，图 15；图版 14，图 1—13；图版 15，图 1—18）

1985   *Leiaspis elongata* Zhang et Wang，张进林、王绍鑫，447，448 页，图版 131，图 13。

1985   *Leiaspis handanensis* Zhang et Wang，张进林、王绍鑫，448 页，图版 131，图 1—12。

1985   *Leiaspis latilimbata* Zhang et Wang，张进林、王绍鑫，448 页，图版 132，图 1。

1994b   *Leiaspis elongata*，王绍鑫、张进林，238 页，图版 14，图 14。

1995   *Leiaspis* sp.，Zhang *et al.*，p. 48，pl. 19，fig. 1.

2005   *Lüliangshanaspis funingensis* Duan in Duan *et al.*，段吉业等，172，173 页，图版 32，图 5。

正模   头盖 TIGM Ht386（张进林、王绍鑫，1985，图版 131，图 13），山西省繁峙县汉山，寒武系第三统徐庄阶 *Metagraulos*？带。

材料   15 块头盖，3 块活动颊和 14 块尾部标本。

描述   头盖横宽，强烈突起，近乎长方形，前缘向前呈弧形拱曲，正模标本长 13.0 mm，两眼叶之间宽 12.0 mm；背沟极浅；头鞍宽大，平缓突起，微向前收缩变窄，截锥形至亚梯形，前端平圆，约占头盖长的 5/8，中线位置具低的中脊，4 对浅的侧头鞍沟，第一对（S1）宽浅，位于头鞍后部 1/3 处，内端分叉，第二对（S2）位于头鞍横中线之前，内端分叉，前支平伸，后支向后侧斜伸，第三对（S3）位于眼脊内端稍下方，内端分叉，前支细长微向前侧斜伸，后支短，近平伸，第四对（S4）短，位于眼脊内端，微向前内方斜伸；颈沟浅，颈环窄，低平，宽度均匀，中后部有一小颈疣；固定颊窄，平缓突起，在两眼叶之间不足头鞍宽的 1/2；眼脊细短，自头鞍前侧角稍后向后斜伸；眼叶短，位于头鞍相对位置中部，约有头鞍长的 2/5 至 1/3；眼沟浅；后侧翼短（横向）宽（纵向），次三角形；后边缘沟浅，后边缘窄，平缓突起，向外伸出的距离略大于头鞍基部宽的 1/2，前边缘沟宽深，微向前呈弧形弯曲，前边缘窄，突起或向前上方翘起，向两侧略变窄，鞍前区宽，向前边缘沟平缓下倾，其宽度为前边缘中部宽的 1.5—2 倍；面线前支自眼叶前端强烈向外分散向前伸，越过边缘沟后向内呈弧形切前边缘于头盖前缘，后支自眼叶后端向侧后方斜伸；活动颊平缓突起，颊刺中等长，侧边缘沟极浅；侧边缘平缓突起，颊区略宽于侧边缘；尾部大，宽半椭圆形，尾轴窄长而突起，呈倒锥形，分 9—10 节，每个轴环的中部有两个凸疣；肋部比中轴略宽，平缓突起，分 7 对微向后侧斜伸的肋脊；肋沟深，微向后侧斜伸，间肋沟极浅或模糊不清；尾边缘宽，向下平缓下倾；尾边缘沟极浅；壳面光滑。

比较   此种与模式种 *Leiaspis shuiyuensis* Wu et Lin in Zhang *et al.*，1980b 的主要区别是头盖较宽阔，有 4 对较清楚的侧头鞍沟，前边缘较窄，强烈突起或向前上方翘起，面线前支自眼叶前端强烈向外分散向前伸，尾轴分 9—10 节，每个轴环的中部有两个凸疣。在山西省繁峙县汉山，此种产在 *Metagraulos* 带（王绍鑫、张进林，1994b，238 页），但是当前标本都产在 *Metagraulos* 带之下。产于河北省抚宁县东部落的 *Lüliangshanaspis funingensis* Duan，其头盖、头鞍形态，背沟和前边缘沟形态，固定颊宽度和眼叶大小位置与本种无明显差异，应归于此种。*Lüliangshanaspis*（模式种 *L. kelanensis* Zhang et Wang；张进林、王绍鑫，1985，424 页，图版 126，图 1，2）的头鞍宽长，鞍前区极窄，前边缘后缘中线位置有不发育的后缘棘，几乎与头鞍前缘相连，与 *Leiaspis* 有明显不同。

产地层位   内蒙古自治区乌海市岗德尔山东山口（NZ13，NZ14）、岗德尔山成吉思汗塑像公路旁（GDME1-2）、阿拉善盟呼鲁斯太陶思沟（QII-I-H-19）和桌子山地区苏拜沟（SBT3-2），宁夏回族自治区贺兰山苏峪口至五道塘（NH16），胡鲁斯台组 *Sunaspis laevis-Sunaspidella rara* 带中上部至上部。

古孙氏盾壳虫属（新属）*Palaeosunaspis* Yuan et Zhang，gen. nov.

词源   pal-，palae-，palaeo（希腊文），古，古老，*Sunaspis*，三叶虫属名。

模式种   *Palaeosunaspis latilimbata* Yuan et Zhang，sp. nov.，内蒙古自治区乌海市桌子山地区苏拜沟，寒武系第三统徐庄阶 *Bailiella lantenoisi* 带。

特征   背沟极浅；头鞍模糊显出次柱形，两侧平行或向前略收缩，伸达前边缘沟，无侧头鞍沟；鞍前区缺失，前边缘极宽而呈穹堆状突起，其上有不规则的线纹装饰，前边缘沟宽而深；颈环低而平，宽度均匀；固定颊较窄而平缓突起，向两侧微倾斜；眼叶短，眼脊低平，自头鞍前侧角向后斜伸；后侧翼次三角形，横向和纵向长度均较小；面线前支自眼叶前端微向内收缩向前伸。

讨论 新属与小孙氏盾壳虫（*Sunaspidella* Zhang et Yuan, 1981）最相似，两者都缺失鞍前区，但新属背沟极浅，无头鞍沟，前边缘沟宽而深，前边缘极宽而呈穹堆状突起。它与孙氏盾壳虫（*Sunaspis* Lu, 1953）、光滑盾壳虫（*Leiaspis* Wu et Lin in Zhang et al., 1980b）在形态上有些相似之处，如三者均有较宽而深的前边缘沟，背沟、头鞍沟都较浅，头鞍呈截锥形至次柱形，颈环低而平，宽度均匀，但孙氏盾壳虫的前边缘较窄，低而平，前缘略向前上方翘起，鞍前区较宽，两眼叶之间的固定颊较宽，约大于头鞍宽的1/2。光滑盾壳虫的鞍前区很宽，前边缘窄而强烈突起，两眼叶之间的固定颊较宽，大于头鞍宽的1/2。

时代分布 寒武纪第三世早期（徐庄期），华北。

宽边古孙氏盾壳虫（新属、新种）*Palaeosunaspis latilimbata* Yuan et Zhang, gen. et sp. nov.

（图版12，图16，17）

词源 lat-, lati 拉丁语，宽，limbata, -us, -um, 拉丁语，有边的，指新种的头盖上有宽而呈穹堆状突起的前边缘。

正模 头盖 NIGP62475（图版12，图17），内蒙古自治区乌海市桌子山地区苏拜沟，寒武系第三统徐庄阶 *Bailiella lantenoisi* 带。

材料 2块头盖标本。

描述 头盖次方形，前缘向前强烈拱曲，正模标本头盖长5.6 mm，两眼叶之间宽5.0 mm；背沟极浅；头鞍模糊显出，次柱形，两侧平行，几乎伸达前边缘沟，无侧头鞍沟；鞍前区极窄缺失，前边缘极宽而呈穹堆状突起，其上有不规则的线纹装饰，前边缘沟宽而深；颈沟宽而浅；颈环低而平，宽度均匀；固定颊较窄而平缓突起，向两侧微倾斜，在两眼叶之间不足头鞍宽的1/2；眼叶短，位于头鞍相对位置的中后部，眼脊低平，自头鞍前侧角明显向后斜伸；后侧翼次三角形，横向和纵向长度均较小，约为头鞍基部宽的2/3；面线前支自眼叶前端微向内收缩向前伸，后支自眼叶后端向侧后方斜伸。

产地层位 内蒙古自治区乌海市桌子山地区苏拜沟（Q5-XIV-H34），胡鲁斯台组 *Bailiella lantenoisi* 带。

褶颊虫目 Ptychopariida Swinnerton, 1915
钝锥虫科 Conocoryphidae Angelin, 1854

毕雷氏虫属 *Bailiella* Matthew, 1885

Bailiella Matthew, 1885, p. 103; Kobayashi, 1935, p. 212, 213; 1960b, p. 373; Resser, 1936, p.16; 1937b, p. 39, 40; 1938c, p. 26; Resser and Endo, 1937, p. 193; Thoral, 1946, p. 21; Westergärd, 1950, p. 24; Termier and Termier, 1950, p. 28; Hupé, 1953a, p. 194; 1955, p. 131; Чернышева, 1953, стр. 9; 汪龙文等, 1956, 116 页; 卢衍豪, 1957, 265 页; Šnajdr, 1958, p. 166; Sdzuy, 1958, S. 247; Harrington et al., 1959, p. 242; 朱兆玲, 1960b, 71 页; Hutchinson, 1962, p. 104; 卢衍豪等, 1963a, 72 页; 1965, 150 页; 项礼文, 1963, 33, 34 页; 安素兰, 1966, 160 页; Courtessole, 1967, p. 498; 1973, p. 198; Савицкий и др., 1972, стр. 85; Коробов, 1973, стр. 117—120; 罗惠麟, 1974, 636 页; Репина и др., 1975, стр. 170; Егорова и др., 1976, стр. 133; 1982, стр. 109; 周天梅等, 1977, 146 页; 张文堂等, 1980 b, 52, 53 页; 南润善, 1980, 489 页; Zhang and Yuan, 1981, p. 168; 项礼文等, 1981, 197 页; 周志强等, 1982, 239 页; 仇洪安等, 1983, 86 页; 张进林、王绍鑫, 1985, 360 页; Zhang and Jell, 1987, p. 80; 朱洪源, 1987, 91 页; Kim, 1987, p. 30; 刘印环等, 1991, 181 页; 朱乃文, 1992, 340 页; 昝淑芹, 1992, 253 页; 王绍鑫、张进林, 1993b, 118 页; 1994a, 132 页; Rudolph, 1994, S. 190; 1997, S. 10; Zhang et al., 1995, p. 56; 郭鸿俊等, 1996, 69 页; Jell and Hughes, 1997, p. 62; Cotton, 2001, p. 171—173, 177—179, 193, 194; 卢衍豪、朱兆玲, 2001, 281 页; Álvaro and Vennin, 2001, p. 16; Kim et al., 2002, p. 826; Jell and Adrain, 2003, p. 346; Yuan et al., 2008, p. 92, 96; 罗惠麟等, 2009, 98 页; 袁金良等, 2012, 122, 123 页; Weidner and Nielsen, 2014, p. 73.

Conocoryphe (*Liocephalus*) Grönwall, 1902b, p. 84.

Liaotungia Resser et Endo in Kobayashi, 1935, p. 89; Resser and Endo, 1937, p. 237; 卢衍豪等, 1965, 216 页; Yuan *et al*., 2008, p. 83, 96.

　　Tangshiella Hupé, 1953a, p. 194；Yuan *et al*., 2008, p. 89, 96.

　　模式种　*Conocephalites baileyi* Hartt in Dawson, 1868, p. 645；Matthew, 1885, p. 111, figs. 22—29, 加拿大新不伦瑞克（New Brunswick），中寒武统（Chamberiain's Brook 组）。

　　特征和讨论　见袁金良等，2012，122，123 页。

　　时代分布　寒武纪第三世，亚洲（中国、越南、喜马拉雅地区、俄罗斯西伯利亚、朝鲜、韩国）、欧洲（瑞典、法国、西班牙）和北美洲（加拿大）。

兰氏毕雷氏虫 *Bailiella lantenoisi*（Mansuy，1916）

（图版 16，图 1—10）

1883　*Conocephalites typus* Dames, S. 11, Taf. 2, Fig. 12（only pygidium）.

1916　*Conocoryphe lantenoisi* Mansuy, p. 30, pl. 4, figs. 6a—g, 7；pl. 5, fig. 3.

1924　*Conocoryphe lantenoisi*, Hayasaka, p. 209.

1934　*Conocoryphe frangtengensis* Reed, p. 7, pl. 2, figs. 9—12.

1934　*Conocoryphe sejuncta* Reed, p. 8, pl. 2, figs. 13, 14.

1935　*Conocoryphe lantenoisi*, Kobayashi, p. 218, 219, pl. 23, figs. 13, 14.

1937　*Bailiella ulrichi* Resser et Endo, p. 193—195, pl. 41, figs. 5—8；pl. 42；pl. 59, fig. 21.

1937　*Inouyella typa*（Dames）, Kobayashi, p. 327, 328, pl. 17 (6), fig. 3b,（non fig. 3a）.

1937　*Liaotungia puteata* Resser et Endo, p. 237, pl. 46, figs. 1, 2.

1956　*Bailiella lantenoisi*（Mansuy）, 汪龙文等，116 页；图 1, 2。

1957　*Bailiella lantenoisi*, 卢衍豪，265 页，图版 141，图 10—12。

1960b　*Bailiella lantenoisi*, Kobayashi, p. 374—376, pl. 21, figs. 1—10.

1963　*Bailiella lantenoisi*, 项礼文，34 页，图版 2，图 7, 8。

1963a　*Bailiella lantenoisi*, 卢衍豪等，72 页，图版 11，图 5a, b。

1965　*Bailiella lantenoisi*, 卢衍豪等，150, 151 页，图版 24，图 15—17。

1965　*Liaotungia puteata*, 卢衍豪等，150, 151 页，图版 24，图 15—17。

1965　*Inouyella typa*（Dames）, 卢衍豪等，216 页，图版 37，图 23。

1966　*Bailiella lantenoisi*, 安素兰，160 页，图版 2，图 11。

1973　*Bailiella lantenoisi*, Коробов, СТР. 119.

1973　*Bailiella frangtengensis*（Reed）, Shah, p. 84, figs. 1c—f, 2b.

1973　*Bailiella sejuncta*（Reed）, Shah, p. 87, figs. 1a—d, 2a, c.

1973　*Holocephalina wadiai* Shah, p. 88, figs. 1i, 2d.

1973　*Holocephalina wakhalooi* Shah, p. 90, figs. 1k, 2e.

1973　*Conocoryphe reedi* Shah, p. 91, figs. 1h, j, 2f.

1973　*Bailiaspis* sp., Shah, p. 92, fig. 1g.

1974　*Bailiella lantenoisi*, 罗惠麟，636 页，图版 11，图 9。

1975　*Bailiella* aff. *orientalis*（Lermontova, 1951）, Репина и др., стр. 170, табл. 28, фиг. 1—3.

1976　*Bailiella lantenoisi*, Schrank, S. 899, 900, Taf. 3, Bild. 6, 7, 10, ？8, 9；Taf. 4, Bild. 1.

1976　*Bailiella* sp. Schrank, S. 900, Taf. 4, Bild. 2, 3.

1977　*Bailiella lantenoisi*, 周天梅等，146, 147 页，图版 45，图 12, 13。

1980b　*Bailiella lata* Wu et Lin in Zhang *et al*., 张文堂等，53 页，图版 2，图 9—11。

1980　*Bailiella lantenoisi*, 南润善，490 页，图版 201，图 15—17。

1981　*Bailiella lantenoisi*, Zhang and Yuan, p. 168, pl. 3, fig. 10.

1981　*Bailiella lantenoisi*, 项礼文等，197 页，图版 10，图 9。

1982　*Bailiella elegans* Li in Zhou *et al*., 周志强等，239 页，图版 60，图 16；图版 61，图 1。

1982　*Bailiella* aff. *orientalis*（Lermontova, 1951）, Егорова и др., стр. 109, 110, табл. 51, фиг. 5.

1983　*Bailiella lantenoisi*, 仇洪安等，86, 87 页，图版 28，图 4, 5。

1983 *Bailiella binodosa* Bi in Qiu *et al.*，仇洪安等，87页，图版28，图6。

1985 *Bailiella lantenoisi*，张进林、王绍鑫，360页，图版110，图5、6。

1985 *Bailiella lata*，张进林、王绍鑫，360页，图版110，图13、14。

1985 *Bailiella hebeiensis* Zhang et Wang，张进林、王绍鑫，360，361页，图版110，图12。

1985 *Bailiella transversa* Zhang et Wang，张进林、王绍鑫，361页，图版110，图15。

1985 *Bailiella huoshanensis* Zhang et Wang，张进林、王绍鑫，361页，图版110，图2—4。

1985 *Bailiella pingshaniensis* Zhang et Wang，张进林、王绍鑫，361页，图版110，图7。

1985 *Bailiella wuanensis* Zhang et Wang，张进林、王绍鑫，361页，图版110，图11。

1985 *Bailiella wutaishanensis* Zhang et Wang，张进林、王绍鑫，361，362页，图版110，图8—10。

1987 *Bailiella lantenoisi*，Zhang and Jell，p. 81, pl. 35, figs. 1—7.

1987b *Bailiella lantenoisi*，刘怀书等，27页，图版1，图22、23。

1987 *Bailiella lantenoisi*，Kim, p. 30, 31, pl. 13, figs. 17, 18.

1991 *Bailiella lantenoisi*，刘印环等，181，182页，图版14，图9、10。

1992 *Bailiella lantenoisi*，朱乃文，340页，图版116，图14、15。

1992 *Bailiella lantenoisi*，昝淑芹，253页，图版1，图1、12a。

1994a *Bailiella lantenoisi*，王绍鑫、张进林，132页，图版4，图8—10。

1994a *Bailiella wutaishanensis*，王绍鑫、张进林，132，133页，图版4，图11、12。

1995 *Bailiella lantenoisi*，Zhang *et al.*, p. 56, 57, pl. 21, figs. 9—12; pl. 22, figs. 1—3.

1996 *Bailiella lantenoisi*，郭鸿俊等，69，70页，图版22，图8—13。

1997 *Bailiella lantenoisi*，Jell and Hughes, p. 64—66, pl. 17, figs. 5—13; pl. 18, figs. 1—3; Text-fig. 8.

2001 *Bailiella lantenoisi*，卢衍豪、朱兆玲，281，282页，图版1，图1—6；图版2，图13。

2009 *Bailiella lantenoisi*，罗惠麟等，98，99页，图版14，图4、5。

2010 *Bailiella* sp. Chough *et al.*, p. 265, fig. 14（a）.

2012 *Bailiella lantenoisi*，袁金良等，123页，图版41，图5—8。

选模 不完整背壳T228（Mansuy, 1916, pl. 4, fig. 6b；Jell and Hughes, 1997, Text-fig. 8c），越南北部田逢（Tien-Fong），中寒武统。

材料 5块头盖和5块尾部标本。

比较 产自宁夏回族自治区贺兰山苏峪口至五道塘、内蒙古自治区阿拉善盟呼鲁斯太陶思沟、陕西省陇县景福山地区牛心山和内蒙古自治区乌海市岗德尔山东山口的标本与产于越南的模式标本（Jell and Hughes, 1997, Text-fig. 8）相比，头盖、头鞍形态，固定颊的宽度，鞍前区与前边缘纵向宽的比例都很相似，应为同一个种，但当前标本颈环中部较宽，有一小颈疣，前边缘沟较宽深，前边缘突起较强烈，这可能与当前标本保存在灰岩中有关。

产地层位 宁夏回族自治区贺兰山苏峪口至五道塘（NH25），内蒙古自治区阿拉善盟呼鲁斯太陶思沟（NH56，NH57，NH57a）和乌海市岗德尔山东山口（NZ29），胡鲁斯台组 *Bailiella lantenoisi* 带；陕西省陇县景福山地区牛心山（L25），张夏组 *Bailiella lantenoisi* 带。

噢卡瑟氏虫属 *Occatharia* Álvaro，2007

non *Catharia* Lederer, 1863.

Catharia Álvaro et Vizcaïno, 2003, p. 129；袁金良等，2012，122页。

Occatharia Álvaro, 2007, p. 355; Esteve, 2009, p. 173; Álvaro *et al.*, 2013, p. 131.

Novocatharia Özdikmen, 2009, p. 163.

模式种 *Conocoryphe ferralsensis* Courtessole, 1967, p. 501—505, pl. 4, figs. 4—8; pl. 5, figs. 2—6; pl. 6, figs. 1—4, 寒武系第三统（Coulouma Formation），Languedocian 阶上部，*Eccaparadoxides macrocercus* 带，法国努瓦尔山南部。

特征 钝锥虫类三叶虫；固定颊上具一对残存的眼脊（假眼瘤）；背沟深，在头鞍之前变浅；头鞍锥形至截锥形，具3对向后斜伸浅的侧头鞍沟；固定颊宽；面线短，仅在侧边缘上可见，并不穿过侧边缘沟；活动颊极窄，具短的颊刺；胸部 14 节；尾部横宽，半椭圆形，具 4—5 个尾轴节，有窄的尾边缘，无清楚的尾边缘沟；壳面具瘤或光滑。

讨论 *Occatharia* Álvaro，2007，*Conocoryphe* Hawle et Corda，1847，*Bailiella* Matthew，1885，*Couloumania* Thoral，1946，*Parabailiella* Thoral，1946 这 5 个属在形态上很相似（Cotton，2001，p. 193）。从面线来看，*Conocoryphe*，*Couloumania* 两个属都在侧边缘上，没有穿过侧边缘到达侧边缘沟。*Occatharia* 穿过侧边缘到达侧边缘沟，但是没有穿过侧边缘沟，而且固定颊上有一对残存的眼脊（假眼瘤），不同于 *Bailiella*。而头鞍前背沟有两条侧沟向前伸向鞍前区和面线没有穿过侧边缘到达侧边缘沟是 *Conocoryphe* 不同于 *Bailiella* 的最主要特征。

时代分布 寒武纪第三世，欧洲（捷克、德国、法国、西班牙）和亚洲（土耳其和中国）。

东山口噢卡瑟氏虫（新种）*Occatharia dongshankouensis* Yuan et Zhang，sp. nov.

（图版 16，图 11—14）

词源 Dongshankou，汉语拼音，地名，东山口，指新种产地。

正模 头盖 NIGP 62538（图版 16，图 13），内蒙古自治区乌海市岗德尔山东山口，寒武系第三统徐庄阶 *Bailiella lantenoisi* 带。

描述 头盖横宽，突起，半圆形，正模标本长 14 mm，后部最大宽 27 mm；背沟在头鞍两侧深，在头鞍之前变浅，有 2 条浅沟伸向略下凹的鞍前区；头鞍突起，锥形至截锥形，具 3 对侧头鞍沟，其中第一对（S1）较宽深，内端分叉，前支平伸，后支向侧后方斜伸，第二对（S2）位于头鞍横中线，微向后斜伸，第三对（S3）位于眼脊内端，平伸；颈环窄，平缓突起，向两侧变窄；颈沟浅，微向后弯曲；固定颊宽，具或不具眼脊，眼脊自头鞍前侧角稍后向颊角方向弯曲斜伸；前边缘沟、侧边缘沟和后边缘沟清楚并相连，前边缘和后边缘突起，较宽，侧边缘较窄；面线短，仅在侧边缘上可见，并不与侧边缘沟相交；尾部半椭圆形，尾轴具 8 节，肋部有 3—4 对肋脊，3—4 对肋沟清楚，向后变浅，间肋沟极浅或模糊不清；尾边缘窄，无清楚的尾边缘沟；壳面光滑。

比较 新种与模式种 *Occatharia ferralsensis*（Courtessole）（Courtessole，1967，p. 501—505，pl. 4，figs. 4—8；pl. 5，figs. 2—6；pl. 6，figs. 1—4；Courtessole，1973，p. 191—193，pl. 19，figs. 11—16；pl. 20，figs. 1—9；pl. 27，fig. 10）的主要区别是头鞍之前鞍前区较宽，而且略下凹，头鞍向前收缩较慢，前端截切，壳面光滑。

产地层位 内蒙古自治区乌海市岗德尔山东山口（NZ29），胡鲁斯台组 *Bailiella lantenoisi* 带。

褶颊虫科 Ptychopariidae Matthew，1887

贺兰山盾壳虫属（新属）*Helanshanaspis* Yuan et Zhang，gen. nov.

词源 Helanshan，汉语拼音，贺兰山，地名，指新属产地。

模式种 *Helanshanaspis abrota* Yuan et Zhang，sp. nov.，宁夏回族自治区贺兰山达里渤海北，寒武系第三统徐庄阶 *Sinopagetia jnnanensis* 带。

特征 头盖突起，次方形（后侧翼除外）；背沟深；头鞍截锥形，具 4 对清楚的侧头鞍沟，其中第一、二对（S1，S2）内端分叉；两眼叶之间固定颊中等宽，突起；眼叶长，弯曲成弓形，后端几乎伸达颈沟水平位置，眼脊短，突起，自头鞍前侧角微向后斜伸；前边缘沟深，在中线位置沟内有一圆形小凸起；鞍前区宽，中线位置有一浅的中沟将其分为两部分；面线前支自眼叶前端强烈向外向前伸；可能属于这个属的尾部呈三角形，前窄后宽，两侧呈直线向后斜；尾轴宽，强烈突起，次柱形，微微向后收缩变窄，后端宽圆，分 3—4 节；肋部窄，平缓突起，前窄后宽，肋沟和间肋沟极浅，无清楚的尾边缘和尾边缘沟；壳面具稀少的瘤点和网纹状脊线装饰。

讨论 在褶颊虫类三叶虫之中，鞍前区由头鞍前中沟分成两部分的的三叶虫尚属少见，产于南极洲和山东张夏组的 *Paleonelsonia* Özdikmen，2008（Palmer and Gatehouse，1972，p. 28，29；袁金良等，2012，136，137 页）以及江苏徐州地区的馒头组的 *Xiaofangshangia* Qiu（模式种 *Xiaofangshangia divergens* Qiu；

仇洪安，1980，57 页，图版 5，图 9)也有头鞍前中沟。新属与 *Paleonelsonia* 的主要区别是有四对较深的侧头鞍沟，鞍前区较宽(纵向)，鞍前中沟较宽浅，前边缘沟内中线位置有一圆形小凸起，眼叶较长，面线前支自眼叶前端强烈向外前伸，尾部呈三角形，尾轴较宽长。新属与 *Xiaofangshangia* 的主要区别是有四对较深的侧头鞍沟，前边缘沟内中线位置有一圆形小凸起，两眼叶之间的固定颊较窄，眼脊短，眼叶较长。就尾部形态来看，新属与加拿大落基山 Mt. Whyte 组所产 *Loxopeltis* Rasetti，1957（模式种 *L. problematica* Rasetti，1957，p. 968，pl. 119，figs. 3，4；text-fig. 4)较相似，不同之处在于新属的尾轴较宽短，尾部后缘向后的拱曲度较小，肋沟少而浅短，无明显的尾边缘，壳面具稀少的瘤点和网纹状脊线装饰。就头鞍沟形态来看，新属与加拿大落基山 Mt. Whyte 组所产 *Parapoulsenia* Rasetti，1957（模式种 *P. lata* Rasetti，1957，p. 964，pl. 120，figs. 4—7；text-fig. 1)有些相似，不同之处是后者鞍前区极窄，前边缘较宽凸，中线位置后缘有不发育的后缘棘，前边缘沟内中线位置无圆形小凸起，两眼叶之间的固定颊宽，眼叶短，面线前支自眼叶前端向内收缩向前伸。

时代分布 寒武纪第三世早期(徐庄期)，华北(宁夏、内蒙古)。

华丽贺兰山盾壳虫(新属、新种) *Helanshanaspis abrota* Yuan et Zhang, gen. et sp. nov.

(图版 14，图 14，15)

词源 abrot- 希腊语，永存，华丽，指新种前边缘沟内中线位置有一圆形小凸起，显得很华丽。

正模 头盖 NIGP62508（图版 14，图 15)，宁夏回族自治区贺兰山达里渤海北 3 km，寒武系第三统徐庄阶 *Sinopagetia jinnanensis* 带。

材料 1 块头盖和 1 块尾部标本。

描述 头盖突起，次方形(后侧翼除外)，正模标本长 7.8 mm，两眼叶之间宽 8.0 mm；背沟深，在头鞍前侧角两侧变深宽，中线位置变极窄浅；头鞍截锥形，具 4 对清楚的侧头鞍沟，其中第一、二对(S1，S2)内端分叉，第三对(S3)位于眼脊内端稍下方，不与背沟相连，微向前斜伸，第四对短，位于眼脊内端，微向前伸；颈沟窄深，颈环突起，中部宽，中后部有一小颈瘤；两眼叶之间固定颊中等略宽，突起，约为头鞍宽的 3/4；眼叶长，弯曲成弓形，后端几乎伸达颈沟水平位置，眼脊短，突起，自头鞍前侧角微向后斜伸；前边缘沟深，在中线位置沟内有一圆形小凸起；鞍前区宽，中线位置有一浅中沟将其分为两部分；前边缘突起，微向前弯曲，两侧略变窄；眼前翼宽于鞍前区；面线前支自眼叶前端强烈向外向前伸，后支自眼叶后端向侧后方斜伸；后侧翼窄(纵向)，后边缘和后边缘沟保存不全；可能属于这个种的尾部呈三角形，前窄后宽，两侧呈直线向后斜；尾轴宽，强烈突起，呈次柱形，微微向后收缩变窄，后端宽圆，分 3—4 节；肋部窄，平缓突起，前窄后宽，肋沟和间肋沟极浅，无清楚的尾边缘和尾边缘沟；壳面具稀少的瘤点和网纹状脊线装饰。

产地层位 宁夏回族自治区贺兰山达里渤海北 3 km（Q5-XVI-H368)和内蒙古自治区阿拉善盟呼鲁斯太陶思沟(NH31a)，胡鲁斯台组 *Sinopagetia jinnanensis* 带。

清水河虫属 *Qingshuiheia* Nan, 1976

Qingshuiheia Nan，南润善，1976，334 页；Jell and Adrain，2003，p. 437，478；Yuan *et al.*，2008，p. 87，94，104.

模式种 *Qingshuiheia unita* Nan，南润善，1976，334 页，图版 195，图 1—3，内蒙古自治区清水河县，寒武系第三统(毛庄阶)。

特征(修订) 小型褶颊虫类三叶虫；背壳长卵形；头盖亚梯形，头鞍截锥形，前端宽圆，具 3 对清晰的侧头鞍沟；颈环突起，中部较宽，具小的颈疣，颈沟清楚；两眼叶之间固定颊中等宽而平缓突起；眼脊突起，自头鞍前侧角强烈向后斜伸，眼叶短至中等长，位于头鞍相对位置的中后部；前边缘窄而突起或向前上方翘起，鞍前区宽；活动颊具短的颊刺；胸部 10 节，肋节末端具短的肋刺；尾部较长，倒三角形，尾轴较宽而突起，倒锥形，6—8 节，肋部平缓突起，具 4—6 对肋脊，肋沟深，间肋沟浅；尾边缘窄而平缓突起，尾边缘沟清楚。

讨论 就头盖的形态特征来看，清水河虫与捷克波希米亚地区寒武系第三统(Mileč 组或 Jince 组)所

产 *Ptychoparioides* Růžička，1940（模式种 *Solenopleura torifrons* Pompeckj，1896；Kordule，2006，p. 291，292，figs. 8A—G）较相似，但后者两眼叶之间的固定颊较宽，鞍前区很窄，胸部 14 节，尾部短，横椭圆形，尾轴窄而分节少，尾边缘不明显。南润善在建立此属时仅根据头盖和尾部标本，强调眼脊与头鞍融连，强烈向后斜伸，形成眼脊与前边缘沟不平行，以此与 *Probowmania*，*Eoptychoparia*，*Shantungaspis* 等属相区别。从山西河津所发现的完整背壳来看，头鞍、胸部及尾轴较宽，眼叶短，尾部长，呈倒三角形，分节较多，以及有 10 个胸节是此属的主要特征。寒武纪第三世早期，具有 10 个胸节的三叶虫属并不多，如 *Lioparia* Lorenz，1906，*Psilaspis* Resser et Endo in Kobayashi，1935，*Prodamesella* Chang，1957，*Jiubaspis* Zhou et Yin in Yin et Lee，1978，*Longipleura* Duan in Duan *et al*.，2005 和清水河虫。清水河虫和 *Jiubaspis* Zhou et Yin in Yin et Lee，1978（模式种 *Jiubaspis longus* Zhou et Yin in Yin et Lee，1978；尹恭正、李善姬，1978，504 页，图版 168，图 14—19）最相似，但后者有长而呈弓形弯曲的眼叶，极窄的后侧翼，两眼叶之间较窄的固定颊，半圆形的尾部，和较宽的尾边缘。最近在唐山市古冶区长山沟也发现类似的头盖和尾部，但这些标本产在 *Luaspides* 的层位之下，其时代应属寒武纪第二世晚期，也许可上延到第三世早期。

时代分布　寒武纪第二世晚期至第三世早期(?)，华北。

河津清水河虫（新种）*Qingshuiheia hejinensis* Yuan et Zhang，sp. nov.
（图版 17，图 1—7）

词源　Hejin，汉语拼音，河津，山西南部的一个县名，指新种的产地。

正模　近完整背壳 NIGP62541（图版 17，图 1），山西河津县西硇口，寒武系第二统上部 *Qingshuiheia hejinensis* 带。

材料　7 块不完整背壳，1 块头盖，1 块活动颊和 1 块胸尾标本。

描述　背壳长卵形，正模标本长 13.1 mm，头盖亚梯形，平缓突起，前缘向前呈弧形拱曲，正模标本头盖长 5.0 mm，基部最大宽 8.0 mm；背沟清楚；头鞍突起，呈截锥形，前端圆润，约为头盖长的 1/2，3 对浅的侧头鞍沟，第一对(S1)较长，强烈向后斜伸；颈沟清楚，中部略变浅；颈环平缓突起，宽度较均匀；前边缘沟较宽深，微向前作弧形弯曲，鞍前区宽（纵向），是前边缘中部宽的 1.5 倍，前边缘窄，圆凸，向两侧变窄，眼前翼更宽，是前边缘中部宽的 2.5 倍；固定颊中等宽而平缓突起，在两眼叶之间是头鞍宽的 2/3；眼叶短，鱼钩状，位于头鞍相对位置的中部，约有头鞍长的 2/5，眼沟清楚，眼脊平缓突起，自头鞍前侧角稍后向后斜伸；后侧翼次三角形，向外伸出距离略小于头鞍基部宽；后边缘沟深，后边缘窄而平缓突起；面线前支自眼叶前端微向外分散向前伸，至边缘沟向内斜切前边缘于头盖的前侧缘，后支自眼叶后端向侧后方斜伸；活动颊中等宽，颊刺短而粗壮，约占活动颊长的 1/3；侧边缘沟深，颊区宽，向侧边缘沟平缓下倾；胸部 10 节，前部的轴节较宽（横向），向后收缩变窄；肋部平缓突起，平伸，前三对肋节宽度小于轴节宽；肋沟宽深，末端向后侧伸出短的肋刺；尾部倒三角形，尾轴突起，倒锥形，末端伸达尾边缘沟，具 6—7 个轴环节，轴环节沟清楚，向后变浅；肋部比轴部略窄，具 5—6 对肋脊，肋沟宽深，间肋沟不清楚；尾边缘沟清楚，尾边缘窄，向上略翘起；同层所产小标本（图版 17，图 3）背壳长仅为 6.5 mm，最大宽仅为 3.0 mm，胸部 9 节，可能是分节期第九期幼虫标本，头鞍相对较窄长，几乎呈柱形，两眼叶之间的固定颊较宽，前边缘沟深直，眼叶较长，鞍前区极窄，这些特征与我国西南地区寒武系第二统天河板组所产 *Xilingxia ichangensis*（Chang，1957）（张文堂等，1980a，305，306 页，图版 101，图 8—10）的成虫个体特点相似，表明了这两个属之间可能的亲缘关系。因此，清水河虫有可能是 *Xilingxia* 幼型形成的产物，这是幼态持续的又一例证。

比较　新种与模式种 *Qingshuiheia unita* Nan（南润善，1976，334 页，图版 195，图 1—3）的主要区别是头鞍较窄长，头鞍沟较浅，头盖前缘向前的拱曲度较大，眼脊向后的倾斜度较小，尾部较长，呈倒三角形，分节较多。在此剖面上也产有 *Luaspides huoshanensis* Zhang et Wang（张进林、王绍鑫，1985，354，355 页，图版 108，图 11，12），但是把这个种置于徐庄阶底部是不正确的，新种产在 *Luaspides huoshanensis* 之下，地层应属寒武系第二统上部。

产地层位　山西河津县西硭口（化 4，化 10A），馒头组（寒武系第二统上部）*Qingshuiheia hejinensis* 带。

黄旗口清水河虫（新种）*Qingshuiheia huangqikouensis* Yuan et Zhang，sp. nov.
（图版 17，图 8—12）

词源　Huangqikou，汉语拼音，黄旗口，宁夏回族自治区贺兰山的一个地名，指新种的产地。

正模　头盖 NIGP62551（图版 17，图 11），宁夏回族自治区贺兰山黄旗口，寒武系第二统上部 *Qingshuiheia hejinensis* 带。

材料　4 块头盖和 1 块尾部标本。

描述　头盖平缓突起，亚梯形，前缘微向前拱曲，正模标本头盖长 8.0 mm，两眼叶之间宽 11.0 mm；背沟较宽深；头鞍突起，呈截锥形，前端宽圆，约为头盖长的 3/5，三对浅的侧头鞍沟，第一对（S1）较长，向后斜伸；颈沟两侧窄深，中部平直，略变宽浅；颈环平缓突起，中部略宽，向两侧变窄；前边缘沟宽深，微向前作弧形弯曲，鞍前区宽（纵向），向前边缘沟下倾，是前边缘中部宽的 2.0—2.5 倍，前边缘极窄，呈脊状突起，眼前翼更宽，是前边缘中部宽的 3.0—3.5 倍；固定颊宽，平缓突起，在两眼叶之间是头鞍宽的 1.2 倍；眼叶短，鱼钩状，位于头鞍相对位置的中部，约有头鞍长的 1/3，眼沟浅，眼脊平缓突起，自头鞍前侧角向后斜伸，与前边缘沟近乎平行；后侧翼次三角形，向外伸出距离略大于头鞍基部宽；后边缘沟深，后边缘窄而平缓突起；面线前支自眼叶前端微向外分散向前伸，至边缘沟向内斜切前边缘于头盖的前侧缘，后支自眼叶后端向侧后方斜伸；尾部长，半椭圆形，尾轴突起，倒锥形，末端伸达尾边缘沟，分 7 个轴环节和一个末节，轴环节沟浅，仅在尾轴两侧可见；肋部比轴部略窄，5—6 对肋沟浅，5—6 对肋脊，间肋沟不清楚；尾边缘沟浅，尾边缘窄，平坦。

比较　新种与模式种 *Qingshuiheia unita* Nan（南润善，1976，334 页，图版 195，图 1—3）的主要区别是头鞍较窄，两眼叶之间的固定颊极宽，眼脊近乎向外平伸，眼叶短，前边缘极窄，呈脊状突起，尾部呈长椭圆形，分节较多。新种与 *Qingshuiheia hejinensis* sp. nov. 的主要区别是头盖横宽，两眼叶之间的固定颊极宽，眼脊近乎向外平伸，前边缘极窄，呈脊状突起，尾部呈长椭圆形，分节较多。

产地层位　宁夏回族自治区贺兰山黄旗口（Q5-II-H45，Q5-II-H46），朱砂洞组 *Qingshuiheia hejinensis* 带；山西省河津县西硭口（化 5，化 19A），馒头组（寒武系第二统上部）*Qingshuiheia hejinensis* 带。

始褶颊虫属 *Eoptychoparia* Rasetti，1955

Eoptychoparia Rasetti，1955，p. 13，14；1963，p. 582；Harrington *et al.*，1959，p. 236；Shaw，1962，p. 339；Лазаренко，1962，стр. 64；Демокидов и Лазаренко，1964，стр. 212；Репина и др.，1964，стр. 323；Егорова и др.，1972，стр. 82；1976，стр. 120；卢衍豪等，1974b，97 页；尹恭正、李善姬，1978，461 页；Репина и Романенко，1978，стр. 215；Palmer and Halley，1979，p. 104；张文堂等，1980a，308 页；郭鸿俊、安素兰，1982，626 页；南润善、常绍泉，1982c，9 页；罗惠麟等，1994，140 页；Blaker and Peel，1997，p. 124；Sundberg and McCollum，2000，p. 611；Pegel，2000，p. 1011；Lin，2008，p. 53，67；Geyer and Peel，2011，p. 518.

Xiaofangshangia Qiu，仇洪安，1980，57 页；Jell and Adrain，2003，p. 461；Lin，2008，p. 50，56，70.

模式种　*Eoptychoparia normalis* Rasetti，1955，p. 14，15，pl. 1，fig. 2；pl. 3，figs. 5—11，寒武系第二统上部（Ville Guay Conglomerate，e.g. the Sillery Formation），加拿大魁北克省。

特征　褶颊虫类三叶虫；背沟和前边缘沟中等深；头鞍呈截锥形，微微向前收缩变窄，前端宽圆，具 3—4 对浅的侧头鞍沟；两眼叶之间固定颊中等宽，眼脊突起，自头鞍前侧角稍后向侧后方斜伸，眼叶短，位于头鞍相对位置中部；眼前翼较鞍前区宽；前边缘突起，向两侧变窄；颈环突起，中后部具颈瘤；面线前支自眼叶前端微向外分散向前伸，后支向侧后方斜伸。

讨论　模式种仅由几块头盖标本组成，因此，这个属的尾部特征不得而知。虽然有人主张将此属，*Syspacephalus* Resser，1936，*Elrathina* Resser，1937a 与 *Ptychoparella* Poulsen，1927 合并（Blaker and Peel，1997，p. 124），但是几乎没有人同意这种合并（Sundberg and McCollum，2000；Geyer and Peel，2011）。事

实上，*Ptychoparella* 的眼脊强烈向后斜伸，眼叶位于头鞍相对位置的后方，与 *Eoptychoparia* 不同。很多褶颊虫类三叶虫属是仅仅根据头盖特征建立的，在没有活动颊，胸部和尾部的情况下，要清楚区别早期褶颊虫类三叶虫属是比较困难的。另外，不同的属与属之间，同一个属内种与种之间或多或少还有一些过渡类型。据记载，产于我国寒武系第二统上部的褶颊虫类三叶虫有 44 个属(Lin, 2008, p. 66—70)。笔者认为产于江苏铜山大南庄馒头组的 *Xiaofangshangia* Qiu, 1980 (模式种 *X. divergens* Qiu, 1980, 仇洪安，1980, 57 页，图版 5，图 9)，除了眼叶较长外，与 *Eoptychoparia* 区别很小，本书予以合并。其余的属也需要进一步研究，不过已超出了本书研究范围。*Eoptychoparia* 自建立以来已建有 23 个种，如：*Eoptychoparia normalis* Rasetti, 1955，*E. angustifrons* Rasetti, 1955，*E. intermedia* Rasetti, 1955，*E. kindlei* (Resser, 1937c)，*E. manifesta* Lazarenko, 1962，*E. convexa* Rasetti, 1963；*E. striata* Repina in Repina *et al.*, 1964，*E. wutingensis* (Chang, 1964)，*E. gaodongensis* Zhou in Lu *et al.*, 1974b，*E. jinshaensis* Zhou in Lu *et al.*, 1974b，*E. taijiangensis* Lee in Yin et Lee, 1978，*E. piochensis* Palmer et Halley, 1979，*E. promenens* Pegel in Vinkman *et al.*, 1980，*E. nangaoensis* Yuan in Zhang *et al.*, 1980a，*E. connata* Zhou in Zhang *et al.*, 1980a，*E. yunnanensis* Zhou in Zhang *et al.*, 1980a，*E.? obscura* Zhou in Zhang *et al.*, 1980a，*E. divergens* (Qiu, 1980)，*E. benxiensis* Guo et An, 1982，*E. liaonanensis* Nan et Chang, 1982c，*E. canida* Nan et Chang, 1982c，*E. dahaiensis* Luo in Luo *et al.*, 1994，*E. pearylandica* Geyer et Peel, 2011，这些种大部分产在寒武系第二统上部，仅个别种产在第三统下部。其中 *E. piochensis* Palmer et Halley, 1979 已归于 *Eokochaspis* Sundberg et McCollum 一属内(Sundberg and McCollum, 2000, 2003a, 2003b)。*E. gaodongensis* Zhou in Lu *et al.*, 1974b，*E. jinshaensis* Zhou in Lu *et al.*, 1974b 可能为同一个种；*E. manifesta* Lazarenko, 1962 头盖、头鞍特征更像我国华北地区寒武系第二统上部的 *Plesiamecephalus* Lin et Qiu in Qiu *et al.*, 1983。

时代分布　寒武纪第二世晚期至第三世早期，北美洲(加拿大、美国)、欧洲(丹麦格陵兰)和亚洲(中国、俄罗斯西伯利亚?)。

始褶颊虫未定种 *Eoptychoparia* sp.

(图版 17，图 13—15；图版 18，图 17)

材料　3 块头盖和 1 块尾部标本。

描述　背沟和前边缘沟中等深；头鞍呈截锥形，缓慢向前收缩变窄，前端宽圆，具 3 对浅的侧头鞍沟，其中第一对(S1)内端分叉；两眼叶之间固定颊中等宽，眼脊突起，自头鞍前侧角稍后向侧后方斜伸，眼叶短，位于头鞍相对位置中部，不足头鞍长的 1/3；眼前翼较鞍前区宽，平缓向前倾斜，是鞍前区宽的 1.5 倍；前边缘窄，突起，向两侧变窄，约为鞍前区宽的 0.6 倍；颈环突起，向两侧明显变窄，中后部具颈瘤；面线前支自眼叶前端微向外分散向前伸，后支向侧后方斜伸；同层所产尾部半椭圆形，尾轴较宽，分 2—3 节，轴环节沟浅；肋部较窄，分 2—3 对肋脊；尾边缘清楚，较平坦。

比较　未定种具有较窄的前边缘，与 *E. angustifrons* Rasetti, 1955 (p. 15, pl. 3, figs. 1—4) 有些相似，但后者头盖前缘向前的拱曲度较大，前边缘较宽；未定种与贵州凯里组底部所产 *E. nangaoensis* Yuan in Zhang *et al.*(张文堂等，1980a，310 页，图版 104，图 4—6)的不同之处在于眼叶短，后侧翼纵向宽，眼前翼相对较窄。

产地层位　陕西省陇县景福山地区牛心山(L7)，馒头组(寒武系第二统上部)；内蒙古自治区阿拉善盟宗别立乡呼鲁斯太陶思沟(NH30)，五道淌组(寒武系第二统上部)。

三湾虫属 *Sanwania* Yuan in Zhang *et al.*, 1980a

Sanwania Yuan in Zhang *et al.*，张文堂等，1980a，349，350 页；袁金良等，1997，507 页；1999，16 页；2002，189 页；袁金良、赵元龙，1999，120 页；Jell and Adrain, 2003, p. 441；Lin, 2008, p. 55, 69；Yuan *et al.*, 2008, p. 88, 94, 104.

模式种　*Sanwania luna* Yuan in Zhang *et al.*，张文堂等，1980a，350 页，图版 125，图 3；插图 99，贵州省凯里市丹寨县南皋三湾村，凯里组中下部 *Oryctocephalus indicus* 带。

特征　见袁金良等，2002，189 页。

时代分布　寒武纪第二世晚期至第三世早期，华南、华北。

三湾虫未定种 *Sanwania* sp.

(图版 17，图 16)

材料　1 块头盖标本。

描述　头盖平缓突起，近乎四方形，前缘向前拱曲；背沟较深；头鞍呈锥形，缓慢向前收缩变窄，前端圆润，具 3 对浅的侧头鞍沟，其中第一对(S1)较长，强烈向后斜伸；两眼叶之间固定颊中等宽，眼脊微弱，自头鞍前侧角稍后向侧后方斜伸，眼叶中等长，位于头鞍相对位置中部，约为头鞍长的 1/2；眼前翼较鞍前区略宽，平缓向前倾斜；前边缘沟较深，微微向前弯曲；前边缘突起，中等宽，向两侧变窄；颈环突起，向两侧明显变窄，颈沟清楚；面线前支自眼叶前端微向外分散向前伸，后支向侧后方斜伸；壳面具不规则细脊线。

比较　未定种头盖和头鞍形态与模式种 *Sanwania luna* Yuan in Zhang *et al.*（张文堂等，1980a，350 页，图版 125，图 3；插图 99）较相似，但前边缘较宽，强烈突起，前边缘沟较深。

产地层位　陕西省陇县景福山地区牛心山(L8)，馒头组(寒武系第二统上部)。

原波曼虫属 *Probowmania* Kobayashi，1935

Probowmania Kobayashi，1935，p. 250；1942d，p. 208；Hupé，1955，p. 150；Harrington *et al.*，1959，p. 247；钱义元，1961，100 页；卢衍豪等，1963a，70 页；张文堂，1963，458，462 页；1964，30，31 页；卢衍豪等，1965，130 页；周天梅等，1977，138 页；Ергалиев и Покровская，1977，стр. 80，81；尹恭正、李善姬，1978，454 页；南润善，1980，487 页；周志强等，1982，236 页；孙振华，1982，304 页；仇洪安等，1983，66，67 页；张进林、王绍鑫，1985，342 页；Zhang and Jell，1987，p. 68；朱兆玲等，1988，43，79 页；郭鸿俊、昝淑芹，1991，8，9 页；Zhang *et al.*，1995，p. 35；郭鸿俊等，1996，64 页；袁金良等，1997，509 页；1999，16 页；2002，152，153 页；袁金良、李越，1999，416，417 页；Jell and Adrain，2003，p. 430，478；段吉业等，2005，102 页；彭进等，2006，238 页；Lin，2008，p. 55，69；Yuan *et al.*，2008，p. 93，103；Peng *et al.*，2009，p. 60；罗惠麟等，2009，88 页；杨洪等，2009，644 页；Sundberg *et al.*，2011，p. 452；马海涛等，2011，745 页。

Probowmania (*Mufushania*) Lin，林天瑞，1965，554 页；周志强等，1982，236 页；孙振华，1982，304 页；郭鸿俊等，1996，64 页；袁金良等，1997，510 页；2002，155 页；Lin，2008，p. 45，55，69；Yuan *et al.*，2008，p. 93，103；杨洪等，2009，644 页。

Mufushania Lin，1965，554 页；尹恭正、李善姬，1978，455 页；张文堂等，1980a，339，340 页；仇洪安等，1983，68 页；孙振华，1984，357 页；朱洪源，1987，91 页；谢祖齐，1989，32 页；杨家骐等，1991，136 页；罗惠麟等，1994，144 页；彭善池等，2001，237 页；朱学剑等，2005，561 页；Peng *et al.*，2009，p. 59.

Xiangshanaspis Lin in Qiu *et al.*，1983，仇洪安等，1983，148 页；Yuan *et al.*，2008，p. 90.

模式种　*Ptychoparia ligea* Walcott，1905，p. 79；1913，p. 133，pl. 12，fig. 11；Zhang and Jell，1987，p. 69，pl. 25，figs. 1，2，山东长清张夏馒头山，寒武系馒头组(第二至第三统)。

特征(修订)　背壳长卵形；头盖突起，次方形(后侧翼除外)；头鞍截锥形，前端圆润，具 3 对浅的侧头鞍沟；颈沟浅，颈环突起，中部略宽，中后部具小颈瘤；两眼叶之间固定颊中等宽，眼脊突起，自头鞍前侧角或前侧角稍后向侧后方斜伸；眼叶短至中等长，位于头鞍相对位置中部；前边缘窄，平或略向前上方翘起，鞍前区宽于前边缘，等于或略窄于眼前翼；前边缘沟宽浅；胸部 14 节，肋部具短的肋刺；尾部小至中等大小，半椭圆形；尾轴较宽，向后收缩变窄，分 3—5 节，肋部平缓突起，分 3—5 对肋脊，肋沟间肋沟浅；尾边缘和腹边缘窄。

讨论　*Probowmania* 曾被分为三个亚属 *Probowmania* (*P.*) Kobayashi，1935，*Probowmania* (*Mufushania*) Lin，1965，*Probowmania* (*Gunnia*) Gatehouse，1968（袁金良等，1997，509 页；2002，152，153 页）。对于 *Mufushania* 这个亚属，多人主张将其提升为独立的属，但也有人认为应将其与 *Probowmania* 合并（Sundberg *et al.*，2011，p. 452）。笔者认为 *Gunnia* 一属的尾部确实与 *Probowmania* 一属尾部有很大区别，尾部短，横宽，尾轴也短，分节少，向后收缩也不明显，此外，前边缘相当宽，前边缘沟内还有不明显的小坑(Kruse，1990，p. 15—18)，应将其成独立的属。*Probowmania* 与 *Mufushania* 这两个属的主要区别是

后者的头鞍呈锥形至宽锥形，前端圆润，3 对侧头鞍沟较清晰，眼脊自头鞍前侧角稍后向侧后方斜伸，鞍前区比眼前翼略窄(纵向)。此外，前边缘较平坦，两眼叶之间的固定颊较窄。但是两者之间也有许多共同点，如 3 对浅的侧头鞍沟，宽的鞍前区，中等大小眼叶，形态十分相似的活动颊，14 个胸节，小的半椭圆形尾部等，*Mufushania* 作为独立的属很勉强，同意两个属合并。产于江苏铜山大南庄徐庄期的 *Xiangshanaspis* Lin in Qiu *et al.*, 1983 (模式种 *X. tongshanensis*；仇洪安等，1983，148 页，图版 49，图 6) 除了眼叶较长外，与 *Probowmania* 一属区别很小，也应合并。到目前为止，在 *Probowmania*（包括 *Mufushania*）属内建立的种已有 30 余种，显然，*M. transversa* Lee in Yin et Lee, 1978 和 *M. transversa* Yang in Yang *et al.*, 1991 同名，*Probowmania quadrata* Kobayashi, 1942 和 *P. quadrata* Yuan et Li, 1999 同名，后者都是无效种名，本书将 *P. quadrata* Yuan et Li 更名为 *P. laoyingshanensis* Yuan et Li。产于山西的 *Probowmania jishanensis* Zhang et Wang (张进林、王绍鑫，1985，344 页，图版 106，图 14) 和 *Probowmania subquadrata* Zhang et Wang (张进林、王绍鑫，1985，343 页，图版 106，图 8—11)两种，不论头盖、头鞍外形，前边缘和前边缘沟形态，还是鞍前区宽度、面线历程都与 *P. quadrata* Kobayashi, 1942 很相似，应为同种。产于贵州都匀杷榔清虚洞组的 *Probowmania convexa* Chien (钱义元，1961，100 页，图版 1，图 1，2)，*Probowmania carinata* Zhang et Wang (张进林、王绍鑫，1985，343 页，图版 106，图 12)，*Probowmania minuta* Zhang et Wang (张进林、王绍鑫，1985，343 页，图版 106，图 13)，形态特征更接近 *Paraziboaspis* Nan et Chang, 1982 (=*Tongshania* Qiu et Lin in Qiu *et al.*, 1983)。产于山西阳城松甲的 *Probowmania depressa* Zhang et Wang (张进林、王绍鑫，1985，342，343 页，图版 106，图 7)其头盖、头鞍形态，前边缘沟形态和较长的眼叶与 *Zhongtiaoshanaspis* Zhang et Yuan in Zhang *et al.*, 1980b 更相似。

产于哈萨克斯坦早寒武世的 *P. asiatica* Ergaliev in Ergaliev et Pokrovskaya (Ергалиев и Покровская，1977，стр. 81，табл. 20，фиг. 1—5，8—10)，*P. karatauensis* Ergaliev in Ergaliev et Pokrovskaya, 1977 (Ергалиев и Покровская，1977，стр. 83，табл. 20，фиг. 6，7)这两个种鞍前区很窄，两眼叶之间的固定颊窄，眼脊自头鞍前侧角强烈向后斜伸，眼叶位于头鞍相对位置的中后部，面线前支自眼叶前端强烈向外伸，与 *Probowmania* 一属差异较大，也许将其归于 *Eospencia* Tchernysheva, 1961 [模式种 *Eospencia amgensis* Tchernysheva (Чернышева，1961，стр. 240，табл. 29，фиг. 1—9)]属内较好。此外，产于凯里组底部的 *Kunmingaspis qiannanensis* Zhou (卢衍豪等，1974b，97 页，图版 38，图 2；尹恭正、李善姬，1978，456 页，图版 159，图 11)也许可以归于 *Probowmania* 一属。属内种的合并和变动列表如下：

Probowmania ligea (Walcott, 1905)	
Probowmania ligea var. *quadrata* Kobayashi, 1942	[=*Probowmania quadrata*]
Probowmania ligea var. *liaoningensis* Chang, 1964	[=*Probowmania ligea*]
Mufushania angustilimbata (Zhang et Zhou in Zhang *et al.*, 1980a)	[=*Probowmania angustilimbata*]
Probowmania asiatica Ergaliev in Ergaliev et Pokrovskaya, 1977	[=*Eospencia asiatica*]
Probowmania balangensis Yuan et Zhao in Yuan *et al.*, 1997	
Probowmania bhatti Peng in Peng *et al.*, 2009	
Probowmania carinata Zhang et Wang, 1985	[=*Paraziboaspis carinata*]
Probowmania (*Mufushania*) *changi* Lin, 1965	[=*Probowmania nankingensis*]
Probowmania convexa Chien, 1961	[=*Paraziboaspis convexa*]
Probowmania dengfengensis Mong in Zhou *et al.*, 1977	
Probowmania depressa Zhang et Wang, 1985	[=*Zhongtiaoshanaspis depressa*]
Probowmania divergens Yuan et Li, 1999	
Probowmania? huainanensis Yuan et Li, 1999	
Probowmania (*Mufushania*) *ezhongensis* Sun, 1982	[=*Probowmania ezhongensis*]
Probowmania? iddingsi (Resser et Endo, 1937)	[=*Emmrichiella iddingsi*]
Mufushania hejinensis Zhang et Wang, 1985	[=*Probowmania ligea*]
Mufushania jinmengensis Sun, 1984	[=*Probowmania*]
Probowmania jinxiensis Duan in Duan *et al.*, 2005	

Probowmania jishanensis Zhang et Wang, 1985　　　　　　　　　[=*Probowmania quadrata*]

Probowmania karatauensis Ergaliev in Ergaliev et Pokrovskaya, 1977　　[=*Eospencia karatauensis*]

Probowmania (*Mufushania*) *helanshanensis* Li in Zhou *et al.*, 1982　　[=*Probowmania helanshanensis*]

Probowmania laevigata (Sun et Chang in Chang, 1937)

Probowmania latifronsa An in Duan *et al.*, 2005　　　　　　　[=*Probowmania ligea*]

Mufushania latilimbata Yuan in Zhang *et al.*, 1980a　　　　　[=*Probowmania nankingensis*]

Probowmania minuta Zhang et Wang, 1985　　　　　　　　　[=*Paraziboaspis minuta*]

Probowmania (*Mufushania*) *nankingensis* Lin, 1965　　　　　[=*Probowmania nankingensis*]

Probowmania prisca (Resser et Endo, 1937)

Probowmania quadrata Yuan et Li, 1999　　　　　　　　　[=*Probowmania laoyingshanensis* sp. nov.]

Mufushania shalangensis Zhang et Zhou in Zhang *et al.*, 1980a　　[=*Probowmania shalangensis*]

Probowmania? *similis* Yuan et Li, 1999

Probowmania subeiensis Qiu in Qiu *et al.*, 1983

Probowmania subquadrata Zhang et Wang, 1985　　　　　　　[=*Probowmania quadrata*]

Probowmania tongshanensis (Qiu et Lin in Qiu *et al.*, 1983)

Mufushania transversa Lee in Yin et Lee, 1978　　　　　　　[=*Probowmania transversa*]

Mufushania transversa Yang in Yang *et al.*, 1991

Probowmania wangquangouensis Li in Zhou *et al.*, 1982

Mufushania xundianensis Zhang et Zhou in Zhang *et al.*, 1980a　　[=*Probowmania xundianensis*]

Probowmania (*Mufushania*) *zhanjiaxiang* Sun, 1982　　　　　[=*Probowmania ezhongensis*]

时代分布　寒武纪第二世晚期至第三世早期，华南、华北。

黔南原波曼虫 *Probowmania qiannanensis* (Zhou in Lu *et al.*, 1974b)

(图版18，图1—5)

1974b　*Kunmingaspis qiannanensis* Zhou，卢衍豪等，97页，图版38，图2。

1978　*Kunmingaspis qiannanensis*，尹恭正、李善姬，456页，图版159，图11。

1980a　*Kunmingaspis qiannanensis*，张文堂等，315页，图版105，图13。

non 2002　*Gaotanaspis qiannanensis* (Zhou in Lu *et al.*)，袁金良等，177页，图版54，图2。

　　正模　头盖 NIGP 21489，贵州凯里丹寨南皋，凯里组底部（寒武系第二统顶部）*Bathynotus holopygus-Ovatoryctocara* cf. *granulata* 带。

　　材料　3块头盖和2块尾部标本。

　　描述　头盖横宽，突起，次方形（后侧翼除外），前缘微向前拱曲；背沟较深；头鞍截锥形，前端截切，具3对浅的侧头鞍沟，其中第一对（S1）内端分叉；颈沟深，颈环突起，中部略宽；两眼叶之间固定颊中等宽，约为头鞍宽的1/2，眼脊突起，自头鞍前侧角向侧后方斜伸；眼叶短，略大于头鞍长的1/3，位于头鞍相对位置中后部；前边缘窄，略向前上方翘起，鞍前区宽于前边缘，等于或略窄于眼前翼；前边缘沟较深；后边缘沟宽深，后侧翼窄（纵向），后边缘平缓突起，向外伸出距离与头鞍基部宽相等；面线前支自眼叶前端微向外分散向前伸，后支向侧后方斜伸；同层所产尾部中等大小，半椭圆形；尾轴较宽，向后收缩变窄，分5节，轴环沟向后变浅；肋部平缓突起，分5对肋脊，肋沟间肋沟清楚；尾边缘和腹边缘窄。

　　比较　当前标本与模式标本相比，除了前边缘沟较宽深，眼叶较长，面线前支自眼叶前端向外分散的角度较大外，其余特征很相似，应属同种。此种原先置于 *Kunmingaspis* 属内，但 *Kunmingaspis* 的头鞍前缘较圆润，眼叶短，位于头鞍相对位置中前部，后侧翼纵向较宽，尾部较小，分节少，本书将其置于 *Probowmania* 属内。此种也曾被置于 *Gaotanaspis* Zhang et Li，1984 属内，但 *Gaotanaspis* 的前边缘沟呈三段弧形向前弯曲，前边缘极窄，呈脊状突起，眼叶极短，位于头鞍相对位置前部，后侧翼宽（纵向），后边缘和后侧翼向外伸出距离大于头鞍基部宽，尾部极小，将其置于这个属内欠妥。此种与澳大利亚北疆 Jigaimara 组所产 ptycharioid sp. 1 (Laurie，2006a，p. 120，Fig. 13A，B)较相似，但前者面线前支明显向外扩散，头鞍前缘较平直。ptycharioid sp.1 与 *Arthricocephalus* sp. nov., *Pagetia* aff. *edura* Jell, *Xystridura altera* Öpik, *Itagnostus* sp. 等三叶虫共生，将其置于传统的中寒武统(寒武系第三统)有些欠妥，因为到目前为止 *Arthricocephalus* 这个属还没有在寒武系第三统内被发现。

产地层位　宁夏回族自治区同心县青龙山(NC15)，五道淌组 *Qingshuiheia hejinensis* 带。

小原波曼虫属 *Probowmaniella* Chang，1963

Probowmaniella Chang, 张文堂, 1963, 462, 477 页; 卢衍豪等, 1965, 132 页; 张文堂等, 1980a, 341 页; 1980b, 49 页; 南润善、常绍泉, 1982c, 11 页; 周志强等, 1982, 236 页; 张全忠、李昌文, 1984, 82 页; 张进林、王绍鑫, 1985, 344 页; Zhang and Jell, 1987, p. 71; 昝淑芹, 1989, 82 页; 郭鸿俊、昝淑芹, 1991, 8, 9 页; 朱乃文, 1992, 339 页; Zhang *et al.*, 1995, p. 35; 郭鸿俊等, 1996, 64 页; 袁金良、李越, 1999, 408, 422 页; 袁金良等, 2002, 160, 161 页; Jell and Adrain, 2003, p. 430, 478; 段吉业等, 2005, 106 页; Yuan *et al.*, 2008, p. 87, 93, 103; Peng *et al.*, 2009, p. 61; 罗惠麟等, 2009, 89 页。

Kaotaia (*Langqia*) Yin in Yin et Lee, 尹恭正、李善姬, 1978, 467 页; 袁金良等, 2002, 160 页; Jell and Adrain, 2003, p. 395, 465; Yuan *et al.*, 2008, p. 82.

Proshantungaspis Qiu et Lin in Qiu *et al.*, 仇洪安等, 1983, 74 页; 袁金良等, 2002, 160 页; Jell and Adrain, 2003, p. 431; Yuan *et al.*, 2008, p. 87.

模式种　*Probowmaniella jiawangensis* Chang, 张文堂, 1963, 462 页, 图版 1, 图 1, 2, 江苏贾汪, 寒武系第三统毛庄阶 *Probowmaniella jiawangensis* 带。

特征　褶颊虫类三叶虫，背壳长卵形；头鞍短，截锥形，具 3—4 对浅的侧头鞍沟，某些种基部两侧有一对卵形基底叶；鞍前区和眼前翼宽，中等突起；前边缘沟在中线位置略变浅，前边缘窄，平缓突起，后缘中线位置有一不发育乳突物或后缘棘；颈环突起，具颈疣或短的颈刺；两眼叶之间固定颊中等宽至宽，眼叶短，眼脊自头鞍前侧角向后斜伸；后边缘和后侧翼向外伸出距离略大于头鞍基部宽；胸部 12 节；尾部半椭圆形，尾轴突起，分 4—5 节，轴后脊短，低平，肋部有 4—5 对肋脊，肋沟清楚，间肋沟浅，尾边缘中等宽，略下凹，尾边缘沟不明显。

讨论　有关 *Probowmaniella* 一属曾有详细的讨论(Zhang and Jell, 1987, p. 71; 袁金良等, 2002, 160, 161 页; Peng *et al.*, 2009, p. 61)。此属是华北毛庄阶底部的重要带化石，在地层对比上具有重要意义(郭鸿俊、昝淑芹, 1991)。*Probowmaniella* 常与 *Yaojiayuella* Lin et Wu in Zhang *et al.*, 1980b, *Luaspides* Duan, 1966 等共生，而且头盖形态也有许多相似之处，如头鞍短，呈截锥形，鞍前区和眼前翼宽，眼叶短，后边缘和后侧翼向外伸出距离大于头鞍基部宽，但后两属的前边缘沟呈三段弧形向前弯曲，头鞍之前的鞍前区上往往有穹堆状隆起，眼叶更短，而且位置靠前，眼脊近乎向外平伸，面线前支自眼叶前端平行向前或微向内收缩向前伸。产于江苏和安徽北部的 *Bashania* Qiu in Qiu *et al.*, 1983 (模式种 *B. bashanensis* Qiu, 1983; 仇洪安等, 1983, 78 页, 图版 25, 图 6, 7), 是形态特征介于 *Probowmaniella* 和 *Kailiella* Lu et Chien in Lu *et al.*, 1974b 之间的一个属，具有较长的眼叶和较窄的固定颊，与 *Kailiella* 相似，但其余特征则与 *Probowmaniella* 一致，本书暂将其归于 *Probowmaniella* 属内。到目前为止，已有 10 余种归于 *Probowmaniella* 属内，笔者认为这些种的归属如下：

Probowmaniella constricta (Walcott, 1905)　　　　　　　　[= *Probowmaniella*?]

Probowmaniella curta (Nan et Chang in Chang *et al.*, 1980)

Probowmaniella jiawangensis Chang, 1963

Probowmaniella jixianensis Zhang in Zhang *et al.*, 1995

Probowmaniella laevigata (Sun et Chang in Chang, 1937)　　[= *Probowmania*]

Probowmaniella lata Yuan in Zhang *et al.*, 1980a　　　　　[= *Probowmaniella sanhuangshanensis*]

Probowmaniella manchuriensis (Resser et Endo, 1937)

Probowmaniella parallela Duan in Duan *et al.*, 2005　　　　[= *Probowmaniella curta*]

Probowmaniella peculialis (Qiu in Qiu *et al.*, 1983)

Probowmaniella prisca (Resser et Endo, 1937)　　　　　　[= *Probowmania*]

Probowmaniella renhuaiensis Zhou in Lu *et al.*, 1974b　　　　　　[= *Probowmania*]

Probowmaniella sanhuangshanensis Zhang et Zhou in Zhang *et al.*, 1980a

Probowmaniella spinifera Zhang et Wang, 1985　　　　　　[= *Probowmaniella peculialis*（Qiu in Qiu *et al.*,

　　　　　　1983）]

Probowmaniella wannanensis Zhang et Li, 1984　　　　　　[= *Probowmaniella*?]

Probowmaniella? sp. indet.（Peng *et al.*, 2009）　　　　　　[= *Probowmaniella*?]

时代分布　寒武纪第三世早期(毛庄期)，中国(华南、华北)和印度(?)。

锥形小原波曼虫 *Probowmaniella conica*（Zhang et Wang, 1985）

(图版 18，图 7—15)

1985　*Kailiella conica* Zhang et Wang, 张进林、王绍鑫, 1985, 356 页, 图版 109, 图 1。

1985　*Kailiella lata* Zhang et Wang, 张进林、王绍鑫, 1985, 356 页, 图版 109, 图 2, 3。

1985　*Kailiella yangchengensis* Zhang et Wang, 张进林、王绍鑫, 1985, 356 页, 图版 109, 图 5, 6。

2005　*Bashania bashanensis* Qiu, 1983, 段吉业等, 111, 112 页, 图版 14, 图 16c; 图版 52, 图 1—6, 7b。

正模　头盖 TIGM Ht078（张进林、王绍鑫, 1985, 图版 109, 图 1），山西隰县上庄，寒武系第三统徐庄阶(?)。

材料　9 块头盖标本。

比较　笔者认为 *K. lata*，*K. yangzhuangensis* 与 *K. conica* 的区别很小，本书予以合并。就头盖形态、头鞍形态来看，*Kailiella* 与 *Probowmaniella* 两个属非常相似，前者的眼叶虽然较长，但不足以区分两个属，而两者最主要的区别是 *Kailiella* 的尾部很小，尾轴粗短，分 1—2 节，胸部有 13 节，此外，两眼叶之间的固定颊较窄，头鞍和胸、尾轴部较宽，肋部较窄。因此，华北地区的 *Kailiella* 都应该归于 *Probowmaniella* 属内。关于此种的时代，过去认为是徐庄期，经查阅地层资料，此种与 *Luaspides* 共生，以往许多作者认为 *Luaspides* 出现在徐庄阶底部（张文堂等，1980c，108 页；王绍鑫、张进林，1993b，122，123 页），但是，所谓 *Luaspides* 与 *Asteromajia*，*Ruichengella* 等共生一说并不可靠。事实上 *Luaspides* 在华北地区作为毛庄阶底部的重要化石分子是合适的，它往往与 *Probowmaniella*，*Catinouyia*，*Wuhaina* 等三叶虫共生，其层位之下产有 *Kunmingaspis* 等寒武系第二统顶部的三叶虫。产于河北省抚宁县王家峪毛庄阶的 *Bashania bashanensis* Qiu（段吉业等，图版 14，图 16c; 图版 52，图 1—6，7b）头盖、头鞍特征与 *Kailiella conica* 十分相似，所发现的尾部与 *Kailiella* 尾部形态特征也很相似，本书予以合并。

产地层位　宁夏回族自治区同心县青龙山（NC31）和贺兰山苏峪口五道塘（NH2），胡鲁斯台组 *Probowmaniella jiawangensis* 带。

贾旺小原波曼虫 *Probowmaniella jiawangensis* Chang, 1963

(图版 18，图 16)

1962　*Ptychoparia kochibei* Walcott, Kobayashi, p. 42, pl. 10, figs. 1—4.

1963　*Probowmaniella jiawangensis* Chang, 张文堂, 462, 477 页, 图版 1, 图 1, 2。

1965　*Probowmaniella jiawangensis*, 卢衍豪等, 132 页, 图版 21, 图 14。

1983　*Probowmaniella jiawangensis*, 仇洪安等, 67 页, 图版 22, 图 11。

1987　*Probowmaniella jiawangensis*, Zhang and Jell, p. 71, pl. 25, figs. 3—5; pl. 26, figs. 7, 8.

1991　*Probowmaniella jiawangensis*, 郭鸿俊、昝淑芹, 9 页, 图版 2, 图 8, 9。

1996　*Probowmaniella jiawangensis*, 郭鸿俊等, 64 页, 图版 18, 图 13—15。

1999　*Probowmaniella jiawangensis*, 袁金良、李越, 422 页, 图版 5, 图 13—19。

2005　*Probowmaniella parallela* Duan in Duan *et al.*, 段吉业等, 106, 107 页, 图版 10, 图 14—16。

正模　头盖 NIGP 23952, 张文堂, 1963, 图版 1, 图 1, 江苏省徐州贾旺, 寒武系第三统毛庄阶 *Probowmaniella jiawangensis* 带。

材料　1 块头盖标本。

比较 从同一地点和同一层所产的标本来看，正模标本显然是一块未成年标本。就头盖和头鞍形态来看，*Probowmaniella jiawangensis* 与 *Probowmaniella curta*（Nan et Chang in Chang *et al.*，1980）十分相似，两者的主要区别是前者的头鞍较宽，眼叶稍长，两眼叶之间的固定颊较窄，尾部较大，分节较多。*Probowmaniella jiawangensis* 与 *Probowmaniella peculialis*（Qiu in Qiu *et al.*，1983）（仇洪安等，1983，74 页，图版 24，图 3—5）曾被合并为一个种（Zhang and Jell，1987，p. 71），笔者认为后者的眼叶较短，有一对头鞍基底叶，前边缘中线位置有较明显的后缘棘，尾部呈椭圆形，后缘中线位置微向前弯曲，应是独立的种。产自河北省抚宁县沙河寨毛庄阶的 *Probowmaniella parallela* Duan in Duan *et al.*（段吉业等，2005，106，107 页，图版 10，图 14—16）除了头鞍较窄长外，其余特征与 *Probowmaniella jiawangensis* 相似，本书予以合并。当前标本与模式标本相比，除了面线前支自眼叶前端向外分散的角度较小外，其余特征都相似，应为同种。

产地层位 宁夏回族自治区贺兰山苏峪口至五道塘（NH2），胡鲁斯台组 *Probowmaniella jiawangensis* 带。

小丹寨虫属 *Danzhaina* Yuan in Zhang *et al.*，1980

Pachyaspis（*Danzhaina*）Yuan in Zhang *et al.*，张文堂等，1980a，322，436 页；孙振华，1982，305 页；1984，358 页；Jell and Hughes，1997，p. 36；Jell and Adrain，2003，p. 364；Lin，2008，p. 57，63；Yuan *et al.*，2008，p. 82，92，102；袁金良等，2002，171，172 页。

Danzhaina Yuan in Zhang *et al.*，袁金良等，1997，522 页；1999，16 页；Jell and Adrain，2003，p. 364；Peng *et al.*，2009，p. 48，65；袁金良等，2012，127，128 页。

Jiumenia Yuan in Zhang *et al.*，张文堂等，1980a，327，328 页；张进林、王绍鑫，1985，351 页；Jell and Hughes，1997，p. 36；Jell and Adrain，2003，p. 390；李泉，2006，25 页；Peng *et al.*，2009，p. 48.

Eosoptychoparia（*Danzhaina*）Yuan，袁金良等，2002，171 页；Lin，2008，p. 53，67；Yuan *et al.*，2008，p. 92，102.

模式种 *Pachyaspis*（*Danzhaina*）*lilia* Yuan in Zhang *et al.*，张文堂等，1980a，323 页，图版 107，图 1—7，插图 90，贵州丹寨兴仁南皋，寒武系第三统台江阶 *Oryctocephalus indicus* 带。

特征 小型褶颊虫类三叶虫；背壳卵形至长卵形；头部横宽，半圆形，具中等长颊刺；头鞍小，截锥形，具 3—4 对浅的侧头鞍沟；颈环突起，半椭圆形，中部具颈瘤或短的颈刺；鞍前区宽（纵向）；前边缘窄而突起，前边缘沟清楚；两眼叶之间固定颊宽，眼脊自头鞍前侧角稍后向后斜伸，眼叶短；后侧翼窄（纵向），后边缘窄，平缓突起，向外伸出距离略大于头鞍基部宽；胸部 13 节，肋部比中轴略宽，肋节末端具短而向后弯曲的肋刺；尾部小，横宽，倒三角形，尾轴长，倒锥形，分 3—4 节及一末节；肋部分 2—3 对肋脊；肋沟清楚，间肋沟极浅；尾边缘极窄或不明显。

讨论 笔者在讨论 *Xingrenaspis* Yuan et Zhou in Zhang *et al.*，1980a 一属时，曾就 *Danzhaina* 一属的分类位置与 *Xingrenaspis* 属的关系进行过讨论（袁金良等，2012，127—129 页）。到目前为止，归于 *Danzhaina* 属内（其中包括 *Jiumenia*）的种有 10 余种，其中 *D. denzhouensis*，*D. longispina* 已归入 *Parashuiyuella* 属内（袁金良等，2002，168，169 页）；产于湖北大洪山南部早寒武世晚期的 *D. dahongshanensis*，*D. jingshanensis* 由于眼叶较长，尾部较大，应归于 *Probowmania* 属内，他们可能是 *Probowmania ezhongensis* Sun，1982 的晚出异名；*D. triangulata* 与 *D. conica* 合并，*D. intermedia* 与 *D. guizhouensis* 合并（袁金良等，2002，174 页）。此外，*Eosoptychoparia matoshanensis* Zhang et Wang，1985，*E. hejinensis* Zhang et Wang，1985，*E. xiweikouensis* Zhang et Wang，1985 等几个种也应归于 *Danzhina* 属内。产于辽宁抚宁县上平山毛庄期的 *Catainouyia funingensis* An（段吉业等，2005，148 页，图版 11，图 7—11；图版 15，图 20），由于两眼叶之间的固定颊较窄，眼叶短，与 *Catinouyia* 区别较大，归于 *Danzhaina* 属内较合理。合并后这些种的归属如下：

Danzhaina anhuiensis（Li，2006）

Danzhaina conica（Yuan in Zhang *et al.*，1980a）

Danzhaina dahongshanensis Sun，1982　　　　　　　　　　　　　　［= *Probowmania ezhongensis*］

Danzhaina denzhouensis Yuan et Zhao in Yuan *et al.*，1997　　　　　［= *Parashuiyuella denzhouensis*］

Danzhaina funingensis（An in Duan *et al.*，2005）

Danzhaina guizhouensis (Yuan in Zhang *et al.*, 1980a)

Danzhaina hejinensis (Zhang et Wang, 1985)

Danzhaina intermedia (Yuan in Zhang *et al.*, 1980a)　　　　　　　[= *Danzhaina guizhouensis*]

Danzhaina jinnanensis (Zhang et Wang, 1985)

Danzhaina jingshanensis Sun, 1982　　　　　　　　　　　　　　[= *Probowmania ezhongensis*]

Danzhaina lilia Yuan in Zhang *et al.*, 1980a

Danzhaina longispina Yuan et Zhao in Yuan *et al.*, 1997　　　　　[= *Parashuiyuella longispina*]

Danzhaina matoshanensis (Zhang et Wang, 1985)　　　　　　　[= *Danzhaina guizhouensis*]

Danzhaina mesembrina Yuan et Zhao in Yuan *et al.*, 2002

Danzhaina maopoensis (Reed, 1910)

Danzhaina spinosa (Yuan in Zhang *et al.*, 1980a)

Danzhaina triangularis Yuan et Gao, sp. nov.

Danzhaina triangulata (Yuan in Zhang *et al.*, 1980a)　　　　　　[= *Danzhaina conica*]

Danzhaina typica (Yuan in Zhang *et al.*, 1980a)

Danzhaina xiweikouensis (Zhang et Wang, 1985)　　　　　　　[= *Danzhaina hejinensis*]

时代分布　寒武纪第二世晚期至第三世早期，中国(华南、华北)及喜马拉雅地区。

河津小丹寨虫 *Danzhaina hejinensis* (Zhang et Wang, 1985)

(图版 19, 图 1—4)

1985　*Eosoptychoparia hejinensis* Zhang et Wang, 张进林、王绍鑫, 349 页, 图版 107, 图 12, 13。

1985　*Eosoptychoparia xiweikouensis* Zhang et Wang, 张进林、王绍鑫, 349 页, 图版 107, 图 14, 15。

正模　头盖 TIGM Ht064 (张进林、王绍鑫, 1985, 图版 107, 图 13), 山西河津西礦口, 寒武系第三统徐庄阶(?)。

材料　3 块头盖和 1 块不完整的背壳标本。

比较　笔者认为此种与 *Eosoptychoparia* Chang, 1963 [模式种 *E. kochibei* (Walcott, 1911); Zhang and Jell, 1987, p. 77, 78, pls. 28, 29, 33; pl. 30, figs. 11, 12; pl. 32, figs. 11, 12; pl. 34, figs. 3—8; pl. 122, fig. 4] 差异较大, 如两眼叶之间固定颊较窄, 鞍前区较窄, 而且窄于眼前翼, 前边缘较宽, 后侧翼和后边缘向外伸出距离较短, 尾部小, 倒三角形, 尾轴较宽长。关于此种的时代, 过去认为是徐庄期, 笔者认为产于毛庄期的可能性较大。当前标本与模式标本相比, 除了前边缘稍窄外, 其余特征一致, 应归于此种。

产地层位　山西省河津县西礦口(化 8), 馒头组(毛庄阶)。

三角形小丹寨虫(新种) *Danzhaina triangularis* Yuan et Gao, sp. nov.

(图版 32, 图 11—15; 图版 33, 图 1—3)

词源　triangularis- 拉丁语, 三角形的, 指新种的颈环呈三角形。

正模　头盖 NIGP62760 (图版 32, 图 12), 河北省唐山市丰润区左家坞乡大松林, 毛庄阶 *Plesiagraulos tienshihfuensis* 带下部。

描述　头盖横宽, 平缓突起, 梯形, 正模标本长 3.6 mm, 两眼叶之间宽 4.2 mm; 背沟较深, 在头鞍之前略变浅; 头鞍截锥形, 前端平圆, 侧头鞍沟极浅或模糊不清; 颈环突起, 三角形, 中部向后延伸成短的颈刺, 颈沟清楚, 两侧微向前弯曲; 鞍前区中等宽(纵向), 略窄于眼前翼, 中线位置略宽于前边缘, 有两条极浅的斜沟自头鞍前侧角伸出, 形成不明显的横椭圆形突起; 前边缘宽而突起, 前边缘沟清楚, 近平直; 两眼叶之间固定颊中等宽, 约有头鞍宽的 3/4, 眼脊自头鞍前侧角向后斜伸, 眼叶短, 位于头鞍相对位置的中部, 不足头鞍长的 1/3; 后侧翼宽(纵向), 后边缘窄, 平缓突起, 向外变宽, 伸出距离略大于头鞍基部宽; 面线前支自眼叶前端向外分散向前伸, 后支向侧后方斜伸; 同层所产完整个体见 13 个胸节, 肋部比中轴略宽, 肋节末端具短而向后弯曲的肋刺; 尾部小, 横宽, 倒三角形, 尾轴宽长, 倒锥形, 分 3—4 节; 肋部分 2—3 对肋脊; 肋沟清楚, 间肋沟极浅; 尾边缘极窄或不明显。

比较 就头盖、头鞍的形态,固定颊宽度,眼叶的大小和位置来看,新种与 *Danzhaina funingensis*
(An in Duan *et al*.) (段吉业等, 2005, 148 页, 图版 11, 图 7—11; 图版 15, 图 20) 较相似, 不同之处在于
新种的颈环呈三角形, 有短的颈刺, 前边缘较宽(纵向), 鞍前区和眼前翼较窄。

产地层位 河北省唐山市丰润区左家坞乡大松林(TFD2), 馒头组 *Plesiagraulos tienshihfuensis* 带
下部。

小水峪虫属 *Shuiyuella* Zhang et Yuan in Zhang *et al*., 1980b

Shuiyuella Zhang et Yuan in Zhang *et al*., 张文堂等, 1980b, 51 页; Jell and Adrain, 2003, p. 445, 478; Yuan *et al*.,
2008, p. 88, 94, 104.

Parapachyaspis Qiu in Qiu *et al*., 仇洪安等, 1983, 82 页; Jell and Adrain, 2003, p. 421, 465; Yuan *et al*., 2008, p. 85.

模式种 *Shuiyuella triangularis* Zhang et Yuan in Zhang *et al*., 张文堂等, 1980b, 52 页, 图版 2, 图 7,
8, 山西省芮城县水峪中条山, 寒武系第三统徐庄阶 *Ruichengaspis mirabilis* 带下部。

特征 背壳长卵形; 头盖亚梯形或次三角形; 头鞍突起, 锥形至截锥形, 前端圆润, 具 3—4 对浅
的侧头鞍沟, 其中后两对内端分叉; 颈环半椭圆形, 后部中线位置具小的颈疣; 鞍前区宽, 前边缘窄
而突起, 前边缘沟较宽而深; 两眼叶之间的固定颊较窄; 眼脊自头鞍前侧角微向后斜伸, 眼叶短至
中等长, 位于头鞍相对位置的中部; 后边缘突起, 向外伸出宽度小于头鞍基部宽度; 胸部 13 节, 轴
部略宽于肋部, 肋刺短, 次三角形; 尾部短小, 半椭圆形, 尾轴宽而长, 分节不清, 尾边缘窄; 壳面
光滑。

讨论 产于山东枣庄唐庄、江苏铜山大南庄的徐庄期的 *Parapachyaspis* Qiu in Qiu *et al*. (模式种 *P.
miniscula* Qiu; 仇洪安等, 1983, 83 页, 图版 27, 图 2; 图版 28, 图 1) 是 *Shuiyuella* 的晚出异名(Yuan
et al., 2008), 这里不再赘述。

时代分布 寒武纪第三世早期(徐庄期), 华北。

较小小水峪虫 *Shuiyuella miniscula* (Qiu in Qiu *et al*., 1983)
(图版 19, 图 5—8)

1983 *Parapachyaspis miniscula* Qiu, 仇洪安等, 83 页, 图版 27, 图 2; 图版 28, 图 1。

正模 头盖 NIGM HIT0106 (仇洪安等, 1983, 图版 27, 图 2), 山东枣庄唐庄, 寒武系第三统徐庄阶
Ruichengaspis mirabilis 带。

材料 5 块头盖标本。

描述 头盖平缓突起, 近乎四方形(后侧翼除外), 最大标本(图版 19, 图 6)盖长 9.0 mm, 两眼叶之
间宽 9.0 mm; 背沟有中等深度及宽度; 头鞍突起, 截锥形, 前端圆润, 略大于头盖长的 1/2, 具 3 对浅的
侧头鞍沟, 第一对头鞍沟(S1)长, 位于第二对头鞍沟(S2)与颈沟之间, 内端分叉, 后支向后斜伸, 几乎
与颈沟相连, S2 位于头鞍横中线稍前方, 微向后斜伸, S3 位于眼脊内端稍下方, 短, 近平伸; 颈沟两侧
略深, 中部浅, 近乎平伸; 颈环突起, 半椭圆形, 后缘中线位置有一小颈疣; 固定颊平缓突起, 两眼叶之
间不足头鞍宽的 2/3, 眼脊粗壮, 自头鞍前侧角微向后斜伸; 眼叶中等偏短, 略小于头鞍长的 1/2, 位于
头鞍相对位置的中部; 前边缘沟清楚, 中部向前的拱曲度稍大, 形成三段弧形; 前边缘平缓突起, 两侧略
变窄; 鞍前区宽, 向前边缘沟平缓下倾, 约为前边缘中部宽的 2 倍; 后侧翼窄长; 后边缘沟宽深, 后边缘
平缓突起, 向外伸出距离与头鞍基部宽大致相等; 面线前支自眼叶前端成弧形微向外向前伸, 后支向侧
后方斜伸。

比较 当前标本与模式标本相比, 除了颈沟在两侧向前弯曲较小外, 其余特征都非常相似, 应为
同种。

产地层位 内蒙古自治区乌海市岗德尔山东山口(NZ6), 胡鲁斯台组 *Ruichengaspis mirabilis* 带。

三角形小水峪虫 *Shuiyuella triangularis* Zhang et Yuan in Zhang *et al.*, 1980b

(图版20, 图1—10; 图版21, 图11, 12; 图版77, 图3—6)

1980b *Shuiyuella triangularis* Zhang et Yuan in Zhang *et al.*, 张文堂等, 52页, 图版2, 图7, 8。

1985 *Shuiyuella triangularis*, 张进林、王绍鑫, 353页, 图版108, 图4。

正模 头盖 NIGP 51096 (张文堂等, 1980b, 图版2, 图7), 山西省芮城县水峪中条山, 寒武系第三统徐庄阶 *Ruichengaspis mirabilis* 带。

材料 12块头盖, 2块活动颊和2块尾部标本。

特征 头盖突起, 梯形至次三角形, 背沟宽深, 头鞍锥形至截锥形, 具4对极浅的侧头鞍沟, 其中后两对(S1, S2)内端分叉, 两眼叶之间固定颊窄, 小于头鞍中部宽的1/2, 前边缘沟宽深, 前边缘中等宽, 强烈突起, 鞍前区宽是前边缘中部宽的1.5倍(纵向), 眼叶中等长, 位于头鞍横中线之前, 约有头鞍长(不包括颈环)的1/2, 面线前支自眼叶前端向内收缩向前伸。

描述 同层所产尾部短, 半椭圆形, 突起, 尾轴长宽, 强烈突起, 后端几乎伸达尾部后缘, 微向后收缩变窄, 后端宽圆, 分2—3节及一较长末节; 肋部比轴部略窄, 有2—3对肋脊, 肋沟和间肋沟浅; 尾边缘窄, 平缓突起, 尾边缘沟不明显。

产地层位 内蒙古自治区乌海市岗德尔山东山口(76-302-F16, 76-302-F20; NZ5, Q5-VII-H43)和桌子山地区阿不切亥沟(CD93, CD94)、苏拜沟(SBT0), 胡鲁斯台组 *Ruichengaspis mirabilis* 带。

梯形小水峪虫(新种) *Shuiyuella scalariformis* Yuan et Zhu, sp. nov.

(图版20, 图11—15; 图版21, 图15, 16; 图版77, 图1, 2)

词源 scalariformis, -forme, 梯形的, 指新种有梯形头盖。

正模 头盖 NIGP62603 (图版20, 图13), 内蒙古自治区乌海市桌子山地区阿不切亥沟, 寒武系第三统徐庄阶 *Ruichengaspis mirabilis* 带。

材料 6块头盖和3块尾部标本。

描述 头盖横宽, 平缓突起, 亚梯形, 前缘微向前拱曲, 正模标本头盖长12.5 mm, 两眼叶之间宽13.5 mm; 背沟清楚, 但较窄浅; 头鞍宽大, 突起, 截锥形, 前端平圆, 约为头盖长的3/5, 具4对浅的侧头鞍沟, 后两对(S1, S2)较长, 向后斜伸, 第三对(S3)位于眼脊内端稍下方, 近乎平伸, 第四对(S4)位于眼脊内端, 略向前倾斜; 颈沟浅, 微向后弯曲; 颈环平缓突起, 新月形, 中后部有小颈疣; 前边缘沟深, 微向前作弧形弯曲, 鞍前区宽(纵向), 向前边缘沟下倾, 是前边缘中部宽的3—4倍, 前边缘窄, 强烈突起; 固定颊较宽, 平缓突起, 在两眼叶之间是头鞍宽的7/10; 眼叶短, 位于头鞍相对位置的中部, 略大于头鞍长的1/3, 眼沟浅, 眼脊平缓突起, 自头鞍前侧角向后斜伸, 与前边缘沟近乎平行; 后侧翼次三角形, 向外伸出距离约为头鞍基部的4/5; 后边缘沟深, 后边缘窄而平缓突起; 面线前支自眼叶前端微向内收缩向前伸, 至边缘沟向内斜切前边缘于头盖的前侧缘, 后支自眼叶后端向侧后方斜伸。

比较 新种与模式种 *Shuiyuella trianglaris* Zhang et Yuan 的主要区别是头盖较横宽, 呈梯形, 背沟及颈沟较浅, 鞍前区宽(纵向), 前边缘窄, 面线前支自眼叶前端向内收缩不明显, 尾轴较宽长。

产地层位 内蒙古自治区乌海市桌子山地区阿不切亥沟(CD93, CD94)和苏拜沟(SBT0), 乌海市岗德尔山东山口(NZ5, Q5-VII-H39), 胡鲁斯台组 *Ruichengaspis mirabilis* 带。

小水峪虫未定种 *Shuiyuella* sp.

(图版19, 图14, 15)

材料 2块头盖标本。

描述 头盖平缓突起, 次方形(后侧翼除外), 前缘微向前拱曲; 背沟清楚, 但较窄浅; 头鞍宽大, 突起, 截锥形, 前端平圆, 约为头盖长的5/7, 侧头鞍沟极浅或模糊不清; 颈沟浅, 微向后弯曲; 颈环平缓突起, 中部略宽; 前边缘沟深, 微向前作弧形弯曲, 鞍前区中等宽(纵向), 向前边缘沟下倾, 前边缘宽,突起，向两侧略变窄；固定颊较窄，平缓突起，在两眼叶之间不足头鞍宽的1/2；眼叶短至中等长，位于头鞍相对位置的中部，约为头鞍长的1/2，眼沟浅，眼脊平缓突起，自头鞍前侧角向后斜伸；后侧翼次三角形，向外伸出距离约为头鞍基部宽的4/5；后边缘沟深，后边缘窄而平缓突起；面线前支自眼叶前端微向外分散向前伸，至边缘沟向内斜切前边缘于头盖的前侧缘，后支自眼叶后端向侧后方斜伸。

比较 未定种与 *Shuiyuella miniscula*（Qiu in Qiu et al., 1983）有些相似，但是头鞍沟极浅或模糊不清，鞍前区较窄（纵向），前边缘较宽，突起更加强烈。

产地层位 内蒙古自治区乌海市岗德尔山东山口（NZ3）和桌子山地区阿不切亥沟（Q5-VII-H13），胡鲁斯台组 *Luaspides shangzhuangensis* 带。

原波曼形虫属 *Probowmanops* Ju，1983

Probowmanops Ju，鞠天吟，1983，633页；Jell and Adrain，2003，p. 430，478；Lin，2008，p. 46，55，69.

模式种 *Probowmanops transversus* Ju，鞠天吟，1983，633页，图版3，图14，15，寒武系第二统 *Arthricocephalus-Probowmanops* 带。

特征 头盖次方形（后侧翼除外），前缘向前呈弧形拱曲；背沟和颈沟深；头鞍突起，窄长，截锥形，前端圆润，具3—4对浅的侧头鞍沟；颈环向两侧迅速变窄；两眼叶之间固定颊宽，平缓突起；鞍前区宽，前边缘窄而突起或向前上方翘起，前边缘沟较清楚，略呈三段弧形向前弯曲；眼脊自头鞍前侧角微向后斜伸，眼叶中等长至长，位于头鞍相对位置的中后部；后侧翼窄（纵向），长（横向），后边缘窄，平缓突起，向外伸出距离大于头鞍基部宽；壳面具细小的瘤点状纹饰。

讨论 就头盖和头鞍形态来看，此属与 *Gaotanaspis* Zhang et Li（模式种 *G. tianbeiensis* Zhang et Li；张全忠、李昌文，1984，81页，图版1，图8）有些相似，不同之处在于眼叶较长，后侧翼窄（纵向），头鞍相对较窄长。

时代分布 寒武纪第二世晚期至第三世早期，中国（浙江和陕西）。

原波曼形虫未定种 *Probowmanops* sp.
(图版19，图9)

材料 1块头盖标本。

描述 头盖次方形（后侧翼除外），前缘向前呈弧形拱曲，长5.4 mm，两眼叶之间宽6.0 mm；背沟深，在头鞍之前变窄浅；头鞍突起，窄长，截锥形，前端圆润，3—4对侧头鞍沟极浅或模糊不清；颈环突起，中部较宽，向两侧迅速变窄，颈沟清楚，两侧微向前弯曲；在两眼叶之间固定颊与头鞍几乎等宽，平缓突起；鞍前区宽，平缓突起，前边缘窄而突起或向前上方翘起，前边缘沟较宽深，略呈三段弧形向前弯曲；眼脊自头鞍前侧角微向后斜伸，眼叶中等长至长，位于头鞍相对位置的中后部，略大于头鞍长的1/2，眼沟清楚；后侧翼窄（纵向），长（横向），后边缘窄，平缓突起，向外伸出距离大于头鞍基部宽；壳面具细小的瘤点状纹饰。

比较 未定种与浙江富阳上万大陈岭组所产 *Proboowmanops elongata* Ju（鞠天吟，1983，634页，图版3，图12，13）较相似，但是后者的头盖和头鞍更窄长，头鞍沟较清楚，鞍前区更宽（纵向）。此未定种时代可能属于寒武系第二世晚期。

产地层位 陕西省礼泉县筛珠洞，馒头组（寒武系第二统上部）。

小乌海虫属 *Wuhaina* Zhang et Yuan，1981

Wuhaina Zhang et Yuan，1981，p. 162；Zhang et al.，1995，p. 64；裴放，2000，100页；Jell and Adrain，2003，p. 460，478；Yuan et al.，2008，p. 89，94，104.

Damiaoaspis Qiu in Qiu et al.，仇洪安等，1983，120页；昝淑芹，1989，111页；1992，254页；郭鸿俊等，1996，72页；Jell and Adrain，2003，p. 363，473；Yuan et al.，2008，p. 79，104.

Xiangshania Qiu in Qiu et al.，仇洪安等，1983，143页；Jell and Adrain，2003，p. 461，476；Yuan et al.，2008，

p. 90, 104.

Chishanheella? Zhang in Zhang *et al.*, 1995, p. 73; Jell and Adrain, 2003, p. 357, 481; Yuan *et al.*, 2008, p. 79, 104.

模式种 *Wuhaina lubrica* Zhang et Yuan, 1981, p. 162, 163, pl. 1, figs. 7—9, 内蒙古自治区乌海市岗德尔山东山口, 寒武系第三统徐庄阶 *Ruichengaspis mirabilis* 带。

特征 头盖亚梯形; 背沟和颈沟极浅; 头鞍突起, 截锥形, 前端宽圆, 具或不具 3—4 对极浅的侧头鞍沟; 颈环向后延伸成长的颈刺; 鞍前区宽, 前边缘窄而突起, 前边缘沟较窄而清楚; 眼脊自头鞍前侧角微向后斜伸, 眼叶短至中等长, 位于头鞍相对位置的中部; 壳面光滑。

讨论 目前在褶颊虫类三叶虫之中, 褶颊虫科 (Ptychopariidae) 已有 160 余属, 对沟虫科 (Antagmiidae) 有 37 个属, 肿头虫科 (Alokistocaridae) 有 46 个属, 野营虫科有 36 个属 (Jell and Adrain, 2003, p. 465, 466, 478), 颈环向后延伸成长的颈刺的三叶虫属有 *Metagraulos* Kobayashi, 1935, *Shantungaspis* Chang, 1957, *Pachyaspedella* Semashko in Bognibov *et al.*, 1971, *Stoecklinia* Wolfart, 1974a, *Hemicricometopus* Lu et Chien in Lu *et al.*, 1974b, *Paragunnia* Qiu in Qiu *et al.*, 1983, *Mantoushania* Lu, Zhu et Zhang, 1988, *Damiaoaspis* Qiu in Qiu *et al.*, 1983, *Xiangshania* Qiu in Qiu *et al.*, 1983, *Chishanheella* Zhang in Zhang *et al.*, 1995, *Antagmella* Suvorova in Ogienko *et al.*, 1974, *Laoyingshania* Yuan et Li, 1999 等。其中 *Hemicricometopus* 由于具有极长的眼叶, 两眼叶之间较宽的固定颊和极窄的后侧翼 (纵向) 易和其他属相区别。*Paragunnia* 和 *Mantoushania* 这两个毛庄期的属, 其头鞍前叶或多或少在眼脊之前的鞍前区, 因此眼前翼的宽度大于鞍前区的宽度 (纵向), 而且颈刺从颈环上伸出, 且较短小, 与小乌海虫易区分。*Pachyaspedella* (模式种 *P. elongata* Semashko in Bognibov *et al.*, Богнибова и др., 1971, стр. 179, табл. 21, фиг. 9, 10) 有近乎柱形的头鞍, 极短且位于头鞍相对位置前部的眼叶, 宽的后侧翼 (纵向), 微向内收缩的面线前支, 和短小的颈刺。*Antagmella* Suvorova in Ogienko *et al.*, 1974 [模式种 *A. tchrtchuica* Suvorova in Ogienko *et al.*, 1974; Pegel, 2000, p. 1005, fig. 5 (14)] 具窄的固定颊, 头鞍前端截切, 眼叶较长。*Shantungaspis* 具四方形的头盖, 较宽呈切锥形的头鞍, 较深的头鞍沟、背沟和颈沟, 及短小向后上方翘起的颈刺。就头盖的一般形态特征来看, 小乌海虫与伊朗早寒武世晚期所产 *Stoecklinia* (模式种 *S. spinosa* Wolfart, 1974a, S. 42—44, Taf. 8, Fig. 3—6; Taf. 9, Fig. 1—3; Abb. 7 a, b) 最相似, 但后者有较深的背沟、颈沟和头鞍沟, 而且后一对头鞍沟 (S1) 内端分叉, 后支在中线位置相连呈漏斗状, 眼脊自头鞍前侧角稍后向后斜伸, 眼前翼的宽度大于鞍前区的宽度 (纵向)。我国毛庄组底部的两个三叶虫属 *Finecrestina* Nan et Chang, 1982c, *Paragunnia* Qiu in Qiu *et al.*, 1983 是 *Stoecklinia* 的晚出异名 (袁金良等, 2002; Yuan *et al.*, 2008), 这里不再赘述。产于我国华北徐庄期的 *Damiaoaspis*, *Xiangshania* 和 *Chishanheella* 三个属已被认为是小乌海虫的晚出异名 (Yuan *et al.*, 2008)。*Chishanheella* 除了前边缘较宽而上翘, 前边缘沟较浅外, 确实与小乌海虫没有区别, 目前还没有发现两者的尾部, 如果两者尾部区别较大, *Chishanheella* 也可分出来成为独立的属。产于喜马拉雅地区的 *Ptychoparia defossa* Reed, 1910 (p. 25, pl. 3, figs. 26—28; pl. 4, fig. 1), 曾被转移到 *Amecephalus defossus* (Reed) (Kobayashi, 1967, p. 487), *Paramecephalus defossus* (Reed) (Jell and Hughes, 1997, p. 48—50, pl. 12, figs. 1, 2, 4—12), 笔者认为这个种与拟美头虫 (*Paramecephalus* Zhou et Yin in Yin et Lee, 1978) 区别较大: 如前边缘窄而突起, 头鞍较宽, 两眼叶之间的固定颊较窄, 颈环向后延伸成长的颈刺, 尾部短小, 尾边缘极窄。因此, 将其归于小乌海虫更合适。修订后的小乌海虫共有 6 个种: *Wuhaina lubrica* Zhang et Yuan, 1981, *W. defossa* (Reed, 1910), *W. longispina* (Qiu in Qiu *et al.*, 1983), *W. xiangshanensis* (Qiu in Qiu *et al.*, 1983), *W. henanensis* Zhang in Zhang *et al.*, 1995, *W. longispina* (Zhang in Zhang *et al.*, 1995)。其中 *W. longispina* (Zhang in Zhang *et al.*, 1995) 与 *W. longispina* (Qiu in Qiu *et al.*, 1983) 重名, 属无效名, 本书更名为 *W. chishanheensis* Zhang et Yuan, sp. nov.; *W. henanensis* Zhang in Zhang *et al.*, 1995 与模式种没有很大差异, 前边缘沟较深也是因为脱皮所致, 应合并。

时代分布 寒武纪第三世早期 (毛庄期至徐庄期), 中国 (华北) 及喜马拉雅地区。

光滑小乌海虫 *Wuhaina lubrica* Zhang et Yuan，1981

(图版 21，图 1—7；图版 22，图 1—14；图版 23，图 15)

1981　*Wuhaina lubrica* Zhang et Yuan, p. 162, 163, pl. 1, figs. 7—9.
1995　*Wuhaina henanensis* Zhang in Zhang *et al.*, p. 64, pl. 28, fig. 2.

正模　头盖 NIGP 62243（Zhang and Yuan，1981，pl. 1，fig. 8），内蒙古自治区乌海市岗德尔山东山口，寒武系第三统徐庄阶 *Ruichengaspis mirabilis* 带。

材料　13 块头盖，5 块活动颊和 4 块尾部标本。

特征　头鞍较短，截锥形，具 3—4 对极浅的侧头鞍沟，鞍前区宽是前边缘中部宽的 2.5—3 倍（纵向），前边缘沟中等深，眼叶中等长，位于头鞍相对位置中前部，约有头鞍长（不包括颈环）的 1/2，前边缘窄，突起。

描述　头盖亚梯形至次方形，平缓突起；背沟极浅；头鞍短，截锥形，前端宽圆，中线位置有低的中脊，在外皮脱落后可见 4 对极浅的侧头鞍沟，第一对（S1）较长，位于头鞍横中线稍后方，向后斜伸，内端分叉，第二对（S2）长，位于头鞍横中线稍前方，向后斜伸，第三对（S3）较短，位于眼脊内端稍下方，向前斜伸，第四对（S4）短，位于眼脊内端，向前斜伸，颈沟极浅，在外皮脱落后清晰可见，微向后弯曲，颈环突起，中部宽并向后延伸成较细长颈刺，颈刺长约为颈环宽的 2—3 倍；前边缘沟中等深，前边缘窄，突起，鞍前区宽，和眼前翼一起向前边缘沟平缓倾斜，宽是前边缘中部宽的 2.5—3 倍（纵向）；两眼叶之间固定颊中等宽，约为头鞍宽的 2/3，眼脊突起，自头鞍前侧角微向后斜伸，眼叶中等长，位于头鞍相对位置中前部，约有头鞍长（不包括颈环）的 1/2；后侧翼次三角形，后边缘沟较深，后边缘窄而突起，向外伸出距离略小于头鞍基部宽；面线前支自眼叶前端向外分散向前伸，越过边缘沟后向内斜切前边缘于头盖的前侧缘，后支自眼叶后端向侧后方斜伸；活动颊中等宽，侧边缘沟中等深，侧边缘突起，颊区宽，平缓突起，颊刺中等长；同层所产尾部横椭圆形，平缓突起，后缘中线位置平直或微向前凹，尾轴短，突起，微向后收缩变窄，后端宽圆，分 3 节及一较长末节；肋部比轴部略宽，有 3—4 对突起的肋脊，肋脊在中部变窄并向后弯曲，肋沟深，至中部强烈向后弯曲，间肋沟浅，平缓向后弯曲；尾边缘窄，平缓突起，尾边缘沟不显；鞍前区和眼前翼上有不规则的放射状脊线。

产地层位　内蒙古自治区乌海市岗德尔山东山口（NZ5，76-302-F17）和桌子山地区阿不切亥沟（CD93），胡鲁斯台组 *Ruichengaspis mirabilis* 带；陕西省陇县景福山地区牛心山（L11），馒头组 *Ruichengaspis mirabilis* 带。

小乌海虫未定种 *Wuhaina* sp.

(图版 77，图 18)

材料　1 块活动颊标本。

描述　活动颊中等宽，侧边缘沟浅，侧边缘宽，平缓突起，颊区宽，平缓突起，颊刺长，粗壮。

产地层位　内蒙古自治区乌海市桌子山地区阿不切亥沟（SBT0），胡鲁斯台组 *Ruichengaspis mirabilis* 带。

后围眼虫属 *Metaperiomma* An in Duan *et al.*，2005

Metaperiomma An in Duan *et al.*，段吉业等，2005，117，118 页。

模式种　*Metaperiomma granosa* An in Duan *et al.*，段吉业等，2005，118 页，图版 12，图 13—17，吉林省通化市下四平，寒武系第三统徐庄阶。

特征　见段吉业等，2005，117，118 页。

讨论　此属的主要特征是头鞍窄长，颈环向后上方伸出长的颈刺，眼叶短，后侧翼纵向较宽。就头盖和头鞍的形态，眼叶的大小和位置，颈刺的长度，尾部形态和壳面装饰来看，此属与安徽省淮南市老鹰山寒武系第二统顶部所产 *Laoyingshania* Yuan et Li，1999（模式种 *L. triangularis* Yuan et Li，袁金良、李越，1999，415页，图版1，图14—18；图版2，图13，14）较相似，但后者的头鞍较短宽，呈三角形，眼脊几乎向外平伸，眼叶位置靠前，前边缘沟在背沟相对位置的前方且呈坑状，此外，尾轴分节较少。

时代分布 寒武纪第三世早期（徐庄期），华北（吉林和内蒙古）。

刺后围眼虫（新种）*Metaperiomma spinalis* Yuan，sp. nov.

（图版76，图21，22；图版78，图10，11）

词源 spinalis，spinale，拉丁语，具刺的，指新种有较长的向后上方翘起的颈刺。

正模 头盖 NIGP62985-519（图版76，图22），内蒙古自治区乌海市北部千里山，中寒武统徐庄阶 *Sunaspis laevis-Sunaspidella rara* 带下部。

材料 2块头盖和2块尾部标本。

描述 头盖突起，梯形，前缘微向前拱曲，正模标本长8.5 mm（不包括颈刺），两眼叶之间宽9.0 mm；背沟在头鞍两侧宽深，在头鞍前方窄浅；头鞍突起，较长，截锥形，前端平圆，约占头盖长的3/5，具4对清楚的侧头鞍沟，其中第一对（S1）较深长，内端分叉，前支较短，平伸，后支向后斜伸，S2位于头鞍横中线稍前方，短而较深，微向后斜伸，S3位于眼脊内端稍下方，窄深，微向前伸，S4位于眼脊内端，短浅，微向前伸；颈沟宽深，两侧微向前斜伸，颈环突起，半椭圆形，中后部具颈瘤或向后上方伸出颈刺，此颈刺在修理标本过程中易被折断；前边缘沟宽深，微向前拱曲，前边缘窄，强烈突起，鞍前区和眼前翼较宽（纵向），向前边缘沟强烈下倾；两眼叶之间固定颊中等宽，近眼叶中后部突起最高，向背沟和后边缘沟下倾；眼脊突起，自头鞍前侧角稍后向后斜伸；眼叶中等偏短，位于头鞍相对位置中部，约有头鞍长的2/5，眼沟浅；后侧翼和后边缘保存不全；面线前支自眼叶前端微向内收缩向前伸，越过边缘沟后向内斜切前边缘于头盖的前侧缘，后支自眼叶后端向侧后方斜伸；同层所产尾部次菱形，后缘较平直；尾轴强烈突起，倒锥形，后端宽圆，分4—5个轴环节；肋部平缓突起，有3—4对肋脊，前肋脊带比后肋脊带宽，肋沟和间肋沟清楚；尾边缘窄，微向上翘起，尾边缘沟不清楚；壳面具小的瘤点装饰。

比较 新种与模式种 *Metaperiomma granosa* An（段吉业等，2005，118页，图版12，图13—17）的主要区别是头鞍沟较宽深，前边缘较窄，鞍前区和眼前翼较宽，前边缘沟和背沟较宽深，眼叶较长，尾部的间肋沟较清楚。

产地层位 内蒙古自治区乌海市北部千里山（Q35-XII-H8），胡鲁斯台组 *Sunaspis laevis-Sunaspidella rara* 带下部；陕西省陇县景福山地区牛心山（L12），馒头组 *Sinopagetia jinnanensis* 带中下部。

乌海盾壳虫属（新属）*Wuhaiaspis* Yuan et Zhang，gen. nov.

词源 Wuhai，汉语拼音，地名，乌海市，指新属的产地；aspis，aspi-，aspid-，希腊语，盾，甲。

模式种 *Wuhaiaspis longispina* Yuan et Zhang，sp. nov.，内蒙古自治区乌海市岗德尔山东山口，寒武系第三统徐庄阶 *Ruichengaspis mirabilis* 带。

特征 头盖突起，梯形；背沟深；头鞍截锥形，具4对清楚的侧头鞍沟，其中第一、二对（S1，S2）内端分叉；颈环突起，向后延伸成粗壮颈刺；两眼叶之间固定颊宽，眼叶短至中等长；前边缘沟深；前边缘窄，突起或微向前上方翘起，后边缘窄，在眼叶后端相对位置向前折曲，后边缘沟宽深；鞍前区宽，自头鞍前侧角伸出一对浅沟将其分出一横椭圆形的隆起；可能属于这个属的尾部呈短纺锤形，尾轴宽长，缓慢向后收缩变窄，后端宽圆，后缘微微向前凹，分2—3节，肋部窄，有2—3对肋脊；尾边缘窄平；无清楚的尾边缘沟；壳面具密集小瘤点或瘤点连成小脊线。

讨论 新属与 *Wuhaina* Zhang et Yuan，1981都具有长的颈刺，宽的鞍前区和突起的前边缘，两者的主要区别是新属的头盖呈梯形，背沟较深，颈沟较深，两侧向前斜伸，鞍前区上自头鞍前侧角伸出一对浅沟，形成一横椭圆形的隆起，两眼叶之间的固定颊宽，几乎与头鞍宽度相等，眼脊较长，眼叶较短，面线前支自眼叶前端向内收缩向前伸，尾部呈短纺锤形，尾轴极宽长，肋部较窄。就具有长的颈刺，后边缘与后边缘沟在眼叶后端相对位置处向前折曲以及面线历程来看，新属与 *Monanocephalus* Lin et Wu in Zhang et al.，1980b（模式种 *M. zhongtiaoshanensis* Lin et Wu；张文堂等，1980b，87页，图版11，图14）较相似，但后者的前边缘沟较浅，两眼叶之间的固定颊较窄，眼叶位置相对靠前，眼脊较短（横向），鞍前区上没有横椭圆形的穹堆状隆起，前边缘突起较低，尾部半椭圆形，尾轴较长，分节较多。

时代分布　寒武纪第三世早期（徐庄期），华北（内蒙古和宁夏）

凸乌海盾壳虫（新属、新种）*Wuhaiaspis convexa* Yuan et Zhang, gen. et sp. nov.

（图版23，图7—10）

词源　convexa, -us, -um, 拉丁语，凸的，指新种具宽凸的前边缘。

正模　头盖 NIGP62639（图版23，图7），内蒙古自治区乌海市岗德尔山东山口，寒武系第三统徐庄阶 *Ruichengaspis mirabilis* 带。

材料　3块头盖和1块尾部标本。

描述　头盖突起，横宽，梯形，前缘微向前呈弧形拱曲，正模标本长约5.8 mm（不包括颈刺），两眼叶之间宽7.2 mm；背沟宽深；头鞍强烈突起，截锥形，前端平圆，大于头盖长的1/2，中线位置有微弱的中脊，3对浅但清楚的侧头鞍沟，第一对（S1）较宽深，位于头鞍横中线后方，内端分叉，前支平伸，后支向后斜伸，第二对（S2）略短，位于头鞍横中线之前，内端分叉，后支较长，微向后斜伸，第三对（S3）位于眼脊内端稍下方，微向后斜伸；颈沟在两侧较深，微向前伸，中部较窄，直；颈环强烈突起，倒三角形，颈刺短或缺失；固定颊较宽，突起，在两眼叶之间略大于头鞍宽；眼脊突起，自头鞍前侧角微向后斜伸；眼叶中等长，位于头鞍相对位置的中部，约为头鞍长的4/7，眼沟浅；前边缘沟宽深，中部向前拱曲；鞍前区窄而突起，自头鞍前侧角伸出两条浅的斜沟，使得鞍前区形成横椭圆形的穹堆状隆起；前边缘宽，圆凸，几乎与鞍前区宽度相等（纵向），向两侧略变窄；后侧翼窄（纵向）；后边缘沟宽深，在眼叶后端相对位置处向前折曲，后边缘窄，突起，向外略变宽，在眼叶后端相对位置处向前折曲，向外伸出距离略大于头鞍基部宽；面线前支自眼叶前端微向内收缩向前伸，越过边缘沟后斜切前边缘于头盖的前侧缘，后支自眼叶后端向外，然后向后内方伸；同层所产尾部小，横宽，短纺锤形，尾轴长宽，缓慢向后收缩变窄，后端宽圆，分2—3节，肋部窄，有2—3对肋脊；尾边缘窄平；壳面具密集小瘤点或瘤点连成小脊线。

比较　新种与模式种的主要区别是头盖较横宽，前边缘宽凸，鞍前区较窄，眼叶较长，后侧翼较窄（纵向），颈刺不发育。

产地层位　内蒙古自治区乌海市岗德尔山东山口（NZ5，NZ8）和宁夏回族自治区同心县青龙山（NC37），胡鲁斯台组 *Ruichengaspis mirabilis* 带。

长刺乌海盾壳虫（新属、新种）*Wuhaiaspis longispina* Yuan et Zhang, gen. et sp. nov.

（图版23，图1—6；图版25，图16）

词源　longispina, longispinus, longispinum, 拉丁语，长刺的，指新种具长的颈刺。

正模　头盖 NIGP62635（图版23，图3），内蒙古自治区乌海市岗德尔山东山口，寒武系第三统徐庄阶 *Ruichengaspis mirabilis* 带。

材料　4块头盖，1块活动颊和1块尾部标本。

描述　头盖突起，梯形，前缘微向前呈弧形拱曲，正模标本长约12.0 mm（不包括颈刺），两眼叶之间宽13.5 mm；背沟宽深；头鞍强烈突起，截锥形，前端平圆，略大于头盖长的1/2，中线位置有微弱的中脊，具4对浅但清楚的侧头鞍沟，第一对（S1）较宽深，位于头鞍横中线后方，内端分叉，前支平伸，后支向后斜伸，第二对（S2）略短，位于头鞍横中线之前，内端分叉，后支较长，微向后斜伸，第三对（S3）位于眼脊内端稍下方，坑状，不与背沟相连，第四对（S4）位于眼脊内端，短浅，近乎平伸；颈沟在两侧较宽深，微向前伸，中部较窄，直；颈环强烈突起，倒三角形，后部向后上方伸出较长颈刺；固定颊较宽，突起，在两眼叶之间略大于头鞍宽；眼脊突起，自头鞍前侧角微向后斜伸，与前边缘沟平行，其上可见一微弱的浅沟；眼叶短，位于头鞍相对位置的中部，约为头鞍长的2/7，眼沟浅；前边缘沟宽深，中部向前拱曲；鞍前区宽而强烈突起，自头鞍前侧角伸出两条浅的斜沟，使得鞍前区形成横椭圆形的穹堆状隆起，纵向约为前边缘中部宽的2—2.5倍；前边缘窄，圆凸，向两侧略变窄；后侧翼窄（纵向），次三角形；后边缘沟宽深，在眼叶后端相对位置处向前折曲，后边缘窄，突起，向外略变宽，在眼叶后端相对位置处向前折曲，向外伸出距离是头鞍基部宽的1.3倍；面线前支自眼叶前端明显向内收缩向前伸，越过边缘沟后斜切前边缘于头盖的前侧缘，后支自眼叶后端向外，然后向后内方伸；同层所产活动颊具短的颊刺，侧边缘沟浅，向后变浅，侧边缘较宽，平缓突起，颊区宽；同层所产尾部小，横宽，短纺锤形，尾轴长宽，缓慢向后收缩变窄，后端宽圆，微微向前弯曲，分2—3节，肋部窄，有2—3对肋脊；尾边缘窄平；壳面具密集小瘤点或瘤点连成小脊线。

产地层位　内蒙古自治区乌海市岗德尔山东山口（NZ7）和宁夏回族自治区贺兰山苏峪口至五道塘（NH3b），胡鲁斯台组 *Ruichengaspis mirabilis* 带。

乌海盾壳虫未定种 *Wuhaiaspis* sp.

（图版23，图14；图版82，图14）

材料　2块头盖标本。

描述　头盖突起，横宽，梯形，前缘微向前强烈拱曲，最大标本长约6.0 mm，两眼叶之间宽8.0 mm；背沟宽深；头鞍强烈突起，截锥形，前端平圆，约为头盖长的1/2，侧头鞍沟模糊不清；颈沟较深，微向前弯曲；颈环强烈突起，半椭圆形，颈刺缺失；固定颊较宽，突起，在两眼叶之间略大于头鞍宽；眼脊突起，自头鞍前侧角微向后斜伸；眼叶短，位于头鞍相对位置的中部，约为头鞍长的3/7，眼沟浅；前边缘沟宽深，中部向前拱曲；鞍前区窄而突起；前边缘中等宽（纵向），圆凸，几乎与鞍前区宽度相等（纵向），向两侧略变窄；后侧翼中等宽（纵向）；后边缘沟宽深，在眼叶后端相对位置处向前折曲，后边缘窄，突起，向外略变宽，在眼叶后端相对位置处向前折曲，向外伸出距离略大于头鞍基部宽；面线前支自眼叶前端微向外分散向前伸，越过边缘沟后斜切前边缘于头盖的前侧缘，后支自眼叶后端向外，然后向后内方伸。

比较　未定种与模式种的主要区别是头盖前缘向前的拱曲度大，前边缘沟宽深，鞍前区较窄，眼叶较短，后侧翼较宽（纵向），颈刺不发育，面线前支自眼叶前端微向外分散向前伸。

产地层位　宁夏回族自治区贺兰山苏峪口至五道塘（NH3a），胡鲁斯台组 *Ruichengaspis mirabilis* 带。

东方褶颊虫属 *Eosoptychoparia* Chang, 1963

Eosoptychoparia Chang, 张文堂，1963，463，464，478页；卢衍豪等，1965，133，134页；张文堂等，1980a，321页；南润善，1980，488页；南润善、常绍泉，1982a，17页；1982b，29，30页；张全忠、李昌文，1984，82页；张进林、王绍鑫，1985，348页；Zhang and Jell，1987，p. 77；Kim，1987，p. 27；郭鸿俊等，1996，67页；袁金良等，2000，138页；2002，169页；Jell and Adrain，2003，p. 373；Yuan and Li，2008，p. 111；罗惠麟等，2009，91页；袁金良等，2012，131，132页。

Eosoptychoparia (*Eosoptychoparia*) Chang，1963，袁金良等，2002，171页；Yuan and Li，2008，p. 115，120，133.

Neokochina Nan et Shi，南润善、石新增，1985，3页；Jell and Adrain，2003，p. 410；Yuan and Li，2008，p. 115，133.

模式种　*Ptychoparia kochibei* Walcott，1911，p. 78，79，pl. 14，figs. 10，10a，辽宁东部长兴岛，寒武系第三统长清阶 *Crepicephalina convexa* 带下部。

特征　见袁金良等，2002，169，170页。

讨论　见袁金良等，2012，132页。

时代分布　寒武纪第三世中期（长清期），中国（华北、东北、西南地区），朝鲜。

截切东方褶颊虫（新种）*Eosoptychoparia truncata* Yuan et Zhu, sp. nov.

（图版72，图13—15）

词源　truncata，-us，-um，拉丁语，截形的，截切的，指新种有截切的头鞍。

正模　头盖NIGP62985-451（图版72，图14），内蒙古自治区乌海市桌子山地区阿不切亥沟，寒武系第三统长清阶 *Psilaspis changchengensis* 带。

材料 1块不完整的背壳和2块头盖标本。

描述 背壳长卵形,平缓突起;头盖突起,亚梯形,前缘微向前拱曲,正模标本长约4.0 mm,两眼叶之间宽6.4 mm;背沟清楚;头鞍突起,短,截锥形,前端截切,约为头盖长的1/2,具3对清晰的侧头鞍沟,第一对(S1)较深,位于头鞍横中线稍后方,向后斜伸,第二对(S2)短,位于头鞍横中线之前,微向后斜伸,第三对(S3)极短浅,位于眼脊内端,近乎平伸或微向前伸;颈沟窄而深,在两侧微向前伸;颈环突起,窄,两侧更窄;固定颊较宽,平缓突起,在两眼叶之间与头鞍宽几乎相等;眼脊突起,自头鞍前侧角近乎向外平伸;眼叶中等偏短,位于头鞍相对位置的中后部,不足头鞍长的1/2;前边缘沟直,较深;鞍前区宽而平缓突起,约为前边缘中部宽的2—2.5倍;前边缘窄,微突起,向两侧略变窄;眼前翼亚梯形;后侧翼窄(纵向)宽(横向);后边缘沟深,后边缘窄,平缓突起,向外伸出距离比头鞍基部略宽;面线前支自眼叶前端微向外向前伸,后支自眼叶后端向外侧斜伸;胸部12节,肋节末端向后侧伸出短的肋刺;尾部短小,次菱形;尾轴宽,突起,微向后收缩变窄,分2—3节,轴环节沟很浅;肋部平缓突起,分2对肋脊,尾边缘极窄,尾边缘沟浅;壳面有不规则网纹状脊线。

比较 新种与模式种 *Eosoptychoparia kochibei* (Walcott, 1911) (Zhang and Jell, 1987, p. 77, 78, pl. 28, figs. 1—13; pl. 29, figs. 1—13; pl. 30, figs. 11, 12; pl. 32, figs. 11, 12; pl. 33, figs. 1—6; pl. 34, figs. 3—8; pl. 122, fig. 4)不同在于头鞍短,呈截锥形,头盖前缘较直,前边缘沟较深直,后侧翼纵向窄,眼叶较长,胸部12节,而模式种有14节,此外,尾部很小,分节也少,壳面布满不规则网纹状脊线。就头盖和头鞍形态来看,新种与澳大利亚北部 *Ptychagnostus nathorsti* 带所产 *Asthenopsis* sp. nov. (Jell, 1978, p. 230, pl. 32, fig. 6)有些相似,但后者有16个胸节,壳面有小瘤,头鞍向前收缩较明显。

产地层位 内蒙古自治区乌海市桌子山地区阿不切亥沟(CD108),胡鲁斯台组 *Psilaspis changchengensis* 带。

褶颊虫科属种未定 Ptychopariidae gen. et sp. indet.
(图版18,图6)

材料 1块头盖标本。

描述 头盖突起,亚梯形,长约6.0 mm,两眼叶之间宽约6.0 mm;背沟在头鞍两侧较宽深,在头鞍之前较窄浅;头鞍宽大,截锥形,向前收缩较快,前端平圆,头鞍沟模糊不清;颈环突起,中部略宽,两侧变窄,中后部具小颈疣;固定颊较窄,突起,在两眼叶之间不足头鞍宽的1/2;眼脊突起,自头鞍前侧角微向后斜伸;眼叶短,位于头鞍相对位置的中部,约为头鞍长的1/3,眼沟清楚;前边缘沟宽深,中部向前拱曲;鞍前区中等宽,平缓突起;前边缘窄,微向前上方翘起;面线前支自眼叶前端微向外分散向前伸,越过边缘沟后斜切前边缘于头盖的前侧缘,后支自眼叶后端向外侧斜伸。

比较 就头鞍和前边缘形态来看,未定种与安徽省淮北市相山馒头组所产 *Paraantagmus angustatus* Qiu (仇洪安,1980,56页,图版4,图12)有些相似,但两眼叶之间的固定颊较窄,头鞍向前收缩较快,无清楚的侧头鞍沟,而且鞍前区较宽。

产地层位 内蒙古自治区阿拉善盟呼鲁斯太陶思沟(QII-I-H1),五道淌组。

雪松虫科 Cedariidae Raymond,1937

陌南头虫属 Monanocephalus Lin et Wu in Zhang et al.,1980b

Monanocephalus Lin et Wu in Zhang *et al.*,张文堂等,1980b,86,94 页;张进林、王绍鑫,1985,487 页;Jell and Adrain, 2003, p. 408; Yuan *et al.*, 2008, p. 84, 93, 95; Peng *et al.*, 2009, p. 57.

模式种 *Monanocephalus zhongtiaoshanensis* Zhang et Yuan in Zhang *et al.*,张文堂等,1980b,87 页,图版11,图14,山西省芮城县水峪中条山,寒武系第三统徐庄阶 *Sinopagetia jinnanensis* 带。

特征 见张文堂等,1980b,86,87,94 页。

讨论 此属的主要特征是头盖呈亚梯形,颈环向后上方伸出长的颈刺,眼叶短小,位于头鞍横中线之前,后侧翼宽(横向),后边缘横向明显比头鞍基部宽,在中线位置转折向前,后边缘沟同样在中线附近转折向前。因此,面线后支呈"Cedaria"型(Hughes *et al.*, 1997)。这个属很可能是 Cedariidae 科三叶虫的祖先，因为 *Cedarina clevensis* Adrain，Peters et Westrop，2009 一种幼年期的头盖（Adrain *et al.*，2009，p. 51—54，figs. 9，10）与 *Monanocephalus liquani* （Peng *et al.*，2009，p. 58，59，fig. 37）的头盖非常相似。喜马拉雅地区所产 *Ptychoparia maopoensis* （Reed，1910，p. 28，29，pl. 2，figs. 8—13）一种曾被置于 *Xingrenaspis* 属内（Jell and Hughes，1997，p. 44，45），后来又被转移到 *Monanocephalus* 属内（Peng *et al.*，2009，p. 57，58）。这个种的头盖外形很像 *Monanocephalus*，但是后边缘在中线位置没有转折向前，后边缘沟同样在中线附近没有转折向前，不能将其置于 *Monanocephalus* 属内。笔者认为这个种更像贵州凯里组 *Oryctocephalus indicus* 带所产 *Danzhaina spinosa* （Yuan in Zhang *et al.*，1980a）（袁金良等，2002，175 页，图版 53，图 1—6；图版 54，图 6，7；图版 55，图 3），将其归入小丹寨虫属更好。*Monanocephalus urceolatus* （Reed）也应归入小丹寨虫属。

时代分布 寒武纪第三世早期（徐庄期），华北（山西、安徽、宁夏、内蒙古）。

中条山陌南头虫 *Monanocephalus zhongtiaoshanensis* Lin et Wu in Zhang *et al.*，1980b

（图版 24，图 1—9；图版 25，图 1）

1980b *Monanocephalus zhongtiaoshanensis* Lin et Wu in Zhang *et al.*，张文堂等，87 页，图版 11，图 14。

1985 *Monanocephalus zhongtiaoshanensis*，张进林、王绍鑫，488 页，图版 147，图 15。

正模 头盖 NIGP 51249（张文堂等，1980b，图版 11，图 14），山西省芮城县水峪中条山，寒武系第三统徐庄阶 *Sinopagetia jinnanensis* 带。

材料 7 块头盖，1 块活动颊和 2 块尾部标本。

描述 头盖平缓突起，似凸字形，前缘微向前拱曲，正模标本长约 12.6 mm（不包括颈刺），两眼叶之间宽 14.2 mm；背沟清楚；头鞍突起，宽大，截锥形，前端平圆，略大于头盖长的 1/2，中线位置有低的中脊，具 3 对浅的侧头鞍沟，第一对（S1）较宽深，位于头鞍横中线稍后方，内端分叉，前支微向前斜伸，后支向后斜伸，第二对（S2）略短，位于头鞍横中线之前，微向后斜伸，第三对（S3）位于眼脊内端稍下方，近乎平伸；颈沟深，在两侧微向前伸；颈环突起，两侧变窄，中后部向后伸出颈刺；固定颊较宽，平缓突起，在两眼叶之间与头鞍宽近乎相等或略窄；眼脊平缓突起，自头鞍前侧角微向后斜伸；眼叶偏短，位于头鞍相对位置的中前部，约为头鞍长的 1/3；前边缘沟浅；鞍前区宽而平缓突起，略大于前边缘中部宽的 2 倍；前边缘窄，微突起，向两侧略变窄；眼前翼亚梯形，后侧翼窄（纵向）短（横向），次三角形；后边缘沟深，在眼叶后端相对位置处向前折曲，后边缘窄，平缓突起，在眼叶后端相对位置处向前折曲，形成一钝折角，向外伸出距离与头鞍基部宽近乎相等或略宽；面线前支自眼叶前端平行向前伸，后支自眼叶后端向外，然后向后内方伸；同层所产活动颊具中等长的颊刺，侧边缘沟较宽浅，侧边缘平缓突起，颊区较宽；同层所产尾部横椭圆形；尾轴宽，突起，微向后收缩变窄，后端圆润，分 3—4 节，轴环节沟向后变浅；肋部平缓突起，分 2—3 对肋脊，前肋脊带低，内窄外宽，后肋脊带突起较高，内宽外窄，无明显尾边缘和尾边缘沟；壳面布满致密的小粒点装饰。

比较 当前标本与山西芮城水峪中条山的模式标本相比，头盖和头鞍形态，两眼叶之间固定颊的宽度，眼叶的大小和位置，鞍前区和前边缘宽的比例，面线历程都很相似，应属于同种，不同的是头鞍略显宽，头鞍沟略深，属种内变异。

产地层位 宁夏回族自治区贺兰山（60-11-F71）和内蒙古自治区阿拉善盟呼鲁斯太陶思沟（NH41，NH43a），胡鲁斯台组 *Sinopagetia jinnanensis* 带。

网状陌南头虫（新种） *Monanocephalus reticulatus* Yuan et Zhu，sp. nov.

（图版 24，图 10—15；图版 25，图 14，15）

词源 reticulatus，-ta，-um，拉丁语，网状的，指新种头盖表面有网纹状装饰。

正模 头盖 NIGP62662（图版 24，图 15），内蒙古自治区乌海市桌子山地区阿不切亥沟（CD94C），寒武系第三统徐庄阶 *Sinopagetia jinnanensis* 带中下部。

材料 7 块头盖和 1 块尾部标本。

描述 头盖平缓突起,次方形,前缘微向前拱曲,正模标本长约 8.6 mm (不包括颈刺),两眼叶之间宽 9.4 mm;背沟清楚;头鞍突起,宽大,截锥形,前端宽圆,略大于头盖长的 1/2,中线位置有低的中脊,具 3—4 对浅的侧头鞍沟,第一对(S1)较宽深,位于头鞍横中线稍后方,内端分叉,前支微向前斜伸,后支向后斜伸,第二对(S2)略短,位于头鞍横中线之前,内端分叉,前支微向前斜伸,后支向后斜伸,第三对(S3)位于眼脊内端稍下方,近乎平伸,第四对(S4)位于眼脊内端,浅,微向前伸;颈沟深,在两侧微向前伸;颈环突起,两侧变窄,中后部向后上方伸出较长颈刺,此颈刺在修理过程中易被折断;固定颊较宽,平缓突起,在两眼叶之间为头鞍宽的 4/5;眼脊突起,自头鞍前侧角微向后斜伸;眼叶中等偏长,位于头鞍相对位置的中后部,约为头鞍长的 3/5;前边缘沟中等深;鞍前区宽而平缓突起,约为前边缘中部宽的 2 倍;前边缘窄,微突起,向两侧略变窄;眼前翼亚梯形,后侧翼窄(纵向)短(横向),次三角形;后边缘沟深,在眼叶后端相对位置处向前折曲,后边缘窄,平缓突起,在眼叶后端相对位置处向前折曲,向外伸出距离与头鞍基部宽近乎相等或略宽;面线前支自眼叶前端微向外向前伸,后支自眼叶后端向外,然后向后内方伸;同层所产尾部横椭圆形;尾轴窄,突起,微向后收缩变窄,后端微向前凹,分 4—5 节,轴环节沟向后变浅;肋部平缓突起,分 3—4 对肋脊,前肋脊带低,内窄外宽,后肋脊带突起较高,内宽外窄,无明显尾边缘和尾边缘沟;壳面布满网纹状装饰。

比较 新种与模式种不同在于眼叶较长,后侧翼纵向窄,前边缘沟较宽深,面线前支自眼叶前端微向外向前伸,壳面布满网纹状装饰。新种与产自安徽省淮南市老鹰山馒头组的 *Monanocephalus liquani* Peng (Peng *et al*., 2009, p. 58, 59, figs. 37-1—37-9)不同之处在于眼叶较长,后侧翼纵向窄,后边缘向外伸出的距离较短,前边缘沟较宽深,面线前支自眼叶前端微向外向前伸,壳面布满网纹状装饰。

产地层位 内蒙古自治区乌海市桌子山地区阿不切亥沟(CD94C)、岗德尔山东山口(NZ11),胡鲁斯台组 *Sinopagetia jinnanensis* 带中下部;陕西省陇县景福山地区牛心山(L12),馒头组 *Sinopagetia jinnanensis* 带中下部。

陶思沟陌南头虫(新种)*Monanocephalus taosigouensis* Yuan et Zhang, sp. nov.

(图版 25,图 2—12)

词源 Taosigou,汉语拼音,地名,陶思沟,指新种产地。

正模 头盖 NIGP62668(图版 25,图 6),内蒙古自治区阿拉善盟呼鲁斯太陶思沟,寒武系第三统徐庄阶 *Sinopagetia jinnanensis* 带。

材料 10 块头盖和 2 块活动颊标本。

描述 头盖横宽,平缓突起,近乎四方形(后侧翼除外),前缘微向前呈弧形拱曲,正模标本长约 8.5 mm (不包括颈刺),两眼叶之间宽 8.5 mm;背沟宽深;头鞍突起,截锥形,前端平圆,略大于头盖长的 1/2,具 4 对清楚的侧头鞍沟,第一对(S1)较宽深,位于头鞍横中线后方,内端分叉,前支平伸,后支向后斜伸,第二对(S2)略短,位于头鞍横中线之前,微向后斜伸,第三对(S3)位于眼脊内端稍下方,坑状,不与背沟相连,第四对(S4)位于眼脊内端,短浅,微向前伸;颈沟深,微向后弯曲;颈环突起,倒三角形,中后部向后上方伸出较长颈刺;固定颊中等宽,平缓突起,在两眼叶之间为头鞍宽的 1/2—3/4;眼脊突起,自头鞍前侧角微向后斜伸;眼叶短至中等长,位于头鞍相对位置的中部,约为头鞍长的 1/3—1/2,眼沟浅;前边缘沟宽深,中部强烈向前拱曲,形成三段弧形;鞍前区宽而强烈突起,自头鞍前侧角伸出两条浅的斜沟,使得鞍前区形成横椭圆形的穿堆状隆起,约为前边缘中部宽的 2 倍;前边缘窄,圆凸,向两侧略变窄;眼前翼次方形,后侧翼窄(纵向)短(横向),次三角形;后边缘沟宽深,在眼叶后端相对位置处向前折曲,后边缘窄,突起,向外变宽,在眼叶后端相对位置处向前折曲,向外伸出距离是头鞍基部宽的 1.2 倍;面线前支自眼叶前端微向外向前伸,后支自眼叶后端向外,然后向后内方伸;同层所产活动颊中等大小,平缓突起;颊区宽于侧边缘,其上有许多放射状脊线;颊刺长,向外呈弓形弯曲;壳面布满小而密集的瘤点装饰。

比较 新种与模式种不同之处在于前边缘沟较深,向前弯曲呈三段弧形,鞍前区上自头鞍前侧角伸出两条浅的斜沟,斜沟之间形成横椭圆形隆起,4 对头鞍沟较深,面线前支自眼叶前端向外分散向前伸,后侧翼纵向较宽，颊刺较细长。新种与本书描述的 *Monanocephalus reticulatus* Yuan et Zhu，sp. nov.的主要区别是眼叶较短，背沟和前边缘沟较宽深，前边缘沟弯曲呈三段弧形，鞍前区上有横椭圆形的穹堆状隆起，壳面布满小而密集的瘤点装饰。

产地层位 内蒙古自治区阿拉善盟呼鲁斯太陶思沟（NH41，NH43a），胡鲁斯台组 *Sinopagetia jinnanensis* 带。

陌南头虫未定种 *Monanocephalus* sp.

(图版 25，图 13)

材料 1块头盖标本。

描述 头盖平缓突起，次方形（后侧翼除外），前缘微向前拱曲，长约 6.0 mm（包括颈环），两眼叶之间宽 6.0 mm；背沟浅；头鞍宽大，截锥形，前端宽圆，约占头盖长的 1/2，具 3—4 对极浅的侧头鞍沟；颈沟浅，两侧微向前弯曲；颈环突起，倒三角形；固定颊中等宽，平缓突起，在两眼叶之间为头鞍宽的 7/10；眼脊突起低，自头鞍前侧角微向后斜伸；眼叶中等长，位于头鞍相对位置的中后部，约为头鞍长的 1/2，眼沟浅；前边缘沟极浅；鞍前区宽，平缓突起，约为前边缘中部宽的 2 倍，在中线位置有两条向眼脊外端方向斜伸的脊线；前边缘窄，平缓突起，向两侧略变窄；眼前翼次方形；后侧翼窄（纵向）短（横向）；后边缘沟宽深，在眼叶后端相对位置处向前折曲；后边缘窄，平缓突起，向外变宽，在眼叶后端相对位置处向前折曲，向外伸出距离略小于头鞍基部宽；面线前支自眼叶前端微向内收缩向前伸，后支自眼叶后端向外，然后向后内方伸并与后边缘相交；壳面光滑。

比较 未定种的主要特征是头鞍较短宽，向前收缩慢，颈环呈倒三角形，眼叶较长，鞍前区上有两条向眼脊外端方向斜伸的脊线，后侧翼和后边缘向外伸出距离较小，不同与属内其他的种，但由于标本较少，暂不定新种。

产地层位 内蒙古自治区乌海市桌子山地区阿不切亥沟（CD94C），胡鲁斯台组 *Sinopagetia jinnanensis* 带中下部。

副甲劳虫属 *Parajialaopsis* Zhang et Yuan in Zhang *et al.*，1980b

Parajialaopsis Zhang et Yuan in Zhang *et al.*，张文堂等，1980b，68，92 页；张进林、王绍鑫，1985，404 页；Jell and Adrain，2003，p. 419；Yuan *et al.*，2008，p. 85，93，98.

模式种 *Parajialaopsis globus* Zhang et Yuan in Zhang *et al.*，张文堂等，1980b，68，92 页，图版 6，图 13，14，山西省芮城水峪中条山，寒武系第三统徐庄阶 *Asteromajia hsuchuangensis-Ruichengella triangularis* 带。

特征(修订) 头盖突起，近乎四方形；背沟较宽深；头鞍截锥形，短，具三对极浅的侧头鞍沟；颈沟较深，颈环突起，半椭圆形，向后凸；鞍前区强烈突起，呈球形，与眼前翼之间有一斜向浅沟相隔；前边缘突起，前边缘沟清楚，呈三段弧形微向前弯曲；两眼叶之间固定颊中等宽，平缓突起；眼脊自头鞍前侧角微向后斜伸；眼叶中等长；后边缘沟较宽深，在眼叶后端相对位置处向前弯曲，后边缘窄，突起，在眼叶后端相对位置处有一钝角形的向前折曲；面线前支自眼叶前端近乎平行向前伸，后支自眼叶后端向外伸，越过侧边缘沟后向后弯曲切于后边缘。

讨论 就头盖和头鞍形态特征来看，特别是鞍前区上都有一球形或椭圆形的凸起，此属与 *Kaotaia* Lu in Lu *et al.*，1962（模式种 *Kaotaia magna* Lu in Lu *et al.*，卢衍豪等，1962，31 页，图版 4，图 4；袁金良等，2002，191，192 页，图版 58，图 3，4；图版 59，图 6），*Catinouyia* Zhang et Yuan，1981（模式种 *Catinouyia typica* Zhang et Yuan，1981，p. 164，pl. 1，figs. 5，6）都有些相似，*Parajialaopsis* 与 *Kaotaia* 的主要区别是背沟较宽深，前边缘沟明显呈三段弧形向前弯曲，后边缘沟较宽深，在眼叶后端相对位置处向前弯曲，后边缘窄，突起，在眼叶后端相对位置处呈钝角向前折曲。它与 *Catinouyia* 不同之处在于背沟较宽深，两眼叶之间的固定颊较窄，眼叶较长，位置靠后，后边缘沟在眼叶后端相对位置处向前弯曲，后边缘窄，突起，在眼叶后端相对位置处呈钝角向前折曲，而后者则向后弯曲。就头盖和头鞍形态，特别是面线历程，后边缘和后边缘沟形态来看，*Parajialaopsis* 与 *Monanocephalus* Lin et Wu in Zhang *et al.*（模

式种 *Monanocephalus zhongtiaoshanensis* Lin et Wu in Zhang *et al.*；张文堂等，1980b，87 页，图版 11，图 14）很相似，但后者的头盖呈亚梯形，背沟较浅，颈刺发育，后边缘和后边缘沟向外伸出距离较大。笔者认为除模式种外，产于山东长清县张夏镇馒头山馒头组 *Asteromajia hsuchuangensis-Ruichengella triangularis* 带的 Lorenzellidae gen. et sp. indet.（卢衍豪、朱兆玲，2001，285 页，图版 4，图 10）以及产于辽东半岛南部徐庄期的 *Alokistocare solum* Nan et Chang（南润善、常绍泉，1982b，31 页，图版 1，图 8—10）也应归于此属内。由于此属与 *Monanocephalus* 很相似，笔者将其归于 Cedariidae Raymond，1937 科内。

时代分布 寒武纪第三世早期（徐庄期），华北、东北南部。

副甲劳虫未定种 *Parajialaopsis* sp.

（图版 91，图 14）

材料 1 块头盖标本。

描述 头盖次方形（后侧翼除外），前缘向前呈弧形拱曲，长 5.0 mm，两眼叶之间宽 6.3 mm；背沟深，在头鞍之前变窄浅；头鞍突起，截锥形，前端平圆，具 3—4 对极浅侧头鞍沟，其中第一对（S1）内端分叉，前支短，平伸，后支长，向侧后方斜伸，S2 位于头鞍横中线之前，微向后斜伸，S3 位于眼脊内端稍下方，平伸，S4 短，位于眼脊内端，微向前伸；颈环突起，中部较宽，向两侧迅速变窄，颈沟深，两侧微向前弯曲；在两眼叶之间固定颊与头鞍几乎等宽，平缓突起；鞍前区宽，在头鞍之前形成横椭圆形的穹堆状隆起，前边缘中等宽，平缓突起，两侧变窄，前边缘沟在两侧较深，在头鞍之前较窄浅；眼脊自头鞍前侧角近乎向外平伸，眼叶中等长至长，位于头鞍相对位置的中前部，略大于头鞍长的 1/2，眼沟浅；后侧翼窄（纵向），宽（横向），后边缘窄，平缓突起，向外伸出距离等于头鞍基部宽；壳面具细小的网脊和网孔纹饰。

比较 未定种与模式种 *Parajialaopsis globus* Zhang et Yuan in Zhang *et al.*（张文堂等，1980b，68 页，图版 6，图 13，14）的主要区别是前边缘较宽平，前边缘沟在头鞍之前变窄浅，两眼叶之间的固定颊较宽，颈环中部向后突出不明显。

产地层位 内蒙古自治区乌海市北部千里山（Q35-XII-H12），胡鲁斯台组 *Sunaspis laevis-Sunaspidella rara* 带下部。

卢氏宽壳虫科 Luaspididae Zhang et Yuan，1981

卢氏宽壳虫属 *Luaspides* Duan，1966

Luaspides Duan，段吉业，1966，144 页；郭鸿俊、段吉业，1978，447 页；张文堂等，1980c，108 页；Zhang and Yuan，1981，p. 163；周志强等，1982，239 页；张进林、王绍鑫，1985，353 页；王绍鑫、张进林，1993a，5 页；1993b，122，123 页；1994a，131 页；程立人等，2001，106 页；Jell and Adrain，2003，p. 400；段吉业等，2005，116 页；李泉，2006，23 页；Yuan *et al.*，2008，p. 83，93，99.

模式种 *Luaspides lingyuanensis* Duan，段吉业，1966，144 页，图版 1，图 14—18，辽宁凌源县磨石沟，寒武系第三统毛庄阶 *Luaspides-Probowmaniella* 带。

特征（修订） 背壳长卵形，背沟深；头盖横宽，梯形；头鞍长，截锥形，前端伸达前边缘沟，具 3—4 对较深的侧头鞍沟；颈环突起，半椭圆形，中后部具颈瘤或短的颈刺；两眼叶之间固定颊窄，眼叶短，突起在固定颊之上，位于头鞍相对位置的中后部，眼脊突起，自头鞍前侧角稍后向后强烈斜伸；鞍前区缺失，前边缘窄，强烈突起或向前上方翘起；胸部 15 节，肋节末端具细长肋刺，轴部较宽，轴节中部具突起的瘤或短刺；尾部小，尾轴粗壮，强烈突起，后缘与后边缘呈一陡坡，分 2—3 节，肋部窄而平缓突起，有 3 对肋脊，尾边缘窄，平，尾边缘沟不显；壳面光滑或具密集瘤点。

讨论 卢氏宽壳虫分布于我国华北寒武系第三统下部（毛庄阶），到目前为止已建有 7 个种，分别是 *Luaspides lingyuanensis* Duan，1966，*L. brevis* Zhang et Yuan，1981，*L. qinglongshanensis* Li in Zhou *et al.*，1982，*L. shangzhuangensis* Zhang et Wang，1985，*L. xixianensis* Zhang et Wang，1985，*L. huoshanensis* Zhang et Wang，1985，*L. wutaishanensis* Zhang et Wang，1985。段吉业等（2005，116 页）认为这 7 个种应合并为

一个种，即模式种 Luaspides lingyuanensis Duan，1966。需要指出的是模式种有几个特征是其余的种所没有的：头盖中线位置强烈向后弯曲，颈环向后伸出短的颈刺，前边缘窄而且强烈向前上方翘起，壳面有瘤点装饰。笔者认为除了模式种外，*L. brevis* Zhang et Yuan，1981，*L. shangzhuangensis* Zhang et Wang，1985 可以保留。关于卢氏宽壳虫的时代有 3 种不同意见：一种意见认为属传统下寒武统毛庄期（寒武系第二统）（段吉业，1966；郭鸿俊、段吉业，1978；程立人等，2001；段吉业等，2005）；第二种意见认为它属传统中寒武统毛庄期（周志强等，1982）；第三种意见认为它属传统中寒武统徐庄期（寒武系第三统）（张文堂等，1980c；Zhang and Yuan，1981；张进林、王绍鑫，1985；王绍鑫、张进林，1993a，1994a）。到目前为止，华北地区发现卢氏宽壳虫的地点有辽宁省凌源县磨石沟、黑沟和老庄户、锦西县杨家杖子，河北省抚宁县上平山和王家峪，内蒙古自治区乌海市岗德尔山东山口和大青山地区，宁夏回族自治区同心县青龙山和山西省河津县西硙口、隰县上庄、繁峙县憨山。最近在河北省唐山市丰润区左家坞乡大松林、古冶区王辇庄乡赵各庄长山沟和杏山沟的馒头组里都发现了大量 *Luaspides* 的标本。此属与 *Probowmaniella jiawangensis*，*Catinouyia typica* 等三叶虫共生，*Probowmaniella* 在地层对比上有重要意义，曾作为传统中寒武统底界，和 *Yaojiayuella* 属一样重要（郭鸿俊、昝淑芹，1991，3 页）。目前寒武系第三统第五阶（台江阶）的底界是以掘头虫类三叶虫印度掘头虫（*Oryctocephalus indicus*）的首现点来确定的（袁金良等，1997，2002；Sundberg *et al.*，1999，2010；彭善池等，2000）。笔者注意到在河北省抚宁县上平山、王家峪和沙河寨一带与 *Luaspides* 共生的三叶虫有很多属种，如 *Bashania lata*（段吉业等，2005，112 页，图版 5，图 5—8；插图 7-3-2），*Probowmania ligea* var. *liaoningensis*（段吉业等，2005，102，103 页，图版 5，图 20；non 图版 2，图 9b，9c，10b，10c；图版 4，图 14—18；插图 7-1-1），*Solenoparia*（*Plesisolenoparia*）*funingensis*（段吉业等，2005，132 页，图版 8，图 9，10），*Mufushania hejinensis*（段吉业等，2005，105，106 页，图版 8，图 12—18），*Probowmania tongshanensis*（段吉业等，2005，104 页，图版 9，图 1；图版 12，图 10），*Shantungaspis constricta*（段吉业等，2005，110 页，图版 7，图 1；图版 8，图 1—8；图版 9，图 19），*Funingaspis koptconica*（段吉业等，2005，115，116 页，图版 10，图 1—13；插图 7-4-2），*Probowmaniella paralella*（段吉业等，2005，106，107 页，图版 10，图 14—16）；*Mufushania nankingensis*（段吉业等，2005，105 页，图版 11，图 1—6），*Catinouyia funingensis*（段吉业等，2005，148 页，图版 11，图 7—11；图版 15，图 20），*Catinouyia jiawangensis*（段吉业等，2005，148 页，图版 11，图 12—14），*Catinouyia distinctus*（段吉业等，2005，148，149 页，图版 12，图 5），*Dananzhuangia angustata*（段吉业等，2005，105 页，图版 12，图 11），*Paraantagmus funingensis*（段吉业等，2005，117 页，图版 12，图 18—22），*Bashania funingensis*（段吉业等，2005，112，113 页，图版 13，图 8），*Psilostracus* sp.（段吉业等，2005，114，115 页，图版 15，图 9—11），*Hsuchuangia funingensis*（段吉业等，2005，122 页，图版 14，图 16b，17b；图版 16，图 12），*Bashania bashanensis*（段吉业等，2005，111，112 页，图版 14，图 16c；图版 52，图 1—6，7b），*Jianchangia funingensis*（段吉业等，2005，115 页，图版 52，图 8—14），*Jianchangia yanshanensis*（段吉业等，2005，115 页，图版 52，图 19）。其中 *Bashania lata* 可归入 *Probowmaniella*；*Probowmania ligea* var. *liaoningensis* 和 *Solenoparia*（*Plesisolenoparia*）*funingensis* 与黔东南凯里组 *Oryctocephalus indicus* 带的苗板坡虫（*Miaobanpoia* Yuan et Zhao in Yuan *et al.*，2002）相似，可归于这个属内；*Mufushania hejinensis* 从尾部形态来看更接近 *Xingrenaspis* Yuan et Zhou in Zhang *et al.*，1980a 一属；*Probowmania tongshanensis* 应定为 *Probowmaniella jiawangensis* Chang 一种；*Shantungaspis constricta* 头鞍向前强烈收缩，头盖呈亚梯形，眼脊自头鞍前侧角向后斜伸，与 *Wuhaina* Zhang et Yuan，1981 更接近；*Funingaspis* Duan et An in Duan *et al.*，2005 的模式种是产于江苏铜山县大南庄徐庄期早期的 *Parapachyaspis*? *koptconica* Qiu（仇洪安等，1983，83 页，图版 25，图 8），其主要特征有眼脊自头鞍前侧角稍后向后斜伸，前边缘突起，前边缘沟浅，壳面有稀少疣点。而产于河北省抚宁县沙河寨，辽宁省凌源县黑沟和锦西县杨家杖子的标本（段吉业等，2005，图版 10，图 1—13；插图 7-4-2）显示头鞍相对较短宽，向前收缩较快，鞍前区和眼前翼较宽，前边缘沟较宽，前边缘窄而向前上方翘起，与这个种的模式标本差异较大，可以建新种；鉴定为 *Mufushania nankingensis* 的标本（段吉业等，2005，105 页，图版 11，图 1—6）有几点与这个种（林天瑞，1965，554，555，558，559 页，图版 1，图 6—11）是不同的：前边缘突起，

前边缘沟较深，背沟在头鞍前侧角形成前坑，后边缘向外伸出距离明显小于头鞍基部宽，13个胸节，尾轴较宽长，向后收缩较慢；*Dananzhuangia angustata*（段吉业等，2005，105页，图版12，图11）可能与*Catinouyia funingensis*（段吉业等，2005，148页，图版11，图7—11；图版15，图20）是同一个种；*Paraantagmus funingensis* 一种（段吉业等，2005，117页，图版12，图18—22）由于头鞍向前收缩较快，鞍前区极窄，在头鞍之前呈凹陷状，置于*Paraantagmus*属内是有问题的；*Bashania funingensis* 一种（段吉业等，2005，112页，图版13，图8），与*Solenoparia*一属的形态较相似；基于三个头盖标本建的*Hsuchuangia funingensis* 这个种（段吉业等，2005，122页，图版14，图16b，17b；图版16，图12），头鞍呈锥形，眼叶短，眼脊自头鞍前侧角稍后向后斜伸，眼前翼和鞍前区较宽，置于这个属内是有问题的，与*Solenoparia*（*Plsesisolenoparia*）*ruichengensis* Zhang et Yuan in Zhang *et al.*，1980b 非常相似；*Bashania bashanensis* Qiu in Qiu *et al.*，1983 原产于安徽省宿州市夹沟镇八山徐庄期（仇洪安等，1983，图版25，图6，7），主要特征是颈环呈三角形，有侧颈叶，前边缘较宽而向前上方翘起，后边缘向外伸出距离长，而且向外变宽，而产于河北省抚宁县王家峪与*Luaspides lingyuanensis*共生的*Bashania bashanensis*其头盖则更像*Probowmaniella*一属；产于河北省抚宁县沙河寨的*Jianchangia funingensis*和*Jianchangia yanshanensis*是否能归于这个属也是值得怀疑的，后一个种或许应归于*Catinouyia*属内。综上所述*Luaspides*及其共生的三叶虫应归于寒武系第三统毛庄期。产于安徽淮南八公山区馒头组上部*Sinopagetia jinnanensis*带的*Luaspides* sp.（李泉，2006，23，24页，图版7，图1—3）头盖前缘向前弯曲，具窄的鞍前区，头鞍沟极浅，14个胸节，不具肋刺，尾部横宽，与*Luaspides*的差异较大，而与*Chengshanaspis* Chang，1963[模式种*C. yohi*（Sun，1924）；张文堂，1963，464页，图版1，图7]非常相似，应归于此属内。

时代分布　寒武纪第三世早期（毛庄期至徐庄期早期），华北及东北南部。

短卢氏宽壳虫 *Luaspides brevis* Zhang et Yuan，1981

（图版27，图1—10；图版28，图11）

1981　*Luaspides brevica* Zhang et Yuan，p. 163，pl. 1，figs. 1，2.

1982　*Luaspides qinglongshanensis* Li in Zhou *et al.*，周志强等，239页，图版60，图15。

正模　头盖 NIGP62237（Zhang and Yuan，1981，pl. 1，fig. 2；图版27，图8），内蒙古自治区乌海市岗德尔山东山口（NZ2a），寒武系第三统毛庄阶*Luaspides brevis*带。

材料　6块近乎完整背壳，2块不完整背壳和5块头盖标本。

描述　背壳长卵形，头、胸、尾长度之比为10：23：3；背沟深；头部横宽，半圆形；头盖横宽，次方形（后侧翼除外），正模标本长8.0 mm，两眼叶之间宽9.3 mm；头鞍长，宽锥形，前端伸达前边缘沟，具4对较深的侧头鞍沟，第一对（S1）较深长，内端分叉，后支强烈向后斜伸，在中线位置弯曲相连，第二对（S2）位于头鞍横中线之前，近乎平伸，第三对（S3）位于眼脊内端稍下方，不与背沟相连，未向前伸，第四对（S4）窄短，位于眼脊内端，向前斜伸；颈沟两侧深，中部较浅，向前弯曲；颈环突起，半椭圆形，中后部具颈瘤；两眼叶之间固定颊窄，眼叶短，突起在固定颊之上，位于头鞍相对位置的中部，不足头鞍长鞍长的1/3，眼脊突起，自头鞍前侧角稍后向后强烈斜伸；鞍前区缺失，前边缘沟宽深，两侧微向前弯曲，前边缘极窄，较直，或略呈波状弯曲，强烈向前上方翘起；后侧翼次三角形，后边缘沟宽深，后边缘平缓突起，向外略变宽，向外伸出距离等于或略大于头鞍基部宽；面线前支自眼叶前端微向外分散向前伸，后支长，向侧后方斜伸；活动颊略宽于固定颊，颊刺长，伸至第5或第6个胸节的水平位置，侧边缘沟向后变浅，颊区与眼前翼宽大致相等；胸部15节，肋节末端具向后侧伸的细长肋刺，轴部宽与肋部宽几乎相等，轴节中部具突起的小瘤；尾部小，尾轴粗壮，强烈突起，后缘与后边缘呈一陡坡，中部微向前凹，分2—3节，肋部窄而平缓突起，有3对肋脊，尾边缘窄，平，尾边缘沟不明显；壳面光滑。

比较　此种与模式种*L. lingyuanensis* Duan，1966 的主要区别是头盖前缘向后的弯曲度较小，头鞍较宽短，颈环具颈瘤而不具颈刺，面线前支自眼叶前端向外分散的角度较小，胸节肋刺较长，尾部较短，尾轴较宽，壳面光滑。产于宁夏回族自治区同心县青龙山的*L. qinglongshanensis* Li in Zhou *et al.*（周志强等，1982，239 页，图版 60，图 15）其头盖、头鞍特征与本种一致，本书予以合并。

产地层位　内蒙古自治区乌海市岗德尔山东山口（NZ2a，NZ1，NZ3），胡鲁斯台组 *Luaspides shangzhuangensis* 带；河北省唐山市丰润区左家坞乡大松林，馒头组 *Luaspides lingyuanensis* 带。

凌源卢氏宽壳虫 *Luaspides lingyuanensis* Duan，1966

（图版 26，图 1—10）

1966　*Luaspides lingyuanensis* Duan，段吉业，144 页，图版 1，图 14—18。

1978　*Luaspides lingyuanensis*，郭鸿俊、段吉业，447 页，图版 1，图 3—6。

1980　*Luaspides lingyuanensis*，南润善，489 页，图版 201，图 1，2。

1985　*Luaspides wutaishanensis* Zhang et Wang，张进林、王绍鑫，355 页，图版 108，图 13，14。

1993a　*Luaspides wutaishanensis*，王绍鑫、张进林，5 页。

1994a　*Luaspides lingyuanensis*，王绍鑫、张进林，131 页，图版 4，图 1。

1994a　*Luaspides wutaishanensis*，王绍鑫、张进林，131 页，图版 5，图 1。

2001　*Luaspides lingyuanensis*，程立人等，106 页，图版 1，图 8—17。

2005　*Luaspides lingyuanensis*，段吉业等，116，117 页，图版 14，图 1—5，16a，17a；图版 52，图 7a；插图 7-3-1；non 图版 14，图 6—15。

正模　头盖 ESJU HL075-1（段吉业，1966，图版 1，图 14；郭鸿俊、段吉业，1978，图版 1，图 5），辽宁省凌源县磨石沟，寒武系第三统毛庄阶 *Probowmaniella jiawangensis* 带。

材料　6 块头盖，1 块活动颊，2 块尾部和 1 块唇瓣标本。

比较　段吉业在建立此种时，选了一块头盖作为正模标本，虽然这块标本可能是一块未成年标本，但是一些基本特征还是清楚的，如前边缘极窄，翘起，中线位置强烈向后弯曲，具短的颈刺，壳面有小疣。因此，不应该改换背壳（郭鸿俊、段吉业，1978，图版 1，图 3）作为这个种的正模标本。当前标本与产于辽宁省凌源县磨石沟的模式标本相比，在前边缘形态，眼叶大小和位置，颈环上有颈刺，壳面有疣等方面完全一致，应属于同一个种。但当前标本疣点比较大和密集，这属于种内变异。

产地层位　河北省唐山市古冶区王辇庄乡赵各庄长山沟（TGC1）和丰润区左家坞乡大松林村（TFD1），馒头组 *Luaspides lingyuanensis* 带。

上庄卢氏宽壳虫 *Luaspides shangzhuangensis* Zhang et Wang，1985

（图版 26，图 11—13；图版 27，图 11；图版 28，图 1—10）

1982　*Luaspides lingyuanensis* Duan，周志强等，238 页，图版 60，图 13，14。

1985　*Luaspides shangzhuangensis* Zhang et Wang，张进林、王绍鑫，353，354 页，图版 108，图 9。

1985　*Luaspides xixianensis* Zhang et Wang，张进林、王绍鑫，354 页，图版 108，图 10。

1985　*Luaspides huoshanensis* Zhang et Wang，张进林、王绍鑫，354，355 页，图版 108，图 10，11。

1994a　*Luaspides lingyuanensis*，王绍鑫、张进林，131 页，图版 4，图 1。

2005　*Luaspides lingyuanensis*，段吉业等，116，117 页，图版 14，图 6—15；non 图版 14，图 1—5，16a，17a；图版 52，图 7a；插图 7-3-1。

正模　头盖 TIGM Ht 071（张进林、王绍鑫，1985，图版 108，图 9），山西隰县上庄，寒武系第三统毛庄阶。

材料　5 块背壳和 9 块头盖标本。

比较　此种与模式种 *Luaspides lingyuanensis* Duan，1966 的主要区别是前边缘较宽而突起，中部宽度均匀，向两侧迅速变窄，颈环具颈瘤，但无颈刺，头盖前缘平直，面线前支自眼叶前端向外分散角度较小，而且呈弧形向前伸，胸部的肋刺较长，壳面光滑无瘤。此种与 *Luaspides brevis* Zhang et Yuan，1981 在头盖、头鞍形态上也有许多相似之处，但头盖前缘相对较窄（横向），较直，头鞍较窄长，前边缘较宽而突起，面线前支自眼叶前端向外分散的角度较小。当前标本与模式标本相比，除了头鞍沟较深外，其余特征一致，应为同种。

产地层位 内蒙古自治区阿拉善盟呼鲁斯太陶思沟（NH31，NZ2a）和宁夏回族自治区同心县青龙山（NC32），胡鲁斯台组 *Luaspides shangzhuangensis* 带；河北省唐山市丰润区左家坞乡大松林村（TFD1），馒头组 *Luaspides lingyuanensis* 带。

方形卢氏宽壳虫？（新种）*Luaspides*？ *quadrata* Yuan et Zhang，sp. nov.

（图版 28，图 12—15）

词源 quadrata，-us，-um，拉丁语，方形的，指新种有近乎方形的头盖。

正模 头盖 NIGP62715（图版 28，图 15），内蒙古自治区乌海市岗德尔山（715 厂西侧），寒武系第三统徐庄阶 *Sinopagetia jinnanensis* 带。

材料 2 块头盖，1 块唇瓣和 1 块尾部标本。

描述 头盖平缓突起，横宽，近乎方形（后侧翼除外），前缘较直，正模标本长约 8.3 mm，两眼叶之间宽 9.5 mm；背沟清楚；头鞍突起，截锥形，前端平圆或宽圆，具 4 对深的侧头鞍沟，第一对（S1）较宽深，内端分叉，后支向后斜伸，前支近乎平伸，第二对（S2）短，位于头鞍横中线之前，内端略分叉，后支微向后伸，前支微向前伸，第三对（S3）位于眼脊内端稍下方，不与背沟相连，微向前伸，第四对（S4）位于眼脊内端，浅，向前斜伸；颈沟清楚，近平伸；颈环突起，两侧略窄；固定颊平缓突起，在两眼叶之间为头鞍宽的 2/3；眼脊突起，自头鞍前侧角稍后向后斜伸；眼叶中等偏短，位于头鞍相对位置的中后部，约为头鞍长的 2/5；前边缘沟宽深；鞍前区缺失；前边缘窄，平缓突起，宽度均匀；眼前翼亚梯形，后侧翼窄（纵向）短（横向），次三角形；后边缘沟宽深，后边缘平缓突起，向外变宽，向外伸出距离与头鞍基部宽近乎相等；面线前支自眼叶前端微向外向前伸，后支自眼叶后端向侧后方斜伸；可能属于此种的唇瓣宽卵形，中体卵形，中体前叶长，卵形，后叶新月形，中沟清楚，向后强烈弯曲，中部在中线位置相连；侧边缘沟清楚，侧边缘窄，突起，前边缘沟宽浅，前边缘极窄，平缓突起，后边缘沟窄浅，后边缘窄，平缓突起；前翼次三角形；同层所产尾部半椭圆形，尾轴近乎柱形，后缘中线位置向前凹，分 3 节，肋部较窄，平缓突起，有 3 对肋脊，向外变宽呈棒锤状，尾边缘宽平，无清楚尾边缘沟；壳面光滑。

比较 新种与属内其他种不同之处在于头盖前缘直，微向前弯曲，眼脊自头鞍前侧角稍后向后斜伸，眼叶位于头鞍相对位置的中后部，后侧翼和后边缘向外伸出的距离较短，面线前支自眼叶前端近乎平行或微向外向前伸，尾肋脊向外变宽呈棒锤状，因此，此种置于 *Luaspides* 属内尚有疑问。就头盖形态来看，此种与北美中寒武统底部（寒武系第三统）所产 *Schistometopus typicalis*（Resser，1938b，p. 10，pl. 1，fig. 12）十分相似，如头鞍形态，眼脊形态，眼叶的大小和位置，前边缘沟形态和前边缘的特征，主要区别是新种的面线前支自眼叶前端向外分散的角度较大，当然，两者的尾部形态完全不同，后者的尾部带有一对大的尾侧刺（Rasetti，1957，p. 965，966，pl. 121，figs. 15—17）。最近建立的 *Hadrocephalites* Sundberg et McCollum，2002（模式种 *H. lyndonensis* Sundberg et McCollum，2002，p. 87—89，fig. 11（1—11）头盖和头鞍形态与本种也很相似，但前者的前边缘较宽，尾部带有一对大的尾侧刺。

产地层位 内蒙古自治区阿拉善盟呼鲁斯太陶思沟（NH36），乌海市岗德尔山（715 厂西侧）（Q5-31H-1）、桌子山地区阿不切亥沟（Q5-VII-H14），胡鲁斯台组 *Sinopagetia jinnanensis* 带。

卢氏宽壳虫？未定种 *Luaspides*？ sp.

（图版 19，图 16）

材料 1 块头盖标本。

描述 头盖平缓突起，横宽，亚梯形，前缘微向前弯曲，长约 10.0 mm，两眼叶之间宽 12.0 mm；背沟在头鞍两侧窄深，在头鞍之前变窄浅；头鞍突起，截锥形，前端平圆或宽圆，具 3 对浅的侧头鞍沟，第一对（S1）较长，内端分叉，后支向后斜伸，前支向前伸，第二对（S2）短，位于头鞍横中线之前，近乎平伸，第三对（S3）位于眼脊内端稍下方，不与背沟相连，微向前伸；颈沟宽深，中部近平直，两侧向前斜伸；颈环突起，两侧略窄；固定颊平缓突起，在两眼叶之间为头鞍宽的 2/3；眼脊突起，自头鞍前侧角向后斜伸；眼叶中等偏短，位于头鞍相对位置的中部，约为头鞍长的 1/3；前边缘沟较浅，在中线位置更浅；鞍前区窄至中等宽，平缓突起；前边缘中等宽，突起，向两侧略变窄；眼前翼亚梯形，比鞍前区略宽，后侧翼窄（纵向）短（横向），次三角形；后边缘沟宽深，后边缘平缓突起，向外变宽，向外伸出距离与头鞍基部宽近乎相等；面线前支自眼叶前端微向外向前伸，后支自眼叶后端向侧后方斜伸；壳面具微小疣点。

比较　就头盖和头鞍形态来看，未定种与 *Luaspides* 十分相似，但具有较宽的鞍前区，较宽而且突起的前边缘，因此，将其置于这个属内尚有疑问。

产地层位　内蒙古自治区阿拉善盟呼鲁斯太陶思沟（NH31），胡鲁斯台组 *Luaspides shangzhuangensis* 带。

井上虫科 Inouyiidae Chang, 1963

井上虫属 *Inouyia* Walcott, 1911

Inouyia Walcott, 1911, p. 80, 81; 1913, p. 149; Kobayashi, 1935, p. 253; 1960b, p. 384, 385; 1962, p. 61; Ившин, 1953, стр. 81; Hupé, 1953a, p. 200; 1955, p. 151; 卢衍豪, 1957, 272 页; Harrington *et al.*, 1959, p. 247; 张文堂, 1959, 211, 236 页; 1963, 454, 455, 460, 476 页; Чернышева, 1960, стр. 86; 卢衍豪等, 1963a, 91 页; 1965, 248, 249 页; 项礼文, 1963, 34 页; 周天梅等, 1977, 167 页; 南润善, 1980, 494 页; 周志强等, 1982, 248 页; 张进林、王绍鑫, 1985, 397 页; Zhang and Jell, 1987, p. 130; 杨家骏等, 1991, 147 页; 朱乃文, 1992, 344 页; 王绍鑫、张进林, 1994a, 145 页; Zhang *et al.*, 1995, p. 51; Jell and Adrain, 2003, p. 388; 段吉业等, 2005, 147 页; Yuan *et al.*, 2008, p. 81, 92, 98; Peng *et al.*, 2009, p. 73; 袁金良等, 2012, 154—156, 531, 532 页。

模式种　*Agraulos? capax* Walcott, 1906, p. 580; 1913, p. 151, pl. 14, figs. 11, 11a, 山西五台县南东冶镇，寒武系第三统徐庄阶 *Poriagraulos nanus-Tonkinella flabelliformis* 带。

特征和讨论　见袁金良等, 2012, 154—156, 531, 532 页。

时代分布　寒武纪第三世早期（徐庄期晚期），华北及东北南部。

井上虫亚属 *Inouyia*（*Inouyia*）Walcott, 1911

宽井上虫 *Inouyia*（*Inouyia*）*capax*（Walcott, 1906）
(图版 29, 图 1, 2)

1906　*Agraulos? capax* Walcott, p. 580.

1913　*Inouyia capax*（Walcott），Walcott, p. 151, pl. 14, figs. 11, 11a.

1935　*Inouyia capax*, Kobayashi, p. 254.

1957　*Inouyia capax*, 卢衍豪, 272 页, 图版 142, 图 13。

1963　*Inouyia capax*, 项礼文, 34 页, 图版 2, 图 10。

1963a　*Inouyia capax*, 卢衍豪等, 91 页, 图版 11, 图 9。

1965　*Inouyia capax*, 卢衍豪等, 249 页, 图版 42, 图 11, 12。

1977　*Inouyia capax*, 周天梅等, 168 页, 图版 50, 图 9。

1980　*Inouyia capax*, 南润善, 494 页, 图版 203, 图 5。

1985　*Inouyia capax*, 张进林、王绍鑫, 397 页, 图版 120, 图 6。

1985　*Inouyia yangchengensis* Zhang et Wang, 张进林、王绍鑫, 397 页, 图版 120, 图 7。

1985　*Inouyia hanshanensis* Zhang et Wang, 张进林、王绍鑫, 397 页, 图版 120, 图 5。

1985　*Inouyia huoshanensis* Zhang et Wang, 张进林、王绍鑫, 398 页, 图版 120, 图 3, 4。

1987　*Inouyia capax*, Zhang and Jell, p. 130, 131, pl. 50, figs. 3—6。

1987b　*Inouyia capax*, 刘怀书等, 27 页, 图版 1, 图 18。

1992　*Inouyia capax*, 朱乃文, 344, 345 页, 图版 118, 图 2。

1994a　*Inouyia hanshanensis*, 王绍鑫、张进林, 145 页, 图版 8, 图 8。

1995　*Inouyia capax*, Zhang *et al.*, p. 51, 52, pl. 20, figs. 9, 10。

2005　*Inouyia capax*, 段吉业等, 147 页, 图版 26, 图 1, 2。

2012　*Inouyia capax*, 袁金良等, 156 页, 图版 52, 图 1—5。

选模　头盖 USNM 58018（Walcott, 1913, pl. 14, fig. 11a; Zhang and Jell, 1987, pl. 50, figs. 5, 6），

山西五台县南东冶镇，中寒武统徐庄阶 *Poriagraulos nanus-Tonkinella flabelliformis* 带。

材料 2 块头盖标本。

比较 当前标本与产于山西省五台县东冶镇的模式标本相比，鞍前区上的椭圆形隆起，前边缘的宽度，两眼叶之间固定颊的宽度，眼叶的大小和位置，面线的历程以及壳面装饰都很相似，应属于同一个种，但当前标本头鞍较短而宽，向前收缩较慢，眼脊也较清楚，这属于种内变异。

产地层位 宁夏回族自治区贺兰山苏峪口至五道塘（306—F36）和山西河津县西硇口（化24），胡鲁斯台组和馒头组 *Poriagraulos nanus* 带。

球井上虫亚属 *Inouyia*（*Bulbinouyia*）Yuan in Yuan *et al.*, 2012

Bulbinouyia gen. nov. numen nudum，张文堂、袁金良，1979，101 页；张进林、陈振川，1982，121 页。

Inouyia（*Bulbinouyia*）Yuan in Yuan *et al.*，袁金良等，2012，157，533 页。

模式种 *Inouyia lubrica* Zhou in Zhou *et al.*，周志强等，1982，248，249 页，图版62，图14，宁夏回族自治区中卫市天景山南坡，寒武系第三统徐庄阶 *Metagraulos nitidus* 带（=*Metagraulos dolon* 带）。

特征和讨论 见袁金良等，2012，157，533 页。

时代分布 寒武纪第三世早期（徐庄期），华北及东北南部。

光滑球井上虫 *Inouyia*（*Bulbinouyia*）*lubrica*（Zhou in Zhou *et al.*, 1982）
（图版29，图3—12）

1982 *Inouyia lubrica* Zhou in Zhou *et al.*，周志强等，248，249 页，图版62，图14。

1982 *Inouyia zhongweiensis* Zhou in Zhou *et al.*，周志强等，249 页，图版62，图15，16。

1995 *Inouyia lubrica*，Zhang *et al.*，p. 51.

1995 *Inouyia zhongweiensis*，Zhang *et al.*，p. 51.

2012 *Inouyia*（*Bulbinouyia*）*lubrica*（Zhou in Zhou *et al.*），袁金良等，157 页，图版53，图10。

正模 头盖 XIGM Tr081（周志强等，1982，图版62，图14），宁夏回族自治区中卫市天景山南坡，寒武系第三统徐庄阶 *Metagraulos dolon* 带。

材料 10 块头盖标本。

比较 *Inouyia lubrica* Zhou in Zhou *et al.*，1982，*I. zhongweiensis* Zhou in Zhou *et al.*，1982 两个种产于同一地点和同一层位，虽然有一些小的差异，如 *I. zhongweiensis* 一种的头盖较横宽，壳表面有小的疹孔等，这可能是保存状态不同和种内的变异。当前标本头盖形态与 *I. zhongweiensis* 一种更接近，但不见有小的疹孔。此种与模式种宽井上虫 *Inouyia*（*Inouyia*）*capax*（Walcott）不可能是同一个种，因为此种的前边缘窄而突起，前边缘沟较深，头鞍较短而宽，后侧翼和后边缘向外伸出的距离较短，两眼叶之间的固定颊较窄。

产地层位 内蒙古自治区乌海市岗德尔山东山口（NZ17，NZ19，NZ20，NZ23），宁夏回族自治区贺兰山苏峪口至五道塘（NH17）和同心县青龙山（NC86），胡鲁斯台组 *Metagraulos dolon* 带。

宽球井上虫（新种）*Inouyia*（*Bulbinouyia*）*lata* Yuan et Zhang, sp. nov.
（图版29，图13，14）

词源 lata，latus，latum（拉丁语），宽的，阔的，指新种有横宽的头盖和两眼叶之间宽的固定颊。

正模 头盖 NIGP62729（图版29，图14），陕西陇县景福山地区牛心山，寒武系第三统徐庄阶 *Metagraulos dolon* 带。

材料 2 块头盖标本。

描述 头盖横宽，中等突起，方形（后侧翼除外），前缘微向前拱曲，正模标本长 5.7 mm，两眼叶之间宽 8.7 mm；背沟较宽浅；头鞍较短而突起，不足头盖长的 1/2，截锥形，微向前收缩，前端宽圆，中线位置具低的中脊，具 3 对极浅或模糊不清的侧头鞍沟，其中第一对（S1）较宽深，内端分叉，第二对（S2）

位于头鞍横中线之前，向后斜伸，第三对(S3)位于眼脊内端，短浅，微向后斜伸；颈环突起，两侧窄，中部较宽，颈沟极浅或模糊不清；鞍前区宽而呈椭球形穹堆状隆起，与前边缘之间有较浅的前边缘沟易分开，在头鞍前侧角伸出较宽浅的斜沟使穹堆状隆起与眼前翼分开，前边缘沟清楚，分成三段弧形弯曲，中部向前弯曲度较小，前边缘窄而向前上方翘起，宽度几乎相等；固定颊极宽而平缓突起，凸度比头鞍小，向前、向后和向背沟方向倾斜，两眼叶之间是头鞍宽的 1.3 倍；眼叶中等长，位于头鞍相对位置的中前部；眼脊清楚，较长，自头鞍前侧角近乎向外平伸；面线前支自眼叶前端呈弧形微向外向前延伸，越过边缘沟后斜切前边缘于头盖前侧缘，后侧翼窄(纵向)长(横向)；壳面光滑。

比较　新种与模式种 *Inouyia* (*Bulbinouyia*) *lubrica* Zhou in Zhou *et al.*, 1982 (周志强等，1982，图版 62，图 14—16) 较相似，但头鞍较短，头鞍沟较清楚，两眼叶之间的固定颊极宽，前边缘窄，向前上方翘起。

产地层位　陕西陇县景福山地区牛心山(L20a)，馒头组 *Metagraulos dolon* 带；内蒙古自治区乌海市岗德尔山东山口(NZ19)，胡鲁斯台组 *Metagraulos dolon* 带。

球井上虫未定种 *Inouyia* (*Bulbinouyia*) sp.
(图版 29, 图 15)

材料　1 块头盖标本。

描述　头盖突起，近四方形，长 4.3 mm，两眼叶之间宽 5.5 mm；背沟较深，在头鞍之前更宽深；头鞍短而突起，截锥形，约占头盖长的 1/2，前端平直，具 3 对模糊的侧头鞍沟；颈沟极浅，中部微向后弯曲；颈环突起，新月形或半椭圆形；背沟宽而较深；固定颊宽，近眼叶处突起最高，向背沟倾斜，两眼叶之间与头鞍宽几乎相等；眼脊低平，自头鞍前侧角微向后斜伸；眼叶长，位于头鞍相对位置的中后部，约为头鞍长的 2/3；鞍前区宽(纵向)，自头鞍前侧角伸出两条斜沟，在头鞍之前有圆球状的隆起；前边缘窄而突起或微向前上方翘起，前边缘沟窄而较深；后侧翼极窄；后边缘沟宽而深，后边缘窄而突起，向外伸出距离与头鞍基部宽几乎相等；面线前支自眼叶前端微向内收缩向前伸，后支向侧后方斜伸；壳面光滑。

比较　未定种与宁夏回族自治区中卫市天景山南坡所产模式种 *Inouyia* (*Bulbinouyia*) *lubrica* Zhou in Zhou *et al.*, 1982 (周志强等，1982，图版 62，图 14—16) 相比，头鞍较窄长，眼叶较长，鞍前区纵向较宽，其上的两条斜沟较深，鞍前区上的隆起呈圆球状，前边缘较宽(纵向)。

产地层位　内蒙古自治区乌海市桌子山地区阿不切亥沟(CD102)，胡鲁斯台组 *Metagraulos dolon* 带。

沟井上虫亚属(新亚属) *Inouyia* (*Sulcinouyia*) Yuan et Zhang, subgen. nov.

Sulcinouia gen. nov. nomen nudum, 张文堂、袁金良，1979，101 页；张进林、陈振川，1982，121 页；Jell and Adrain, 2003, p. 483.

词源　sulc (拉丁语)，沟，槽，指新亚属的头鞍沟发育。

模式种　*Inouyia* (*Sulcinouyia*) *rara* Yuan et Zhang, sp. nov., 内蒙古自治区乌海市岗德尔山东山口，寒武系第三统徐庄阶 *Metagraulos dolon* 带。

特征　像 *Inouyia*，但具有较深而宽的背沟、颈沟、前边缘沟和头鞍沟；头鞍短而小，切锥形，头鞍之前具椭圆形的隆起；两眼叶之间的固定颊极宽；眼脊突起，平伸，眼叶短，位于头鞍相对位置的前部；前边缘窄而突起。

讨论　此亚属与 *Inouyia* Walcott, 1911 的主要区别是前边缘窄而突起，背沟、颈沟、前边缘沟和头鞍沟较宽而深，头鞍较短而小，向前收缩较快；眼脊突起，平伸，眼叶短，位于头鞍相对位置的前部。*Zhongweia*(中卫虫)(模式种 *Zhongweia transversa* Zhou in Zhou *et al.*, 1982，周志强等，1982，248 页，图版 62，图 11) 虽然也有 3 对较清晰的侧头鞍沟，但是头鞍较粗短，两眼叶之间的固定颊相对较窄，眼叶较长，位于头鞍相对位置的中部，前边缘较宽而突起，头鞍之前的穹堆状隆起较低，前边缘沟和头鞍之前的斜沟较窄浅。

时代分布 寒武纪第三世早期(徐庄期)，华北及东北南部。

珍奇沟井上虫(新亚属、新种) *Inouyia* (*Sulcinouyia*) *rara* Yuan et Zhang, subgen. et sp. nov.

(图版30, 图6—15)

词源 rara, rarus, rarum (拉丁语)，稀少的，珍奇的，指新种壳面有稀少的瘤点装饰。

正模 头盖 NIGP62739 (图版30, 图9)，内蒙古自治区乌海市岗德尔山东山口，寒武系第三统徐庄阶 *Metagraulos dolon* 带。

材料 10块头盖标本。

描述 头盖突起，近半圆形，正模标本长 9.5 mm，两眼叶之间宽 14.0 mm；背沟较宽而深；头鞍短而强烈突起，截锥形，不足头盖长的 1/2，前端宽圆，具 4 对深的侧头鞍沟，第一对(S1)宽而深，内端分叉，前支微向前伸，后支向后斜伸，第二对(S2)位于头鞍横中线之前，微向后斜伸，第三对(S3)较短而浅，位于眼脊内端稍下方，平伸，第四对(S4)极短浅，位于眼脊内端，微向前伸；颈沟两侧极宽而深，中部变窄浅，微向前弯曲；颈环突起，新月形或半椭圆形，中后部有小颈瘤；背沟极宽深；固定颊在两眼叶之间极宽而强烈突起，近眼叶处突起最高，向背沟及边缘沟倾斜，两眼叶之间宽是头鞍宽的 1.5 倍；眼脊突起，自头鞍前侧角向外平伸，中部有一浅沟，在外皮脱落后显得很清楚(图版30, 图8, 11)；眼叶短，位于头鞍相对位置的前部，不足头鞍长的 1/3；鞍前区宽(纵向)，约为前边缘中部宽的 2.5—3 倍，自头鞍前侧角伸出两条宽浅斜沟，在头鞍之前有椭球状的隆起，这种隆起可能代表雌性个体或与消化系统储存实物有关(Fortey and Owens, 1997)，其横向宽度略大于头鞍基部宽；前边缘窄而平缓突起，前边缘沟较宽深，略呈三段弧形向前弯曲；后侧翼宽(纵向)；后边缘沟宽而深，向外变宽，后边缘窄而突起，向外伸出距离大于头鞍基部宽；面线前支自眼叶前端微向内收缩向前伸，后支向侧后方斜伸；壳面具稀少的瘤点装饰。

产地层位 内蒙古自治区乌海市岗德尔山东山口(NZ18，NZ19，NZ20，NZ23)和桌子山地区阿不切亥沟(CD102)，宁夏回族自治区贺兰山苏峪口至五道塘(NH17)，胡鲁斯台组 *Metagraulos dolon* 带。

矩形沟井上虫(新亚属、新种) *Inouyia* (*Sulcinouyia*) *rectangulata* Yuan et Zhang, subgen. et sp. nov.

(图版30, 图3—5)

词源 rectangulata, rectangulatus, rectangulatum (拉丁语)，直角的，矩形的，指新种头鞍之前的鞍前区上有一矩形的隆起。

正模 头盖 NIGP62735 (图版30, 图5)，内蒙古自治区乌海市岗德尔山东山口，寒武系第三统徐庄阶 *Metagraulos dolon* 带。

材料 3块头盖标本。

描述 头盖突起，近半圆形，正模标本长 6.0 mm，两眼叶之间宽 9.0 mm；背沟极宽而深；头鞍短而小，强烈突起，截锥形，略大于头盖长的 1/3，前端圆润，中线位置有一低的中脊，具 3 对深的侧头鞍沟，第一对(S1)宽而深，内端分叉，前支平伸，后支向后斜伸，第二对(S2)位于头鞍横中线之前，微向后斜伸，第三对(S3)较短而浅，位于眼脊内端稍下方，平伸；颈沟宽而深；颈环突起，新月形或半椭圆形，后部有短的颈刺；固定颊窄而强烈突起，近眼叶处突起最高，向背沟及边缘沟倾斜，两眼叶之间宽是头鞍宽的 1.4 倍；眼脊突起，自头鞍前侧角向外平伸；眼叶中等偏短，位于头鞍相对位置的中前部，略小于头鞍长的 1/2，眼沟宽深；鞍前区宽(纵向)，约为前边缘中部宽的 3.5 倍，自头鞍前侧角伸出两条宽深的斜沟，头鞍之前的隆起横宽，呈矩形，与前边缘之间有一较大的距离相隔，其横向宽度略大于头鞍基部宽；前边缘窄而突起，中部宽度均匀，两侧变窄，呈脊状突起，前边缘沟较宽深，略呈三段弧形向前弯曲；后侧翼窄(纵向)，强烈向后倾斜；后边缘沟宽而深，向外变宽，后边缘窄而突起，向外伸出距离是头鞍基部宽的 1.3 倍；面线前支自眼叶前端微向内收缩向前伸，后支向侧后方斜伸；壳面光滑。

比较 新种与模式种的主要区别是头鞍更加短小，其上有一低的中脊，头鞍之前的隆起较窄而横宽，呈矩形，与前边缘之间有一较大的距离相隔，固定颊相对较窄，眼叶较长，后侧翼较窄(纵向)，壳面光滑。

产地层位　内蒙古自治区乌海市岗德尔山东山口(NZ19，NZ20，NZ23)，胡鲁斯台组 *Metagraulos dolon* 带。

先井上虫属 *Catinouyia* Zhang et Yuan，1981

Catinouyia numen nudum，张文堂、袁金良，1979，101 页。

Catinouyia Zhang et Yuan，1981，p. 164；Zhang *et al.*，1995，p. 53；Jell and Adrain，2003，p. 355，472；Yuan *et al.*，2008，p. 78，92，98.

Catainouyia Zhang et Yuan in Qiu *et al.*，仇洪安等，1983，124 页；南润善、石新增，1985，5 页；段吉业等，2005，148 页；Yuan *et al.*，2008，p. 78，98.

Zhicunia Luo in Luo *et al.*，罗惠麟等，2009，110，209 页。

模式种　*Catinouyia typica* Zhang et Yuan，1981，p. 164，pl. 1，figs. 5，6，内蒙古自治区乌海市岗德尔山东山口，寒武系第三统毛庄阶 *Luaspides shangzhuangensis* 带。

特征　头鞍短，突起，截锥形，具 3—4 对极浅的侧头鞍沟；颈环中部略宽，具颈疣或短的颈刺；鞍前区宽(纵向)，其上有突起的穹堆状隆起；前边缘窄而突起，前边缘沟窄而深，略作三段弧形微向前弯曲；两眼叶之间固定颊宽，眼叶短至中等长，位于头鞍相对位置的中部或中后部，眼脊突起，平伸或略向后斜伸；后边缘宽(横向)，窄而突起，至眼叶后端相对位置向后弯曲，后边缘沟宽而深，至眼叶后端相对位置向后弯曲；胸部 11 节；尾部短小，尾轴宽而长，微向后收缩，分 2 节，肋部窄；尾边缘窄，尾边缘沟不明显。

讨论　此属与 *Inouyia* Walcott，1911 [模式种 *Inouyia capax* (Walcott)；Walcott，1913，p. 151，pl. 14，figs. 11，11a] 的主要区别是头鞍较窄长，前边缘窄而凸，前边缘沟窄而深。它与 *Eoinouyia* Lo 1974 (模式种 *E. dayakouensis* Lo；罗惠麟，1974，641 页，图版 11，图 6；罗惠麟等，2009，118，119 页，图版 7，图 9b；图版 27，图 1—10) 的主要区别是后者鞍前区上的隆起较横宽，前边缘沟较浅，向前均匀弯曲，眼叶较短，位置靠前，后侧翼纵向较宽，胸部 10 节。就头盖一般形态特征来看，此属与 *Kaotaia* Lu in Lu *et al.*，1962 (模式种 *Alokistocare magnum*，Lu，1945，p. 195，pl. 1，figs. 3a—j；袁金良、赵元龙，1994，293 页，图版 1，图 1—3；袁金良等，2002，191，192 页，图版 58，图 3，4；图版 59，图 6) 也很相似，主要区别是后边缘和后边缘沟在眼叶后端相对位置向后明显折曲，前边缘窄而突起，前边缘沟窄而深，呈三段弧形微向前弯曲，两眼叶之间固定颊较宽，眼叶位置靠前，活动颊颊刺基部膨大，胸部 11 节。此属与我国西南地区甲劳组所产 *Jialaopsis* Chien et Zhou in Lu *et al.* (模式种 *Jialaopsis latus* Chien et Zhou；卢衍豪等，1974b，图版 39，图 3—6；张文堂等，1980a，360 页，图版 130，图 1—8) 在头盖形态上也有些相似，如头盖横宽，前边缘窄而突起，前边缘沟窄而较深，鞍前区上有穹堆状隆起，两眼叶之间的固定颊较宽，但后者的背沟较宽而深，眼脊低平，其上没有浅沟，眼叶较短，位于头鞍相对位置的中部，颈环后端有颈刺，前边缘沟弯曲均匀，不呈三段弧形。产于内蒙古自治区阿拉善盟呼鲁斯太陶思沟徐庄期的 *Jialaopsis truncatus* (Li in Zhou *et al.*，1982) (周志强等，1982，247 页，图版 62，图 10) 因具三段弧形的前边缘沟，位于头鞍相对位置中后部的眼叶较长，无颈刺等特征，将其归于 *Catinouyia* 更好。由于头鞍之前具有低的穹堆状隆起，先井上虫与桥头盾壳虫(*Qiaotouaspis* Guo et An，1982，模式种 *Q. qiaotouensis* Guo et An；郭鸿俊、安素兰，1982，625 页，图版 3，图 2—4，5c)和小姚家峪虫(*Yaojiayuella* Lin et Wu in Zhang *et al.*，1980b，模式种 *Y. ocellata* Lin et Wu in Zhang *et al.*；张文堂等，1980b，50 页，图版 2，图 1，2)都有些相似，但是桥头盾壳虫头鞍短，鞍前区极宽(纵向)，两眼叶之间的固定颊较窄，面线前支自眼叶前端明显向外向前伸，眼叶短，位置靠前，眼脊自头鞍前侧角向外平伸或微向前斜伸，后侧翼纵向宽，后边缘和后边缘沟直，并不在眼叶后端相对位置向后弯曲。小姚家峪虫两眼叶之间的固定颊较窄，眼叶短，位置靠前，后侧翼纵向宽，后边缘和后边缘沟直。产自吉林省白山市青沟子徐庄期的 *Qiaotouaspis jilinensis* An in Duan *et al.* (段吉业等，2005，107 页，图版 6，图 4，5；插图 7-1-8)两眼叶之间固定颊较宽，眼叶较长，位于头鞍相对位置中后部，面线前支自眼叶前端微向内收缩向前伸，将其归于先井上虫更好。产于滇东南大了口组下部的芷村虫(*Zhicunia* Luo in Luo *et al.*；模式种 *Probowmaniella dazhaiensis* Lo，罗惠麟，1974，629 页，图版 11，图 7,8；罗惠麟等，2009，110，111 页，图版 22，图 7,8；图版 23，图 1—3)与先井上虫在头盖和头鞍形态，两眼叶之间的固定颊宽度，眼叶的大小和位置等方面都非常相似，本书予以合并。

时代分布 寒武纪第三世早期(毛庄期至徐庄期早期)，华北及东北南部。

典型先井上虫 *Catinouyia typica* Zhang et Yuan, 1981
(图版 32，图 1—10)

1981 *Catinouyia typica* Zhang et Yuan, p. 164, pl. 1, figs. 5, 6.
1985 *Inouyia yangchengensis* Zhang et Wang，张进林、王绍鑫，397 页，图版 120，图 7。
non 1995 *Catinouyia typica*, Zhang *et al.*, p. 53, pl. 21, figs. 1—3.

正模 头盖 NIGP 62240 (Zhang and Yuan, 1981, pl. 1, fig. 5)，内蒙古自治区乌海市岗德尔山东山口，寒武系第三统毛庄阶 *Luaspides shangzhuangensis* 带。

材料 1 块不完整背壳，9 块头盖和 1 块活动颊标本。

描述 头盖横宽，近乎四方形(后侧翼除外)，正模标本长 6.3 mm，两眼叶之间宽 8.9 mm；头鞍短小，突起，截锥形，具 3—4 对极浅的侧头鞍沟；鞍前区宽(纵向)，自头鞍前侧角向眼前翼上伸出两条浅的斜沟，头鞍之前有微突起的圆形至椭圆形穹堆状隆起；前边缘窄至中等宽，突起或微向前上方翘起，前边缘沟窄而深，略作三段弧形微向前弯曲；两眼叶之间固定颊宽，是头鞍宽的 1.3 倍；眼叶较长，位于头鞍相对位置的中前部，约有头鞍长的 1/2 或略长；眼脊突起，平伸或略向前拱曲，中线位置有一条浅沟；后边缘宽(横向)，窄而突起，至中线位置向后弯曲，向外伸出距离是头鞍基部宽的 1.2—1.3 倍；后边缘沟深，向外变宽，至中线位置向后弯曲；活动颊平缓突起，颊区略宽于侧边缘，侧边缘突起或略向上翘起，向后变宽，至颊角处达最大宽度，颊刺中等长；胸部 11 节，肋部宽于轴部，肋节平伸，肋沟深，肋节末端伸出向后弯曲的短肋刺；尾部短小，尾轴宽而长，微向后收缩，分 2 节，肋部窄；尾边缘窄，尾边缘沟不明显；壳面光滑或具稀少的小瘤和颊脊线。

比较 当前标本与模式标本产于同一地点和同层位，特征相同，应是同一个种。就头盖形态来看，此种与内蒙古自治区阿拉善盟呼鲁斯太陶思沟所产 *Jialaopsis truncatus* Li (周志强等，1982，247 页，图版 62，图 10)有些相似，但后者的背沟较宽深，鞍前区较窄(纵向)，前边缘较宽，前边缘沟较直，不呈三段弧形，两眼叶之间固定颊较窄，眼脊低平，其上没有浅沟，眼叶较短，位于头鞍相对位置中部，有颈刺。此种与江苏铜山大南庄徐庄阶下部所产 *Catinouyia jiwangensis* Qiu (仇洪安等，1983，124 页，图版 40，图 11，12)的主要区别是后者的鞍前区较窄(纵向)，前边缘较宽，两眼叶之间固定颊较窄，颈沟较宽而深。产于河南汲县 *Ruichengaspis mirabilis* 带的 3 块头盖标本(Zhang *et al.*, 1995, pl. 21, figs. 1—3)其眼脊自头鞍前侧角向前上方伸出，眼叶位于头鞍相对位置前方，颈环向后延伸出长的颈刺，这些是拟井上虫(*Parainouyia* Lin et Wu in Zhang *et al.*, 1980b)的基本特征，应将其归于此属内。

产地层位 内蒙古自治区乌海市岗德尔山东山口(NZ3, NZ4)，胡鲁斯台组 *Luaspides shangzhuangensis* 带。

大松林先井上虫(新种) *Catinouyia dasonglinensis* Yuan et Gao, sp. nov.
(图版 31，图 1—5；图版 33，图 4—12)

词源 Dasonglin，地名，汉语拼音，大松林，指新种产地。

正模 近乎完整背壳 NIGP62746 (图版 31，图 1)，河北省唐山市丰润区左家坞乡大松林，毛庄阶 *Luaspides lingyuanensis* 带。

材料 5 块完整背壳，7 块头盖，2 块胸尾部标本。

描述 背壳平缓突起，长卵形，正模标本长 11.3 mm，头部后缘宽 9.0 mm (包括活动颊)；头盖横宽，次方形(后侧翼除外)；背沟宽而较深；头鞍短而突起，次柱形，微向前收缩变窄，长略大于宽，前端宽圆，具 3 对极浅的侧头鞍沟，其中第一对（S1）内端分叉；颈环突起，中部略宽，颈沟浅；鞍前区宽（纵向），约为前边缘中部宽的 3 倍，自头鞍前侧角向眼前翼上伸出两条宽浅的斜沟，头鞍之前有微突起的椭圆形穹堆状隆起；前边缘窄而突起或微向前上方翘起，前边缘沟宽而深，略作三段弧形微向前弯曲；两眼叶之间固定颊宽，与头鞍宽几乎相等；眼叶较长，位于头鞍相对位置的中后部，约有头鞍长的 7/10，后端几乎伸达颈沟的水平位置；眼脊突起，略向后斜伸，眼沟较宽深；后边缘宽（横向），窄而突起，至眼叶后端相对位置先向后弯曲，末端再向前弯曲，向外伸出距离是头鞍基部宽的 1.2 倍；后边缘沟深，向外变宽，至眼叶后端相对位置向后弯曲；面线前支自眼叶前端近乎平行或微向外分散向前伸，后支向侧后方伸；胸部 11 节，轴部较宽，肋节平伸，末端向后侧伸出锯齿状肋刺；尾部小，半椭圆形，尾轴宽长，倒锥形，几乎伸达尾部后缘，分 2—3 节；肋部较窄，具 2 对肋脊；尾边缘极窄，尾边缘沟不清楚。

比较　新种与模式种的主要区别是头鞍较宽，向前收缩较慢，两眼叶之间的固定颊较窄，眼叶较长，位置靠后，眼脊自头鞍前侧角微向后斜伸，后侧翼和后边缘向外伸出距离较短，活动颊颊刺较细长。

产地层位　河北省唐山市丰润区左家坞乡大松林（TFD1），馒头组 *Luaspides lingyuanensis* 带。

先井上虫未定种 *Catinouyia* sp.

（图版 23，图 11，12）

材料　2 块不完整头盖标本。

描述　头盖横宽，次方形（后侧翼除外）；背沟宽而较深；头鞍短而突起，截锥形，向前收缩变窄，长略大于宽，前端平圆，具 3 对极浅的侧头鞍沟，其中第一对（S1）内端分叉；颈环突起，中部略宽，颈沟浅，两侧向前斜伸；鞍前区宽（纵向），约为前边缘中部宽的 2 倍，自头鞍前侧角向眼前翼上伸出两条宽浅的斜沟，头鞍之前有微突起的次方形穹堆状隆起；前边缘中等宽，平缓突起，前边缘沟宽而深，略作三段弧形微向前弯曲；两眼叶之间固定颊极宽，略大于头鞍宽；眼叶中等长，位于头鞍相对位置的中部，约有头鞍长的 1/2；眼脊突起，略向后斜伸，眼沟清楚；后边缘宽（横向），窄而突起，至眼叶后端相对位置向后弯曲，向外伸出距离是头鞍基部宽的 1.1 倍；后边缘沟深，向外变宽，至眼叶后端相对位置向后弯曲；面线前支自眼叶前端近乎平行或微向内向前伸，后支向侧后方伸。

比较　未定种与模式种的主要区别是头鞍较窄长，向前收缩较快，两眼叶之间的固定颊较宽，前边缘较宽，平缓突起，眼叶较长，位置靠后，眼脊自头鞍前侧角微向后斜伸，鞍前区上的穹堆状隆起呈次方形。

产地层位　内蒙古自治区乌海市岗德尔山东山口（NZ1），胡鲁斯台组 *Luaspides shangzhuangensis* 带下部。

拟井上虫属 *Parainouyia* Lin et Wu in Zhang *et al.*，1980b

Parainouyia Lin et Wu in Zhang *et al.*，张文堂等，1980b，65，66，92 页；Zhang and Yuan，1981，p. 163；张进林、王绍鑫，1985，398 页；Zhang *et al.*，1995，p. 52；Jell and Adrain，2003，p. 419，472；Yuan *et al.*，2008，p. 85，93，98.

模式种　*Parainouyia lata* Lin et Wu in Zhang *et al.*，张文堂等，1980b，66 页，图版 6，图 2，3（= *Inouyia fakelingensis* Mong in Zhou *et al.*，1977），山西省芮城县水峪中条山，寒武系第三统徐庄阶 *Sinopagetia jinnanensis* 带。

特征　见张文堂等，1980b，66，92 页。

讨论　此属的主要特征是头盖横宽，呈亚梯形至半椭圆形，头鞍短小，切锥形，颈环向后伸出长的颈刺，眼叶短小，位于头鞍相对位置前方，眼脊长而突，近平伸或微向前侧伸；前边缘沟极浅；后侧翼宽（纵向）而长（横向），后边缘横向明显比头鞍基部宽，在眼叶前端相对位置处转折向后伸，后边缘沟宽而深，同样在眼叶前端相对位置处转折向后。

时代分布　寒武纪第三世早期（徐庄期），华北。

发科岭拟井上虫 *Parainouyia fakelingensis*（**Mong in Zhou *et al.*, 1977**）

(图版 34, 图 11, 12)

1977 *Inouyia fakelingensis* Mong in Zhou *et al.*, 周天梅等, 168 页, 图版 50, 图 10。

1980b *Parainouyia lata* Lin et Wu in Zhang *et al.*, 张文堂等, 66 页, 图版 6, 图 2, 3。

1985 *Parainouyia lata*, 张进林、王绍鑫, 398 页, 图版 120, 图 8。

1995 *Parainouyia fakelingensis*, Zhang *et al.*, p. 52, pl. 14, fig. 12; pl. 15, fig. 1.

正模 头盖 YIGM IV0052 (周天梅等, 1977, 图版 50, 图 10), 河南省渑池县仁村发科岭, 寒武系第三统徐庄阶 *Sinopagetia jinnanensis* 带。

材料 2 块头盖标本。

比较 当前标本与模式标本相比, 头盖、头鞍形态, 鞍前区的宽度, 固定颊的宽度和凸度, 眼叶的大小和位置, 面线的历程等都很相似, 应属于同一个种, 但当前标本显示两眼叶之间固定颊略窄, 眼脊微向前上方伸。这些差异可以看作种内的变异。

产地层位 陕西陇县景福山地区牛心山(L12), 馒头组 *Sinopagetia jinnanensis* 带中下部。

明显拟井上虫 *Parainouyia prompta* **Zhang et Yuan, 1981**

(图版 34, 图 1—10; 图版 38, 图 16)

1981 *Parainouyia prompta* Zhang et Yuan, p. 163, 164, pl. 2, fig. 3.

正模 头盖 NIGP62250 (Zhang and Yuan, 1981, pl. 2, fig. 3), 内蒙古自治区乌海市岗德尔山东山口, 寒武系第三统徐庄阶 *Sinopagetia jinnanensis* 带。

材料 10 块头盖和 1 块活动颊标本。

描述 头盖亚梯形, 前缘宽圆; 背沟宽而深; 头鞍突起, 强烈向前下倾, 截锥形, 中线位置具微弱的中脊, 3—4 对侧头鞍沟极浅或模糊不清; 颈沟浅, 两侧较深, 向前弯曲, 颈环突起, 近三角形, 向后延伸出短的颈刺; 固定颊宽而突起, 两眼叶之间约为头鞍基部宽的 1.1—1.2 倍; 眼脊长而突起, 自头鞍前侧角向前侧斜伸, 外皮脱落后可见到其上的一条浅沟将其分为两部分; 眼叶位置突起最高, 向背沟和后边缘沟倾斜; 眼叶短, 约为头鞍长的 1/4, 位于头鞍前侧角相对位置的前方; 鞍前区宽, 平缓突起, 是前边缘中部宽的 2—3 倍, 自头鞍前侧角伸出 2 条宽浅的斜沟, 鞍前区上有一低的椭圆形隆起; 前边缘沟极微弱; 前边缘窄而平, 微向前下方倾斜; 后侧翼宽(纵向)而长(横向); 后边缘沟宽而深, 至中线位置向后弯曲, 后边缘平缓突起, 向外变宽并向后弯曲; 面线前支自眼叶前端强烈向内弯曲向前伸, 后支长, 向侧后方斜伸; 活动颊前宽后窄, 侧边缘平缓突起, 颊区前宽后窄, 颊刺粗壮, 中等长; 壳面光滑。

比较 当前标本与模式标本相比, 头盖、头鞍形态, 鞍前区的宽度, 固定颊的宽度和凸度, 眼叶的大小和位置, 面线的历程等都很相似, 应属于同一个种。此种与模式种 *Parainouyia fakelingensis* (Mong) 的主要区别是头盖呈亚梯形, 前缘向前的拱曲度较小, 两眼叶之间的固定颊较窄, 眼脊自头鞍前侧角向前侧斜伸, 眼叶较短, 位置更靠前, 壳面毛孔不发育。

产地层位 内蒙古自治区乌海市岗德尔山东山口(NZ02, Q25-H1-3)和桌子山地区阿不切亥沟(CD94C), 阿拉善盟呼鲁斯太陶思沟(NH31a), 胡鲁斯台组 *Sinopagetia jinnanensis* 带中下部。

牛心山拟井上虫(新种) *Parainouyia niuxinshanensis* **Yuan et Zhang, sp. nov.**

(图版 34, 图 13, 14)

1995 *Catinouyia typica* Zhang et Yuan, Zhang *et al.*, p. 53, pl. 21, figs. 1—3.

词源 Niuxinshan, 汉语拼音, 牛心山, 指新种产地。

正模 头盖 NIGP62788 (图版 34, 图 14), 陕西省陇县景福山地区牛心山, 寒武系第三统徐庄阶 *Sinopagetia jinnanensis* 带。

材料 2 块头盖标本。

描述　头盖亚梯形至次三角形，前缘微向前拱曲，正模标本长 6.6 mm，两眼叶之间宽 9.0 mm；背沟宽而深；头鞍突起，强烈向前下倾，截锥形，中线位置具微弱的中脊，约有头盖长的 1/2，3—4 对侧头鞍沟浅或模糊不清；颈沟浅，中部微向后弯曲，颈环突起，向后延伸出较长的颈刺，其长度与颈环中部宽几乎相等；固定颊宽而突起，两眼叶之间约为头鞍基部宽的 4/5，眼叶位置处突起最高，向背沟和后边缘沟倾斜；眼脊长而突起，自头鞍前侧角向前侧斜伸，眼叶短，约为头鞍长的 1/3，位于头鞍相对位置的前部；鞍前区宽，平缓突起，是前边缘中部宽的 2 倍，自头鞍前侧角伸出 2 条浅的斜沟，鞍前区上有一低的次圆形隆起；前边缘沟极微弱，中线位置更窄而浅，向前弯曲；前边缘窄而平，两侧更窄，微向前下方倾斜；后侧翼宽(纵向)而长(横向)；后边缘沟宽而深，向外变宽，至外侧向后弯曲，后边缘窄而平缓突起，向外变宽并向后弯曲；面线前支自眼叶前端微向内弯曲向前伸，后支长，向侧后方斜伸；壳面具小疣或小疣脊。

比较　就头盖和头鞍的形态特征来看，新种与 *Parainouyia prompta* Zhang et Yuan, 1981 较相似，主要区别是两眼叶之间固定颊较窄，头鞍之前的隆起呈次球形，眼叶稍长，位于头鞍相对位置前部，颈刺较细长，壳面具小疣或小疣脊。产于河南汲县(淇县)石包头、池山河徐庄阶的 *Catinouyia typica* Zhang et Yuan, 1981 (Zhang *et al.*, 1995, p. 53, pl. 21, figs. 1—3) 两眼叶之间具有固定颊较窄，头鞍之前的隆起呈次球形，眼叶较长，眼脊短，有细长的颈刺等特征，与 *Catinouyia typica* 差异较大，而与新种相似，归入此种较好。

产地层位　陕西省陇县景福山地区牛心山(L12)，馒头组 *Sinopagetia jinnanensis* 带中下部。

中卫虫属 *Zhongweia* Zhou in Zhou *et al.*, 1982

Zhongweia Zhou in Zhou *et al.*，周志强等，1982，247 页；仇洪安等，1983，123，124 页；Jell and Adrain, 2003, p. 363；段吉业等，2005，152 页；Yuan *et al.*, 2008, p. 91, 94, 98；袁金良等，2012，159，534 页；袁金良、李越，2014，505 页。
Mengziaspis Luo in Luo *et al.*，罗惠麟等，2009，115 页。

模式种　*Zhongweia transversa* Zhou in Zhou *et al.*，周志强等，1982，248 页 图版 62，图 11，宁夏回族自治区中卫市天景山南坡，寒武系第三统徐庄阶 *Metagraulos dolon* 带。

特征和讨论　见袁金良等，2012，159，534 页。

时代分布　寒武纪第三世早期(徐庄期)，华北、东北南部及滇东南。

凸中卫虫 *Zhongweia convexa* Yuan in Yuan *et al.*, 2012
(图版 35，图 10—14；图版 38，图 17)

2012　*Zhongweia convexa* Yuan in Yuan *et al.*，袁金良等，159 页，图版 53，图 1—5。

正模　头盖 NIGP144641 (袁金良等，2012，图版 53，图 1)，山东淄川峨庄杨家庄，寒武系第三统徐庄阶 *Metagraulos dolon* 带。

材料　6 块头盖标本。

比较　当前标本与模式标本相比，一些基本特征相同，如头盖矩形，前缘微微向前弯曲，前边缘宽而突起，鞍前区上的穹堆状隆起呈微向前弯曲的矩形，头鞍较短而宽，有 3 对较清楚的侧头鞍沟，眼叶较长。不同之处是当前标本头鞍前侧角伸出的两条斜沟较清楚，壳面还有稀少的大瘤点。此种与模式种 *Zhongweia transversa* Zhou in Zhou *et al.* 的主要区别是头盖更加短而横宽，两眼叶之间的固定颊较宽，前边缘较宽，鞍前区上的突起更窄而横宽，壳面有密集的小瘤或瘤脊。此种具有较宽的前边缘，与 *Zhongweia latilimbata* Zhang (仇洪安等，1983，124 页，图版 40，图 6)较相似，但后者头盖前缘向前的拱曲度大，前边缘沟在中线位置较强烈向前弯曲，两眼叶之间的固定颊较窄，壳面具小孔。

产地层位　内蒙古自治区乌海市桌子山地区阿不切亥沟(CD99)、岗德尔山东山口(NZ18，76-302-F60)，胡鲁斯台组 *Metagraulos dolon* 带。

宽边中卫虫 *Zhongweia latilimbata* Zhang in Qiu *et al.*, 1983

(图版 35, 图 15)

1983 *Zhongweia latilimbata* Zhang in Qiu *et al.*, 仇洪安等, 124 页, 图版 40, 图 6。

正模 头盖 NIGM HIT3046 (仇洪安等, 1983, 图版 40, 图 6), 安徽宿县(州), 寒武系第三统徐庄阶 *Metagraulos dolon* 带。

材料 1 块头盖标本。

比较 当前标本与模式标本相比, 一些基本特征相同, 如背沟较宽而深, 头盖四方形, 前缘强烈向前弯曲, 前边缘宽而突起, 前边缘沟在中线位置变浅, 呈三段弧形向前弯曲, 头鞍较短而宽, 眼叶较长, 位置靠后。不同之处是当前标本的头鞍较长, 向前收缩较慢, 头鞍沟较浅, 两眼叶之间的固定颊略宽, 前边缘较宽, 突起较明显。

产地层位 内蒙古自治区乌海市桌子山地区苏拜沟(Q5-XIV-H23), 胡鲁斯台组 *Metagraulos dolon* 带。

横宽中卫虫 *Zhongweia transversa* Zhou in Zhou *et al.*, 1982

(图版 35, 图 1—8)

1982 *Zhongweia transversa* Zhou in Zhou *et al.*, 周志强等, 248 页, 图版 62, 图 11。

2005 *Zhongweia transversa*, 段吉业等, 152 页, 图版 12, 图 12。

2012 *Zhongweia transversa*, 袁金良等, 159 页, 图版 53, 图 11。

正模 头盖 XIGM Tr078 (周志强等, 1982, 图版 62, 图 11), 宁夏回族自治区中卫市天景山南坡, 寒武系第三统徐庄阶 *Metagraulos dolon* 带。

材料 8 块头盖标本。

比较 当前标本与模式标本相比, 头盖、头鞍、头鞍沟和前边缘沟的形态, 鞍前区的宽度, 固定颊的宽度和凸度, 眼叶的大小和位置, 面线的历程等都很相似, 应属于同一个种, 但当前标本头鞍上的中脊不明显, 鞍前区纵向略宽, 壳面上有些标本上没有瘤点装饰。这些差异可以看作种内的变异。

产地层位 内蒙古自治区乌海市岗德尔山东山口(NZ16, NZ17, NZ18)和阿拉善盟呼鲁斯太陶思沟(NH52), 胡鲁斯台组 *Metagraulos dolon* 带。

柱形中卫虫(新种) *Zhongweia cylindrica* Yuan et Zhang, sp. nov.

(图版 30, 图 1, 2; 图版 58, 图 16, 17)

词源 cylindrica, -us, -um (拉丁语), 圆锥形的, 柱形的, 指新种头鞍呈柱形。

正模 头盖 NIGP62731 (图版 30, 图 1), 内蒙古自治区乌海市桌子山地区伊勒思图山西坡第二大沟, 寒武系第三统徐庄阶 *Metagraulos dolon* 带。

材料 4 块头盖标本。

描述 头盖宽阔, 近四方形, 正模标本长 9.8 mm, 两眼叶之间宽 15.1 mm; 背沟窄而清楚; 头鞍短而突起, 柱形, 仅在眼脊内端微向前缓慢收缩, 前端平圆, 前缘中线位置微向内凹陷, 约有头盖长的 1/2, 中线位置有一低的中脊, 具 3 对浅的侧头鞍沟, 第一对(S1)内端分叉; 颈沟窄而清楚; 颈环突起, 新月形, 中后部有一小的颈瘤; 固定颊宽而平缓突起, 近眼叶处突起最高, 向背沟倾斜, 两眼叶之间宽是头鞍宽的 1.3 倍; 眼脊突起, 自头鞍前侧角向外平伸或微向后斜伸, 中部有一浅沟; 眼叶短而突起, 位于头鞍相对位置的中部, 约有头鞍长的 1/3, 眼沟浅; 鞍前区宽(纵向), 约为前边缘中部宽的 7—8 倍, 在头鞍之前低的隆起呈椭球形, 其横向宽度与头鞍基部宽大致相等; 前边缘极窄而突起或向前上方翘起, 呈脊线状, 前边缘沟较宽而深, 中线位置变窄而浅; 后侧翼较宽(纵向), 后边缘沟宽而较深, 至外侧向后弯曲, 后边缘窄而突起, 至外侧向后弯曲; 面线前支自眼叶前端微向内呈圆弧形收缩向前伸, 后支侧后方斜伸; 壳面具小疣和疣脊。

比较 就头盖和头鞍的形态特征来看，新种与模式种较相似，主要区别是头鞍呈柱形，头鞍沟较浅，头鞍之前的隆起呈椭球形，横向宽度与头鞍基部宽大致相等，眼叶较短，前边缘极窄而突起或向前上方翘起，呈脊线状，前边缘沟较宽而深。新种与云南蒙自白牛厂所产 *Zhongweia bainiuchangensis*（Luo），*Z. rectangulatus*（Luo）（罗惠麟等，2009，116页，图版26，图1—5）形态十分相似，但后两个种两眼叶之间的固定颊略窄，头鞍在眼脊内端收缩不明显，眼叶较长，鞍前区较窄，其上的椭球形隆起不明显，壳面有毛孔装饰。

产地层位 内蒙古自治区乌海市桌子山地区伊勒思图山西坡第二大沟（CD60），胡鲁斯台组 *Metagraulos dolon* 带；宁夏回族自治区贺兰山苏峪口至五道塘（306-F31），胡鲁斯台组 *Sunaspis laevis-Sunaspidella rara* 带下部。

中卫虫未定种 *Zhongweia* sp.
（图版35，图9）

材料 1块头盖标本。

描述 头盖突起，次方形，长4.0 mm，两眼叶之间宽6.0 mm；背沟较宽而深；头鞍短而突起，略大于头盖长的1/2，截锥形，向前收缩，前端圆润，中线位置有低的中脊，具4对较深的侧头鞍沟，其中第一对（S1）内端分叉，前支微向前伸，后支向后内方伸，S2位于头鞍横中线之前，微向后斜伸，S3位于眼脊内端稍下方，平伸；S4浅而短，位于眼脊内端，微向前斜伸；颈环突起，两侧窄，中部较宽，颈沟两侧较宽深，中部较宽；鞍前区宽，在头鞍前侧角伸出的斜沟较宽而浅，将其与眼前区分开，在头鞍之前形成宽的椭圆形穹堆状隆起，前边缘沟较宽而深，前边缘极窄而突起，几乎呈脊状突起；两眼叶之间的固定颊宽而突起，等于或略大于头鞍宽，近眼叶处突起最高，向前、向后和向背沟方向倾斜；眼叶较短，位于头鞍相对位置的中部，约有头鞍长的2/5，眼沟宽而深；眼脊突起，横伸或微向后斜伸；后侧翼窄（纵向），后边缘沟宽而深，后边缘窄而平缓突起，向外伸出距离与头鞍基部宽几乎相等；面线前支自眼叶前端微向内向前延伸，越过边缘沟后斜切前边缘于头盖的前侧缘，后支自眼叶后端向侧后方斜伸；壳面有密集的小疣。

比较 未定种与模式种 *Zhongweia transversa* Zhou in Zhou *et al.* 的主要区别是鞍前区宽，其上有较宽的椭圆形穹堆状隆起，前边缘极窄，呈脊状突起，两眼叶之间的固定颊较窄。

产地层位 内蒙古自治区阿拉善盟呼鲁斯太陶思沟（NH52），胡鲁斯台组 *Metagraulos dolon* 带。

假井上虫属 *Pseudinouyia* Zhang et Yuan in Zhang *et al.*, 1995

Pseudinouyia Zhang et Yuan in Zhang *et al.*, 1995, p. 53; Jell and Adrain, 2003, p. 433, 472; Yuan *et al.*, 2008, p. 87, 93, 98; 袁金良，2009，42，43页；袁金良、李越，2014，505，506页。

Inouyites An et Duan in Duan *et al.*，段吉业等，2005，149页；袁金良，2009，42，43页。

模式种 *Pseudinouyia transversa* Zhang et Yuan in（Zhang *et al.*, 1995, p. 53, pl. 20, figs. 11, 12，内蒙古自治区阿拉善盟呼鲁斯太陶思沟，寒武系第三统徐庄阶 *Sunaspis laevis-Sunaspidella rara* 带中上部。

特征 头盖横宽，平缓突起，近四方形；背沟窄而浅，在头鞍之前略宽而深；头鞍平缓突起，长方形或切锥形，微微向前收缩，前端圆润，具4对浅的侧头鞍沟，其中第一对（S1）内端分叉，中线位置有一低的中脊；颈沟浅，两侧较深，向前斜伸，颈环突起，两侧略变窄，近后缘中部有一小的颈瘤或颈刺；鞍前区宽而微突起，前边缘窄而平缓突起，前边缘沟浅；两眼叶之间的固定颊极宽，两眼叶之间大于或等于头鞍宽，平缓至强烈突起，近眼叶处突起最高，向背沟下倾；眼叶中等长，位于头鞍相对位置的中后部，眼脊低，自头鞍前侧角明显向后斜伸；眼前翼平缓向前侧下倾；后侧翼窄（纵向）而长（横向）；后边缘沟较宽而深，在外侧变宽并在眼叶后端的相对位置向后弯曲，后边缘窄而平缓突起，在眼叶后端的相对位置向后弯曲；面线前支自眼叶前端近乎平行向前伸，后支短，向侧后方斜伸。

讨论 就头盖形态，特别是两眼叶之间有较宽的固定颊来看，此属与 *Inouyia*（*I.*）Walcott, 1911, *I.*（*Bulbinouyia*）Yuan in Yuan *et al.*, 2012, *Catinouyia* Zhang et Yuan, 1981, *Parainouyia* Lin et Wu in Zhang et al., 1980b 等属都有些相似，区别是假井上虫属（*Pseudinouyia* Zhang et Yuan in Zhang et al., 1995）头盖、头鞍凸度较低，眼脊自头鞍前侧角强烈向后斜伸，眼叶位于头鞍相对位置的中后部或后部。就眼叶的大小和位置，眼脊形态，头鞍、头鞍沟的形态来看，假井上虫属（*Pseudinouyia* Zhang et Yuan in Zhang et al., 1995）与窄井上虫（*Angustinouyia* gen. nov.）最相似，它不同于后者的主要特征是 4 对侧头鞍沟较清楚，头鞍和固定颊突起较低，背沟极窄而浅，鞍前区极宽而突起，两眼叶之间的固定颊极宽。此属与安徽北部馒头组所产 *Proinouyia* Qiu, 1980（仇洪安，1980，58，59 页，图版 5，图 1—4）的不同之点是后者的头鞍向前收缩呈截锥形，侧头鞍沟较浅，鞍前区上有一球形隆起，背沟较宽而深，前边缘较宽而平，前边缘沟呈 3 段弧形弯曲。产于河北省抚宁县东部落、沙河寨一带徐庄阶 *Sunaspis laevis-Sunaspidella rara* 带中上部的似井上虫（*Inouyites* An et Duan in Duan et al., 2005）（模式种 *Inouyites funingensis* An et Duan in Duan et al., 2005；段吉业等，2005，149 页，图版 27，图 15—23，插图 7-11），其主要特征为头盖横宽，头鞍呈柱形，中部略收缩，中线位置有一低的中脊，具 3—4 对浅的侧头鞍沟，颈环中后部具颈瘤或短的颈刺，两眼叶之间的固定颊宽，眼叶短，位于头鞍相对位置的后部，眼脊强烈向后斜伸，前边缘沟浅，前边缘窄而强烈突起，鞍前区较宽。这些特征与假井上虫特征完全一致。因此，似井上虫是假井上虫的晚出同名（袁金良，2009，42，43 页）。就头盖形态和眼叶位置来看，*Pseudinouyia* 与哈萨克斯坦寒武系第三统中上部所产 *Volonellus* Ivshin, 1953（模式种 *Volonellus granulatus* Ivshin；Ившин，1953，стр. 164—166，табл. 11，фиг. 7—11，17）较相似，但后者的眼脊自头鞍前侧角之后向后斜伸，前边缘沟较深，前边缘宽而突起。

时代分布 寒武纪第三世早期（徐庄期），华北及东北南部。

麻点假井上虫 *Pseudinouyia punctata* Zhang in Zhang *et al.*, 1995
（图版 36，图 1—7）

1995　*Pseudinouyia punctata* Zhang in Zhang et al., p. 53, 54, pl. 21, figs. 4?, 5.

正模　头盖 GSHZ 2041-22（2）（Zhang et al., 1995, pl. 21, fig. 5），河南渑池仁村徐庄阶 *Sunaspis laevis-Sunaspidella rara* 带中上部。

材料　5 块头盖和 2 块活动颊标本。

比较　当前标本与模式标本相比除了背沟较窄浅，前边缘较窄，其余特征很相似，特别是头盖形态，较长的眼叶和壳面装饰，应是同种。此种所指定的尾部（Zhang et al., 1995, pl. 21, fig. 4）几乎与头部等大，虽然壳面装饰与头盖有些相似，但也有可能属于 Sunaspidae 科内三叶虫的尾部，因为 Inouyiidae 科内三叶虫的尾部都很小。

产地层位　内蒙古自治区乌海市岗德尔山成吉思汗塑像公路旁公路旁（GDME1-2），胡鲁斯台组 *Sunaspis laevis-Sunaspidella rara* 带中上部。

横宽假井上虫 *Pseudinouyia transversa* Zhang et Yuan in Zhang *et al.*, 1995
（图版 37，图 1—10；图版 38，图 1—4）

1995　*Pseudinouyia transversa* Zhang et Yuan in Zhang et al., p. 53, pl. 20, figs. 11, 12.

正模　头盖 NIGP62822（图版 37，图 1；Zhang et al., 1995, pl. 20, fig. 11），内蒙古自治区阿拉善盟呼鲁斯太陶思沟，寒武系第三统徐庄阶 *Sunaspis laevis-Sunaspidella rara* 带中上部。

材料　12 块头盖和 2 块活动颊标本。

描述　头盖横宽，平缓突起，亚梯形，前缘较平直或微向前拱曲，正模标本长 6.0 mm，两眼叶之间宽 10.5 mm；背沟清楚；头鞍平缓突起，截锥形，中线位置具微弱的中脊，约有头盖长的 3/4，4 对侧头鞍沟浅，第一对（S1）较宽而深，内端分叉，S2 位于头鞍横中线，微向后斜伸，S3 位于眼脊内端稍下方，近乎平伸，S4 短，位于眼脊内端，微向前伸；颈沟两侧深，中部窄而浅，颈环平缓突起，中部宽，两侧迅速变窄，向后上方延伸出短的颈刺；固定颊极宽而平缓突起，两眼叶之间约为头鞍宽的 1.2—1.25 倍，眼叶位置处突起最高，向背沟和后边缘沟平缓倾斜；眼脊长而突起，自头鞍前侧角稍后向后侧斜伸，眼叶短，约为头鞍长的1/3，位于头鞍相对位置的中后部；鞍前区宽，平缓突起，是前边缘中部宽的3—3.5倍，自头鞍前侧角伸出2条宽浅的斜沟，鞍前区上有一低的次椭圆形隆起，其横向宽度略大于头鞍基部宽；前边缘沟极浅；前边缘窄而平，宽度均匀，两侧略变窄，眼前翼宽度大于鞍前区宽（纵向）；后侧翼窄（纵向）而宽（横向）；后边缘沟窄而深，向外变宽，至外侧向后弯曲，后边缘窄而平缓突起，向外变宽并向后弯曲；面线前支自眼叶前平行向前或呈圆弧形微向内弯曲向前伸，后支向侧后方斜伸；同层所产活动颊中等宽，平缓突起，颊角钝圆，侧边缘沟宽浅，颊区宽，向边缘沟平缓下倾，侧边缘窄而平缓突起；壳面光滑。

比较　就头盖和头鞍的形态特征来看，此种与河北抚宁县东部落、沙河寨一带徐庄阶所产 *Pseudinouyia funingensis* (An et Duan in Duan *et al.*) （段吉业等，2005，149页，图版27，图15—23；插图7—11）较相似，主要区别是头盖较横宽，突起较平缓，前缘较平直，两眼叶之间固定颊较宽，头鞍明显向前收缩变窄，头鞍之前的隆起较明显，呈次椭圆形，眼叶稍长。

产地层位　内蒙古自治区阿拉善盟呼鲁斯太陶思沟（NH47，NH48，NH48a，QII-I-H17）和乌海市桌子山地区苏拜沟（Q5-XIV-H10），宁夏回族自治区贺兰山苏峪口至五道塘（NH12），胡鲁斯台组 *Sunaspis laevis-Sunaspidella rara* 带下部至中上部。

中间型假井上虫（新种）*Pseudinouyia intermedia* Yuan et Zhang, sp. nov.
（图版37，图11—15；图版38，图5—8）

词源　intermedia, -us, -um, （拉丁语），中间型，指新种的特征介于 *Pseudinouyia transversa* 与 *Angstinouyia quadrata* Yuan et Zhang 两个种之间。

正模　头盖 NIGP62842（图版38，图6），内蒙古自治区阿拉善盟呼鲁斯太陶思沟，寒武系第三统徐庄阶 *Sunaspis laevis-Sunaspidella rara* 带上部。

材料　9块头盖标本。

描述　头盖中等突起，近四方形，前缘较平直或微向前拱曲，正模标本长7.5 mm，两眼叶之间宽10.0 mm；背沟宽而深；头鞍短而中等突起，次柱形至柱形，仅微微向前收缩变窄，中线位置具微弱的中脊，约有头盖长的1/2，4对侧头鞍沟很浅，其中第一对（S1）内端分叉；颈沟窄而浅，向后弯曲，颈环突起，中部宽，两侧迅速变窄，中后部有小的颈瘤；固定颊宽而强烈突起，近眼叶处突起最高，明显高于头鞍的高度，向背沟和后边缘沟强烈倾斜，两眼叶之间宽与头鞍宽几乎相等；眼脊长而突起，自头鞍前侧角稍后向后侧斜伸，外皮脱落后可见中部有一浅沟，眼叶短至中等长，约为头鞍长的1/3—2/5，位于头鞍相对位置的后部，眼沟宽而浅；鞍前区宽，是前边缘中部宽的2.5—3.0倍，近前边缘中线位置突起最高，向两侧及头鞍方向倾斜，眼前翼宽于鞍前区（纵向）；前边缘沟极浅而直；前边缘窄而平缓突起，略高于鞍前区，宽度均匀，两侧略变窄；后侧翼窄（纵向）而宽（横向），与后边缘沟之间呈一陡坡；后边缘沟宽而深，向外变宽，至外侧向后弯曲，后边缘窄而平缓突起，向外伸出的距离与头鞍基部宽大致相等或略宽；面线前支长，自眼叶前平行向前或呈圆弧形微向内弯曲向前伸，后支向侧后方斜伸；壳面光滑。

比较　新种与模式种的主要区别是背沟极宽而深，固定颊强烈突起，明显高于头鞍，头鞍较短，柱形至次柱形，向前收缩很慢，头鞍沟模糊不清，固定颊后部与后边缘沟之间呈一陡坡，鞍前区较窄，向两侧及头鞍方向倾斜，眼脊自头鞍前侧角稍后更强烈向后斜伸。新种头盖、头鞍形态与河北抚宁东部落徐庄期所产 *Pseudinouyia funingensis* (An et Duan in Duan *et al.*)（段吉业等，2005，149页，图版27，图15—23；插图7—11）较相似，主要区别是新种的背沟更加宽而深，头盖较横宽，头鞍较短而宽，在中部收缩不明显，固定颊突起较高，固定颊后部与后边缘沟之间呈一陡坡，前缘较平直，鞍前区略宽，前边缘沟较直。

产地层位　内蒙古自治区阿拉善盟呼鲁斯太陶思沟（QII-I-H19）和乌海市岗德尔山东山口（76-302-F52），胡鲁斯台组 *Sunaspis laevis-Sunaspidella rara* 带中上部；陕西省陇县景福山地区牛心山（51F），馒头组 *Sunaspis laevis-Sunaspidella rara* 带中上部。

假井上虫未定种 *Pseudinouyia* sp.

(图版 38，图 14，15)

材料 1 块头盖和 1 块尾部标本。

描述 头盖中等突起，近四方形，前缘较平直或微向前拱曲，长 9.5 mm，两眼叶之间宽 12.0 mm；背沟清楚，在头鞍之前宽而深；头鞍短而中等突起，次柱形至柱形，仅微微向前收缩变窄，约有头盖长的 1/2，侧头鞍沟很浅；颈沟窄而浅，向后弯曲，颈环突起，中部宽，两侧变窄；固定颊宽而突起，近眼叶处突起最高，向背沟和后边缘沟强烈倾斜，两眼叶之间宽略小于头鞍宽；眼脊突起，自头鞍前侧角稍后向后侧斜伸，外皮脱落后可见中部有一浅沟，眼叶中等长，约为头鞍长的 2/5，位于头鞍相对位置的后部；鞍前区宽，是前边缘中部宽的 2.5 倍，眼前翼宽于鞍前区（纵向）；前边缘沟较宽深；前边缘窄而平缓突起，宽度均匀；后侧翼窄（纵向）而宽（横向），与后边缘沟之间呈一陡坡；后边缘沟宽而深，向外变宽，至外侧向后弯曲，后边缘窄而平缓突起，向外伸出的距离与头鞍基部宽大致相等或略宽；面线前支长，自眼叶前平行向前或呈圆弧形微向内弯曲向前伸，后支向侧后方斜伸；同层所产尾部横宽，纺锤形；尾轴长，倒锥形，分 4—5 节；肋部较宽，平缓突起，3—4 对肋脊，肋沟深，间肋沟窄浅，尾边缘极窄，尾边缘沟不清楚；壳面光滑。

比较 未定种与河北抚宁县东部落徐庄期所产 *Pseudinouyia funingensis*（An et Duan in Duan *et al.*）（段吉业等，2005，149 页，图版 27，图 15—23；插图 7—11）较相似，主要区别是前边缘沟较深，鞍前区较宽（纵向），头鞍在中部并不收缩。

产地层位 陕西省陇县景福山地区牛心山（L13），馒头组 *Sunaspis laevis-Sunaspidella rara* 带中上部。

窄井上虫属（新属）*Angustinouyia* Yuan et Zhang, gen. nov.

词源 angust, angusti-（拉丁语）狭，窄，*Inouyia*，三叶虫属名，指新属在两眼叶之间具极狭窄的固定颊。

模式种 *Angustinouyia quadrata* Yuan et Zhang gen. et sp. nov.，内蒙古自治区阿拉善盟呼鲁斯太陶思沟，寒武系第三统徐庄阶 *Sunaspis laevis-Sunaspidella rara* 带上部。

特征 头盖突起，近四方形；背沟在头鞍两侧极宽而深；头鞍强烈突起，次柱形或长方形，微微向前收缩，前端圆润，具或不具微弱的侧头鞍沟，中线位置有一低的中脊；颈沟清楚，两侧向前斜伸，颈环突起，两侧略变窄；鞍前区低窄或缺失，前边缘宽而强烈突起或向前上方翘起，前边缘沟浅；两眼叶之间的固定颊极窄，强烈突起，近眼叶处突起最高，向背沟急剧下倾成一陡坡，头盖前视呈山字形；眼叶短，位于头鞍相对位置的后部，眼脊低，自头鞍前侧角强烈向后斜伸，眼前翼强烈向前侧下倾，其上有数条阶梯状脊线向内斜伸；后侧翼窄（纵向）而短（横向）；后边缘沟较宽而深，后边缘窄而平缓突起；面线前支自眼叶前端近乎平行向前伸，后支短，向侧后方斜伸。

讨论 就眼叶的大小和位置，眼脊形态，头鞍的形态来看，新属与假井上虫属（*Pseudinouyia* Zhang et Yuan in Zhang *et al.*，1995）最相似，它不同于后者的主要特征是头鞍较宽长，头鞍和固定颊强烈突起，两眼叶之间具极窄的固定颊，背沟极宽而深，无 4 对较清楚的侧头鞍沟，鞍前区窄或缺失。就头盖和头鞍形态，固定颊突度来看，新属与俄罗斯 Primorye 地区所产 *Okunevaella* Repina in Okuneva et Repina，1973（模式种 *O. minuta* Repina；Окунева и Репина，1973，стр. 189，190，табл. 41，фиг. 9—19；рис. 95）很相似，不同之处在于头鞍较短宽，两眼叶之间固定颊较窄，突起更高，眼叶短，位置靠后，鞍前区较宽。

时代分布 寒武纪第三世早期（徐庄期），华北（内蒙古）。

方形窄井上虫（新属、新种）*Angustinouyia quadrata* Yuan et Zhang, gen. et sp. nov.

(图版 38，图 9—13)

词源 quadrata, -us, -um，（拉丁语），方形的，指新种的头盖呈方形。

正模 头盖 NIGP62848（图版 38，图 12），内蒙古自治区阿拉善盟呼鲁斯太陶思沟，寒武系第三统

徐庄阶 *Sunaspis laevis-Sunaspidella rara* 带上部。

材料 5块头盖标本。

描述 头盖强烈突起，近四方形，前缘微向前拱曲，正模标本长5.5 mm，两眼叶之间宽6.0 mm；背沟极宽而深；头鞍宽而较长，强烈突起，次柱形或长方形，微向前收缩变窄，约有头盖长的3/5—5/7，4对侧头鞍沟很浅，其中第一对（S1）内端分叉，后支较长，向侧后方斜伸，前支短，近平伸；颈沟窄而深，向后弯曲，颈环突起，中部宽，两侧迅速变窄；固定颊窄，强烈突起，近眼叶处突起最高，明显高于头鞍的高度，向背沟和后边缘沟强烈倾斜，两眼叶之间宽不足头鞍宽的1/2，从前视方向看，固定颊似尖的三角形高出头鞍；眼脊长而平缓突起，自头鞍前侧角向后侧斜伸，外皮脱落后可见中部有一浅沟，眼叶短，约为头鞍长的1/3，位于头鞍相对位置的后部，眼沟宽而浅；鞍前区极窄（纵向）或缺失，前边缘宽而突起，两侧略变窄，近前缘处突起最高，向头鞍方向倾斜，其上布满大致与边缘平行的脊线，眼前翼宽，其上有4—5条脊线越过宽而浅的前边缘沟伸向前边缘；前边缘沟极浅而宽，仅在眼前翼之前可见；后侧翼窄（纵向）而短（横向），与后边缘沟之间呈一陡坡；后边缘沟宽而深，向外变宽，后边缘窄而平缓突起，向外伸出的距离约为头鞍基部宽的2/3；面线前支长，自眼叶前端近乎平行向前伸，后支向侧后方斜伸。

产地层位 内蒙古自治区阿拉善盟呼鲁斯太陶思沟（QII-I-H19，QII-I-H20）和乌海市岗德尔山东山口（76-302-F46），胡鲁斯台组 *Sunaspis laevis-Sunaspidella rara* 带中上部至上部。

武安虫科 Wuaniidae Zhang et Yuan, 1981

武安虫属 *Wuania* Chang, 1963

Wuania Chang, 张文堂, 1963, 472页；卢衍豪等, 1965, 249, 250页；Schrank, 1976, S. 896；周天梅等, 1977, 168页；张文堂等, 1980b, 16页；Zhang and Yuan, 1981, p. 164；周志强等, 1982, 249页；仇洪安等, 1983, 123页；张进林、王绍鑫, 1985, 398页；Zhang and Jell, 1987, p. 122；杨家骆等, 1991, 147页；王绍鑫、张进林, 1994a, 145页；Zhang et al., 1995, p. 43；Jell and Adrain, 2003, p. 460；Bentley and Jago, 2004, p. 180, 184；段吉业等, 2005, 144页；Yuan et al., 2008, p. 86, 88, 94, 106；罗惠麟等, 2009, 119页；袁金良、李越, 2014, 511页。

Plesiowuania Bi in Qiu et al., 仇洪安等, 1983, 125页；Jell and Adrain, 2003, p. 427；Yuan et al., 2008, p. 86, 106.

non *Latilorenzella* Kobayashi, 1960b, p. 390；Zhang and Jell, 1987, p. 122；Jell and Adrain, 2003, p. 396；Bentley and Jago, 2004, p. 180—183.

模式种 *Inouyia fongfongensis* Chang, 张文堂, 1959, 211页，图版4，图19；1963, 472页，图版2，图20，河北武安鼓山，寒武系第三统徐庄阶 *Sunaspis laevis-Sunaspidella rara* 带下部。

特征 武安虫类三叶虫；背沟清楚，在头鞍之前变宽深；头鞍短而突起，截锥形至次柱形，缓慢向前收缩，前端圆润，中线位置有低的中脊，3—4对头鞍沟极浅或模糊不清，其中第一对（S1）内端分叉；颈环突起，中部宽；前边缘沟宽浅，在两侧强烈向前拱曲，在头鞍之前较宽而深，在头鞍前侧角与背沟会合；鞍前区缺失；前边缘宽，中部最宽，并呈穹堆状突起；两眼叶之间的固定颊窄，强烈突起，近眼叶处突起最高；眼叶中等偏短，位于头鞍横中线稍后方；尾部倒三角形，具较长而突起较高的尾轴，分5—7个轴节；肋部平缓突起，有4—5对肋脊，肋沟较深，间肋沟极浅；尾边缘窄而略突起；壳面光滑。

讨论 武安虫曾一度被认为是宽劳伦斯虫（*Latilorenzella* Kobayashi, 1960）的晚出异名（Zhang and Jell, 1987, p. 122；Jell and Adrain, 2003, p. 460；Bentley and Jago, 2004, p. 180, 184），但张文堂等又认为两者不是同一个属（Zhang et al., 1995, p. 43），笔者也认为武安虫不同于宽劳伦斯虫，后者头鞍相对较宽而长，中线位置有不连续的三段中脊或三个瘤刺，鞍前区和前边缘相对较窄（纵向），突起较低，尾部半椭圆形，而前者呈倒三角形。到目前为止，已有24个种被归于武安虫属内。笔者认为 *W. mianchiensis* Mong in Zhou et al., 1977, *W. trinodosa* Mong in Zhou et al., 1977 两种由于具有头鞍宽大，中线位置有不连续的三段中脊或瘤状突起，背沟宽而深，前边缘沟极浅等特征，应归于 *Latilorenzella* 属内。*Wuania yantouensis* Zhang et Wang, 1985（张进林、王绍鑫, 1985, 399页，图版120，图11, 12）虽然头鞍中线位置没有不连续的三段中脊或瘤状突起，但是其浅的背沟和前边缘沟，宽而呈截锥形的头鞍与 *Latilorenzella thisbe*（Walcott, 1911）（Zhang and Jell, 1987, p. 124, pl. 50, fig. 13）非常相似，两者可能为同种。*Wuania angustilimbata* Bi in Qiu et al., 1983（仇洪安等, 1983, 123页，图版40，图5）具有头鞍之前鞍前区上的高球形隆起，窄而平坦的前边缘和浅的前边缘沟以及两眼叶之间窄的固定颊，将其归于 *Huainania* 属内更合适。*W. lata* Mong in Zhou *et al.*，1977，*W. minor* Mong in Zhou *et al.*，1977，*W. mirabilis* Zhang et Wang，1985（=*W. rara* Zhang et Wang，1985）由于具瓮形头鞍，不与头鞍前背沟相会合的浅的前边缘沟，应归于 *Wuanoides* Zhang et Yuan，1981 属内。*Wuania huoshanensis* Zhang et Wang，1985（张进林、王绍鑫，1985，401 页，图版 121，图 11）头鞍短，向前收缩明显，背沟宽而深，前边缘较宽，缺失鞍前区，可归入始太子虫属内（*Eotaitzuia* Zhang et Yuan in Zhang *et al.*，1980b）。*Wuania hejinensis* Zhang et Wang，1985（张进林、王绍鑫，1985，401 页，图版 120，图 13，14），*Wuania xiweikouensis* Zhang et Wang，1985（张进林、王绍鑫，1985，401，402 页，图版 121，图 12—14）具柱形头鞍，前边缘在背沟相对位置前侧方有一对三角形的后缘棘，更像小太子虫（*Taitzuina* Zhang et Yuan，1981）。*Wuania taitzuensis*（Endo，1937）早已归入 *Houmaia* 属内（Zhang *et al.*，1995，p. 44，45）。*Wuania reticulata* Zhang et Wang，1985（张进林、王绍鑫，1985，402 页，图版 121，图 15）背沟、头鞍沟、前边缘沟很浅，前边缘平坦，宽而呈扇形的头盖前域与 *Shanxiella*（*Jiwangshania*）的模式种 *J. rotundolimbata* Zhang et Wang，1985（张进林、王绍鑫，1985，449 页，图版 132，图 2—4）很相似，应归于此亚属内。*Wuania trigona* Yang in Yang *et al.*，1991（杨家骧等，1991，147 页，图版 15，图 13）是仅依据一块不完整的头盖标本建立的种，其眼叶短，位置靠后，前边缘虽然较宽，呈三角形，但突起平缓，前边缘沟也很浅，不能将其置于 *Wuania* 属内，分类位置有待更多标本研究。24 个种的归属见下表：

Wuania angustilimbata Bi in Qiu *et al.*，1983	[=*Huainania*]
Wuania elongata Wu et Lin in Zhang *et al.*，1980b	
Wuania fongfongensis（Chang，1959）	
Wuania hejinensis Zhang et Wang，1985	[=*Taitzuina*]
Wuania huoshanensis Zhang et Wang，1985	[=*Eotaitzuia*]
Wuania lata Mong in Zhou *et al.*，1977	[=*Wuanoides*]
Wuania luna Wu et Lin in Zhang *et al.*，1980b	
Wuania meridionalis Qiu in Qiu *et al.*，1983	[=*Wuania elongata*]
Wuania mianchiensis Mong in Zhou *et al.*，1977	[=*Latilorenzella mianchiensis*]
Wuania minor Mong in Zhou *et al.*，1977	[=*Wuanoides*]
Wuania mirabilis Zhang et Wang，1985	[=*Wuanoides*]
Wuania oblongata（Bi in Qiu *et al.*，1983）	
Wuania rara Zhang et Wang，1985	[? =*Latilorenzella*]
Wuania rectangulata Li in Zhou *et al.*，1982	[=*Wuania venusta*]
Wuania reticulata Zhang et Wang，1985	[=*Shanxiella*（*Jiwangshania*）]
Wuania semicircularis Zhang et Wang，1985	
Wuania taitzuensis（Endo，1937）	[=*Houmaia*]
Wuania transversa Luo in Luo *et al.*，2009	
Wuania trigona Yang in Yang *et al.*，1991	[?]
Wuania trinodosa Mong in Zhou *et al.*，1977	[=*Latilorenzella trinodosa*]
Wuania venusta Zhang et Yuan，1981	
Wuania wutaishanensis Zhang et Wang，1985	[=*Latilorenzella*]
Wuania yantouensis Zhang et Wang，1985	[=*Latilorenzella thisbe*]
Wuania xiweikouensis Zhang et Wang，1985	[=*Taitzuina*]

时代分布　寒武纪第三世早期(徐庄期)，华北、东北南部及滇东南。

长形武安虫 *Wuania oblongata*（**Bi in Qiu *et al.*，1983**）

(图版 39，图 11，12)

1983　*Plesiowuania oblongata* Bi in Qiu *et al.*，仇洪安等，125 页，图版 40，图 7，8。

正模 头盖 NIGM HIT0228（仇洪安等，1983，图版40，图7），安徽省淮北市相山，寒武系第三统徐庄阶。

材料 2 块头盖标本。

比较 当前标本与模式标本相比，头盖、头鞍形态，窄而突起呈新月形的前边缘，眼叶的大小和位置以及面线的历程都很相似，应为同一种。所不同的是两眼叶之间的固定颊较宽，前边缘沟较宽而深，眼脊更明显自头鞍前侧角稍后向后斜伸，这些差异可作为种内变异。

产地层位 宁夏回族自治区贺兰山苏峪口至五道塘(NH8)，胡鲁斯台组 *Sunaspis laevis-Sunaspidella rara* 带下部。

半圆形武安虫 *Wuania semicircularis* Zhang et Wang，1985

（图版41，图1）

1985 *Wuania semicircularis* Zhang et Wang，张进林、王绍鑫，399 页，图版120，图 10。

正模 头盖 TIGM Ht 229（张进林、王绍鑫，1985，图版120，图 10），山西夏县祁家河，寒武系第三统徐庄阶。

材料 1 块头盖标本。

比较 当前标本与模式标本相比，头盖形态，呈半圆形或扇形的前边缘，眼叶的大小和位置以及面线的历程都很相似，应为同一种。所不同的是头鞍较短而宽，有 3 对较宽浅的侧头鞍沟，其中后一对内端分叉，这些差异可能是由于保存状态不同引起的。

产地层位 宁夏回族自治区贺兰山苏峪口至五道塘(NH12)，胡鲁斯台组 *Sunaspis laevis-Sunaspidella rara* 带中上部。

风雅武安虫 *Wuania venusta* Zhang et Yuan，1981

（图版39，图4—10）

1981 *Wuania venusta* Zhang et Yuan，p. 164, 165, pl. 2, figs. 6, 7.

1982 *Wuania rectangulata* Li in Zhou *et al.*，周志强等，249，250 页。图版62，图 18。

1995 *Wuania venusta*，Zhang *et al.*，p. 44, pl. 15, figs. 8, 9.

正模 头盖 NIGP62253（Zhang and Yuan，1981，pl. 2, fig. 6），内蒙古自治区岗德尔山南麓，寒武系第三统徐庄阶 *Sunaspis laevis-Sunaspidella rara* 带下部。

材料 3 块头盖，1 块唇瓣和 3 块尾部标本。

描述 头盖突起，半椭圆形至次方形，前缘呈弧状向前强烈拱曲，正模标本长 14.3 mm，两眼叶之间宽 12.0 mm；背沟窄而清楚；头鞍短而突起，次柱或次长方形，中部略收缩，前端宽圆，中线位置有明显的中脊，4 对头鞍沟浅，其中第一，第二对(S1, S2)内端分叉，S3 位于眼脊内端稍下方，微向前内方斜伸，前一对(S4)较短，位于眼脊内端，微向前内方伸；颈环中等突起，中部宽，颈沟宽而浅，较直，两侧微向前斜伸；前边缘沟宽浅，在眼前翼之前向前拱曲，在头鞍前侧角与背沟会合；鞍前区缺失；前边缘宽，中部最宽，并呈穹堆状突起；两眼叶之间的固定颊窄，约为头鞍宽的 1/2，平缓突起，近眼叶处突起最高；眼叶中等长或偏长，位于头鞍相对位置中部至中后部，约有头鞍长的 2/5 至 2/3（小个体），眼沟宽浅；眼脊窄而平缓突起，自头鞍前侧角稍后微向后斜伸；后侧翼窄（纵向）而短（横向），后边缘沟较宽而深，后边缘窄而突起，向外伸出距离约为头鞍基部宽的 2/3；面线前支自眼叶前端微向外向前伸，越过边缘沟后向内斜伸，后支向侧后方斜伸；同层所产唇瓣长卵形，中体长卵形，突起较高，前叶近卵形，后叶新月形，中沟在两侧宽而深，中部窄而浅；前边缘沟宽而深，后边缘沟和侧边缘沟窄而清楚，边缘窄而突起；前翼次三角形；尾部倒三角形，两侧较直，后缘圆润，具较长而突起较高的尾轴，分 4—5 个轴节和一轴末节；肋部平缓突起，有 4—5 对肋脊，4—5 对肋沟较深，间肋沟极浅；尾边缘窄而略突起；壳面光滑或具密集小孔。

比较 内蒙古自治区阿拉善盟呼鲁斯太陶思沟所产 *Wuania rectangulata* Li（周志强等，1982，249，

250 页, 图版 62, 图 18) 在头鞍、头鞍沟形态, 眼叶的大小和位置, 前边缘沟形态等方面与本种都相似, 所不同的是本种头盖前缘向前的拱曲度较大, 前边缘相对较宽, 可视为种内变异。

产地层位 内蒙古自治区乌海市岗德尔山东山口 (22 小层顶部) 和阿拉善盟呼鲁斯太陶思沟 (NH46), 胡鲁斯台组 *Sunaspis laevis-Sunaspidella rara* 带下部至中下部。

刺武安虫 (新种) *Wuania spinata* Yuan et Zhang, sp. nov.

(图版 39, 图 1—3)

词源 spinata, -us, -um, (拉丁语), 棘, 尖, 有刺的, 指新种的颈环后部有一短的颈刺。

正模 头盖 NIGP62856 (图版 39, 图 3), 宁夏回族自治区贺兰山苏峪口至五道塘, 寒武系第三统徐庄阶 *Sunaspis laevis-Sunaspidella rara* 带下部。

材料 3 块头盖标本。

描述 头盖强烈突起, 近四方形, 前缘呈圆弧形向前拱曲, 正模标本长 11.0 mm, 两眼叶之间宽 8.5 mm; 背沟窄而清楚; 头鞍宽而较短, 强烈突起, 近长方形或微向前收缩变窄, 前端平圆, 中线位置具微弱的中脊, 约有头盖长的 1/2, 3 对侧头鞍沟很浅, 其中第一对 (S1) 内端分叉, 后支较长, 向侧后方斜伸, 前支短, 近平伸; 颈沟宽而深, 向后弯曲, 颈环突起, 中部宽, 两侧迅速变窄, 中后部向后伸出一短的颈刺; 固定颊窄而平缓突起, 两眼叶之间宽约为头鞍宽的 1/2; 眼脊长而平缓突起, 自头鞍前侧角向后侧斜伸, 眼叶中等偏短, 不足头鞍长的 1/2, 位于头鞍相对位置的中后部, 眼沟浅; 鞍前区缺失, 前边缘宽而突起, 两侧略变窄, 中部呈穹堆状隆起, 眼前翼宽; 前边缘沟在头鞍之前极宽而深, 两侧变窄并向前弯曲, 在头鞍前侧角与背沟会合; 后侧翼窄 (纵向) 而短 (横向); 后边缘沟宽而深, 后边缘窄而平缓突起, 向外伸出的距离略小于头鞍基部宽; 面线前支长, 自眼叶前端微向外分散向前伸, 越过边缘沟后向内呈弧形切前边缘于头盖的前缘, 后支向侧后方斜伸; 壳面具密集小孔或小疣。

比较 就头盖、头鞍形状, 前边缘形态来看, 新种与模式种 *Wuania fongfongensis* (Chang) 较相似 (张文堂, 1963, 图版 2, 图 20), 但新种头鞍较宽大, 两眼叶之间固定颊较窄, 颈环上具短的颈刺, 壳面具密集小孔或小疣。

产地层位 宁夏回族自治区贺兰山苏峪口至五道塘 (306-F31-25) 和同心县青龙山 (NC61), 胡鲁斯台组 *Sunaspis laevis-Sunaspidella rara* 带下部。

芮城盾壳虫属 *Ruichengaspis* Zhang et Yuan in Zhang *et al.*, 1980b

Ruichengaspis Zhang et Yuan in Zhang *et al.*, 张文堂等, 1980b, 67, 92 页; Zhang and Yuan, 1981, p. 164; 张进林、王绍鑫, 1985, 404 页; Zhang and Jell, 1987, p. 124; 刘印环等, 1991, 220 页; Zhang *et al.*, 1995, p. 42; Jell and Adrain, 2003, p. 441; Bentley and Jago, 2004, p. 180—183; Yuan *et al.*, 2008, p. 88, 94, 106; Chough *et al.*, 2010, p. 265.

模式种 *Ruichengaspis mirabilis* Zhang et Yuan in Zhang *et al.*, 张文堂等, 1980b, 67 页, 图版 6, 图 8, 9, 山西省芮城县水峪中条山, 寒武系第三统徐庄阶 *Ruichengaspis mirabilis* 带。

特征 (修订) 武安虫类三叶虫; 背沟宽而深; 头鞍短小而突起, 截锥形, 向前收缩较快, 前端圆润, 中线位置有低的中脊, 4 对头鞍沟极浅或模糊不清; 颈环突起, 中部宽; 前边缘沟宽浅, 在头鞍前侧角与背沟会合; 鞍前区缺失; 前边缘宽, 中部最宽, 并呈穹堆状突起; 两眼叶之间的固定颊窄, 强烈突起, 近眼叶处突起最高; 眼叶中等长, 位于头鞍相对位置中部, 眼脊细, 自头鞍前侧角向后斜伸; 眼前翼极窄或缺失, 在眼脊之前有三条脊线越过边缘沟向内伸向前边缘两侧; 面线前支自眼叶前端平行向前或向内斜伸; 后侧翼短 (纵向及横向); 尾部半椭圆形, 具较长而突起较高的尾轴, 分 3—4 个轴节; 肋部平缓突起, 有 2—3 对肋脊, 前一对肋沟较深, 向后变浅, 间肋沟极浅; 尾边缘窄, 尾边缘沟不显; 壳面光滑或具小陷孔。

讨论 芮城盾壳虫不同于武安虫 (*Wuania* Chang, 1963) 主要在于头鞍向前收缩较快, 背沟较宽而深, 尾部呈半椭圆形, 分节少。产于辽宁本溪团山子毛庄阶的 *Plesiagraulos dirce* (Walcott, 1905) (段吉业等, 2005, 142, 143 页, 图版 24, 图 11—15) 头盖形态不呈三角形, 应归于芮城盾壳虫较好, 它的产出层位也值得进一步研究。

时代分布 寒武纪第三世早期(徐庄期)，华北及东北南部。

奇异芮城盾壳虫 *Ruichengaspis mirabilis* Zhang et Yuan in Zhang *et al.*, 1980b

(图版 36, 图 17; 图版 39, 图 13, 14; 图版 40, 图 1—18)

1980b *Ruichengaspis mirabilis* Zhang et Yuan in Zhang *et al.*, 张文堂等, 67 页, 图版 6, 图 8, 9。

1980b *Ruichengaspis regularis* Zhang et Yuan in Zhang *et al.*, 张文堂等, 68 页, 图版 6, 图 10—12。

1981 *Ruichengaspis neimengguensis* Zhang et Yuan, p. 164, pl. 1, figs. 10—12.

1985 *Ruichengaspis mirabilis*, 张进林、王绍鑫, 404 页, 图版 122, 图 2。

1985 *Ruichengaspis regularis*, 张进林、王绍鑫, 404 页, 图版 122, 图 1。

1987 *Ruichengaspis mirabilis*, Zhang and Jell, p. 124, pl. 50, figs. 15, 16.

1991 *Ruichengaspis mirabilis*, 刘印环等, 220 页, 图版 14, 图 4。

1995 *Ruichengaspis mirabilis*, Zhang *et al.*, p. 42, pl. 14, fig. 5.

2005 *Plesiagraulos dirce* (Walcott, 1905), 段吉业等, 142, 143 页, 图版 24, 图 11—15。

2010 *Ruichengaspis* sp., Chough *et al.*, p. 265, fig. 14 (f).

正模 头盖 NIGP51167 (张文堂等, 1980b, 图版 6, 图 8), 山西省芮城县水峪中条山, 寒武系第三统徐庄阶 *Ruichengaspis mirabilis* 带。

材料 19 块头盖, 3 块活动颊和 1 块尾部标本。

描述 头盖突起, 亚梯形, 前缘呈圆弧状向前拱曲, 正模标本长 6.0 mm, 两眼叶之间宽 6.5 mm; 背沟宽而深; 头鞍短小而突起, 截锥形, 向前收缩较快, 前端截切, 略小于头盖长的 1/2, 中线位置有低的中脊, 4 对头鞍沟浅或模糊不清, 其中第一(S1)和第二(S2)对内端分叉, S3 近平伸, S4 短, 位于眼脊内端, 微向前伸; 颈环突起, 半椭圆形, 中部宽, 中部后端有小的颈疣; 前边缘沟宽浅, 在头鞍前侧角与背沟会合, 两侧略向前弯曲; 鞍前区缺失; 前边缘宽, 中部最宽, 并呈穹堆状隆起; 两眼叶之间的固定颊中等宽, 在两眼叶之间略大于头鞍宽的 1/2, 平缓突起, 近眼叶处突起最高, 向背沟和后边缘沟倾斜; 眼叶中等长, 位于头鞍相对位置中后部, 约为头鞍长的 1/2, 眼脊细, 自头鞍前侧角向后斜伸, 在眼脊之前有三条脊线越过边缘沟伸向前边缘两侧; 眼前翼极窄或缺失; 后侧翼窄(纵向)而较短(横向), 向外伸出距离约为头鞍基部宽的 2/3—4/5; 后边缘沟宽而深, 后边缘窄而平缓突起; 面线前支自眼叶前端呈圆弧状向前或向内斜伸; 活动颊窄长, 侧边缘平缓突起, 侧边缘沟宽浅, 颊区略宽于侧边缘, 颊刺中等长; 尾部半椭圆形, 具较长而突起较高的尾轴, 分 3—4 个轴节; 肋部平缓突起, 有 2—3 对肋脊, 前一对肋沟较深, 向后变浅, 间肋沟极浅; 尾边缘窄, 尾边缘沟不显; 壳面光滑。

产地层位 宁夏回族自治区同心县青龙山(NC47), 内蒙古自治区乌海市岗德尔山东山口(NZ7, NZ8, F34-8)和桌子山地区阿不切亥沟(CD94A), 胡鲁斯台组 *Ruichengaspis mirabilis* 带。

拟武安虫属 *Wuanoides* Zhang et Yuan, 1981

Wuanoides Zhang et Yuan, 1981, p. 165; Zhang *et al.*, 1995, p. 42; Jell and Adrain, 2003, p. 460; Bentley and Jago, 2004, p. 180—183; Yuan *et al.*, 2008, p. 89, 94, 106.

模式种 *Wuanoides situla* Zhang et Yuan, 1981, p. 165, pl. 2, fig. 10, 宁夏回族自治区贺兰山苏峪口至五道塘, 寒武系第三统徐庄阶 *Sunaspis laevis-Sunaspidella rara* 带中上部。

特征(修订) 武安虫类三叶虫; 背沟宽而深; 头鞍宽大而突起, 中部膨大呈瓮形, 前端宽圆, 中线位置有低的中脊, 4 对头鞍沟浅; 颈环突起, 中部宽; 前边缘沟两侧宽而深, 在头鞍前侧角相对位置处分叉, 一支向后弯曲与前背沟会合, 另一支很浅, 与头盖前缘平行延伸; 鞍前区上有横椭圆形隆起; 前边缘平缓突起; 两眼叶之间的固定颊极窄, 强烈突起, 近眼叶处突起最高; 眼叶短至中等长, 位于头鞍相对位置中后部, 眼脊细, 自头鞍前侧角向后斜伸; 面线前支自眼叶前端平行向前或微向外斜伸; 后侧翼短(纵向及横向); 壳面光滑或具小疣。

讨论 除模式种外, *Wuania lata* Mong in Zhou *et al.*, 1977 (= *Wuania minor* Mong in Zhou *et al.*,

1977），*Wuania mirabilis* Zhang et Wang, 1985（= *Wuania rara* Zhang et Wang, 1985）两种由于具有头鞍呈瓮形，中部膨大，前边缘沟两侧宽而深，在头鞍前侧角相对位置处分叉，一支向后弯曲与前背沟会合，另一支很浅，与头盖前缘平行延伸，鞍前区上有横椭圆形隆起等特征，应归于拟武安虫属内。

时代分布　寒武纪第三世早期（徐庄期），华北。

宽拟武安虫 *Wuanoides lata*（Mong in Zhou *et al.*, 1977）

（图版36，图8—12；图版41，图6—9；图版91，图15）

1977　*Wuania lata* Mong in Zhou *et al.*，周天梅等，168，169页，图版50，图13。

1977　*Wuania minor* Mong in Zhou *et al.*，周天梅等，169页，图版50，图11。

1995　*Wuanoides minor*（Meng），Zhang *et al.*, p. 86.

1995　*Wuanoides lata*（Meng），Zhang *et al.*, p. 86.

正模　头盖 YIGMIV0057（周天梅等，1977，图版50，图13），河南省登封县大金店于沟，寒武系第三统徐庄阶 *Sunaspis laevis-Sunaspidella rara* 带中上部。

材料　8块头盖和2块活动颊标本。

描述　头盖突起，方形，前缘呈弧状向前强烈拱曲，正模标本长5.6 mm，两眼叶之间宽5.8 mm；背沟深；头鞍短而强烈突起，瓮形，中后部略膨大，前端平圆，中线位置有低的中脊，略大于头盖长的1/2，4对头鞍沟极浅，其中第一对（S1）内端分叉，后支长，向后斜伸，前支短，平伸或微向前斜伸；颈环窄（纵向），平缓突起，中部宽，中后部有小的颈瘤，颈沟宽而深，较直，两侧微向前斜伸；前边缘沟在头鞍之前极浅或不发育，两侧宽而深，在眼前翼之前向前拱曲，在头鞍前侧角与头鞍前背沟会合；鞍前区较窄（纵向），在头鞍之前与前边缘融合，呈窄（纵向）而且宽（横向）的穹堆状隆起；前边缘较宽，中部最宽，向两侧略变窄；两眼叶之间的固定颊窄而突起，约为头鞍宽的1/2—1/3；眼叶中等长或偏长，位于头鞍相对位置中后部，约有头鞍长的2/5—3/5（小个体），眼沟宽浅；眼脊窄而平缓突起，自头鞍前侧角稍后强烈向后斜伸；后侧翼窄（纵向）而短（横向），后边缘沟较宽而深，后边缘窄而突起，向外伸出距离约为头鞍基部宽的5/7；面线前支自眼叶前端微向内向前伸，切前边缘于头盖前侧缘，后支向侧后方斜伸；同层所产活动颊具钝圆形颊角，侧边缘宽而突起，侧边缘沟浅，颊区平缓突起，略小于侧边缘宽；前边缘和侧边缘上具有7—8条与边缘平行的脊线；壳面光滑或具密集的小凹坑。

比较　此种与模式种 *Wuanoides situla* Zhang et Yuan, 1981 的主要区别是前边缘宽（纵向），鞍前区窄，头鞍较长，眼叶较长。当前标本与模式标本相比，都显示前边缘较宽，鞍前区较窄，头盖前缘向前的拱曲度较小，眼叶较长的特征，应属同一种。不同之处在于当前标本的前边缘沟在眼前翼之前较窄浅，可能是种内的变异。

产地层位　内蒙古自治区乌海市岗德尔山东山口（NZ15，NZ07）和桌子山地区苏拜沟（SBT3-1），胡鲁斯台组 *Sunaspis laevis-Sunaspidella rara* 带中上部。

瓮形拟武安虫 *Wuanoides situla* Zhang et Yuan, 1981

（图版36，图13—15；图版41，图2—5；图版42，图18）

1981　*Wuanoides situla* Zhang et Yuan, p. 165, pl. 2, fig. 10.

1995　*Wuanoides situla*, Zhang *et al.*, p. 42, pl. 14, figs. 6—8.

正模　头盖 NIGP62257（Zhang and Yuan, 1981, pl. 2, fig. 10），宁夏回族自治区贺兰山苏峪口至五道塘，寒武系第三统徐庄阶 *Sunaspis laevis-Sunaspidella rara* 带中上部。

材料　8块头盖标本。

描述　头盖突起，方形，前缘呈弧状向前强烈拱曲，正模标本长12.0 mm，两眼叶之间宽13.3 mm；背沟宽而深；头鞍短而强烈突起，瓮形，中部膨大，前端平圆，中线位置有明显的中脊，约有头盖长的1/2，4对头鞍沟浅，其中第一对（S1）内端分叉，S2位于头鞍横中线之前，微向后斜伸，S3位于眼脊内端稍下方，微向前内方斜伸，前一对（S4）较短，位于眼脊内端，微向前内方伸；颈环窄（纵向），平缓突起，中部宽，中部有小的颈瘤，颈沟宽而深，较直，两侧微向前斜伸；前边缘沟在头鞍之前极浅，两侧宽而深，在眼前翼之前向前拱曲，在头鞍前侧角与头鞍前背沟会合；鞍前区较宽（纵向），往往与前边缘在头鞍之前融合，呈半椭圆形隆起；前边缘中等宽，中部最宽，两侧变窄，并向前下方倾斜；两眼叶之间的固定颊窄而突起，约为头鞍宽的1/3；眼叶中等长或偏长，位于头鞍相对位置中部至中后部，约有头鞍长的1/2—2/5（小个体），眼沟宽而较深；眼脊窄而平缓突起，自头鞍前侧角强烈向后斜伸；后侧翼窄（纵向）而短（横向），后边缘沟较宽而深，后边缘窄而突起，向外伸出距离约为头鞍基部宽的5/6；面线前支自眼叶前端微向外向前伸，越过边缘沟后向内斜伸，切前边缘于头盖前侧缘，后支向侧后方斜伸；壳面光滑或具密集小疣。

产地层位　宁夏回族自治区贺兰山苏峪口至五道塘（NH12）和内蒙古自治区乌海市岗德尔山成吉思汗塑像公路旁（GDME1-2），胡鲁斯台组 *Sunaspis laevis-Sunaspidella rara* 带中上部。

小太子虫属 *Taitzuina* Zhang et Yuan, 1981

Taitzuina Zhang et Yuan, 1981, p. 165, 166；Zhang and Jell, 1987, p. 118；Jell and Adrain, 2003, p. 450；Bentley and Jago, 2004, p. 180, 182, 183；Yuan *et al.*, 2008, p. 89, 94, 106.

模式种　*Taitzuina lubrica* Zhang et Yuan, 1981, p. 166, pl. 2, figs. 8, 9，山西河津县，寒武系第三统徐庄阶 *Sunaspis laevis-Sunaspidella rara* 带中部。

特征　头盖突起，近方形，前缘向前呈圆弧形拱曲；背沟宽，中等深；头鞍宽，强烈突起，次方形，向前微微收缩，前端宽圆，中线位置具低的中脊，具4对极浅的侧头鞍沟；颈沟宽深，两侧变窄，向前斜伸；颈环窄，突起，中线位置后缘具小颈瘤；前边缘沟宽深，略呈三段弧形，两侧向前弯曲，中部直，在头鞍前侧角与背沟融合；前边缘宽，强烈突起呈穹堆状，在头鞍前侧角相对位置的后缘有一对呈三角形的后缘棘，鞍前区缺失；尾部半椭圆形，尾轴较窄长，倒锥形，分7—8节；肋部较宽，平缓突起，分5—6对肋脊，肋沟宽浅，间肋沟窄浅；尾边缘中等宽，平坦。

讨论　笔者在建此属时，曾将其置于Ordosiidae Lu, 1954 科内（Zhang and Yuan, 1981, p. 165），此后被移至Wuaniidae 科内（Zhang and Jell, 1987, p. 118；Bentley and Jago, 2004, p. 180, 182），后来又被放到Cheilocephalidae Shaw, 1956 科内（Yuan *et al.*, 2008, p. 96），现在看来置于Wuaniidae 科内较合理。就头盖和头鞍外形来看，此属与*Wuanoides*较相似，主要区别是头鞍呈宽的截锥形，前边缘沟宽深，略呈三段弧形，两侧向前弯曲，中部直，在头鞍前侧角与背沟融合；前边缘宽，强烈突起呈穹堆状，在头鞍前侧角相对位置的后缘有一对呈三角形的后缘棘，鞍前区缺失。

时代分布　寒武纪第三世早期（徐庄期），华北（山西，内蒙古，宁夏）。

光滑小太子虫 *Taitzuina lubrica* Zhang et Yuan, 1981

（图版41, 图10—16；图版42, 图6—8）

1981　*Taitzuina lubrica* Zhang et Yuan, p. 166, pl. 2, figs. 8, 9.

正模　头盖 NIGP62255（Zhang and Yuan, 1981, pl. 2, fig. 8），山西省河津县西硙口，寒武系第三统徐庄阶 *Sunaspis laevis-Sunaspidella rara* 带中上部。

材料　7块头盖和5块尾部标本。

描述　头盖突起，近方形，前缘向前呈圆弧形拱曲，正模标本长5.0 mm，两眼叶之间宽5.3 mm；背沟在头鞍两侧中等宽，较浅，在头鞍之前宽深；头鞍宽，强烈突起，次方形，向前微微收缩，前端宽圆，中线位置具低的中脊，具4对极浅的侧头鞍沟，其中第一对（S1）内端分叉，前支短，平伸，后支长，向后侧斜伸，在中线位置几乎相连，第二对（S2）位于头鞍横中线之前，微向后斜伸，第三对（S3）位于眼脊内端稍下方，平伸，第四对（S4）短，位于眼脊内端，微向前伸；颈沟宽深，两侧变窄，向前斜伸；颈环窄，突起，中线位置后缘具小颈瘤；前边缘沟宽深，略呈三段弧形，两侧向前弯曲，中部直，在头鞍前侧角与背沟融合；前边缘宽，强烈突起呈穹堆状，在头鞍前侧角相对位置的后缘有一对呈三角形的后缘棘，鞍前区缺失；面线前支自眼叶前端微向外分散向前伸，越过边缘沟后向内呈圆弧形弯曲，切前边缘于头盖的前侧缘，后支短，自眼叶后端向侧后方斜伸；尾部半椭圆形，尾轴较窄长，倒锥形，分7—8节；肋部较宽，平缓突起，分5—6对肋脊，肋沟宽浅，间肋沟窄浅；尾边缘中等宽，平坦。

比较 就头盖和尾部外形，特别是前边缘在头鞍前侧角相对位置的后缘有一对呈三角形的后缘棘来看，此种与山西芮城水峪中条山张夏组 *Crepicephalina convexa* 带所产 *Zhongtiaoshanella brevispinosa* Yuan in Yuan *et al.*（袁金良等，2012，186，187 页，图版 74，图 16—19）有些相似，但后者有宽而且下凹的鞍前区，颈沟和背沟较窄浅，尾部前侧角有一对尾刺，尾边缘极宽，壳面有瘤脊装饰。

产地层位 山西省河津县西硔口（化 15A，化 15）和陕西省陇县景福山地区牛心山（L14），馒头组 *Sunaspis laevis-Sunaspidella rara* 带中部至中上部；内蒙古自治区阿拉善盟呼鲁斯太陶思沟（NH48，NH48a）和乌海市岗德尔山东山口（NZ07），宁夏回族自治区贺兰山苏峪口至五道塘（NH13），胡鲁斯台组 *Sunaspis laevis-Sunaspidella rara* 带中上部。

横宽小太子虫（新种）*Taitzuina transversa* Yuan et Zhang，sp. nov.
（图版 42，图 1—5）

词源 transversa，-us，-um，拉丁语，指新种具横宽的头盖。

正模 头盖 NIGP62897（图版 42，图 1），内蒙古自治区阿拉善盟呼鲁斯太陶思沟，寒武系第三统徐庄阶 *Sunaspis laevis-Sunaspidella rara* 带中上部。

材料 3 块头盖，1 块活动颊和 1 块尾部标本。

描述 头盖突起，横宽，近方形，前缘向前呈圆弧形拱曲，正模标本长 9.5 mm，两眼叶之间宽 13.2 mm；背沟在头鞍两侧中等宽且较浅，在头鞍之前宽深；头鞍短宽，强烈突起，截锥形，向前收缩，前端平圆，长约为头盖长的 4/9，中线位置具低的中脊，具 4 对极浅的侧头鞍沟，其中第一对（S1）位于头鞍横中线之后，内端分叉，前支短，微向前伸，后支长，向后侧斜伸，第二对（S2）位于头鞍横中线之前，内端分叉，前支平伸，后支微向后斜伸，第三对（S3）位于眼脊内端稍下方，平伸，第四对（S4）短，位于眼脊内端，微向前伸；颈沟宽深，两侧变窄，向前斜伸；颈环窄，突起，中线位置后缘具小颈瘤；两眼叶之间固定颊宽，几乎与头鞍宽相等，眼脊突起，自头鞍前侧角近乎向外平伸，眼叶长，弯曲成弓形，略大于头鞍长的 1/2，位于头鞍相对位置的中后部，眼沟清楚；前边缘沟宽深，略呈三段弧形，两侧向前弯曲，中部直，在头鞍前侧角与背沟融合；前边缘宽，突起呈穹堆状，在头鞍前侧角相对位置的后缘有一对不明显的三角形后缘棘，鞍前区缺失；后侧翼极窄（纵向），后边缘沟宽深，后边缘窄，平缓突起；面线前支自眼叶前端平行向前伸，越过边缘沟后向内呈圆弧形弯曲，切前边缘于头盖的前侧缘，后支短，自眼叶后端向侧后方斜伸；同层所产活动颊具钝圆形颊角，侧边缘宽，向后变宽，侧边缘沟浅，颊区中等宽；尾部半椭圆形，尾轴较窄长，倒锥形，分 5—6 节；肋部较宽，平缓突起，分 3—4 对肋脊，肋沟宽浅，间肋沟窄浅；尾边缘较窄，平坦。

比较 新种与模式种的主要不同之处在于头盖较横宽，头鞍较窄短，两眼叶之间固定颊较宽，眼叶较长，眼脊长（横向），几乎向外平伸，前边缘后缘一对呈三角形的后缘棘不明显，尾部分节较少，肋沟和间肋沟较浅，尾边缘较窄。

产地层位 内蒙古自治区阿拉善盟呼鲁斯太陶思沟（NH46），胡鲁斯台组 *Sunaspis laevis-Sunaspidella rara* 带中上部。

小太子虫未定种 *Taitzuina* sp.
（图版 36，图 16）

材料 1 块头盖标本。

描述 头盖突起，横宽，次方形，前缘微向前拱曲，长 4.7 mm，两眼叶之间宽 6.0 mm；背沟较浅，在头鞍前侧角较深；头鞍短宽，强烈突起，截锥形，向前收缩，前端平圆，中线位置具低的中脊，具 4 对极浅的侧头鞍沟，其中第一对（S1）位于头鞍横中线之后，内端分叉，前支短，微向前伸，后支长，向后侧斜伸，第二对（S2）位于头鞍横中线之前，近乎平伸，第三对（S3）位于眼脊内端稍下方，微向前伸，第四对

（S4）短，位于眼脊内端，微向前伸；颈沟两侧较宽深，中部较窄浅，平伸；颈环窄，突起，中部较宽；两眼叶之间固定颊宽，较头鞍略窄，眼脊突起，自头鞍前侧角近乎向外平伸，眼叶长，弯曲成弓形，略大于头鞍长的1/2，位于头鞍相对位置的中后部，眼沟浅；前边缘沟在两侧宽深，中部极浅或几乎消失，略呈三段弧形向前弯曲，中部直，在头鞍前侧角与背沟融合；前边缘宽，突起呈穹堆状，鞍前区缺失；后侧翼极窄（纵向），后边缘沟宽深，后边缘窄，平缓突起；面线前支自眼叶前端平行向前伸，越过边缘沟后向内呈圆弧形弯曲，切前边缘于头盖的前侧缘，后支短，自眼叶后端向侧后方斜伸。

比较　未定种与模式种 *Taitzuina lubrica* Zhang et Yuan，1981 的主要区别是头鞍向前收缩较快，头鞍沟较深，背沟在头鞍之前较窄浅，前边缘在头鞍前侧角相对位置的后缘一对呈三角形的后缘棘不明显。

产地层位　内蒙古自治区乌海市岗德尔山成吉思汗塑像公路旁（GDME1-2），胡鲁斯台组 *Sunaspis laevis-Sunaspidella rara* 带中上部。

宽劳伦斯虫属 *Latilorenzella* Kobayashi，1960b

Latilorenzella Kobayashi，1960b，p. 390；Zhang and Jell，1987，p. 122；Jell and Adrain，2003，p. 396；Bentley and Jago，2004，p. 180—183；段吉业等，2005，149 页；Yuan *et al.*，2008，p. 83，89，93，106.

Rencunia Zhang et Yuan in Zhang *et al.*，1995，p. 43；Jell and Adrain，2003，p. 439；Bentley and Jago，2004，p. 180；Yuan *et al.*，2008，p. 87，94，106.

模式种　*Agraulos divi* Walcott，1905，p. 45；1913，p. 152，pl. 14，figs. 13，13a；Zhang and Jell，1987，p. 122，123，pl. 50，figs. 7—9，山东新泰颜庄，寒武系第三统徐庄阶 *Sunaspis laevis-Sunaspidella rara* 带中上部。

特征　武安虫类三叶虫；头盖平缓突起，次方形，前缘向前呈弧形拱曲；背沟较宽而深；头鞍突起，呈宽的截锥形，前端圆润，中线位置有不连续的三段中脊或三个瘤刺，4 对头鞍沟极浅或模糊不清，其中第一对（S1）和 S2 内端分叉；颈环突起，中部宽，具颈瘤；前边缘沟宽浅，仅在两侧显示；鞍前区与前边缘融合，靠近头鞍位置呈低的穹堆状隆起，向前和向两侧平缓倾斜；两眼叶之间的固定颊窄，强烈突起，近眼叶处突起最高，向背沟倾斜；眼叶中等偏短；后侧翼纵向中等宽，次三角形；面线前支自眼叶前端微向内向前伸，后支自眼叶后端向侧后方斜伸；活动颊中等宽，不具颊刺；尾部半椭圆形，具较长而突起较高的尾轴，分 4—5 个轴节；肋部平缓突起，有 3—4 对肋脊，肋沟较深，间肋沟极浅；尾边缘窄而略突起；壳面光滑。

讨论　由于鞍前区与前边缘融合并突起，过去较长一段时期内宽劳伦斯虫与武安虫（*Wuania* Chang，1963）被认为是同一个属（Zhang and Jell，1987，p. 122；Jell and Adrain，2003，p. 460）。宽劳伦斯虫与武安虫的主要区别是头鞍相对较宽而长，中线位置有不连续的三段中脊或三个瘤刺，鞍前区和前边缘相对较窄（纵向），突起较低，尾部半椭圆形，而后者呈倒三角形。*Rencunia* Zhang et Yuan in Zhang *et al.*，1995（模式种 *Wuania trinodosa* Mong in Zhou *et al.*，1977；周天梅等，1977，169 页，图版 50，图 15，16）与宽劳伦斯虫的区别是头鞍中线位置有三个瘤刺，而后者是不连续的三段中脊，这些差异是属与属之间的差异。

时代分布　寒武纪第三世早期（徐庄期），华北。

迪威宽劳伦斯虫 *Latilorenzella divi*（Walcott，1905）

（图版 42，图 9，10，16a）

1905　*Agraulos divi* Walcott，p. 45.

1913　*Inouyia divi*（Walcott），Walcott，p. 152，pl. 14，figs. 13，13a.

1935　*Strenuella? divi*（Walcott），Kobayashi，p. 254.

1965　*Cyclolorenzella divi*（Walcott），卢衍豪等，251，252，图版 42，图 18—20.

1987　*Latilorenzella divi*（Walcott），Zhang and Jell，p. 122，123，pl. 50，figs. 7—9.

正模　头盖 USNM 58020（Walcott，1913，pl. 14，fig. 13；Zhang and Jell，1987，pl. 50，fig. 7），山东新泰颜庄，寒武系第三统徐庄阶 *Sunaspis laevis-Sunaspidella rara* 带中上部。

材料　3块头盖标本。

比较　当前标本与模式标本相比，除了颈环较窄（纵向），背沟在头鞍之前较宽而深和颈沟较深外，其余特征都很相似，应为同种。关于这个种的时代，以往有不同说法，认为是 *Sunaspis* 带（Zhang and Jell，1987，p. 123），或 *Poriagraulos* 和 *Bailiella-Lioparia* 带（Zhang and Jell，1987，p. 276），笔者认为前一种说法较正确。

产地层位　宁夏回族自治区同心县青龙山（NC63）和内蒙古自治区乌海市岗德尔山东山口（NZ07），胡鲁斯台组 *Sunaspis laevis-Sunaspidella rara* 带中上部。

米里宽劳伦斯虫 *Latilorenzella melie*（Walcott，1906）

（图版 42，图 11，12）

1906　*Agraulos*（?）*melie* Walcott，p. 581.

1913　*Inouyia melie*（Walcott），Walcott，p. 153，pl. 14，fig. 12（non fig. 12a）.

1935　*Lorenzella melie*（Walcott），Kobayashi，p. 254.

1965　*Wuania melie*（Walcott），卢衍豪等，250 页，图版 42，图 14.

1987　*Latilorenzella melie*（Walcot），Zhang and Jell，p. 123，pl. 50，figs. 11，12.

正模　头盖 USNM 57604（Walcott，1913，pl. 14，fig. 12；Zhang and Jell，1987，pl. 50，fig. 11），山西五台县东冶镇南西西 6.4 km，寒武系第三统徐庄阶 *Poriagraulos nanus* 带。

材料　2块头盖标本。

比较　当前标本与模式标本相比，头盖形态，前边缘形态，面线历程等方面都很相似，应为同种。两者的主要区别是当前标本头鞍较短，向前收缩较快，这些差异可以作为种内变异。

产地层位　宁夏回族自治区贺兰山苏峪口至五道塘（F36，NH23），胡鲁斯台组 *Poriagraulos nanus* 带。

淮南虫属 *Huainania* Qiu in Qiu *et al.*，1983

Huainania Qiu in Qiu *et al.*，仇洪安等，1983，125 页；Jell and Adrain，2003，p. 386；Yuan *et al.*，2008，p. 81，92，106.

模式种　*Huainania sphaerica* Qiu in Qiu *et al.*，仇洪安等，1983，125 页，图版 40，图 9，10，安徽淮南洞山，寒武系第三统徐庄阶 *Sunaspis laevis-Sunaspidella rara* 带上部。

特征（修订）　武安虫类三叶虫；背沟窄而清楚，在头鞍之前较宽而深；头鞍短而宽，突起，前端宽圆，具中脊，具 3—4 对侧头鞍沟浅，其中第一、二、三对（S1，S2，S3）内端分叉；颈环突起，中部宽；前边缘沟两侧窄而深，在头鞍前侧角相对位置处变浅，分叉，后支呈弧形强烈向后弯曲与前背沟会合；前边缘与宽的鞍前区在头鞍之前融合，形成高凸的圆球形隆起，前边缘窄而平缓突起；两眼叶之间的固定颊窄，不足头鞍宽的 1/2，强烈突起，近眼叶处突起最高；眼叶中等长，弯曲呈弓形，突起在固定颊之上，位于头鞍相对位置中后部，眼脊细，自头鞍前侧角向后斜伸，眼沟浅；眼前翼宽；后侧翼窄而较短（纵向及横向），后边缘沟较深，后边缘窄而平缓突起，向外伸出距离略小于头鞍基部宽；面线前支自眼叶前端向外斜伸，后支向侧后方斜伸；尾部半椭圆形，强烈突起，尾轴宽长，分 5 节；肋部较窄，有 3—4 对肋脊，肋沟宽深，间肋沟极浅，尾边缘极窄，尾边缘沟不清楚；壳面光滑或具放射状脊线。

讨论　就头盖及头鞍形态来看，淮南虫与武安虫确实很像，但头鞍相对较宽，两眼叶之间的固定颊较窄，特别是在头盖的前缘有一窄而平缓突起的前边缘与高凸的圆球形隆起分开，此外，淮南虫的尾部呈椭圆形，尾轴较宽。除模式种外，*Wuania angustilimbata* Bi in Qiu *et al.*（仇洪安等，1983，123 页，图版 40，图 5）也可归于此属内。

时代分布　寒武纪第三世早期（徐庄期），华北。

窄缘淮南虫 *Huainania angustilimbata*（Bi in Qiu *et al.*，1983）

（图版 42，图 13—16b，17）

1983　*Wuania angustilimbata* Bi in Qiu *et al.*，仇洪安等，123 页，图版 40，图 5.

正模 头盖 NIGM HIT 0227（仇洪安等，1983，图版 40，图 5），安徽淮北相山，寒武系第三统徐庄阶。

材料 3 块头盖标本。

比较 此种由于两眼叶之间的固定颊较窄，特别是在头盖的前缘有一窄而平缓突起的边缘与高凸的圆球形隆起分开，而被归于淮南虫属内。当前标本与模式标本相比，除了前边缘沟较宽深外，其余特征都很相似，应为同种。此种与模式种 *Huainania sphaerica* Qiu in Qiu et al.（仇洪安等，1983，125 页，图版 40，图 9，10）的主要区别是头鞍相对较窄长，两眼叶之间固定颊较宽，眼叶较短。

产地层位 内蒙古自治区阿拉善盟呼鲁斯太陶思沟（NH50）和乌海市岗德尔山东山口（NZ07），宁夏回族自治区同心县青龙山（NC65），胡鲁斯台组 *Sunaspis laevis-Sunaspidella rara* 带中上部至上部。

圆球形淮南虫 *Huainania sphaerica* Qiu in Qiu *et al.*，1983

（图版 43，图 1—17）

1983 *Huainania sphaerica* Qiu in Qiu *et al.*，仇洪安等，125 页，图版 40，图 9，10。

正模 头盖 NIGM HIT 0222（仇洪安等，1983，图版 40，图 9），安徽省淮南市洞山，寒武系第三统徐庄阶。

材料 11 块头盖，3 块活动颊和 3 块尾部标本。

描述 头盖突起，次方形，前缘向前强烈拱曲，正模标本长 13.7 mm，两眼叶之间宽 12.2 mm；背沟窄而清楚，在头鞍之前较宽而深；头鞍短而宽，突起，截锥形，微微向前收缩变窄，前端宽圆，具低的中脊，3—4 对侧头鞍沟很浅，其中第一、二、三对（S1，S2，S3）内端分叉，第四对（S4）短，位于眼脊内端，微向前伸；颈环突起，宽度均匀，两侧略变窄，中后部具小颈疣，颈沟浅，直，两侧较清楚；前边缘沟两侧窄而深，在头鞍前侧角相对位置处变浅，分叉，后支呈弧形强烈向后弯曲与前背沟会合，前支向前弯曲；前边缘与宽的鞍前区在头鞍之前融合，形成高凸的圆球形隆起，前边缘窄而平缓突起；两眼叶之间的固定颊窄，不足头鞍宽的 1/2，强烈突起，近眼叶处突起最高；眼叶中等偏长，弯曲呈弓形，突起在固定颊之上，位于头鞍相对位置中后部，略大于头鞍长的 1/2，眼脊细，自头鞍前侧角向后斜伸，眼沟浅；眼前翼宽，向前向外倾斜；后侧翼窄而较短（纵向及横向），后边缘沟较清楚，后边缘窄而平缓突起，向外伸出距离略小于头鞍基部宽；面线前支自眼叶前端向外斜伸，后支向侧后方斜伸；同层所产活动颊具长的颊刺，侧边缘平缓突起，侧边缘沟浅，颊区较宽，向后侧变宽；同层所产尾部半椭圆形，强烈突起，尾轴宽长，分 5 节；肋部较窄，有 3—4 对肋脊，肋沟宽深，间肋沟极浅，仅在外侧可见，尾边缘极窄，尾边缘沟不清楚；壳面光滑或具放射状脊线。

比较 当前标本与模式标本相比，除了前边缘沟在两侧较宽浅，头盖前缘较宽（横向），向前的拱曲度较小外，其余特征都相似，应为同种。

产地层位 内蒙古自治区乌海市桌子山地区苏拜沟（SBT3-3），胡鲁斯台组 *Sunaspis laevis-Sunaspidella rara* 带上部；安徽省淮南市洞山（P23—H19），馒头组 *Sunaspis laevis-Sunaspidella rara* 带上部。

侯马虫属 *Houmaia* Zhang et Wang，1985

Houmaia Zhang et Wang，张进林、王绍鑫，1985，402，403 页；Zhang *et al.*，1995，p. 44；Jell and Adrain，2003，p. 385；Bentley and Jago，2004，p. 180—183；段吉业等，2005，150 页；Yuan *et al.*，2008，p. 81，92，106；袁金良等，2012，153 页；袁金良、李越，2014，505 页。

Yunmengshania Zhang et Wang，张进林、王绍鑫，1985，403 页；Jell and Adrain，2003，p. 463；Bentley and Jago，2004，p. 180—183；Yuan *et al.*，2008，p. 90，106。

模式种 *Houmaia jinnanensis* Zhang et Wang，张进林、王绍鑫，1985，403 页，图版 121，图 8—10，山西侯马紫金山，寒武系第三统徐庄阶。

特征和讨论 见袁金良等，2012，153 页。

时代分布　寒武纪第三世早期（徐庄期），华北。

晋南侯马虫 *Houmaia jinnanensis* Zhang et Wang, 1985

（图版44，图1—20）

1985　*Houmaia jinnanensis* Zhang et Wang，张进林、王绍鑫，403 页，图版 121，图 8—11。

1985　*Houmaia zhongyangensis* Zhang et Wang，张进林、王绍鑫，403 页，图版 121，图 6, 7。

2014　*Houmaia jinnanensis*，袁金良、李越，505 页，图版 2，图 18；图版 3，图 14。

正模　头盖 TIGM Ht243（张进林、王绍鑫，1985，图版 121，图 9），山西侯马紫金山，中寒武统徐庄阶。

材料　17 块头盖，2 块活动颊和 2 块尾部标本。

描述　头盖突起，次方形（后侧翼除外），前缘向前强烈拱曲，正模标本长 12.0 mm，两眼叶之间宽 12.0 mm；背沟窄而清楚；头鞍突起，截锥形，前端平圆，中线位置有一低的中脊，具 4 对极浅的侧头鞍沟，其中第一对（S1）内端分叉，前支微向前伸，后支向侧后方斜伸，第二对（S2）位于头鞍横中线之前，微向后斜伸，第三对（S3）位于眼脊内端稍下方，近乎平伸，第四对（S4）位于眼脊内端，微向前伸；颈环突起，中部较宽，中后部具颈疣，颈沟较宽深，两侧变窄，微向前伸；鞍前区极窄，下凹，前边缘宽，呈穹堆状隆起，后部隆起较高，向前倾斜，前边缘沟较深，呈三段弧形弯曲，两侧向前弯曲，至中部向头鞍前侧角方向弯曲，在头鞍之前再平缓向前弯曲；固定颊较宽而平缓突起，在两眼叶之间约为头鞍宽的 3/5—2/3，眼脊突起，自头鞍前侧角微向后斜伸，眼叶突起，中等长，位于头鞍相对位置的中后部；后侧翼窄（纵向），后边缘沟较宽深，后边缘窄，平缓突起，向外伸出的距离略小于头鞍基部宽；面线前支自眼叶前端微向外分散向前伸，越过边缘沟后弯曲向内，斜切前边缘于头盖的前侧缘，后支向侧后方斜伸；活动颊中等宽，侧边缘沟宽浅，向后变浅，侧边缘宽，突起，向后变宽，颊区较窄，平缓突起，颊刺长，粗壮；尾部半椭圆形，前侧缘有两对锯齿状小侧刺，尾轴粗长，强烈突起，分 4—5 节，肋部窄而平缓突起，有 3—4 对肋脊，2—3 对肋沟宽而深，间肋沟不清，尾边缘窄而下倾，无清楚的尾边缘沟；壳面有小麻点。

比较　当前标本与模式标本（张进林、王绍鑫，1985，图版 121，图 8—11）的主要区别是两眼叶之间的固定颊略宽，眼叶略长，头鞍上中脊和头鞍沟较明显，前边缘沟在两侧向前的弯曲度略大，其余特征相似，这些差异是种内变异。*Houmaia zhongyangensis* Zhang et Wang，（张进林、王绍鑫，1985，403 页，图版 121，图 6, 7）和模式种的区别很小，本书予以合并。

产地层位　内蒙古自治区乌海市桌子山地区苏拜沟（SBT3-1），胡鲁斯台组 *Sunaspis laevis-Sunaspidella rara* 带中上部。

寒水沟侯马虫（新种）*Houmaia hanshuigouensis* Yuan et Zhang, sp. nov.

（图版45，图1—3）

词源　Hanshuigou，汉语拼音，寒水沟，地名，指新种的产地。

正模　头盖 NIGP62952（图版 45，图 1），陕西省礼泉县寒水沟，寒武系第三统徐庄阶 *Poriagraulos nanus* 带。

材料　3 块头盖标本。

描述　头盖突起，次方形（后侧翼除外），前缘向前呈弧形拱曲，正模标本长约 5.0 mm，两眼叶之间宽约 5.0 mm；背沟窄而较深；头鞍突起，截锥形，前端平圆，略小于头盖长的 1/2，中线位置有一低的中脊，具 4 对浅的侧头鞍沟，其中第一对（S1）内端分叉，前支短，微向前内方斜伸，后支长，向后内方斜伸，S2 位于头鞍横中线之前，微向后斜伸，S3 位于眼脊内端稍下方，近平伸，S4 短而浅，位于眼脊内端，微向前斜伸；颈环突起，半椭圆形，中后部具小的颈疣，颈沟深；鞍前区窄而低平，向前边缘沟微倾斜，前边缘新月形，呈穹堆状隆起，前边缘沟中部较宽而深，两侧较窄而浅；固定颊较宽而平缓突起，两眼叶之间与头鞍宽度几乎相等，眼脊突起，自头鞍前侧角微向后斜伸，眼叶突起，中等偏长，呈弓形弯曲，约有头鞍长的 1/2，位于头鞍相对位置的中后部；后侧翼窄（纵向）而较宽（横向），后边缘沟宽而较深，后边缘窄而平缓突起，向外伸出距离略大于头鞍基部宽；面线前支自眼叶前端向外分散向前伸，后支向侧后方斜伸；壳面有小孔或小麻点。

比较　新种与 *Houmaia taitzuensis* (Endo)（Endo, 1937, p. 328, pl. 61, figs. 12—14）较相似，但是新种的头鞍较细长，具 4 对较清晰的侧头鞍沟，背沟在头鞍两侧较深，两眼叶之间的固定颊较宽，面线前支自眼叶前端向外分散的角度较大。

产地层位　陕西省礼泉县寒水沟（LQH-1），馒头组 *Poriagraulos nanus* 带；山西省河津县西硇口（化24），张夏组 *Poriagraulos nanus* 带。

大野营虫属 *Megagraulos* Kobayashi, 1935

Megagraulos Kobayashi, 1935, p. 199, 207；1960b, p. 385, 386；1961, p. 230；1962, p. 65, 66；1966b, p. 287；Hupé, 1953a, p. 200；1955, p. 150, 151；Harrington *et al.* 1959, p. 516；张文堂, 1963, 454 页；南润善、常绍泉, 1982a, 20 页；Kim *et al.*, 1985, p. 47；Zhang and Jell, 1987, p. 119, 120；张进林、王绍鑫, 1992, 374 页；王绍鑫、张进林, 1994a, 140, 141 页；Zhang *et al.*, 1995, p. 69；郭鸿俊等, 1996, 113 页；Choi *et al.*, 1999, p. 138；2004, p. 141；2005, p. 268—270；Jell and Adrain, 2003, p. 403；Bentley and Jago, 2004, p. 180—183；Choi and Chough, 2005, p. 197—200；段吉业等, 2005, 136 页；Yuan and Li, 2008, p. 121, 135；袁金良等, 2012, 149—151, 529—531 页。

模式种　*Megagraulos coreanicus* Kobayashi, 1935, p. 207—209, pl. 18, figs. 5—10；pl. 23, fig. 15, 朝鲜平安北道楚山郡南面南下仓，中寒武统 *Megagraulos* 带。

特征和讨论　见袁金良等(2012, 149—151, 529—531 页)。就头盖、头鞍形态来看，此属与俄罗斯西伯利亚地台晚寒武世中期所产 *Tumoraspis* Makarova, 2008（模式种 *T. tumori* Makarova, 2008, p. 246—248, pl. 1, figs. 1—10)非常相似，但后者头鞍较短，这是三叶虫在演化过程中的一种趋同现象。

时代分布　寒武纪第三世中期(长清期)，中国(华北及东北南部)、朝鲜及韩国。

武装大野营虫 *Megagraulos armatus*（Zhou in Zhou *et al.*, 1982）
(图版 45, 图 4—23；图版 46, 图 11—13)

1982　*Poshania armata* Zhou, 周志强等, 244, 245 页, 图版 61, 图 20—22；图版 62, 图 1。

2012　*Megagraulos armatus*（Zhou in Zhou *et al.*），袁金良等, 151 页, 图版 51, 图 1—8。

正模　头盖 XIGM Tr065（周志强等, 1982, 图版 61, 图 20)，内蒙古自治区阿拉善盟呼鲁斯太陶思沟，寒武系第三统长清阶 *Megagraulos inflatus* 带。

材料　13 块头盖、1 块唇瓣和 9 块尾部标本。

比较　此种与模式种 *Megagraulos coreanicus* Kobayashi, 1935 较相似，不同之处是头鞍较宽大，向前收缩较快，两眼叶之间的固定颊较窄，面线前支自眼叶前端向外分散的角度较大，活动颊较宽，颊刺较短，尾轴较宽而长，分节较多，壳面有密集的小疣。就壳面具有密集的小疣来看，此种与 *Megagraulos liaotungensis* (Endo)（Endo, 1944, p. 92, pl. 7, fig. 2；Zhang *et al.*, 1995, p. 70, pl. 31, figs. 4—6)较相似，但此种的背沟较窄而浅，面线前支自眼叶前端向外分散的角度较大，尾轴较宽而长，分节较多。

产地层位　内蒙古自治区乌海市桌子山地区阿不切亥沟（CD106）和岗德尔山东山口（NZ41），宁夏回族自治区同心县青龙山（NC116），胡鲁斯台组 *Megagraulos inflatus* 带。

膨胀大野营虫 *Megagraulos inflatus*（Walcott, 1906）
(图版 46, 图 7—10)

1906　*Ptychoparia inflata* Walcott, p. 587。

1913　*Inouyia? inflata*（Walcott），Walcott, p. 152, pl. 14, fig. 10。

1935　*Lorenzella inflata*（Walcott），Kobayashi, p. 254。

1942　*Inouyops inflata*（Walcott），Resser, p. 25。

1965　*Inouyops inflata*，卢衍豪等, 248 页, 图版 42, 图 10。

1987　*Megagraulos inflata* (Walcott), Zhang and Jell, p. 120, 121, pl. 47, figs. 7, 8.

1992　*Megagraulos inflata*，张进林、王绍鑫 374 页，图版 2，图 3—9。

non 1994a　*Megagraulos inflata*，王绍鑫、张进林，141 页，图版 7，图 6，7。

1995　*Megagraulos inflata*, Zhang et al., p. 70, pl. 30, fig. 13.

正模　头盖 USNM58016（Walcott, 1913, pl. 14, fig. 10; Zhang and Jell, 1987, pl. 47, figs. 7, 8），山西五台县南芳兰镇，寒武系第三统长清阶。

材料　4 块头盖标本。

比较　当前标本与模式标本相比，除了头鞍略长，鞍前区略窄（纵向）外，其余特征一致。

产地层位　宁夏回族自治区同心县青龙山（NC110），内蒙古自治区乌海市岗德尔山东山口（NZ39），胡鲁斯台组 *Megagraulos inflatus* 带。

刺大野营虫 *Megagraulos spinosus* Duan in Duan *et al.*, 2005
(图版 46，图 17—19)

2005　*Megagraulos spinosa* Duan in Duan et al.，段吉业等，136 页，图版 26，图 18—21；插图 7-7-2。

正模　头盖 JUGS DA0433（段吉业等，2005，图版 26，图 18），河北宽城县龙须门，寒武系第三统张夏阶。

材料　3 块头盖标本。

比较　当前标本与模式标本相比，除了鞍前区较窄，前边缘沟较浅外，其余特征都一致。当前标本与 *Megagraulos inflatus*（Walcott）也很相似，如头鞍较宽而短，背沟较宽而深，两眼叶之间的固定颊较窄，但当前标本的头鞍沟较深，颈环有很短的颈刺。

产地层位　内蒙古自治区乌海市岗德尔山东山口（NZ32），胡鲁斯台组 *Megagraulos inflatus* 带。

长刺大野营虫（新种）*Megagraulos longispinifer* Zhu, sp. nov.
(图版 46，图 1—6)

词源　long, -longe, -longi, 拉丁语，长的；spinifer, -fera, -ferum, 拉丁语，具刺的，指新种的颈环上有较长的颈刺。

正模　头盖 NIGP62978（图版 46，图 4），宁夏回族自治区同心县青龙山，寒武系第三统长清阶 *Megagraulos inflatus* 带。

材料　3 块头盖，1 块活动颊和 2 块尾部标本。

描述　头盖中等突起，次梯形，正模标本长约 6.5 mm，两眼叶之间宽约 7.0 mm，前缘窄，微向前拱曲；背沟较宽而深；头鞍宽大，截锥形，前端平圆，具 4 对较清楚的侧头鞍沟，其中第一对（S1）较长，内端分叉，后支强烈向后斜伸，S2 位于头鞍横中线之前，微向后斜伸，S3 位于眼脊内端稍下方，平伸，S4 位于眼脊内端，微向前斜伸；颈环突起，中部较宽，中后部向后延伸出短的颈刺，颈沟两侧宽深，中部变窄而浅；鞍前区与前边缘融合并突起，前边缘沟极浅，仅在两侧显示并微向后弯曲与头鞍前背沟会合；固定颊较窄而突起，向背沟强烈倾斜，两眼叶之间不足头鞍宽的 1/2，眼脊低，自头鞍前侧角微向后斜伸，眼叶突起，中等长，位于头鞍相对位置的中后部，约有头鞍长的 1/2，眼沟较宽而深；后侧翼次三角形，后边缘沟较宽而深，后边缘窄而平缓突起，向外伸出的距离约有头鞍基部宽的 2/3；面线前支自眼叶前端平行向前或微向内向前伸，越过边缘沟后呈弧形向内斜切前边缘于头盖的前侧缘，后支自眼叶后端向侧后方斜伸；活动颊平缓突起，侧边缘较宽而突起，侧边缘沟清楚，颊区宽，向后变宽，颊刺未保存；尾部横椭圆形，尾轴粗而强烈突起，倒锥形，分 4—5 节，肋部平缓突起，有 3—4 对肋脊，2—3 对肋沟宽而较深，间肋沟不清，尾边缘窄而平或略上翘，无清楚的尾边缘沟；壳面有小瘤，小脊，之间有小孔。

比较　新种与山东淄川峨庄杨家庄所产 *Megagraulos simils* Yuan in Yuan *et al.*（袁金良等，2012，152 页，图版 50，图 1—3）较相似，两者都有较短的颈刺。但新种的头鞍较短而宽，4 对头鞍沟较清楚，眼叶较长，两眼叶之间的固定颊较窄，背沟较深，眼脊较清楚，壳面有密集的小瘤和小脊。新种与模式种

Megagraulos coreanicus Kobayashi，1935 的不同之处是背沟较宽深，头鞍短而宽，向前收缩较快，颈环上有颈刺，4 对头鞍沟较清楚，眼叶较长，两眼叶之间的固定颊较窄，眼脊较清楚，壳面有密集的小瘤和小脊，尾轴向后收缩较快。就具有较宽深的背沟和短而宽的头鞍来看，新种与 *Megagraulos inflatus* (Walcott)较相似，但新种头盖呈次梯形，头鞍向前收缩较快，颈环上有颈刺，面线前支自眼叶前端平行向前或微向内向前伸，壳面上有小孔和有小疣。就颈环上有颈刺来看，新种与河北省宽城县龙须门长清阶所产 *Megagraulos spinosa* Duan in Duan *et al.* (段吉业等，2005，136 页，图版 26，图 18—21；插图 7-7-2)较相似，但后者的鞍前区较宽，前边缘较宽而平凸，前边缘沟在中部较清楚，壳面光滑。

产地层位 宁夏回族自治区同心县青龙山(NC116)，胡鲁斯台组 *Megagraulos inflatus* 带。

大野营虫未定种 *Megagraulos* sp.

(图版 46，图 14—16)

材料 3 块头盖标本。

描述 头盖横宽，中等突起，次方形(后侧翼除外)，最大标本长约 15.0 mm，两眼叶之间宽约 17.0 mm，前缘宽，微向前拱曲；背沟较清楚，在头鞍之前较宽而深；头鞍宽大，截锥形，前端平圆，具 3—4 对较浅的侧头鞍沟，其中第一对(S1)较长，内端分叉，后支强烈向后斜伸，S2 位于头鞍横中线之前，微向后斜伸，S3 和 S4 位于眼脊内端，微向前斜伸；颈环突起，中部较宽，颈沟浅；鞍前区与前边缘融合并呈球形隆起，前边缘沟极浅，仅在两侧显示并微向后弯曲与头鞍前背沟会合；固定颊宽而突起，向眼前翼和后边缘沟倾斜，两眼叶之间约为头鞍宽的 2/3，眼脊低，自头鞍前侧角微向后斜伸，眼叶突起，中等长，位于头鞍相对位置的中后部，不足头鞍长的 1/2，眼沟较浅；后侧翼次三角形，后边缘沟较宽而深，后边缘窄而平缓突起，向外伸出的距离约有头鞍基部宽的 4/5；面线前支自眼叶前端微向外向前伸，越过边缘沟后呈弧形向内斜切前边缘于头盖的前侧缘，后支自眼叶后端向侧后方斜伸；壳面光滑。

比较 未定种与模式种 *Megagraulos coreanicus* Kobayashi，1935 的不同之点是鞍前区与前边缘融合并呈球形隆起，两眼叶之间的固定颊较宽，这些特征又与 *Poshania* Chang，1959 一属相似，但 *Poshania* Chang，1959 一属的眼脊自头鞍前侧角之后伸出，与未定种完全不同。

产地层位 内蒙古自治区乌海市岗德尔山东山口(NZ37)，胡鲁斯台组 *Megagraulos inflatus* 带。

武安虫科属种未定 Wuaniidae gen. et sp. indet.

(图版 13，图 18)

材料 1 块活动颊标本。

描述 活动颊中等突起，中等宽，侧边缘宽，强烈突起，向后变宽，并显示有些肿胀，其上有数条与侧边缘大致平行的脊线，侧边缘沟浅；颊区略窄，略下凹。

比较 此活动颊形态与 *Megagraulos* Kobayashi，1935 的活动颊有些相似(袁金良等，2012，图版 50，图 8，11—14，16；图版 51，图 13)，因此将其归于武安虫科较合适。但是究竟应归于哪个属内，还需要进一步研究。

产地层位 内蒙古自治区乌海市桌子山地区苏拜沟(SBT3-3)，胡鲁斯台组 *Sunaspis laevis-Sunaspidella rara* 带中上部。

谜团虫科 Ignotogregatidae Zhang et Jell，1987

五虎山虫属 *Wuhushania* Zhang et Yuan，1981

Wuhushania Zhang et Yuan，1981，p. 165；Zhang and Jell，1987，p. 118，172；Zhang *et al.*，1995，p. 45；Jell and Adrain，2003，p. 460；段吉业等，2005，151 页；Yuan *et al.*，2008，p. 90，94，106.

Jiangjunshania Qiu in Qiu *et al.*，仇洪安等，1983，121 页；Jell and Adrain，2003，p. 389；Yuan *et al.*，2008，p. 81.

模式种 *Wuhushania cylindrica* Zhang et Yuan，1981，p. 165，pl. 2，figs. 13，14；pl. 3，fig. 11，内蒙古自治区乌海市西部五虎山，寒武系第三统徐庄阶 *Sunaspis laevis-Sunaspidella rara* 带上部。

特征 头尾近等大；头鞍宽大，强烈突起，略向前收缩，截锥形至次柱形，具3—4对极浅的侧头鞍沟，中线位置有一低的中脊；前边缘宽而呈穹堆状隆起或向前上方翘起，后缘中线位置具或不具一不发育的后缘棘，鞍前区窄至中等宽，略下凹；前边缘沟清楚，呈两段弧形微向前弯曲；两眼叶之间的固定颊中等宽或较宽，眼叶中等长，眼脊清楚，自头鞍前侧角微向后斜伸；尾部次方形至倒梯形，后缘宽至中等宽，较平直，尾轴长，长柱形至棍棒形，强烈突起，中后部突起在肋部之上尤为明显，分6—10节；肋部窄而低平，4—7对肋脊，尾边缘窄而平，向后变宽，无清楚的尾边缘沟。壳面光滑或有小陷孔或小麻点。

讨论 就头盖形态来看此属与侯马虫属(*Houmaia* Zhang et Wang, 1985；模式种 *H. jinnanensis* Zhang et Wang, 张进林、王绍鑫, 1985, 403页, 图版121, 图8—10)最相似, 但后者前边缘沟较宽深, 鞍前区缺失, 尾部较短, 次三角形, 前侧角有两对锯齿状边缘刺。产于安徽淮南将军山的 *Jiangjunshania* Qiu in Qiu et al. (模式种 *J. jiangjunshanensis* Qiu, 仇洪安等, 1983, 121页, 图版39, 图6—8)其头盖和尾部特征与 *Wuhushania* 的头盖和尾部区别较小, 如截锥形的头鞍, 宽而呈穹堆状隆起或向前上方翘起的前边缘, 较长近四方形的尾部, 具长而呈次柱形分节较多的尾轴, 应合并(Yuan et al., 2008, p. 81)。*Lorenzella*? *taitzuensis* Endo, 1937 (p. 328, pl. 61, figs. 12—14)一种曾归于 *Houmaia* 属内(袁金良等, 2012, 154页), 现在看来, 应归入 *Wuhushania* 属内更合理。笔者认为, 将 *Wuhushania* Zhang et Yuan, 1981, *Ignotogregatus* Zhang et Jell, 1987, *Angsiduoa* Zhou in Zhou et al., 1996, *Woqishanaspis* Yuan in Yuan et al., 2012 等属置于 Ignotogregatidae Zhang et Jell, 1987 科内是正确的。最近在西班牙东北部发现的 *Proampyx difformis* (Angelin, 1851) (Álvaro et al., 2013, p. 129, figs. 5a—f) 不仅头盖形态与 *Wuhushania jiangjunshanensis* (Qiu in Qiu et al., 1983)有些相似, 而且其尾部也很大, 与 Agraulidae Raymond, 1913 科内其他属的小尾相比, *Proampyx* 这个属或许置于 Ignotogregatidae Zhang et Jell, 1987 科内更好。此外, *Ignotogregatus* Zhang et Jell, 1987 这个属以往没有发现尾部(Zhang and Jell, 1987, pl. 69, figs. 1—7), 但这个属的尾部很可能是山东张夏 *Crepicephalina convexa* 带所产的 *Solenoparia* sp. (Zhang and Jell, 1987, p. 91, pl. 40, fig. 9), 与 *Wuhushania* 的尾部相比, 显然尾轴的分节要少得多。

时代分布 寒武纪第三世早期(徐庄期), 华北及东北南部。

圆柱形五虎山虫 *Wuhushania cylindrica* Zhang et Yuan, 1981

(图版47, 图1—14; 图版56, 图18; 图版88, 图19)

1981 *Wuhushania cylindrica* Zhang et Yuan, p. 165, pl. 2, figs. 13, 14; pl. 3, fig. 11.

non 1995 *Wuhushania cylindrica*, Zhang et al., p. 45, pl. 17, figs. 1—5.

2005 *Wuhushania quadrata* Duan in Duan et al., 段吉业等, 151页, 图版27, 图6—9; non 图1—5; 插图7-12 (仅尾部)。

2005 *Wuhushania? hunjiangensis* An in Duan et al., 段吉业等, 151, 152页, 图版26, 图13—15。

正模 尾部 NIGP 62260 (Zhang and Yuan, 1981, pl. 2, fig. 14), 内蒙古自治区乌海市西部五虎山, 寒武系第三统徐庄阶 *Sunaspis laevis-Sunaspidella rara* 带上部。

材料 7块头盖, 4块活动颊和5块尾部标本。

描述 头盖突起, 次方形, 最大标本(图版47, 图1)长10.5 mm, 两眼叶之间宽12.1 mm, 前缘向前拱曲；头鞍宽大, 强烈突起, 次柱形, 略向前收缩, 具4对极浅的侧头鞍沟, 第一对(S1)位于头鞍后1/3处, 微向后斜伸, 第二对(S2)位于头鞍横中线之前, 微向后斜伸, 第三对(S3)位于眼脊内端稍下方, 平伸, 第四对(S4)位于眼脊内端, 微向前斜伸, 中线位置有一低的中脊；前边缘宽而呈穹堆状隆起, 后部略高, 向前微倾斜, 后缘中线位置具一不发育的后缘棘, 鞍前区中等宽, 略下凹；前边缘沟清楚, 呈三段弧形, 两侧向前拱曲, 中部微向后弯曲；两眼叶之间的固定颊较宽, 在两眼叶之间几乎与头鞍宽相等；眼叶中等长, 位于头鞍相对位置的中后部, 约有头鞍长的2/5, 眼脊清楚, 自头鞍前侧角向后斜伸；后侧翼中等宽(纵向), 窄(横向), 向外伸出距离约为头鞍基部宽的0.7倍, 后边缘沟宽深, 后边缘窄, 突起, 向外伸出距离约为头鞍基部宽的0.8倍；面线前支自眼叶前端微向外分散向前伸, 后支自眼叶后端向侧后方斜伸；同层所产活动颊次三角形, 具较长的颊刺, 侧边缘宽, 突起, 侧边缘沟向后变浅, 颊区宽, 向侧边缘倾斜；尾部次方形, 后缘宽圆, 较平直, 尾轴长, 长柱形, 强烈突起, 中后部突起在肋部之上尤为明显，分 9—10 节；肋部窄而低平，6—7 对肋脊，尾边缘窄而平，向后变宽，在后侧角达最大宽，无清楚的尾边缘沟。壳面光滑或有小陷孔或小麻点。

比较 此种的主要特征是头盖和尾部呈次方形，两眼叶之间的固定颊较宽，前边缘在中线位置具不发育的后缘棘，尾轴长柱形，直伸达尾部后缘，强烈突起在肋部之上，尤其是最后的轴环节高悬在尾边缘之上，分 9—10 节，尾边缘窄而平，自前向后加宽，在尾部后侧角达最宽。1981 年所发表的同层所产的头盖，比尾部短，显然是一块未成年的标本（Zhang and Yuan, 1981, pl. 3, fig. 11）。产自河南登封的 *Wuhushania cylindrica* Zhang et Yuan, 1981（Zhang *et al.*, 1995, p. 45, pl. 17, figs. 1—5），其头盖较窄长，两眼叶之间的固定颊较窄，尾部呈半椭圆形，尾轴向后均匀收缩变窄，分节较少，与 *Wuhushania jiangjunshanensis*（Qiu in Qiu *et al.*, 1983）（仇洪安等，1983，121 页，图版 39，图 6—8）较相似，应归于这个种较好。产自河北抚宁东部落、吉林白山清沟子和辽宁本溪火连寨的 *Wuhushania quadrata* Duan in Duan *et al.* 一种的尾部（段吉业等，2005，图版 27，图 6—9）和产于吉林白山清沟子的 *W.? hunjiangensis* An in Duan *et al.* 一种的尾部（段吉业等，2005，图版 26，图 13—15），基本特征与模式种差异很小，应为同种，其头盖（段吉业等，2005，图版 27，图 1—5）则与 *Wuhushania jiangjunshanensis*（Qiu in Qiu *et al.*, 1983）一种较相似，但是前边缘较窄，向前上方翘起也不明显。

产地层位 内蒙古自治区乌海市西部五虎山（Q5-VIII-H40）、岗德尔山东山口（76-302-F37, F38）、岗德尔山成吉思汗塑像公路旁（GDME1-1）和桌子山地区苏拜沟（SBT3-1），阿拉善盟呼鲁斯太陶思沟（NH51），胡鲁斯台组 *Sunaspis laevis-Sunaspidella rara* 带中上部至上部；陕西省陇县景福山地区牛心山（L15），馒头组 *Sunaspis laevis-Sunaspidella rara* 带上部。

棒状五虎山虫（新种）*Wuhushania claviformis* Yuan et Zhang, sp. nov.

（图版 47，图 15, 16）

词源 claviformis, claviforme, 拉丁语，棒形的，棒状的，指新种有棒状的尾轴。

正模 尾部 NIGP62985-21（图版 47，图 15），陕西陇县景福山地区牛心山，寒武系第三统徐庄阶 *Sunaspis laevis-Sunaspidella rara* 带上部。

材料 2 块尾部标本。

描述 尾部小，突起，倒梯形，正模标本长 4.0 mm，前部最大宽 4.2 mm；尾轴长而高凸，向后膨大成棍棒状，分 7—8 节及一较长末节，轴环节沟向后变浅；肋部平缓突起，长三角形，比中轴略窄，分 6 对肋脊；肋沟较深，间肋沟极浅或模糊不清；尾边缘窄而平坦，自前向后略变宽；尾部后缘近平直。

比较 新种的主要特征是尾部呈倒梯形，尾轴微微向后膨大呈棍棒状，强烈突起在肋部之上，尤其是最后的轴环节高悬在尾边缘之上，分节较少，不同于属内其他种。

产地层位 陕西陇县景福山地区牛心山（L15），馒头组 *Sunaspis laevis-Sunaspidella rara* 带上部。

拟斯氏盾壳虫属（新属）*Paraszeaspis* Yuan et Zhang, gen. nov.

词源 par-, para, 希腊语，近，旁，并行，侧；*Szeaspis*, 拉丁语，三叶虫属名。

模式种 *Paraszeaspis quadratus* Yuan et Zhang, sp. nov.，内蒙古自治区阿拉善盟呼鲁斯太陶思沟，寒武系第三统徐庄阶 *Sunaspis laevis-Sunaspidella rara* 带下部。

特征 头盖平缓突起，次方形（后侧翼除外），前缘微向前拱曲；背沟清楚；头鞍较宽，截锥形，微微向前收缩变窄，前端宽圆，3—4 对侧头鞍沟浅；颈环平缓突起，中部较宽，具或不具颈瘤；固定颊在两眼叶之间中等偏窄，平缓突起；眼叶宽，中等偏长，位于头盖相对位置的中后部；鞍前区窄；前边缘较宽，平凸，中线位置向后伸出一不发育的三角形的后缘棘，前边缘沟中等深，中线位置变窄而浅并微向后弯曲；活动颊宽，具长的颊刺；尾部较长，椭圆形，后缘宽圆，尾轴较宽长，倒锥形，具 5 个轴环节和一个轴末节，轴后脊短，肋部有 4—5 对较深肋沟向后侧弯曲伸向窄的尾边缘内侧，尾边缘窄，略下凹；壳面光滑。

讨论 就头盖、头鞍形态，固定颊宽窄，前边缘沟形态，眼叶的大小和位置来看，新属与 *Szeaspis*

Chang, 1959[模式种 *Szeaspis reticulatus* Chang, 张文堂, 1959, 208 页, 图版 3, 图 11—16 (= *Proasaphiscus centronatus* Resser et Endo, 1937)]很相似, 两者的主要区别是头鞍较宽短, 鞍前区窄(纵向), 两眼叶之间固定颊窄(横向), 尾轴较宽长, 有 5 个轴环节和一个轴末节, 轴后脊较短, 尾边缘较窄。笔者认为产于山西省芮城县水峪中条山的 *Ptyctolorenzella rugosa* Lin et Wu in Zhang *et al.* (张文堂等, 1980b, 65 页, 图版 5, 图 20, 21; 图版 6, 图 1)尾部(图版 6, 图 1)比头盖大, 迄今为止已知的 Lorenzellidae 科三叶虫的尾部都很小, 这种尾部归于新属内较合理。

时代分布 寒武纪第三世早期(徐庄期), 华北。

方形拟斯氏盾壳虫(新属、新种) *Paraszeaspis quadratus* Yuan et Zhang, gen. et sp. nov.

(图版 70, 图 1—10)

词源 quadratus, -a, -um, 拉丁语, 方形的, 指新种具方形的头盖。

正模 头盖 NIGP62985-393 (图版 70, 图 1), 内蒙古自治区阿拉善盟呼鲁斯太陶思沟, 寒武系第三统徐庄阶 *Sunaspis laevis-Sunaspidella rara* 带下部。

材料 4 块头盖, 1 块活动颊, 1 块唇瓣和 4 块尾部标本。

描述 头盖平缓突起, 次方形(后侧翼除外), 前缘微向前拱曲, 正模标本长约 8.0 mm, 两眼叶之间宽约 8.5 mm; 背沟浅, 清楚; 头鞍较宽, 截锥形, 微微向前收缩变窄, 前端宽圆, 略大于头盖长的 1/2, 3—4 对浅的侧头鞍沟, 第一对(S1)位于头鞍横中线之后, 较长, 向后斜伸, S2 位于头鞍横中线之前, 微向后斜伸, S3 位于眼脊内端稍下方, 微向前斜伸, S4 短, 位于眼脊内端, 微向前斜伸; 颈沟浅, 中部微向后弯曲; 颈环平缓突起, 中部较宽, 中后部具颈瘤; 固定颊在两眼叶之间中等偏窄, 平缓突起, 约为头鞍宽的 3/5; 眼叶宽, 中等偏长, 位于头盖相对位置的中后部, 眼沟宽浅; 鞍前区窄, 平缓突起, 在头鞍之前与前边缘宽近乎相等(纵向); 前边缘较宽, 平凸, 中线位置向后伸出一不发育的三角形后缘棘, 前边缘沟中等深, 在中线位置变窄而浅并微向后弯曲; 面线前支自眼叶前端强烈向外伸, 后支自眼叶后端强烈向外侧伸; 活动颊宽, 具长的颊刺; 尾部较长, 椭圆形, 后缘宽圆, 尾轴较宽长, 倒锥形, 5 个轴环节和一个轴末节, 轴后脊短, 肋部有 4—5 对较深肋沟向后侧弯曲伸向窄的尾边缘内侧, 4—5 对肋脊向后侧微弯曲斜伸, 并变窄, 尾边缘窄, 略下凹; 壳面光滑。

比较 就头盖和头鞍形态来看, 新种与小型斯氏盾壳虫 *Szeaspis offula* (Resser et Endo, 1937) (Resser and Endo, 1937, p. 267, pl. 46, fig. 30; 袁金良等, 2012, 359 页, 图版 155, 图 6—22; 图版 156, 图 23)较相似, 但新种的头鞍较宽, 前端截切, 两眼叶之间的固定颊较宽, 面线前支自眼叶前端向外分散的角度较小, 尾部的尾轴长, 分节较多, 轴节沟深, 轴后脊短。

产地层位 内蒙古自治区阿拉善盟呼鲁斯太陶思沟(NH43, NH44), 胡鲁斯台组 *Sunaspis laevis-Sunaspidella rara* 带下部。

拟斯氏盾壳虫未定种 *Paraszeaspis* sp.

(图版 70, 图 11—13)

材料 1 块活动颊外模和 2 块尾部标本。

描述 活动颊平缓突起, 具中等长的颊刺; 侧边缘中等宽, 突起, 侧边缘沟清楚; 颊区宽, 具细脊线和少量瘤点; 尾部突起, 椭圆形, 后缘中线位置直或微向前弯曲; 尾轴较窄而短, 倒锥形, 分 5—6 节及一较长的轴后脊, 轴环节沟浅; 肋部较宽, 内侧平缓突起, 外侧明显向下倾或下凹, 分 5—6 对突起的肋脊, 肋脊至中部向后弯曲变窄, 肋沟宽深, 间肋沟模糊不清或消失, 尾边缘极窄, 平或微上翘, 尾边缘沟不显。

比较 未定种与模式种相比, 尾部较横宽, 尾轴较短, 轴后脊较长, 肋部较宽, 内侧平缓突起, 外侧明显向下倾或下凹, 肋脊较多, 向后侧弯曲并明显变窄, 肋沟较宽深。由于没有发现头盖标本, 暂不定新种。

产地层位 宁夏回族自治区同心县青龙山(NC57), 胡鲁斯台组 *Sunaspis laevis-Sunaspidella rara* 带下部。

野营虫科 Agraulidae Raymond, 1913

似野营虫属 *Plesiagraulos* Chang, 1963

Plesiagraulos Chang, 张文堂, 1963, 469 页；卢衍豪等, 1965, 236, 237 页；仇洪安等, 1983, 84 页；张进林、王绍鑫, 1985, 391 页；Zhang and Jell, 1987, p. 116, 117；昝淑芹, 1989, 110 页；郭鸿俊等, 1996, 71 页；袁金良、李越, 1999, 415 页；Jell and Adrain, 2003, p. 427；Palmer, 2005, p. 76；段吉业等, 2005, 142 页；Yuan *et al.*, 2008, p. 86, 91, 93；罗惠麟等, 2009, 114 页。

Paraporilorenzella Qiu in Qiu *et al.*, 仇洪安等, 1983, 119, 120 页；Jell and Adrain, 2003, p. 421；Yuan *et al.*, 2008, p. 86, 91；袁金良等, 2012, 143 页。

Bhargavia Peng in Peng *et al.*, 2009, p. 43, 44.

模式种 *Metagraulos tienshihfuensis* Endo, 1944, p. 71, pl. 1, figs. 2—4, 辽宁本溪田师傅沟, 寒武系第三统毛庄阶 *Probowmaniella jiawangensis* 带或 *Yaojiayuella granosa* 带。

特征 野营虫类, 背壳中等突起, 背沟、颈沟及前边缘沟极浅, 头盖三角形至半椭圆形, 头鞍切锥形, 具 3—4 对极浅的侧头鞍沟, 其中第一对 (S1) 内端分叉, 中线位置具低的中脊, 颈环中部较宽, 呈新月形至半椭圆形, 具小的颈疣, 两眼叶之间的固定颊较窄至中等宽, 眼叶短, 眼脊低平, 鞍前区和前边缘融合, 后边缘横向短, 向外伸出的距离小于头鞍基部的宽度, 面线前支自眼叶前端向内向前伸, 尾部小, 横椭圆形, 尾轴分节少。

讨论 产于安徽淮南洞山徐庄期的拟毛孔劳伦斯虫 (*Paraporilorenzella* Qiu in Qiu *et al.*, 1983) (模式种 *P. obsoleta* Qiu, 仇洪安等, 1983, 120 页, 图版 38, 图 14, 15) 其头盖、头鞍的形态, 眼叶大小和位置, 以及面线历程都与似野营虫相似, 两者应合并 (Yuan *et al.*, 2008, p. 86)。产于印度喜马拉雅地区寒武系第三统 Parahio 组下部的 *Bhargavia* Peng in Peng *et al.*, 2009 (模式种 *B. prakritika*；Peng *et al.*, 2009, p. 45—47, figs. 27, 28) 的一些基本特征, 如背沟、颈沟及前边缘沟极浅, 头盖三角形至半椭圆形, 头鞍切锥形, 具 3—4 对极浅的侧头鞍沟且第一对 (S1) 内端分叉, 中线位置具低的中脊, 颈环中部较宽, 两眼叶之间的固定颊较窄, 鞍前区和前边缘融合, 后边缘横向短, 向外伸出的距离小于头鞍基部的宽度, 尾部小, 横椭圆形等与似野营虫非常相似, 两者之间差异仅为种与种之间差异。就头盖和头鞍形态, 眼叶的大小和位置来看, *Plesiagraulos prakritika* (Peng *et al.*, 2009) 与 *P. tianweibaensis* Luo in Luo *et al.* (罗惠麟等, 2009, 115 页, 图版 25, 图 5—7, 8a) 十分相似, 两者可能为同种。*Bhargavia* Peng in Peng *et al.*, 2009 曾被置于椭圆头虫科 (Ellipsocephalidae Matthew, 1887) 内, 但此科内三叶虫一般背沟、前边缘沟等较清楚, 两眼叶之间的固定颊较宽, 眼叶较长, 尾部极小, 头鞍作柱形, 面线前支很少明显向内收缩。在头盖的形态上, 似野营虫与小奇蒂特尔虫 (*Chittidilla* King, 1941) (模式种 *C. plana* King；King, 1941, pl. 2, figs. 5—8), 副野营虫 (*Paragraulos* Lu, 1941) (模式种 *P. kunmingensis* Lu；Lu, 1941, pl. 1, fig. 7a), 和黔南野营虫 (*Qiannangraulos* Yuan et Zhao in Yuan *et al.*, 1997) (模式种 *Q. orientalis* Yuan et Zhao, 袁金良等, 1997, 图版 5, 图 15) 都有些相似, 但后 3 个属后侧翼和后边缘向外伸出距离较大。产于北美落基山中寒武世早期 *Plagiura-Kochaspis* 带的 *Onchocephalites* Rasetti, 1957 (模式种 *O. laevis* Rasetti；Rasetti, 1957, p. 962, pl. 121, figs. 5—9；text-fig. 2) 在头盖、头鞍形态方面, 浅的背沟和前边缘沟等方面与 *Plesiagraulos* 一属也很相似, 但前者的头鞍呈宽卵形, 后部突起高, 两侧的颈沟和后边缘沟都很深。到目前为止, 似野营虫内已建有 18 种, 其中代表 *Plesiagraulos? dirce* (Walcott, 1905) 一种的头盖 (Zhang and Jell, 1987, pl. 48, fig. 10) 可能是 *Metagraulos* 未成年期标本；产于宁夏和内蒙古徐庄期的 *Poriagraulos pingluoensis* Li in Zhou *et al.*, 1982 (图版 62, 图 3), 和 *P. truncatus* Li in Zhou *et al.*, 1982 (图版 62, 图 4), 的形态相似, 可能为同一种, 归于 *Plesiagraulos* 属内；*P. latilus* Chang in Lu *et al.*, 1965, *P. lunus* Qiu in Qiu *et al.*, 1983 与 *P. tienshihfuensis* (Endo, 1944), 头盖和头鞍形态相似, 可能为同种；*P. subtriangulus* Qiu in Qiu *et al.*, 1983 与 *P. intermedius* (Kobayashi, 1942) 的差异也很小, 应合并；产于滇东南大丫口组上部仅仅基于一块头盖标本建立的种 *Plesiagraulos bainiuchangensis* Luo in Luo *et al.* (罗惠麟等, 2009, 图版 25, 图 4), *P. milewanensis* Luo in Luo *et al.* (罗惠麟等, 2009, 图版 25, 图 2), *P. qiubeiensis* Luo in Luo *et al.* (罗惠麟等, 2009, 图版 25, 图 3) 具有次方形的头盖, 其前缘向前的弯曲度很小, 头鞍向前收缩缓慢, 颈环窄 (纵向),

眼叶较长，位置靠后，归于 *Plesiagraulos* 属内欠妥，其归属需对更多的标本进行研究后才能下结论，目前暂时将其归于 *Parachittidilla* Lin et Wu in Zhang *et al.*，1980b 属内。此外，产于韩国宁越地区 Sambangsan 组的 *Metagreaulos sampoensis* Kobayashi，1961（Kobayashi，1961，p. 230，pl. 13，figs. 5—8；Choi *et al.*，1999，p. 140—142，pl. 2，figs. 1—10）其头盖、头鞍形态，眼叶的大小和位置与 *Plesiagraulos* 属十分相似，与 *Plesiagraulos pingluoensis* 为同种，而与具有强壮颈刺的 *Metagreaulos* 相差较大。这些种经修订后的归属如下：

Plesiagraulos bainiuchangensis Luo in Luo *et al.*，2009	[= *Parachittidilla*]
Plesiagraulos? dirce（Walcott，1905）	[= *Metagraulos*]
Plesiagraulos intermedius（Kobayashi，1942d）	
Plesiagraulos latilus Chang in Lu *et al.*，1965	[= *Plesiagraulos tienshihfuensis*]
Plesiagraulos lunus Qiu in Qiu *et al.*，1983	[= *Plesiagraulos tienshihfuensis*]
Plesiagraulos milewanensis Luo in Luo *et al.*，2009	[= *Parachittidilla*]
Plesiagraulos nebelosus Qiu in Qiu *et al.*，1983	[= *Plesiagraulos pingluoensis*]
Plesiagraulos obsoleta（Qiu in Qiu *et al.*，1983）	
Plesiagraulos pingluoensis（Li in Zhou *et al.*，1982）	
Plesiagraulos prakritika（Peng in Peng *et al.*，2009）	
Plesiagraulos qiubeiensis Luo in Luo *et al.*，2009	[= *Parachittidilla*]
Plesiagraulos sampoensis（Kobayashi，1961）	
Plesiagraulos subtriangulus Qiu in Qiu *et al.*，1983	[= *Plesiagraulos intermedius*]
Plesiagraulos tianweibaensis Luo in Luo *et al.*，2009	[= *Plesiagraulos prakritika*]
Plesiagraulos tienshihfuensis（Endo，1944）	
Plesiagraulos transversus Yuan et Li，1999	
Plesiagraulos triangulus Chang in Lu *et al.*，1965	
Plesiagraulos truncatus（Li in Zhou *et al.*，1982）	[= *Plesiagraulos pingluoensis*]

时代分布 寒武纪第三世早期（毛庄期至徐庄期早期），中国（华北）、韩国及喜马拉雅地区。

中间型似野营虫 *Plesiagraulos intermedius*（Kobayashi，1942）

（图版 49，图 19）

1942d *Metagraulos? intermedius* Kobayashi，p. 465，466，pl. 18（11），figs. 6，7，10.

1965 *Plesiagraulos intermedius*（Kobayashi），卢衍豪等，237 页，图版 41，图 3—5。

1983 *Plesiagraulos subtriangulus* Qiu in Qiu *et al.*，仇洪安等，85 页，图版 27，图 6，7。

1985 *Plesiagraulos intermedius*，张进林、王绍鑫，391 页，图版 119，图 3—5。

1999 *Plesiagraulos intermedius*，袁金良、李越，422 页，图版 6，图 5。

正模 头盖[Kobayashi，1942d，pl. 18（11），fig. 6；卢衍豪等，1965，图版 41，图 4]，山西稷山北，寒武系第三统毛庄阶。

材料 1 块头盖标本。

比较 此种具强烈向前弯曲的头盖前缘，向前收缩较快的头鞍，清楚的眼脊，较短而且位置靠前的眼叶，较宽的后侧翼（纵向）和向后突出呈三角形的颈环。当前标本与模式标本相比，除了颈沟和后边缘沟较宽外，其余特征相似。

产地层位 内蒙古自治区乌海市岗德尔山东山口（NZ3），胡鲁斯台组 *Luaspides shangzhuangensis* 带。

平罗似野营虫 *Plesiagraulos pingluoensis*（Li in Zhou *et al.*，1982）

（图版 48，图 14，15；图版 49，图 9—18）

1982 *Poriagraulos pingluoensis* Li in Zhou *et al.*，周志强等，246 页，图版 62，图 3。

1982 *Poriagraulos truncatus* Li in Zhou *et al.*，周志强等，246 页，图版 62，图 4。

1983 *Plesiagraulos nebelosus* Qiu in Qiu *et al.*，仇洪安等，84，85 页，图版 27，图 8。

1999 *Metagraulos sampoensis* Kobayashi, Choi *et al.*, p. 140—142, pl. 2, figs. 1—3, 5—10, non fig. 4.

正模 头盖 XIGM Tr070（周志强等，1982，图版 62，图 3），宁夏回族自治区平罗县王全沟，寒武系第三统徐庄阶。

材料 11 块头盖和 1 块尾部标本。

描述 头盖突起，长半椭圆形至次三角形，正模标本长约 7.5 mm，两眼叶之间宽约 6.5 mm，前缘向前强烈拱曲；背沟窄而清楚；头鞍突起，截锥形，前端平圆，侧头鞍沟模糊不清，在外皮脱落后可见 4 对较浅侧头鞍沟，其中第一对（S1）内端分叉，S2 位于头鞍横中线之前，微向后斜伸，S3 位于眼脊内端稍下方，近乎平伸，S4 位于眼脊内端，平伸或微向前斜伸；颈环突起，中部较宽，次三角形至半椭圆形，中后部具颈疣或极短小颈刺，颈沟清楚，两侧变浅；鞍前区与前边缘融合，呈较低的三角形穹堆状隆起，前边缘沟极浅，仅在眼前翼的前方可见，在头鞍之前与背沟会合；固定颊窄而平缓突起，在两眼叶之间约为头鞍宽的 1/2，眼脊突起，自头鞍前侧角微向后斜伸，眼叶突起，短，约有头鞍长的 1/3，位于头鞍相对位置的中部，眼前翼极窄或缺失；后侧翼纵向窄而横向短，后边缘窄而平缓突起，向外伸出的距离约为头鞍基部的 2/3，后边缘沟宽而较深；面线前支自眼叶前端向内收缩向前伸，在头盖中线位置会合，后支向侧后方斜伸；同层所产尾部横椭圆形，尾轴宽而强烈突起，微微向后收缩变窄，约占尾长的 3/4，分 2 节及一个末节；肋部比轴部窄，2—3 对肋脊，肋沟与间肋沟均较深；尾边缘窄，尾边缘沟浅；壳面具小孔或小疣。

比较 此种曾被置于毛孔野营虫属内，但此种头鞍长而宽，截锥形，两眼叶之间的固定颊窄，鞍前区与前边缘融合，呈较低的三角形穹堆状隆起，与似野营虫更相似。当前标本与模式标本相比，在头盖、头鞍形态，固定颊宽度，眼叶的大小和位置，前边缘形态，面线历程等方面都很相似，应为同种，不同的是手头一些标本上可见到 4 对浅的侧头鞍沟，这可能是由于脱皮后保存状态不同所致。产于韩国宁越地区 Sambangsan 组的一些标本曾被置于 *Metagraulos sampoensis* Kobayashi，1961 种内（Choi *et al.*，1999，p. 140—142，pl. 2，figs. 1—3，5—10），这些标本与模式标本差异较大，如头盖呈次三角形，两眼叶之间固定颊较窄，鞍前区与前边缘融合，呈较低的三角形穹堆状隆起等，笔者将其归于 *Plesiagraulos pingluoensis*（Li in Zhou *et al.*，1982）一种内。此外，*P. truncatus*（Li in Zhou *et al.*，1982）一种与 *Plesiagraulos pingluoensis* 的区别也很小，予以合并。

产地层位 内蒙古自治区乌海市岗德尔山东山口（NZ04）、岗德尔山北麓（GDNT0）、桌子山地区苏拜沟（Q5-XIV-H4，Q5-XIV-H5）、阿不切亥沟（Q5-VII-H67）、巴什图（Q5-25H-1-3）和阿拉善盟呼鲁斯太陶思沟（NH34，NH43a），宁夏回族自治区贺兰山苏峪口至五道塘（60-11-F75），胡鲁斯台组 *Sinopagetia jinnanensis* 带。

亚三角形似野营虫相似种 *Plesiagraulos* cf. *subtriangularis* Qiu in Qiu *et al.*, 1983

（图版 49，图 1—5）

材料 5 块头盖标本。

描述 头盖突起，次三角形，最大标本（图版 49，图 1）长约 8.8 mm，两眼叶之间宽约 7.8 mm，前缘向前强烈拱曲；背沟浅而清楚；头鞍突起，截锥形，前端平圆，长略小于头盖长的 1/2，中线位置具低的中脊，可见 4 对较浅侧头鞍沟，其中第一对（S1）较长，内端分叉，前支近平伸，后支长，向后内端弯曲延伸，后端几乎与颈沟相连，S2 位于头鞍横中线之前，略分叉，平伸或微向后斜伸，S3 位于眼脊内端稍下方，近乎平伸，S4 短，位于眼脊内端，微向前斜伸；颈环突起，中部较宽，次三角形至半椭圆形，中后部具颈疣，颈沟中部较宽而深，两侧变窄而浅，微向前伸；鞍前区宽而平缓突起，约为前边缘中部宽的 2 倍，前边缘突起，向两侧迅速变窄，前边缘沟窄而清楚，向前强烈弯曲；眼前翼与鞍前区宽几乎相等；固定颊窄而平缓突起，在两眼叶之间约为头鞍宽的 1/2，眼脊细而突起，自头鞍前侧角向后斜伸，眼叶突起，短，约有头鞍长的 1/3，位于头鞍相对位置的中部；后侧翼纵向宽而横向短，后边缘窄而平缓突起，向外伸出的距离约为头鞍基部的 7/10，后边缘沟宽而较深；面线前支自眼叶前端平行向前伸，越过边缘沟后呈弧形向内弯曲，切前边缘于头盖前侧缘，后支短，向侧后方斜伸；壳面有密集的小孔。

比较　相似种具强烈向前弯曲的前边缘沟，突起的前边缘和壳面有密集的小孔，与安徽淮南洞山所产 *Plesiagraulos obsoletus*（Qiu in Qiu *et al.*）（仇洪安等，1983，120 页，图版 38，图 14，15）较为相似，但相似种头鞍上有中脊和 4 对较清晰的侧头鞍沟，较宽的鞍前区，较宽而深的颈沟和后边缘沟，较宽的颈环。相似种与 *Plesiagraulos pingluoensis*（Li in Zhou *et al.*，1982）的主要区别是头盖较横宽，前边缘沟、头鞍沟、颈沟和后边缘沟较宽深，鞍前区宽，头鞍中线位置有中脊，眼叶较短。就头盖和头鞍的一般形态特征来看，相似种与江苏铜山魏集毛庄期所产 *Plesiagraulos subtriangulus* Qiu in Qiu *et al.*（仇洪安等，1983，85 页，图版 27，图 6，7）最相似，但眼叶较短，头鞍中线位置有中脊，前边缘较宽，前边缘沟较宽而深，颈沟和后边缘沟较宽而深，壳面有密集的小孔。

产地层位　内蒙古自治区乌海市桌子山地区阿不切亥沟（CD94C）、岗德尔山东山口（NZ02），胡鲁斯台组 *Sinopagetia jinnanensis* 带中下部。

田师傅似野营虫 *Plesiagraulos tienshihfuensis*（Endo，1944）

（图版 48，图 1—13）

1944　*Metagraulos tienshihfuensis* Endo, p. 71, pl. 1, figs. 2—4.

1963　*Plesiagraulos tienshihfuensis*（Endo），张文堂，483 页，图版 2，图 6，7。

1965　*Plesiagraulos tienshihfuensis*，卢衍豪等，237 页，图版 41，图 1，2。

1965　*Plesiagraulos latilus* Chang in Lu *et al.*，卢衍豪等，237，238 页，图版 41，图 6。

1983　*Plesiagraulos lunus* Qiu in Qiu *et al.*，仇洪安等，84 页，图版 27，图 5。

1987　*Plesiagraulos tienshihfuensis*，Zhang and Jell, p. 117, pl. 48, figs. 13—15; pl. 49, figs. 3—7.

1987b　*Plesiagraulos tienshihfuensis*，刘怀书等，27 页，图版 1，图 8。

1996　*Plesiagraulos tienshihfuensis*，郭鸿俊等，71，72 页，图版 26，图 7—10。

1999　*Plesiagraulos tienshihfuensis*，袁金良、李越，421，422 页，图版 5，图 7—9；图版 6，图 6，7。

non 2005　*Plesiagraulos tienshihfuensis*，段吉业等，143 页，图版 35，图 6。

正模　头盖（Endo，1944，pl. 1，fig. 4；张文堂，1963，图版 2，图 7），辽宁本溪田师傅沟后背山，寒武系第三统毛庄阶。

材料　3 块近乎完整的背壳，9 块头盖和 1 块尾部标本。

描述　背壳平缓突起，长卵形；头部半圆形；头盖平缓突起，次三角形，半椭圆形至亚梯形，正模标本长约 4.4 mm，两眼叶之间宽约 4.2 mm，前缘向前拱曲；背沟窄而浅；头鞍突起，截锥形，向前均匀收缩变窄，前端圆润，侧头鞍沟模糊不清，在外皮脱落后可见 3—4 对较浅侧头鞍沟；颈环突起，中部较宽，次三角形至半椭圆形，中后部具颈疣，颈沟清楚，两侧变浅；鞍前区与前边缘融合，呈较低的三角形穹堆状隆起，前边缘沟极浅或模糊不清；固定颊窄而平缓突起，在两眼叶之间约为头鞍宽的 1/3—1/2，眼脊窄，平缓突起，自头鞍前侧角微向后斜伸，眼叶突起，短，约有头鞍长的 1/3，位于头鞍相对位置的中部至中后部；后侧翼纵向窄而横向短，后边缘窄而平缓突起，向外伸出的距离约为头鞍基部的 4/5，后边缘沟宽而较清楚；面线前支自眼叶前端向内收缩向前伸，在头盖中线位置会合，后支向侧后方斜伸；活动颊较固定颊窄，颊刺短，向侧后方斜伸；侧边缘沟浅，侧边缘窄；同层所产尾部横椭圆形，尾轴平缓突起，微微向后收缩变窄，约占尾长的 2/3，分 2 节及一个末节；肋部比轴部窄，2—3 对肋脊，肋沟较宽深，间肋沟窄浅；尾边缘窄，尾边缘沟浅；壳面光滑。

比较　产于江苏铜山魏集毛庄期的 *Plesiagraulos lunus* Qiu in Qiu *et al.*，1983 其头盖、头鞍外形，两眼叶之间固定颊宽度，眼叶的大小和位置均与本种无明显差异，本书予以合并。手头标本与模式标本相比，除了眼叶位置略靠前外，其余特征一致。

产地层位　内蒙古自治区乌海市岗德尔山东山口（NZ4）和乌海市西部五虎山（Q5-VIII-H7），胡鲁斯台组 *Luaspides shangzhuangensis* 带；河北省唐山市丰润区左家坞乡大松林（TFD2）和塔山（TFT1），馒头组 *Plesiagraulos tienshihfuensis* 带下部。

三角形似野营虫 *Plesiagraulos triangulus* Chang in Lu *et al.*, 1965

(图版48, 图16; 图版49, 图6)

1942d　*Metagraulos*? *intermedius* Kobayashi, p. 465, 466, pl. 18 (11), fig. 8, non figs. 6, 7, 10.

1965　*Plesiagraulos triangulus* Chang, 卢衍豪等, 238 页, 图版41, 图7。

正模　头盖 (卢衍豪等, 1965, 图版41, 图7), 山西稷山, 寒武系第三统毛庄阶?。

材料　2 块头盖标本。

比较　就头盖形态而言, 此种与模式种 *Plesiagraulos tienshihfuensis* (Endo) (Endo, 1944, p. 71, pl. 1, figs. 2—4; Zhang and Jell, 1987, p. 117, pl. 48, figs. 13—15; pl. 49, figs. 3—7; 袁金良、李越, 1999, 图版5, 图7—9; 图版6, 图6, 7) 的主要区别是头盖向前的拱曲度较大, 呈三角形, 鞍前区与前边缘融合成三角形, 两眼叶之间的固定颊较窄, 眼脊较短, 眼叶位置靠前, 后侧翼纵向较宽, 头鞍向前收缩较慢。当前标本与模式标本相比, 除了头鞍略长外, 其余特征一致。此种具有较短且位置靠前的眼叶和纵向较宽的后侧翼, 与 *Agraulos* Hawle et Corda, 1847 的模式种 *Agraulos ceticephalus* (Barrande, 1846) 也很相似 (Šnajdr, 1958, p. 174—177, pl. 37, figs. 1—13; Text-fig. 37; Fletcher *et al.*, 2005, p. 330, 331, figs. 11.1—11.7, 12), 不同之处是后者的背沟较清楚, 头盖呈半椭圆形, 前边缘沟较清楚, 前边缘宽, 鞍前区窄(纵向), 头鞍呈截锥形, 较短宽, 眼叶位置更加靠前, 颈环具短的颈刺。

产地层位　内蒙古自治区阿拉善盟呼鲁斯太陶思沟(NH34), 胡鲁斯台组 *Sinopagetia jinnanensis* 带。

似野营虫未定种 *Plesiagraulos* sp.

(图版49, 图7, 8)

材料　2 块头盖标本。

描述　头盖突起, 亚梯形, 前缘微微向前拱曲, 背沟较深; 头鞍突起, 截锥形, 前端平圆, 3 对侧头鞍沟微弱或模糊不清; 颈环平缓突起, 中部较宽, 向两侧逐步变窄, 颈沟浅; 鞍前区与前边缘融合, 中等宽而突起; 固定颊较宽而平缓突起, 在两眼叶之间约为头鞍宽的 2/3, 眼脊低平, 自头鞍前侧角微向后斜伸, 眼叶短而突起, 约有头鞍长的 1/3, 位于头鞍相对位置的中前部; 后侧翼纵向宽而短(横向), 略呈三角形, 后边缘窄而平缓突起, 向外伸出的距离约为头鞍基部的 4/5, 后边缘沟窄而较深; 面线前支自眼叶前端微向内向前伸, 切前边缘于头盖的前侧缘, 后支短, 向侧后方斜伸; 壳面具密集小疣和小疣脊。

比较　未定种以其较横宽亚梯形的头盖, 较深的背沟, 较宽的固定颊和短而位于头鞍相对位置中前部的眼叶, 不同与属内其他的种。就头盖和头鞍外形来看, 未定种与韩国 Samposan 组内所产 *Plesiagraulos sampoensis* (Kobayashi, 1942d)(p. 230, pl. 13, figs. 5—8)较相似, 但后者的眼叶较长, 后侧翼纵向较短。

产地层位　山西河津县西硇口(化14), 馒头组 *Sinopagetia jinnanensis* 带?。

原始小奇蒂特尔虫属 *Protochittidilla* Qiu, 1980

Protochittidilla Qiu, 仇洪安, 1980, 58 页; Jell and Adrain, 2003, p. 432; Lin, 2008, p. 46, 52, 55; Yuan *et al.*, 2008, p. 91, 93.

Paraplesiagraulos Qiu in Qiu *et al.*, 仇洪安等, 1983, 85 页; Jell and Adrain, 2003, p. 421; Yuan *et al.*, 2008, p. 86, 91; 袁金良等, 2012, 141 页。

模式种　*Protochittidilla xeshanensis* Qiu, 仇洪安, 1980, 58 页, 图版5, 图12, 13, 山东枣庄唐庄, 寒武系第二至第三统馒头组中部(第二统上部)。

特征　小型野营虫类三叶虫, 背沟宽而深, 具有突起短而呈宽锥形的头鞍, 3 对浅或模糊不清的侧头鞍沟, 颈环突起, 半椭圆形至次三角形, 前边缘沟浅, 鞍前区宽而呈穹堆状隆起, 前边缘窄, 两眼叶之间固定颊宽, 眼叶较长而窄, 眼沟浅, 壳面具密集的毛孔状小孔, 鞍前区上有同心脊线。

讨论　原始小奇蒂特尔虫与拟似野营虫(*Paraplesiagraulos* Qiu in Qiu *et al.*, 1983)(模式种

Paraplesiagraulos poriformis Qiu in Qiu *et al.*（仇洪安等，1983，85 页，图版 27，图 9—11）的区别很小（Yuan *et al.*，2008，p. 86），都具有短而呈宽锥形的头鞍，宽而呈穿堆状隆起的鞍前区，两眼叶之间宽的固定颊，较长而窄的眼叶，浅的眼沟，壳面上密集的毛孔状小孔。就头盖及头鞍外形来看，此属与墨西哥中寒武世所产 *Mexicella* Lochman，1948（模式种 *M. mexicana* Lochman，1948，p. 457，458，pl. 69，figs. 12—22）相似，但后者两眼叶之间的固定颊较窄，眼叶较短，位置靠前，后侧翼纵向较宽。

时代分布　寒武纪第二世晚期至第三世(龙王庙期至徐庄期)，华北和东北南部。

毛孔原始小奇蒂特尔虫 *Protochittidilla poriformis*（Qiu in Qiu *et al.*，1983）

（图版 36，图 18；图版 39，图 15—17；图版 70，图 19—21）

1983　*Paraplesiagraulos poriformis* Qiu in Qiu *et al.*，仇洪安等，85 页，图版 27，图 9—11。

正模　头盖 NIGM HIT0113（仇洪安等，1983，图版 27，图 9a，9b），江苏铜山魏集，寒武系第三统徐庄阶。

材料　6 块头盖和 1 块活动颊标本。

描述　头盖突起，横宽，次方形，前缘较宽，呈弧状向前拱曲，正模标本长 5.5 mm，两眼叶之间宽 7.4 mm；背沟较深；头鞍短小而突起，截锥形，微前收缩，前端截切，等于头盖长的 1/2，4 对头鞍沟浅或模糊不清，其中第一对(S1)内端分叉；颈环突起，半椭圆形，中部宽，中部后端有小的颈疣；前边缘沟浅，向前弯曲；鞍前区极宽，在前边缘沟不清楚时与前边缘融合，并呈明显的穿堆状隆起，在头鞍前侧角伸出两条宽浅的斜沟，将眼前翼与前边缘分开；前边缘窄，平缓突起或向前下方倾斜；两眼叶之间的固定颊宽，在两眼叶之间略大于头鞍宽的 3/4，平缓突起，近眼叶处突起最高，向背沟和后边缘沟倾斜；眼叶长，位于头鞍相对位置中后部，后端几乎伸达颈沟的水平位置，约为头鞍长的 2/3，眼脊细，自头鞍前侧角近乎向外平伸，眼沟浅；眼前翼宽，其上有数条向内斜伸的脊线；后侧翼窄(纵向)；后边缘沟宽而深，后边缘窄而平缓突起，向外伸出距离约为头鞍基部宽的 6/7 至等宽；面线前支自眼叶前端呈圆弧状向前伸；可能属于这个种的同层所产活动颊次长方形，具短而粗壮的颊刺，侧边缘沟极浅，侧边缘的外侧具有数条与侧边缘平行的脊线；壳面具密集的小坑。

比较　此种与模式种 *Protochittidilla xeshanensis* Qiu（仇洪安，1980，58，59 页，图版 5，图 12，13）的主要区别是头盖较短而横宽，突起较高，前边缘沟很浅，向前的弯曲度较小，头鞍较宽，基部宽度大于其长，眼叶较长，后端几乎伸达颈沟的水平位置，面线前支几乎平行向前伸。当前标本与模式标本相比，个体略大，头鞍沟较浅，两眼叶之间的固定颊较窄，后侧翼与后边缘向外伸出的距离较小，应为种内变异。

产地层位　内蒙古自治区乌海市桌子山地区苏拜沟(SBT0)和宁夏回族自治区贺兰山苏峪口至五道塘(NH6)，胡鲁斯台组 *Ruichengaspis mirabilis* 带。

拟小奇蒂特儿虫属 *Parachittidilla* Lin et Wu in Zhang *et al.*，1980b

Parachittidilla Lin et Wu in Zhang *et al.*，张文堂等，1980b，61，91 页；仇洪安等，1983，117 页；张进林、王绍鑫，1985，390 页；Zhang and Jell，1987，p. 113；Zhang *et al.*，1995，p. 51；Jell and Hughes，1997，p. 67；Jell and Adrain，2003，p. 418；段吉业等，2005，144 页；李泉，2006，37 页；Yuan *et al.*，2008，p. 85，91，93；袁金良等，2012，141，142 页。

Chittidilla（*Parachittidilla*）Lin et Wu，郭鸿俊等，1996，70 页。

模式种　*Parachittidilla xiaolinghouensis* Lin et Wu in Zhang *et al.*，张文堂等，1980b，61，62 页，图版 5，图 2—5，山西省芮城县水峪中条山，寒武系第三统徐庄阶 *Ruichengaspis mirabilis* 带。

特征　小型野营虫类三叶虫；头盖突起，亚梯形；背沟浅；头鞍较宽而长，强烈突起，截锥形，具 4 对浅或模糊不清的侧头鞍沟；颈环突起，新月形，中后部有小颈疣，颈沟浅；前边缘沟浅，微向前拱曲，前边缘强烈突起，向前缘和头鞍方向倾斜，鞍前区中等宽而平缓突起；两眼叶之间固定颊窄至中等宽，眼叶短至中等长，眼脊自头鞍前侧角微向后斜伸；眼前翼略宽于鞍前区(纵向)；后侧翼及后边缘横向短，约为头鞍基部宽的 2/3，后边缘在中线位置向前弯曲形成一钝角形的折角；尾部呈宽半椭圆形，尾轴宽而凸，分2节及1末节，末节后部有一对穹堆状隆起，肋部较窄，2—3对肋脊，肋沟和间肋沟较深，边缘极窄或不明显；壳面光滑。

讨论 拟小奇蒂特尔虫与小奇蒂特尔虫（*Chittidilla* King, 1941）（模式种 *C. plana* King, 1941, p. 13, pl. 2, figs. 5—8; Jell and Hughes, 1997, p. 30, 31, pl. 4, figs. 8—12）的区别是头鞍较宽而长，前边缘沟较清楚，前边缘强烈突起，向前缘和头鞍方向倾斜，而后者鞍前区与前边缘融合在一起，向前向下倾斜，后侧翼和后边缘向外伸出距离明显小于头鞍基部宽度。产于喜马拉雅地区的 *Parachittidilla kashmirensis*（Shah, Parcha et Raina）（Shah *et al.*, 1991, p. 92, pl. 1, figs. a, d, g, k, p; Jell and Hughes, 1997, p. 68, pl. 4, figs. 1—7）其头盖、头鞍和前边缘特征，以及两眼叶之间更窄的固定颊显示，或许将其置于 *Megagraulos* Kobayashi, 1935 属内更好。

时代分布 寒武纪第三世早期（毛庄期至徐庄期），华北和东北南部。

模糊拟小奇蒂特尔虫 *Parachittidilla obscura* Lin et Wu in Zhang *et al.*, 1980b
（图版50，图1—4）

1980b   *Parachittidilla obscura* Lin et Wu in Zhang *et al.*, 张文堂等，62页，图版5，图6，7。

1983   *Parachittidilla huaibeiensis* Qiu in Qiu *et al.*, 仇洪安等，117页，图版39，图1，2，?3。

1985   *Parachittidilla obscura* Lin et Wu, 张进林、王绍鑫，391页，图版118，图13。

1987   *Parachittidilla obscura* Lin et Wu, Zhang and Jell, p. 113, pl. 49, fig. 2.

正模 头盖 NIGP51144 （张文堂等，1980b，图版5，图6），山西省芮城县水峪中条山，寒武系第三统徐庄阶 *Sinopagetia jinnanensis* 带。

材料 1块头盖与胸部和3块头盖标本。

描述 胸部标本补充描述如下：胸部13节或更多，轴部强烈突起，向后徐徐收缩变窄；肋部平缓突起，肋节平伸末端钝圆，不具肋刺；肋沟清楚，向外逐渐变浅而消失。

比较 当前标本与模式标本相比，头鞍、颈环的形态，眼叶的大小和位置，鞍前区和前边缘的比例以及面线的历程都很相似，应属同一种。区别是当前标本两眼叶之间固定颊较窄，这个差异是种内变异。产于安徽淮北相山徐庄期的 *Parachittidilla huaibeiensis* Qiu（仇洪安等，1983，117页，图版39，图1—3），其头盖、头鞍、颈环的形态，眼叶的大小和位置，鞍前区和前边缘的比例以及面线的历程与本种都很相似，区别是头鞍前缘较圆润，眼叶略长，也可视为种内变异。

产地层位 内蒙古自治区乌海市桌子山地区阿不切亥沟（Q5-XIV-H6），胡鲁斯台组 *Sinopagetia jinnanensis* 带；陕西省陇县景福山地区牛心山（L12），馒头组 *Sinopagetia jinnanensis* 带中下部。

小岭后拟小奇蒂特尔虫 *Parachittidilla xiaolinghouensis* Lin et Wu in Zhang *et al.*, 1980b
（图版23，图13；图版50，图5—16；图版70，图14—18）

1980b   *Parachittidilla xiaolinghouensis* Lin et Wu in Zhang *et al.*, 张文堂等，61，62页，图版5，图2—5。

1983   *Parachittidilla subeiensis* Qiu in Qiu *et al.*, 仇洪安等，117，118页，图版39，图4，5。

1985   *Parachittidilla xiaolinghouensis* Lin et Wu, 张进林、王绍鑫，391页，图版119，图1，2。

1995   *Parachittidilla xiaolinghouensis*, Zhang *et al.*, p. 51, pl. 20, figs. 5—8.

2005   *Parachittidilla funingensis* An in Duan *et al.*, 段吉业等，144页，图版25，图2—7。

正模 头盖 NIGP51140（张文堂等，1980b，图版5，图2），山西省芮城县水峪中条山，寒武系第三统徐庄阶 *Ruichengaspis mirabilis* 带。

材料 13块头盖，2块活动颊和3块尾部标本。

比较 当前标本与模式标本相比，头盖、头鞍、颈环的形态，眼叶的大小和位置，鞍前区和前边缘的比例以及面线的历程都很相似，应属同一种。区别是当前标本的颈沟较深，两眼叶之间固定颊较宽，这些差异是种内变异。产于吉林省抚宁县上平山毛庄期的 *Parachittidilla funingensis* An（段吉业等，2005，144页，图版25，图2—7），其头盖、头鞍、颈环的形态，眼叶的大小和位置，鞍前区和前边缘的比例以及面线的历程与模式种都很相似，区别是头盖前缘向前的拱曲度较小，也可视为种内变异。

产地层位 内蒙古自治区乌海市桌子山地区阿不切亥沟(CD93)，胡鲁斯台组 *Ruichengaspis mirabilis* 带；内蒙古自治区乌海市岗德尔山东山口(NZ3，NZ5，NZ7)，胡鲁斯台组 *Luaspides shangzhuangensis* 带至 *Ruichengaspis mirabilis* 带；陕西省陇县景福山地区牛心山(L12，F40)，馒头组 *Sinopagetia jinnanensis* 带中下部。

拟小奇蒂特尔虫未定种 *Parachittidilla* sp.

（图版21，图13，14）

材料 1块头盖和1块尾部标本。

描述 头盖突起，次方形(后侧翼除外)，长6.0 mm，两眼叶之间宽约6.5 mm；背沟在头鞍两侧深，在头鞍之前浅；头鞍较宽短，强烈突起，截锥形，具3—4对浅或模糊不清的侧头鞍沟；颈环突起，新月形，颈沟清楚；前边缘沟浅，微向前拱曲，前边缘强烈突起，鞍前区中等宽而平缓突起；两眼叶之间固定颊中等宽，眼叶短，眼脊自头鞍前侧角微向后斜伸；眼前翼与鞍前区(纵向)近乎等宽；后侧翼及后边缘横向短，约为头鞍基部宽的4/5；尾部呈宽半椭圆形，尾轴宽而凸，分4节及一末节，肋部较窄，3对肋脊，肋沟较深和间肋沟窄而清楚，边缘极窄，无清楚的尾边缘沟；壳面光滑。

比较 就头盖形态来看，未定种与 *Parachittidilla xiaolinghouensis* Lin et Wu in Zhang *et al*.，1980b 有些相似，但背沟和前边缘沟较深，头鞍向前收缩较慢，此外，尾轴较长，分节较多。

产地层位 内蒙古自治区乌海市岗德尔山东山口(NZ5)，胡鲁斯台组 *Ruichengaspis mirabilis* 带。

毛孔野营虫属 *Poriagraulos* Chang，1963

Poriagraulos Chang，张文堂，1963，459，470，483，484页；卢衍豪等，1965，238，239页；安素兰，1966，161页；Schrank，1976，S. 893—895；周天梅等，1977，165页；张文堂等，1980b，62页；南润善，1980，493页；Zhang and Yuan，1981，p. 166；项礼文等，1981，197页；周志强等，1982，245页；仇洪安等，1983，116页；张进林、王绍鑫，1985，392页；Zhang and Jell，1987，p. 115；昝淑芹，1989，107页；1992，252页；刘印环等，1991，183页；朱乃文，1992，344页；王绍鑫、张进林，1994a，141页；Zhang *et al*.，1995，p. 50；郭鸿俊等，1996，71页；Jell and Adrain，2003，p. 429；Lieberman，2004，p. 20；Yuan *et al*.，2008，p. 86，91，93；Peng *et al*.，2009，p. 69—71；袁金良等，2012，142，143页；袁金良、李越，2014，504页。

Porilorenzella Chang，张文堂，1963，460，471，484页；卢衍豪等，1965，245，246页；周天梅等，1977，166，167页；张文堂等，1980b，63页；南润善，1980，493页；南润善、常绍泉，1982b，34页；张进林、王绍鑫，1985，395页；Zhang and Jell，1987，p. 129；Zhang *et al*.，1995，p. 86；Jell and Adrain，2003，p. 429；段吉业等，2005，144页；Yuan *et al*.，2008，p. 82，86，91。

模式种 *Poriagraulos perforatus* Chang，1963＝*Anomocare nanum* Dames，1883，S. 17，Taf. 2，Fig. 14；Schrank，1976，S. 895，Taf. 1，Bild. 1—6，?7，辽宁大岭(岑)，寒武系第三统徐庄阶 *Poriagraulos nanus-Tonkinella flabelliformis* 带。

特征 见 Zhang 和 Jell，1987，p. 115。

讨论 见袁金良等，2012，142，143页。拟毛孔劳伦斯虫(*Paraporilorenzella* Qiu in Qiu *et al*.)（模式种 *Paraporilorenzella obsoleta* Qiu；仇洪安等，1983，120页，图版38，图14，15）曾被认为是毛孔野营虫(*Poriagraulos* Chang，1963)的晚出异名(袁金良等，2012，143页)，但是因其头盖和头鞍形态，特别是头盖前缘向前的拱曲度较大，头鞍向前的倾斜度较小等特征，本书还将其置于 *Plesiagraulos* Chang，1963 属内。

时代分布 寒武纪第三世早期(徐庄期)，华北和东北南部。

指纹线条状毛孔野营虫 *Poriagraulos dactylogrammacus* Zhang et Yuan，1981

（图版52，图17）

1981 *Poriagraulos dactylogrammacus* Zhang et Yuan，p. 166，pl. 3，fig. 7.
1983 *Poriagraulos weijiensis* Qiu in Qiu *et al*.，仇洪安等，116，117页，图版38，图8。

1995 *Poriagraulos dactylogrammacus*, Zhang *et al*., p. 51.

2005 *Porilorenzella texeus* Duan in Duan *et al*., 段吉业等, 144 页, 图版 24, 图 10, 插图 7—10。

2012 *Poriagraulos dactylogrammacus*, 袁金良等, 143 页, 图版 48, 图 1。

正模 头盖 NIGP 62267（Zhang and Yuan, 1981, p. 166, pl. 3, fig. 7），陕西省陇县景福山地区牛心山，寒武系第三统徐庄阶 *Poriagraulos nanus* 带。

材料 1 块头盖标本。

产地层位 陕西省陇县景福山地区牛心山（L23），馒头组 *Poriagraulos nanus* 带。

毛孔野营虫未定种 *Poriagraulos* sp.

（图版 52, 图 16）

材料 1 块头盖标本。

描述 头盖突起，近四方形，前缘向前呈圆弧形拱曲，长 4.7 mm，两眼叶之间宽 4.7 mm；背沟在头鞍两侧浅，在头鞍之前较宽而深；头鞍短而强烈突起呈锥形，前端尖圆，最大高度在头鞍中后部，长度约为头盖长的 1/2，侧头鞍沟极浅或模糊不清；颈环突起，半椭圆形，颈沟微向后弯曲；前边缘沟不显，仅在外皮脱落后在中部显示一宽而浅的凹陷带，鞍前区宽而平缓突起，前边缘较窄，微微向前上方翘起；固定颊宽而平缓突起，近眼叶处突起最高，向背沟和前后边缘沟平缓下倾，两眼叶之间宽为头鞍宽的 2/3；眼叶较短，约有头鞍长的 1/3，位于头鞍相对位置的中部；后侧翼纵向窄，次三角形，后边缘窄而平缓突起，向外伸出的距离为头鞍基部宽度的 4/5，后边缘沟浅；面线前支自眼叶前端近乎平行向前伸，越过边缘沟后呈弧形斜切前边缘于头盖的前侧缘，后支自眼叶后端向侧后方微弯曲斜伸；外皮脱落后表面具凹凸不平的皱纹。

比较 未定种与矮小毛孔野营虫 *Poriagraulos nanus*（Dames）的主要区别是鞍前区较宽，头鞍向前收缩较快，呈锥形，前边缘较窄，向前上方翘起，面线前支自眼叶前端近乎平行向前伸。

产地层位 陕西省陇县景福山地区牛心山（L23），馒头组 *Poriagraulos nanus* 带。

后野营虫属 *Metagraulos* Kobayashi, 1935

Metagraulos Kobayashi, 1935, p. 199; 1937, p. 431; 1942d, p. 465; 1961, p. 230; 1962, p. 67; Endo, 1944, p. 71; Hupé, 1953a, p. 187; 1955, p. 114; 汪龙文等, 1956,（112, 119, 120 页；卢衍豪, 1957, 270 页；Harrington *et al*., 1959, p. 516; non 项礼文, 1962, 395 页；1963, 33 页；张文堂, 1963, 454, 459, 476 页；卢衍豪等, 1963a, 91 页；1965, 241 页；周天梅等, 1977, 166 页；张文堂等, 1980b, 41, 46 页；Zhang and Yuan, 1981, p. 166; 周志强等, 1982, 245 页；仇洪安等, 1983, 118 页；张进林、王绍鑫, 1985, 393 页；Zhang and Jell, 1987, p. 113, 114; 刘印环等, 1991, 183 页；王绍鑫、张进林, 1994a, 142 页；Zhang *et al*., 1995, p. 50; Choi *et al*., 1999, p. 140; Jell and Adrain, 2003, p. 405; 段吉业等, 2005, 145 页；Yuan *et al*., 2008, p. 84, 91, 93; Yuan and Li, 2008, p. 121, 122; 袁金良等, 2012, 141, 142 页。

Jixianaspis Zhang in Zhang *et al*., 1995, p. 73; Jell and Adrain, 2003, p. 390; Yuan *et al*., 2008, p. 82, 91; Yuan and Li, 2008, p. 122; 袁金良等, 2012, 141 页。

模式种 *Agraulos nitida* Walcott, 1906, p. 576; 1913, p. 158, pl. 15, figs. 2, 2a, 2b; Zhang 和 Jell, 1987, p. 114, 115, pl. 48, figs. 7—9, 山西五台县，寒武系第三统徐庄阶 *Metagraulos dolon* 带。

特征和讨论 见袁金良等, 2012, 141, 142 页。

时代分布 寒武纪第三世早期（徐庄期），华北和东北南部。

剑刺后野营虫 *Metagraulos dolon*（Walcott, 1905）

（图版 51, 图 8—13; 图版 53, 图 11—18）

1905 *Agraulos dolon* Walcott, p. 45.

1913 *Agraulos dolon*, Walcott, p. 156, pl. 15, fig. 6.

1935 *Metagraulos dolon*（Walcott），Kobayashi, p. 207.

1965 *Metagraulos dolon*, 卢衍豪等, 242 页, 图版 41, 图 22。

1977　*Metagraulos linruensis* Mong in Zhou *et al.*，周天梅等，166 页，图版 50，图 3。

1983　*Metagraulos dolon*，仇洪安等，118 页，图版 38，图 11。

1987　*Metagraulos dolon*，Zhang and Jell，p. 115，pl. 47，fig. 14；pl. 48，fig. 6.

1994a　*Metagraulos dolon*，王绍鑫、张进林，143 页，图版 8，图 15。

1995　*Metagraulos dolon*，Zhang *et al.*，p. 50，pl. 19，fig. 8.

2005　*Metagraulos convexus* An in Duan *et al.*，段吉业等，145 页，图版 24，图 4，5。

2012　*Metagraulos nitidus*（Walcott），袁金良等，142 页，图版 45，图 1—5。

正模　头盖 USNM 58037（Walcott，1913，pl. 15，fig. 6；Zhang and Jell，1987，pl. 47，fig. 14），山东颜庄西南 3.5 km，寒武系第三统徐庄阶 *Metagraulos dolon* 带。

材料　12 块头盖和 2 块尾部标本。

描述　头盖横宽，强烈突起，前缘圆润，正模标本长 12.1 mm（包括颈刺），两眼叶之间宽 12.1 mm；背沟浅，但清楚；头鞍粗壮，强烈突起，次柱形或微微向前收缩变窄，前端宽圆，头鞍沟和颈沟消失；颈环强壮，三角形，并向后延伸成粗壮颈刺；两眼叶之间固定颊中等宽，突起，略大于头鞍基部宽的 1/2；眼脊低平，自头鞍前侧角微向后斜伸，眼沟极浅，眼叶中等长，位于头鞍相对位置中部至中后部，略小于头鞍长的 1/2，但未成年标本显示眼叶较长；前边缘沟极浅，微向前弯曲，前边缘窄，平缓突起，鞍前区比前边缘宽，突起，微向前倾斜；后侧翼窄（纵向），短（横向），后边缘沟浅，后边缘平缓突起，向外伸出距离明显小于头鞍基部宽；面线前支自眼叶前端微向内向前伸，后支自眼叶后端向侧后方斜伸；同层所产尾部横椭圆形，尾轴长，强烈突起，微微向后收缩变窄，后缘几乎伸达尾部后缘，后端宽圆，轴环沟极浅，隐约可见 4—5 个轴环节；尾边缘窄平，尾边缘沟不清楚；壳面光滑。

比较　当前标本与山东颜庄西南的模式标本相比，头盖、头鞍的形态，固定颊的宽度，前边缘的凸度和宽度，三角形并向后延伸成粗壮颈刺的颈环以及面线的历程都很相似，应是同一个种，不同的是当前标两眼叶之间的固定颊略宽，眼叶较长。此种与 *Metagraulos nitidus*（Walcott）的主要区别是头鞍突起较强烈，颈环呈三角形并向后延伸成长的颈刺。产于河南临汝蟒川黑龙庙的 *Metagraulos linruensis* Mong in Zhou *et al.*（周天梅等，1977，166 页，图版 50，图 3），河北抚宁沙河寨的 *Metagraulos convexus* An in Duan *et al.*（段吉业等，2005，145 页，图版 24，图 4，5）和山东淄川峨庄杨家庄的 *Metagraulos nitidus*（Walcott）（袁金良等，2012，142 页，图版 45，图 1—5）应归于本种内较好。

产地层位　内蒙古自治区乌海市岗德尔山东山口（NZ18，NZ20，NZ23）、桌子山地区阿不切亥沟（CD100，CD102），宁夏回族自治区同心县青龙山（NC86）、贺兰山苏峪口（F34），胡鲁斯台组 *Metagraulos dolon* 带。

光滑后野营虫 *Metagraulos laevis* An in Duan *et al.*，2005

（图版 51，图 14—16）

non 1982　*Tianjingshania spinosa* Zhou in Zhou *et al.*，周志强等，246，247 页，图版 62，图 5—7。

1985　*Metagraulos nitida*（Wallcott），张进林、王绍鑫，393 页，图版 119，图 10。

2005　*Metagraulos laevis* An in Duan *et al.*，段吉业等，145 页，图版 24，图 6。

2005　*Metagraulos spinosa*（Zhou），段吉业等，145 页，图版 24，图 9。

正模　头盖 JUGS DA0385（段吉业等，2005，图版 24，图 6），河北省抚宁县沙河寨，寒武系第三统徐庄阶 *Metagraulos dolon* 带。

材料　3 块头盖标本。

比较　此种的主要特征是背沟、颈沟和前边缘沟极浅，头盖较窄长，前缘强烈向前拱曲，颈刺特长，而且粗壮，两眼叶之间的固定颊较窄，面线前支自眼叶前端向内收缩向前伸。它与 *Metagraulos nitidus*（Walcott）的主要区别是头盖较窄长，前缘强烈向前拱曲，颈刺特长，而且粗壮，面线前支自眼叶前端向内收缩向前伸。它与 *Metagraulos dolon*（Walcott）的不同之处在于背沟、颈沟和前边缘沟极浅，头盖较窄长，前缘强烈向前拱曲，颈刺特长，而且粗壮，两眼叶之间的固定颊较窄，面线前支自眼叶前端向内收缩向前伸。它与 *Metagraulos lubricus*（Zhang in Zhang *et al.*）（Zhang *et al.*，1995，p. 73，pl. 33，fig. 1）的主要区别是背沟极浅，头盖向前的拱曲度较大，两眼叶之间的固定颊较窄。

产地层位　陕西省陇县景福山地区牛心山(L16a，L20a)，馒头组 *Metagraulos dolon* 带。

截切后野营虫 *Metagraulos truncatus* Zhang et Yuan，1981

(图版51，图1—7)

1981　*Metagraulos truncatus* Zhang et Yuan，p. 166，pl. 3，figs. 3—5.

正模　头盖 NIGP 62264 (Zhang and Yuan，1981，pl. 3，fig. 4)，内蒙古自治区乌海市岗德尔山东山口，寒武系第三统徐庄阶 *Metagraulos dolon* 带。

材料　5块头盖和2块尾部标本。

比较　此种与 *Metagraulos dolon* (Walcott)的主要区别是头盖较窄长，头鞍前端截切，前边缘沟较清楚，眼脊较清楚，眼叶较长，两眼叶之间的固定颊较窄，面线前支自眼叶前端向外分散的角度较小。

产地层位　内蒙古自治区乌海市岗德尔山东山口(NZ19，NZ20)，胡鲁斯台组 *Metagraulos dolon* 带。

劳伦斯虫科 Lorenzellidae Chang，1963

劳伦斯虫属 *Lorenzella* Kobayashi，1935

Lorenzella Kobayashi，1935，p. 201；汪龙文等，1956，129 页；卢衍豪等，1965，244 页；南润善，1976，336 页；周天梅等，1977，166 页；仇洪安等，1983，118 页；Zhang and Jell，1987，p. 126，127；Zhang *et al.*，1995，p. 49；Kumar，1998，p. 677；Jell and Adrain，2003，p. 400；Bentley and Jago，2004，p. 180—183；段吉业等，2005，146 页；Yuan *et al.*，2008，p. 83，89，93，99；罗惠麟等，2009，116 页。

Tianjingshania Zhou in Zhou *et al.*，周志强等，1982，246 页；Jell and Adrain，2003，p. 453；Bentley and Jago，2004，p. 180—183；Yuan *et al.*，2008，p. 89，101.

模式种　*Agraulos abaris* Walcott，1905，p. 42；1913，p. 149，pl. 14，fig. 16；Zhang and Jell，1987，p. 127，pl. 49，figs. 8，9，山东新泰颜庄西南 3.5 km，寒武系第三统徐庄阶 *Metagraulos dolon* 带。

特征　劳伦斯虫类三叶虫；头盖突起，次方形，前缘向前强烈拱曲；背沟宽而较深；头鞍突起，截锥形，前端圆润，3—4 对侧头鞍沟极浅，其中第一对(S1)内端分叉；颈环突起，向后扩大延伸成极长而粗壮的颈刺，与颈环不易分开，颈沟清楚，在两侧较深，中部浅；鞍前区突起，与突起的前边缘融合，前边缘沟极浅，中部较窄而更浅，强烈向前拱曲；固定颊中等宽而平缓突起，在眼叶位置处突起最高，向背沟倾斜；眼脊突起，自头鞍前侧角向后斜伸，眼叶突起，中等长，位于头鞍相对位置的中后部；后侧翼纵向窄，后边缘沟较宽深，后边缘窄而平缓突起，向外伸出的距离等于头鞍基部的宽度；面线前支自眼叶前端微向外向前伸，越过边缘沟后向内斜切前边缘于头盖的前侧缘，后支自眼叶后端向侧后方斜伸；壳面光滑或具小疣。

讨论　劳伦斯虫与井上形虫(*Inouyops* Resser，1942)，矛刺井上虫(*Lonchinouyia* Chang，1963)，后野营虫(*Metagraulos* Kobayashi，1935)都由颈环向后延伸出极长而粗壮的颈刺，容易混淆。劳伦斯虫与 *Inouyops* Resser，1942 的主要区别是后者头鞍前背沟极宽深，鞍前区上新月形穹堆状隆起极高，前边缘沟在两侧极深，前边缘较低平，与鞍前区明显区分开。它与 *Lonchinouyia* Chang，1963 的区别是后者头鞍较短，向前收缩快，呈锥形，头盖前缘向前的拱曲度极大，背沟较宽而深，两眼叶之间固定颊相对较窄。它与 *Metagraulos* Kobayashi，1935 的区别是背沟较宽而深，头鞍较窄长，有 3 对浅的侧头鞍沟，颈沟清楚，两眼叶之间固定颊相对较宽，面线前支自眼叶前端向外分散向前伸，此外 *Metagraulos* Kobayashi，1935 的颈刺较短而细，有时与颈环成三角形。产于内蒙古清水河北山的 *Lorenzella beishanensis* Nan (南润善，1976，336 页，图版195，图 4，8，9)由于没有颈刺，其头盖特征与 *Parachittidilla* Lin et Wu in Zhang *et al.*，1980b 较相似。产于辽宁凌源老庄户的 *Lorenzella lingyuanensis* Duan in Duan *et al.* (段吉业等，2005，146 页，图版25，图11，12)头鞍几乎呈柱形，具3—4 对较清楚的侧头鞍沟，无颈刺，前边缘沟较清楚，鞍前区宽而突起，其归属还有待进一步研究。天景山虫(*Tianjingshania* Zhou in Zhou *et al.*，1982)(模式种 *T. spinosa* Zhou in Zhou *et al.*，周志强等，1982，246 页，图版62，图 5—7)是劳伦斯虫的头盖与小光颊虫

（*Lioparella* Kobayashi，1937）的尾部搭配在一起的一个属，也应属劳伦斯虫的晚出异名。产于山西沁源猪窝棚徐庄期的 *Lonchinouyia shanxiensis* Zhang et Wang（张进林、王绍鑫，1985，407 页，图版 122，图 4—6；袁金良等，2012，162 页，图版 54，图 11），由于头鞍较宽而呈截锥形，背沟较窄而浅，将其归入劳伦斯虫内更好。

时代分布 寒武纪第三世早期（徐庄期），华北、东北南部和西南地区（滇东南）。

刺劳伦斯虫 *Lorenzella spinosa*（**Zhou in Zhou et al.**，**1982**）
（图版 52，图 14；图版 53，图 1—6）

1982 *Tianjingshania spinosa* Zhou，周志强等，246，247 页，图版 62，图 5，6，non 图 7。

正模 头盖 XIGM Tr073（周志强等，1982，图版 62，图 6），宁夏回族自治区中卫县天景山南坡，寒武系第三统徐庄阶 *Metagraulos dolon* 带。

材料 7 块头盖标本。

比较 此种的主要特征是背沟较浅而窄，头鞍较窄长，其长度（不包括颈刺）是鞍前区和前边缘长的 2 倍（纵向），鞍前区比前边缘宽（纵向），前边缘沟浅而清晰，和头盖前缘向前呈弧形拱曲。当前标本与模式标本相比，鞍前区略窄，有 4 对侧头鞍沟，这可能与保存状态有关。它与模式种 *Lorenzella abaris*（Walcott）（Zhang and Jell，1987，p. 127，pl. 49，figs. 8，9）最相似，不同之处在于头鞍较窄长，眼叶较长，两眼叶之间的固定颊相对较宽。

产地层位 陕西省陇县景福山地区牛心山（L16b，L19），馒头组 *Metagraulos dolon* 带；宁夏回族自治区贺兰山苏峪口至五道塘（NH20），胡鲁斯台组 *Inouyops titiana* 带。

丘疹状劳伦斯虫（新种）*Lorenzella postulosa* Yuan et Zhang，sp. nov.
（图版 52，图 1—13）

词源 postulosa，-us，-um，拉丁语，多丘疹的，指新种具多丘疹的头盖和尾部。

正模 头盖 NIGP62985-92（图版 52，图 3），内蒙古自治区乌海市岗德尔山东山口，寒武系第三统徐庄阶 *Inouyops titiana* 带。

材料 11 块头盖，1 块活动颊和 1 块尾部标本。

描述 头盖次方形（后侧翼除外），前缘向前强烈拱曲，正模标本长 6.0 mm（不包括颈刺），两眼叶之间宽 6.0 mm；背沟宽而较深；头鞍突起，截锥形，前端平圆，略大于鞍前区和前边缘长（纵向），4 对侧头鞍沟浅，其中第一对（S1）内端分叉，S2 位于头鞍横中线之前，微向后斜伸，S3 位于眼脊内端下方，近平伸，S4 位于眼脊内端，微向前伸；颈环突起，向后扩大延伸成极长而粗壮的颈刺，与颈环不易分开，在颈刺的中后部有一小颈疣，其长度略大于头鞍长；颈沟清楚，在两侧较宽而深，中部浅；鞍前区较窄而突起，与宽而突起的前边缘融合，前边缘沟极浅，强烈向前拱曲，仅在眼前翼之前隐约可见，中部较窄而更浅，眼前翼上有 2 条脊线与头盖外缘近平行延伸；固定颊中等宽而平缓突起，在眼叶位置处突起最高，向背沟倾斜，在两眼叶之间约为头鞍宽的 3/4；眼脊突起，自头鞍前侧角向后斜伸，眼叶突起，中等长，位于头鞍相对位置的中后部，约有头鞍长的 1/2；后侧翼纵向窄，后边缘沟较宽深，后边缘窄而平缓突起，向外伸出的距离小于头鞍基部的宽度；面线前支自眼叶前端微向外向前伸，越过边缘沟后向内斜切前边缘于头盖的前侧缘，后支自眼叶后端向侧后方斜伸；同层所产活动颊平缓突起，侧边缘突起较高，颊区宽而略下凹，颊角钝圆；同层所产尾部小，横半椭圆形，尾轴宽而突起，分 2 节及一较长末节，肋部窄，2 对肋脊，肋沟较深，间肋沟极浅，无清楚的尾边缘及尾边缘沟；壳面具密集小疣。

比较 新种与模式种 *Lorenzella abaris*（Walcott）（Zhang and Jell，1987，p. 127，pl. 49，figs. 8，9）的主要区别是背沟较宽而深，鞍前区窄而突起较高，颈刺特别强壮，壳面有小疣装饰。新种与 *Lorenzella spinosa*（Zhou in Zhou et al.，1982）的主要区别是有宽而深的背沟，头盖前缘向前的拱曲度较大，头鞍较短而粗壮，前边缘宽于鞍前区，壳面具密集小疣。

产地层位 内蒙古自治区乌海市岗德尔山东山口（NZ22，NZ24，NZ25）、桌子山地区苏拜沟（Q5-XIV-H26，Q5-XIV-H28）和可就不冲郭勒（Q5-54H2），胡鲁斯台组 *Inouyops titiana* 带。

劳伦斯虫未定种 A *Lorenzella* sp. A

(图版 52，图 15；图版 53，图 7—10)

材料 5 块头盖标本。

描述 头盖突起，次方形至亚梯形（后侧翼和颈刺除外），前缘向前拱曲，最大标本长 5.0 mm（不包括颈刺），两眼叶之间宽 5.8 mm；背沟较宽深，在头鞍之前形成较宽的新月形凹陷区；头鞍突起，短而宽，向前收缩明显，截锥形，前端平圆，略大于鞍前区和前边缘长（纵向）的 1.3 倍，中线位置低的中脊不明显，外皮脱落后可见 4 对极浅的侧头鞍沟，其中第一对（S1）内端分叉，S2 位于头鞍横中线稍前方，微向后斜伸，S3 位于眼脊内端下方，近平伸，S4 位于眼脊内端，微向前伸；颈沟窄，清楚，颈环突起，向后扩大延伸成长而粗壮的颈刺，与颈环不易分开，其长度略小于头鞍长；鞍前区较窄而突起，与宽而突起的前边缘融合，前边缘沟极浅，向前拱曲，仅在眼前翼之前隐约可见，中部模糊不清；固定颊中等宽而平缓突起，在眼叶位置处突起最高，向背沟倾斜，在两眼叶之间略宽于头鞍宽的 1/2；眼脊突起，自头鞍前侧角向后斜伸，眼叶突起，中等长，位于头鞍相对位置的中后部，略大于头鞍长的 1/2；后侧翼纵向窄，后边缘沟较宽深，后边缘窄而平缓突起，向外伸出的距离约为头鞍基部的宽度 4/5；面线前支自眼叶前端微向外向前伸，越过边缘沟后向内斜切前边缘于头盖的前侧缘，后支自眼叶后端向侧后方斜伸；壳面光滑。

比较 就头盖的一般形态特征来看，未定种与本书描述的 *Lorenzella postulosa* sp. nov. 较相似，但头鞍较短宽，向前收缩较快，头盖前缘向前的拱曲度较小，颈刺较短宽，壳面光滑。

产地层位 山东省长清县张夏馒头山（SZM1），馒头组 *Metagraulos nitidus* 带；内蒙古自治区乌海市桌子山地区阿不切亥沟（CD103），胡鲁斯台组 *Metagraulos dolon* 带。

劳伦斯虫未定种 B *Lorenzella* sp. B

(图版 54，图 13—15)

材料 1 块头盖和 2 块尾部标本。

描述 头盖突起，次方形（后侧翼和颈刺除外），前缘微向前拱曲，长 3.5 mm（不包括颈刺），两眼叶之间宽 3.8 mm；背沟窄浅，在头鞍之前形成较宽的凹陷区；头鞍突起，短而宽，向前收缩明显，截锥形，前端平，略大于鞍前区和前边缘长（纵向）的 1.5 倍，仅见 2—3 对极浅的侧头鞍沟，其中第一对（S1）几乎在中线位置相连；颈沟窄，浅，颈环突起，向后扩大延伸成长而粗壮的颈刺，与颈环不易分开，其长度几乎与头鞍长相等；鞍前区较窄而微突起，与宽而突起的前边缘融合，前边缘沟极浅，向前微拱曲，仅在眼前翼之前隐约可见，中部模糊不清；固定颊中等宽而平缓突起，在眼叶位置处突起最高，向背沟倾斜，在两眼叶之间略宽于头鞍宽的 1/2；眼脊微弱，自头鞍前侧角向后斜伸，眼叶突起，中等长，位于头鞍相对位置的中后部；后侧翼纵向窄，后边缘沟较宽深，后边缘窄而平缓突起，向外伸出的距离略小于头鞍基部的宽度；面线前支自眼叶前端微向外向前伸，越过边缘沟后向内斜切前边缘于头盖的前侧缘，后支自眼叶后端向侧后方斜伸；同层所产尾部半椭圆形，平缓突起，尾轴长，倒锥形，分 5—6 节，肋部分 5—6 对肋脊，肋沟深，间肋沟窄浅，尾边缘窄，平缓突起；壳面光滑。

比较 就头盖的一般形态特征来看，未定种与本书描述的 *Lorenzella* sp. A 较相似，但头鞍前端平直，背沟极浅，鞍前区较窄（纵向）。

产地层位 陕西省陇县景福山地区牛心山（L21），馒头组 *Inouyops titiana* 带。

井上形虫属 *Inouyops* Resser，1942

Inouyops Resser, 1942, p. 24, 25; Hupé, 1953a, p. 200; 1955, p. 151; Harrington *et al.*, 1959, p. 247; Kobayashi, 1960b, p. 387; 张文堂，1963，449，454，460，476 页；项礼文，1963，35 页；卢衍豪等，1963a，91 页；1965，247 页；周天

梅等，1977，167页；张文堂等，1980 b，62，63页；Zhang and Yuan，1981，p. 166；周志强等，1982，247页；仇洪安等，1983，121页；张进林、王绍鑫，1985，393页；Zhang and Jell，1987，p. 128，129；昝淑芹，1989，113页；1992，255页；刘印环等，1991，184页；王绍鑫、张进林，1994a，144页；Zhang et al.，1995，p. 49；郭鸿俊等，1996，72页；Jell and Adrain，2003，p. 388；段吉业等，2005，146页；Yuan et al.，2008，p. 81，92，98；袁金良等，2012，160，161页。

模式种 *Ptychoparia titiana* Walcott，1905，p. 81；1913，p. 155，pl. 14，fig. 9；Zhang and Jell，1987，p. 129，pl. 50，fig. 14，山东新泰颜庄西南3.5 km，寒武系第三统徐庄阶 *Inouyops titiana* 带。

特征和讨论 见袁金良等，2012，160，161页。

时代分布 寒武纪第三世早期(徐庄期)，华北及东北南部。

宽边井上形虫 *Inouyops latilimbatus* Zhang et Yuan，1981
(图版54，图1—4)

1981 *Inouyops latilimbatus* Zhang et Yuan，p. 166，167，pl. 3，fig. 6.

1982 *Inouyops titiana*，周志强等，247页，图版62，图8，9。

正模 头盖 NIGP 62266 (Zhang and Yuan，1981，pl. 3，fig. 6)，内蒙古自治区乌海市岗德尔山东山口，寒武系第三统徐庄阶 *Inouyops titiana* 带。

材料 4块头盖标本。

比较 此种与模式种 *Inouyops titiana* (Walcott)相比，主要区别是头盖较横宽，呈四方形，头鞍较宽短，眼叶较长，面线前支自眼叶前端向外分散的角度较大，此外，鞍前区和前边缘较宽，前边缘平凸，鞍前区和眼前翼上的放射状脊线较多。

产地层位 内蒙古自治区乌海市岗德尔山东山口(NZ21)，胡鲁斯台组 *Inouyops titiana* 带。

泰田那井上形虫 *Inouyops titiana* (Walcott，1905)
(图版54，图5—12)

1905 *Ptychoparia titiana* Walcott，p. 81.

1913 *Inouyia titiana* (Walcott)，Walcott，p. 155，pl. 14，fig. 9.

1935 *Tollaspis? titiana* (Walcott)，Kobayashi，p. 254.

1942 *Inouyops titiana* (Walcott)，Resser，p. 25.

1960b *Paragraulos titiana* (Walcott)，Kobayashi，p. 385，386，Text-fig. 9b.

1963a *Inouyops titiana*，卢衍豪等，91页，图版11，图12。

1963 *Inouyops titiana*，项礼文，35页，图版2，图9。

1965 *Inouyops titiana*，卢衍豪等，247页，图版42，图9。

1977 *Inouyops titiana*，周天梅等，167页，图版50，图8。

1980b *Inouyops abnormis* Zhang et Yuan in Zhang et al.，张文堂等，62，63页，图版5，图10。

1980b *Inouyops longispinus* Zhang et Yuan in Zhang et al.，张文堂等，63页，图版5，图11—13。

1983 *Inouyops elongata* Zhang in Qiu et al.，仇洪安等，121，122页，图版39，图14。

1983 *Inouyops brevica* Zhang in Qiu et al.，仇洪安等，122页，图版39，图12。

1983 *Inouyops curvata* Qiu in Qiu et al.，仇洪安等，122页，图版39，图13。

1985 *Inouyops titiana*，张进林、王绍鑫，393，394页，图版119，图16。

1985 *Inouyops abnormis*，张进林、王绍鑫，394页，图版119，图17。

1985 *Inouyops longispinus*，张进林、王绍鑫，394页，图版119，图18。

1985 *Inouyops zhongjingensis* Zhang et Wang，张进林、王绍鑫，394页，图版119，图13，14。

1987 *Inouyops titiana*，Zhang and Jell，p. 129，pl. 50，fig. 14.

1987b *Inouyops longispinus*，刘怀书等，27页，图版1，图17。

1991 *Inouyops titiana*，刘印环等，184页，图版14，图6。

1992 *Inouyops mopanshanensis* Zan，昝淑芹，255页，图版1，图2。

1992 *Inouyops shuangshanensis* Zan，昝淑芹，255，256页，图版1，图3。

1994a *Inouyops titiana*，王绍鑫、张进林，144页，图版8，图9。

1995 *Inouyops titiana*, Zhang et al., p. 49, pl. 19, figs. 4—6.

1996 *Inouyops mopanshanensis*，郭鸿俊等，73 页，图版 27，图 5。

1996 *Inouyops shuangshanensis*，郭鸿俊等，73 页，图版 27，图 4。

1996 *Inouyops elongata*，郭鸿俊等，72 页，图版 27，图 6、8、10。

2005 *Inouyops abnormis*，段吉业等，146 页，图版 25，图 14、15。

2012 *Inouyops titiana*，袁金良等，160 页，图版 54，图 5—9。

正模　头盖 USNM 58015 (Walcott, 1913, pl. 14, fig. 9; Zhang and Jell, 1987, pl. 50, fig. 14)，山东新泰颜庄西南 3.5 km，寒武系第三统徐庄阶 *Inouyops titiana* 带。

材料　8 块头盖标本。

比较　当前标本与模式标本相比，头鞍略显短而宽，四对侧头鞍沟较清楚，头鞍中线位置的中脊较明显，但其他特征差异很小，这些差异可看作种内的变异。

产地层位　宁夏回族自治区贺兰山苏峪口至五道塘(NH19)，内蒙古自治区阿拉善盟宗别立乡呼鲁斯太陶思沟(NH54)，胡鲁斯台组 *Inouyops titiana* 带；陕西省陇县景福山地区牛心山(L20c)，馒头组 *Inouyops titiana* 带。

井上形虫未定种 *Inouyops* sp.
(图版 54，图 16)

材料　1 块头盖标本。

描述　头盖突起，近乎四方形，前缘向前呈弧形拱曲，长 9.3 mm（不包括颈刺），两眼叶之间宽 10.0 mm；背沟宽深；头鞍较宽，突起，切锥形，前端平圆，长为头盖长的 1/2，具 4 对清楚的侧头鞍沟：第一对(S1)，内端分叉，前支近乎平伸，后支向侧后方斜伸，S2 位于头鞍横中线之前，微向后斜伸，S3 和 S4 短浅，位于眼脊内和内端稍下方，微向前斜伸；颈沟两侧深，中部极窄浅；颈环突起，中部较宽，向后伸出一短小颈刺；固定颊较窄，近眼叶处突起最高，向着宽深的背沟倾斜，两眼叶之间的宽度小于头鞍宽的 1/2；眼脊低，自头鞍前侧角微向后斜伸；眼叶中等长，约为头鞍长的 1/2，位于头鞍相对位置的中后部，眼沟深；前边缘沟窄深，向前作弧形弯曲，前边缘窄，呈脊状突起，鞍前区宽，呈穹堆状隆起，其宽是前边缘中部宽的 5—6 倍，其上布满网纹状脊线；后侧翼窄（纵向）、短（横向），后边缘沟宽深，后边缘窄，突起，向外伸出距离仅为头鞍基部宽的 2/3；面线前支自眼叶前端微向外分散向前伸，越过边缘沟后呈圆弧形向内，斜切前边缘于头盖的前侧缘，后支自眼叶后端向侧后方斜伸。

比较　未定种以其极窄呈脊状突起的前边缘，宽的鞍前区和极短小的颈刺，不同于属内其他的种。由于标本太少，暂不予以新种名。

产地层位　内蒙古自治区乌海市桌子山地区苏拜沟(Q5-XIV-H28)，胡鲁斯台组 *Inouyops titiana* 带。

矛刺井上虫属 *Lonchinouyia* Chang, 1963

Lonchinouyia Chang, 张文堂, 1963, 471, 485 页；卢衍豪等, 1965, 255 页；张进林、王绍鑫, 1985, 406 页；Zhang and Jell, 1987, p. 128；Jell and Adrain, 2003, p. 400；段吉业等, 2005, 146 页；Yuan et al., 2008, p. 83、93、98；袁金良等, 2012, 161、162 页。

Parahuainania Guo et Zan in Guo et al., 1996, 郭鸿俊等, 75 页；Jell and Adrain, 2003, p. 419；Yuan et al., 2008, p. 85、98；袁金良等, 2012, 161 页。

模式种　*Agraulos armata* Walcott, 1906, p. 576；1913, p. 150, pl. 14, figs. 17, 17a；Zhang and Jell, 1987, p. 128, pl. 49, figs. 11—13；pl. 50, fig. 10, 山西五台县南 7.2 km，中寒武统徐庄阶 *Inouyops titiana* 带。

特征和讨论　见袁金良等, 2012, 161、162 页。

时代分布　寒武纪第三世早期(徐庄期)，华北及东北南部。

持械矛刺井上虫 *Lonchinouyia armata*（Walcott，1906）

（图版 54，图 17—19）

1906   *Agraulos armatus* Walcott，p. 576.

1913   *Inouyia? armata*（Walcott），Walcott，p. 150—151，pl. 14，figs. 17，17a.

1935   *Lorenzella armata*（Walcott），Kobayashi，p. 253.

1960b   *Cyclolorenzella armata*（Walcott），Kobayashi，p. 389.

1963   *Lonchinouyia armata*（Walcott），张文堂，471，472，485 页。

1965   *Lonchinouyia armata*，卢衍豪等，255 页，图版 43，图 19。

1987   *Lonchinouyia armata*，Zhang and Jell，p. 128，pl. 49，figs. 11—13；pl. 50，fig. 10.

1987b   *Lonchinouyia armata*，刘怀书等，27 页，图版 1，图 16。

2005   *Lochinouyia funingensis* Duan in Duan *et al.*，段吉业等，146，147 页，图版 25，图 13。

2012   *Lonchinouyia armata*，袁金良等，162 页，图版 54，图 10。

正模　头盖 USNM 58026（Walcott，1913，pl. 14，fig. 17；Zhang and Jell，1987，pl. 49，figs. 11，12），山西省五台县南 7.2 km，寒武系第三统徐庄阶 *Inouyops titiana* 带。

材料　2 块头盖和 1 块活动颊标本。

比较　当前标本与模式标本相比，头鞍较细长，前边缘沟在两侧较清楚，头鞍上 3 对肌痕较清楚。这些差异与保存状态有关。产于河北省抚宁县上平山的 *Lonchinouyia funingensis* Duan in Duan *et al.*，头盖形态与持械矛刺井上虫 *Lonchinouyia armata*（Walcott）的区别很小，应合并。

产地层位　内蒙古自治区乌海市岗德尔山东山口（NZ24）和桌子山地区可就不冲郭勒（Q5-54H3），胡鲁斯台组 *Inouyops titiana* 带。

晋南虫属 *Jinnania* Lin et Wu in Zhang *et al.*，1980b

Jinnania Lin et Wu in Zhang *et al.*，张文堂等，1980b，64，91，92 页；张进林、王绍鑫，1985，396 页；Jell and Adrain，2003，p. 390；Yuan *et al.*，2008，p. 82，85，89，92，98.

non *Paralorenzella* Lo，罗惠麟，1974，641，642 页；Jell and Adrain，2003，p. 420；Yuan *et al.*，2008，p. 85.

Paralorenzella Zhang in Qiu *et al.*，仇洪安等，1983，119 页；Jell and Adrain，2003，p. 420；Yuan *et al.*，2008，p. 85，98.

Paralorenzangella Jell in Jell et Adrain，2003，p. 420；Yuan *et al.*，2008，p. 85，98.

non *Porilorenzella* Chang，张文堂，1963，460，471，484 页；Jell and Adrain，2003，p. 420.

non *Trigonaspis* Sandberger et Sandberger，1850；Harrington *et al.*，1959，p. 384；Jell and Adrain，2003，p. 455.

Trigonaspis Yang in Yang *et al.*，杨家骆等，1991，137，138 页；Jell and Adrain，2003，p. 455；Yuan *et al.*，2008，p. 89，98.

Trigonyangaspis Jell in Jell and Adrain，2003，p. 455；Yuan *et al.*，2008，p. 89，98.

Liuheia An in Duan *et al.*，2005，段吉业等，108 页。

模式种　*Jinnania ruichengensis* Lin et Wu in Zhang *et al.*，张文堂等，1980b，64 页，图版 5，图 16—18，山西省芮城县水峪中条山，寒武系第三统徐庄阶 *Ruichengaspis mirabilis* 带。

特征　小型劳伦斯虫类三叶虫；头盖突起，次长方形（后侧翼除外），前缘向前强烈拱曲；背沟宽而较深，在头鞍之前尤为明显；头鞍短而突起，截锥形，前端平圆，具 3—4 对浅而模糊的侧头鞍沟；颈环突起，中部较宽；鞍前区宽而呈低的穹堆状隆起，前边缘中等宽而强烈突起，呈新月形，前边缘沟浅至较宽而深，强烈向前拱曲；固定颊中等宽而平缓突起，两眼叶之间约为头鞍宽的 2/3，眼脊突起，自头鞍前侧角微向后斜伸，眼叶突起，中等长，位于头鞍相对位置的中后部；后侧翼纵向窄，后边缘沟较宽深，后边缘窄而平缓突起，向外伸出的距离略小于或等于头鞍基部的宽度；面线前支自眼叶前端微向外向前伸，越过边缘沟后向内斜切前边缘于头盖的前侧缘，后支自眼叶后端向侧后方斜伸；尾部宽而短，横椭圆形，尾轴凸而较宽，分 2—3 节，肋部窄而平缓突起，有 2—3 对肋脊，2—3 对肋沟和间肋沟清楚，尾边缘窄而平，无尾边缘沟；壳面具密集小孔或小疣。

讨论　虽然 *Paralorenzella* Zhang in Qiu *et al.*，1983 是 *Paralorenzella* Lo，1974 的晚出同名（Jell and

Adrain，2003，p. 420），被更名为 *Paralorenzhangella* Jell in Jell et Adrain，2003，此属头盖、头鞍的形态，宽而深的背沟和前边缘沟，较宽而突起呈低的穹堆状隆起的鞍前区，眼叶的大小和位置等，与晋南虫区别很小，笔者认为它们都是晋南虫的晚出异名（Yuan *et al.*，2008，p. 85）。此外，*Trigonaspis* Yang in Yang *et al.*，1991（模式种 *T. hujiaensis* Yang；杨家骎等，1991，137，138 页，图版 12，图 7—10）是 *Trigonaspis* Sandberger et Sandberger，1850 的晚出同名（Jell and Adrain，2003，p. 455），被更名为 *Trigonyangaspis* Jell in Jell et Adrain，2003，其头盖、头鞍的形态，宽而深的背沟和前边缘沟，较宽而突起呈低的穹堆状隆起的鞍前区，眼叶的大小和位置与晋南虫的区别也很小，也应合并（Yuan *et al.*，2008，p. 89）。

时代分布 寒武纪第三世早期（毛庄期至徐庄期），华北、东北南部、河南西南部。

卷翅晋南虫 *Jinnania convoluta* （An in Duan *et al.*，2005）
（图版 21，图 8—10）

2005　*Liuheia convoluta* An in Duan *et al.*，段吉业等，108 页，图版 10，图 17—22。

正模 头盖 JUGS DA994（段吉业等，2005，图版 10，图 21），吉林省白山市青沟子，馒头组。

材料 3 块头盖标本。

比较 当前标本与模式标本相比，除了头盖较宽，鞍前区较窄（纵向）和眼叶较长外，其余特征一致。

产地层位 内蒙古自治区乌海市桌子山地区阿不切亥沟（CD93），胡鲁斯台组 *Ruichengaspis mirabilis* 带。

芮城晋南虫 *Jinnania ruichengensis* Lin et Wu in Zhang *et al.*，1980b
（图版 48，图 17—19；图版 55，图 10—16）

1980b　*Jinnania ruichengensis* Lin et Wu in Zhang *et al.*，张文堂等，64 页，图版 5，图 16—18。
1985　*Jinnania ruichengensis*，张进林、王绍鑫，396 页，图版 119，图 19，20。

正模 头盖 NIGP51154（张文堂等，1980b，图版 5，图 16），山西省芮城县水峪中条山，寒武系第三统徐庄阶 *Ruichengaspis mirabilis* 带。

材料 6 块头盖、3 块尾部和 2 块活动颊标本。

描述 头盖平缓突起，次长方形（后侧翼除外），前缘向前强烈拱曲，正模标本长 4.4 mm，两眼叶之间宽 3.8 mm；背沟宽而较深，在头鞍之前尤为明显；头鞍短而突起，不足头盖长的 1/2，截锥形，前端平圆，具 3 对浅而模糊的侧头鞍沟；颈环突起，中部较宽；鞍前区宽而呈低的穹堆状隆起，前边缘中等宽而强烈突起，呈新月形，前边缘沟较宽而深，强烈向前拱曲；固定颊较宽而平缓突起，两眼叶之间约为头鞍宽的 2/3，眼脊突起，自头鞍前侧角微向后斜伸，眼叶突起，中等长，位于头鞍相对位置的中后部，约有头鞍长的 1/2；后侧翼纵向窄，后边缘沟较宽深，后边缘窄而平缓突起，向外伸出的距离略小于或等于头鞍基部的宽度；面线前支自眼叶前端微向外向前伸，越过边缘沟后向内斜切前边缘于头盖的前侧缘，后支自眼叶后端向侧后方斜伸；同层所产活动颊平缓突起，颊刺粗短，侧边缘较宽，外侧具 3—4 条脊线，侧边缘沟浅，颊区中等宽；尾部宽而短，横椭圆形，尾轴凸而较宽，分 2—3 节，肋部窄而平缓突起，有 2—3 对肋脊，2—3 对肋沟和间肋沟清楚，尾边缘窄而平，无尾边缘沟；壳面具密集小孔或小疣。

比较 当前标本与模式标本相比，除了鞍前区较窄（纵向），头鞍前缘向前的拱曲度较小，头鞍沟略显清楚，背沟在头鞍两侧较宽深外，其余特征一致，这些差异可看作种内的变异。

产地层位 内蒙古自治区乌海市岗德尔山东山口（NZ5，NZ7）和桌子山地区苏拜沟（SBT0），胡鲁斯台组 *Ruichengaspis mirabilis* 带；陕西省陇县景福山地区牛心山（L11），馒头组 *Ruichengaspis mirabilis* 带。

毛孔晋南虫（新种）*Jinnania poriformis* Yuan et Zhang，sp. nov.
（图版 55，图 1—9）

词源 poriformis，-poriformis，-poriforme（拉丁语），毛孔状的，指新种头盖表面具非常明显的毛孔状装饰。

正模 头盖 NIGP62985-144（图版 55，图 4），内蒙古自治区乌海市岗德尔山东山口，寒武系第三统毛庄阶 *Luaspides shangzhuangensis* 带。

材料 7 块头盖和 2 块尾部标本。

描述 头盖突起，亚长方形（后侧翼除外），前缘强烈向前拱曲，正模标本长 5.3 mm，两眼叶之间宽 5.0 mm；背沟极宽而深；头鞍短小，平缓突起，向前收缩较快，锥形至截锥形，前端尖圆或平圆，不足头盖长的 1/2，中线位置有低的中脊，侧头鞍沟很浅，在外皮脱落后可见 4 对浅的侧头鞍沟，其中第一对（S1）较宽而深，内端分叉，S2 位于头鞍横中线之前，微向后斜伸，S3 较短，位于眼脊内端下方，微向后斜伸，S4 极短，近平伸；颈沟较宽而深，两侧窄，微向前伸，颈环突起，宽半椭圆形，中后部具小的颈疣；固定颊窄而平缓突起，两眼叶之间约为头鞍宽的 1/2；眼脊低，自头鞍前侧角向后侧斜伸，眼叶中等偏短，约为头鞍长的 2/5，位于头鞍相对位置的中后部；鞍前区窄，在头鞍之前呈低的穹堆状隆起，前边缘宽而突起，两侧变窄，呈新月形，在中线位置的宽度是鞍前区宽的 1.5—2 倍；前边缘沟浅，微向前拱曲；后侧翼窄（纵向）而短（横向），后边缘沟较宽而深，向外变宽，后边缘窄而平缓突起，向外伸出的距离是头鞍基部宽的 7/10；面线前支长，自眼叶前端平行向前，至边缘沟呈圆弧形微向内弯曲向前伸，切前边缘于头盖前侧缘，后支向侧后方斜伸；同层所产尾部横宽，横椭圆形，尾轴凸而较宽，向后收缩慢，分 2—3 节，肋部窄而平缓突起，有 2—3 对肋脊，前肋脊带宽，后肋脊带窄而低，2—3 对肋沟和间肋沟清楚，尾边缘窄而平，无尾边缘沟；壳面具密集毛孔状小陷孔。

比较 新种与模式种主要区别是头鞍较短小，中线位置有低的中脊，有 4 对侧头鞍沟，前边缘沟很浅，鞍前区窄（纵向），眼叶较短，位置靠后，壳面具密集毛孔状小陷孔。就头盖形态，头鞍具中脊，眼叶的大小和位置以及面线的历程等方面来看，新种与河南淅川秀子沟所产 *Jinnania hujiaensis*（Yang）（杨家骙等，1991，图版 12，图 7—10）有些相似，但后者的头鞍较窄长，鞍前区很宽，前边缘较窄，前边缘沟较深，背沟较窄，壳面无密集毛孔状小陷孔。

产地层位 内蒙古自治区乌海市岗德尔山东山口（NZ3），胡鲁斯台组 *Luaspides shangzhuangensis* 带。

似围眼虫属 *Plesioperiomma* Qiu, 1980

Plesioperiomma Qiu, 仇洪安，1980，56，57 页；仇洪安等，1983，80 页；Jell and Adrain, 2003, p. 427；段吉业等，2005，118 页；Lin, 2008, p. 45, 55, 68；Yuan *et al.*, 2008, p. 80.

Eujinnania Qiu in Qiu *et al.*, 仇洪安等，1983，107 页；Jell and Adrain, 2003, p. 375；Yuan *et al.*, 2008, p. 80.

模式种 *Plesioperiomma elevata* Qiu，仇洪安，1980，57 页，图版 5，图 10，11，安徽淮北市相山，寒武系第二统龙王庙阶 *Bonnia-Tingyuania* 带。

特征 小型劳伦斯虫类三叶虫；头盖后部突起高，向前强烈倾斜，亚梯形；背沟中等深；头鞍短而突起，截锥形，前端平圆，具 3 对浅而模糊的侧头鞍沟；颈环突起，中部较宽；鞍前区宽而呈明显的椭圆形穹堆状隆起，与眼前翼之间有一浅沟分开，前边缘中等宽而强烈向前上方翘起，前边缘沟较宽而深，向前拱曲；固定颊宽而平缓突起，两眼叶之间约为头鞍宽的 2/3，眼脊突起，自头鞍前侧角微向后斜伸，眼叶突起，中等长，位于头鞍相对位置的中部；后侧翼纵向窄，横向宽，后边缘沟较宽深，后边缘窄而平缓突起，向外伸出的距离略大于或等于头鞍基部的宽度；壳面光滑。

讨论 在头盖和头鞍形态上 *Plesioperiomma* 与 *Jinnania* Lin et Wu in Zhang *et al.*, 1980b 较相似，但后者的头盖向前倾斜不明显，前边缘突起而不是向前上方强烈翘起，鞍前区上横椭圆形隆起不明显，也没有从头鞍前侧角伸出的两条斜沟。*Eujinnania* Qiu in Qiu *et al.*（模式种 *E. huaibeiensis* Qiu；仇洪安等，1983，107 页，图版 36，图 4）的主要特征与 *Plesioperiomma* 一致，如头鞍强烈向前倾斜，前边缘强烈向前上方翘起，鞍前区上有横椭圆形的穹堆状隆起，与眼前翼之间有一浅沟分开等，将这两个属合并（Yuan *et al.*, 2008, p. 80）。此外，产于辽宁复县磨盘山徐庄期的 *Porilorenzella devia* Nan et Chang（南润善、常绍泉，1982b，34 页，图版 1，图 11—13）的基本特征与 *Plesioperiomma* 的模式种相似，也应归于这个属内；产于吉林西南部大阳岔徐庄期的 *Chancia lata* Nan et Shi, 1985（南润善、石新增，1985，2 页，图版 1，

图 1, 2)其前边缘强烈向前上方翘起, 鞍前区上有横椭圆形的穹堆状隆起, 与眼前翼之间有一浅沟分开等, 也应归入 *Plesioperiomma* 属内; 有人将产于山西万荣稷王山毛庄期的 *Jiumenia jinnanensis* Zhang et Wang (张进林、王绍鑫, 1985, 352 页, 图版 108, 图 6), 归于 *Plesioperiomma*(段吉业等, 2005, 118 页, 图版 12, 图 6), 但这个种没有向前上方强烈翘起的前边缘, 其头盖和头鞍形态更接近 *Ptyctolorenzella* Lin et Wu in Zhang *et al.*, 1980。

时代分布 寒武纪第二世晚期至第三世早期(龙王庙期至徐庄期早期), 华北。

三角形似围眼虫(新种) *Plesioperiomma triangulata* Yuan et Zhang, sp. nov.

(图版 55, 图 17—19)

词源 triangulata, -us, -um, 拉丁语, 三角形的, 指新种具三角形的头盖。

正模 头盖 NIGP62985-159 (图版 55, 图 19), 内蒙古自治区乌海市乌达西南 12 km, 寒武系第三统徐庄阶 *Ruichengaspis mirabilis* 带。

材料 4 块头盖标本。

描述 头盖突起, 次三角形, 前缘向前强烈拱曲, 正模标本长 8.0 mm, 两眼叶之间宽 9.0 mm; 背沟宽深; 头鞍短小, 截锥形, 不足头盖长的 1/2, 后部高凸, 向前倾斜, 具 3 对浅的侧头鞍沟, 其中第一、第二对(S1, S2)内端分叉; 颈沟宽深, 颈环强烈突起, 近乎倒三角形, 中后部有一小颈疣; 固定颊平缓突起, 近眼叶处突起最高, 向背沟倾斜, 两眼叶之间约有头鞍宽的 2/3; 眼叶中等长, 约有头鞍长的 1/2, 位于头鞍相对位置的中后部; 前边缘沟较深, 微向前弯曲; 前边缘宽, 向前上方强烈翘起, 鞍前区窄(纵向), 横向的横椭圆形的穹堆状隆起较低, 自头鞍前侧角伸出的两条斜沟浅, 将眼前翼与鞍前区分开; 后侧翼窄(纵向), 后边缘窄, 平缓突起, 向外伸出的距离等于或略宽于头鞍基部(横向); 后边缘沟宽深; 面线前支自眼叶前端向内收缩向前伸, 后支向侧后方斜伸; 壳面光滑。

比较 就头盖的一般形态特征来看, 新种与 *Plesioperiomma huaibeiensis* (Qiu in Qiu *et al.*, 1983) (仇洪安等, 1983, 107 页, 图版 36, 图 4)较相似, 但后者的前边缘更宽, 头鞍较短而粗, 颈沟和背沟较浅。

产地层位 内蒙古自治区乌海市乌达西南 12 km (F163), 胡鲁斯台组 *Ruichengaspis mirabilis* 带。

裂头虫科 Crepicephalidae Kobayashi, 1935

截尾虫属 *Temnoura* Resser et Endo, 1937

Temnurus Resser et Endo in Kobayashi, 1935, p. 271, nom. nud.

Temnura Resser et Endo in Kobayashi, 1935, p. 278, nom. nud.

Temnoura Resser et Endo, 1937, p. 294; 卢衍豪等, 1965, 541 页; Zhang and Jell, 1987, p. 247; 袁金良等, 1999, 23, 24 页; 2002, 209, 210, 285 页; Jell and Adrain, 2003, p. 452; Yuan *et al.*, 2008, p. 78, 89, 94, 97.

模式种 *Temnoura granosa* Resser et Endo, 1937, p. 295, pl. 57, fig. 8, 辽宁省本溪市火连寨, 寒武系第三统毛庄阶。

特征(修订) 背壳长卵形, 背沟清楚; 头鞍截锥形, 具 2—3 对浅的侧头鞍沟; 鞍前区中等宽, 前边缘较宽而突起或向前上方翘起, 前边缘沟较宽深; 两眼叶之间固定颊中等宽; 眼脊清晰, 眼叶较短, 位于头鞍相对位置的中后部; 胸部 12 节, 肋节末端向后侧伸出中等长肋刺; 尾部半椭圆形, 后缘呈弓形向前拱曲, 两侧肋叶向后侧融合成一对大的向后伸展并向内弯曲的边缘侧刺; 尾轴长而凸起, 微微向后收缩, 具 6 个轴环节和一个短的轴末节, 5 对肋沟较清楚, 并向后侧弯曲; 尾边缘向后变宽, 无清楚的尾边缘沟; 壳面光滑或具小瘤点。

讨论 从头盖和头鞍外形来看, 此属与 *Asteromajia* Nan et Chang, 1982b (模式种 *A. duplicata* Nan et Chang, 1982b = *Kochaspis hsuchuangensis* Lu in Lu et Dong, 1952; 卢衍豪、董南庭, 1952, 171 页, 图 2a; 南润善、常绍泉, 1982b, 33 页, 图版 2, 图 1, 2; 卢衍豪、朱兆玲, 2001, 283 页, 图版 2, 图 5, 6)很相似, 主要区别是尾部的后缘呈弓形向前拱曲, 侧缘向内斜伸, 两侧肋叶向后侧融合成一对大的向后伸展的边缘侧刺, 相反, *Asteromajia* 尾部的后缘微向后拱曲, 侧缘向外斜伸, 两侧肋叶向后侧融合成一对大的向后侧伸展的边缘侧刺,此外,*Temnoura* 的鞍前区较窄(纵向),前边缘沟较深,两眼叶之间的固定颊较宽。值得注意的是,*Hsuchuangia* 一属的模式种 *Kochaspis hsuchuangensis* (Lu in Lu and Dong, 1952)的头盖和尾部有不同的壳面装饰,代表正模标本的头盖上布满了小瘤,而尾部则光滑无瘤,两者不是同一个种(袁金良等,2014,585,586 页)。此外,基于两个头盖建立的 *Asteromajia* Nan et Chang, 1982b (模式种 *A. duplicata* Nan et Chang;南润善、常绍泉,1982b,33 页,图版 2,图 1,2)曾被看作 *Temnoura* 的晚出异名(袁金良等,1999,23 页;2002,209 页;Yuan *et al*., 2008, p. 78),但是鞍前区较宽(纵向),头盖表面布满了小瘤,这与 *Temnoura* 有所不同,目前已发现 *Asteromajia* 的尾部的尾刺生长方式与 *Hsuchuangia* 尾部尾刺生长方式一样,则 *Hsuchuangia* 是 *Asteromajia* 的晚出异名(袁金良等,2014)。目前应保留 *Temnoura*,*Asteromajia* 这两个属。除模式种外,还有 *Temnoura quadrata* Resser et Endo, 1937, *T. huoshanensis* (Zhang et Wang, 1985), *T. mesembrina* Yuan et Zhao in Yuan *et al*., 1999。其中 *Temnoura quadrata* Resser et Endo, 1937 应归于 *Asteromajia* 属内,而 *Hsuchuangia huoshanensis* Zhang et Wang, 1985 (张进林、王绍鑫,1985,362 页,图版 110,图 16—18)则应归于 *Temnoura* 属内。最近在贵州镇远竹坪地区发现的一个三叶虫尾部(杨凯迪等,2011,图版 1,图 3)也应是 *T. mesembrina* Yuan et Zhao in Yuan *et al*., 1999 一种。

时代分布 寒武纪第二世晚期至第三世早期(龙王庙期、毛庄期至徐庄期早期),华南和华北。

截尾虫未定种 *Temnoura* sp.

(图版 86, 图 14)

材料 1 块头盖标本。

描述 头盖突起,梯形,前缘向前拱曲;背沟清楚,在头鞍之前极窄浅;头鞍突起,宽长,截锥形,前端宽圆,具 3—4 对极浅的侧头鞍沟;鞍前区极窄,前边缘中等宽,突起,两侧变窄,前边缘沟较深;颈环突起,中部较宽,颈沟宽浅;两眼叶之间固定颊中等;眼脊清晰,自头鞍前侧角之后向后斜伸,眼前翼明显比鞍前区宽(纵向),眼叶较短,位于头鞍相对位置的中部;后边缘窄而略凸起,向外伸出距离略小于头鞍基部宽,后边缘沟宽而深;面线前支自眼叶前端向前向外伸,后支向侧后方斜伸;壳面粗糙或具瘤点装饰。

比较 未定种头盖和头鞍形态与黔东南凯里组所产 *Temnoura mesembrina* Yuan et Zhao in Yuan *et al*., 1999 (袁金良等,1999,24 页,图版 2,图 10,11;2002,210 页,图版 62,图 1—3)较相似,但头鞍较宽长,两眼叶之间的固定颊较窄,鞍前区较窄,后侧翼和后边缘向外伸出距离较短。

产地层位 山西省河津县西硔口(化 6),馒头组 *Qingshuiheia hejinensis* 带。

群星虫属 *Asteromajia* Nan et Chang, 1982b

Asteromajia Nan et Chang, 南润善、常绍泉,1982b,33 页;袁金良等,1999,23 页;2002,209 页;Jell and Adrain, 2003, p. 345; Yuan *et al*., 2008, p. 78, 97;袁金良等,2014,583,584 页。

Hsuchuangia Lu et Zhu in Qiu *et al*., 仇洪安等,1983,88 页;张进林、王绍鑫,1985,362 页;Zhang and Jell, 1987, p. 86;昝淑芹,1989,97 页;1992,253 页;刘印环等,1991,182 页;朱乃文,1992,340 页;Zhang *et al*., 1995, p. 37;郭鸿俊等,1996,101 页;卢衍豪、朱兆玲,2001,283 页;Jell and Adrain, 2003, p. 386;段吉业等,2005,121 页;Peng *et al*., 2005, p. 252; Yuan *et al*., 2008, p. 81, 92, 96;袁金良等,2014,583,584 页。

Bagongshania Lin in Qiu *et al*., 仇洪安等,1983,89 页;Jell and Adrain, 2003, p. 346; Yuan *et al*., 2008, p. 78, 92, 96;袁金良等,2014,583,584 页。

模式种 *A. duplicata* Nan et Chang, 南润善、常绍泉,1982b,33 页,图版 2,图 1,2 (= *Kochaspis hsuchuangensis* Lu in Lu et Dong, 1952;卢衍豪、董南庭,1952,171 页,图 2a;卢衍豪、朱兆玲,2001,283 页,图版 2,图 5;袁金良等,2014,585 页,图版 1,图 1—3),辽宁复县磨盘山,寒武系第三统徐庄阶 *Asteromajia hsuchuangensis* 带,山东长清县张夏馒头山北坡,寒武系第三统徐庄阶 *Asteromajia hsuchuangensis-Ruichengella triangularis* 带。

特征 头鞍截锥形,前端宽圆,具 2—3 对浅的侧头鞍沟;鞍前区和前边缘等宽,前边缘突起,前边缘沟较深;两眼叶之间固定颊较宽,约有头鞍宽的 2/3;眼脊清晰,眼叶中等长,位于头鞍相对位置的中后部；尾部横宽，次菱形，后缘微向后拱曲，两侧肋叶向后侧融合成一对大的向后侧伸展的边缘侧刺；尾轴长而凸起，微微向后收缩，具5—6个轴环节，肋部有4—5对肋脊，4—5对肋沟深；无尾边缘和尾边缘沟；壳面光滑或具小瘤点。

讨论 就头盖形态来看，群星虫属与截尾虫(*Temnoura* Resser et Endo, 1937)形态十分相似，但两者尾部形态不同，截尾虫两侧肋叶向后侧融合成一对大的向后内伸展的边缘侧刺，尾部后缘中线位置向前拱曲。小裂头虫(*Crepicephalina* Resser et Endo in Kobayashi, 1935)虽然也有类似群星虫的尾部，如尾部后缘中线位置向后拱曲，两侧肋脊向后侧融合成一对大的向后侧伸展的边缘侧刺。但肋部窄，分节少，向后侧伸展的边缘侧刺主要由第二至三对肋脊伸出，尾轴相对较宽。此外，头鞍较宽大，眼叶较长，两眼叶之间的固定颊较窄。到目前为止，归于群星虫、徐庄虫(*Hsuchuangia*)和八公山虫(*Bagongshania*)共有15种。从尾部形态来看，*Hsuchuangia huoshanensis* Zhang et Wang, 1985 应归于截尾虫；*H. angustilimbata* (Mong in Zhou *et al.*, 1977)具长的眼叶和窄的固定颊，也许归于 *Zhongtiaoshanaspis* Zhang et Yuan in Zhang *et al.*, 1980b 更好；*H. longiceps* Lu et Zhu, 2001 也具有长的眼叶和窄的固定颊，归于 *Asteromajia* 属内也是有问题的。在河北抚宁沙河寨基于三个头盖标本建立的 *Hsuchuangia funingensis* An in Duan *et al.* (段吉业等, 2005, 122页, 图版14, 图 16b, 17b; 图版16 图 12)，其头鞍呈锥形，眼叶短，眼脊自头鞍前侧角稍后向后斜伸，眼前翼和鞍前区较宽，固定颊窄，其分类位置是有问题的，其正模标本(图版16 图 12)与 *Solenoparia* (*Plesisolenoparia*) *ruichengensis* Zhang et Yuan in Zhang *et al.*, 1980b 非常相似，置于这个属内较好。修订后的15个种列表如下：

Hsuchuangia angustilimbata (Mong in Zhou *et al.*, 1977)	[= *Zhongtiaoshanaspis*]
Asteromajia duplicata Nan et Chang, 1982	[= *Asteromajia hsuchuangensis* (Lu in Lu et Dong, 1952)]
Hsuchuangia elongata Qiu in Qiu *et al.*, 1983	[= *Asteromajia quadrata*]
Hsuchuangia funingensis An in Duan *et al.*, 2005	[= *Solenoparia* (*Plesisolenoparia*)]
Hsuchuangia hongtongensis Zhang et Wang, 1985	[= *Temnoura*]
Hsuchuangia hsuchuangensis (Lu in Lu et Dong, 1952)	[= *Asteromajia hsuchuangensis* (Lu in Lu et Dong, 1952)]
Bagongshania huainanensis Lin in Qiu *et al.*, 1983	[= *Asteromajia huainanensis* (Lin in Qiu *et al.*, 1983)]
Hsuchuangia huoshanensis Zhang et Wang, 1985	[= *Temnoura*]
Hsuchuangia latilimbata Zhnag et Wang, 1985	[= *Asteromajia quadrata*]
Hsuchuangia liuheensis (An, 1966)	[= *Asteromajia*]
Hsuchuangia longiceps Lu et Zhu, 2001	[= *Asteromajia*?]
Hsuchuangia luliangshanensis Zhnag et Wang, 1985	[= *Asteromajia*]
Kochaspisstellata Nan et Chang, 1982	[= *Asteromajia liuheensis* (An, 1966)]
Asteromajia quadrata (Resser et Endo, 1937)	[= *Asteromajia*]
Hsuchuangia yangchengensis Zhnag et Wang, 1985	[= *Asteromajia*?]

时代分布 寒武纪第三世早中期(徐庄期至长清期)，华北。

东山口群星虫(新种) *Asteromajia dongshankouensis* Zhu, sp. nov.

(图版56, 图 1—4)

词源 Dongshankou, 汉语拼音，东山口，指新种的产地。

正模 尾部 NIGP62985-162 (图版56, 图 3)，内蒙古自治区乌海市岗德尔山东山口，寒武系第三统长清阶 *Lioparia blautoeides* 带。

材料 1块不完整的头盖，1块活动颊和2块尾部标本。

描述 头鞍较宽大，截锥形，前端平圆，具3—4对极浅的侧头鞍沟；背沟较宽深；鞍前区较宽，前边缘中等宽而突起，两侧变窄，前边缘沟较浅；颈环突起，中部较宽，中后部具小颈瘤；颈沟宽浅，两侧向前弯曲；两眼叶之间固定颊较窄；眼脊清晰，眼叶较短，位于头鞍相对位置的中后部；后边缘窄而略凸起，向外伸出距离略小于头鞍基部宽，后边缘沟宽而深；面线前支自眼叶前端向前向外伸，后支向侧后方斜伸；同层所产活动颊亚梯形，具中等长颊刺；侧边缘凸起，侧边缘沟较深，颊区较宽，向后变宽；尾部横宽,次菱形,后缘微向后拱曲,两侧肋叶向后侧融合成一对大的向后侧伸展的短边缘侧刺;尾轴长而凸起,微微向后收缩,具 5 个轴环节和 1 个轴末节,肋部窄,有 4—5 对肋脊,4—5 对肋沟深;无尾边缘和尾边缘沟;壳面有稀少的瘤点。

比较 新种与 *Asteromajia hsuchuangensis*（Lu in Lu et Dong）（仇洪安等,1983,图版 29,图 3;卢衍豪、朱兆玲,2001,283 页,图版 2,图 5;袁金良等,2014,585 页,图版 1,图 1—3)的主要区别是头鞍较宽而长,两眼叶之间的固定颊较窄,尾部后缘向后的拱曲度较小,尾轴较宽,向后收缩较慢,尾侧刺较粗而短。

产地层位 内蒙古自治区乌海市岗德尔山东山口（NZ35）,胡鲁斯台组 *Lioparia blautoeides* 带 。

群星虫? 未定种 *Asteromajia*? sp.

(图版 56,图 14)

材料 1 块不完整的头盖标本。

描述 头盖平缓突起,亚梯形;背沟较深;头鞍宽大,截锥形至次柱形,前端宽圆,具 4 对极浅的侧头鞍沟:第一对（S1)位于头鞍横中线之后,内端分叉,前支微向后斜伸,在中线位置几乎相连,后支强烈向后斜伸,S2 位于头鞍横中线之前,较短,微向后斜伸,S3 位于眼脊内端稍下方,近乎平伸,S4 位于眼脊内端,短,微向前斜伸;鞍前区较窄（纵向),前边缘中等宽而突起,两侧变窄,前边缘沟较浅;两眼叶之间固定颊中等宽;眼脊突起,自头鞍前侧角稍后微向后斜伸,眼叶较长,位于头鞍相对位置的中后部,略大于头鞍长的 1/2;面线前支自眼叶前端向前向外伸,后支向侧后方斜伸。

比较 在头盖和头鞍形态方面,未定种与本书描述的 *Asteromajia dongshankouensis* Zhu, sp. nov. 有些相似,但是头鞍向前收缩较慢,两眼叶之间的固定颊较宽,眼叶较长,由于没有相应的尾部,此标本置于 *Asteromagia* 属内尚有问题。

产地层位 内蒙古自治区乌海市岗德尔山东山口（NZ37）,胡鲁斯台组 *Megagraulos inflatus* 带 。

异尾虫属 *Idioura* Zhang et Yuan in Zhang *et al.*, 1980b

Idioura Zhang et Yuan in Zhang *et al.*,张文堂等,1980b,53 页;仇洪安等,1983,90 页;张进林、王绍鑫,1985,364 页;Jell and Adrain, 2003, p. 387;Yuan and Li, 2008, p. 112, 120, 125;袁金良等,2012,179,180,545,546 页。

模式种 *Idioura granosa* Zhang et Yuan in Zhang *et al.*,张文堂等,1980b,53,54 页,图版 2,图 13,山西省芮城县中条山,寒武系第三统长清阶 *Crepicephalina convexa* 带 。

特征和讨论 见袁金良等,2012,179,180,545,546 页。

时代分布 寒武纪第三世中期（长清期),华北（辽宁、山东、山西和内蒙古)。

异尾虫未定种 *Idioura* sp.

(图版 56,图 5)

材料 1 块不完整的尾部标本。

描述 尾部次方形（后侧边缘刺除外),后缘平直;尾轴突起,柱形,分 4 个轴环节和 1 个轴末节,肋部较窄而平缓突起,次三角形,2—3 对肋脊,尾边缘平坦,向后变宽并向后侧延伸出一对三角形的短尾刺,尾边缘沟浅;壳面光滑。

比较 未定种与山西芮城水峪中条山所产 *Idioura laevigata* Zhang et Yuan in Zhang *et al.*, 1980b（张文堂等,1980b,54 页,图版 2,图 14)的主要区别是尾轴较长,呈柱形,尾边缘沟极浅。

产地层位 内蒙古自治区乌海市岗德尔山东山口（NZ44）,胡鲁斯台组 *Psilaspis changchengensis* 带上部。

四角尾虫属 *Tetraceroura* Chang, 1963

Tetraceroura Chang,张文堂,1963,465 页;卢衍豪等,1965,162 页;南润善、石新增,1985,3 页;王绍鑫、张进林、

1993b，118 页；1994a，135 页；Jell and Adrain, 2003, p. 452；Yuan and Li, 2008, p. 118, 121, 125.

模式种 *Tetraceroura chengshanensis* Chang，张文堂，1963，465 页，图版 1，图 10，河北省唐山市古冶区赵各庄称山，寒武系第二、三统馒头组上部(长清阶下部)*Megagraulos coreanicus* 带或 *Crepicephalina convexa* 带下部。

特征(修订) 头鞍突起，短而宽大，向前收缩，切锥形，前端宽圆，具 3—4 对浅的侧头鞍沟；鞍前区窄，前边缘沟清楚，前边缘较宽而平或微向前上方翘起；颈环突起，中部较宽；两眼叶之间的固定颊较窄；眼叶中等长，位于头鞍相对位置的中部；尾部比头盖略小，突起，方形至长方形，具两对尾边缘刺，其中后侧角一对较宽而长，前侧角一对较小而短，尾轴突起高，逐渐向后收缩，后端圆润，分 5—7 节；肋部平缓突起，肋沟深，间肋沟浅，尾边缘宽，无尾边缘沟。

讨论 就头盖形态来看，此属与 *Grandioculus* Cossmann, 1908 较为相似，但两者的尾部形态完全不同。此外，后者的前边缘窄而突起较高，眼叶较长。到目前为止，已建有 4 个种：*Tetraceroura bispinosa* (Endo, 1937)，*T. chengshanensis* Chang, 1963，*T. clara* Nan et Shi, 1985，*T. confecta* Nan et Shi, 1985。其中，*T. confecta* Nan et Shi, 1985 仅依据一个头盖标本建立(南润善、石新增，1985，图版 1，图 14)，头鞍形态更像 *Grandioculus* Cossmann, 1908，其归属有待进一步研究。

时代分布 寒武纪第三世中期(长清期)，华北和东北南部。

横宽四角尾虫(新种) *Tetraceroura transversa* Yuan et Zhu, sp. nov.

(图版 56，图 10，11)

词源 transversa, -us, -um，拉丁语，指横宽的尾部。

正模 尾部 NIGP62985-170 (图版 56，图 11)，内蒙古自治区乌海市桌子山地区伊勒思图山西坡第二大沟，寒武系第三统长清阶 *Megagraulos inflatus* 带或 *Psilaspis changchengensis* 带。

材料 2 块尾部标本。

描述 尾部突起，横宽，倒梯形，后缘宽，中线位置微微向前弯曲，尾轴突起高，逐渐向后收缩，后端圆润，分 4—5 节；肋部平缓突起，2—3 对肋沟，前两对较深，后一对浅，间肋沟极浅，具两对尾侧刺，其中后侧角一对较宽而中等长，前侧角一对较小而短，尾边缘窄，无尾边缘沟。

比较 新种与模式种 *Tetraceroura chengshanensis* Chang, 1963 (张文堂，1963，图版 1，图 10)的主要区别是尾部较短而横宽，倒梯形，尾轴短，分节少。

产地层位 内蒙古自治区乌海市桌子山地区伊勒思图山西坡第二大沟(CD68)，胡鲁斯台组 *Megagraulos inflatus* 带或 *Psilaspis changchengensis* 带。

四角尾虫未定种 *Tetraceroura* sp.

(图版 56，图 9)

材料 1 块尾部标本。

描述 尾部突起，横宽，椭圆形，后缘中线位置强烈向前弯曲，尾轴突起高，逐渐向后收缩，后端圆润，分 5—6 节；肋部平缓突起，4 对肋脊强烈向后弯曲，4 对肋沟，前 3 对较深，后一对浅，间肋沟极浅，后侧角具两对尾侧刺，其中前一对较宽短，后一对较宽长，尾边缘窄，无尾边缘沟。

比较 未定种不同于属内其他种之处在于两对尾侧刺都在尾部的后侧角，尾部中线位置的后缘强烈向前拱曲，由于标本太少，暂不予以新种名。

产地层位 内蒙古自治区乌海市岗德尔山东山口(NZ38)，胡鲁斯台组 *Megagraulos inflatus* 带。

牛心山虫属(新属) *Niuxinshania* Yuan et Zhang, gen. nov.

词源 Niuxinshan，汉语拼音，牛心山，地名，指新属产地。

模式种 *Niuxinshania longxianensis* Yuan et Zhang, gen. et sp. nov.，陕西陇县景福山地区牛心山，寒武系第三统徐庄阶 *Sunaspis laevis-Sunaspidella rara* 带上部。

特征　头盖突起，近乎四方形（后侧翼除外）；背沟宽深；头鞍宽长，强烈突起，截锥形，前端平圆，具4对极浅的侧头鞍沟；颈环突起，半椭圆形；两眼叶之间固定颊窄，强烈突起，眼脊突起，自头鞍前侧角微向后斜伸；眼叶中等偏长，位于头鞍相对位置的中后部；前边缘沟极浅，微向前弯曲；前边缘窄（纵向），鞍前区比前边缘宽，眼前翼较宽；后侧翼窄（纵向）而短（横向）；后边缘沟宽深，后边缘窄，平缓突起，向外伸出距离小于头鞍基部宽；面线前支自眼叶前端平行向前伸；尾部横宽，后缘宽，微向后弯曲，两侧具一对较长，由尾边缘向后侧延伸的尾侧刺；尾轴细长，倒锥形，分5—6节；肋部宽（横向），平缓突起，分2—3对肋脊，2—3对肋沟清楚，向外侧伸；尾边缘宽平或略下凹；壳面光滑。

讨论　就头盖的一般形态特征来看，新属与本书所建另一新属 Angustinouyia Yuan et Zhang, gen. nov.（模式种 A. quadrata Yuan et Zhang, sp. nov.）有些相似，但后者的头鞍较短小，两眼叶之间的固定颊极度高凸，眼叶短，位置靠后，鞍前区略下凹，面线前支自眼叶前端略向外分散向前伸。就尾部的一般形态特征来看，新属与 Asteromajia Nan et Chang, 1982b[模式种 A. hsuchuangensis (Lu in Lu et Dong, 1952)；仇洪安等，1983，88页，图版29，图3；卢衍豪、朱兆玲，2001，283页，图版2，图5；袁金良等，2014，585，586页，图版1，图1—3]的主要区别是头鞍较宽长，背沟极宽深，两眼叶之间的固定颊较窄，突起较高，前边缘沟极浅，尾部较横宽，尾轴较窄长，肋部较宽，肋沟较窄浅，尾侧刺较长，而且由宽而平坦的尾边缘向后侧延伸而成。

时代分布　寒武纪第三世早期（徐庄期），华北（陕西）。

陇县牛心山虫（新属、新种）*Niuxinshania longxianensis* Yuan et Zhang, gen. et sp. nov.

（图版56，图6—8）

词源　Longxian，汉语拼音，陇县，地名，指新种产地。

正模　头盖 NIGP62985-166（图版56，图7），陕西省陇县景福山地区牛心山，徐庄阶 *Sunaspis laevis-Sunaspidella rara* 带上部。

材料　2块头盖和1块尾部标本。

描述　头盖突起，前缘较平直，近乎四方形（后侧翼除外），正模标本长5.0 mm，两眼叶之间宽5.5 mm；背沟宽深，在头鞍之前变窄浅；头鞍宽长，强烈突起，截锥形，向前缓慢收缩，前端平圆，中线位置具一低的中脊，4对极浅的侧头鞍沟：第一对（S1）内端分叉，前支短，平伸，后支长，向后斜伸，第二对（S2）位于头鞍横中线之前，微向后斜伸，第三对（S3）位于眼脊内端稍下方，微向前斜伸，第四对（S4）位于眼脊内端，短，微向前斜伸；颈沟宽浅，中部微向前弯曲；颈环突起，半椭圆形，中后部有一小颈疣；两眼叶之间固定颊窄，约为头鞍宽的1/3或略宽，高凸，向背沟和后边缘沟呈一陡的斜坡；眼脊突起，自头鞍前侧角向后斜伸；眼叶中等偏长，位于头鞍相对位置的中后部，略大于头鞍长的1/2，眼沟宽浅；前边缘沟极浅，微向前弯曲；前边缘窄（纵向），鞍前区比前边缘宽，中部突起明显；眼前翼较宽，其上有4—5条脊线向头盖中线位置斜伸；后侧翼窄（纵向）而短（横向）；后边缘沟宽深，后边缘窄，平缓突起，向外伸出距离小于头鞍基部宽；面线前支自眼叶前端平行向前伸，然后呈圆弧形向内弯曲，切前边缘于头盖的前侧缘；同层所产尾部横宽，后缘宽，微向后弯曲，两侧具一对较长，由尾边缘向后侧延伸的尾侧刺；尾轴细长，倒锥形，突起较高，后端几乎伸达尾部后缘，分5—6节，轴环节沟浅；肋部宽（横向），平缓突起，分2—3对肋脊，2—3对肋沟清楚，向外侧伸；尾边缘宽平或略下凹；壳面光滑。

产地层位　陕西省陇县景福山地区牛心山（51F），馒头组 *Sunaspis laevis-Sunaspidella rara* 带上部。

原附栉虫科 Proasaphiscidae Chang, 1963

原附栉虫属 *Proasaphiscus* Resser et Endo in Kobayashi, 1935

Proasaphiscus Resser et Endo in Kobayashi, 1935, p. 286, 287; Resser and Endo, 1937, p. 256, 257; Endo, 1937, p. 352; 1944, p. 89; Hupé, 1953a, p. 202; 1955, p. 157; Lu, 1945, 192页; 1957, 267页; Чернышева, 1950, стр. 31; 1961, стр. 212; 汪龙文等，1956，114页; Harrington *et al.*, 1959, p. 292; Kobayashi, 1962, p. 97; 张文堂，1959，204页; 项礼文，1962，395页; 卢衍豪等，1963a，97页; 1965，283页; 叶戈洛娃等，1963，28页; 安素兰，1966，162页; Егорова и

Савицкий, 1968, стр. 65；1969, стр. 218；Богнибова и др., 1971, стр. 169；罗惠麟, 1974, 643, 644 页；南润善, 1976, 336 页；1980, 497 页；周天梅等, 1977, 177 页；尹恭正、李善姬, 1978, 496 页；李善姬, 1978, 222 页；张文堂等, 1980b, 68 页；刘义仁, 1982, 314 页；周志强等, 1982, 251 页；南润善、常绍泉, 1982a, 21 页；Егорова и др., 1982, стр. 98；仇洪安等, 1983, 138 页；Kim, 1987, p. 43；张进林、王绍鑫, 1985, 414 页；Zhang and Jell, 1987, p. 142；昝淑芹, 1989, 117 页；朱乃文, 1992, 346 页；王绍鑫、张进林, 1994b, 229 页；Zhang et al., 1995, p. 59；郭鸿俊等, 1996, 75 页；Jell and Hughes, 1997, p. 82, 83；袁金良等, 2000, 139 页；Jell and Adrain, 2003, p. 430；Peng et al., 2004b, p. 22；段吉业等, 2005, 158 页；Kang and Choi, 2007, p. 291；Yuan et al., 2008, p. 87, 93, 101；Yuan and Li, 2008, p. 121, 132；Peng, 2008b, p. 177, 201；Peng et al., 2009, p. 81；罗惠麟等, 2009, 126, 127 页；朱学剑等, 2011, 119 页；袁金良等, 2012, 234—237, 579, 580 页；林天瑞等, 2013, 434 页。

Honanaspis Chang, 1959, 南润善, 1980, 497 页；Jell and Adrain, 2003, p. 385；罗惠麟等, 2009, 130 页；袁金良等, 2012, 235 页。

Proasaphiscus (*Honanaspis*) Chang, 张文堂, 1959, 204, 226 页；卢衍豪等, 1965, 294 页；尹恭正、李善姬, 1978, 498 页；张文堂等, 1980b, 69 页；仇洪安等, 1983, 140 页；张进林、王绍鑫, 1985, 418 页；Kim, 1987, p. 47；Zhang and Jell, 1987, p. 150；昝淑芹, 1989, 124 页；1992, 256 页；Zhang et al., 1995, p. 60；郭鸿俊等, 1996, 77 页；卢衍豪、朱兆玲, 2001, 285 页；段吉业等, 2005, 158 页；Yuan et al., 2008, p. 87, 93, 101；Peng, 2008b, p. 177, 201；袁金良等, 2012, 235 页。

Hundwarella (*Honanaspis*) Chang, Kobayashi, 1962, p. 94；袁金良等, 2012, 235 页。

Proasaphiscus (*Paofeniellus*) Hsiang in Lu et al., 卢衍豪等, 1963a, 98 页；Jell and Adrain, 2003, p. 417；袁金良等, 2012, 235 页。

Hunjiangaspis An, 安素兰, 1966, 162 页；段吉业等, 2005, 160 页；袁金良等, 2012, 235 页。

Heukkgoella Kim, 1987, p. 46；Jell and Adrain, 2003, p. 384；袁金良等, 2012, 235 页。

模式种　*Proasaphiscus yabei* Resser et Endo in Kobayashi, 1935, p. 287, pl. 24, fig. 16, 辽宁灯塔烟台街道东南 3.3 km 当十山, 寒武系第三统徐庄阶 *Bailiella lantenoisi* 带。

特征和讨论　见袁金良等, 2012, 234—237, 579, 580 页。

时代分布　寒武纪第三世早中期(徐庄期晚期至长清期早期), 中国, 俄罗斯西伯利亚, 南亚(伊朗、印度)。

布特原附栉虫 *Proasaphiscus butes* (Walcott, 1905)

(图版 72, 图 9—11)

1905　*Anomocare*? *butes* Walcott, p. 49.

1913　*Anomocarella butes* (Walcott), Walcott, p. 199, 200, pl. 19, figs. 7, 7a—d.

1924　*Conokephalina kaipingensis* Sun, p. 47, pl. 3, figs. 4a, b.

1937　*Proasaphiscus affluens* Resser et Endo, p. 265, pl. 48, figs. 1—13.

1942　*Psilaspis butes* (Walcott), Resser, p. 47.

1965　*Proasaphiscus affluens* Resser et Endo, 卢衍豪等, 285 页, 图版 49, 图 12—16。

1965　*Proasaphiscus butes* (Walcott), 卢衍豪等, 285, 286 页, 图版 49, 图 17, 18。

1965　*Proasaphiscus kaipingensis* (Sun), 卢衍豪等, 286, 287 页, 图版 50, 图 3。

1983　*Proasaphiscus affluens*, 仇洪安等, 138 页, 图版 44, 图 10, 11。

1985　*Proasaphiscus zhongyangensis* Zhang et Wang, 张进林、王绍鑫, 416 页, 图版 124, 图 5。

1987　*Proasaphiscus butes* (Walcott), Zhang and Jell, p. 142—144, pl. 55, fig. 6; pl. 56, fig. 4—8; pl. 57, figs. 1—5, 8—12 (non figs. 6, 7, 13); pl. 58, fig. 2 (non figs. 1, 3, 4); non pl. 39, fig. 12.

1996　*Proasaphiscus butes*, 郭鸿俊等, 76 页, 图版 30, 图 1—12。

non 1997　*Iranoleesia butes* (Walcott), Jell and Hughes, p. 82—88, pl. 22, figs. 3—10; pl. 23, figs. 1—7; pl. 24, figs. 1—8; pl. 25, figs. 1—10.

2012　*Proasaphiscus butes*, 袁金良等, 237, 238 页, 图版 121, 图 1—5。

选模　头盖和部分活动颊 USNM 58168 (Walcott, 1913, pl. 19, fig. 7; Zhang and Jell, 1987, pl. 57, figs. 11, 12), 山东新泰北北东 4.8 km, 寒武系第三统徐庄阶 *Metagraulos nitidus* 带或 *Poriagraulos nanus-*

Tonkinella flabelliformis 带。

材料 1块头盖,1块活动颊和2块尾部标本。

比较 当前标本与模式标本相比,头鞍和头鞍沟的形态,两眼叶之间固定颊的宽度,鞍前区和前边缘的宽度等方面都很相似,应为同一种,不同之处在于当前标本的面线前支自眼叶前端向外分散的角度较小,尾部略长。

产地层位 内蒙古自治区乌海市岗德尔山成吉思汗塑像公路旁(GDME1-3),胡鲁斯台组 *Metagraulos dolon* 带。

方形原附栉虫 *Proasaphiscus quadratus* (Hsiang in Lu *et al.*, 1963a)

(图版 57, 图 14, 15; 图版 61, 图 8, 9; 图版 69, 图 25)

1962　*Proasaphiscus affluens* Resser et Endo, 项礼文, 395, 396, 399 页, 图版 1, 图 6—8。

1963a　*Paofeniellus quadratus* Hsiang in Lu *et al.*, 1963, 卢衍豪等, 98 页, 图版 20, 图 10a, 10b。

1980b　*Proasaphiscus quadratus* Wu et Lin in Zhang *et al.*, 张文堂等, 68, 69 页, 图版 7, 图 1—3。

1980b　*Proasaphiscus* sp., 张文堂等, 69 页, 图版 7, 图 4。

1985　*Proasaphiscus quadratus*, 张进林、王绍鑫, 414 页, 图版 124, 图 2, 3。

1985　*Proasaphiscus pingdingensis* Zhang et Wang, 张进林、王绍鑫, 414, 415 页, 图版 124, 图 4。

1994b　*Proasaphiscus butes* (Walcott, 1905), 王绍鑫、张进林, 229, 230 页, 图版 10, 图 9—14; 图版 11, 图 6, 7。

2005　*Proasaphiscina quadrata* Lin et Wu, 段吉业等, 159 页, 图版 29, 图 1—3。

2005　*Proasaphiscina pingdingensis* (Zhang et Wang), 段吉业等, 159 页, 图版 29, 图 4—6。

2012　*Proasaphiscus quadratus* (Hsiang in Lu *et al.*, 1963), 袁金良等, 240, 241 页, 图版 122, 图 1—14。

正模 头盖 IGGS162 (卢衍豪等, 1963a, 图版 20, 图 10a), 河南宝丰, 寒武系第三统长清阶。

材料 4块头盖和1块尾部标本。

描述 头盖平缓突起,呈方形(后侧翼除外);头鞍宽大、平缓突起,方形至次方形,长度与基部宽大致相等或略长,微微向前收缩变窄,具 4 对浅的侧头鞍沟,其中第一对(S1)内端分叉,第二对(S2)位于头鞍横中线之前,微向后斜伸,第三对(S3)位于眼脊内端稍下方,近乎平伸,第四对(S4)位于眼脊内端,向前斜伸;背沟窄而较深;颈环平缓突起,中部宽度较均匀,两侧略变窄,颈沟较宽深;鞍前区比前边缘略窄(纵向)或等宽,前边缘较宽而平缓突起或略向前上方翘起,前边缘沟较深;固定颊中等宽,在两眼叶之间略大于头鞍宽的 1/2,眼叶中等偏长,约为头鞍长的 3/5,位于头鞍相对位置的中后部;眼脊突起,自头鞍前侧角稍后向后斜伸;面线前支自眼叶前端微向外向前伸,后支自眼叶后端向后侧斜伸;后侧翼纵向窄,后边缘沟较深,后边缘窄而平缓突起,向外伸出的距离约为头鞍基部宽的 4/5;活动颊较窄,侧边缘平缓突起,向后略变宽,侧边缘沟深,颊区较宽,颊刺长;尾部宽椭圆形,尾轴宽而短、强烈突起,分 4—5 节,轴环沟浅,向后变得模糊不清;肋部分节微弱,3—4 对肋沟宽浅,伸向宽而较平的尾边缘,间肋沟微弱,无尾边缘沟;壳面有稀少至密集的小瘤点。

比较 当前标本与河南宝丰所产模式标本相比,除了 4 对侧头鞍沟较清楚外,其余特征一致,应为同种。

产地层位 陕西陇县景福山地区牛心山(L26, 27), 张夏组 *Lioparia blautoeides* 带; 宁夏回族自治区同心县青龙山(NC107)和内蒙古自治区乌海市岗德尔山东山口(NZ35), 胡鲁斯台组 *Lioparia blautoeides* 带。

塔田原附栉虫 *Proasaphiscus tatian* (Walcott, 1905)

(图版 69, 图 10—13)

1905　*Anomocare tatian* Walcott, p. 53.

1913　*Anomocarella tatian* (Walcott), Walcott, p. 206, pl. 21, figs. 1, 1a, 1b.

1942　*Psilaspis tatian* (Walcott), Resser, p. 47.

1953　*Psilaspis tatian* (Walcott), Ившин, стр. 133.

1965 *Anomocarella? tatian*（Walcott），卢衍豪等，328，329 页，图版 61，图 7—9，non 图 10，11。

1966 *Proasaphiscus*（*Hunjiangaspis*）*lui* An，安素兰，162 页，图版 1，图 14，15。

1977 *Anomocarella kangjiagouensis* Mong in Zhou *et al.*，1977，周天梅等，182 页，图版 53，图 13，14。

1987 *Proasaphiscus butes*（Walcott），Zhang and Jell，p. 142—144，non pl. 39，fig. 12；non pl. 55，fig. 6；non pl. 56，figs. 4—8；pl. 57，figs. 6，7，13（non figs. 1—5，8—12）；pl. 58，fig. 1（non figs. 2—4）.

2001 *Proasaphiscina mantoushanensis* Lu et Zhu，卢衍豪、朱兆玲，286 页，图版 2，图 14；图版 3，图 12，13。

2005 *Hunjiangaspis lui* An，段吉业等，160，161 页，图版 30，图 13，14。

2005 *Proasaphiscus butes*，段吉业等，158，159 页，图版 53，图 8。

2012 *Proasaphiscus tatian*（Walcott），袁金良等，241，242 页，图版 119，图 1—7；图版 125，图 17—21；图版 136，图 19。

选模 头盖 USNM 58798a（Walcott，1913，pl. 21，fig. 1；Zhang and Jell，1987，pl. 58，fig. 1），山东张夏，寒武系第三统长清阶 *Inouyella peiensis-Peishania convexa* 带。

材料 3 块头盖和 1 块尾部标本。

描述 见袁金良等，2012，241 页。

比较 当前标本与选模标本（Zhang and Jell，1987，pl. 58，fig. 1）相比，除了头鞍沟较深外，其余特征相似，应为同种。

产地层位 内蒙古自治区乌海市岗德尔山东山口（NZ40），胡鲁斯台组 *Megagraulos inflatus* 带。

<h3 style="text-align:center">丘疹原附栉虫（新种）Proasaphiscus pustulosus Yuan et Zhu, sp. nov.</h3>

（图版 86，图 12，13）

词源 pustulosus，-a，-um，拉丁语，多丘疹的，指新种头盖上具密集的小疣。

正模 头盖 NIGP62985-689（图版 86，图 12），内蒙古自治区乌海市桌子山地区伊勒思图山西坡第二大沟，寒武系第三统徐庄阶 *Bailiella lantenoisi* 带。

材料 2 块头盖标本。

描述 头盖平缓突起，前缘向前呈弧形拱曲，近乎四方形（后侧翼除外），正模标本长 9.2 mm，两眼叶之间宽 9.3 mm；背沟深；头鞍突起，粗壮，切锥形，前端宽圆，约占头盖长的 3/5，具四对浅的侧头鞍沟：第一对（S1）和第二对（S2）内端分叉，前支短，近平伸，后支长，向后斜伸，第三对（S3）位于眼脊内端稍下方，近乎平伸，第四对（S4）位于眼脊内端，短，微向前伸，颈环突起，中部较宽，中后部有一小颈疣；固定颊较窄，平缓突起，两眼叶之间约为头鞍宽的 2/5；眼脊突起，自头鞍前侧角稍后微向后斜伸；眼叶中等长，位于头鞍相对位置的中后部，约有头鞍长的 1/2；眼沟浅；前边缘沟浅，前边缘宽，平缓突起，向两侧略变窄，鞍前区窄，其宽度（纵向）仅为前边缘中部宽的 1/4，眼前翼较宽，向边缘沟平缓倾斜；后侧翼窄（纵向），短（横向）；后边缘沟较深，后边缘窄，平缓突起，向外伸出距离仅为头鞍基部宽的 3/4；面线前支自眼叶前端向外分散向前伸，至边缘沟转向内，斜切前边缘于头盖的前侧缘，后支自眼叶后端向侧后方斜伸；壳面布满密集的小疣。

比较 就头盖和头鞍的形态来看，新种与町田氏原附栉虫（*Proasaphiscus machidai* Endo）较相似（Endo，1937，p. 352，pl. 59，fig. 15；pl. 60，figs. 22，23；袁金良等，2012，239 页，图版 119，图 8—13；图版 120，图 5，6；图版 122，图 15—20；图版 123，图 1—25；图版 124，图 5—9），但新种头鞍较短宽，鞍前区极窄，壳面有密集的小疣。产于山西洪洞县郭家节张夏组的 *Proasaphiscus huoshanensis* Zhang et Wang（张进林、王绍鑫，1985，416 页，图版 124，图 6）和 *Proasaphiscus hongtongensis* Zhang et Wang（张进林、王绍鑫，1985，417 页，图版 124，图 8）两种与新种最相似，但新种的头盖更宽，两眼叶之间的固定颊较宽，头鞍沟较深，颈环中部较宽，具颈疣，眼叶较长，面线前支自眼叶前端向外分散的角度较小，壳面的瘤点更大更密集。

产地层位 内蒙古自治区乌海市桌子山地区伊勒思图山西坡第二大沟（CD66），胡鲁斯台组 *Bailiella lantenoisi* 带。

桌子山原附栉虫(新种) *Proasaphiscus zhuozishanensis* Yuan et Zhu, sp. nov.

(图版 57，图 1—13)

词源 Zhuozishan，汉语拼音，桌子山，地名，指新种产地。

正模 头盖 NIGP62985-178（图版 57，图 1），内蒙古自治区阿不切亥沟，寒武系第三统徐庄阶 *Poriagraulos nanus* 带。

材料 7 块头盖，1 块活动颊，1 块唇瓣和 7 块尾部标本。

描述 头盖平缓突起，前缘向前微微拱曲，近乎四方形(后侧翼除外)，正模标本长 26.5 mm，两眼叶之间宽 26.0 mm；背沟窄而且清楚，两侧略作波状弯曲，在头鞍之前较宽，其间有一条与头鞍前缘平行的脊状突起；头鞍突起，切锥形，微微向前收缩，前端宽圆，约占头盖长的 2/3，中线位置有一低的中脊，具四对浅的侧头鞍沟：第一对(S1)位于头鞍横中线稍后方，由背沟微向后斜伸不久即分成三支，前支短，平伸或略向前斜伸，中间一支长，较深，强烈向后斜伸，末端几乎相连，后支向背沟方向弯曲，并与背沟相连，因此头鞍两侧形成一对卵圆形的侧叶，第二对(S2)位于头鞍横中线之前，内端分叉，前支短，微向前伸，后支长，向后斜伸，第三对(S3)位于眼脊内端稍下方，内端分叉，后支近乎平伸，前支微向前斜伸，第四对(S4)位于眼脊内端，短，微向前伸；颈环突起，中部较宽，中后部有一小颈疣；颈沟窄，浅；固定颊窄，平缓突起，两眼叶之间约为头鞍宽的 1/2；眼脊突起，自头鞍前侧角稍后微向后斜伸；眼叶中等偏短，位于头鞍相对位置的中部，约有头鞍长的 3/7；眼沟浅；前边缘沟窄而且浅，前边缘宽平，微微向前上方翘起，向两侧略变窄，鞍前区窄，其宽度(纵向)仅为前边缘中部宽的 1/2，眼前翼较宽，向边缘沟平缓倾斜，为鞍前区宽的 3—4 倍；后侧翼窄(纵向)，短(横向)；后边缘沟清楚，后边缘窄，平缓突起，向外伸出距离仅为头鞍基部宽的 4/5；面线前支自眼叶前端强烈向外分散向前伸，至边缘沟转向内，斜切前边缘于头盖的前侧缘，后支自眼叶后端向侧后方斜伸；同层所产活动颊上的面线历程与头盖上的一致，颊刺中等偏短，不足侧边缘长的 1/2，向后侧斜伸；侧边缘沟浅，侧边缘宽，平缓突起，颊区较侧边缘略宽，自前向后变宽；同层所产唇瓣长椭圆形，前缘略宽于后缘；中体长卵形，前叶突起，卵形，后叶新月形，中沟两侧深，强烈向后斜伸，中部极浅；前翼呈钝三角形；边缘沟浅，边缘窄，平缓突起；尾部大，最大尾部长 20.0 mm，宽 27.0 mm，半椭圆形；背沟清楚；尾轴长，突起，向后微微收缩变窄，后端圆润，分 7—8 节，但仅前 5 个轴环节较清楚；肋部平缓突起，比轴部略宽，有 5—6 对肋脊，肋脊平缓突起；肋沟清楚，向后侧弯曲，末端伸至窄的尾边缘，间肋沟模糊不清；无清楚的尾边缘沟；壳面光滑。

比较 就头盖和尾部的形态来看，新种与河南原附栉虫(*Proasaphiscus honanensis* Chang)较相似(张文堂，1959，205，227，228 页，图版 3，图 1—4；插图 24)，主要区别是头鞍较长而粗大，具四对较深的侧头鞍沟，其中后三对内端分叉，头鞍在中后部两侧有一对卵形的侧叶，中线位置有低的中脊，在头鞍之前的背沟内有一条横脊，尾部较大，分节较多。就头盖的一般形态特征来看，新种与山东省莱芜市钢城区颜庄镇徐庄期所产 *Proasaphiscus decelus* (Walcott)（Walcott, 1913, p. 212, pl. 21, fig. 8; Zhang and Jell, 1987, p. 144, pl. 58, fig. 11) 很相似，但新种的前边缘沟更加清晰，前边缘微微向上翘起，四对较深的侧头鞍沟，其中后三对内端分叉，头鞍在中后部两侧有一对卵形的侧叶，中线位置有低的中脊，在头鞍之前的背沟内有一条横脊。

产地层位 内蒙古自治区乌海市桌子山地区阿不切亥沟(CD104)，胡鲁斯台组 *Poriagraulos nanus* 带。

原附栉虫未定种 A *Proasaphiscus* sp. A

(图版 66，图 17；图版 71，图 18)

材料 1 块头盖和 1 块尾部标本。

描述 头盖平缓突起，近乎四方形，长约 8.0 mm，两眼叶之间宽约 8.3 mm，前缘微微向前弯曲；背沟在头鞍两侧较深，在头鞍之前较窄浅；头鞍突起，切锥形，微微向前收缩，前端宽圆，约占头盖长的 2/3，侧头鞍沟极浅；颈环突起，中部较宽，中后部有一小颈疣；颈沟浅，微向后弯曲；固定颊窄，平缓突起，两眼叶之间不足头鞍宽的 1/2；眼脊突起，自头鞍前侧角稍后微向后斜伸；眼叶中等，位于头鞍相对位置的中后部，约有头鞍长的 3/7；眼沟浅；前边缘沟浅，前边缘宽平，微微突起，向两侧略变窄，鞍前区极窄，其宽度(纵向)仅为前边缘中部宽的 1/3，眼前翼较宽，向边缘沟平缓倾斜，为鞍前区宽的 4 倍；后侧翼窄(纵向)，短(横向)；后边缘沟清楚，后边缘窄，平缓突起；面线前支自眼叶前端向外分散向前伸，至边缘沟转向内斜切前边缘于头盖的前侧缘，后支自眼叶后端向侧后方斜伸；尾部平缓突起，近乎半圆形；背沟深；尾轴突起，倒锥形，不足尾宽的 1/3，约占尾长的 2/3，分 5—6 节及一轴末节，轴环沟浅；肋部较宽，平缓突起，分 4—5 对肋脊，肋沟深，伸达尾边缘，间肋沟浅；尾边缘宽，微下凹，边缘沟不显。

比较　未定种 A 与辽宁火连寨徐庄期晚期所产 *Proasaphiscus angustilimbatus* (Resser et Endo) (Resser and Endo, 1937, p. 248, pl. 41, figs. 9—16；Zhang and Jell, 1987, p. 144, pl. 62, figs. 12—15；pl. 63, figs. 1—3)较相似，但前者头鞍沟不清楚，两眼叶之间的固定颊较窄，面线前支自眼叶前端向外分散的角度较小，尾边缘较宽，而且略下凹，肋沟明显向后弯曲。根据头盖形态，特别是两眼叶之间较宽的固定颊，*Proasaphiscus angustilimbatus* (Resser et Endo)一种已归于 *Iranochresterius* 属内(袁金良等，2012，2257页)。

产地层位　内蒙古自治区乌海市岗德尔山东山口(NZ28)，胡鲁斯台组 *Bailiella lantenoisi* 带。

原附栉虫未定种 B *Proasaphiscus* sp. B

(图版 73，图 18)

材料　1 块不完整的头盖标本。

描述　头盖平缓突起，近乎四方形(后侧翼除外)，前缘向前呈弧形弯曲，长约 12.0 mm；背沟较窄浅；头鞍宽大，突起，切锥形，微微向前收缩，前端宽圆，约占头盖长的 2/3，侧头鞍沟极浅；颈环突起，中部较宽；颈沟两侧较宽而清楚，中部较窄浅；固定颊窄，平缓突起，两眼叶之间约为头鞍宽的 1/2；眼脊和眼叶没有保存；前边缘沟宽浅，前边缘宽，微微向前上方翘起，向两侧略变窄，鞍前区中等宽，其宽度(纵向)仅为前边缘中部宽的 1/2，眼前翼较宽，向边缘沟平缓倾斜，为鞍前区宽的 2.5 倍；后侧翼窄(纵向)，短(横向)；后边缘沟清楚，后边缘窄，平缓突起；面线前支自眼叶前端向外分散向前伸，至边缘沟转向内，斜切前边缘于头盖的前侧缘，后支自眼叶后端向侧后方斜伸；壳面光滑。

比较　*Proasaphiscus* sp. B 与 *Proasaphiscus butes* (Walcott, 1905) (Walcott, 1913, p. 199, pl. 19, figs. 7, 7a-d；Zhang and Jell, 1987, p. 142—144, pl. 55, fig. 6；pl. 56, figs. 4—8；pl. 57, figs. 1—5, 8—12；pl. 58, fig. 2, non figs. 1, 3, 4)较相似，不同之处在于前边缘明显向前上方翘起，背沟较窄浅。

产地层位　陕西省陇县景福山地区牛心山(L18)，馒头组 *Poriagraulos nanus* 带。

中条山盾壳虫属 *Zhongtiaoshanaspis* Zhang et Yuan in Zhang *et al.*, 1980b

Zhongtiaoshanaspis Zhang et Yuan in Zhang *et al.*, 张文堂等，1980b，71, 92 页；Zhang and Yuan, 1981, p. 167；仇洪安等，1983，141 页；张进林、王绍鑫，1985，420 页；Zhang and Jell, 1987, p. 165；昝淑芹，1989，126 页；Zhang *et al.*, 1995, p. 57；卢衍豪、朱兆玲，2001，286 页；Jell and Adrain, 2003, p. 463；李泉，2006，33, 34 页；Yuan *et al.*, 2008, p. 90, 94, 102.

non *Zhongtiaoshanaspis* (*Parazhongtiaoshanaspis*) Qiu in Qiu *et al.*, 仇洪安等，1983，143 页；Jell and Adrain, 2003, p. 422；Yuan *et al.*, 2008, p. 90.

模式种　*Zhongtiaoshanaspis ruichengensis* Zhang et Yuan in Zhang *et al.*, 张文堂等，1980b，71 页，图版 4，图 14b；图版 7，图 11，山西省芮城县水峪中条山，寒武系第三统徐庄阶 *Asteromajia hsuchuangensis-Ruichengella triangularis* 带。

特征(修订)　原附栉虫类三叶虫，具有长大呈锥形的头鞍，两眼叶之间固定颊中等宽，眼脊突起，其上有一条中沟，眼脊与眼叶之间有一沟相隔，眼叶长，约为头鞍长的 2/3，眼沟宽深，鞍前区宽，平缓突起，前边缘中等宽，突起，中线位置有不发育的后缘棘，前边缘沟深，在中线位置变浅，胸部 13 节，肋节末端具向后弯曲的肋刺，由前向后肋刺变长，最后一个肋刺特别长，向后伸，尾部半椭圆形，尾轴宽长，分5—6节，肋部较窄，平缓突起，尾边缘窄而平，尾边缘沟浅；壳面光滑。

讨论　拟中条山盾壳虫(*Parazhongtiaoshanaspis* Qiu in Qiu *et al.*, 1983)近似宽锥形的头鞍以及前边缘、前边缘沟形态与小凯里虫(*Kailiella* Lu et Chien in Lu *et al.*, 1974)更加相似(Yuan *et al.*, 2008, p. 90, 91)。*Zhongtiaoshanaspis* Zhang et Yuan in Zhang *et al.*, 1980b 建立以来，已有12个种归于此属，他们是 *Zhongtiaoshanaspis ruichengensis* Zhang et Yuan in Zhang *et al.*, 1980b, *Z. minus* Zhang et Yuan in Zhang *et al.*, 1980b, *Z.? rara* Zhang et Yuan in Zhang *et al.*, 1980b, *Z. similis* Zhang et Yuan in Zhang *et al.*, 1981, *Z. huainanensis* Lin in Qiu *et al.*, 1983, *Z. elongata* Qiu in Qiu *et al.*, 1983, *Z. punctata* Qiu in Qiu *et al.*, 1983, *Z. weijiensis* Qiu in Qiu *et al.*, 1983, *Z. transversa* Qiu in Qiu *et al.*, 1983, *Z. magna* Zhang in Qiu *et al.*, 1983, *Z. yangchengensis* Zhang et Wang, 1985, *Z. yanzhuangensis* Zhang et Jell, 1987。其中 *Z. huainanensis* Lin in Qiu *et al.*, 1983, *Z. magna* Zhang in Qiu *et al.*, 1983 与 *Z. similis* Zhang et Yuan in Zhang *et al.*, 1981 区别很小，本书予以合并。就头盖和头鞍形态，面线历程，眼叶的大小和位置来看，中条山盾壳虫与小凯里虫(*Kailiella* Lu et Chien in Lu *et al.*, 1974b)(模式种 *Kailiella angusta* Lu et Chien；卢衍豪等，1974b，98页，图版38，图5；袁金良等，2002，195，196页，图版55，图6—8；图版56，图1—10；图版57，图9)很相似，两者的主要区别是中条山盾壳虫的头盖较横宽，眼叶较长，眼沟宽深，眼脊突起较高，自头鞍前侧角稍后向后斜伸，其上有一条中沟，眼前翼宽度大于鞍前区宽(纵向)，前边缘沟较宽深，面线前支自眼叶前端明显向外分散向前伸，尾部较长，尾轴宽长，分5—6节，后者的尾部很小，仅分1—2节。中条山盾壳虫与小陡坡寺虫的区别笔者已有详细讨论(袁金良等，2002，180页)，这里不再赘述。因此，*Zhongtiaoshanaspis transversa* Qiu in Qiu *et al.* (仇洪安等，1983，142，143页，图版48，图1，2)应归于小陡坡寺虫。此外，产于河南省登封县唐瑶王家沟的 *Kunmingaspis angustilimbata* Mong in Zhou *et al.* (周天梅等，1977，142页，图版44，图15)曾被置于 *Hsuchuangia* 属内(Zhang *et al.*, 1995, p. 39, pl. 12, figs. 7, 8)，其前边缘和前边缘沟的形态，长的眼叶，更接近中条山盾壳虫。产于俄罗斯西伯利亚寒武系第三统的 *Proasaphiscus sibiricus* Tchernysheva, 1950 (Чернышева，1950，стр. 33，табл. 2，фиг. 11—13；1961，стр. 214—218，табл. 26，фиг. 1—5)其眼脊与眼叶之间也有一条浅沟相隔，眼叶也较长，与中条山盾壳虫有些相似，但其前边缘和前边缘沟与中条山盾壳虫不同。

时代分布　寒武纪第三世早期(徐庄期)，华北(山西、山东、河南、安徽、宁夏)。

相似中条山盾壳虫 *Zhongtiaoshanaspis similis* Zhang et Yuan, 1981

(图版58，图1—3)

1981　*Zhongtiaoshanaspis similis* Zhang et Yuan, p. 167, pl. 1, figs. 3, 4.

1983　*Zhongtiaoshanaspis huainanensis* Lin in Qiu *et al.*, 仇洪安等，141页，图版46，图1，2。

1983　*Zhongtiaoshanaspis magna* Zhang in Qiu *et al.*, 仇洪安等，142页，图版45，图1。

2006　*Zhongtiaoshanaspis huainanensis*, 李泉，34页，图版10，图2—9；图版11，图1—14；图版12，图1—3。

正模　头盖 NIGP 62239 (Zhang and Yuan, 1981, pl. 1, fig. 4)，宁夏回族自治区贺兰山苏峪口至五道塘，寒武系第三统徐庄阶 *Asteromajia hsuchuangensis* 带。

材料　4块头盖标本。

比较　产于安徽省宿州市的 *Zhongtiaoshanaspis magna* Zhang in Qiu *et al.* (仇洪安等，1983，142页，图版45，图1)和产于安徽省淮南市八公山的 *Zhongtiaoshanaspis huainanensis* Lin in Qiu *et al.* (仇洪安等，1983，141页，图版46，图1，2)在头盖、头鞍的形态，颈沟及颈环形态，固定颊宽度及眼叶的大小和位置等方面与 *Zhongtiaoshanaspis similis* Zhang et Yuan 一种基本一致，本书予以合并。*Zhongtiaoshanaspis magna* 一种的鞍前区略窄(纵向)，*Zhongtiaoshanaspis huainanensis* 一种两眼叶之间的固定颊略窄，都可以看作种内的变异。

产地层位　内蒙古自治区阿拉善盟呼鲁斯太陶思沟(NH32)，胡鲁斯台组 *Zongtiaoshanaspis similis* 带。

芮城中条山盾壳虫 *Zhongtiaoshanaspis ruichengensis* Zhang et Yuan in Zhang *et al.*, 1980b

(图版58，图4—6)

1980b　*Zhongtiaoshanaspis ruichengensis* Zhang et Yuan in Zhang *et al.*，张文堂等，71页，图版4，图14b；图版7，图11。

1985　*Zhongtiaoshanaspis ruichengensis*，张进林、王绍鑫，420页，图版125，图17。

1985　*Zhongtiaoshanaspis yangchengensis* Zhang et Wang，张进林、王绍鑫，420，421页，图版125，图18。

正模　头盖 NIGP 51184（张文堂等，1980b，图版7，图11），山西省芮城县水峪中条山，寒武系第三统徐庄阶 *Asteromajia hsuchuangensis* 带。

材料　3块头盖标本。

比较　当前标本与模式标本相比，虽然头鞍前侧角向内收缩较明显，两眼叶之间的固定颊相对较宽，眼脊较长，但头盖和头鞍的形态，颈沟特征，前边缘沟形态，鞍前区和前边缘纵向宽的比例，以及面线历程等方面与模式标本都很相似，应归于同一种内。产于山西省阳城县松甲的 *Zhongtiaoshanaspis yangchengensis* Zhang et Wang（张进林、王绍鑫，1985，420，421页，图版125，图18）在头盖、头鞍的形态，眼脊形态，眼叶的大小和位置以及面线历程等方面与 *Zhongtiaoshanaspis ruichengensis* Zhang et Yuan 一种基本一致，本书予以合并。

产地层位　内蒙古自治区阿拉善盟呼鲁斯太陶思沟（NH32），胡鲁斯台组 *Zongtiaoshanaspis similis* 带。

伊朗虫属 *Iranoleesia* King, 1955

non *Irania* Filippi, 1863, p. 380.

non *Irania* Douvillé, 1904, p. 319.

Irania King, 1937, p. 12.

Iranoleesia King, 1955, p. 86；Harrington *et al.*，1959, p. 290；卢衍豪等，1963a，101页；Fortey and Rushton, 1976, p. 328, 329；Wittke, 1984, p. 103；Jell and Hughes, 1997, p. 80—82；Peng *et al.*, 1999, p. 34；2009, p. 85；Jell and Adrain, 2003, p. 388；Yuan *et al.*, 2008, p. 92, 100；袁金良等，2012，244，245，581页；袁金良、李越，2014，508页。

Proasaphiscina Lin et Wu in Zhang *et al.* 1980b，张文堂等，76，93页；Zhang and Yuan, 1981, p. 167；仇洪安等，1983，138，139页；张进林、王绍鑫，1985，427，428页；Zhang and Jell, 1987, p. 141；昝淑芹，1992，257页；Zhang *et al.*, 1995, p. 58；郭鸿俊等，1996，78页；卢衍豪、朱兆玲，2001，286页；Jell and Adrain, 2003, p. 430；段吉业等，2005，159页；Yuan *et al.*, 2008, p. 87；袁金良等，2012，245，247页。

Orthodosum Nan et Chang，南润善、常绍泉，1982b，34页；Jell and Adrain, 2003, p. 415；Yuan *et al.*, 2008, p. 84；袁金良等，2012，245页。

Jiangsuaspis Lin in Qiu *et al.*，仇洪安等，1983，149页；昝淑芹，1989，105页；郭鸿俊等，1996，82页；Jell and Adrain, 2003, p. 390；Yuan *et al.*, 2008, p. 81, 92, 105；Yuan and Li, 2008, p. 112, 120, 134；袁金良等，2012，245页。

Hanshania Zhang et Wang，张进林、王绍鑫，1985，440页；王绍鑫、张进林，1994b，234，235页；Jell and Adrain, 2003, p. 382；Yuan *et al.*, 2008, p. 80；袁金良等，2012，245页。

Iranoleesia (*Proasaphiscina*) Lin et Wu，袁金良等，2012，247页；袁金良、李越，2014，508页。

模式种　*Irania pisiformis* King, 1937, p. 12, 13, pl. 2, figs. 6a—c；Wittke, 1984, p. 104, 105, pl. 1, figs. 1—11；text-fig. 2，伊朗（north-west of Shiraz, Iran），寒武系第三统。

特征和讨论　见袁金良等，2012，244，245，581页。

时代分布　寒武纪第三世早中期，中国（华北）和南亚（伊朗、印度）。

伊朗虫亚属 *Iranoleesia* (*Iranoleesia*) King, 1955

窄边伊朗虫（新种）*Iranoleesia* (*Iranoleesia*) *angustata* Yuan et Zhang, sp. nov.

(图版58，图8—15)

词源　angust，angusti-，拉丁语，狭窄，指新种头盖具窄的前边缘。

正模 头盖 NIGP62985-197（图版 58，图 8），内蒙古自治区乌海市北部千里山，中寒武统徐庄阶 *Sunaspis laevis-Sunaspidella rara* 带下部。

材料 6 块头盖，1 块头胸部和 1 块尾部标本。

描述 头盖次方形，平缓突起，正模标本长 5.3 mm，两眼叶之间宽 5.6 mm；背沟深；头鞍较长，约占头盖长的 2/3 或略长，中等突起，微向前收缩，宽截锥形，前端宽圆，中线位置具低的中脊，具 4 对清楚的侧头鞍沟，其中第一对（S1）内端分叉，前支平伸，后支较长，向侧后方呈弧形斜伸，两者在中线位置几乎相连，S2 位于头鞍横中线之前，微向后斜伸，S3 位于眼脊内端下方，微向前伸，S4 位于眼脊内端，短而微向前斜伸；颈环平缓突起，中部较宽，中后部具小颈瘤；颈沟较深；鞍前区窄，前边缘较窄，突起或向前上方翘起；前边缘沟宽深，微向前弯曲；固定颊较窄，在两眼叶之间略大于头鞍宽的 1/2；眼叶中等偏长，约有头鞍长的 3/5，位于头鞍相对位置的中后部；眼脊突起，自头鞍前侧角之后向后斜伸；后侧翼窄（纵向），短（横向），后边缘窄，平缓突起，向外伸出距离约为头鞍基部宽的 4/5，后边缘沟宽深；面线前支自眼叶前端微向外向前伸，面线后支自眼叶后端向后侧斜伸；尾部半椭圆形，尾轴较长，倒锥形，突起较高，分 5—6 节，肋部平缓突起，有 4—5 对肋脊，肋沟深，间肋沟清楚，尾边缘窄，尾边缘沟不明显。

比较 新种与模式种 *Iranoleesia pisiformis* (King) (Fortey and Rushton, 1976, p. 329, 330, pl. 9, figs. 6, 8, 10, 12; Wittke, 1984, p. 104, 105, pl. 1, figs. 1—11; text-fig. 2) 的主要区别是前边缘窄，向前上方翘起，4 对头鞍沟较深，眼叶较长，尾部呈半椭圆形，尾轴较长，倒锥形，突起较高，肋沟与间肋沟较清楚。此种与方形小原附栉虫 *Iranoleesia* (*Proasaphiscina*) *quadrata* Lin et Wu in Zhang et al., 1980b 相比，头鞍均匀向前收缩，头鞍沟较深，鞍前区较窄而低平，前边缘沟较宽而深，不同的是新种头盖前缘向前的拱曲度小，头鞍向前收缩较快，前边缘较窄（纵向），两眼叶之间的固定颊较宽。此种与山西省繁峙县汉山徐庄期所产 *Iranoleesia* (*Proasaphiscina*) *angusta* (Zhang et Wang) (张进林、王绍鑫，1985，441 页，图版 129，图 14—16；王绍鑫、张进林，1994b，235 页，图版 12，图 9，10) 也有些相似，但后者头鞍相对较长，头鞍沟较浅，颈沟和背沟较浅，前边缘较宽而突起较低。

产地层位 内蒙古自治区乌海市北部千里山（Q35-XII-H17）、岗德尔山东山口（76-302-F30）和阿拉善盟呼鲁斯太陶思沟（NH43，NH44），胡鲁斯台组 *Sunaspis laevis-Sunaspidella rara* 带下部。

千里山伊朗虫（新种）*Iranoleesia* (*Iranoleesia*) *qianlishanensis* Yuan et Zhang, sp. nov.

（图版 71，图 15—17）

词源 Qianlishan，汉语拼音，乌海市北部千里山，指新种产地。

正模 头盖 NIGP62985-434（图版 71，图 17），内蒙古自治区乌海市北部千里山，寒武系第三统徐庄阶 *Sunaspis laevis-Sunaspidella rara* 带下部。

材料 2 块头盖和 1 块唇瓣标本。

描述 头盖横宽，平缓突起，近乎四方形（后侧翼除外），正模标本长 12.0 mm，两眼叶之间宽 15.0 mm；背沟较宽深，在头鞍之前较窄浅；头鞍宽大，中等突起，截锥形至次柱形，前端平圆，约占头盖长的 2/3，具 4 对较清楚的侧头鞍沟，其中第一对（S1）内端分叉，前支平伸，后支较长，向侧后方斜伸几乎与颈沟相连，S2 位于头鞍横中线之前，微向后斜伸，S3 位于眼脊内端下方，平伸，不与背沟相连，S4 位于眼脊内端，窄短，微向前伸；颈环突起，中部较宽；颈沟中部窄，两侧较宽深，微向前弯曲；鞍前区比前边缘略宽，平缓突起，向前边缘沟下倾，眼前翼更宽（纵向），约为鞍前区的 2 倍，前边缘窄，平缓突起或微向前上方翘起；前边缘沟宽深，微向前弯曲；固定颊较宽，两眼叶之间约为头鞍宽的 2/3；眼叶中等偏短，约有头鞍长的 2/5，弯曲呈弓形，位于头鞍相对位置的中后部；眼脊突起，自头鞍前侧角稍后向后斜伸，其上有一浅的中沟；后侧翼窄（纵向），次三角形，后边缘沟较宽深，后边缘窄，平缓突起，向外伸出距离约为头鞍基部宽的 3/4；面线前支自眼叶前端强烈向外向前伸，至边缘沟转向内，斜切前边缘于头盖前侧缘，后支自眼叶后端向后侧斜伸；同层所产唇瓣近乎长方形，中体长卵形，前叶梨形，后叶新月形，中沟较宽深，强烈向后斜伸；前后边缘沟窄浅，侧边缘沟窄深，边缘窄，突起，前翼呈钝三角形；

固定颊和鞍前区上布满了放射状脊线。

比较　新种与模式种 *Iranoleesia pisiformis* (King) (Fortey and Rushton, 1976, p. 329, 330, pl. 9, figs. 6, 8, 10, 12; Wittke, 1984, p. 104, 105, pl. 1, figs. 1—11; text-fig. 2)的主要区别是头鞍较长, 头鞍沟较深, 鞍前区较宽(纵向), 前边缘较窄, 前边缘沟较深, 眼叶较短, 后侧翼较宽(纵向), 此外, 同层所产的唇瓣形态与模式种唇瓣区别较大, 唇瓣两侧几乎平行。新种与本书所描述的另一新种 *Iranoleesia* (*Iranoleesia*) *angustata* Yuan et Zhang, sp. nov.的不同之处在于鞍前区和前边缘都较宽(纵向), 两眼叶之间的固定颊略宽, 眼叶较短, 后侧翼较宽(纵向), 前边缘不向前上方翘起。就具有较宽的鞍前区来看, 新种与山西芮城水峪中条山所产 *Yujinia angustilimbata* Zhang et Yuan in Zhang *et al*. (张文堂等, 1980b, 73 页, 图版 8, 图 3, 4)也有些相似, 但后者的背沟, 头鞍沟, 前边缘沟都很浅, 前边缘较宽, 两眼叶之间的固定颊较窄, 眼叶位置靠后, 面线前支自眼叶前端向外分散的角度较大。

产地层位　内蒙古自治区乌海市北部千里山(Q35-XII-H18, H19, H21), 胡鲁斯台组 *Sunaspis laevis-Sunaspidella rara* 带下部。

小原附栉虫亚属 *Iranoleesia* (*Proasaphiscina*) Lin et Wu in Zhang *et al*., 1980b

Proasaphiscina Lin et Wu in Zhang *et al*., 张文堂等, 1980b, 76, 93 页; Zhang and Yuan, 1981, p. 167; 仇洪安等, 1983, 138, 139 页; 张进林、王绍鑫, 1985, 427, 428 页; Zhang and Jell, 1987, p. 141; 昝淑芹, 1992, 257 页; Zhang *et al*., 1995, p. 58; 郭鸿俊等, 1996, 78 页; 卢衍豪、朱兆玲, 2001, 286 页; Jell and Adrain, 2003, p. 430; 段吉业等, 2005, 159 页; Yuan *et al*., 2008, p. 87; 袁金良等, 2012, 245, 247 页。

Iranoleesia (*Proasaphiscina*) Lin et Wu, 袁金良等, 2012, 247 页; 袁金良、李越, 2014, 508 页。

模式种　*Proasaphiscina quadrata* Lin et Wu in Zhang *et al*., 张文堂等, 1980b, 76, 77 页, 图版 9, 图 1—3, 山西省芮城县水峪中条山, 寒武系第三统徐庄阶 *Sunaspis laevis-Sunaspidella rara* 带下部。

特征和讨论　见袁金良等, 2012, 247, 582 页。

时代分布　寒武纪第三世早期(徐庄期), 华北。

方形小原附栉虫 *Iranoleesia* (*Proasaphiscina*) *quadrata* Lin et Wu in Zhang *et al*., 1980b

(图版 58, 图 7)

1980b　*Proasaphiscina quadrata* Lin et Wu in Zhang *et al*., 张文堂等, 76, 77, 93 页, 图版 9, 图 1—3。

1985　*Proasaphiscina quadrata*, 张进林、王绍鑫, 428 页, 图版 127, 图 1, 2。

non 2005　*Proasaphiscina quadrata*, 段吉业等, 159 页, 图版 29, 图 1—3。

2012　*Iranoleesia* (*Proasaphiscina*) *quadrata*, 袁金良等, 247 页, 图版 127, 图 3。

2014　*Iranoleesia* (*Proasaphiscina*) *quadrata*, 袁金良、李越, 508 页, 图版 4, 图 7—10。

正模　头盖 NIGP51201 (张文堂等, 1980b, 图版 9, 图 1), 山西芮城县水峪中条山, 寒武系第三统徐庄阶 *Sunaspis laevis-Sunaspidella rara* 带下部。

材料　1 块头盖标本。

产地层位　山西省芮城县水峪中条山, 馒头组 *Sunaspis laevis-Sunaspidella rara* 带下部。

小刺小原附栉虫(新种) *Iranoleesia* (*Proasaphiscina*) *microspina* Yuan et Zhang, sp. nov.

(图版 58, 图 20; 图版 59, 图 1—16; 图版 61, 图 1—4, 16)

词源　micr-, micro-, 希腊语, 小, 微, spin-, 拉丁语, 针, 刺, 指新种尾部两侧有一对小刺。

正模　头盖 NIGP62985-210 (图版 59, 图 1), 内蒙古自治区乌海市岗德尔山东山口, 中寒武统徐庄阶 *Metagraulos dolon* 带。

材料　12 块头盖, 2 块胸尾部, 2 块活动颊和 6 块尾部标本。

描述　头盖突起, 近乎四方形, 前缘向前微微拱曲, 正模标本长 10.5 mm, 两眼叶之间宽 12.5 mm; 背沟深; 头鞍宽大, 强烈突起, 截锥形, 向前均匀收缩, 前端宽圆, 约占头盖长的 5/8 或略长(不包括颈环), 具 4 对浅但清楚的侧头鞍沟, 其中第一对(S1)内端明显分叉, 前支微向前斜伸, 后支向侧后方强烈斜伸，S2 位于头鞍横中线之前，略短，内端微分叉，后支向后斜伸，S3 位于眼脊内端下方，近乎平伸或微向前斜伸，S4 位于眼脊内端，短而微向前斜伸；颈环突起，半椭圆形，中部较宽，中后部有一小颈疣；颈沟较深；鞍前区窄，平缓突起，比前边缘中部略窄，前边缘较宽而圆凸，向两侧均匀收缩变窄，眼前翼较前边缘宽（纵向），较鞍前区更宽；前边缘沟较宽而深，微向前弯曲；两眼叶之间固定颊较窄，平缓突起，近眼叶处突起最高，在两眼叶之间约有头鞍宽的 4/7；眼叶中等偏短，位于头鞍相对位置的中后部，约有头鞍长的 3/7；眼脊平缓突起，自头鞍前侧角稍向后斜伸；后侧翼窄（纵向），短（横向），次三角形，后边缘沟宽深，后边缘窄，平缓突起，向外伸出距离仅为头鞍基部宽的 2/3；面线前支自眼叶前端近乎平行向前伸，至边缘沟转向内，斜切前边缘于头盖的前侧缘，面线后支自眼叶后端向后侧斜伸；活动颊宽，颊刺中等长，平缓突起，侧边缘较宽，突起，侧边缘沟清楚，颊区宽，向边缘沟下倾，是侧边缘宽的 3—4 倍（横向），其上有多条放射状的脊线，后侧沟宽深，向后变窄浅，但不伸向颊刺；一个不完整背壳保存有 9 个胸节，中轴突起，徐徐向后收缩变窄，肋沟和轴环节沟深；肋部比轴部略窄，平缓突起，肋节末端向侧后方伸出短的肋刺；尾部中等偏小，菱形，长与宽之比为 1：2，两侧端向侧后方伸出小侧刺；尾轴较宽而长，倒锥形，约占尾长的 9/10，分 4—5 节及一半圆形轴末节；肋部平缓突起，较轴部略窄，有 3—4 对肋脊，3—4 对肋沟宽深，间肋沟浅或模糊不清；尾边缘窄而平，尾边缘沟不清；壳面光滑。

比较 新种与模式种 *Iranoleesia* (*Proasaphiscina*) *quadrata* Lin et Wu in Zhang et al. （张文堂等，1980b，76，77 页，图版 9，图 1—3)的主要区别是头盖和头鞍较宽长，头鞍向前收缩较明显，四对头鞍沟较深，鞍前区较窄（纵向），眼叶较短，后侧翼纵向较宽，尾部较长（纵向），分节较多，壳面光滑。新种尾部两侧端向侧后方伸出小侧刺与 *Iranoleesia* (*Iranoleesia*) *pisiformis spinosa* Wittke (Wittke, 1984, p. 105, 106, pl. 1, figs. 14, 16, 17)很相似，但后者尾部较横宽，分节较多。新种与江苏省铜山县罗岗所产 *Iranoleesia* (*Iranoleesia*) *chinensis* (Lin in Qiu et al.) （仇洪安等，1983，149 页，图版 43，图 10，11)的主要区别是头鞍较宽大，鞍前区较窄，两眼叶之间的固定颊较窄，眼叶较长，尾部较窄长，尾轴较宽长，尾边缘较窄，壳面光滑。

产地层位 内蒙古自治区乌海市岗德尔山东山口(NZ19，NZ20，NZ23)，胡鲁斯台组 *Metagraulos dolon* 带；内蒙古自治区乌海市桌子山地区阿不切亥沟(CD104)，胡鲁斯台组 *Poriagraulos nanus* 带。

丘疹小原附栉虫（新种）*Iranoleesia* (*Proasaphiscina*) *pustulosa* Yuan et Zhang, sp. nov.

（图版 58，图 18，19)

词源 pustulosa, -us, -um 拉丁语，多丘疹的，指新种头盖具密集的丘疹。

正模 头盖 NIGP62985-208（图版 58，图 19)，内蒙古自治区乌海市岗德尔山东山口，中寒武统徐庄阶 *Metagraulos dolon* 带。

材料 2 块头盖标本。

描述 头盖次方形，平缓突起，正模标本长 7.8 mm，两眼叶之间宽 8.4 mm；背沟深；头鞍较长，次柱形，约占头盖长的 2/3，中等突起，微微向前收缩，前端平圆，具 4 对浅的侧头鞍沟，其中第一对(S1)内端分叉，前支平伸，后支较长，向侧后方呈弧形斜伸，两者在中线位置几乎相连，S2 位于头鞍横中线，微向后斜伸，S3 位于眼脊内端下方，S4 极短，位于眼脊内端，微向前斜伸；颈环平缓突起，中部较宽，中后部具小颈瘤；颈沟两侧较宽深，中部窄浅；鞍前区极窄，前边缘较宽，突起；前边缘沟窄浅，微向前弯曲；固定颊较窄，在两眼叶之间略大于头鞍宽的 1/2；眼叶长，后端伸达颈沟水平位置，约有头鞍长的 2/3，位于头鞍相对位置的中后部；眼脊短，突起，自头鞍前侧角之后向后斜伸；后侧翼窄（纵向），短（横向），后边缘窄，平缓突起，向外伸出距离约为头鞍基部宽的 6/7，后边缘沟宽深；面线前支自眼叶前端微向外前伸，面线后支自眼叶后端向后侧斜伸；壳面具密集的丘疹。

比较 新种与模式种 *Iranoleesia* (*Proasaphiscina*) *quadrata* Lin et Wu in Zhang et al.（张文堂等，1980b，76，77 页，图版 9，图 1—3)的主要区别是头鞍较长，微微向前收缩，鞍前区极窄而且略下凹，两眼叶之间的固定颊较宽。新种头盖和头鞍形态与产于同层本文描述的另一新种 *Iranoleesia* (*Proasaphiscina*) *microspina* Yuan et Zhang, sp. nov.也有些相似，如鞍前区窄，头鞍微微向前收缩，不同之处在于新种的头鞍较窄长，两眼叶之间的固定颊较宽，眼叶较长，后端几乎伸达颈沟的水平位置，而且壳面具密集的丘疹。

产地层位　内蒙古自治区乌海市岗德尔山东山口（NZ23）和宁夏回族自治区贺兰山苏峪口至五道塘（NH8），胡鲁斯台组 *Metagraulos dolon* 带。

小原附栉虫未定种 A *Iranoleesia*（*Proasaphiscina*）sp. A
（图版61，图13）

材料　1块头盖标本。

描述　头盖平缓突起，近乎四方形（后侧翼除外），长 12.0 mm，两眼叶之间宽 11.0 mm；背沟较宽深；头鞍长，中等突起，次柱形，前端平圆，约占头盖长的 2/3，具 3—4 对较浅的侧头鞍沟；颈环突起，中部较宽；颈沟较宽深；鞍前区比前边缘宽，平缓突起，向前边缘沟下倾，眼前翼更宽（纵向），约为鞍前区的 1.7 倍，前边缘窄，平缓突起；前边缘沟两侧较宽深，微向前弯曲，中部窄浅；固定颊较宽，两眼叶之间约为头鞍宽的 3/5；眼叶中等偏长，约有头鞍长的 3/5，弯曲呈弓形，位于头鞍相对位置的中后部，眼沟清楚；眼脊突起，自头鞍前侧角稍后向后斜伸；后侧翼窄（纵向），后边缘沟较宽深；面线前支自眼叶前端微向外向前伸，至边缘沟转向内，斜切前边缘于头盖前侧缘，后支自眼叶后端向后侧斜伸。

比较　未定种 A 与同层所产的 *Iranoleesia*（*Proasaphiscina*）*microspina* Yuan et Zhang, sp. nov.的主要不同之处在于鞍前区较宽，头鞍较窄长，头鞍沟较浅，两眼叶之间的固定颊较宽。

产地层位　宁夏回族自治区贺兰山苏峪口至五道塘（NH17），胡鲁斯台组 *Metagraulos dolon* 带。

小原附栉虫未定种 B *Iranoleesia*（*Proasaphiscina*）sp. B
（图版72，图12）

材料　1块头盖标本。

描述　头盖平缓突起，近乎四方形（后侧翼除外），长 8.0 mm，两眼叶之间宽 7.7 mm；背沟窄，在头鞍之前很浅；头鞍宽大，中等突起，截锥形，前端宽圆，约占头盖长的 2/3，具 4 对极浅的侧头鞍沟，其中第一对（S1）内端分叉，前支微向前伸，后支较长，向侧后方斜伸，S2 位于头鞍横中线之前，微向后斜伸，S3 位于眼脊内端下方，微向前伸，S4 位于眼脊内端，窄短，微向前伸；颈环突起，中部较宽；颈沟较深，中部窄，两侧较宽，微向前弯曲；鞍前区极窄或缺失，眼前翼宽（纵向），前边缘宽，突起；前边缘沟宽深，微向前弯曲；两眼叶之间固定颊较窄，不足头鞍宽的 1/2；眼叶中等偏长，约有头鞍长的 3/5，弯曲呈弓形，位于头鞍相对位置的中后部；眼脊突起，自头鞍前侧角稍后向后斜伸；后侧翼极窄（纵向），后边缘沟较宽深，后边缘窄，平缓突起，向外伸出距离约为头鞍基部宽的 3/4；面线前支自眼叶前端向外向前伸，至边缘沟转向内，斜切前边缘于头盖前侧缘，后支自眼叶后端向后侧斜伸；壳面光滑。

比较　就头盖和头鞍形态来看，未定种 B 与本书描述的 *Iranoleesia*（*Proasaphiscina*）*microspina* Yuan et Zhang, sp. nov.有些相似，但侧头鞍沟很浅，两眼叶之间的固定颊窄，鞍前区几乎缺失。

产地层位　内蒙古自治区乌海市岗德尔山成吉思汗塑像公路旁（GDME1-3），胡鲁斯台组 *Metagraulos dolon* 带。

小原附栉虫未定种 C *Iranoleesia*（*Proasaphiscina*）sp. C
（图版73，图14—16）

材料　2块头盖和1块尾部标本。

描述　头盖平缓突起，近乎四方形（后侧翼除外），最大标本长 8.0 mm，两眼叶之间宽 8.7 mm；背沟窄深，在头鞍之前窄浅；头鞍宽大，中等突起，截锥形，前端宽圆，约占头盖长的 2/3，侧头鞍沟极浅或模糊不清；颈环突起，宽度均匀；颈沟较浅，微向后弯曲；鞍前区中等宽，眼前翼比鞍前区略宽（纵向），前边缘窄至中等宽，突起；前边缘沟宽深，微向前弯曲；两眼叶之间固定颊较宽，略大于头鞍宽的 1/2；眼叶中等偏长，约有头鞍长的 3/5，弯曲呈弓形，后端几乎伸达颈沟的水平位置，位于头鞍相对位置的中后部；眼脊突起，自头鞍前侧角稍后微向后斜伸；后侧翼极窄（纵向），后边缘沟较宽深，后边缘窄，平缓突起，向外伸出距离约为头鞍基部宽的4/5；面线前支自眼叶前端向外向前伸，至边缘沟转向内，斜切前边缘于头盖前侧缘，后支自眼叶后端向后侧斜伸；可能属于这个未定种的尾部半椭圆形，平缓突起；尾轴突起，倒锥形，分5—6节，轴环节沟浅，肋部平缓突起，有4对肋脊，4对肋沟宽浅；尾边缘较宽而平坦，无清楚的尾边缘沟；壳面光滑。

比较　就头盖和头鞍形态来看，未定种 C 与本书描述的 *Iranoleesia*（*Proasaphiscina*）*microspina* sp. A 有些相似，但前边缘沟较深，两眼叶之间的固定颊较宽，颈环宽度均匀，尾部有宽而且平坦的尾边缘。

产地层位　内蒙古自治区乌海市岗德尔山东山口（NZ23）和桌子山地区阿亥太沟（Q5-H209），宁夏回族自治区同心县青龙山（NC86），胡鲁斯台组 *Metagraulos dolon* 带。

迈克盾壳虫属 *Michaspis* Egorova et Savitzky，1968

Michaspis Egorova et Savitzky，Егорова и Савицкий，1968，стр. 68；1969，стр. 257；Jell and Hughes，1997，p. 82；Jell and Adrain，2003，p. 406；袁金良等，2012，245 页。

模式种　*Michaspis librata* Egorova et Savitzky，Егорова и Савицкий，1968，стр. 68，табл. 10，фиг. 1，2；1969，стр. 258，259，табл. 57，фиг. 1—7；табл. 58，фиг. 1—5，俄罗斯西伯利亚北部，Mayan 阶 *Urjungaspis* 带至 *Proasaphiscus privus* 带。

特征　背壳长卵形，头部略大于尾部；头盖近乎四方形，前缘近乎平直；背沟窄而清楚；头鞍宽截锥形至长方形，具 4 对较清楚的侧头鞍沟；颈环窄，平缓突起，宽度较均匀；鞍前区极窄，微微向前倾斜，眼前翼宽；前边缘中等宽，平凸，前边缘沟清楚，较平直；两眼叶之间的固定颊窄，眼叶短至中等长，位于头鞍相对位置的中后部，眼脊短，自头鞍前侧稍后微向后斜伸；后侧翼窄（纵向）而短（横向）；面线前支自眼叶前端向外向前伸，后支自眼叶后端向侧后方斜伸；胸部 12 节，肋节末端有短而且向后弯曲的肋刺；尾部大，次椭圆形，后缘圆润，尾轴短，倒锥形，分 4—5 节，轴环节沟浅；肋部平缓突起，3—4 对肋沟清楚，外端向后弯曲伸向尾边缘，间肋沟模糊不清；尾边缘较宽而平或微下凹，尾边缘沟不清；壳面光滑。

讨论　就头盖和头鞍形态来看，*Michaspis* Egorova et Savitzky，1968 与 *Iranoleesia* King，1955[模式种 *Iranoleesia pisiformis*（King）；Fortey and Rushton，1976，p. 329，330，pl. 9，figs. 6，8，10，12；Wittke，1984，p. 104，105，pl. 1，figs. 1—11；text-fig. 2] 很相似，两者的主要区别是 *Michaspis* 的头鞍沟较深，其中 S3 呈圆坑状，与背沟不连，头鞍无中脊，尾部次椭圆形，尾轴较短，倒锥形，分 4—5 节，轴环节沟浅；肋部平缓突起，3—4 对肋沟清楚，外端向后弯曲伸向尾边缘，尾边缘较宽而平或微下凹。就尾部形态来看，*Michaspis* 与 *Proasaphiscus* Resser et Endo in Kobayashi（模式种 *Proasaphiscus yabei* Resser et Endo in Kobayashi，1935，p. 287，pl. 24，fig. 16；Resser and Endo，1937，p. 257，pl. 41，figs. 17—21；Zhang and Jell，1987，p. 142，pl. 55，figs. 3—5；pl. 56，figs. 1—3）很相似，两者的主要区别是 *Michaspis* 的头鞍沟较深，其中 S3 呈圆坑状，与背沟不连，鞍前区极窄，略下凹，胸部 12 节，尾轴的后缘无短的轴后脊。

时代分布　寒武纪第三世早中期（徐庄期至长清期早期），俄罗斯（西伯利亚）和中国（华北）。

陶思沟迈克盾壳虫 *Michaspis taosigouensis*（Zhang et Yuan，1981）
（图版 16，图 15；图版 61，图 5—7）

1981　*Proasaphiscina taosigouensis* Zhang et Yuan，p. 167，168，pl. 3，figs. 8，9.

正模　头盖 NIGP 62268（Zhang and Yuan，1981，pl. 3，fig. 8），内蒙古自治区阿拉善盟呼鲁斯太陶思沟，寒武系第三统徐庄阶 *Bailiella lantenoisi* 带。

材料　1 块头盖，2 块活动颊和 1 块尾部标本。

比较　此种的头鞍呈宽截锥形，具四对较浅的侧头鞍沟，其中 S3 呈圆坑状，与背沟不连，鞍前区极窄，前边缘圆凸，前边缘沟较深，与模式种 *Michaspis librata* Egorova et Savitzky（Егорова и Савицкий，1968，стр. 69，табл. 10，фиг. 1，2；1969，стр. 258，259，табл. 57，фиг. 1—7；табл. 58，фиг. 1—5）很相

似，主要区别是头盖较窄长，头鞍较长，第一对头鞍沟较短，两眼叶之间固定颊相对较宽（横向），前边缘较宽，突起较高，颈环中部明显较宽，尾部呈长椭圆形，尾轴较窄长。

产地层位 内蒙古自治区阿拉善盟呼鲁斯太陶思沟（NH55，NH56），胡鲁斯台组 *Bailiella lantenoisi* 带。

小山西虫属 *Shanxiella* Lin et Wu in Zhang *et al.*，1980b

Shanxiella Lin et Wu in Zhang *et al.*，张文堂等，1980b，77，93 页；仇洪安等，1983，139，140 页；张进林、王绍鑫，1985，428 页；Zhang *et al.*，1995，p. 58；Jell and Adrain，2003，p. 444；Yuan *et al.*，2008，p. 88，94，101；罗惠麟等，2009，133 页；袁金良、李越，2014，509 页。

Jiwangshania Zhang et Wang，张进林、王绍鑫，1985，449 页；Jell and Adrain，2003，p. 390；Yuan *et al.*，2008，p. 82.

Shanxiella（*Jiwangshania*）Zhang et Wang，Yuan *et al.*，2008，p. 94，101；袁金良、李越，2014，510 页。

模式种 *Shanxiella venusta* Lin et Wu in Zhang *et al.*，张文堂等，1980b，78 页，图版9，图 7，山西省芮城县水峪中条山，寒武系第三统徐庄阶 *Sunaspis laevis-Sunaspidella rara* 带中部。

特征（修订） 原附栉虫类三叶虫；头盖长，前缘呈圆弧形弯曲；背沟窄而清楚；头鞍截锥形至长方形，具 4 对浅的侧头鞍沟；颈环平缓突起，中部略宽，具小颈疣；鞍前区宽，微微向前倾斜，前边缘宽而平，或略向前上方翘起，前边缘沟清楚，向前呈圆弧形弯曲；两眼叶之间的固定颊窄至中等宽，眼叶中等长至长，位于头鞍相对位置的中后部，眼脊短，自头鞍前侧稍后微向后斜伸；后侧翼窄（纵向）而短（横向）；面线前支自眼叶前端向外向前伸，后支自眼叶后端向侧后方斜伸；尾部大，半椭圆形，后缘中线位置圆润或微向前凹，尾轴倒锥形，分 5—6 节，轴环节沟浅；肋部平缓突起，4—5 对肋沟清楚，外端向后弯曲伸向尾边缘，间肋沟模糊不清；尾边缘较宽而平，尾边缘沟不清；壳面光滑。

讨论 就头盖形态来看，小山西虫与稷王山虫（模式种 *Jiwangshania rotundolimbata* Zhang et Wang，张进林、王绍鑫，1985，449 页，图版 132，图 2—4）很相似，主要区别是后者的头鞍向前收缩不明显，几乎成柱形，前边缘的后缘具有与边缘平行的脊状突起，两眼叶之间的固定颊较宽，面线前支自眼叶前端向外分散的角度较大。但是两者的尾部区别较大，归于稷王山虫模式种的尾部（张进林、王绍鑫，1985，图版 132，图 3）具有细长的尾轴，而且分节较多（可能有 10 节），肋部宽，肋沟向外侧直伸至尾边缘，无宽的尾边缘，这种尾部与 *Sunaspis* Lu in Lu et Dong，1952 或 *Lüliangshanaspis* Zhang et Wang，1985 的尾部较相似，稷王山虫曾被置于济南虫科内（张进林、王绍鑫，1985），笔者认为归于稷王山虫模式种的尾部很可能是 *Leiaspis* Wu et Lin in Zhang *et al.*，1980b 一属的尾部，但是还需以后进一步做工作加以证实。

时代分布 寒武纪第三世早期（徐庄期），华北。

小山西虫亚属 *Shanxiella*（*Shanxiella*）Lin et Wu in Zhang *et al.*，1980b

风雅小山西虫 *Shanxiella*（*Shanxiella*）*venusta* Lin et Wu in Zhang *et al.*，1980b
（图版 60，图 1—5；图版 61，图 10—12）

1980b　*Shanxiella venusta* Lin et Wu in Zhang *et al.*，张文堂等，78 页，图版 9，图 7。

1983　*Shanxiella huainanensis* Qiu in Qiu *et al.*，仇洪安等，140 页，图版 45，图 7—9。

1985　*Shanxiella venusta*，张进林、王绍鑫，428，429 页，图版 127，图 8。

1995　*Shanxiella venusta*，Zhang *et al.*，p. 58，59，pl. 19，fig. 2；pl. 24，figs. 2—4.

正模 头盖 NIGP 51207（张文堂等，1980b，图版 9，图 7），山西省芮城县水峪中条山，寒武系第三统徐庄阶 *Sunaspis laevis-Sunaspidella rara* 带中部。

材料 5 块头盖和 1 块尾部标本。

比较 当前标本与山西省芮城县水峪中条山所产模式标本相比，两眼叶之间的固定颊略宽，前边缘宽度（纵向）显然要略宽于鞍前区宽，这些差异可看作种内变异。产于安徽省淮南市洞山徐庄阶的 *Shanxiella huainanensis* Qiu in Qiu *et al.*（仇洪安等，1983，140 页，图版 45，图 7—9）与 *Shanxiella venusta* Lin et Wu in Zhang *et al.*，1980b 一种差异很小，应合并。

产地层位 内蒙古自治区乌海市桌子山地区阿不切亥沟（CD98），胡鲁斯台组 *Sunaspis laevis-Sunaspidella rara* 带中下部；内蒙古自治区乌海市岗德尔山东山口（NZ06），胡鲁斯台组 *Sunaspis laevis-Sunaspidella rara* 带中部；宁夏回族自治区同心县青龙山（NC63）和内蒙古自治区阿拉善盟呼鲁斯太陶思沟（QII-I-H19），胡鲁斯台组 *Sunaspis laevis-Sunaspidella rara* 带中上部；山西省芮城县水峪中条山（SR17a），馒头组 *Sunaspis laevis-Sunaspidella rara* 带中下部。

西碨口小山西虫（新种）*Shanxiella*（*Shanxiella*）*xiweikouensis* Yuan et Zhang, sp. nov.

（图版 60，图 6—9）

词源 Xiweikou，汉语拼音，西碨口，地名，指新种产地。

正模 头盖 NIGP62985-232（图版 60，图 8），山西省河津县西碨口，寒武系第三统徐庄阶 *Sunaspis laevis-Sunaspidella rara* 带中部。

材料 1块头盖和 3 块尾部标本。

描述 头盖平缓突起，近乎四方形（后侧翼除外），前缘向前呈弧形拱曲，正模标本长 22.0 mm，两眼叶之间宽 20.0 mm；背沟窄而且较深，在眼脊内端明显向内收缩，在头鞍之前较宽深；头鞍突起，截锥形，中后部微微向前收缩，前叶两侧几乎平行，前端平圆，略大于头盖长的 1/2，具四对极浅的侧头鞍沟：第一对（S1）内端分叉，前支短，平伸，后支向侧后方斜伸，第二对（S2）位于头鞍横中线之前，向内变宽，第三对（S3）位于眼脊内端稍下方，平伸，第四对（S4）位于眼脊内端，短，微向前伸；颈环突起，中部较宽，突起明显，中后部有一小颈疣；颈沟浅，中部平伸，两侧具浅的侧颈沟，前支向前弯曲斜伸，后支向侧后方伸，分出一对次三角形的侧颈叶；固定颊较宽，平缓突起，两眼叶之间约为头鞍宽的 2/3；眼脊突起，自头鞍前侧角稍后微向后斜伸；眼叶中等，位于头鞍相对位置的中后部，弯曲呈弓形，约有头鞍长的 1/2；眼沟宽深；前边缘沟中等深度及宽度，微微向前弯曲，鞍前区中等宽，平缓突起，向前边缘沟平缓下倾，其宽度（纵向）仅为前边缘中部宽的 2/3，眼前翼较宽，向边缘沟平缓倾斜，为鞍前区宽的 1.5—2 倍，前边缘较宽，圆凸，向两侧迅速变窄；后侧翼窄（纵向），短（横向）；后边缘沟宽深，后边缘窄，平缓突起，向外伸出距离仅为头鞍基部宽的 3/4；面线前支自眼叶前端强烈向外分散向前伸，越过边缘沟转向内，斜切前边缘于头盖的前侧缘，后支自眼叶后端向侧后方斜伸；同层所产尾部大，其长度与头盖长几乎相等，半椭圆形，后缘平圆；尾轴长，强烈突起，倒锥形，向后微微收缩变窄，后端圆润，约占尾长的 3/4，分 5—6 节；肋部平缓突起，比轴部略宽，有 5—6 对肋脊，肋脊平缓突起；肋沟清楚，并向后侧弯曲延伸至尾边缘上，间肋沟浅；尾边缘宽，向后变宽，至侧后方达最大宽，尾边缘沟浅；壳面光滑。

比较 新种与模式种 *Shanxiella*（*S.*）*venusta* Lin et Wu in Zhang *et al.*, 1980b 的主要区别是前边缘较宽，突起较高，颈环具次三角形侧颈叶，两眼叶之间的固定颊较宽，尾轴较宽短，分节较少，没有轴后脊。

产地层位 山西河津县西碨口（化 17），馒头组 *Sunaspis laevis-Sunaspidella rara* 带中部；宁夏回族自治区贺兰山苏峪口至五道塘（NH12），胡鲁斯台组 *Sunaspis laevis-Sunaspidella rara* 带中上部。

小山西虫未定种 *Shanxiella*（*Shanxiella*）sp.

（图版 61，图 14，15）

材料 1块头盖和 1 块尾部标本。

描述 头盖平缓突起，近乎长方形（后侧翼除外），前缘微向前弯曲，长 7.7 mm，两眼叶之间宽 7.0 mm；背沟窄而且较浅；头鞍宽长，突起，截锥形，微微向前收缩，前端圆润，约占头盖长的 2/3，具四对较清楚的侧头鞍沟：第一对（S1）内端分叉，前支短，平伸，后支向侧后方斜伸，第二对（S2）位于头鞍横中线之前，近乎平伸，第三对（S3）位于眼脊内端稍下方，微向前伸，第四对（S4）位于眼脊内端，短，几乎与 S3 平行向前斜伸；颈环突起，中部较宽，突起明显，中后部有一小颈疣；颈沟浅，中部平伸，两侧向前斜伸；固定颊较窄，平缓突起，两眼叶之间不足头鞍宽的 1/2；眼脊突起，自头鞍前侧角稍后微向后斜伸；眼叶中等，位于头鞍相对位置的中后部，弯曲呈弓形，约有头鞍长的 1/2 或略长；眼沟浅；前边缘沟中等深度及宽度，微微向前弯曲，前边缘窄，微微向前上方翘起，向两侧略变窄，鞍前区较窄，平缓突起，向前边缘沟平缓下倾，其宽度（纵向）仅为前边缘中部宽的 1/2，眼前翼较宽，向边缘沟平缓倾斜，为鞍前区宽的 2—2.5 倍；后侧翼窄（纵向），短（横向）；后边缘沟宽浅，后边缘窄，平缓突起；面线前支自眼叶前端强烈向外分散向前伸，越过边缘沟转向内，斜切前边缘于头盖的前侧缘，后支自眼叶后端向侧后方斜伸；同层所产尾部大，其长度与头盖长几乎相等，半圆形，后缘平圆；尾轴长，强烈突起，倒锥形，向后微微收缩变窄，后端圆润，约占尾长的 3/4，分 6—7 节和一短的轴后脊；肋部平缓突起，比轴部略宽，有 4—5 对肋脊，肋脊平缓突起；肋沟清楚，并向后侧弯曲延伸至尾边缘上，间肋沟极浅或模糊不清；尾边缘宽，尾边缘沟不明显；壳面光滑。

比较　未定种与模式种 Shanxiella (S.) venusta Lin et Wu in Zhang et al., 1980b 主要区别是头鞍宽长，向前收缩较快，4 对侧头鞍沟较清楚，鞍前区较窄（纵向）。

产地层位　内蒙古自治区乌海市岗德尔山东山口（76-302-F52），胡鲁斯台组 Sunaspis laevis-Sunaspidella rara 带中上部。

稷王山虫亚属 Shanxiella (Jiwangshania) Zhang et Wang, 1985

Jiwangshania Zhang et Wang, 张进林、王绍鑫，1985，449 页；Jell and Adrain, 2003, p. 390; Yuan et al., 2008, p. 82.
Shanxiella (Jiwangshania) Zhang et Wang, Yuan et al., 2008, p. 94, 101.

模式种　Jiwangshania rotundolimbata Zhang et Wang, 张进林、王绍鑫，1985，449 页，图版 132，图 2，3?，4，山西省万荣县稷王山，寒武系第三统徐庄阶 Sunaspis laevis-Snaspidella rara 带中上部。

特征　原附栉虫类三叶虫；头盖次方形（后侧翼除外），平缓突起，眼脊前区宽（纵向），呈扇形；背沟浅至中等深；头鞍短而突起，次柱形，微向前收缩，前端宽圆，具 4 对极浅或清楚的侧头鞍沟；鞍前区宽而微突起，向前边缘沟平缓倾斜，前边缘中等宽或较宽而平缓突起或略向前上方翘起，在其后缘有一条与前边缘沟平行的脊状突起，前边缘沟清楚；两眼叶之间的固定颊较宽而平缓突起，眼脊突起，自头鞍前侧角微向后斜伸，眼叶短至中等长，新月形，位于头鞍相对位置的中部；后侧翼纵向窄，后边缘沟较深，后边缘窄而平缓突起，向外伸出的距离略大于或等于头鞍基部的宽度；面线前支自眼叶前端向外分散向前伸，越过边缘沟后向内斜切前边缘于头盖的前侧缘，后支自眼叶后端向侧后方伸；尾部半圆形，尾轴长，分 7—9 节，轴环节沟清楚，向后变浅；肋部宽而平缓突起，有 7—8 对肋脊，肋沟窄而清楚，间肋沟极浅；尾边缘较宽而平，尾边缘沟微弱；壳面光滑。

讨论　华北地区寒武系第二世晚期至第三世早期（龙王庙期、毛庄期、徐庄期）尾部较大的褶颊虫类三叶虫属有登封虫（Tengfengia Hsiang, 1962）、清水河虫（Qingshuiheia Nan, 1976）、依姆李奇虫（Emmrichiella Walcott, 1911）、光颊虫（Lioparia Lorenz, 1906）、小光颊虫（Lioparella Kobayashi, 1937）、小山西虫（Shanxiella Lin et Wu in Zhang et al., 1980b）、稷王山虫 [Shanxiella (Jiwangshania) Zhang et Wang, 1985]、吕梁山盾壳虫（Luliangshanaspis Zhang et Wang, 1985）等。此亚属与小山西虫的主要区别是头鞍较短，鞍前区和前边缘较宽，前边缘的后缘具有与边缘平行的脊状突起，两眼叶之间的固定颊较宽，面线前支自眼叶前端向外分散的角度较大，尾部半圆形，尾轴较长，分节较多，肋沟和间肋沟较清楚，呈放射状排列，尾边缘较窄而平，尾边缘沟不清楚。模式种所指定的尾部（张进林、王绍鑫，1985，图版 132，图 3）尾轴极窄，背沟和轴环沟极浅，尾边缘极窄，可能属于 Leiaspis Wu et Lin in Zhang et al., 1980b 一属尾部，这还需要今后进一步证实。

时代分布　寒武纪第三世早期（徐庄期），华北。

扇形稷王山虫 Shanxiella (Jiwangshania) flabelliformis Qiu in Qiu et al., 1983
（图版 60，图 14—16）

1983　Shanxiella flabelliformis Qiu in Qiu et al., 仇洪安等，140 页，图版 45，图 10，11。

正模　头盖 NIGM HIT0278（仇洪安等，1983，图版 45，图 10），江苏省徐州市铜山区魏集，寒武系第三统徐庄阶 Sunaspis laevis-Sunaspidella rara 带中部。

材料 1块头盖和1块尾部标本。

比较 当前标本与江苏铜山魏集所产模式标本相比，头盖前缘向前的拱曲度略小，背沟及头鞍沟较深，尾边缘较宽，尾肋部的肋沟较深，尾部后缘中线位置向前的凹陷更明显，这些差异可看作种内变异。

产地层位 内蒙古自治区阿拉善盟呼鲁斯太陶思沟（NH46），胡鲁斯台组 Sunaspis laevis-Sunaspidella rara 带中下部。

圆边稷王山虫 *Shanxiella*（*Jiwangshania*）*rotundolimbata* Zhang et Wang，1985

（图版60，图10—13）

1985 *Jiwangshania rotundolimbata* Zhang et Wang，张进林、王绍鑫，449页，图版132，图2，4，non 图3。

1985 *Jiwangshania latilimbata* Zhang et Wang，张进林、王绍鑫，449页，图版132，图5。

2014 *Shanxiella*（*Jiwangshania*）*rotundolimbata*，袁金良、李越，510，511页，图版3，图11—16。

正模 头盖 TJGM Ht 388（张进林、王绍鑫，1985，图版132，图2），山西万荣稷王山，寒武系第三统徐庄阶 Sunaspis laevis-Sunaspidella rara 带中部。

材料 2块头盖和2块尾部标本。

描述 头盖平缓突起，前缘向前呈弧形拱曲，近乎四方形（后侧翼除外），正模标本长14.5 mm，两眼叶之间宽15.0 mm；背沟窄浅；头鞍突起，次柱形，前端宽圆，略大于头盖长的1/2，中线位置有一低的中脊，具四对极浅的侧头鞍沟：第一对（S1）位于头鞍横中线稍后方，内端分叉，前支短，平伸，后支长，向后斜伸，第二对（S2）位于头鞍横中线之前，近乎平伸，第三对（S3）位于眼脊内端稍下方，微向前斜伸，与S4平行，第四对（S4）位于眼脊内端，短，微向前斜伸；颈环突起，中部较宽，中部有一小颈疣；颈沟窄，浅，两侧微向前弯曲；固定颊较宽，平缓突起，两眼叶之间约为头鞍宽的2/3；眼脊突起，自头鞍前侧角稍后微向后斜伸；眼叶中等长，位于头鞍相对位置的中部，弯曲呈弓形，约有头鞍长的1/2；眼沟浅；前边缘沟窄，较深，在背沟相对位置前方，边缘沟内有一对浅坑，前边缘宽，中部平或略下凹，宽度均匀，前缘微微向前上方翘起，鞍前区宽，其宽度（纵向）略小于前边缘中部宽，眼前翼较鞍前区略宽，向边缘沟平缓倾斜，眼前翼和鞍前区上布满有不规则的放射状脊线；后侧翼极窄（纵向），短（横向）；后边缘沟深，后边缘窄，平缓突起，向外伸出距离仅为头鞍基部宽的4/5；面线前支自眼叶前端强烈向外分散向前伸，至边缘沟转向内，斜切前边缘于头盖的前侧缘，后支自眼叶后端向侧后方斜伸；尾部横宽，半圆形至半椭圆形；背沟清楚；尾轴突起，倒锥形，向后微微收缩变窄，后端宽圆，分6—7节，每个轴环节的两侧各有两个小疣，最后一个轴环节中后部有一个较大的疣；肋部较轴部略宽，平缓突起，分6—7对肋脊，其中后两对肋脊不清楚；肋沟深，向侧后方呈放射状排列，至末端向后弯曲伸向尾边缘，间肋沟浅；尾边缘宽，平坦；壳面光滑。

比较 当前标本与模式标本的主要区别是头鞍较细长，中部略向内收缩，具四对较深的侧头鞍沟，眼叶较长，后端几乎伸达颈沟的水平位置，颈沟较深，颈环中部宽，两侧明显变窄。此种与 *Shanxiella*（*Jiwangshania*）*flabelliformis* Qiu in Qiu et al.的主要区别是头盖较横宽，头鞍呈柱形至次柱形，有四对较清楚的侧头鞍沟，两眼叶之间的固定颊较宽，面线前支自眼叶前端向外分散的角度较大，β 角明显处在 δ 角的纵长线之外，尾部后缘中线位置没有向前凹。

产地层位 陕西省陇县景福山地区牛心山（L14），馒头组 Sunaspis laevis-Sunaspidella rara 带中部。

岗德尔虫属 *Gangdeeria* Zhang et Yuan in Zhang *et al.*，1980b

Gangdeeria Zhang et Yuan in Zhang *et al.*，张文堂等，1980b，75，76，93页；张进林、王绍鑫，1985，427页；昝淑芹，1989，128页；Jell and Adrain，2003，p. 377；段吉业等，2005，160页；Yuan *et al.*，2008，p. 82，90，100；袁金良等，2012，248，249页。

模式种 *Gangdeeria neimengguensis* Zhang et Yuan，张文堂等，1980b，76页，图版8，图10—12，内蒙古自治区乌海市岗德尔山南麓，寒武系第三统徐庄阶 Inouyops titiana 带。

特征 见袁金良等，2012，249页。

讨论 就头盖的一般形态特征来看，此属与 *Lioparella* Kobayashi，1937（模式种 *L. walcotti* Kobayashi，1937；Zhang and Jell，1987，p. 161，pl. 66，fig. 14），*Yongwolia* Kobayashi，1962（模式种 *Y. ovata* Kobayashi，1962，p. 63，pl. 1，fig. 1），*Plesigangderria* Qiu in Qiu et al.，1983（模式种 *P. zhanglouensis* Qiu；仇洪安等，1983，146页，图版47，图3—5）都有些相似。在这三个属之中，*Plesigangderria* 与 *Yongwolia* 非常相似，已作为后者的晚出异名或它的一个亚属（Yuan et al.，2008，p. 86；袁金良等，2012，259页）。本属与 *Lioparella* 的主要区别是头鞍向前收缩缓慢，两眼叶之间的固定颊较窄，前边缘沟较浅，尾部没有 4—5 对侧边缘刺，尾轴较窄长，有很宽而且平坦的尾边缘。本属与 *Yongwolia*，*Yongwolia* (*Plesigangderria*) 的不同之处在于头鞍向前收缩缓慢，呈柱锥形，前边缘宽而且平坦，前边缘沟浅，尾轴细长，尾边缘极宽平。

时代分布 寒武纪第三世早期（徐庄期），华北。

内蒙古岗德尔虫 *Gangdeeria neimengguensis* Zhang et Yuan in Zhang *et al.*，1980b
（图版62，图1—10）

1980b *Gangdeeria neimengguensis* Zhang et Yuan in Zhang *et al.*，张文堂等，76页，图版8，图10—12。

正模 头盖 NIGP51198（张文堂等，1980b，图版8，图10），内蒙古自治区乌海市岗德尔山东山口，中寒武统徐庄阶 *Inouyops titiana* 带。

材料 5块头盖和5块尾部标本。

产地层位 内蒙古自治区乌海市岗德尔山东山口（NZ22，NZ24）和阿拉善盟宗别立乡呼鲁斯太陶思沟（NH54），宁夏回族自治区贺兰山苏峪口至五道塘（NH18，NH20），胡鲁斯台组 *Inouyops titiana* 带。

明显岗德尔虫（新种）*Gangdeeria obvia* Yuan et Zhang，sp. nov.
（图版62，图11—17；图版64，图14—17）

词源 obvia，-us，-um，拉丁语，明显的，指新种的头鞍前叶明显地突出在眼脊之前。

正模 头盖 NIGP62985-263（图版62，图13），内蒙古自治区乌海市桌子山地区苏拜沟，寒武系第三统徐庄阶 *Inouyops titiana* 带。

材料 6块头盖，2块唇瓣和3块尾部标本。

描述 头盖平缓突起，近乎四方形，正模标本长10.0 mm，两眼叶之间宽10.0 mm；背沟窄，清楚；头鞍突起，次柱形，前端平圆，中线位置有一低的中脊，长度略大于头盖长的1/2，具4对浅的侧头鞍沟，第一对（S1）较宽深，内端分叉，S2 位于头鞍横中线之前，较深而且长，微向后斜伸，S3 位于眼脊内端稍下方，窄浅，微向前斜伸，S4 位于眼脊内端，窄短，微向前斜伸；颈沟清楚，两侧微向前弯曲，颈环平缓突起，宽度均匀；两眼叶之间的固定颊中等宽，平缓突起，约有头鞍宽的1/2；眼脊突起，自头鞍前侧角稍后向后斜伸；眼叶较长，向外弯曲呈弓形，后端几乎伸达颈沟的水平位置，长度约为头鞍长的3/5，眼沟浅而宽；鞍前区宽，平缓突起，眼前翼的宽度（纵向）略大于鞍前区宽，前边缘沟浅，前边缘较宽而平坦或平缓突起，中部较宽，向两侧迅速变窄；后侧翼纵向极窄，后边缘窄而平缓突起，向外伸出的距离略小于头鞍基部宽，后边缘沟较宽深；面线前支自眼叶前端强烈向外向前伸，越过边缘沟后弯曲向内，斜切前边缘于头盖的前侧缘，后支短，自眼叶后端向侧后方斜伸；同层所产唇瓣长卵形，前缘宽，向前呈弧形弯曲，后缘圆润；中体强烈突起，长卵形，前叶呈卵形，后叶呈新月形，中沟深，强烈向后弯曲，中线位置相连或几乎相连，前边缘沟浅，侧边缘沟和后边缘沟较深，边缘窄，平缓突起；尾部近半椭圆形，中轴较窄而长，突起，轴节沟浅，隐约可见7—9个轴环节及一个长的轴后脊；肋部平缓突起，比轴部略宽，5—6对肋沟浅，末端伸向宽而平的尾边缘，间肋沟浅或模糊不清；尾边缘宽平。

比较 新种与模式种 *Gangdeeria neimengguensis* Zhang et Yuan in Zhang *et al.*，1980b 的主要区别是具有较清晰的前边缘沟，头鞍沟和颈沟，头鞍前叶明显在眼脊之前，眼前翼宽于鞍前区（纵向），眼叶较长，后端几乎伸达颈沟的水平位置。

产地层位　内蒙古自治区乌海市桌子山地区苏拜沟（Q5-XIV-H26）和可就不冲郭勒（Q5-54H1，Q5-54H2），胡鲁斯台组 *Inouyops titiana* 带；阿不切亥沟（CD103），胡鲁斯台组 *Metagraulos dolon* 带。

岗德尔虫未定种 A *Gangdeeria* sp. A

(图版 62，图 18，19)

材料　2 块头盖标本。

描述　头盖平缓突起，四方形，前缘向前呈弧形弯曲；背沟窄，较深；头鞍突起，次柱形，前端圆润，中线位置有一低的中脊，长度略大于头盖长的 1/2，具 4 对浅的侧头鞍沟，第一对（S1）较宽深，内端分叉，S2 位于头鞍横中线之前，较深而且长，微向后斜伸，S3 位于眼脊内端稍下方，窄浅，不与背沟相连，平伸，S4 位于眼脊内端，窄短，微向前斜伸；颈沟清楚，两侧微向前弯曲，颈环平缓突起，两侧变窄；两眼叶之间的固定颊中等宽，平缓突起，约有头鞍宽的 1/2；眼脊突起，自头鞍前侧角向后斜伸；眼叶中等长，向外弯曲呈弓形，长度约为头鞍长的 1/2，眼沟浅；鞍前区宽，平缓突起，眼前翼的宽度与鞍前区宽几乎相等，前边缘沟浅，前边缘较窄，平缓突起或略向前上方翘起；后侧翼纵向极窄，后边缘窄而平缓突起，向外伸出的距离略小于头鞍基部宽，后边缘沟清楚；面线前支自眼叶前端强烈向外向前伸，越过边缘沟后弯曲向内，斜切前边缘于头盖的前侧缘，后支短，自眼叶后端向侧后方斜伸。

比较　*Gangdeeria* sp. A 与 *Gangdeeria angusta* Zhang et Yuan in Zhang et al.（张文堂等，1980b，76 页，图版 8，图 9）在头盖和头鞍形态上较相似，不同之处在于头鞍较宽短，两眼叶之间的固定颊较窄，前边缘沟较深，前边缘较窄，微向前上方翘起。

产地层位　内蒙古自治区阿拉善盟呼鲁斯太陶思沟（NH34），胡鲁斯台组 *Sinopagetia jinnanensis* 带。

岗德尔虫？未定种 B *Gangdeeria*? sp. B

(图版 73，图 17)

材料　1 块头盖标本。

描述　头盖小，平缓突起，四方形，前缘向前呈弧形弯曲，长 4.3 mm，两眼叶之间宽 4.5 mm；背沟极窄浅；头鞍宽短，平缓突起，次柱形，前端宽圆，中线位置有一低的中脊，长度约为头盖长的 1/2，侧头鞍沟极浅或模糊不清；颈沟浅，微向后弯曲，颈环平缓突起，宽度均匀，后缘中线位置有一小颈疣；两眼叶之间的固定颊窄，平缓突起，约有头鞍宽的 1/3；眼脊微弱，自头鞍前侧角向后斜伸；眼叶中等长，向外弯曲呈弓形，长度约为头鞍长的 1/2，位于头鞍相对位置的中后部，眼沟浅；鞍前区宽，平缓突起，眼前翼的宽度与鞍前区宽几乎相等或略宽，向前边缘沟下倾，前边缘沟深，前边缘较窄，平缓突起或略向前上方翘起；后侧翼纵向极窄，后边缘窄而平缓突起，向外伸出的距离略小于头鞍基部宽，后边缘沟浅；面线前支自眼叶前端强烈向外向前伸，越过边缘沟后弯曲向内，斜切前边缘于头盖的前侧缘，后支短，自眼叶后端向侧后方斜伸；壳面光滑。

比较　*Gangdeeria*? sp. B 具短而宽的头鞍，深的前边缘沟，极浅的背沟、颈沟和头鞍沟，较窄的固定颊，与 *Gangdeeria* 属内其他种都不同，由于没有发现相应的尾部，置于这个属内尚有疑问。

产地层位　陕西省陇县景福山地区牛心山（L16a），馒头组 *Metagraulos dolon* 带。

小光颊虫属 *Lioparella* Kobayashi，1937

Lioparella Kobayashi，1937，p. 429；1962，p. 100；Harrington et al.，1959，p. 291；卢衍豪等，1963a，76 页；1965，168 页；Wolfart，1974b，p. 75；周天梅等，1977，151 页；南润善、常绍泉，1982a，18 页；张进林、王绍鑫，1985，369 页；Zhang and Jell，1987，p. 160，161；王绍鑫、张进林，1994a，136 页；Zhang et al.，1995，p. 85；Jell and Adrain，2003，p. 398；Laurie，2006b，p. 182；Yuan et al.，2008，p. 83，93，101.

Zhuozishania Zhang et Yuan，1981，p. 167；张进林、陈振川，1982，121 页；Zhang and Jell，1987，p. 160，161；Jell and Adrain，2003，p. 464；Yuan et al.，2008，p. 91.

Tianjingshania Zhou in Zhou et al.，周志强等，1982，246 页（部分）；Jell and Adrain，2003，p. 453；Yuan et al.，2008，p. 89.

模式种 *Lioparella walcotti* Kobayashi，1937，p. 429；Zhang and Jell，1987，p. 161，pl. 66，fig. 14，山东新泰，寒武系第三统徐庄阶 *Poriagraulos nanus-Tonkinella flabelliformis* 带或 *Metagraulos dolon* 带。

特征(修订) 头盖次方形至亚梯形，平缓突起；背沟窄而清楚；头鞍突起，截锥形，前端宽圆，中线位置具低的中脊，具4对浅的侧头鞍沟；两眼叶之间的固定颊较宽，眼脊自头鞍前侧角稍后强烈向后斜伸，眼叶中等长，位于头鞍相对位置中部或中后部，眼沟窄而浅；鞍前区宽而平缓突起，前边缘宽而平或平缓突起，前边缘沟清楚；面线前支自眼叶前端向外分散向前伸；尾部横椭圆形，后缘圆润，两侧有3—5对短的边缘刺，无尾边缘和尾边缘沟；壳面光滑或具瘤点装饰。

讨论 关于小光颊虫的特征以及和其他属之间的关系已有详细的讨论(Zhang and Jell，1987，p. 160，161)。由于小光颊虫具有较宽的鞍前区，与宁越虫(*Yongwolia* Kobayashi，1962)(模式种 *Y. ovata* Kobayashi，1962，p. 63，pl. 1，fig. 1)易混淆，它与后者的主要区别是头鞍呈宽大的截锥形，两眼叶之间固定颊较宽，前边缘较宽而平或平缓突起，眼叶较短，以及尾部具3—5对短的侧边缘刺。因此，*Lioparella longifolia* Kobayashi (Kobayashi，1962，p. 100，pl. 1，figs. 20a，20b)，*Lioparella longa* Mong (周天梅等，1977，151页，图版46，图16)，*Lioparella pingxingguanensis* Zhang et Wang (张进林、王绍鑫，1985，369，370页，图版113，图1)等3个种，由于具有窄的固定颊，长的眼叶，窄而呈锥形的头鞍，窄而强烈突起的前边缘等特征，应归于宁越虫属内。关于 *Plesigangderria* Qiu in Qiu *et al.*，1983，*Guankouia* Zhang et Yuan in Zhang *et al.*，1995，*Paragangdeeria* Guo et Zan in Guo *et al.*，1996，*Shuangshania* Guo et Zan in Guo *et al.*，1996 等属与宁越虫属的关系，笔者已有详细论述(袁金良等，2012，259，587页)。产于辽宁东部长兴岛张夏组的 *Lioparella nimis* Nan et Chang (南润善、常绍泉，1982a，18，19页，图版2，图10)具极宽而平的鞍前区，两眼叶之间固定颊较宽，眼叶长，前边缘后缘中线位置有不发育的后缘棘，已归于 *Mapanopsis* 属内(袁金良等，2012，334页)。桌子山虫(*Zhuozishania* Zhang et Yuan，1981，模式种 *Z. typica* Zhang et Yuan，1981，p. 167，pl. 3，figs. 1，2)其头盖与尾部特征与小光颊虫完全一致，应是后者的晚出异名(Zhang and Jell，1987，p. 160)。天景山虫(*Tianjingshania* Zhou in Zhou *et al.*，1982，模式种 *T. spinosa* Zhou；周志强等，1982，246，247页，图版62，图5—7)是以 *Lorenzella* Kobayashi，1937 的头盖和 *Lioparella* Kobayashi，1937 的尾部建立的一个属(Yuan *et al.*，2008，p. 89)。小光颊虫的分类位置也是众说纷纭：有人主张将其归于 Asaphscidae Raymond，1924 (Kobayashi，1962；Harrington *et al.*，1959)；一些人主张置于 Monkaspidae Kobayashi，1935 (卢衍豪等，1963a，1965；周天梅等，1977；南润善、常绍泉，1982a；张进林、王绍鑫，1985)；另一些人则认为应置于 Proasaphiscidae Chang，1959 (Zhang and Yuan，1981；Zhang and Jell，1987；Jell and Adrain，2003；Laurie，2006b)。笔者认为此属可暂时置于 Proasaphiscidae Chang，1959 科内，但是它与 *Karslanus* Özdikmen，2009 (= *Ariaspis* Wolfart，1974b)，*Tylotaspis* Zhang in Qiu *et al.*，1983 两属都具有特殊的尾刺生长方式，与 Damesellidae Kobayashi，1935 科三叶虫关系密切。产于南极洲中寒武世的 *Suludella? spinosa* Palmer et Gatehouse (1972，p. 24，25，pl. 6，figs. 16—18，20—23)，其头盖和尾部特征更接近小光颊虫属。

时代分布 寒武纪第三世早期(徐庄期)，中国(华北)、阿富汗、澳大利亚、南极洲。

陶鲁斯小光颊虫 *Lioparella tolus* (Walcott，1905)

(图版65，图14—17)

1905　*Ptychoparia tolus* Walcott，p. 82.

1913　*Ptychoparia? tolus* Walcott，p. 134，pl. 12，fig. 13.

1965　*Ptychoparia? tolus*，卢衍豪等，125，126页，图版20，图11，12。

1987　*Lioparella? tolus* (Walcott)，Zhang and Jell，p. 161，162，pl. 66，fig. 13.

正模 头盖 USNM57956 (Walcott，1913，pl. 12，fig. 13；Zhang and Jell，1987，pl. 66，fig. 13)，山东新泰北北东 4.8 km，寒武系第三统徐庄阶 *Poriagraulos nanus* 带。

材料 1块头盖和3块尾部标本。

比较 当前标本与模式标本相比，头盖、头鞍的形态，眼叶的大小和位置以及壳面装饰都很相似，应属同一个种。区别是当前标本的颈沟和前边缘沟较深,可能与保存状态有关。此种与模式种相比,眼前翼的宽度明显大于鞍前区的宽度,眼脊明显自头鞍前侧角稍后向后强烈斜伸,眼叶稍长,位置靠后,前边缘沟较深。从共生的尾部来看,尾部较横宽,中轴有 6 节,有 4 对镰刀状的尾侧边缘刺,但肋部在外侧明显下凹,形成较宽而平的尾边缘,无尾边缘沟。此种与产于澳大利亚中寒武世早期的 Proasaphiscidae gen. et sp. indet.(Laurie, 2006b, p. 185, Fig. 52)也有许多相似之处,不同的是前边缘较宽而平,前边缘沟很浅。

产地层位 陕西省礼泉县寒水沟(LQH-1),馒头组 *Poriagraulos nanus* 带。

典型小光颊虫 *Lioparella typica*(Zhang et Yuan, 1981)
(图版 63,图 1—12;图版 64,图 8—13;图版 65,图 1, 2;图版 91,图 18, 19)

1981 *Zhuozishania typica* Zhang et Yuan, p. 167, pl. 3, figs. 1, 2.

1982 *Tianjingshania spinosa* Zhou in Zhou et al.,周志强等, 1982, 246, 247 页,图版 62,图 7, non 图 5, 6。

正模 头盖 NIGP 62261(Zhang and Yuan, 1981, pl. 3, fig. 1),内蒙古自治区乌海市岗德尔山东山口,寒武系第三统徐庄阶 *Metagraulos dolon* 带。

材料 9 块头盖,1 块活动颊,1 块唇瓣和 11 块尾部标本。

描述 头盖次方形(后侧翼除外),平缓突起,前缘向前呈圆弧形拱曲,正模标本长 7.5 mm,两眼叶之间宽 7.5 mm;背沟窄而清楚;头鞍短而突起,截锥形,前端宽圆,中线位置具低的中脊,约有头盖长的 1/2,具 4 对浅的侧头鞍沟;颈沟直而清楚,颈环平缓突起,中部略宽,中部有一小颈疣;两眼叶之间的固定颊较宽,自背沟向眼叶方向平缓隆起;眼脊突起,自头鞍前侧角稍后向后斜伸,眼叶较长,位于头鞍相对位置中后部,向外弯曲呈弓形,约有头鞍长的 1/2,眼沟窄而浅;鞍前区宽而平缓突起,是前边缘中部宽的 1.3—1.4 倍,眼前翼略宽于鞍前区,两者向前边缘沟平缓下倾,前边缘宽而平缓突起,前边缘沟中等宽而深,向前呈弓形弯曲;后侧翼极窄(纵向),后边缘沟清楚,后边缘窄而平缓突起,向外伸出距离与头鞍基部宽大致相等;面线前支自眼叶前端向外分散向前伸,后支向外侧斜伸;同层所产活动颊窄,平缓突起,具细长颊刺,侧边缘较宽平,侧边缘沟浅,颊区略宽于侧边缘;同层所产唇瓣长椭圆形,前缘微向前呈弧形弯曲,后缘宽圆;中体突起明显,长卵形,中线两侧宽深,向中线变浅,不相连,前叶卵形,后叶新月形;侧边缘沟宽深,前边缘沟和后边缘沟浅,侧边缘窄而突起,前后边缘平缓突起;前翼亚梯形;尾部大,半椭圆形至次三角形,后缘圆润,向后呈弧形拱曲,后缘宽度(横向)与尾轴前部宽度几乎相等或略宽,有 4—5 对短的侧边缘刺,其中前一对向侧后方伸,后 4 对向后伸;尾轴突起,宽而长,微微向后收缩变窄,分 5—7 个轴环节和一个短的轴后脊,轴环节沟向后变浅;肋部平缓突起,次三角形,4 对肋沟较深,间肋沟缺失或模糊不清;侧部无尾边缘和尾边缘沟,后部有窄的尾边缘,但无尾边缘沟;壳面光滑。

比较 此种与模式种相比,两眼叶之间的固定颊较宽,眼叶较长,等于或大于头鞍长的 1/2,背沟、颈沟和前边缘沟较深,前边缘相对较宽。

产地层位 内蒙古自治区乌海市岗德尔山东山口(NZ20, NZ23)、岗德尔山成吉思汗塑像公路旁(GDME1-4, GDME1-5)、桌子山地区伊勒思图山西坡第二大沟(CD61)和阿拉善盟呼鲁斯太陶思沟(NH52),宁夏回族自治区同心县青龙山(NC86)和贺兰山苏峪口(F34),胡鲁斯台组 *Metagraulos dolon* 带或者 *Inouyops titiana* 带。

华氏小光颊虫 *Lioparella walcotti*(Kobayashi, 1937)
(图版 64,图 1—7;图版 65,图 3—7)

1913 *Anomocare latelimbatum* Dames, Walcott, p. 191, pl. 18, figs. 2d, 2e(non figs. 2, 2a—c).

1937 *Lioparella walcotti* Kobayashi, p. 429.

1965 *Lioparella walcotti*,卢衍豪等, 1965, 168, 169 页,图版 28,图 3, 4。

1987 *Lioparella walcotti*, Zhang and Jell, p. 161, pl. 66, fig. 14.

1987 *Proasaphiscus butes*(Walcott), Zhang and Jell, p. 142—144, pl. 56, fig. 4(non figs. 5—8).

正模　头盖 USNM58131（Walcott, 1913, pl. 18, fig. 2d；Zhang and Jell, 1987, pl. 66, fig. 14），山东新泰北北东 4.8 km，寒武系第三统徐庄阶 *Metagraulos dolon* 带或 *Poriagraulos nanus* 带。

材料　6 块头盖，1 块活动颊和 5 块尾部标本。

比较　当前标本与模式标本相比，头盖、头鞍的形态，眼叶的大小和位置，鞍前区与前边缘纵向长度比以及壳面具小疣装饰都很相似，应属同一个种。区别是某些标本前边缘沟较深，前边缘沟之后的鞍前区上缺失与前缘沟平行的浅沟，可能与保存状态有关。

产地层位　内蒙古自治区乌海市岗德尔山东山口（NZ20）、桌子山地区伊勒思图山西坡第二大沟（CD60）和阿不切亥沟（CD102），宁夏回族自治区同心县青龙山（NC84，NC86），胡鲁斯台组 *Metagraulos dolon* 带；陕西省陇县景福山地区牛心山（L20a），馒头组 *Metagraulos dolon* 带。

苏峪口小光颊虫（新种）*Lioparella suyukouensis* Yuan et Zhang, sp. nov.
（图版 65，图 8—12）

词源　Suyukou，汉语拼音，苏峪口，指新种产地。

正模　头盖 NIGP62985-304（图版 65，图 8），宁夏回族自治区贺兰山苏峪口至五道塘，寒武系第三统徐庄阶 *Metagraulos dolon* 带。

材料　3 块头盖和 2 块尾部标本。

描述　头盖横宽，矩形，前缘向前拱曲，正模标本长 10.0 mm，两眼叶之间宽 14.5 mm；背沟清楚；头鞍短而突起，向前收缩缓慢，截锥形至次柱形，前叶向前收缩明显，约为头盖长的 1/2，中线位置具低的中脊，3 对侧头鞍沟浅而宽；颈沟清楚；颈环突起，中部较宽；两眼叶之间固定颊较宽，约为头鞍宽的 4/5；眼脊突起，自头鞍前侧角稍后几乎向外平伸；眼叶中等偏长，弯曲成弓形，位于头鞍相对位置的中后部，约有头鞍长的 4/7；鞍前区宽，平缓突起，约为前边缘宽的 2 倍，眼前翼较宽而突起，与鞍前区一起向前边缘沟平缓下倾，前边缘窄而向前上方翘起；前边缘沟较宽而深；后侧翼纵向窄，后边缘窄而突起，向外伸出的距离略大于头鞍基部宽度，后边缘沟深；面线前支自眼叶前端强烈向外分散向前伸，越过边缘沟后向内斜切前边缘于头盖的前侧缘，后支自眼叶后端向侧后方斜伸；尾部大，横宽，菱形，后缘较宽而微向后弯曲，后缘宽度（横向）是尾轴前部宽度的 1.2—1.3 倍，有 4 对短而向后侧伸的侧边缘刺；尾轴较短而突起，向后收缩变窄，倒锥形，后端宽圆，分 4—5 个轴环节和一个短的轴后脊，轴环节沟向后变浅；肋部平缓突起，次三角形，4 对肋沟较浅，间肋沟缺失或模糊不清；侧部无尾边缘和尾边缘沟，后部有宽的尾边缘，但无尾边缘沟；壳面光滑。

比较　新种头盖横宽，头鞍短，前叶向前收缩明显，眼叶相对较长，前边缘窄而向前上方翘起，尾部横宽，尾轴短，尾边缘宽，肋沟较浅，不同于属内其他的种。

产地层位　宁夏回族自治区贺兰山苏峪口（F33 顶），内蒙古自治区乌海市桌子山地区阿不切亥沟（CD103）和阿拉善盟呼鲁斯太陶思沟（NH52），胡鲁斯台组 *Metagraulos dolon* 带。

小光颊虫未定种 *Lioparella* sp.
（图版 65，图 13）

材料　1 块头盖标本。

描述　头盖突起，近乎四方形，前缘向前呈弧形弯曲，背沟浅；头鞍突起，窄长，截锥形，前端平圆，略大于头盖长的 1/2，中线位置有一微弱的中脊，头鞍沟模糊不清；颈沟浅；颈环平缓突起，中部较宽；两眼叶之间固定颊较宽，平缓突起，与头鞍宽几乎相等；眼脊突起，自头鞍前侧角向后斜伸；眼叶突起，中等长，位于头鞍相对位置的中后部，约有头鞍长的 1/2；鞍前区宽，突起，约为前边缘宽的 1.5 倍，眼前翼较宽而突起，与鞍前区一起向前边缘沟平缓下倾，前边缘较宽平；前边缘沟较宽而深；后侧翼纵向窄，后边缘窄而突起，向外伸出的距离与头鞍基部宽度大致相等，后边缘沟宽而深；面线前支自眼叶前端强烈向外分散向前伸，越过边缘沟后向内斜切前边缘于头盖的前侧缘，后支自眼叶后端向侧后方斜伸；壳面光滑。

比较 未定种与 *Lioparella typica*（Zhang et Yuan, 1981）较相似，两者的主要区别是未定种头鞍较窄长，头鞍沟模糊不清，两眼叶之间的固定颊较宽。

产地层位 宁夏回族自治区贺兰山苏峪口（F34），胡鲁斯台组 *Metagraulos dolon* 带。

河南虫属 *Honania* Lee in Lu *et al.*, 1963a

Honania Lee in Lu *et al.*，卢衍豪等，1963a，101，102 页；1965，338，339 页；周天梅等，1977，184 页；张文堂等，1980b，82 页；周志强等，1982，252，253 页；张进林、王绍鑫，1985，439 页；Zhang and Jell, 1987, p. 166; Zhang *et al.*, 1995, p. 61, 62; Jell and Adrain, 2003, p. 385; Peng *et al.*, 2004b, p. 30; Yuan *et al.*, 2008, p. 92, 100; Yuan and Li, 2008, p. 112, 120, 131; 袁金良等，2012，252，253，584，585 页。

模式种 *Honania lata* Lee in Lu *et al.*，卢衍豪等，1963a，101，102 页，图版 20，图 4，河南巩县，寒武系第三统长清阶。

特征和讨论 见袁金良等，2012，252，253，584，585 页。

时代分布 寒武纪第三世早中期（徐庄期晚期至长清期早期），华北。

尹集河南虫 *Honania yinjiensis* Mong in Zhou *et al.*, 1977
(图版 71，图 9—14)

1977 *Honania yinjiensis* Mong, 周天梅等，185 页，图版 54，图 12，13。
1995 *Houmaia? yinjiensis* (Meng), Zhang *et al.*, p. 87.

正模 头盖 YIGM IV0081（周天梅等，1977，图版 54，图 12），河南省舞阳县尹集，寒武系第三统张夏组。

材料 2 块头盖，1 块活动颊和 3 块尾部标本。

描述 头盖突起，亚梯形，具平缓弯曲的前缘，正模标本长 6.7 mm，两眼叶之间宽 7.0 mm；背沟在头鞍两侧较深，在头鞍之前窄浅；头鞍宽大，平缓突起，截锥形，前端宽圆，中线位置有微弱的中脊，具 4 对浅的侧头鞍沟，其中第一对（S1）较深而长，内端分叉，前支短，微向前伸，后支较长，向后斜伸，第二对（S2）位于头鞍横中线之前，微向后斜伸，第三对（S3）位于眼脊内端稍下方，平伸，第四对（S4）短，位于眼脊内端，微向前斜伸；颈环平缓突起，中部较宽，颈沟在两侧清楚，微向前弯曲，中部较宽深；鞍前区窄，前边缘突起，中部较宽，向两侧变窄，其上有 5—6 条与边缘平行的细脊线；前边缘沟较宽深，微向前弯曲；固定颊较窄，平缓突起，在两眼叶之间不足头鞍宽的 1/2；眼叶中等长，位于头鞍相对位置的中后部，约为头鞍长的 1/2 或略短，眼脊平缓突起，自头鞍前侧角稍后向后斜伸；后侧翼纵向窄，横向短，后边缘沟较宽深，后边缘窄而平缓突起，向外伸出的距离约为头鞍基部宽的 4/5；面线前支自眼叶前端近乎平行向前伸，越过边缘沟后向内斜切前边缘于头盖的前侧缘，后支自眼叶后端向后侧斜伸；同层所产活动颊较宽，平缓突起，侧边缘沟较宽深，侧边缘较宽，突起或微翘起，颊区宽，颊刺较粗壮；尾部中等大小，半椭圆形，尾轴较长，突起，倒锥形，分 6 节及一末节；肋部平缓突起，具 5—6 对肋脊；5—6 对肋沟宽深，间肋沟模糊不清，尾边缘较宽而平坦，侧后方宽度最大，无尾边缘沟；壳面光滑。

比较 此种与模式种 *Honania lata* Lee in Lu *et al.*, 1963a（卢衍豪等，1963a，图版 20，图 4；1965，338 页，图版 63，图 3—5）的主要区别是头盖前缘向前的拱曲度较大，头鞍上具中脊，四对侧头鞍沟较清楚，前边缘沟较宽深，前边缘较宽，突起较强烈。就头盖的一般形态特征来看，当前标本与河南省舞阳县尹集张夏组所产模式标本（周天梅等，1977，185 页，图版 54，图 12，13）相比，除了背沟较宽深，前边缘较宽，突起较高外，其余特征一致，应属于同种。此种曾被置于 *Houmaia* 属内，但 *Houmaia* 属的头鞍较窄，两眼叶之间的固定颊较宽。

产地层位 陕西省陇县景福山地区牛心山（L15），馒头组 *Sunaspis laevis-Sunaspidella rara* 带上部；内蒙古自治区阿拉善盟呼鲁斯太陶思沟（NH51），胡鲁斯台组 *Sunaspis laevis-Sunaspidella rara* 带上部。

大眼虫属 *Eymekops* Resser et Endo in Kobayashi, 1935

Eymekops Resser et Endo in Kobayashi, 1935, p. 241; Resser and Endo, 1937, p. 222; Endo, 1937, p. 333; 1944, p. 77;

Kobayashi, 1944, p. 135; 1960b, p. 395; 1962, p. 114; Hupé, 1953a, p. 202, 212; 1955, p. 119; 卢衍豪等, 1963a, 97 页; 1965, 303 页; 罗惠麟, 1974, 646 页; Репина и др., 1975, стр. 154; 周天梅等, 1977, 180 页; 张进林、王绍鑫, 1985, 429 页; Zhang and Jell, 1987, p. 162, 163; 王绍鑫、张进林, 1994b, 232 页; Shah et al., 1995, p. 35; 郭鸿俊等, 1996, 85 页; Jell and Adrain, 2003, p. 375; Peng et al., 2004b, p. 28; Yuan and Li, 2008, p. 111, 120, 131; Peng, 2008b, p. 175, 200; 袁金良等, 2012, 269, 270, 593, 594 页。

Kolpura Resser et Endo in Kobayashi, 1935, p. 300; Resser and Endo, 1937, p. 233; 汪龙文等, 1956, 122, 123 页; 卢衍豪, 1957, 268 页; Чернышева, 1961, стр. 204; 卢衍豪等, 1965, 169 页; Jell and Adrain, 2003, p. 393; Yuan and Li, 2008, p. 113; 袁金良等, 2012, 269 页。

模式种　*Anomocarella hermias* Walcott, 1911, p. 92, pl. 15, fig. 10, 辽宁东部长兴岛, 长清阶 *Crepicephalina convexa* 带下部。

特征和讨论　见袁金良等, 2012, 269, 270, 593, 594 页。

时代分布　寒武纪第三世中期(长清期), 中国(华北和华南)、俄罗斯(西伯利亚)和乌兹别克斯坦。

光亮大眼虫(新种) *Eymekops nitidus* Zhu, sp. nov.

(图版 82, 图 9b—11)

词源　nitidus, -a, -um, 拉丁语, 光亮的, 指新种具光亮的头盖和尾部。

正模　头盖 NIGP62985-609 (图版 82, 图 9b), 内蒙古自治区乌海市桌子山地区伊勒思图山西坡第二大沟, 寒武系第三统长清阶 *Megagraulos inflatus* 带或 *Psilaspis changchengensis* 带。

材料　1 块头盖和 2 块尾部标本。

描述　头盖平缓突起, 次方形, 长度略大于两眼叶之间宽, 正模标本长 10.0 mm, 两眼叶之间宽 8.5 mm; 头鞍宽大而突起, 缓慢向前收缩, 长度略大于其基部的宽, 截锥形, 前端宽圆, 中线位置有一低的中脊, 侧头鞍沟极浅或模糊不清, 背沟窄而清楚, 在头鞍之前极浅; 颈环平缓突起, 中部略宽; 颈沟浅或模糊不清; 鞍前区宽, 微向前倾斜, 在中线位置是前边缘宽的 1.4 倍, 前边缘较窄而平缓突起, 中线位置向后伸出一三角形的后缘棘; 前边缘沟较浅, 中线位置微向后弯曲; 固定颊较宽, 在两眼叶之间约为头鞍宽的 3/5; 眼叶长, 弯曲呈弓形, 后端伸达颈沟的水平位置, 长度略大于头鞍长的 2/3; 眼脊短而突起, 自头鞍前侧角向后斜伸; 面线前支自眼叶前端强烈向外向前伸, 面线后支自眼叶后端向外侧斜伸; 后侧翼纵向极窄, 后边缘窄而平缓突起, 后边缘沟浅; 尾部宽, 椭圆形, 后缘中线位置平直, 后缘两侧有 2 对极短小锯齿状的短刺; 尾轴较宽而突起, 略大于尾长的 3/5, 分 2—3 节及一轴末节, 轴后脊不明显; 2—3 对肋沟宽浅, 弯曲向后伸向尾边缘, 间肋沟极浅; 尾边缘中等宽, 无尾边缘沟。壳面光滑。

比较　就头盖和尾部的形态来看, 新种与 *Eymekops transversa* Yuan in Yuan et al. (袁金良等, 2012, 271 页, 图版 66, 图 1, 2; 图版 128, 图 17; 图版 140, 图 18; 图版 154, 图 8—17; 图版 239, 图 3—5; 图版 240, 图 9, 10) 很相似, 两者的主要区别是新种的头盖较长, 鞍前区更宽, 尾部椭圆形, 后缘中线位置平直, 尾轴较宽而长, 略大于尾长的 3/5, 尾边缘较窄。

产地层位　内蒙古自治区乌海市桌子山地区伊勒思图山西坡第二大沟(CD68), 胡鲁斯台组 *Megagraulos inflatus* 带或 *Psilaspis changchengensis* 带。

裸甲虫属 *Psilaspis* Resser et Endo in Kobayashi, 1935

Psilaspis Resser et Endo in Kobayashi, 1935, p. 286; Resser and Endo, 1937, p. 268, 269; Endo, 1937, p. 350; Resser, 1942, p. 44; Hupé, 1953a, p. 189; 1955, p. 120; 卢衍豪, 1957, 100, 101 页; Harrington et al., 1959, p. 290; Kobayashi, 1962, p. 88; 项礼文, 1963, 35 页; Jell and Adrain, 2003, p. 435; Yuan and Li, 2008, p. 117, 121, 123; 袁金良等, 2012, 249, 250, 583 页。

模式种　*Psilaspis manchuriensis* Resser et Endo in Kobayashi, 1935 = *Anomocare temenus* Walcott, 1905, p. 53; 1913, p. 206, pl. 20, figs. 7, 7a—d; Zhang and Jell, 1987, p. 183, pl. 71, fig. 15; pl. 73, figs. 9—14; pl. 74, figs. 1—12, 辽宁东部长兴岛, 寒武系第三统长清阶 *Crepicephalina convexa* 带下部。

特征和讨论　见袁金良等, 2012, 249, 250, 583 页。

时代分布　寒武纪第三世中期(长清期)，中国(华北)、韩国。

长城裸甲虫 *Psilaspis changchengensis* (Zhang et Wang, 1985)

(图版66, 图1—5)

1985　*Proasaphiscus changchengensis* Zhang et Wang, 张进林、王绍鑫, 417页, 图版124, 图11—13。

2005　*Anomocarella jilinensis* An in Duan *et al.*, 段吉业等, 165页, 图版32, 图6, 7。

2005　*Anomocarella changchengensis* (Zhang et Wang), 段吉业等, 165, 166页, 图版32, 图11, 12。

2012　*Psilaspis changchengensis* (Zhang et Wang), 袁金良等, 250页, 图版130, 图1—9。

正模　头盖 TJGM Ht 296 (张进林、王绍鑫, 1985, 图版124, 图12), 河北兴隆张家庄, 寒武系第三统长清阶。

材料　2块头盖, 1块唇瓣和2块尾部标本。

比较　当前标本与河北兴隆张家庄模式标本相比, 头盖、头鞍形态, 面线的历程, 眼叶的大小和位置都很相似, 应属于此种。不同之处在于头鞍较宽大, 两眼叶之间固定颊相对较窄, 前边缘沟较窄而深。此种与模式种特殊裸甲虫 *Psilaspis temenus* (Walcott, 1905) 的主要区别是头盖较大而横宽, 鞍前区较宽, 面线前支自眼叶前端向外分散的角度较大, 颈环的宽度较均匀。此种与山西芳兰张夏组所产 *Psilaspis falva* (Walcott, 1906) (Zhang and Jell, 1987, p. 182, pl. 76, figs. 4—6; pl. 77, fig. 1)的区别是头盖较横宽, 两眼叶之间的固定颊较宽, 面线前支自眼叶前端向外分散的角度较大, 背沟也较窄而浅。

产地层位　内蒙古自治区乌海市桌子山地区阿不切亥沟 (CD108), 胡鲁斯台组 *Psilaspis changchengensis* 带。

特殊裸甲虫 *Psilaspis temenus* (Walcott, 1905)

(图版66, 图6—9)

1905　*Anomocare temenus* Walcott, p. 53.

1913　*Anomocarella temenus* (Walcott), Walcott, p. 206, pl. 20, figs. 7, 7a—d.

1937　*Psilaspis temenus* (Walcott), Resser and Endo, p. 270, pl. 37, figs. 1, 2.

1937　*Psilaspis manchuriensis* Resser et Endo, p. 271, pl. 37, figs. 3—10.

1953　*Psilaspis temenus*, Ившин, стр. 133.

non 1963　*Psilaspis manchuriensis*, 项礼文, 35页, 图版2, 图11。

1965　*Anomocarella temenus*, 卢衍豪等, 324, 325页, 图版60, 图1—4。

1965　*Anomocarella* cf. *temenus* (Walcott), 卢衍豪等, 325页, 图版60, 图5, 6。

1965　*Anomocarella manchuriensis* (Resser et Endo), 卢衍豪等, 321页, 图版59, 图4—6。

1985　*Anomocarella huoxianensis* Zhang et Wang, 张进林、王绍鑫, 437页, 图版128, 图1。

1985　*Anomocarella wuanensis* Zhang et Wang, 张进林、王绍鑫, 437页, 图版128, 图2, 3。

1987　*Anomocarella temenus*, Zhang and Jell, p. 183, 184, pl. 71, fig. 15; pl. 73, figs. 9—14; pl. 74, figs. 1—12。

2006a　*Anomocarella* cf. *temenus*, 张文堂, 524—526页, 插图2。

2007　*Anomocarella temenus*, Kang and Choi, p. 287, 288, figs. 6 (a)—(d).

2012　*Psilaspis temenus*, 袁金良等, 251, 252页, 图版130, 图10—19; 图版131, 图1—27。

正模　头盖 USNM 58214 (Walcott, 1913, pl. 20, fig. 7; Zhang and Jell, 1987, pl. 74, fig. 8), 山东颜庄九龙山, 寒武系第三统长清阶 *Crepicephalina convexa* 带下部。

材料　1块头盖和4块尾部标本。

比较　当前标本与山东的模式标本相比, 头盖、头鞍和尾部的形态, 两眼叶之间固定颊宽度, 眼叶的长度和位置, 鞍前区和前边缘的宽度以及面线的历程等方面都很相似, 应为同种。不同之处是当前标本鞍前区略宽(纵向), 前边缘较窄, 尾部较横宽, 尾轴较细长, 分节较多, 这些差异可视为种内变异。

产地层位　内蒙古自治区乌海市桌子山地区阿不切亥沟 (CD109), 胡鲁斯台组 *Psilaspis changchengensis* 带。

近似裸甲虫(新种) *Psilaspis affinis* Zhu et Yuan, sp. nov.

(图版 67, 图 1—13; 图版 68, 图 19)

词源 affinis, 拉丁语, 亲缘的, 近似的, 指新种与模式种 *Psilaspis temenus* (Walcott, 1905)形态上较相似。

正模 头盖 NIGP62985-331 (图版 67, 图 1), 内蒙古自治区乌海市桌子山地区阿不切亥沟, 寒武系第三统长清阶 *Psilaspis changchengensis* 带。

材料 8 块头盖和 6 块尾部标本。

描述 头盖宽阔, 次方形(后侧翼除外), 平缓突起, 前缘呈弧形向前拱曲, 正模标本长 13.7 mm, 两眼叶之间宽 13.3 mm; 背沟在头鞍两侧较窄而且清楚, 在头鞍之前较宽深; 头鞍窄长, 平缓突起, 截锥形, 前端平圆, 中线位置有低的中脊, 4 对侧头鞍沟浅, 第一对(S1)位于头鞍后部近 1/3 处, 较长, 内端分叉, 前支近乎平伸, 后支向侧后方斜伸, 在中线位置几乎相连, S2 位于头鞍横中线之前, 内端分叉, 近乎平伸, S3 位于眼脊内端稍下方, 微向前伸, S4 短, 位于眼脊内端, 微向前伸; 颈环平缓突起, 宽度较均匀, 中部有一小颈疣, 颈沟浅, 微向后弯曲; 鞍前区宽, 平缓突起, 向前边缘沟下倾, 前边缘较宽而平缓突起或微向前上方翘起, 但略小于鞍前区宽(纵向); 前边缘沟较深; 固定颊中等宽, 两眼叶之间不足头鞍宽的 2/3, 眼叶中等长, 弯曲成弓形, 约为头鞍长的 1/2; 眼脊微突起, 自头鞍前侧角稍后向后斜伸; 后侧翼窄(纵向), 宽(横向), 后边缘平缓突起, 向外略变宽, 向外伸出距离略大于头鞍基部宽, 后边缘沟较宽深; 面线前支自眼叶前端向外向前伸, 越过边缘沟后呈圆弧形弯曲向内, 斜切前边缘于头盖的前侧缘, 面线后支自眼叶后端向后侧斜伸; 尾部与头部近乎等大, 半圆形至半椭圆形, 尾轴较窄长, 分 6—7 节及一轴后脊, 轴环节沟浅, 向后变浅; 5—6 对肋沟浅, 末端变浅并向后侧弯曲伸向窄而平坦的尾边缘, 间肋沟微弱, 无尾边缘沟; 壳面光滑。

比较 新种以窄长而且具有 4 对浅的侧头鞍沟, 宽的鞍前区, 相对较短的眼叶, 较深的背沟和前边缘沟等特征, 不同于属内其他的种。就头盖和头鞍形态来看, 新种与吉林省通化市水洞徐庄期所产 *Maotunia jilinensis* An in Duan et al. (段吉业等, 2005, 162, 163 页, 图版 32, 图 3, 4)和辽宁省桥头西南 13.3 km 的西偏岭中寒武统所产 *Anomocarella elongata* Resser et Endo, 1937 (Resser and Endo, 1937, p. 171, pl. 34, figs. 21, 22; Zhang and Jell, 1987, p. 181, 182, pl. 77, fig. 12; pl. 78, fig. 2)都有些相似。新种与 *Maotunia jilinensis* 的主要区别是头盖较宽(横向), 前缘向前的拱曲度较大, 眼脊自头鞍前侧角稍后向后斜伸, 眼叶较短, 位于头鞍相对位置的中部, 鞍前区较宽, 面线前支自眼叶前端向前分散的角度较大, 尾部较长, 后缘中线位置不向前凹。新种与 *Anomocarella elongata* 的不同之处在于头鞍明显向前收缩, 4 对侧头鞍沟较清楚, 颈环宽度均匀, 鞍前区较宽, 面线前支自眼叶前端向前分散的角度较大, 尾轴较细长, 尾肋部较宽。

产地层位 内蒙古自治区乌海市桌子山地区阿不切亥沟 (CD110), 胡鲁斯台组 *Psilaspis changchengensis* 带。

东山口裸甲虫(新种) *Psilaspis dongshankouensis* Zhu et Yuan, sp. nov.

(图版 67, 图 14—18; 图版 68, 图 1—18)

词源 Dongshankou, 汉语拼音, 东山口, 指新种产地。

正模 头盖 NIGP62985-359 (图版 68, 图 11), 内蒙古自治区乌海市岗德尔山东山口, 寒武系第三统长清阶 *Psilaspis changchengensis* 带上部。

材料 9 块头盖, 1 块活动颊和 9 块尾部标本。

描述 头盖宽阔, 四方形(后侧翼除外), 平缓突起, 前缘呈弧形向前拱曲, 正模标本长 12.0 mm, 两眼叶之间宽 12.0 mm; 背沟清楚; 头鞍短, 平缓突起, 截锥形, 前端圆润, 中线位置有低的中脊, 4 对侧头鞍沟浅, 第一对(S1)位于头鞍后部近 1/3 处, 较长, 内端分叉, 前支微向后斜伸, 后支向侧后方斜伸, 在中线位置几乎相连, S2 位于头鞍横中线之前, 较长, 向侧后方斜伸, S3 位于眼脊内端稍下方, 不与背沟相连，平伸，S4短，位于眼脊内端，微向前伸；颈环平缓突起，向两侧微微变窄，中后部有一小颈疣，颈沟浅，微向后弯曲；鞍前区宽，平缓突起，向前边缘沟下倾，眼前翼更宽，是鞍前区宽的1.4倍，前边缘较宽而平缓突起，等于或略小于鞍前区宽(纵向)；前边缘沟较深；固定颊较窄，两眼叶之间约为头鞍宽的1/2，眼叶中等长，弯曲成弓形，不足头鞍长的1/2；眼脊微突起，自头鞍前侧角稍后向后斜伸；后侧翼较宽(纵向)，短(横向)，后边缘平缓突起，向外略变宽，向外伸出距离略等于或略小于头鞍基部宽，后边缘沟较清楚；面线前支自眼叶前端强烈向外向前伸，越过边缘沟后呈圆弧形弯曲向内斜切前边缘于头盖的前侧缘，面线后支自眼叶后端向后侧斜伸；活动颊较宽，平缓突起，颊刺短，侧边缘中等宽，向后变宽，颊区宽；尾部与头部近乎等大，半圆形至半椭圆形，尾轴较窄短，分6—7节及一轴后脊，轴环节沟浅，向后变浅；4—5对肋沟浅，末端变浅并向后侧弯曲伸向极宽而平坦的尾边缘，间肋沟微弱，无尾边缘沟；壳面光滑。

比较 就头盖、头鞍和尾部形态来看，新种与本书描述的另一新种 *Psilaspis affinis* Zhu et Yuan，sp. nov. 较相似，但头鞍较宽短，前端圆润，两眼叶之间的固定颊较窄，眼叶较短，成年标本尾轴短，尾边缘较宽。

产地层位 内蒙古自治区乌海市岗德尔山东山口(NZ44)和桌子山地区阿不切亥沟(CD110)，胡鲁斯台组 *Psilaspis changchengensis* 带。

豫晋虫属 *Yujinia* Zhang et Yuan in Zhang *et al.*，1980

Yujinia Zhang et Yuan in Zhang *et al.*，张文堂等，1980b，72、73、92、93页；张进林、王绍鑫，1985，421、422页；王绍鑫、张进林，1994b，230页；Zhang *et al.*，1995，p. 62；Peng *et al.*，2004b，p. 50；Yuan *et al.*，2008，p. 94，101；Yuan and Li，2008，p. 119，122，132.

模式种 *Yujinia magna* Zhang et Yuan in Zhang *et al.*，张文堂等，1980b，73页，图版8，图2，山西省芮城县水峪中条山，寒武系第三统长清阶 *Yujinia* 带。

特征 头盖次方形（后侧翼除外）；头鞍宽大，截锥形，具3—4对清楚的侧头鞍沟，其中第一对(S1)较深而长，内端分叉；背沟较深，在头鞍前端左右两侧更深，之前略窄而浅；颈环平缓突起，中部较宽，颈沟清楚；鞍前区窄，前边缘较宽而凹或向前上方翘起；前边缘沟深；固定颊窄而平缓突起，眼叶中等长；眼脊突起，自头鞍前侧角稍后微向后斜伸；面线前支自眼叶前端向外向前伸，后支自眼叶后端向后侧斜伸；尾部比头部小，倒三角形，尾轴宽而长，分6—7节；肋部窄，外侧强烈向下倾斜，4—5对肋沟清楚，伸向较宽而深的尾边缘沟，间肋沟浅，尾边缘窄而翘起；壳面光滑或具有小瘤点。

讨论 就头盖及头鞍形态来看，*Yujinia* 与 *Honania* Lee in Lu *et al.*，1963a（模式种：*Honania lata* Lee in Lu *et al.*，卢衍豪等，1963a，101、102页，图版20，图4；1965，338页，图版63，图3—5）最相似，但相对而言，后者的头鞍较窄，两眼叶之间的固定颊较宽，也许尾部的区别更大。豫晋虫在建立时并未发现尾部，后来曾将一尾部置于 *Yujinia angustilimbata* Zhang et Yuan in Zhang *et al.*，1980b 内(Zhang *et al.*，1995，pl. 27，fig. 3)，但这一尾部很可能属于 *Sudanomocarina*。豫晋虫属内目前已建有9个种：*Yujinia magna* Zhang et Yuan in Zhang *et al.*，1980b，*Y. angustilimbata* Zhang et Yuan in Zhang *et al.*，1980b，*Y. shanxiensis* Zhang et Yuan in Zhang *et al.*，1980b，*Y. ludianensis* (Mong in Zhou *et al.*，1977)，*Y. hebeiensis* Zhang et Wang，1985，*Y. jiaokouensis* Zhang et Wang，1985，*Y. lingchuanensis* Zhang et Wang，1985，*Y. qinyuanensis* Zhang et Wang，1985，*Y. granulosa* Zhu，sp. nov. 其中 *Y. hebeiensis* Zhang et Wang，1985，*Y. lingchuanensis* Zhang et Wang，1985，*Y. qinyuanensis* Zhang et Wang 等种能否置于这个属内，值得怀疑。

时代分布 寒武纪第三世中期(长清期早期)，华北。

瘤豫晋虫(新种) *Yujinia granulosa* Zhu，sp. nov.

(图版66，图10—16)

词源 granulosa，-us，-um，拉丁语，多瘤的，指新种具多瘤的头盖和尾部。

正模 头盖 NIGP62985-323 (图版66，图10)，内蒙古自治区乌海市岗德尔山东山口，寒武系第三统

长清阶 *Lioparia blautoeides* 带。

材料 7 块头盖和 1 块尾部标本。

描述 头盖次方形（后侧翼除外），正模标本长 4.5 mm，两眼叶之间宽 4.8 mm；头鞍宽大，截锥形，具 4 对较深的侧头鞍沟，其中第一对（S1）较深而长，内端分叉，后支较长，向后斜伸，第二对（S2）较长，位于头鞍横中线位置，微向后斜伸，第三对（S3）位于眼脊内端下方，近平伸，第 4 对（S4）窄而浅，位于眼脊内端，微向前斜伸；背沟较深，在头鞍前端左右两侧更深，之前略窄而浅；颈环平缓突起，较窄，中部较宽，中后部具小颈瘤，颈沟清楚，微向后弯曲；鞍前区中等宽，平缓突起，前边缘窄，强烈突起或微向前上方翘起；前边缘沟深；固定颊窄而平缓突起，两眼叶之间仅为头鞍宽的 1/3，眼叶中等偏短，约有头鞍长的 2/5；眼脊短而突起，自头鞍前侧角稍后微向后斜伸；面线前支自眼叶前端向外向前伸，后支自眼叶后端向后侧斜伸；尾部比头部小，倒三角形，尾轴宽而长，分 6—7 节，轴环节沟向后变浅；肋部窄，外侧强烈向下倾斜，4—5 对肋沟清楚，伸向较宽而深的尾边缘沟，间肋沟浅，尾边缘窄而强烈突起或翘起；壳面具密集的小瘤点。

比较 新种与模式种 *Yujinia magna* Zhang et Yuan in Zhang *et al.*（张文堂等，1980b，73 页，图版 8，图 2）相比，不同之处在于头鞍沟和前边缘沟较深，鞍前区较宽而突起，两眼叶之间的固定颊较窄，壳面有密集的瘤点装饰。

产地层位 内蒙古自治区乌海市岗德尔山东山口（NZ31），胡鲁斯台组 *Lioparia blautoeides* 带。

燕山虫属 *Yanshaniashania* Jell in Jell et Adrain，2003

Yanshaniashania Jell in Jell et Adrain，2003，p. 462；Yuan and Li，2008，p. 119，122，132.

non *Yanshania* Wang，1981，王思恩，104 页。

Yanshania Zhang et Wang，张进林、王绍鑫，1985，425、426 页；Jell and Adrain，2003，p. 462；Yuan and Li，2008，p. 119.

模式种 *Yanshania xinglongensis* Zhang et Wang，1985，426 页，图版 126，图 13—15，河北兴隆张家庄，寒武系第三统张夏组（长清阶）。

特征(修订) 头盖平缓突起，亚梯形；背沟窄深；头鞍较宽大，向前明显收缩，截锥形，中线位置有一低的中脊，具 4 对浅的侧头鞍沟，其中第一对（S1）内端分叉；鞍前区窄至中等宽，前边缘窄，平缓突起；前边缘沟清楚，中部变浅，微向后弯曲；两眼叶之间的固定颊窄，眼叶中等长，突起较高；眼脊短而突起，自头鞍前侧角稍后强烈向后斜伸；面线前支自眼叶前端强烈向外向前伸，面线后支自眼叶后端向后侧斜伸；后侧翼纵向窄，后边缘沟较深，后边缘平缓突起，向外伸出的距离小于头鞍基部宽；尾部横宽，尾轴长而且突起较高，分 6—7 节；肋部呈三角形，肋沟深，间肋沟浅，尾边缘窄，尾边缘沟不明显；壳面具有小疣脊。

讨论 燕山虫（*Yanshania* Zhang et Wang，1985）一名已被燕山叶肢介（*Yanshania* Wang，1981）所占有，因此将其更名为 *Yanshaniashania*（Jell and Adrain，2003，p. 426）。就头盖的形态来看，此属与小眼虫（*Mimoculus* An in Duan *et al.*，模式种 *Mimoculus pyrus* An；段吉业等，2005，158 页，图版 32，图 16，17；插图 7-15 较相似，但后者的头鞍呈梨形，前边缘宽平，眼叶更短，位置靠后。

时代分布 寒武纪第三世中期（长清期），华北。

窄边燕山虫(新种) *Yanshaniashania angustigenata* Zhu，sp. nov.
(图版 71，图 1—6)

词源 angust, angusti-，拉丁语，狭窄，gen，希腊语，颊，指新种头盖具窄的固定颊。

正模 头盖 NIGP62985-423（图版 71，图 6），内蒙古自治区乌海市岗德尔山东山口，寒武系第三统长清阶 *Taitzuia lui-Poshania poshanensis* 带。

材料 5 块头盖和 1 块活动颊标本。

描述 头盖平缓突起，亚梯形，正模标本长 15.0 mm，两眼叶之间宽 13.0 mm；背沟窄；头鞍较宽大，向前收缩，截锥形，中线位置有一低的中脊，具 4 对浅的侧头鞍沟，其中第一对(S1)内端分叉，前支短，平伸，后支长，向后斜伸，S2 位于头鞍横中线之前，微向后斜伸，S3 位于眼脊内端下方，平伸或微向前斜伸，不与背沟相连，S4 位于眼脊内端，短而微向前斜伸；颈环窄(纵向)，平缓突起，中部较宽；颈沟浅，脱皮后较清楚；鞍前区中等宽，前边缘窄，平缓突起；前边缘沟清楚，两侧较深，中部较浅；两眼叶之间的固定颊较窄，仅为头鞍宽的 1/3，眼叶中等长，不足头鞍长的 1/2，位于头鞍相对位置的中后部，后端几乎伸达颈沟水平位置；眼脊短而突起，自头鞍前侧角稍后强烈向后斜伸；面线前支自眼叶前端明显向外向前伸，越过边缘沟后呈弧形向内斜切前边缘于头盖的前侧缘，面线后支自眼叶后端向后侧斜伸；后侧翼纵向窄，后边缘沟较深，后边缘平缓突起，向外伸出的距离小于头鞍基部的宽；活动颊平缓突起，颊刺中等长，侧边缘突起，侧边缘沟清楚，颊区宽，向后变宽；壳面光滑。

比较 新种与模式种 *Yanshaniashania xinglongensis* (Zhang et Wang)（张进林、王绍鑫，1985，426 页，图版 126，图 13—15）相比，不同之处在于头鞍向前收缩较快，前边缘较窄，鞍前区较宽，眼叶较短，位置更靠后。

产地层位 内蒙古自治区乌海市岗德尔山东山口（NZ45），胡鲁斯台组 *Taitzuia lui-Poshania poshanensis* 带。

相似燕山虫（新种）*Yanshaniashania similis* Zhu et Yuan，sp. nov.

（图版 69，图 1—9）

词源 similis，拉丁语，相似的，指新种与模式种在头盖的形态上具有很多相似性。

正模 头盖 NIGP62985-369（图版 69，图 2），内蒙古自治区乌海市岗德尔山东山口，寒武系第三统长清阶 *Megagraulos inflatus* 带。

材料 8 块头盖和 1 块尾部标本。

描述 头盖平缓突起，长方形(后侧翼除外)，正模标本长 13.0 mm，两眼叶之间宽 12.0 mm；背沟窄深；头鞍较宽大，向前收缩，截锥形，中线位置有一低的中脊，具 4 对浅的侧头鞍沟，其中第一对(S1)位于头鞍横中线稍后方，内端分叉，前支短，微向后伸，后支长，向后强烈斜伸，S2 宽浅，位于头鞍横中线之前，微向后斜伸，S3 宽浅，位于眼脊内端下方，平伸，S4 位于眼脊内端，短浅，微向前斜伸；颈环窄(纵向)，平缓突起，中部较宽，两侧变窄，中后部具小颈疣；颈沟窄深，两侧微向前弯曲；鞍前区中等宽，前边缘窄，平缓突起或微向前上方翘起；前边缘沟宽浅，微向前弯曲；两眼叶之间的固定颊窄至中等宽，约为头鞍宽的 1/2，眼叶中等长，约为头鞍长的 1/2 或略长，位于头鞍相对位置的中后部，后端几乎伸达颈沟水平位置，眼沟清楚；眼脊短而突起，自头鞍前侧角稍后强烈向后斜伸；面线前支自眼叶前端明显向外向前伸，越过边缘沟后呈弧形向内斜切前边缘于头盖的前侧缘，面线后支自眼叶后端向后侧斜伸；后侧翼纵向窄，后边缘沟较宽深，后边缘平缓突起，向外伸出的距离小于头鞍基部宽；同层所产尾部较大，半圆形，尾轴较长，突起明显，几乎伸达尾部后缘，分 5—6 节及一末节，轴环节沟向后变浅以至模糊不清，肋部比轴部略窄，平缓突起，2—3 对肋沟浅；尾边缘窄，无清楚的尾边缘沟；壳面光滑。

比较 新种与模式种 *Yanshaniashania xinglongensis* (Zhang et Wang)（张进林、王绍鑫，1985，426 页，图版 126，图 13—15）相比，不同之处在于有 4 对浅的侧头鞍沟，两眼叶之间的固定颊较宽，前边缘沟在中部不向后弯曲，尾轴较宽，肋部的肋沟和间肋沟较浅。新种与本书描述的另一新种 *Yanshaniashania angustigenata* Zhu 的不同之处在于头鞍向前收缩慢，两眼叶之间的固定颊较宽，眼叶较长，面线前支自眼叶前端向外分散的角度较小。

产地层位 内蒙古自治区乌海市岗德尔山东山口（NZ41），胡鲁斯台组 *Megagraulos inflatus* 带。

小荷叶岭虫属 *Heyelingella* Zhang et Yuan in Zhang *et al.*，1980b

Heyelingella Zhang et Yuan in Zhang *et al.*，张文堂等，1980b，74，93 页；张进林、王绍鑫，1985，426 页；Jell and Hughes，1997，p. 82；Jell and Adrain，2003，p. 384；Yuan and Li，2008，p. 112，120，131；袁金良等，2012，254，255，586 页。

模式种 *Heyelingella shuiyuensis* Zhang et Yuan in Zhang *et al.*，张文堂等，1980b，74 页，图版 8，图 6，山西芮城水峪中条山，寒武系第三统长清阶 *Crepicephalina convexa* 带下部或 *Megagraulos coreanicus* 带。

特征和讨论 见袁金良等，2012，254，255，586 页。

时代分布 寒武纪第三世中期(长清期早期)，中国华北。

水峪小荷叶岭虫 *Heyelingella shuiyuensis* Zhang et Yuan in Zhang *et al.*，1980b

(图版 69，图 14—19)

1980b *Heyelingella shuiyuensis* Zhang et Yuan in Zhang *et al.*，张文堂等，74，93 页，图版 8，图 6。

1985 *Heyelingella shuiyuensis*，张进林、王绍鑫，426 页，图版 127，图 5。

2012 *Heyelingella shuiyuensis*，袁金良等，255 页，图版 128，图 1—6。

正模 头盖 NIGP51194 (张文堂等，1980b，图版 8，图 6)，山西芮城水峪中条山，寒武系第三统长清阶 *Crepicephalina convexa* 带下部或 *Megagraulos coreanicus* 带。

材料 6 块头盖标本。

描述 见袁金良等，2012，255 页。

比较 当前标本与山西的模式标本相比，头盖、头鞍和头鞍沟的形态，眼叶的大小和位置，面线的历程都很相似，主要区别是 4 对头鞍沟较清晰，眼叶较短，鞍前区较宽(纵向)，这些差异可视为种内的变异。

产地层位 内蒙古自治区乌海市岗德尔山东山口(NZ37)，胡鲁斯台组 *Megagraulos inflatus* 带。

小东北虫属 *Manchuriella* Resser et Endo in Kobayashi，1935

Manchuriella Resser et Endo in Kobayashi，1935，p. 288，298；1943a，p. 325；1944，p. 135；1962，p. 91；Resser and Endo，1937，p. 240；Endo，1937，p. 351；1944，p. 86；Resser，1942，p. 28；Hupé，1953a，p. 189，1955，p. 119；汪龙文等，1956，113 页；卢衍豪，1957，267 页；Harrington *et al.*，1959，p. 291；卢衍豪等，1963a，97 页；1965，296—298 页；1974b，105 页；安素兰，1966，162 页；罗惠麟，1974，647 页；周天梅等，1977，179 页；尹恭正、李善姬，1978，498 页；张文堂等，1980a，365 页；南润善，1980，497 页；南润善、常绍泉，1982a，21 页；张进林、王绍鑫，1985，418 页；Zhang and Jell，1987，p. 151；Kim，1987，p. 48；罗惠麟等，1994，147 页；王绍鑫、张进林，1994b，231 页；郭鸿俊等，1996，83 页；雒昆利，2001，373 页；Jell and Adrain，2003，p. 402；Luo *et al.*，2005，p. 200，201；Kang and Choi，2007，p. 292；Yuan and Li，2008，p. 114，121，132；Peng，2008b，p. 176，201；罗惠麟等，2009，131，132 页；袁金良等，2012，278，279，600 页。

Manchuriella (*Hundwarella*) Reed，Kobayashi，1944，p. 135.

模式种 *Manchuriella typa* Resser et Endo in Kobayashi，1935，p. 89 [=*Anomocarella macar* Walcott，1911，p. 92，pl. 15，figs. 11，11a (non 11b)]，辽宁东部长兴岛，寒武系第三统长清阶 *Crepicephalina convexa* 带下部。

特征和讨论 见袁金良等，2012，278，279，600 页。

时代分布 寒武纪第三世中期(长清期)，中国(华北、华南)、韩国和朝鲜。

小东北虫未定种 *Manchuriella* sp.

(图版 69，图 22)

材料 1 块头盖标本。

描述 头盖平缓突起，次长方形(后侧翼除外)，长 9.6 mm，两眼叶之间宽 6.0 mm；背沟窄深，在头鞍之前窄浅；头鞍向前收缩，截锥形，中线位置有一低的中脊，3 对侧头鞍沟：第一对(S1)较深，内端分叉，S2 位于头鞍横中线之前，微向后斜伸，S3 极短浅，位于眼脊内端稍下方，微向前斜伸；颈环窄(纵向)，平缓突起，中部较宽；颈沟浅，两侧微向前斜伸；鞍前区中等宽，眼前翼更宽；前边缘窄至中等宽，平缓突起；前边缘沟浅；两眼叶之间的固定颊较窄，眼叶较长而突起，位于头鞍相对位置的中部；眼脊粗短而突起，自头鞍前侧角向后斜伸；面线前支自眼叶前端微向外向前伸，越过边缘沟后呈弧形向内斜切前边缘于头盖的前侧缘，面线后支自眼叶后端向后侧斜伸；壳面光滑。

比较 未定种与属内其他种的主要区别是头盖较窄长，头鞍较窄长，鞍前区较宽(纵向)。

产地层位 内蒙古自治区乌海市岗德尔山东山口(NZ39)，胡鲁斯台组 *Megagraulos inflatus* 带。

江苏头虫属 *Jiangsucephalus* Qiu in Nan et Chang, 1982b

Jiangsucephalus Qiu in Nan et Chang，南润善、常绍泉，1982b，33 页；仇洪安等，1983，146，147 页；昝淑芹，1989，132 页；房尚明，1991，253 页；Jell and Adrain, 2003, p. 390；Yuan *et al*., 2008, p. 81, 92, 101.

模式种 *Jiangsucephalus subeiensis* Qiu in Qiu *et al*., 仇洪安等，1983，147 页，图版 47，图 10—12，江苏铜山大南庄，寒武系第三统徐庄阶 *Bailiella lantenoisi* 带。

特征(修订) 头盖平缓突起，长方形(后侧翼除外)；背沟浅；头鞍较长，截锥形，前端圆润，中线位置有一低的中脊，具 4 对极浅的侧头鞍沟，其中第一对(S1)内端分叉；鞍前区窄，微下凹，眼前翼较宽，微向前倾斜，前边缘宽，平缓突起或微向前上方翘起；颈环突起，中部较宽，中后部具小颈疣，颈沟窄浅；前边缘沟较宽深，微向前弯曲；两眼叶之间的固定颊窄至中等宽，眼叶中等长，位于头鞍相对位置的中后部；眼脊自头鞍前侧角稍后强烈向后斜伸；面线前支自眼叶前端向外向前伸，面线后支自眼叶后端向后侧斜伸；后侧翼纵向窄，后边缘沟较深，后边缘平缓突起，向外伸出的距离小于头鞍基部宽；尾部横宽，椭圆形，尾轴长，倒锥形，分 5—6 节及一短的轴后脊；肋部次三角形，4 对肋沟浅，尾边缘平，向后变窄，尾边缘沟不明显；壳面光滑。

讨论 江苏头虫属(*Jiangsucephalus* Qiu in Nan et Chang, 1982b)与侯马虫属(*Houmaia* Zhang et Wang, 1985)的主要区别是头盖呈长方形，两眼叶之间的固定颊窄，前边缘不呈穹堆状隆起，尾部横宽，尾边缘较宽平。笔者赞同将河南宜阳庙沟张夏组所产 *Anomocarella*? *miaogouensis* Mong in Zhou *et al*. (周天梅等，1977，182 页，图版 53，图 11，12)和河南巩县岸河徐庄期晚期所产 *Honania*? *latilimbata* Mong in Zhou *et al*.(周天梅等，1977，184，185 页，图版 54，图 11)合并，但应归于江苏头虫属内(Zhang *et al*., 1995, p. 86, 87)。此外，产于江苏铜山魏集徐庄期的 *Jiangsucephalus tongshanensis* Qiu in Qiu *et al*. (仇洪安等，1983，147，148 页，图版 47，图 13)在头盖、头鞍形态，眼叶大小和固定颊宽度等方面与 *Jiangsucephalus laevis* (Endo, 1937)十分相似，应为同种。

时代分布 寒武纪第三世早中期(徐庄期至长清期早期)，华北。

苏拜沟江苏头虫(新种) *Jiangsucephalus subaigouensis* Yuan et Zhang, sp. nov.
(图版 71，图 19, 20)

词源 Subaigou，汉语拼音，苏拜沟，指新种产地。

正模 头盖 NIGP62985-437(图版 71，图 20)，内蒙古自治区乌海市桌子山地区苏拜沟，寒武系第三统徐庄阶 *Bailiella lantenoisi* 带。

材料 2 块头盖标本。

描述 头盖平缓突起，四方形(后侧翼除外)，正模标本长 11.0 mm，两眼叶之间宽 10.0 mm；背沟浅，在外皮脱落后较清楚；头鞍较宽长，截锥形，前端圆润，中线位置有一低的中脊，具 4 对极浅的侧头鞍沟，其中第一对(S1)内端分叉，前支短，微向后斜伸，后支较长，强烈向后斜伸，S2 位于头鞍横中线之前，呈坑状，向内变宽，S3 位于眼脊内端稍下方，内端分叉，前支微向前伸，后支较长，平伸，S4 位于眼脊内端，短而窄，微向前伸；鞍前区窄，微下凹，眼前翼较宽，微向前倾斜，约为鞍前区的 2.5 倍(纵向)，前边缘宽，突起或微向前上方翘起；颈环突起，中部较宽，中后部具小颈疣，颈沟窄浅直；前边缘沟较宽深，平直或微向前弯曲；两眼叶之间的固定颊窄，不足头鞍宽的 1/2，眼叶中等偏短，约为头鞍长的 2/5，位于头鞍相对位置的中部；眼脊自头鞍前侧角稍后强烈向后斜伸；面线前支自眼叶前端强烈向外向前伸，面线后支自眼叶后端向后侧斜伸；后侧翼纵向窄，后边缘沟较深，后边缘平缓突起，向外伸出的距离小于头鞍基部宽；壳面光滑。

比较 新种与模式种 *Jiangsucephalus subeiensis* Qiu in Qiu *et al*. (仇洪安等，1983，147 页，图版 47，图 10—12)相比，不同之处在于头盖呈四方形，前缘较宽(横向)，向前的拱曲度较小，头鞍较粗短，眼叶较短，面线前支自眼叶前端向外分散的角度较大。

产地层位 内蒙古自治区乌海市桌子山地区苏拜沟（Q5-XIV-H34，Q5-XIV-H35），胡鲁斯台组 *Bailiella lantenoisi* 带。

江苏头虫未定种 *Jiangsucephalus* sp.
（图版 71，图 7,8?）

材料 1 块头盖和 1 块活动颊标本。

描述 头盖平缓突起，次方形（后侧翼除外），长 10.5 mm，两眼叶之间宽 9.0 mm；背沟窄浅；头鞍较宽大，向前收缩，截锥形，中线位置有一低的中脊，侧头鞍沟模糊不清；颈环窄（纵向），平缓突起，中部较宽；颈沟不清楚；鞍前区中等宽，眼前翼更宽，约为鞍前区宽的 1.5 倍；前边缘中等宽，平缓突起或微向前上方翘起；前边缘沟浅；两眼叶之间的固定颊较窄，眼叶短而突起，位于头鞍相对位置的中部；眼脊粗短而突起，自头鞍前侧角稍后强烈向后斜伸；面线前支自眼叶前端微向外向前伸，越过边缘沟后呈弧形向内斜切前边缘于头盖的前侧缘，面线后支自眼叶后端向后侧斜伸；后侧翼纵向较宽；可能属于此未定种的活动颊平缓突起，颊刺中等长，侧边缘突起，中等宽，侧边缘沟宽浅，颊区宽，向后变宽；颊区表面有不规则的脊线。

比较 未定种与模式种 *Jiangsucephalus subeiensis* Qiu in Qiu *et al.*（仇洪安等，1983，147 页，图版 47，图 10—12）相比，不同之处在于鞍前区较宽（纵向），头鞍较粗短，颈沟模糊不清，前边缘沟较窄浅，两眼叶之间的固定颊较窄，眼脊粗短，眼叶短小，强烈突起。

产地层位 内蒙古自治区乌海市岗德尔山东山口（NZ09），胡鲁斯台组 *Sunaspis laevis-Sunaspidella rara* 带上部；宁夏回族自治区同心县青龙山（NC57），胡鲁斯台组 *Sunaspis laevis-Sunaspidella rara* 带下部。

道坪虫属 *Daopingia* Lee in Yin et Lee，1978

Daopingia Lee in Yin et Lee，尹恭正、李善姬，1978，500 页；赵元龙、黄友庄，1981，219，220 页；张进林、王绍鑫，1985，421 页；王绍鑫、张进林，1994b，232 页；Jell and Adrain，2003，p. 364；Yuan *et al.*，2008，p. 79，92，100.

Parawuania Zhang in Qiu *et al.*，仇洪安等，1983，123 页；昝淑芹，1992，256 页；郭鸿俊等，1996，74 页；Jell and Adrain，2003，p. 422；Yuan *et al.*，2008，p. 86.

Proposhania Duan in Duan *et al.*，段吉业等，2005，138 页。

模式种 *Daopingia daopingensis* Lee in Yin et Lee，尹恭正、李善姬，1978，500 页，图版 167，图 7，8，贵州福泉道坪格拉宝，寒武系第三统徐庄阶（石冷水组）。

特征（修订） 头盖突起，次方形（后侧翼除外），长与两眼叶之间宽几乎相等；背沟窄而清楚；头鞍较长而突起，缓慢向前收缩，截锥形至长方形，中线位置有一低的中脊，具 3 对浅的侧头鞍沟；颈环平缓突起，宽度较均匀；颈沟浅；鞍前区窄至较宽，呈低的穹堆状隆起，几乎与前边缘融合；前边缘窄至中等宽，平缓突起；前边缘沟在头鞍前方极浅或模糊不清，两侧较浅；固定颊窄至中等宽；眼脊突起，自头鞍前侧角稍后微向后斜伸，眼叶中等长，位于头鞍相对位置中后部；面线前支自眼叶前端向外向前伸，面线后支自眼叶后端向外侧斜伸；胸部 11 节；尾部半椭圆形，尾轴平缓突起，倒锥形，分 5—6 节，轴节沟浅；肋部平缓突起，3—4 对肋脊，肋沟浅，间肋沟模糊不清；尾边缘较宽而平；壳面光滑。

讨论 道坪虫与拟武安虫（模式种 *Parawuania wanbeiensis* Zhang in Qiu *et al.*；仇洪安等，1983，图版 39，图 9，10）相比，在头盖和头鞍形态，两眼叶之间固定颊的宽度，鞍前区和前边缘的形态，前边缘沟的形态以及面线历程等方面都很相似，所不同的是眼叶较长，但这些差异可视为种的差异（Yuan *et al.*，2012，p. 86）。有关道坪虫的分类位置，目前有 3 种意见：Ordosiidae Lu，1954（赵元龙、黄友庄，1981），Inoyiidae Chang，1963（仇洪安等，1983），和 Proasaphiscidae Chang，1963（尹恭正、李善姬，1978；张进林、王绍鑫，1985；Jell and Adrain，2003；Yuan *et al.*，2008），从目前所发现的尾部来看，将其置于 Proasaphiscidae Chang，1963 科内较合适。产于辽宁省锦西县杨家丈子徐庄期的 *Proposhania* Duan in Duan *et al.*（模式种 *P. liaoningensis* Duan；段吉业等，2005，139 页，图版 23，图 7，8；插图 7-8-1）除了两眼叶之间的固定颊较宽外，其余特征与 *Daopingia* 都很相似，本书将其合并。产于河北省抚宁县揣庄长清期的 *Proposhania pergranosa* Duan（段吉业等，2005，139 页，图版 23，图 1；插图 7-8-3）具极宽阔的头鞍，前边缘沟浅，呈三段弧形向前弯曲，前边缘极宽，鞍前区缺失，也许归入 *Megagraulos* Kobayashi，1935 属内更合适。

时代分布 寒武纪第三世早期（徐庄期），华北和华南。

方形道坪虫（新种）*Daopingia quadrata* Yuan et Zhang, sp. nov.

（图版 73，图 8—13）

词源 quadrata, -us, -um（拉丁语），方形的，指新种有方形的头盖。

正模 头盖 NIGP62985-464（图版 73，图 12），内蒙古自治区乌海市岗德尔山东山口，寒武系第三统徐庄阶 *Metagraulos dolon* 带。

材料 5 块头盖和 1 块尾部标本。

描述 头盖平缓突起，次方形，前缘向前强烈拱曲，正模标本长 8.0 mm，两眼叶之间宽 9.0 mm；背沟窄而清楚；头鞍突起，向前收缩缓慢，截锥形，前端平直，约为头盖长的 1/2，中线位置具低的中脊，侧头鞍沟极浅或模糊不清；颈沟窄而浅，中部窄而直，两侧向前斜伸；颈环突起，中部较宽，中部有小的颈疣；两眼叶之间固定颊较宽，约为头鞍宽的 3/4；眼脊突起，自头鞍前侧角稍后向后斜伸；眼叶中等长，位于头鞍相对位置的中部或中后部，略大于头鞍长的 1/2，眼沟宽而浅；鞍前区宽，呈低的穹隆状隆起，约为前边缘宽的 2—3 倍，前边缘平缓突起；前边缘沟较浅，向前拱曲，后侧翼纵向窄，后边缘窄而突起，向外伸出的距离与头鞍基部宽度大致相等，后边缘沟较宽而深；面线前支自眼叶前端微向外分散向前伸，越过边缘沟后向内斜切前边缘于头盖的前侧缘，后支自眼叶后端向侧后方斜伸；同层所产尾部较短，椭圆形，后缘宽圆，尾轴短，微向后收缩变窄，后端宽圆，分 4 节；肋部较窄而平缓突起，3—4 对肋脊，肋沟较深，间肋沟浅，两者向后侧伸向宽而较平坦的尾边缘；壳面光滑。

比较 新种与模式种 *Daopingia daopingensis* Lee（尹恭正、李善姬，1978，500 页，图版 167，图 7，8）的主要区别是头鞍相对较窄，两眼叶之间的固定颊较宽，鞍前区较宽，前边缘较窄，前边缘沟较清楚，眼叶较长。就头盖和头鞍形态特征来看，新种与 *Daopingia wanbeiensis*（Zhang in Qiu *et al.*）（仇洪安等，1983，123 页，图版 39，图 9，10）较相似，但前边缘较窄，鞍前区较宽（纵向），尾部较长而窄（横向），尾轴较宽，尾边缘较宽。新种与产于辽宁省锦西县杨家丈子徐庄期的 *Daopingia liaoningensis*（Duan in Duan *et al.*，段吉业等，2005，139 页，图版 23，图 7，8；插图 7-8-1）最相似，但后者的鞍前区较窄（纵向），头鞍沟较深，头鞍中脊不明显，颈环较窄（纵向），无颈疣，此外，尾边缘较窄，尾肋部间肋沟不清楚。

产地层位 内蒙古自治区乌海市岗德尔山东山口（NZ 010，NZ17）、桌子山地区阿亥太沟（Q5-H208），胡鲁斯台组 *Metagraulos dolon* 带。

拟小山西虫属（新属）*Parashanxiella* Yuan et Zhang, gen. nov.

词源 par-, para, 希腊语，近、旁、并行、侧；*Shanxiella*, 拉丁语，三叶虫属名，小山西虫。

模式种 *Parashanxiella lubrica* Yuan et Zhang, sp. nov., 内蒙古自治区阿拉善盟呼鲁斯太陶思沟，寒武系第三统徐庄阶 *Sunaspis laevis-Sunaspidella rara* 带下部。

特征 头盖中等突起，次长方形（后侧翼除外）；背沟、颈沟和前边缘沟很浅；在头鞍前侧角背沟内有一对浅的前坑；头鞍宽大，截锥形，前端圆润，中线位置有低的中脊，侧头鞍沟几乎消失；两眼叶之间的固定颊中等宽；眼叶中等长，眼脊短，自头鞍前侧角稍后强烈向后斜伸；头盖前域［anterior area of cranidium＝鞍前域（preglabellar area）和固定颊前区（preocular area）］宽（纵向），呈扇形向前扩展，前边缘中等宽，平缓突起，前缘向前下方倾斜；面线前支自眼叶前端强烈向外伸，后支自眼叶后端向外侧伸；尾部较长大，半椭圆形，后缘宽圆，尾轴较宽长，倒锥形，6—7 个轴环节和一个轴末节，轴后脊短，肋部有 4—6 对较清楚肋沟向后侧伸向窄的尾边缘，尾边缘窄，无尾边缘沟；壳面光滑。

讨论 就头盖形态、固定颊宽窄、眼叶的大小和位置来看，新属与 *Shanxiella* Lin et Wu in Zhang et al., 1980b（模式种 *Shanxiella venusta* Lin et Wu in Zhang *et al.*，张文堂等，1980b，78页，图版9，图7）较相似，两者的主要区别是前者背沟、颈沟和前边缘沟都很浅，头鞍较宽大，侧头鞍沟几乎消失，前边缘突起，前缘向前下方倾斜，而后者的前边缘较平坦或向前上方翘起，此外，前者尾轴较宽长，有6—7个轴环节和一个轴末节，轴后脊较短。

时代分布　寒武纪第三世早期（徐庄期），华北。

扇状拟小山西虫（新属、新种）*Parashanxiella flabellata* Yuan et Zhang, gen. et sp. nov.
（图版72，图3—8）

词源　flabellata, -us, -um（拉丁语），扇状的，指新种有扇状的头盖前域。

正模　头盖 NIGP62985-441（图版72，图4），内蒙古自治区乌海市岗德尔山成吉思汗塑像公路旁，寒武系第三统徐庄阶 *Metagraulos dolon* 带。

材料　4块头盖和2块尾部标本。

描述　头盖中等突起，次方形（后侧翼除外），正模标本长13.1 mm，两眼叶之间宽13.3 mm；背沟、颈沟很浅；头鞍宽大，中等突起，截锥形，前端圆润，侧头鞍沟几乎消失；两眼叶之间的固定颊较宽，约为头鞍宽的3/4；眼叶长，约为头鞍长的2/3，后端几乎伸达颈沟的水平位置，眼脊短，自头鞍前侧角稍后强烈向后斜伸；前边缘沟几乎消失，在两侧很浅和较小的标本上隐约可见，鞍前区和前边缘融合，较宽，平缓突起，头盖前域呈扇形向前扩展；面线前支自眼叶前端强烈向外伸，越过边缘沟斜切前边缘于头盖的前侧缘，后支自眼叶后端强烈向外侧伸；尾部较长大，长半椭圆形，后缘宽圆，尾轴较细长，倒锥形，具7个轴环节和一个轴末节，有短的尾轴后脊，肋部有5—6对肋脊，4—5对较清楚肋沟向后侧伸向窄的尾边缘，间肋沟极浅或模糊不清；尾边缘窄，无清楚的尾边缘沟；壳面光滑。

比较　新种与模式种的主要区别是两眼叶之间的固定颊较宽，眼叶较长，前边缘沟消失，面线前支自眼叶前端向外分散的角度较大，尾部较长，尾轴较细长，分节较多。

产地层位　内蒙古自治区乌海市岗德尔山成吉思汗塑像公路旁（GDME1-3），胡鲁斯台组 *Metagraulos dolon* 带；宁夏回族自治区贺兰山苏峪口至五道塘（NH13），胡鲁斯台组 *Sunaspis laevis-Sunaspidella rara* 带中上部；陕西省陇县景福山地区牛心山（L14），馒头组 *Sunaspis laevis-Sunaspidella rara* 带中部。

光滑拟小山西虫（新属、新种）*Parashanxiella lubrica* Yuan et Zhang, gen. et sp. nov.
（图版72，图1，2）

词源　lubrica, -us, -um（拉丁语），平滑的，光滑的，新种有光滑的头盖。

正模　头盖 NIGP62985-439（图版72，图2），内蒙古自治区阿拉善盟呼鲁斯太陶思沟，寒武系第三统徐庄阶 *Sunaspis laevis-Sunaspidella rara* 带下部。

材料　1块头盖和1块尾部标本。

描述　头盖中等突起，次长方形（后侧翼除外），正模标本长22.0 mm，两眼叶之间宽19.0 mm；背沟、颈沟和前边缘沟很浅；在头鞍前侧角背沟内有一对浅的前坑；头鞍宽大，中等突起，截锥形，前端宽圆，中线位置有低的中脊，侧头鞍沟几乎消失；两眼叶之间的固定颊窄，约为头鞍宽的1/2；眼叶短，不足头鞍长的1/2，眼脊短，自头鞍前侧角稍后强烈向后斜伸；鞍前区宽，突起，是前边缘中部宽（纵向）的2.5倍，前边缘突起，宽度较均匀，前缘向前下方倾斜；头盖前域宽，呈扇形向前扩展；面线前支自眼叶前端向外伸，越过边缘沟斜切前边缘于头盖的前侧缘，后支自眼叶后端强烈向外侧伸；尾部较长大，长约20.0 mm，半椭圆形，后缘宽圆，尾轴较宽长，倒锥形，具6个轴环节和一个轴末节，无尾轴后脊，肋部有4—5对肋脊，4对较清楚肋沟向后侧伸向尾边缘，间肋沟极浅或模糊不清；尾边缘窄，无清楚的尾边缘沟；壳面光滑。

产地层位　内蒙古自治区阿拉善盟呼鲁斯太陶思沟（NH47），胡鲁斯台组 *Sunaspis laevis-Sunaspidella rara* 带下部。

假裂头虫属 *Pseudocrepicephalus* Chu et Zhang in Chu *et al.*, 1979

Pseudocrepicephalus Chu et Zhang in Zhu *et al.*, 朱兆玲等, 1979, 90 页; Jell and Adrain, 2003, p. 433; Yuan and Li, 2008, p. 117, 121, 125; 袁金良等, 2012, 262, 263 页。

Hadraspis Wu et Lin in Zhang *et al.*, 1980b, 张文堂等, 78, 93 页; 张进林、王绍鑫, 1985, 429 页; Jell and Adrain, 2003, p. 381; Yuan and Li, 2008, p. 111, 120, 131; 袁金良等, 2012, 263 页。

Xenosolenoparia Duan in Duan *et al.*, 段吉业等, 2005, 134 页; 袁金良等, 2012, 263 页。

模式种 *Pseudocrepicephalus subconicus* Chu et Zhang in Chu *et al.*, 朱兆玲等, 1979, 90, 91 页, 图版 37, 图 12—14, 青海德令哈依明依克乌拉山南坡; 寒武系第三统长清阶。

特征和讨论 见袁金良等, 2012, 262, 263 页。

时代分布 寒武纪第三世中期(长清期), 华北和西北。

窄边假裂头虫(新种) *Pseudocrepicephalus angustilimbatus* Zhu, sp. nov.
(图版88, 图1—18)

词源 angust, angusti (拉丁语), 狭, 窄, limbatus, -a, -um (拉丁语), 有边的, 指新种有窄的前边缘。

正模 头盖 NIGP62985-709 (图版88, 图1), 内蒙古自治区乌海市桌子山地区阿不切亥沟, 寒武系长清阶 *Psilaspis changchengensis* 带。

材料 10 块头盖和 6 块尾部标本。

描述 头盖横宽, 平缓突起, 次方形(后侧翼除外), 正模标本长 9.0 mm, 两眼叶之间宽 10.9 mm; 背沟窄而浅; 头鞍宽, 截锥形, 前端宽圆, 中线位置具低的中脊, 4 对侧头鞍沟极浅或模糊不清, 其中第一对(S1)内端分叉, 第二对(S2)位于头鞍横中线, 平伸, 与背沟不连, S3 位于眼脊内端下方, 微向前斜伸, S4 短, 位于眼脊内端, 向前斜伸; 颈环平缓突起, 中部较宽, 中后具小颈瘤, 颈沟清楚, 向两侧变窄而浅; 固定颊在两眼叶之间较宽, 平缓突起, 在眼叶前部突起最高, 向背沟和前边缘沟倾斜, 略小于头鞍宽的 3/5; 眼叶窄而长, 位于头盖相对位置的中后部, 约有头鞍长的 4/7, 眼脊低平, 自头鞍前侧角稍后微向后斜伸, 鞍前区窄而低; 前边缘中等宽而圆凸, 前边缘沟宽而深, 微向前呈三段弧形拱曲; 面线前支自眼叶前端平行向前或微向内向前伸, 后支自眼叶后端强烈向外侧伸; 后侧翼纵向窄; 后边缘窄而平缓突起, 向外略变宽, 向外伸出的距离约为头鞍基部宽的 1/2, 后边缘沟清楚; 尾部半椭圆形, 后缘宽圆, 尾轴突起, 倒锥形, 具 5—7 个轴环节, 肋部窄而平缓突起, 有 3—4 对肋沟, 3—4 对肋脊, 尾边缘中等宽而平; 壳面光滑。

比较 新种与模式种 *Pseudocrepicephalus subconicus* Chu et Zhang (朱兆玲等, 1979, 90, 91 页, 图版 37, 图 12)相比, 头鞍向前收缩较慢, 前端宽圆, 两眼叶之间的固定颊略宽, 背沟和眼沟也较浅。新种头盖和头鞍形态与产于辽宁省凌源县老庄户长清期的 *Pseudocrepicephalus yanshanensis* (Duan in Duan *et al.*) (段吉业等, 2005, 134 页, 图版 20, 图 14—19; 插图 7-7-1)和 *Pseudocrepicephalus ovata* (Zhang et Wang, 1985) (段吉业等, 2005, 134, 135 页, 图版 20, 图 12, 13)最相似, 不同之处在于鞍前区上没有向内斜伸的脊线, 两眼叶之间的固定颊较宽, 尾部较横宽, 尾边缘较宽平。

产地层位 内蒙古自治区乌海市桌子山地区阿不切亥沟(CD108), 胡鲁斯台组 *Psilaspis changchengensis* 带。

原附栉虫科属种未定 Proasaphiscidae gen. et sp. indet.
(图版69, 图23, 24)

材料 2 块头盖标本。

描述 头盖平缓突起, 次长方形(后侧翼除外), 最大标本长 20.0 mm, 两眼叶之间宽 18.0 mm; 背沟窄浅; 头鞍较宽大, 向前收缩, 截锥形, 前端圆润, 侧头鞍沟模糊不清; 颈环中等宽(纵向), 平缓突起,中部较宽；颈沟极浅；鞍前区中等宽，眼前翼更宽；前边缘中等宽，平缓突起或微向前上方翘起；前边缘沟较宽深；两眼叶之间的固定颊中等宽，头鞍两后侧角之外有一明显次圆形凸起，眼叶中等长，突起，位于头鞍相对位置的中部，约有头鞍长的2/5；眼脊突起，自头鞍前侧角稍后强烈向后斜伸；面线前支自眼叶前端向外向前伸，越过边缘沟后呈弧形向内斜切前边缘于头盖的前侧缘，面线后支自眼叶后端向后侧斜伸；后侧翼纵向较窄；后边缘窄，平缓突起，向外伸出距离略小于头鞍基部宽；壳面光滑。

比较 未定种与 *Walcottapidella* Chu（模式种 *Walcottapidella suni* Chu；朱兆玲，1959，76页，图版6，图11，12）有些相似，如头盖呈次方形，头鞍两后侧角之外有一明显次圆形凸起，但未定种头鞍较短细，呈截锥形，鞍前区和前边缘较宽，前边缘沟较深。

产地层位 内蒙古自治区乌海市岗德尔山东山口（NZ52），胡鲁斯台组 *Blackwelderia tenuilimbata* 带。

登封虫科 Tengfengiidae Chang, 1963

登封虫属 *Tengfengia* Hsiang, 1962

Tengfengia Hsiang，项礼文，1962，394，397页；张文堂，1963，450，451，458，475页；卢衍豪等，1965，147页；周天梅等，1977，146页；张文堂等，1980b，52页；周志强等，1982，238页；仇洪安等，1983，85页；张进林、王绍鑫，1985，357页；昝淑芹，1989，94页；朱乃文，1992，339页；Zhang et al.，1995，p. 54；郭鸿俊等，1996，69页；卢衍豪、朱兆玲，2001，282页；Jell and Adrain，2003，p. 452；Yuan et al.，2008，p. 89，94，106；袁金良等，2012，163页。

Tengfengia (*Luguoia*) Lu et Zhu，卢衍豪、朱兆玲，2001，282页；Jell and Adrain，2003，p. 401；Yuan et al.，2008，p. 89，94，106.

模式种 *Tengfengia latilimbata* Hsiang，项礼文，1962，394页，图版1，图1—3，河南登封，寒武系第三统徐庄阶 *Poriagraulos nanus-Tonkinella flabelliformis* 带。

特征和讨论 见袁金良等，2012，163页。

时代分布 寒武纪第三世早期（徐庄期），华北及东北南部。

登封虫亚属 *Tengfengia* (*Tengfengia*) Hsiang, 1962

瘤登封虫（新种）*Tengfengia* (*Tengfengia*) *granulata* Yuan et Zhang, sp. nov.

(图版73, 图2—5)

词源 granulata, -us, -um, 拉丁语, 颗粒状的, 瘤状的, 指新种头盖表面有颗粒状的小瘤。

正模 头盖 NIGP62985-455（图版73，图3），内蒙古自治区乌海市岗德尔山东山口，寒武系第三统徐庄阶 *Metagraulos dolon* 带。

材料 4块头盖标本。

描述 头盖突起，横宽，次方形，正模标本长18.0 mm，两眼叶之间宽17.0 mm；背沟在头鞍两侧窄深，在头鞍之前窄浅；头鞍短，突起，截锥形，前端宽圆，略小于头盖长的1/2，基部宽与其长几乎相等或略小，具三对深的侧头鞍沟，后二对（S1，S2）较深长，内端分叉，前一对短，位于眼脊内端，微向前斜伸；颈环突起，中部略宽，颈沟深，中部直，两侧向前斜伸；固定颊中等宽，平缓突起，在两眼叶之间为头鞍宽的3/5；眼脊低平，突起，自头鞍前侧角稍后微向后斜伸，眼叶较短，位于头鞍相对位置的中后部，约有头鞍长的1/3；前边缘沟浅，鞍前区中等宽，平缓突起，微向前倾斜，眼前翼的宽度（纵向）明显大于鞍前区宽，前边缘较宽平，略大于鞍前区宽，微向前上方翘起，中部下凹不明显，后缘脊状突起不明显；后侧翼窄（纵向），宽（横向）；后边缘沟宽深，后边缘窄，平缓突起；面线前支自眼叶前端略向外分散向前伸，至边缘沟呈圆弧形向内斜切前边缘于头盖的前侧缘，后支短，向侧后方斜伸；壳面有两种大小不等的瘤点装饰。

比较 新种与模式种 *Tengfengia latilimbata* Hsiang, 1962 的主要区别是前边缘较宽平，略大于鞍前区宽，微向前上方翘起，中部下凹不明显，后缘脊状突起不明显，前边缘沟极浅或模糊不清，头鞍较短宽，眼叶较短，位置更靠后，两眼叶之间固定颊较窄，面线前支自眼叶前端向外分散的角度较小。新种与本书描述的另一新种 *Tengfengia striata* Yuan et Zhang 的主要区别是头鞍较短宽，头鞍前侧角背沟内无一对小凸起，前边缘较宽平，略大于鞍前区宽，微向前上方翘起，中部下凹不明显，后缘脊状突起不明显，眼脊较低平，眼叶较短，位置更靠后，两眼叶之间固定颊较窄，面线前支自眼叶前端向外分散的角度较小，壳面有大小不同的瘤点。就具有极宽的前边缘和瘤点装饰来看，新种与 *Tengfengia granosa*（Resser et Endo，1937）最相似（卢衍豪等，1965，148 页，图版 24，图 11；Zhang and Jell，1987，p. 172，pl. 86，fig. 3），但新种的头鞍较宽大，中部不收缩，头鞍沟较深较长，前边缘沟较浅。

产地层位 内蒙古自治区乌海市岗德尔山东山口（NZ20，NZ23），胡鲁斯台组 *Metagraulos dolon* 带。

条纹状登封虫（新种）*Tengfengia*（*Tengfengia*）*striata* Yuan et Zhang, sp. nov.
（图版 73，图 1）

词源 striata，-us，-um，拉丁语，具条纹的，指新种的鞍前区和眼前翼上具条纹。

正模 头盖 NIGP62985-453（图版 73，图 1），内蒙古自治区乌海市岗德尔山东山口，寒武系第三统徐庄阶 *Poriagraulos nanus* 带。

材料 1 块头盖标本。

描述 头盖突起，近乎四方形，长 13.0 mm，两眼叶之间宽 17.0 mm；背沟在头鞍两侧窄深，在头鞍之前较浅；头鞍短，突起，截锥形，前端圆润，约为头盖长的 1/2，中线位置有低的中脊，前侧角有一对前坑，在前坑与第四对头鞍沟之间形成一对小凸起，具四对窄深的侧头鞍沟，第一对（S1）深长，向后斜伸，第二对（S2）窄长，位于头鞍相对位置的中部，微微向后斜伸，第三对（S3）窄长，位于眼脊内端稍下方，近乎平伸或微向前内方斜伸，第四对（S4）短，位于眼脊内端，微向前内方斜伸；颈环突起，宽度均匀，中后部有一小的颈疣，颈沟窄而清楚，两侧向前斜伸；固定颊宽，平缓突起，向背沟和后边缘沟平缓下倾，在两眼叶之间为头鞍宽的 6/7；眼脊粗壮，突起，自头鞍前侧角稍后微向后斜伸，眼叶中等偏长，弯曲呈弓形，位于头鞍相对位置的中后部，略大于头鞍长的 1/2；前边缘沟浅，鞍前区宽，平缓突起，前边缘较宽，微向前上方翘起，中部下凹，后缘呈脊状突起；鞍前区和眼前翼上有放射状条纹；后侧翼窄（纵向），宽（横向）；后边缘沟浅窄，后边缘窄，平缓突起；面线前支自眼叶前端强烈向外分散向前伸，至边缘沟呈圆弧形向内斜切前边缘于头盖的前侧缘，后支短，向侧后方斜伸。

比较 新种与模式种 *Tengfengia latilimbata* Hsiang，1962 的主要区别是头盖较横宽，头鞍前侧角处有一对小凸起，四对窄长的侧头鞍沟，粗壮的眼脊，壳面没有大小不同的瘤点。

产地层位 内蒙古自治区乌海市岗德尔山东山口（NZ28），胡鲁斯台组 *Poriagraulos nanus* 带。

鲁国虫亚属 *Tengfengia*（*Luguoia*）Lu et Zhu, 2001

Tengfengia（*Luguoia*）Lu et Zhu，卢衍豪、朱兆玲，2001，282 页；Jell and Adrain，2003，p. 401；Yuan *et al.*，2008，p. 89，94，106.

模式种 *Tengfengia*（*Luguoia*）*luguoensis* Lu et Zhu，卢衍豪、朱兆玲，2001，282，283 页，图版 2，图 1，2，山东长清张夏馒头山，寒武系第三统徐庄阶 *Sunaspis laevis-Sunaspidella rara* 带下部。

特征（修订） 头鞍宽大，近似柱形，具四对清楚的侧头鞍沟，两眼叶之间的固定颊较窄，前边缘和鞍前区较窄（纵向），尾部椭圆形，尾轴较宽短，肋沟宽深，无宽而清楚的尾边缘。

讨论 鲁国虫与登封虫（*Tengfengia* Hsiang，1962）的主要区别是头鞍较宽大，近似柱形，两眼叶之间的固定颊较窄，前边缘和鞍前区较窄（纵向），尾部椭圆形，尾轴较宽短，无宽而清楚的尾边缘。鲁国虫与 *Tankhella* Tchernysheva，1961（模式种 *T. devexa* Tcherntsheva；Чернышева，1961，стр. 219—222，табл. 26，фиг. 6—13）最相似，两者最重要的区别是后者头鞍向前收缩较明显，具三对较浅的侧头鞍沟，中线位置有低的中脊，眼脊短，低平，强烈向后斜伸，尾部较短，横宽。产于河南西部渑池徐庄阶 *Sunaspis laevis-Sunaspidella rara* 带下部的 *Tengfengia* sp.（Zhang *et al.*，1995，p. 55，pl. 21，fig. 7）虽然其头盖和头鞍外形与 *Tankhella* 很相似，但头鞍沟形态则与 *Tengfengia*（*Luguoia*）更接近。

时代分布 寒武纪第三世早期（徐庄期），华北及东北南部。

贺兰山鲁国虫(新种) *Tengfengia* (*Luguoia*) *helanshanensis* Yuan et Zhang, sp. nov.

(图版 73, 图 6, 7)

词源 Helanshan, 汉语拼音, 贺兰山, 地名, 指新种产地。

正模 头盖 NIGP62985-458 (图版 73, 图 6), 内蒙古自治区阿拉善盟呼鲁斯太陶思沟, 寒武系第三统徐庄阶 *Sunaspis laevis-Sunaspidella rara* 带下部。

材料 1 块头盖和 1 块尾部标本。

描述 头盖平缓突起, 亚梯形, 前缘呈弧形向前拱曲, 正模标本长 4.0 mm, 两眼叶之间宽 5.5 mm; 背沟窄, 清楚, 在头鞍之前变浅; 头鞍宽大, 次柱形, 中前部微向内收缩, 长度为头盖长的 5/8, 前端平圆, 具四对清晰的侧头鞍沟: 第四对(S4)短, 位于眼脊内端, 微向前斜伸, 第三对(S3)位于眼脊内端稍下方, 略长, 与 S4 平行延伸, 第二对(S2)位于头鞍横中线之前, 近乎平伸, 第一对(S1)位于 S2 与颈沟之间, 内端分叉, 前支短, 平伸, 后支长, 向后内方斜伸; 颈沟深, 颈环突起, 中部宽, 向两侧变窄; 固定颊在两眼叶之间较宽, 约为头鞍宽的 2/3; 眼脊粗壮, 自头鞍前侧角稍后向后斜伸; 眼叶中等长, 约为头鞍长的 1/2; 鞍前区平缓突起, 中等宽, 前边缘与鞍前区近等宽, 中部强烈下凹, 后缘呈窄的脊状突起, 外缘极窄, 强烈向前上方翘起, 前边缘沟浅; 后侧翼窄(纵向), 后边缘沟深, 后边缘窄, 平缓突起, 向外伸出的距离略小于头鞍基部宽; 面线前支自眼叶前端向外分散向前伸, 后支自眼叶后端向侧后方斜伸; 可能属于此种的尾部呈次椭圆形, 尾轴突起, 倒锥形, 后端宽圆, 其长度不足尾长的 3/4, 分 5 节; 肋部平缓突起, 分 3—4 对肋脊; 肋沟深, 间肋沟极浅, 两者均伸达宽而下凹的尾边缘, 尾边缘沟不清楚。

比较 新种与模式种 *Tengfengia* (*Luguoia*) *luguoensis* Lu et Zhu (卢衍豪、朱兆玲, 2001, 282, 283 页, 图版 2, 图 1, 2)的主要区别是头鞍较短, 呈柱形, 中前部微向内收缩, 四对头鞍沟较窄深, 前边缘中部强烈下凹, 后缘呈窄的脊状突起, 外缘极窄, 强烈向前上方翘起, 鞍前区较宽(纵向), 两眼叶之间固定颊较宽, 尾肋脊向后侧弯曲且收缩不明显。新种与河南西部渑池所产 *Tengfengia* sp. (Zhang et al., 1995, p. 55, pl. 21, fig. 7)较相似, 但头鞍较短宽, 呈柱形, 中前部微向内收缩, 四对头鞍沟较窄深, 前边缘中部强烈下凹, 后缘呈窄的脊状突起, 外缘极窄, 强烈向前上方翘起, 两眼叶之间的固定颊较宽, 面线前支自眼叶前端向外分散的角度较小。

产地层位 内蒙古自治区阿拉善盟呼鲁斯太陶思沟(NH46)和宁夏回族自治区同心县青龙山(NC57), 胡鲁斯台组 *Sunaspis laevis-Sunaspidella rara* 带下部至中下部。

贺兰山虫科 Holanshaniidae Chang, 1963

贺兰山虫属 *Holanshania* Tu in Wang et al., 1956

Holanshania Tu in Wang et al., 汪龙文等, 1956, 116 页; 卢衍豪, 1957, 268 页; Kobayashi, 1962, p. 82, 84, 95; 卢衍豪等, 1963a, 98 页; 1965, 311 页; 毕德昌, 1965, 22 页; 仇洪安等, 1983, 151 页; 张进林、王绍鑫, 1985, 430 页; Jell and Adrain, 2003, p. 384; 段吉业等, 2005, 163 页; Yuan et al., 2008, p. 81, 92, 98.

模式种 *Holanshania ninghsiaensis* Tu in Wang et al., 汪龙文等, 1956, 116 页, 插图 3; 卢衍豪, 1957, 268 页, 图版 141, 图 17, 宁夏回族自治区贺兰山, 中寒武统徐庄阶 *Sunaspis laevis-Sunaspidella rara* 带中下部。

特征 头盖次方形或长方形, 前缘两侧向前侧方伸出一对头盖刺; 背沟浅; 头鞍平缓突起, 截锥形、次柱形至锥形, 中线位置有低的中脊, 具 3—4 对浅的侧头鞍沟, 其中第一对(S1)内端分叉; 颈环突起, 中部较宽, 中后部具颈瘤; 鞍前区和眼前翼中等宽, 平缓突起, 前边缘较宽, 平缓突起或微向前上方翘起, 前边缘沟浅; 两眼叶之间固定颊较窄, 约为头鞍宽的 1/2, 眼脊短, 自头鞍前侧角稍后微向后斜伸, 眼叶中等长, 位于头鞍相对位置的中后部; 尾部略小, 半椭圆形, 尾轴倒锥形, 分 3—4 节, 肋部平缓突起, 分 2—3 对肋脊, 肋沟清楚, 尾边缘宽平, 尾边缘沟极浅或模糊不清。

讨论 就头盖和头鞍形态来看, 此属与俄罗斯西伯利亚 *Kounamkites* 带中部所产 *Olenekina* Egorova (模式种 *Olenekina pinnata* Egorova; Егорова, 1970, стр. 73, табл. 10, фиг. 1, 2; Савицкий и др., 1972, стр. 84, табл. 23, фиг. 1—3)较相似，但后者头鞍短，鞍前区极宽，两眼叶之间的固定颊宽，头盖的前侧刺极长，向两侧伸并向后弯曲。此属内已建有 6 个种：*Holanshania ninghsiaensis* Tu in Wang *et al.*, 1956, *H. hsiaoxianensis* Bi in Qiu *et al.*, 1983, *H. shanxiensis* Zhang et Wang, 1985, *H. striata* Zhang et Wang, 1985, *H. brevispinata* Zhang et Wang, 1985, *H. lubrica* Duan in Duan *et al.*, 2005。这 6 个种可合并为 3 个种：*Holanshania ninghsiaensis* Tu in Wang *et al.*, 1956, 包括 *H. brevispinata* Zhang et Wang, 1985；*H. hsiaoxianensis* Bi in Qiu *et al.*, 1983, 包括 *H. shanxiensis* Zhang et Wang, 1985, *H. striata* Zhang et Wang, 1985；*H. lubrica* Duan in Duan *et al.*, 2005。

时代分布　寒武纪第三世早期(徐庄期早期)，华北及东北南部。

萧县贺兰山虫 *Holanshania hsiaoxianensis* Pi, 1965

(图版 74, 图 1—10)

1965　*Holanshania hsiaoxianensis* Pi, 毕德昌, 21, 22 页, 插图 1。

1983　*Holanshania hsiaoxianensis*, 仇洪安等, 151, 152 页, 图版 49, 图 3。

1985　*Holanshania shanxiensis* Zhang et Wang, 张进林、王绍鑫, 430 页, 图版 127, 图 11。

1985　*Holanshania striata* Zhang et Wang, 张进林、王绍鑫, 430, 431 页, 图版 127, 图 12。

正模　头盖 NIGM HIT0289 (仇洪安等, 1983, 图版 49, 图 3), 安徽省萧县捻山, 寒武系第三统徐庄阶 *Sunaspis laevis-Sunaspidella rara* 带。

材料　7 块头盖和 1 块尾部标本。

比较　此种与模式种相比，背沟及前边缘沟较浅，头盖前缘较平直，头盖前侧角刺向外分散的角度较小，头鞍较窄长，中线位置有低的中脊，前边缘较宽和平坦，四对侧头鞍沟较浅，在脱皮后显得较清楚。产于山西省河津县西硙口的 *Holanshania shanxiensis* Zhang et Wang (张进林、王绍鑫, 1985, 430 页, 图版 127, 图 11), *Holanshania striata* Zhang et Wang (张进林、王绍鑫, 1985, 430, 431 页, 图版 127, 图 12), 其特征与 *Holanshania hsiaoxianensis* 相同，本书予以合并。

产地层位　内蒙古自治区阿拉善盟呼鲁斯太陶思沟(NH47)和乌海市岗德尔山东山口(NZ11), 胡鲁斯台组 *Sunaspis laevis-Sunaspidella rara* 带下部；宁夏回族自治区同心县青龙山(NC61), 胡鲁斯台组 *Sunaspis laevis-Sunaspidella rara* 带下部；陕西省陇县景福山地区牛心山(L14)和山西省河津县西硙口(化17), 馒头组 *Sunaspis laevis-Sunaspidella rara* 带下部至中部。

宁夏贺兰山虫 *Holanshania ninghsiaensis* Tu in Wang *et al.*, 1956

(图版 74, 图 11, 12)

1956　*Holanshania ninghsiaensis* Tu in Wang *et al.*, 王龙文等, 116 页, 插图 3。

1957　*Holanshania ninghsiaensis*, 卢衍豪, 268 页, 图版 141, 图 17。

1963a　*Holanshania ninghsiaensis*, 卢衍豪等, 98 页, 图版 45, 图 6。

1965　*Holanshania ninghsiaensis*, 卢衍豪等, 311 页, 图版 56, 图 13。

1985　*Holanshania brevispinata* Zhang et Wang, 张进林、王绍鑫, 431 页, 图版 127, 图 13。

正模　头盖(卢衍豪, 1957, 268 页, 图版 141, 图 17), 宁夏回族自治区贺兰山, 中寒武统徐庄阶 *Sunaspis laevis-Sunaspidella rara* 带中下部。

材料　1 块头盖和 1 块活动颊标本。

比较　当前标本与模式标本相比，除了前边缘沟较深外，其余特征很相似，属于同种。产于山西省河津县西硙口的 *Holanshania brevispinata* Zhang et Wang (张进林、王绍鑫, 1985, 431 页, 图版 127, 图 13)除了背沟较浅外，其余特征与模式种 *Holanshania ninghsiaensis* Tu in Wang *et al.*, 1956 相同，本书予以合并。

产地层位　内蒙古自治区阿拉善盟呼鲁斯太陶思沟(NH48a), 胡鲁斯台组 *Sunaspis laevis-Sunaspidella rara* 带中上部。

原刺头虫属 *Proacanthocephala* Özdikmen, 2008

non *Acanthocephalus* Koelreuter, 1771, p. 495.

Acanthocephalus Qiu in Qiu *et al.*, 仇洪安等, 1983, 152 页；Jell and Adrain, 2003, p. 336；Yuan *et al.*, 2008, p. 78, 92, 98.

Proacanthocephala Özdikmen, 2008, p. 317, 318；袁金良等, 2010, 503 页。

模式种 *Acanthocephalus longispinus* Qiu in Qiu *et al.*, 仇洪安等, 1983, 152 页, 图版 49, 图 1, 2, 江苏省铜山县魏集, 中寒武统徐庄阶 *Sunaspis laevis-Sunaspidella rara* 带中下部。

特征 头盖次方形或长方形, 前缘中线位置由前边缘向前延伸出一个头盖刺；背沟浅；头鞍宽大, 平缓突起, 截锥形, 中线位置有低的中脊, 4 对浅的侧头鞍沟, 其中后两对(S1, S2)内端分叉；颈环突起, 中部较宽, 中后部具颈瘤；鞍前区和眼前翼较宽, 平缓突起, 前边缘中部较宽, 向两侧变窄, 中线位置向前延伸出一个头盖刺, 前边缘沟浅；两眼叶之间固定颊较窄, 约为头鞍宽的 1/2, 眼脊短, 自头鞍前侧角稍后微向后斜伸, 眼叶短, 位于头鞍相对位置的中部；面线前支自眼叶前端向外分散向前伸, 后支自眼叶后端向侧后方斜伸。

讨论 就头盖和头鞍形态来看, 此属与瑞典 Andrarum Limestone *Solenopleura brachymetopa* 带 (= *Erratojincella brachymetopa* 带) 所产 *Proampyx* Frech, 1897 (模式种 *Proetus*? *difformis* var. *acuminatus* Angelin, 1851, p. 22, pl. 18, fig. 7；Westergärd, 1953, p. 6, pl. 1, figs. 11—15) 很相似, 但后者的头鞍中线位置中脊更明显, 鞍前区很窄, 眼叶较长, 面线前支较短, 自眼叶前端向外发散的角度较小。

时代分布 寒武纪第三世早期(徐庄期早期), 华北。

长刺原刺头虫 *Proacanthocephala longispina* (Qiu in Qiu *et al.*, 1983)

(图版 74, 图 13—16)

1983 *Acanthocephalus longispinus* Qiu in Qiu *et al.*, 仇洪安等, 152 页, 图版 49, 图 1, 2。

正模 头盖 NIGM HIT0286 (仇洪安等, 1983, 图版 49, 图 1), 江苏省铜山县魏集, 寒武系第三统徐庄阶 *Sunaspis laevis-Sunaspidella rara* 带。

材料 4 块头盖标本。

比较 当前标本与模式标本相比, 背沟, 头鞍沟及前边缘沟较浅, 鞍前区略宽, 这可能与保存状态有关, 当前标本由于受到挤压, 有些变形。

产地层位 内蒙古自治区阿拉善盟呼鲁斯太陶思沟(NH46), 胡鲁斯台组 *Sunaspis laevis-Sunaspidella rara* 带中下部；江苏省铜山县魏集(PIII 66), 馒头组 *Sunaspis laevis-Sunaspidella rara* 带下部。

沟肋虫科 Solenopleuridae Angelin, 1854

拟沟肋虫属 *Parasolenopleura* Westergärd, 1953

Parasolenopleura Westergärd, 1953, p. 21, 22；Hupé, 1955, p. 117；Harrington *et al.*, 1959, p. 275；Rudolph, 1994, S. 210；Geyer, 1998, p. 392；Bruton and Harper, 2000, p. 35；Jell and Adrain, 2003, p. 422；Axheimer and Ahlberg, 2003, p. 150；Fletcher, 2005, p. 1078；2006, p. 67；Fletcher *et al.*, 2005, p.333；Axheimer, 2006, p. 193；Gozalo *et al.*, 2008, p. 143；2011, p. 549；Yuan and Zhao, 2013, p. 345；Weidner and Nielsen, 2014, p. 85.

Pseudosolenoparia Zhou in Lu *et al.*, 卢衍豪等, 1974b, 102 页；尹恭正、李善姬, 1978, 485 页；张文堂等, 1980a, 369, 370 页；Yuan *et al.*, 2008, p. 87, 94, 105.

Atopiaspis Geyer, 1998, p. 396；Fletcher, 2005, p. 1078.

non *Parasolenopleura* Poletaeva in Egorova *et al.*, Егорова и др., 1955, стр. 114.

模式种 *Calymene aculeata* Angelin, 1851, p. 23, pl. 19, fig. 2；Westergärd, 1953, p. 23—25, pl. 5, figs. 6—10；pl. 6, figs. 1—4, 瑞典, 寒武系第三统台江阶 *Ptychagnostus* (*Triplagnostus*) *gibbus* 带。

特征 小型沟颊虫类三叶虫；头盖亚梯形, 平缓突起, 前缘微向前拱曲；背沟清楚；头鞍突起, 锥形至截锥形, 前端圆润, 具 3 对极微弱的侧头鞍沟；颈环平缓突起, 中部较宽, 中后部具颈疣或短的颈刺；

固定颊中等宽；眼叶短，位于头鞍相对位置的中部，眼脊清楚，自头鞍前侧角向后斜伸；鞍前区窄或中等宽，前边缘圆凸，前边缘沟浅；面线前支自眼叶前端近乎平行或微向内收缩向前延伸，越过边缘沟后向内，斜切前边缘于头盖的前侧缘，后支自眼叶后端向侧后方斜伸；活动颊中等宽，无颊刺；胸部 14—15 节，尾部小而短，次菱形，尾轴中等宽，平缓突起，向后微收缩，后缘圆润，分 2 个轴环节和一个轴末节，肋部窄而平缓突起，有 1—2 对肋脊，1—2 对肋沟，间肋沟浅；尾边缘窄或缺失，无尾边缘沟；壳表面光滑或有小的瘤点。

讨论　拟沟肋虫属与沟肋虫属（*Solenopleura* Angelin，1854；模式种 *Calymene holometopa* Angelin，1851 selected by Walcott，C. D.，1884）（Westergård，1953，p. 14—16，pl. 4，figs. 1—8）和沟颊虫属 [*Solenoparia* Kobayashi，1935；模式种 *Ptychoparia* (*Liostracus*) *toxeus* Walcott，1905；Walcott，1913，p. 208，pl. 19，figs. 10，10a；Zhang and Jell，1987，p. 88，89，pl. 38，figs. 8，9，? 10；pl. 39，figs. 1—3] 在头盖和头鞍的形态方面都很相似，此属与 *Solenopleura* 的主要区别是后者的头盖和头鞍凸度大，呈宽锥形至次柱形，背沟和前边缘沟较深，头鞍沟较清楚，眼脊较微弱，眼叶位置更靠前，尾部呈半圆形至半椭圆形。它与 *Solenoparia* 的不同之处在于背沟、前边缘沟和头鞍沟较浅，头鞍呈截锥形，凸度较小，尾轴较窄，肋部较宽。假沟颊虫属（*Pseudosolenoparia* Zhou in Lu *et al.*，1974b；模式种 *Pseudosolenoparia yankongensis* Zhou（卢衍豪等，1974b，102 页，图版 40，图，8，9；张文堂等，1980a，369，370 页，图版 131，图 1—7）的背沟、头鞍沟和前边缘沟都很浅，头盖和尾部的凸度也较低，尾部呈次菱形，尾轴也较窄，更加接近 *Parasolenopleura* 一属。产于摩洛哥寒武系第三统下部的 *Ornamentaspis frequens* 带的 *Atopiaspis* Geyer，1998（模式种 *A. tikasraynensis* Geyer，1998，p. 396，pl. 2，figs. 14—18；pl. 3，figs. 9，10）已经被看做是 *Parasolenopleura* 的晚出异名（Fletcher，2005，p. 1078），笔者表示赞同。

时代分布　寒武纪第三世早期（毛庄期，徐庄期），瑞典、摩洛哥、加拿大、西班牙和中国（华北）。

冠毛状拟沟肋虫相似种 *Parasolenopleura* cf. *cristata*（Linnarsson，1877）

（图版 77，图 16，17；图版 78，图 1）

材料　1 块头盖和 2 块活动颊标本。

描述　头盖梯形，平缓突起，前缘微向前拱曲，长 5.5 mm，两眼叶之间宽 6.3 mm；背沟浅；头鞍突起，宽截锥形，前端宽圆，具 3 对极微弱的侧头鞍沟；颈环平缓突起，中部较宽；固定颊较宽，在两眼叶之间约为头鞍宽的 2/3；眼叶短，位于头鞍相对位置的中前部，不足头鞍长的 1/3，眼脊模糊不清，自头鞍前侧角向后斜伸；鞍前区平缓突起，中等宽，前边缘圆凸，前边缘沟浅；后侧翼纵向宽，次三角形；后边缘平缓突起，向外伸出距离约为头鞍基部宽的 4/5，后边缘沟清楚；面线前支自眼叶前端近乎平行向前延伸，越过边缘沟后向内，斜切前边缘于头盖的前侧缘，后支自眼叶后端向侧后方斜伸；活动颊平缓突起，窄短，无颊刺；侧边缘沟浅，侧边缘平缓突起，颊区与侧边缘近等宽（横向）；壳面具细网纹状脊线和小坑装饰。

比较　就头盖和头鞍外形来看，冠毛状拟沟肋虫相似种与瑞典寒武系第三统 *Paradoxides insularis* 带（或 *Ptychagnostus praecurrens* 带；Axheimer，2006，p. 193）所产 *Parasolenopleura cristata*（Linnarsson，1877）（Westergård，1953，p. 22，23，pl. 2，figs. 4，5）较相似，但鞍前区略宽（纵向），眼叶位置略靠前，壳面具细网纹状脊线和小坑装饰。就头盖形态，特别是具有短的眼叶来看，冠毛状拟沟肋虫相似种与辽宁复县双山所产 *Solenoparia* (*Plesisolenoparia*) *conica* Guo et Zan in Guo *et al.*（郭鸿俊等，1996，105 页，图版 21，图 7—9）也有些相似，但后者的背沟、前边缘沟、头鞍沟都较深，头鞍向前收缩较快，呈锥形，眼脊突起明显。

产地层位　宁夏回族自治区同心县青龙山（NC37）和内蒙古自治区乌海市桌子山地区苏拜沟（SBT0），胡鲁斯台组 *Ruichengaspis mirabilis* 带。

沟颊虫属 *Solenoparia* Kobayashi，1935

Solenoparia Kobayashi，1935，p. 259，265，289；1943a，p. 321；1960b，p. 378；1961，p. 229；1962，p. 70；Resser and

Endo，1937，p. 287—292；Endo，1937，p. 339—342；1944，p. 80—83；Hupé，1953a，p. 195；1955，p. 134，135；汪龙文等，1956，118，119，172 页；卢衍豪，1957，271 页；Harrington et al.，1959，p. 309；朱兆玲，1960b，71 页；1960c，80 页；卢衍豪等，1963a，87 页；1965，197，198 页；叶戈洛娃等，1963，37 页；郭振明，1965b，641，646；罗惠麟，1974，639 页；Schrank，1976，S. 903；1977，S. 142；周天梅等，1977，158 页；尹恭正、李善姬，1978，484 页；朱兆玲等，1979，98 页；1988，79，80 页；张文堂等，1980a，372 页；1980b，55 页；南润善、常绍泉，1982a，19 页；仇洪安等，1983，102 页；林天瑞等，1983，405 页；张进林、王绍鑫，1985，374 页；Zhang and Jell，1987，p. 88；Kim，1987，p. 36；朱洪源，1987，91 页；昝淑芹，1989，98 页；杨家骒等，1991，144 页；朱乃文，1992，343 页；Wolfart，1994，p. 60；王绍鑫、张进林，1994a，139 页；Zhang et al.，1995，p. 65；郭鸿俊等，1996，102，103 页；Jell and Hughes，1997，p. 56；卢衍豪、朱兆玲，2001，283 页；Jell and Adrain，2003，p. 446；段吉业等，2005，131 页；Yuan et al.，2008，p. 88；罗惠麟等，2009，106 页；Peng et al.，2009，p. 78；袁金良等，2012，187—191，553—555 页；Sun et al.，2014，p. 546.

Solenoparia (*S.*) Kobayashi，Yuan et al.，2008，p，94，105；Yuan and Li，2008，p. 121，134.

Jincella Šnajdr，1957，p. 241；1958，p. 196；Harrington et al.，1959，p. 275；Хайруллина，1973，стр. 82；Репина и др.，1975，стр. 174；Rudolph，1994，S. 201；Geyer，1998，p. 391；Jell and Adrain，2003，p. 390；Álvaro et al.，2004，p. 139；袁金良等，2012，187 页。

Brunswickia (*Jincella*) Šnajdr，Fletcher，2007，p. 49；袁金良等，2012，187 页。

Paramenocephalites Kobayashi，1960b，p. 381；卢衍豪等，1965，213 页；Zhang and Jell，1987，p. 99；Jell and Adrain，2003，p. 420；Yuan and Li，2008，p. 115，128，134；袁金良等，2012，187 页。

Solenoparia (*Plesisolenoparia*) Zhang et Yuan in Zhang et al.，张文堂等，1980b，55，56 页；仇洪安等，1983，102，103 页；张进林、王绍鑫，1985，375 页；卢衍豪等，1988，345，353 页；郭鸿俊等，1996，103 页；袁金良、李越，1999，422 页；Jell and Adrain，2003，p. 427；段吉业等，2005，132 页；Yuan et al.，2008，p. 88，94，105；袁金良等，2012，187 页。

Parasolenoparia Li in Zhou et al.，周志强等，1982，243 页；Jell and Adrain，2003，p. 422；Yuan et al.，2008，p. 86，105；袁金良等，2012，187 页。

Protrachoparia Zhang in Qiu et al.，仇洪安等，1983，108 页；Jell and Adrain，2003，p. 432；Yuan et al.，2008，p. 87.

模式种 *Ptychoparia* (*Liostracus*) *toxeus* Walcott，1905，p. 83；1913，p. 208，pl. 19，figs. 10，10a；Zhang and Jell，1987，p. 88，89，pl. 38，figs. 8—10；pl. 39，figs. 1—3，山东张夏东南 1.6 km，寒武系第三统徐庄阶 *Inouyops titiana* 带。

特征和讨论 见袁金良等，2012，187—191，553—555 页。

时代分布 寒武纪第三世早中期（毛庄期、徐庄期至长清期），中国、朝鲜、韩国、哈萨克斯坦、乌兹别克斯坦、俄罗斯（西伯利亚）、瑞典和捷克（波希米亚）。

沟颊虫亚属 *Solenoparia* (*Solenoparia*) Kobayashi，1935

组合沟颊虫 *Solenoparia* (*Solenoparia*) *consocialis* (Reed，1910)

（图版 82，图 16）

1910 *Ptychoparia consocialis* Reed，p. 24，pl. 2，figs. 17，18，20，21，non fig. 19.

1967 *Ptychoparia admissa* Reed，Kobayashi，p. 487.

1997 *Solenoparia talingensis* (Dames)，Jell and Hughes，p. 56，pl. 15，figs. 1—7，? 8.

选模 头盖 GSI 9811（1851）（Jell and Hughes，1997，pl. 15，fig. 7），印度 Spiti 地区，Nutunus 组第 9 层或 Parahio 组 *Oryctocephalus salteri* 带。

材料 1 块头盖标本。

描述 头盖亚梯形，前缘向前呈圆弧形拱曲，长 5.7 mm，两眼叶之间宽 6.3 mm；背沟在头鞍两侧深，在头鞍之前变窄浅；头鞍强烈突起，尖锥形，前端尖圆，具 3 对浅的侧头鞍沟，其中第一对（S1）内端分叉，前支短，微向前伸，后支长，向后斜伸，S2 位于头鞍横中线之前，短，内端分叉，S3 位于眼脊内端稍下方，短窄，平伸或微向前伸；颈环突起，半椭圆形，颈沟宽深，两侧微向前弯曲；固定颊中等宽，两眼叶之间略大于头鞍基部宽的 1/2；眼叶短，位于头鞍相对位置的中部，略大于头鞍长的 1/3，眼脊清楚，自头鞍前侧角向后斜伸；鞍前区宽，平缓突起或微向前边缘沟倾斜，前边缘极窄（纵向），突起或微向前上方翘起；前边缘沟中等深，向前拱曲；后侧翼中等宽（纵向），后边缘突起，向外伸出距离略小于头鞍

· 202 ·

基部宽，后边缘沟宽深；面线前支自眼叶前端近乎平行向前伸，越过边缘沟后斜切前边缘于头盖的前侧缘，后支自眼叶后端向侧后方斜伸；壳面具稀少而细小的瘤点装饰。

比较　当前标本的头鞍、头鞍沟的形态，宽的鞍前区及窄而向上翘起的前边缘，与印度所产的模式标本完全一致，应归为同种。所不同的是当前标本两眼叶之间的固定颊略宽，前边缘沟较深，头盖向前的拱曲度较大。此种曾被置于 *Solenoparia talingensis*（Demes, 1883）种内（Jell and Hughes, 1997, p. 56; Peng et al., 2009, p. 78），但 *Solenoparia talingensis*（Demes, 1883）（Schrank, 1976, Taf. 5, Bild 5, 6; Taf. 6, Bild 1, 2）一种的鞍前区与前边缘近等宽或略窄（纵向），头鞍呈锥形至截锥形，前坑发育，前边缘较宽，圆凸。

产地层位　陕西省礼泉县寒水沟（LQH-1），馒头组 *Poriagraulos nanus* 带。

细瘤沟颊虫 *Solenoparia*（*Solenoparia*）*granuliformis*（Li in Zhou et al., 1982）
（图版 76，图 5—9）

1982　*Parasolenoparia granuliformis* Li, 周志强等, 243 页, 图版 61, 图 16。

正模　头盖 XIGMTr 061（周志强等, 1982, 图版 61, 图 16），内蒙古自治区阿拉善盟呼鲁斯太陶思沟徐庄期。

材料　1 块头盖和 4 块尾部标本。

描述　可能属于此种的尾部短，横宽，半椭圆形；尾轴宽，强烈突起，微微向后收缩，后端宽圆，分 3—4 个轴环节，轴环节沟浅，向后变浅，肋部窄，平缓突起，2—3 对肋沟清楚，间肋沟浅，尾边缘极窄，尾边缘沟不显；壳面具密集细小瘤点。

比较　当前标本的头鞍、头鞍沟的形态，发育的前坑，鞍前区与前边缘宽度之比（纵向）与模式标本都很相似，应属同种。不同之处在于当前标本头鞍的凸度较小，眼脊突起较平缓，颈沟较平直。

产地层位　内蒙古自治区乌海市岗德尔山东山口（NZ7）和宁夏回族自治区贺兰山苏峪口至五道塘（NH6），胡鲁斯台组 *Ruichengaspis mirabilis* 带。

优美沟颊虫 *Solenoparia*（*Solenoparia*）*lilia*（Walcott, 1906）
（图版 78，图 16, 17）

1906　*Ptychoparia lilia* Walcott, p. 588.

1913　*Ptychoparia lilia*; Walcott, p. 133, pl. 12, figs. 12, 12a.

1965　*Ptychoparia*（?）*lilia* Walcott; 卢衍豪等, 125 页, 图版 20, 图 8, 9。

1977　*Solenoparia suipingensis* Mong, 周天梅等, 158 页, 图版 48, 图 12, 13。

1985　*Solenoparia*（*Plesisolenoparia*）*rugosa* Zhang et Wang, 张进林、王绍鑫, 378 页, 图版 115, 图 3。

1987　*Solenoparia lilia*（Walcott, 1906）, Zhang and Jell, p. 89, pl. 38, figs. 11, 12.

1994a　*Solenoparia*（*Plesisolenoparia*）*rugosa*, 王绍鑫、张进林, 138 页, 图版 7, 图 5。

1995　*Solenoparia talingensis*（Walcott）, Zhang et al., p. 85.

1995　*Solenoparia*（*Plesisolenoparia*）*rugosa*, Zhang et al., p. 65.

正模　头盖 USNM 57954（Walcott, 1913, pl. 12, fig. 12; Zhang and Jell, 1987, pl. 38, fig. 11），山西省五台县南，寒武系第三统徐庄阶 *Metagraulos nitidus* 带。

材料　1 块头盖和 1 块尾部标本。

描述　小型沟颊虫类三叶虫；头盖亚梯形，前缘向前拱曲；背沟深；头鞍强烈突起，锥形，前端圆润，具 3 对清楚的侧头鞍沟，其中第一对（S1）内端分叉，前支短，微向前伸，后支长，向后斜伸，S2 位于头鞍横中线之前，宽短，微向后斜伸，S3 位于眼脊内端稍下方，短窄，平伸；颈环突起，半椭圆形，中后部具小颈疣，颈沟深，中部直，两侧微向前弯曲；固定颊中等宽，两眼叶之间略大于头鞍基部宽的 1/2；眼叶中等长，位于头鞍相对位置的中部，眼脊清楚，自头鞍前侧角向后斜伸；鞍前区比前边缘略窄，前边缘圆凸，向两侧变窄；前边缘沟中等深，向前拱曲；后侧翼窄（纵向），短（横向），后边缘突起，向外略变宽，向外伸出距离略小于头鞍基部宽，后边缘沟宽深；面线前支自眼叶前端微向内，斜切前边缘于头盖的前侧缘，后支自眼叶后端向侧后方斜伸；尾部小而短，半椭圆形，尾轴宽而突起，向后微收缩，后缘圆润，分4个轴环节和一个轴末节，肋部窄而平缓突起，有3—4对肋脊，3—4对浅的肋沟；尾边缘窄，无尾边缘沟；表面具不规则的脊线或小坑装饰。

比较　当前标本的头鞍、头鞍沟的形态和窄的鞍前区，与山西五台县的模式标本一致，应为同一个种。不同之处在于头鞍沟和前边缘沟较深，眼脊突起明显，两眼叶之间的固定颊较宽，这些差异为种内变异。此种与模式种 *Solenoparia*（*S.*）*toxea*（Walcott，1905）（Zhang and Jell，1987，p. 88，89，pl. 38，figs. 8—10；pl. 39，figs. 1—3）的主要区别是头鞍基部较宽，向前收缩较快，鞍前区较窄，前边缘相对较宽。此种与 *Solenoparia*（*S.*）*talingensis*（Dames，1883）[= *Solenoparia*（*S.*）*subrugosa*（Walcott，1906）（Schrank，1976，S. 904，905，Taf. 5，Bild. 5，6；Taf. 6，Bild. 1，2；Zhang and Jell，1987，p. 89，90，pl. 39，figs. 9，10；pl. 40，figs. 1，2）]的不同之处在于后者头鞍沟较浅，头鞍向前收缩较慢，鞍前区较宽，前边缘相对较窄，壳面较光滑。

产地层位　内蒙古自治区乌海市桌子山地区阿不切亥沟（CD99），胡鲁斯台组 *Metagraulos dolon* 带。

大岭沟颊虫 *Solenoparia*（*Solenoparia*）*talingensis*（Dames，1883）

（图版77，图7—10；图版82，图15）

1883　*Liostracus talingensis* Dames，S. 19，20，Taf. 1，Fig. 20.

1906　*Ptychoparia*（*Liostracus*）*subrugosa* Walcott，p. 592.

1913　*Anomocarella subrugosa*（Walcott），Walcott，p. 205，pl. 19，fig. 12.

1937　*Elrathia*（?）*perconvexa* Resser et Endo，p. 221，pl. 47，figs. 30，31.

1937　*Ptychoparia talingensis*（Dames），Kobayashi，p. 432，pl. 17（6），fig. 11.

1965　*Ptychoparia*（?）*talingensis* Dames，卢衍豪等，125页，图版20，图10。

1965　*Elrathia*（?）*perconvexa*，卢衍豪等，147页，图版24，图5。

1965　*Solenoparia subrugosa*（Walcott），卢衍豪等，204页，图版35，图14。

1976　*Solenoparia*（*Kaipingella*）*talingensis*（Dames），Schrank，S. 904，905，Taf. 5，Bild. 5，6；Taf. 6，Bild. 1，2.

1985　*Solenoparia*（*Plesisolenoparia*）*wutaishanensis* Zhang et Wang，张进林、王绍鑫，377页，图版115，图2。

1985　*Solenoparia*（*Plesisolenoparia*）*rugosa* Zhang et Wang，张进林、王绍鑫，378页，图版115，图3。

1987　*Solenoparia talingensis*（Dames），Zhang and Jell，p. 89，90，pl. 39，figs. 9，10；pl. 40，figs. 1，2.

1994a　*Solenoparia*（*Plesisolenoparia*）*rugosa*，王绍鑫、张进林，138页，图版6，图11。

non 1995　*Solenoparia talingensis*，Zhang et al.，p. 65，pl. 28，figs. 6—11。

1996　*Solenoparia subrugosa*，郭鸿俊等，102页，图版23，图1—4。

1996　*Solenoparia*（*Plesisolenoparia*）*trapezoidalis* Zhang et Yuan in Zhang et al.，1980b，郭鸿俊等，103页，图版23，图9—14。

non 1997　*Solenoparia talingensis*，Jell and Hughes，p. 56，pl. 15，figs. 1—7，? 8。

2009　*Solenoparia talingensis*，Peng et al.，p. 78，79，figs. 52.1—52.10.

2012　*Solenoparia talingensis*，袁金良等，192，193页，图版75，图1—8；图版76，图1—6。

正模　头盖 K287-91（Dames，1883，Taf. 1，Fig. 24；Schrank，1976，Taf. 5，Bild. 5），辽宁大岭，寒武系第三统徐庄阶 *Poriagraulos nanus-Tonkinella flabelliformis* 带。

材料　4块头盖和1块活动颊标本。

比较　当前标本与辽宁大岭的模式标本相比（Schrank，1976，S. 904，905，Taf. 5，Bild. 5，6；Taf. 6，Bild. 1，2）除了前边缘较宽和表面有许多密集小瘤和小孔外，其余特征均相似，这些小孔可能是由于外皮脱落所致。

产地层位　内蒙古自治区乌海市岗德尔山成吉思汗塑像公路旁（GDME1-4）和阿拉善盟呼鲁斯太陶思沟（NH53），胡鲁斯台组 *Metagraulos dolon* 带上部或者 *Inouyops titiana* 带。

大岭沟颊虫相似种 *Solenoparia*（*Solenoparia*）cf. *talingensis*（Dames，1883）

（图版78，图3）

材料　1块头盖标本。

描述 头盖平缓突起，次方形（后侧翼除外），前缘微向前拱曲，长 7.4 mm，两眼叶之间宽 9.6 mm；背沟深，在头鞍之前变窄浅；头鞍突起，瓮形至宽的截锥形，前端宽圆，四对侧头鞍沟短浅：第一对（S1）较长，向后内方斜伸，第二对（S2）位于头鞍横中线之前，微向后斜伸，第三对（S3）位于眼脊内端稍下方，平伸，第四对（S4）极短，位于眼脊内端，向前斜伸；颈沟深，中部向后弯曲，颈环突起，中部宽，向两侧略变窄；固定颊在两眼叶之间中等宽，约为头鞍宽的 1/2 或略窄；眼脊微微突起，自头鞍前侧角微向后斜伸；眼叶中等长，位于头鞍相对位置的中后部，略小于头鞍长的 1/2；鞍前区宽，平缓突起，是前边缘宽的 1.5—2 倍（纵向），前边缘窄，突起，两侧变窄，前边缘沟清楚；后侧翼窄（纵向），后边缘沟深，后边缘窄，平缓突起，向外伸出的距离小于头鞍基部宽；面线前支自眼叶前端微向内向前伸，后支自眼叶后端向侧后方斜伸；壳面具稀少瘤点。

比较 相似种与 *Solenoparia*（*Solenoparia*）*talingensis*（Dames，1883）（Schrank，1976，S. 904，905，Taf. 5，Bild. 5，6；Taf. 6，Bild. 1，2；Zhang and Jell，1987，p. 89，90，pl. 39，figs. 9，10；pl. 40，figs. 1，2）的主要区别是头鞍呈瓮形至宽的截锥形，前缘较宽圆，鞍前区较宽，前边缘较窄，眼脊较微弱。由于标本太少，暂不予以新种名。就头鞍形态来看，相似种与本书描述的新种 *Solenoparia*（*Plesisolenoparia*）*robusta* Yuan et Zhang，sp. nov. 较相似，主要区别是头鞍呈瓮形至宽的截锥形，头鞍沟较浅，鞍前区极宽，眼脊自头鞍前侧角微向后伸，壳面具稀少瘤点。就头盖和头鞍形态来看，相似种与安徽宿县（宿州市）徐庄期所产 *Solenoparia*（*S.*）*ovata*（Zhang in Qiu *et al.*）（仇洪安等，1983，108 页，图版 35，图 11）也有些相似，不同之处在于新种的头鞍呈瓮形至宽的截锥形，头鞍沟较浅，鞍前区极宽，眼脊突起较低。

产地层位 宁夏回族自治区贺兰山苏峪口至五道塘（NH18），胡鲁斯台组 *Inouyops titiana* 带。

相近沟颊虫（新种）*Solenoparia*（*Solenoparia*）*accedens* Yuan et Zhang，sp. nov.

（图版 76，图 1，2）

词源 accedens，拉丁语，相近的，指新种与模式种 *Solenoparia*（*S.*）*toxea*（Wallcott，1905）有相似的头盖和头鞍形态。

正模 头盖 NIGP62985-498（图版 76，图 1），内蒙古自治区乌海市岗德尔山东山口，寒武系第三统毛庄阶 *Luaspides shangzhuangensis* 带下部。

材料 1 块头盖和 1 块尾部标本。

描述 头盖平缓突起，亚梯形，正模标本长 8.3 mm，两眼叶之间宽 9.3 mm；背沟深，在头鞍之前变窄浅，眼脊内端的前坑不发育；头鞍宽，截锥形，前端宽圆，具三对极浅的侧头鞍沟：第一对（S1）内端分叉，前支短，微向前伸，后支长，向后内方斜伸，第二对（S2）位于头鞍横中线之前，微向后斜伸，第三对（S3）位于眼脊内端稍下方，微向后斜伸；颈沟宽深，微向后弯曲，颈环突起，中部宽，向两侧变窄；固定颊在两眼叶之间较宽，约为头鞍宽的 3/5；眼脊微微突起，自头鞍前侧角向后斜伸；眼叶短至中等长，略大于头鞍长的 1/3；鞍前区宽，平缓突起，是前边缘宽的 1.5 倍（纵向），前边缘窄，强烈突起，两侧变窄，前边缘沟宽深；后侧翼中等宽（纵向），后边缘沟深，后边缘窄，平缓突起，向外伸出的距离小于头鞍基部宽；面线前支自眼叶前端平行向前伸，后支自眼叶后端向侧后方斜伸；尾部短，呈椭圆形，尾轴宽，突起，微微向后收缩变窄，后端圆润，其长度为尾长的 4/5，分 4—5 节；肋部窄，平缓突起，分 3—4 对肋脊；肋沟宽浅，间肋沟模糊不清，尾边缘极窄，无尾边缘沟；壳面有不规则的网脊，小孔及瘤点。

比较 新种与山东张夏东南 1.6 km 张夏组 *Inouyops titiana* 带所产模式种 *Solenoparia toxea*（Walcott，1905）（Zhang and Jell，1987，p. 88，89，pl. 38，figs. 8—10；pl. 39，figs. 1—3）的主要区别是鞍前区较宽（纵向），前边缘较窄，头鞍前坑不发育，两眼叶之间的固定颊较宽，尾部呈椭圆形，壳面有不规则的网脊，小孔及瘤点。

产地层位 内蒙古自治区乌海市岗德尔山东山口（NZ1，NZ3），胡鲁斯台组 *Luaspides shangzhuangensis* 带下部。

多孔沟颊虫（新种）*Solenoparia* (*Solenoparia*) *porosa* Yuan et Zhang, sp. nov.

（图版 76，图 10，11）

词源 porosa, -us, -um, 拉丁语, 多孔的, 指新种壳面具许多小孔。

正模 头盖 NIGP62985-508（图版 76，图 11），内蒙古自治区乌海市桌子山地区阿不切亥沟，寒武系第三统徐庄阶 *Sinopagetia jinnanensis* 带。

材料 1 块头盖和 1 块尾部标本。

描述 头盖平缓突起，长梯形，正模标本长 4.4 mm，两眼叶之间宽 4.5 mm；背沟深，在头鞍之前变窄；头鞍突起，窄长，截锥形至次柱形，前端宽圆，侧头鞍沟极浅或模糊不清；颈沟宽深，微向后弯曲，颈环突起，中部宽，向两侧变窄；固定颊在两眼叶之间较宽，约为头鞍宽的 7/10；眼脊微微突起，自头鞍前侧角近乎向外平伸；眼叶短至中等长，略大于头鞍长的 1/3；鞍前区宽，平缓突起，是前边缘宽的 2 倍（纵向），前边缘窄，强烈突起，两侧变窄，前边缘沟宽深；后侧翼中等宽（纵向），后边缘沟深，后边缘窄，平缓突起，向外伸出的距离小于头鞍基部宽；面线前支自眼叶前端微向内收缩向前伸，后支自眼叶后端向侧后方斜伸；可能属于此种的尾部短，呈半椭圆形，尾轴宽，突起，微微向后收缩变窄，后端圆润，其长度为尾长的 5/6，后端几乎伸达尾部后缘，分 4—5 节；肋部窄，平缓突起，分 3—4 对肋脊；肋沟窄浅，间肋沟模糊不清，尾边缘极窄，无尾边缘沟；壳面有不规则的网脊及密集的小孔。

比较 新种与本书描述的另一新种 *Solenoparia* (*S.*) *accedens* Yuan et Zhang, sp. nov. 较相似，主要区别是头鞍较窄长，向前收缩慢，几乎呈次柱形，鞍前区更宽（纵向），眼脊自头鞍前侧角近乎向外平伸，眼叶较长，尾部较横宽，两眼叶之间的固定颊较宽，壳面具有许多密集的小孔。新种与山东张夏东南 1.6 km 张夏组 *Inouyops titiana* 带所产模式种 *Solenoparia toxea*（Walcott, 1905）（Zhang and Jell, 1987, p. 88, 89, pl. 38, figs. 8—10; pl. 39, figs. 1—3）的主要区别是头鞍较窄长，鞍前区较宽（纵向），前边缘较窄，头鞍前坑不发育，两眼叶之间的固定颊较宽，眼叶较长，尾部呈半椭圆形，尾轴宽长，壳面有不规则的网脊及密集的小孔。

产地层位 内蒙古自治区乌海市桌子山地区阿不切亥沟（CD94C）和阿拉善盟呼鲁斯太陶思沟（NH43a），胡鲁斯台组 *Sinopagetia jinnanensis* 带中下部。

次柱形沟颊虫（新种）*Solenoparia* (*Solenoparia*) *subcylindrica* Yuan, sp. nov.

（图版 77，图 11，12）

词源 sub, 拉丁语, 下, 几乎, 略微, 附近, cylindrica, -us, -um, 拉丁语, 圆锥形, 柱形, 指新种具次柱形的头鞍。

正模 头盖 NIGP62985-530（图版 77，图 11），内蒙古自治区乌海市岗德尔山成吉思汗塑像公路旁，寒武系第三统徐庄阶 *Metagraulos dolon* 带或者 *Inouyops titiana* 带。

材料 2 块头盖标本。

描述 头盖平缓突起，次方形（后侧翼除外），前缘向前拱曲，正模标本长 2.8 mm，两眼叶之间宽 3.2 mm；背沟窄；头鞍突起，截锥形至次柱形，前端宽圆，四对侧头鞍沟较深：第一对（S1）较长，向后内方斜伸，第二对（S2）位于头鞍横中线之前，平伸，第三对（S3）位于眼脊内端稍下方，不与背沟相连，微向前斜伸，第四对（S4）极短窄，位于眼脊内端，向前斜伸；颈沟深，两侧和中部微向前弯曲，颈环突起，中部宽，向两侧略变窄；固定颊在两眼叶之间中等宽，约为头鞍的 1/2 或略宽；眼脊微微突起，自头鞍前侧角稍后近乎向外平伸；眼叶中等长，略小于头鞍长的 1/2；鞍前区宽，平缓突起，是前边缘宽的 2—2.5 倍（纵向），前边缘窄，突起，两侧变窄，前边缘沟清楚；后侧翼窄（纵向），后边缘沟深，后边缘窄，平缓突起，向外伸出的距离小于头鞍基部宽；面线前支自眼叶前端微向外向前伸，后支自眼叶后端向侧后方斜伸；壳面光滑。

比较 就头盖和头鞍形态来看，新种与本书描述的另一新种 *Solenoparia* (*S.*) *porosa* Yuan et Zhang, sp. nov. 较相似，主要区别是背沟较浅，头鞍较短宽，有四对较深的侧头鞍沟，眼脊自头鞍前侧角稍后向外平伸，眼叶较长，壳面光滑。新种与山东张夏东南 1.6 km 张夏组 *Inouyops titiana* 带所产模式种 *Solenoparia toxea*（Walcott，1905）（Zhang and Jell，1987，p. 88，89，pl. 38，figs. 8—10；pl. 39，figs. 1—3）的主要区别是头鞍沟较深，鞍前区较宽（纵向），前边缘较窄，头鞍前坑不发育，眼叶较长，眼脊较清楚。

产地层位 内蒙古自治区乌海市岗德尔山成吉思汗塑像公路旁（GDME1-4），胡鲁斯台组 *Metagraulos dolon* 带上部。

似沟颊虫亚属 *Solenoparia*（*Plesisolenoparia*）Zhang et Yuan in Zhang *et al.*，1980b

Solenoparia（*Plesisolenoparia*）Zhang et Yuan in Zhang *et al.*，张文堂等，1980b，55 页；仇洪安等，1983，102，103 页；张进林、王绍鑫，1985，375 页；卢衍豪等，1988，345，353 页；昝淑芹，1989，100 页；王绍鑫、张进林，1994a，137 页；郭鸿俊等，1996，103 页；袁金良、李越，1999，422 页；Jell and Adrain，2003，p. 427；段吉业等，2005，132 页；李泉，2006，39 页；Yuan *et al.*，2008，p. 88，94，105；袁金良等，2012，187 页。

模式种 *Solenoparia*（*Plesisolenoparia*）*trapezoidalis* Zhang et Yuan in Zhang *et al.*，张文堂等，1980b，56 页，图版 3，图 3，4，内蒙古自治区乌海市岗德尔山东山口，寒武系第三统毛庄阶 *Luaspides shangzhuangensis* 带。

特征（修订） 沟颊虫类三叶虫，具有梯形头盖和锥形至截锥形的头鞍，3—4 对较深的侧头鞍沟，其中第一对（S1）内端分叉；背沟、颈沟和前边缘沟宽深；鞍前区宽，突起，前边缘突起，较鞍前区窄；两眼叶之间的固定颊中等宽，眼叶中等长，位于头鞍相对位置中部；眼脊突起，自头鞍前侧角稍后微向后斜伸；活动颊无颊刺；尾部横宽，次菱形，尾轴宽，突起高，微向后收缩变窄，后端圆润，分 3—4 节，但仅前两个轴环节较清楚，肋部较窄，平缓突起，2—3 对肋脊，尾边缘窄，尾边缘沟不清楚；壳面光滑或具瘤点装饰。

讨论 *Solenoparia*（*Plesisolenoparia*）与 *Solenoparia*（*S.*）Kobayashi，1935［模式种 *Ptychoparia*（*Liostracus*）*toxeus* Walcott，1905；Walcott，1913，p. 208，pl. 19，figs. 10，10a；Zhang and Jell，1987，p. 88，89，pl. 38，figs. 8，9，non 10；pl. 39，figs. 1—3］的主要区别是头鞍前端宽圆或圆润而不是尖圆，具 3—4 对较深的侧头鞍沟，鞍前区较宽，前边缘较窄，眼脊突起较明显，眼叶较长，活动颊无颊刺，尾轴相对较窄，肋部相对较宽。

时代分布 寒武纪第三世早期（毛庄期至徐庄期），华北。

粒状似沟颊虫 *Solenoparia*（*Plesisolenoparia*）*granulosa* Guo et Zan in Guo *et al.*，1996
（图版 76，图 12，13）

1989 *Solenoparia*（*Plesisolenoparia*）*lashushanensis*，昝淑芹，103 页，图版 14，图 6—8。
1996 *Solenoparia*（*Plesisolenoparia*）*granulosa* Guo et Zan，郭鸿俊等，104 页，图版 24，图 6—8。

正模 头盖 ESJU Q192（郭鸿俊等，1996，图版 24，图 6），辽宁省金县拉树山，寒武系第三统徐庄阶 *Damiaoaspis* 带（ = *Ruichengaspis mirabilis* 带）。

材料 2 块头盖标本。

比较 此种的主要特征是壳面布满两种大小不同的瘤点，鞍前区较前边缘窄（纵向）低，面线前支自眼叶前端微向外分散向前伸。当前标本与辽宁省金县拉树山所产模式标本相比，除了两眼叶之间的固定颊较宽外，其余特征都一致，应归于同一种内。

产地层位 内蒙古自治区阿拉善盟呼鲁斯太陶思沟（NH38），胡鲁斯台组 *Sinopagetia jinnanensis* 带下部。

金县似沟颊虫 *Solenoparia*（*Plesisolenoparia*）*jinxianensis* Guo et Zan in Guo *et al.*，1996
（图版 76，图 14—20）

1989 *Solenoparia*（*Plesisolenoparia*）*transversa* Zhang et Yuan，1980，昝淑芹，102 页，图版 14，图 1—5。
1996 *Solenoparia*（*Plesisolenoparia*）*jinxianensis* Guo et Zan，郭鸿俊等，104 页，图版 24，图 1—3。

正模 头盖 ESJU Q187（郭鸿俊等，1996，图版24，图1），辽宁省金县拉树山，寒武系第三统徐庄阶 *Sinopagetia jinnanensis* 带。

材料 5块头盖和2块尾部标本。

比较 当前标本与辽宁省金县拉树山所产模式标本相比，除了前边缘略窄（纵向）外，其余特征都一致，应归于同一种内。

产地层位 内蒙古自治区乌海市北部千里山（Q35-XII-H14，Q35-XII-H16），胡鲁斯台组 *Sunaspis laevis-Sunaspidella rara* 带下部和阿拉善盟呼鲁斯太陶思沟（NH31a，NH34，NH35，NH39），胡鲁斯台组 *Sinopagetia jinnanensis* 带。

芮城似沟颊虫 *Solenoparia* (*Plesisolenoparia*) *ruichengensis* Zhang et Yuan in Zhang *et al.*, 1980b
（图版18，图18；图版19，图10—13；图版75，图13—16；图版76，图3，4；图版77，图13—15；图版78，图18，19）

1980b *Solenoparia* (*Plesisolenoparia*) *ruichengensis* Zhang et Yuan in Zhang *et al.*，张文堂等，56页，图版3，图5—7。
1985 *Solenoparia* (*Plesisolenoparia*) *ruichengensis*，张进林、王绍鑫，375，376页，图版114，图13，14。
1985 *Solenoparia* (*Plesisolenoparia*) *huoxianensis* Zhang et Wang，张进林、王绍鑫，377页，图版114，图17，18。
1996 *Solenoparia* (*Plesisolenoparia*) *mirabilis* Guo et Zan，郭鸿俊等，104，105页，图版21，图1—6。

正模 头盖 NIGP51112（张文堂等，1980b，图版3，图5），宁夏回族自治区贺兰山苏峪口至五道塘，寒武系第三统徐庄阶 *Ruichengaspis mirabilis* 带。

材料 7块头盖，4块活动颊和5块尾部标本。

比较 本种与产于山西省霍县三眼窑的 *Solenoparia* (*Plesisolenoparia*) *huoxianensis* Zhang et Wang（张进林、王绍鑫，1985，377，378页，图版114，图17，18）在头盖和头鞍形态，较深的前边缘沟，眼叶的大小和位置以及面线历程等方面都很相似，不同的是三对侧头鞍沟较浅，可能与保存状态有关，本书将其作为种内变异予以合并。产于辽宁省复县双山的 *Solenoparia* (*Plesisolenoparia*) *mirabilis* Guo et Zan in Guo *et al.*（郭鸿俊等，1996，104，105页，图版21，图1—6）除了鞍前区较宽和前边缘沟向前的拱曲度较大外，其余特征与本种一致，本书将其合并。

产地层位 内蒙古自治区乌海市岗德尔山东山口（F869，NZ3，NZ7，NZ8，NZ04）、乌海市北部千里山（Q35-XII-H6）和桌子山地区阿不切亥沟（CD93，Q5-VII-H27）、苏拜沟（SBT0），宁夏回族自治区同心县青龙山（NC49），胡鲁斯台组 *Luaspides shangzhuangensis* 带至 *Sinopagetia jinnanensis* 带。

梯形似沟颊虫 *Solenoparia* (*Plesisolenoparia*) *trapezoidalis* Zhang et Yuan in Zhang *et al.*, 1980b
（图版75，图1—9）

1980b *Solenoparia* (*Plesisolenoparia*) *trapezoidalis* Zhang et Yuan in Zhang *et al.*，张文堂等，56页，图版3，图3，4。
1983 *Plesisolenoparia heishanensis* Qiu in Qiu *et al.*，仇洪安等，103页，图版35，图9，10。
1983 *Plesisolenoparia tangzhuangensis* Qiu in Qiu *et al.*，仇洪安等，103页，图版35，图8。
non 1996 *Solenoparia* (*Plesisolenoparia*) *trapezoidalis*，郭鸿俊等，103页，图版23，图9—14。

正模 头盖 NIGP51110（张文堂等，1980b，图版3，图3），内蒙古自治区乌海市岗德尔山东山口，寒武系第三统毛庄阶 *Luaspides shangzhuangensis* 带。

材料 7块头盖，1块活动颊和1块尾部标本。

描述 此种仅以两块头盖标本建立，根据同层所产活动颊和尾部标本补充描述如下：活动颊平缓突起，次长方形，夹角平直，无颊刺；侧边缘较宽，突起，侧边缘沟清楚，颊区与侧边缘近乎等宽；尾部横宽，次菱形，两侧尖圆，尾轴宽，突起高，微向后收缩变窄，后端圆润，分3节及一较长的末节，但仅前两个轴环节较清楚，肋部较窄，平缓突起，2—3对肋脊，尾边缘窄，尾边缘沟不清楚；壳面光滑或具瘤点装饰。

比较 产于山东省枣庄市唐庄的 *Plesisolenoparia heishanensis* Qiu in Qiu *et al.*，1983 和 *Plesisolenoparia tangzhuangensis* Qiu in Qiu *et al.*，1983 与 *Plesisolenoparia trapezoidalis* Zhang et Yuan in Zhang *et al.*，1980b 在头盖和头鞍形态，鞍前区和前边缘纵向宽的比例，眼叶的大小和位置以及面线历程等方面都很相似，

本书予以合并。产自辽宁省本溪市四亩地毛庄期的 *Solenoparia* (*Plesisolenoparia*)? *benxiensis* Duan in Duan *et al*., 2005（段吉业等，2005，132 页，图版 8，图 11）则可能是山东张夏毛庄期的 *Solenoparia* (*Plesisolenoparia*) *angustilimbata* Lu, Zhu et Zhang, 1988 一种的晚出异名。

产地层位 内蒙古自治区乌海市岗德尔山东山口（NZ3，NZ4），胡鲁斯台组 *Luaspides shangzhuangensis* 带。

强壮似沟颊虫（新种）*Solenoparia* (*Plesisolenoparia*) *robusta* Yuan et Zhang, sp. nov.

（图版 75，图 10—12）

词源 robusta, -us, -um, 拉丁语, 强壮, 指新种有强壮的头鞍。

正模 背壳外模 NIGP62985-492（图版 75，图 10），内蒙古自治区乌海市岗德尔山东山口，寒武系第三统毛庄阶 *Luaspides shangzhuangensis* 带下部。

材料 1 块背壳外模和 2 块头盖标本。

描述 背壳平缓突起，长卵形，长约 12.0 mm，头、胸、尾长度之比为 3.3：5.5：1；头部半圆形，前缘呈圆弧形向前拱曲；头盖平缓突起，亚梯形，正模标本长 4.5 mm，两眼叶之间宽 4.8 mm；背沟窄，清楚，在头鞍之前变浅；头鞍宽大，截锥形，前端几乎伸达前边缘沟，前端宽圆，具三对浅的侧头鞍沟：第一对（S1）位于 S2 与颈沟之间，内端分叉，前支短，微向前伸，后支长，向后内方斜伸，第二对（S2）位于头鞍横中线之前，微向后斜伸，第三对（S3）位于眼脊内端稍下方，微向前斜伸；颈沟宽深，两侧微向前弯曲，颈环突起，中部宽，向两侧变窄；固定颊在两眼叶之间窄至中等宽，不足头鞍宽的 1/2；眼脊微微突起，自头鞍前侧角稍后向后斜伸；眼叶中等长，约为头鞍长的 1/2；鞍前区极窄，平缓突起，前边缘宽，强烈突起，两侧变窄，前边缘沟深；后侧翼窄（纵向），后边缘沟深，后边缘窄，平缓突起，向外伸出的距离等于头鞍基部宽；面线前支自眼叶前端平行向前伸，后支自眼叶后端向侧后方斜伸；活动颊与固定颊几乎等宽（横向），无颊刺，颊区比侧边缘略宽，向后变宽，侧边缘沟清楚；胸部 13 节，肋部比轴部略宽（横向），肋节末端具向后伸的短的肋刺，轴环节沟深，肋沟深；尾部短，呈次菱形，尾轴突起，微微向后收缩变窄，后端宽圆，其长度为尾长的 3/4，分 2—3 节；肋部平缓突起，分 2 对肋脊；肋沟浅，间肋沟模糊不清，尾边缘极窄，无尾边缘沟；壳面有不规则的网脊及小孔。

比较 新种与模式种 *Solenoparia* (*Plesisolenoparia*) *trapezoidalis* Zhang et Yuan in Zhang *et al*.（张文堂等，1980b，56 页，图版 3，图 3，4）的主要区别是头鞍较宽长，鞍前区极窄，前边缘较宽，两眼叶之间的固定颊较窄，三对头鞍沟较浅。由于具有极窄的鞍前区，新种与山东张夏毛庄期的 *Solenoparia* (*Plesisolenoparia*) *angustilimbata* Lu, Zhu et Zhang, 1988（卢衍豪等，1988，345，353 页，图版 10，图 1—6）较相似，但后者的前边缘较窄（纵向），强烈向前上方翘起，头鞍向前收缩较快，三对侧头鞍沟较深。

产地层位 内蒙古自治区乌海市岗德尔山东山口（NZ2）、乌海市西部五虎山（Q5-VIII-H3，Q5-VIII-H5），胡鲁斯台组 *Luaspides shangzhuangensis* 带下部。

沟颊形虫属 *Solenoparops* Chang, 1963

Solenoparops Chang, 张文堂, 1963, 466, 467 页；卢衍豪等，1965, 207 页；安素兰，1966, 161 页；罗惠麟，1974, 639 页；张文堂等，1980b，57 页；张进林、王绍鑫，1985, 378 页；Zhang and Jell, 1987, p. 96；王绍鑫、张进林，1994a, 138 页；Zhang *et al*., 1995, p. 65；Jell and Adrain, 2003, p. 446；段吉业等，2005, 133 页；Yuan *et al*., 2008, p. 94, 105；Yuan and Li, 2008, p. 118, 121, 135；袁金良等，2012, 197, 198, 555, 556 页。

模式种 *Solenoparia luna* Endo 1944, p. 81, pl. 6, figs. 6—10 (=*Solenoparia taitzuensis* Resser et Endo, 1937, p. 291, pl. 47, fig. 26)，辽宁辽阳双庙子，寒武系第三统长清阶 *Amphoton deois* 带 (=辽宁灯塔烟台当十岭南坡，长清阶 *Amphoton deois* 带)。

特征和讨论 见袁金良等，2012, 197, 198, 555, 556 页。

时代分布 寒武纪第三世早中期（徐庄期至长清期），华华北。

中间型沟颊形虫？（新种）*Solenoparops*？ *intermedius* Yuan et Zhang, sp. nov.

（图版78，图4—9）

词源 intermedius, -a, -um, 拉丁语, 中间型的, 指新种特征介于 *Solenoparops* 和 *Solenoparia* 两个属之间。

正模 头盖 NIGP62985-545（图版78，图8），内蒙古自治区阿拉善盟呼鲁斯太陶思沟，寒武系第三统徐庄阶 *Sunaspis laevis-Sunaspidella rara* 带下部。

材料 4块头盖和2块尾部标本。

描述 头盖近似四方形，前缘向前拱曲，正模标本长5.2 mm，两眼叶之间宽5.6 mm；背沟在头鞍两侧较深，在头鞍之前变窄浅；头鞍突起，宽截锥形，向前收缩较慢，前端宽圆，长度略大于其基部的宽度，具3对极浅的侧头鞍沟，其中第一对(S1)较长，向后弯曲斜伸，S2位于头鞍横中线之前，微向后斜伸，S3短浅，位于眼脊内端稍下方，近乎平伸；颈环突起，中部较宽，两侧变窄，中后部有一小颈疣；固定颊中等宽至偏窄，在两眼叶之间略小于头鞍宽的1/2，凸度比头鞍小；眼叶中等长，位于头鞍相对位置的中部，约有头鞍长的1/2，眼脊微弱；鞍前区中等宽，眼前翼略宽，两者向前边缘沟平缓倾斜，前边缘宽而突起，前边缘沟较清楚；后边缘沟深，后边缘平缓突起，向外伸出的距离为头鞍基部宽度的4/5；面线前支自眼叶前端平行向前延伸，越过边缘沟后斜切前边缘于头盖的前侧缘，后支自眼叶后端向侧后方斜伸；尾部比头盖略小，半椭圆形，尾轴倒锥形，后端宽圆，轴环节沟浅，仅前两个轴环节沟可见，肋部有2—3对肋脊，2—3对肋沟清楚，间肋沟极浅；尾边缘极窄，无尾边缘沟；壳表面有极小的疣点。

比较 新种头盖和头鞍形态与辽宁辽阳双庙子东山 *Amphoton deois* 带所产模式种 *Solenoparops taitzuensis* (Resser et Endo, 1937)（张文堂，1963，480页，图版1，图16，17；袁金良等，2012，198页，图版237，图15，16）有些相似，主要区别是新种的前边缘沟和颈沟较浅，头鞍较窄长，鞍前区较宽（纵向），前边缘较窄（纵向）。新种与本书描述的另一新种 *Solenoparops taosigouensis* Yuan et Zhang, sp. nov. 的不同之处在于前边缘较窄，中线位置的后缘没有后缘棘，鞍前区较宽，壳面有极小的疣点。

产地层位 内蒙古自治区阿拉善盟呼鲁斯太陶思沟（NH43a，NH44），胡鲁斯台组 *Sinopagetia jinnanensis* 带至 *Sunaspis laevis-Sunaspidella rara* 带下部。

内蒙古沟颊形虫（新种）*Solenoparops neimengguensis* Yuan et Zhu, sp. nov.

（图版85，图14—16）

词源 Neimenggu, 汉语拼音, 内蒙古, 地名, 指新种产地。

正模 头盖 NIGP62985-671（图版85，图15），内蒙古自治区乌海市桌子山地区阿不切亥沟，寒武系第三统长清阶 *Taitzuia lui-Poshania poshanensis* 带或者 *Solenoparops neimengguensis* 带。

材料 1块头盖和2块尾部标本。

描述 头盖近似亚梯形，前缘微向前拱曲，正模标本长8.0 mm，两眼叶之间宽8.3 mm；背沟较清楚，在头鞍之前变窄浅；头鞍突起，宽截锥形，向前收缩较慢，前端宽圆，长度略大于其基部的宽度，具3对极浅的侧头鞍沟，其中第一对(S1)较长，向后斜伸；颈环突起，中部较宽，两侧变窄；固定颊中等宽，在两眼叶之间略大于头鞍宽的1/2，凸度比头鞍小；眼叶中等长，位于头鞍相对位置的中部，约有头鞍长的1/2，眼脊微弱；鞍前区极窄，眼前翼较宽，两者向前边缘沟平缓倾斜，前边缘宽而突起，前边缘沟较宽深；后边缘沟深，后边缘平缓突起，向外伸出的距离为头鞍基部的宽度的5/7；面线前支自眼叶前端微向内向前延伸，越过边缘沟后斜切前边缘于头盖的前侧缘，后支自眼叶后端向侧后方斜伸；尾部比头盖略小，半椭圆形，尾轴倒锥形，后端宽圆，轴环节沟模糊不清，尾边缘窄，向后变宽，尾边缘沟极浅；壳表面有稀少的瘤点。

比较 新种头盖和头鞍形态与辽宁辽阳双庙子东山 *Amphoton deois* 带所产模式种 *Solenoparops taitzuensis* (Resser et Endo, 1937)（张文堂，1963，480页，图版1，图16，17；袁金良等，2012，198页，图版237，图15，16）较相似，主要区别是新种的背沟较浅，头鞍较长，向前收缩较慢，前边缘较窄

（纵向）。

产地层位　内蒙古自治区乌海市桌子山地区阿不切亥沟（CD111），胡鲁斯台组 *Taitzuia lui-Poshania poshanensis* 带或者 *Solenoparops neimengguensis* 带。

陶思沟沟颊形虫（新种）*Solenoparops taosigouensis* Yuan et Zhang, sp. nov.

（图版78，图12—15）

词源　Taosigou，汉语拼音，陶思沟，地名，指新种产地。

正模　头盖 NIGP62985-552（图版78，图15），内蒙古自治区阿拉善盟呼鲁斯太陶思沟，寒武系第三统徐庄阶 *Sinopagetia jinnanensis* 带。

材料　4块头盖标本。

描述　头盖近似亚梯形，前缘微向前拱曲，正模标本长 8.5 mm，两眼叶之间宽 10.0 mm；背沟深，在头鞍之前变窄；头鞍突起，宽截锥形，向前收缩较快，前端宽圆，长度略大于基部宽度，具3对极浅的侧头鞍沟；颈环突起，中部较宽，两侧变窄，中后部有一颈疣；固定颊中等宽，在两眼叶之间略大于头鞍宽的 1/2，凸度比头鞍小；眼叶中等长，位于头鞍相对位置的中部，约有头鞍长的 1/2，眼脊微弱，自头鞍前侧角稍后向后斜伸，眼沟极浅而窄；鞍前区极窄，眼前翼宽，两者向前边缘沟平缓倾斜，前边缘宽而突起，中线位置后缘有一不发育的后缘棘，前边缘沟两侧较深，中线位置变窄浅，并微微向后弯曲；后边缘沟宽深，后边缘平缓突起，向外伸出的距离为头鞍基部宽的 4/5；面线前支自眼叶前端微向内向前延伸，越过边缘沟后斜切前边缘于头盖的前侧缘，后支自眼叶后端向侧后方斜伸；壳表面光滑或有分散的瘤点，外皮脱落后见一些小孔。

比较　新种头盖和头鞍形态与河南渑池徐庄期 *Ruichengaspis mirabilis* 带所产 *Solenoparops lata* Chang in Zhang et al.（Zhang et al., 1995, p. 65, 66, pl. 28, fig. 12；pl. 29, figs. 1—3）较相似，不同之处在于新种的头鞍较窄长，鞍前区较窄，两眼叶之间的固定颊较窄。

产地层位　内蒙古自治区阿拉善盟呼鲁斯太陶思沟（NH38），胡鲁斯台组 *Sinopagetia jinnanensis* 带下部；宁夏回族自治区贺兰山苏峪口至五道塘（NH3a），胡鲁斯台组 *Ruichengaspis mirabilis* 带。

千里山虫属（新属）*Qianlishania* Yuan et Zhang, gen. nov.

词源　Qianlishan，汉语拼音，乌海市北部千里山，地名，指新属产地。

模式种　*Qianlishania megalocephala* Yuan et Zhang, sp. nov.，内蒙古自治区乌海市北部千里山，寒武系第三统徐庄阶 *Sunaspis laevis-Sunaspidella rara* 带下部。

特征　头盖突起，近乎四方形（后侧翼除外）；背沟清楚；头鞍宽大，截锥形至次柱形，前端宽圆，中线位置有低的中脊，具3—4对浅的侧头鞍沟，其中第一对（S1）较深长，内端分叉；颈环突起，半椭圆形；两眼叶之间固定颊窄，略小于头鞍宽的 1/2，眼脊突起，自头鞍前侧角稍后微向后斜伸；眼叶中等偏长，后端几乎伸达颈沟水平位置，位于头鞍相对位置的中后部；前边缘沟宽深，向前拱曲呈三段弧形；前边缘圆凸，两侧较窄，鞍前区比前边缘窄，眼前翼较宽；后侧翼窄（纵向）而短（横向）；后边缘沟宽深，后边缘窄，平缓突起，向外伸出距离小于头鞍基部宽；面线前支自眼叶前端近乎平行向前伸；壳面具瘤点装饰。

讨论　就头盖的一般形态特征来看，新属与辽宁省张夏组的 *Grandioculus* Cossmann, 1908（模式种 *Liostracus megalurus* Dames, 1883, S. 20, 21, Taf. 1, Fig. 7, 8；Schrank, 1977, S. 152, 153, Taf. 4, Fig. 7—9；Taf. 5, Fig. 1—4）较相似，两者的主要区别是新属具有较宽深的背沟，颈沟和前边缘沟，前边缘沟呈三段弧形向前拱曲，头鞍作宽的截锥形或次柱形，而后者呈宽锥形，此外，新属的眼叶较长，位置略靠后，后侧翼纵向较窄，面线前支自眼叶前端向外分散不明显。但是 *Grandioculus megalurus* 的一些幼体标本（Schrank, 1977, Taf. 4, Fig. 8, 9）除了前边缘沟不呈明显三段弧形外，其余特征与新属很相似，因此，两者在演化上可能有一定亲缘关系。就前边缘沟的形态，头鞍形态，眼叶的大小和位置来看，新属与安徽省淮南市洞山徐庄期所产 *Paraeosoptychoparia* Qiu in Qiu et al., 1983（模式种 *P. dongshanensis* Qiu；仇洪安等，1983，76，77页，图版23，图14）也有些相似，但后者背沟及前边缘沟较浅，头鞍较小，两眼叶之间的固定颊较宽，面线前支自眼叶前端明显向外分散向前伸。

时代分布 寒武纪第三世早期（徐庄期），华北。

锥形千里山虫（新属、新种）*Qianlishania conica* Yuan et Zhang，gen. et sp. nov.
（图版79，图1—5）

1995 *Solenoparia talingensis*（Demes，1883），Zhang *et al.*，p. 65，pl. 28，fig. 7，non figs. 6，8—11.

词源 conica，-us，-um，拉丁语，圆锥形的，指新种有锥形头鞍。

正模 头盖 NIGP62985-560（图版79，图4），内蒙古自治区乌海市桌子山地区阿不切亥沟，寒武系第三统徐庄阶 *Sinopagetia jinnanensis* 带。

材料 5块头盖标本。

描述 头盖突起，近乎四方形（后侧翼除外），前缘向前拱曲，正模标本长6.5 mm，两眼叶之间宽7.5 mm；背沟宽深，在头鞍前方较窄浅；头鞍短，宽大，宽截锥形，向前收缩较快，前端宽圆，中线位置有低的中脊，略大于头盖长的1/2，具4对浅的侧头鞍沟，其中第一对（S1）较深长，位于头鞍后1/3处，内端分叉，前支近乎平伸，后支略长，向后内方斜伸，S2位于头鞍横中线稍前方，向后斜伸，S3位于眼脊内端稍下方，平伸，S4短浅，位于眼脊内端，微向前伸；颈沟宽深，中部较窄，颈环突起，半椭圆形，中后部具小颈瘤；两眼叶之间固定颊中等宽，约为头鞍宽的3/5，眼脊粗壮，突起，自头鞍前侧角稍后呈弧形微向后斜伸；眼叶中等偏长，后端几乎伸达颈沟水平位置，位于头鞍相对位置的中后部，略大于头鞍长的1/2，眼沟清楚；前边缘沟宽深，向前拱曲呈三段弧形，两侧向前的拱曲度较大；前边缘圆凸，两侧迅速变窄，几乎呈脊状突起，鞍前区与前边缘宽几乎相等（纵向），眼前翼较宽；后侧翼窄（纵向）而短（横向）；后边缘沟宽深，后边缘窄，平缓突起，向外伸出距离小于头鞍基部宽；面线前支自眼叶前端呈弧形微向内收缩向前伸，后支自眼叶后端向侧后方斜伸；壳面布满网脊和小孔装饰。

比较 新种与模式种的主要区别是头鞍较短宽，向前收缩较快，有4对较清楚的侧头鞍沟，鞍前区较宽，面线前支自眼叶前端呈弧形微向内收缩向前伸，壳面布满网脊和小孔装饰。

产地层位 内蒙古自治区乌海市桌子山地区阿不切亥沟（CD94C），胡鲁斯台组 *Sinopagetia jinnanensis* 带中下部。

长刺千里山虫（新属、新种）*Qianlishania longispina* Yuan et Zhang，gen. et sp. nov.
（图版79，图6，7）

词源 longispina，-us，-um，拉丁语，长刺的，指新种颈环向后延伸出长刺。

正模 头盖 NIGP62985-562（图版79，图6），内蒙古自治区阿拉善盟呼鲁斯太陶思沟，寒武系第三统徐庄阶 *Zhongtiaoshanaspis similis* 带。

材料 2块头盖标本。

描述 头盖突起，近乎四方形（后侧翼及颈刺除外），前缘较平直，正模标本长9.0 mm（包括颈刺），两眼叶之间宽8.7 mm；背沟宽深；头鞍短，宽大，截锥形，向前收缩，前端平圆，长略大于头鞍基部宽，具3对浅的侧头鞍沟，其中第一对（S1）较深长，位于头鞍后1/3处，内端分叉，前支平伸，后支略长，向后内方斜伸，S2位于头鞍横中线稍前方，向后斜伸，S3位于眼脊内端稍下方，平伸；颈沟宽深，中部较窄，浅，颈环突起，近乎三角形，中后部向后延伸成强大颈刺；两眼叶之间固定颊较宽，强烈突起，向着背沟和后边缘沟平缓下倾，约为头鞍宽的5/7，眼脊粗壮，突起，近乎平伸或自头鞍前侧角稍后呈弧形微向后斜伸，其上有一浅的中沟；眼叶中等偏长，弯曲成弓形，后端几乎伸达颈沟水平位置，位于头鞍相对位置的中后部，略大于头鞍长的1/2，眼沟较深；前边缘沟宽深，向前拱曲呈三段弧形，两侧向前的拱曲度较大；前边缘平凸，两侧迅速变窄，鞍前区宽，突起，中线位置约为前边缘宽的3—4倍（纵向），其上布满了不规则的脊线，眼前翼略宽于鞍前区；后侧翼窄（纵向）而短（横向）；后边缘沟宽深，后边缘窄，平缓突起，向外伸出距离小于头鞍基部宽；面线前支自眼叶前端呈圆弧形微向内收缩向前伸，后支自眼叶后端向侧后方斜伸；壳面布满了小疣点装饰。

比较 新种与模式种 *Qianlishania megalocephla* 的主要区别是头鞍较短，鞍前区较宽，颈环向后延伸出长的颈刺，两眼叶之间的固定颊较宽，眼脊位置靠前，近乎向外平伸，壳面布满了小疣点装饰。新种与本书描述的另一新种 *Qianlishania conica* 的主要区别是头鞍呈截锥形，前端平圆，鞍前区较宽，前边缘较窄(纵向)，颈环向后延伸出长的颈刺，壳面布满了小疣点装饰。

产地层位 内蒙古自治区阿拉善盟呼鲁斯太陶思沟(NH32)，胡鲁斯台组 *Zongtiaoshanaspis similis* 带。

大头千里山虫(新属、新种) *Qianlishania megalocephala* Yuan et Zhang, gen. et sp. nov.
(图版79，图8—13)

词源 megalocephala, -us, -um, 拉丁语，大头的，指新种有大的头鞍。

正模 头盖 NIGP62985-564 (图版79，图8)，内蒙古自治区乌海市北部千里山，寒武系第三统徐庄阶 *Sunaspis laevis-Sunaspidella rara* 带下部。

材料 3块头盖和3块尾部标本。

描述 头盖突起，近乎四方形(后侧翼除外)，前缘微向前拱曲，正模标本长11.0 mm，两眼叶之间宽11.0 mm；背沟清楚；头鞍宽大，截锥形，前端宽圆，中线位置有低的中脊，约占头盖长的2/3，具3对浅的侧头鞍沟，其中第一对(S1)较深长，内端分叉；颈沟窄深，颈环突起，中部较宽，中后部具颈瘤或短小颈刺；两眼叶之间固定颊窄，约为头鞍宽的2/5，眼脊粗壮，突起，自头鞍前侧角稍后微向后斜伸；眼叶中等偏长，后端几乎伸达颈沟水平位置，位于头鞍相对位置的中后部，约有头鞍长的1/2；前边缘沟宽深，向前拱曲呈三段弧形，在中线位置和两侧向前的拱曲度较大；前边缘圆凸，两侧迅速变窄，鞍前区比前边缘窄，仅为前边缘中部的1/2 (纵向)，眼前翼较宽；后侧翼窄(纵向)而短(横向)；后边缘沟深，后边缘窄，平缓突起，向外伸出距离小于头鞍基部宽；面线前支自眼叶前端呈弧形微向外向前伸，后支自眼叶后端向侧后方斜伸；同层所产可能属于此种的尾部短椭圆形，长3.5 mm，最大宽5.0 mm，强烈突起，两侧缘有一对短小向后伸的侧刺；尾轴宽长，几乎伸达尾部后缘，分5节及一末节，轴环节沟较深，肋部比轴部略窄，平缓突起，4对较宽肋脊微向后侧弯曲延伸，4对肋沟深，间肋沟极浅或模糊不清；尾边缘沟深，尾边缘窄，微向上翘起；壳表面有分散的小瘤点。

产地层位 内蒙古自治区乌海市北部千里山(Q35-XII-H23)和阿拉善盟呼鲁斯太陶思沟(NH43，NH44)，胡鲁斯台组 *Sunaspis laevis-Sunaspidella rara* 带下部。

千里山虫未定种 *Qianlishania* sp.
(图版79，图14)

材料 1块头盖标本。

描述 头盖突起，近乎四方形(后侧翼除外)，前缘向前强烈拱曲，长7.5 mm，两眼叶之间宽9.0 mm；背沟宽深，在头鞍前方较窄浅；头鞍短，宽大，宽截锥形，向前收缩较快，前端宽圆，中线位置有低的中脊，略大于头盖长的1/2，具4对浅的侧头鞍沟，其中第一对(S1)较深长，位于头鞍后1/3处，内端分叉，前支近乎平伸，后支略长，向后内方斜伸，S2位于头鞍横中线稍前方，向后斜伸，S3位于眼脊内端稍下方，微向后斜伸，S4短浅，位于眼脊内端，平伸；颈沟宽深，中部较窄，直，颈环突起，半椭圆形；两眼叶之间固定颊较宽，约为头鞍宽的4/5，眼脊粗壮，突起，自头鞍前侧角微向后斜伸；眼叶中等偏长，后端几乎伸达颈沟水平位置，位于头鞍相对位置的中后部，略大于头鞍长的1/2，眼沟宽深；前边缘沟宽深，向前拱曲；前边缘圆凸，两侧变窄，鞍前区较宽，平缓突起，是前边缘宽的2倍(纵向)，眼前翼与鞍前区等宽；后侧翼窄(纵向)而短(横向)；后边缘沟宽深，后边缘窄，平缓突起，向外伸出距离小于头鞍基部宽；面线前支自眼叶前端呈弧形微向内收缩向前伸，后支自眼叶后端向侧后方斜伸；壳面布满不规则的脊线装饰。

比较 未定种与本书描述的 *Qianlishania conica* Yuan et Zhang 较相似，主要区别是头鞍较短小，鞍前区较宽，两眼叶之间的固定颊较宽。

产地层位 内蒙古自治区乌海市岗德尔山东山口(NZ2a)，胡鲁斯台组 *Luaspides shangzhuangensis* 带。

小粗糙虫属 *Squarrosoella* Wu et Lin in Zhang *et al.*, 1980b

Squarrosoella Wu et Lin in Zhang *et al.*，张文堂等，1980b，58，91 页；仇洪安等，1983，105 页；张进林、王绍鑫，1985，382 页；昝淑芹，1989，103 页；1992，254 页；郭鸿俊等，1996，110 页；Jell and Adrain, 2003, p. 447；Yuan *et al.*, 2008, p. 88, 94, 105.

模式种 *Squarrosoella tuberculata* Wu et Lin in Zhang *et al.*，张文堂等，1980b，58 页，图版 4，图 2, 3，山西省芮城县水峪中条山，寒武系第三统徐庄阶 *Poriagraulos nanus* 带。

特征 沟颊虫类三叶虫；头盖次方形，突起较高；背沟在头鞍两侧极宽而深；头鞍较窄长，突起高，切锥形，前端平圆，其上布满小瘤点，但其中头鞍叶上两排 6 个大瘤较明显，具 3 对深的侧头鞍沟；颈环突起，中部较宽，中后部具颈瘤，颈沟宽深；固定颊较窄；眼脊清楚，自头鞍前侧角稍后微向后斜伸，眼叶短而突起，位于头鞍相对位置的中后部，眼沟宽而深；鞍前区极窄至中等宽，前边缘凸，窄至中等宽，前边缘沟宽而深；尾部较短小，横椭圆形；尾轴较长而突起，向后微收缩，后缘圆润，有 4 条轴环沟，分 4 个轴环节和一个轴末节，肋部平缓突起，有 3 对肋脊，2—3 对深的肋沟，尾边缘窄而平，尾边缘沟不清；壳表面光滑或具小瘤。

讨论 就头盖和头鞍外形来看，*Squarrosoella* 与 *Badulesia* Sdzuy, 1967 和 *Pardaihania* Thoral, 1948 的一些种，如 *Badulesia granieri* (Thoral, 1935) (Courtessole, 1973, p. 165, 166, pl. 15, figs. 19—24；Álvaro and Vizcaïno, 2001, pl. 1, fig. 2)，*Pardaihania hispida* (Thoral, 1935) (Courtessole, 1973, p. 160—163, pl. 15, figs. 1—8；pl. 27, fig. 4；Álvaro and Vizcaïno, 2001, pl. 1, fig. 4)较相似，但是后两属的眼叶和眼脊突起呈脊状，眼叶和眼脊之后的固定颊凹陷区明显，头鞍上几对凸起明显较高。

时代分布 寒武纪第三世早期(徐庄期)，华北及东北南部。

东山口小粗糙虫(新种) *Squarrosoella dongshankouensis* Yuan et Zhang, sp. nov.
(图版 81, 图 5—14)

词源 Dongshankou，汉语拼音，东山口，地名，指新种的产地。

正模 头盖 NIGP62985-593 (图版 81, 图 8)，内蒙古自治区乌海市岗德尔山东山口，寒武系第三统徐庄阶 *Poriagraulos nanus* 带。

材料 10 块头盖和 1 块尾部标本。

描述 头盖突起，近似四方形(后侧叶除外)，前缘微向前拱曲，正模标本长 7.3 mm，两眼叶之间宽 9.0 mm；背沟在头鞍两侧极宽而深，在头鞍之前较窄而浅；头鞍窄长，强烈突起，截锥形，长与基部宽之比为 4：3，略大于头盖长的 1/2，前端平圆，其上有稀少小瘤点，具 3—4 对深的侧头鞍沟，第一、第二对(S1, S2)深陷，内端分叉，形成 3 对乳头状突起的侧叶，每个侧叶的后端有一个较大的瘤，第三对(S3)深，位于眼脊内端下方，平伸，第四对(S4)短而浅，位于眼脊内端，微向前伸；颈环突起，中部较宽，中后部具颈瘤，颈沟宽深；固定颊较宽而强烈突起，在两眼叶之间约为头鞍宽的 5/6；眼脊清楚，自头鞍前侧角稍后微向后斜伸，眼叶中等偏短而突起，位于头鞍相对位置的中后部，约有头鞍长的 2/5，眼沟宽而深；鞍前区较宽，是前边缘宽的 2 倍，前边缘极窄而呈脊状突起，前边缘沟宽而深；后侧翼窄(纵向)；后边缘窄而突起，向外伸出的距离与头鞍基部宽几乎相等，后边缘沟宽而深；面线前支自眼叶前端呈弧形向外向前伸，后支自眼叶后端向侧后方斜伸；尾部较短小，横椭圆形；尾轴较长而突起，向后微收缩，后缘圆润，有 4 条轴环沟，分 4 个轴环节和一个轴末节，肋部平缓突起，有 3 对肋脊，2—3 对深的肋沟，尾边缘窄而平，尾边缘沟不清；壳表面具稀少小瘤。

比较 新种与模式种 *Squarrosoella tuberculata* Wu et Lin in Zhang *et al.* (张文堂等，1980b，图版 4，图 2, 3)的主要区别是头鞍较窄长，向前收缩较快，固定颊相对较宽，前边缘极窄而呈脊状突起，鞍前区较宽，面线前支自眼叶前端向外分散的角度较大。新种具较宽的鞍前区与 *Squarrosoella speciosa* Qiu in Qiu *et al.*（仇洪安等，1983，105 页，图版 36，图 3）较相似，但新种的头鞍窄长，向前收缩较快，固定颊相对较宽，前边缘极窄而呈脊状突起，背沟及前边缘沟极宽而深。

产地层位 内蒙古自治区乌海市岗德尔山东山口（76-302-F99，76-302-F100，NZC1）、桌子山地区阿不切亥沟（CD104，Q5-VII-H68）和伊勒思图山西坡第二大沟（CD64），胡鲁斯台组 *Poriagraulos nanus* 带。

小粗糙虫未定种 *Squarrosoella* sp.

（图版 81，图 15）

材料 1 块头盖标本。

描述 头盖突起，近似梯形，前缘强烈向前拱曲，长 4.5 mm，两眼叶之间宽 5.5 mm；背沟在头鞍两侧极宽而深，在头鞍之前较窄而浅；头鞍窄而短，强烈突起，截锥形，约有头盖长的 1/2，前端平圆，其上有密集小瘤点，具 3 对深的侧头鞍沟，后两对（S1，S2）深陷，内端分叉，形成 3 对乳头状突起的侧叶，每个侧叶的后端有一个较大的瘤，第三对（S3）深，位于眼脊内端下方，平伸；颈环突起，中部较宽，颈沟宽深；固定颊较宽而强烈突起，在两眼叶之间约为头鞍宽的 2/3；眼脊清楚，自头鞍前侧角稍后微向后斜伸，眼叶保存不全；鞍前区较宽，前边缘宽而突起，前边缘沟宽而深；后侧翼窄（纵向）；后边缘窄而突起，向外伸出的距离小于头鞍基部宽，后边缘沟宽而深；面线前支自眼叶前端平行向前伸，后支自眼叶后端向侧后方斜伸。

比较 未定种与模式种 *Squarrosoella tuberculata* Wu et Lin in Zhang *et al.*（张文堂等，1980b，图版 4，图 2，3）的主要区别是头鞍较短，向前收缩较快，鞍前区和前边缘较宽。未定种较宽的鞍前区和前边缘与 *Squarrosoella guluheensis* Zhang et Wang（张进林、王绍鑫，1985，382，383 页，图版 116，图 11，12）较相似，但后者的头鞍向前收缩较慢，固定颊相对较窄，前边缘沟仅在两侧较宽而深，中部则较窄而浅。

产地层位 山西省河津县西硙口（化 24），张夏组 *Poriagraulos nanus* 带。

歧途小金刺虫属 *Erratojincella* Rudolph，1994

Erratojincella Rudolph，1994，p. 205；1997，p. 14；Jell and Adrain，2003，p. 374；袁金良、李越，2014，507 页。

模式种 *Calymene brachymetopa* Angelin，1851，p. 23，pl. 19，figs. 1，1a；Westergärd，1953，p. 18，19，pl. 3，figs. 4—10，瑞典 Andrarum，寒武纪第三统 *Paradoxides forchhammeri* 阶（= upper Drumian），*Erratojencella brachymetopa* 带。

特征 头盖梯形，宽大于长；背沟较宽而深；头鞍锥形至截锥形，强烈突起，具 3—4 对浅的侧头鞍沟；前边缘窄至中等宽而突起，向两侧略变窄；固定颊宽，与突起的鞍前区融合；眼脊自头鞍前侧角稍后强烈向后斜伸；眼叶短，微微突起；颈环具微弱的颈瘤；后侧翼窄（纵向），后边缘窄，平缓突起，向外伸出较长距离；面线前支自眼叶前端平行向前伸；尾部短而横宽；尾轴短而突起，向后收缩不明显，分 2—3 节，肋部较窄而微突起，尾边缘较宽，尾边缘沟不清。

讨论 *Erratojencella* 不同于 *Jincella* Šnajdr，1957（= *Solenoparia* Kobayashi，1935）[模式种 *J. prantli*（Růžička，1944）；Šnajdr，1958，p. 197—200，Tab. 41，obr. 10—25；obr. 42]之处在于具有很宽的头盖，面线后支离头鞍较远，眼叶短，眼脊突起明显，此外，尾部横宽，尾轴较窄，尾边缘较宽平。*Erratojencella* 与 *Solenopleura* Angelin，1854（模式种 *Calymene holometopa* Angelin，1851；Westergärd，1953，p. 14—16，pl. 4，figs. 1—8）的区别是头盖横宽，两眼叶之间的固定颊宽，后侧翼较窄（纵向），尾部横宽，尾轴较窄，尾边缘较宽平。就头盖和头鞍形态来看，*Erratojencella* 与我国华北地区张夏组所产 *Changqingia* Lu et Zhu in Qiu *et al.*（模式种 *C. shandongensis* Lu et Zhu；仇洪安等，1983，105 页，图版 36，图 9，10）也十分相似，前者除了两眼叶之间固定颊较宽外，尾部极短，横宽，后缘中线位置平直或微向前弯曲，尾轴分节少。产于湖南西北部花垣县排碧花桥组的 *Changqingia laevis* Peng，Lin et Chen（彭善池等，1995，280，281 页，图版 2，图 1—4；Peng *et al.*，2004b，p. 145，pl. 63，figs. 1—5）由于没有发现相应的尾部，将其归属于 *Changqingia* 是值得怀疑的。

时代分布 寒武纪第三世早中期（徐庄期至长清期），欧洲（瑞典、德国）和中国（华北）。

宽歧途小金刺虫（新种）*Erratojincella lata* Yuan et Zhang, sp. nov.

(图版 80, 图 1, 2)

词源 lata-, latus-, latum, 拉丁语, 宽的, 阔的, 指新种具宽的头盖。

正模 头盖 NIGP62985-571（图版 80, 图 1）, 内蒙古自治区乌海市岗德尔山东山口, 寒武系第三统徐庄阶 *Metagraulos dolon* 带。

材料 1 块头盖和 1 块尾部标本。

描述 头盖突起, 横宽, 亚梯形, 前缘向前呈弧形拱曲, 正模标本长 9.8 mm, 两眼叶之间宽 14.5 mm; 背沟较宽深, 但在头鞍之前变浅; 头鞍强烈突起, 锥形, 前端尖圆, 略大于头盖长的 1/2, 具 4 对浅的侧头鞍沟: 第一对(S1)较长, 位于头鞍横中线稍后方, 内端略分叉, 后支强烈向后斜伸, S2 位于头鞍横中线稍前方, 微向后斜伸, S3 位于眼脊内端稍下方, 近乎平伸, S4 位于眼脊内端, 微向前斜伸; 颈沟宽深, 颈环突起, 中部较宽, 向两侧迅速变窄, 中后部有小的颈疣; 前边缘窄, 突起, 向两侧变得更窄, 鞍前区比前边缘略窄, 眼前翼比前边缘和鞍前区宽(纵向), 前边缘沟宽深, 向前作弧形弯曲; 两眼叶之间的固定颊很宽, 与头鞍宽几乎相等; 眼脊低, 自头鞍前侧角稍后几乎向外平伸; 眼叶短, 微微突起, 位于头鞍相对位置的中后部, 约有头鞍长的 1/3; 后侧翼窄(纵向), 后边缘沟宽深, 后边缘窄, 平缓突起, 向外伸出距离略大于头鞍基部宽; 面线前支自眼叶前端微向内收缩向前伸, 越过边缘沟后向内呈弧形弯曲, 切前边缘于头盖前侧缘, 后支自眼叶后端向侧后方斜伸; 尾部短, 横宽, 次椭圆形, 宽大于长; 尾轴短窄, 突起, 倒锥形, 分 4 节及一末节, 肋部较宽, 平缓突起, 3—4 对肋沟深, 3—4 对肋脊平缓突起, 尾边缘极窄, 尾边缘沟不清; 壳面具密集的瘤点。

比较 新种与模式种 *Erratojincella brachymetopa* (Angelin, 1851)(Angelin, 1851, p. 23, pl. 19, figs. 1, 1a; Westergärd, 1953, p. 18, 19, pl. 3, figs. 4—10)的主要区别是头盖的凸度较低, 头鞍较细长, 前边缘沟较宽深, 中线位置不变浅和不向后弯曲, 无清楚的尾边缘和尾边缘沟。新种与河南省济源市中寒武统(寒武系第三统)所产 *Solenopleura jiyuanensis* Zhou in Zhou et al.（周天梅等, 1977, 157 页, 图版 48, 图 17)有些相似, 不同之处在于后者的前边缘较窄, 向前上方强烈翘起, 头鞍相对较窄。*Solenopleura jiyuanensis* Zhou in Zhou et al. 与 *Solenopleura* 的模式种 *Solenopleura holometopa* (Angelin, 1851)(Westergärd, 1953, p. 14—16, pl. 4, figs. 1—8)差异较大, 如头鞍较细长, 向前收缩较快, 两眼叶之间的固定颊较宽, 眼叶位置靠后, 前边缘较窄, 向前上方强烈翘起等。此种形态更接近 *Erratojincella* 一属, 但前边缘沟较深, 前边缘较窄, 向前上方强烈翘起, 又缺少尾部, 其归属仍然是个问题。

产地层位 内蒙古自治区乌海市岗德尔山东山口(NZ19), 胡鲁斯台组 *Metagraulos dolon* 带。

凸歧途小金刺虫（新种）*Erratojincella convexa* Yuan et Zhang, sp. nov.

(图版 80, 图 3, 4)

词源 convexa-, convexus, convexum, 拉丁语, 凸的, 指新种具较宽凸起较高的前边缘。

正模 头盖 NIGP62985-573（图版 80, 图 3）, 内蒙古自治区乌海市桌子山地区伊勒思图山西坡第二大沟, 寒武系第三统徐庄阶 *Metagraulos dolon* 带。

材料 2 块头盖标本。

描述 头盖突起, 横宽, 亚梯形, 前缘向前强烈拱曲, 正模标本长 6.2 mm, 两眼叶之间宽 10.0 mm; 背沟较宽深; 头鞍强烈突起, 宽锥形, 前端宽圆, 略小于其基部宽, 具 4 对清楚的侧头鞍沟: 第一对(S1)较长, 位于头鞍横中线稍后方, 内端略分叉, 前支短, 微向前伸, 后支长, 强烈向后斜伸, S2 位于头鞍横中线稍前方, 微向后斜伸, S3 位于眼脊内端稍下方, 微向前伸, S4 位于眼脊内端, 微向前斜伸; 颈沟宽深, 颈环突起, 中部较宽, 向两侧迅速变窄; 前边缘中等宽, 强烈突起, 向两侧变窄, 鞍前区比前边缘窄, 约为前边缘中部宽的 1/3—1/2, 眼前翼比前边缘和鞍前区略宽(纵向), 前边缘沟宽深, 向前作弧形弯曲; 两眼叶之间的固定颊很宽, 略小于头鞍宽; 眼脊低, 自头鞍前侧角稍后几乎向外平伸; 眼叶中等偏短, 微微突起, 位于头鞍相对位置的中后部, 约有头鞍长的 2/5, 眼沟浅; 后侧翼窄(纵向), 后边缘沟宽深，后边缘窄，平缓突起，向外伸出距离略小于头鞍基部宽；面线前支自眼叶前端强烈向内收缩向前伸，越过边缘沟后向内呈弧形弯曲，切前边缘于头盖前侧缘，后支自眼叶后端向侧后方斜伸；壳面具密集的瘤点。

比较　新种与本书描述的另一新种 *Erratojincella lata* 的主要区别是头鞍呈宽锥形，其长度小于基部宽度，头盖前缘向前的拱曲度较大，眼叶较长，鞍前区较窄，前边缘较宽，突起较高。新种与广西隆林蛇场中寒武统所产 *Solenopleura*? sp.（周天梅等，1977，157 页，图版 48，图 16）的区别是头鞍不作次卵形，前边缘较宽，壳面的瘤点发育。

产地层位　内蒙古自治区乌海市桌子山地区伊勒思图山西坡第二大沟（CD60）和桌子山地区阿不切亥沟（CD100），胡鲁斯台组 *Metagraulos dolon* 带。

截切歧途小金刺虫？（新种）*Erratojincella*? *truncata* Yuan et Zhang, sp. nov.

（图版 80，图 5—8）

词源　truncata-, -us, -um，拉丁语，截形的，指新种具截切的锥形头鞍。

正模　头盖 NIGP62985-576（图版 80，图 6），内蒙古自治区乌海市岗德尔山东山口，寒武系第三统徐庄阶 *Metagraulos dolon* 带。

材料　2 块头盖和 2 块尾部标本。

描述　头盖突起，横宽，亚梯形，前缘微向前拱曲，正模标本长 2.6 mm，两眼叶之间宽 3.5 mm；背沟较宽深；头鞍强烈突起，截锥形，前端宽圆，略大于其基部宽，具 4 对宽浅的侧头鞍沟：第一对（S1）较长，位于头鞍横中线稍后方，内端略分叉，前支短，微向前伸，后支长，强烈向后斜伸，S2 位于头鞍横中线稍前方，微向后斜伸，S3 位于眼脊内端稍下方，微向前伸，S4 位于眼脊内端，极短浅，微向前斜伸；颈沟宽深，两侧微向前弯曲，颈环突起，中部较宽，向两侧迅速变窄，中后部有一小颈疣；前边缘中等宽，强烈突起，向两侧变窄，鞍前区比前边缘窄，约为前边缘中部宽的 1/2，眼前翼比前边缘和鞍前区宽（纵向），约为鞍前区宽的 2 倍，前边缘沟深，向前呈三段弧形弯曲；两眼叶之间的固定颊很宽，略小于头鞍宽；眼脊低，自头鞍前侧角稍后几乎向外平伸；眼叶中等偏长，微微突起，位于头鞍相对位置的中部，约有头鞍长的 1/2，眼沟浅；后侧翼窄（纵向），后边缘沟宽深，后边缘窄，平缓突起，向外伸出距离与头鞍基部宽近乎相等；面线前支自眼叶前端近乎平行或微向内收缩向前伸，越过边缘沟后向内弯曲，切前边缘于头盖前侧缘，后支自眼叶后端向侧后方斜伸；同层所产尾部半椭圆形，尾轴宽，突起，微向后收缩变窄，后端圆润，分 6 节，每个尾轴环节上中线位置两侧有小瘤；肋部较窄，平缓突起，有 4—5 对肋脊，无清楚尾边缘和尾边缘沟；壳面具密集的大小瘤点。新种头鞍和尾部形态与模式种差异较大，置于这个属内是有问题的。

比较　新种与本书描述的新种 *Erratojincella lata* 和 *Erratojincella convexa* 的主要区别是头盖亚梯形，头鞍呈截锥形，其长度略大于基部宽度，头盖前缘向前的拱曲度较小，前边缘沟呈三段弧形向前弯曲，眼叶较长，面线前支自眼叶前端近乎平行向前伸，尾部较窄长，尾轴较宽长，分节较多。就头盖和头鞍的一般形态特征和壳面装饰来看，新种与摩洛哥寒武系第二统上部 *Morocconus notabilis* 带所产 *Oreisator tichkaensis* Geyer et Malinky（1997，p. 634，635，Figs. 8.1—8.17，8.19，8.20）有些相似，不同之处在于头鞍呈截锥形，前端截切，四对头鞍沟较清楚，头盖前缘向前的拱曲度较小，前边缘沟呈三段弧形向前弯曲，两眼叶之间的固定颊较窄，眼叶较长，尾部较窄长，尾轴较宽长，分节较多。

产地层位　内蒙古自治区乌海市岗德尔山东山口（NZ19，NZ20，NZ23），胡鲁斯台组 *Metagraulos dolon* 带。

高频虫属 *Hyperoparia* Zhang in Qiu *et al*., 1983

Hyperoparia Zhang in Qiu *et al*.，仇洪安等，1983，108 页；Jell and Adrain, 2003, p. 387；Yuan *et al*., 2008, p. 81, 92, 105.

模式种　*Hyperoparia conicata* Zhang in Qiu *et al*.，仇洪安等，1983，109 页，图版，35，图 4，5，安徽

省宿州市，寒武系第三统徐庄阶 *Poriagraulos nanus* 带。

特征 沟颊虫类三叶虫；具有亚梯形至次三角形头盖；背沟宽深；头鞍宽大，截锥形至长方形，具4对极浅的侧头鞍沟；两眼叶之间固定颊窄，强烈突起，近眼叶处突起最高，眼叶短，位于头鞍相对位置中部；前边缘沟清楚，前边缘突起，次三角形，鞍前区窄；面线前支自眼叶前端微向内收缩向前伸；壳面具瘤点和毛孔状装饰。

讨论 就头盖和头鞍的一般形态特征来看，此属与山西省芮城县水峪中条山所产 *Squarrosoella* Wu et Lin in Zhang *et al.*, 1980b（模式种 *Squarrosoella tuberculata* Wu et Lin；张文堂等，1980b，58页，图版4，图2，3）最相似，不同的是后者的头盖呈次方形，具较宽深的背沟和前边缘沟，头鞍较窄长，侧头鞍沟较深，在头鞍两侧具有3—4对似乳头状突起的侧头鞍叶，两眼叶之间的固定颊较宽，后侧翼和后边缘（横向）较宽，面线前支自眼叶前端向外分散向前伸。就头盖形态来看，此属与 *Trachoparia* Chang, 1963（模式种 *Solenoparia bigranosa*（Endo）（Endo, 1937, p. 339, pl. 59, fig. 5；张文堂，1963，465，466页，图版1，图12，13；袁金良等，2012，201页，图版86，图12—17；图版88，图1—13；图版116，图17，18；图版236，图9—11）也有些相似，但后者头盖的突度更大，头鞍作宽卵形，鞍前区几乎消失，两眼叶之间的固定颊较宽。

时代分布 寒武纪第三世早期（徐庄期），华北（安徽、陕西）。

礼泉高颊虫（新种）*Hyperoparia liquanensis* Yuan et Zhang, sp. nov.
（图版81，图1—4）

词源 Liquan，汉语拼音，礼泉，陕西省的一个县名，指新种产地。

正模 头盖 NIGP62985-587（图版81，图3），陕西省礼泉县寒水沟，寒武系第三统徐庄阶 *Poriagraulos nanus* 带。

材料 4块头盖标本。

描述 头盖小，突起，亚梯形，前缘微向前拱曲，正模标本长3.4 mm，两眼叶之间宽3.6 mm；背沟宽深；头鞍宽长，强烈突起，截锥形至次柱形，前端平圆，约占头盖长的3/5，长度略大于其基部宽，具4对浅但清楚的侧头鞍沟，其中后两对（S1，S2）内端分叉；颈沟深，颈环突起，窄（纵向）；两眼叶之间固定颊窄，不足头鞍宽的1/2，强烈突起，近眼叶处突起最高，眼叶中等偏长，位于头鞍相对位置中部，约有头鞍长的2/5—3/5；眼脊低平，自头鞍前侧角稍后微向后斜伸，中部有一浅的中沟；眼沟宽深；前边缘沟较深，而且直，前边缘圆凸，鞍前区窄，平缓突起，在中线位置仅为前边缘宽的1/2，眼前翼较前边缘略宽；面线前支自眼叶前端微向内收缩向前伸，后支自眼叶后端向侧后方斜伸；壳面具稀少瘤点装饰。

比较 新种与模式种 *Hyperoparia conicata* Zhang in Qiu *et al.*（仇洪安等，1983，109页，图版35，图4，5）的主要区别是头鞍向前收缩较慢，四对侧头鞍沟较清楚，背沟、前边缘沟和颈沟较宽深，两眼叶之间的固定颊较窄，突起较高，眼叶较长。就头鞍形态，鞍前区与前边缘纵向宽之比例来看，新种与 *Hyperoparia convexa* Zhang in Qiu *et al.*（仇洪安等，1983，109页，图版35，图2，3）较相似，但新种的背沟、前边缘沟和颈沟较宽深，头鞍向前收缩较快，四对侧头鞍沟较清楚，固定颊较窄，眼脊宽，其上有一条中沟。

产地层位 陕西省礼泉县寒水沟（LQH-1），馒头组 *Poriagraulos nanus* 带。

高颊虫？未定种 *Hyperoparia*? sp.
（图版78，图2）

材料 1块头盖标本。

描述 头盖突起，亚梯形，前缘微向前呈弧形拱曲，长11.5 mm，两眼叶之间宽14.5 mm；背沟窄，清楚；头鞍宽长，强烈突起，宽锥形，前端宽圆，长度与其基部宽大致相等，无清楚的侧头鞍沟；颈沟窄浅，颈环突起，中部略宽；两眼叶之间固定颊窄，约为头鞍宽的1/2，平缓突起；眼叶短，位于头鞍相对位置中部，约有头鞍长的1/3；眼脊微弱，自头鞍前侧角微向后斜伸；前边缘沟中等深，微向前弯曲，前边缘窄，微向前上方翘起，鞍前区较宽，平缓突起，向前边缘沟平缓下倾，在中线位置为前边缘宽的 2 倍，眼前翼较前边缘略宽；后侧翼宽大，次三角形；后边缘沟较宽深，后边缘窄，平缓突起，向外伸出距离仅为头鞍基部宽的 2/3；面线前支自眼叶前端微向内收缩向前伸，后支自眼叶后端向侧后方斜伸；壳面光滑或有稀少瘤点装饰。

比较 未定种与本书描述的另一新种 *Hyperoparia liquanensis* Yuan et Zhang, sp. nov.较相似，主要区别是头鞍更加宽阔，四对侧头鞍沟不清楚，背沟、前边缘沟和颈沟较浅，两眼叶之间的固定颊突起较低，眼叶较短，仅为头鞍长的 1/3，鞍前区较宽，前边缘较窄，向前上方翘起，后侧翼宽大(纵向)。由于未定种的固定颊并不像典型的高颊虫那么高凸，壳面的瘤点装饰也不明显，因此将其置于高颊虫属内尚有问题。未定种与沟颊虫的一些种，如 *Solenoparia toxea*（Walcott, 1905）（Zhang and Jell, 1987, p. 88, 89, pl. 38, figs. 8—10; pl. 39, figs. 1—3）、*S. lilia*（Qiu in Qiu *et al.*, 1983）（仇洪安等，1983, 106 页，图版 36, 图 6）、*S. ovata*（Zhang in Qiu *et al.*, 1983）（仇洪安等，1983, 108 页，图版 35, 图 11）也有些相似，但头鞍特别宽大，两眼叶之间固定颊窄，与它们不同。

产地层位 宁夏回族自治区贺兰山苏峪口至五道塘(NH20)，胡鲁斯台组 *Inouyops titiana* 带。

小拱顶虫属（新属）*Camarella* Zhu, gen. nov.

词源 camar，希腊语，拱顶，指新属头盖强烈向前拱曲，呈拱顶状。

模式种 *Camarella tumida* Zhu sp. nov.，内蒙古自治区乌海市岗德尔山东山口，寒武系第三统长清阶 *Liopeishania convexa* 带。

特征 个体较小沟颊虫类三叶虫；头盖突起，半椭圆形，前缘向前强烈拱曲；背沟深；头鞍短，次柱形，具 2—3 对浅短的侧头鞍沟；前边缘沟深，强烈向前拱曲，前边缘窄，强烈突起，鞍前区宽，强烈突起；两眼叶之间固定颊中等宽，眼脊短，突起低，自头鞍前侧角近乎向外平伸，眼叶中等长，位于头鞍相对位置中部；后侧翼窄(纵向)短(横向)，后边缘沟深，后边缘窄，突起，向外伸出距离略小于头鞍基部宽；面线前支自眼叶前端明显向内收缩向前伸；尾部比头盖略小，半圆形，尾轴宽长，强烈突起，微微向后收缩变窄，分 4—5 个轴环节，肋部较窄，平缓突起，3—4 对肋脊，尾边缘极窄，无清楚的尾边缘沟；壳面具稀少瘤点装饰。

讨论 就头盖和头鞍形态来看，新属与俄罗斯西伯利亚北部寒武系第三统上部所产 *Kuraspis* Tchernysheva in Kryskov *et al.*, 1960（模式种 *Kuraspis obscura* Tchernysheva in Kryskov *et al.*；Крыськов и др., 1960, стр. 251, 252, табл. 53, фиг. 4, 5）较相似，区别是新属的头盖前缘向前的拱曲度大，颈环窄(纵向)，不具颈刺，眼叶较长，后侧翼纵向窄。

时代分布 寒武纪第三世中期(长清期)，华北(内蒙古)。

膨胀小拱顶虫（新属、新种）*Camarella tumida* Zhu, gen. et sp. nov.
(图版 80, 图 9—14)

词源 tumida, -us, -um，拉丁语，膨胀的，指新种有膨胀的固定颊。

正模 头盖 NIGP62985-579（图版 80, 图 9），内蒙古自治区乌海市岗德尔山东山口，寒武系第三统长清阶 *Liopeishania convexa* 带。

材料 5 块头盖和 3 块尾部标本。

描述 个体较小；头盖突起，半椭圆形，前缘向前强烈拱曲，正模标本长 2.7 mm，两眼叶之间宽 3.7 mm；背沟深；头鞍短，次柱形，具 2—3 对浅短的侧头鞍沟，第一对(S1)位于头鞍横中线之后，向后斜伸，S2 位于头鞍横中线之前，平伸，S3 极短浅，位于眼脊内端，微向前伸；前边缘沟深，强烈向前拱曲，前边缘窄，强烈突起，鞍前区宽，强烈突起，中线位置约为前边缘宽的 2.5—3 倍；两眼叶之间固定颊中等宽，约为头鞍宽的 4/7，眼脊短，突起低，自头鞍前侧角近乎向外平伸，眼叶中等长，位于头鞍相对位置中部，约为头鞍长的 1/2；后侧翼窄(纵向)短(横向)，后边缘沟深，后边缘窄，突起，向外伸出距离略小于头鞍基部宽；面线前支自眼叶前端明显向内收缩向前伸，后支自眼叶后端向侧后方斜伸；尾部比头盖略小，半圆形，尾轴宽长，强烈突起，微微向后收缩变窄，后端几乎伸达尾部后缘，分 4—5 个轴环节，轴环节沟较深，肋部较窄，平缓突起，3—4 对肋脊，肋沟深，间肋沟模糊不清，尾边缘极窄，无清楚的尾边缘沟；壳面具稀少瘤点装饰。

产地层位　内蒙古自治区乌海市岗德尔山东山口（NZ49），胡鲁斯台组 *Liopeishania convexa* 带。

壮头虫科 Menocephalidae Hupé, 1953a

长清虫属 *Changqingia* Lu et Zhu in Qiu *et al.*, 1983

Changqingia Lu et Zhu in Qiu *et al.*, 仇洪安等，1983，104 页；昝淑芹，1992，253 页；彭善池等，1995，280 页；郭鸿俊等，1996，105 页；Jell and Adrain, 2003, p. 356；Peng *et al.*, 2004b, p. 144；段吉业等，2005，136 页；Luo *et al.*, 2005, p. 200, 201；Kang and Choi, 2007, p. 289；Yuan and Li, 2008, p. 110, 120, 133；Peng, 2008b, p. 174, 205；Peng *et al.*, 2009, p. 79；罗惠麟等，2009，108 页；朱学剑等，2011，120 页；袁金良等，2012，219，220，573 页；林天瑞等，2013，440 页。

Austrosinia Zhang et Jell, 1987, p. 91, 92；昝淑芹，1989，104 页；Zhang *et al.*, 1995, p. 67；Jell and Adrain, 2003, p. 346；Yuan and Li, 2008, p. 109, 133；Peng, 2008b, p. 205.

模式种　*Changqingia shandongensis* Lu et Zhu in Qiu *et al.*, 仇洪安等，1983，105 页，图版 36，图 9，10，山东张夏虎头山，中寒武统长清阶 *Crepicephalina convexa* 带。

特征和讨论　见袁金良等，2012，219，220，573 页。青海化隆拉脊山发现的 *Changqingia intermedia*（Walcott, 1905）（林天瑞等，2013，440 页，图版 4，图 6）根据尾部特征早已归入 *Solenoparia* 属内。

时代分布　寒武纪第三世中期（长清期），中国和韩国。

金色长清虫 *Changqingia chalcon*（Walcott, 1911）

（图版 82，图 12，13）

1905　*Solenopleura beroe* Walcott, p. 91（part in USNM58066 only）.
1911　*Solenopleura chalcon* Walcott, p. 83, pl. 16, fig. 5.
1913　*Solenopleura beroe*, Walcott, p. 168, pl. 17, fig. 14（non fig. 14a or 17）.
1913　*Solenopleura chalcon*, Walcott, p. 168, pl. 17, fig. 13.
1937　*Solenoparia*（?）*chalcon*（Walcott）, Resser and Endo, p. 292, pl. 37, fig. 24.
1937　*Manchuriella* cf. *macar* Walcott, Resser and Endo, p. 245, pl. 32, figs. 3—5（non pl. 36, figs. 16—21）.
1937　*Solenoparia planifrons* Resser et Endo, p. 288, pl. 33, fig. 2; pl. 59, figs. 11—14.
1937　*Solenoparia hsipiensis* Resser et Endo, p. 288, pl. 33, fig. 3, non fig. 4.
1965　*Solenoparia chalcon*, 卢衍豪等，200 页，图版 34，图 23。
1965　*Solenoparia hsipiensis*, 卢衍豪等，200，201 页，图版 34，图 26，non 图 27。
1965　*Solenoparia planifrons*, 卢衍豪等，203 页，图版 35，图 10。
1987　*Austrosinia chalcon*（Walcott）, Zhang and Jell, p. 92, 93, pl. 34, fig. 2; pl. 40, figs. 10—15; pl. 41, figs. 1—14.
non 1987　*Solenoparia chalcon*, 朱洪源，91 页，图版 3，图 8。
non 1995　*Austrosinia chalcon*, Zhang *et al.*, p. 67, 68, pl. 29, figs. 8—10; pl. 30, figs. 1—5.
2001　*Changqingia chalcon*（Walcott）, 雏昆利，375，376 页，图版 1，图 13。
2005　*Changqingia chalcon*, Luo *et al.*, 2005, p. 200, fig. 8（1）.
2012　*Changqingia chalcon*, 袁金良等，221 页，图版 95，图 12—18；图版 96，图 1—14；图版 236，图 7，8；图版 240，图 2—4。

正模　头盖 USNM 57588（Walcott, 1913, pl. 17, fig. 13; Resser and Endo, 1937, pl. 37, fig. 24; Zhang and Jell, 1987, pl. 41, fig. 9），辽宁东部长兴岛，寒武系第三统长清阶 *Crepicephalina convexa* 带下部。

材料　2 块尾部标本。

描述　尾部大，半椭圆形，尾轴长而强烈突起，向后微收缩，后缘圆润，中部有一低的中脊，分 9—10 个轴环节和一个轴末节，肋部比轴部宽，平缓突起，有 6—7 对肋脊，仅前面的 2—3 对肋脊较清楚，2—3 对肋沟较清楚；尾边缘宽而平，宽度均匀，或自前向后略变宽，无尾边缘沟。壳表面光滑。

比较　当前标本一些基本特征与模式标本一致，如半椭圆形的尾部和较窄的尾轴等，应为同一个种。不同之处有尾部中轴有一低的中脊，分节较多，壳面光滑，这可能与脱皮有关。

产地层位　内蒙古自治区乌海市桌子山地区伊勒思图山西坡第二大沟（CD69），胡鲁斯台组 *Psilaspis changchengensis* 带（= *Crepicephalina convexa* 带下部）。

拟捲尾虫属（新属）*Eiluroides* Yuan et Zhu, gen. nov.

词源　oides, 希腊语，相似, *Eilura*, 三叶虫属名，因新属与 *Eilura*（捲尾虫）在尾部形态上具相似性。

模式种　*Eiluroides triangula* Yuan et Zhu, sp. nov., 内蒙古自治区乌海市桌子山地区伊勒思图山西坡第二大沟，寒武系第三统长清阶 *Megagraulos inflatus* 带或 *Psilaspis changchengensis* 带。

特征　沟颊虫类三叶虫；具沟颊虫（*Solenoparia* Kobayashi, 1935）的头盖和活动颊，但又有捲尾虫（*Eilura* Resser et Endo in Kobayashi, 1935）或长清虫（*Changqingia* Lu et Zhu in Qiu *et al.*, 1983）的尾部。头盖亚梯形，突起较高，前缘微向前拱曲；背沟宽而深；头鞍突起高，宽锥形，前端尖圆，具 4 对浅的侧头鞍沟；颈环突起，中部较宽，中后部具颈瘤，颈沟宽深；固定颊较窄，眼脊清楚，自头鞍前侧角稍后平伸或微向后斜伸，眼叶短而突起，位于头鞍相对位置的中部；鞍前区极窄而下凹，前边缘凸或微向前上方翘起，窄至中等宽，前边缘沟宽而深；面线前支自眼叶前端平行或微向内向前延伸，越过边缘沟后向内，斜切前边缘于头盖的前侧缘，后支长，自眼叶后端向侧后方斜伸；活动颊中等宽，侧边缘突起，宽度均匀，颊区宽，颊刺较短小；尾部较大，倒三角形，后端圆润，两侧肋叶急剧向内弯曲，向后迅速收缩变窄，前侧角向外向下延伸成钝三角形；尾轴长而突起，向后微收缩，后缘圆润，有 8—9 条轴环沟，分 9—10 个轴环节和一个轴末节，肋部比轴部略窄，急剧向外侧并向后弯曲，有 7—8 对肋脊，6—7 对深的肋沟，间肋沟模糊不清，尾边缘窄而突起或翘起，宽度均匀，尾边缘沟较宽而深。壳表面光滑。

讨论　就头盖和尾部外形来看，拟捲尾虫与长清虫（*Changqingia* Lu et Zhu in Qiu *et al.*, 1983）十分相似，主要区别是头鞍呈宽锥形，前端尖圆，前边缘较窄，固定颊窄，在两眼叶之间是头鞍宽的 5/9，眼叶较短，后侧翼纵向宽，活动颊颊区宽，尾轴较宽，尾肋部较窄，两侧肋急剧向外侧并向后弯曲，尾边缘极窄而翘起，尾边缘沟宽深。就尾部形态来看，新属与捲尾虫（模式种 *Eilura typa* Resser et Endo in Kobayashi, 1935; Resser and Endo, 1937, pl. 48, figs. 19, 20; Zhang and Jell, 1987, pl. 42, figs. 9, 10; 袁金良等, 2012, 218 页, 图版 101, 图 1—13; 图版 102, 图 1—15; 图版 113, 图 14—16; 图版 176, 图 18; 图版 188, 图 8, 9）更加相似，不同之处是新属头鞍较短小，头鞍沟极浅，两眼叶之间固定颊较窄，尾部有窄而翘起的尾边缘和宽而深的尾边缘沟。

时代分布　寒武纪第三世（长清期），华北。

三角形拟捲尾虫（新属、新种）*Eiluroides triangula* Yuan et Zhu, gen. et sp. nov.

（图版 82, 图 1—9a）

词源　triangula, -us, -um, 拉丁语, 三角形, 指新种有倒三角形的尾部。

正模　尾部 NIGP62985-604（图版 82, 图 5），内蒙古自治区乌海市桌子山地区伊勒思图山西坡第二大沟，寒武系第三统长清阶 *Megagraulos inflatus* 带或 *Psilaspis changchengensis* 带。

材料　3 块头盖, 1 块活动颊和 5 块尾部标本。

描述　头盖亚梯形，突起较高，前缘微向前拱曲，最大标本长 7.2 mm，两眼叶之间宽 7.6 mm；背沟宽而深，在头鞍之前变宽而浅；头鞍突起高，宽锥形，前端尖圆，具 4 对浅的侧头鞍沟，前两对（S3, S4）短而微弱，微向前伸，后两对（S1, S2）内端分叉，向后斜伸；颈环突起，中部较宽，中后部具颈瘤，颈沟宽深；固定颊较窄，在两眼叶之间是头鞍宽的 5/9，凸度比头鞍小，向前边缘沟、后边缘沟和背沟倾斜；眼脊清楚，自头鞍前侧角稍后平伸或微向后斜伸，眼叶短而突起，位于头鞍相对位置的中部，约为头鞍长的 1/3；鞍前区极窄而下凹，微向前边缘沟倾斜，前边缘窄至中等宽，凸或微向前上方翘起，前边缘沟宽而深，中线位置微向后弯曲；面线前支自眼叶前端平行或微向内向前延伸，越过边缘沟后向内，斜切前边缘于头盖的前侧缘，后支长，自眼叶后端向侧后方斜伸；活动颊中等宽，侧边缘突起，宽度均匀，颊区宽，颊刺较短小，向侧后方伸；尾部较大，倒三角形，后端圆润，两侧肋叶急剧向内弯曲，向后迅速收缩变窄，前侧角向外向下延伸成钝三角形；尾轴长而突起，向后微收缩，后缘圆润，有 8—9 条轴环沟，分 9—10 个轴环节和一个轴末节，肋部比轴部略窄，急剧向外侧并向后弯曲，有 7—8 对肋脊，6—7 对深的肋沟，间肋沟模糊不清，尾边缘窄而突起或翘起，宽度均匀，尾边缘沟较宽而深。壳表面光滑。

产地层位　内蒙古自治区乌海市桌子山地区伊勒思图山西坡第二大沟（CD68），胡鲁斯台组 *Megagraulos inflatus* 带或 *Psilaspis changchengensis* 带。

李三虫科 Lisaniidae Chang, 1963

李三虫属 *Lisania* Walcott, 1911

Lisania Walcott, 1911, p. 82, 83；1913, p. 163, 164；1916, p. 403, 404；Sun, 1924, p. 54；Resser, 1942, p. 28；Hupé, 1955, p. 181；汪龙文等, 1956, 124, 125 页；卢衍豪, 1957, 271 页；Harrington et al., 1959, p. 312；Kobayashi, 1960b, p. 368—370；1962, p. 36；张文堂, 1963, 469 页；叶戈洛娃等, 1963, 34 页；卢衍豪等, 1963a, 94 页；1965, 262 页；卢衍豪、钱义元, 1964, 30 页；Schrank, 1977, S. 150；周天梅等, 1977, 171 页；尹恭正、李善姬, 1978, 491 页；杨家骙, 1978, 45 页；南润善, 1980, 495 页；张太荣, 1981, 170 页；刘义仁, 1982, 312 页；仇洪安等, 1983, 128 页；林天瑞等, 1983, 402 页；Lu and Qian, 1983, p. 60；张进林、王绍鑫, 1983, 197 页；1985, 408 页；南润善、常绍泉, 1985, 13 页；张进林、刘雨, 1986b, 126 页；Zhang and Jell, 1987, p. 134；朱兆玲等, 1988, 79, 80 页；林天瑞, 1991, 376 页；朱乃文, 1992, 345 页；王绍鑫、张进林, 1994a, 146, 147 页；Zhang et al., 1995, p. 68；郭鸿俊等, 1996, 116 页；Jago and McNeil, 1997, p. 88；袁金良等, 2000, 138 页；Jell and Adrain, 2003, p. 399；Peng et al., 2004b, p. 87—90；段吉业等, 2005, 154, 155 页；Duan, 2006, p. 111；Yuan and Li, 2008, p. 109, 113, 121, 129；Peng, 2008b, p. 167, 176, 195；袁金良等, 2012, 302—304, 616, 617 页。

Aojia Resser et Endo in Kobayashi, 1935, p. 89；Resser and Endo, 1937, p. 172, 173；Endo, 1937, p. 320；1944, p. 64；Resser, 1942, p. 6；Hupé, 1955, p. 135, 136；汪龙文等, 1956, 126 页；卢衍豪, 1957, 271 页；Harrington et al., 1959, p. 311；Крыськов и др., 1960, стр. 235；Kobayashi, 1960b, p. 367, 368, 369；卢衍豪等, 1963a, 93 页；1965, 266, 267 页；周天梅等, 1977, 172 页；尹恭正、李善姬, 1978, 490 页；杨家骙, 1978, 46 页；南润善, 1980, 496 页；刘义仁, 1982, 313 页；钱义元、周泽民, 1984, 180 页；张进林、王绍鑫, 1985, 410 页；杨家骙等, 1991, 149 页；Jell and Adrain, 2003, p. 342；Peng et al., 2004b, p. 87；Yuan and Li, 2008, p. 109, 129；Peng, 2008b, p. 195；袁金良等, 2012, 302 页；Sun et al., 2014, p. 548.

Paraojia Sun et Zhu in Zhou et al., 周天梅等, 1977, 172, 173 页；Jell and Adrain, 2003, p. 421；Yuan and Li, 2008, p. 116, 129；Peng, 2008b, p. 195；袁金良等, 2012, 303 页。

Megalisania Qiu in Qiu et al., 仇洪安等, 1983, 129 页；Jell and Adrain, 2003, p. 404；Yuan and Li, 2008, p. 114, 129；Peng, 2008b, p. 167, 201；袁金良等, 2012, 303 页。

Metalisania Ju in Qiu et al., 仇洪安等, 1983, 129, 130 页；Jell and Adrain, 2003, p. 405；Yuan and Li, 2008, p. 111, 115, 129；Peng, 2008b, p. 167, 195；袁金良等, 2012, 303 页。

Paraaojia Rosova in Lisogor et al., Лисогор и др., 1988, стр. 73, 74；Jell and Adrain, 2003, p. 417；袁金良等, 2012, 303 页。

模式种　*Anomocarella? bura* Walcott, 1905, p. 56；Walcott, 1911, p. 82, pl. 15, fig. 2, 山东张夏, 中寒武统长清阶 *Taitzuia insueta-Poshania poshanensis* 带。

特征和讨论　见袁金良等, 2012, 302—304, 616, 617 页。

时代分布　寒武纪第三世（鼓山期至古丈期＝长清期至济南期），中国、韩国、哈萨克斯坦、俄罗斯（西伯利亚）和澳大利亚。

苏拜沟李三虫（新种）*Lisania subaigouensis* Yuan, sp. nov.

(图版 84, 图 1—20)

词源　Subaigou, 汉语拼音, 苏拜沟, 地名, 指新种产地。

正模　头盖 NIGP62985-637（图版 84, 图 1）, 内蒙古自治区乌海市桌子山地区苏拜沟, 寒武系第三

统长清阶 *Liopeishania convexa* 带。

材料　5 块头盖，7 块活动颊和 8 块尾部标本。

描述　头盖突起，亚梯形，前缘向前拱曲，正模标本长 4.0 mm，两眼叶之间宽 3.8 mm；背沟窄而浅；头鞍宽大，突起，宽截锥形，微微向前收缩和倾斜，前端宽圆，长度大于其基部的宽度，头鞍沟极浅或模糊不清，仅在外皮脱落后可见到 4 对浅的侧头鞍沟，其中第一对（S1）较深长，分叉，前支平伸，后支向侧后方伸展，S2 位于头鞍横中线之前，平伸，S3 位于眼脊内端稍下方，微向前斜伸，S4 位于眼脊内端，极短浅，向前斜伸；前边缘沟极窄浅，微向前弯曲；鞍前区缺失，前边缘宽，平缓突起，向两侧变窄；颈环突起，中部较宽，中前部有一小的颈疣，颈沟宽浅，两侧微向前弯曲；两眼叶之间固定颊窄，突起较高，约为头鞍宽的 1/3；眼叶中等偏长，位于头鞍相对位置的中后部，略大于头鞍长的 1/2；眼沟浅；面线前支自眼叶前端微向外分散向前伸，越过边缘沟后向内斜切前缘于头盖的前侧缘，后支自眼叶后端向侧后方斜伸；活动颊较宽，平缓突起，具中等长的颊刺，侧边缘沟模糊不清，颊区宽；尾部较短而宽，半椭圆形；尾轴长，较宽而突起，向后收缩较慢，几乎伸达尾部后缘，分节不清；肋部窄而平缓突起，肋沟和间肋沟模糊不清；尾边缘极窄，无清楚的尾边缘沟；壳面光滑。

比较　新种与山西五台耿镇张夏组所产 *Lisania lubrica* Zhang et Wang（张进林、王绍鑫，1985，409 页，图版 123，图 5）较相似，两者的背沟和头鞍沟都很浅，但新种的前边缘沟也很浅，前边缘较宽，两眼叶之间的固定颊较窄，眼叶较长。

产地层位　内蒙古自治区乌海市桌子山地区苏拜沟（SBT2），胡鲁斯台组 *Liopeishania convexa* 带。

桌子山李三虫（新种）*Lisania zhuozishanensis* Yuan et Zhu, sp. nov.

（图版 83，图 7—20）

词源　Zhuozishan，汉语拼音，桌子山，地名，指新种产地。

正模　头盖 NIGP62985-629（图版 83，图 13），内蒙古自治区乌海市桌子山地区苏拜沟，寒武系第三统长清阶 *Liopeishania convexa* 带。

材料　7 块头盖，2 块活动颊和 6 块尾部标本。

描述　头盖突起，长方形，前缘微向前拱曲，正模标本长 6.8 mm，两眼叶之间宽 6.2 mm；背沟窄，清楚；头鞍宽大，突起，近乎长方形，微微向前收缩和倾斜，前端宽圆，长度大于其基部的宽度，中线位置有低的中脊，具 4 对浅的侧头鞍沟，其中第一对（S1）较深长，分叉，后一支向后弯曲与背沟相连，在头鞍的后 1/3 处的两侧形成一对次圆形小突起，前一支向后斜伸，S2 位于头鞍横中线之前，微向后斜伸，S3 位于眼脊内端稍下方，近乎平伸，S4 位于眼脊内端，向前斜伸；前边缘沟窄浅，两侧微向前弯曲；鞍前区缺失，前边缘宽，平缓突起，向两侧变窄；颈环突起，中部较宽，中部有一小的颈瘤，颈沟窄深，两侧微向前弯曲；两眼叶之间固定颊窄，突起较高，不足头鞍宽的 1/2；眼叶中等偏短，位于头鞍相对位置的中部，略小于头鞍长的 1/2；眼沟浅；面线前支自眼叶前端平行向前或微向外分散向前伸，越过边缘沟后向内斜切前边缘于头盖的前侧缘，后支自眼叶后端向侧后方斜伸；活动颊较宽，平缓突起，具短的颊刺，侧边缘沟清楚，颊区宽，向后变宽；尾部较短而宽，半椭圆形；尾轴长，较宽而突起，向后收缩较快，几乎伸达尾部后缘，有 2—3 个轴环节和一个轴末节；肋部窄而平缓突起，2 对浅的肋沟，间肋沟模糊不清；尾边缘宽平，尾边缘沟浅；壳面光滑。

比较　新种在头鞍的后 1/3 处的两侧形成一对小突起，与辽宁爱川大围家屯所产 *Lisania depressa*（Endo）（Endo，1937，p. 321，pl. 60，fig. 9；卢衍豪等，1965，图版 46，图 4；袁金良等，2012，308 页，图版 186，图 2—13）较相似，但新种的背沟较窄浅，头鞍前侧角即眼脊之前的背沟内没有一对前坑，头盖前边缘和尾边缘较宽平，头鞍中线位置有低的中脊，尾部两侧没有一对极短的尾侧刺，两眼叶之间的固定颊较窄，突起较高。产于吉林省白山市青沟子 *Crepicephalina convexa* 带上部的 *Lisania latilimbata* An in Duan *et al.*（段吉业等，2005，155 页，图版 27，图 12）虽然也有宽而平坦的前边缘，但头盖和头鞍较窄长，头鞍在中线位置没有中脊，在头鞍的后 1/3 处的两侧没有一对小突起，眼叶较长，与新种不同。就背沟和前边缘沟形态，头鞍具中脊，特别是在头鞍的后 1/3 处的两侧形成一对小突起来看，新种与

Baojingia Yang in Zhou et al., 1977 的一些种也很相似, 如 *Baojingia jiudiantangensis* (Yang in Zhou et al., 1977) (Peng et al., 2004b, p. 101, 102, pl. 39, figs. 8, 9; text-fig. 15), *Baojingia latilimbata* (Peng, 1987) (Peng et al., 2004b, p. 102, 103, pl. 39, figs. 1—7), *Baojingia paralala* (Yang in Zhou et al., 1977) (Peng et al., 2004b, p. 103, 104, pl. 40, figs. 1—18; text-fig. 16), *Baojingia quadrata* (Yang in Zhou et al., 1977) (Peng et al., 2004b, p. 104—106, pl. 38, figs. 10—13; text-fig. 17), *Baojingia tungjenensis* (Nan in Egorova et al., 1963) (Peng et al., 2004b, p. 108—109, pl. 39, figs. 10—14), 但是这些种头鞍沟较深, 两眼叶之间的固定颊较宽, 前边缘突起明显, 后侧翼较宽(纵向), 尾轴较窄长, 分节较多。

产地层位 内蒙古自治区乌海市桌子山地区苏拜沟(SBT2), 南坡大沟(CD6), 胡鲁斯台组 *Liopeishania convexa* 带。

李三虫未定种 *Lisania* sp.

(图版 83, 图 4—6)

材料 2 块头盖和 1 块尾部标本。

描述 头盖突起, 亚梯形, 前缘向前拱曲, 最大标本长 5.0 mm, 两眼叶之间宽 4.5 mm; 背沟窄, 浅; 头鞍宽大, 突起, 截锥形, 微微向前收缩, 前端宽圆, 长度与其基部的宽度几乎相等, 具 4 对浅的侧头鞍沟, 其中第一对(S1)较深长, 后端分叉, 后支向后弯曲与背沟相连, 在头鞍的后 1/3 处的两侧形成一对次三角形小突起, 前支向后斜伸, S2 位于头鞍横中线之前, 微向后斜伸, S3 位于眼脊内端稍下方, 近乎平伸, S4 位于眼脊内端, 向前斜伸; 前边缘沟深; 鞍前区缺失, 前边缘宽, 突起, 向两侧变窄; 颈环突起, 半椭圆形, 中部较宽, 中后部有一小的颈瘤, 颈沟宽深, 两侧和中部微向前弯曲; 两眼叶之间固定颊窄, 突起较高, 不足头鞍宽的 2/5; 眼叶中等偏短, 位于头鞍相对位置的中后部, 略小于头鞍长的 1/2; 眼沟浅; 面线前支自眼叶前端平行向前或微向内收缩向前伸, 越过边缘沟后向内斜切前边缘于头盖的前侧缘, 后支自眼叶后端向侧后方斜伸; 尾部较短而宽, 半椭圆形; 尾轴长, 较宽而突起, 向后收缩较快, 几乎伸达尾部后缘, 有 4—5 个轴环节和一个轴末节; 肋部平缓突起, 3—4 对肋脊, 肋沟浅, 间肋沟模糊不清; 尾边缘宽平, 尾边缘沟不清; 壳面光滑。

比较 未定种有宽深的前边缘沟和颈沟, 较宽而且强烈突起的前边缘, 较宽平的尾边缘, 不同于属内其他的种, 由于标本少, 暂不定新种。

产地层位 内蒙古自治区乌海市桌子山地区阿不切亥沟 (CD106), 胡鲁斯台组 *Megagraulos inflatus* 带。

原李三虫属(新属) *Prolisania* Yuan et Zhu, gen. nov.

词源 pro (希腊语或拉丁语), 在前, 向前, 原先, *Lisania*, 三叶虫属名, 因新属出现的地层层位较低。

模式种 *Prolisania neimengguensis* sp. nov., 内蒙古自治区乌海市桌子山地区伊勒思图山西坡, 寒武系第三统长清阶 *Psilaspis changchengensis* 带。

特征 李三虫类三叶虫; 背沟宽而深; 头鞍宽而长, 强烈突起, 截锥形, 前端圆润, 3—4 对侧头鞍沟较浅; 颈环突起, 中部较宽, 向后上方伸出较长的颈刺; 颈沟宽浅; 固定颊窄, 在两眼叶之间不足头鞍宽的 1/3; 眼叶长, 弯曲成弓形, 位于头鞍相对位置的中后部, 眼脊短而低, 自头鞍前侧角向后斜伸; 鞍前区宽, 微向前倾斜, 前边缘窄而平缓突起, 后缘中线位置有一不发育的后缘棘, 前边缘沟中等深, 中线位置变浅并微向后弯曲; 面线前支微向外向前延伸, 后支自眼叶后端向侧后方斜伸; 尾部横宽, 次纺锤形, 尾轴突起, 分 3—4 节, 肋部平缓突起, 有 2—3 对肋脊, 2—3 对肋沟浅, 尾边缘宽而平, 尾边缘沟不明显; 表面光滑。

讨论 就头盖和尾部形态来看, 新属与 *Lisania* Walcott, 1911 [模式种 *Lisania bura* (Walcott) (Zhang and Jell, 1987, p. 134, pl. 52, fig. 8; 袁金良等, 2012, 307 页, 图版 164, 图 1—19; 图版 166, 图 14—21; 图版 168, 图 1—7)] 较相似, 主要区别是新属头鞍较短, 向前收缩较快, 具宽的鞍前区, 前边缘窄而平缓

突起，后缘中线位置有一不发育的后缘棘，面线前支自眼叶前端明显向外向前伸，此外，尾轴较窄，肋部和尾边缘较宽。

时代分布　寒武纪第三世中期(长清期)，华北(内蒙古)。

内蒙古原李三虫(新属、新种) *Prolisania neimengguensis* Yuan et Zhu, gen. et sp. nov.

(图版 83, 图 1—3)

词源　Neimenggu，汉语拼音，内蒙古，新种的产地。

正模　头盖 NIGP62985-617 (图版 83, 图 1)，内蒙古自治区乌海市桌子山地区伊勒思图山西坡，寒武系第三统长清阶 *Psilaspis changchengensis* 带。

材料　2 块头盖和 1 块尾部标本。

描述　头盖近似长方形，正模标本长 10.2 mm，在两眼叶之间宽 9.8 mm；背沟在头鞍两侧较深，在头鞍之前较窄而浅；头鞍宽而长，强烈突起，截锥形，前端圆润，4 对侧头鞍沟较浅，其中第一对(S1)内端分叉，S2 位于头鞍横中线，微向后斜伸，S3、S4 位于眼脊内端上下方，微向前伸；颈环突起，中部较宽，向后上方伸出较长的颈刺；颈沟宽浅；固定颊窄，在两眼叶之间不足头鞍的宽的 1/3；眼叶长，弯曲成弓形，位于头鞍相对位置的中后部，眼脊短而低，自头鞍前侧角向后斜伸；鞍前区宽，微向前倾斜，约为前边缘宽的 1.5 倍，前边缘窄而平缓突起，后缘中线位置有一不发育的边缘棘，前边缘沟中等深，中线位置变浅并微向后弯曲；面线前支微向外向前延伸，后支自眼叶后端向侧后方斜伸；尾部横宽，次纺锤形，尾轴突起，分 3—4 节，肋部平缓突起，有 2—3 对肋脊，2—3 对肋沟浅，尾边缘宽而平，尾边缘沟不明显；表面光滑。

产地层位　内蒙古自治区乌海市桌子山地区伊勒思图山西坡第二大沟(CD69)，胡鲁斯台组 *Psilaspis changchengensis* 带。

瘤太子虫属 *Tylotaitzuia* Chang, 1963

Tylotaitzuia Chang, 张文堂, 1963, 468, 481, 482 页；卢衍豪等, 1965, 228, 229 页；Jell and Adrain, 2003, p. 456；Yuan and Li, 2008, p. 118, 122, 131；袁金良等, 2012, 324 页。

Rinella Poletaeva et Egorova in Egorova et Savitzky, Егорова и Савицкий, 1969, стр. 262, 263；Pegel, 2000, p. 1006；Jell and Adrain, 2003, p. 456, 473；袁金良等, 2012, 324 页。

模式种　*Taitzuia granulata* Endo, 1944, p. 93, pl. 7, figs. 3, 4, 辽宁辽阳双庙子，寒武系第三统长清阶 *Megagraulos coreanicus* 带。

特征和讨论　见袁金良等, 2012, 324 页。头鞍宽大，平缓突起，截锥形，具 3—4 对浅的侧头鞍沟，其中第一对(S1)内端分叉；背沟较深；颈环平缓突起，中部略宽，颈沟清楚；鞍前区窄而下凹或缺失，前边缘较窄而突起，略作波状弯曲；前边缘沟中等深，较直或作波状弯曲；固定颊窄，在两眼叶之间仅为头鞍宽的 1/3—1/4；眼叶短至中等长；眼脊突起，自头鞍前侧角稍后向后斜伸；面线前支自眼叶前端平行向前或微向外向前伸，面线后支自眼叶后端向后侧斜伸；活动颊较宽，颊刺较短；胸部 11 节；尾部比头部小，半椭圆形，尾轴较宽长，分 4—5 节；肋部较窄而平缓突起，3—4 对肋脊，3 对肋沟宽深；间肋沟微弱；尾边缘窄而平或翘起；尾边缘沟清楚；壳面光滑或具有小瘤点。就头盖形态来看，瘤太子虫(*Tylotaitzuia* Chang, 1963)与俄罗斯西伯利亚北部中寒武世 *Proasaphiscus privus-Urjungaspis* 带所产 *Rinella* Poletaeva et Egorova in Egorova et Savitzky, 1969 (模式种 *Rinella multifaria* Egorova in Egorova et Savitzky, 1969；Егорова и Савицкий, 1969, стр. 263, 264, табл. 56, фиг. 1—8)很相似，主要区别是后者的面线前支自眼叶前端明显向外向前伸，壳面光滑无瘤，这些差异只能作为属内差异。因此，*Rinella* Poletaeva et Egorova in Egorova et Savitzky, 1969 应是 *Tylotaitzuia* Chang, 1963 的晚出异名。*Rinella* Poletaeva et Egorova in Egorova et Savitzky, 1969 有完整的个体，其窄的固定颊、宽的活动颊和尾部特征与李三虫科内三叶虫的固定颊、活动颊和尾部特征较相似，因此将其归于李三虫科内(Jell and Adrain, 2003, p. 473)。

时代分布　寒武纪第三世中期(长清期早期)，中国(华北)和俄罗斯(西伯利亚北部)。

截切瘤太子虫（新种）*Tylotaitzuia truncata* Zhu, sp. nov.

（图版 92，图 22—27）

词源 truncata, -us, -um（拉丁语，过去形动词），截形的，指新种具截锥形头鞍。

正模 头盖 NIGP62985-808（图版 92，图 27），内蒙古自治区乌海市岗德尔山东山口，寒武系第三统长清阶 *Megagraulos inflatus* 带。

材料 4 块头盖和 2 块尾部标本。

描述 头盖近似梯形，正模标本长 4.8 mm，在两眼叶之间宽 6.0 mm；背沟在头鞍两侧较深，在头鞍之前较窄而浅；头鞍中等突起，宽而短，截锥形，向前逐渐收缩，前缘宽圆，具 3—4 对浅的侧头鞍沟，第一对(S1)长，内端分叉，前支短，微向前斜伸，后支较长，向后斜伸，第二对(S2)较短，位于头鞍横中线之前，微向后斜伸，第三对(S3)较短而浅，近乎平伸，第四对(S4)短窄，位于眼脊内端，微向前斜伸；颈沟较深，两侧微向前弯曲；颈环突起，两侧较窄，近后缘中线位置具一小的颈疣；鞍前区窄而微下凹，前边缘沟窄，中等深，在个体较小的标本上，前边缘沟中部变浅并向后弯曲，呈两段弧形，前边缘较宽而强烈突起或翘起，在幼体标本上，中线位置微向后凸，形成一个不发育的后缘棘，向两侧逐渐变窄；固定颊较宽，中等突起，在两眼叶之间略大于头鞍底部宽的 2/3—3/4；眼叶中等偏长，强烈突起，位于头鞍相对位置的中后部，约有头鞍长的 3/5；眼脊粗壮，自头鞍前侧角稍后微向后斜伸；后边缘沟较宽而深，后边缘较窄而平缓突起，向外伸出的距离略小于头鞍基部宽；面线前支自眼叶前端微向内向前伸，越过边缘沟后向内斜切前边缘于头盖得前侧缘，后支自眼叶后端强烈向侧后方斜伸；尾部小，半椭圆形；尾轴较宽长，强烈突起，微向后收缩变窄，分 4 节及 1 半圆形末节，轴环节沟向后变浅；肋部较窄而平缓突起，3 对肋脊，3 对肋沟宽深；间肋沟微弱；尾边缘较宽而略翘起；尾边缘沟宽而深；壳面具有小瘤点。

比较 新种与产于辽宁辽阳双庙子的模式种 *T. granulata*（Endo, 1944）（Endo, 1944, pl. 7, fig. 4；张文堂，1963，图版 2，图 1—3；袁金良等，2012，324 页，图版 237，图 2）相比，头鞍向前收缩较快，前边缘较宽而强烈突起或翘起，两眼叶之间的固定颊较宽，眼叶较长，突起较高，眼脊较粗，近乎平伸。就头鞍和尾部形态来看，新种与俄罗斯西伯利亚北部中寒武世 *Proasaphiscus privus-Urjungaspis* 带所产 *T. multifaria*（Egorova in Egorova et Savitzky, 1969）（Егорова и Савицкий，1969，стр. 263，264，табл. 56, фиг. 1—8）很相似，主要区别是新种的前边缘较宽而强烈突起或翘起，两眼叶之间的固定颊较宽，眼叶较长，突起较高，眼脊较粗，近乎平伸，尾边缘沟较宽而深，尾边缘较宽而翘起，壳面有瘤点。俄罗斯西伯利亚北部中寒武世 *Proasaphiscus privus-Urjungaspis* 带所产 *T. rustica*（Egorova in Egorova et Savitzky, 1969）（Егорова и Савицкий，1969，стр. 264，265，табл. 56, фиг. 9—16）虽然尾部也有较宽的尾边缘，但前边缘较窄，两眼叶之间的固定颊较窄，没有下凹的鞍前区，头鞍沟较浅，壳面光滑。

产地层位 内蒙古自治区乌海市岗德尔山东山口（NZ37, NZ38），胡鲁斯台组 *Megagraulos inflatus* 带。

拟豫晋虫属 *Parayujinia* Peng, Babcock et Lin, 2004b

Parayujinia Peng, Babcock et Lin, 2004b, p. 50; Peng, 2008b, p. 169, 177, 201; 袁金良等，2012，321，624 页。

模式种 *Parayujinia constricta* Peng, Babcock et Lin, 2004b, p. 50—52, pl. 19, figs. 1—14; text-fig. 5, 湖南花垣排碧和永顺王村，寒武系第三统王村阶(= 鼓山阶) *Ptychagnostus atavus* 带。

特征和讨论 见袁金良等，2012，321，624 页。

时代分布 寒武纪第三世中期(长清期)，华南和华北。

凸拟豫晋虫（新种）*Parayujinia convexa* Yuan et Zhang, sp. nov.

（图版 56，图 15—17）

词源 convexa, -us, -um，拉丁语，凸的，指新种有较宽凸的前边缘。

正模 头盖 NIGP62985-176（图版 56，图 17），内蒙古自治区乌海市岗德尔山东山口，寒武系第三

统徐庄阶 *Sunaspis laevis-Sunaspidella rara* 带中下部。

材料 3 块头盖标本。

描述 头盖突起，长方形（后侧翼除外），正模标本长 7.0 mm，两眼叶之间宽 6.0 mm，前缘微向前拱曲；背沟窄深，在头鞍前侧角眼脊内端的背沟内有一对浅坑；头鞍宽大，截锥形，微向前收缩，前端平圆，约占头盖长的 4/7，具 4 对浅的侧头鞍沟，其中第一对（S1）较深长，内端分叉，前支较短，微向前伸，后支较长，略呈弧形向后弯曲斜伸，在中线位置相连，第二对（S2）位于横中线之前，内端略分叉，微向后斜伸，第三对（S3）位于眼脊内端下方，极浅，平伸，第四对（S4）短浅，位于眼脊内端，微向前斜伸；颈环突起，半椭圆形，两侧变窄，后缘中线位置具小颈疣，颈沟较宽深；固定颊窄，平缓突起，在两眼叶之间不足头鞍宽的 1/2，眼叶中部突起最高，向前边缘沟、背沟和后边缘沟倾斜；眼叶中等长，位于头鞍相对位置的中后部，约为头鞍长的 1/2，向外弯曲呈弓形，眼沟浅而清楚，眼脊突起，自头鞍前侧角稍后向后斜伸；鞍前区极窄而下倾，前边缘较宽，圆凸，前边缘沟宽深；后侧翼窄短，后边缘沟较深，后边缘窄，突起，向外伸出距离略大于头鞍基部宽的 2/3；面线前支自眼叶前端几乎平行向前伸，越过边缘沟后向内斜切前边缘于头盖的前侧缘，后支自眼叶后端向侧后方斜伸；壳面光滑或有稀少小疣。

比较 新种与模式种 *Parayujinia constricta* Peng，Babcock et Lin（Peng *et al.*，2004b，p. 50—52，pl. 19，figs. 1—14；text-fig. 5）相比，头鞍较短，向前收缩较快，前边缘较宽，圆凸，前边缘沟宽深，两眼叶之间的固定颊较宽，眼叶较长，眼脊内端的背沟内有一对前坑，后侧翼纵向窄，后侧翼和后边缘向外伸出的距离较短。

产地层位 内蒙古自治区乌海市岗德尔山东山口（NZ08）和桌子山地区苏拜沟（Q5-XIV-H8，Q5-XIV-H9），胡鲁斯台组 *Sunaspis laevis-Sunaspidella rara* 带中下部。

附栉虫科 Asaphiscidae Raymond，1924

光颊虫属 *Lioparia* Lorenz，1906

Lioparia Lorenz，1906，S. 59，78，95；Kobayashi，1935，p. 239，240；1937，p. 428，429；1938，p. 888；1960b，p. 393；Hupé，1953a，p. 136；1955，p. 189；卢衍豪，1957，269 页；Harrington *et al.*，1959，p. 288；朱兆玲，1960a，64 页；卢衍豪等，1963a，96 页；1965，279 页；Öpik，1967，p. 297；Schrank，1974，S. 628；1975，S. 592；张文堂等，1980b，54 页；周志强、郑昭昌，1980，65 页；周志强等，1982，250 页；仇洪安等，1983，136 页；张进林、王绍鑫，1985，413 页；Zhang and Jell，1987，p. 173，174；Kim，1987，p. 43；昝淑芹，1989，133 页；王绍鑫、张进林，1994b，233 页；Zhang *et al.*，1995，p. 86，87；郭鸿俊等，1996，91 页；袁金良等，2000，138 页；Jell and Adrain，2003，p. 398；Yuan *et al.*，2008，p. 93，95；Yuan and Li，2008，p. 113，121，124；袁金良等，2012，298—300，615，616 页。

Pseudoliostracina Kobayashi，1938，p. 889；卢衍豪等，1965，471 页；Yuan *et al.*，2008，p. 87，95；Yuan and Li，2008，p. 117，124；袁金良等，2012，298 页。

Liaoyangaspis Chang，张文堂，1957，16，19，22，30 页；1959，197，219 页；卢衍豪等，1963a，77 页；1965，312 页；Öpik，1967，p. 297；周天梅等，1977，181 页；张文堂等，1980b，79 页；南润善，1980，498 页；仇洪安等，1983，152 页；张进林、王绍鑫，1985，431 页；Zhang and Jell，1987，p. 173；朱乃文，1992，348 页；Jell and Adrain，2003，p. 397；Yuan *et al.*，2008，p. 83，95；Yuan and Li，2008，p. 113，124；袁金良等，2012，298 页。

Neobailiella An in Duan *et al.*，段吉业等，2005，163 页；袁金良等，2012，298 页。

模式种 *Lioparia blautoeides* Lorenz，1906，S. 78，Taf. 6，Fig. 1—3，山东泰安市泰山北部，寒武系第三统长清阶 *Inouyella peiensis-Peishania convexa* 带。

特征和讨论 见袁金良等，2012，298—300，615，616 页。

时代分布 寒武纪第三世（徐庄期晚期至长清期早期），华北及东北南部。

拖鞋状光颊虫 *Lioparia blautoeides* Lorenz，1906

（图版 85，图 1）

1905　*Anomocare tatian* Walcott，p. 53.

1906　*Lioparia blautoeides* Lorenz，S. 78，Taf. 6，Fig. 1—3.

1906　*Anomocare eriopa* Walcott, p. 58.

1913　*Ptychoparia* (*Emmrichiella*) *eriopa* (Walcott), Walcott, p. 136, pl. 13, fig. 4 (non fig. 4a).

1913　*Anomocare* sp. undt. b, Walcott, p. 194, 195, pl. 19, fig. 5.

1913　*Anomocarella tatian* (Walcott), Walcott, p. 206, pl. 21, fig. 1b (non figs. 1, 1a).

1938　*Pseudoliostracina blautoeides* (Lorenz), Kobayashi, p. 889.

1942　*Psilaspis tatiana* (Walcott), Resser, p. 47.

1942　*Proasaphiscus eriopa* (Walcott), Resser, p. 42.

1953　*Psilaspis tatiana* (Walcott), Ившин, стр. 133.

1965　*Proasaphiscus eriopa*, 卢衍豪等, 286 页, 图版 50, 图 1, 2。

1965　*Pseudoliostracina blautoeides*, 卢衍豪等, 471 页, 图版 93, 图 9。

1977　*Liaoyangaspis henanensis* Mong in Zhou *et al.*, 周天梅等, 181 页, 图版 53, 图 15。

1980　*Liaoyangaspis bassleri* (Resser et Endo), 南润善, 498 页, 图版 204, 图 7, 8。

1983　*Liaoyangaspis xuzhouensis* Qiu in Qiu *et al.*, 仇洪安等, 153 页, 图版 49, 图 11。

1985　*Liaoyangaspis yantouensis* Zhang et Wang, 张进林、王绍鑫, 431, 432 页, 图版 127, 图 14。

1985　*Liaoyangaspis bassleri*, 张进林、王绍鑫, 431 页, 图版 127, 图 16, 17。

1985　*Liaoyangaspis endoi* Chang, 张进林、王绍鑫, 432 页, 图版 127, 图 15。

1987　*Loiparia theano* (Walcott), Zhang and Jell, p. 174—176, pl. 69, figs. 8—11, 13 (non fig. 12); pl. 71, figs. 2, 6 (non figs. 1, 3—5).

1987b　*Liaoyangaspis bassleri*, 刘怀书等, 27 页, 图版 2, 图 1。

1995　*Lioparia theano*, Zhang *et al.*, p. 86.

2012　*Lioparia blautoeides* Lorenz, 袁金良等, 300 页, 图版 189, 图 1—14; 图版 190, 图 1—20; 图版 191, 图 13—18。

选模　尾部(Lorenz, 1906, Taf. 6, Fig. 1; Zhang and Jell, 1987, pl. 69, fig. 11), 山东泰山北部, 寒武系第三统长清阶 *Inouyella peiensis-Peishania convexa* 带。

材料　1 块头盖标本。

比较　经本书袁金良等(2012)修订后的光颊虫有 5 个种: *Lioparia blautoeides* Lorenz, 1906, *L. bassleri* (Resser et Endo, 1937), *L. peiensis* (Resser et Endo, 1937), *L. walcotti* (Resser et Endo, 1937), *L. tsutsumii* (Endo, 1937)。当前标本头盖、头鞍形态与 *Lioparia blautoeides* Lorenz, 1906 一种较相似, 前边缘宽而平, 两眼叶之间的固定颊较宽。

产地层位　内蒙古自治区乌海市桌子山地区伊勒思图山西坡第二大沟(CD67), 胡鲁斯台组 *Lioparia blautoeides* 带。

堤氏光颊虫 *Lioparia tsutsumii* (Endo, 1937)

(图版 85, 图 2—13)

1937　*Asaphiscus tsutsumii* Endo, p. 350, 351, pl. 60, figs. 19—21.

1937　*Eilura*? sp. undt., Resser and Endo, p. 218, pl. 48, fig. 30.

1959　*Liaoyangaspis tsutsumii* (Endo), 张文堂, 200 页, 插图 10。

1965　*Eilura*? sp., 卢衍豪等, 216 页, 图版 37, 图 22。

1965　*Liaoyangaspis tsutsumii*, 卢衍豪等, 314 页, 图版 57, 图 6。

1987　*Lioparia theano* (Walcott), Zhang and Jell, p. 174—176, pl. 70, fig. 3 only (non pl. 70, figs. 1, 2, 4, 5).

2005　*Sunaspis jilinensis* An in Duan *et al.*, 段吉业等, 171, 172 页, 图版 34, 图 10, 11, non 图 9。

2012　*Lioparia tsutsumii* (Endo), 袁金良等, 301 页, 图版 191, 图 1—12; 图版 192, 图 1—30。

选模　背壳(Endo, 1937, pl. 60, fig. 21; 张文堂, 1959, 插图 10), 辽宁本溪火连寨北 1.5 km, 寒武系第三统徐庄阶 *Bailiella lantenoisi* 带。

材料　9 块头盖和 6 块尾部标本。

比较　当前标本头盖呈三角形, 鞍前区窄, 前边缘窄而突起, 尾轴较宽而长, 尾边缘窄, 与模式标本一致, 应属同一个种。由于尾轴较长, 分节较多, 向后收缩较慢, 此种与模式种 *Lioparia blautoeides* Lorenz, 1906 较相似, 但尾部较长, 尾轴较宽, 肋部相对较窄, 尾轴和肋部突起较高, 肋部外缘与尾边缘之间有一明显陡坡，此外，鞍前区较窄，前边缘较宽而突起，两眼叶之间的固定颊较窄。产于吉林白山市砟子的 *Sunaspis jilinensis* An，其尾部与堤氏光颊虫 *Lioparia tsutsumii* (Endo)没有区别，应归于此种，其头盖与 *Jiangsucephalus* Qiu in Qiu *et al.*, 1983 较相似。

产地层位　内蒙古自治区乌海市岗德尔山东山口(NZ31)，胡鲁斯台组 *Lioparia blautoeides* 带。

小礼泉虫属(新属) *Liquanella* Yuan et Zhang, gen. nov.

词源　Liquan，汉语拼音，礼泉，陕西省咸阳市的一个县，指新属的产地。

模式种　*Liquanella venusta* Yuan et Zhang, sp. nov.，陕西省礼泉县寒水沟，寒武系第三统徐庄阶 *Poriagraulos nanus* 带。

特征　头尾近乎等大的后颊类三叶虫；头盖次方形(后侧翼除外)，平缓突起；背沟中等深；头鞍强烈突起，次柱形，微向前收缩，前端宽圆，具4对清楚的侧头鞍沟；鞍前区宽而微突起，前边缘窄，前边缘沟深；两眼叶之间的固定颊较宽而平缓突起，眼脊突起，自头鞍前侧角微向后斜伸，眼叶中等长，新月形，位于头鞍相对位置的中部，眼沟深；尾部半圆形至半椭圆形，尾轴窄长，分9—10节，轴环节沟深；肋部宽而平缓突起，有7—8对肋脊，肋沟窄而深，间肋沟极浅；尾边缘窄而平；壳面光滑。

讨论　就头盖和头鞍特征来看，新属与 *Shanxiella* (*Jiwangshania*) Zhang et Wang, 1985 (模式种 *Jiwangshania rotundolimbata* Zhang et Wang；张进林、王绍鑫，1985，449页，图版132，图2，4)较相似，但新属背沟较深，头鞍较宽大，突起较高，呈次柱形，有四对较深的侧头鞍沟，前边缘较窄，突起较高，其后缘没有与边缘平行的脊状突起，两眼叶之间的固定颊较窄，眼叶较长，眼沟较深。新属与 *Shanxiella* Lin et Wu in Zhang *et al.*, 1980b 的主要区别是头鞍呈次柱形，突起较高，有四对较深的侧头鞍沟，前边缘较窄，突起较高，后边缘向外伸出距离较大，背沟、前边缘沟和后边缘沟较宽深，此外，尾轴窄长，分节较多，肋部宽(横向)，肋沟和间肋沟较深，尾边缘极窄。

时代分布　寒武纪第三世早期(徐庄期)，华北。

风雅小礼泉虫(新属、新种) *Liquanella venusta* Yuan et Zhang, gen. et sp. nov.
(图版85，图17—21)

词源　venusta，-us，-um，拉丁语，迷人的，可爱的，风雅，指新种具有可爱的尾部。

正模　头盖 NIGP62985-673 (图版85，图17)，陕西省礼泉县寒水沟，寒武系第三统徐庄阶 *Poriagraulos nanus* 带。

材料　3块头盖和2块尾部标本。

描述　头尾近乎等大的后颊类三叶虫；背沟窄深；头盖次方形(后侧翼除外)，平缓突起，正模标本长5.3 mm，两眼叶之间宽5.8 mm；头鞍突起，次柱形，微向前收缩，前端宽圆，具4对窄而清楚的侧头鞍沟，其中第一对(S1)位于颈沟与第三对头鞍沟之间，微向后伸，第二对(S2)位于头鞍横中线之前，微向后伸，S3和S4位于眼脊内端上下方，短，微向前伸；鞍前区宽而微突起，向前边缘沟平缓倾斜，前边缘窄而平缓突起或略向前上方翘起，前边缘沟深；两眼叶之间的固定颊较宽而平缓突起，眼脊突起，自头鞍前侧角微向后斜伸，眼叶中等长，新月形，位于头鞍相对位置的中部，眼沟深；后侧翼纵向窄，后边缘沟较宽深，后边缘窄而平缓突起，向外伸出的距离略大于头鞍基部的宽度；面线前支自眼叶前端向外分散向前伸，越过边缘沟后向内斜切前边缘于头盖的前侧缘，后支自眼叶后端向侧后方伸；尾部半圆形，尾轴窄长，分9—10节，轴环节沟深；肋部宽而平缓突起，有7—8对肋脊，肋沟窄而深，间肋沟极浅；尾边缘窄而平，尾边缘沟微弱；壳面光滑。

比较　在华北地区毛庄期、徐庄期尾部较大的褶颊虫类三叶虫属有登封虫(*Tengfengia* Hsiang, 1962)、清水河虫(*Qingshuiheia* Nan, 1976)、依姆李奇虫(*Emmrichiella* Walcott, 1911)、光颊虫(*Lioparia* Lorenz, 1906)、小光颊虫(*Lioparella* Kobayashi, 1937)、小山西虫(*Shanxiella* Lin et Wu in Zhang *et al.*, 1980b)、樱王山虫[*Shanxiella* (*Jiwangshania*) Zhang et Wang, 1985]、吕梁山盾壳虫(*Luliangshanaspis* Zhang et Wang, 1985)，但是尾部形态差异较大，风雅小礼泉虫以其次柱形的头鞍和特殊的尾部形态与上

述属的种相区别。

产地层位 陕西省礼泉县寒水沟(LQH-1)和陇县景福山地区牛心山(L23)，馒头组 *Poriagraulos nanus* 带。

小无肩虫科 Anomocarellidae Hupé, 1953a

小无肩虫属 *Anomocarella* Walcott, 1905

Anomocarella Walcott, 1905, p. 54; 1911, p. 91; 1913, p. 195; Kobayashi, 1934, p. 301; 1935, p. 294; 1937, p. 428, 430, 432; 1938, p. 888; 1943b, p. 203; 1961, p. 231; 1962, p. 88; Resser and Endo, 1937, p. 163; Endo, 1937, p. 349, 1944, p. 84; Hupé, 1953a, p. 189, 1955, p. 119; 汪龙文等, 1956, 112, 113 页; 卢衍豪, 1957, 266 页; Harrington *et al.*, 1959, p. 290; 朱兆玲, 1960a, 65 页; 卢衍豪等, 1963a, 99 页; 1965, 315 页; 安素兰, 1966, 163 页; 罗惠麟, 1974, 649 页; Fortey and Rushton, 1976, p. 330; Schrank, 1976, S. 897; 周天梅等, 1977, 181 页; 张文堂等, 1980b, 82 页; 南润善, 1980, 499 页; 周志强等, 1982, 252 页; 南润善、常绍泉, 1982a, 21 页; 仇洪安等, 1983, 153 页; 钱义元、周泽民, 1984, 179 页; 张进林、王绍鑫, 1985, 436 页; Zhang and Jell, 1987, p. 176; 杨家骤等, 1991, 159 页; 王绍鑫、张进林, 1994b, 236 页; 郭鸿俊等, 1996, 87 页; 袁金良等, 2000, 137 页; 雒昆利, 2001, 378 页; Jell and Adrain, 2003, p. 342; Далматов и Ветлужских, 2003, стр. 67; 段吉业等, 2005, 164 页; 张文堂, 2006a, 524 页; Kang and Choi, 2007, p. 287; Yuan and Li, 2008, p. 109, 120, 122; Peng, 2008b, p. 174, 179; 罗惠麟等, 2009, 137 页; 袁金良等, 2012, 335—337, 634 页; Sun *et al.*, 2014, p. 549.

Entorachis Kobayashi, 1955, p. 94; 1962, p. 87, 89; 南润善, 1980, 499 页; Zhang and Jell, 1987, p. 176; Jell and Adrain, 2003, p. 372; Yuan and Li, 2008, p. 110; 袁金良等, 2012, 335 页。

模式种 *Anomocarella chinensis* Walcott, 1905, p. 57; Walcott, 1913, p. 200, 201, pl. 20, figs. 3, 3a—d, non figs. 3e, 4, 4a, 山东莱芜颜庄九龙山九龙村, 寒武系第三统长清阶 *Amphoton deois* 带。

特征和讨论 见袁金良等, 2012, 335—337, 634 页。

时代分布 寒武纪第三世中期(长清期), 中国(华北、华南)和朝鲜。

古老小无肩虫? *Anomocarella*? *antiqua* Yuan in Yuan *et al.*, 2012

(图版 69, 图 20, 21)

2012 *Anomocarella*? *antiqua* Yuan in Yuan *et al.*, 袁金良等, 339 页, 图版 117, 图 7—9; 图版 148, 图 1—9。

正模 尾部 NIGP146250 (袁金良等, 2012, 339 页, 图版 148, 图 2), 山东淄川峨庄乡杨家庄, 寒武系第三统长清阶 *Megagraulos coreanicus* 带。

材料 2 块头盖标本。

描述 见袁金良等, 2012, 339 页。

比较 当前标本与模式标本相比, 除头鞍向前收缩较快外, 其余特征相似, 应为同种。

产地层位 内蒙古自治区乌海市岗德尔山东山口(NZ39), 胡鲁斯台组 *Megagraulos inflatus* 带。

光滑北山虫属 *Liopeishania* Chang, 1963

Liopeishania Chang, 张文堂, 1963, 473, 486 页; 卢衍豪等, 1965, 334 页; 安素兰, 1966, 163 页; Palmer and Gatehouse, 1972, p. 22; 张文堂等, 1980b, 83 页; 仇洪安等, 1983, 155 页; 张进林、王绍鑫, 1985, 435 页; 张进林、刘雨, 1986a, 14 页; Kim, 1987, p. 53; 杨家骤等, 1991, 162 页; 梅仕龙, 1993, 24 页; Wolfart, 1994, P. 98; 王绍鑫、张进林, 1994b, 236 页; 郭鸿俊等, 1996, 88 页; Jago and McNeil, 1997, p. 88; 袁金良等, 2000, 138 页; 雒昆利, 2001, 378 页; Jell and Adrain, 2003, p. 398; Lieberman, 2004, p. 17; 段吉业等, 2005, 167 页; Jago and Cooper, 2007, p. 481; Yuan and Li, 2008, p. 113, 121, 123; 袁金良等, 2012, 351, 352, 645 页。

Zhujia Ju in Qiu *et al.*, 仇洪安等, 1983, 160 页; 彭善池等, 1995, 285 页; Jell and Adrain, 2003, p. 464; Peng *et al.*, 2004b, p. 47; Yuan and Li, 2008, p. 119; Peng, 2008b, p. 173, 178, 201; 袁金良等, 2012, 351 页。

Liopeishania (*Zhujia*) Ju in Qiu *et al.*, 袁金良等, 2012, 354 页。

Peregrinaspis Rudolph, 1994, S. 186; Jell and Adrain, 2003, p. 424; 袁金良等, 2012, 351 页。

模式种 *Psilaspis*? *convexa* Endo, 1937, p. 350, pl. 59, figs. 1—4, 辽宁爱川大魏家屯, 寒武系第三统

长清阶 *Liopeishania lubrica* 带。

特征和讨论 见袁金良等，2012，351，352，645 页。

时代分布 寒武纪第三世中期(长清期)，中国(华北、华南)、朝鲜、澳大利亚和北欧。

光滑北山虫亚属 *Liopeishania* (*Liopeishania*) Chang，1963

拱曲光滑北山虫 *Liopeishania* (*Liopeishania*) *convexa* (Endo，1937)
(图版 89，图 1—6)

1937　*Psilaspis? convexus* Endo，p. 350，pl. 59，figs. 1—4.

1944　*Manchuriella convexa* (Endo)，Endo，p. 88.

1963　*Liopeishania convexa* (Endo)，张文堂，473，486 页，图版 2，图 15，16。

1965　*Liopeishania convexa*，卢衍豪等，334 页，图版 62，图 14，15。

non 1980b　*Liopeishania convexa*，张文堂等，83 页，图版 10，图 6。

non 1985　*Liopeishania convexa*，张进林、王绍鑫，435 页，图版 128，图 11，12。

non 1991　*Liopeishania convexa*，杨家骐等，162 页，图版 19，图 15；图版 20，图 1，2。

1994b　*Liopeishania convexa*，王绍鑫、张进林，237 页，图版 13，图 13，14；图版 14，图 4—8。

2012　*Liopeishania convexa*，袁金良等，352 页，图版 201，图 1—8；图版 234，图 4。

选模 头盖 1321a (Endo，1937，pl. 59，fig. 1；张文堂，1963，图版 2，图 15，16)，辽宁大魏家屯爱川，寒武系第三统长清阶 *Liopeishania lubrica* 带。

材料 2 块头盖和 4 块尾部标本。

比较 当前标本与辽宁大魏家屯爱川所产模式标本相比(Endo，1937，p. 350，pl. 59，figs. 1—4)，头盖、头鞍、前边缘、前边缘沟的形态，浅的背沟，固定颊的宽度，眼叶的大小和位置，面线的历程和尾部的一般形态特征都很相似，应是同一个种。两者的主要区别是当前标本的个体较小，头鞍沟较清楚，鞍前区较宽，突起较高，眼脊较清楚，尾肋部的肋沟和间肋沟较清楚，这可能与保存状态有关，当前标本是脱皮标本。

产地层位 内蒙古自治区乌海市桌子山地区南坡大沟(CD6)，胡鲁斯台组 *Liopeishania convexa* 带。

宽光滑北山虫(新种) *Liopeishania* (*Liopeishania*) *lata* Yuan，sp. nov.
(图版 89，图 7—12；图版 90，图 17；图版 91，图 1—7)

词源 lata，-us，-um，拉丁语，宽的，阔的，指新种具宽阔的头盖和尾部。

正模 头盖 NIGP62985-763 (图版 91，图 1)，内蒙古自治区乌海市桌子山地区苏拜沟，寒武系第三统长清阶 *Liopeishania convexa* 带。

材料 4 块头盖，1 块唇瓣和 12 块尾部标本。

描述 头盖中等大小，突起中等，亚梯形，前缘向前呈弧形拱曲，正模标本长 7.6 mm，两眼叶之间宽 8.8 mm；背沟极浅；头鞍突起较高，较宽而长，向前收缩较快，宽截锥形，前端宽圆，侧头鞍沟极浅或模糊不清；颈环平缓突起，中部较宽，颈沟浅，较平直；固定颊较宽，平缓突起，两眼叶之间约为头鞍宽的 3/5—4/5；眼叶中等长，位于头盖相对位置的中部，略小于头鞍长的 1/2；眼脊低，自头鞍前侧角向后斜伸；鞍前区中等宽，向前边缘沟下倾；前边缘较窄，强烈突起或微向前上方翘起，前边缘沟较深；面线前支自眼叶前端微向内向前伸，后支自眼叶后端向后侧斜伸；后侧翼次三角形，较窄(纵向)，后边缘沟较宽深，后边缘窄而平缓突起，向外伸出距离略小于头鞍基部宽；同层所产唇瓣长椭圆形，中体前叶长卵形，前端宽圆，后端尖圆，中沟极浅，向后斜伸，后叶呈新月形，侧边缘和前后边缘窄，平缓突起，边缘沟清楚，前翼次三角形；尾部横宽，次椭圆形，后缘宽圆，尾轴中等长，倒锥形，5—6 个轴环节，一个轴末节，轴环节沟很浅；肋部窄，有 3—4 对极浅肋沟，间肋沟更浅或模糊不清；尾边缘极宽平，无尾边缘沟；壳面光滑。

比较 就头盖、头鞍的外形，窄而突起的前边缘来看，新种与 *Liopeishania convexa* (Endo，1937)(张文堂，1963，473，486 页，图版 2，图 15，16；袁金良等，2012，352 页，图版 201，图 1—8；图版 234，图

4)的不同之处在于新种的头鞍较宽长，前边缘更窄，两眼叶之间的固定颊较宽，眼叶较长，尾部更加横宽，尾轴较长，分节较多，尾边缘更宽平。

产地层位　内蒙古自治区乌海市桌子山地区苏拜沟(SBT2)，胡鲁斯台组 *Liopeishania convexa* 带。

诸暨虫亚属 *Liopeishania* (*Zhujia*) Ju in Qiu *et al.*, 1983

模式种　*Zhujia lubrica* Ju in Qiu *et al.*, 仇洪安等，1983，160页，图版50，图6，7，浙江诸暨，中寒武统杨柳岗组上部。

特征与讨论　见袁金良等，2012，354，645页。

时代分布　寒武纪第三世中期(长清期)，华北和华南。

湖南诸暨虫 *Liopeishania* (*Zhujia*) *hunanensis* Peng, Lin et Chen, 1995
(图版89，图13—18)

1995　*Zhujia hunanensis* Peng, Lin et Chen, 彭善池等，297，298页，图版5，图7—10。

2004b　*Zhujia hunanensis*, Peng *et al.*, p. 48, pl. 14, figs. 1—10.

2012　*Liopeishania* (*Zhujia*) *hunanensis* Peng, Lin et Chen, 袁金良等，354，355页，图版197，图16—22。

正模　头盖 NIGP118863 (彭善池等，1995，图版5，图8a，8b)，湖南花垣排碧，中寒武统王村阶 *Ptychagnostus punctuosus* (*Lejopyge laevigata*?)带。

材料　3块头盖和3块尾部标本。

比较　在头盖、头鞍的外形，前边缘的宽度和凸度，固定颊的宽度，眼叶的大小和位置，面线的历程，尾部外形等方面，当前标本与模式标本很相似，应归予这一种。但当前的标本前边缘沟和头鞍沟很浅，尾部较短而且横宽，本书将这一特征作为种内变异。当前标本与模式种 *Liopeishania* (*Zhujia*) *lubrica* Ju in Qiu *et al.*(仇洪安等，1983，160页，图版50，图6，7)一样，前边缘沟都很浅，主要区别是背沟较深，鞍前区较宽，尾部较短而且横宽，尾轴较宽，分节较清楚。

产地层位　内蒙古自治区乌海市桌子山地区苏拜沟(SBT2)，胡鲁斯台组 *Liopeishania convexa* 带。

桌子山诸暨虫(新种) *Liopeishania* (*Zhujia*) *zhuozishanensis* Yuan, sp. nov.
(图版90，图1—16)

词源　Zhuozishan，汉语拼音，桌子山，指新种的产地。

正模　头盖 NIGP62985-746 (图版90，图1)，内蒙古自治区乌海市桌子山地区苏拜沟，胡鲁斯台组 *Liopeishania convexa* 带。

材料　6块头盖，1块活动颊和9块尾部标本。

描述　头盖横宽，中等大小，强烈突起，次方形(后侧翼除外)，前缘微向前拱曲，正模标本长6.2 mm，两眼叶之间宽8.2 mm；背沟在头鞍两侧较深，在头鞍之前较浅；头鞍突起较高，宽而长，向前收缩较快，宽截锥形，前端宽圆，有四对浅的侧头鞍沟：第一对(S1)位于头鞍横中线之后，内端分叉，前支短，近乎平伸，后支长，强烈向后斜伸，S2位于头鞍横中线之前，向后斜伸，S3位于眼脊内端稍下方，近平伸，S4位于眼脊内端，向前斜伸；颈环平缓突起，中部较宽，颈沟浅，中部较平直，两侧微向前弯曲；固定颊宽，平缓突起，两眼叶之间约为头鞍宽的5/6；眼叶中等长，位于头盖相对位置的中部，为头鞍长的2/5；眼脊长，平缓突起，自头鞍前侧角向后斜伸；鞍前区窄至中等宽，向前边缘沟下倾；前边缘较宽，强烈突起或微向前上方翘起，前边缘沟较宽深，呈三段弧形向前弯曲；面线前支自眼叶前端微向外向前伸，后支自眼叶后端向后侧斜伸；后侧翼次三角形，较窄(纵向)，后边缘沟较宽深，后边缘窄而平缓突起，向外伸出距离略小于头鞍基部宽；活动颊窄长，平缓突起，具中等长的颊刺，侧边缘宽，平缓突起，侧边缘沟清楚，颊区窄，向后略变宽；尾部几乎与头部等大，强烈突起，半椭圆形，后缘圆，尾轴宽长，倒锥形，分6个轴环节及一个轴末节，轴环节沟浅；肋部窄，有3—4对清楚肋沟，3—4间肋沟浅；尾边缘宽平，尾边缘沟浅；壳面具不规则的网状脊线及小孔。

比较 就头盖、头鞍的外形来看，新种与山东淄川峨庄乡杨家庄张夏组所产 *Liopeishania*（*Zhujia*） *yangjiazhuangensis Yuan in Yuan et al.*（袁金良等，2012，355，356 页，图版 197，图 1—15；图版 198，图 14—19；图版 201，图 13—15）较相似，但后者的鞍前区较宽（纵向），前边缘突起而不是向前上方强烈翘起，前边缘沟不呈三段弧形向前弯曲，尾部横宽，凸度较小，尾轴较窄长，壳面光滑。就尾部形态来看，新种与湖南花垣排碧中寒武统王村阶 *Ptychagnostus punctuosus* 带所产 *Liopeishania*（*Zhujia*）*hunanensis* Peng, Lin et Chen（彭善池等，1995，297，298 页，图版 5，图 7—10；Peng *et al.*，2004b, p. 48, 49, pl. 14, figs. 1—10）较相似，不同之处在于新种的头盖横宽，两眼叶之间的固定颊宽，眼叶较长，前边缘向前上方强烈翘起，前边缘沟呈三段弧形向前弯曲，尾部凸度大，尾轴较宽，壳面具不规则的网状脊线及小孔。

产地层位 内蒙古自治区乌海市桌子山地区苏拜沟（SBT2），胡鲁斯台组 *Liopeishania convexa* 带。

东方无肩虫属（新属）*Orientanomocare* Yuan et Zhang，gen. nov.

词源 orien-, orient-, oriental- 拉丁语，升起，东方；*Anomocare*，三叶虫属名，指新属与 *Anomocare* Angelin, 1851 在头盖和尾部形态上有些相似，而且产在中国。

模式种 *Orientanomocare elegans* Yuan et Zhang, sp. nov.，内蒙古自治区乌海市岗德尔山东山口，寒武系第三统徐庄阶 *Bailiella lantenoisi* 带。

特征 头尾几乎等大三叶虫；头盖突起，近乎四方形；背沟浅；头鞍宽大，突起较高，截锥形至长方形，具四对极浅的侧头鞍沟；颈环突起，中部较宽，中后部有小颈疣；固定颊宽至中等宽，眼脊突起，自头鞍前侧角稍后向后斜伸，眼叶中等偏长，位于头鞍相对位置的中后部；前边缘沟宽浅，前边缘宽，向前上方翘起，鞍前区和眼前翼较宽，平缓向前边缘沟倾斜；尾大，半椭圆形，尾轴窄长，突起较高，倒锥形，分 8—9 个轴环节；肋部内侧平缓突起，外侧呈陡坡向下倾，有 6—7 对向后侧伸的肋脊，肋沟深，间肋沟浅；尾边缘窄，尾边缘沟不清楚。

讨论 就头盖和尾部的一般形态特征来看，新属与贵州省沿河县甘溪侯家沱平井组所产副无肩虫 *Paranomocare* Lee et Yin（模式种 *Paranomocare guizhouensis* Lee et Yin；李善姬、尹恭正，1973，28，29 页，图版 1，图 1，2；尹恭正、李善姬，1978，495 页，图版 166，图 1）有些相似，但后者的头鞍向前收缩较快，头鞍沟和颈沟较深，前边缘极窄，向前上方翘起，鞍前区和眼前翼较宽，尾轴短，尾边缘宽。新属与本书描述的另一新属 *Taosigouia* Yuan et Zhang 的主要区别是后者头鞍在中线位置有一中脊，两眼叶之间的固定颊较窄，眼叶较短，前边缘圆凸，前边缘沟窄浅，尾部的肋脊，肋沟向外侧呈扇形排列，尾边缘窄而且清楚。新属与 *Anomocare* Angelin, 1854 [模式种 *Anomocare laeve*（Angelin）；Angelin, 1851, p. 21, pl. 18, figs. 1, 1a；Westergård，1950, p. 14—16, pl. 3, figs. 1—8] 的区别是后者的头鞍较窄，突起较高，中线位置具中脊，有三对较深的侧头鞍沟，颈环具有长的颈刺，眼叶长，弯曲成弓形，鞍前区和眼前翼较宽（纵向），尾部短，横宽，尾轴分节少，尾边缘较宽。

时代分布 寒武纪第三世早期（徐庄期），华北。

雅致东方无肩虫（新属、新种）*Orientanomocare elegans* Yuan et Zhang，gen. et sp. nov.

(图版 86，图 1—11)

词源 elegans，拉丁语，雅致的，华美的，指新种具雅致的尾部。

正模 头盖 NIGP62985-678（图版 86，图 1），内蒙古自治区乌海市岗德尔山东山口，寒武系第三统徐庄阶 *Bailiella lantenoisi* 带。

材料 5 块头盖和 6 块尾部标本。

描述 头盖平缓突起，近乎四方形，前缘向前呈弧形拱曲，正模标本长 11.2 mm，两眼叶之间宽 11.0 mm；长度略大于两眼叶之间宽；背沟浅，清楚；头鞍宽，突起，缓慢向前收缩和倾斜，长度略大于其基部的宽，截锥形，前端宽圆，其长度约占头盖长的 1/2，四对侧头鞍沟极浅，第一对（S1）内端分叉，前支短，平伸，后支长，向后斜伸，S2 位于头鞍横中线稍前方，微向后斜伸，S3 位于眼脊内端稍下方，微向前斜伸，S4 短浅，位于眼脊内端，微向前伸；颈环平缓突起，中部略宽，中后部有一小颈疣；颈沟浅，中部微向后弯曲；鞍前区宽，微向前倾斜，前边缘较宽，微向前上方翘起；前边缘沟宽浅；固定颊较宽，在两眼叶之间约为头鞍宽的 3/5；眼脊短而突起，自头鞍前侧角稍后向后斜伸；眼叶中等偏长，位于头鞍相对位置的中后部，长度略大于头鞍长的 1/2；眼沟清楚；后侧翼纵向窄，后边缘窄而平缓突起，向外伸出距离约为头鞍基部宽的 5/7；后边缘沟宽深；面线前支自眼叶前端向外向前伸，越过边缘沟后呈弧形向内，切前边缘于头盖的前侧缘，后支自眼叶后端向外侧斜伸；尾部长大，半椭圆形；尾轴突起，倒锥形，约占尾长的 9/10，分 8—9 节，每个轴环后缘中线位置及前缘两侧各有一个小疣；背沟、轴环节沟浅；肋部平缓突起；有 6—7 对肋脊；肋沟清楚，向后侧呈放射状排列，间肋沟极浅或模糊不清；尾边缘窄，无清楚尾边缘沟；壳面光滑。

产地层位 内蒙古自治区乌海市岗德尔山东山口（NZ27，NZ28），胡鲁斯台组 *Bailiella lantenoisi* 带。

东方无肩虫未定种 *Orientanomocare* sp.
（图版 91，图 8—10）

材料 3 块尾部标本。

描述 尾部长大，半椭圆形；尾轴突起，倒锥形，约占尾长的 4/5，分 6—7 节，背沟和轴环节沟浅；肋部平缓突起；有 5—6 对肋脊；肋沟窄浅，向后侧呈放射状排列，间肋沟极浅或模糊不清；尾边缘宽平，无清楚尾边缘沟；壳面光滑。

比较 未定种与模式种的主要区别是尾轴较短粗，分节较少，尾边缘较宽平。

产地层位 内蒙古自治区乌海市岗德尔山成吉思汗塑像公路旁（GDME1-4），胡鲁斯台组 *Metagraulos dolon* 带上部。

陶思沟虫属（新属） *Taosigouia* Yuan et Zhang，gen. nov.

Paralongxianella gen. nov. nom. nud.，袁金良等，2012，336 页。

词源 Taosigou，地名，陶思沟，指新属产地。

模式种 *Anomocarella cylindrica* Li in Zhou *et al.*，1982，252 页，图版 63，图 7，8，内蒙古自治区阿拉善盟呼鲁斯太陶思沟，寒武系第三统徐庄阶 *Sunaspis laevis-Sunaspidella rara* 带中上部。

特征 头尾几乎等大三叶虫；头鞍宽大，突起较高，截锥形至长方形，中线位置有低的中脊，具四对浅的侧头鞍沟；颈环突起，中部较宽，中后部有小颈疣；固定颊窄至中等宽，眼脊突起，自头鞍前侧角稍后向后斜伸，眼叶中等偏短，位于头鞍相对位置的中后部；前边缘沟清楚，呈弧形向前拱曲，前边缘宽，圆凸，鞍前区较宽，平缓突起；后侧翼窄（纵向），后边缘窄而突起，向外伸出距离小于头鞍基部宽；尾大，半椭圆形，尾轴宽长，倒锥形，后端几乎伸达尾部后缘，分 9—10 个轴环节，轴环节两侧有一至两列纵向排列的小疣；肋部有 6—7 对近乎平伸的肋脊，肋沟深，间肋沟极浅；尾边缘窄而且平坦，尾边缘沟不清楚。

讨论 就头盖和尾部的一般形态特征来看，新属与 *Leiaspis* Wu et Lin in Zhang *et al.*（模式种 *Leiaspis shuiyuensis* Wu et Lin；张文堂等，1980b，84 页，图版 11，图 5，6）较相似，但后者的背沟，颈沟及头鞍沟极浅，头盖和头鞍突起低，特别是颈环突起低，而且宽度均匀，前边缘极窄，向前上方翘起，鞍前区和眼前翼较宽而下凹，两眼叶之间的固定颊较窄，尾部较短而横宽，尾轴较窄，肋部较宽，尾边缘宽。新属与 *Shanxiella*（*Jiwangshania*）Zhang et Wang（模式种 *Jiwangshania rotundolimbata*；张进林、王绍鑫，1985，449 页，图版 132，图 2，4）的主要区别是头鞍较长而宽大，前边缘宽，圆凸，两眼叶之间的固定颊窄，尾部和尾轴较长，尾边缘很窄。新属与 *Anomocarella* Walcott（模式种 *Anomocarella chinensis* Walcott，1905；Zhang and Jell，1987，p. 177—179，pl. 71，figs. 7—14；pl. 72，figs. 1—16；pl. 73，figs. 1—7；pl. 75，figs. 1，2）的区别是后者的鞍前区极窄，前边缘的后缘在中线位置有不发育的后缘棘，尾轴较短，向后收缩较快，尾肋脊和肋沟向侧后方弯曲斜伸，尾边缘较宽。

时代分布 寒武纪第三世早期（徐庄期），华北。

筒状陶思沟虫 *Taosigouia cylindrica*（**Li in Zhou *et al.*, 1982**）

(图版87，图1—15)

1982　*Anomocarella cylindrica* Li in Zhou *et al.*，周志强等252页，图版63，图7，8。

正模　头盖XIGMTr 096（周志强等，1982，图版63，图7），内蒙古自治区阿拉善盟呼鲁斯太陶思沟 *Sunaspis laevis-Sunaspidella rara* 带中上部。

材料　7块头盖和8块尾部标本。

比较　当前标本与模式标本为同一地点所产，与模式标本相比，头鞍微微向前收缩变窄，而且具有4对浅的侧头鞍沟，这些差异可看作种内变异。

产地层位　内蒙古自治区阿拉善盟呼鲁斯太陶思沟（NH47，NH48，NH48a），胡鲁斯台组 *Sunaspis laevis-Sunaspidella rara* 带中上部。

凹边陶思沟虫 *Taosigouia concavolimbata*（**Wu et Lin in Zhang *et al.*, 1980b**）

(图版87，图16，17)

1980b　*Leiaspis concavolimbata* Wu et Lin in Zhang *et al.*，张文堂等，84，85页，图版11，图7。

正模　头盖NIGP 51242（张文堂等，1980b，图版11，图7），山西省芮城县水峪中条山 *Sunaspis laevis-Sunaspidella rara* 带上部。

材料　1块头盖和1块尾部标本。

比较　当前标本与山西省芮城县水峪中条山的模式标本相比，除了眼叶稍长外，其余特征无多大的差异。此种的尾部与 *Taosigouia cylindrica*（Li in Zhou *et al.*，1982）一种尾部相比，尾轴的中线位置纵向有一列较大的疣，尾边缘极窄。

产地层位　内蒙古自治区乌海市西部五虎山（Q5-VIII-H32，Q5-VIII-H34），胡鲁斯台组 *Sunaspis laevis-Sunaspidella rara* 带上部。

双刺头虫科 Diceratocephalidae Lu, 1954a

圆劳伦斯虫属 *Cyclolorenzella* Kobayashi, 1960

Cyclolorenzella Kobayashi，1960b，p. 389；卢衍豪等，1965，251页；南润善，1976，336页；1980，494页；周天梅等，1977，169，170页；尹恭正、李善姬，1978，488页；杨家骡，1978，42页；周志强、郑昭昌，1980，65页；周志强等，1982，248页；刘义仁，1982，312页；罗惠麟，1982，3页；仇洪安等，1983，126页；林天瑞等，1983，404页；南润善、常绍泉，1985，11页；项礼文、张太荣，1985，119页；张进林，1985，113页；张进林、王绍鑫，1985，405页；1986，664页；Whittington，1986，p. 175；Jell，1986，p. 490；Zhang and Jell，1987，p. 131，132；Kim，1987，p. 40；Zhu and Wittke，1989，p. 213；Shah and Raina，1990，p. 42；张进林、刘雨，1991，96页；朱乃文，1992，345页；张进林、周聘渭，1993，741页；王绍鑫、张进林，1994a，146页；Xiang in Zhang *et al.*，1995，p. 78；郭鸿俊等，1996，114页；Jell and Adrain，2003，p. 362；Hong *et al.*，2003，p. 901；段吉业等，2005，150页；Park *et al.*，2006，p. 28；2008，p. 252；Kang and Choi，2007，p. 291；Yuan and Li，2008，p. 120，126；Zhu，2008，p. 146，151；Peng，2008b，p. 175，187；杨显峰，2008，55—61，100；Park and Choi，2010，p. 77；袁金良等，2012，366—369页。

模式种　*Lorenzella quadrata* Kobayashi，1935，p. 210，pl. 12，figs. 2—5；pl. 13，figs. 2，3，韩国稷洞和花折峙，寒武系第三统 *Neodrepanura* 带。

特征和讨论　见袁金良等，2012，366—369页。

时代分布　寒武纪第三世至芙蓉世（济南期至长山期），中国（华北）和韩国。

特殊圆劳伦斯虫 *Cyclolorenzella distincta* Zhang, 1985

(图版2，图3—9；图版9，图18?)

1985　*Cyclolorenzella distincta* Zhang，张进林，113页，图版1，图17，17a。

1991　*Cyclolorenzella parabola*（Lu），张进林、刘雨，96页，图版1，图6—9。

1993　*Cyclolorenzella parabola*，张进林、周聘渭，741 页，图版 1，图 9，10。

2012　*Jiulongshania distincta* (Zhang)，袁金良等，368 页。

正模　头盖 XIGM85250，内蒙古自治区桌子山桌子山地区苏拜沟（= 苏白音沟），胡鲁斯台组 *Blackwelderia tenuilimbata* 带（= *Blackwelderia-Monkaspis* 带）。

材料　7 块头盖和 1 块活动颊标本。

描述　头盖突起，次方形，前缘向前呈圆弧形弯曲；头鞍短，锥形至截锥形，具 3 对浅且向后斜伸的侧头鞍沟，第一对 (S1) 较长，强烈向后斜伸；背沟宽，中等深；颈沟浅，近平伸；颈环突起，向后延伸成长的颈刺，中前部有一小颈疣；固定颊较宽，突起，两眼叶之间略小于头鞍宽；眼脊微突起，自头鞍前侧角近乎平伸或微向后斜伸，眼叶中等长，位于头鞍相对位置的中前部，不足头鞍长的 1/2；鞍前区与前边缘融合，突起较高，长度（纵向）为头鞍长（不包括颈环）的 2/3 或略长（幼体标本），在头鞍之前的鞍前区上从头鞍前侧角两侧斜伸出两条短的斜沟；后侧翼短（纵向），后边缘沟较宽深，后边缘窄，平缓突起，向外伸出距离略小于头鞍基部宽；面线前支自眼叶前端呈圆弧形向内向前伸，后支短，自眼叶后端向侧后方斜伸；同层所产活动颊具长的颊刺，颊区宽；侧边缘沟较清楚，向后变浅，侧边缘平缓突起；壳面具毛孔状小坑。

比较　此种头盖形态与 *Cyclolorenzella convexa* (Resser et Endo, 1937)（Resser and Endo, 1937, p. 233, pl. 55, figs. 18, 19; pl. 65, figs. 26, 27; Park et al., 2008, p. 253—255, figs. 4A—S; Park and Choi, 2010, p. 75—79, figs. 4A—O; figs. 5A—K）较相似，但后者的头盖横宽，呈亚梯形，眼叶位于头鞍相对位置的中后部，两眼叶之间固定颊宽，头鞍较窄长，鞍前区较窄（纵向），壳面有瘤刺装饰。

产地层位　内蒙古自治区乌海市桌子山地区苏拜沟 (SBT1)，胡鲁斯台组 *Blackwelderia tenuilimbata* 带。

九龙山虫属 *Jiulongshania* Park, Han, Bai et Choi, 2008

Jiulongshania Park, Han, Bai et Choi, 2008, p. 256；袁金良等，2012，370，371，652，653 页；Park et al., 2013, p. 997.

模式种　*Agraulos acalle* Walcott, 1905, p. 43 = *Inouyia? acalle* Walcott, 1913, p. 150, pl. 4, fig. 15, 山东莱芜颜庄西南，寒武系济南阶 *Damesella paronai* 带。

特征和讨论　见袁金良等，2012，370，371，652，653 页。

时代分布　寒武纪第三世至芙蓉世（徐庄期晚期至济南期和长山期），中国（华北）和韩国。

圆形九龙山虫 *Jiulongshania rotundata* (Resser et Endo, 1937)

（图版 2，图 1，2）

1937　*Lorenzella rotundata* Resser et Endo, p. 232, pl. 46, figs. 4—6; pl. 61, figs. 9, 10 (only cranidia), non fig. 11.

1957　*Lorenzella parabola* Lu，卢衍豪，272 页，图版 142，图 14。

1959　*Lorenzella parabola*，朱兆玲，59 页，图版 1，图 35；图版 2，图 1—5。

1960b　*Cyclolorenzella rotundata* (Resser et Endo), Kobayashi, p. 389.

1960b　*Cyclolorenzella parabola* (Lu), Kobayashi, p. 389.

1965　*Cyclolorenzella rotundata*，卢衍豪等，253，254 页，图版 43，图 5（仅头盖），7，non 图 6。

1965　*Cyclolorenzella parabola*，卢衍豪等，252，253 页，图版 43，图 1—4。

1976　*Cyclolorenzella parabola*，南润善，336 页，图版 196，图 9—11。

1983　*Cyclolorenzella parabola*，仇洪安等，126 页，图版 41，图 1。

1985　*Cyclolorenzella parabola*，张进林、王绍鑫，405 页，图版 122，图 7—9。

1985　*Cyclolorenzella matoshanensis* Zhang et Wang，张进林、王绍鑫，406 页，图版 122，图 10。

1986　*Cyclolorenzella parabola*，张进林、王绍鑫，671 页，图版 1，图 11—14。

1987　*Cyclolorenzella acalle* (Walcott), Zhang and Jell, p. 132, 133, pl. 51, figs. 5—7, non figs. 1—4.

non 1987　*Cyclolorenzella parabola*, Kim, p. 40, pl. 23, fig. 29.

1989　*Cyclolorenzella parabola*, Zhu and Wittke, p. 213, pl. 5, figs. 1—5.

non 1991　*Cyclolorenzella parabola*，张进林、刘雨，96 页，图版 1，图 6—9。

non 1993　*Cyclolorenzella parabola*，张进林、周聘渭，741 页，图版 1，图 9，10。

1996　*Cyclolorenzella parabola*，郭鸿俊等，114 页，图版 53，图 1—16。

2007　*Cyclolorenzella rotundata*，Kang and Choi，p. 291，figs. 7（m）—（o）.

2008　*Jiulongshania rotundata*（Resser et Endo），Park *et al.*，p. 258—260，figs. 6A—I.

2012　*Cyclolorenzella rotundata*，袁金良等，369 页，图版 224，图 11；图版 225，图 1—13；图版 238，图 8—10。

选模　头盖 USNM86842b（Resser and Endo，1937，pl. 46，fig. 5；Zhang and Jell，1987，pl. 51，fig. 6），辽宁本溪火连寨，寒武系济南阶 *Damesella paronai* 带。

材料　2 块头盖标本。

比较　当前标本与模式标本相比（Zhang and Jell，1987，pl. 51，fig. 6）不论是头盖、头鞍形态，头鞍之前的球形隆起，还是宽而深的背沟，都十分相似，应为同种。此种与济南阶 *Neodrepanura premesnili* 带所产 *Cyclolorenzella regularis*（Walcott，1906）[=*Cyclolorenzella yentaiensis*（Chu，1959）（朱兆玲，1959，60，61，98，99 页，图版 2，图 9，10；Zhang *et al.*，1995，p. 78，pl. 34，figs. 12—14）]最相似，但后者的头鞍呈较短的截锥形，三对侧头鞍沟较清楚，头鞍前侧角的相对位置有两条较浅而短的斜沟伸向鞍前区，鞍前区上较低的肿瘤与眼前翼之间的界线不清，眼叶短，位置较靠前，活动颊侧边缘较窄，其上没有突起小瘤，后侧边缘颊角圆，无侧伸的颊刺，壳面有小瘤点。由于此种无颈刺，Park 等（2008）将此种置于九龙山虫属内（*Jiulongshania* Park in Park *et al.*，2008），看来是正确的。

产地层位　内蒙古自治区乌海市岗德尔山东山口（NZ50）和桌子山地区苏拜沟（SBT1），胡鲁斯台组 *Blackwelderia tenuilimbata* 带。

平鲁盾壳虫属 *Pingluaspis* Zhang et Wang，1986

Pingluaspis Zhang et Wang，张进林、王绍鑫，1986，665 页；张进林、刘雨，1986a，12 页；1991，94 页；Jell and Adrain，2003，p. 426；Yuan and Li，2008，p. 116，121，127；Zhu，2008，p. 142，147，151；袁金良等，2012，372，373 页。

Xuechengia Wang et Lin，王海峰、林天瑞，1990，119 页；Yuan and Li，2008，p. 119；袁金良等，2012，372 页。

Parayabeia Guo et Luo in Guo *et al.*，郭鸿俊等，1996，109 页；Jell and Adrain，2003，p. 422；Yuan and Li，2008，p. 116；袁金良等，2012，372 页。

模式种　*Pingluaspis minor* Zhang et Wang，张进林、王绍鑫，1986，665，666 页，图版 1，图 1—7，山西平鲁中井虎头山，寒武系济南阶 *Neodrepanura premesnili* 带。

特征和讨论　见袁金良等，2012，372，373 页。

时代分布　寒武纪第三世晚期（济南期），华北。

华美平鲁盾壳虫 *Pingluaspis decora*（Wang et Lin，1990）
（图版 2，图 10—12）

1990　*Xuechengia decora* Wang et Lin，王海峰、林天瑞，119 页，图版 1，图 10，11。

2012　*Pingluaspis decora*（Wang et Lin），袁金良等，373 页，图版 222，图 1—20。

正模　头盖 ESNUYT 0053（王海峰、林天瑞，1990，图版 1，图 11），山东薛城南石乡井子峪，寒武系济南阶 *Damesella paronai* 带。

材料　2 块头盖和 1 块活动颊标本。

描述　个体较小；头盖亚梯形，前缘呈圆弧形向前拱曲，正模标本长 2.9 mm；背沟深而宽，在头鞍之前变窄而浅；头鞍突起，截锥形，向前收缩较慢，前端平圆，具 3 对极短浅的侧头鞍沟，前一对微弱，后两对较清楚，微向后斜伸；颈环突起，半椭圆形，中后部具颈瘤；颈沟较深而直；固定颊中等宽或较宽，在两眼叶之间略小于头鞍宽，凸度比头鞍小，在头鞍后部两侧的固定颊上有低的侧叶（叶状体）；眼叶中等长，位于头鞍相对位置的中部；眼脊微弱，横伸；面线前支自眼叶前端平行向前延伸，越过边缘沟后向内交于头盖的前侧缘，后支自眼叶后端向侧后方斜伸至中部转向后内方伸，斜切后边缘沟和后边缘；鞍前区较宽而突起；前边缘窄而平缓突起，前边缘沟较深，后边缘沟中等深，后边缘窄而突起，向外伸出的距离与头鞍基部的宽度几乎相等；活动颊较宽，颊区宽，强烈向下倾，侧边缘窄而微突起，侧边缘沟浅，颊角尖圆。

比较　当前标本与山东薛城南石乡井子峪，虎头山东约 500 m，崮山唐王寨等地所产标本相比个体更小，两眼叶之间的固定颊更宽，活动颊较宽，颊区较宽，颊角尖圆。

产地层位 内蒙古自治区乌海市岗德尔山东山口（NZ50）和桌子山地区苏拜沟（SBT1），胡鲁斯台组 *Blackwelderia tenuilimbata* 带。

栉虫目 Asaphida Salter，1864
鄂尔多斯虫科 Ordosiidae Lu，1954

太子虫属 *Taitzuia* Resser et Endo in Kobayashi，1935

Taitzuia Resser et Endo in Kobayashi，1935，p. 90；Resser and Endo，1937，p. 292，293；Endo，1937，p. 360；1944，p. 92；张文堂，1959，203，204，224，225 页；Harrington *et al.*，1959，p. 312；朱兆玲，1960a，56 页；卢衍豪等，1963a，89 页；1963b，25 页；1965，220，221 页；段吉业，1966，144 页；周天梅等，1977，163 页；张文堂等，1980b，59 页；南润善，1980，492 页；南润善、常绍泉，1982a，19 页；仇洪安等，1983，110，111 页；张进林、王绍鑫，1985，384，385 页；南润善、石新增，1985，4 页；Zhang and Jell，1987，p. 109，110；梅仕龙，1993，24 页；郭鸿俊等，1996，110 页；袁金良等，2000，140 页；Jell and Adrain，2003，p. 450；段吉业等，2005，140 页；Yuan and Li，2008，p. 118，121，130；罗惠麟等，2009，111 页；袁金良等，2012，388，389，661 页。

模式种 *Taitzuia insueta* Resser et Endo in Kobayashi，1935，p. 90，pl. 24，fig. 2，辽宁辽阳灯塔烟台当十岭，中寒武统长清阶 *Taitzuia insueta-Poshania poshanensis* 带。

特征和讨论 见袁金良等，2012，388，389，661 页。

时代分布 寒武纪第三世中期（长清期），中国华北。

卢氏太子虫 *Taitzuia lui* Chu，1960a
（图版 92，图 1—4）

1960a *Taitzuia lui* Chu，朱兆玲，56 页，图版 1，图 1—5。

1960a *Taitzuia shihuigouensis* Chu，朱兆玲，56 页，图版 1，图 6，7。

1960a *Taitzuia olongblukensis* Chu，朱兆玲，56，57 页，图版 1，图 8。

1965 *Taitzuia lui*，卢衍豪等，222 页，图版 38，图 16—19。

1965 *Taitzuia olongblukensis*，卢衍豪等，222，223 页，图版 38，图 20。

1965 *Taitzuia shihuigouensis*，卢衍豪等，223 页，图版 39，图 3，4。

1993 *Taitzuia lui*，梅仕龙，24 页，图版 2，图 13。

正模 头盖 NIGP 10280（朱兆玲，1960a，56 页，图版 1，图 2），青海石灰沟，下欧龙布鲁克群。

材料 2 块头盖和 2 块尾部标本。

比较 当前标本与模式标本相比，除了头盖稍宽外，其余特征都相似，应视为同种。

产地层位 内蒙古自治区乌海市岗德尔山东山口（NZ45，NZ46），胡鲁斯台组 *Taitzuia lui-Poshania poshanensis* 带。

博山虫属 *Poshania* Chang，1959

Poshania Chang，张文堂，1959，200，201，221—223 页；卢衍豪等，1965，224 页；段吉业，1966，145 页；周天梅等，1977，164 页；南润善，1980，492，493 页；刘义仁，1982，311 页；周志强等，1982，244 页；仇洪安等，1983，111 页；张进林、王绍鑫，1985，386 页；张进林、刘雨，1986b，126 页；Zhang and Jell，1987，p. 111；Kim，1987，p. 39；项礼文、周天梅，1987，304 页；王绍鑫、张进林，1994a，140 页；郭鸿俊等，1996，112 页；袁金良等，2000，139 页；Jell and Adrain，2003，p. 429；段吉业等，2005，137 页；Yuan and Li，2008，p. 117，121，130；袁金良等，2012，391，611，612 页。

模式种 *Poshania poshanensis* Chang，张文堂，1959，201—203 页，图版 2，图 4—10，插图 21，山东博山姚家峪，中寒武统长清阶 *Taitzuia insueta-Poshania poshanensis* 带。

特征和讨论 见袁金良等，2012，391，611，612 页。

时代分布 寒武纪第三世中期（长清期），中国和朝鲜。

博山博山虫 *Poshania poshanensis* Chang, 1959

(图版 92, 图 5, 6)

1959　*Poshania poshanensis* Chang, 张文堂, 201—203, 223, 224 页, 图版 2, 图 4—10, 插图 21。

1965　*Poshania poshanensis*, 卢衍豪等, 224, 225 页, 图版 39, 图 6—8。

1966　*Taitzuia changi* Duan, 段吉业, 144, 145 页, 图版 1, 图 9, 10。

1966　*Poshania kuanchengensis* Duan, 段吉业, 145 页, 图版 1, 图 7, 8。

1983　*Poshania poshanensis*, 仇洪安等, 111 页, 图版 37, 图 4, 5。

1987b　*Poshania poshanensis*, 刘怀书等, 28 页, 图版 2, 图 15。

1996　*Poshania poshanensis*, 郭鸿俊等, 112 页, 图版 50, 图 1, 2, 3a, 4。

1999　*Poshania poshanensis*, 雒昆利, 103 页, 图版 5, 图 3。

2005　*Poshania poshanensis*, 段吉业等, 137 页, 图版 20, 图 9—11。

2005　*Taitzuia changi*, 段吉业等, 140 页, 图版 22, 图 9—11, 13。

2012　*Poshania poshanensis*, 袁金良等, 392 页, 图版 218, 图 1—3, 13。

正模　头盖 NIGP 9301 (张文堂, 1959, 图版 2, 图 5), 山东博山姚家峪, 中寒武统长清阶 *Taitzuia insueta-Poshania poshanensis* 带。

材料　2 块尾部标本。

比较　当前标本与模式标本相比, 尾部外形, 尾轴的长度和轴环节数, 宽的尾边缘等都相似, 应为同种。

产地层位　内蒙古自治区乌海市岗德尔山东山口 (NZ45, NZ46), 胡鲁斯台组 *Taitzuia lui-Poshania poshanensis* 带。

影子盾壳虫属(新属) *Sciaspis* Zhu, gen. nov.

词源　sci-, scia-, 希腊语, 荫, 影子, 指新属头盖外形像影子一样, 捉摸不定。

模式种　*Sciaspis brachyacanthus* Zhu, sp. nov., 内蒙古自治区乌海市岗德尔山东山口, 寒武系第三统长清阶 *Psilaspis changchengensis* 带上部。

特征　头盖突起, 次方形(后侧翼除外), 前缘微微向前拱曲, 背沟深; 头鞍短, 截锥形, 具 3 对浅的侧头鞍沟, 其中第一对(S1)内端分叉; 颈环突起, 中后部向后伸出短的颈刺; 前边缘沟清楚, 略呈三段弧形向前弯曲, 两侧较深, 中部较浅, 前边缘窄, 强烈突起, 鞍前区窄, 平缓突起; 两眼叶之间固定颊宽至中等宽, 眼脊突起, 自头鞍前侧角之后微向后斜伸, 眼前翼明显比鞍前区和前边缘宽(纵向), 眼叶短, 位于头鞍相对位置中后部; 后侧翼窄(纵向), 后边缘沟深, 后边缘窄, 突起, 向外伸出距离与头鞍基部宽几乎相等; 面线前支自眼叶前端明显向外分散向前伸; 尾部比头盖小, 半椭圆形, 尾轴宽长, 强烈突起, 微微向后收缩变窄, 分 4—5 个轴环节, 肋部较窄, 平缓突起, 3—4 对肋脊, 肋沟较宽深, 间肋沟较窄浅, 尾边缘窄平, 尾边缘沟浅; 壳面光滑。

讨论　就头盖、头鞍形态和尾部特征来看, 新属与 *Taitzuia* Resser et Endo in Kobayashi, 1935 (模式种 *Taitzuia insueta* Resser et Endo, 1937, p. 90, pl. 24, fig. 2; Zhang and Jell, 1987, p. 110, pl. 46, figs. 1, 2)有些相似, 不同的是新属具有鞍前区, 前边缘较窄而且略翘起, 头鞍相对较窄, 颈环向后伸出颈刺, 两眼叶之间的固定颊较宽, 尾部相对较短, 尾轴较宽长, 分节较少。就头盖形态来看, 特别是在具有鞍前区方面, 新属更像江苏省铜山县大南庄张夏组所产 *Pseudotaitzuia* Qiu in Qiu *et al.*, 1983 (模式种 *Pseudotaitzuia insueta* Qiu; 仇洪安等, 1983, 114 页, 图版 38, 图 1, 2), 但后者两眼叶之间的固定颊窄, 而且突起高, 眼叶较长, 尾部较长, 呈半圆形, 颈环上无颈刺。

时代分布　寒武纪第三世中期(长清期), 华北(内蒙古自治区)。

短刺影子盾壳虫(新属、新种) *Sciaspis brachyacanthus* Zhu, gen. et sp. nov.

(图版 92, 图 7—21)

词源　brachyacanthus, -tha, -thum, 拉丁语, 短刺的, 指新种颈环向后伸出短的颈刺。

正模 头盖 NIGP62985-796（图版 92，图 15），内蒙古自治区乌海市岗德尔山东山口，寒武系第三统长清阶 *Psilaspis changchengensis* 带上部。

材料 9 块头盖和 6 块尾部标本。

描述 头盖突起，次方形（后侧翼除外），前缘微微向前拱曲，正模标本长 9.0 mm，两眼叶之间宽 9.0 mm；背沟深；头鞍短，截锥形，前端宽圆，具 3 对浅的侧头鞍沟，其中第一对（S1）内端分叉，前支微向前伸，后支向后斜伸，S2 位于头鞍横中线稍前方，微向后斜伸，S3 位于眼脊内端，近乎平伸；颈沟深，两侧微向前弯曲，颈环突起，中部较宽，中后部向后伸出短的颈刺；前边缘沟清楚，略呈三段弧形向前弯曲，两侧较深，向前弯曲明显，中部较浅直，前边缘窄，强烈突起，鞍前区窄，平缓突起；两眼叶之间固定颊宽至中等宽，约为头鞍宽的 7/10，眼脊突起，自头鞍前侧角之后微向后斜伸，眼前翼明显比鞍前区和前边缘宽（纵向），眼叶短，位于头鞍相对位置中后部，约为头鞍长的 1/3 或略长；后侧翼窄（纵向），后边缘沟深，后边缘窄，突起，向外伸出距离与头鞍基部宽几乎相等或略短；面线前支自眼叶前端明显向外分散向前伸，后支自眼叶后端向侧后方斜伸；尾部比头盖小，半椭圆形，尾轴宽长，强烈突起，微微向后收缩变窄，分 4—5 个轴环节，肋部较窄，平缓突起，3—4 对肋脊，肋沟较宽深，间肋沟较窄浅，尾边缘窄平，尾边缘沟浅；壳面光滑。

产地层位 内蒙古自治区乌海市岗德尔山东山口（NZ44 转），胡鲁斯台组 *Psilaspis changchengensis* 带上部。

鄂尔多斯虫科属种未定 Ordosiidae gen. et sp. indet.

（图版 70，图 26）

材料 1 块头盖标本。

描述 头盖突起，次长方形（后侧翼除外），前缘向前呈弧形拱曲，长 6.4 mm，两眼叶之间宽 6 mm；背沟窄浅，在头鞍之前较深；头鞍较宽长，向前缓慢收缩，截锥形，前端圆润，侧头鞍沟模糊不清；颈环突起，半椭圆形；颈沟深，向后弯曲；鞍前区缺失，前边缘宽，突起；前边缘沟在头盖两侧宽浅，向头鞍前侧角弯曲斜伸，但不与背沟相交；两眼叶之间的固定颊窄，平缓突起，不足头鞍宽的 1/2；眼脊短，突起，自头鞍前侧角稍后方向后斜伸；眼叶中等偏长，弯曲成弓形突起，位于头鞍相对位置的中后部，约有头鞍长的 3/5；面线前支自眼叶前端向外向前伸，越过边缘沟后呈圆弧形向内斜切前边缘于头盖的前侧缘，面线后支自眼叶后端向后侧斜伸；壳面光滑。

比较 未定种与鄂尔多斯虫科内所有属的不同之处在于有宽大头鞍，窄的固定颊和长而弯曲成弓形的眼叶。

产地层位 内蒙古自治区乌海市桌子山地区苏拜沟（Q5-XIV-H33），胡鲁斯台组 *Bailiella lantenoisi* 带。

刺尾虫科 Ceratopygidae Linnarsson, 1869

似植轮虫属 *Haniwoides* Kobayashi, 1935

Haniwoides Kobayashi, 1935, p. 242, 243；Hupé, 1955, p. 189；Harrington *et al.*, 1959, p. 288；1962, p. 115；张文堂等，1980b，81 页；Shergold, 1980, p. 84；项礼文、张太荣，1985，133 页；Hughes and Rushton, 1990, p. 440—443；林焕令等，1990，43 页；Peng, 1992, p. 96, 98；Jell and Adrain, 2003, p. 382；Choi *et al.*, 2008, p. 194；Yuan *et al.*, 2008, p. 92, 95；Peng, 2008b, p. 175, 203.

模式种 *Haniwoides longus* Kobayashi, 1935, p. 243, pl. 17, figs. 2, 3, 韩国宁越地区，寒武系第三统 *Olenoides* 带。

特征 刺尾虫类三叶虫，具亚长方形头鞍，无头鞍沟，鞍前区和前边缘宽（纵向），两者之间界线不清楚，眼叶长至中等长，靠近背沟，尾部半椭圆形，后缘圆或微向前凹，肋沟、间肋沟浅，腹边缘宽。

讨论 见 Choi 等，2008，196 页。

时代分布 寒武纪第三世早期（徐庄期）至芙蓉世（长山期），韩国、中国和澳大利亚。

牛心山似植轮虫？（新种）*Haniwoides*? *niuxinshanensis* Yuan et Zhang, sp. nov.

(图版 70, 图 22—24)

词源　Niuxinshan, 汉语拼音, 地名, 牛心山, 指新种产地。

正模　头盖 NIGP62985-414（图版 70, 图 22）, 陕西省陇县景福山地区牛心山, 寒武系第三统徐庄阶 *Inouyops titiana* 带。

材料　3 块头盖标本。

描述　头盖小, 亚梯形, 正模标本长 4.5 mm, 两眼叶之间宽 4.0 mm; 背沟窄, 清楚; 头鞍短, 突起, 次柱形, 微向前收缩变窄, 前端圆润, 其长度约占头盖长的 1/2, 无侧头鞍沟; 颈沟模糊不清, 颈环突起, 两侧略变窄, 后缘向后拱曲; 鞍前区宽, 微向前边缘沟倾斜, 约为前边缘中部宽的 1.5—2 倍, 前边缘窄, 微向前上方翘起, 前边缘沟浅; 固定颊较窄, 平缓突起, 在两眼叶之间约为头鞍宽的 2/7; 眼脊短, 自头鞍前侧角强烈向后斜伸; 眼叶长, 弯曲成弓形, 后端几乎伸达颈沟水平位置; 后侧翼窄（纵向）, 后边缘沟较深; 面线前支自眼叶前端微向外分散向前伸, 越过边缘沟后呈弧形向内斜切前边缘于头盖的前侧缘, 后支自眼叶后端向侧后方斜伸。

比较　新种与模式种 *Haniwoides longus* Kobayashi [1935, p. 243, pl. 17, figs. 2, 3; Choi *et al*., 2008, p. 196—199, figs. 8（1—19）; 9（1—17）] 的主要区别是有短的眼脊, 较清楚的前边缘沟, 微向前上方翘起的前边缘, 颈环中部较宽, 后缘向后拱曲。这些特征不同于属的特征, 此种能否置于这个属内尚有疑问。

产地层位　陕西省陇县景福山地区牛心山（L21）, 馒头组 *Inouyops titiana* 带。

无肩虫科 Anomocaridae Poulsen, 1927

切尾虫属 *Koptura* Resser et Endo in Kobayashi, 1935

Koptura Resser et Endo in Kobayashi, 1935, p. 288, 289; Resser and Endo, 1937, p. 235; Endo, 1939, p. 10; Hupé, 1953a, p. 202, 212; 1955, p. 158; Harrington *et al*., 1959, p. 288; 张文堂, 1959, 209, 232 页; Балашова, 1960, стр. 93; Чернышева, 1961, стр. 207, 208; Kobayashi, 1962, p. 101; 卢衍豪等, 1963a, 76 页; 1965, 169 页; Богнибова и др., 1971, стр. 164; Егорова и др., 1976, стр. 115; 周志强等, 1982, 240 页; 南润善、常绍泉, 1982a, 18 页; 林天瑞等, 1983, 402 页; 张进林、王绍鑫, 1985, 369 页; Zhang and Jell, 1987, p. 170; Kim, 1987, p. 34; 朱兆玲等, 1988, 79 页; Shah *et al*., 1995, p. 35; 郭鸿俊等, 1996, 86 页; 袁金良等, 2000, 138 页; 雒昆利, 2001, 378 页; Jell and Adrain, 2003, p. 394; Далматов и Ветлужских, 2003, стр. 72; Yuan and Li, 2008, p. 113, 120, 123; Peng, 2008b, p. 176, 201; 袁金良等, 2012, 374, 375, 653, 654 页; Jell, 2014, p. 469.

Parakoptura Guo et Duan, 郭鸿俊、段吉业, 1978, 448 页; 仇洪安等, 1983, 93 页; Zhang and Jell, 1987, p. 170; Jell and Adrain, 2003, p. 419; Yuan and Li, 2008, p. 115; 袁金良等, 2012, 374 页。

Teratokoptura Xiang et Zhang, 项礼文、张太荣, 1985, 119, 241, 242 页; Jell and Adrain, 2003, p. 452; Yuan and Li, 2008, p. 118, 121, 124; Peng, 2008b, p. 172, 178, 201; 袁金良等, 2012, 374 页。

Koptura（*Teratokoptura*）Xiang et Zhang, 袁金良等, 2012, 378 页。

Koptura（*Eokoptura*）Yuan in Yuan *et al*., 袁金良等, 2012, 379 页。

模式种　*Anomocare lisani* Walcott, 1911, p. 90, 91, pl. 15, figs. 9, 9a, b, 辽宁东部长兴岛, 寒武系济南阶 *Damesella paronai* 带。

特征和讨论　见袁金良等, 2012, 374, 375, 653, 654 页。

时代分布　寒武纪第二世晚期至第三世, 中国（华北）、朝鲜和俄罗斯（西伯利亚）。

始切尾虫亚属 *Koptura*（*Eokoptura*）Yuan in Yuan *et al*., 2012

Koptura（*Eokoptura*）Yuan in Yuan *et al*., 袁金良等, 2012, 379, 656, 657 页。

模式种　*Koptura*（*Eokoptura*）*bella* Yuan in Yuan *et al*., 袁金良等, 2012, 380, 657 页, 图版 159, 图 1—4, 山东淄川峨庄杨家庄, 中寒武统徐庄阶 *Metagraulos dolon* 带。

特征和讨论 见袁金良等，2012，379，656，657 页。

时代分布 寒武纪第二世晚期至第三世（徐庄期至长清期早期），中国（华北）、朝鲜和俄罗斯（西伯利亚）。

美丽始切尾虫 *Koptura*（*Eokoptura*）*bella* Yuan in Yuan *et al.*, 2012
（图版 93，图 13）

2012 *Koptura*（*Eokoptura*）*bella* subgen. et sp. nov.，袁金良等，380 页，图版 159，图 1—4。

正模 头盖 NIGP146456（图版 159，图 1），山东淄川峨庄杨家庄，寒武系第三统徐庄阶 *Metagraulos dolon* 带。

材料 1 块尾部标本。

比较 当前标本与山东淄川峨庄杨家庄张夏组 *Metagraulos dolon* 带所产模式标本相比，尾部外形、尾轴的宽度和长度，肋部宽度，肋脊对数以及尾侧刺的形态都很相似，应属于同种，主要区别是尾轴环节沟和肋沟较深，这可能与保存状态有关，当前标本是保存在灰岩中，而模式标本是保存在页岩中。

产地层位 宁夏回族自治区贺兰山苏峪口至五道塘（NH17），胡鲁斯台组 *Metagraulos dolon* 带。

始切尾虫未定种 *Koptura*（*Eokoptura*）sp.
（图版 93，图 14）

材料 1 块尾部标本。

描述 尾部几乎呈四方形或椭圆形，后缘中线位置略呈燕尾型凹陷，尾部后侧角宽圆，尾轴较宽短，略大于尾长的 1/2，微向后收缩，分 4—5 节和短的轴后脊；肋部较窄而平缓突起，有 3—4 对宽而较深向后略弯曲的肋沟，3—4 对模糊不清的间肋沟；腹边缘向后变宽；壳面有稀少的小疣。

比较 就尾部的形态而言，此未定种与辽宁东部长兴岛所产方形始切尾虫 *Koptura*（*Eokoptura*）*quadrata* Endo（Endo，1937，pl. 65，fig. 11；卢衍豪等，1965，图版 28，图 14；袁金良等，2012，379 页，图版 237，图 8—14；图版 238，图 7）较相似，主要区别是尾轴较细长，肋部较宽，尾边缘不明显。此未定种与俄罗斯西伯利亚寒武系第三统所产 *Chondranomocare bidjensis* Poletayeva in Tchernysheva *et al.*（Чернышева и др.，1956，стр. 170，табл. 31，фиг. 4，5）的尾部很相似，但后者的尾部较横宽，尾轴更短，不到尾长的 1/2。

产地层位 陕西省陇县景福山地区牛心山（L21），馒头组 *Inouyops titiana* 带。

锦西壳虫属 *Jinxiaspis* Guo et Duan, 1978

Jinxiaspis Guo et Duan，郭鸿俊、段吉业，1978，448 页；Jell and Adrain，2003，p. 390.

模式种 *Jinxiaspis liaoningensis* Guo et Duan，郭鸿俊、段吉业，1978，448 页，图版 1，图 9，11，12，non 图 7，8，10，辽宁锦西杨家杖子榆树沟，寒武系第三统长清阶 *Megagraulos coreanicus* 带。

特征（修订） 背壳长卵形；头盖亚梯形；背沟窄而清楚；头鞍较宽而长，截锥形，具 4 对极浅的侧头鞍沟，其中第一对（S1）内端分叉；两眼叶之间固定颊较窄；眼脊突起，自头鞍前侧角稍后微向后斜伸；眼叶突起高，中等偏长，位于头鞍相对位置的中后部；鞍前区窄至中等宽，平缓突起，前边缘窄而突起；面线前支自眼叶前端强烈向外伸；胸部 11 节；尾部似切尾虫（*Koptura* Resser et Endo in Kobayashi，1935）的尾部，裂成两个肋叶，后缘中线位置向前呈燕尾状凹陷，尾轴窄而较长，向后缓慢收缩，具 7—8 轴环节和一短的轴后脊，轴环节沟向后变浅，肋部宽，有 5—6 对突起的肋脊，肋脊在中部弯曲向后并延伸至后侧角，肋沟深，间肋沟模糊不清；尾边缘极窄，无清楚的尾边缘沟；壳面光滑或具瘤点装饰。

讨论 锦西壳虫的模式种 *Jinxiaspis liaoningensis* Guo et Duan（郭鸿俊、段吉业，1978，448 页，图版 1，图 7—12）有两种不同的头盖，代表正模的背壳（图 9），其头盖上有窄的前边缘和较宽略下凹的鞍前区，而另一种头盖（图 7，8）其头鞍较宽大，在头鞍之前鞍前区与前边缘融合，前边缘沟仅在两侧显示，这种头盖显然属于 *Megagraulos* Kobayashi，1935，因此，模式种 *Jinxiaspis liaoningensis* 包括了两个种：

Jinxiaspis liaoningensis Guo et Duan，1978，*Megagraulos obscura*（Walcott，1906）（郭鸿俊、段吉业，1978，图版1，图7，8），锦西壳虫应该产在 *Megagraulos coreanicus* 带内。此属与 *Proasaphiscus* Resser et Endo in Kobayashi，1935（模式种 *Proasaphiscus yabei* Resser et Endo in Kobayashi，1935，p. 287，pl. 24，fig. 16；Resser and Endo，1937，p. 257，pl. 41，figs. 17—21）的主要区别是背沟较浅，头鞍更加宽大，前边缘窄，强烈突起或向前上方翘起，前边缘沟较宽深，尾部后缘中线位置有向前呈燕尾状的凹陷，尾轴窄而较长，尾肋部宽，尾边缘极窄，无清楚的尾边缘沟。锦西壳虫与切尾虫 *Koptura* Resser et Endo in Kobayashi，1935（模式种 *Anomocare lisani* Walcott，1911，p. 90，91，pl. 15，figs. 9，9a，9b；Zhang and Jell，1987，p. 171，pl. 86，figs. 4—11）的主要不同之处在于后者的头鞍较细短，鞍前区极宽（纵向），前边缘沟极窄浅，两眼叶之间的固定颊宽，尾轴宽，肋部较窄（横向），尾刺较宽长，尾部后缘中线位置向前拱曲度极大，尾刺之间的距离较小。根据头盖和尾部特征，笔者认为产于内蒙古自治区阿拉善盟呼鲁斯太陶思沟的 *Koptura dikelocephalinoides* Zhou in Zhou *et al.*（周志强等，1982，240，241页，图版61，图7—9）也应归于锦西壳虫。

时代分布　寒武纪第三世中期（长清期早期），华北。

中间型锦西壳虫（新种）*Jinxiaspis intermedia* Yuan et Zhang，sp. nov.
（图版93，图1—12）

词源　intermedia，-us，-um，拉丁语，中间型的，指新种一些特征介于 *Jinxiaspis* 和 *Koptura* 之间。

正模　头盖 NIGP62985-809（图版93，图1），内蒙古自治区乌海市桌子山地区阿不切亥沟，寒武系第三统徐庄阶 *Metagraulos dolon* 带。

材料　4块头盖，2块唇瓣和7块尾部标本。

描述　头盖中等突起，近乎四方形（后侧翼除外），前缘微向前拱曲，正模标本长9.0 mm，两眼叶之间宽10.5 mm；背沟中等深，在头鞍之前略浅；头鞍宽大，突起，微微向前收缩，截锥形，前端平圆，占头盖长的3/5（不包括颈环），具4对清楚的侧头鞍沟，第一对（S1）位于头鞍横中线之后，较深长，内端分叉明显，前支短，微向前斜伸，后支长，向后内方弯曲斜伸，中线位置几乎相连，S2位于头鞍横中线之前，内端分叉，前支极短，微向前斜伸，后支略长，向后内方斜伸，S3位于眼脊内端稍下方，极窄浅，微向前伸，S4位于眼脊内端，短，微向前斜伸；颈沟两侧中等深，微向前弯曲，中部窄深，微向前弯曲，颈环突起，中部较宽，中部有小颈疣；鞍前区中等宽，平缓突起，向前边缘沟略下倾，其宽度与前边缘中部宽几乎相等，眼前翼较宽，是鞍前区宽的1.5倍，前边缘中等宽，圆凸，微向前拱曲，两侧略变窄，前边缘沟中等深；两眼叶之间固定颊较宽，约为头鞍宽的5/7，眼叶长，弯曲呈弓形，位于头鞍相对位置的中后部，后端几乎伸达颈沟水平位置，约有头鞍长的4/7或略长，眼沟宽浅，眼脊短，自头鞍前侧角稍后强烈向后斜伸；后侧翼窄（纵向），后边缘沟较宽深，后边缘窄，突起；面线前支自眼叶前端略向外分散向前伸，越过边缘沟后转向内斜切前边缘于头盖的前侧缘，后支自眼叶后端向侧后方斜伸；尾部呈鱼尾形，后缘中线位置向前呈三角形弯曲，后缘两侧由肋脊融合成一对宽长的尾侧刺；尾轴较短窄，突起，向后收缩变窄，倒锥形，分6—7个轴环节和一个短的轴后脊，肋部宽，由内向外逐渐倾斜，分4—5对向后侧弯曲的长肋脊，肋沟深，向后侧弯曲斜伸，间肋沟不清楚；无尾边缘和尾边缘沟；壳面具密集的小孔。

比较　新种与模式种 *Jinxiaspis liaoningensis* Guo et Duan，1978（郭鸿俊、段吉业，1978，图版1，图9，11，12）的主要区别是头鞍较宽大，四对侧头鞍沟较深，眼叶较长，前边缘较宽而突起，尾部后缘中线位置向前的拱曲度较大，后缘两侧形成较宽长的尾侧刺。就尾部外形来看，新种与 *Koptura longibiloba* Chang，1959（袁金良等，2012，375，376页，图版159，图12；图版160，图1—7；图版176，图17）较相似，不同的是新种的头盖较宽大，四对侧头鞍沟较深，鞍前区极窄（纵向），前边缘较宽，圆凸，两眼叶之间的固定颊较宽，眼叶较长，尾部较横宽，尾轴较细，肋部较宽，间肋沟不发育，尾刺向侧后方伸，两尾侧刺后端之间的距离较大。

产地层位　内蒙古自治区乌海市岗德尔山东山口（NZ20，NZ22，NZ23）和桌子山地区阿不切亥沟（CD101，CD102），胡鲁斯台组 *Metagraulos dolon* 带。

珍奇锦西壳虫（新种）*Jinxiaspis rara* Zhu et Yuan, sp. nov.

（图版 94，图 1—12）

词源　rara，-us，-um，拉丁语，稀少的，珍奇的，指新种的标本很稀少，非常珍奇。

正模　头盖 NIGP62985-823（图版 94，图 1），内蒙古自治区乌海市岗德尔山东山口，寒武系第三统长清阶 *Megagraulos inflatus* 带。

材料　5 块头盖，1 块胸尾部，1 块唇瓣和 5 块尾部标本。

描述　头盖中等突起，次方形（后侧翼除外），正模标本长 13.4 mm，两眼叶之间宽 14.6 mm；背沟窄浅，清楚，在头鞍前侧角较深，在头鞍之前较浅；头鞍宽大，微微向前收缩，截锥形，前端宽圆，具 4 对浅的侧头鞍沟，第一对（S1）位于头鞍横中线之后，较深长，向后斜伸，S2 位于头鞍横中线之前，微向前伸或近乎平伸，S3 位于眼脊内端稍下方，短，不与背沟相连，平伸，S4 位于眼脊内端，微向前斜伸；颈沟两侧中等深，微向前弯曲，中部窄浅，平伸，颈环突起，中部较宽，中后部有小颈疣；鞍前区较宽，平缓突起，向前边缘沟略下倾，其宽度为前边缘中部宽的 2 倍，前边缘窄，突起或向前上方翘起，微向前拱曲，前边缘沟宽浅；两眼叶之间固定颊窄，约为头鞍宽的 1/3，眼叶中等偏长，位于头鞍相对位置的中后部，后端几乎伸达颈沟水平位置，约有头鞍长的 1/2 或略长，眼脊短，自头鞍前侧角或前侧角稍后（幼年期标本）强烈向后斜伸；后侧翼窄（纵向），后边缘沟较深，后边缘窄，突起，向外伸出距离略小于头鞍基部宽；面线前支自眼叶前端略向外分散向前伸，越过边缘沟后转向内斜切前边缘于头盖的前侧缘，后支自眼叶后端向侧后方斜伸；同层所产唇瓣卵形，中体宽卵形，突起较高，中沟长，向后斜伸，后缘在中线位置相连，中体前叶次圆形，中体后叶新月形，边缘沟浅，边缘窄，平缓突起，前翼次三角形；胸部 10 节或 11 节，中轴突起，向后徐徐收缩，肋节末端向后侧伸出肋刺由前向后变长；肋沟窄浅；尾部近方形或倒梯形，后缘中线位置向前呈弓形弯曲，后缘两侧呈钝角状，但未形成尾侧刺；尾轴较窄，突起，向后收缩变窄，分 5—6 个轴环节和一个短的轴后脊，肋部宽，由内向外逐渐倾斜，分 5—6 对肋脊，肋沟深，向后侧弯曲斜伸，间肋沟不清楚；尾边缘窄，无尾边缘沟；壳面光滑或具疣点。

比较　新种与模式种 *Jinxiaspis liaoningensis* Guo et Duan, 1978（郭鸿俊、段吉业, 1978，图版 1，图 9，11，12）的主要区别是头鞍较宽，四对侧头鞍沟较清楚，眼叶较长，鞍前区较宽而突起，尾部后缘中线位置向前的拱曲度较小，后缘两侧角不呈三角形。就头盖、头鞍和尾部外形来看，新种与 *Jinxiaspis dikelocephalinoides*（Zhou in Zhou et al.）（周志强等, 1982, 240, 241 页，图版 61，图 7—9）最相似，不同的是新种的头盖较横宽，鞍前区宽（纵向），前边缘窄，尾部较横宽，尾轴较细。

产地层位　内蒙古自治区乌海市岗德尔山东山口（NZ36），胡鲁斯台组 *Megagraulos inflatus* 带。

高氏锦西虫（新种）*Jinxiaspis gaoi* Yuan, sp. nov.

（图版 94，图 13—15）

词源　Mr. Gao Jian，高健先生，河北省唐山市化石猎人，指新种的标本是由他首先发现的。

正模　头盖 NIGP62985-836（图版 94，图 14），河北省唐山市古冶区长山沟村委会后山，寒武系第二、三统馒头组上部（长清阶下部）*Megagraulos coreanicus* 带。

材料　1 块头盖，1 块近乎完整背壳和 1 块尾部标本。

描述　背壳长卵形，中等突起，头、胸、尾长度之比为 1：1.4：0.7，前缘微向前弯曲；头盖中等突起，次方形（后侧翼除外），正模标本长 12.5 mm，两眼叶之间宽 13.5 mm；背沟清楚，在头鞍前侧角较深，在头鞍之前较窄浅；头鞍宽大，微微向前收缩，截锥形，前端宽圆，中线位置具低的中脊，具 3 对浅的侧头鞍沟，第一对（S1）位于头鞍横中线之后，较深长，内端分叉，前支近乎平伸，后支略长，向后斜伸，S2 位于头鞍横中线之前，眼脊内端稍下方，近乎平伸，S3 位于眼脊内端，短，微向前斜伸；颈沟较宽深，平伸，颈环突起，中部宽度均匀，两侧略变窄，中后部有小颈疣；鞍前区较窄，平缓突起，向前边缘沟略下倾，其宽度与前边缘中部宽相等，眼前翼宽，是鞍前区宽的 2.5—3 倍，前边缘窄，突起或向前上方翘起，微向前弯曲，前边缘沟宽深；两眼叶之间固定颊中等宽，约为头鞍宽的 1/2，眼叶中等偏长，位于头鞍相对位置的中后部，后端几乎伸达颈沟水平位置，略小于头鞍长的 2/3，眼脊短，自头鞍前侧角稍后微向后斜伸；后侧翼窄（纵向），后边缘沟较深，后边缘窄，突起，向外伸出距离略小于头鞍基部宽；面线前支自眼叶前端略向外分散向前伸，越过边缘沟后转向内，斜切前边缘于头盖的前侧缘，后支自眼叶后端向侧后方斜伸；胸部 11 节，中轴突起，向后徐徐收缩，肋节末端向后侧伸出肋刺；肋沟宽深；尾部横椭圆形，后缘中线位置向前呈弓形弯曲，后缘两侧呈钝角状，但未形成尾侧刺；尾轴较窄，突起，向后收缩变窄，分 4—5 个轴环节和一个短的轴后脊，肋部宽，由内向外逐渐倾斜，分 4 对肋脊，肋沟深，向后侧弯曲斜伸，间肋沟不清楚；尾边缘窄，无尾边缘沟；壳面具疣点或小坑。

比较 新种与模式种 *Jinxiaspis liaoningensis* Guo et Duan, 1978（郭鸿俊、段吉业，1978，图版 1，图 9，11，12）的主要区别是背壳较横宽，头鞍较宽，具 3 对侧较清楚的侧头鞍沟，眼叶较长，眼脊自头鞍前侧角的稍后方微向后斜伸，尾部较横宽，后缘中线位置向前的拱曲度较小，后缘两侧角不呈三角形。就头盖、头鞍和尾部外形来看，新种与本书描述的另一新种 *Jinxiaspis rara* Zhu et Yuan, sp. nov. 也有些相似，不同的是新种的头盖较横宽，鞍前区窄（纵向），眼脊自头鞍前侧角的稍后方微向后斜伸，两眼叶之间的固定颊较宽，壳面具疣点或小坑。

产地层位 河北省唐山市古冶区长山沟村委会后山（TGC1-5），馒头组 *Megagraulos coreanicus* 带。

两狼山虫属 *Lianglangshania* Zhang et Wang, 1985

Lianglangshania Zhang et Wang, 张进林、王绍鑫，1985，370 页；Zhang *et al.*, 1995, p. 66；雒昆利，2001，376 页；Jell and Adrain, 2003, p. 397；Yuan and Li, 2008, p. 113, 120, 134.

模式种 *Lianglangshania hueirenensis* Zhang et Wang, 1985（张进林、王绍鑫，1985，370 页，图版 113，图 2—4），山西怀仁两狼山，寒武系第三统长清阶。

特征（修订） 头部半圆形；头盖次方形，前缘向前呈弧形拱曲；背沟窄而清楚；头鞍短而突起，截锥形，具 3—4 对浅的侧头鞍沟；颈沟清楚，颈环突起，中部较宽；两眼叶之间固定颊较宽；眼脊突起，自头鞍前侧角稍后微向后斜伸或近平伸；眼叶突起高，中等长，位于头鞍相对位置的中后部；鞍前区宽，呈穹堆状隆起或微下凹，前边缘宽至中等宽；面线前支自眼叶前端强烈向外伸；尾部似切尾虫（*Koptura* Resser et Endo in Kobayashi, 1935）的尾部，裂成两个肋叶，肋叶后端宽圆，后缘中线位置向前呈燕尾状凹陷，尾轴窄而较长，向后缓慢收缩，具 8—10 个轴环节和一短的轴后脊，轴环节沟向后变浅，肋部宽，有 7—8 对突起的肋脊，肋脊在中部弯曲向后并延伸至宽而略下凹的尾边缘，肋沟深，间肋沟极浅或模糊不清；无清楚的尾边缘沟；壳面具瘤点装饰。

讨论 两狼山虫最初置于 Monkaspidae Kobayashi, 1935（张进林、王绍鑫，1985，366 页）；后来置于 Solenopleuridae Angelin, 1854（Zhang *et al.*, 1995, p. 65, 66；雒昆利，2001，376 页；Yuan and Li, 2008, p. 134）；也曾被放在 Ptychopariidae Matthew, 1887 科内（Jell and Adrain, 2003, p. 478）。笔者认为两狼山虫与切尾虫（*Koptura* Resser et Endo in Kobayashi, 1935）最相似，但后者的尾轴较粗而短，向后收缩较快，分节少（5—6 节），肋部相对较窄，头鞍前端圆润，头鞍沟极浅或模糊不清，眼脊自头鞍前侧角向后斜伸。因此，笔者认为应将两狼山虫与切尾虫置于无肩虫科 Anomocaridae Poulsen, 1927 内。Solenopleuridae Angelin, 1854 科内三叶虫头鞍呈锥形，突起较高，尾边缘较窄。

时代分布 寒武纪第三世中期（长清期），华北。

横宽两狼山虫（新种） *Lianglangshania transversa* Zhu, sp. nov.
(图版 94，图 16—18；图版 95，图 1—12)

词源 transversa, -us, -um（拉丁语），横的，宽的，指新种有横宽的头盖。

正模 头盖 NIGP62985-849（图版 95，图 9），内蒙古自治区乌海市岗德尔山东山口，寒武系第三统长清阶 *Psilaspis changchengensis* 带上部。

材料 12 块头盖和 3 块尾部标本。

描述 头盖横宽，次方形，正模标本长 7.8 mm，两眼叶之间宽 9.0 mm，前缘向前呈弧形拱曲；背沟窄而清楚；头鞍短而突起，截锥形，不足头盖长的 1/2（除颈环外），具 4 对浅的侧头鞍沟，第一对（S1）较深，内端分叉，S2 较浅，位于头鞍横中线之前，微向前斜伸，S3 窄而浅，位于眼脊内端下方，微向前伸，S4 极短而浅，位于眼脊内端，向前斜伸；颈沟清楚，中部窄而直，两侧较宽而深，向前斜伸；颈环突起，中部较宽，中后部具小的颈瘤；两眼叶之间固定颊较宽，约为头鞍宽的 5/7；眼脊突起，自头鞍前侧角稍后微向后斜伸或近平伸；眼叶突起高，中等长，位于头鞍相对位置的中后部，约有头鞍长的 1/2；鞍前区宽，平缓突起，约为前边缘宽的 2 倍，其前部有一条大致与眼脊平行的脊状突起，脊状突起的后缘形成副腹边缘沟，两侧与前边缘沟会合，沟内有小陷孔，眼前翼突起较高，前边缘中等宽，平缓突起或微向前上方翘起；前边缘沟较宽而深，沟内排列有小坑；后侧翼纵向窄，后边缘窄而突起，向外伸出的距离与头鞍基部宽度大致相等或略宽，后边缘沟宽而深；面线前支自眼叶前端强烈向外伸，后支自眼叶后端向侧后方斜伸；尾部近四方形，裂成两个大肋叶，肋叶后端宽圆，后缘中线位置向前呈三角形燕尾状凹陷，尾轴窄而较长，向后缓慢收缩，具 8—10 个轴环节和一短的轴后脊，轴环节沟向后变浅，肋部宽，有 7—8 对突起的肋脊，肋脊在中部弯曲向后并延伸至宽而略下凹的尾边缘，肋沟深，间肋沟极浅或模糊不清；无清楚的尾边缘沟；壳面具稀少瘤点和不规则网纹装饰。

比较　新种与模式种 *Lianglangshania hueirenensis* Zhang et Wang（张进林、王绍鑫，1985，370 页，图版 113，图 2—4）的主要区别是头鞍较窄长，向前收缩较慢，3—4 对头鞍沟较清楚，鞍前区上有一脊状突起，前边缘沟较宽深，背沟、颈沟和后边缘沟较深，尾部较长，尾轴较细长，分节较多。新种与 *Lianglangshania dayugouensis* Zhang et Wang（张进林、王绍鑫，1985，370，371 页，图版 113，图 5，6）的不同之处在于鞍前区宽，其上有一脊状突起，前边缘窄，前边缘沟较宽深，背沟、颈沟和后边缘沟较深，壳面瘤点较稀少。

产地层位　内蒙古自治区乌海市岗德尔山东山口（NZ 44 转），胡鲁斯台组 *Psilaspis changchengensis* 带上部。

中华无肩虫属（新属）*Sinoanomocare* Yuan et Zhang, gen. nov.

Sinoanomocare nom. nud. 冯增昭等，1991，4 页，表 2-1。

词源　Sin-，希腊语，中国（古埃及天文学家 Ptolemy 所提到的一个东方民族 Sinae，即现在的中国），*Anomocare*，三叶虫属名。

模式种　*Sinoanomocare lirellatus* Yuan et Zhang, sp. nov.，陕西省礼泉县寒水沟，寒武系第三统徐庄阶 *Poriagraulos nanus* 带。

特征　头盖长方形，前缘向前强烈拱曲；头鞍较短而突起，次柱形，前端圆润，具 3 对浅的侧头鞍沟；固定颊窄而平缓突起；眼叶较长，弯曲呈弓形，位于头鞍相对位置的中后部，眼脊突起，自头鞍前侧角向后斜伸；鞍前区宽，前边缘宽，中部下凹，其前后缘呈脊状突起；前边缘沟清楚，呈弓形向前弯曲；尾部比头部略小，长半椭圆形；尾轴窄，倒锥形，分 5—6 节和一短的轴后脊，肋部宽，具 5 对肋脊，5 对肋沟清楚，间肋沟模糊不清，尾边缘宽平或略下凹，尾边缘沟浅，壳面具细网纹状脊线。

讨论　就头盖形态来看，新属与俄罗斯西伯利亚寒武系第三统下部所产 *Chondranomocare* Poletayeva in Tchernysheva *et al.*，1956（模式种 *Chondranomocare bidjensis* Poletayeva；Чернышева и др.，1956，стр. 170，табл. 31，фиг. 4，5）很相似，但后者的固定颊极窄，眼脊自头鞍前侧角之后向后斜伸，因此眼前翼的宽度（纵向）大于鞍前区的宽度。此外，尾轴极短。就尾部形态来看，新属与俄罗斯西伯利亚寒武系第三统下部所产 *Pseudanomocarina* Tchernysheva in Tchernysheva *et al.*，1956（模式种 *Pseudanomocarina plana* Tchernysheva；Чернышева и др.，1956，стр. 167，168，табл. 31，фиг. 6—8）较相似，不同之处在于新属的鞍前区很宽（纵向），两眼叶之间固定颊较宽，尾轴细长，肋部较宽。新属与登封虫的头盖也有些相似（模式种 *Tengfengia latilimbata* Hsiang；项礼文，1962，394 页，图版 1，图 1—3），但后者的固定颊很宽，头鞍相对短小，截锥形，头鞍沟较深，眼脊较长，突起较明显，尾轴较细，尾边缘较宽而平坦。新属与江苏铜山馒头组所产 *Plesiamecephalus* Lin et Qiu in Qiu *et al.*（模式种 *P. xuzhouensis* Lin et Qiu；仇洪安等，1983，82 页，图版 26，图 9）在头盖形态上也有些相似，但后者的头盖及固定颊较宽，头鞍呈截锥形，无头鞍沟，眼脊长，眼叶短，后侧翼宽大，尾部很小，次菱形。

时代分布 寒武纪第三世早期(徐庄期)，华北。

小脊中华无肩虫(新属、新种) *Sinoanomocare lirellatus* Yuan et Zhang，gen. et sp. nov.

(图版 91，图 11—13；图版 95，图 13—16)

词源 lirellatus，-ta，-tum，拉丁语，具小脊的，指新种前边缘的前后缘均呈脊状突起，中部则下凹。

正模 头盖 NIGP62985-854 (图版 95，图 14)，陕西省礼泉县寒水沟，寒武系第三统徐庄阶 *Poriagraulos nanus* 带。

材料 2 块头盖和 5 块尾部标本。

描述 头盖突起，近长方形，前缘向前呈弧形拱起，正模标本长 6.0 mm，两眼叶之间宽 5.0 mm；背沟浅；头鞍突起，次柱形，前端宽圆，其长度约等于头盖长的 1/2，具三对浅的侧头鞍沟；颈沟浅，直；颈环平缓突起，宽度较均匀；固定颊窄而平缓突起，在两眼叶之间约为头鞍宽的 1/2；眼叶中等偏长，位于头鞍相对位置的中后部，略大于头鞍长的 1/2，眼沟浅，眼脊短而且低平，自头鞍前侧角向后强烈斜伸；前边缘沟窄，中等深，向前呈弧形弯曲，前边缘宽，中部下凹，前后呈脊状突起；鞍前区较宽，与前边缘宽度大致相等，与眼前翼一起向前边缘沟平缓下倾；后侧翼短(横向)而且窄(纵向)，后边缘沟浅；后边缘窄，平缓突起；面线前支自眼叶前端强烈向外分散向前伸，后支自眼叶后端向侧后方斜伸；尾部长半椭圆形；尾轴窄，突起，倒锥形，向后收缩，分 5—6 节及一个末节(幼年体标本上较清楚)，轴环节沟浅，后两个轴环节沟模糊不清；肋部较轴部略宽，平缓突起，5 对肋脊，5 对浅的向后侧斜伸的肋沟，间肋沟模糊不清；尾边缘宽，低平或略下凹，尾边缘沟浅；壳面具细网纹状脊线。

产地层位 陕西省礼泉县寒水沟(LQH-1)，馒头组 *Poriagraulos nanus* 带。

似无肩虫属 *Anomocarioides* Lermontova，1940

Anomocarioides Lermontova，Лермонтова，1940，стр. 155；Westergärd，1950，p. 20；Чернышева，1953，стр. 72；Harrington *et al.*，1959，p. 287，288；Пегель，1979，стр. 83；Егорова и др.，1982，стр. 85；Jell and Adrain，2003，p. 342.

模式种 *Proetus? limbatus* Angelin，1851，p. 22，pl. 18，fig. 2；Westergärd，1950，p. 20—22，pl. 4，figs. 6—14，俄罗斯西伯利亚，寒武系第三统古丈阶 *Lejopyge laevigata-Aldanaspis truncata* 带。

特征 头盖平缓突起，亚梯形；头鞍宽大，截锥形，具 3—4 对浅的侧头鞍沟；两眼叶之间的固定颊中等宽，在头鞍的后侧角处有一对脊状突起，眼叶长，弯曲呈弓形；鞍前区窄，低平，前边缘宽，向前倾斜，前边缘沟浅；胸部 10 节；尾部大，半圆形，尾轴细长，分 7—8 节，肋部宽，6—7 对肋脊，肋沟深，间肋沟模糊不清，尾边缘宽平。

时代分布 寒武纪第三世，俄罗斯(西伯利亚)、瑞典和中国(华北)。

似无肩虫? 未定种 *Anomocarioides*? sp.

(图版 56，图 12，13)

材料 2 块头盖标本。

描述 头盖平缓突起，亚梯形，前缘向前呈圆弧形弯曲，最大标本长 14.7 mm，两眼叶之间宽 11.7 mm；背沟较深；头鞍宽大，截锥形，具 3—4 对浅的侧头鞍沟：第一对(S1)内端分叉，前支短，近平伸，S2 位于头鞍横中线附近，平伸或微向后斜伸，S3 位于眼脊内端稍下方，微向前斜伸，S4 短浅，位于眼脊内端，微向前斜伸；两眼叶之间的固定颊中等宽，约为头鞍宽的 5/7，在头鞍的后侧角处没有一对脊状突起，眼叶长，弯曲呈弓形，略大于头鞍长的 1/2，眼沟浅，眼脊短而且低平，自头鞍前侧角稍后微向后斜伸；鞍前区窄，低平，前边缘极宽，呈扇形向前倾斜，前边缘的后缘呈脊状突起，前边缘沟浅；颈沟浅，微向后弯曲；颈环平缓突起，两侧略变窄，中后部有小颈疣；后侧翼短(横向)而且窄(纵向)，后边缘沟浅；后边缘窄，平缓突起；面线前支自眼叶前端强烈向外分散向前伸，后支自眼叶后端向侧后方斜伸；壳面光滑。

比较 未定种与模式种 *Anomocarioides limbatus*（Angelin，1851）（Westergärd，1950，p. 20—22，pl. 4，figs. 6—14；Егорова и др.，1982，стр. 85，86，табл. 42，фиг. 15；табл. 44，фиг. 2）的主要区别是头鞍较窄长，前边缘较宽(纵向)，在头鞍后侧角处的固定颊上没有一对脊状突起，眼叶较短。由于在头鞍后侧角处的固定颊上没有一对脊状突起，还没有发现相应的尾部，因此，此未定种置于这个属内尚有疑问。

产地层位 内蒙古自治区乌海市岗德尔山东山口(NZ37)，胡鲁斯台组 *Megagraulos inflatus* 带。

孟克虫科 Monkaspidae Kobayashi, 1935

孟克虫属 *Monkaspis* Kobayashi, 1935

Monkaspis Kobayashi, 1935, p. 289, 290；1960a, p. 237, 268；Resser and Endo, 1937, p. 198；Endo, 1937, p. 321；Endo, 1944, p. 67；Harrington *et al.*, 1959, p. 288；卢衍豪等，1963a，76 页；1965，164 页；周天梅等，1977，149 页；杨家骥，1978，37 页；刘义仁，1982，306 页；仇洪安等，1983，92 页；林天瑞等，1983，402 页；南润善、常绍泉，1985，9 页；张进林，1985，112 页；张进林、王绍鑫，1985，368 页；Jell, 1986, p. 490；Zhang and Jell, 1987, p. 191, 192；彭善池，1987，95 页；朱兆玲等，1988，79 页；王绍鑫、张进林，1994a，135 页；Zhang *et al.*, 1995, p. 79；郭鸿俊等，1996，90 页；Peng *et al.*, 2001a, p. 104；2004a, p. 181, 182；Jell and Adrain, 2003, p. 408；段吉业等，2005，126 页；Yuan and Li, 2008, p. 121, 130；Zhu, 2008, p. 141, 147, 155；Peng, 2008b, p. 176, 197；袁金良等，2012，397，398，664，665 页；Park *et al.*, 2013, p. 999.

Liaoningaspis Chu, 朱兆玲，1959，74，75，118，119 页；卢衍豪等，1965，167 页；1974a，95，96 页；1974b，106 页；周天梅等，1977，150 页；李善姬，1978，229 页；南润善，1980，490 页；罗惠麟，1982，2 页；张进林、王绍鑫，1985，366 页；1986，666 页；Zhang and Jell, 1987, p. 191；Kim, 1987, p. 33；Jell and Adrain, 2003, p. 397；Peng *et al.*, 2004a, p. 182；段吉业等，2005，127 页；Zhu, 2008, p. 139, 147, 155；Peng, 2008b, p. 197；袁金良等，2012，397 页；Yuan *et al.*, 2014, p. 408.

Kushanopyge Chu, 朱兆玲，1959，77，122 页；Kobayashi, 1960a, p. 269；Zhang and Jell, 1987, p. 191；Jell and Adrain, 2003, p. 394, 395；Peng *et al.*, 2004a, p. 182；Zhu, 2008, p. 139, 155；Peng, 2008b, p. 197；袁金良等，2012，397 页。

Paraliaoningaspis Chu in Lu *et al.*, 卢衍豪等，1965，168 页；仇洪安等，1983，92 页；Zhang and Jell, 1987, p. 191；Jell and Adrain, 2003, p. 420；Peng *et al.*, 2004a, p. 182；段吉业等，2005，127 页；Zhu, 2008, p. 142, 155；Peng, 2008b, p. 197；袁金良等，2012，397 页。

Proliaoningaspis Zhang et Wang, 张进林、王绍鑫，1985，367，368 页；Jell and Adrain, 2003, p. 431；Zhu, 2008, p. 142, 147, 156；袁金良等，2012，397 页。

模式种 *Anomocare daulis* Walcott, 1905, p. 50；Walcott, 1913, p. 189, 190, pl. 18, figs. 7, 7a, 山东张夏北北东 3.2km，寒武系第三统济南阶 *Damesella paronai* 带。

特征和讨论 见袁金良等，2012，397，398，664，665 页。

时代分布 寒武纪第三世晚期(济南期)，中国(华南、华北)和朝鲜。

内蒙古孟克虫 *Monkaspis neimonggolensis* Zhang, 1985

(图版 9, 图 15b；图版 96, 图 1—13)

1985 *Monkaspis neimonggolensis* Zhang, 张进林，112 页，图版 1，图 9—13。

1986 *Liaoningaspis zhongjinensis* Zhang et Wang, 张进林、王绍鑫，666 页，图版 3，图 6。

正模 头盖 TIGM 85242 (张进林，1985，图版 1，图 9)，内蒙古自治区乌海市桌子山地区苏拜沟，寒武系第三统济南阶。

材料 4 块头盖，3 块活动颊，2 块唇瓣和 5 块尾部标本。

描述 头盖突起，次方形(后侧翼除外)，前缘宽圆，微向前弯曲；背沟浅而清晰；头鞍宽而短，截锥形，前端圆润，侧头鞍沟模糊不清，其后侧角有一对扁豆状的边叶；颈环突起，中部较宽，颈沟窄而清楚，微向前弯曲；固定颊较窄，两眼叶之间不足头鞍宽的 1/2，眼叶中等长，位于头鞍相对位置的中后部，约有头鞍长的 1/2，眼脊突起，自头鞍前侧角稍后微向后斜伸；鞍前区宽而略下凹，前边缘窄而略突起，前边缘沟宽浅，在眼脊之前围绕头鞍前缘有一条与前边缘沟平行的明显的副腹边缘线(paradoublural line)；面线前支自眼叶前端呈弧形向外向前伸，后支自眼叶后端向侧后方伸；后侧翼纵向窄，后边缘沟窄而较深，后边缘窄而平缓突起，向外伸出的距离略小于头鞍基部的宽度；尾部与头部近等大，椭圆形，具 8 对锯齿状的边缘刺；尾轴窄而较长，向后逐渐收缩变窄，其长度约为尾长的 2/3 或更长，分 6 节和 1 长的轴后脊，轴后脊短，肋部宽，肋沟深而长，向后侧弯曲延伸至较宽的尾边缘，无清楚的尾边缘沟，腹边缘极宽，壳面光滑。

比较　当前标本与内蒙古自治区乌海市桌子山地区苏拜沟的模式标本相比，头盖、头鞍的形态，鞍前区和前边缘的宽度，两眼叶之间固定颊的宽度，窄而较长的尾轴等，都很相似，应为同一个种。此种与孟克虫的模式种 *Monkaspis daulis*（Walcott, 1905）（Zhang and Jell, 1987, p. 192, pl. 84, figs. 10, 11; pl. 85, figs. 1, 2）相比，头鞍较粗而短，向前收缩较快，鞍前区较宽，尾部后缘中线位置向前的燕尾状凹陷不明显，6 对尾肋沟均匀弯曲向后侧直伸。

产地层位　宁夏回族自治区同心县青龙山（NC133）和内蒙古自治区乌海市桌子山地区苏拜沟（SBT1），胡鲁斯台组 *Blackwelderia tenuilimbata* 带。

裂肋虫目 Lichida Moore, 1959
德氏虫科 Damesellidae Kobayashi, 1935

海勃湾虫属 *Haibowania* Zhang, 1985

Haibowania Zhang, 张进林, 1985, 114, 117 页; 张进林、王绍鑫, 1986, 667 页; 张进林、周聘渭, 1993, 742 页; 王绍鑫、张进林, 1994b, 248 页; Jell and Adrain, 2003, p. 381; Zhu, 2008, p. 139, 150; 袁金良等, 2012, 400 页。

模式种　*Haibowania zhuozishanensis* Zhang, 张进林, 1985, 114, 117, 118 页, 图版 1, 图 2—8, 内蒙古自治区乌海市桌子山地区苏拜沟, 寒武系第三统济南阶 *Blackwelderia tenuilimbata* 带。

特征（修订）　德氏虫类三叶虫，头盖强烈突起，次方形，强烈向前倾斜；头鞍次柱形，具 4 对极浅的侧头鞍沟；前边缘窄，突起，相对于背沟前方最宽，有一对不发育的后缘棘向背沟方向突出，前边缘沟较深，呈三段弧形弯曲；眼脊平缓突起，强烈向后斜伸，眼叶中等长，位于头鞍相对位置后方；活动颊强烈突起，颊区宽，颊刺短，向侧后方弯曲斜伸；尾部横宽，半椭圆形，自肋部与尾边缘交接处伸出 6 对桨状尾边缘刺，尾边缘极窄，强烈向下弯曲，无尾边缘沟；壳面光滑或具极细小疣或小坑。

讨论　Jell 和 Adrain（2003, p. 381）将海勃湾虫（*Haibowania* Zhang, 1985）属作为德氏虫的晚出异名。但经详细研究发现海勃湾虫与德氏虫区别较大，这个属头盖突起较高，强烈向前倾斜，前边缘相对于背沟前方最宽，有一对不发育的后缘棘向背沟方向突出，前边缘沟较深，呈三段弧形弯曲，两眼叶之间的固定颊较窄，眼脊强烈向后斜伸，眼叶略靠后，壳面光滑或瘤点较小；两者尾部形态区别更大，特别是海勃湾虫的尾轴短，分节少，有 6 对桨状的尾刺，尾刺从肋部与尾边缘的交接处伸出，在尾刺之下还有强烈向下弯曲的尾边缘，无尾边缘沟。此外，两者唇瓣的形态区别也较明显，海勃湾虫唇瓣前缘宽，前翼呈三角形，后边缘和后侧边缘窄，后侧边缘有 2 对边缘刺，因此，本书将其作为独立的属。

时代分布　寒武纪第三世晚期（济南期），华北（山西及内蒙古）。

桌子山海勃湾虫 *Haibowania zhuozishanensis* Zhang, 1985
（图版 9, 图 19; 图版 97, 图 1—14）

1985　*Haibowania zhuozishanensis* Zhang, 张进林, 114 页, 图版 1, 图 2—8。
1986　*Haibowania zhuozishanensis*, 张进林、王绍鑫, 667 页, 图版 1, 图 10。
1993　*Haibowania zhuozishanensis*, 张进林、周聘渭, 742 页, 图版 1, 图 11, 12。
1994b　*Haibowania zhuozishanensis*, 王绍鑫、张进林, 248 页, 图版 18, 图 7, 8。

正模　头盖 TIGM85238（张进林, 1985, 图版 1, 图 4）, 内蒙古自治区乌海市桌子山地区苏拜沟, 寒武系济南阶 *Blackwelderia tenuilimbata* 带。

材料　6 块头盖、4 块尾部、3 块唇瓣和 2 块活动颊标本。

描述　头盖强烈突起，次方形，强烈向前倾斜，正模标本长 12.5 mm, 两眼叶之间宽 17.0 mm; 头鞍次柱形，微微向前收缩变窄，具 4 对极浅的侧头鞍沟，第一对（S1）较宽深，强烈向后斜伸，第二对（S2）

位于头鞍横中线稍前方，较宽浅，微向后斜伸，第三对（S3）和第四对（S4）短浅，位于眼脊内端上下方，平伸或微向前斜伸；颈环突起，两侧变窄，颈沟清楚，微向后弯曲；前边缘窄，突起，相对于背沟前方最宽，有一对不发育的后缘棘向背沟方向突出，前边缘沟较深，呈三段弧形弯曲；两眼叶之间固定颊窄，平缓突起，约为头鞍基部宽的1/2；眼脊平缓突起，自头鞍前侧角稍后强烈向后斜伸，眼叶中等偏短，位于头鞍相对位置后方，略大于头鞍长的1/3；后侧翼窄（纵向），后边缘沟较深，后边缘窄，平缓突起，向外伸出距离约与头鞍基部宽相等；面线前支自眼叶前端微向外向前伸，后支自眼叶后端向侧后方斜伸；活动颊强烈突起，侧边缘沟较深，向后变浅，颊区宽，颊刺短，向侧后方弯曲斜伸；唇瓣突起，近四方形，前缘较宽，微向前弯曲，中体强烈突起，宽卵形，中沟清楚，强烈向后呈弧形弯曲，在中线位置相连，变浅，中体前叶卵形，后叶新月形，侧边缘和后边缘沟深，侧边缘和后边缘平缓突起，侧边缘的后侧伸出两对小刺，前边缘极窄，平缓突起，前翼次三角形；尾部横宽，半椭圆形，自肋部与尾边缘交接处伸出6对较细长的桨状尾边缘刺，尾边缘极窄，强烈向下弯曲，无尾边缘沟；壳面光滑或具极细小疣或小坑。

比较　当前标本与模式标本相比，除了活动颊颊刺较短外，其余特征完全一致，应为同种。

产地层位　内蒙古自治区乌海市桌子山地区苏拜沟（SBT1）和岗德尔山东山口（NZ50），胡鲁斯台组 *Blackwelderia tenuilimbata* 带。

短海勃湾虫（新种）*Haibowania brevis* Yuan, sp. nov.

（图版97，图15，16）

词源　bevis, brevis, breve, 拉丁语，短的，指新种有短的头鞍和短的尾边缘刺

正模　尾部 NIGP62985-884（图版97，图15），内蒙古自治区乌海市桌子山地区苏拜沟，寒武系济南阶 *Blackwelderia tenuilimbata* 带。

材料　1块头盖和1块尾部标本。

描述　头盖强烈突起，亚梯形，平缓向前倾斜，长8.6 mm，两眼叶之间宽12.4 mm；头鞍宽截锥形，微微向前收缩变窄，具3对极浅的侧头鞍沟，第一对（S1）较宽深，强烈向后斜伸，第二对（S2）位于头鞍横中线稍前方，较短浅，微向后斜伸，第三对（S3）短浅，位于眼脊内端下方，平伸；颈环保存不全，颈沟清楚，中部平直，两侧微向后弯曲；前边缘中等宽，突起，相对于背沟前方最宽，两侧迅速变窄，前边缘沟较宽深，呈三段弧形弯曲；两眼叶之间固定颊窄，平缓突起，不足头鞍基部宽的1/2；眼脊平缓突起，自头鞍前侧角稍后强烈向后斜伸，眼叶较短，位于头鞍相对位置后方，约为头鞍长的1/3；后侧翼窄（纵向），后边缘向外伸出距离略小于头鞍基部宽，后边缘和后边缘沟保存不全；面线前支自眼叶前端微向外向前伸，后支自眼叶后端向侧后方斜伸；尾部宽，半椭圆形，自肋部与尾边缘交接处伸出6对短而粗壮的桨状尾边缘刺，尾边缘极窄，强烈向下弯曲，无尾边缘沟；壳面具极细小疣。

比较　新种与模式种的主要区别是头鞍较短而宽，前边缘较宽，尾部6对桨状尾边缘刺较短而粗壮。

产地层位　内蒙古自治区乌海市桌子山地区苏拜沟（SBT1-2），胡鲁斯台组 *Blackwelderia tenuilimbata* 带。

蝴蝶虫属 *Blackwelderia* Walcott, 1906

Blackwelderia Walcott, 1906, p. 573; 1913, p. 116, 117; Mansuy, 1915, p. 10; 1916, p. 20; Sun, 1924, p. 38; Resser and Endo, 1937, p. 185; Endo, 1937, p. 323; Kobayashi, 1935, p. 170, 171; 1938, p. 885; 1941b, p. 43; 1941c, p. 51; 1942b, p. 197; 1942c, p. 43; 1960b, p. 352; Hupé, 1953a, p. 205; 1955, p. 166; 汪龙文等，1956, 130—134 页；卢衍豪，1957, 275 页；张文堂，1959, 209, 232—234 页；Harrington et al., 1959, p. 317; 朱兆玲，1959, 66 页；1960a, 60 页；卢衍豪等，1963a, 109 页；1965, 377 页；郭振明，1965a, 629, 636 页；安素兰，1966, 164 页；Öpik, 1967, p. 308; Романенко и Романенко, 1967, стр. 83; 罗惠麟，1974, 651, 652 页；1982, 6 页；南润善，1976, 339 页；1980, 503 页；周天梅等，1977, 194 页；尹恭正、李善姬，1978, 513 页；周志强、郑昭昌，1980, 69 页；Ергалиев，1980, стр. 148; 项礼文等，1981, 197 页；周志强等，1982, 256 页；仇洪安等，1983, 174 页；孙振华，1984, 371 页；张进林，1985, 113 页；张进林、王绍鑫，1985, 456 页；1986, 667 页；张进林、刘雨，1986a, 14 页；1991, 96 页；Jell, 1986, p. 491; Zhang and Jell, 1987, p. 213; Kim, 1987, p. 59; 朱洪源，1987, 92 页；Shah and Sudan, 1987a, p. 503; Zhu and Wittke, 1989, p. 217; Wang et al.,

1989，p. 113；林天瑞、王海峰，1989，40—42 页；王海峰、林天瑞，1990，116，117 页；杨家骙，1992，252—254 页；朱乃文，1992，354 页；张进林、周聘渭，1993，742 页；王绍鑫、张进林，1994b，245 页；Zhang et al.，1995，p. 75；郭鸿俊等，1996，122 页；Peng et al.，2001a，p. 103—105；2004a，p. 98，99；Jell and Adrain，2003，p. 349；段吉业等，2005，178 页；Yuan and Li，2008，p. 120，126；Zhu，2008，p. 137，146，150；Peng，2008b，p. 174，186；罗惠麟等，2009，151 页。

模式种　*Calymene? sinensis* Bergeron，1899，p. 500—503，pl. 13，fig. 1，text-figs. 1，2，山东泰安大汶口? 寒武系第三统济南阶崮山组 *Neodrepanura premesnili* 带。

特征　背壳近似长卵形，突起较高；头部横宽；头鞍长，向前收缩明显，截锥形，具 2—3 对侧头鞍沟，其中后 1—2 对(S1，S2)深，强烈向后斜伸；眼叶短至中等长，突起高，位于头鞍相对位置中部；眼脊低平或不明显；鞍前区窄至中等宽，下凹；前边缘窄而强烈突起或翘起；后边缘突起，向外伸出距离大于头鞍基部宽；面线前支自眼叶前端呈弧形向外向前伸，后支向侧后方斜伸；胸部 12 节，肋节末端向侧后方伸出肋刺；尾部比头部略小，倒三角形或倒梯形，具 6—8 对长短不等的边缘刺；尾轴长锥形，向后收缩变窄，分 5—6 节；无清楚的尾边缘沟；壳面光滑或具瘤点。

讨论　蝴蝶虫在华北地区崮山组内是一种常见的三叶虫。它与德氏虫(*Damesella* Walcott，1905) 的主要区别是有下凹的鞍前区和窄而强烈突起或翘起的前边缘，两眼叶之间的固定颊较窄，后 1—2 对侧头鞍沟(S1，S2)较深，无明显的尾边缘和尾边缘沟。自建属至今，报道约有 50 余种（包括亚种和变种），由于手头材料所限，不能将这些种作详细修订，就作者所知，一些种的归属如下：

Blackwelderia alastor (Walcott，1905)	[=*Parablackwelderia spectabilis*]
Blackwelderia baoshanensis Luo，1982	
Blackwelderia chiawangensis Chu，1959	
Blackwelderia chizhouensis Qiu in Qiu et al.，1983	
Blackwelderia chosangensis Kim，1987	
Blackwelderia cilix (Walcott，1905)	[=*Blackwelderia paronai* (Airaghi，1902)]
Blackwelderia conica Guo et Luo in Guo et al.，1996	
Blackwelderia convexolimbata An in Duan et al.，2005	
Blackwelderia? cornuta Endo，1937	
Blackwelderia disticha Zhang in Qiu et al.，1983	
Blackwelderia fortis Zhou in Zhou et Zheng，1980	
Blackwelderia gibberina Öpik，1967	
Blackwelderia gigas Sun，1924	
Blackwelderia granosa Endo，1937	
Blackwelderia guangxiensis Zhou in Zhou et al.，1977	
Blackwelderia hekouensis Luo in Luo et al.，2009	
Blackwelderia hunjiangensis An in Duan et al.，2005	
Blackwelderia ichthyura (Zhang in Qiu et al.，1983)	
Blackwelderia jinxianensis Guo et Luo in Guo et al.，1996	
Blackwelderia lashushanensis Luo in Guo et al.，1996	
Blackwelderia liaoningensis Chu，1959	
Blackwelderia longispina Resser et Endo，1937	
Blackwelderia minuta Zhang et Wang，1985	
Blackwelderia mirabilis Guo et Luo in Guo et al.，1996	
Blackwelderia monkei (Walcott，1911)	[=*Blackwelderioides*]
Blackwelderia mui Chu，1959	
Blackwelderia nodosaria Zhu，1987	
Blackwelderia octaspina (Kobayashi，1935)	
Blackwelderia octospina Resser et Endo，1937	
Blackwelderia paronai (Airaghi，1902)	
Blackwelderia paronai var. *penchiensis* Chu，1959	

Blackwelderia paronai qingshuiheensis Zhang et Zhou, 1993

Blackwelderia paronai var. *tieni* Sun, 1924

Blackwelderia perconvexa Resser et Endo, 1937

Blackwelderia petila Zhou in Zhou et Zheng, 1980

Blackwelderia pingluensis Zhang et Wang, 1986

Blackwelderia repanda Öpik, 1967

Blackwelderia sabulosa Öpik, 1967

Blackwelderia semicicularis Guo et Luo in Guo *et al.*, 1996

Blackwelderia shengi Chu, 1959

Blackwelderia similis Endo, 1937

Blackwelderia sinensis (Bergeron, 1899)

Blackwelderia sinensis var. *linchengensis* Sun, 1924

Blackwelderia sinensis transversa Wittke et Zhu in Zhu et Wittke, 1989

Blackwelderia sola Resser et Endo, 1937　　　　　　　　　　[= *Blackwelderia paronai* (Airaghi, 1902)]

Blackwelderia spectabils Resser et Endo, 1937　　　　　　　[= *Parablackwelderia*]

Blackwelderia tenuicarina Zhang in Qiu *et al.*, 1983

Blackwelderia tenuilimbata Zhou in Zhou et Zheng, 1980

Blackwelderia triangularis Chu, 1959

Blackwelderia triangulata Kim, 1987

Blackwelderia tschanghsingensis Endo, 1937　　　　　　　[= *Blackwelderia sinensis* (Bergeron, 1899)]

Blackwelderia youshuica Peng, Babcock et Lin, 2004a

时代分布　寒武纪第三世晚期(济南期),中国(华北和华南)、韩国、朝鲜、越南、印度、哈萨克斯坦和澳大利亚。

窄边蝴蝶虫 *Blackwelderia tenuilimbata* Zhou in Zhou et Zheng, 1980

(图版98,图1—5)

1980　*Blackwelderia tenuilimbata* Zhou in Zhou et Zheng, 周志强、郑昭昌, 69, 70 页, 图版 2, 图 4—7。

1982　*Blackwelderia tenuilimbata* Zhou, 周志强等, 257 页, 图版 64, 图 5—8。

1985　*Blackwelderia* sp., 张进林, 113 页, 图版, 图 16。

　　正模　头盖 TIGM Tr115 (周志强、郑昭昌, 1980, 图版 2, 图 6), 内蒙古自治区阿拉善盟强岗岭北坡, 寒武系第三统济南阶。

　　材料　2 块头盖和 3 块尾部标本。

　　比较　当前标本与模式标本相比, 有许多相似之处, 如头盖较窄长, 头鞍向前收缩较快, 呈圆锥形, 具 3 对头鞍沟, 背沟和颈沟均深而宽, 鞍前区下陷, 前边缘向上翘起, 前缘平直, 眼叶突起高, 中等大小, 位于头盖中后部, 眼脊隐约可见, 后侧翼长(横向), 壳面布满瘤点, 尾部半圆形, 具 7 对边缘刺, 应为同种。所不同的是尾轴较宽而长, 分 6 节, 尾部表面瘤点稀少, 可视为种内变异。

　　产地层位　宁夏回族自治区同心县青龙山(NC133)和内蒙古自治区乌海市桌子山地区苏拜沟(SBT1), 胡鲁斯台组 *Blackwelderia tenuilimbata* 带。

强壮蝴蝶虫 *Blackwelderia fortis* Zhou in Zhou et Zheng, 1980

(图版98,图6)

1980　*Blackwelderia fortis* Zhou, 周志强、郑昭昌, 69 页, 图版 2, 图 1—3。

1982　*Blackwelderia fortis* Zhou, 周志强等, 256 页, 图版 63, 图 21; 图版 64, 图 1, 2。

　　正模　头盖 TIGM Tr108 (周志强、郑昭昌, 1980, 图版 2, 图 1), 内蒙古自治区阿拉善盟强岗岭北坡, 寒武系第三统济南阶。

　　材料　1 块尾部标本。

比较　当前标本与模式标本相似，尾部横宽，具7对边缘刺，其中第1、6对刺较长，尾轴强烈突起，锥形，分4节及1末节，应为同种。所不同的是第一对尾边缘刺更粗壮，可视为种内变异。

产地层位　宁夏回族自治区同心县青龙山(NC133)，胡鲁斯台组 *Blackwelderia tenuilimbata* 带。

副蝴蝶虫属 *Parablackwelderia* Kobayashi，1942b

Parablackwelderia Kobayashi, 1942b, p. 210；1960b, p. 352；Hupé, 1953a, p. 205；1955, p. 166；Harrington et al., 1959, p. 318；卢衍豪等, 1963a, 110 页；1965, 401 页；罗惠麟, 1974, 653 页；南润善, 1976, 339 页；Shah and Raina, 1990, p. 42；Shah et al., 1991, p. 100；杨家骠, 1992, 252, 253 页；Jell and Adrain, 2003, p. 417；Peng et al., 2004a, p. 101；段吉业等, 2005, 181, 182 页；Luo et al., 2005, p. 200；Yuan and Li, 2008, p. 115, 121, 126；Zhu, 2008, p. 141；Peng, 2008b, p. 177, 186；Peng et al., 2008, p. 848；罗惠麟等, 2009, 152, 153 页；袁金良等, 2012, 406, 407, 668 页；Singh, 2013, p. 365.

Damesops Chu，朱兆玲, 1959, 69, 70 页；Kobayashi, 1960b, p. 352, 353；卢衍豪等, 1963a, 110 页；1965, 390 页；南润善, 1980, 504 页；仇洪安等, 1983, 177, 178 页；Zhang and Jell, 1987, p. 216；杨家骠等, 1992, 252, 253 页；王绍鑫、张进林, 1994b, 247 页；郭鸿俊等, 1996, 125 页；Jell and Hughes, 1997, p. 100；Jell and Adrain, 2003, p. 363；Peng et al., 2004a, p. 101；2008, p. 848；段吉业等, 2005, 181 页；Yuan and Li, 2008, p. 120, 126；Zhu, 2008, p. 137, 146, 150；Peng, 2008b, p. 186；袁金良等, 2012, 406 页。

Meringaspis Öpik, 1967, p. 323；Ергалиев, 1980, стр. 149；Лисогор и др., 1988, стр. 71；Peng et al., 2001b, p. 141；2004a, p. 101；2008, p. 848；Jell and Adrain, 2003, p. 405；Duan, 2006, p. 132；Yuan and Li, 2008, p. 115, 121, 126；Peng, 2008b, p. 186；袁金良等, 2012, 406 页。

Paradamesops Yang in Lu et al., 卢衍豪等, 1974a, 86 页；周天梅等, 1977, 198 页；尹恭正、李善姬, 1978, 511 页；杨家骠, 1978, 58 页；张太荣, 1981, 177 页；刘义仁, 1982, 321 页；仇洪安等, 1983, 179 页；彭善池, 1987, 104 页；Kim, 1987, p. 58；仇洪安, 1989, 764 页；杨家骠等, 1991, 166 页；杨家骠, 1992, 252, 253 页；Yang et al., 1993, p. 215；郭鸿俊等, 1996, 127 页；Jell and Adrain, 2003, p. 418；Peng et al., 2004a, p. 101；2008, p. 848；段吉业等, 2005, 178 页；Yuan and Li, 2008, p. 115；Peng, 2008b, p. 169, 186；袁金良等, 2012, 406 页。

Hwangjuella Kim, 1980, 1987, p. 40；Jell and Adrain, 2003, p. 386；袁金良等, 2012, 406 页。

模式种　*Blackwelderia spectabilis* Resser et Endo, 1937, p. 188, pl. 52, 辽宁东部长兴岛, 寒武系第三统济南阶 *Damesella paronai* 带。

特征和讨论　见 Peng 等, 2008, p. 848；袁金良等, 2012, 406, 407, 668 页。

时代分布　寒武纪第三世中晚期(长清晚期和济南期)，中国(华北和华南)、朝鲜、澳大利亚、印度、哈萨克斯坦和俄罗斯(西伯利亚)。

清楚副蝴蝶虫 *Parablackwelderia spectabilis* (Resser et Endo, 1937)

(图版98，图16)

1905　*Dorypygella alastor* Walcott, p. 31.

1913　*Blackwelderia alastor* (Walcott), Walcott, p. 117, pl. 9, fig. 7a (non fig. 7).

1937　*Blackwelderia spectabilis* Resser et Endo, p. 188, pl. 52.

1937　*Blackwelderia alastor*, Endo, p. 325, pl. 64, fig. 1.

1939　*Blackwelderia quadrata* Endo, p. 131, figs. 14a, b.

1941a　*Dorypygella alastor*, Kobayashi, p. 30.

1942b　*Parablackwelderia spectabilis* (Resser et Endo), Kobayashi, p. 210—212.

1963a　*Parablackwelderia spectabilis*, 卢衍豪等, 110 页, 图版 24, 图 2a, b。

1965　*Parablackwelderia spectabilis*, 卢衍豪等, 401 页, 图版 76, 图 1—3。

1965　*Dorypygella alastor*, 卢衍豪等, 406 页, 图版 77, 图 5, non 图 4。

1974　*Parablackwelderia spectabilis*, 罗惠麟, 653 页, 图版 12, 图 18。

1987　*Blackwelderia spectabilis*, Zhang and Jell, p. 214, pl. 102, figs. 8, 9；pl. 103, figs. 3—5.

1987　*Damesops? alastor* (Walcott), Zhang and Jell, p. 216, 217, pl. 106, fig. 1 (non fig. 2).

1994b　*Damesops alastor*, 王绍鑫、张进林, 247 页, 图版 18, 图 14—16。

2001　*Damesops convexus* Chu，雒昆利，379，380 页，图版 4，图 10?，11—13。

2004a　*Parablackwelderia spectabilis*，Peng *et al.*, p. 101, 103, text-figs. 11 (A, B).

2005　*Parablackwelderia spectabilis*，段吉业等，182 页，图版 38，图 1a，2，9，10a，11a，b。

2005　*Parablackwelderia spectabilis*，Luo *et al.*, p. 200, fig. 9 (3).

non 2009　*Parablackwelderia spectabilis*，罗惠麟等，153，154 页，图版 41，图 7；图版 42，图 8，9。

2012　*Parablackwelderia spectabilis*，袁金良等，407，408 页，图版 228，图 10—12；图版 229，图 14；图版 230，图 1—10；图版 231，图 1—5。

　　选模　头盖 USNM 86767d [Resser and Endo, 1937, pl. 52；Zhang and Jell, 1987, pl. 103, fig. 3；Peng *et al.*, 2004a, p. 103, Text-fig. 11 (A)]，辽宁东部长兴岛，寒武系济南阶 *Damesella paronai* 带。

　　材料　1 块尾部标本。

　　比较　当前标本与辽宁省长兴岛(Zhang and Jell, 1987, pl. 102, fig. 8)和山东省淄川峨庄杨家庄(袁金良等，2012，图版 230，图 1，4，6，7)所产尾部标本非常相似，应为同种。

　　产地层位　内蒙古自治区乌海市岗德尔山成吉思汗塑像右侧半山腰(GDEZ-0)，胡鲁斯台组 *Damesella paronai* 带?。

宽甲虫属 *Teinistion* Monke，1903

Teinistion Monke, 1903, S. 117；Walcott, 1913, p. 109, 110；Sun, 1924, p. 31；Kobayashi, 1931, p. 176；1935, p. 254, 255；1941b, p. 403；1941c, p. 51；1942e, p. 302；1955, p. 92, 93；1960b, p. 352；Endo, 1937, p. 337；1944, p. 78；Hupé, 1953a, p. 205；1955, p. 166；Harrington *et al.*, 1959, p. 248；朱兆玲，1959，61，99 页；卢衍豪等，1963a，112 页；1965，408 页；郭振明，1965a，631 页；Öpik, 1967, p. 333, 334；周天梅等，1977，200 页；南润善、常绍泉，1982a，23 页；仇洪安等，1983，186 页；张进林、王绍鑫，1985，463 页；Zhang and Jell, 1987, p. 218；彭善池，1987，109 页；Zhu and Wittke, 1989, p. 221；卢衍豪、林焕令，1989，140，254 页；朱乃文，1992，355，356 页；张进林、周聘渭，1993，744 页；王绍鑫、张进林，1994b，250 页；郭鸿俊等，1996，127 页；Peng *et al.*, 2001a, p. 104；Peng *et al.*, 2001d, p. 166；Jell and Adrain, 2003, p. 452；Peng *et al.*, 2004a, p. 121—123；段吉业等，2005，186 页；Yuan and Li, 2008, p. 121, 126；Zhu, 2008, p. 144, 148, 151；Peng, 2008b, p. 178, 187；袁金良等，2012，409，410，669 页；Park *et al.*, 2013, p. 995.

Dorypygella Walcott, 1905, p. 29；Walcott, 1913, p. 109；Kobayashi, 1935, p. 255；1941a, p. 29；1942 c, p. 43；1955, p. 93；1960b, p. 352；Hupé, 1953a, p. 205；1955, p. 166；汪龙文等，1956，128，129 页；卢衍豪，1957，274 页；Harrington *et al.*, 1959, p. 248；朱兆玲，1959，62，101 页；卢衍豪等，1963a，111 页；1965，405 页；郭振明，1965a，631 页；周天梅等，1977，200 页；尹恭正、李善姬，1978，513 页；杨家骙，1978，63 页；刘义仁，1982，321 页；南润善、常绍泉，1982a，23 页；仇洪安等，1983，185 页；林天瑞等，1983，406 页；钱义元、周泽民，1984，176 页；张进林、王绍鑫，1985，462 页；Zhang and Jell, 1987, p. 218；彭善池，1987，109 页；Zhu and Wittke, 1989, p. 220；王海峰、林天瑞，1990，119 页；朱乃文，1992，355 页；郭鸿俊等，1996，127 页；Jell and Adrain, 2003, p. 368；Peng *et al.*, 2004a, p. 121；段吉业等，2005，186 页；Yuan and Li, 2008, p. 126；Zhu, 2008, p. 138, 151；Peng, 2008b, p. 187；袁金良等，2012，409 页。

non *Metashantungia* Chang, 张文堂，1957，31 页；朱兆玲，1959，64，103 页；卢衍豪等，1963a，112 页；1965，441，442 页；南润善，1976，339，340 页；仇洪安等，1983，185 页；Zhang and Jell, 1987, p. 220；Peng *et al.*, 2004a, p. 121；袁金良等，2012，409 页。

non *Jiawangaspis* Zhang in Qiu *et al.*, 仇洪安等，1983，187，188 页；Jell and Adrain, 2003, p. 390；Peng *et al.*, 2004a, p. 121, 122；袁金良等，2012，409 页。

Histiomona Öpik, 1967, p. 335, 336；Jell and Adrain, 2003, p. 384；Peng *et al.*, 2004a, p. 121；袁金良等，2012，409 页。

　　模式种　*Teinistion lansi* Monke, 1903, S. 117, Taf. 4, Fig. 1—17；Taf. 9, Fig. 3，山东莱芜颜庄野太涯(Yen-tsy-yai)，寒武系济南阶。

　　特征和讨论　见袁金良等，2012，409，410，669 页。

　　时代分布　寒武纪第三世晚期(济南期)，中国(华北和华南)、哈萨克斯坦和澳大利亚。

三角形宽甲虫(新种) *Teinistion triangulus* Yuan, sp. nov.

(图版 98，图 10—15)

　　词源　triangulus，-a，-um (拉丁语)，三角形的，指新种有三角形的头鞍和尾部。

正模 头盖 NIGP62985-897（图版 98，图 12），内蒙古自治区乌海市桌子山地区苏拜沟，寒武系第三统济南阶 *Blackwelderia tenuilimbata* 带。

材料 2 块头盖，2 块活动颊和 2 块尾部标本。

描述 头盖横宽，梯形，正模标本长 6.4 mm，两眼叶之间宽 8.8 mm，前缘平直；背沟窄而清楚；头鞍短而突起，截锥形至次三角形，略大于头盖长的 1/2（除颈环），具 3 对浅的侧头鞍沟，第一对（S1）较清楚，向侧后方斜伸；颈沟清楚，中部窄浅，微向后弯曲，两侧较深；颈环突起，中部较宽；两眼叶之间固定颊较宽，约为头鞍宽的 6/7，近头鞍后侧部颊部具次卵形的边叶；眼脊突起，自头鞍前侧角稍后微向后斜伸；眼叶突起高，较短，位于头鞍相对位置的中前部，不足头鞍长的 1/2；鞍前区低平，中等宽，约为前边缘宽的 2 倍，自头鞍前侧角向眼前翼上斜伸出一对脊线（眼前颜线），眼前翼宽（纵向），突起较高，前边缘较窄，向前上方翘起；前边缘沟较宽而深；后侧翼纵向宽，后边缘窄而突起，向外伸出的距离大于头鞍基部宽度，后边缘沟宽而深；面线前支自眼叶前端微向外伸，后支自眼叶后端向侧后方斜伸；活动颊近似三角形，具较长向后弯曲的颊刺，侧边缘微微突起，向后变宽，颊区较宽，其上有不规则的脊线，侧边缘沟浅，后边缘沟较宽深；尾部倒三角形，有 7 对几乎等长向后伸的尾边缘刺，尾轴宽而较长，向后缓慢收缩，具 7—8 个轴环节，轴环节沟浅，肋部窄，有 4—5 对突起的肋脊，肋沟宽，清楚，间肋沟极浅或模糊不清；尾边缘沟不连续；壳面光滑。

比较 新种与模式种 *Teinistion lansi* (Monke, 1903, S. 117, Taf. 4, Fig. 1—17; Taf. 9, Fig. 3；卢衍豪等，1965，408 页，图版 77，图 14—18）的主要区别是头鞍向前收缩较快，几乎成次三角形，头盖前缘较直，尾部呈倒三角形，尾轴较宽，分节较多。新种与山东省章丘垛庄十八盘张夏组 *Damesella paronai* 带所产 *Teinistion* sp.（袁金良等，2012，412 页，图版 233，图 15）较相似，不同之处在于尾轴较宽，向后收缩较快，尾边缘刺略长。

产地层位 内蒙古自治区乌海市桌子山地区苏拜沟（SBT1），胡鲁斯台组 *Blackwelderia tenuilimbata* 带。

德氏虫科，属种未定 Damesellidae gen. et sp. indet.

(图版 98，图 7—9)

材料 2 块不完整的头盖和 1 块尾部标本。

描述 头盖平缓突起，次方形，前缘微向前弯曲，最大标本长 3.0 mm，两眼叶之间宽 3.8 mm；背沟较清楚；头鞍宽大，截锥形至次柱形，前端宽圆，具 2—3 对浅的侧头鞍沟：第一对（S1）较深长，强烈向后斜伸，S2 位于头鞍横中线之前，平伸或微向后斜伸，S3 位于眼脊内端，微向前斜伸；两眼叶之间的固定颊窄，约为头鞍宽的 1/4—1/3，眼叶短，强烈突起，弯曲呈弓形，略大于头鞍长的 1/3，眼沟浅，眼脊短而且低平，自头鞍前侧角稍后微向后斜伸；鞍前区几乎缺失，前边缘极窄，呈脊状突起，呈三段弧形向前弯曲；颈沟浅，向后弯曲；颈环平缓突起，两侧略变窄；后侧翼短（横向）而且窄（纵向），后边缘沟浅；后边缘窄，平缓突起；面线前支自眼叶前端微向外呈弧形弯曲向前伸，后支自眼叶后端向侧后方斜伸；尾部极小，突起，呈倒三角形，具 5—6 对向后侧斜伸的尾边缘刺，其中第 4 对最长，无尾边缘和尾边缘沟；壳面密集小疣点。

比较 属种未定种与 *Guancenshania* 的模式种 *G. lilia* Zhang et Wang, 1986（张进林、王绍鑫，1986，667，668 页，图版 2，图 1—6）有些相似，但头鞍几乎呈柱形，两眼叶之间的固定颊窄，此外，尾刺的生长方式也不相同。

产地层位 内蒙古自治区乌海市桌子山地区苏拜沟（SBT1），胡鲁斯台组 *Blackwelderia tenuilimbata* 带。

参 考 文 献

Adrain J M. 2011. Class Trilobita Walch, 1771. In: Zhang Z Q (ed). Animal biodiversity: An outline of higher-level classification and survey of taxonomic richness. Zootaxa, 3148: 104—109

Adrain J M, Peters S E, Westrop S R. 2009. The Marjuman trilobite *Cedarina* Lochman: thoracic morphology, systematics, and new species from western Utah and eastern Nevada, USA. Zootaxa, 2218: 35—58

Airaghi C. 1902. Di alcuni trilobiti della Cina. Atti della Societa italiana di Science, 41(1): 2—27

Álvaro J J. 2007. New ellipsocephalid trilobites from the lower Cambrian member of Láncara Formation, Cantabrian Mountains, northern Spain. Memoir of the Association of Australasian Palaeontologists, 34: 343—355

Álvaro J J, Vennin E. 2001. Benthic marine communities recorded in the Cambrian Iberian Platform, NE Spain. Palaeontographica Abt. A, 262(1—3): 1—23

Álvaro J J, Vizcaïno D. 2001. Evolutionary trends in the ornamentation of Cambrian solenopleuropsine trilobites. Palaeontology, 44(1): 131—141

Álvaro J J, Vizcaïno D. 2003. The conocoryphid biofacies: A benthic assemblage of normal-eyed and blind trilobites. Special Papers in Palaeontology, 70: 127—140

Álvaro J J, Vizcaïno D, Kordule V, Fatka O, Pillola G L. 2004. Some solenopleurine trilobites from the Languedocian (Late Mid Cambrian) of Western Europe. Geobios, 37: 135—147

Álvaro J J, Zamora S, Vizcaïno D, Ahlberg P. 2013. Guzhangian (mid Cambrian) trilobites from siliceous concretions of the Valtorres Formation, Iberian Chains, NE Spain. Geological Magazine, 150 (1): 123—142

Angelin N P. 1851—1878. Palaeontologia Scandinavica. Pars 1. Crustacea Formations Transitions. [fasc 1 (1851), Palaeontologia Suecica: 1—24, pls. 1—24; fasc 2 (1854), Palaeontologia Scandinavica: i—ix, 21—92, pls. 25—41(Academiae Regiae Scientarum Suecanae, Holmiae)]; republished in combined and revised form (1878), G. Lindström (ed): x+96pp., 41pls. (Norstedt and Söner: Stockholm)

An Sulan. 1966. Study on Cambrian stratigraphy and trilobite fossils from Tonghua area, Jilin Province. Collected Papers of the Changchun Geological College, 4: 153— 169 (in Chinese)[安素兰. 1966. 通化地区寒武纪地层及三叶虫化石的研究(摘要). 长春地质学院科学论文集, 第 4 集: 153—169]

Astashkin V A, Pegel T V, Repina L N, Rozanov A Yu, Shabanov Y Ya, Zhuravlev A Yu, Sukhov S S, Sundukov V M. 1991. The Cambrian system on the Siberian Platform: Correlation chart and explanatory notes. International Union of Geological Sciences, Publication 27: 1—133

Axheimer N. 2006. The Middle Cambrian eodiscoid trilobite *Dawsonia oelandica* (Westergärd, 1936). Journal of Paleontology, 80(1): 193—200

Axheimer N, Ahlberg P. 2003. A core drilling through Cambrian strata at Almbacken, Scania, S. Sweden: trilobites and stratigraphical assessment. GFF, 125: 139—156

Babcock L E. 1994. Systematics and phylogenetics of polymeroid trilobites from the Henson Gletscher Kap Stanton formations (Middle Cambrian), North Greenland. Bulletin Grønlands Geologiske Undersøgelse, 169: 79—127

Barrande J. 1846. Notice Préliminaire sur le Système Silurien et les Trilobites de Bohême. Leipzig: Hirschfeld. 96

Bengtson S, Conway Morris S, Cooper B J, Jell P A, Runnegar B N. 1990. Early Cambrian shelly fossils from South Australia. Memoirs of the Association of Australasian Palaeontologists, 9: 1—364

Bentley C J, Jago J B. 2004. Wuaniid trilobites of Australia. In: Laurie J R (ed). Cambro—Ordovician Studies I. Memoirs of the Association of Australasian Palaeontologists, 9: 1—364

Bentley C J, Jago J B. 2008. Aspects of some Late Middle Cambrian Tasmanian faunal assemblages. p. 41—47, 1 pl. In: Rábano I, Gozalo R, Garcia-Bellido D (eds). Advances in Trilobite Research. Cuadernos del Museo Geominero N°9. Instituto Geológico y Minero de España, Madrid

Bentley C J, Jago J B. 2014. A Cambrian Series 3 (Guzhangian) trilobite fauna with *Centropleura* from Christmas Hills, northwestern Tasmania. Memoirs of the Association of Australasian Palaeontologists, 45: 267—296

Bentley C J, Jago J B, Cooper R A. 2009. An *Acmarhachis typicalis* Zone trilobite fauna from the Cambrian of Northern Victoria Land, Antarctica. Memoirs of the Association of Australasian Palaeontologists, 37: 165—197

Bergeron J M. 1889. Étude Géologique du massif ancien situé au sud du Plateau central. Annales des Sciences Géologiques, 22: 1—362, pls. 1—9

Bergeron J M. 1899. Étude de quelques trilobites de Chine. Bulletin de la Societé Géologique de France, 3rd series, 27: 499—516, pl. 13

Bergström J, Zhou Zhiqiang, Ahlberg P, Axheimer N. 2014. Upper Lower Cambrian (provisional Cambrian Series 2) trilobites from northwestern Gansu Province, China. Estonian Journal of Earth Sciences, 63: 123—143

Beyrich E. 1845. Über einige böhmische Trilobiten. Berlin: Reimer. 1—47

Bi Dechang (=Pi Tehchang). 1965. Sinian, Cambrian and Ordovician of the northern part of Huai River, North Anhwei. Acta Geologica Sinica, 45(1): 12—29 (in Chinese with English abstract) [毕德昌. 1965. 淮北震旦、寒武、奥陶系的研究. 地质学报, 45(1): 12—29]

Blackwelder E. 1907. Stratigraphy of Shantung: 19—58. In: Willis B, Blackwelder E, Sargent R H (eds). Descriptive topography and geology. Section 1, Northeastern China. Research in China. vol. 1. Carnegie Institution Publication, 54 (1): 1—353

Blaker M R. 1986. Notes on the trilobite faunas of the Henson Gletscher Formation (Lower and Middle Cambrian) of central North Greenland. Rapport Grønlands Geologiske Undersogelse, 132: 65—73

Blaker M R, Peel J S. 1997. Lower Cambrian trilobites from North Greenland. Meddelelser on Grønland, Geoscience, 35: 1—145

Bordonaro O L. Banchig A L. 2007. Biofacies de trilobites cámbricos en la Formación Alojamiento, Precordillera de San Juan y Mendoza, Argentina. Ameghiniana, 44: 91—107

Bordonaro O L, Banchig A L, Pratt B R, Raviolo M M. 2008. Trilobite-based biostratigraphic model (biofacies and biozonation) for the Middle Cambrian carbonate platform of the Argentine Precordillera. Geologica Acta, 6(2): 115—129

Bradley J H. 1925. Trilobites of the Beekmantown in the Phillipsburg region of Quebec. Canadian Field Naturalist, 39: 5—9

Bruton D L, Harper D A T. 2000. A mid-Cambrian shelly fauna from Ritland, western Norway and its palaeogeographical implications. Bulletin of the Geological Society of Denmark, 47: 29—51

Butts C. 1926. The Palaeozoic rocks: 41—230. In: Adams G I, Butts C, Stephanson L W, Cooke W (eds). Geology of Alabama. Geological Survey of Alabama, special report, 14: 1—312

Cheng Liren, Peng Xiangdong, Liu Zhenghong, Xu Zhongyuan. 2001. The discovery of the early Paleozoic trilobite in Daqingshan, Inner Mongolia. Journal of Changchun University of Science and Technology, 31(2): 105—109 (in Chinese with English abstract) [程立人, 彭向东, 刘正宏, 徐仲元. 2001. 内蒙古大青山地区早古生代三叶虫的发现. 长春科技大学学报, 31(2): 105—109]

Choi D K, Chough S K. 2005. The Cambrian-Ordovician stratigraphy of the Taebaeksan Basin, Korea: a review. Geosciences Journal, 9(2): 187—214

Choi D K, Lee J G. 1995. Occurrence of *Glyptagnostus stolidotus* Öpik, 1961 (Trilobita, Late Cambrian) in the Machari Formation of Korea. Journal of Paleontology, 69(3): 590—594

Choi D K, Lee J G, Choi S Y. 1999. Middle Cambrian trilobites from the Sambangsan Formation in Yongwol area, Korea. Journal of Palaeontological Society, Korea, 15(2): 134—144

Choi D K, Chough S K, Kwon Y K, Lee S B, Woo J, Kang I, Lee H S, Lee S M, Sohn J W, Shinn Y J, Lee D J. 2004. Taebaek Group (Cambrian-Ordovician) in the Seokgaejae section, Taebaeksan Basin: a refined lower paleozoic stratigraphy in Korea. Geosciences Journal, 8: 125—151

Choi D K, Chough S K, Kwon Y K, Lee S-B. 2005. Cambrian-Ordovician Joseon Supergroup of the Taebaeksan Basin, Korea. In: Peng Shanchi, Babcock L E, Zhu Maoyan (eds). Cambrian System of China and Korea. Guide to Field Excursions, IV International Symposium on the Cambrian System and X Field Conference of the Cambrian Stage Subdivision Working Group. Hefei: University of Science and Technology of China Press. 265—300

Choi D K, Kim E Y, Lee J G. 2008. Upper Cambrian polymerid trilobites from the Machari Formation, Yongwol, Korea. Geobios, 41(2): 183—204

Chough S K, Kwon S T, Ree J H, Choi D K. 2000. Tectonic and sedimentary evolution of the Korean peninsula: a review and new view. Earth-Science Reviews, 52: 175—235

Chough S K, Lee H S, Woo J, Chen Jitao, Choi D K, Lee S B, Kang I, Park T Y, Han Zuozhen. 2010. Cambrian stratigraphy of

North China Platform: revisiting principal sections in Shandong Province, China. Geosciences Journal, 14(3): 235—268

Clarkson P D. 1972. Geology of the Shackleton Range—a preliminary report. British Antarctic Survey Bulletin, 31: 1—15

Cobbold E S. 1911. Trilobites of the Paradoxides beds of Comley (Shropshire), with notes onsome of the associated Brachiopoda by Charles Alfred Matley. Quarterly Journal of the Geological Society (London), 67: 282—311

Cooper G A, Arelland A R V, Johnson J H, Okulitch V J, Stoyanow A, Lochman C. 1952. Cambrian stratigraphy and paleontology near Caborca, northwestern Sonora, Mexico. Smithsonian Miscellaneous Collections, 119(1): 1—184

Cooper R A, Begg J G, Bradshaw J D. 1990. Cambrian trilobites from Reilly Ridge, northern Victoria Land, Antarctica, and their stratigraphic implications. New Zealand Journal of Geology and Geophysics, 33: 55—66

Cooper R A, Jago J B, Begg J G. 1996. Cambrian trilobites from northern Victoria Land, Antarctica, and their stratigraphic implications. New Zealand Journal of Geology and Geophysics, 39: 363—387

Cotton T J. 2001. The phylogeny and systematics of blind Cambrian ptychoparioid trilobites. Palaeontology, 44(1): 167—207

Cotton T J, Fortey R A. 2005. Comparative morphology and relationships of the Agnostida. In: Koenemann S, Jenner R A (eds). Crustacea Arthropoda Relationships. Crustacea Issues, Taylor and Francis, Boca Raton FL: CRC Press. 95—136

Courtessole R. 1967. Contribution á la connaissance de la paléontologie et de la stratigraphie du Cambrien Moyen de la Montagne Noire (versant méridional). Bulletin de la Société d'Histoire Naturelle de Toulouse, 103: 491—526

Courtessole R. 1973. Le Cambrien Moyen de la Montagne Noire: biostratigraphie. Avecleconcoursdu Laboratoire de Géologie CEARN de la Faculté des Sciences de Toulouse

Dai Tao, Zhang Xingliang. 2012. Ontogeny of the trilobite *Estaingia sinensis* (Chang) from the lower Cambrian of South China. Bulletin of Geosciences, 87(1): 151—158

Daily B, Jago J B. 1975. The trilobite *Lejopyge* Hawle and Corda and the Middle-Upper Cambrian boundary. Palaeontology, 18(3): 527—550

Dames W.1883. Cambrische Trilobiten von Liau-Tung: S. 3-33, Taf. 1, 2. In: Richthofen F V (ed). Beiträge zur Paläontologie von China. Besondere Ausgabe Richthofen's China. Volume 4. Berlin: Dietrich Reimer. S. 1-288, Taf. 1-54

Dawson J W. 1868. Acadian geology. The geological structure, organic remains and mineral resources of Nova Scotia. New Brunswick and Prince Edward Island, etc. second edition, London: Macmillan

Dean W T. 1982. Middle Cambrian trilobites from the Sosink Formation, Derik-Mardin district, southeastern Turkey. Bulletin of the British Museum (Natural History), Geology, 36(1): 1—41

Dean W T. 2005. Trilobites from the Çal Tepe Formation (Cambrian), Near Seydişehir, Central Taurides, southwestern Turkey. Turkish Journal of Earth Science, 14: 1—71

Dean W T. 2006. Cambrian stratigraphy and trilobites of the Samur Dağ Area, South of Hakkâri, southeastern Turkey. Turkish Journal of Earth Science, 15: 225—257

Dean W T, Monod O, Perincek D. 1981. Correlation of Cambrian and Ordovician rocks in southeastern Turkey. Petroleum Activities at the 100th Year (100 Yilda Petrol Faaliyeti). Türkiye Cumhuriyet Petrol Isleri Genel Müdülügü Dergisi, 25: 269—291 (in English), 293—300 (in Turkish)

Deiss C. 1939. Cambrian stratigraphy and trilobites of northwestern Montana. Geological Society of America, Special Paper, 18: 1—135

Dong Qixian. 1982. The discovery and significance of cf. Redlichiidae at the eastern foot of the Zhuozishan, Nei Monggol (inner Mongolia). Regional Geology of China, 2: 107, 108 (in Chinese) [董启贤. 1982. 内蒙古桌子山东麓 cf. Redlichiidae 科三叶虫发现及其的意义. 中国区域地质, 2: 107, 108]

Dong Xiping. 1991. Late Middle Cambrian and early Late Cambrian agnostids in Huayuan, Hunan. Acta Palaeontologica Sinica, 30(4): 439—457 (in Chinese with English abstract) [董熙平. 1991. 湖南花垣中寒武世晚期至晚寒武世早期球接子类. 古生物学报, 30(4): 439—457]

Douvillé H. 1904. Mollusques fossiles. Mission scientifique en Persa, 3 (4): 191—380

Du (=Tu) Hengjian. 1950. Discovery of early Middle Cambrian trilobites from Helanshan, Ningxia. Geological Review, 15(1—3): 92, 93 (in Chinese) [杜恒俭. 1950. 宁夏贺兰山早期中寒武纪三叶虫之发现. 地质论评, 15(1—3): 92, 93]

Duan Jiye. 1966. Study on Cambrian stratigraphy and trilobite fossils from northeastern Hebei and western Liaoning (Abstract). Collected Papers of the Changchun Geological College, 4: 137— 152 (in Chinese) [段吉业. 1966. 冀东北、辽西寒武纪地层及三叶虫化石的研究(摘要). 长春地质学院科学论文集, 第 4 集: 137—152]

Duan Jiye, An Sulan. 2001. Early Cambrian Siberian fauna from Yichun of Heilongjiang Province. Acta Palaeontologica Sinica, 40(3): 362—370 (in Chinese with English summary)[段吉业, 安素兰. 2001. 黑龙江伊春早寒武世俄罗斯西伯利亚型动物群. 古生物学报, 40(3): 362—370]

Duan Jiye, An Sulan, Liu Pengju, Peng Xiangdong, Zhang Liqin. 2005. The Cambrian Stratigraphy, Fauna and Palaeogeography in Eastern Part of North China Plate. Jiulong: Yayuan Publishing Company. 1—255 (in Chinese with English abstract)[段吉业, 安素兰, 刘鹏举, 彭向东, 张立勤. 2005. 华北板块东部寒武纪地层、动物群及古地理. 九龙: 雅园出版公司. 1—255]

Duan Ye. 2006. Middle and Late Cambrian Depositional Environments and Trilobite Faunas of the Fenghuang-Chenxi, Western Hunan, China. Beijing: Geological Publishing House

Duan Y, Yang J L, Shi G R. 1999. Middle and Upper Cambrian polymerid trilobites and biostratigraphy, Fenghuang Area, western Hunan Province, China. Proceedings of the Royal Society of Victoria, 111(2): 141—172

Dutro J T, Palmer A R, Repetski J E, Brosge W P. 1984. Middle Cambrian fossils from the Doonnerak anticlinorium, central Brooks Range, Alaska. Journal of Paleontology, 58: 1364—1371

Eddy J D, McCollum L B. 1998. Early Middle Cambrian *Albertella* Biozone trilobites of the Pioche Shale, southeastern Nevada. Journal of Paleontology, 72(5): 864—887

Edgecombe G D, García-Bellido D C, Paterson J R. 2011. A new leanchoiliid megacheiran arthropod from the lower Cambrian Emu Bay Shale, South Australia. Acta Palaeontologica Polonica, 56(2): 385—400

Egorova (Jegorova) L I, Xiang (Hsiang) Liwen, Li (Lee) Shanji, Nan Runshan, Guo (Kuo) Zhenming. 1963. The Cambrian trilobite faunas of Kueichou (Guizhou) and western Hunan. Special Paper, Institute of Geology and Mineral Resources, Peking (Beijing), Series B, Stratigraphy and Palaeontology, 3 (1): 1—117 (in Chinese)[叶戈洛娃, 项礼文, 李善姬, 南润善, 郭振明. 1963. 贵州及湖南西部寒武纪三叶虫动物群. 地质部地质科学研究院专刊, 乙种, 地质学古生物学, 3(1): 1—116]

Endo R. 1937. The Addenda to parts 1 and 2. Description of Fossils. In: Endo R, Resser C E (eds). Sinian and Cambrian formations and fossils of southern Manchuria. Manchurian Science Museum Bulletin, 1: 302—369, 435—461

Endo R. 1939. Cambrian fossils from Shantung. Jubilee Publication to Commemorate Professor H. Yabe's 60th Birthday. 1—18

Endo R. 1944. Restudies on the Cambrian formations and fossils in southern Manchouria. Bulletin of the Central National Museum of Manchouria, 7: 1—100

Ergaliev G K, Zhemchuzhnikov V A, Ergaliev F G, Popov L E, Pour M G, Bassett M G. 2008. Trilobite biostratigraphy and biodiversity patterns through the Middle-Upper Cambrian transition in the Kyrshabakty section, Malyi Karatau, southern Kazakhstan. In: Rábano I, Gozalo R, Garcia-Bellido D (eds). Advances in Trilobite Research. Madrid: Instituto Geológico y Minero de España. 91—98

Esteve J. 2009. Enrollamiento en *Conocoryphe heberti* Munier-Chalmas & Bergeron, 1889 (Cámbrico Medio, Cadena Ibérica, NE de España) y estructuras coaptativas en la familia Conocoryphidae. Estudios Geologicos, 65(2): 167—182

Etheridge R Jr. 1902. Official contributions to the palaeontology of South Australia. No. 13. Evidence of further Cambrian trilobites. South Australian Parliamentary Papers. 3—4

Fang Shangming. 1991. The Cambrian from Xuzhou area. Journal of Stratigraphy, 15(4): 152—262 (in Chinese)[房尚明. 1991. 徐州地区的寒武系. 地层学杂志, 15(4): 252—262]

Feist R, Courtessole R. 1984. Découverte de Cambrien supérieur á trilobites de type estasiatique dans la Montagne Noire (France méridionale). Comptes Rendus de l'Académie des Sciences, Série II, 298(5): 177—182

Feng Jinglan, Zhang Bosheng. 1952. Findings report on geological minerals from western Henan. Kaifeng Institute of Geological Survey of central and southern China (in Chinese)[冯景兰, 张伯声. 1952. 豫西地质矿产调查报告. 中南地质调查所开封分所]

Feng Zengzhao, Chen Jixin, Zhang Jisen. 1991. Lithofacies, Paleogeography of Early Paleozoic of Ordos. Book Series 2 on Lithofacies, Paleogeography of China. Beijing: Geological Publishing House, 1—190 (in Chinese)[冯增昭, 陈继新, 张吉森. 1991. 鄂尔多斯地区早古生代岩相古地理. 中国岩相古地理丛书之二. 北京: 地质出版社. 1—190]

Filippi F D. 1863. Aves del Perse. Archivio per la Zoologie, í Anatomia e la Fisiologia, 2, Milano: Casa Editice Guigoni p. 380

Fletcher T P. 2005. Holaspid variation in the solenopleurid trilobite *Parasolenopleura gregaria* (Billings, 1865) from the Cambrian of Newfoundland. Palaeontology, 48(5): 1075—1089

Fletcher T P. 2006. Bedrock geology of the Cape St. Mary's Peninsula, southwest Avalon Peninsula, Newfoundland. Government of Newfoundland and Labrador, Geological Survey, Department of Natural Resources, St. John's, Report 06-02: 1—117

Fletcher T P. 2007. Correlating the zones of *Paradoxides hicksii* and *Paradoxides davidis* in Cambrian Series 3. Memoir of the Association of Australasian Palaeontologists, 33: 35—56

Fletcher T P, Theokritoff G, Lord G S, Zeoli G. 2005. The early paradoxidid *harlani* trilobite fauna of Massachusetts and its correlatives in Newfoundland, Morocco and Spain. Journal of Paleontology, 79 (2): 312—336

Ford S W. 1872. Descriptions of some new species of primordial fossils. American Journal of Science 3rd series, 3: 419—422

Ford S W. 1878. Description of two new species of primordial fossils. American Journal of Science 3rd series, 15: 124—127

Fortey R A. 1994. Late Cambrian trilobites from the Sultanate of Oman. Neues Jahrbuch für Geologie und Paläontologie, Abhandlungen, 194 (1): 25—53

Fortey R A. 1997. Classification. In: Kaesler (ed). Treatise on Invertebrate Palaeontology Part O Arthropoda 1, Trilobita, Revised, Volume 1: Introduction, Order Agnostida, Order Redlichiida: i—xxiv + 521. Boulder, Colorado, and Lawrance, Kansas: Geological Society of America and University of Kansas Press. 289—302

Fortey R A, Owens R M. 1975. Proetida: a new order of trilobites. Fossils and Strata, 4: 227—239

Fortey R A, Owens R M. 1997. Bubble-headed trilobites, and a new olenid example. Palaeontology, 40(2): 451—459

Fortey R A, Rushton A W. 1976. *Chelidonocephalus* trilobite fauna from the Cambrian of Iran. Bulletin of the British Museum (Natural history), Geology, 27(4): 321—340

Frech F. 1897. Lethaea geognostica oder Beschreibung und Abbildung der für die Gebirgs – Formationen bezeichendsten Versteinerungen. Band 1, Lethaea palaeozoica. Textband II, Lieferung 1(1897). Stuttgart: Schweizerbart

Fritz W H. 1968. Lower and early Middle Cambrian trilobites from the Pioche Shale, east-central Nevada, U.S.A. Palaeontology, 11(2): 183—235

Fritz W H. 1972. Lower Cambrian trilobites from the Sekwi Formation type section, Mackenzie Mountains, northwestern Canada. Geological Survey of Canada, Bulletin, 212: 1—58

Fritz W H, Simandl G J. 1993. New Middle Cambrian fossils and geological data from the Brussil of magnesite mine area, southeastern British Columbia. Current Research, Part A. Geological Survey of Canada, Paper, 93—1A: 183—190

Geyer G. 1994. Cambrian corynexochid trilobites from Morocco. Journal of Paleontology, 68(6): 1306—1320

Geyer G. 1998. Intercontinental, trilobite-based correlation of the Moroccan early Middle Cambrian. Canadian Journal of Earth Sciences, 35: 374—401

Geyer G. 2005. The base of a revised Middle Cambrian: are suitable concepts for a series boundary in reach? Geosciences Journal, 9(2): 81—99

Geyer G, Malinky J M. 1997. Middle Cambrian fossils from Tizi N'tichka, the High Atlas, Morocco. Part 1. Introduction and trilobites. Journal of Paleontology, 71(4): 620—637

Geyer G, Peel J S. 2011. The Henson Gletscher Formation, North Greenland, and its bearing on the global Cambrian Series2-Series 3 boundary. Bulletin of Geosciences, 86(3): 465—534

Gozalo R, Mayoral E, Gámez Vintaned J A, Dies M E, Muñiz F. 2003. A new occurrence of the genus *Tonkinella* in northern Spain and the Middle Cambrian intercontinental correlation. Geologica Acta, 1(1): 121—126

Gozalo R, Liñán E, Gámez Vintaned J A, Dies Álvarez M E, Chirivella Martorell J B, Zamora S, Esteve J, Mayoral E. 2008. The Cambrian of the Cadenas Ibéricas (NE Spain) and its trilobites. In: Rábano I, Gozalo R, Garcia-Bellido D (eds). Advances in Trilobite Research. Cuademos del Museo Geominero n°9. Madrid: Instituto Geológico y Minero de España. 137—151

Gozalo R, Chirivella Martorell J B, Esteve J, Liñán E. 2011. Correlation between the base of Drumian Stage and the base of middle Caesaraugustan Stage in the Iberian Chains (NE Spain). Bulletin of Geosciences, 86(3): 545—554

Gozalo R, Dies Álvarez M E, Gámez Vintaned J A, Zhuravlev A Yu, Bauluz B, Subías I, Chirivella Martorell J B, Mayoral E, Gursky Hans-Jürgen, Andrés J A, Liñán E. 2013. Proposal of a reference section and point for the Cambrian Series 2-3 boundary in the Mediterranean subprovince in Murero (NE Spain) and its intercontinental correlation. Geological Journal, 48: 142—155

Grabau A W, Schimer H W. 1910. North American Index Fossils: inver tebrates 2, New York: AG Seiler, 270—272

Gregory J W. 1903. The Heathcotian- A Pre-Ordovician series and its distribution. Proceedings of the Royal Society of Victoria, new series 15: 148—175

Grönwall K A. 1902a. Studier öfver Skandinaviens Paradoxideslag. Geologiska Föreningens i Stockholm Förhandlingar, 24: 309—345

Grönwall K A. 1902b. Bornholms Paradoxideslag og deres Fauna. Danmarks Geologiske Undersøgelse (series 2), 13: 1—230

Gu Qichang, Liu Yuling, Fan Jin'an, Chen Jinrong, Liu Guoyun. 1996. Stratigraphy (Lithostratic starta) of Ningxia Hui Autonomous Region. In: Bureau of Geology and Mineral Resources of Ningxia Hui Autonomous Region (ed). The Multiple Division and Correlation of the Stratigraphy in China. Wuhan: China University of Geosciences Press. 1—132 (in Chinese) [顾其昌, 刘玉玲, 范晋安, 陈金荣, 刘国云. 1996. 宁夏回族自治区岩石地层. 见: 宁夏回族自治区地质矿产局编著. 全国地层多重划分对比研究. 武汉: 中国地质大学出版社. 1—132]

Guan Shicong, Che Shuzheng. 1955. Regional stratigraphical system from Zuozhishan, Yikezhaomeng, Inner Mongolia. Acta Geologica Sinica, 35(2): 95—108 (in Chinese) [关士聪, 车树政. 1955. 内蒙古伊克昭盟桌子山区域地层系统. 地质学报, 35(2): 95—108]

Gunther L F, Gunther V G. 1981. Some Middle Cambrian fossils of Utah. Brigham Young University Geological Studies, 28(1): 1—87

Guo Hongjun, An Sulan. 1982. Lower Cambrian trilobites of the Benxi area, Liaoning. Acta Palaeontologica Sinica, 21(6): 615—631 (in Chinese with English abstract) [郭鸿俊, 安素兰. 1982. 辽宁本溪地区早寒武世三叶虫. 古生物学报, 21(6): 615—631]

Guo Hongjun, Duan Jiye. 1978. Cambrian and early Ordovician trilobites from northeastern Hebei and western Liaoning. Acta Palaeontologica Sinica, 17(4): 445—460 (in Chinese with English abstract) [郭鸿俊, 段吉业. 1978. 冀东北及辽西寒武纪及早奥陶世新三叶虫. 古生物学报, 17(4): 445—460]

Guo Hongjun, Zan Shuqin. 1991. Lower and early Middle Cambrian biostratigraphy in the Liaoning peninsula, China. Journal of Changchun University of Earth Science, 21(1): 1—11 (in Chinese with English abstract) [郭鸿俊, 昝淑芹. 1991. 辽东半岛早及中寒武世早期生物地层. 长春地质学院学报, 21(1): 1—11]

Guo Hongjun, Zan Shuqin, Luo Kunli. 1996. Cambrian Stratigraphy and Trilobites of Eastern Liaoning. Changchun: Jilin University Press. 1—184 (in Chinese with English summary) [郭鸿俊, 昝淑芹, 雒昆利. 1996. 辽宁东部寒武纪地层及三叶虫动物群. 长春: 吉林大学出版社. 1—184]

Guo (=Kuo) Zhenming. 1965a. New material of Late Cambrian trilobite fauna from the Yeli (Yenli) area, Kaiping Basin, Hebei (Hopei). Acta Palaeontologica Sinica, 13(4): 629—639 (in Chinese with English summary) [郭振明. 1965a. 河北开平盆地冶里凤山一带晚寒武世三叶虫群新增补的材料. 古生物学报, 13(4): 629—639]

Guo (=Kuo) Zhenming. 1965b. On new material of late Middle Cambrian trilobite fauna from Kaiping Basin, eastern Hebei (Hopei). Acta Palaeontologica Sinica, 13(4): 640—649 (in Chinese with English summary) [郭振明. 1965b. 河北开平盆地中寒武世三叶虫新资料. 古生物学报, 13(4): 640—649]

Hall J, Whitfield R P. 1877. Palaeontology. United States Geological Exploration of the Fortieth Parallel, 4(2): 198—302

Han Nairen. 1984. *Dorypyge fuzhouwanensis*: a new species of trilobite from Middle Cambrian in Liaoning. Journal of the Guilin College of Geology, 14: 15—18 (in Chinese) [韩乃仁. 1984. 辽宁中寒武统叉尾虫一新种. 桂林冶金地质学院学报, 14: 15—18]

Harrington H J, Henningsmoen G, Howell B F, Jaanusson V, Lochman-Balk C, Moore R C, Poulsen Chr, Rasetti F, Richter E, Richter Rud, Schmidt H, Sdzuy K, Struve W, Størmer Leif, Stubblefield C J, Tripp R, Weller J M, Whittington H B. 1959. Arthropoda 1. In: R C Moore (ed). Treatise on Invertebrate Paleontology, part O. Lawarence, Kansas: Geological Society of America and University of Kansas. 1—560

Hawle I, Corda A J C. 1847. Prodrom einer Monographie der böhmischen Trilobiten. Abhandlungen der königlichen böhmischen Gesellschaft der Wissenschaften, J G Calve, Prague, 5: 1—176

Hayasaka I. 1924. Brief note on the Cambrian fossils from Chin-chia-chengtze, Huhsien and Liaotung, South Manchuria. Journal of Geography, Tokyo, 15(412): 209

Hong P, Lee J G, Choi D K. 2003. *Lejopyge armata* and associated trilobites from the Machari Formation (Middle to Late Cambrian) of Korea and their stratigraphic significance. Journal of Paleontology, 77: 895—907

Howell B F. 1935a. New Middle Cambrian agnostian trilobites from Vermont. Journal of Paleontology, 9: 218—221

Howell B F. 1935b. Cambrian and Ordovician trilobites from Hérault, southern France. Journal of Paleontology, 9: 222—238

Howell B F. 1937. Cambrian *Centropleura vermontensis* fauna of northwestern Vermont. Bulletin of the Geological Society of America,

48：1147—1210

Howell B F. 1943. Faunas of the Cambrian Cloud Rapids and Treytown Pond formations of the northern Newfoundland. Journal of Paleontology，17(3)：236—247

Høyberget M，Bruton D L. 2008. Middle Cambrian trilobites of the suborders Agnostina and Eodiscina from the Oslo Region，Norway. Palaeontographica Abt. A，286（1—3）：1—87

Huang Jiqing（=T.K. Huang）. 1945. On Major Tectonic Forms of China. Geological Memoirs of National Geological Survey of China，Series A，20：1—165

Huang Jiqing（= T.K. Huang）. 1954. On Major Tectonic Forms of China. Beijing：Geological Publishing House. 1—162（in Chinese）［黄汲清. 1954. 中国主要地质构造单位. 北京：地质出版社. 1—162］

Huang Jiqing（=T.K. Huang）. 1960. The main characteristics of the geologic structure of China：preliminary conclusions. Acta Geologica Sinica，40(1)：1—37(in Chinese)［黄汲清. 1960. 中国地质构造基本特征初步总结. 地质学报，40(1)：1—37］

Huang Jiqing，Ren Jishun，Jiang Chunfa，Zhang Zhengkun，Qin Deyu. 1980. The Tectonics of China and Its Evolution：A Brief Explanation about the 1∶4000000 Tectonic Map of China. Beijing：Science Press. 1—124（in Chinese）［黄汲清，任纪舜，姜春发，张正坤，秦德余. 1980. 中国大地构造及其演化——1∶400万中国大地构造图简要说明. 北京：科学出版社. 1—124］

Huang Youzhuang，Yuan Jinliang. 1994. *Peronopsis* of Early-Middle Cambrian Kaili Formation from Kaili area，Guizhou. Acta Palaeontologica Sinica，33（3）：295—304（in Chinese with English summary）［黄友庄，袁金良，1994. 贵州凯里地区早、中寒武世凯里组的 *Peronopsis*. 古生物学报，33(3)：295—304］

Hughes N C，Rushton A W A. 1990. Computer-aided Restoration of a Late Cambrian ceratopygid trilobite from Wales，and its phylogenetic implications. Palaeontology，33(2)：429—445

Hughes N C，Gundderson G O，Weedon M J. 1997. Circumocular suture and visual surface of "*Cedaria*" *woosteri* (Trilobita，Late Cambrian) from the Eau Claire Formation，Wisconsin. Journal of Paleontology，71(1)：103—107

Hu Shixue，Zhu Maoyan，Luo Huilin，Steiner M，Zhao Fangchen，Li Guoxiang，Liu Qi，Zhang Zhifei. 2013. The Guanshan Biota. Kunming：Yunnan Science and Technology Press. 1—204（in Chinese with English summary）［胡世学，朱茂炎，罗惠麟，斯坦纳，赵方臣，李国祥，刘琦，张志飞. 2013. 关山生物群. 昆明：云南科技出版社. 1—204］

Hupé P. 1953a. Classe des trilobites. In：Piveteau J（ed）. Traité de Paléontologie. Paris：Masson. 44—246

Hupé P. 1953b. Classification des trilobites. Annales de Paléontologie，39：61—168

Hupé P. 1955. Classification des trilobites. Annales de Paléontologie，41：91—325

Hutchinson R D. 1952. The stratigraphy and trilobite faunas of the Cambrian sedimentary rocks of Cape Breton Island. Nova Scotia，Geological Survey of Canada，Memoir，263：1—124

Hutchinson R D. 1962. Cambrian stratigraphy and trilobite faunas of southeastern Newfoundland. Geological Survey of Canada，Bulletin，88：1—156

Jaekel O. 1909. Über die Agnostiden. Zeitschrift der deutschen geologischen Gesellschaft，61：380—401

Jago J B. 1976. Late Middle Cambrian agnostid trilobites from northwestern Tasmania. Palaeontology，19(1)：133—172

Jago J B，Bentley C J. 2007. Late Middle Cambrian trilobites from Christmas Hills，northwestern Tasmania. Memoirs of the Association of Australasian Palaeontologists，34：283—309

Jago J B，Bentley C J. 2010. Geological significance of middle Cambrian trilobites from near Melba Flats，western Tasmania. Australian Journal of Earth Sciences，57：469—481

Jago J B，Brown A V. 2001. Late Middle Cambrian trilobites from Trial Ridge，southwestern Tasmania. Papers and Proceedings of the Royal Society of Tasmania，135：1—14

Jago J B，Cooper R A. 2005. A *Glyptagnostus stolidotus* trilobite fauna from the Cambrian of northern Victoria Land，Antarctica. New Zealand Journal of Geology and Geophysics，48：661—681

Jago J B，Copper R A. 2007. Middle Cambrian trilobites from Reilly Ridge，northern Victoria Land，Antarctica. Memoirs of the Association of Australasian Palaeontologists，34：473—487

Jago J B，McNeil A W. 1997. A late Middle Cambrian shallow-water trilobite fauna from the Mt Read Volcanics，northwestern Tasmania. Papers and Proceedings of the Royal Society of Tasmania，131：85—90

Jago J B，Webers G F. 1992. Middle Cambrian trilobites from the Ellsworth Mountains，West Antarctica. In：Webers G F，Craddock

C, Splettstoesser J F (eds). Geology and Paleontology of the Ellsworth Mountains, West Antarctica. Memoir of the Geological Society of America, 170: 101—124

Jago J B, Lin T R, Davidson G, Stevens B P J, Bentley C. 1997. A late Early Cambrian trilobite faunule from the Gnalta Group Mt Wright, New South Wales. Transactions of the Royal Society of South Australia, 121: 67—74

Jago J B, Bao Jinsong, Baillie P W. 2004. Late Middle Cambrian trilobites from St Valentines Peak and Native Track Tier, northwestern Tasmania. Alcheringa, 28: 21—52

Jago J B, Bentley C J, Cooper R A. 2011. A Cambrian Series 3 (Guzhangian) fauna with Centropleura from Northern Victoria Land, Antarctica. Memoirs of the Association of Australasian Palaeontologists, 42: 15—35

Jell P A. 1975. Australian Middle Cambrian eodiscoids with a review of the superfamily. Palaeontographica Abt. A, 150: 1—97

Jell P A. 1978. *Asthenopsis* Whitehouse, 1939 (Trilobita, Middle Cambrian) in northern Australia. Memoirs of the Queensland Museum, 18(2): 219—231

Jell P A. 1986. An early Late Cambrian trilobite faunule from Kashmir. Geological Magazine, 123(5): 487—492

Jell P A. 1997. Suborder Eodiscina. In: Kaesler (ed). Treatise on Invertebrate Paleontology, Part O, Arthropoda 1, Trilobita, Revised. Lawrence: Geological Society of America, Boulder and University of Kansas. 383—404

Jell P A. 2014. Cambrian trilobites of Heathcott District, central Victoria, Australia. Acta Palaeontologica Sinica, 53(4): 452—458 (in English with Chinese abstract) [Jell P A. 2014. 澳大利亚维多利亚中部希思科特的寒武纪三叶虫. 古生物学报, 53(4): 452—458]

Jell P A, Adrain J M. 2003. Available generic names for trilobites. Memoirs of the Queensland Museum, 48, pt 2: 331—551

Jell P A, Hughes N C. 1997. Himalayan Cambrian trilobites. Special Papers in Palaeontology, 58: 1—113

Jell P A, Robison R A. 1978. Revision of a late Middle Cambrian trilobite faunule from northwestern Queensland. University of Kansas Paleontological Contributions Paper, 90: 1—21

Jiang Lifu. 1988. The Cambrian. In: Regional Geological Surveying Team of Bureau of Geology and MineralResources of Anhui Province (ed). Stratigraphical Gazetteer of Anhui. Hefei: Anhui Science and Technology Publishing House. 1—198 (in Chinese) [姜立富. 1988. 寒武系分册. 见: 安徽省地质矿产局区域地质调查队编著. 安徽地层志. 合肥: 安徽科学技术出版社. 1—198]

Johnston K J, Johnston P A, Powell W G. 2009. A new Middle Cambrian, Burgess Shale-type biota, *Bolaspidella* zone, Chancellor Basin, southeastern British Columbia. Palaeogeography, Palaeoclimatology, Palaeoecology, 277: 106—126

Ju Tianyin. 1979. Note on the Lower Paleozoic sediments of Suzhou and Hangzhou area (Characters of transitional sedimentary region between the Yangtze and the Jiangnan types). Journal of Stratigraphy, 3(4): 294—303 (in Chinese) [鞠天吟. 1979. 对苏杭地区早古生代地层的认识(苏杭扬子-江南型沉积过渡区的特征). 地层学杂志, 3(4): 294—303]

Ju Tianyin. 1983. Early Cambrian trilobites from the Hotang and Dachenling formations of Zhejiang. Acta Palaeontologica Sinica, 22(6): 628—636 (in Chinese with English abstract) [鞠天吟. 1983. 浙江早寒武世荷塘组和大陈岭组的三叶虫. 古生物学报, 22(6): 628—636]

Kang I, Choi D K. 2007. Middle Cambrian trilobites and biostratigraphy of the Daegi Formation (Taebaek Group) in the Seokgaejae section, Taebaeksan Basin, Korea. Geosciences Journal, 11(4): 279—296

Kay M, Eldredge N. 1968. Cambrian trilobites in central Newfoundland volcanic belt. Geological Magazine, 105(4): 372—377

Kim D H, Westrop S R, Landing E. 2002. Middle Cambrian (Acadian series) Conocoryphid and Paradoxidid trilobites from the Upper Chamberlain's Brook Formation, Newfoundland and New Brunswick. Journal of Paleontology, 76(5): 822—842

Kim I S, Cheong C H, Lee H Y. 1985. Trilobites from the Sambangsan Formation in the eastern side of the Pyeongchang area, Kangweon-Do, South Korea. Journal of the Geological Society of Korea, 21: 45—49

Kim Toksong. 1980. Trilobites. Bulletin of the Kim Il Sung, University (Geology Series) 3

Kim Toksong. 1987. Trilobita. In: Kim Toksong, Hong UkKun, Yun Hong Choi (eds). Fossils of Korea 1 (Kwahak, Paekkwa Sajon Chulpansa: Pyongyang). 8—65, 168—176

Kindle C H. 1982. The C.H. Kindle Collection: Middle Cambrian to Lower Ordovician trilobites from the Cow Head Group, western Newfoundland. Current Research, part C. Geological survey of Canada, Paper, 82—1C: 1—18

King W B R. 1937. Cambrian trilobites from Iran (Persia). Memoirs of the Geological Survey of India, Palaeontologia Indica, New Series, 22: 1—22

King W B R. 1941. The Cambrian fauna of the Salt Range. Records of the Geological Society of India, 75(9): 1—15

King W B R. 1955. *Iranoleesia*, a new trilobite name. Geological Magazine, 92: 86

Kobayashi T. 1931. Studies on the stratigraphy and palaeontology of the Cambro-Ordovician formation of Hualien-chai and Niu-hsien-tai, south Manchuria. Japanese Journal of Geology and Geography, 8 (3): 131—189

Kobayashi T. 1933. Upper Cambrian of the Wuhutsui Basin, Liaotung, with special reference to the limit of the Chaumitien (or Upper Cambrian), of eastern Asia, and its subdivision. Japanese Journal of Geology and Geography, 11 (1—2): 55—155

Kobayashi T. 1934. Middle Cambrian fossils from Kashmir. American Journal of Science, series 5, (27): 295—302

Kobayashi T. 1935. The Cambro-Ordovician formations and faunas of South Chosen. Palaeontology part 3. Cambrian faunas of South Chosen with special study on the Cambrian trilobite genera and families. Journal of the Faculty of Science, Imperial University of Tokyo section II, 4 (2): 49—344

Kobayashi T. 1936. Three contributions to the Cambro-Ordovician faunas. 1. the Dikelokephaliniinae (nov.), its distribution, migration and evolution. Japanese Journal of Geology and Geography, 13 (1, 2): 163—184

Kobayashi T. 1937. Restudy on Dames' types of the Cambrian trilobites from Liaotung. Journal of the Geological Society of Japan, 44: 421—437

Kobayashi T. 1938. Restudy of the Lorenz' types of the Cambrian trilobites from Shantung. Journal of the Geological Society of Japan, 45: 881—890

Kobayashi T. 1939a. On the Agnostids (Part 1). Journal of the Faculty of Science, Imperial University of Tokyo section II, 5(5): 69—198

Kobayashi T. 1939b. Supplementary notes on the Agnostida. Journal of the Geological Society of Japan, 46: 577—580

Kobayashi T. 1941a. Studies on Cambrian trilobite genera and families (I). Japanese Journal of Geology and Geography, 18: 25—40

Kobayashi T. 1941b. Studies on Cambrian trilobite genera and families (II). Japanese Journal of Geology and Geography, 18: 41—51

Kobayashi T. 1941c. Occurrence of the Kushan trilobites in northern Anhui and a note on the Rakuroan complex of the Shankiangan basin. Miscellaneous notes on the Cambrian-Ordovician Geology and Palaeontology 1. Journal the Geological Society of Japan, 48 (575): 403—409 (51—57)

Kobayashi T. 1941d. Studies on Cambrian trilobite genera and families (III). Japanese Journal of Geology and Geography, 18: 59—70

Kobayashi T. 1942a. On Dolichometopidae. Journal of the Faculty of Science, Imperial University of Tokyo section II, 6(10): 141—206

Kobayashi T. 1942b. Studies on Cambrian trilobite genera and families (IV). Japanese Journal of Geology and Geography, 18(4): 197—212

Kobayashi T. 1942c. Some new trilobites in the Kushan Stage in Shantung. Journal of the Geological Society of Japan, 49(580): 122—126 (41—45)

Kobayashi T. 1942d. Miscellaneous notes on the Cambrian-Ordovician Geology and Palaeontology 6, Some Cambrian trilobites from southwestern Shansi. Journal of the Geological Society of Japan, 49 (591): 463—467(206—210)

Kobayashi T. 1942e. Miscellaneous notes on the Cambrian-Ordovician Geology and Palaeontology 8, The rakuroan complex of the Shansi Basin and its surroundings. Japanese Journal of the Geology and Geography, 18 (4): 283—306

Kobayashi T. 1943a. Cambrian faunas of Siberia. Journal of the Faculty of Science, Imperial University of Tokyo section 2, Geology, 6: 271—334

Kobayashi T. 1943b. Miscellaneous notes on the Cambrian-Ordovician Geology and Palaeontology 13, Description of two complete specimens of *Anomocarella*. Journal of the Geological Society of Japan, 50 (598): 203—206

Kobayashi T. 1944. On the Cambrian formations in Yunnan and Haut-Tonkin and the trilobites contained. Japanese Journal of Geology and Geography, 19 (1—4): 108—138

Kobayashi T. 1953. The Cambro-Ordovician formations and faunas of Chosen, part 4, Geology of South Korea. Journal of the Faculty of Science, Imperial University of Tokyo, section II, 8 (4): 145—293

Kobayashi T. 1955. Notes on Cambrian fossils from Yentzuyai, Tawenkou, in Shantung. Transactions and Proceedings of the Palaeontological Society of Japan, new series, 20: 89—98

Kobayashi T. 1960a. The Cambro-Ordovician formations and faunas of South Korea, Part 6, Palaeontology 5. Journal of the Faculty of Science, Imperial University of Tokyo, section II, 12(2): 217—275

Kobayashi T. 1960b. The Cambro-Ordovician formations and faunas of South Korea, Part 7, Palaeontology 6, Supplement to the Cambrian faunas of the Tsuibon Zone with notes on some trilobites genera and families. Journal of the Faculty of Science, Imperial University of Tokyo, section II, 12(2): 329—420

Kobayashi T. 1961. The Cambro-Ordovician formations and faunas of South Korea, Part 8, Palaeontology 7, Cambrian faunas of the Mun'gyong (Bunkei) District and the Samposan Formation of the Yongwol (Neietsu) District. Journal of the Faculty of Science, Imperial University of Tokyo section II, Geology, 13(2): 181—241

Kobayashi T. 1962. The Cambro-Ordovician formations and faunas of South Korea, Part 9, Palaeontology 8, The Machari faura. Journal of the Faculty of Science, Tokyo University, section II, Geology, 14 (1): 1—152

Kobayashi T. 1966a. The Cambro-Ordovician formations and faunas of South Korea, Part 10, Stratigraphy of the Chosen Group in Korea and South Manchuria and its relation to the Cambro-Ordovician formations of other areas, section A, The Chosen Group of South Korea. Journal of the Faculty of Science, Tokyo University, section II, Geology, 16 (2) : 1—84

Kobayashi T. 1966b. The Cambro-Ordovician formations and faunas of South Korea, Part 10, Stratigraphy of the Chosen Group in Korea and South Manchuria and its relation to the Cambro-Ordovician formations of other areas, section B. The Chosen Group of North Korea and Northeast China. Journal of the Faculty of Science, Tokyo University, section II, Geology, 16 (2) : 209—311

Kobayashi T. 1967. The Cambro-Ordovician formations and faunas of South Korea, Part 10, Stratigraphy of the Chosen Group in Korea and South Manchuria and its relation to the Cambro-Ordovician formations of other areas. Section C. The Cambrian of ealern Asia and Oher parts of the continent. Journal of the Faculty of Science, Tokyo University, section II, Geology, 16 (3): 381—535

Kobayashi T. 1987. On the Damesellidae (Trilobita) in eastern Asia. Proceedings of the Japanese Academy, 63: 59—62

Koelreuter J T. 1771. Descriptio Cyprini rutili, quem halawel russi vocant, historic-anatomica. Novi Commentavii Academy Science Imperial petropolitanae, 15: 494—503

Kordule V. 2006. Ptychopariid trilobites in the Middle Cambrian of central Bohemia (taxonomy, biostratigraphy, synecology). Bulletin of Geosciences, 81(4): 277—304

Korovnikov I V. 2006. Lower-Middle Cambrian boundary in open shelf facies of the Siberian Platform. Palaeoworld, 15: 424—430

Korovnikov I V. 2011. The lower boundary of the Toyonian Stage (Cambrian) of the Siberian Platform. Russian Geology and Geophysics, 52: 717—714

Korovnikov I V, Novozhilova N V. 2012. New biostratigraphical constraints on the Lower and lower Middle Cambrian of the Kharaulakh Mountains (northeastern Siberian Platform, Chekurovka anticline). Russian Geology and Geophysics, 53: 776—786

Korovnikov I V, Fedoseev A V, Sipin D P. 2002a. Major Cambrian biotic boundaries in the northern Siberian Platform. Russian Geology and Geophysics, 43(6): 493—511

Korovnikov I V, Rowland S M, Luchinina V A, Shabanov Yu Ya, Fedoseev A V. 2002b. Biostratigraphy of the Upper Vendian, Lower and Middle Cambrian strata in a section on the Yenisei River near Plakhinsky island, northwestern Siberian Platform. Russian Geology and Geophysics, 43(4): 334—342

Kruse P D. 1990. Cambrian Palaeontology of the Daly Basin. Northern Territory Geological Survey, Report, 7: 1—58

Kumar A. 1998. Record of well preserved trilobites from the Zanskar Valley. Journal of the Geological Society of India. 51: 671—678

Kushan B. 1973. Stratigraphie und Trilobitenfauna in der Mila-Formation (Mittelkambrium-Tremadoc) in Alborz-Gebirge (N-Iran). Palaeontographica Abt. A, 144: 113—165

Lake P. 1906—1946. A monograph of the British Cambrian trilobites. Monographs of the palaeontographical Society. 1906: 1—28; 1907: 29—48; 1908: 49—64; 1913: 65—88; 1919: 89—120; 1931: 121—148; 1932: 149—172; 1934: 172—196; 1935: 197—224; 1937: 225—248; 1938: 249—272; 1940: 273—306; 1942: 307—332; 1946: 333—350

Landing E, Johnson S C, Geyer G. 2008. Faunas and Cambrian volcanism of the Avalonian marginal Platform, southern New Brunswick. Journal of Paleontology, 82(5): 884—905

Laurie J R. 1990. On the Middle Cambrian agnostoid species *Agnostus fallax* Linnarsson 1869. Alcheringa, 14: 317—324

Laurie J R. 2004. Early Middle Cambrian faunas from NTGS Elkedra 3 corehole, southern Georgina Basin, Northern Territory. In:

Laurie J R (ed). Cambro-Ordovician Studies. 1. Memoirs of the Association of Australasian Palaeontologists, 30: 221—260

Laurie J R. 2006a. Early Middle Cambrian trilobites from the Jigaimara Formation, Arafura Basin, Northern Territory. In: Paterson J R, Laurie J R (eds). Cambro-Ordovician Studies. II. Memoirs of the Association of Australasian Palaeontologists, 32: 103—126

Laurie J R. 2006b. Early Middle Cambrian trilobites from Pacific Oil and Gas Baldwin 1 Well, southern Georgina Basin, Northern Territory. In: Paterson J R, Laurie J R (eds). Cambro-Ordovician Studies. II. Memoirs of the Association of Australasian Palaeontologists, 32: 127—204

Leanza A F. 1947. E L Cambrico medio de Mendoza. Revista del Museo de La Plata, new series 3: 223—235

Lederer J. 1863. Beiträg zur Kenntniss der Pyralidinen. Wien. Entomologische Monatschrift, 7(10): 331—378

Lieberman B S. 2004. Revised biostratigraphy, systematic, and paleobiogeography of the trilobites from the Middle Cambrian Nelson limestone, Antarctica. The University of Kansas, Paleontological Contributions, 14: 1—21

Li Quan. 2006. Cambrian trilobite fauna of Huainan, northern Anhui. Unpublished thesis for Master in Palaeontology and Stratigraphy: 1—77 (in Chinese with English abstract) [李泉. 2006. 安徽淮南寒武纪三叶虫动物群. 中国科学院研究生院硕士学位论文. 1—77]

Li (Lee) Shanji. 1978. Trilobita. In: Institute of Geology of Southwest China (ed). Palaeontological Atlas of Southwest China, Sichuan Volume 1. Sinian to Devonian. Beijing: Geological Publishing House. 179—283, 568—583 (in Chinese) [李善姬. 1978. 三叶虫纲. 见: 西南地质科学研究所主编. 西南地区古生物图册, 四川分册(一). 震旦纪至泥盆纪. 北京: 地质出版社. 179—283, 568—583]

Li (Lee) Shanji, Yin Gongzheng. 1973. New trilobites from Loushanguan Group (Middle-Upper Cambrian) of NE-Guizhou, South China. Communication of Stratigraphy and Palaeontology of SW-China. 3: 22—34 (in Chinese) [李善姬, 尹恭正. 1973. 黔东北中、晚寒武世娄山关群三叶虫新材料及其地层意义. 西南地区地层古生物通讯, 3: 22—34]

Li Wenhou, Chen Qiang, Li Zhichao, Wang Ruogu, Wang Yan, Ma Yao. 2012. Lithofacies, palaeogeography of the early Paleozoic in Ordos area. Journal of Palaeogeography, 14(1): 85—100 (in Chinese with English abstract) [李文厚, 陈强, 李智超, 王若谷, 王妍, 马瑶. 2012. 鄂尔多斯地区早古生代岩相古地理. 古地理学报, 14(1): 85—100]

Li (Lee) Yaoxi, Song Lisheng, Zhou Zhiqiang, Yang Jingyao. 1975. Stratigraphical Gazetteer of Lower Paleozoic, western Dabashan. Beijing: Geological Publishing House. 1—372 (in Chinese) [李耀西, 宋礼生, 周志强, 杨景尧. 1975. 大巴山西段早古生代地层志. 北京: 地质出版社. 1—372]

Liñán E, Gozalo R. 1999. Nuevos trilobites del Cámbrico inferior de Aragón. In: 25 Años de Palaeontología aragonesa. Homenaje al Profesor Leandro Sequeiros. Zaragoza: Institución Fernando El Católico. 255—261

Lin Huanling. 2008. Early Cambrian (Chiungchussuan, Tsanglangpuan and Lungwangmiaoan). Chapter 3. In: Zhou Zhiyi, Zhen Yongyi (eds). Trilobite Record of China. Beijing: Science Press. 36—76

Lin Huanling, Wang Zongzhe, Zhang Tairong, Qiao Xindong. 1990. Cambrian. In: Zhou Zhiyi, Chen Peiji (eds). Biostratigraphy and Geological Evolution of Tarim. Beijing: Science Press. 8—55 (in Chinese) [林焕令, 王宗哲, 张太荣, 乔新东. 1990. 寒武系. 见: 周志毅, 陈丕基主编. 塔里木生物地层和地质演化. 北京: 科学出版社. 8—55]

Lin Tianrui. 1965. A Cambrian trilobite fauna from Mufushan, Nanking. Acta Palaeontologica Sinica, 13(3): 552—559 (in Chinese with English summary) [林天瑞. 1965. 南京幕府山寒武纪三叶虫. 古生物学报, 13(3): 552—559]

Lin Tianrui. 1991. Middle Cambrian stratigraphy and trilobite fauna of Taoyuan, NW-Hunan. Acta Palaeontologica Sinica, 30(3): 360—376 (in Chinese with English summary) [林天瑞. 1991. 湖南桃源寒武纪第三世地层及三叶虫. 古生物学报, 30(3): 360—376]

Lin Tianrui, Peng Shanchi. 2004. New material of Palaeolenus (Trilobite, Cambrian) from the eastern Yangtze Gorge area, western Hubei. Acta Palaeontologica Sinica, 43(1): 32—42 (in Chinese with English abstract) [林天瑞, 彭善池. 2004. 峡东地区寒武纪三叶虫 Palaeolenus 的新材料. 古生物学报, 43(1): 32—42]

Lin Tianrui, Wang Haifeng. 1989. New contribution to the knowledge of Middle-Upper Cambrian boundary of the Changqing-Xuecheng area in Shandong. Journal of Stratigraphy, 13(1): 40—46 (in Chinese) [林天瑞, 王海峰, 1989. 山东长清、薛城一带中、上寒武统界线新认识. 地层学杂志, 13(1): 40—46]

Lin Tianrui, Lin Huanling, Zhou Tianrong. 1983. Discovery of the Cambrian trilobites in Kunshan of southeastern Jiangsu with reference to the faunal provinciality and palaeogeography. Acta Palaeontologica Sinica, 22(4): 399—412 (in Chinese with English summary) [林天瑞, 林焕令, 周天荣. 1983. 江苏昆山寒武纪三叶虫的发现. 古生物学报, 22(4): 399—412]

Lin Tianrui, Peng Shanchi, Zhou Zhiqiang, Yang Xianfeng. 2013. Cambrian polymerid trilobites from the Nidanshan and Liudaogou groups, Hualong, northeastern Qinghai, China. Acta Palaeontologica Sinica, 52 (4): 424—458 (in Chinese with English abstract) [林天瑞, 彭善池, 周志强, 杨显峰. 2013. 青海化隆拉脊山寒武纪多节类三叶虫. 古生物学报, 52(4): 424—458]

Linnarsson J G O. 1869. Om Vestergötlands Cambriska och Siluriska aflagringar. Kongliga Svenska Vetenskaps-Akademiens Handlingar, 8(2): 1—89

Linnarsson J G O. 1877. Om faunan i lagren med *Paradoxides ölandicus*. Geologiska Förreningens i Stockholm Förhandlingar, 3(12): 352—375

Liu Hongyun, Dong Rongsheng, Qi Zhonglin, Zhang Qirui, Lao Qiuyuan, Li Jianlin, Hu Wenhu, Chen Menge. 1991. The Sinian System in China. Beijing: Science Press. 1—388 (in Chinese) [刘鸿允, 董榕生, 戚中林, 张启锐, 劳秋元, 李建林, 胡文虎, 陈孟莪. 1991. 中国震旦系. 北京: 科学出版社. 1—388]

Liu Huaishu, Liu Shucai, You Wencheng. 1987a. The Changhia Formation in Shandong Province. Journal of Stratigraphy, 11(3): 200—206 (in Chinese) [刘怀书, 刘书才, 游文澄. 1987a. 山东张夏组. 地层学杂志, 11(3): 200—206]

Liu Huaishu, You Wencheng, Liu Shucai. 1987b. Biostratigraphy of the Cambrian system in Shandong Province, China. Geology of Shandong, 3(1): 11—33 (in Chinese with English abstract) [刘怀书, 游文澄, 刘书才. 1987b. 山东寒武纪生物地层. 山东地质, 3(1): 11—33]

Liu Yinhuan, Wang Jianping, Zhang Haiqing, Du Fengjun. 1991. The Cambrian and Ordovician Systems of Henan Province. Beijing: Geological Publishing House. 1—226 (in Chinese) [刘印环, 王建平, 张海清, 杜凤军. 1991. 河南的寒武系和奥陶系. 北京: 地质出版社. 1—226]

Liu Yiren. 1982. Trilobita. In: Geological Bureau of Hunan Province (ed). People's Republic of China, Ministry of Geology and Mineral Resources, Geological Memoirs, series 2, Stratigraphy and Palaeontology 1. Palaeontological Atlas of Hunan. Beijing: Geological Publishing House. 290—347, 882—897 (in Chinese) [刘义仁. 1982. 三叶虫纲. 见: 湖南省地质局编著. 中华人民共和国地质矿产部, 地质专报 二、地层、古生物 第1号. 湖南古生物图册. 北京: 地质出版社. 290—347, 882—897]

Liu Yiren, Zhang Tairong. 1979. Discovery of Middle Cambrian *Centropleura* (Trilobita) in China. Geological Review, 25(2): 1—6 (in Chinese) [刘义仁, 张太荣. 1979. 中寒武世三叶虫 *Centropleura* 在我国的发现. 地质论评, 25(2): 1—6]

Lochman C. 1948. New Cambrian trilobite genera from Northwest Sonora, Mexico. Journal of Paleontology, 22(4): 451—464

Lochman C. 1956. Stratigraphy, paleontology and paleogeography of the *Elliptocephala asaphoides* strata in Cambridge and Hoosick Quadrangles, New York. Bulletin of the Geological Society of America, 67: 1331—1396

Lochman C, Duncan D. 1944. Early Upper Cambrian faunas of central Montana. Geological Survey of America, Special Paper, 54: 1—181

Lorenz T. 1906. Beiträge zur Geologie und Paläontologie von Ostasien unter besonderer Berücksichtigung der Provinz Schantung in China 2. Paläontologischer Teil. Zeitschrift der deutschen geologischen Gesellschaft, 58: 67—122

Lu Yanhao (Yenhao). 1941. Lower Cambrian stratigraphy and trilobite fauna of Kunming, Yunnan. Bulletin of the Geological Society of China, 21(1): 71—90

Lu Yanhao (Yenhao). 1945. Early Middle Cambrian fauna from Meitan. Bulletin of the Geological Society of China, 25: 185—199

Lu Yanhao (Yenhao). 1954a. Two new trilobite genera of the Kushan Formation. Acta Palaeontologica Sinica, 2(4): 409—438 (in Chinese and English) [卢衍豪. 1954a. 崮山统两个新属三叶虫. 古生物学报, 2(4): 409—438]

Lu Yanhao (Yenhao). 1954b. The problems of the Cambro-Ordovician strata in SW China. Acta Geologica Sinica, 34(3): 311—318 (in Chinese) [卢衍豪. 1954b. 西北寒武奥陶纪地层问题. 地质学报, 34(3): 311—318]

Lu Yanhao (Yenhao). 1957. Arthropoda, Trilobita. In: Institute of Palaeontology, Academia Sinica (Gu Zhiwei, Yang Zunyi, Xu Jie, Yin Zanxun, Yu Jianzhang, Zhao Jinke, Lu Yanhao, Hou Youtang) (ed). Index Fossils of China, Invertebrata, III. Beijing: Geological Publishing House. 249—294 (in Chinese) [卢衍豪. 1957. 节肢动物门——三叶虫纲. 见: 中国科学院古生物所(顾知微, 杨遵义, 许杰, 尹赞勋, 俞建章, 赵金科, 卢衍豪, 侯佑堂)编. 中国标准化石手册, 无脊椎动物第三分册. 北京: 地质出版社. 249—294]

Lu Yanhao (Yenhao). 1962. The Cambrian system of China. In: Scientific Report, 1st All China Conference on Stratigraphy. Beijing: Science Press. 1—117 (in Chinese) [卢衍豪. 1962. 中国的寒武系. 见: 全国地层会议学术报告汇编. 北京: 科学出版社. 1—117]

Lu Yanhao (Yenhao), Dong Nanting. 1952. Revision of the Cambrian type sections of Shandong. Acta Geologica Sinica, 32(3): 164—201 (in Chinese) [卢衍豪, 董南庭. 1952. 山东寒武纪标准剖面新观察. 地质学报, 32(3): 164—201]

Lu Yanhao, Lin Huanling. 1989. The Cambrian Trilobites of Western Zhejiang. Palaeontologia Sinica, Whole number 178, New Series B, no. 25. Beijing: Science Press. 1—287 (in Chinese with English summary) [卢衍豪, 林焕令. 1989. 浙江西部寒武纪三叶虫动物群. 中国古生物志, 第178册, 新乙种, 25号. 北京: 科学出版社. 1—287]

Lu Yanhao (Yenhao), Qian (Chien) Yiyuan. 1964. Trilobites. In: Institute of Geology and Palaeontology, Academia Sinica (ed). A Handbook of Index-Fossils of Southern China. Beijing: Science Press. 26—41, 47—48, 52—53, 59—60 (in Chinese) [卢衍豪, 钱义元. 1964. 三叶虫类. 中国科学院地质古生物所编: 华南区标准化石手册. 北京: 科学出版社. 26—41, 47—48, 52—53, 59—60]

Lu Yanhao, Qian Yiyuan. 1983. Cambro-Ordovician trilobites from eastern Guizhou. Palaeontologia Cathayana, 1: 1—105

Lu Yanhao, Zhu Zhaoling (Chu Chaoling). 1980. Cambrian trilobites from Chuxian-Quanjiao region, Anhui. Memoir, Nanjing Institute of Geology and Palaeontology, Academia Sinica, 16: 1—38 (in Chinese with English abstract) [卢衍豪, 朱兆玲. 1980. 安徽滁县和全椒寒武纪三叶虫. 中国科学院南京地质古生物研究所集刊, 16号: 1—38]

Lu Yanhao, Zhu Zhaoling. 2001. Trilobites from the Middle Cambrian Hsuchuangian Stage of Zhangxia, Changqing County, Shandong Province. Acta Palaeontologica Sinica, 40 (3): 279—293 (in Chinese with English abstract) [卢衍豪, 朱兆玲. 2001. 山东长清张夏中寒武统徐庄阶三叶虫. 古生物学报, 40(3): 279—293]

Lu Yanhao (Yenhao), Zhu Zhaoling (Chu Chaoling), Qian Yiyuan (Chien Yiyuan). 1962. Trilobites. In: Wang Yu (ed). A Handbook of Index-Fossils in Yangtze Region. Beijing: Science Press. 25—35, 42—47, 52—53, 55—56, 59, 93—94 (in Chinese) [卢衍豪, 朱兆玲, 钱义元. 1962. 三叶虫类. 见: 王钰主编. 扬子区标准化石手册. 北京: 科学出版社. 25—35, 42—47, 52—53, 55—56, 59, 93—94]

Lu Yanhao (Yenhao), Qian Yiyuan (Chien Yiyuan), Zhu Zhaoling (Chu Chaoling). 1963a. Trilobita. Beijing: Science Press. 1—186 (in Chinese) [卢衍豪, 钱义元, 朱兆玲. 1963a. 三叶虫. 北京: 科学出版社. 1—186]

Lu Yanhao (Yenhao), Zhang (Chang) Wentang, Zhu Zhaoling (Chu Chaoling). 1963b. Trilobites. In: Zhao Jinke of Institute of Geology and Palaeontology, Academia Sinica (ed). Handbook of Regional Index Fossils of China. A Handbook of Index Fossils of Northwest China. Beijing: Science Press. 24—32, 35—39, 51, 57, 107 (in Chinese) [卢衍豪, 张文堂, 朱兆玲. 1963b. 三叶虫类. 见: 中国科学院地质古生物所赵金科主编. 中国区域标准化石手册, 西北区标准化石手册. 北京: 科学出版社. 24—32, 35—39, 51, 57, 107]

Lu Yanhao (Yenhao), Zhang (Chang) Wentang, Zhu Zhaoling (Chu Chaoling), Qian (Chien) Yiyuan, Xiang (Hsiang) Liwen. 1965. Fossils of Each Group, Chinese Trilobites (2vols). Beijing: Science Press. 1: 1—362, 2: 363—766 (in Chinese) [卢衍豪, 张文堂, 朱兆玲, 钱义元, 项礼文. 1965. 中国的三叶虫(上、下册). 北京: 科学出版社. 1: 1—362, 2: 363—766]

Lu Yanhao (Yenhao), Zhu Zhaoling (Chu Chaoling), Qian (Chien) Yiyuan, Lin Huanling, Zhou Zhiyi, Yuan Kexing. 1974a. Bio-environmental control hypothesis and its application to the Cambrian biostratigraphy and palaeozoogeography. Memoir, Nanjing Institute of Geology and Palaeontology, Academia Sinica, 5: 27—116 (in Chinese) [卢衍豪, 朱兆玲, 钱义元, 林焕令, 周志毅, 袁克兴. 1974a. 生物-环境控制论及其在寒武纪生物地层学上和古动物地理上的应用. 中国科学院南京地质古生物所集刊, 5号: 27—116]

Lu Yanhao (Yenhao), Zhang(Chang) Wentang, Qian (Chien) Yiyuan, Zhu Zhaoling (Chu Chaoling), Lin Huanling, Zhou Zhiyi, Qian Yi, Zhang Sengui, Wu Hongji. 1974b. Cambrian trilobites. In: Nanjing Institute of Geology and Palaeontology, Academia Sinica (ed). A Handbook of Stratigraphy and Palaeontology, Southwest China. Beijing: Science Press. 82—107 (in Chinese) [卢衍豪, 张文堂, 钱义元, 朱兆玲, 林焕令, 周志毅, 钱逸, 章森桂, 伍鸿基. 1974b. 寒武纪三叶虫. 见: 中国科学院南京地质古生物所编. 西南地区地层古生物手册. 北京: 科学出版社. 82—107]

Lu Yanhao, Zhou Zhiyi, Zhou Zhiqiang. 1981. Cambrian-Ordovician boundary and their related trilobites in the Hangula Region, W. Nei Monggol. Bulletin of the Xi'an Institute of Geology and Mineral Resources, Chinese Academy of Geological Sciences, 2(1): 1—22 (in Chinese with English abstract) [卢衍豪, 周志毅, 周志强. 1981. 内蒙古西部杭乌拉地区寒武-奥陶系分界及有关三叶虫. 中国地质科学院院报, 西安地质矿产研究所分刊, 2(1): 1—22]

Lu Yanhao, Zhu Zhaoling, Zhang Jinlin. 1988. Trilobites of the Maochuang Formation and its age. Memoirs of the Nanjing Institute of Geology and Palaeontology, Academia Sinica, 24: 331—353 (in Chinese with English summary) [卢衍豪, 朱兆玲, 张进林. 1988. 论毛庄组的时代及其所含三叶虫. 中国科学院南京地质古生物所集刊, 24号: 331—353]

Luo (Lo) Huilin. 1974. Cambrian trilobite. In：Bureau of Geology of Yunnan Province (ed). Atlas of Fossils of Yunnan (2 vols). Kunming：People's Press of Yunnan. 595—694 (in Chinese) ［罗惠麟. 1974. 寒武纪三叶虫. 见：云南省地质局主编. 云南化石图册, 上、下册. 昆明：云南人民出版社. 595—694］

Luo Huilin. 1982. On the occurrence of Late Cambrian Gushan trilobite fauna in western Yunnan. In：Contribution to the Geology of Qinghai-Xizang (Tibet) Plateau, 10. Beijing：Geological Publishing House. 1—12 (in Chinese with English abstract) ［罗惠麟. 1982. 云南西部晚寒武世济南期三叶虫动物群的发现. 见：青藏高原地质文集, 10. 北京：地质出版社. 1—12］

Luo Huilin, Jiang Zhiwen, Tang Liangdong. 1993. On the Douposi Formation. Journal of Stratigraphy, 17(4)：266—271 (in Chinese) ［罗惠麟, 蒋志文, 唐良栋. 1993. 论陡坡寺组. 地层学杂志, 17(4)：266—271］

Luo Huilin, Jiang Zhiwen, Tang Liangdong. 1994. Stratotype Section for Lower Cambrian Stages in China. Kunming：Yunnan Science and Technology Press. 1—183 (in Chinese with Englisg abstract) ［罗惠麟, 蒋志文, 唐良栋. 1994. 中国下寒武统建阶层型剖面. 昆明：云南科技出版社. 1—183］

Luo Huilin, Li Yong, Hu Shixue, Fu Xiaoping, Hou Shuguang, Liu Xingyao, Chen Liangzhong, Li Fengjun, Pang Jiyuan, Liu Qi. 2008. Early Cambrian Malong Fauna and Guanshan Fauna from eastern Yunnan, China. Kunming：Yunnan Science and Technology Press. 1—134 (in Chinese with English summary) ［罗惠麟, 李勇, 胡世学, 傅晓平, 侯蜀光, 刘兴尧, 陈良忠, 李锋军, 庞纪院, 刘琦. 2008. 云南东部早寒武世马龙动物群和关山动物群. 昆明：云南科技出版社. 1—134］

Luo Huilin, Hu Shixue, Hou Shuguang, Gao Hongguang, Zhan Dongqin, Li Wenchang. 2009. Cambrian stratigraphy and trilobites from southeastern Yunnan, China. Kunming：Yunnan Science and Technology Press. 1—252 (in Chinese with English summary) ［罗惠麟, 胡世学, 侯蜀光, 高宏光, 詹冬琴, 李文昌. 2009. 滇东南寒武纪地层及三叶虫动物群. 昆明：云南科技出版社. 1—252］

Luo Kunli. 1999. The boundary of the Zhangxia and Gushan Stages with reference to the boundary of the Middle and Upper Cambrian of North China. Professional Papers of Stratigraphy and Palaeontology, 27：95—105 (in Chinese with English abstract) ［雒昆利. 1999. 华北地区寒武系张夏阶与崮山阶界线——兼论中、上寒武统界线. 地层古生物论文集, 27：95—105］

Luo Kunli. 2001. Upper Middle-Upper Cambrian trilobites of Hancheng area, Shaanxi. Acta Palaeontologica Sinica, 40 (3)：371—387 (in Chinese with English abstract) ［雒昆利. 2001. 陕西韩城寒武系张夏组和三山子组三叶虫动物群. 古生物学报, 40(3)：371—387］

Luo Kunli. 2002. Cambrian trilobite biostratigraphy of Hancheng region, Shaanxi. Journal of Stratigraphy, 26(2)：119—125 (in Chinese with English abstract) ［雒昆利. 2002. 陕西韩城寒武纪三叶虫生物地层. 地层学杂志, 26(2)：119—125］

Luo Kunli, Li Guoxiang, Peng Shanchi. 2005. Cambrian stratigraphy on the southwest margin of the North China Plate (Hancheng, Shaanxi). In：Peng Shanchi, Babcock L E, Zhu Maoyan (eds). Cambrian System of China and Korea. Guide to Field Excursions, IV International Symposium on the Cambrian System and X Field Conference of the Cambrian Stage Subdivision Working Group. Hefei：University of Science and Technology of China Press. 194—204

Ma Haitao, Peng Jin, Zhao Yuanlong, Da Yang, Sun Haijing. 2011. Discovery of the Balang fauna at Luojiatang, Yangqiao, Cengong, Guizhou, and its significance to the early evolution of the Metazoa. Geological Review, 57(5)：743—748 (in Chinese with English abstract) ［马海涛, 彭进, 赵元龙, 达扬, 孙海静. 2011. 贵州岑巩羊桥罗家塘杷榔动物群的发现及其后生动物早期演化的意义. 地质论评, 57(5)：743—748］

Makarova A L. 2008. New trilobite species from the Upper Cambrian Chopko River section, Russia. In：Rábano I, Gozalo R, Garcia-Bellido D (eds). Advances in Trilobite Research. Cuademos del Museo Geominero n°9. Madrid：Instituto Geológico y Minero de España, 243—249

Mansuy H. 1912. Ètude Géologique du Yunnan oriental. Part 2：Paléontologie. Mémoires du Service Géologique de. l'Indochine, 1(2)：1—146

Mansuy H. 1915. Faunes Cambriennes du Haut-Tonkin. Mémoires du Service Géologique de. l'Indochine, 4(2)：1—35

Mansuy H. 1916. Faunes Cambriennes de l'Extrême-Orient méridional. Mèmoirs du Service Géologique de. l'Indochine, 5：1—44

Matthew G F. 1885. The fauna of the St John's Group continued. On the Conocoryphea, with further remarks on *Paradoxides*. Transactions of the Royal Society of Canada, 2(4)：99—124

Matthew G F. 1887. Illustrations of the fauna of the St. John Group. 4. Part 1. Description of a new species of *Paradoxides* (*Paradoxides regina*). Part 2. The smaller trilobites with eyes (Ptychopariidae and Ellipsocephalidae). Transactions of the Royal Society of Canada, 5 (4)：123—166

Matthew G F. 1897. Studies of Cambrian faunas. Pt. 1. On a new subfauna of the *Paradoxides* beds of the St. John Group.

Proceedings and Transactions of the Royal Society of Canada, 2nd Series, 3(4): 165—203

Matthew G F. 1899. Studies on Cambrian faunas, No. 3. Upper Cambrian faunas of Mount Stephen, British Columbia-the trilobite and worms. Transactions of the Royal Society of Canada 2nd Series, 5(4): 39—66

M'Coy F. 1849. On the classification ofsome British fossil Crustacea with notice of some forms in the University collection at Cambridge. Annals and Magazine of Natural History, (2) 4: 161—179, 330—335, 392—414

Meek F B. 1870. Descriptions of fossils collected by the U. S. Geological Survey, under the charge of Clarence King. Proceedings of the Academy of Natural Sciences of Philadelphia, 2^{ed}series, 14: 56—64

Meek F B. 1873. Preliminary palaeontology report, consisting of list and descriptions of fossils, with remarks on the age of the rocks in which they are found. Annual Report of the United States Geological Survey of Territories, 6: 429—518

Meek F B. 1877. Palaeontology. United States Geological Exploration of the Fortieth Parallel. Clarence King, Geologist-in-charge, 4(1): 1—197

Mei Shilong. 1993. The biostratigraphy of the Middle and Late Cambrian conodonts and trilobites from Wanxian, Hebei. Journal of Stratigraphy, 17(1): 11—24 (in Chinese with English abstract) [梅仕龙. 1993. 河北完县中、晚寒武世牙形石和三叶虫生物地层. 地层学杂志, 17(1): 11—24]

Melzak A, Westrop S R. 1994. Mid-Cambrian (Marjuman) trilobites from the Pika Formation, southern Canadian Rocky Mountains, Alberta. Canadian Journal of Earth Sciences, 31: 969—985

Miller B M. 1936. Cambrian trilobites from northwestern Wyoming. Journal of Paleontology, 10: 23—34

Monke H. 1903. Beiträge zur Geologie von Schantung. Teil 1. Oberkambrische Trilobiten von Yentsy yai. Jahrbuch Königliche Preussische Geologische Landesanstalt, Berlin, 23: 103—151

Morris S F. 1988. A review of British trilobites, including synoptic revision of Salter's monograph. Monograph of the Palaeontological Society, London, 140 (574): 1—316

Morris S F, Fortey R A. 1985. Catalogue of the Type and Figured Specimens of Trilobita in the British Museum. London: Brifish Museum (Natural History). 1—183

Naimark E. 2009. Revision of the trilobite Peronopsis Hawle and Corda, 1847. In: Ergaliev et al. (eds). Abstracts and Short Papers. 14th International Field Conference of the Cambrian Stages Subdivision Working Group. Malyi Karatau Range, southern Kazakhstan, August 24-September, 2: 24—25

Nan Runshan. 1976. Trilobita. In: Geological Bureau of Inner Mongolia Autonomous Region and Institute of Geology, Northeast China (eds). Palaeontological Atlas of North China, Part.1, Neimengol Autonomic region (Inner Mongolia). Beijing: Geological Publishing House. 333—352 (in Chinese) [南润善. 1976. 三叶虫纲. 见: 内蒙古自治区地质局, 东北地质科学研究所主编. 华北地区古生物图册, 内蒙古分册(一), 北京: 地质出版社. 333—352]

Nan Runshan. 1980. Trilobita. In: Shenyang Institute of Geology and Mineral Resources, Chinese Academy of Geological Sciences (ed). Palaeontological Atlas of Northeast China, Part 1. Palaeozoic. Beijing: Geological Publishing House. 485—519 (in Chinese) [南润善. 1980. 三叶虫纲. 见: 沈阳地质矿产研究所编著. 东北地区古生物图册(一)古生代分册. 北京: 地质出版社. 485—519]

Nan Runshan, Chang Shaoquan. 1982a. New Middle Cambrian trilobites from Changxingdao, Liaoning. Bulletin of the Shenyang Institute of Geology and Mineral Resources, Chinese Academy of Geological Sciences, 4: 16—28 (in Chinese with English abstract) [南润善, 常绍泉. 1982a. 辽宁长兴岛中寒武世新三叶虫. 中国地质科学院沈阳地质矿产研究所所刊, 4: 16—28]

Nan Runshan, Chang Shaoquan. 1982b. New trilobites from Middle Cambrian Dangshi Formation in southern Liaoning Peninsula. Bulletin of the Shenyang Institute of Geology and Mineral Resources, Chinese Academy of Geological Sciences, 4: 29—37 (in Chinese with English abstract) [南润善, 常绍泉. 1982b. 辽东半岛南部中寒武统当十组新三叶虫. 中国地质科学院沈阳地质矿产研究所所刊, 4: 29—37]

Nan Runshan, Chang Shaoquan. 1982c. Lower Cambrian trilobites from Shiqiao Formation, southern Liaoning. Bulletin of the Shenyang Institute of Geology and Mineral Resources, Chinese Academy of Geological Sciences, 4: 1—15 (in Chinese with English abstract) [南润善, 常绍泉. 1982c. 辽南早寒武世石桥组三叶虫. 中国地质科学院沈阳地质矿产研究所所刊, 4: 1—15]

Nan Runshan, Chang Shaoquan. 1985. Middle and Upper Cambrian trilobites from Xishan of Fuzhouwan, Liaoning. Bulletin of the Geological Society of Liaoning Province, 2: 1—25 (in Chinese with English abstract) [南润善, 常绍泉. 1985. 复州湾西山

中、上寒武统三叶虫. 辽宁地质学报, 2: 1—25]

Nan Runshan, Shi Xinzeng. 1985. New Middle Cambrian trilobites from southwestern part of Jilin Province. Bulletin of the Shenyang Institute of Geology and Mineral Resources, Chinese Academy of Geological Sciences, 12: 1—8 (in Chinese with English abstract) [南润善, 石新增. 1985. 吉林省西南部中寒武世新三叶虫. 中国地质科学院沈阳地质矿产研究所所刊, 12: 1—8]

Nikolaisen F, Henningsmoen G. 1990. Lower and Middle Cambrian trilobites from the Digermul peninsula, Finnmark, northern Norway. Norges Geologiske Undersøkelse Bulletin, 419: 55—95

Öpik A A. 1961. The geology and Palaeontology of the Headwaters of the Burke river, Queensland. Bureau of Mineral Resources, Geology and Geophysics, Australia Bulletin, 53: 1—249

Öpik A A. 1963. Nepea and the nepeids (Trilobites, Middle Cambrian, Australia). Journal the Geological Society of Australia, 10: 313—316

Öpik A A. 1967. The Mindyallan fauna of northwestern Queensland. Bureau of Mineral Resources, Geology and Geophysics, Australia Bulletin, 74: 1—404

Öpik A A. 1968. The Ordian stage of the Cambrian and its Australian Metadoxididae. Bureau of Mineral Resources, Geology and Geophysics, Australia Bulletin, 92: 133—168

Öpik A A. 1970. Nepeid trilobites of the Middle Cambrian of northern Australia. Bureau of Mineral Resources, Geology and Geophysics, Australia Bulletin, 113: 1—48

Öpik A A. 1975. The Cymbric Vale fauna of New South Wales and Early Cambrian biostratigraphy. Bureau of Mineral Resources Geology and Geophysics, Australia Bulletin, 159: 1—78

Öpik A A. 1979. Middle Cambrian agnostids: systematics and biostratigraphy. Bureau of Mineral Resources, Geology and Geophysics, Australia Bulletin, 172: 1—188

Öpik A A. 1982. Dolichometopid trilobites of Queensland, Northern Territory and New South Wales. Bureau of Mineral Resources, Geology and Geophysics, Australia Bulletin, 175: 1—85

Özdikmen H. 2006. Nomenclatural changes for fourteen trilobites genera. Munis Entomology and Zoology, 1(2): 179—190

Özdikmen H. 2008. Nomenclatural changes for three trilobites genera. Munis Entomology and Zoology, 3(1): 317—320

Özdikmen H. 2009. Nomenclatural changes for twenty trilobite genera. Munis Entomology & Zoology, 4(1)155—171

PackF J. 1906. Cambrian fossils from the Pioche Mountains, Nevada. Journal of Geology, 14: 290—302

Palmer A R. 1954. An appraisal of the Great Basin Middle Cambrian trilobites described before 1900. United States Geological Survey, Professional Paper, 264D: 53—85

Palmer A R. 1964. An unusual Lower Cambrian trilobite fauna from Nevada. United States Geological Survey, Professional Paper, 483F: 1—13, pls. 1—3

Palmer A R. 1968. Cambrian trilobites of East-Central Alaska. United States Geological Survey, Professional Paper, 559B: 1—115

Palmer A R. 2005. East-Gondwana/Laurentia trilobite connections—what do they tell us? Geosciences Journal, 9(2): 75—79

Palmer A R, Gatehouse C G. 1972. Early and Middle Cambrian trilobites from Antarctica. United States Geological Survey, Professional Paper, 456D: 1—37

Palmer A R, Halley R B. 1979. Physical stratigraphy and trilobite biostratigraphy of the Carrara Formation (Lower and Middle Cambrian) in the southern Great Basin. United States Geological Survey, Professional Paper, 1047: 1—131

Park T Y, Choi D K. 2009. Post-embryonic development of the Furongian (late Cambrian) trilobite Tsinania canens: implications for the mode and phylogeny. Evolution & Development, 11(4): 441—455

Park T Y, Choi D K. 2010. Two Middle Cambrian diceratocephalid trilobites, *Cyclolorenzella convexa* and *Diceratocephalus cornutus*, from Korea: development and functional morphology. Lethaia, 43: 73—87

Park T Y, Choi D K. 2011. Trilobite faunal successions across the base of the Furongian Series in the Taebaeck Group, Taebaeksan Basin, Korea. Geobios, 44: 481—498

Park T Y, Han Zuozhen, Bai Zhiqiang, Choi D K. 2006. The Middle Cambrian trilobite *Cyclolorenzella* Kobayashi, 1960 and related genera from Korea and China: morphometric analysis and taxonomic revision. In: Jago J B (ed). XI International Conference of the Cambrian Stage Subdivision Working Group, Abstracts, 84: 28

Park T Y, Han Zuozhen, Bai Zhiqiang, Choi D K. 2008. Two Middle Cambrian trilobite genera, *Cyclolorenzella* Kobayashi, 1960 and *Jiulongshania* gen. nov., from Korea and China. Alcheringa, 32: 247—269

Park T Y, Kihm J H, Choi D K. 2013. Late Middle Cambrian (Cambrian Series 3) trilobite faunas from the lowermost part of the Sesong Formation, Korea and their correlation with North China. Journal of Paleontology, 87(6): 991—1003

Park T Y, Kim J E, Lee S B, Choi D K. 2014. *Mansuyia* Sun, 1924 and *Tsinania* Walcott, 1914 from the Furongian of North China and the evolution of the trilobite family Tsinaniidae. Palaeontology, 57(2): 269—282

Paterson J R. 2005. Systematics of the Cambrian trilobite Family Nepeidae, with revision of Australian species. Palaeontology, 48(3): 479—517

Paterson J R, Brock G A. 2007. Early Cambrian trilobites from Angorichina, Flinders Ranges, South Australia, with a new assemblage from the *Pararaia bunyerooensis* Zone. Journal of Paleontology, 81(1): 116—142

Paterson J R, Jago J B, Gehling J G, Garcia-Bellido D C, Edgecombe G D, Lee M S Y. 2008. Early Cambrian arthropods from the Emu Bay Shale Lagerstätte, South Australia. In: Rábano I, Gozalo R, Garcia-Bellido D (eds). Advances in Trilobite research. Madrid: Cuadernos del Museo Geominero n°9. Instituto Geológico y Minero de España. 319—325

Pegel T V. 2000. Evolution of trilobite biofacies in Cambrian Basin of the Siberian Platform. Journal of Paleontology, 7(6): 1000—1019

Pei Fang. 1991. The Cambrian of North China Type in Henan Province. Regional Geology of China, 3: 210—220 (in Chinese with English abstract) [裴放. 1991. 河南省华北型寒武系. 中国区域地质, 3: 210—220]

Pei Fang. 2000. Division and correlation of the North China type Cambrian biostratigraphic units of Henan Province. Henan Geology, 18(2): 97—106 (in Chinese with English abstract) [裴放. 2000. 河南省华北型寒武纪生物地层单位划分与对比. 河南地质, 18(2): 97—106]

Pek I. 1972. *Peronopsis integra* (Beyrich, 1845), the youngest agnostid trilobite from the Cambrian of central Bohemia. Věstník Ústředního ústavu geologického, 47: 105—106

Pek I, Vaněk J. 1971. Revision of the genera *Peronopsis* Hawle et Corda, 1847 and *Diplorrhina* Hawle et Corda, 1847 (Trilobita) from the Middle Cambrian of Bohemia. Věstník Ústředního ústavu geologického, 46: 269—276

Peng Jin, Zhao Yuanlong, Yang Xinglian. 2006. Trilobites of the upper part of Lower Cambrian Balang Formation, southeastern Guizhou Province, China. Acta Palaeontologica Sinica, 45(2): 235—242 (in Chinese with English summary) [彭进, 赵元龙, 杨兴莲. 2006. 贵州东部下寒武统杷榔组上部的三叶虫. 古生物学报, 45(2): 235—242]

Peng Jin, Feng Hongzhen, Fu Xiaoping, Zhao Yuanlong, Yao Lu. 2010. New bradoriid arthropods from the Early Cambrian Balang Formation of eastern Guizhou, South China. Acta Geologica Sinica, 84(1): 56—68

Peng Shanchi. 1987. Early Late Cambrian stratigraphy and trilobite fauna of Taoyuan and Cili, Hunan. In: Nanjing Institute of Geology and Palaeontology, Academia Sinica (ed). Collection of Postgraduate Theses of Nanjing Institute of Geology and Palaeontology, Academia Sinica, Volume 1. Nanjing: Jiangsu Science and Technology Publishing House. 53—134 (in Chinese with English summary) [彭善池. 1987. 湖南桃源及慈利晚寒武世早期地层及三叶虫动物群. 见: 中国科学院南京地质古生物研究所编. 中国科学院南京地质古生物研究所研究生论文集, 第一号. 南京: 江苏科学技术出版社. 53—134]

Peng Shanchi. 1990. Upper Cambrian in the Cili-Taoyuan area, Hunan and its trilobite succession. Journal of Stratigraphy, 14(4): 261—276 (in Chinese with English abstract) [彭善池. 1990. 湖南桃源、慈利一带的晚寒武世地层及三叶虫序列. 地层学杂志, 14(4): 261—276]

Peng Shanchi. 1992. Upper Cambrian biostratigraphy and trilobite faunas of the Cili-Taoyuan area, northwestern Hunan, China. Memoir of the Association of Australasian Palaeontologists, 13: 1—119

Peng Shanchi. 2000. Cambrian in slope facies. In: Nanjing Institute of Geology and Palaeontology, Chinese Academy of Sciences (ed). Stratigraphical Studies in China (1979—1999). Hefei: China University of Science and Technology Press, 23—38 (in Chinese) [彭善池. 2000. 斜坡相寒武系. 见: 中国科学院南京地质古生物研究所编著. 中国地层研究二十年 (1979—1999). 合肥: 中国科学技术大学出版社. 23—38]

Peng Shanchi. 2008a. Cambrian agnostoids. Chapter 2. In: Zhou Zhiyi, Zhen Yongyi (eds). Trilobite Record of China. Beijing: Science Press. 21—35

Peng Shanchi. 2008b. Cambrian (late Taijiangian-Taoyuanian) slope facies non-agnostoids. Chapter 7. In: Zhou Zhiyi, Zhen Yongyi (eds). Trilobite Record of China. Beijing: Science Press. 162—207

Peng Shanchi. 2009. The newly-developed Cambrian biostratigraphic succession and chronostratigraphic scheme for South China. Chinese Science Bulletin, 54: 4161—4170

Peng Shanchi. 2009. Review on the studies of Cambrian trilobite faunas from Jinagnan Slope Belt, South China, with notes on

Cambrian correlation between South and North China. Acta Palaeontologica Sinica, 48（3）：437—452（in Chinese with English abstract）［彭善池, 2009. 华南斜坡相寒武纪三叶虫动物群研究回顾并论我国南、北方寒武系的对比. 古生物学报, 48(3)：437—452］

Peng Shanchi, Babcock L E. 2005. Two Cambrian agnostoid trilobites, *Agnostotes orientalis*（Kobayashi, 1935）and *Lotagnostus americanus*（Billings, 1860）：key species for defining global stages of the Cambrian System. Geosciences Journal, 9（2）：107—115

Peng Shanchi, Robison R A. 2000. Agnostid biostratigraphy across the Middle-Upper Cambrian boundary in Hunan, China. Memoirs of the Paleontological Society, 53［Journal of Paleontology, 74（Sup. 4）］：1—104

Peng Shanchi, Lin Huanling, Chen Yongan. 1995. New polymerid trilobites from Middle Cambrian Huaqiao Formation of western Hunan. Acta Palaeontologica Sinica, 34（3）：277—306（in Chinese with English summary）［彭善池, 林焕令, 陈永安. 1995. 湘西中寒武世非球接子类三叶虫新属种. 古生物学报, 34(3)：277—306］

Peng Shanchi, Geyer G, Hamdi B. 1999. Trilobites from the Shahmirzad section, Alborz Mountains, Iran：their taxonomy, biostratigraphy and bearing for international correlation. Beringeria, 25：33—66

Peng Shanchi, Yuan Jinliang, Zhao Yuanlong. 2000. Taijiangian Stage：a new chronostratigraphic unit for the traditional lower Middle Cambrian in South China. Journal of Stratigraphy, 24（1）：53—54（in Chinese with English abstract）［彭善池, 袁金良, 赵元龙. 2000. 台江阶——我国寒武系一个新的年代地层单位. 地层学杂志, 24(1)：53—54］

Peng Shanchi, Babcock L E, Lin Huanling. 2001a. Illustrations of polymeroid trilobites from the Huaqiao Formation（Middle-Upper Cambrian）, Paibi and Wangcun sections, northwestern Hunan, China. In：Peng Shanchi, Babcock L E, Zhu Maoyan（eds）. Cambrian System of South China. Hefei：China University of Science and Technology Press. Palaeoworld, 13：99—122

Peng Shanchi, Babcock L E, Lin Huanling, Chen Yongan. 2001b. Cambrian and Ordovician stratigraphy at Wa'ergang, Hunan Province, China：Bases of the Waergangian and Taoyuanian Stages of the Cambrian System. In：Peng Shanchi, Babcock L E, Zhu Maoyan（eds）. Cambrian System of South China. Hefei：China University of Science and Technology Press. Palaeoworld, 13：132—150

Peng Shanchi, Babcock L E, Lin Huanling, Chen Yongan, Zhu Xuejian. 2001c. Cambrian stratigraphy at Wangcun, Hunan Province, China：stratotypes for bases of the Wangcunian and Youshuinian Stages. In：Peng Shanchi, Babcock L E, Zhu Maoyan（eds）. Cambrian System of South China. Hefei：China University of Science and Technology Press. Palaeoworld, 13：151—161

Peng Shanchi, Babcock L E, Lin Huanling, Chen Yongan, Zhu Xuejian. 2001d. Cambrian stratigraphy at Paibi, Hunan Province, China：Candidate section for a global unnamed Series and reference section for the Waergangian Stage. In：Peng Shanchi, Babcock L E, Zhu Maoyan（eds）. Cambrian System of South China. Hefei：China University of Science and Technology Press. Palaeoworld, 13：162—171

Peng Shanchi, Lin Tianrui, Iten H V, Zhu Maoyan, Lin Huanling. 2001. Primitive ptychoparioids from southern Anhui Province, South China. Acta Palaeontologica Sinica, 40(Sup.)：236—242（in English with Chinese abstract）［彭善池, 林天瑞, Iten H V, 朱茂炎, 林焕令. 2001. 皖南东至寒武纪早期褶颊虫类三叶虫. 古生物学报, 40(增刊)：236—242］

Peng Shanchi, Babcock L E, Lin Huanling. 2004a. Polymerid trilobites from the Cambrian of northwestern Hunan, China. Vol. 1. Corynexochida, Lichida, and Asaphida. Beijing：Science Press

Peng Shanchi, Babcock L E, Lin Huanling. 2004b. Polymerid trilobites from the Cambrian of northwestern Hunan, China. Vol. 2. Ptychoparida, Eodiscina, and Undetermined Forms. Beijing：Science Press. 1—355

Peng Shanchi, Luo Kunli, Xiang Liwen, Babcock L E. 2005. Cambrian in the Zhangxia-Gushan-Chaomidian district and the Jiulongshan district, western Shandong Province China. In：Peng Shanchi, Babcock L E, Zhu Maoyan（eds）. Cambrian System of China and Korea, Guide to Field Excursions, Hefei：University of Science and Technology of China Press. 245—264

Peng Shanchi, Yang Xianfeng, Hughes N C. 2008. The oldest known stalk-eyed trilobite, *Parablackwelderia* Kobayashi, 1942（Damesellinae, Cambrian）, and its occurrence in Shandong, China. Journal of Paleontology, 82(4)：842—850

Peng Shanchi, Hughes N C, Heim N A, Sell B K, Zhu Xuejian, Myrow P M, Parcha S K. 2009. Cambrian trilobites from the Parahio and Zanskar Valleys, Indian Himalaya. Journal of Paleontology, 83(Supplement 6)：1—95

Pillola G L. 1991. Trilobites du Cambrien inférieur du SW de la Sardaigne, Italie. Palaeontographia Italica, 78：1—174

Pillola G L. 1996. The trilobite *Giordanella* Bornemann, 1891 from Lower Cambrian of Sardinia（Italy）：a discussion on its morphology and possible mode of life. Bollettino della Societá Paleontologica Italiana, Special vol. 3：145—158

Pocock K J. 1964. *Estaingia*, a new trilobite genus from the Lower Cambrian of South Australia. Palaeontology, 7(4): 458—471

Pompeckj J F. 1896. Die Fauna des Cambrium von Tejřovic und Skrej in Böhmen. Jahrbuch der kaiserlich-königlich geologischen Reichs-Anstalt, 45: 495—614 (Wien)

Poulsen C. 1927. The Cambrian, Ozarkian and Canadian faunas of northwest Greenland. Meddelelser om Grønland (Copenhagen), 70(2): 233—343

Poulsen C. 1960. Fossils from the late Middle Cambrian *Bolaspidella* Zone of Mendoza, Argentina. Matematiskfysiske Meddelelser udgivet af Det Kongelige Danske Videnskabernes Selskab, 32(11): 1—42

Poulsen V. 1964. Contribution to the Lower and Middle Cambrian paleontology and stratigraphy of Northwest Greenland. Meddelelser om Grønland, 164(6): 1—105

Poulsen V. 1969. An Atlantic Middle Cambrian fauna from North Greenland. Lethaia, 2(1): 1—14

Pour M G, Popov L E. 2009. Silicified Middle Cambrian trilobites from Kyrgyzstan. Palaeontology, 52(5): 1039—1056

Pratt B R. 1992. Trilobites of the Marjuman and Steptoean Stages (Upper Cambrian), Rabbitkettle Formation, southern Mackenzie Mountains, northwest Canada. Palaeontographica Canadiana, 9: 1—179

Qian (Chien) Yiyuan. 1961. Cambrian trilobites from Sandu and Duyun, southern Kweichou (Guizhou). Acta Palaeontologica Sinica, 9 (2): 91—129 (in Chinese with English summary) [钱义元. 1961. 贵州三都和都匀寒武纪三叶虫. 古生物学报, 9(2): 91—129]

Qian Yiyuan. 1994. Trilobites from the middle Upper Cambrian (Changshan Stage) of North and Northeast China. Palaeontologica Sinica, New series B. no. 30. Beijing: Science Press. 1—190 (in Chinese with English summary) [钱义元. 1994. 华北及东北南部上寒武统长山阶三叶虫. 中国古生物志, 新乙种, 第 30 号, 北京: 科学出版社. 1—190]

Qian Yiyuan, Zhou Zemin. 1984. Middle and early Upper Cambrian trilobites from Kunshan, Jiangsu, with reference to their distribution in the Lower Yangtze region. Acta Palaeontologica Sinica, 23(2): 170—186 (in Chinese with English abstract) [钱义元, 周泽民. 1984. 从江苏昆山中、晚寒武世三叶虫的发现, 试论长江下游的生物分区. 古生物学报, 23(2): 170—186]

Qiu Hong'an. 1980. Lower Cambrian trilobites of the Mantou Formation from Xuzhou-Suxian area, North Jiangsu and Anhui. Bulletin of the Nanjing Institute of Geology and Mineral Resources, Chinese Academy of Geological Sciences, 1: 34—64 (in Chinese with English abstract) [仇洪安. 1980. 徐州-宿县地区下寒武统馒头组的三叶虫. 中国地质科学院南京地质矿产研究所分刊, 1(1): 34—64]

Qiu Hongan. 1989. Cambrian. In: Chen Huacheng *et al*. (eds). Stratigraphical Gazetteer of Lower–Middle Yangtze Valley (Cambrian-Quaternary). Hefei: Anhui Science and Technology Press. 1—60 (in Chinese with English abstract) [仇洪安. 1989. 寒武系. 见: 陈华成等编著. 长江中下游地层志(寒武—第四系). 合肥: 安徽科学技术出版社. 1—60]

Qiu Hongan, Lu Yanhao, Zhu Zhaoling, Bi Dechang, Lin Tianrui, Zhou Zhiyi, Zhang Quanzhong, Qian Yiyuan, Ju Tianyin, Han Nairen, Wei Xiuzhe. 1983. Trilobita. In: Nanjing Institute of Geology and Mineral Resources, Ministry of Geology and Mineral Resources (ed). Palaeontological Atlas of East China. vol. 1. Early Palaeozoic. Beijing: Geological Publishing House. 28—254, 576—609 (in Chinese) [仇洪安, 卢衍豪, 朱兆玲, 毕德昌, 林天瑞, 周志毅, 张全忠, 钱义元, 鞠天吟, 韩乃仁, 魏秀喆. 1983. 三叶虫纲. 见: 地质矿产部南京地质矿产研究所主编. 华东地区生物图册(一), 早古生代分册. 北京: 地质出版社. 28—254, 576—609]

Rasetti F. 1945. Fossiliferous horizons in the "Sillery formation" near Levis, Quebec. American Journal of Science, 243: 305—319

Rasetti F. 1946. Early Upper Cambrian trilobites from western Gaspé. Journal of Paleontology, 20(5): 442—462

Rasetti F. 1948a. Lower Cambrian trilobites from the conglomerates of Quebec. Journal of Paleontology, 22(1): 1—24

Rasetti F. 1948b. Middle Cambrian trilobites from the conglomerates of Quebec. Journal of Paleontology, 22(3): 315—339

Rasetti F. 1951. Middle Cambrian stratigraphy and faunas of the Canadian Rocky Mountains. Smithsonian Miscellaneous Collections, 116(5): 1—277

Rasetti F. 1955. Lower Cambrian ptychopariid trilobites from the conglomerates of Quebec. Smithsonian Miscellaneous Collections, 128(7): 1—35, pls. 1—6

Rasetti F. 1957. Additional fossils from the Middle Cambrian Mt. Whyte Formation of the Canadian Rocky Mountains. Journal of Paleontology, 31: 955—972

Rasetti F. 1963. Middle Cambrian ptychoparioid trilobites from the conglomerates of Quebec. Journal of Paleontology, 37: 575—594

Rasetti F. 1965a. Middle Cambrian trilobites of the Pleasant Hill formations in central Pennsylvania. Journal of Paleontology,

39(5): 1007—1014

Rasetti F. 1965b. Upper Cambrian trilobite faunas of northeastern Tennessee. Smithsonian Miscellaneous Collections, 148(3): 1—127

Rasetti F. 1966. New Lower Cambrian trilobite faunule from the Taconic sequence of New York. Smithsonian Miscellaneous Collections, 148(9): 1—52

Rasetti F. 1967. Lower and Middle Cambrian trilobite faunas from the Taconic sequence of New York. Smithsonian Miscellaneous Collections, 152(4): 1—111

Rasetti F, Theokritoff G. 1967. Lower Cambrian agnostid trilobites of North America. Journal of Paleontology, 41: 189—196

Raymond P E. 1913. Notes on some new and old trilobites in the Victoria Memorial Museum, Canada Geological Survey (Ottawa). Bulletin of the Victoria Memorial Museum, 1: 33—39

Raymond P E. 1924. New Upper Cambrian and Lower Ordovician trilobites from Vermont. Proceedings of the Boston Society of Natural History, 37: 389—466

Raymond P E. 1937. Upper Cambrian and Lower Ordovician Trilobita and Ostracoda from Vermont. Bulletin of the Geological Survey of America, 48: 1079 —1146, pls. 1—4

Reed F R C. 1910. The Cambrian fossils of Spiti. Memoirs of the Geological Survey of India, Palaeontologia Indica, Series 15, 7(1): 1—70

Reed F R C. 1934. Cambrian and Ordovician fossils from Kashmir. Memoirs of the Geological Survey of India, Palaeontologia Indica, New Series 21(2): 1—38

Resser C E. 1936. Second contribution to nomenclature on Cambrian trilobites. Smithsonian Miscellaneous Collections, 95(4): 1—29

Resser C E.1937a. Third contribution to nomenclature on Cambrian trilobites. Smithsonian Miscellaneous Collections, 95(22): 1—59

Resser C E. 1937b. New species of Cambrian trilobites of the family Conocoryphidae. Journal of Paleontology, 11(1): 39—42

Resser C E. 1937c. Elkanah Billings' Lower Cambrian trilobites and associated species. Journal of Paleontology, 11(1): 43—54

Resser C E. 1938a. Cambrian system (restricted) of the southern Appalachians. Geological Society of America, Special Paper, 15: 1—140

Resser C E. 1938b. Middle Cambrian fossils from Pend Oreille Lake, Idaho. Smithsonian Miscellaneous Collections, 97(3): 1—12

Resser C E. 1938c. Fourth contribution to nomenclature on Cambrian fossils. Smithsonian Miscellaneous Collections, 97(10): 1—43

Resser C E. 1939a. The Spence Shale and its fauna. Smithsonian Miscellaneous Collections, 97(12): 1—29

Resser C E. 1939b. The Ptarmigania strata of the Northern Wasatch Mountains. Smithsonian Miscellaneous Collections, 98(24): 1—72

Resser C E. 1942. Fifth contribution to nomenclature of Cambrian trilobites. Smithsonian Miscellaneous Collections, 102(15): 1—58

Resser C E. 1945. Cambrian history of the Grand Canyon Region. Part II. Cambrian fossils of the Grand Canyon. Carnegie Institution of Washington Publication, 563: 171—220

Resser C E, Endo R. 1937. Description of fossils. In: Endo R, Resser C E (eds). The Sinian and Cambrian Formations and Fossils of Southern Manchouria. Shenyang (Mukden): Educational Institute, South Manchuia RY. Co. 103—301, 370—474

Resser C E, Howell B F. 1938. Lower Cambrian *Olenellus* Zone of the Appalachians. Bulletin of the Geological Society of America, 49, 195—248

Richter R. 1932. Crustacea (Paläontologie). In: Dittler R, Joos G, Korschelt E, Linek G, Oltmanns F, Schaum K (eds). Handwörterbuch der Naturwissenschaften, 2nd ed. Jena: Gustav Fisher. 840—864, fig. A, 1—64

Richter R, Richter E. 1948. Studien im Paläonzoikum der Mittelmeer-Länder, 8, Zur Frage des Unter-Kambriums in Nordost-Spanien. Senckenbergiana (Frankenfurt am Main), 29: 23—39

Robison R A. 1964. Late Middle Cambrian faunas from western Utah. Journal of Paleontology, 38(3): 510—566

Robison R A. 1967. Ontogeny of *Bathyuriscus fimbriatus* and its bearing on the affinities of the corynexochid trilobites. Journal of Paleontology, 41: 213—221

Robison R A. 1971. Additional Middle Cambrian trilobites from the Wheeler Shale of Utah. Journal of Paleontology, 45(5):

796—804

Robison R A. 1978. Origin, taxonomy and homeomorphs of *Doryagnostus* (Cambrian Trilobita). University of Kansas Paleontological Contributions, Paper, 91: 1—10

Robison R A. 1982. Some Middle Cambrian agnostoid trilobites from western North America. Journal of Paleontology, 56: 132—160

Robison R A. 1988. Trilobites of the Holm Dal Formation (late Middle Cambrian), central North Greenland. Meddelelser om Grønland, Geoscience, 20: 23—103

Robison R A. 1994. Agnostoid trilobites from the Henson Gletscher and Kap Stanton formations (Middle Cambrian), North Greenland. Bulletin Grønlands Geologiske Undersøgelse, 169: 25—77

Robison R A. 1995. Revision of the Middle Cambrian trilobite *Agnostus acadicus* Hart. Journal of Paleontology, 69: 302—307

Robison R A, Babcock L E. 2011. Systematics, paleobiology, and taphonomy of some exceptionally preserved trilobites from Cambrian Lagerstätten of Utah. Paleontological Contributions, 5: 1—47

Rowell A J, Robison R A, Strickland D K. 1982. Aspects of Cambrian agnostoid phylogeny and chronocorrelation. Journal of Paleontology, 56: 161—182

Rudolph F. 1994. Die Trilobiten der Mittelkambrischen Geschiebe, Systematik, Morphologie und Ökologie. Wankendorf: Verlag. Frank Rudolph

Rudolph F. 1997. Geschiebefossilien. Teil 1. Paläozoikum. Fossilien. Zeitschrift für Sammler und Hobbypaläontologen, 12: 1—64

Rusconi C. 1945. Trilobites silúricos de Mendoza. Anales de la Sociedad Cientifica Argentina, vol. 139: 216—219

Rusconi C. 1950. Trilobitas y otros organismos del Cámbrico de Canota. Revista del Museode Historia Natural de Mendoza, 4: 71—84

Rusconi C. 1952. Fósiles cámbricos del Cerro Aspero, Mendoza. Revista del Museo de Historia Natural de Mendoza, 6(1—4): 63—122

Rusconi C. 1954a. Trilobitas Cámbricos de la quebrada Oblicua, Sud cerro Aspero. Revista del Museo de Historia Natural de Mendoza, 7 (1—4): 3—59

Rusconi C. 1954b. Las piezas "Tipos" del Museo de Mendoza. Revista del Museo de Historia Natural de Mendoza, 7 (1—4): 81—155

Rushton A W A. 1979. A review of the Middle Cambrian Agnostida from the Abbey Shales, England. Alcheringa, 3: 43—61

Rushton A W A, Powell J H. 1998. A review of the stratigraphy and trilobite faunas from the Cambrian Burj Formation in Jordan. Bulletin of the British Museum (Natural History), Geology, 54(2): 131—146

Růžička R. 1940. Trilobiti nejstarsi české kambrické fauny od Tyřovic z Kamenné hůrky. Rozpravy I. třidy české akademie, 49: 1—12

Růžička R. 1944. O některých význačných trilobitech skrýjského kambria. Věstnik Královské České společnosti nauk, Series Math.-Přirodovid, 12: 1—26

Saito K. 1934. Older Cambrian Trilobita and Concnostraca from northwestern Korea. Japanese Journal of Geology and Geography, 11(3, 4): 211—237

Salter J W. 1864. A monograph of the British trilobites from the Cambrian, Silurian and Devonian formations. Monographs of the Palaeontographical Society of London. London: Cambridge University Press. 1—80

Samson S, Palmer A R, Robison R A, Secor D T. 1990. Biogeographical significance of Cambrian trilobites from the Carolina slate belt. Geological Society of America, Bulletin, 102: 1459—1470

Sandberger G, Sandberger F. 1850—1856. Die Versteinerungen des Rheinischen Schichtensystems in Nassau: Mit einer kurzgefassten Geognosie dieses Gebietes und mit steter Berücksichtigung analoger Schichten anderer Länder. Liefgang 1—9, I-XV: 1—546, Beil., 1 Kt. Atlas: 41 Taf. (Kreidel und Niedner: Weisbaden)

Schmidt F. 1886. Über einige neue Ostbaltischen Silurischen Trilobiten und verwandte Theirformen. Bulletin de I Academie Impériale des Sciences de St. -Petersburg 7th series 33(4): 501—512

Schrank E. 1974. Kambrische Trilobiten der China-Kollektion von Richthofen. Teil 1. Die *Chuangia* Zone von Saimaki. Zeitschrift für geologische Wissenschaften, Berlin, 2(5): 617—643

Schrank E. 1975. Kambrische Trilobiten der China-Kollektion von Richthofen. Teil 2. Die Fauna mit Kaolishania? quadriceps von Saimaki. Zeitschrift für geologische Wissenschaften, Berlin, 3(5): 591—619

Schrank E. 1976. Kambrische Trilobiten der China-Kollektion von Richthofen. Teil 3. Mittelkambrische faunen von Taling.

Zeitschrift für Geologische Wissenschaften, 4(6): 891—919

Schrank E. 1977. Kambrische Trilobiten der China. Kollektion von Richthofen. Teil 4. und lethter Teil: Mittel Kambrische Faunen von Wulopu. Zeitschrift für Geologische Wissenschaften, Berlin, 5(2): 141—165

Schwimmer D R. 1989.Taxonomy and biostratigraphic significance of some Middle Cambrian trilobites from the Conasauga Formation in western Georgia. Journal of Paleontology, 63: 484—494

Sdzuy K. 1958. Neue Trilobiten aus dem Mittelkambrium von Spanien. Senckenbergiana lethaea, 39 (3/4): 235—253

Sdzuy K. 1961. Teil II. Trilobiten (2). In: Lotze F, Sdzuy K (eds). Das Kambrium Spaniens. Abhanderungen der mathematisch-naturwissenschaftlichen Klasse (Wiesbanden), 8: 313—408 (595—690)

Sdzuy K. 1967. Trilobites del Cambrico Medio de Asturias. Faculty de Ciencias, Universidad de Oviedo Trabajos de Geologia 1: 77—133, pls. 1—10

Shah S K. 1973. New conocoryphids from the Middle Cambrian of Kashmir. Himalayan Geology, 3: 83—93

Shah S K, Raina A K. 1990. Middle-Late Cambrian trasition in Kashmir and Spiti Himalaya. Memoirs of Geological Society of India, 16: 41—50

Shah S K, Sudan C S. 1987a. Damesellidae from the Cambrian of Kashmir. Journal Geological Society of India, 29: 503—509

Shah S K, Sudan C S. 1987b. Agnostid fauna from the Middle Cambrian of Kashmir. Journal Geological Society of India, 30: 48—60

Shah S K, Parcha S K, Raina A K. 1991. Late Cambrian trilobites from Himalaya. Journal of the Palaeontological Society of India, 36: 89—107

Shah S K, Sudan C S, Parcha S K, Sahni A K. 1995. Revision of the anomocarids from the Cambrian of Kashmir. Journal of the Palaeontological Society of India, 40: 33—40

Shah S K, Kumar A, Sudan C S. 1996. Agnostid trilobites from the Cambrian Sequence of Zanskar and their stratigraphic significance. Current Science, 71(12): 951—954

Shaw A B. 1956. Notes on Modocia and Middle Cambrian trilobites from Wyoming. Journal of Paleontology, 30: 141—145

Shaw A B. 1957. Paleontology of northwestern Vermont, VI, the early Middle Cambrian fauna. Journal of Paleontology, 31 (4): 785—792

Shaw A B. 1962. Paleontology of northwestern Vermont, IX, fauna of the Monkton Quartzite. Journal of Paleontology; pgu. 36: 322—345

Shergold J H. 1980. Late Cambrian trilobites from the Chatsworth Limestone, western Queensland. Bulletin, Bureau of Mineral Resources, Geology and Geophysics, Australia, 186: 1—111

Shergold J H, Laurie J R. 1997. Suborder Agnostina. In: Kaesler R L (ed). Treatise on Invertebrate Paleontology, Part O, Arthropoda 1. Trilobita Revised. Lawrence: Geological Society of America, Boulder and University of Kansas. 331—383

Shergold J H, Webers G F. 1992. Late Dresbachian (Idamean) and other trilobite faunas from the Heritage Range, Ellsworth Mountains, West Antarctica. In: Webers G F, Craddock C, Splettstoesser J F (eds). Geology and Paleontology of the Ellsworth Mountains, West Antarctica. Geological Society of America, Memoirs, 170: 125—168

Shergold J H, Laurie J R, Sun Xiaowen. 1990. Classification and review of the trilobite Order Agnostida Salter, 1864: an Australian Perspective. Department of primary Industries and Energy, Bureau of Mineral Resources, Geology and Geophysics, Report, 296: 1—93

Shergold J H, Feist R, Vizcaino D. 2000. Early Late Cambrian trilobites of Australo-Sinian aspect from the Montagne Noire, southern France. Palaeontology, 43(4): 599—632

Shimer H W, Shrock R R. 1944. Index Fossils of North America. New York: M.I.T. Press

Shu Degan. 1990. Cambrian and Lower Ordovician Bradoriida from Zhejiang, Hunan and Shaanxi provinces. Xi'an: NW University Press. 1—95 (in Chinese with English summary)[舒德干. 1990. 浙西、湘西及陕南寒武纪至早奥陶世的高肌虫. 西安: 西北大学出版社. 1—95]

Singh B P. 2013. Additional late Middle Cambrian trilobites from Karsha Formation (Haimanta Group) Zanskar Region of Zanskar-Spiti Basin, Northwest Himalaya. Journal Geological Society of India, 81: 361—368

Šnajdr M. 1957. Předběžná zpráva o nových trilobitech z českého středního kambria. Věstník Ústředního Ústavu Geologického (ÚÚG), roč, 32: 235—244

Šnajdr M. 1958. Trilobiti českého středního kambria. Rozpravy Ústředního Ústavu Geologického, 24: 1—280

Sohn J W, Choi D K. 2002. An uppermost Cambrian trilobite fauna from the Yongwol Group, Taebaeksan Basin, Korea. Ameghiniana, 39(1): 59—76

Sohn J W, Choi D K. 2007. Furongian trilobites from the *Asioptychaspis* and *Quadraticephalus* zones of the Hwajeol Formation, Taebaeksan Basin, Korea. Geosciences Journal, 11(4): 297—314

Sundberg F A. 1994. Corynexochida and Ptychopariida (Trilobita, Arthropoda) of the *Ehmaniella* Biozone (Middle Cambrian), Utah and Nevada. Contributions in Science, 446: 1—137

Sundberg F A. 1995. Arthropod pattern theory and Cambrian trilobites. Bijdragen tot de Dierkunde, 64(4): 193—213

Sundberg F A. 2008. Potential outgroup for the oryctocephalids, a cladistic analysis of Cambrian trilobite hypostomes. In: Rábano I, Gozalo R, Garcia-Bellido D (eds). Advances in Trilobite Research. Madrid: Instituto Geológico y Minero de España. 381—387

Sundberg F A, McCollum L B. 2000. Ptychopariid trilobites of the Lower-Middle Cambrian boundary interval, Pioche Shale, southeastern Nevada. Journal of Paleontology, 74(4): 604—630

Sundberg F A, McCollum L B. 2002. *Kochiella* Poulsen, 1927, and *Hadrocephalites* new genus (Trilobita: Ptychopariida) from the early Middle Cambrian of western North America. Journal of Paleontology, 76(1): 76—94

Sundberg F A, McCollum L B. 2003a. Early and Mid Cambrian trilobites from the outer-shelf deposits of Nevada and California, USA. Palaeontology, 46(5): 945—986, 8pls

Sundberg F A, McCollum L B. 2003b. Trilobites of the lower Middle Cambrian *Poliella denticulata* Biozone (new) of southeastern Nevada. Journal of Paleontology, 77(2): 331—359

Sundberg F A, Yuan Jinliang, McCollum L B, Zhao Yuanlong. 1999. Correlation of the Lowe-Middle Cambrian boundary of South China and western North America. Acta Palaeontologica Sinica, 38(Supplement): 102—107 (in English with Chinese abstract)[Sundberg F A, 袁金良, McCollum L B, 赵元龙. 1999. 华南与美国西部间下、中寒武统界线对比. 古生物学报, 38(增刊): 102—107]

Sundberg F A, Zhao Yuanlong, Yuan Jinliang, Lin Jihpai. 2010. Recent quarrying across the proposed GSSP for Stage 5 (Cambrian) at the Wuliu-Zengjiayan section, Guizhou, China. Journal of Stratigraphy, 34(3): 289—292 (in English with Chinese abstract)[Sundberg F A, 赵元龙, 袁金良, 林日白. 2010. 贵州剑河乌溜-曾家崖寒武系第五阶全球层型剖面及点位研究的新资料. 地层学杂志, 34(3): 289—292]

Sundberg F A, Zhao Yuanlong, Yuan Jinliang, Lin Jihpai. 2011. Detailed trilobite biostratigraphy across the proposed GSSP for Stage 5 ("Middle Cambrian" boundary) at the Wuliu-Zengjiayan section, Guizhou, China. Bulletin of Geosciences, 86(3): 423—464

Sun Hongbing. 1990. Trilobites from the Upper Cambrian Fengshan Formation and the base of the lower Ordovician Yeli Formation in Pingquan, Hebei Province. Bulletin of the Institute of Geology, Chinese Academy of Geological Sciences, 22: 98—110 (in Chinese)[孙红兵. 1990. 河北平泉上寒武统凤山组及下奥陶统冶里组底部的三叶虫化石. 中国地质科学院地质研究所所刊, 22: 98—110]

Sun Hongbing. 1994. New materials of Richardsonellidae from the Upper Cambrian-Lower Ordovician of Pingquan, Hebei. Professional Paper in Stratigraphy and Palaeontology, 24: 25—34 (in Chinese)[孙红兵. 1994. 河北平泉晚寒武世及早奥陶世三叶虫 Richardsonellidae 科的新材料. 地层古生物论文集, 24: 25—34]

Sun Xiaowen. 1989. Cambrian agnostids from the North China Platform. Palaeontologia Cathayana, 4: 53—129

Sun Xiaowen, Jago J B, Bentley C. 2014. Cambrian (Drumian) trilobites from the Gidgealpa 1 Drillhole, Warburton Basin, South Australia. Acta Palaeontologica Sinica, 53(4): 533—563 (in English with Chinese abstract)[孙晓文, 杰戈, 本特利. 2014. 南澳大利亚沃伯顿盆地 Gidgealpa 一号钻孔寒武系(鼓山阶)的三叶虫. 古生物学报, 53(4): 533—563]

Sun Yunzhu (Yunchu). 1924. Contribution to the Cambrian faunas of North China. Palaeontologia Sinica (Series B), 1(4): 1—109

Sun Yunzhu. 1935. The Upper Cambrian trilobite faunas of North China. Palaeontologia Sinica (Series B), 7(2): 1—93

Sun Zhenhua. 1982. Late Early Cambrian trilobites from southern Dahongshan region, Hubei. Acta Palaeontologica Sinica, 21(3): 302—308 (in Chinese with English abstract)[孙振华. 1982. 湖北省大洪山南部早寒武世晚期的三叶虫. 古生物学报, 21(3): 302—308]

Sun Zhenhua. 1984. Trilobita. In: Regional Geological Surveying Team of Hubei Province (ed). The Palaeontological Atlas of Hubei Province. Wuhan: Hubei Science and Technology Press. 328—421, 753—773 (in Chinese)[孙振华. 1984. 三叶虫纲. 见:

湖北省区域地质测量队编著. 湖北省古生物图册. 武汉: 湖北科学技术出版社. 328—421, 753—773]

Swinnerton H H. 1915. Suggestions for a revised classification of trilobites. Geological Magazine (new series), 6(2): 487—496, 538—545

Termier G, Termier H. 1950. Paléontologie Marocaine II: Invertébrés de l'Ére primaire. Fascicule IV: Annélides, arthropodes, échinodermes, conularides et graptolithes. Maroc, Division des Mines et de la Service Géologique, Notes et Mémoires, 79: 1—279

Thoral M. 1935. Contribution à l'étudepaléontologique del l'Ordovicien inferieur de la Montagne Noire et revision sommaire de la Montagne Noire. Paris: University of Paris, Faculité des Sciences, Thése. 1—363, pls. 1—35

Thoral M. 1946. Conocoryphidae languedociens. Annales de l'Université de Lyon, Sciences Naturelles, series 3, 4: 5—92

Thoral M. 1948. Solenopleuridae et Liostracidae languedociens. Annales de l' Université de Lyon, Sciences Naturelles, 6: 1—89, pls. 1—6

Thorslund P. 1949. Notes of *Kootenia* n. sp. and associated *Paradoxides* species from the lower Middle Cambrian of Jemtland, Sweden. Sveriges Geologiska Undersökning, Arsbok 43, Number 8, Section C, 510: 3—7

Ulrich E O, Resser C E. 1930. The Cambrian of the Upper Mississippi Valley. Part I, Trilobita; Dikelocephalinae and Osceolinae. Bulletin of the Public Museum of the City of Milwaukee, 12(1): 1—122

Varlamov A I, Rozanov A Yu, Khomentovsky V V, Shabanov Yu Ya, Abaimova G P, Demidenko Yu E, Karlova G A, Korovnikov I V, Luchinina V A, Malakhovskaya Ya E, Parkhaev P Yu, Pegel T V, Skorlotova N A, Sundukov V M, Sukhov S S, Fedorov A B, Kipriyanova L D. 2008. The Cambrian System of the Siberian Platform. Part 1: The Aldan-Lena Region. Moscow-Novosibirisk: Pin Ras. 1—297

Walch J E I. 1771. Die naturgeschichte der verteinerungen, Dritter Theil. Zur erläuterung der Knorrischen Sammlung von Merkwürdigkeiten der Natur (Felstecker P J: Nümberg): 1—235

Walcott C D. 1884. Paleontology of the Eureka district, Nevada. United States Geological Survey Monograph, 8: 1—298

Walcott C D. 1886. Second contribution to the studies on the Cambrian fauna of North America. Bulletin of the United States Geological Survey, 30: 1—369

Walcott C D. 1887. Fauna of the "Upper Taconic" of Emmons in Washington County, New York. American Journal of Science, 3rd series, 34: 187—199, pl. 1

Walcott C D. 1888. Cambrian fossils from Mount Stephens, Northwest Territory of Canada. American Journal of Science, 3rd series, 36: 163—166

Walcott C D. 1889. Description of new genera and species of fossils from the Middle Cambrian. Proceedings of the Unites States National Museum, 11: 441—446

Walcott C D. 1890. The fauna of the Lower Cambrian or Olenellus zone. Annual Report of the United States Geological Survey, 10: 509—760

Walcott C D. 1905. Cambrian faunas of China. Proceedings of the United States National Museum, 29 (1415): 1—106

Walcott C D. 1906. Cambrian faunas of China. Proceedings of the United States National Museum, 30 (1458): 563—595

Walcott C D. 1908. Cambrian trilobites. Smithsonian Miscellaneous Collections, 53 (2): 13—52

Walcott C D. 1911. Cambrian geology and paleontology. 2. Cambrian faunas of China. Smithsonian Miscellaneous Collections, 7: 69—108

Walcott C D. 1912. Cambrian geology and paleontology. 2. Middle Cambrian Branchiopoda, Malacostraca, Trilobita and Merostromata. Smithsonian Miscellaneous Collections, 57(6): 145—228

Walcott C D. 1913. The Cambrian faunas of China. In: Research in China. vol. 3. Washington D C: Carnegie Institution Publication 54: 3—276

Walcott C D. 1914. The Cambrian faunas of eastern Asia. Smithsonian Miscellaneous Collections, 64: 1—75, pls. 1—3

Walcott C D. 1916. Cambrian geology and paleontology 3, Cambrian trilobites. Smithsonian Miscellaneous Collections, 64(3): 157—258

Walcott C D. 1918. Appendages of trilobites. Smithsonian Miscellaneous Collections, 67: 115—216

Walcott C D. 1925. Cambrian geology and paleontology. 5. no. 3. Cambrian and Ozarkian trilobites Smithsonian Miscellaneous Collections, 75(3): 61—146

Wang Haifeng, Lin Tianrui. 1990. The late Changhsian and early Kushanian trilobites of Xuecheng County, Shandong Province.

Journal of Nanjing University, Earth Sciences, 2: 116—122 (in Chinese with English summary) [王海峰, 林天瑞. 1990. 山东薛城张夏晚期和崮山早期三叶虫动物群. 南京大学学报(地球科学), 2: 116—122]

Wang Longwen, Zhang Renshan, Chang Anzhi, Yan Enzeng, Wei Xinyu. 1956. Handbook of Indexfossils of China. Shanghai: New Knowledge Publishing House. 1—669 (in Chinese) [汪龙文, 张仁山, 常安之, 严恩增, 韦新育. 1956. 中国标准化石手册. 上海: 新知识出版社. 1—669]

Wang Mincheng, Yang Zhongjie. 1986. Discovery of the Lower Cambrian Qiongzhusi Stage in southern Liaodong Peninsula. Liaoning Geology, 1: 1—7 (in Chinese with English abstract) [王敏成, 杨忠杰. 1986. 辽东半岛南部寒武系下统筇竹寺阶的发现及其意义. 辽宁地质, 1: 1—7]

Wang Qizheng, Mills K J, Webby B D, Shergold J H. 1989. Upper Cambrian (Mindyallan) trilobites and stratigraphy of the Kayrunnera Group, western New South Wales. Bureau of Mineral Resources (BMR) Journal of Australian Geology and Geophysics, 11: 107—118

Wang Shaoxin, Zhang Jinlin. 1993a. Stratigraphy and trilobite faunas of Cambrian in the Wutai Mountains, Northeast Shanxi(1): Cambrian strata. Shanxi Geology, 8(1): 1—10 (in Chinese with English abstract) [王绍鑫, 张进林. 1993a. 五台山地区寒武纪地层及三叶虫动物群(1): 地层剖面. 山西地质, 8(1): 1—10]

Wang Shaoxin, Zhang Jinlin. 1993b. Stratigraphy and trilobite faunas of Cambrian in the Wutai Mountains, Northeast Shanxi. 2. The principal features of trilobite. Shanxi Geology, 8(2): 117—126 (in Chinese) [王绍鑫, 张进林. 1993b. 五台山地区寒武纪地层及三叶虫动物群(2): 三叶虫基本面貌. 山西地质, 8(2): 117—126]

Wang Shaoxin, Zhang Jinlin. 1994a. Stratigraphy and trilobite faunas of Cambrian in the Wutai Mountains, Northeast Shanxi(3): Description of genus and species (A). Journal of Geology and Mineral Resources of North China, 9(2): 125—152 (in Chinese with English abstract) [王绍鑫, 张进林. 1994a. 五台山地区寒武纪地层及三叶虫动物群(3): 属种描述(A). 华北地质矿产杂志, 9(2): 125—152]

Wang Shaoxin, Zhang Jinlin. 1994b. Stratigraphy and trilobite faunas of Cambrian in the Wutai Mountains, Northeast Shanxi (3): Description of genus and species (B). Journal of Geology and Mineral Resources of North China, 9(3): 229—266 (in Chinese with English abstract) [王绍鑫, 张进林. 1994b. 五台山地区寒武纪地层及三叶虫动物群(3): 属种描述(B). 华北地质矿产杂志, 9(3): 229—266]

Wang Si'en. 1981. On Upper Jurassic phyllopods (Conchostraca) from northern Hebei and Daxinganling and their significance. Bulletin of Institute of Geology, Chinese Academy of Geological Sciences, 3: 97—118 (in Chinese with English abstract) [王思恩, 1981. 冀北和大兴安岭地区晚侏罗世的新叶肢介化石及意义. 中国地质科学院地质研究所所刊, 3: 97 —118]

Wang Yu, Lu Yanhao (Yenhao), Yang Jingzhi, Mu Enzhi, Sheng Jinzhang. 1954. Stratigraphy of Taizi River Valley in Liaodong. I. Acta Geologica, 34(1): 17—64 (in Chinese) [王钰, 卢衍豪, 杨敬之, 穆恩之, 盛金章. 1954. 辽东太子河流域地层(I). 地质学报, 34(1): 17—64]

Weidner T, Nielsen A T. 2014. A highly diverse trilobite fauna with Avalonian affinities from the Middle Cambrian *Acidusus atavus* Zone (Drumian Stage) of Bornholm, Denmark. Journal of Systematic Palaeontology, 12(1): 23—92

Westergård A H. 1947. Supplementary notes on the Upper Cambrian trilobites of Sweden. Sveriges Geologiska Undersökning, Avhandlingar och uppsatser, Series C, 489: 1—34

Westergård A H. 1948. Non-agnostidean trilobites of the Middle Cambrian of Sweden. I. Sveriges Geologiska Undersökning, Series C, 498 (Arsbok 42, no. 7): 1—32

Westergård A H. 1950. Non-agnostidean trilobites of the Middle Cambrian of Sweden. II. Sveriges Geologiska Undersökning, Series C, 511 (Arsbok 43, no. 9): 1—56

Westergård A H. 1953. Non-agnostidean trilobites of the Middle Cambrian of Sweden. III. Sveriges Geologiska Undersökning, Series C, 526 (Arsbok 46, no. 2): 1—58

Westrop S R, Ludvigsen R, Kindle C H. 1996. Marjuman (Cambrian) agnostoid trilobites of the Cow Head Group, western Newfoundland. Journal of Paleontology, 70(5): 804—829

Weng Fa. 1960. Discovery of Genus *Redlichia* from the Maozhuang Formation of the Cambrian type section in Zhangxia, Shandong. Geological Review, 25(5): 202 (in Chinese) [翁发. 1960. 山东张夏寒武纪标准剖面毛庄组中 *Redlichia* 属的发现. 地质论评, 25(5): 202]

Whitehouse F W. 1936. The Cambrian faunas of northeastern Australia. Memoirs of the Queensland Museum, 11: 59—112

Whitehouse F W. 1939. The Cambrian faunas of northeastern Queensland. Part.3. Memoirs of the Queensland Museum, 11 (new series 1）：179—282

Whitehouse F W. 1945. The Cambrian faunas of northeastern Australia. Part 5. The trilobite genus *Dorypyge*. Memoirs of the Queensland Museum, 12（3）：117—123

Whitfield R P. 1884. Notice of some new species of Primordial fossils in the collection of the museum, and corrections to previously described species. Bulletin of the American Museum of Natural History, 1(5)：139—154

Whittington H B. 1975. Trilobites with appendages from the Middle Cambrian, Burgess Shale, Britsh Columbia. Fossils and Strata, 4：97—136

Whittington H B. 1980. Exoskeleton, moult stage, appendage morphology and habits of the Middle Cambrian trilobite *Olenoides serratus*. Palaeontology, 23：171—204

Whittington H B. 1986. Late Middle Cambrian trilobites from Zanskar, northern India. Rivista Italiana di Paleontologia e Stratigrafia, 92：171—188

Whittington H B. 1992. Trilobites. Suffolk：Boydell Press. 1—145

Whittington H B, Chatterton B D E, Speyer S E, Fortey R A, Owens R M, Chang Wentang, Dean W T, Jell P A, Laurie J R, Palmer A R, Repina L N, Rushton A W A, Shergold J H, Clarkson E N K, Wilmot N V, Kelly S R A. 1997. Introduction, Order Agnostida, Order Redlichiida. In：Kaesler R L（ed）. Treatise on Invertebrate Paleontology Part O, Arthropoda 1. Trilobita revised. volume 1. Kansas, Boulder, Colorado, Lawrance：Geological Society of America and University of Kansas Press. 1—530

Willis B, Blackwelder E. 1907. Stratigraphy of western Chili and central Shansi. In：Willis B, Blackwelder E, Sargent R H（eds）. Descriptive Topography and Geology. section 2, Northwestern China. In：Research in China. vol. 1. Carnegie Institution Publication, 54（1）：99—152

Wittke H. 1984. Middle and Upper Cambrian trilobites from Iran：Their taxonomy, stratigraphy and significance for provincialism. Palaeontographica Abt. A, 183：91—161

Wolfart R. 1974a. Die Fauna（Brachiopoda, Mollusca, Trilobita）aus dem Unter-Kambrium, Südost Iran. Geologisches Jahrbuch Reihe B, 8：5—70

Wolfart R. 1974b. Die Fauna（Brachiopoda, Mollusca, Trilobita）des älteren Ober-Kambriums（Ober-Kushanian）von Dorah Shah Dad, südost Iran, und Surkh Bum, zentral-Afghanistan. Geologisches Jahrbuch Reihe B, 8：71—184

Wolfart R. 1994. Middle Cambrian faunas（Brachiopoda, Mollusca, Trilobita）from Exotic Limestone Blocks, Reilly ridge, North Victoria Land, Antarctica：their biostratigraphic and palaeobiogeographic significance. Geologisches Jahrbuch Reihe B, 84：1—161

Wu Tieshan, Zhang Pengyuan, You Wencheng, Bao Yigang, Yang Zhipu, Pei Fang. 1997. The regional Stratigraphy of North China. In：Chen Jinbiao, Wu Tieshan, Zhang Pengyuan, You Wencheng（eds）. The Multiple Division and Correlation of the Stratigraphy in China, 10. Wuhan：China University of Geosciences Press. 1—199（in Chinese）［武铁山, 张鹏远, 游文澄, 鲍亦冈, 杨智浦, 裴放. 1997. 华北区区域地层. 见：陈晋镳, 武铁山, 张鹏远, 游文澄编. 全国地层多重划分对比研究, 10. 武汉：中国地质大学出版社. 1—199］

Xiang（Hsiang）Liwen（Leewen）. 1962. Some trilobites from the Middle Cambrian of western Honan（=Henan）. Acta Palaeontologica Sinica, 10（3）：394—400（in Chinese and English）［项礼文. 1962. 豫西中寒武世的三叶虫化石. 古生物学报, 10(3)：394—400］

Xiang（Hsiang）Liwen（Leewen）. 1963. Arthropoda, Trilobita. In：Third branch of the Chinese Academy of Geological Sciences（ed）. Fossils Atlas of Qinling Region. Beijing：Chinese Industrial Press. 27—36（in Chinese）［项礼文. 1963. 节肢动物门, 三叶虫纲. 见：地质部地质科学研究院第三室编. 秦岭化石手册. 北京：中国工业出版社. 27—36］

Xiang Liwen, Zhang Tairong. 1985. Systematic descriptions of trilobites. In：Institute of Geological Sciences, Bureau of Geology and Mineral Resources of Xinjiang Uygur Autonomous Region, Regional Geological Surveying Team, Bureau of Geology and Mineral Resources of Xinjiang Uygur Autonomous Region, Institute of Geology, Chinese Academy of Geological Sciences（eds）. Stratigraphy and Trilobite Faunas of the Cambrian in the Western Part of Northern Tianshan, Xinjiang. People's Republic of China, Ministry of Geology and Mineral Resources, Geological Memoirs, series 2, no. 4. Beijing：Geological Publishing House. 64—165（in Chinese with English summary）［项礼文, 张太荣. 1985. 三叶虫化石系统描述. 见：新疆维吾尔自治区地质矿产局地质研究所, 新疆维吾尔自治区地质矿产局区域地质调查大队和中国地质科学院地质研究所编. 新疆北天山西段寒武纪地层及三叶虫动物群. 中华人民共和国地质矿产部地质专报, 二 地层古生物, 第 4 号.

北京：地质出版社. 64—165]

Xiang Liwen, Zhou Tianmei. 1987. Trilobites. In：Yichang Institute of Geology and Mineral Resources, Ministry of Geology and Mineral Resources (ed). Biostratigraphy of the Yangtze Gorge Area, Volume 2, Early Palaeozoic Era. Beijing：Geological Publishing House. 294—335 (in Chinese) [项礼文，周天梅. 1987. 三叶虫纲. 见：地质矿产部宜昌地质矿产研究所主编. 长江三峡地区生物地层学(2)，早古生代分册. 北京：地质出版社. 294—335]

Xiang Liwen, Zhu Zhaoling. 2005. Cambrian System. 67—99. In：Wang Xiaofeng, Chen Xiaohong et al. (eds). Stratigraphic Division and Correlation of Each Geologic Period in China. Beijing：Geological Publishing House. 1—596 (in Chinese) [项礼文，朱兆玲. 2005. 寒武系. 67—99. 见：汪啸风，陈孝红等编著. 中国各地质时代地层划分与对比. 北京：地质出版社. 1—596]

Xiang Liwen, Li Shanji, Nan Runshan, Guo Zhenming, Yang Jialu, Zhou Guoqiang, An Taixiang, Yuan Kexing, Qian Yi, Sheng Xinfu, Zhang Sengui. 1981. The Cambrian system of China. In：Stratigraphy of China. 4. Beijing：Geological Publishing House. 1—198 (in Chinese) [项礼文，李善姬，南润善，郭振明，杨家骆，周国强，安泰庠，袁克兴，钱逸，盛莘夫，章森桂. 1981. 中国的寒武系. 见：中国地层(4). 北京：地质出版社. 1—198]

Xiang Liwen, Zhu Zhaoling, Li Shanji, Zhou Zhiqiang. 1999. Cambrian system. In：Stratigraphic Gazetteer of China. Beijing：Geological Publishing House. 1—95 (in Chinese) [项礼文，朱兆玲，李善姬，周志强. 1999. 寒武系. 见：中国地层典. 北京：地质出版社. 1—95]

Xie Zuqi. 1989. Cambrian. In：Bureau of Geology and Mineral Resources of Jiangsu Province (ed). Memoir on Geology of Nanjing-Zhenjiang Mountains. Nanjing：Jiangsu Science and Technology Press. 27—38 (in Chinese with English abstract) [谢祖齐. 1989. 寒武系. 见：江苏省地质矿产局编著. 宁镇山脉地质志. 南京：江苏科学技术出版社. 27—38]

Xi Nicun. 1954. The Structure and development of Chinese Platform. Acta Geologica Sinica, 34(3)：249—255 (in Chinese) [西尼村. 1954. 中国陆台的构造及其发展. 地质学报, 34(3)：249—255]

Xu Jiawei. 1956. Cambrian deposits of Huaina, northern Anhui. Bulletin of Mineral Institute of Hefei, 1：22—42 (in Chinese) [徐家炜. 1956. 淮南寒武纪沉积. 合肥矿业学院院报, 1：22—42]

Xu Jiawei. 1958. Lower boundary of the Cambrian in southern part of North China. Geological Review, 18(1)：41—57 (in Chinese) [徐家炜. 1958. 华北南部寒武系下限问题. 地质论评, 18(1)：41—57]

Yang Hong, Fu Xiaoping, Zhao Yuanlong, Peng Jin, Yang Xinglian, Li Bingxia. 2009. Trilobite assemblage of the upper part of the member 1 from the Aoxi Formation at Shizhu, Yaxi Village, Tongren area, Guizhou Province, China and its significance. Geological Bulletin of China, 28(5)：637—644 (in Chinese with English abstract) [杨洪，傅晓平，赵元龙，彭进，杨兴莲，李丙霞. 2009. 贵州铜仁地区石竹-牙溪一带熬溪组第一段上部三叶虫组合的特征及其意义. 地质通报, 28(5)：637—644]

Yang Jialu. 1978. Middle and Upper Cambrian trilobites of western Hunan and eastern Guizhou. Professional Papers of Stratigraphy and Palaeontology, 4：1—82 (in Chinese with English abstract) [杨家骆. 1978. 湘西、黔东中、上寒武统及三叶虫动物群. 地层古生物论文集, 4：1—82]

Yang Jialu. 1982. Notes on the Middle Cambrian trilobite faunas from Duibian of Jiangshan, Zhejiang. Geological Review, 28(4)：299—307 (in Chinese with English abstract) [杨家骆. 1982. 浙江江山堆边中寒武统三叶虫动物群. 地质论评, 28(4)：299—307]

Yang Jialu. 1992. Evolution of the family Damesellidae (Trilobita) and boundary between the Middle and Upper Cambrian. Earth Science, Journal of China University of Geosciences, 17(3)：251—260 (in Chinese with English abstract) [杨家骆. 1992. Damesellidae 科(三叶虫)演化及中、上寒武统界线. 地球科学——中国地质大学学报, 17(3)：251—260]

Yang Jialu, Yu Suyu, Liu Guitao, Su Nanmao, He Minghua, Shang Jianguo, Zhang Haiqing, Zhu Hongyuan, Li Yujing, Yan Guoshun. 1991. Cambrian Stratigraphy, Lithofacies, Palaeogeography and Trilobite Faunas of East Qinling-Dabashan Mountains. Wuhan：China University of Geosciences Press. 1—192 (in Chinese) [杨家骆，余素玉，刘桂涛，苏南茂，何明华，尚建国，张海清，朱洪源，李育敬，阎国顺. 1991. 东秦岭-大巴山寒武纪地层岩相古地理及三叶虫动物群. 武汉：中国地质大学出版社. 1—192]

Yang Jialu, Yu Suyu, Liu Guitao, Su Nanmao, He Minghua, Shang Jianguo, Zhang Haiqing, Zhu Hongyuan, Li Yujing, Yan Guoshun. 1993. Cambrian Stratigraphy, Lithofacies, Palaeogeography and Trilobite Faunas of East Qinling-Dabashan Mountains. Wuhan：China University of Geosciences Press. 1—246

Yang Kaidi, Zhao Yuanlong, Yang Xinglian, Da Yang, Wu Zhanting. 2011. Discovery of Kaili Biota from the Zhenyuan area of

Guizhou. Acta Palaeontologica Sinica, 50（2）：176—186（in Chinese with English abstract）［杨凯迪, 赵元龙, 杨兴莲, 达扬, 吴占廷. 2011. 寒武纪凯里生物群在贵州镇远竹坪地区的发现. 古生物学报, 50（2）：176—186］

Yang Xianfeng. 2008. Trilobite biostratigraphy of the transition of Changhia and Kushan formations（Cambrian）in Shandong and the lower boundary of Kushan Stage in North China regional chronostratigraphy. unpublished dissertation for Ph. D. in Palaeontology and Stratigraphy at the Graduate School of Chinese Academy of Sciences. 1—294, 46 pls.（in Chinese with English summary）［杨显峰. 2008. 山东寒武系张夏组和崮山组过渡带的三叶虫生物地层及崮山阶底界的年代地层学. 中国科学院研究生院博士学位论文（内刊）. 1—294, 图版 1—46］

Ye Lianjun, Sha Qingan, Zhao Dongxu, Pan Zhengpu, Wang Yao, Tian Xingyou, Chen Jingshan. 1983. Sedimentary Formations of the Northern China Platform. Beijing：Science Press. 1—141（in Chinese）［叶连俊, 沙庆安, 赵东旭, 潘正莆, 王尧, 田兴有, 陈景山. 1983. 华北地台沉积建造. 北京：科学出版社. 1—141］

Yin Gongzheng, Li（Lee）Shanji. 1978. Trilobita. In：Stratigraphical and Palaeontological Working Group of Guizhou Province（ed）. Palaeontological Atlas of Southwest China, Guizhou. Volume 1. Cambrian－Devonian. Beijing：Geological Publishing House. 385—594, 798—829（in Chinese）［尹恭正, 李善姬. 1978. 三叶虫. 见：贵州地层古生物工作队编著. 西南地区古生物图册. 贵州分册（一）. 寒武纪—泥盆纪. 北京：地质出版社. 385—594, 798—829］

Young G A, Ludvigsen R. 1989. Mid-Cambrian trilobites from the lowest part of the Cow Head Group, western Newfoundland. Geological Survey of Canada, Bulletin, 392：1—49

Yuan Jinliang. 2009. Cambrian trilobite *Inouyites* An et Duan in Duan *et al.*, 2005, A junior synonym of *Pseudinouyia* Zhang et Yuan in Zhang *et al.*, 1995. In：Abstract Volume, The 10th National Congress of Palaeontological Society of China（PSC）—The 25th Annual Conference of PSC, Nanjing. 42, 43（in Chinese）［袁金良. 2009. 寒武纪三叶虫似井上虫（*Inouyites*）——假井上虫（*Pseudinouyia*）的晚出异名. 见：中国古生物学会第十次全国会员代表大会暨第 25 届学术年会论文摘要集, 南京. 42, 43］

Yuan Jinliang, Li Yue. 1999. Lower-Middle Cambrian boundary and trilobite fauna at Laoyingshan, Huainan, Anhui. Acta Palaeontologica Sinica, 38（4）：407—422（in Chinese with English summary）［袁金良, 李越. 1999.安徽淮南老鹰山下、中寒武统界线及三叶虫动物群. 古生物学报, 38（4）：407—422］

Yuan Jinliang, Li Yue. 2008. Non-agnostoids of Changhian（late Mid Cambrian）. Chapter 5. In：Zhou Zhiyi, Zhen Yongyi（eds）. Trilobite Record of China. Beijing：Science Press. 108—135

Yuan Jinliang, Li Yue. 2014. Trilobites of the uppermost part of the Manto Formation（Hsuchuangian）at the Shiliuyuan, Yicheng District, Zaozhuang City, Shandong. Acta Palaeontologica Sinica, 53（4）：497—526（in Chinese with English summary）［袁金良, 李越. 2014. 山东枣庄峄城区石榴园寒武系馒头组顶部（徐庄阶）的三叶虫. 古生物学报, 53（4）：497—526］

Yuan Jinliang, Yin Gongzheng. 1998. New polymerid trilobites from the Chefu Formation in early Late Cambrian of eastern Guizhou. Acta Palaeontologica Sinica, 37（2）：137—172（in English with Chinese Abstract）［袁金良, 尹恭正. 1998. 贵州东部晚寒武世早期车夫组的非球接子类三叶虫新属种. 古生物学报, 37（2）：137—178］

Yuan Jinliang, Yin Gongzheng. 2000. On the genus *Prodamesella* Chang, 1957（Cambrian trilobita）. Acta Palaeontologica Sinica, 39（2）：250—262（in English with Chinese Abstract）［袁金良, 尹恭正. 2000. 论寒武纪三叶虫 *Prodamesella* 属. 古生物学报, 39（2）：250—262］

Yuan Jinliang, Zhao Yuanlong. 1994. On *Kaotaia* Lu, 1962（Trilobita）. Acta Palaeontologica Sinica, 33（3）：281—294（in Chinese with English summary）［袁金良, 赵元龙. 1994. 论 *Kaotaia* 属. 古生物学报, 33（3）：281—294］

Yuan Jinliang, Zhao Yuanlong. 1999. Subdivision and correlation of Lower Cambrian in Southwest China, with a discussion of the age of early Cambrian series biota. Acta Palaeontologica Sinica, 38（supplement）：116—131（in Chinese with English summary）［袁金良, 赵元龙. 1999. 西南地区下寒武统划分与对比——兼论早寒武世系列生物群的时代. 古生物学报, 38（增刊）：116—131］

Yuan Jinliang, Zhao Yuanlong. 2013. *Oryctocephalus indicus*（Reed, 1910）from the lower part of the Kaili Formation at Wangjiayuan, near Tongren City, eastern Guizhou and its biostratigraphic significance. In：Lindskog A, Mehlqvist K（eds）. Proceedings of the 3rd IGCP 591 Annual Meeting, Lund. 345, 346

Yuan Jinliang, Zhao Yuanlong, Wang Zongzhe, Zhou Zhen, Chen Xiaoyuan. 1997. A preliminary study on Lower-Middle Cambrian boundary and trilobite fauna at Balang, Taijiang, Guizhou, South China. Acta Palaeontologica Sinica, 36（4）：494—524（in Chinese with English summary）［袁金良, 赵元龙, 王宗哲, 周震, 陈笑媛. 1997. 贵州台江八郎下、中寒武统界线及三叶虫动物群. 古生物学报, 36（4）：494—524］

Yuan Jinliang, Zhao Yuanlong, Guo Qingjun. 1999. On the Kaili Formation. Acta Palaeontologica Sinica, 38（supplement）：15—27（in Chinese with English summary）［袁金良，赵元龙，郭庆军. 1999. 论凯里组. 古生物学报，38（增刊）：15—27］

Yuan Jinliang, Li Yue, Mu Xinan, Fu Qilong. 2000. Biostratigraphy of trilobites from Changhsian (Zhangxian) Stage (Late Middle Cambrian) in Shandong. Journal of Stratigraphy, 24(2)：136—143（in Chinese with English abstract）［袁金良，李越，穆西南，傅启龙. 2000. 山东长清期(中寒武世晚期)三叶虫生物地层. 地层学杂志，24(2)：136—143］

Yuan Jinliang, Zhao Yuanlong, Li Yue. 2001a. Biostratigraphy of oryctocephalid trilobites. Acta Palaeontologica Sinica, 40（supplement）：143—156（in English with Chinese abstract）［袁金良，赵元龙，李越. 2001a. 掘头虫类三叶虫生物地层. 古生物学报，40（增刊）：143—156］

Yuan Jinliang, Zhao Yuanlong, Li Yue. 2001b. Notes on the classification and phylogeny of oryctocephalids（Trilobita：Arthropoda）. Acta Palaeontologica Sinica, 40（supplement）：214—226（in English with Chinese abstract）［袁金良，赵元龙，李越. 2001b. 掘头虫类三叶虫的分类和系统演化. 古生物学报，40（增刊）：214—226］

Yuan Jinliang, Zhao Yuanlong, Li Yue, Huang Youzhuang. 2002. Trilobite Fauna of the Kaili Formation（Uppermost Lower Cambrian–Lower Middle Cambrian）from Southeastern Guizhou, South China. Shanghai：Shanghai Science and Technology Press. 1—422（in Chinese with English summary）［袁金良，赵元龙，李越，黄友庄. 2002. 黔东南早、中寒武世凯里组三叶虫动物群. 上海：上海科学技术出版社. 1—422］

Yuan Jinliang, Li Yue, Zhao Yuanlong. 2008. Non-agnostoids of the early Mid Cambrian（Maochuangian and Hsuchuangian）. Chapter 4. In：Zhou Zhiyi, Zhen Yongyi（eds）. Trilobite Record of China. Beijing：Science Press. 77—107

Yuan Jinliang, Zhu Xuejian, Peng Jin. 2010. On the junior homonyms of trilobite genera recorded in China and their replacement names. Acta Palaeontologica Sinica, 49(4)：502—510（in Chinese with English summary）［袁金良，朱学剑，彭进. 2010. 关于我国晚出同名三叶虫属及其替代名. 古生物学报，49(4)：502—510］

Yuan Jinliang, Li Yue, Mu Xi'nan, Lin Jihpai, Zhu Xuejian. 2012. Trilobite Fauna of the Changhia Formation（Cambrian Series 3）from Shandong and Adjacent Area, North China（parts1, 2）. Palaeontographica Sinica, New Series B, 35（vol. 1, 2）. Beijing：Science Press. 1—758pp, 241pls（in Chinese with English summary）［袁金良，李越，穆西南，林日白，朱学剑. 2012. 山东及邻区张夏组(寒武系第三统)三叶虫动物群(上、下册). 中国古生物志，总第197册，新乙种第35号. 北京：科学出版社. 1—758，图版1—241］

Yuan Jinliang, Esteve J, Ng Tin-Wai. 2014. Articulation, interlocking devices and enrolment in *Monkaspis daulis*（Walcott）from the Guzhangian, middle Cambrian of North China. Lethaia, 47(3)：405—417

Yuan Jinliang, Gao Jian, Miao Lanyun. 2014. On the genus *Asteromajia*（Cambrian, Trilobita）. Acta Palaeontologica Sinica, 53(4)：583—591（in Chinese with English abstract）［袁金良，高健，苗兰云. 2014. 论寒武纪馒头组三叶虫群星虫属（*Asteromajia*）. 古生物学报，53(4)：583—591］

Zan Shuqin. 1989. Early and early Middle Cambrian trilobite faunas from eastern Liaoning：systematics and biostratigraphy. Unpublished thesis for Ph. D. in Palaeontology and Stratigraphy. 1—187（in Chinese with English abstract）［昝淑芹. 1989. 辽宁东部早寒武世及中寒武世早期三叶虫动物群. 长春地质学院博士学位论文. 1—187］

Zan Shuqin. 1992. Middle Cambrian Hsuchuangian trilobite fauna of eastern Liaoning, China. Journal of Changchun University of Earth Sciences, 22(3)：250—259（in Chinese with English abstract）［昝淑芹. 1992. 辽宁东部中寒武世徐庄期三叶虫动物群. 长春地质学院学报，22(3)：250—259］

Zhang Buchun, Cai Wenbo. 1984. Subdivision of tectonic units in the North China Fault Block region and some problems about their boundaries. In：Zhang Wenyou（ed）. On the Formation and Development of the North China Fault Block region. Beijing：Science Press. 9—22（in Chinese）［张步春，蔡文伯. 1984. 华北断块区构造单元的划分及其边界问题. 见：张文佑主编. 华北断块区的形成和发展. 北京：科学出版社. 9—22］

Zhang Jinlin. 1985. New materials of the early Gushanian trilobites in Zhuozishan district, Nei Monggol Zizhiqu（Autonomous region）. Bulletin of Tianjin Institute of Geology and Mineral Resources, 13：111—120（in Chinese with English abstract）［张进林. 1985. 内蒙古桌子山济南期早期三叶虫的新材料. 中国地质科学院天津地质矿产研究所所刊，13：111—120］

Zhang Jinlin. 1986. Discovery of Late Cambrian Changshanian trilobites from Gangdeershan, Nei Monggol Zizhiqu（Autonomous Region）. Bulletin Tianjin Institute Geology and Mineral Resources, 15：205—212（in Chinese with English abstract）［张进林. 1986. 内蒙古岗德尔山晚寒武世长山期三叶虫的发现. 中国地质科学院天津地质矿产研究所所刊，15：205—212］

Zhang Jinlin, Chen Zhenchuan. 1982. The Cambrian of Zhuozishan area in Neimongol Zizhiqu（Inner Mongolia Autonomous Region）. Bulletin Tianjin Institute Geology and Mineral Resources, 5：117—124（in Chinese with English abstract）［张进

林，陈振川. 1982. 内蒙古桌子山地区寒武纪地层. 中国地质科学院天津地质矿产研究所所刊，5：117—124]

Zhang Jinlin, Liu Yu. 1986a. On the Cambrian trilobites in the region of Dashetai, Inner Mongolia. Journal of the Hebei College of Geology, 9(1)：11—18 (in Chinese with English abstract)［张进林，刘雨. 1986a. 内蒙古大畲太地区寒武纪三叶虫. 河北地质学院学报，9(1)：11—18]

Zhang Jinlin, Liu Yu. 1986b. Late Middle Cambrian Changhsian trilobites from Guyang area, Inner Mongolia. Bulletin of Tianjin Geological Society, 4(3)：124—130 (in Chinese)［张进林，刘雨. 1986b. 内蒙古固阳地区中寒武世长清期三叶虫. 天津地质学会志，4(3)：124—130]

Zhang Jinlin, Liu Yu. 1991. Late Cambrian Gushanian trilobites from Guyang, Nei Monggol (Autonomous region). Bulletin of Tianjin Institute of Geology and Mineral Resources, Chinese Academy of Geological Sciences, 25：91—106 (in Chinese with English abstract)［张进林，刘雨. 1991. 内蒙古固阳晚寒武世济南期三叶虫.中国地质科学院天津地质矿产研究所所刊，25：91—106]

Zhang Jinlin, Wang Shaoxin. 1983. Late Middle Cambrian trilobites (*Damesella* Zone) from Hejin County, Shanxi Province. Bulletin of Tianjin Institute of Geology and Mineral Resources, 8：191—205 (in Chinese with English abstract)［张进林，王绍鑫. 1983. 山西河津中寒武统 *Damesella* 带三叶虫动物群. 中国地质科学院天津地质矿产研究所所刊，8：191—205]

Zhang Jinlin, Wang Shaoxin. 1985. Trilobita. In：Tianjin Institute of Geology and Mineral Resources (ed). Palaeontological Atlas of North China. vol. 1. Paleozoic. Beijing：Geological Publishing House. 327—488, 611—624, 689—714 (in Chinese)［张进林，王绍鑫. 1985. 三叶虫纲. 见：天津地质矿产研究所主编. 华北地区古生物图册(一)，古生代分册. 北京：地质出版社. 327—488, 611—624, 689—714]

Zhang Jinlin, Wang Shaoxin. 1986. Some Late Cambrian Kushanian trilobites from Pinglu, Shanxi. Acta Palaeontologica Sinica, 25(6)：663—671 (in Chinese with English summary)［张进林，王绍鑫. 1986. 山西平鲁晚寒武世崮山期三叶虫. 古生物学报，25(6)：663—671]

Zhang Jinlin, Wang Shaoxin. 1992. Some Middle Cambrian Zhangxiaian trilobites from northern Wutaishan, Shanxi. Bulletin of Tianjin Institute of Geology and Mineral Resources, 26-27：371—380 (in Chinese with English abstract)［张进林，王绍鑫. 1992. 五台山北麓中寒武世张夏期新三叶虫. 中国地质科学院天津地质矿产研究所所刊，26-27：371—380]

Zhang Jinlin, Zhou Pinwei. 1993. Some Late Cambrian trilobites from Gushan Formation of Qingshuihe, Inner Mongolia. Acta Palaeontology Sinica, 32(6)：740—746 (in Chinese with English summary)［张进林，周聘渭. 1993. 内蒙古清水河晚寒武世崮山期三叶虫. 古生物学报，32(6)：740—746]

Zhang Meisheng. 1999. New trilobites from the Upper Cambrian Changshanian Stage of eastern Liaoning, NE China. Acta Palaeontology Sinica, 38(1)：106—113 (in Chinese with English summary)［张梅生. 1999. 辽东上寒武统长山阶新三叶虫. 古生物学报，38(1)：106—113]

Zhang Meisheng, Peng Xiangdong. 1998. New trilobites from the Upper Cambrian Changshan Formation of Shandong and Liaoning. Journal of the Changchun University of Science and Technology, 28(3)：241—246 (in Chinese with English abstract)［张梅生，彭向东，1998. 山东及辽宁晚寒武世长山期新三叶虫. 长春科技大学学报，28(3)：241—246]

Zhang Quanzhong, Li Changwen. 1984. Cambrian trilobites from Gaotan, Anhui Province. Bulletin of the Nanjing Institute of Geology and Mineral Resources, Chinese Academy of Geological Sciences, 5(4)：78—84 (in Chinese with English abstract)［张全忠，李昌文. 1984. 安徽贵池高坦寒武纪三叶虫. 中国地质科学院南京地质矿产研究所所刊，5(4)：78—84]

Zhang Sengui, Zhu Zhaoling, Xiang Liwen, Luo Kunli, Liu Shucai, Liang Zhongwei. 2008. Report on the Middle Cambrian Changhia Stage in China. In：Wang Zejiu, Huang Zhigao (eds). Report on the Main Stratotype Sections and Stages in China, 2001—2005. Beijing：Geological Publishing House. 492—497 (in Chinese)［章森桂，朱兆玲，项礼文，雒昆利，刘书才，梁宗伟. 2008. 中国中寒武系张夏阶研究报告. 见：王泽九，黄枝高编. 中国主要断代地层建阶研究报告. 2001—2005. 北京：地质出版社. 492—497]

Zhang Tairong. 1981. Trilobita. In：Regional Geological Surveying Team, Bureau of Geology of Xinjiang, Institute of Geological Sciences, Bureau of Geology of Xinjiang, Geological Surveying Team, Bureau of petroleum of Xinjiang (eds). Palaeontological Atlas of Northwest China, Xinjiang Uygur Autonomous Region. 1. Early Palaeozoic. Beijing：Geological Publishing House. 134—213 (in Chinese)［张太荣. 1981. 三叶虫纲. 见：新疆地质局区域地质调查大队，新疆地质局地质科学研究所，新疆石油局地质调查处主编. 西北地区古生物图册，新疆维吾尔自治区分册(一). 北京：地质出版社. 134—213]

Zhang Wei. 1983. Cambrian system in the southeastern Margin of Ordos Basin. Oil & Gas Geology, 4(3)：246—253 (in Chinese with English abstract)［张韦. 1983. 鄂尔多斯盆地东南缘的寒武系. 石油与天然气地质，4(3)：246—253]

Zhang (Chang) Wentang. 1953. Some Lower Cambrian trilobites from western Hupei: Acta Palaeontologica Sinica, 1(3): 121—149 (in Chinese) [张文堂. 1953. 湖北西部下寒武纪的三叶虫. 古生物学报, 1(3): 121—149]

Zhang (Chang) Wentang. 1957. Preliminary none on the Lower and Middle Cambrian stratigraphy of Poshan, central Shantung. Acta Palaeontologica Sinica, 5(1): 13—31 (in Chinese with English summary) [张文堂. 1957. 山东博山下、中寒武纪地层的初步研究. 古生物学报, 5(1): 13—31]

Zhang (Chang) Wentang. 1959. New trilobites from the Middle Cambrian of North China. Acta Palaeontologica Sinica, 7(3): 193—236 (in Chinese with English summary) [张文堂. 1959. 中国北方中寒武纪的新三叶虫. 古生物学报, 7(3): 193—236]

Zhang (Chang) Wentang. 1963. A classification of the Lower and Middle Cambrian trilobites from North and northeastern China, with description of new families and new genera. Acta Palaeontologica Sinica, 11(4): 447—491 (in Chinese with English summary) [张文堂. 1963. 华北及东北南部早及中寒武世三叶虫的分类及新属、新科的记述. 古生物学报, 11(4): 447—491]

Zhang (Chang) Wentang. 1964. The boundary between the Lower and Middle Cambrian with description of some ptychoparioid trilobites. In: Institute of Geology and Palaeontology, Academia Sinica (ed). Field Guide for Stratigraphic Meeting in Northern Guizhou. 1—38 (in Chinese) [张文堂. 1964. 中国下、中寒武统的界线并讨论一些褶颊虫类三叶虫. 见: 中国科学院地质古生物研究所编. 黔北现场地层会议指南. 1—38]

Zhang (Chang) Wentang. 1980. A review of the Cambrian of China. Journal of the Geological Society of Australia, 27: 137—150

Zhang Wentang. 1985. Current biostratigraphic scheme of the Chinese Cambrian. Palaeontologia Cathayana, 2: 177—178

Zhang Wentang. 1986. Correlation of the Cambrian of China. Palaeontologia Cathayana, 3: 267—286

Zhang Wentang. 1988. The Cambrian system in Eastern Asia, correlation chart and explanatory notes. International Union of Geological Sciences, Publication, 24: 1—81

Zhang Wentang. 1996. Notes on the Swedish trilobite *Drepanura eremita* Westergärd, 1947. In: Wang Hongzhen, Wang Xunlian (eds). Centennial Memorial Volume of Prof. Sun Yunzhu: Palaeontology and Stratigraphy. Beijing: Geological Publishing House. 69—73

Zhang (Chang) Wentang. 1998a. Cambrian correlation within the Perigondwana faunal Realm. Revista Española de Paleontologia, n°extr. Homenaje al Prof. Gonzalo Vidal. 23—34

Zhang (Chang) Wentang. 1998b. Cambrian biogeography of the Perigondwana faunal Realm. Revista Española de Paleontologia, n°extr. Homenaje al Prof. Gonzalo Vidal. 35—49

Zhang Wentang. 2003. Cambrian biostratigraphy of China. In: Zhang Wentang, Chen Peiji, Palmer A R (eds). Biostratigraphy of China. Beijing: Science Press. 55—119

Zhang Wentang. 2006a. Note on a complete specimen of Middle Cambrian trilobite *Anomocarella* from Dongping, Shandong. Acta Palaeontologica Sinica, 45(4): 523—527 (in Chinese with English abstract) [张文堂. 2006a. 山东东平中寒武世三叶虫 *Anomocarella* 的完整个体. 古生物学报, 45(4): 523—527]

Zhang Wentang. 2006b. Problems of Cambrian trilobite biogeography. Earth Science Frontiers, 13(6): 139—144 (in Chinese) [张文堂. 2006b. 寒武纪三叶虫生物地理区的一些问题. 地学前缘, 13(6): 139—144]

Zhang Wentang, Jell P A. 1987. Cambrian trilobites of North China. Chinese Cambrian trilobites housed in the Smithsonian Institution. Beijing: Science Press. 1—322

Zhang Wentang, Yuan Jinliang. 1979. The trilobite fauna of the Hsuchuang Formation from the western border of the Ordos Platform, and its stratigraphical significance. In: the Palaeontological Society of China (ed). 12th Annual Conference and 3rd National Congress of the Palaeontological Society of China, Abstracts of Papers, Suzhou, April, 1979. 101 (in Chinese) [张文堂, 袁金良. 1979. 鄂尔多斯地台西缘及南缘徐庄组三叶虫动物群及其他地层意义. 见: 中国古生物学会编印. 中国古生物学会第十二届学术年会及第三届全国会员代表大会学术论文摘要集, 101]

Zhang Wentang, Yuan Jinliang. 1981. Trilobites from the Hsuchuang Formation (lower Middle Cambrian) in the western marginal parts of the North China Platform. Special Papers of the Geological Society of America, 187: 161—175

Zhang Wentang, Zhu Zhaoling. 1979. Notes on some trilobites from the Lower Cambrian Houjiashan Formation in southern and southwestern parts of North China. Acta Palaeontologica Sinica, 18(6): 513—529 (in English with Chinese abstract) [张文堂, 朱兆玲. 1979. 华北南部及西南部早寒武世猴家山组的三叶虫. 古生物学报, 18(6): 513—529]

Zhang Wentang, Zhu Zhaoling. 2000. Cambrian. In: Nanjing Institute of Geology and Palaeontology, Chinese Academy of Sciences （ed）. Stratigraphical Studies in China（1979-1999）. Hefei：China University of Science and Technology Press. 3—21（in Chinese）［张文堂，朱兆玲. 2000. 寒武系. 见：中国科学院南京地质古生物研究所编著. 中国地层研究二十年（1979—1999）. 合肥：中国科学技术大学出版社. 3—21］

Zhang Wentang, Yuan Kexing, Zhou Zhiyi, Qian Yi, Wang Zongzhe, 1979a. Cambrian of southwestern China. In：Nanjing Institute of Goology and Palaeontology, Chinese Academy of Sciences（ed）. Carbonate Biostratigraphy of Southwest China. Beijing：Science Press. 39—107（in Chinese）［张文堂，袁克兴，周志毅，钱逸，王宗哲. 1979a. 西南地区的寒武系. 见：中国科学院南京地质古生物研究所著. 西南地区碳酸盐生物地层. 北京：科学出版社. 39—107］

Zhang Wentang, Zhu Zhaoling, Yuan Kexing, Lin Huanling, Qian Yi, Wu Hongji, Yuan Jinliang. 1979b. Boundary between Cambrian and Latest Pre-Cambrian in southern and southwestern parts of North China. Journal of Stratigraphy, 3（1）：51—56.（in Chinese）［张文堂，朱兆玲，袁克兴，林焕令，钱逸，伍鸿基，袁金良. 1979b. 华北南部、西南部寒武系及上前寒武系的分界. 地层学杂志，3（1）：51—56］

Zhang Wentang, Lu Yanhao, Zhu Zhaoling, Qian Yiyuan, Lin Huanling, Zhou Zhiyi, Zhang Sengui, Yuan Jinliang. 1980a. Cambrian Trilobite Faunas of Southwestern China. Palaeontologia Sinica, Whole number 159, New Series B, no. 16. Beijing：Science Press. 1—497（in Chinese with English summary）［张文堂，卢衍豪，朱兆玲，钱义元，林焕令，周志毅，章森桂，袁金良. 1980a. 西南地区寒武纪三叶虫动物群. 中国古生物志，总第 159 册，新乙种，第 16 号. 北京：科学出版社. 1—497］

Zhang Wentang, Lin Huanling, Wu Hongji, Yuan Jinliang. 1980b. Cambrian stratigraphy and trilobite fauna from the Zhongtiao Mountains, southern Shanxi. Memoir Nanjing Institute of Geology and Palaeontology, Academia Sinica, 16：39—110（in Chinese with English abstract）［张文堂，林焕令，伍鸿基，袁金良. 1980b. 山西中条山寒武纪地层及三叶虫动物群. 中国科学院南京地质古生物研究所集刊，16：39—94］

Zhang Wentang, Zhu Zhaoling, Wu Hongji, Yuan Jinliang, Shen Hou, Yao Baoqi, Luo Kunquan, Wang Xuping. 1980c. Cambrian stratigraphy of the western and southern marginal parts of the Ordos Platform. Journal of Stratigraphy, 4（2）：106—119.（in Chinese）［张文堂，朱兆玲，伍鸿基，袁金良，沈后，姚宝琦，罗坤泉，王旭萍. 1980c. 鄂尔多斯地台西缘及南缘的寒武纪地层. 地层学杂志，4（2）：106—119］

Zhang Wentang, Xiang Liwen, Liu Yinhuan, Meng Xiansong.1995. Cambrian stratigraphy and trilobites from Henan. Palaeontologia Cathayana, 6：1—166

Zhang Wentang, Babcock L E, Xiang Liwen, Sun Weiguo, Luo Huilin, Jiang Zhiwen. 2001. Lower Cambrian stratigraphy of Chengjiang, eastern Yunnan, China, with special notes on Chinese *Parabadiella*, Moroccan *Abadiella* and Australian *Abadiella huoi*. Acta Palaeontologica Sinica, 40（3）：294—309（in English with Chinese abstract）［张文堂，巴比库克，项礼文，孙卫国，罗惠麟，蒋志文. 2001. 云南澄江早寒武世地层并论中国的 *Parabadiella*，摩洛哥的 *Abadiella* 及澳大利亚的 *Abadiella huoi*. 古生物学报，40（3）：294—309］

Zhang（Chang）Wenyou. 1937. Cambrian trilobites from Tingyuan, Anhui. Bulletin of Institute of Geology, Academia Sinica, 6：1—15［张文佑. 1937. 安徽定远寒武纪三叶虫. 前中央研究院地质研究所丛刊，6：1—15］

Zhang Wenyou, Wang Yipeng, Li Xingtang. 1984. On the formation and development of the North China Fault Block region. In：Zhang Wenyou（ed）. Formation and development of the North China Fault Block region. Beijing：Science Press. 1—8（in Chinese）［张文佑，汪一鹏，李兴唐. 1984. 华北断块区的形成和发展. 见：张文佑主编. 华北断块区的形成与发展，北京：科学出版社. 1—8］

Zhang Xiguang, Clarkson E N K. 2012. Phosphatized eodiscoid trilobites from the Cambrian of China. Palaeontographica Abt. A, 297：1—121

Zhao Yuanlong, Huang Youzhuang. 1981. Early and Middle Cambrian trilobites from Daoping of Fuquan, Guizhou. Acta Palaeontologica Sinica, 20（3）：216—224（in Chinese with English abstract）［赵元龙，黄友庄. 1981. 贵州福泉道坪地区早、中寒武世三叶虫. 古生物学报，20（3）：216—224］

Zhao Yuanlong, Ahlberg P, Yuan Jinliang. 1994. A new species of trilobite *Olenoides* from Middle Cambrian of Taijiang, Guizhou. Acta Palaeontologica Sinica, 33（3）：367—375（in Chinese with English summary）［赵元龙，阿伯格，袁金良. 1994. 贵州台江中寒武统 *Olenoides* 一新种. 古生物学报，33（3）：367—375］

Zhao Yuanlong, Yuan Jinliang, Peng Shanchi, Guo Qingjun, Zhu Lijun, Peng Jin, Wang Pingli. 2004. Proposal and prospects for the global Lower-Middle Cambrian boundary. Progress in Natural Science, 14：1033—1038

Zhao Yuanlong, Yuan Jinliang, Peng Shanchi, Babcock L E, Peng Jin, Lin Jihpai, Guo Qingjun, Wang Yuxuan. 2007. New data on the Wuliu-Zengjiayan section (Balang, South China), GSSP candidate for the base of Cambrian Series 3. Memoirs of the Association of Australasian Palaeontologists, 33: 57—65

Zhao Yuanlong, Yuan Jinliang, Peng Shanchi, Babcock L E, Peng Jin, Guo Qingjun, Lin Jihpai, Tai Tongshu, Yang Ruidong, Wang Yuxuan. 2008. A new section of Kaili Formation (Cambrian) and a biostratigraphic study of the boundary interval across the undefined Cambrian Series 2 and Series 3 at Jianshan, Jianhe County, China with a discussion of global correlation based on the first appearance datum of *Oryctocephalus indicus* (Reed, 1910). Progress in Natural Science, 18: 1549—1556

Zheng Zhaochang, Li Yuzhen. 1991. The new advances in the study of the Ordovician System in Helanshan area. Geosciences, Journal of Graduate School, China University of Geosciences, 5(2): 119—136 (in Chinese with English abstract) [郑昭昌, 李玉珍. 1991. 贺兰山奥陶系研究的新进展. 现代地质, 5(2): 119—136]

Zheng Zhaochang, Zhang Gang, Li Yuzhen, Liu Zhicai, Liu Ruiqi. 1982. An outline of the strata in the Badoin Jaran area, Inner Mongolia. Journal of Stratigraphy, 6(3): 225—230 (in Chinese) [郑昭昌, 张刚, 李玉珍, 刘志才, 刘锐其. 1982. 内蒙古巴丹吉林地区的地层概述. 地层学杂志, 6(3): 225—230]

Zhou Tianmei, Liu Yiren, Meng Xiansong, Sun Zhenhua. 1977. Trilobita. In: Institute of Geological Sciences of Hubei Province *et al.* (eds). Palaeontological Atlas of Central and Southern China. 1. Early Palaeozoic. Beijing: Geological Publishing House. 104—266, 427—450 (in Chinese) [周天梅, 刘义仁, 孟宪松, 孙振华. 1977. 三叶虫纲. 见: 湖北省地质科学研究所等编著. 中南地区古生图册(一), 早古生代部分. 北京: 地质出版社. 104—266, 427—450]

Zhou Tianmei, Lin Tianrui, Zhang Shusen. 1978. Cambrian trilobites from eastern Yangtze Gorge. In: Stratigraphical Working Group of Yangtze Gorges, Hubei Bureau of Geology (ed). Sinian to Permian Stratigraphy and Palaeontology from the Eastern Yangtze Gorges Area. Beijing: Geological Publishing House. 143—155 (in Chinese) [周天梅, 林天瑞, 张树森. 1978. 峡东地区寒武纪三叶虫. 见: 湖北省地质局三峡地层研究组编. 峡东地区震旦纪至二叠纪地层古生物. 北京: 地质出版社. 143—155]

Zhou Zhen, Sun Dajun, Shu Yongkuan. 1998. Some trilobites of Lower Cambrian from Zhuping area, Zhenyuan County, Guizhou. Journal of Guizhou University of Technology, 27(4): 28—34 (in Chinese with English abstract) [周震, 孙大军, 舒永宽. 1998. 贵州镇远竹坪地区下寒武统三叶虫新材料. 贵州工业大学学报, 27(4): 28—34]

Zhou Zhiqiang, Zheng Zhaochang. 1976. The Cambrian in Helan Mountain. Scientific and Technological Information of Geology, NW China, 1: 6—20 (in Chinese) [周志强, 郑昭昌. 1976. 贺兰山的寒武系. 西北地质科技情报, 1: 6—20]

Zhou Zhiqiang, Zheng Zhaochang. 1980. New data on the Upper Cambrian from the Helan Mountains. Bulletin of the Xi'an Institute of Geology and Mineral Resources, Chinese Academy of Geological Sciences, 1(1): 60—77 (in Chinese with English abstract) [周志强, 郑昭昌. 1980. 贺兰山上寒武统的新资料. 中国地质科学院院报西安地质矿产研究所分刊, 1(1): 60—77]

Zhou Zhiqiang, Li Jinseng, Qu Xinguo. 1982. Trilobita. In: Xi'an Institute of Geology and Mineral Resources (ed). Palaeontological Atlas of Northwest China, Shaanxi-Gansu-Ningxia Volume. 1. Precambrian and Early Palaeozoic. Beijing: Geological Publishing House. 215—294 (in Chinese) [周志强, 李晋僧, 曲新国. 1982. 三叶虫纲. 见: 西安地质矿产研究所主编. 西北地区古生物图册, 陕甘宁分册(一), 前寒武纪—早古生代部分. 北京: 地质出版社. 215—294]

Zhou Zhiqiang, Cao Xuanduo, Zhao Jiangtian, Hu Yunxu. 1996. Early Palaeozoic stratigraphy and sedimentary-tectonic evolution in eastern Qilian Mountains, China. Northwest Geosciences, 17(1): 1—58 (in Chinese with English abstract) [周志强, 曹宣铎, 赵江天, 胡云绪. 1996. 祁连山东部早古生代地层和沉积-构造演化. 西北地质科学, 17(1): 1—58]

Zhou Zhiyi, Yuan Wenwei, Zhou Zhiqiang. 2006. Ordovician trilobite radiation in the South China Block. In: Rong Jiayu *et al.* (eds). Originations, Radiations and Biodiversity Changes—Evidences from the Chinese Fossil Record. Beijing: Science Press. 197—213, 857—859 (in Chinese with English abstract) [周志毅, 袁文伟, 周志强. 2006. 华南陆块奥陶纪三叶虫的辐射. 见: 戎嘉余等主编. 生物的起源、辐射与多样性演变——华夏化石记录的启示. 北京: 科学出版社. 197—213, 857—859]

Zhou Zhiyi, Yuan Wenwei, Zhou Zhiqiang. 2007. Patterns, processes and likely causes of the Ordovician trilobite radiation in South China. Geological Journal, 42: 297—313

Zhu Hongyuan. 1987. Cambrian trilobites from Xijiadian, Junxian, Hubei. Acta Palaeontologica Sinica, 26(1): 86—93 (in Chinese with English summary) [朱洪源, 1987. 湖北均县习家店寒武纪三叶虫. 古生物学报, 26(1): 86—93]

Zhu Maoyan, Babcock L E, Peng Shanchi. 2006. Advances in Cambrian stratigraphy and paleontology: Integrating correlation techniques, paleobiology, taphonomy and paleoenvironmental reconstruction. Palaeoworld, 15: 217—222

Zhu Naiwen. 1992. Class Trilobita. In：Jilin Bureau of Geology and Mineral Resources（ed）. Palaeontological Atlas of Jilin, China. Changchun：Jilin Science and Technology Publishing House. 334—369（in Chinese）［朱乃文. 1992. 三叶虫纲. 见：吉林省地质矿产局主编. 吉林省古生物图册. 长春：吉林科学技术出版社. 334—369］

Zhu Xuejian, Peng Shanchi. 2004. Ontogeny of Cambrian trilobite *Cheiruroides primigenius*. Acta Palaeontologica Sinica, 43（1）：53—62（in Chinese with English summary）［朱学剑，彭善池. 2004. 皖南寒武纪三叶虫 *Cheiruroides primigenius* 的个体发育. 古生物学报, 43(1)：53—62］

Zhu Xuejian, Peng Shanchi, Qi Dunlun. 2005. Early Cambrian trilobite fauna from Dongzhi, southern Anhui. Acta Palaeontologica Sinica, 44（4）：556—566（in Chinese with English abstract）［朱学剑，彭善池，齐敦伦. 2005. 安徽东至寒武纪早期三叶虫动物群. 古生物学报, 44(4)：556—566］

Zhu Xuejian, Hughes N C, Peng Shanchi. 2007. On a new species of *Shergoldia* Zhang et Jell, 1987（Trilobita）, the family Tsinaniidae and the order Asaphida. Memoirs of the Association of Australasian Palaeontologists, 34：243—253

Zhu Xuejian, Yuan Jinliang, Bian Rongchun, Hu Youshan, Du Shengxian. 2009. On the Cambrian trilobites *Tingyuania* and *Dinesus*. Acta Palaeontologica Sinica, 48（4）：681—687（in Chinese with English abstract）［朱学剑，袁金良，边荣春，胡有山，杜圣贤. 2009. 论寒武纪三叶虫定远虫与双岛虫. 古生物学报, 48(4)：681—687］

Zhu Xuejian, Hu Youshan, Bian Rongchun, Du Shengxian, Ding Delong. 2011. Some Middle and Upper Cambrian trilobites from southeastern Yunnan. Acta Palaeontologica Sinica, 50（1）：118—131（in Chinese with English abstract）［朱学剑，胡有山，边荣春，杜圣贤，丁德龙. 2011. 滇东南地区寒武纪中、晚期三叶虫研究. 古生物学报, 50(1)：118—131］

Zhu Zhaoling（Chu Chaoling）. 1959. Trilobites from the Kushan Formation of North and northeastern China. Memoirs of the Institute of Palaeontology, Academia Sinica, 2：44—128（in Chinese with English）［朱兆玲. 1959. 华北及东北崮山统三叶虫动物群. 中国科学院古生物研究所集刊, 2：44—128］

Zhu Zhaoling（Chu Chaoling）. 1960a. Cambrian trilobites from the southern slope of the Qilian（Chilian）Mountains. Geological Gazetteer of Qilian（Chilian）Mountains, 4（1）：53—68（in Chinese）［朱兆玲. 1960a. 祁连山南缘寒武纪三叶虫. 祁连山地质志, 4(1)：53—68］

Zhu Zhaoling（Chu Chaoling）. 1960b. Middle Cambrian trilobites from Datong, Chinghai（Qinghai）Province. Geological Gazetteer of Qilian（Chilian）Mountains, 4（1）：69—74（in Chinese）［朱兆玲. 1960b. 青海大通中寒武世三叶虫. 祁连山地质志, 4(1)：69—74］

Zhu Zhaoling（Chu Chaoling）. 1960c. Middle Cambrian trilobites from adjacent area of Tianzhu, Gansu Province. Geological Gazetteer of Qilian（Chilian）Mountains, 4（1）：75—82（in Chinese）［朱兆玲. 1960c. 甘肃天祝附近中寒武世三叶虫. 祁连山地质志, 4(1)：75—82］

Zhu Zhaoling（Chu Chaoling）. 1965. Some Middle Cambrian trilobites from Huzhu, Tsinghai（Qinghai）. Acta Palaeontologica Sinica, 13（1）：133—149（in Chinese with English summary）［朱兆玲. 1965. 青海互助中寒武世三叶虫. 古生物学报, 13(1)：133—149］

Zhu Zhaoling. 2008. Platform facies non-agnostoids of Late Cambrian（Kushanian, Changshanian and Fengshanian）. Chapter 6. In：Zhou Zhiyi, Zhen Yongyi（eds）. Trilobite Record of China. Beijing：Science Press. 136—161

Zhu Zhaoling, Jiang Lifu. 1981. An Early Cambrian trilobite faunule from Yeshan, Luhe District, Jiangsu. Special Papers of the Geological Society of America, 187：153—159

Zhu Zhaoling（Chu Chaoling）, Lin Huanling. 1983. Some Early Cambrian trilobites from the Xidashan Formation of Kuruktag, Xinjiang. Acta Palaeontologica Sinica, 22(1)：21—30（in Chinese with English abstract）［朱兆玲，林焕令. 1983. 新疆库鲁克塔格早寒武世西大山组三叶虫. 古生物学报, 22(1)：21—30］

Zhu Zhaoling（Chu Chaoling）, Lin Tianrui. 1978. Some Middle Cambrian trilobites from Yaxian, Hainan Island. Acta Palaeontologica Sinica, 17（4）：439—446（in Chinese with English abstract）［朱兆玲，林天瑞. 1978. 海南岛崖县中寒武世三叶虫. 古生物学报, 17(4)：439—446］

Zhu Zhaoling, Wittke H W. 1989. Upper Cambrian trilobites from Tangshan, Hebei Province, North China. Palaeontologia Cathayana, 4：199—260

Zhu Zhaoling（Chu Chaoling）, Lin Huanling, Zhang Zhiheng. 1979. Trilobites. In：Nanjing Institute of Geology and Palaeontology, Academia Sinica, Institute of Geological Sciences of Qinghai Province（eds）. Palaeontological Atlas of Northwest China. Qinghai volume 2. Beijing：Geological Publishing House. 81—116（in Chinese）［朱兆玲，林焕令，张志恒. 1979. 三叶虫类. 见：中国科学院南京地质古生物研究所，青海地质科学研究所编著. 西北地区古生物图册，青海分册(二). 北京：

地质出版社. 81—116]

Zhu Zhaoling, Lin Huanling, Zhang Sengui. 1988. Cambrian biostratigraphy of the Lower Yangtze Peneplatform in Jiangsu region: 35—80. In: Institute of Geological Sciences, Jiangsu Bureau of Petroleum Prospecting, and Nanjing Institute of Geology and Palaeontology, Academia Sinica (eds). Sinian-Triassic Biostratigraphy of the Lower Yangtze Peneplatform in Jiangsu Region. Nanjing: Nanjing University Press. 35—80 (in Chinese) [朱兆玲, 林焕令, 章森桂. 1988. 江苏地区下扬子准地台寒武纪生物地层. 见: 江苏石油勘探局地质科学研究院, 中国科学院南京地质古生物研究所著. 江苏地区下扬子准地台震旦纪—三叠纪生物地层. 南京: 南京大学出版社. 35—80]

Zhu Zhaoling, Xiang Liwen, Zhang Sengui, Liu Shucai, Luo Kunli, Du Shengxian, Liang Zongwei. 2005. New advance in the study of the Upper Cambrian Kushanian Stage of North China. Journal of Stratigraphy, 29 (Supp.): 462—466 (in Chinese with English abstract) [朱兆玲, 项礼文, 章森桂, 刘书才, 雒昆利, 杜圣贤, 梁宗伟. 2005. 华北上寒武统崮山阶研究新进展. 地层学杂志, 29 (增刊): 462—466]

Zhu Zhaoling, Zhang Sengui, Xiang Liwen, Luo Kunli, Liu Shucai, Liang Zongwei. 2008. Report on the Upper Cambrian Kushan Stage in China. In: Wang Zejiu, Huang Zhigao (eds). Report on the Main Stratotype Sections and Stages in China, 2001—2005. Beijing: Geological Publishing House. 486—491 (in Chinese) [朱兆玲, 章森桂, 项礼文, 雒昆利, 刘书才, 梁宗伟. 2008. 中国上寒武统崮山阶研究报告. 见: 王泽九, 黄枝高编. 中国主要断代地层建阶研究报告, 2001—2005. 北京: 地质出版社. 486—491]

Балашова Е А. 1960. Трилобиты. В кн.: Основы палеонтологии. т. VIII. М., Госгеолиздат: 88—116, 141—155, 160—162, 171—177, 179—184

Богнибова Р Т, Коптев И И, Михайлова Л М, Полетаева О К, Романенко Е В, Романенко М Ф, Семашко А К, Томашпольская В Д, Федянина Е С, Чернышева Н Е. 1971. Трилобиты амгин ского Века Алтае. Саянской области. В кн.: редактор Н Е Чернышева: Амгинский Ярус Алтае-Саянской области. Новосибирск: Зап. Сиб. КНИЖ. ИЗД-ВО, Серия: Палеонт. и Страт. Труды Сибирского Научно. Исследовательского Института Геологии, Геофизики и Минерального Сырья (СНИИГГИМС), Министерства Геологии и Охраны Недр СССР, 111: 82—263

Гогин И Я, Пегель Т В. 1997. Трилобиты среднего и верхнего Кембрия западной части Сетте -Дабана: 100—132, табл. 22—33. В кн.: Гогин И Я и др.: Атлас зональных комплексов ведущих групп Раннепалеозойской фауны Севера России, граптолиты, трилобиты. Всероссийский Научно. Исследовательский геологический институт имени А. П. Карпинского (ВСЕГЕИ). Санкт-Петербург Изадательство: 1—205

Далматов Б А, Ветлужских Л И. 2003. Класс трилобиты. В кн.: редактор Т Н Корень: Атлас ископаемой фауны и флоры палеозоя Республики Буряттия. Улан-Удэ Издательство Бурятского научного центра СО РАН: 49—87

Демокидов К К, Лазаренко Н П. 1964. Стратиграфия верхнего докембрия и кембрия севера Средней Сибири и островов Советской Арктики. Тр. НИИГА т. 137: 1—288

Егорова Л И. 1970. Новые трилобиты среднего кембрия севера Сибирской платформы. Палеонтологический Журнал, 4: 72—76

Егорова Л И, Савицкий В Е. 1968. Трилобиты Майского яруса севера сибирской платформы. Палеонтологический Журнал, 1: 58—70

Егорова Л И, Савицкий В Е. 1969. Стратиграфия и биофации кембрия Сибирской платформы (Западное Прианабарье). Труды Сибирского Научно. Исследовательского Института Геологии, Геофизики и Минерального Сырья (СНИИГГИМС), Министерства Геологии и Охраны Недр СССР, 43: 1—408

Егорова Л И, Ломовицкая М П, Полетаева О К, Сивов А Г. 1955. Трилобиты. В кн.: Под редакцией Халфина Л Л: Атлас руководящих Форм ископаемых Фауны и Флоры Западной Сибири. т. I. Госгеолтехиздат. Госгеогтехнздат Москва: 102—145

Егорова Л И, Ившин Н К, Покровская Н В, Полетаева О К, Репина Л Н, Розова А В, Романенко Е В, Сивов А Г, Томашпольская В Д, Федянина Е С, Чернышева Н Е. 1960. Класс Trilobita. В кн.: Под редакцией Халфина Л Л: Биостратиграфия Палеозоя Саяно-Алтайской Горной Области. т.1. Нижний Палеозой. Труды Сибирского Научно. Исследовательского Института Геологии, Геофизики и Минерального Сырья (СНИИГГИМС), Министерства Геологии и Охраны Недр СССР, 19: 152—253

Егорова Л И, Шабанов Ю Я, Розанов А Ю, Савицкий В Е, Чернышева Н Е, Шишкин Б Б. 1976. Еланский и куонамский Фациостратотипы нижней грани цы среднего кембрия Сибири. Министерство Геологии и СССР

Сибирский Научно. Исслед овательский Институт Геологии, Геофизики и Минерального Сырья (СНИИГГИМС), 211: 1—167

Егорова Л И, Шабанов Ю Я, Пегель Т В, Савицкий В Е, Сухов С С, Чернышева Н Е. 1982. Майский ярус Стратотипической Местности (средний кембрий юго-востока Сибирской платформы) Академия Наук СССР МИНИСТЕРСТВО ГЕОЛОГИИ, МЕЖВЕДОМСТВЕННЫЙ Стратиграфический Комитет СССР, Труды, 8: 1—132

Ергалиев Г Х. 1980. Трилобиты среднего и Верхнего Кембрия Малого Каратау. х Алма-Ата, Наука: 1—212

Ергалиев Г Х, Покровская Н В. 1977. Нижнекембрийские трилобиты Малого Каратау (Южный Казхстан). Алма-Ата, Наука КазССР: 1—98

Ергалиев Г Х, Ергалиев Ф Г. 2008. Агностиды средниго и Верхнего Кембрия Аксайского государственного геологического заказника в Южном Казахстане. ч. 1. Алмты. Гылым: 1—359

Ившин Н К. 1953. Среднекембрийские трилобиты Казахстана. ч. I. Бощекульский Фаунистический горизонт. Алма-Ата, Изд во АН КазССР: 1—226

Ившин Н К. 1957. Среднекембрийские трилобиты Казахстана. ч. II. Агырекский Фаунистическ ий горизонт. Алма-Ата, Изд во АН Каз ССР: 1—108

Ившин Н К. 1978. Биостратиграфия и трилобиты нижнего кембрия центрального Казахстана. Алма-Ата, Наука, КазССР, 181: 1—127

Коробов М Н. 1973. Трилобиты семйства Conocoryphidae и их значение для стратиграфия кембрийских отложений. Труды Геологическог института, 211: 1—176

Коробов М Н. 1989. Биостратиграфия и Полимерные трилобиты нижнего Кембрия Монголии. Transactions, 48: 1—202

Коровников И В, Щабанов Ю Я. 2008. Трилобиты пограничных отложений нижнего и среднего Кембрия Стратотип и хческого разреза на р. Молодо (Восток сибирской платформы): 71—104

Крыськов Л Н. 1977. Новые предстаьители цератопигид и оленид из позднего кембрия Южного Казахстана. Академия Наук СССР, палеонтологический Институт, кн: Новые Виды Древних Растений и Беспозвоночных СССР, 4: 56—60

Крыськов Л Н, Лазаренко Н П, Огиенко Л В, Чернышева Н Е. 1960. Тип Arthropoda. Класс трилобиты. Нов ые раннепалеозойские трилобиты Восточной Сибири и Казахстана. В кн.: редактор Б П Марковский: Новые виды древних растений и беспозвоночных СССР, ч. II. Иза-во Госгеолтевхиздат: 211—255

Лазаренко Н П. 1962. Новые нижнекембрийские трилобиты Советской Арктики. Сб. Статей попалеонтол и биостратигр. Изд. НИИГА, вып. 29: 29—77

Лермонтова Е В. 1940. Класс трилобиты. Атлас руко-водящих Форм ископаемых Фаун СССР. т. 1. Кембрий. М.: Госгеолиздат, 1: 1—193

Лермонтова Е В. 1951a. Нижнекембрийские трилобиты и брахиоподы восточной Сибири. М.: Госгеолиздат: 1—222

Лермонтова Е В. 1951b. Среднекембрийские трилобиты и гастроподы Шоды. Мира (юж ная окраина ферганской котловины). М.: Госгеолиздат: 3—33

Лисогор К А. 2004. Среднекембрийские трилобиты хрьта чингиз (Восточный Казахстан). Издательство СВ—ПРИНТ, Алматы: 1—107

Лисогор К А, Розов С Н, Розова А В. 1988. Корреляция Среднекембрийских отложений Малого Каратау и Сибирской Платформы по трилобитам. Академия Наук СССР Сибирское отд Институт Геологии, Геофизики и Минерального Сырья(СНИИГГИМС), Труды, 720: 54—82

Окунева О Г, Репина Л Н. 1973. Биостратиграфия и фауна кембрия. Приморъя. Тр. ИГиГ СО АН СССР, Вып. 37. Новосибирск, изд Наука, 1—284

Пегель Т В. 1979. Новые виды Среднекембрийских трилобитов юга Якутии. -В кн.: Новые Материалы по стратиграфия и паленнтологии Сибири. Новосибирск: Изд-во СНИИГГиМСа, 84—90

Репина Л Н. 1960. Комплексы трилобитов нижнго и среднего кембрия запад-ной части Восточного Саяна. Региональная стратиграфия, 4: 1—224

Репина Л Н. 1973. Трилобиты. Глава VII. В кн.: Под редакцией Журавлева И Т: Окунева, Репина Л Н. "Биостратиграфия и фауна Кембрия Приморья". Издательство Наука Сибирское Отделение Новосибирск. Труды Института Геологии и Геофизики, 37: 155—233

Репина Л Н, Романенко Е В. 1978. Трилобиты и стратиграфия нижнего Кембрия Алтая. Академия Наук СССР, Сибирское Отделение Институт Геологии и Геофизики Министерство Геологии СССР, 382: 1—304

Репина Л Н, Хоментовский В В, Журавлева И Т, Розанов А Ю. 1964. Биостратиграфия нижнего кембрия СаяноАлтайской складчатой области, М. Наука, 1—378

Репина Л Н, Петрунина З Е, Хайруллина Т И. 1975. Класс Trilobita. В кн.: Ответственные редакторы Б В Яскович, Л Н Репина: Стратиграфия и фауна. нижнго палеозоя северных предгорий Туркестанского и Алайского хребтов. Академия Наук СССР, Труды ИГ и Г СО АН СССР, 278: 100—224

Розова А В. 1964. Биостратиграфия и описание трилобитов среднего иверхнего Кембрия северо-запада Сибирской платформы. Академия Наук СССР: 1—148

Романенко Е В. 1985. Трилобиты из пограничных отложений среднего и верхнего кембрия Алтая. Палеонтологический Журнал, 4: 54—63

Романенко Е В, Романенко М Ф. 1967. Некоторые вопросы палеогеографии и трилобиты кембрия горного Алтая. Известия Алтайского отдела географического общества Союза ССР, 8: 62—96

Савицкий В Е, Евтушенко В М, Егорова Л И, Конторович А Э, Шабанов Ю Я. 1972. Кембрий Сибирской плтформы (Юдомо-Оленекский тип разреза. Куонамский комплекс отложений). Труды СНИИГГИМС, 130: 1—199

Суворова Н П. 1964. Трилобиты колинексохоиды и их историческое развитие. Труды ПИН АН СССР, 103: 1—319

Суворова Н П, Чернышева Н Е. 1960. Corynexochoidea. В кн.: Ответственные редакторы Н Е Чернышева: Основы палеонтологии. Гос. Науч. тех.изд. Литературы по Геол. и Охране недр. Москва: 72—83

Федянина Е С. 1962. Трилобиты Мрасской свиты с ключа Пьянковского (Горная Шория). Материалы по геологии Западной Сибири, 63: 30—40

Хайруллина Т И. 1970. Трилобиты майского яруса Туркестанского хребта. В кн.: Биостратиграфия осадочных образований Узбекистана. Л. Недра, 9: 5—53

Хайруллина Т И. 1973. Биостратиграфия и трилобиты майского яруса среднего кембрия Туркестанского хребта. Ташкент: Фан: 1—112

Хоментовский В В, Репина Л Н. 1965. Нижний кембрий стратотипического Разреза Сибири. М.: Наука, 1—200

Чернышева Н Е. 1950. Кембрийские отложения Верхнго Приангарья, их Фауна и положение в общем разрезе кембрия центрльных часте й Сибирской платформы (Якутия) Востсибниф тегеология, Иркутск: 1—44

Чернышева Н Е. 1953. Среднекембрийские трилобиты Восточнй Сибири. ч. I. Труды ВСЕГЕИ, Министерства Геологии: 1—115

Чернышева Н Е. 1960. Основы Палеонтологии. Трилобитообрзаные и ракообразные. Гос. Науч. тех.изд. Литературы по Геол. и Охране недр. Москва: 17—194

Чернышева Н Е. 1961. Стратиграфия и фауна кембрийских отложений Сибирской платформы. ч.I. Стратиграфия Алданской антеклизы и палеозоологическое обоснование выделения амгинского яруса. Труды Всесоюзн. научно, Гостоптехиздат: 3—347

Чернышева Н Е, Егорова Л И, Огиенко Л В, Полетаева О К, Репина Л Н. 1956. Класс Trilobita. В кн.: Под редакцией Кипарисовой Л Д, Марковского Б П, Радченко Г П: Материалы по паленнтологии. Новые семейства и роды. М. Госгеолтехиздат: 145—182

Язмир М М, Далматов Б А, Язмир И К. 1975. Класс трилобиты. В кн.: Под редакцией И Т Журавлевой, К Б Корде: Атлас фауны и флоры палеозоя и мезозоя Бурятской АССР(палеозой). М. Недра: 74—103

属 种 索 引

PALAEONTOLOGIA SINICA

Whole Number 199, *New Series B*, *Number* 36

Edited by

Nanjing Institute of Geology and Palaeontology
Institute of Vertebrate Paleontology and Paleoanthropology

Chinese Academy of Sciences

Cambrian Stratigraphy and Trilobite Fauna in Southern and Western Marginal Parts of the Ordos Platform

by

Yuan Jinliang   Zhang Wentang   Zhu Zhaoling

(*Nanjing Institute of Geology and Palaeontology*, *Chinese Academy of Sciences*)

With 98 Plates

SCIENCE PRESS

Beijing, 2016

LIST OF PUBLICATIONS "PALAEONTOLOGIA SINICA"
NEW SERIES B

Whole Number 106, New Series B, No. 2, 1937

On the Cambro-Ordovician Faunas of Western Quruqtagh, Eastern T'ien shan By Gustaf T. Troedsson

with an appendix

Report on a Collection of Graptolites from the Charchak Series of Chinese Turkistan By O. M. B. Bulman

Whole Number 113, New Series B, No. 4, 1938

Devonian Brachiopoda of Hunan By C. C. Tien

Whole Number 138, New Series B, No. 5, 1955

The New Materials of the Dendroid Graptolites of China By A. T. Mu

Whole Number 140, New Series B, No. 6, 1956

Fusulinidae of South China, Part II By S. Chen

Whole Number 143, New Series B, No. 7, 1958

Fusulinids from the Penchi Series of the Taitzeho Valley, Liaoning By J. C. Sheng

Whole Number 144, New Series B, No. 8, 1958

The Upper Devonian Coral Faunas of Hunan By Y. C. Sun

Whole Number 145, New Series B, No. 9, 1959

Lower Triassic Ammonoids from Western Kwangsi, China By Chao Kingkoo

Whole Number 149, New Series B, No. 10, 1963

Permian Fusulinids of Kwangsi, Kueichow and Szechuan By J. C. Sheng

Whole Number 152, New Series B, No. 11, 1975

Ordovician Trilobite Faunas of Central and Southwestern China By Lu Yanhao

Whole Number 154, New Series B, No. 12, 1978

Late Permian Cephalopods of South China By Zhao Jinko et al.

Whole Number 156, New Series B, No. 13, 1979

Lower Ordovician Graptolites of Southwest China By Mu Enzhi, Ge Meiyu, Chen Xu, Ni Yunan and Lin Yaokun

Whole Number 157, New Series B, No. 14, 1979

Devonian Stromatoporoids from Central and Eastern Parts of Guangxi, China By Yang Jingzhi and Dong Deyuan

Whole Number 158, New Series B, No. 15, 1979

Beiliuan (Middle Middle Devonian) Brachiopods from South Guizhou and Central Guangxi By Wang Yu and Zhu Ruifang

Whole Number 159, New Series B, No. 16, 1980

Cambrian Trilobite Faunas of Southwestern China By Zhang Wentang, Lu Yanhao, Zhu Zhaoling, Qian Yiyuan, Lin Huanling, Zhou Zhiyi, Zhang Sengui and Yuan Jinliang

Whole Number 161, New Series B, No. 17, 1982

Late Mesozoic Conchostracans from Zhejiang, Anhui and Jiangsu Provinces By Chen Peiji and Shen Yanbin

Whole Number 163, New Series B, No. 18, 1983

Pliocene Ostracode Fauna of Leizhou Peninsula and Northern Hainan Island, Guangdong Province By Gou Yunsian et al.

Whole Number 164, New Series B, No. 19, 1983

The Fusulinids of the Maping Limestone of the Upper Carboniferous from Yishan, Guangxi By Chen Xu and Wang Jianhua

Whole Number 166, New Series B, No. 20, 1984

Silurian Graptolites from Southern Shaanxi and Northern Sichuan with Special Reference to Classification of Monograptidae By Chen Xu

Whole Number 170, New Series B, No. 21, 1986

Early Mesozoic Fossil Insects from South China By Lin Qibin

Whole Number 172, New Series B, No. 22, 1986

Yukiangian (Early Emsian Devonian) Brachiopods of the Nanning-Liujing District, Central Guangxi, Southern China By Wang Yu and

Rong Jiayu

Whole Number 174, New Series B, No. 23, 1988

Bryozoans from Late Devonian and Early Carboniferous of Central Hunan   By Yang Jingzhi, Hu Zhaoxun and Xia Fengsheng

Whole Number 177, New Series B, No. 24, 1989

Carboniferous and Early Early Permian Rugosa from Western Guizhou and Eastern Yunnan, SW. China   By Wu Wangshi and Zhao Jiaming

Whole Number 178, New Series B, No. 25, 1989

The Cambrian Trilobites of Western Zhejiang   By Lu Yanhao and Lin Huanling

Whole Number 179, New Series B, No. 26, 1990

Silurian Graptolites from Chengkou, Sichuan   By Ge Meiyu

Whole Number 180, New Series B, No. 27, 1991

Carboniferous Cephalopods of Xinjiang   By Liang Xiluo and Wang Mingqian

Whole Number 181, New Series B, No. 28, 1991

Early and Middle Ordovician Graptolites from Wuning, Northwestern Jiangxi, China   By Ni Yunan

Whole Number 182, New Series B, No. 29, 1993

Upper Ordovician Graptolites of Central China Region   By Mu Enzhi, Li Jijin, Ge Meiyu, Chen Xu, Lin Yaokun and Ni Yunan

Whole Number 183, New Series B, No. 30, 1994

Trilobites from Middle Upper Cambrian (Changshan Stage) of North and Northeast China   By Qian Yiyuan

Whole Number 184, New Series B, No. 31, 1994

Mesozoic and Cenozoic Scleractinian Corals from Xizang   By Liao Weihua and Xia Jinbao

Whole Number 188, New Series B, No. 32, 1999

Cretaceous Bivalves of the Region of Songhuajiang and Liaohe Rivers in Northeast China   By Gu Zhiwei and Yu Jingshan

Whole Number 189, New Series B, No. 33, 2000

Typical Pacific Graptolite Fauna from the Ningkuoan of Early Ordovician in Chongyi, Jiangxi   By Li Jijin, Xiao Chengxie and Chen Hongye

Whole Number 195, New Series B, No. 34, 2010

Upper Carboniferous and Lower Permian Fusulinids from Western Guizhou   By Zhang Linxin, Zhou Jianping and Sheng Jinzhang

Whole Number 197, New Series B, No. 35, 2012

Trilobite Fauna of the Changhia Formation (Cambrian Series 3) from Shandong and Adjacent Area, North China   By Yuan Jinliang, Li Yue, Mu Xi'nan, Lin Jihpai and Zhu Xuejian

Cambrian Stratigraphy and Trilobite Fauna in Southern and Western Marginal Parts of the Ordos Platform

Yuan Jinliang Zhang Wentang Zhu Zhaoling

(Nanjing Institute of Geology and Palaeontology, Chinese Academy of Sciences)

Summary

Contents

1. Introduction

Cambrian rocks crop well out in southern and western marginal parts of the Ordos Platform, covering southwestern Shanxi Province (Xiweikou, Hejin City), eastern Shaanxi Province (Hancheng City), central Shaanxi Province (Liquan County), western Shaanxi Province (Longxian County), central Ningxia Hui Autonomous Region (Tongxin County), northwestern Ningxia Hui Autonomous Region (Helanshan, Yinchuan City), and southwestern Inner Mongolia Autonomous Region (Gangdeershan, Zhuozishan area, Wuhai City and Alashan City) (Figure 1). The Cambrian strata of the Ordos Platform include the following formations in descending order: the Chaumitien Formation, the Changhia Formation and the Manto Formation (Xiweikou section); the Sanshanzi Formation, the Hulusitai Formation and the Wudaotang Formation (Qinglongshan section); the Sanshanzi Formation, the Changhia Formation, the Manto Formation, the Zhushadong Formation and the Xinji Formation (Niuxinshan section); the Sanshanzi Formation, the Hulusitai Formation, the Zhushadong Formation and the Suyukou Formation (Suyukou-Wudaotang section); the Hulusitai Formation and the Wudaotang Formation (Hulusitai-Taosigou section); the Hulusitai Formation (Dongshankou section and Abuqiehaigou section). The speccimens described in this book were collected mainly from the Hulusitai Formation, the Changhia Formation and the Manto Formation. Trilobite faunas of the Ordos Platform include 271 species (including indeterminate species), belonging to 129 genera (and subgenera), 30 families, 5 orders, of which 17 genera, 1 subgenus and 98 species are new. Based on sequential occurrences and ranges of species (see Table 1), the trilobite faunas of Cambrian Series 3 of the Ordos Platform can be divided into 4 stages including 16 trilobite zones in descending order:

Jinanian Stage

16. *Blackwelderia tenuilimbata* Zone

15. *Damesella paronai* Zone

Changqingian Stage

    14. *Liopeishania lubrica* Zone

    13. *Taitzuia lui-Poshania poshanensis* Zone

    12. *Psilaspis changchengensis* Zone

    11. *Megagraulos inflatus* Zone

    10. *Lioparia blautoeides* Zone

Hsuchuangian Stage

    9. *Bailiella lantenoisi* Zone

    8. *Poriagraulos nanus* Zone

    7. *Inouyops titiana* Zone

    6. *Metagraulos dolon* Zone

    5. *Sunaspis laevis-Sunaspidella rara* Zone

    4. *Sinopagetia jinnanensis* Zone

    3. *Ruichengaspis mirabilis* Zone

    2. *Zhongtiaoshanaspis similis* Zone

Maochuangian Stage

    1. *Luaspides shangzhuangensis* Zone

Besides, *Qingshuiheia hejinensis* Zone is here belonging to the late Lungwangmiaoan Stage.

2. A historical review of Cambrian researches in the Ordos Platform

The Ordos Platform located at western part of the North China Platform, embracing Shanxi, Shaanxi, Gansu, Ningxia Hui Autonomous Region and Inner Mongolia Autonomous Region (Figure 1). The Cambrian strata and fauna have been studied for more than 70 years (Tu, 1950; Guan and Che, 1955; Wang *et al.*, 1956; Lu, 1962; Zhang *et al.*, 1979; Zhang and Zhu, 1979; Zhang *et al.*, 1980b, 1980c; Zheng *et al.*, 1982; Zheng and Li, 1991; Zhang, 1986).

3. Cambrian stratigraphy in southern and western marginal parts of the Ordos Platform

3.1 Cambrian stratigraphical Provinces of the North China Platform

The Cambrian deposits of the North China Platform can be divided into 5 subprovinces: Eastern Subprovince, Central Subprovince, Western Subprovince, Southern Subprovince (Zhang, 2003) and Slope area.

(1) **Western Subprovince.** This Subprovince encompasses the Ordos Platform (Huang, 1945, 1960), covering northern Shaanxi Province, eastern Gansu (Kansu) Province, southeastern Ningxia Hui Autonomous Region, and southwestern Inner Mongolia Autonomous Region. The Ordos Platform has a basement of pre-Sinian metamorphics. Lower Palaeozoic rocks, including Cambrian and Ordovician, crop out only in a few localities along the western marginal part of this platform. The strata of Cambrian Series 2 containing the Wudaotang Formation or the Zhushadong Formation and the Suyukou Formation disconformably overlies upper Precambrian sandstones, and the Lower Ordovician Sandaokan Formation of Arenig age, disconformably overlies the strata of either the Furongian (the Chaumitien Formation, or the Sanshanzi Formation), or of the Cambrian Series 3(the Hulusitai Formation). The latest Furongian and Tremadocian may be all missing here. The Cambrian Series 3 (Maochuangian, Hsuchuangian, Changqingian and partly Jinanian stages) is well developed. The Cambrian sequence consists of thin-beded limestone intercalated with green shale and has a total thickness of about 500 m. The limestone and

shale layers of the Hsuchuangian Stage contain by far the most richly fossiliferous succession in North China.

(2) **Southern Subprovince.** This subprovince corresponds to the southern margin of the North China Platform, embracing central Shaanxi, southern Shanxi, central Henan and northern Anhui (Zhang et al., 1979b, p. 52). It borders the Qinling-Huaiyang axis (Zhang, 2003, p. 59). Cambrian rocks consist of the Xinji Formation and the Zhushadong Formation (= the Houjiashan Formation), the Manto Formation, the Changhia Formation, the Sanshanzi Formation or the Chaumitien Formation. The traditional Lower Cambrian Houjiashan Formation (the middle to upper Tsanglangpuan), containing basal protolenid-bearing phosphorite beds disconformably overlies the late Precambrian Luoquan Tillite or Fengtai Conglomerate (Zhang et al., 1979b; 1980b; Zhang and Zhu, 1979). The lowermost Cambrian, i. e. strata equivalent to the Terreneuvian (the Meishucunian), and lower Cambrian Series 2 (the Chiungchussuan) is missing in this area. Cambrian sediments are thicker than in the other subprovinces, and may attain 700–1000 m.

(3) **Central Subprovince.** This subprovince lies in the middle of the North China Platform, embracing most of the area of Shanxi, western part of Hebei. Cambrian rocks consist of in ascending order: the Manto Formation, the Changhia Formation, the Kushan Formation and the Chaumitien Formation of totally 200 m in thickness. Usually Cambrian sediments disconformably overlies the upper Precambrian Huoshan Sandstone, which is 30–50 m thick and which unconformably overlies pre-Sinian metamorphics. The traditional Lower Cambrian (the Terreneuvian and Cambrian Series 2) are missing in this area.

(4) **Eastern Subprovince.** This subprovince embraces the western and eastern Liaoning, southwestern Jilin, Hebei, Shandong, northeastern part of Henan and northern parts of Jiangsu and Anhui. Cambrian rocks consist of the Changping Formation, the Manto Formation, the Changhia Formation, the Kushan Formation and the Chaumitien Formation in ascending order. The Changping Formation (Cambrian Series 2) or the Manto Formation (Cambrian Series 2 to Series 3) disconformably overlie the upper Precambrian carbonate sequences; and the Lower Ordovician conformably overlies the Furongian rocks of the Chaumitien Formation. The Cambrian rocks consist of maroon shale, thin-bedded limestone and a little dolomitic limestone in the lower part with a thickness of about 150 – 200 m, predominantly of oolitic medium- to thick-bedded limestone, edgewise conglomeratic thin-bedded limestone, argillaceous and bioclastic medium-bedded limestone intercalated with grey to dark grey shale of 400–600 m thick in the upper part. The predominant geomorphological setting interpreted from the sediments of this Subprovince is of a shallow water carbonate shelf. The rich trilobite fauna consists of *Palaeolenus* (= *Megapalaeolenus*), *Redlichia*, *Yaojiayuella*, *Probowmaniella*, *Shantungaspis*, *Asteromajia*, *Ruichengella*, *Ruichengaspis*, *Sunaspis*, *Metagraulos*, *Inouyops*, *Inouyia*, *Poriagraulos*, *Proasaphiscus*, *Bailiella*, *Inouyella*, *Peishania*, *Megagraulos*, *Crepicephalina*, *Dorypyge*, *Amphoton*, *Fuchouia*, *Hypagnostus*, *Baltagnostus*, *Peronopsis*, *Taitzuia*, *Poshania*, *Liopeishania*, *Damesella*, *Ajacicrepida*, *Blackwelderia*, *Neodrepanura*, *Chuangia*, *Changshania*, *Irvingella*, *Kaolishania*, *Ptychaspis*, *Tsinania*, *Mictosaukia* and so on (Zhang and Jell, 1987; Guo et al., 1996; Duan et al., 2005; Yuan et al., 2012).

(5) **Slope.** This subprovince (Jiangbei Slope) embraces the southeastern Shaanxi, northeastern Sichuan, northwestern Hubei and southwestern Henan (East Qinling-Dabashan Mountains) (Yang et al., 1991), via Chuxian-Quanjiao Region of eastern Anhui, towards Chung-hwa Area of D. P. R. Korea and Mung-yeong-Yeongwol Area of R. O. Korea (Zhang, 1988; Peng, 2000, p. 28). In the Chung-hwa Area of D. P. R. Korea, the traditional Lower Cambrian is quite similar to the southern subprovince of North China Platform, containing basal protolenid-bearing phosphorite beds, and *Pagetia*, *Oryctocephalus*, *Pianaspis* etc. of Cambrian Series 3 (Saito, 1934). In the Mung-yeong-Yeongwol Area of R. O. Korea, there are many trilobite genera recorded: *Hedinaspis* cf. *regalis* (Troedsson), *Westergaardites coreanicus*, *Glyptagnostus reticulatus*, *Olenus asiaticus*, *Acrocephalina trisulcata*, *Tonkinella* (Kobayashi, 1935, 1960a, 1960b, 1961, 1962, 1966a, 1966b, 1967) and *Glyptagnostus stolidotus*, *Olenus asiaticus*, *Agnostotes orientalis*, *Micragnostus* aff. *elongatus*, *Pseudorhaptagnostus*

(*Machairagnostus*) *kentauensis*, *Lejopyge armata*, *Pseudeugonocare bispinatum*, *Fenghuangella laevis* (Choi and Lee, 1995; Chough *et al.*, 2000; Sohn and Choi, 2002; Hong *et al.*, 2003; Choi *et al.*, 2008; Park and Choi, 2011), which are typical elements of the slope facies.

3.2 Cambrian subdivision in southern and western marginal parts of the Ordos Platform, and its lower and upper boundaries

See Zhang *et al.* (1980c).

3.3 The description of Cambrian sections in southern and western marginal parts of the Ordos Platform

(1) **Xiweikou section** northeastern Hejin City, southwestern Shanxi (the lithological characters and thickness of the section described and measured by Changqing Oil field Command in 1977).

Overlying stratum Lower Ordovician Yeli Formation: Grey to light grey thick-bedded microlite to cryptomerous dolomite, rich in concretion of banded cherts.

——————— conformity ———————

Furongian (Cambrian Series 4) and upper part of Cambrian Series 3 (310.9 m)

Chaumitien (=Chaomidian) Formation (107.6 m)

34. Grey to light grey medium- to thick-bedded microlite dolomite	9.4 m
33. Grey to dark grey thin- to medium-bedded microlite to cryptomerous dolomite, intercalated with argillaceous dolomite and edgewise dolomite	9.6 m
32. Grey to light grey medium- to thick-bedded microlite to cryptomerous argillaceous dolomite	13.3 m
31. Grey, yellow-grey and yellow-green thin- to medium-bedded dolomite intercalated with argillaceous dolomite, edgewise dolomite, yielding brachiopods, graptolites and trilobites: *Prosaukia* sp., *Calvinella* sp.	25.0 m
30. Grey to greyish-white thin- to thick-bedded cryptomerous to crystalline dolomite	5.8 m
29. Grey to light grey thick-bedded to massive cryptomerous dolomite	22.3 m
28. Grey to dark grey thin- to medium-bedded microlite to cryptomerous dolomite, in the middle part containing brachiopods, near the base yielding trilobites: *Blackwelderia* sp., *Cyclolorenzella* sp., *Homagnostus* sp., *Laoningaspis* sp.	22.2 m

——————— conformity ———————

Changhia (=Zhangxia) Formation (203.3 m)

27. Grey massive with dolomitic banded oolitic limestone intercalated with bioclastic limestone, yielding trilobites: *Damesella* sp.	25.9 m
26. Grey thin slabby microlite to cryptomerous limestone intercalated with yellowish thin-bedded or medium banded marl	2.8 m
25. Dark grey thin- to medium-bedded oolitic limestone, yielding trilobite fragments	6.7 m
24. Dark grey-grey thick-bedded to massive dolomitic oolitic limestone, intercalated with yellow thin banded marl, containing trilobites: Proasaphiscidae	50.7 m
23. Greyish-black massive oolitic limestone	23.5 m
22. Grey to dark grey massive oolitic limestone, intercalated with edgewise limestone, bioclastic limestone and marlaceous phacoid, containing trilobites: *Poshania tangshanensis* Chang, Catillicephalidae	30.0 m
21. Grey to dark grey thin- to thick-bedded rudaceous limestone, intercalated with edgewise limestone, yellow-green mudstone and mud-phacoid, containing trilobite fragments	26.6 m
20. Grey to dark grey thin- to thick-bedded oolitic limestone, intercalated green mudstone at the base, yielding trilobites: *Lioparia* sp.	29.0 m
19. Dark grey medium- to thick-bedded oolitic limestone, occasionally intercalated with edgewise limestone, containing trilobites: *Lioparia* sp., *Bailiella* sp., *Proasaphiscus* sp., ptychoparids	3.1 m
18. Grey to dark grey thin-bedded to massive rudaceous limestone, containing trilobites (Fossil 24): *Inouyia* (*Inouyia*) *capax*, *Squarosoella* sp., *Houmaia hanshuigouensis*	5.0 m

———— conformity ————

Lower part of Cambrian Series 3 and upper part of Cambrian Series 2 (175.8 m)

Manto (=Mantou) Formation (175.8 m)

17. Grey to greyish green shale, interbedded with marl and limestone, containing trilobite fragments 8.2 m

16. Grey thin-bedded to massive oolitic limestone, intercalated with lens of marl, containing trilobites in the marl: ?*Wuania* sp. 10.9 m

15. Grey to yellowish grey thin-bedded argillaceous limestone, interbedded with thin-bedded marl, yielding trilobite fragments 4.0 m

14. Grey medium- to thick-bedded oolitic limestone, intercalated with lens of bioclastic limestone and ochre marlaceous phacoid, containing hyolithid 8.5 m

13. Grey medium- to thick-bedded to massive oolitic limestone, intercalated with bioclastic limestone, containing a lot of trilobite fragments 6.1 m

12. Purple thin-plated limestone intercalated with fine grained sandstone band and bioclastic limestone, yielding trilobites: *Leiaspis* sp., proasaphiscids 4.4 m

11. Grey to yellowish purple thin plated oolitic limestone, containing trilobites (Fossil 15,15A): *Sunaspidella ovata*, *Pseudinouyia* sp., *Taitzuina lubrica* 1.7 m

10. Purple shale, intercalated with grey bioclastic limestone, and greyish yellow, brownish red and greyish green shale at the base, rich in trilobites (Fossil 17): *Holanshania hsiaoxianensis*, *Shanxiella* (*Shanxiella*) *xiweikouensis* 41.9 m

9. Dark grey to grey thin- to medium-bedded limestone, bioclastic limestone at the top, yielding brachiopods and a little trilobites: ptychoparids 11.0 m

8. Dark purple, yellowish green and grey shale, intercalated with grey thin-bedded limestone and grey to greyish green fine grained sandstone, siltstone, yielding trilobites (Fossil 14): *Plesiagraulos* sp. 5.6 m

7. Green, grey, yellow-green and marron thin plated mudstone interbedded with grey thin plated to medium-thick-bedded rudaceouslimestone, containing trilobites at the base (Fossil 8): *Danzhaina hejinensis*, Proasaphiscidae, ptychoparids 5.0 m

6. Grey-purple shale intercalated with purple-grey thin-bedded limestone, yielding trilobites at the top: *Probowmania* sp., *Psilostracus* sp. 19.8 m

5. Grey thin-bedded conglomeratic rudaceous limestone, and oolitic limestone, containing trilobites (Fossil 6): *Temnoura* sp. 13.5 m

4. Grey-green, brown-red thin-bedded mudstone, intercalated with purple-grey and light grey-green thin-plated micrite in the upper part, and grey-green thin-plated rudaceous limestone in the lower and middle parts 7.3 m

3. Light grey, grey-green and purple thin-plated dolomite interbedded with grey thin-bedded limestone, yielding trilobites (Fossil 4, Fossil 5, Fossil 10A, Fossil 19A): *Qingshuiheia hejinensis*, *Q. huangqikouensis*, *Redlichia* sp. 9.1 m

2. Yellow, grey thin-bedded argillaeous dolomite 18.8 m

〰〰〰 unconformity 〰〰〰

Underlying stratum Pre-Cambrian, Huoshan Formation:1. Yellow, light greyish white thin- to medium-thick-bedded quartzose sandstone, greyish white thick-bedded to massive quartzose sandstone 4.4 m

(2) **Qinglongshan section** northeastern Tongxin County, central Ningxia Hui Autonomous Region (the lithological characters and thickness of the section described and measured by Changqing Oil field Command in 1978).

Overlying stratum Lower Ordovician, Sandaokan Formation: Grey thin- to medium-bedded calcareous dolomite interbedded argillaceous dolomite

——— disconformity ———

Furongian (Cambrian Series 4)(204.1 m)

Sanshanzi Formation (204.1 m)

42. Grey medium- to thick-bedded dolomite, with edgewise structure in the lower part, intercalated with grey

thin bedded limestone at the top   6.2 m

41. Grey medium- to thick-bedded dolomite, interbedded with grey thin-bedded argillaceous dolomite and argillaceous banded dolomite   25.3 m

40. Grey medium- to thick-bedded dolomite intercalated with yellow shale, and interbedded with grey thin-bedded argillaceous dolomite, intercalated with a little edgewise dolomite   12.5 m

39. Grey medium- to thick-bedded dolomite, interbedded with grey thin-bedded argillaceous dolomite, intercalated with a little edgewise dolomite   17.2 m

38. Grey thick-bedded to massive dolomite, interbedded with grey thin-bedded argillaceous banded dolomite and thin-bedded dolomite, intercalated with grey-yellow mudstone and a little edgewise dolomite   33.8 m

37. Grey, grey-purple, green-grey, yellow-green edgewise dolomite, interbedded with yellow-green thin-bedded dolomite, occasionally intercalated with argillaceous banded dolomite and yellow-green shale   49.2 m

36. Grey thin-bedded dolomite, intercalated with a little thin-bedded edgewise dolomite and rudaceous dolomite

      21.9 m

35. Grey thin-bedded argillaceous dolomite, intercalated with edgewise dolomite   9.4 m

34. Grey medium- to thick-bedded dolomite intercalated with thin-bedded dolomite   9.3 m

33. Grey medium-bedded dolomite interbedded with grey thin-bedded dolomite, intercalated with a little edgewise dolomite   19.3 m

——————— conformity ———————

Cambrain Series 3 (397.9 m)

Hulusitai Formation (397.9 m)

32. Light grey to grey thick-bedded dolomite, intercalated with oolitic limestone 0.1 m in thickness at the base; greythin-bedded limestone intercalated with edgewise limestone and a little oolitic limestone and bioclastic limestone in the upper part, yielding trilobites (NC133): *Monkaspis neimenggoensis*, *Blackwelderia tenuilimbata*, *B. fortis*, *Meropalla* sp.   37.9 m

31. Grey thin- to medium-bedded dolomite in the upper part, grey edgewise dolomite in the middle part, grey massive dolomite at the base, intercalated with argillaceous banded limestone anda little bioclastic limestone, yielding trilobites in the upper part: *Blackwelderia* sp.   31.0 m

30. Grey medium- to thick-bedded irregular nodular limestone, interbedded with grey limestone and argillized zone limestone, intercalated witha little edgewise limestone, containing trilobite fragments at the base   49.6 m

29. Grey thin-bedded limestone, intercalated with edgewise limestone   19.6 m

28. Grey massive oolitic limestone in the lower part, grey thick-bedded oolitic limestone interbedded with grey thin bedded limestone, yielding trilobite fragments   14.3 m

27. Grey edgewise limestone, intercalated with a little oolitic limestone and shale, containing trilobites: (NC116) *Megagraulos armatus*, *M. longispinifer*   6.2 m

26. Grey edgewise limestone interbedded with oolitic limestone in the lower part, grey thin-bedded limestone interbedded with grey-green shale and edgewise limestone, yielding trilobites (NC110): *Megagraulos inflatus*   16.8 m

25. Largely covered by regolith, only grey medium-bedded oolitic limestone, 1.2 m in thickness at the base, and a little yellowish greythin-bedded limestone in the middle part   16.9 m

24. Grey edgewise limestone interbedded with yellowish grey marl, yielding trilobites at the top (NC107): *Proasaphiscus quadratus*   11.5 m

23. Covered by regolith, only a little edgewise limestone at the base and middle part   7.1 m

22. Grey nodular limestone, intercalated with grey, grey-green thin-bedded marl. Grey thick-bedded oolitic limestone, 0.7 m in thickness at the base, containing trilobites (NC 97): *Lorenzella* sp., *Gangdeeria* sp.   5.9 m

21. Grey thin-bedded limestone, intercalated with grey-green shale in the lower part, grey-purple shale interbedded withthin-bedded limestone in the upper part, edgewise limestone at the base and the top   10.5 m

20. Covered by regolith in the middle and upper parts, occasionally cropping out a little grey thin-bedded oolitic limestone, and grey thin-bedded oolitic limestone, 4.6 m in thickness in the lower part, containing trilobites

(NC87): *Metagraulos* sp.; (NC86): *Metagraulos dolon*, *Inouyia* (*Bulbinouyia*) *lubrica*, *Lioparella walcotti*, *L. typica*, *Iranoleesia* (*Proasaphiscina*) sp. C   34.1 m

19. Grey medium-bedded oolitic limestone, interbedded with purple, marron shale, yielding trilobites in the oolitic limestone (NC84): *Lioparella walcotti*, *Metagraulos* sp.   6.1 m

18. Grey thick-bedded to massive oolitic limestone, partly containing a little conglomerate   11.9 m

17. Grey-green, yellowish green shale, interbedded with silty limestone in the lower part, grey purple, purple grey, yellowish green shale, intercalated with thin-bedded silty limestone and edgewise limestone in the upper part, yielding trilobites (NC 75): *Sunaspidella* sp.   10.7 m

16. Grey purple, brownish grey, grey-green shale, intercalated with oolitic limestone, thin-bedded limestone and lens of gyps, yielding trilobites (NC71): *Sunaspidella* sp.   9.3 m

15. Grey purple, grey-green shale, intercalated with grey oolitic limestone, silty limestone and calcareous siltstone, yielding trilobites(NC68): *Sunaspidella* sp.   3.9 m

14. Grey conglomeratic limestone at the base, 2.1 m in thickness, occasionally intercalated with oolitic limestone and bioclastic limestone, yellowish green shale interbedded with edgewise limestone and grey thin-bedded limestone in the middle-upper parts, containing trilobites (NC66): *Sunaspidella* sp.; (NC65): *Sunaspidella qinglongshanensis*, *Huainania angustilimbata*   7.2 m

13. Grey dolomitic edgewise limestone and oolitic limestone in the lower part, grey-green shale intercalated with a little grey silty limestone, yielding trilobites (NC 63): *Shanxiella* (*Shanxiella*) *venusta*, *Latilorenzella divi*, *Wuania* sp.   2.9 m

12. Covered by regolith   7.1 m

11. Grey edgewise limestone in the lower part, grey oolitic limestone, inserted with argillaceous band in the middle part, grey oolitic limestone and bioclastic limestone in the upper part, yielding trilobites (NC61): *Holanshania hsiaoxianensis*, *Wuania spinata*; (NC59): *Sunaspis laevis*   10.4 m

10. Motley (grey-green, a little brownish grey and purple) shale intercalated with calcareous siltstone, silty limestone, oolitic limestone and bioclastic limestone, yielding trilobites (NC57): *Tengfengia* (*Luguoia*) *helanshanensis*, *Koptura* (*Eokoptura*) sp., *Jiangsucephalus* sp., *Paraszeaspis* sp.; (NC50): *Sinopagetia longxianensis*; (NC49): *Solenoparia* (*Plesisolenoparia*) *ruichengensis*   26.5 m

9. Motley shale intercalated with grey siltstone, lens of quartzose sandstone in the lower part, brownish grey, grey-green shale intercalated with slabby silty limestone, calcareous siltstone, and lens of bioclastic limestone in the middle to upper parts, yielding trilobites (NC 47): *Ruichengaspis mirabilis*, *Solenoparia* (*Plesisolenoparia*) sp., *Parachittidilla* sp.; (NC 46): *Parachittidilla* sp.; (NC 45): *Parachittidilla* sp. 17.9 m

8. Grey bioclastic oolitic limestone, intercalated with grey thin-bedded limestone and bioclastic nodular limestone, yielding trilobites (NC 37): *Wuhaiaspis convexa*, *Parasolenopleura* cf. *cristata*, *Solenoparia* (*Plesisolenoparia*) sp.   12.2 m

7. Light brownish grey, purple shale, interbedded with grey-green shale, intercalated with lens of calcareous siltstone, yielding trilobites in the middle to upper parts (NC 32): *Luaspides shangzhuangensis*, ptychoparids; (NC31): *Probowmaniella conica*   10.4 m

———— conformity ————

Cambrian Series 2 (80.6 m)

Wudaotang Formation (80.6 m)

6. Grey, yellowish grey, purple grey dolomite, containing bioclastic, oolitic and sandy composition in the lower part, grey sandy rudaceous limestone, interbedded with oolitic limestone in the upper part, containing trilobites (NC 29): ptychoparids   12.3 m

5. Yellowish grey, grey-yellow argillaceous dolomite, containing bioclastic, oolitic and sandy composition, intercalated witha little sandy band   15.6 m

4. Yellowish grey shale intercalated with thin-bedded bioclastic limestone lens in the upper part, thin-bedded bioclastic limestone, 0.4 m in thickness at the top, yellowish green shale intercalated with thin- to medium-bedded oolitic limestone and grey edgewise limestone, 0.5 m in thickness, yielding trilobites (NC 17):

Antagmidae; (NC15): *Probowmania qiannanensis*   27.2 m

   3. Purple-grey argillaceous dolomite interbedded with yellowish brown, grey-green shale, intercalated with thin bedded dolomitic siltstone andquartzose sandstone, in dolomitic limestone yielding brachiopods and trilobites at the top (NC 11): Antagmidae   10.3 m

   2. Pale, purple-grey dolomite, argillaceous dolomite intercalated with shale, dolomitic mudstone, quartzose sandstone and thin-bedded nodular sandstone   13.8 m

   1. Grey conglomerate and sandstone   1.4 m

——— disconformity ———

Underlying stratum Pre-Cambrian: Grey, grey-green conglomeratic sandstone, intercalated with purple shale, pale conglomerate, 1.7 m in thickness at the base   4.4 m

(3) Niuxinshan section western Longxian County, western Shaanxi (the lithological characters and thickness of the section described and measured by authors in 1977).

Overlying stratum Lower Ordovician: Pale and purple thick-bedded limestone, pale rudaceous limestone at the base
——— disconformity ———

Furongian (Cambrian Series 4) and upper part of Cambrian Series 3 (353.4 m)

Sanshanzi Formation (311.6 m)

   48. Light grey thin-bedded argillaceous dolomite in the lower part, light grey-purple medium- to thick-bedded microlitic to cryptomerous dolomite in the middlepart, light grey-purple to light grey medium- to thick-bedded microlitic to cryptomerous dolomite in the upper part   68.7 m

   47. Light grey, light grey-red medium- to thick-bedded microlitic to cryptomerous dolomite, intercalated with calcareous dolomite, and rudaceous limestone at the top   43.2 m

   46. Light grey thick-bedded to massive microlitic to cryptomerous dolomite in the lower part, grey, grey-yellow, light grey thin-bedded dolomitic limestone in the middle part, light grey thin- to medium-bedded dolomite in the upper part   52.6 m

   45. Grey, light grey and grey-red thin-medium- to thick-bedded oolitic dolomite, intercalated with calcareous dolomite in the lower part   18.5 m

   44. Light grey, grey thick-bedded microlitic to cryptomerous dolomite, and dolomitic limestone, 2.2 m in thickness at the base   52.5 m

   43. Light grey to dark grey thick-bedded to massive microlitic to cryptomerous dolomite, and dolomite in the upper part   39.5 m

   42. Purple-grey, grey massive microlitic to crystalline dolomite in the upper part, grey massive microlitic to cryptomerous dolomite in the lower part   15.2 m

   41. Light grey to dark grey thin- to medium-bedded to thick-bedded oolitic dolomite, intercalated with thin-bedded dolomitic limestone   21.4 m

——— conformity ———

Changhia (=Zhangxia) Formation (41.8 m)

   40. Grey, grey-purple massive oolitic limestone   2.0 m

   39. Dark grey thick-bedded microlitic dolomitic limestone in the lower part, dark grey thin- to medium-bedded microlitic limestone in the upper part   6.8 m

   38. Grey to dark grey thin-bedded dolomitic limestone, containing trilobite fragments   5.7 m

   37. Grey to dark grey massive oolitic limestone, yielding trilobites (L27): *Proasaphiscus quadratus*   5.7 m

   36. Grey thick-bedded limestone, intercalated with grey-purple rudaceous limestone, yielding trilobites in the lower part (L26): *Lioparia* sp., *Proasaphiscus quadratus*   7.5 m

   35. Grey thin-bedded limestone interbedded with edgewise rudaceous limestone, yielding trilobites (L25): *Bailiella lantenoisi*   4.1 m

   34. Grey to dark grey thin-bedded micrite, yielding trilobites (L24): *Honanaspis* sp.   2.2 m

   33. Dark grey massive oolitic limestone, yielding trilobites (L18): *Proasaphiscus* sp. B   2.2 m

32. Grey thin-bedded argillaceous limestone, intercalated with edgewise rudaceous limestone and thin-bedded oolitic limestone, containing trilobites (L17): Proasaphiscidae   5.6 m

———— conformity ————

Lower Cambrian Series 3 to upper Cambrian Series 2 (201.9 m)

Manto (=Mantou) Formation (201.9 m)

31. Grey, dark grey thick-bedded oolitic rudaceous limestone in the upper part, light purple thin-bedded argillaceous limestone intercalated with grey-purple shale in the lower part, yielding trilobites (L23): *Poriagraulos dactylogrammacus*, *P.* sp., *Liquanella venusta*   2.4 m

30. Grey-purple shale interbedded with light grey, brownish purple thin-bedded limestone, dark grey thin- to medium-bedded algal limestone and oolitic limestone in the base.   15.6 m

29. Grey-purple shale intercalated with grey thin-bedded oolitic limestone, yielding trilobites (L22): Proasaphiscidae, *Gangdeeria* sp.   5.3 m

28. Grey thick-bedded oolitic limestone, yielding trilobites (L22): Proasaphiscidae   0.5 m

27. Grey-purple shale intercalated with grey-red, light grey thin-bedded bioclastic oolitic limestone, containing three layers of trilobites in descending order (L20c): *Inouyops titiana*; (L20b): *Metagraulos* sp., *Lioparella* sp.; (L20a): *Inouyia* (*Bulbinouyia*) *lata*, *Metagraulos laevis*, *Lioparella walcotti*, *Iranoleesia* (*Proasaphiscina*) sp.   8.7 m

26. Purple medium-bedded sandy bioclastic oolitic limestone, yielding trilobites (L19): *Metagraulos* sp., *Lorenzella spinosa*   0.5 m

25. Grey-purple shale intercalated with grey thin-bedded bioclastic oolitic limestone, containing three layers of trilobites in descending order(L16b): *Lorenzella spinosa*, *Metagraulos* sp.; (L16): *Inouyia* (*Bulbinouyia*) sp.; (L16a): *Metagraulos laevis*, *Gangdeeria*? sp. B   5.9 m

24. Grey, brownish grey thin- to medium-bedded limestone and oolitic limestone, yielding trilobites (L15a): *Sunaspidella* sp.   0.9 m

23. Grey-purple shale intercalated with grey thin-bedded bioclastic oolitic limestone, containing trilobites (L15): *Sunaspidella transversa*, *S.* sp. B, *Honania yinjiensis*, *Wuhushania claviformis*, *W. cylindrica*, *Pseudinouyia* sp.   10.5 m

22. Grey-purple medium-bedded sandy limestone, yielding trilobites (L14): *Holanshania hsiaoxianensis*, *Parashanxiella flabellata*, *Shanxiella* (*Jiwangshania*) *rotundolimbata*, *Taitzuina lubrica*   1.8 m

21. Grey-yellow glauconitic limestone, yielding trilobites: *Iranoleesia* (*Proasaphiscina*) sp.   0.3 m

20. Grey-yellow thick-bedded oolitic detrital limestone in the upper part, grey thin-bedded silty limestone, yielding trilobite in the upper part (L13): *Sunaspis lui*, *Pseudinouyia* sp., *Holanshania* sp.   4.1 m

19. Grey-purple, purple calcareous siltstone and fine grained sandstone   12.8 m

18. Grey-purple shale intercalated with grey, grey-purple thin-bedded limestone and oolitic limestone, rich in trilobites in the upper part of limestone, about 0.9 m in thickness (L12): *Sinopagetia jinnanensis*, *S. neimengguensis*, *S. longxianensis*, *Parachittidilla xiaolinghouensis*, *P. obscura*, *Parainouyia fakelingensis*, *P. niuxinshanensis*, *Monanocephalus reticulatus*, *Metaperiomma spinalis*, *Jinnania* sp., *Solenoparia* (*Plesisolenoparia*) sp.   18.0 m

17. Grey-purple thin-bedded oolitic limestone, yielding trilobites (L11): *Jinnania ruichengensis*, *Wuhaina lubrica*, *Parachittidilla* sp., *Solenoparia* (*Plesisolenoparia*) sp.   1.3 m

16. Marron shale intercalated with thin-bedded calcareous siltstone in the lower part, grey-purple thin-bedded siltstone intercalated with silty oolitic limestone in the upper part   23.1 m

15. Purple, purple-maroon calcareous shale and mudstone, intercalated with limestone and thin-bedded oolitic limestone, purple-grey thick-bedded oolitic limestone at the top, 1.4 m in thickness, yielding trilobites (L10): ptychoparids   44.2 m

14. Grey-green, light grey-purple thin-bedded limestone and argillaceous limestone, oolitic limestone, 3.5 m in thickness at the top, intercalated with thin-bedded bioclastic limestone at the base   19.5 m

13. Brownish grey, purple grey thick-bedded oolitic limestone   1.1 m

12. Grey calcareous shale intercalated with oolitic limestone in the lower part, brownish grey thin-bedded limestone in the upper part, yielding trilobites (L8): *Sanwania* sp.   9.7 m

11. Purple-grey thick-bedded bioclastic oolitic limestone, yielding trilobites (L7): *Eoptychoparia* sp.,   1.1 m

10. Brownish purple calcareous shale in the upper part, grey-purple dolomite and argillaceous dolomite in the middle part, grey microlitic to finecrystalline limestone in the lower part, yielding trilobites (L6): ptychoparids   14.6 m

———— conformity ————

Middle part of Cambrian Series 2 (114. 7 m)

Zhushadong Formation (76.4 m)

9. Light purple-grey medium- to thick-bedded dolomite and argillaceous dolomite, intercalated with thin-bedded dolomitic quartzose sandstone   10.0 m

8. Purple, grey-purple calcareous shale, interbedded with dolomitic shale, marl and argillaceous dolomite, grey thin- to medium-bedded calcareous dolomite at the base   16.9 m

7. Light grey, brownish grey thin- to medium-bedded sandy dolomite, intercalated with dolomite and calcareous mudstone   19.1 m

6. Light grey thin-bedded dolomite, rich in algae   5.2 m

5. Dark grey massive oolitic sandy dolomite in the upper part, grey thick-bedded rudaceous dolomite in the lower part   17.2 m

4. Grey massive dolomite, rich in algae   8.0 m

———— conformity ————

Xinji Formation (38.3 m)

3. Brownish yellow, purple-grey thin- to medium-bedded dolomite intercalated with dolomitic quartzose siltstone, medium- to thick-bedded dolomite at the base   33.6 m

2. Purple, grey-purple massive phosphatic bioclastic dolomite, yielding trilobites (L2): *Estaingia zhoujiaquensis*, *E. shaanxiensis*, *Longxianaspis latilimbatus*, *L. niuxinshanensis*   2.3 m

1. Light brownish yellow thin-bedded fine crystalline dolomite at the base, dark purple dolomitic oolitic phosphorite in the lower part, grey, greyish-yellow, greyish brown rudaceous sandy phosphorite in the middle and upper parts   2.4 m

——— disconformity ———

Underlying stratum Sinian, Fengtai Formation, Longxian member: Dark purple, greyish purple and grey-green shale

(4) **Suyukou-Wudaotang section**   Helanshan Mountain, northwestern Yinchuan City, western Ningxia Hui Autonomous Region [the lithological characters and thickness of the section followed by Zhou Zhiqiang and Zheng Zhaochang in 1976; trilobite samples (NH) collected by the authors in 1977].

Overlying stratum Lower Ordovician: Grey medium to thick-bedded argillaceous limestone

———— conformity ————

Furongian (Cambrian Series 4) (206.4 m)

Sanshanzi Formation (206.4 m)

46. Grey thick-bedded dolomitic limestone in the lower and upper parts, grey thin- to medium-bedded limestone containing argillized belts in the middle part   34.3 m

45. Dark grey thick-bedded to massive dolomite, containing argillaceous lump in the lower part, and chert lump at the top, yielding stromatolites   4.0 m

44. Light grey to dark grey thick-bedded dolomite in the lower part, light grey to dark grey thin- to medium-bedded dolomite in the middle to upper parts, and grey argillaceous dolomite at the top   21.8 m

43. Light grey to dark grey thick-bedded dolomite interbedded with grey thin- to medium-bedded argillaceous limestone, intercalated with a little edgewise limestone   23.8 m

42. Grey thin-bedded limestone, argillaceous limestone, intercalated with grey thin- to medium-bedded edgewise limestone, yielding trilobites: *Paracalvinella cylindrica*, *Tsinania* sp.   6.2 m

41. Grey thick-bedded crystalline dolomite, intercalated with a little thin-bedded argillaceous limestone,

dolomitic limestone at the base   31.2 m

40. Grey thin-bedded argillaceous limestone interbedded with grey medium- to thick-bedded crystalline dolomite, intercalated with grey medium- to thick-bedded edgewise limestone, yielding trilobites in the lower and middle parts: *Chuangia* sp., *Xiaoshiella* sp.   34.2 m

39. Grey thin-bedded argillaceous limestone, interbedded with thin-bedded limestone containing argillized zone and grey medium- to thick-bedded edgewise limestone, intercalated with a little oolitic limestone, yielding trilobites of two layers: *Chuangia* sp. (upper), *Yokusenia* sp. (lower)   50.9 m

——————— conformity ———————

Cambrian Series 3 (649.5 m)

Hulusitai Formation (649.5 m)

38. Grey medium- to thick-bedded limestone   3.1 m

37. Grey thin-bedded argillaceous limestone, intercalated with grey medium- to thick-bedded limestone and edgewise limestone, grey massive limestone at the base   24.3 m

36. Grey thin-bedded argillaceous limestone, intercalated with grey medium- to thick-bedded limestone and edgewise limestone, yielding trilobites: *Homagnostus* sp.   25.6 m

35. Grey thin-bedded argillaceous limestone, intercalated with grey medium- to thick-bedded limestone, edgewise limestone and oolitic limestone, yielding trilobites: *Blackwelderia* sp., *Cyclolorenzella* sp.   46.9 m

34. Grey thin- to medium-bedded argillaceous limestone, intercalated with grey thick-bedded edgewise limestone 12.4 m

33. Grey thin-bedded argillaceous limestone, containing argillized zone, intercalated with grey medium- to thick-bedded edgewise limestone, yielding trilobites in the upper part: *Damesella* sp.   62.8 m

32. Grey medium- to thick-bedded edgewise limestone, dark grey stromatolitic limestone, 0.9 m in thickness at the base   27.6 m

31. Grey thick-bedded argillaceous banded limestone in the lower part, dark grey, green-grey thin-bedded argillaceous banded limestone in the middle-upper parts, intercalated with edgewise limestone and thick-bedded limestone, yielding trilobites in the lower-middle parts: *Solenoparia* sp., *Taitzuia* sp., *Poshania* sp.

78.0 m

30. Grey thick-bedded argillaceous banded limestone intercalated with grey medium- to thick-bedded edgewise limestone and a little medium- to thick-bedded limestone   65.3 m

29. Grey thin-bedded limestone intercalated with medium- to thick-bedded limestone   10.9 m

28. Grey thin-bedded limestone interbedded with grey-green shale   8.4 m

27. Grey thick-bedded limestone containing argillized zone, intercalated with grey medium- to thick-bedded edgewise limestone and oolitic limestone, yielding trilobites: *Szeaspis* sp.   16.4 m

26. Grey thin-bedded limestone intercalated with grey medium- to thick-bedded limestone   15.6 m

25. Grey, pale limestone interbedded with grey-green shale, intercalated with grey medium- to thick-bedded oolitic limestone   13.9 m

24. Grey thick-bedded limestone containing argillized zone, intercalated with 2 layers medium- to thick-bedded oolitic limestone, yielding trilobites (NH28): *?Crepicephalina* sp.; (NH27, NH26): *Proasaphiscus* sp.   38.2 m

23. Grey thin-bedded limestone   6.2 m

22. Grey-green shale intercalated with a little grey, pale thin-bedded limestone   13.8 m

21. Grey thin-bedded argillaceous limestone intercalated with a little grey-green shale, yielding trilobites (NH25): *Bailiella lantenoisi*   6.8 m

20. Pale, grey thin-bedded limestone interbedded with grey-green shale and edgewise limestone, intercalated with a little black medium- to thick-bedded limestone, containing trilobites in descending order (NH24): Proasaphiscidae; (NH23): *Latilorenzella melie*; (NH22): Proasaphiscidae; (NH21): *Proasaphiscus* sp. 26.8 m

19. Grey, greyish black thick-bedded limestone containing argillized zone, intercalated with pale, yellowish white medium- to thick-bedded oolitic limestone, and grey to greyish black thick-bedded argillaceous siderite limestone at the top, 8.6 m in thickness, yielding trilobites in descending order (NH20): *Solenoparia* (*Plesisolenoparia*) sp., *Lorenzella spinosa*, *Gangdeeria neimengguensis*, *Hyperoparia*? sp.; (NH19):

Inouyops titiana; (NH18): *Gangdeeria neimengguensis*, *Solenoparia* (*Solenoparia*) cf. *talingensis*   36.5 m

18. Grey, pale medium- to thick-bedded oolitic limestone containing argillized zone, yielding trilobites at the base (NH17): *Inouyia* (*Sulcinouyia*) *rara*, *Inouyia* (*Bulbinouyia*) *lubrica*, *Koptura* (*Eokoptura*) *bella*, *Iranoleesia* (*Proasaphiscina*) sp. A   4.8 m

17. Grey thin-bedded limestone in the lower part, containing argillized zone, grey thin-bedded limestone interbedded with edgewise limestone, intercalated with a little grey-green shale and thin-bedded limestone in the middle part, grey-green shale intercalated with oolitic limestone and sandy oolitic limestone in the upper part   30.1 m

16. Grey, grey-green edgewise limestone intercalated with a little green shale in the lower part, grey thin-bedded limestone intercalated with greyish brown thin-bedded bioclastic limestone in the upper part, rich in trilobites below the top about 6 m (NH16): *Sunaspidella rara*, *S. transversa*, *Leiaspis elongata*; below the top about 9 m (NH15): *Sunaspidella transversa*; above the base about 13 m (NH14): *Xuainania* sp.; above the base about 5 m (NH13): *Taitzuina lubrica*, *Wuania* sp., *Parashanxiella flabellata*; above the base about 2.5 m (NH12): *Wuania semicircularis*, *Pseudinouyia transversa*, *Wuanoides situla*, *Shanxiella* (*Shanxiella*) *xiweikouensis*, *Sunaspidella ovata*; above the base about 1.5 m (NH11): *Sunaspidella ovata*   22.2 m

15. Grey-green shale intercalated with a little grey thin-bedded bioclastic limestone lens in the upper part, containing siliceous zone, grey thin-bedded limestone and pale, grey bioclastic limestone interbedded with grey thin-bedded limestone in the middle part, containing argillized zone, covered by regolith in the lower part, about 17 m in thickness, yielding trilobites in the upper part in descending order (NH10): *Sunaspidlla* sp. A; (NH9): *Sunaspis lui*; (NH8): *Sunaspis laevis*, *Wuania oblongata*, *Iranoleesia* (*Proasaphiscina*) *pustulosa*; (NH7): Solenopleuridae, Proasaphiscidae   28.4 m

14. Grey-green thin-bedded limestone, bioclastic limestone, intercalated with a little grey-green shale, yielding trilobite near the base (NH6): *Ruichengaspis* sp., *Protochittidilla poriformis*, *Solenoparia* (*Solenoparia*) *granuliform*; (NH5): Antagmidae, Solenopleuridae   3.5 m

13. Grey-green shale intercalated with thin-bedded limestone, yielding trilobites in the middle part (NH4): ? *Parachittidilla* sp., ? *Probowmania* sp.   7.0 m

12. Grey-green shale intercalated with a little grey thin-bedded limestone in the lower part, purple shale in the upper part, yielding trilobites in the lower part (NH3b): *Wuhaiaspis longispina*; (NH3a): *Wuhaiaspis* sp., *Solenoparops taosigouensis*   7.0 m

11. Grey-green shale intercalated with grey thin-bedded limestone lens in the lower part, purple shale in the upper part, yielding trilobites in limestone lens of the lower part (NH2): *Probowmaniella conica*, *P. jiawangensis*   7.0 m

——— conformity ———

Cambrian Series 2 (109.8 m)

Zhushadong Formation (79.2 m)

10. Pale medium- to thick-bedded medium grained quartzose sandstone   2.2 m

9. Yelllowish white sheet sandstone interbedded with shale, intercalated with grey, yellow thin-bedded limestone   4.6 m

8. Grey thick-bedded calcareous crystalline dolomite   6.2 m

7. Grey thin-bedded limestone in the lower part, grey-green shale in the upper part   9.2 m

6. Grey medium- to thick-bedded limestone, yielding algae in the top   4.8 m

5. Yellow, yellowish white medium- to thick-bedded calcareous sandstone and thin- to medium-bedded limestone, intercalated with grey-purple shale   4.3 m

4. Milky white thin-bedded limestone intercalated with a little medium- to thick-bedded limestone, calcareous dolomite at the top, about 1.9 m in thickness   25.8 m

3. Dark grey thick-bedded to massive silty calcareous dolomite   22.1 m

——— conformity ———

Suyukou Formation (30.6 m)

2. Grey, yellowish grey medium- to thick-bedded calcareous siltstone, brownish grey conglomeratic bioclastic sandstone and at the base of siltstone, yielding trilobites (NH1): protolenid gen. et sp. indet.   28.3 m

1. Yellowish brown conglomeratic phosphorite in the lower part, yellowish brown medium-bedded sandy phosphorite and brown phosphoric siltstone in the upper part   2.3 m

————— disconformity —————

Underlying stratum Sinian, the lower part of the Fengtai Formation: Dolomite and Conglomerate, grey, greyish black, greyish purple and grey-green shale and silty shale in the upper part

(5) Hulusitai-Taosigou section Zongbieli Town, Inner Mongolia Autonomous Region [the lithological characters and thickness of the section followed The third branch of Geological Survey of Bureau of Geology and Mineral Resources of Ningxia Hui Autonomous Region; trilobite samples (NH) collected by the authors in 1977].

Overlying stratum Mid Carboniferous: Light brown conglomeratic coarse sandstone

∼∼∼∼ unconformity ∼∼∼∼

Cambrian Series 3 (319.3 m)

Hulusitai Formation (319.3 m)

18. Pale thin-bedded limestone intercalated with medium- to thick-bedded oolitic limestone and edgewise limestone   53.8 m

17. Pale thin-bedded limestone intercalated with grey shale, and intercalated with several layers medium- to thick-bedded detrital limestone, edgewise limestone and brown calcareous siltstone, yielding trilobites in descending order (NH63): *Koptura* sp.; (NH62): *Megagraulos* sp.;(NH61): ? *Crepicephalina* sp.   30.3 m

16. Pale thin-bedded limestone, intercalated with oolitic limestone in the upper part, yielding trilobites (NH60, NH59): *Crepicephalina* sp.   34.5 m

15. Purple, grey-green, brownish red shale, intercalated with 2−3 layers grey sandy limestone, and grey-green fine grained quartzose sandstone, about 40 cm in thickness at the base, yielding trilobites (NH58): Proasaphiscidae gen. et sp. indet.   18.1 m

14. Palethin-bedded limestone, grey medium- to thick-bedded edgewise limestone, 3−4 m in thickness at the base, yielding trilobites in descending order (NH57): *Bailiella lantenoisi*; (NH57a): *Bailiella lantenoisi*; (NH56): *Bailiella lantenoisi*; *Michaspis taosigouensis*   13.1 m

13. Greyish black thin-bedded oolitic limestone in the lower part, containing argillized zone, pale thin-bedded edgewise limestone in the upper part, containing trilobites (NH55): *Michaspis taosigouensis*; (NH54): *Inouyops titiana*, *Gangdeeria neimengguensis*, *Solenoparia* sp.   47.8 m

12. Grey-green shale, thin- to medium-bedded sandy limestone and bioclastic limestone, grey medium-bedded oolitic edgewise limestone about 1.0 m in thickness at the top, containing trilobites in descending order (NH53): *Solenoparia* (*Solenoparia*) *talingensis*; (NH52): *Zhongweia transversa*, *Z.* sp., *Lioparella typica*, *L. suyukouensis*; (NH51): *Wuhushania cylindrica*, *Honania yinjiensis*, *Sunaspidella transversa*; (NH50): *Sunaspidella transversa*, Ordosiidae; (NH49): *Sunaspidella qinglongshanensis*, *Huainania angustilimbata*; (NH48): *Pseudinouyia transversa*, *Leiaspis* sp., *Taitzuina lubrica*, *Taosigouia cylindrica*; (NH48a): *Pseudinouyia transversa*, *Taosigouia cylindrica*, *Taitzuina lubrica*, *Holanshania ninghsiaensis*   72.3 m

11. Greyish yellow thin-bedded limestone, containing argillized zone, intercalated with oolitic limestone at the top, yielding trilobites in descending order (NH47): *Pseudinouyia transversa*, *Taosigouia cylindrica*, *Holanshania hsiaoxianensis*, *Parashanxiella lubrica*; (NH46): *Kootenia* sp., *Wuania venusta*, *Taitzuina transversa*, *Shanxiella* (*Jiwangshania*) *flabelliformis*, *Tengfengia* (*Luguoia*) *helanshanensis*, *Proacanthocephala longispina*; (NH45): *Kootenia* sp.; (NH44): *Solenoparops*? *intermedius*, *Paraszeaspis quadratus*, *Iranoleesia* (*Iranoleesia*) *angustata*, *Qianlishania megalocephala*   24.9 m

10. Greyish black medium-bedded oolitic limestone intercalated with conglomeratic limestone, containing trilobites in descending order (NH43a): *Monanocephalus taosigouensis*, *M. zhongtiaoshanensis*, *Plesiagraulos pingluoensis*, *Solenoparia* (*Soelnoparia*) *porosa*, *Solenoparops*? *intermedius*, *Sulcipagetia*

gangdeershanensis; (NH43): *Paraszeaspis quadratus*, *Iranoleesia* (*Iranoleesia*) *angustata*, *Qianlishania megalocephala*; (NH42): *Kootenia helanshanensis*; (NH41): *Sulcipagetia* sp.; *Solenoparia* (*Plesisolenoparia*) sp., *Monanocephalus taosigouensis*, *M. zhongtiaoshanensis*; (NH40): *Sulcipagetia gangdeershanensis*, *Sinopagetia jinnanensis*, *S. longxianensis*; (NH39): *Solenoparia* (*Plesisolenoparia*) *jinxianensis*; (NH38): *Solenoparia* (*Plesisolenoparia*) *granulosa*, *Solenoparops taosigouensis* 17.3 m

    9. Greyish yellow medium- to thick-bedded sandy limestone intercalated with grey-green, purple shale, contaning trilobites in descending order (NH37): *Luaspides* sp.; (NH36): *Luaspides? quadrata*; (NH35): *Luaspides* sp., *Solenoparia* (*Plesisolenoparia*) sp.; (NH34): *Plesiagraulos pingluoensis*, *P. triangulus*, *Gangdeeria* sp. A, *Solenoparia* (*Plesisolenoparia*) *jinxianensis*; *Parachittidilla* sp.; (NH33): *Sinopagetia* sp., *Solenoparia* (*Plesisolenoparia*) sp.; (NH31a): *Solenoparia* (*Plesisolenoparia*) *jinxianensis*, *Parachittidilla* sp., *Parainouyia prompta*, *Helanshanaspis abrota*; (NH32): *Zhongtiaoshanaspis similis*, *Z. ruichengensis*, *Qianlishania longispina*; (NH31): *Luaspides shangzhuangensis*, *Luaspides?* sp. 7.2 m

——— conformity ———

Cambrian Series 2 (57.6 m)

Wudaotang Formation (57.6 m)

    8. Greyish black thick-bedded limestone, containing argillized zone, greyish black thin-bedded limestone at the base, about 5m in thickness, containing argillized zone and argillaeous sandy reticulate limestone in the upper part, yielding trilobites near the base (NH30): *Eoptychoparia* sp. 15.9 m

    7. Greyish black thin-bedded edgewise oolitic limestone, yielding trilobite fragments 8.6 m

    6. Pale thin-bedded medium grained arkosic quartzose sandstone intercalated with greyish black limestone of about 30 cm in thickness 12.0 m

    5. Yellowish brown medium- to thick-bedded dolomite, grey-green tuff, about 1m in thickness at the base 12.0 m

    4. Yellowish brown thin-bedded marl, yellowish brown slate and shale, intercalated with of 10 cm in thickness glauconitic medium grained quartzose sandstone 7.3 m

    3. Grey fine grained conglomerate 1.8 m

——— disconformity ———

Underlying stratum Pre-Cambrian

    2. Quartzose sandstone interbedded with yellowish brown chert lumps and dolomite containing argillized zone, dominated by sandstoneat the base, and dolomite in the upper part 19.5 m

    1. Grey-green fine conglomeratic coarse grained quartzose sandstone 14.3 m

(6) Dongshankou section Gangdeershan, southern Wuhai City, Inner Mongolia Autonomous Region [the lithological characters and thickness of the section described and measured by Yang Jiaming, Zhao Songqing *et al.*, in 1977; trilobite samples (NZ) collected by the authors in 1977; (NZ0) collected by Yang Jiaming, Zhao Songqing *et al.*, in 1978].

Overlying stratum Lower Ordovician, Sandaokan Formation: Quartzose sandstone interbedded with sandy dolomite and dolomite

——— disconformity ———

Cambrian Series 3

Hulusitai Formation (520.1 m)

    45. Yellowish grey medium-bedded dolomite interbedded with dolomite containing argillized zone 9.9 m

    44. Grey thin-bedded limestone interbedded with edgewise limestone, algal limestone and dolomite, yielding trilobites in the dolomitic algal limestone at the base, about 0.5 m in thickness (NZ020): *Cyclolorenzella* sp., Damesellidae gen. et sp. indet. 10.4 m

    43. Grey thin-bedded limestone intercalated with edgewise limestone and several layers of algal limestone 12.0 m

    42. Grey laminated limestone in the lower part, containing argillized zone, grey thin-bedded limestone intercalated with edgewise limestone and algal limestone lens, yielding algae 8.8 m

    41. Grey thin-bedded limestone intercalated with edgewise limestone and thin-bedded conglomeratic limestone 11.3 m

40. Grey thin-bedded limestone intercalated with edgewise limestone and algal limestone lens, a little grey shale at the top, yielding trilobites (NZ50): *Jiulongshania rotundata*, *Pingluaspis decora*, *Haibowania zhuozishanensis*　39.1 m

39. Grey thin-bedded limestone interbedded with edgewise limestone, and a little limestone alternated by dolomite, grey nodular limestone about 1.3 m in thickness at the base, yielding trilobite fragments　13.0 m

38. Grey thin-bedded nodular limestone intercalated with dolomite and edgewise limestone in the lower and upper parts, greyish black thick-bedded dolomite intercalated with calcareous dolomite and edgewise limestone in the middle part, yielding trilobite fragments (NZ017)　30.9 m

37. Grey irregular nodular limestone interbedded with dolomitic limestone, containing argillized zone, yielding trilobites in the lower-middle part (NZ016, NZ49): *Camarella tumida* gen. et sp. nov.　18.9 m

36. Grey thin-bedded limestone interbedded with yellowish green shale and nodular limestone, intercalated with a little argillaceous banded limestone and edgewise limestone, containing trilobite fragments (NZ48,NZ47)　12.9 m

35. Grey thin-bedded limestone interbedded with yellowish green shale, intercalated with grey thick-bedded limstone and 5 layers edgewise limestones, yielding trilobites in descending order (NZ46): *Poshania poshanensis*, *Taitzuia lui*; (NZ45): *Taitzuia lui*, *Yanshaniashania angustigenata*, *Poshania poshanensis*　14.3 m

34. Grey thick-bedded nodular limestone and argillaceous limestone in the lower part, thin-bedded limestone intercalated with edgewise limestone and yellowish green shale in the upper part　8.2 m

33. Grey-green, yellowish green shale interbedded with edgewise limestone, intercalated with thin-bedded limestone and a little calcareous siltstone, yielding trilobites (NZ44): *Idioura* sp., *Psilaspis dongshankouensis*; (NZ44, boulders): *Sciaspis brachyacanthus*, *Lianglangshania transversa*　31.8 m

32. Grey medium-bedded edgewise limestone interbedded with grey thin-bedded limestone in the lower part, grey thin-bedded limestone intercalated with grey-green shale in the upper part, yielding trilobites (NZ015): anomocarids　12.5 m

31. Grey thin-bedded edgewise limestone interbedded with grey thin-bedded limestone, containing argillized zone, oolitic limestone and thin-bedded limestone, intercalated with bioclastic limestone and calcareous shale, yielding trilobite fragments (NZ014, NZ42)　16.8 m

30. Grey chrysanthemum-shaped edgewise limestone interbedded with grey thin-bedded limestone, intercalated withthin-bedded edgewise limestone and yellowish green shale, yielding trilobites (NZ41): *Megagraulos armatus*, *Yanshaniashania similis*　7.4 m

29. Grey nodular limestone interbedded with grey edgewise limestone, intercalated with oolitic limestone and grey-green shale, containing trilobites (NZ40): *Proasaphiscus tatian*　30.1 m

28. Grey thin-bedded limestone intercalated with several layers of edgewise limestone and oolitic limestone　12.1 m

27. Grey chrysanthemum-shaped edgewise limestone interbedded with grey thin-bedded limestone and grey-green shale, yielding trilobites (NZ012): *Megagraulos* sp.　4.5 m

26. Grey nodular limestone intercalated with edgewise limestone, oolitic limestone, thin-bedded limestone, and bioclastic oolitic limestone, about of 0.6 m in thickness at the base, yielding trilobites in descending order (NZ39): *Megagraulos inflatus*, *Manchuriella* sp., *Anomocarella*? *antiqua*; (NZ32): *Megagraulos spinosus*; (NZ38): *Tetracerura* sp.,*Tylotaitzuia truncata*; (NZ37): *Olenoides longus*,*Megagraulos* sp., *Asteromajia*? sp., *Heyelingella shuiyuensis*, *Dorypyge* sp., *Tylotaitzuia truncata*, *Anomocarioides*? sp.　10.0 m

25. Grey nodular limestone interbedded with edgewise limestone, intercalated with grey thin-bedded bioclastic oolitic limestone, grey conglomeratic limestone about of 1.2 m in thickness at the top, yielding trilobites (NZ36): *Jinxiaspis rara*,*Yujinia* sp.; (NZ35): *Asteromajia dongshankouensis*, *Proasaphiscus quadratus*; (NZ34): *Proasaphiscus* sp.　14.4 m

24. Dark grey nodular limestone intercalated with edgewise limestone and bioclastic limestone lens　10.6 m

23. Grey edgewise limestone, grey thin-bedded limestone, thin-bedded marl, purple calcareous shale and yellowish green sandy shale, forming 3 rhythmic layers, yielding trilobites (NZ31): *Yujinia granulosa*, *Lioparia tsutsumii*　30.2 m

22. Greythin-bedded limestone, and calcareous shale in the upper part, intercalated with edgewise limestone, bioclastic oolitic limestone lens, yielding trilobites in descending order (NZ29): *Bailiella lantenoisi*, *Occatharia dongshankouensis*; (NZ28): *Orientanomocare elegans*, *Proasaphiscus* sp. A, *Tengfengia* (*Tengfengia*) *striata*   22.8 m

21. Grey thin-bedded nodular limestone, intercalated with several layers of oolitic limestones, yielding trilobites in descending order (NZ27): *Orientanomocare elegans*; (NZ26): Proasaphiscidae gen. et sp. indet., Solenopleuridae gen. et sp. indet.   14.1 m

20. Grey nodular limestone in the upper part, grey oolitic limestone interbedded with nodular limestone in the lower-middle parts, yielding trilobites in descending order (NZ25, NZ22): *Lorenzella postulosa*, *Gangdeeria neimengguensis*, *Jinxiaspis intermedia*; (NZ24): *Gangdeeria neimengguensis*, *Lorenzella postulosa*; (NZ21): *Inouyops latilimbatus*; (NZ23): *Metagraulos dolon*, *Iranoleesia* (*Proasaphiscina*) *microspina*, *Iranoleesia* (*P.*) *pustulosa*, *Iranoleesia* (*P.*) sp. C, *Inouyia* (*Bulbinouyia*) *lubrica*, *Inouyia* (*Sulcinouyia*) *rara*, *Inouyia* (*S.*) *rectangulata*, *Lioparella typica*, *Tengfengia* (*Tengfengia*) *granulata*, *Jinxiaspis intermedia*   17.3 m

19. Brown, brownish purple, grey-green sandy or calcareous shale, intercalated with dark grey oolitic limestone and argillaceous limestone, yielding trilobites in descending order (NZ20): *Metagraulos dolon*, *Iranoleesia* (*Proasaphiscina*) *microspina*, *Inouyia* (*Bulbinouyia*) *lubrica*, *Inouyia* (*Sulcinouyia*) *rara*, *Inouyia* (*S.*) *rectangulata*, *Lioparella typica*, *Tengfengia* (*Tengfengia*) *granulata*, *Jinxiaspis intermedia*; (NZ19): *Iranoleesia* (*Proasaphiscina*) *microspina*, *Inouyia* (*Bulbinouyia*) *lubrica*, *Inouyia* (*Sulcinouyia*) *rara*, *Inouyia* (*S.*) *rectangulata*, *Metagraulos* sp.; (NZ18): *Metagraulos dolon*, *Zhongweia convexa*, *Z. transversa*, *Inouyia* (*Sulcinouyia*) *rara*; (NZ010): *Daopingia quadrata*; (NZ17): *Zhongweia transversa*, *Daopingia quadrata*, *Inouyia* (*Bulbinouyia*) *lubrica*   12.1 m

18. Grey thin-bedded limestone in the lower part, yellowish green shale intercalated with sheet-like silty limestone and several layers of oolitic limestones in the middle-upper parts, yielding trilobites in descending order (NZ16): *Zhongweia transversa*; (NZ15): *Wuanoides lata*; (NZ14): *Leiaspis elongata*; (NZ13): *Leiaspis elongata*; (NZ09): *Jiangsucephalus* sp.; (NZ12): *Sunaspidella rara*, *Leiaspis* sp.; (NZ11): *Monanocephalus reticulatus*, *Holanshania hsiaoxianensis*; (NZ08): *Parayujinia convexa*   16.1 m

17. Grey-green shale intercalated with thin-bedded limestone lens, dark thick-bedded bioclastic limestone about of 1 m in thickness at the base, rich in coarser oolitic limestone in the middle part, yielding trilobites in descending order (NZ07): *Wuanoides lata*, *Taitzuina lubrica*, *Latilorenzella divi*, *Huainania angustilimbata*; (NZ06): *Wuania* sp.   15.5 m

16. Dark grey oolitic limestone interbedded with dark grey thin-bedded nodular limestone, yielding trilobites at the top (NZ06a): *Wuania* sp.   5.7 m

15. Purple-grey calcareous dolomite bioclastic limestone about 0.5 m in thickness at the base, containing hyolithid   3.3 m

14. Dark grey dolomite interbedded with dolomitic limestone, intercalated with a little oolitic limestone in the lower part, nodular limestone in the upper part, yielding trilobites (NZ05): *Sinopagetia* sp., *Parainouyia* sp. and brachiopods, hyolithids   7.3 m

13. Nodular limestone in the lower part, yellow shale intercalated with bioclastic limestone lens, yielding trilobites in descending order (NZ04): *Solenoparia* (*Plesisolenoparia*) *ruichengensis*, *Plesiagraulos* sp., *Sinopagetia* sp., *Monanocephalus* sp.; (NZ03): *Parainouyia* sp., *Plesiagraulos* sp., *Solenoparia* (*Plesisolenoparia*) sp.; (NZ9): *Sinopagetia jinnanensis*; (NZ02): *Parainouyia prompta*, *Sinopagetia jinnanensis*, *S. neimengguensis*, *Plesiagraulos* cf. *intermedius*, *Solenoparia* (*Plesisolenoparia*) sp.   9.1 m

12. Dark grey oolitic limestone, yielding two layers of trilobites (NZ8): *Ruichengaspis mirabilis*, *Wuhaiaspis convexa*, *Solenoparia* (*Plesisolenoparia*) *ruichengensis*; (NZ7): *Ruichengaspis mirabilis*, *Wuhaiaspis longispina*, *Solenoparia* (*Solenoparia*) *granuliformis*, *Solenoparia* (*Plesisolenoparia*) *ruichengensis*, *Jinnania ruichengensis*, *Parachittidilla xiaolinghouensis*   1.2 m

11. Yellowish grey shale intercalated with edgewise limestone, and interbedded with rudaceous limestone,

yielding trilobites in descending order (NZ6) : *Shuiyuella miniscula*; (NZ5) : *Jinnania ruichengensis*, *Shuiyuella scalariformis*, *S. triangularis*, *Wuhaina lubrica*, *Wuhaiaspis convexa*, *Parachittidilla xiaolinghouensis*, *P.* sp.; (NZ4) : *Catinouyiatypica*, *Plesiagraulos tienshihfuensis*, *Kaotaia* sp., *Solenoparia* (*Plesisolenoparia*) *trapezoidalis*   7.5 m

10. Grey-green shale, dark grey limestone of 0.15 m at the base, rich in trilobites (NZ3) : *Catinouyia typica*, *Luaspidesbrevis*, *Parachittidilla xiaolinghouensis*, *Solenoparia* (*Solenoparia*) *accedens*, *Solenoparia* (*Plesisolenoparia*) *ruichengensis*, *Solenoparia* (*P.*) *trapezoidalis*, *Jinnania poriformis*, *Plesiagraulos intermedius*, *Shuiyuella* sp.   1.4 m

9. Grey-green, blue-grey shale intercalated with two layers of purple shale, and dark grey bioclastic limestone of 0.35 m in thickness at the base, yielding trilobites in descending order (NZ2) : *Solenoparia* (*Plesisolenoparia*) *robusta*; (NZ2a) : *Luaspides brevis*, *Qianlishania* sp.; (NZ1) : *Solenoparia* (*Solenoparia*) *accedens*, *Luaspides brevis*, *Solenoparia* (*Plesisolenoparia*) sp.   12.2 m

8. Grey-green, yellowish grey shale intercalated with calcareous sandstone lens and thin-bedded gyps, yielding trilobites in the shale (NZ02a) : ptychoparids   4.4 m

——— disconformity ———

Underlying stratum Pre-Cambrian (>27.8 m)

7. Grey dolomitic sandstone interbedded with dark grey sandy dolomite   2.5 m

6. Grey, pale dolomitic quartzose sandstone interbedded with sandy dolomite, dolomite, brownish yellow, brownish grey sandy shale, yielding stramatolites in the sandy limestone about 0.3 m above the base   7.3 m

5. Grey dolomite, calcareous dolomite at the top   12.0 m

4. Pale quartzose sandstone   2.0 m

3. Grey black micritic dolomite, silty dolomite about 0.2 m in thickness at the base, intercalated with dolomitic quartzose sandstone zone   3.4 m

2. Light grey conglomeratic quartzose sandstone, grey dolomitic conglomeratic sandstone and light grey shale   0.6 m

1. Pale quartzose sandstone

(7) **Abuqiehaigou section** Zhuozishan Region, southeastern Wuhai City, Inner Mongolia Autonomous Region [the lithological characters and thickness of the section described and measured by Lu Yanhao, Mu Enzhi and Zhang Ridong in 1954; trilobite samples (CD) collected by Lu Yanhao in 1954].

Overlying stratum Lower Ordovician, Sandaokan Formation : Quartzose sandstone interbedded with sandy dolomite

——— disconformity ———

Cambrian Series 3 (459.9 m)

Hulusitai Formation (459.9 m)

29. Thin- to thick-bedded dolomitic limestone, yellowish brown after weathering   13.6 m

28. Thin- to thick-bedded dolomitic limestone intercalated with shale and a little edgewise limestone, yielding trilobites at the top (CD114) : *Blackwelderia* cf. *sinensis*, *Jiulongshania parabola*   21.8 m

27. Thin- to thick-bedded dolomitic argillaceous limestone intercalated with a little shale   19.4 m

26. Thick- to thin-bedded dolomitic limestone, yellowish brown after weathering, intercalated with a little edgewise limestone, thin-bedded oncolitic limestone at the base, yielding trilobite fragments (CD112)   19.1 m

25. Grey to dark grey thin- and thick-bedded dolomitic limestone, intercalated with a little dolomitic edgewise limestone   15.0 m

24. Dark grey thin-bedded oncolitic limestone and grey dolomitic argillaceous limestone, brownish yellow after weathering   22.8 m

23. Grey massive limestone intercalated with grey thin-bedded limestone, and oncolitic limestone intercalated with a little shale, yielding trilobites (CD111) : *Solenoparops neimengguensis*   5.0 m

22. Thick-bedded to massive limestone intercalated with thin-bedded limestone in the upper part, thin-bedded oncolitic limestone and oolitic limestone intercalated with a little edgewise limestone in the lower part   23.5 m

21. Grey thin-bedded oncolitic limestone in the upper part, grey calcareous shale and thin-bedded argillaceous

limestone intercalated with several layers of edgewise limestone in the lower part 40.8 m

20. Green calcareous shale and thin-bedded argillaceous limestone intercalated with edgewise limestone and lens-shaped limestone, yielding trilobites in descending order (CD110): *Psilaspis affinis*, *P. dongshankouensis*; (CD109): *Psilaspis temenus*; (CD108): *Psilaspis changchengensis*, *Eosoptychoparia truncata*, *Pseudocrepicephalus angustilimbatus* 34.4 m

19. Blue-grey thin-bedded oncolitic limestone and edgewise limestone 12.0 m

18. Grey thick-bedded oolitic limestone, oncolitic limestone intercalated with a little edgewise limestone, yielding trilobite fragments (CD107) 30.0 m

17. Grey thin-bedded edgewise limestone interbedded with thin-bedded oolitic limestone, each layer about 1–15 cm in thickness, thick-bedded edgewise limestone in the upper part 22.0 m

16. Grey thick-bedded edgewise limestone intercalated with thin-bedded limestone and oolitic limestone, and intercalated with grey-green shale at the top, yielding trilobites (CD106): *Megagraulos armatus*, *Lisania* sp. 8.8 m

15. Grey thin slabby limestone, edgewise limestone and oolitic limestone, intercalated with a little shale and limestone lens 41.0 m

14. Grey thin-bedded limestone intercalated with argillaceous limestone, grey thick-bedded oolitic limestone (1.7 m) at the top, yielding trilobites (CD104): *Proasaphiscus zhuozishanensis*, *Iranoleesia* (*Proasaphiscina*) *microspina*, *Squarrosoella dongshankouensis* 22.0 m

13. Grey thin-bedded edgewise oolitic limestone intercalated with oncolitic limestone yielding trilobites (CD103): *Lorenzella* sp. A, *Gangdeeria obvia*, *Lioparella suyukouensis*; (CD102): *Jinxiaspis intermedia*, *Metagraulos dolon* 7.8 m

12. Dark grey thin-bedded argillaceous limestone, oncolitic limestone intercalated with a little edgewise limestone, each layer about 2.3 cm to 10 cm in thickness 22.6 m

11. Dark grey thin-bedded oolitic limestone, yielding trilobites in the middle-upper parts (CD101): *Jinxiaspis intermedia*, *Metagraulos* sp.; (CD100): *Metagraulos dolon*, *Erratojincella convexa* 9.4 m

10. Grey thin-bedded argillaceous limestone, yielding trilobites at the top (CD99): *Zhongweia convexa*, *Solenoparia* (*Solenoparia*) *lilia*; in the middle part (CD98): *Shanxiella* (*Shanxiella*) *venusta* 8.1 m

9. Dark grey, grey thin- to thick-bedded limestone, yielding trilobites at the top (CD97): *Sunaspis lui* 5.6 m

8. Grey thin- to medium-bedded limestone, yielding trilobite fragments (CD96A) 5.2 m

7. Dark grey thick-bedded to massive limestone 26.0 m

6. Grey thin-bedded oncolitic limestone intercalated with a little shale, yielding trilobites in descending order (CD94C): *Sinopagetia jinanensis*, *Parainouyia prompta*, *Monanocephalus reticulatus*, *M.* sp., *Plesiagraulos* cf. *intermedius*, *Solenoparia* (*Solenoparia*) *porosa*, *Qianlishania conica*; (CD94B): *Sinopagetia longxianensis*; (CD94A) *Ruichengaspis mirabilis*, *Wuhaina* sp.; (CD94): *Shuiyuella triangularis*, *S. scalariformis* 15.0 m

5. Green sheet-like shale intercalated with thin-bedded limestone and limestone lens, yielding trilobites (CD93): *Shuiyuella triangularis*, *S. scalariformis*, *Wuhaina lubrica*, *Parachittidilla xiaolinghouensis*, *Solenoparia* (*Plesisolenoparia*) *ruichengensis*, *Jinnania convoluta* 7.0 m

4. Dark grey to blue-grey oncolitic thin-bedded limestone intercalated with a little shale 1.5 m

3. Covered by regolith (sandy land) 11.8 m

2. Green sheet-like shale, mostly covered by regolith 10.3 m

1. Grey fine to medium-grained sandstone, grey oncolitic thin-bedded limestone intercalated with shale 1.0 m

——— disconformity ———

Underlying stratum Pre-Cambrian: dark grey to black massive or thick-bedded fine grained sandstone about 30 m in thickness, dark blue-grey sandy limestone about 2 m in thickness at the top

4. The zonations and ranges of the Cambrian trilobite genera and species in southern and western marginal parts of the Ordos Platform

More than 20 Cambrian trilobite genera have been erected during past 30 years in this area: *Hsuaspis*

(*Madianaspis*) Zhang et Zhu, 1979, *Hsuaspis* (*Yinshanaspis*) Zhang et Zhu, 1979, *Longxianaspis* Zhang et Zhu, 1979, *Ningxiaspis* Zhang et Zhu, 1979, *Paracalvinella* Zhou in Zhou et Zheng, 1980, *Gangdeeria* Zhang et Yuan in Zhang *et al.*, 1980b, *Sinopagetia* Zhang et Yuan, 1981, *Wuhaina* Zhang et Yuan, 1981, *Catinouyia* Zhang et Yuan, 1981, *Wuanoides* Zhang et Yuan, 1981, *Wuhushania* Zhang et Yuan, 1981, *Taitzuina* Zhang et Yuan, 1981, *Zhuozishania* Zhang et Yuan, 1981, *Sunaspidella* Zhang et Yuan, 1981, *Yeshanaspis* Zhu et Jiang, 1981, *Holocephalites* Zhou in Zhou *et al.*, 1982, *Parasolenoparia* Li in Zhou *et al.*, 1982, *Subeia* Li in Zhou *et al.*, 1982, *Tianjingshania* Zhou in Zhou *et al.*, 1982, *Zhongweia* Zhou in Zhou *et al.*, 1982, *Liquania* Zhou in Zhou *et al.*, 1982, *Parayuepingia* Zhou in Zhou *et al.*, 1982, *Haibowania* Zhang, 1986, *Pseudinouyia* Zhang et Yuan in Zhang *et al.*, 1995, of which *Hsuaspis* (*Madianaspis*), *Hsuaspis* (*Yinshanaspis*), *Longxianaspis*, *Ningxiaspis*, *Yeshanaspis* and *Subeia* erected based on cranidia, are morphologically quite similar to *Bergeroniellus* Lermontova, 1940, with *B. asiaticus* Lermontova as the type species (Lermontova, 1940, p. 132, pl. 38, figs. 1a–i; pl. 39, figs. 1, 1a; 1951a, p. 63–68, pl. 9, figs. 1, 1a–d, ?2; pl. 10, figs. 1, 1a–d; pl. 11, figs. 1, 1a), and bears the closest resemblance to *Hsuaspis* Chang in Lu *et al.*, 1965 (type species *Lusatiops sinensis* Chang, 1953, p. 128, 129, pl. 2, figs. 1–16) and *Estaingia* Pocock, 1964 (type species *E. bilobata* Pocock, 1964, p. 463–470, pls. 75, 76; Text-fig. 3). Therefore, *Hsuaspis* (*Madianaspis*), *Hsuaspis* (*Yinshanaspis*), *Longxianaspis*, *Ningxiaspis*, *Yeshanaspis* and *Subeia* should be considered as synonymous with *Estaingia*. *Zhuozishania* was reassigned to *Lioparella* Kobayashi, 1937 (Zhang and Jell, 1987); *Parasolenoparia* was listed under *Solenoparia* Kobayashi, 1935 (Yuan *et al.*, 2008, 2012); *Tianjingshania* was erected based on a cranidium of *Lorenzella* Kobayashi, 1935 and a mismatched pygidium of *Lioparella* Kobayashi, 1937 (Yuan *et al.*, 2008, p. 89). *Haibowania* was considered as a synonym of *Damesella* (Jell and Adrain, 2003, p. 381). Based on new Material and critical reviews, *Haibowania*is is here considered as a valid genus, and the following genera are considered as synonymous: *Zhicunia* Luo in Luo *et al.*, 2009 (= *Catinouyia* Zhang et Yuan, 1981), *Bhargavia* Peng in Peng *et al.*, 2009 (= *Plesiagraulos* Chang, 1963), *Liuheia* An in Duan *et al.*, 2005 (= *Jinnania* Lin et Wu in Zhang *et al.*, 1980b), *Proposhania* Duan in Duan *et al.*, 2005 (= *Daopingia* Lee in Yin et Lee, 1978). The Zonations of the Cambrian (Hsuchuangian) trilobites in southern and western marginal parts of the Ordos Platform have been established for the first time in descending order: *Bailiella* Zone, *Poriagraulos* Zone, *Inouyops* Zone, *Metagraulos* Zone, *Sunaspidella* Zone, *Sunaspis* Zone, *Pagetia jinnanensis* Zone, *Ruichengaspis* Zone, *Kochaspis-Ruichengella* Zone (Zhang and Yuan, 1981). Recently, 8 trilobite zones of Hsuchuangian of the North China Platform have been recorded at the species level in descending order: *Bailiella lantenoisi* Zone, *Tonkinella flabelliformis-Poriagraulos nanus* Zone, *Inouyops titiana* Zone, *Metagrulos nitidus* Zone, *Sunaspis laevis-Sunaspidella rara* Zone, *Sinopagetia jinnanensis* Zone, *Ruichengaspis mirabilis* Zone, and *Asteromajia hsuchuangensis* Zone (Yuan *et al.*, 2012, p. 490, 491). However, *Asteromajia hsuchuangensis* and *Ruichengella* are missing in southern and western marginal parts of the Ordos Platform. We establish *Zhongtiaoshanaspis similis* Zone instead of *Asteromajia hsuchuangensis* Zone. The trilobite fauna of Maochuangian in southern and western marginal parts of the Ordos Platform is rather scanty. We establish *Luaspides shangzhuangensis* Zone representing the earliest Cambrian Series 3, Stage 5, because of the occurrences of *Kunmingaspis* Chang, 1964 or *Eokochaspis* Sundberg et McCollum, 2000 below the *Luaspides shangzhuangensis* Zone. In Shandong, for the late Cambrian Series 3 (Jinanian Stage), 3 trilobite zones have been established in descending order: *Neodrepanura premesnili* Zone, *Blackwelderia paronai* Zone and *Damesella paronai* Zone; the middle Cambrian Series 3 (Changqingian Stage), 6 trilobite zones have been established in descending order: *Liopeishania lubrica* Zone, *Taitzuia insueta-Poshania poshanensis* Zone, *Amphoton deois* Zone, *Crepicephalina convexa* Zone, *Megagraulos coreanicus* Zone and *Inouyella peiensis-Peishania convexa* Zone (Yuan *et al.*, 2012, p. 35). Based on new material and critical reviews, Jinanian Stage and Changqingian Stage (the middle to upper Cambrian Series 3) in southern and western marginal parts of the Ordos Platform contain 7 trilobite zones in descending order: *Blackwelderia tenuilimbata* Zone, *Damesella paronai* Zone, *Liopeishania lubrica* Zone, *Taitzuia lui-Poshania poshanensis* Zone, *Psilaspis changchengensis* Zone, *Megagraulos inflatus* Zone and *Lioparia blautoeides* Zone. *Neodrepanura premesnili* Zone and *Amphoton deois* Zone are missing in this area. *Psilaspis changchengensis* Zone can be correlated with *Crepicephalina convexa* Zone, while *Lioparia blautoeides* Zone is equivalent to *Inouyella peiensis-Peishania convexa* Zone in Shandong. Total 16 trilobite zones of Cambrian Series 3 in southern and western marginal parts of the Ordos Platform can be established in descending order: *Blackwelderia tenuilimbata* Zone, *Damesella paronai* Zone, *Liopeishania lubrica* Zone, *Taitzuia lui-Poshania poshanensis* Zone, *Psilaspis changchengensis* Zone, *Megagraulos inflatus* Zone, *Lioparia blautoeides* Zone, *Bailiella lantenoisi* Zone, *Poriagraulos nanus* Zone, *Inouyops titiana* Zone, *Megagrulos dolon* Zone, *Sunaspis laevis-Sunaspidella rara* Zone, *Sinopagetia jinnanensis* Zone, *Ruichengaspis mirabilis* Zone, *Zhongtiaoshanaspis similis* Zone and *Luaspides shangzhuangensis* Zone. The correlations of the Cambrian Series 3 with its age-equivalent strata in the other regions of China and other continents have been discussed in detail by Yuan *et al.* (2012, p. 32–44, 492–501).

In addition, 17 trilobite genera and 1 subgenus are new: *Angustinouyia* Yuan et Zhang, gen. nov., *Camarella* Zhu, gen. nov., *Eiluroides* Yuan et Zhu, gen. nov., *Helanshanaspis* Yuan et Zhang, gen. nov., *Inouyia* (*Sulcinouyia*) Yuan et Zhang, subgen. nov., *Liquanella* Yuan et Zhang, gen. nov., *Niuxinshania* Yuan et Zhang, gen. nov., *Orientanomocare* Yuan et Zhang, gen. nov., *Palaeosunaspis* Yuan et Zhang, gen. nov., *Parashanxiella* Yuan et Zhang, gen. nov., *Paraszeaspis* Yuan et Zhang, gen. nov., *Prolisania* Yuan et Zhu, gen. nov., *Qianlishania* Yuan et Zhang, gen. nov., *Sciaspis* Zhu, gen. nov., *Sinoanomocare* Yuan et Zhang, gen. nov., *Sulcipagetia* Yuan et Zhang, gen. nov., *Taosigouia* Yuan et Zhang, gen. nov., *Wuhaiaspis* Yuan et Zhang, gen. nov. Trilobite faunas of the Ordos Platform include 267 species, 4 indeterminate species, belonging to 129 genera (subgenera), 30 families, 5 orders. The stratigraphic ranges of trilobite genera (subgenera) and species on the Ordos Platform are shown in Table 1.

5. The changes of Cambrian lithofacies in southern and western marginal parts of the Ordos Platform

The sediments of late Cambrian Series 2 and Furongian in southern and western marginal parts of the Ordos Platform contain a few trilobites, and consist of mainly dolostones and dolomitic limestone intercalated with a little bioclastic limestones. During the Cambrian Epoch 3 (Maochuangian and Hsuchuangian), the predominant setting interpreted from the sediments of southern and western marginal parts of the Ordos Platform is of a shallow water carbonate shelf. The rich trilobite fauna consists of *Lusapides*, *Plesiagraulos*, *Zhongtiaoshanaspis*, *Parachittidilla*, *Catinouyia*, *Solenoparia*, *S.* (*Plesisolenoparia*), *Monanocephalus*, *Erratojincella*, *Ruichengaspis*, *Sinopagetia*, *Iranoleesia*, *I.* (*Proasaphiscina*), *Shanxiella*, *S.* (*Jiwangshania*), *Holanshania*, *Gangdeeria*, *Lioparella*, *Daopingia*, *Parainouyia*, *Zhongweia*, *Lorenzella*, *Inouyia*, *I.* (*Bulbinouyia*), *I.* (*Sulcinouyia*), *Sunaspis*, *Sunaspidella*, *Wuania*, *Wuanoides*, *Taitzuina*, *Wuhushania*, *Houmaia*, *Metagraulos*, *Inouyops*, *Poriagraulos*, *Proasaphiscus*, *Bailiella* and so on.

6. The classification and evolutional trends of Cambrian trilobites in the North China Platform

The Cambrian trilobite fauna in the North China Platform have been studied for more than 100 years, and many articles or monographs have been published in recent 40 years (Lu *et al.*, 1974a, 1974b; Nan, 1976, 1980; Zhou *et al.*, 1977; Yin and Lee, 1978; Lee, 1978; Zhu *et al.*, 1979; Zhang *et al.*, 1980a, 1980b; Zhang, 1981; Zhang and Yuan, 1981; Zhou *et al.*, 1982; Liu, 1982; Qiu *et al.*, 1983; Sun, 1984; Zhang and Wang, 1985; Xiang and Zhang, 1985; Zhang and Jell, 1987; Sun, 1990, 1994; Zhu, 1992; Luo et al., 1994, 2008, 2009; Qian, 1994; Zhang et al., 1995; Guo et al., 1996; Zhang and Peng, 1998; Zhang, 1999; Peng and Robison, 2000; Yuan et al., 2002, 2012; Peng et al., 2004a, 2004b, 2009; Duan et al., 2005; Lin, 2008; Yuan et al., 2008; Yuan and Li, 2008; Zhu, 2008; Zhu et al., 2011).

The Class trilobita can be divided into 8 orders: Agnostida Salter, 1864, Redlichiida Richter, 1932, Corynexochida Kobayashi, 1935, Lichida Moore in Harrington et al., 1959, Phacopida Salter, 1864, Proetida Fortey et Owens, 1975, Asaphida Salter, 1864, Ptychopariida Swinnerton, 1915 and several families of uncertain orders: Burlingiidae Walcott, 1908, Bathynotidae Hupé, 1953a, Bestjubellidae Ivshin, 1962 and Naraoiidae Walcott, 1912 (Fortey, 1997). Recently, 11 orders of trilobites have been established, for example, Eodiscida Kobayashi, 1939, Redlichiida Richter, 1932, Corynexochida Kobayashi, 1935, Lichida Moore in Harrington et al., 1959, Odontopleurida Whittington in Harrington et al., 1959, Phacopida Salter, 1864, Proetida Fortey and Owens, 1975, Aulacopleurida Adrain, 2011, Asaphida Salter, 1864, Olenida Adrain, 2011, Harpida Whittington in Harrington et al., 1959, with exclusion of Agnostida, and Burlingiidae Walcott, 1908 (Adrain, 2011).

Recently the phylogeny of trilobite genera of the families Dolichometopidae Walcott, 1916, Solenopleuridae Angelin, 1854 and Menocephalidae Hupé, 1953a have been discussed in detail (Yuan et al., 2012, p. 54–56, 502, 503).

The family Inouyiidae Chang, 1963 is characterized mainly by having very shallow anterior border furrow, wider preglabellar field with a periclinal swelling in front of glabella, posterior border and border furrow bending backward opposite to posterior end of palpebral lobe, shorter pygidium with a few axial rings. Trilobites of Inouyiidae may derive from some genera of Ptychopariidae Matthew, 1887 or Agraulidae Raymond, 1913 during the late Cambrian Series 2 (Lungwangmiaoan), such as Qiaotouaspis Guo et An, 1982, Kaotaia Lu in Lu, Chu et Chien, 1962 (including Eokaotaia Yuan et Zhao, 1994) or Chittidilla King, 1941, Qiannanagraulos Yuan et Zhao in Yuan et al., 1997, Paragraulos Lu, 1941, because theses genera have wider preglabellar field with a periclinal swelling in front of glabella; and may be ancestral to Nepeidae Whitehouse, 1939 including 4 genera: Nepea Whitehouse, 1939, Ferenepea Öpik, 1967, Penarosa Öpik, 1970 (= Trinepea Palmer et Gatehouse, 1972), Loxonepea Öpik, 1970. Guizhoucephalina Chien, 1961 from the Furongian of Guizhou is better grouped within the family Nepeidae, because of the presence of intergenal spine on cephalon, much wider posterior border and border furrow (tr.) bending backward opposite to posterior end of palpebral lobe, wider (sag.) preglabellar field with a periclinal swelling in front of glabella, shallower anterior border furrow and longer slimmer genal spine. The family Inouyiidae Chang, 1963 includes Inouyia Walcott, 1911, Inouyia (Bulbinouyia) Yuan in Yuan et al., 2012, Inouyia (Sulcinouyia) Yuan et Zhang, subgen. nov., Eoinouyia Lo, 1974, Proinouyia Qiu, 1980, Parainouyia Lin et Wu in Zhang et al., 1980b, Catinouyia Zhang et Yuan, 1981, Zhongweia Zhou in Zhou et al., 1982, Pseudinouyia Zhang et Yuan in Zhang et al., 1995 (= Inouyites An et Duan in Duan et al., 2005), Angustinouyia Yuan et Zhang, gen. nov. There are two evolutionary lineages. The first is Eoinouyia-Catinouyia-Parainouyia-Zhongweia-Inouyia series and the second is Proinouyia-Pseudinouyia-Angustinouyia series. The trilobites of the second series differ from that of the first series in having strongly slanting backward eye ridge and posteriorly located palpebral lobe. Trilobites of both series have undergone the following evolutionary trends: the gradually expanding forward glabella from truncated conical in outline to subcylindrical with deeper lateral glabellar furrows, deepening in the axial furrow, increasing in the width of preglabellar field (sag.), decreasing of the width between palpebral lobes, and increasing in pygidial size.

The family Agraulidae Raymond, 1913 in the North China Platform is quite common, and ranges from late Cambrian Series 2 (Lungwangmiaoan) to lower and middle parts of Cambrian Series 3 (Maochuangian,

Hsuchuangian and Changqingian), containing the following genera: *Benxiaspis* Guo et An, 1982, *Chittidilla* King, 1941, *Paragraulos* Lu, 1941, *Protochittidilla* Qiu, 1980 (=*Paraplesiagraulos* Qiu in Qiu *et al.*, 1983), *Pseudoplesiagraulos* Lu, Zhu et Zhang, 1988 (Lin, 2008); *Levisia* Walcott, 1911 (=*Yabeia* Resser et Endo in Kobayashi, 1935), *Metagraulos* Kobayashi, 1935 (=*Jixianaspis* Zhang in Zhang *et al.*, 1995), *Parachittidilla* Lin et Wu in Zhang *et al.*, 1980b, *Plesiagraulos* Chang, 1963 (=*Bhargavia* Peng in Peng *et al.*, 2009), *Poriagraulos* Chang, 1963 (=*Porilorenzella* Chang, 1963; *Paraporilorenzella* Qiu in Qiu *et al.*, 1983) (Yuan *et al.*, 2008, 2012). They shows the following evolutionary patterns: cranidium changing from trapezoidal in outline via triangular to quadrate, glabella varying from slim to robust, and from truncated conical to subcylindrical, occipital ring from no occipital spine via short occipital spine to longer robust occipital spine, widening of the preglabellar field (sag.), decreasing of the width of fixigenae between palpebral lobes and the numbers of thoracic segments from 16 to 11, and increasing in pygidial size with widening of the pygidial axis.

The family Lorenzellidae Chang, 1963 is one of the most important families during the Maochuangian and Hsuchuangian. It consists of *Inouyops*, *Lorenzella* (=*Tianjingshania* Zhou in Zhou *et al.*, 1982), *Lonchinouyia*, *Jinnania* (=*Trigonaspis* Yang in Yang *et al.*, 1991; *Trigonyangaspis* Jell in Jell and Adrain, 2003; *Liuheia* An in Duan *et al.*, 2005), *Plesiperiomma*, *Ptyctolorenzella* and so forth. *Jinnania* occurs in the earliest Cambrian Series 3 (*Luaspides shangzhuangensis* Zone), and may be the earliest representative of the family. This family exhibits the following evolutionary trends: gradually elevated preglabellar field, occipital ring from no occipital spine via shorter occipital spine to longer robust occipital spine, and increase in the convexity of cranidium. It may derive from some genera of Ptychopariidae or Agraulidae.

The family Wuaniidae Zhang et Yuan,1981 in the North China Platform includes *Wuania* (=*Plesiowuania* Bi in Qiu *et al.*, 1983), *Eotaitzuia*, *Ruichengaspis*, *Wuanoides*, *Latilorenzella* (=*Rencunia* Zhang et Yuan in Zhang *et al.*, 1995), *Houmaia* (=*Yunmengshania* Zhang et Wang, 1985), *Taitzuina*, *Megagraulos* and *Huainania*, and ranges from the earliest Hsuchuangian (*Asteromajia hsuchuangensis* Zone) to the late Hsuchuangian (*Poriagraulos nanus* Zone). It is characterized mainly by its effaced anterior border furrow, preglabellar field merging with anterior border forming an arched periclinal swelling, rudimentary lateral glabellar furrows. This family has the following evolutionary trends: increasing in the width of glabella varying from slim to robust, and from truncated conical to subcylindrical, decreasing of the width of fixigenae between palpebral lobes, and increasing in pygidial size with broadening of the pygidial axis.

The family Proasaphiscidae Chang, 1963 in the North China Platform flourished during the Cambrian Epoch 3. It consists of the following genera (subgenera): *Daopingia*, *Derikaspis*, *Danzhaiaspis*, *Eymekops* (=*Kolpura* Resser et Endo in Kobayashi, 1935), *Gangdeeria*, *Grandioculus* (*G.*) (=*Megalophthalmus* Lorenz, 1906; *Xiasipingia* An in Duan *et al.*, 2005), *Grandioculus* (*Protohedinia*) (=*Beikuangaspis* Zhang in Qiu *et al.*, 1983), *Heyelingella*, *Honania*, *Hsiaoshia* (=*Huaibeia* Bi in Qiu *et al.*, 1983; *Abharella* Wittke, 1984; *Jixiania* Zhang in Zhang *et al.*, 1995; *Jixianella* Zhang in Zhang *et al.*, 2001), *Huayuanaspis*, *Iranochresterius* (=*Baldwinaspis* Laurie, 2006b), *Iranoleesia* (=*Jiangsuaspis* Lin in Qiu *et al.*, 1983), *Iranoleesia* (*Proasaphiscina*) (=*Orthodosum* Nan et Chang, 1982b; *Hanshania* Zhang et Wang, 1985), *Jiangsucephalus*, *Kotuia* (=*Jiangsuia* Lin et Zhou in Lin *et al.*, 1983), *Lioparella* (=*Zhuozishania* Zhang et Yuan, 1981; *Tianjingshania* Zhou in Zhou *et al.*, 1982), *Manchuriella*, *Maotunia*, *Michaspis*, *Parashanxiella*, *Plectrocrania*, *Praeymekops*, *Proasaphiscus* (=*Honanaspis* Chang, 1959; *Paofeniellus* Hsiang in Lu *et al.*, 1963a; *Heukkyoella* Kim, 1987; *Hunjiangaspis* An in Duan *et al.*, 2005), *Pseudocrepicephalus* (=*Hadraspis* Wu et Lin in Zhang *et al.*, 1980b; *Xenosolenoparia* Duan in Duan *et al.*, 2005), *Psilaspis*, *Saimachia*, *Shanxiella*, *Shanxiella* (*Jiwangshania*), *Sudanomocarina* (=*Pingbiania* Luo in Luo *et al.*, 2009), *Ulania*, *Yongwolia* (=*Guankouia* Zhang et Yuan in Zhang *et al.*, 1995; *Shuangshania* Guo et Zan in Guo *et al.*, 1996), *Yanshaniashania*, *Yongwolia*, *Yongwolia* (*Plesigangderria*) (=*Paragangdeeria* Guo et Zan in Guo *et al.*, 1996), *Yujinia*,

Zhaishania, *Zhongtiaoshanaspis* (Jell and Adrain, 2003; Yuan *et al.*, 2008; Yuan and Li, 2008; Peng, 2008b; Yuan *et al.*, 2012). This family has the following evolutionary trends: increasing in the width of glabella varying from truncated conical to subcylindrical, decreasing of the width of fixigenae between palpebral lobes, a decrease in the number of thoracic segments from 13 segments (*Zhongtiaoshanaspis*), via 12 segments (*Danzhaiaspis*, *Douposiella*, *Kutsingocephalus*), 11 segments (*Miaobanpoia*, *Daopingia*) to 10 segments (*Psilaspis*, *Jiubaspis*) and increasing in pygidial size with broadening of pygidial axis of more axial rings.

The classification and phylogeny of the family Damesellidae Kobayashi, 1935 have been discussed in detail (Yang, 1992; Peng *et al.*, 2004a). This family is characterized chiefly by its tapering forward truncated conical glabella, extremely narrow or absence of preglabellar field, opisthoparian facial suture, librigenae with more or less long genal spine, 12 thoracic segments, pygidium with 2 to 11 pairs of marginal spines and prosopon of fine granules or smooth. It was grouped within the Dameselloidea Kobayashi, 1935, Ptychopariida (Lu *et al.*, 1963a, 1965; Harrington *et al.*, 1959), including 5 subfamilies: Damesellinae Kobayashi, 1935, Drepanurinae Hupé, 1953a, Chiawangellinae Chu, 1959, Paramenomoniinae Kobayashi, 1960 and Dorypygellinae Kobayashi, 1935. Recently, Damesellidae (Dameselloidea) was reassigned to Lichida Moore, 1959 (Whittington *et al.*, 1997; Peng *et al.*, 2004a; Yuan *et al.*, 2012). Up to date, more than 50 genera (subgenera) have been recorded in this family, of which only 29 genera (subgenera) are valid: *Bergeronites* Sun in Kuo, 1965a, *Blackwelderia* Walcott, 1906, *Blackwelderoides* Hupé, 1953a, *Chiawangella* Chu, 1959, *Damesella* Walcott, 1905, *Dameselloides* Yuan in Yuan *et al.*, 2012, *Danjiangella* Yang in Yang *et al.*, 1991, *Dipyrgotes* Öpik, 1967, ? *Duamsannella* Kim, 1980, *Fengduia* Chu in Lu *et al.*, 1974, ? *Funingia* Duan in Duan *et al.*, 2005, *Guancenshania* Zhang et Wang, 1985, *Haibowania* Zhang, 1985, *Karslanus* Özdikmen, 2009 (= *Ariaspis* Wolfart, 1974b), *Kiyakius* Özdikmen, 2006 (= *Pionaspis* Zhang in Qiu *et al.*, 1983), *Neimengguaspis* Zhang et Liu, 1986a (= *Eodamesella* Zhang et Liu, 1986a; *Neimonggolaspis* Zhang et Liu, 1991), *Neodrepanura* Özdikmen, 2006 (= *Drepanura* Bergeron, 1899), *Palaeadotes* Öpik, 1967 (= *Spinopanura* Kushan, 1973; *Pseudobergeronites* Jago et Webers, 1992), *Pingquania* Guo et Duan, 1978, *Parablackwelderia* Kobayashi, 1942 (= *Damesops* Chu, 1959; *Meringaspis* Öpik, 1967; *Paradamesops* Yang in Lu *et al.*, 1974a; *Hwangjuella* Kim, 1980), *Paradamesella* Yang in Zhou *et al.*, 1977 (= *Falkopingia* Qian et Zhou, 1984), ? *Protaitzehoia* Yang in Yin and Lee, 1978 (= *Neodamesella* Nan et Chang, 1985), *Shantungia* Walcott, 1905 (= *Metashantungia* Chang, 1957; *Jiawangaspis* Zhang in Qiu *et al.*, 1983), *Stephanocare* Monke, 1903, *Taihangshaniashania* Jell in Jell and Adrain, 2003 (= *Taihangshania* Zhang et Wang, 1985), *Taitzehoia* Chu, 1959 (= *Dipentaspis* Öpik, 1967; *Cyrtoprora* Öpik, 1967; *Pseudoblackwelderia* Zhu et Zhang in Qiu *et al.*, 1983), *Teinistion* Monke, 1903 (= *Dorpygella* Walcott, 1905; *Histiomona* Öpik, 1967), *Xintaia* Zhang in Qiu *et al.*, 1983, *Yanshanopyge* Guo et Duan, 1978. Besides, *Prodamesella* Chang, 1959 (= *Kopungiella* Kim, 1980) had been referred to the family Damesellidae for a long time. Based on the discovery of an associated pygidium and complete exoskeleton, it is reassigned to Aethidae Qian et Zhou, 1984 (Yuan and Li, 2008; Yuan *et al.*, 2012) or Lonchocephalidae Hupé, 1953a (Peng *et al.*, 2004b). *Liuheaspis* Nan in Nan et Shi, 1985 was assigned originally to the family Damesellidae, but it was later placed with Ordosiidae Lu, 1954 (Yuan *et al.*, 2012) because an associated pygidium was found. The family Damesellidae Kobayashi, 1935 has a wide distribution, covering South and North China, Northeast China, Northwest China, D. P. R. Korea, R. O. Korea, northern Vietnam, Siberia (Russia), Himalaya (India), Kazakhstan, Afghanistan, Iran, southeastern Turkey, southern France, Sweden, Antarctica and Australia (Mansuy, 1916; Chu, 1959; Egorova *et al.*, 1960; Lu *et al.*, 1965, 1974a, 1974b; Öpik, 1967; Wolfart, 1974b; Lo, 1974; Zhou *et al.*, 1977; Yin and Lee, 1978; Guo and Duan, 1978; Ergaliev, 1980; Zhang *et al.*, 1980a; Kim, 1987; Dean *et al.*, 1981; Zhang, 1981; Zhou *et al.*, 1982; Liu, 1982; Luo, 1982; Qiu *et al.*, 1983; Feist and Courtessole, 1984; Sun, 1984; Qian and Zhou, 1984; Zhang, 1985; Zhang and Wang, 1985; Jell, 1986; Whittington, 1986; Zhang and Liu, 1986a, 1991; Kobayashi, 1987; Zhang and Jell, 1987; Lisogor et al., 1988; Yang et al., 1991; Astashkin et al., 1991; Yang, 1992; Jago and Webers, 1992; Fortey, 1994; Zhang, 1996, 1998a, 1998b; Guo et al., 1996; Jell and Hughes, 1997; Shergold et al., 2000; Peng et al., 2004a; Duan et al., 2005; Kang and Choi, 2007; Yuan and Li, 2008; Zhu, 2008; Peng, 2008b; Luo et al., 2009; Yuan et al., 2010, 2012).

The phylogeny of the family Damesellidae Kobayashi, 1935 has been discussed in detail, and have been recognized 5 evolutionary lineages and 3 stages: initial stage, flourishing stage and specialization stage (Yang, 1992). *Prodamesella* was considered as an ancestral to Damesellidae, but later it is removed from Damesellidae. Therefore, *Danjiangella* Yang in Yang et al., 1991, may be the earliest representative of Damesellidae with its occurrence in *Triplagnostus gibbus-Doryagnostus incertus* Zone of Xichuan, southwestern Henan or in *Poriagraulos nanus-Tonkinella flabelliformis* Zone of Yangjiazhuang, Ezhuang Town, Zichuan County, Shandong (Yang et al., 1991; Yuan et al., 2012). *Danjiangella* possesses 5 to 6 pygidial marginal spines. Four evolutionary lineages may have been derived from *Danjiangella*, which forms a main root stock of Damesellidae. Damesellidae bears the closest relationship with Proasaphiscidae, because the growth manner of pygidial marginal spines of *Lioparella* Kobayashi, 1937, belonging to Proasaphiscidae, bears the closest resemblance to that of *Karslanus* Özdikmen, 2009 (=*Ariaspis* Wolfart, 1974b).

The first evolutionary lineage of this family is *Parablackwelderia-Karslanus-Neimengguaspis-Xintaia* evolutionary series. This lineage shows the following evolutionary trends: glabella varying from truncated conical to subcylindrical in outline, shallowing lateral glabellar furrows, decreasing of the width of fixigenae between palpebral lobes, palpebral lobe shifting backwards, widening of the pygidial axis, and decreasing in the number of axial rings.

The second lineage is *Parablackwelderia-Teinistion-Guancenshania-Dipyrgotes* evolutionary series. Putative synapomorphy is that the first and second from the last pair of pygidial marginal spines are very long. This lineage shows the following evolutionary trends: retention of truncated conical glabella, shallowing lateral glabellar furrows, decreasing of the width of fixigenae between palpebral lobes, palpebral lobe shifting forwards, widening of the pygidial axis, and decreasing in the number of axial rings.

The third lineage is *Danjiangella-Paradamesella-Damesella-Blackwelderia-Stephanocare* evolutionary series, including *Damesslloides*, *Haibowania*, *Taitzehoia*, *Shantungia*, *Fengduia* and so on. Its putative synapomorphy is the shorter pygidial marginal spines of uniform length. This lineage shows the following evolutionary trends: retention of truncated conical glabella, shallowing lateral glabellar furrows, decreasing of the width of fixigenae between palpebral lobes, increasing in the length of palpebral lobe, shortening of the length of eye ridge, gradually vanishing bacculae, shortening of the width (tr.) of posterior border of cranidium, pygidial border varying from broad and flat to vanishing, widening of the pygidial axis, and decreasing in the number of axial rings and pygidial marginal spines.

The fourth lineage is *Palaeadotes-Bergeronites-Neodrepanura* evolutionary series. This lineage shows the following evolutionary trends: reduction of the anterior cranidial width (tr.), gradually tapering forward glabella, shallowing lateral glabellar furrows, decreasing of the width of fixigenae between palpebral lobes, palpebral lobe shifting forward from middle portion to anteriorly, shortening in the length of eye ridge, the first pair of pygidial marginal spines becoming longer and larger, other pygidial marginal spines becoming shorter and smaller, pleural and interpleural furrows becoming shallower.

Up to date, Anomocaridae Poulsen, 1927 in China contains the following genera (subgenera): *Anomocare* Angelin, 1851, *Anomocarioides* Lermontova, 1940, *Callaspis* Zhang in Qiu et al., 1983, *Fuquania* Zhao in Zhao et Huang, 1981, *Glyphaspellus* Ivshin, 1953, *Guizhouanomocare* Lee in Yin et Lee, 1978, *Hsiaoshia* Endo, 1944 (=*Huaibeia* Bi in Qiu et al., 1983; *Abharella* Wittke, 1984; *Jixiania* Zhang in Zhang et al., 1995; *Jixianella* Zhang in Zhang et al., 2001), *Hunanaspis* Zhou in Zhou et al., 1977, *Jimanomocare* Yuan et Yin,

1998, *Jinxiaspis* Guo et Duan, 1978, *Koptura* Resser et Endo in Kobayashi, 1935 (=*Parakoptura* Guo et Duan, 1978), *Koptura* (*Teratokoptura*) Xiang et Zhang, 1985, *Koptura* (*Eokoptura*) Yuan in Yuan *et al.*, 2012, *Lianglangshania* Zhang et Wang, 1985, *Longxumenia* Guo et Duan, 1978, *Paibianomocare* Peng, Babcock et Lin, 2004, *Palella* Howell, 1937, *Paracoosia* Kobayashi, 1936 (= *Manchurocephalus* Endo, 1944; *Metalioparella* Qian et Qiu in Qiu *et al.*, 1983; *Mimoculus* An in Duan *et al.*, 2005), *Paranomocare* Lee et Yin, 1973 (=*Afghanocare* Wolfart, 1974), *Qinlingialingia* Jell in Jell and Adrain, 2003, *Sinoanomocare* Yuan et Zhang, gen. nov. This family has widely distribution, covering South and North China, northwestern Vietnam, Siberia (Russia), Himalaya, Kazakhstan, Afghanistan, Iran, Oman, Sweden and Queensland, Australia (Angelin, 1851; Mansuy, 1916; Howell, 1937; Lermontova, 1940; Endo, 1944; Westergård, 1950; Ivshin, 1953; Kobayashi, 1935, 1936, 1944, 1960a; Hupé, 1953a, 1955; Kraskov *et al.*, 1960; Tchernysheva, 1960; Lu *et al.*, 1965; Öpik, 1967; Lo (=Luo), 1974; Wolfart, 1974b; Zhou *et al.*, 1977; Yin and Lee, 1978; Guo and Duan, 1978; Zhao and Huang, 1981; Egorova *et al.*, 1982; Qiu *et al.*, 1983; Wittke, 1984; Xiang and Zhang, 1985; Zhang and Wang, 1985; Zhang and Jell, 1987; Yang *et al.*, 1991; Qian, 1994; Fortey, 1994; Zhang *et al.*, 1995, 2001; Guo *et al.*, 1996; Gogin and Pegel, 1997; Yuan and Yin, 1998; Jell and Adrain, 2003; Peng *et al.*, 2004a; Duan *et al.*, 2005; Yuan *et al.*, 2008; Yuan and Li, 2008; Zhu, 2008; Peng, 2008b; Luo *et al.*, 2009; Yuan *et al.*, 2012). *Fuquania* and *Guizhouanomocare* may be the earliest representatives of the family occurring the middle Hsuchuangian Stage, flourishing in Changqingian Stage and becoming extinct in Paibi Stage. This family shows the following evolutionary trends: glabella varying from truncated conical to subcylindrical in outline, increasing of the width (sag.) of preglabellar field, decreasing of the width of fixigenae between palpebral lobes, decreasing of pygidial width (tr.) and increasing in the number of pygidial axial rings.

7. Systematic descriptions of new genera, new species and indetermind taxa

Class Trilobita Walch, 1771

Order Agnostida Salter, 1864

Suborder Eodiscina Kobayashi, 1939 (emend. Jell in Whittington *et al.*, 1997)

Family Eodiscidae Raymond, 1913

Genus *Sinopagetia* Zhang et Yuan, 1981

Type species *Sinopagetia neimengguensis* Zhang et Yuan, 1981, p. 162, pl. 2, figs. 1, 2, from *Sinopagetia jinnanensis* Zone (Hsuchuangian), Dongshankou, Gangdeershan, Wuhai City, Inner Mongolia Autonomous Region.

Remarks *Sinopagetia* is one of the endemic genera, and is widely distributed in North China Platform and Yangtze Platform, from Maochuangian to lower Hsuchuangian (lower Cambrian Series 3). It is easily distinguished from *Pagetia* Walcott, 1916 with the type species *P. bootes* (Walcott, 1916, p. 408, pl. 67, figs. 1, 1a–f) from the Burgess shale, British Columbia, Canada, because of the latter having narrower glabella and axial region of thorax and narrower pygidial axis, longer occipital spine and distinct pygidial postaxial spine.

Occurrence Cambrian Series 3 (Maochuangian and lower Hsuchuangian); North and South China.

Sinopagetia longxianensis Yuan et Zhang, sp. nov.

(pl. 3, figs. 2–6; pl. 4, figs. 13, 14; pl. 5, figs. 15–22)

Etymology Longxian, a county of Shaanxi Province, where the new species occurs.

Holotype Cranidium NIGP 62316 (pl. 3, fig. 2), from *Sinopagetia jinnanensis* Zone (Hsuchuangian) of Niuxinshan, Jingfushan area, Longxian County, Shaanxi Province.

Material 6 cranidia and 10 pygidia.

Diagnosis Occipital ring elongated semielliptical in outline, with a small occipital node near the posterior margin, well rounded posteriorly; preglabellar field wide, slightly concave, wider than the anterior border in sagittal line or equal to the anterior border (sag.); anterior border narrow (sag.), slightly narrowing laterally, less and weakly scrobicules. Pygidium long, semielliptical in outline, with long and wide axis; axial furrow and axial ring furrows shallow; pleural and interpleural furrows very shallow or effaced.

Description Cranidium moderately vaulted, semielliptical in outline, 2.7 mm in length, 2.4 mm in width between palpebral lobes (holotype); axial furrow medium in depth, shallowing in front of glabella; glabella convex, subcylindrical, slightly expanded forward, widest at 1/3 of total glabellar length, then tapering forward, well rounded anteriorly, less than half of cranidial length, lateral glabellar furrows effaced; occipital furrow shallow, slightly bending forward; occipital ring expanded backward, semielliptical, with a small occipital node near the posterior margin, well rounded posteriorly; fixigena wide and convex, highest near the palpebral lobe, slanting towards axial furrow; palpebral lobe medium in length, palpebral furrow indistinct, eye ridge obscure; anterior border narrow (sag.), gently convex, slightly narrowing laterally, strongly bending forward, with more than 20 strips of faint radiated scrobicules; preglabellar field wide, slightly concave, wider than the anterior border in sagittal line or equal to the anterior border (sag.); posterolateral projection (tr.) short and narrow (exsag.); posterior border furrow deep, slightly slanting forward distally, posterior border narrow, gently convex, slightly bending forward opposite to posterior end of palpebral lobe. Pygidium long, semielliptical in outline; axial furrow and axial ring furrows shallow; pygidial axis wide and long, gently convex; pleural and interpleural furrows very shallow or effaced; border very narrow, flat, border furrow distinct; surface smooth.

Comparison In general configuration of cranidium and pygidium, especially shallower axial furrow, pleural and interpleural furrows and semielliptical occipital ring, the new species is quite similar to *Sinopagetia huainanensis* Yuan et Li (1999, p. 413, 414, pl. 5, figs. 1-6) from early Maochuangian of Laoyingshan, Huainan, Anhui. However, it differs from the latter in having longer preglabellar field, distinct occipital furrow and occipital node, longer semielliptical pygidium with longer and wider axis as well as without axial node. The new species can be distinguished from type species *Sinopagetia neimengguensis* Zhang et Yuan (1981, p. 162, pl. 2, figs. 1, 2) mainly by the narrower anterior border, longer preglabellar field, longer semielliptical pygidium with longer and wider axis and effaced axial ring furrows, pleural, interpleural furrows on pygidium. The new species is distinct from *Sinopagetia jinnanensis* (Lin et Wu) (Zhang *et al.*, 1980b, p. 47, pl. 1, figs. 1-4) chiefly in the longer preglabellar field (sag.), semielliptical occipital ring instead of being inverted triangular and the effaced axial ring furrows, pleural, interpleural furrows on pygidium in the latter.

Locality and horizon Niuxinshan, Jingfushan area, Longxian County, Shaanxi Province, lower to middle part of *Sinopagetia jinnanensis* Zone of the Manto Formation; Qinglongshan, Tongxin County, Ningxia Hui Autonomous Region, Taosigou, Hulusitai, Alashan and Subaigou, Zhuozishan area, Wuhai City, Inner Mongolia Autonomous Region lower to middle part of *Sinopagetia jinnanensis* Zone of the Hulusitai Formation.

Genus *Sulcipagetia* Yuan et Zhang, nov.

Etymology sulc (Lat.), gutter-like, groove, rut, furrow, because of the new genus having a median wide and deep groove on anterior border.

Type species *Sulcipagetia gangdeershanensis* Yuan et Zhang, sp. nov., from upper part of *Sinopagetia jinnanensis* Zone (Hsuchuangian), Dongshankou, Gangdeershan, Wuhai City, Inner Mongolia Autonomous Region.

Diagnosis Pagetids, with wider deeper axial furrow and anterior border furrow; cranidium highly vaulted, glabella long, conical to acute conical in outline, almost reaching anterior border furrow, with 2-3 pairs of lateral glabellar furrows, of which the third pair (S3) is transglabellar furrow; preglabellar field and preocular field extremely narrow or absent; anterior border split up into two parts by a median wide and deep groove; occipital ring semielliptical to triangular, with a short occipital spine. Pygidium highly vaulted with wider axis of a few rings bearing a posteroaxial spine stretching rearwards and upwards; pleural field narrow, pleural and interpleural furrows faint; border narrow and gently convex, border furrow distinct.

Discussion　*Sulcipagetia* differs from *Pagetia* Walcott, 1916 with the type species *P. bootes* (Walcott, 1916, p. 408, pl. 67, figs. 1, 1a−f) from the Burgess shale, British Columbia, Canada mainly in having extremely vaulted cranidium and pygidium, deeper wider axial furrow and anterior border furrow, extremely narrow preglabellar field and preocular field, anterior border split up into two parts by a median wide and deep groove, wider pygidial axis and narrower pleural field, and a shorter posteroaxial spine stretching rearwards and upwards. It can be distinguished from *Sinopagetia* Zhang et Yuan, 1981 chiefly by its extremely vaulted cranidium and pygidium, deeper wider axial furrow and anterior border furrow, extremely narrow preglabellar field and preocular field, anterior border split up into two parts by a median wide and deep groove, its occipital spine, wider pygidial axis and narrower pleural field, and its posteroaxial spine stretching rearwards and upwards. In general outline of the pygidium, especially the presence of wider pygidial axis of less axial rings, the new genus is quite similar to *Helepagetia* Jell (type species *H. bitruncata* Jell, 1975, p. 82−84, pl. 29, figs. 1−11) from *Ptychagnostus punctuosus* Zone to *Lejopyge laevigata* Zone of Queensland, Australia, but the latter has shorter glabella, wider concave preglabellar field, narrower anterior border without a median groove, longer occipital spine and longer posteroaxial spine, prosopon of granules.

Occurrence　lower Cambrian Series 3 (Hsuchuangian); North China.

Sulcipagetia gangdeershanensis Yuan et Zhang, gen. et sp. nov.
(pl. 5, figs. 1−14; pl. 6, figs. 1−16)

Etymology　Gangdeershan, a locality, where the new species occurs.

Holotype　Pygidium NIGP 62356 (pl. 6, fig. 1), from upper part of *Sinopagetia jinnanensis* Zone (Hsuchuangian) of Dongshankou, Gangdeershan, Wuhai City, Inner Mongolia Autonomous Region.

Material　13 cranidia and 19 pygidia.

Diagnosis　As for the genus.

Description　Cranidium moderately vaulted, subquadrate in outline, maximum length 2.7 mm, width between palpebral lobes 2.7 mm; axial furrow extremely wide and deep; glabella slim and small, convex, tapering forward, conical to acute conical in outline, almost reaching anterior border furrow, with 2−3 pairs of lateral glabellar furrows, of which the third pair (S3) is transglabellar furrow slightly bending backward, S2 and S1 very short and faint, slightly slanting backwards, anterior lobe rather small, semielliptical with a small papilla posteromedially, well rounded anteriorly, posterior lobe with two pairs of small papilla laterally; occipital furrow wide and shallow, slightly bending forward medially; occipital ring convex, inverted triangular, acute rounded posteriorly, with very short occipital spine and with a pair of subtriangular baccula in axial furrow adjacent to basal glabella; fixigena wide and convex, about two times of glabellar width between palpebral lobes, highest near the palpebral lobe, slightly slanting towards axial furrow; palpebral lobe medium in length, palpebral furrow indistinct, eye ridge obscure; anterior border wide, gently convex, slightly bending forward, and split up into two parts by a median wide and deep groove, each part with 6−7 strips of faint radiated scrobicules; anterior border furrow wide and deep; preglabellar field absent; posterolateral projection wide (tr.) and narrow (exsag.), posterior border furrow deep, widening outwards and slightly bending forwards; posterior border narrow, gently convex, then slightly bending forwards opposite to posterior end of palpebral lobe; anterior branch of proparian facial suture slightly divergent from palpebral lobe, posterior branch slanting posterolaterally. Pygidium semicircular in outline, highly vaulted with wider longer strongly convex axis of 4 rings and a terminal piece bearing a posteroaxial spine stretching rearwards and upwards; axial ring furrows shallow; pleural field narrow, with 2−3 pairs of shallow pleural and faint interpleural furrows; border narrow and gently convex, border furrow distinct; surface smooth.

Comparison In general configuration of cranidium and pygidium, the new species is quite similar to *Pagetia jinnanensis* Lin et Wu from Hsuchuangian of Lashushan, Jinxian County, eastern Liaoning Province (Zan, 1992, p. 252, 253, pl. 2, figs. 10,15, 16; Guo *et al.*, 1996, p. 52, pl. 11, figs. 1−3), but the latter has subcylindrical glabella, longer pygidium of more axial rings. The specimens assigned to *Pagetia jinnanensis* Lin et Wu from Hsuchuangian of Lashushan, Jinxian County, eastern Liaoning Province are quite different from type specimens of *Pagetia jinnanensis* Lin et Wu from Zhongtiaoshan, Ruicheng County, southern Shanxi Province, such as it has wider and deeper axial furrow, no preglabellar field, and the anterior border splits up into two parts by a median wide and deep groove. Therefore these specimens from eastern Liaoning should be reassigned to *Sulcipagetia*.

Locality and horizon Dongshankou, Gangdeershan and northern slope of Gangdeershan, Wuhai City, Inner Mongolia Autonomous Region and Taosigou, Hulusitai, Alashan, Inner Mongolia Autonomous Region, lower middle to upper parts of *Sinopagetia jinnanensis* Zone of the Hulusitai Formation.

Sulcipagetia sp.
(pl. 3, fig. 23)

Material 1 cranidium.

Description Cranidium moderately vaulted, subquadrate in outline, 2.3 mm in length, 2.3 mm in width between palpebral lobes; axial furrow deep and wide; glabella convex, tapering forward, conical to acute conical in outline, with 2 − 3 pairs of shallow lateral glabellar furrows, transglabellar furrow (S3) straight, anterior glabellar lobe subtriangular or pentagonal in outline, with a pair of subtriangular papillose baccula in axial furrow adjacent to basal glabella; occipital furrow wide and shallow, slightly bending forward medially; occipital ring convex, inverted triangular, acute rounded posteriorly; fixigena wide and convex, about 1.4 times as wide as glabella between palpebral lobes, highest near palpebral lobe, gently slanting towards axial furrow; palpebral lobe medium in length, palpebral furrow indistinct, eye ridge obscure; anterior border wide medially, gently convex, slightly bending forwards, distinctly narrowing laterally, and split up into two parts by a median very shallow groove, each part with 9−10 strips of faint radiated scrobicules; anterior border furrow wide and deep; preglabellar field extremely narrow; posterolateral projection wide (tr.) and narrow (exsag.), posterior border furrow deep, widening outwards, slightly bending forward distally; posterior border narrow, gently convex, then slightly bending forwards opposite to posterior end of palpebral lobe; anterior branch of proparian facial suture slightly divergent from palpebral lobe, posterior branch slanting posterolaterally.

Comparison In general outline of the cranidium *Sulcipagetia* sp. is similar to the type species, but it has relatively wider glabella, more distinct transglabellar furrow (S3), less bending forward anterior border, shallower median groove on anterior border, and each part of the anterior border with 9−10 strips of faint radiated scrobicules.

Locality and horizon Taosigou, Hulusitai, Alashan, Inner Mongolia Autonomous Region, upper part of *Sinopagetia jinnanensis* Zone of the Hulusitai Formation.

Order Corynexochida Kobayashi, 1935
Suborder Corynexochina Kobayashi, 1935
Family Dorypygidae Kobayashi, 1935

Genus *Olenoides* Meek, 1877

Type species *Paradoxides*? *nevadensis* Meek, 1870, p. 62, from Wheeler Shale (Drumian, Cambrian

Series 3) at Wheeler Amphitheatre, Utah, USA.

Remarks See Yuan *et al.*, 2012, p. 91, 92.

Occurrence Upper Cambrian Series 2 to Cambrian Series 3; Asia, Australia, Europe, North and South America, Antarctica.

Olenoides longus Zhu et Yuan, sp. nov.

(pl. 7, figs. 13–15; pl. 8, figs. 1–6)

Etymology longus, -a, -um (Lat.), long, referring to the very long pygidial marginal spines of the new species.

Holotype Pygidium NIGP 62395 (pl. 8, fig. 5), from *Megagraulos inflatus* Zone (Changqingian) of Dongshankou, Gangdeershan, Wuhai City, Inner Mongolia Autonomous Region.

Material 3 cranidia and 6 pygidia.

Description Cranidium subquadrate in outline, bending forward anteriorly; glabella extremely convex, slightly expanded forward, club-shaped, with 3 pairs of shallow lateral glabellar furrows, of which the first pair (S1) is deeper; occipital ring with longer occipital spine; fixigenae narrow and convex; preglabellar field narrow and convex, bending forward; palpebral lobe medium in length, located at mid-length opposite to glabella. Pygidium semielliptical in outline, wider than long, pygidial axis long and convex, almost reaching the posterior margin of pygidium, with 5 axial rings and terminal piece; axial ring furrows wide and deep, shallowing backwards; pleural field gently convex, as wide as pygidial axis (tr.), with 4–5 pairs of pleural ribs and 4 pairs of wide and deep pleural furrows slanting posterolaterally, interpleural furrows narrow and shallow, slightly slanting posterolaterally; pygidial border indistinct, border furrow discontinuous; prosopon with very fine granules.

Comparison In general configuration of cranidium and pygidium, the new species is quite similar to *Olenoides damesi* (Kobayashi) from *Megagraulos coreanicus* Zone of R. O. Korea (Kobayashi, 1935, p. 158, pl. 18, figs. 11–13; Yuan *et al.*, 2012, p. 92, pl. 15, figs. 1–12). It is different from the latter in having less tapering forward glabella, and pygidium with 6 axial rings and 6 pairs of longer slender marginal spines, prosopon of very fine granules without irregular granular crests.

Locality and horizon Dongshankou, Gangdeershan, Wuhai City, Inner Mongolia Autonomous Region, from *Megagraulos inflatus* Zone of the Hulusitai Formation.

Genus *Dorypyge* Dames, 1883

Type species *Dorypyge richthofeni* Dames, 1883, S. 24, 25, Taf. 1, Fig. 1–6; Schrank, 1977, S. 145–147, Taf. 1, Fig. 1–6; Taf. 2, Fig. 1–5; Taf. 4, Fig. 6), from the upper part of *Crepicephalina convexa* Zone to the lower part of *Amphoton deois* Zone (Changqingian) of Wulopu, southern Xiaoshi (Hsiaoshih), eastern Liaoning.

Diagnosis See Yuan *et al.*, 2012, p. 92–95, 513, 514.

Occurrence Cambrian Series 3; Asia [China, Iran, Siberia, Uzbekistan (Turkestan), Turkey, D. P. R. Korea, R. O. Korea], Antarctica, Europe (Denmark, England, Sweden, Spanish), North America [USA (Utah, Alabama), Canada (New Brunswick)], South America (Argentina) and Australia.

Dorypyge areolata Yuan et Zhang, sp. nov.

(pl. 7, figs. 7–11)

Etymology areolata, -tus, -tum (Lat.), meshed, referring to prosopon of meshed sculpture on the cranidium and pygidium of the new species.

Holotype Cranidium NIGP 62384 (pl. 7, fig. 9), from *Poriagraulos nanus* Zone (Hsuchuangian) of

Hanshuigou, Liquan County, Shaanxi Province.

Material　2 cranidia, 2 pygidia and 1 hypostome.

Diagnosis　Glabella wide, strongly convex, cudgel-shaped in outline; fixigena narrow, convex, less than 0.5 times as wide as glabella between palpebral lobes; anterior border furrow deep and wide; pygidial border distinct; pygidial border narrow and flat, slightly broadening backwards; 6 pairs of marginal spines, of which the fifth pair is the longest; prosopon of meshed sculpture on the cranidium and pygidium.

Description　Cranidium convex, subtrapezoidal to subquadrate in outline, 8.0 mm in length, 9.7 mm in width between palpebral lobes (holotype); axial furrow wide and deep; glabella wide, strongly convex, cudgel-shaped in outline, slightly expanding forward, almost reaching to the anterior border, occupying 3/4 of total cranidial length, widest at anteromedially, with 3−4 pairs of lateral glabellar furrows, of which posterior two pairs (S1, S2) relatively long, slanting backwards; occipital furrow distinct, slightly bending backwards; occipital ring wide, semielliptical in outline, with long occipital spine stretching backwards and upwards; fixigena narrow, convex, highest near palpebral lobe, slanting to axial furrow, less than 0.5 times as wide as glabella between palpebral lobes; palpebral lobe medium in length, located midpoint opposite to glabella, more than 1/3 as long as glabella, palpebral furrow distinct; anterior border furrow wide and deep; anterior border extremely narrow, strongly convex; preglabellar field absent; posterolateral projection subtriangular; posterior border furrow wide and deep; posterior border narrow, gently convex, width (tr.) less than 2/3 basal glabella in width; anterior branches of facial sutures from palpebral lobe almost stretching parallel forward, posterior branches inclining backwards and outwards. An associated hypostome elongated elliptical in outline, bending forward anteriorly, slightly contracting posteromedially, flat and rounded posteriorly; anterior wing subtriangular; middle body strongly convex, elongated oval, middle furrow shallow and short, anterior lobe of middle body occupying 5/7 of total length of middle body, posterior lobe crescent, occupying 2/7 of total length of middle body; lateral and posterior border furrows wide and deep, anterior border furrow extremely shallow distally; lateral border narrow, gently convex, prosopon of irregular reticulated pits on the surface of middle body and border. Pygidium convex, inverted triangular in outline (except marginal spines); pygidial axis strongly convex, tapering backwards, broadly rounded posteriorly, almost reaching posterior margin, with 5 axial rings and a terminal piece; pleural field narrow, gently convex, 4 pairs of wide, deep pleural furrows stretching posterolaterally, interpleural furrows extremely shallow, discernible only on the anterior two pleural libs; border furrow narrow and distinct; border narrow and flat, slightly broadening backward; 6 pairs of marginal spines, increasing in length and width backward, of which the fifth pair is the longest, and the sixth is the shortest; prosopon of meshed sculpture on the cranidium and pygidium.

Comparison　The new species differs from the type species *Dorypyge richthofeni* (Dames, 1883, S. 24, 25, Taf.1, Fig. 1−6; Schrank, 1977, S. 145−147, Taf. 1, Fig. 1−6; Taf. 2, Fig. 1−5; Taf. 4, Fig. 6) mainly in having wider deeper anterior border furrow, subquadrate cranidium, wider (tr.) cranidial anterior margin, narrower more convex anterior border, longer slimmer pygidial axis, distinct pygidial border furrow and prosopon of meshed sculpture on the cranidium and pygidium. In general configuration of cranidium and pygidium, the new species bears the closest resemblance to *Dorypyge zhangxiaensis* Yuan (Yuan *et al.*, 2012, p. 102, pl. 15, figs. 13, 14; pl. 16, figs. 1 − 5; pl. 137, fig. 15) from *Poriagraulos nanus-Tonkinella flabelliformis* Zone of Mantoushan, Zhangxia County and Yangjiazhuang Village, Ezhuang Town, Zichuan County, Shandong Province. However, it can be distinguished from the latter chiefly by the latter having cylindrical glabella, more slender pygidial marginal spines, more distinct interpleural furrows on pygidium, no distinct pygidial border furrow. In general outline of the pygidium, the new species is also quite similar to *Dorypyge richthofeni damesi* (Zhang, 1981, p. 155, pl. 59, fig. 5) from Moheershan Group of Kuruktag, Xinjiang, NW China, but the latter has a cylindrical pygidial axis, no meshed sculpture on the pygidium.

Locality and horizon Hanshuigou, Liquan County, Shaanxi Province, *Poriagraulos nanus* Zone of the Manto Formation.

Dorypyge? sp. A
(pl. 7, fig. 12)

Material 1 deformed pygidium.

Description Pygidium convex, elongated semielliptical in outline (except marginal spines), about 10.0 mm in length, 13.0 mm in maximum width; pygidial axis strongly convex, almost cylindrical, well rounded posteriorly, with 5 axial rings and a terminal piece; pleural field slightly wider than axial region, 4 pairs of wide, deep pleural furrows stretching posterolaterally, interpleural furrows narrow and shallow; without border and border furrow; 5 pairs of short marginal spines, of which the fifth pair is longer; surface smooth.

Comparison *Dorypyge*? sp. A is similar to *Dorypyge* (*Jiuquania*) *multiformis* Li in Zhou *et al.* (1982, p. 232, pl. 59, figs. 10–13). However, it differs from the latter mainly in having longer pygidium with cylindrical axis and very shallow interpleural furrows.

Locality and horizon Hanshuigou, Liquan County, Shaanxi Province, *Poriagraulos nanus* Zone of the Manto Formation.

Dorypyge sp. B
(pl. 70, fig. 25)

Material 1 hypostome

Description Hypostome elongated oval in outline, bending forward as an arch anteriorly, flat and well rounded posteriorly; anterior wing triangular; middle body strongly convex, elongated oval, middle furrow deep laterally, slightly slanting backward, disconnected medially, anterior lobe of middle body occupying 6/7 of total length of middle body, posterior lobe crescent, occupying 1/7 of total length of middle body; lateral border furrow wide and deep, anterior and posterior border furrows shallow; lateral border narrow, gently convex, prosopon of irregular dactylic crests on the surface of middle body and border.

Comparison In general outline of the hypostome, *Dorypyge* sp. B is similar to *Dorypyge grandispinosa* Resser et Endo, 1937 (Yuan *et al.*, 2012, pl. 26, figs. 8, 11–13; pl. 27, fig. 5), but the latter has wider hypostome with rather shallow middle furrow, and fine short spine on lateral border.

Locality and horizon Northern slope of Gangdeershan, Wuhai City, Inner Mongolia Autonomous Region, the middle part of the Hulusitai Formation.

Suborder Leiostegiina Bradley, 1925
Family Leiostegiidae Bradley, 1925

Genus *Meropalla* Öpik, 1967

Type species *Meropalla quadrans* Öpik, 1967, p. 269, 270, pl. 1; pl. 18, fig. 7; pl. 19, figs. 1–3, from the *Erediaspis eretes* Zone to *Acmarhachis* (= *Cyclagnostus*) *quasivespa* Zone (the Mindyallan Stage), Cambrian Series 3 of Northwest Queensland, Australia.

Diagnosis See Öpik, 1967, p. 269, 270.

Remarks Besides the type species, the following species are included in the genus: *Meropalla auriculata* Öpik, 1967, *M. bella* Yuan et Yin, 1998, *M. gibbera* Peng, Babcock et Lin, 2004a. Also, *Paramenocephalites acis* (Walcott, 1905) (Zhou *et al.*, 1977, p. 159, pl. 48, fig. 18) from the Guangzhuling Formation of Dingzhai Town, Xianfeng County, Hubei, should be transferred to *Meropalla*, because of possession of cylindrical glabella and posteriorly located shorter palpebral lobe.

Occurrence Cambrian Series 3 (Jinanian); Queensland (Australia), Guizhou, Hunan, Hubei (South

China), Inner Mongolia Autonomous Region and Ningxia Hui Autonomous Region (North China).

Meropalla sp.

(pl. 8, fig. 16)

Material 1 cranidium.

Description Cranidium wide transversally, subquadrate in outline, strongly convex, straight anteriorly, 12.7 mm in length, 18.0 mm in width between palpebral lobes; axial furrow and anterior border furrow narrow; glabella strongly convex, subcylindrical, slightly tapering forward, broadly rounded anteriorly, reaching anterior border furrow, without distinct lateral furrow; occipital ring convex, wider medially, occipital furrow distinct, slightly bending backwards; fixigena wide, about 2/3 as wide as glabella between palpebral lobes; palpebral lobe short to medium in length, located posteriorly, less than 2/5 of total length of glabella, palpebral furrow distinct; eye ridge distinct, strongly slanting backward behind anterolateral corner of glabella; posterolateral projection extremely narrow (exsag.); anterior branch of facial suture stretching forward and inward as an arch, posterior branch slanting posterolaterally; surface smooth.

Comparison *Meropalla* sp. bears some resemblances to *Meropalla auriculata* Öpik (1967, p. 271, 272, pl. 1; pl. 19, figs. 4, 5). However, it differs from the latter mainly in having longer palpebral lobe, and distinct eye ridge.

Locality and horizon Qinglongshan, Tongxin County, Ningxia Hui Autonomous Region, *Blackwelderia tenuilimbata* Zone of the Hulusitai Formation.

Family Sunaspidae Zhang et Jell, 1987

Genus *Sunaspidella* Zhang et Yuan, 1981

Type species *Sunaspidella rara* Zhang et Yuan, 1981, p. 169, pl. 2, figs. 11, 12, from upper part of *Sunaspis laevis-Sunaspidella rara* Zone of Dongshankou, Gangdeershan, Wuhai City, Inner Mongolia Autonomous Region.

Diagnosis Isopygous trilobite; cephalon well rounded, strongly vaulted, highest at the centrum, sloping down, steamed bread-shaped in outline; cranidium wide and convex; axial furrow extremely shallow; glabella strongly convex, truncated conical to cylindrical in outline, with a low median keel and 4 pairs of shallow lateral glabellar furrows, of which S1 to S3 are widening inward and slightly bifurcated; preglabellar field narrow or absent; anterior border wide, gently convex, slightly slanting forward; anterior border furrow shallow; occipital furrow wide and shallow; occipital ring low and flat, uniform in width; fixigena narrow, gently convex, slightly sloping down; palpebral lobe short to medium in length; eye ridge gently convex, slanting from anterolateral corner of glabella; librigena wide, lateral border furrow extremely shallow or obscure, without genal spine. Pygidium long, pygidial axis wide and long, slightly tapering backward, with 6-8 axial rings, axial ring furrows shallow; pleural field gently convex, with 5-6 wide pleural ribs, 5-6 pairs of wide shallow pleural furrows stretching outward, interpleural furrows obscure; without distinct border and border furrow; prosopon of rather small pits or surface smooth.

Remarks Morphologically *Sunaspidella* Zhang et Yuan, 1981 bears the closest resemblance to *Sunaspis* Lu, 1953 and *Leiaspis* Wu et Lin in Zhang et al., 1980b. For example, they share isopygous pygidium, rather shallow axial and lateral glabellar furrows, truncated conical to subcylindrical glabella, low and flat occipital ring of uniform in width, shorter to medium in length palpebral lobe. However, *Sunaspidella* differs from *Sunaspis* in having rather strongly vaulted cephalon and pygidium, wider axial region (glabella, pygidial axis), wider longer glabella, shorter sloping down preglabellar area (preglabellar field plus anterior border), rather shallow and narrow anterior border furrow, preglabellar field narrow or absent instead of wider concave preglabellar field in the latter, narrower fixigena (tr.) and shorter pygidium with wider pygidial axis and 6-8 axial rings instead of 9-12 axial rings in the latter. *Leiaspis* Wu et Lin in Zhang *et al.*, 1980b can be distinguished from *Sunaspidella* by its wider, deeper anterior border furrow, strongly convex anterior border, wider fixigenae between palpebral lobes, wider than half of glabellar width, shorter and wider pygidium, longer slender pygidial axis, with 8-9 axial rings, wider pleural field, wider flat pygidial border. Besides the type species, seven species have been referred to this genus: *Sunaspidella brevica* Qiu in Qiu *et al.*, 1983, *S. ovata* Zhang et Wang, 1985, *S. wutaishanensis* Zhang et Wang, 1985, *S. elongata* Zhang et Wang, 1985, *S. limbata* Zhang in Zhang *et al.*, 1995, *S. qinglongshanensis* Yuan et Zhang, sp. nov. and *S. transversa* Yuan et Zhang, sp. nov., of which *S. brevica* Qiu in Qiu *et al.*, 1983 should be *S. brevis* Qiu in Qiu *et al.*, 1983; *S. elongata* Zhang et Wang, 1985 erected based on two cranidia is questionable because of presence of semielliptical occipital ring. *Sunaspis pansa* Zhang et Wang, 1985, *S. xiweikouensis* Zhang et Wang, 1985, *S. xingdaoensis* Zhang et Wang, 1985 are better grouped with the genus *Sunaspidella*. Besides, *Leiaspis jiwangshanensis* Zhang et Wang (1985, pl. 131, figs. 8, 9) is better reassigned to *Sunaspidella*.

Occurrence Cambrian Series 3 (Hsuchuangian); North China.

Sunaspidella qinglongshanensis Yuan et Zhang, sp. nov.

(pl. 10, figs. 7-11; pl. 11, figs. 9-11; pl. 91, fig. 16)

Etymology Qinglongshan, a locality, where the new species occurs.

Holotype Cranidium NIGP 62436 (pl. 10, fig. 7), from upper part of *Sunaspis laevis-Sunaspidella rara* Zone (Hsuchuangian) of Qinglongshan, Tongxin County, Ningxia Hui Autonomous Region.

Material 5 cranidia and 4 pygidia.

Diagnosis Cranidium strongly bending forward anteriorly, anterior border and preglabellar field of uniform width (sag.), palpebral lobe short, located posteriorly opposite to glabella. Pygidium elongated semielliptical, with low median keel.

Description Cranidium strongly convex, bending forward anteriorly, subquadrate in outline, 8.0 mm in length, 7.0 mm in width between palpebral lobes (holotype); axial furrow shallow; glabella broad and long, strongly convex, slightly tapering forward, truncated conical, flat rounded anteriorly, occupying about 6/11 to 7/11 of total cranidial length, with a low median keel, and with 4 pairs of shallow lateral glabellar furrows, of which posterior two pairs (S1, S2) bifurcated, anterior two pairs (S3, S4) located behind inner end of eye ridge, slightly slanting backwards; occipital furrow shallow; occipital ring narrow and low, uniform in width; anterior border furrow shallow, but distinct, slightly bending forward, anterior border medium in width (sag.), rapidly narrowing laterally, preglabellar field as wide as anterior border (sag.); fixigena narrow, 0.5 times as wide as glabella between palpebral lobes; eye ridge convex, slanting backwards behind anterolateral corner of glabella; palpebral lobe relatively short, located behind mid-line of glabella, less than 1/2 of glabellar length; palpebral furrow wide and shallow; posterolateral projection short (tr.), subtriangular; posterior border furrow wide and shallow; posterior border narrow, gently convex, width (tr.) equal to about 2/3 basal glabella in width; anterior branch of facial suture slightly divergent from palpebral lobe, across anterior border furrow, bending inward as an arch and cutting anterior border at anterolateral margin, posterior branch inclining outward. Pygidium long, convex, semielliptical; pygidial axis long and wide, convex, with a low median keel and 8-9 axial rings, of which each axial ring bears a node; pleural field gently convex, nearly as wide as pygidial axis; 6-7 pairs of pleural ribs; pleural furrows shallow, stretching outwards, interpleural furrows indistinct; pygidial border extremely narrow and flat; surface smooth.

Comparison In general configuration of cranidium and pygidium, the new species is quite similar to *Sunaspidella jiwangshanensis* (Zhang et Wang) (Zhang and Wang, 1985, p. 447, pl. 131, figs. 8,9), but the latter has cylindrical glabella, shallower lateral glabellar furrows, wider and deeper anterior border furrow, longer palpebral lobe located more anteriorly.

Locality and horizon　Qinglongshan, Tongxin County, Ningxia Hui Autonomous Region and Taosigou, Hulusitai, Alashan, Inner Mongolia Autonomous Region, upper part of *Sunaspis laevis-Sunaspidella rara* Zone of the Hulusitai Formation.

Sunaspidella transversa Yuan et Zhang, sp. nov.
(pl. 12, figs. 1–14; pl. 13, figs. 1–17)

Etymology　transversa, -us, -um (Lat.), referring to transversal wide cranidium of the new species.

Holotype　Cranidium NIGP 62459 (pl. 12, fig. 1), from upper part of *Sunaspis laevis-Sunaspidella rara* Zone (Hsuchuangian) of Niuxinshan, Jingfushan area, Longxian County, Shaanxi Province.

Material　15 cranidia and 18 pygidia.

Diagnosis　Cranidium wide (tr.), subquadrate in outline, broad and straight anteriorly, preglabellar field narrow (sag.), semicircular pygidium, with a low median keel, axial ring with two nodes at both sides distally.

Description　Cranidium wide (tr.), strongly convex, subquadrate in outline, broad and straight anteriorly, 7.4 mm in length, 9.0 mm in width between palpebral lobes (holotype); axial furrow shallow; glabella broad and long, strongly convex, slightly tapering forward, rectangular to subtrapezoidal in outline, occupying about 3/4 of total cranidial length, with a low median keel, and with 4 pairs of shallow lateral glabellar furrows, of which the first pair (S1) very shallow, bifurcated, the second pair (S2) located at anterior to midline of glabella, bifurcated, the third pair (S3) behind inner end of eye ridge, slightly slanting forward, the fourth pair (S4) located at inner end of eye ridge, disconnected with axial furrow, slightly slanting forwards; occipital furrow wide and shallow; occipital ring narrow and low, uniform in width; anterior border furrow shallow, but distinct, slightly bending forward, anterior border medium in width (sag.), gently narrowing laterally, preglabellar field extremely narrow or absent; fixigena narrow, less than 0.5 times as wide as glabella between palpebral lobes; eye ridge low, slanting backwards behind anterolateral corner of glabella; palpebral lobe short, located behind midline of glabella, about 2/7–1/3 of glabellar length; palpebral furrow shallow; posterolateral projection short (tr.), subtriangular; posterior border furrow shallow; posterior border narrow, gently convex, more than 1/2 of basal glabella in width (tr.); anterior branch of facial suture slightly convergent from palpebral lobe, across anterior border furrow, bending inward as an arch and cutting anterior border at anterolateral margin, posterior branch inclining outward. Pygidium convex, semicircular; pygidial axis long and wide, convex, with a low median keel and 5–6 axial rings, of which each axial ring bears two nodes distally; pleural field gently convex, slightly narrower than pygidial axis; 5–6 pairs of pleural ribs; pleural furrows wide and shallow, stretching outwards, interpleural furrows indistinct; no distinct pygidial border; surface smooth. Pygidium long, convex, semielliptical; pygidial axis long and wide, convex, with a low median keel and 8–9 axial rings, of which each axial ring bears a node; pleural field gently convex, nearly as wide as pygidial axis; 6–7 pairs of pleural ribs; pleural furrows shallow, stretching outwards, interpleural furrows indistinct; pygidial border extremely narrow and flat; surface smooth.

Comparison　The new species is different from the type species *Sunaspidella rara* (Zhang and Yuan, 1981, p. 169, pl. 2, figs. 11, 12) mainly in having wider cranidium with broader and straight anterior margin, less tapering glabella, each pygidial axial ring with two nodes at both sides. In general outline of the cranidium, the new species bears some resemblances to *Sunaspidella wutaishanensis* Zhang et Wang (1985, p. 446, pl. 131, fig. 7). It can be distinguished from the latter mainly by its quadrate cranidium, shorter robust glabella with 4 pairs of shallow lateral glabellar furrows and slightly convergent anterior branch of facial suture.

Locality and horizon　Niuxinshan, Jingfushan area, Longxian County, Shaanxi, upper part of *Sunaspis* *laevis-Sunaspidella rara* Zone of the Manto Formation; Suyukou-Wudaotang, Helanshan, Ningxia Hui Autonomous Region, Taosigou, Hulusitai, Alashan and near the road to the Chengjisihan statue, Gangdeershan as well as Subaigou, Zhuozishan area, Wuhai City, Inner Mongolia Autonomous Region, upper part of *Sunaspis laevis-Sunaspidella rara* Zone of the Hulusitai Formation.

Sunaspidella sp. A
(pl. 11, fig. 15)

Material 1 cranidium.

Description Cranidium strongly convex, strongly bending forward anteriorly, subquadrate in outline, 9.0 mm in length, 9.0 mm in width between palpebral lobes; axial furrow, occipital furrow and lateral glabellar furrow almost effaced; glabella wide and robust, strongly convex, slightly tapering forward, truncated conical in outline, broadly rounded anteriorly; occipital ring strongly convex, strongly bending backwards posteriorly; fixigena narrow, about 1/3 as wide as glabella between palpebral lobes; palpebral lobe short to medium in length, located behind midline of glabella, less than 0.5 times as long as glabella; posterolateral projection short (tr.), subtriangular; posterior border furrow very shallow; posterior border narrow, gently convex, less than 2/3 of basal glabella in width (tr.); anterior branch of facial suture slightly convergent from palpebral lobe, across anterior border furrow, bending inward as an arch and cutting anterior border at anterolateral margin, posterior branch inclining outward; surface smooth.

Comparison In general configuration of cranidium, *Sunaspidella* sp. A is similar to *Sunaspidella qinglongshanensis* Yuan et Zhang, sp. nov. It differs from the latter mainly in having effaced axial furrow, occipital furrow, lateral glabellar furrow and anterior border furrow, occipital ring strongly bending backwards posteriorly.

Locality and horizon Suyukou-Wudaotang, Helanshan, Ningxia Hui Autonomous Region, the middle to upper parts of *Sunaspis laevis-Sunaspidella rara* Zone of the Hulusitai Formation.

Sunaspidella sp. B
(pl. 91, fig. 17)

Material 1 cranidium.

Description Cranidium wide (tr.), moderately convex, subquadrate in outline, broad and slightly bending forward anteriorly, 4.3 mm in length, 5.3 mm in width between palpebral lobes; axial furrow shallow; glabella broad and short, gently convex, slightly tapering forward, truncated conical in outline, flat rounded anteriorly and with 4 pairs of shallow lateral glabellar furrows, of which the first pair (S1) very shallow, bifurcated, the second pair (S2) located at anterior to midline of glabella, horizontal, the third pair (S3) behind inner end of eye ridge, slightly slanting forward, the fourth pair (S4) located at inner end of eye ridge, disconnected with axial furrow, slightly slanting forwards; occipital furrow deep; occipital ring narrow and gently convex, slightly bending backwards posteriorly; anterior border furrow wide and deep, slightly bending forward, anterior border narrow, convex, preglabellar field extremely narrow (sag.), preocular field wide, sloping down towards anterior border furrow; fixigena wide, gently convex, about 2/3 of glabellar width between palpebral lobes; eye ridge gently convex, slanting backwards behind anterolateral corner of glabella; palpebral lobe medium in length to long, located behind midline of glabella, more than 0. 5 times as long as glabella; posterolateral projection short (tr.), subtriangular; posterior border narrow, gently convex; anterior branch of facial suture slightly divergent from palpebral lobe, across anterior border furrow, bending inward as an arch and cutting anterior border at anterolateral margin, posterior branch inclining outward; surface smooth.

Comparison In general outline of cranidium, *Sunaspidella* sp. B bears some resemblances to *Sunaspidella brevis* Qiu (Qiu *et al.*, 1983, pl. 53, figs. 5−7) from Hsuchuangian of Daxiaojinshan, Huainan City, Anhui

Province. However, it is different from the latter in having narrower preglabellar field, narrower occipital ring (sag.) slightly bending backwards, and deeper occipital furrow.

Locality and horizon Niuxinshan, Jingfushan area, Longxian County, Shaanxi Province, the middle to upper parts of *Sunaspis laevis-Sunaspidella rara* Zone of the Manto Formation.

Genus *Palaeosunaspis* Yuan et Zhang, nov.

Etymology pal-, palae-, Palaeo (Gr.), Palaeo, old, ancient; *Sunaspis*, genus name of trilobites.

Type species *Palaeosunaspis latilimbata* Yuan et Zhang, sp. nov., from *Bailiella lantenoisi* Zone (Hsuchuangian) of Subaigou, Zhuozishan area, Wuhai City, Inner Mongolia Autonomous Region.

Diagnosis Axial furrow very shallow; glabella obscure but perceptible, subcylindrical in outline, reaching anterior border furrow, without lateral glabellar furrows; preglabellar field absent; anterior border wide, vaulted, covered with irregular terrace lines; anterior border furrow wide and deep; occipital ring low, uniform in width (sag.); fixigena narrow, gently convex; palpebral lobe short, eye ridge low and flat, slanting backward from anterior corner of glabella.

Discussion The new genus bears the closest resemblance to *Sunaspidella* Zhang et Yuan, 1981, both genera have no preglabellar field. However, the new genus differs from the latter mainly in having extremely shallow axial furrow, no lateral glabellar furrows, wider, deeper anterior border furrow, and wider vaulted anterior border. In the presence of wider deeper anterior border furrow, shallower axial furrow, truncated conical to subcylindrical glabella, low occipital ring with uniform width (sag.), the new genus is also similar to *Sunaspis* Lu, 1953 and *Leiaspis* Wu et Lin in Zhang *et al.*, 1980b. However, *Sunaspis* has narrower upturned anterior border, wider concave preglabellar field and broader fixigenae between palpebral lobes. *Leiaspis* possesses much broader preglabellar field, narrower strongly convex anterior border and broader fixigenae between palpebral lobes.

Occurrence Cambrian Series 3 (Hsuchuangian); North China.

Palaeosunaspis latilimbata Yuan et Zhang, gen. et sp. nov.
(pl. 12, figs. 16,17)

Etymology lat-, lati (Lat.), broad, limbata, -us, -um (Lat.), border, referring to the wider vaulted anterior border of the new species.

Holotype Cranidium NIGP 62475 (pl. 12, fig. 17), from *Bailiella lantenoisi* Zone (Hsuchuangian) of Subaigou, Zhuozishan area, Wuhai City, Inner Mongolia Autonomous Region.

Material 2 cranidia.

Description Cranidium subquadrate in outline, strongly bending forward anteriorly, 5.6 mm in length, 5.0 mm in width (holotype); axial furrow very shallow; glabella obscure but perceptible, subcylindrical in outline, reaching anterior border furrow, without lateral glabellar furrows; preglabellar field absent; anterior border wide and vaulted, covered with irregular terrace lines; anterior border furrow wide and deep; occipital furrow wide and shallow, occipital ring low, uniform in width (sag.); fixigena narrow, gently convex, less than 0.5 times as wide as glabella between palpebral lobes; palpebral lobe short, located opposite to glabella posteromedially, eye ridge low and flat, slanting backward from anterior corner of glabella; posterolateral projection subtriangular, narrow (exsag.) and short (tr.), about 2/3 of basal glabella in width (tr.); anterior branch of facial suture convergent from palpebral lobe, posterior branch inclining outward and backward.

Locality and horizon Subaigou, Zhuozishan area, Wuhai City, Inner Mongolia Autonomous Region, *Bailiella lantenoisi* Zone of the Hulusitai Formation.

Order Ptychopariida Swinnerton, 1915
Family Conocoryphidae Angelin, 1854
Genus *Occatharia* Álvaro, 2007

Type species *Conocoryphe ferralsensis* Courtessole, 1967, p. 501-505, pl. 4, figs. 4-8; pl. 5, figs. 2-6; pl. 6, figs. 1 - 4, from the Coulouma Formation (Cambrian Series 3), upper Languedocian Stage, *Eccaparadoxides macrocercus* Zone, southern Montagne Noire, France.

Diagnosis Conocorphid trilobite with a pair of pseudooculate protuberances on the genae which lack any trace of visual surface (rudimentary eye ridge); axial furrow deep, shallowing in front of glabella; glabella conical to truncated conical in outline, with 3 pairs of shallow lateral glabellar furrows; fixigenae wide; facial suture very short, remains on the border furrow and does not cross it; librigenae narrow and short, with very short genal spine. Thorax of 14 segments. Pygidium short, transverse, semielliptical, axis with 4-5 axial rings; border narrow, without distinct border furrow; surface granular or smooth.

Discussion In general outline of the cranidium and pygidium, *Occatharia* Álvaro, 2007 is quite similar to *Conocoryphe* Hawle et Corda, 1847, *Bailiella* Matthew, 1885, *Couloumania* Thoral, 1946, *Parabailiella* Thoral, 1946. However, the facial suture of *Conocoryphe*, *Couloumania* are on the librigenae, and does not reach the lateral border furrows. The facial suture of *Occatharia* reaches the lateral border furrow, but does not cross the lateral border furrow, and the presence of rudimentary eye ridge, these features are different from those of *Bailiella*. By the presence of two oblique furrows on preglabellar furrows, and facial suture on the lateral border, *Conocoryphe* can be easily distinguished from *Bailiella*.

Occurrence Cambrian Series 3; Europe (Czech Republic, Germany, France, Spain) and Asia (Turkey and China).

Occatharia dongshankouensis Yuan et Zhang, sp. nov.
(pl. 16, figs. 11-14)

Etymology Dongshankou, a locality, where the new species occurs.

Holotype Cranidium NIGP 62538 (pl. 16, fig. 13), from *Bailiella lantenoisi* Zone (Hsuchuangian) of Dongshankou, Gangdeershan, Wuhai City, Inner Mongolia Autonomous Region.

Description Cranidium wide (tr.), convex, semicircular in outline, 14.0 mm in length, maximum width 27.0 mm posteriorly (holotype); axial furrow deep laterally, shallowing in front of glabella, with two shallow furrows slanting to somewhat concave preglabellar field; glabella convex, conical to truncated conical in outline, with 3 pairs of lateral glabellar furrows, of which S1 is wide and deep, bifurcated, anterior branch horizontal, posterior branch slanting backwards, S2 located at midline of glabella, slightly slanting backwards, S3 located at inner end of eye ridge, horizontal; occipital ring narrow (sag.), gently convex, narrowing laterally, occipital furrow shallow, slightly bending backwards; fixigena wide, with or without eye ridge, slightly bending backward behind anterior corner of glabella; anterior, lateral and posterior border furrows distinct and connecting each other; anterior and posterior border convex and wide, lateral border narrow; facial suture short, located at lateral border disconnecting with lateral border furrow; librigena narrow, with long genal spine. Pygidium semielliptical, with 8 axial rings; pleural field with 3-4 pairs of pleural ribs, 3-4 pairs of pleural furrows distinct, shallowing backwards, interpleural furrows indistinct; border narrow, without distinct border furrow; surface smooth.

Comparison The new species differs from the type species, *Occatharia ferralsensis* (Courtessole) (Courtessole, 1967, p. 501-505, pl. 4, figs. 4-8; pl. 5, figs. 2-6; pl. 6, figs. 1-4; Courtessole, 1973, p. 191-193, pl. 19, figs. 11-16; pl. 20, figs. 1-9; pl. 27, fig. 10) mainly in having wider (sag.) somewhat depressed preglabellar field, slowly tapering forward glabella with truncated anterior margin and smooth surface.

Locality and horizon Dongshankou, Gangdeershan, Wuhai City, Inner Mongolia Autonomous Region,

Bailiella lantenoisi Zone of the Hulusitai Formation.

Family Ptychopariidae Matthew, 1887

Genus *Helanshanaspis* Yuan et Zhang, nov.

Etymology　Helanshan, a locality, where the new genus occurs.

Type species　*Helanshanaspis abrota* Yuan et Zhang, sp. nov., from *Sinopagetia jnnanensis* Zone (Hsuchuangian) of northern Bohai, Dali Town, Helanshan, Ningxia Hui Autonomous Region.

Diagnosis　Cranidium convex, subquadrate (except posterolateral projection); axial furrow deep; glabella truncated conical, with 4 pairs of distinct lateral glabellar furrows, of which S1 and S2 are bifurcated; fixigena convex, medium in width between palpebral lobes; palpebral lobe long, curved as an arc, its posterior end almost reaching at a level of occipital furrow; anterior border furrow deep, with a circular small swelling in sagittal line; preglabellar field wide (sag.) divided into two parts by a median furrow; anterior branch of facial suture strongly divergent forward. Pygidium tentatively assigned to the new genus triangular in outline, narrow (tr.) anteriorly, broad posteriorly, straight laterally; pygidial axis wide, strongly convex, subcylindrical, slightly tapering backwards with 3–4 axial rings; pleural field narrow, gently convex; pleural and interpleural furrows shallow; without distinct border and border furrow; prosopon of sparsely distributed granules and reticulated crests.

Discussion　Among the ptychoparids genera, only a few genera have the preglabellar field divided into two parts by a median furrow, such as *Paleonelsonia* Özdikmen, 2008, *Xiaofangshangia* Qiu, 1980 (Palmer and Gatehouse, 1972, p. 28, 29; Qiu, 1980, p. 57; Yuan et al., 2012, p. 136, 137). However, the new genus can be distinguished from *Paleonelsonia* chiefly by its possession of 4 pairs of deeper lateral glabellar furrows, wider preglabellar field (sag.), shallower median furrow, anterior border furrow with a circular small swelling in sagittal line, longer palpebral lobe, strongly divergent anterior branch of facial suture, triangular pygidium with longer wider axis. It differs from *Xiaofangshangia* Qiu, with *Xiaofangshangia divergens* as the type species (Qiu, 1980, p. 57, pl. 5, fig. 9) in having 4 pairs of deeper lateral glabellar furrows, anterior border furrow with a circular small swelling in sagittal line, narrower fixigenae between palpebral lobes, shorter eye ridge and longer palpebral lobe. In general outline of the pygidium, the new genus bears some resemblances to *Loxopeltis* Rasetti, 1957 (type species *L. problematica* Rasetti, 1957, p. 968, pl. 119, figs. 3, 4; text-fig. 4) from Mt. Whyte Formation (lower Cambrian Series 3) of the Canadian Rocky Mountains, it differs from the latter in having less arched posterior margin of pygidium, wider shorter pygidial axis, a fewer pairs of shorter shallower pleural furrows, no distinct pygidial border and prosopon of sparsely distributed granules and reticulated crests. In the pattern of lateral glabellar furrows, the new genus is also similar to *Parapoulsenia* Rasetti, 1957 (type species: *P. lata* Rasetti, 1957, p. 964, pl. 120, figs. 4–7; text-fig. 1) from Mt. Whyte Formation (lower Cambrian Series 3) of the Canadian Rocky Mountains, but the latter has extremely narrow preglabellar field, wider more convex anterior border with weakly developed median plectrum, anterior border furrow without a circular small swelling in sagittal line, wider fixigenae between palpebral lobes, shorter palpebral lobe and convergent anterior branch of facial suture.

Occurrence　Cambrian Series 3 (Hsuchuangian); North China (Ningxia Hui Autonomous Region and Inner Mongolia Autonomous Region).

Helanshanaspis abrota Yuan et Zhang, gen. et sp. nov.

(pl. 14, figs. 14, 15)

Etymology　abrot- (Gr.), forever, magnificent, gorgeous, referring to a gorgeous small swelling in anterior border furrow in sagittal line of the new species.

Holotype   Cranidium NIGP 62508 (pl. 14, fig. 15), from *Sinopagetia jnnanensis* Zone (Hsuchuangian) of 3 km of northern Bohai, Dali Town, Helanshan, Ningxia Hui Autonomous Region.

Material   1 cranidium and 1 pygidium.

Description   Cranidium convex, subquadrate (except posterolateral projection), 7.8 mm in length, 8.0 mm in width between palpebral lobes (holotype); axial furrow deep, deeper and wider at anterior corner of glabella, shallowing and narrowing in front of glabella; glabella truncated conical, with 4 pairs of distinct lateral glabellar furrows, of which S1 and S2 are bifurcated, S3 located slightly behind inner end of eye ridge, disconnected with axial furrow, S4 short, located at inner end of eye ridge, slightly slanting forward; occipital furrow narrow and deep, occipital ring convex, wide medially, with a small occipital node, posteromedially; fixigena medium in width between palpebral lobes, convex, about 3/4 of glabellar width; palpebral lobe long, curving as an arc, its posterior end almost reaching at a level of occipital furrow; eye ridge short, convex, slightly slanting backwards from anterior corner of glabella; anterior border furrow deep, with a circular small swelling in sagittal line; preglabellar field wide (sag.) divided into two parts by a median furrow; anterior border convex, slightly bending forward, gently narrowing laterally; preocular field wider than preglabellar field; anterior branch of facial suture strongly divergent forward, posterior branch inclining outward; posterolateral projection narrow (exsag.), posterior border and border furrow damaged. Pygidium tentatively assigned to the new genus triangular in outline, narrow (tr.) anteriorly, broad posteriorly, straight laterally; pygidial axis wide, strongly convex, subcylindrical, slightly tapering backwards, well rounded posteriorly, with 3–4 axial rings; pleural field narrow, gently convex, narrow anteriorly, broad posteriorly; pleural and interpleural furrows very shallow; without distinct border and border furrow; prosopon of sparsely distributed granules and reticulated crests.

Locality and horizon   3 km of northern Bohai, Dali Town, Helanshan, Ningxia Hui Autonomous Region and Taosigou, Hulusitai, Alashan, Inner Mongolia Autonomous Region, *Sinopagetia jinnanensis* Zone of the Hulusitai Formation.

Genus *Qingshuiheia* Nan, 1976

Type species   *Qingshuiheia unita* Nan, 1976, p. 334, pl. 195, figs. 1–3, from Cambrian Series 3 (Maochuangian), Qingshuihe County, Inner Mongolia Autonomous Region.

Diagnosis (revised)   Small ptychopariid trilobite; exoskeleton elongated oval; cranidium subtrapezoidal, glabella truncated conical, broadly rounded anteriorly, with 3 pairs of distinct lateral glabellar furrows; occipital ring convex, wide medially, with a small occipital node, occipital furrow distinct; fixigena gently convex, medium in width between palpebral lobes; eye ridge convex, strongly slanting backwards from anterior corner of glabella; palpebral lobe short to medium in length, located posteromedially; anterior border narrow and convex or slightly upturned, preglabellar field wide (sag.); librigena with short genal spine. Thorax of 10 segments, pleural segments with short pleural spine. Pygidium long, inverted triangular, axis wide and convex, tapering backwards, with 6–8 axial rings, pleural field gently convex, with 4–6 pairs of pleural ribs, pleural furrows deep, interpleural furrows shallow; pygidial border narrow, gently convex, border furrow distinct.

Discussion   In general configuration of cranidium, *Qingshuiheia* is quite similar to *Ptychoparioides* Růžička, 1940 (type species *Solenopleura torifrons* Pompeckj, 1896; Kordule, 2006, p. 291, 292, figs. 8A–G) from the Mileč Formation or Jince Formation (Cambrian Series 3) of Bohemia, Czech, but the latter has wider fixigenae between palpebral lobes, much narrower preglabellar field, 14 thoracic segments, shorter pygidium with less segments and no distinct pygidial border. *Qingshuiheia* is characterized by its wider glabella, axial ring of thorax and pygidial axis, shorter eye ridge, longer pygidium with more segments and 10 thoracic segments. During the early Cambrian Series 3, the following trilobite genera have 10 thoracic segments, such as *Lioparia* Lorenz, 1906, *Psilaspis* Resser et Endo in Kobayashi, 1935, *Prodamesella* Chang, 1957, *Jiubaspis*

Zhou et Yin in Yin et Lee, 1978, *Longipleura* Duan in Duan *et al.*, 2005 and *Qingshuiheia*. *Qingshuiheia* bears the closest resemblance to *Jiubaspis* Zhou et Yin in Yin et Lee, 1978 (type species *Jiubaspis longus* Zhou et Yin in Yin et Lee, 1978, p. 504, pl. 168, figs. 14-19). However, *Jiubaspis* has longer palpebral lobe bending as an arch, extremely narrow posterolateral projection (exsag.), narrower fixigenae between palpebral lobes, semicircular pygidium with wider pygidial border. Recently the similar cranidium and pygidium have been found in Tangshan area, Hebei Province. It occurs bellow the *Luaspides* Duan, 1966. Therefore, *Qingshuiheia* may range from upper Cambrian Series 2 to lower Cambrian Series 3.

Occurrence   Upper Cambrian Series 2 to lower Cambrian Series 3; North China.

Qingshuiheia hejinensis Yuan et Zhang, sp. nov.
(pl. 17, figs. 1-7)

Etymology   Hejin, a locality, where the new species occurs.

Holotype   Nearly complete exoskeleton NIGP 62541 (pl. 17, fig. 1), from *Qingshuiheia hejinensis* Zone (upper part of Cambrian Series 2) of Xiweikou, Hejin County, Shanxi Province.

Material   7 incomplete exoskeletons, 1 cranidium, 1 librigena and 1 pygidium with partly thorax.

Description   Exoskeleton elongated oval, 13.1 mm in length (holotype); cranidium subtrapezoidal, gently convex, bending forward anteriorly, 5.0 mm in length, 8.0 mm in width at the base (holotype); axial furrow distinct; glabella convex, truncated conical, well rounded anteriorly, about half as long as cranidium, with 3 pairs of shallow lateral glabellar furrows of which S1 is longer, strongly slanting backwards; occipital furrow distinct, shallowing medially; occipital ring gently convex, equal in width (sag.); anterior border furrow wide and deep, slightly bending forward, preglabellar field wide (sag.), about 1.5 times as wide as anterior border in sagittal line, anterior border narrow and convex, narrowing laterally, preocular field wider than preglabellar field, about 2.5 times as wide as anterior border in sagittal line; fixigena gently convex, medium in width, about 2/3 as wide as glabella between palpebral lobes; palpebral lobe short, hooked, located medially, about 2/5 as long as glabella, palpebral furrow distinct, eye ridge gently convex, slanting backwards, slightly behind anterior corner of glabella; posterolateral projection subtriangular, less than basal glabella in width; posterior border furrow deep, posterior border narrow, gently convex; anterior branch of facial suture slightly divergent from palpebral lobe, across anterior border furrow, then bending inward and cutting anterior border at anterolateral margin, posterior branch inclining outward; librigena medium in width, with short stout genal spine, occupying about 1/3 of total length of librigena; lateral border furrow deep, librigenal field wide, gently sloping down towards lateral border furrow. Thorax of 10 segments, axial region tapering backwards; pleural region gently convex, pleural furrows wide and deep; pleural segments with short pleural spine. Pygidium long, inverted triangular, axis wide and convex, tapering backwards, posterior end reaching posterior border furrow, with 6-7 axial rings, axial ring furrows distinct, pleural field gently convex, narrower than axis, with 5-6 pairs of pleural ribs, pleural furrows deep, interpleural furrows indistinct; pygidial border narrow, gently convex, border furrow distinct; an associated smaller exoskeleton (pl. 17, fig. 3) 6.5 mm in length, maximum width 3.0 mm, thorax of 9 segments (it represents meraspid 9 degree), glabella narrow and long, cylindrical in outline, wider fixigena between palpebral lobes, anterior border furrow straight and deep, longer palpebral lobe and extremely narrow preglabellar field, these features above mentioned are quite similar to those of *Xilingxia ichangensis* (Chang, 1957) from the Tianheban Formation (upper Tsanglangpuan) of Shilongdong, Tianheban, Yichang, Hubei (Zhang *et al.*, 1980a, p. 305, 306, pl. 101, figs. 8 – 10), and indicate that *Qingshuiheia* has closer relationship to *Xilingxia*, and it may derive from *Xilingxia* by Paedomorphosis.

Comparison   The new species differs from the type species *Qingshuiheia unita* Nan (1976, p. 334, pl. 195, figs. 1-3) mainly in having longer slimmer glabella with shallower lateral glabellar furrows, cranidium with more strongly arched anterior margin, eye ridge more gently extending posterolaterally, longer inverted triangular pygidium with more segments.

Locality and horizon Xiweikou, Hejin County, Shanxi Province, *Qingshuiheia hejinensis* Zone of the Manto Formation.

Qingshuiheia huangqikouensis Yuan et Zhang, sp. nov.
(pl. 17, figs. 8–12)

Etymology Huangqikou, a locality, where the new species occurs.

Holotype Cranidium NIGP 62551 (pl. 17, fig. 11), from *Qingshuiheia hejinensis* Zone (upper part of Cambrian Series 2) of Huangqikou, Helanshan, Ningxia Hui Autonomous Region.

Material 4 cranidia and 1 pygidium.

Description Cranidium subtrapezoidal, gently convex, gently bending forward anteriorly, 8.0 mm in length, 11.0 mm in width between palpebral lobes (holotype); axial furrow wide and deep; glabella convex, truncated conical, broadly rounded anteriorly, occupying 3/5 of total cranidial length, with 3 pairs of shallow lateral glabellar furrows, of which S1 is longer, slanting backwards; occipital furrow deep laterally, straight and shallowing medially; occipital ring gently convex, slightly narrowing laterally; anterior border furrow wide and deep, slightly bending forward, preglabellar field wide (sag.), gently sloping down towards anterior border furrow, about 2.0–2.5 times as wide as anterior border in sagittal line, anterior border extremely narrow and convex, preocular field wider than preglabellar field, about 3.0–3.5 times as wide as anterior border in sagittal line; fixigena wide, gently convex, about 1.2 times as wide as glabella between palpebral lobes; palpebral lobe short, hooked, located medially, about 1/3 as long as glabella, palpebral furrow shallow, eye ridge gently convex, slanting backwards, slightly from anterior corner of glabella; posterolateral projection subtriangular, more than basal glabella in width; posterior border furrow deep, posterior border narrow, gently convex; anterior branch of facial suture slightly divergent from palpebral lobe, across anterior border furrow, then bending inward and cutting anterior border at anterolateral margin, posterior branch extending outward and backwards. Pygidium long, semielliptical, axis convex, tapering backwards, posterior end reaching posterior border furrow, with 7 axial rings and a terminal piece, axial ring furrows shallow, pleural field gently convex, narrower than axis, with 5–6 pairs of pleural ribs, 5–6 pairs of pleural furrows shallow, interpleural furrows indistinct; pygidial border narrow, flat; border furrow shallow.

Comparison The new species can be distinguished from the type species *Qingshuiheia unita* (Nan, 1976, p. 334, pl. 195, figs. 1–3) mainly by its narrower glabella, extremely broad fixigenae between palpebral lobes, eye ridge nearly horizontal, shorter palpebral lobe, extremely narrow anterior border, elongated elliptical pygidium with more segments. The new species differs from *Qingshuiheia hejinensis* sp. nov. chiefly in having wider (tr.) cranidium, wider (tr.) fixigenae between palpebral lobes, nearly horizontal eye ridge, extremely narrow anterior border, elongated elliptical pygidium with more segments.

Locality and horizon Huangqikou, Helanshan, Ningxia Hui Autonomous Region, *Qingshuiheia hejinensis* Zone of the Zhushadong Formation (upper Cambrian Series 2) and Xiweikou, Hejin County, Shanxi Province, *Qingshuiheia hejinensis* Zone of the Manto Formation.

Genus *Danzhaina* Yuan in Zhang *et al.*, 1980a

Type species *Pachyaspis* (*Danzhaina*) *lilia* Yuan in Zhang *et al.*, 1980a, p. 323, 436, pl. 107, figs. 1–7; text-fig. 90, from *Oryctocephalus indicus* Zone (Taijiangian, Cambrian Series 3) of Nangao Village, Xingren Town, Danzhai County, Guizhou Province.

Diagnosis (revised) Small ptychopariid trilobite; exoskeleton oval to elongated oval; cephalon wide (tr.), semicircular in outline, genal spine medium in length; glabella small, truncated conical, with 3–4 pairs of shallow lateral glabellar furrows; occipital ring convex, semielliptical, with an occipital node or short occipital spine; preglabellar field wide (sag.); anterior border narrow and convex, anterior border furrow distinct; fixigenae wide between palpebral lobes, eye ridge slanting backwards slightly behind anterior corner of glabella; palpebral lobe short; posterolateral projection narrow (exsag.), posterior border narrow, gently convex, more than basal glabella in width. Thorax of 13 segments, pleural region wider than axis, pleural spine short. Pygidium very small, transversal, inverted triangular; axis long, tapering backwards, with 3–4 axial rings and a short terminal piece; pleural field with 2–3 pairs of pleural ribs; pleural furrows distinct, interpleural furrows extremely shallow; border extremely narrow or absent.

Discussion *Danzhaina* has been discussed in detail (Yuan *et al.*, 2012, p. 127–129). Up to date there are ten species assigned to this genus, of which *D. denzhouensis* (Yuan et Zhao in Yuan *et al.*, 1997), *D. longispina* (Yuan et Zhao in Yuan *et al.*, 1997) reassigned to *Parashuiyuella* (Yuan *et al.*, 2002, p. 168, 169); *D. dahongshanensis* Sun, 1982, *D. jingshanensis* Sun, 1982 from upper Cambrian Series 2 of Dahongshan, Hubei should be grouped with the genus *Probowmania*, because of the presence of longer palpebral lobe and longer pygidium. These two species and *Probowmania ezhongensis* Sun, 1982 may be synonymized. We consider *D. triangulata* (Yuan in Zhang *et al.*, 1980) and *D. conica* (Yuan in Zhang *et al.*, 1980) to be synonymous as well as *D. intermedia* Yuan in Zhang *et al.*, 1980 and *D. guizhouensis* Yuan in Zhang *et al.*, 1980 as synonymous. Besides, *Eosoptychoparia matoshanensis* Zhang et Wang, 1985, *E. hejinensis* Zhang et Wang, 1985, *E. xiweikouensis* Zhang et Wang, 1985 should be listed under *Danzhina*. *Catainouyia funingensis* An (Duan *et al.*, 2005, p. 148, pl. 11, figs. 7–11; pl. 15, fig. 20) from Maochuangian of Shangpingshan, Funing County, Liaoning Province is better grouped within the genus *Danzhina*, because of presence of narrower fixigenae between palpebral lobes, shorter palpebral lobe. As a result of revision, the assignments of species are as follows:

Danzhaina anhuiensis (Li, 2006)

Danzhaina conica (Yuan in Zhang *et al.*, 1980a)

Danzhaina dahongshanensis Sun, 1982   [= *Probowmania ezhongensis*]

Danzhaina denzhouensis Yuan et Zhao in Yuan *et al.*, 1997   [= *Parashuiyuella denzhouensis*]

Danzhaina funingensis (An in Duan *et al.*, 2005)

Danzhaina guizhouensis (Yuan in Zhang *et al.*, 1980a)

Danzhaina hejinensis (Zhang et Wang, 1985)

Danzhaina intermedia (Yuan in Zhang *et al.*, 1980a)   [= *Danzhaina guizhouensis*]

Danzhaina jinnanensis (Zhang et Wang, 1985)

Danzhaina jingshanensis Sun, 1982   [= *Probowmania ezhongensis*]

Danzhaina lilia Yuan in Zhang *et al.*, 1980a

Danzhaina longispina Yuan et Zhao in Yuan *et al.*, 1997   [= *Parashuiyuella longispina*]

Danzhaina matoshanensis (Zhang et Wang, 1985)   [= *Danzhaina guizhouensis*]

Danzhaina mesembrina Yuan et Zhao in Yuan *et al.*, 2002

Danzhaina maopoensis (Reed, 1910)

Danzhaina spinosa (Yuan in Zhang *et al.*, 1980a)

Danzhaina triangularis Yuan et Gao, sp. nov.

Danzhaina triangulata (Yuan in Zhang *et al.*, 1980a)   [= *Danzhaina conica*]

Danzhaina typica (Yuan in Zhang *et al.*, 1980a)

Danzhaina xiweikouensis (Zhang et Wang, 1985)   [= *Danzhaina hejinensis*]

Occurrence Upper Cambrian Series 2 to lower Cambrian Series 3; North and South China, and Himalaya (India).

Danzhaina triangularis Yuan et Gao, sp. nov.

(pl. 32, figs. 11-15; pl. 33, figs. 1-3)

Etymology　triangularis- (Lat.), triangular, referring to triangular occipital ring of the new species.

Holotype　Cranidium NIGP 62760 (pl. 32, fig. 12), from the lower part of *Plesiagraulos tienshihfuensis* Zone (Maochuangian) of Dasonglin Village, Zuojiawu Town, Fengrun District, Tangshan City, Hebei Province.

Description　Cranidium wide (tr.), trapezoidal, gently convex, 3.6 mm in length, 4.2 mm in width between palpebral lobes (holotype); axial furrow deep, shallowing in front of glabella; glabella truncated conical, flat rounded anteriorly, lateral glabellar furrows extremely shallow or effaced; occipital furrow distinct, slightly bending forward laterally; occipital ring convex, triangular in outline, with short occipital spine; preglabellar field medium in width (sag.), narrower than preocular field, slightly wider than the anterior border in sagittal line, with two shallow furrows extending from anterior corner of glabella and forming a low elliptical swelling; anterior border wide and convex, anterior border furrow distinct, nearly straight; fixigena medium in width, about 3/4 of glabellar width between palpebral lobes; palpebral lobe short, less than 1/3 of glabellar length, eye ridge slanting backwards from anterior corner of glabella; posterolateral projection wide (exsag.); posterior border narrow, gently convex, slightly broadening outwards, more than basal glabella in width; anterior branch of facial suture divergent from palpebral lobe, posterior branch extending outward and backwards. An associated complete exoskeleton with 13 thoracic segments, pleural region wider than axial region, pleural segments with short slightly bending backward spines. Pygidium small, wide, inverted triangular in outline; axis wide and long, tapering backward, with 3-4 axial rings; pleural field with 2-3 pairs of pleural ribs; pleural furrows distinct, interpleural furrows extremely shallow; border extremely narrow or indistinct.

Comparison　In general outline of the cranidium, glabella, width of fixigena, size and position of palpebral lobe, the new species bears some resemblances to *Danzhaina funingensis* (An in Duan *et al.*) (Duan *et al.*, 2005, p. 148, pl. 11, figs. 7-11; pl. 15, fig. 20). However, it differs from the latter in having triangular occipital ring with short occipital spine, wider (sag.) anterior border and narrower preglabellar field and preocular field.

Locality and horizon　Dasonglin Village, Zuojiawu Town, Fengrun District, Tangshan City, Hebei Province, the lower part of *Plesiagraulos tienshihfuensis* Zone of the Manto Formation.

Genus *Shuiyuella* Zhang et Yuan in Zhang *et al.*, 1980b

Type species　*Shuiyuella triangularis* Zhang et Yuan in Zhang *et al.*, 1980b, p. 52, pl. 2, figs. 7, 8, from the lower part of *Ruichengaspis mirabilis* Zone (Hsuchuangian) of Zhongtiaoshan, Shuiyu Town, Ruicheng County, Shanxi Province.

Diagnosis　Exoskeleton elongated oval; cranidium subtrapezoidal or subtriangular in outline; glabella convex, conical to truncated conical, well rounded anteriorly, with 3-4 pairs of shallow lateral glabellar furrows, of which S1 and S2 are bifurcated; occipital ring semielliptical, with small occipital node posteromedially; preglabellar field wide (sag.); anterior border narrow and convex, anterior border furrow wide and deep; fixigena narrow; eye ridge slightly slanting backwards from anterior corner of glabella; palpebral lobe short to medium in length, located medially opposite to glabella; posterior border convex, shorter (tr.) than basal glabella in width. Thorax of 13 segments, axial region wider than pleural region, pleural segments with short triangular pleural spines. Pygidium small, semielliptical, axis wide and long, border narrow; surface smooth.

Discussion　*Parapachyaspis* Qiu in Qiu *et al.* type species *P. miniscula* Qiu (Qiu *et al.*, 1983, p. 83, pl. 27, fig. 2; pl. 28, fig. 1) from Huchuangian of Tangzhuang, Zaozhuang City, Shandong Province and Dananzhuang, Tongshan County, northern Jiangsu Province, has been considered as synonymous with *Shuiyuella* (Yuan *et al.*, 2008).

Occurrence Cambrian Series 3 (Hsuchuangian); North China.

Shuiyuella scalariformis Yuan et Zhu, sp. nov.

(pl. 20, figs. 11–15; pl. 21, figs. 15, 16; pl. 77, figs. 1, 2)

Etymology scalariformis, -forme, trapezoid, ladder-shaped, referring to trapezoidal cranidium of the new species.

Holotype Cranidium NIGP 62603 (pl. 20, fig. 13), from *Ruichengaspis mirabilis* Zone (Hsuchungian) of Abuqiehaigou, Zhuozishan area, Wuhai City, Inner Mongolia Autonomous Region.

Material 6 cranidia and 3 pygidia.

Description Cranidium wide (tr.), gently convex, subtrapezoidal, slightly bending forward anteriorly, 12.5 mm in length, 13.5 mm in width between palpebral lobes (holotype); axial furrow distinct, narrow and shallow; glabella wide (tr.), convex, truncated conical, flat rounded anteriorly, occupying about 3/5 of total cranidial length, with 4 pairs of shallow lateral glabellar furrows, of which S1 and S2 are longer, slanting backwards, S3 located slightly behind inner end of eye ridge, horizontal, S4 located inner end of eye ridge, slightly slanting forward; occipital furrow shallow, slightly bending backward; occipital ring gently convex, crescent in outline, with a small occipital node poteromedially; anterior border furrow deep, slightly bending forward; preglabellar field wide (sag.), gently sloping down towards anterior border furrow, about 3–4 times as wide as anterior border in sagittal line; anterior border narrow, strongly convex; fixigena wide, gently convex, about 0.7 times as wide as of glabella between palpebral lobes; palpebral lobe short, more than 1/3 of glabellar length, palpebral furrow shallow, eye ridge gently convex, slanting backwards from anterior corner of glabella, almost parallel with anterior border furrow; posterolateral projection subtriangular, about 4/5 of the basal glabella in width (tr.); posterior border furrow deep, posterior border narrow, gently convex; anterior branch of facial suture slightly convergent from palpebral lobe, posterior branch extending outward and backwards.

Comparison The new species differs from the type species *Shuiyuella trianglaris* Zhang et Yuan in Zhang *et al.*, 1980b mainly in having wider trapezoidal cranidium, shallower axial furrow and occipital furrow, wider (sag.) preglabellar field, narrower anterior border, weekly convergent anterior branch of facial suture and wider longer pygidial axis.

Locality and horizon Abuqiehaigou and Subaigou, Zhuozishan area and Dongshankou, Gangdeershan, Wuhai City, Inner Mongolia Autonomous Region, *Ruichengaspis mirabilis* Zone of the Hulusitai Formation.

Shuiyuella sp.

(pl. 19, figs. 14, 15)

Material 2 cranidia.

Description Cranidium gently convex, subquadrate in outline (except posterolateral projection), slightly bending forward anteriorly; axial furrow shallow, but distinct; glabella wide (tr.), convex, truncated conical in outline, flat rounded anteriorly, occupying about 5/7 of total cranidial length, without distinct lateral glabellar furrows; occipital furrow shallow, slightly bending backward; occipital ring gently convex, wider medially; anterior border furrow deep, slightly bending forward; preglabellar field medium in width (sag.), gently sloping down towards anterior border furrow; anterior border wide, convex, narrowing laterally; fixigena narrow, gently convex, less than 0.5 times as wide as of glabella between palpebral lobes; palpebral lobe short to medium in length, about 1/2 of glabellar length, palpebral furrow shallow, eye ridge gently convex, slanting backwards from anterior corner of glabella; posterolateral projection subtriangular, about 4/5 of basal glabella in width (tr.); posterior border furrow deep, posterior border narrow, gently convex; anterior branch of facial suture slightly divergent from palpebral lobe, posterior branch of facial suture extending outward and backwards.

Comparison *Shuiyuella* sp. bears some resemblances to *Shuiyuella miniscula* (Qiu in Qiu *et al.*, 1983).

However, it has indistinct lateral glabellar furrows, narrower preglabellar field, wider and more convex anterior border.

Locality and horizon Abuqiehaigou, Zhuozishan area and Dongshankou, Gangdeershan, Wuhai City, Inner Mongolia Autonomous Region, *Luaspides shangzhuangensis* Zone of the Hulusitai Formation.

Genus *Metaperiomma* An in Duan *et al.*, 2005

Type species *Metaperiomma granosa* An in Duan *et al.*, 2005, p. 118, pl. 12, figs. 13 – 17 from Cambrian Series 3 (Hsuchuangian) of Xiasiping, Tonghua City, Jilin Province.

Diagnosis See Duan *et al.*, 2005, p. 117, 118.

Discussion This genus is characterized mainly by its slimmer glabella, occipital ring with long occipital spine extending upwards, shorter palpebral lobe and wider (exsag.) posterolateral projection. In general configuration of cranidium and pygidium, the size and position of palpebral lobe, longer occipital spine, general outline of pygidium and sculpture of the exoskeleton, it bears some resemblances to *Laoyingshania* Yuan et Li, 1999 (type species *L. triangularis* Yuan et Li, 1999, p. 415, pl. 1, figs. 14–18; pl. 2, figs. 13, 14) from uppermost Cambrian Series 2 of Laoyingshan, Huainan City, Anhui, but the latter has shorter triangular glabella, eye ridge almost horizontal, palpebral lobe located anteriorly, anterior border furrow as an ovoid pits in front of axial furrow and less segmented pygidium.

Occurrence Cambrian Series 3; North China (Jilin Province and Inner Mongolia Autonomous Region).

Metaperiomma spinalis Yuan, sp. nov.
(pl. 76, figs. 21, 22; pl. 78, figs. 10, 11)

Etymology spinalis, spinale (Lat.), spine, referring to long occipital spine extending upwards of the new species.

Holotype Cranidium NIGP 62985-519 (pl. 76, fig. 22), from the lower part of *Sunaspis laevis-Sunaspidella rara* Zone of Qianlishan, northern Wuhai City, Inner Mongolia Autonomous Region.

Material 2 cranidia and 2 pygidia.

Description Cranidium convex, trapezoidal, slightly bending forward anteriorly, 8.5 mm in length, 9.0 mm in width between palpebral lobes (holotype); axial furrow wide and deep laterally, narrow and shallow in front of glabella; glabella long, convex, truncated conical, flat rounded anteriorly, occupying about 3/5 of total cranidial length, with 4 pairs of distinct lateral glabellar furrows, of which S1 is deeper and longer, bifurcated, anterior branch short, horizontal, posterior branch slanting backwards, S2 located slightly in front of midline of glabella, short and deep, slightly slanting backwards, S3 located slightly behind inner end of eye ridge, narrow and deep, slightly stretching forward, S4 short and shallow, located inner end of eye ridge, slightly slanting forward; occipital furrow wide, deep, slightly bending forward laterally; occipital ring convex, semielliptical in outline, with a small occipital node and long occipital spine extending upwards, which is easily broken during the preparation; anterior border furrow wide and deep, slightly bending forward; anterior border narrow, strongly convex; preglabellar and preocular field wide (sag.), strongly sloping down towards anterior border furrow; fixigena medium in width, highest near palpebral lobe, sloping down towards axial and posterior border furrows; palpebral lobe short to medium in length, located at midline of glabella, about 2/5 of glabellar length, palpebral furrow shallow, eye ridge convex, slanting backwards behind anterior corner of glabella; posterolateral projection and posterior border not preserved; anterior branch of facial suture slightly convergent from palpebral lobe, across anterior border furrow, then bending inward and cutting anterior border at anterolateral margin, posterior branch extending outward and backwards. An associated pygidium subrhomboidal, nearly straight posteriorly; axis strongly convex, tapering backward, broadly rounded posteriorly, with 4–5 axial rings; pleural field gently convex, with 3 – 4 pairs of pleural ribs, anterior bands wider than posterior bands; pleural and interpleural furrows distinct; border narrow, slightly upturned; border furrow indistinct; prosopon of fine granules.

Comparison　The new species differs from type species *Metaperiomma granosa* An in Duan *et al.* (2005, p. 118, pl. 12, figs. 13–17) mainly in having wider deeper lateral glabellar furrows, narrower anterior border, wider preglabellar and preocular fields, wider deeper axial and anterior border furrows, longer palpebral lobe and more distinct pleural and interpleural furrows on pygidium.

Locality and horizon　Qianlishan, northern Wuhai City, Inner Mongolia Autonomous Region, the lower part of *Sunaspis laevis-Sunaspidella rara* Zone of the Hulusitai Formation; Niuxinshan, Jingfushan area, Longxian County, Shaanxi Province, lower to middle part of *Sinopagetia jinnanensis* Zone of the Manto Formation.

Genus *Wuhaiaspis* Yuan et Zhang, nov.

Etymology　Wuhai, a locality, Wuhai City; aspis, aspi-, aspid- (Gre.), "shield".

Type species　*Wuhaiaspis longispina* Yuan et Zhang, sp. nov., from *Ruichengaspis mirabilis* Zone (Hsuchuangian) of Dongshankou, Gangdeershan, Wuhai City, Inner Mongolia Autonomous Region.

Diagnosis　Cranidium convex, trapezoidal; axial furrow deep; glabella truncated conical in outline, with 4 pairs of distinct lateral glabellar furrows, of which S1 and S2 are bifurcated; occipital ring convex, extending backward into long occipital spine; fixigena wide; palpebral lobe short to medium in length; anterior border furrow deep; anterior border narrow, convex or slightly upturned, posterior border narrow, bending forward opposite to posterior end of palpebral lobe, posterior border furrow wide and deep; preglabellar field wide, with two shallow furrows extending from anterior corner of glabella and forming a distinct elliptical swelling. Pygidium tentatively assigned to the new genus rather small, short fusiform; axis long and wide, slightly tapering backwards, broadly rounded or with posteromedian notch, with 2–3 axial rings; pleural field narrow, with 2–3 pairs of pleural ribs; border extremely narrow and flat, without distinct border furrow; prosopon of dense fine granules or fine crests combined with granules.

Discussion　In the presence of long occipital spine, wider preglabellar field and strongly convex anterior border, the new genus bears some resemblances to *Wuhaina* Zhang et Yuan, 1981. However, it differs from the latter mainly in having trapezoidal cranidium, deeper axial and occipital furrows, wider preglabellar field with two shallow furrows extending from anterior corner of glabella and forming a distinct elliptical swelling, wider (tr.) fixigenae between palpebral lobes, longer eye ridge, shorter palpebral lobe, convergent anterior branch of facial suture, shorter fusiform pygidium with wider longer axis and narrower pleural field. In the course of facial suture and the presence of narrow posterior border bending forward opposite to posterior end of palpebral lobe, the new genus is also quite similar to *Monanocephalus* Lin et Wu in Zhang *et al.*, 1980b (type species *M. zhongtiaoshanensis* Lin et Wu; Zhang *et al.*, 1980b, p. 87, pl. 11, fig. 14). However, the latter has shallower anterior border furrow, narrower fixigenae between palpebral lobes, palpebral lobe located more anteriorly, shorter eye ridge, preglabellar field without a distinct elliptical swelling, lower anterior border, semielliptical pygidium with longer axis of more segments.

Occurrence　Cambrian Series 3 (Hsuchuangian); North China (Inner Mongolia Autonomous Region and Ningxia Hui Autonomous Region).

Wuhaiaspis convexa Yuan et Zhang, gen. et sp. nov.
(pl. 23, figs. 7–10)

Etymology　convexa, -us, -um (Lat.), convex, raised, referring to convex anterior border of the new species.

Holotype　Cranidium NIGP 62639 (pl. 23, fig. 7), from *Ruichengaspis mirabilis* Zone (Hsuchuangian) of Dongshankou, Gangdeershan, Wuhai City, Inner Mongolia Autonomous Region.

Material　3 cranidia and 1 pygidium.

Description   Cranidium convex, wide (tr.), trapezoidal, slightly bending forward anteriorly, 5.8 mm in length (except occipital spine), 7.2 mm in width between palpebral lobes (holotype); axial furrow wide and deep; glabella strongly convex, truncated conical, flat rounded anteriorly, occupying more than 1/2 of total cranidial length, with a weak median keel and with 3 pairs of shallow and distinct lateral glabellar furrows, of which S1 is deep and wide, bifurcated, anterior branch short, horizontal, posterior branch slanting backwards, S2 located slightly in front of midline of glabella, short, bifurcated, posterior branch longer, slightly slanting backwards, S3 located slightly behind inner end of eye ridge, slightly slanting backward; occipital furrow deep, slightly bending forward laterally, narrow and straight medially; occipital ring strongly convex, inverted triangular in outline, with or without a short occipital spine; fixigena wide (tr.), convex, slightly wider than glabella between palpebral lobes; eye ridge convex, slightly slanting backwards from anterior corner of glabella; palpebral lobe medium in length, located at midline of glabella, about 4/7 of glabellar length, palpebral furrow shallow; anterior border furrow wide and deep, bending forward medially; preglabellar field narrow and convex, with two shallow furrows extending from anterior corner of glabella and forming a transversal elliptical swelling; anterior border wide (sag.), convex, semicircular in cross section, narrowing laterally, as wide as preglabellar field in sagittal line; posterolateral projection narrow (exsag.); posterior border furrow wide and deep, bending forward opposite to posterior end of palpebral lobe; posterior border narrow, convex, broadening outwards, wider (tr.) than glabella at the base; anterior branch of facial suture slightly convergent from palpebral lobe, across anterior border furrow, then bending inward and cutting anterior border at anterolateral margin, posterior branch extending outwards, then turning backwards. An associated pygidium rather small, transversal, short fusiform; axis long and wide, slightly tapering backwards, broadly rounded posteriorly, with 2−3 axial rings; pleural field narrow, with 2−3 pairs of pleural ribs; border narrow and flat; prosopon of dense fine granules or fine crests combined with granules.

Comparison   The new species differs from the type species mainly in having wider (tr.) cranidium, wider (sag.) anterior border and narrower preglabellar field, longer palpebral lobe, narrower posterolateral projection and shorter occipital spine.

Locality and horizon   Dongshankou, Gangdeershan, Wuhai City, Inner Mongolia Autonomous Region and Qinglongshan, Tongxin County, Ningxia Hui Autonomous Region, *Ruichengaspis mirabilis* Zone of the Hulusitai Formation.

Wuhaiaspis longispina Yuan et Zhang, gen. et sp. nov.

(pl. 23, figs. 1−6; pl. 25, fig. 16)

Etymology   longispina, longispinus, longispinum (Lat.), referring to long occipital spine of the new species.

Holotype   Cranidium NIGP 62635 (pl. 23, fig. 3), from *Ruichengaspis mirabilis* Zone (Hsuchuangian) of Dongshankou, Gangdeershan, Wuhai City, Inner Mongolia Autonomous Region.

Material   4 cranidia, 1 librigena and 1 pygidium.

Description   Cranidium convex, trapezoidal, slightly bending forward anteriorly, 12.0 mm in length (except occipital spine), 13.5 mm in width between palpebral lobes (holotype); axial furrow wide and deep; glabella strongly convex, truncated conical, flat rounded anteriorly, occupying more than 1/2 of total cranidial length, with a weak median keel and with 4 pairs of shallow and distinct lateral glabellar furrows, of which S1 is deep and wide, located slightly behind midline of glabella, bifurcated, anterior branch short, horizontal, posterior branch slanting backwards, S2 located slightly in front of midline of glabella, short, bifurcated, posterior branch longer, slightly slanting backwards, S3 located slightly behind inner end of eye ridge, pit-shaped, disconnected with axial furrow, S4 located at inner end of eye ridge, short and shallow, nearly horizontal; occipital furrow deep, slightly bending forward laterally, narrow and straight medially; occipital ring strongly convex, inverted triangular in outline, with long occipital spine stretching upwards; fixigena wide (tr.), convex, slightly wider than glabella between palpebral lobes; eye ridge convex, slightly slanting backwards from anterior corner of glabella, parallel with anterior border furrow; palpebral lobe short, located at midline of glabella, about 2/7 of glabellar length, palpebral furrow shallow; anterior border furrow wide and deep, bending forward medially; preglabellar field wide and strongly convex, with two shallow furrows extending from anterior corner of glabella and forming a transversal elliptical periclinal swelling, about 2–2.5 times as long as anterior border in sagittal line; anterior border narrow (sag.), convex, semicircular in cross section, narrowing laterally; posterolateral projection narrow (exsag.), subtriangular; posterior border furrow wide and deep, bending forward opposite to posterior end of palpebral lobe; posterior border narrow, convex, broadening outwards, about 1.3 times as wide as glabella at the base, slightly bending forward opposite to posterior end of palpebral lobe; anterior branch of facial suture distinctly convergent from palpebral lobe, across anterior border furrow, then bending inward and cutting anterior border at anterolateral margin, posterior branch extending outwards, then turning backwards. Pygidium tentatively assigned to the new species rather small, short fusiform; axis long and wide, slightly tapering backwards, with posteromedian notch, and with 2–3 axial rings; pleural field narrow, with 2–3 pairs of pleural ribs; border extremely narrow and flat, without distinct border furrow; prosopon of dense fine granules or fine crests combined with granules.

Locality and horizon Dongshankou, Gangdeershan, Wuhai City, Inner Mongolia Autonomous Region and Suyukou-Wudaotang, Helanshan, Ningxia Hui Autonomous Region, *Ruichengaspis mirabilis* Zone of the Hulusitai Formation.

Wuhaiaspis sp.
(pl. 23, fig. 14; pl. 82, fig. 14)

Material 2 cranidia.

Description Cranidium convex, trapezoidal, slightly bending forward anteriorly, 6.0 mm in length, 8.0 mm in width between palpebral lobes; axial furrow wide and deep; glabella strongly convex, truncated conical, flat rounded anteriorly, occupying more than 1/2 of total cranidial length, lateral glabellar furrows indistinct; occipital furrow deep, slightly bending forward; occipital ring strongly convex, semielliptical in outline, without occipital spine; fixigena wider (tr.), convex, slightly wider than glabella between palpebral lobes; eye ridge convex, slightly slanting backwards from anterior corner of glabella; palpebral lobe short, located at midline of glabella, about 3/7 of glabellar length, palpebral furrow shallow; anterior border furrow wide and deep, bending forward medially; preglabellar field narrow and convex; anterior border medium in width (sag.), convex, semicircular in cross section, as wide as preglabellar field in sagittal line; posterolateral projection medium in width (exsag.); posterior border furrow wide and deep, bending forward opposite to posterior end of palpebral lobe; posterior border narrow, convex, broadening outwards, slightly bending forward opposite to posterior end of palpebral lobe, wider than basal glabella in width; anterior branch of facial suture slightly divergent from palpebral lobe, across anterior border furrow, then bending inward and cutting anterior border at anterolateral margin, posterior branch extending outwards, then turning backwards.

Comparison *Wuhaiaspis* sp. differs from type species chiefly in having more strongly bending forward cranidium anteriorly, wider deeper anterior border furrow, narrower preglabellar field, shorter palpebral lobe, wider (exsag.) posterolateral projection, without long occipital spine and more divergent anterior branch of facial suture.

Locality and horizon Suyukou-Wudaotang, Helanshan, Ningxia Hui Autonomous Region, *Ruichengaspis mirabilis* Zone of the Hulusitai Formation.

Genus *Eosoptychoparia* Chang, 1963

Type species   *Ptychoparia kochibei* Walcott, 1911, p. 78, 79, pl. 14, figs. 10, 10a, from the lower part of *Crepicephalina convexa* Zone (Changqingian), Changxindao Island, Liaoning.

Diagnosis and Discussion   See Yuan *et al.*, 2002, p. 169, 170, 2012, p. 131, 132.

Occurrence   Cambrian Series 3 (Changqingian); North China, Northeast China, Southwest China and D. P. R. Korea.

Eosoptychoparia truncata Yuan et Zhu, sp. nov.
(pl. 72, figs. 13-15)

Etymology   truncata, -us, -um (Lat.), truncated, referring to truncated glabella of the new species.

Holotype   Cranidium NIGP 62985-451 (pl. 72, fig. 14), from *Psilaspis changchengensis* Zone (Changqingian) of Abuqiehaigou, Zhuozishan area, Wuhai City, Inner Mongolia Autonomous Region.

Material   1 incomplete exoskeleton and 2 cranidia.

Description   Exoskeleton elongated oval, gently convex; cranidium convex, subtrapezoidal, slightly bending forward anteriorly, 4.0 mm in length, 6.4 mm in width between palpebral lobes (holotype); axial furrow distinct; glabella short, convex, truncated conical, occupying about 1/2 of total cranidial length, with 3 pairs of distinct lateral glabellar furrows, of which S1 is deep, located behind midline of glabella, slanting backward, S2 is short, located slightly in front of midline of glabella, gently slanting backward, S3 is extremely short, located at inner end of eye ridge, horizontal or slightly slanting forward; occipital furrow narrow and deep, slightly bending forward laterally; occipital ring convex, narrow (sag.), narrowing laterally; fixigena wide (tr.), gently convex, as wide as glabella between palpebral lobes; eye ridge convex, almost horizontal from anterior corner of glabella; palpebral lobe medium in length to short, located posteromedially, less than 1/2 of glabellar length; anterior border furrow straight and deep; preglabellar field wide and gently convex, about 2-2.5 times as wide as anterior border in sagittal line; anterior border narrow (sag.), gently convex, slightly narrowing laterally; preocular field subtrapezoidal; posterolateral projection narrow (exsag.) and wide (tr.); posterior border furrow deep, posterior border narrow, gently convex, wider than basal glabella in width; anterior branch of facial suture slightly divergent from palpebral lobe, posterior branch extending outwards and backwards. Thorax of 12 segments, pleural segments with short pleural spines. Pygidium short and small, subrhomboidal; axis wide and convex, with 2-3 axial rings, axial ring furrows shallow; pleural field gently convex, with 2 pairs of pleural ribs; border extremely narrow, border furrow shallow; prosopon of irregular reticulated crests.

Comparison   The new species differs from type species *Eosoptychoparia kochibei* (Walcott, 1911) (Zhang and Jell, 1987, p. 77, 78, pl. 28, figs. 1-13; pl. 29, figs. 1-13; pl. 30, figs. 11, 12; pl. 32, figs. 11, 12; pl. 33, figs. 1-6; pl. 34, figs. 3-8; pl. 122, fig. 4) in having shorter truncated glabella, straight anterior margin of cranidium, deeper and straight anterior border furrow, narrower posterolateral projection (exsag.), longer palpebral lobe, 12 thoracic segments instead of 14 thoracic segments in the latter, smaller pygidium with less segments and irregular reticulated crests on the surface of cranidium and pygidium. In general configuration of cranidium and glabella, the new species is quite similar to *Asthenopsis* sp. nov. (Jell, 1978, p. 230, pl. 32, fig. 6) from *Ptychagnostus nathorsti* Zone of northern Australia. However, *Asthenopsis* sp. nov. differs from *Eosoptychoparia truncata* Yuan et Zhu, sp. nov. mainly in having 16 thoracic segments, granular surface and more distinctly tapering forward glabella.

Locality and horizon   Abuqiehaigou, Zhuozishan area, Wuhai City, Inner Mongolia Autonomous Region, *Psilaspis changchengensis* Zone of the Hulusitai Formation.

Family Cedariidae Raymond, 1937

Genus *Monanocephalus* Lin et Wu in Zhang *et al.*, 1980b

Type species   *Monanocephalus zhongtiaoshanensis* Zhang et Yuan in Zhang *et al.*, 1980b, p. 87, pl. 11, fig. 14, from *Sinopagetia jinnanensis* Zone (Hsuchuangian) of Zhongtiaoshan, Shuiyu Town, Ruicheng County, Shanxi.

Diagnosis   See Zhang *et al.*, 1980b, p. 86, 87, 94.

Discussion   This genus is characterized by its subtrapezoidal cranidium, occipital ring with long upwards and backwards directed occipital spine, shorter palpebral lobe located anteriorly, wider (tr.) posterolateral projection, wider (tr.) posterior border and border furrow distinctly bending forward opposite to posterior end of palpebral lobe as well as "Cedaria" type facial suture. Therefore, this genus may be ancestral to the family Cedariidae Raymond, 1937, because the meraspid specimens of *Cedarina clevensis* Adrain, Peters et Westrop, 2009 (Adrain *et al.*, 2009, p. 51–54, figs. 9, 10) are quite similar to those of *Monanocephalus liquani* (Peng *et al.*, 2009, p. 58, 59, fig. 37). *Ptychoparia maopoensis* (Reed, 1910, p. 28, 29, pl. 2, figs. 8–13) from Himalaya had been reassigned to *Xingrenaspis* (Jell and Hughes, 1997, p. 44, 45). Later it had been transferred to *Monanocephalus* (Peng *et al.*, 2009, p. 57, 58). In general outline of the cranidia, *Ptychoparia maopoensis* is quite similar to *Monanocephalus*, but this species has posterior border and border furrow no distinctly bending forward opposite to posterior end of palpebral lobe and absence of "Cedaria" type facial suture. Therefore this species and *Monanocephalus urceolatus* (Reed) are better grouped with the genus *Danzhaina* Yuan in Zhang *et al.*, 1980a.

Occurrence   Cambrian Series 3; North China (Shanxi Province, Anhui Province, Ningxia Hui Autonomous Region and Inner Mongolia Autonomous Region).

Monanocephalus reticulatus Yuan et Zhu, sp. nov.

(pl. 24, figs. 10–15; pl. 25, figs. 14,15)

Etymology   reticulatus, -ta, -um (Lat.), reticulated, in reference to the sculpture on the surface of cranidium with reticulated crests.

Holotype   Cranidium NIGP 62662 (pl. 24, fig. 15), from the middle to the lower part of *Sinopagetia jinnanensis* Zone (Hsuchuangian) of Abuqiehaigou, Zhuozishan area, Wuhai City, Inner Mongolia Autonomous Region.

Material   7 cranidia and 1 pygidium.

Description   Cranidium gently convex, subquadrate, slightly bending forward anteriorly, 8.6 mm in length (except occipital spine), 9.4 mm in width between palpebral lobes (holotype); axial furrow distinct; glabella wide (tr.), convex, truncated conical, broadly rounded anteriorly, occupying more than 1/2 of total cranidial length, with a median keel, and with 3–4 pairs of shallow lateral glabellar furrows, of which S1 is wide and deep, located behind midline of glabella, bifurcated, anterior branch slightly slanting forward, posterior branch slanting backward, S2 is short, located slightly in front of midline of glabella, bifurcated, posterior branch gently slanting backward, S3 is located slightly behind inner end of eye ridge, horizontal, S4 is located at inner end of eye ridge, slightly slanting forward; occipital furrow deep, slightly bending forward laterally; occipital ring convex, narrowing laterally, with a long occipital spine stretching backward and upward; fixigena wide (tr.), gently convex, about 0.8 times as wide as glabella between palpebral lobes; eye ridge convex, slightly slanting backward from anterior corner of glabella; palpebral lobe medium in length to long, located posteromedially, about 3/5 of glabellar length; anterior border furrow medium in depth; preglabellar field wide and gently convex, about 2 times as wide as anterior border in sagittal line; anterior border narrow (sag.), gently convex, slightly narrowing laterally; preocular field subtrapezoidal; posterolateral projection narrow (exsag.) and short (tr.), subtriangular; posterior border furrow deep, bending forward opposite to posterior end of palpebral lobe, posterior border narrow, gently convex, bending forward opposite to posterior end of palpebral lobe, equal to or slightly wider than basal glabella in width; anterior branch of facial suture slightly divergent from palpebral lobe, posterior branch extending outwards, then inwards and backwards. An associated pygidium transversal elliptical; axis wide, convex, slightly tapering backward, with a small notch posteromedially, and with 4−5 axial rings, axial ring furrows shallowing backward; pleural field gently convex, with 3−4 pairs of pleural ribs, anterior band low, broadening outward, posterior band strongly convex, narrowing outward, without distinct border and border furrow; prosopon of reticulated crests.

Comparison The new species differs from type species *Monanocephalus zhongtiaoshanensis* Zhang et Yuan in Zhang *et al.*, (1980b, p. 87, pl. 11, fig. 14) in having longer palpebral lobe, narrower posterolateral projection (exsag.), wider deeper anterior border furrow, slightly divergent anterior branch of facial suture and reticulated crests on the surface of cranidium. The new species can also be distinguished from *Monanocephalus liquani* Peng (Peng *et al.*, 2009, p. 58, 59, figs. 37-1−37-9) from the Manto Formation of Laoyingshan, Huainan, Anhui mainly by its longer palpebral lobe, narrower posterolateral projection (exsag.), shorter posterior border (tr.), wider deeper anterior border furrow, slightly divergent anterior branch of facial suture and reticulated crests on the surface of cranidium.

Locality and horizon Abuqiehaigou, Zhuozishan area and Dongshankou, Gangdeershan, Wuhai City, Inner Mongolia Autonomous Region, lower to middle part of *Sinopagetia jinnanensis* Zone; Niuxinshan, Jingfushan area, Longxian County, Shaanxi Province, lower to middle part of *Sinopagetia jinnanensis* Zone of the Manto Formation.

Monanocephalus taosigouensis Yuan et Zhang, sp. nov.
(pl. 25, figs. 2−12)

Etymology Taosigou, a locality, where the new species occurs.

Holotype Cranidium NIGP 62668 (pl. 25, fig. 6), from *Sinopagetia jinnanensis* Zone (Hsuchuangian), Taosigou, Hulusitai, Alashan, Inner Mongolia Autonomous Region.

Material 10 cranidia and 2 librigenae.

Description Cranidium wide (tr.), gently convex, nearly subquadrate, slightly bending forward anteriorly, 8.5 mm in length (except occipital spine), 8.5 mm in width between palpebral lobes (holotype); axial furrow wide and deep; glabella convex, truncated conical, flat rounded anteriorly, occupying more than 1/2 of total cranidial length, with 4 pairs of distinct lateral glabellar furrows, of which S1 is wide and deep, located behind midline of glabella, bifurcated, anterior branch horizontal, posterior branch slanting backward, S2 is shorter, located slightly in front of midline of glabella, gently slanting backward, S3 is located slightly behind inner end of eye ridge, pits-like, disconnected with axial furrow, S4 is located at inner end of eye ridge, slightly slanting forward; occipital furrow deep, slightly bending backward; occipital ring convex, inverted triangular, with a long occipital spine stretching backward and upward; fixigena medium in width, gently convex, about 0.5−0.75 times as wide as glabella between palpebral lobes; eye ridge convex, slightly slanting backward from anterior corner of glabella; palpebral lobe short to medium in length, located medially, about 1/2 of glabellar length, palpebral furrow shallow; anterior border furrow wide and deep, strongly bending forward medially, forming three arches; preglabellar field wide and strongly convex, with two shallow furrows extending from anterior corner of glabella and forming a transversal elliptical periclinal swelling, about 2 times as wide as anterior border in sagittal line; anterior border narrow (sag.), convex, semicircular in cross section, slightly narrowing laterally; preocular field subquadrate; posterolateral projection narrow (exsag.), short (tr.), subtriangular; posterior border furrow wide and deep, bending forward opposite to posterior end of palpebral lobe, posterior border narrow, convex, broadening outward, bending forward opposite to posterior end of palpebral lobe, 1.2 times as wide as basal glabella in width (tr.); anterior branch of facial suture slightly divergent from palpebral lobe, posterior branch extending outwards, then inwards and backwards. An associated librigena medium in size, gently convex, genal field wider than lateral border, covered with fine radiated striations or terrace lines; genal spine long, bending as an arc; prosopon of dense fine granules.

Comparison The new species differs from type species *Monanocephalus zhongtiaoshanensis* Zhang et Yuan in Zhang *et al.* (1980b, p. 87, pl. 11, fig. 14) in having deeper anterior border furrow, strongly bending forward with three arches, wider preglabellar field with two shallow furrows extending from anterior corner of glabella and forming a transversal elliptical periclinal swelling, 4 pairs of deeper lateral glabellar furrows, divergent anterior branch of facial suture, wider (exsag.) posterolateral projection, longer slimmer genal spine. The new species can be also distinguished from *Monanocephalus reticulatus* Yuan et Zhu, sp. nov. mainly by its shorter palpebral lobe, wider deeper axial and anterior border furrows, anterior border furrow strongly bending forward with three arches, preglabellar field with two shallow furrows extending from anterior corner of glabella and forming a transversal elliptical periclinal swelling, and prosopon of dense fine granules.

Locality and horizon Taosigou, Hulusitai, Alashan, Inner Mongolia Autonomous Region, *Sinopagetia jinnanensis* Zone of the Hulusitai Formation.

Monanocephalus sp.

(pl. 25, fig. 13)

Material 1 cranidium.

Description Cranidium gently convex, subquadrate (with exception of posterolateral projection), slightly bending forward anteriorly, 6.0 mm in length (except occipital spine), 6.0 mm in width between palpebral lobes; axial furrow shallow; glabella wide (tr.), truncated conical, broadly rounded anteriorly, occupying about 1/2 of total cranidial length, with 3–4 pairs of very shallow lateral glabellar furrows; occipital furrow shallow, slightly bending backward laterally; occipital ring convex, inverted triangular; fixigena medium in width, gently convex, about 0.7 times as wide as glabella between palpebral lobes; eye ridge gently convex, slightly slanting backward from anterior corner of glabella; palpebral lobe medium in length, located posteromedially, about 1/2 of glabellar length, palpebral furrow shallow; anterior border furrow extremely shallow; preglabellar field wide, with two lower striations convergent from outer portion of eye ridge, about 2 times as wide as anterior border in sagittal line; anterior border narrow (sag.), gently convex, slightly narrowing laterally; preocular field subquadrate; posterolateral projection narrow (exsag.) and short (tr.); posterior border furrow wide and deep, bending forward opposite to posterior end of palpebral lobe, posterior border narrow, convex, broadening outward, bending forward opposite to posterior end of palpebral lobe, less than basal glabella in width; anterior branch of facial suture slightly convergent from palpebral lobe, posterior branch extending outwards, then bending inwards and backwards; surface smooth.

Comparison *Monanocephalus* sp. is distinct from other species chiefly in having shorter wider glabella, inverted triangular occipital ring, longer palpebral lobe, preglabellar field with two lower striations convergent from outer portion of eye ridge, shorter (tr.) posterolateral projection and posterior border.

Locality and horizon Abuqiehaigou, Zhuozishan area, Wuhai City, Inner Mongolia Autonomous Region, lower to middle part of *Sinopagetia jinnanensis* Zone of the Hulusitai Formation.

Genus *Parajialaopsis* Zhang et Yuan in Zhang *et al.*, 1980b

Type species *Parajialaopsis globus* Zhang et Yuan in Zhang *et al.*, 1980b, p. 68, 92, pl. 6, figs. 13, 14, from *Asteromajia hsuchuangensis-Ruichengella triangularis* Zone (Hsuchuangian) of Zhongtiaoshan, Shuiyu Town, Ruicheng County, Shanxi Province.

Diagnosis (revised) Cranidium convex, nearly quadrate in outline; axial furrow wide and deep; glabella short, truncated conical, with 3 pairs of shallow lateral glabellar furrows; occipital furrow deep, occipital ring convex, semielliptical; preglabellar field strongly convex, with two shallow furrows extending from anterior corner of glabella separating from preocular field and forming a global swelling; anterior border convex, anterior border furrow distinct, strongly bending forward as three arches; fixigena medium in width between palpebral lobes, gently convex; eye ridge slightly slanting backwards from anterior corner of glabella; palpebral lobe medium in length; posterior border furrow wide and deep, bending forward opposite to posterior end of palpebral lobe, posterior border narrow, convex, bending forward with obtuse angle opposite to posterior end of palpebral lobe; anterior branch of facial suture parallel forward, posterior branch extending outwards, then inwards and backwards.

Discussion In general configuration of cranidium and glabella, especially the presence of global swelling on preglabellar field, *Parajialaopsis* bears some resemblances to *Kaotaia* Lu in Lu *et al.*, 1962 (type species *Kaotaia magna* Lu in Lu *et al.*, 1962, p. 31, pl. 4, fig. 4; Yuan *et al.*, 2002, p. 191, 192, pl. 58, figs. 3,4; pl. 59, fig. 6), and to *Catinouyia* Zhang et Yuan, 1981 (type species *Catinouyia typica* Zhang et Yuan, 1981, p. 164, pl. 1, figs. 5, 6). *Parajialaopsis* differs from *Kaotaia* mainly in having deeper axial furrow, anterior border furrow strongly bending forward as three arches, deeper wider posterior border furrow bending forward opposite to posterior end of palpebral lobe, narrower and convex posterior border bending forward with obtuse angle opposite to posterior end of palpebral lobe. It is also distinct from *Catinouyia* in the wider and deeper axial furrow, narrower fixigenae between palpebral lobes, longer palpebral lobe located posteriorly, posterior border furrow bending forward opposite to posterior end of palpebral lobe, narrow and convex posterior border bending forward with obtuse angle opposite to posterior end of palpebral lobe instead of bending backward with obtuse angle opposite to posterior end of palpebral lobe in the latter. In general outline of the cranidium and glabella, the "Cedaria" type facial suture and bending forward posterior border and border furrow opposite to posterior end of palpebral lobe, *Parajialaopsis* bears a general resemblance to *Monanocephalus* Lin et Wu in Zhang *et al.* (type species *Monanocephalus zhongtiaoshanensis* Lin et Wu in Zhang *et al.*, 1980b, p. 87, pl. 11, fig. 14). However, the latter has subtrapezoidal cranidium, shallower axial furrow, well developed occipital spine, wider (tr.) posterior border and border furrow. Besides the type species, Lorenzellidae gen. et sp. indet. from *Asteromajia hsuchuangensis-Ruichengella triangularis* Zone (Hsuchuangian) of the Manto Formation of Mantoushan, Zhangxia Town, Changqing County, Shandong Province (Lu and Zhu, 2001, p. 285, pl. 4, fig. 10) and *Alokistocare solum* Nan et Chang from Hsuchuangian of southern Liaoning Peninsula (Nan and Chang, 1982b, p. 31, pl. 1, figs. 8-10) should be reassigned to *Parajialaopsis*. Because the presence of "Cedaria" type facial suture and quite similar pygidium, we grouped *Monanocephalus* and *Parajialaopsis* within the family Cedariidae Raymond, 1937.

Occurrence Cambrian Series 3 (Hsuchuangian); North and Northeast China.

Parajialaopsis sp.

(pl. 91, fig. 14)

Material 1 cranidium.

Description Cranidium subquadrate (with exception of posterolateral projection), bending forward anteriorly as an arch, 5.0 mm in length (except occipital spine), 6.3 mm in width between palpebral lobes; axial furrow deep, narrowing and shallowing in front of glabella; glabella convex, truncated conical, flat rounded anteriorly, with 3-4 pairs of very shallow lateral glabellar furrows, of which S1 is bifurcated, anterior branch short and horizontal, posterior branch long, slanting backward, S2 is located at anterior to midline of glabella, slightly slanting backward, S3 located behind inner end of eye ridge, horizontal, S4 very short, located at inner end of eye ridge, slightly slanting forward; occipital furrow deep, slightly bending backward laterally; occipital ring convex, wider medially; fixigena wide, gently convex, nearly as wide as glabella between palpebral lobes; preglabellar field wide and convex, forming a transversal elliptical periclinal swelling; anterior border medium in width (sag.), gently convex, slightly narrowing laterally; anterior border furrow deep laterally, extremely shallow and narrow in front of glabella; eye ridge nearly horizontal; palpebral lobe medium in length to long, located anteromedially, more than 1/2 of glabellar length, palpebral furrow shallow; posterolateral projection narrow (exsag.) and wide (tr.); posterior border furrow wide and deep, slightly bending forward opposite to posterior end of palpebral lobe, posterior border narrow, gently convex, bending forward opposite to posterior end of palpebral lobe, as wide as basal glabella in width (tr.); prosopon with fine reticulated crests and pittings.

Comparison *Parajialaopsis* sp. differs from type species *Parajialaopsis globus* Zhang et Yuan in Zhang *et al.* (1980b, p. 68, pl. 6, figs. 13, 14) mainly in having wider and flat anterior border, anterior border furrow shallowing and narrowing in front of glabella, wider fixigenae between palpebral lobes and narrower occipital ring medially.

Locality and horizon Qianlishan, northern Wuhai City, Inner Mongolia Autonomous Region, the lower part of *Sunaspis laevis-Sunaspidella rara* Zone of the Hulusitai Formation.

Family Luaspididae Zhang et Yuan, 1981

Genus *Luaspides* Duan, 1966

Type species *Luaspides lingyuanensis* Duan 1966, p. 144, pl. 1, figs. 14 – 18, from *Luaspides-Probowmaniella* Zone (Maochuangian) of Moshigou, Lingyuan County, Liaoning.

Diagnosis (revised) Exoskeleton elongated oval; axial furrow deep; cranidium wide (tr.), trapezoidal in outline; glabella long, truncated conical, extending to the anterior border furrow anteriorly, with 3–4 pairs of deep lateral glabellar furrows; occipital ring convex, semielliptical, with an occipital node or short occipital spine posteromedially; fixigenae narrow between palpebral lobes; palpebral lobe short, raised above fixigena, located posteromedially; eye ridge convex, strongly slanting backward slightly behind anterior corner of glabella; preglabellar field absent; anterior border narrow, strongly convex or upturned. Thorax of 15 segments, pleural segments with long slimmer pleural spines; axial region wide, each axial ring with small node or short spine medially. Pygidium small, axis robust, strongly convex, steeply sloping down posteriorly, with 2–3 axial rings; pleural field narrow, gently convex, with 3 pairs of pleural ribs; border narrow and flat, without distinct border furrow; prosopon of dense fine granules or smooth.

Discussion *Luaspides* occurs in the lower part of the Cambrian Series 3 (Maochuangian) of North China. Up to date, 7 species have been established: *Luaspides lingyuanensis* Duan, 1966, *L. brevis* Zhang et Yuan, 1981, *L. qinglongshanensis* Li in Zhou *et al.*, 1982, *L. shangzhuangensis* Zhang et Wang, 1985, *L. xixianensis* Zhang et Wang, 1985, *L. huoshanensis* Zhang et Wang, 1985, and *L. wutaishanensis* Zhang et Wang, 1985. However, these seven species have been grouped within the type species *Luaspides lingyuanensis* Duan, 1966 (Duan *et al.*, 2005, p. 116). It should be pointed out that the type species is distinct from other species in the presence of occipital spine, narrower upturned anterior border and prosopon of granules. Therefore, *L. brevis* Zhang et Yuan, 1981 and *L. shangzhuangensis* Zhang et Wang, 1985 may be retain in this genus. There are two different opinions about the age of *Luaspides*: it belongs to latest Cambrian Epoch 2 (traditional latest Early Cambrian) (Duan, 1966; Guo and Duan, 1978; Cheng *et al.*, 2001; Duan *et al.*, 2005); meanwhile it belongs to the lower part of Cambrian Series 3 (traditional Middle Cambrian, Maochuangian or the lowermost Hsuchuangian) (Zhang *et al.*, 1980c; Zhang and Yuan, 1981; Zhou *et al.*, 1982; Zhang and Wang, 1985; Wang and Zhang, 1993a, 1994a). *Luaspides* is widely distributed in North China, covering Moshigou, Heigou and Laozhuanghu, Lingyuan County and Yangjiazhangzi, Jinxi County, Liaoning Province, Wangjiayu and

Shangpingshan, Funing County, Hebei Province, Daqingshan area and Dongshankou, Gangdeershan, Wuhai City, Inner Mongolia Autonomous Region, Qinglongshan, Tongxin County, Ningxia Hui Autonomous Region, Hanshan, Fanzhi County, Xiweikou, Hejin County, Shanxi Province. Recently, many specimens of *Luaspides* have been collected from the Manto Formation of Dasonglin, Zuojiawu Town, Fengrun District and Xingshangou and Changshangou, Zhaogezhuang Village, Wangnianzhuang Town, Guye District, Tangshan City, Hebei Province. The genus *Luaspides* is associated with *Probowmaniella jiawangensis*, *Catinouyia typica* and so on. Among them *Probowmaniella* has very important significance for the correlation among different areas biostratigraphically. The FADs (FAD, first appearance of datum) of *Probowmaniella* or *Yaojiayuella* have been considered as a marker for the base of traditional Middle Cambrian in North China Platform (Guo and Zan, 1991, p. 3). At present the FAD of *Oryctocephalus indicus* (Reed, 1910) is defined as the lower boundary of Cambrian Stage 5 (Taijiangian), Series 3 (Yuan *et al.*, 1997, 2002; Peng *et al.*, 2000; Sundberg *et al.*, 1999, 2010, 2011). In Shahezhai, Wangjiayu and Shangpingshan, Funing County, Hebei Province, *Luaspides* is associated with many species such as *Bashania lata* (Duan *et al.*, 2005, p. 112, pl. 5, figs. 5–8; Text-fig. 7-3-2), *Probowmania ligea* var. *liaoningensis* (Duan *et al.*, 2005, p. 102, 103, pl. 5, fig. 20, non pl. 2, figs. 9b, 9c, 10b, 10c; pl. 4, figs. 14–18; Text-fig. 7-1-1), *Solenoparia* (*Plesisolenoparia*) *funingensis* (Duan *et al.*, 2005, p. 132, pl. 8, figs. 9, 10), *Mufushania hejinensis* (Duan *et al.*, 2005, p. 105,106, pl. 8, figs. 12–18), *Probowmania tongshanensis* (Duan *et al.*, 2005, p. 104, pl. 9, fig. 1; pl. 12, fig. 10), *Shantungaspis constricta* (Duan *et al.*, 2005, p. 110, pl. 7, fig. 1; pl. 8, figs. 1–8; pl. 9, fig. 19), *Funingaspis koptconica* (Duan *et al.*, 2005, p. 115, 116, pl. 10, figs. 1–13; Text-fig. 7-4-2), *Probowmaniella paralella* (Duan *et al.*, 2005, p. 106, 107, pl. 10, figs. 14–16), *Mufushania nankingensis* (Duan *et al.*, 2005, p. 105, pl. 11, figs. 1–6), *Catinouyia funingensis* (Duan *et al.*, 2005, p. 148, pl. 11, figs. 7–11; pl. 15, fig. 20), *Catinouyia jiawangensis* (Duan *et al.*, 2005, p. 148, pl. 11, figs. 12–14), *Catinouyia distinctus* (Duan *et al.*, 2005, p. 148, 149, pl. 12, fig. 5), *Dananzhuangia angustata* (Duan *et al.*, 2005, p. 105, pl. 12, fig. 11), *Paraantagmus funingensis* (Duan *et al.*, 2005, p. 117, pl. 12, figs. 18–22), *Bashania funingensis* (Duan *et al.*, 2005, p. 112, 113, pl. 13, fig. 8), *Psilostracus* sp. (Duan *et al.*, 2005, p. 114, 115, pl. 15, figs. 9–11), *Hsuchuangia funingensis* (Duan *et al.*, 2005, p. 122, pl. 14, figs. 16b, 17b; pl. 16, fig. 12), *Bashania bashanensis* (Duan *et al.*, 2005, p. 111, 112, pl. 14, fig. 16c; pl. 52, figs. 1–6, 7b), *Jianchangia funingensis* (Duan *et al.*, 2005, p. 115, pl. 52, figs. 8–14), *Jianchangia yanshanensis* (Duan *et al.*, 2005, p. 115, pl. 52, fig. 19), of which *Bashania lata* should be reassigned to *Probowmaniella*; *Probowmania ligea* var. *liaoningensis* and *Solenoparia* (*Plesisolenoparia*) *funingensis* show some similarities to *Miaobanpoia* Yuan et Zhao in Yuan *et al.*, 2002 from *Oryctocephalus indicus* Zone of the Kaili Formation of southeastern Guizhou, and may be grouped with *Miaobanpoia*. In general outline of the pygidium, *Mufushania hejinensis* is very close to *Xingrenaspis* Yuan et Zhou in Zhang *et al.*, 1980a; *Probowmania tongshanensis* is here considered as synonymous with *Probowmaniella jiawangensis* Chang; *Shantungaspis constricta* approaches *Wuhaina* Zhang et Yuan, 1981, because of the presence of strongly tapering glabella, subtrapezoidal cranidium and eye ridge slanting from anterior corner of glabella; *Funingaspis* Duan et An in Duan *et al.*, 2005, with *Parapachyaspis*? *koptconica* Qiu as the type species from early Hsuchuangian of Dananzhuang, Tongshan County, northern Jiangsu (Qiu *et al.*, 1983, p. 83, pl. 25, fig. 8), is chiefly characterized by having eye ridge slanting backward behind anterior corner of glabella, more convex anterior border, shallower anterior border furrow and prosopon of sparsely distributed granules. However, the specimens assigned to *Funingaspis koptconica* (Qiu) from Maochuangian of Shahezhai, Funing County, Hebei Province and Heigou, Lingyuan County and Yangjiazhangzi, Jinxi County, Liaoning Province, exhibit shorter wider glabella, more strongly tapering forward, wider preglabellar field and preocular field, wider anterior border furrow, narrower strongly upturned anterior border. These features mentioned above are quite different from the type specimen from Shandong, and may be a representative of a new species. The specimens assigned to *Mufushania nankingensis* are quite different from type specimen of *Mufushania nankingensis from Mufushan*, *Nanjing*, *Jiangsu* (*Lin*, 1965, p. 554, 555, 558, 559, pl. 1, figs. 6–11) in the more convex anterior border, deeper anterior border furrow, axial furrow with a pair of anterior pits or fossulae, posterior border less than basal glabella in width, 13 thoracic segments and wider longer pygidial axis. *Dananzhuangia angustata* and *Catinouyia funingensis* may be synonymous. *Paraantagmus funingensis* was assigned to *Paraantagmus* with a questionable mark because of rapidly tapering forward glabella, extremely narrow preglabellar field, which is depressed in front of glabella. *Bashania funingensis*is is here reassigned to *Solenoparia* because of the convex anterior border, narrower fixigenae between palpebral lobes, shorter (tr.) posterior border and posterolateral projection. *Hsuchuangia funingensis* erected based on 3 cranidia is quite similar to *Solenoparia* (*Plesisolenoparia*) *ruichengensis* Zhang et Yuan in Zhang *et al.*, 1980, because of the presence of conical glabella, shorter palpebral lobe, eye ridge slanting backward slightly behind anterior corner of glabella, wider (sag.) preglabellar field and preocular field. *Bashania bashanensis* Qiu in Qiu *et al.*, 1983 (pl. 25, figs. 6, 7) from the Hsuchuangian of Bashan, Jiagou Town, Suzhou City, Anhui Province, is characterized mainly by the presence of triangular occipital ring with lateral occipital lobe, wider (sag.) upturned anterior border and wide (tr.) posterior border slightly widening outward. However, the specimens assigned to *Bashania bashanensis* is here reassigned to *Probowmaniella conica* because of the convex anterior border, narrower fixigenae between palpebral lobes, shorter (tr.) posterior border and posterolateral projection. *Jianchangia funingensis* and *Jianchangia yanshanensis* were listed under the genus *Jianchangia* with a questionable mark, and *Jianchangia yanshanensis* should be better grouped within the genus *Catinouyia*. Therefore, *Luaspides* and an associated other species should belong to Maochuangian in age. In general outline of the cranidium, narrower preglabellar field, shallower lateral glabellar furrows, 14 thoracic segments without pleural spine and shorter transversal pygidium, *Luaspides* sp. (Li, 2006, p. 23, 24, pl. 7, figs. 1–3) from *Sinopagetia jinnanensis* Zone (Hsuchuangian) of the upper part of the Manto Formation, Bagongshan area, Huainan City, Anhui Province, bears the closest resemblance to *Chengshanaspis* Chang, 1963 [type species *C. yohi* (Sun, 1924); Chang, 1963, p. 464, pl. 1, fig. 7], and should be better reassigned to *Chengshanaspis*.

Occurrence　Cambrian Series 3 (Maochuangian to lower Hsuchuangian); North and Northeast China.

Luaspides? *quadrata* Yuan et Zhang, sp. nov.
(pl. 28, figs. 12–15)

Etymology　quadrata, -us, -um (Lat.), square, quadrate, referring to quadrate cranidium of the new species.

Holotype　Cranidium NIGP 62715 (pl. 28, fig. 15), from *Sinopagetia jinnanensis* Zone (Hsuchuangian), Gangdeershan (western 715 factory), Wuhai City, Inner Mongolia Autonomous Region.

Material　2 cranidia, 1 hypostome and 1 pygidium.

Description　Cranidium gently convex, wide (tr.), nearly quadrate in outline (except posterolateral projection), straight anteriorly, 8.3 mm in length, 9.5 mm in width between palpebral lobes (holotype); axial furrow distinct; glabella convex, truncated conical, broadly rounded anteriorly, with 4 pairs of deep lateral glabellar furrows, of which S1 is wide and deep, bifurcated, anterior branch short, horizontal, posterior branch slanting backward, S2 short, located in front of midline of glabella, slightly bifurcated, anterior branch slightly slanting forward, posterior branch slightly slanting backward, S3 located behind inner end of eye ridge, isolating from axial furrow, slightly slanting forward, S4 shallow, located at inner end of eye ridge, slanting forward; occipital furrow distinct, horizontal; occipital ring convex, narrowing laterally; fixigenae gently convex, about 2/3 as wide as glabella between palpebral lobes; eye ridge convex, slanting backward behind anterior corner of glabella; palpebral lobe medium in length to short, located posteromedially, occupying 2/5 as long as glabellar length; anterior border furrow wide and deep; preglabellar field absent; anterior border narrow, gently convex, uniform width; preocular field subtrapezoidal; posterolateral projection narrow (exsag.) and short (tr.), subtriangular; posterior border furrow wide and deep; posterior border gently convex, widening outward, as wide (tr.) as basal glabella in width; anterior branch of facial suture very gently divergent from palpebral lobe, posterior branch slanting backward. A hypostome tentatively assigned to the new species broadly oval, middle body oval, anterior lobe of middle body long, oval, posterior lobe crescent, middle furrow distinct, strongly bending backward, connected medially; lateral border furrow distinct, lateral border narrow and convex, anterior border furrow wide and shallow, anterior border extremely narrow, gently convex, posterior border furrow narrow and shallow, posterior border narrow, gently convex; anterior wing subtriangular. An associated pygidium semielliptical, axis cylindrical, with posteromedian notch, and 3 axial rings; pleural field narrow, gently convex, with 3 pairs of pleural ribs expanding outward as club-shaped; border wide and flat, without distinct border furrow; surface smooth.

Comparison The new species differs from other species mainly in having quadrate cranidium with straight or slightly bending forward anterior margin, eye ridge slanting backward distinctly behind anterior corner of glabella, palpebral lobe located more posteriorly, shorter (tr.) posterolateral projection and posterior border, very gently divergent anterior branch of facial suture and club-shaped pleural ribs on pygidium. Therefore the new species assigned to *Luaspides* is questionable. In general configuration of cranidium, especially the glabellar outline, the size and position of eye ridge and palpebral lobe, the pattern of anterior border and border furrow, the new species bears some resemblances to *Schistometopus typicalis* (Resser, 1938b, p. 10, pl. 1, fig. 12; Rasetti, 1957, p. 965, 966, pl. 121, figs. 15-17) from traditional lower Middle Cambrian (Cambrian Series 3) of North America. However, it differs from the latter in the more strongly divergent anterior branch of facial suture, and rather small pygidium without a pair of marginal spine. *Hadrocephalites* Sundberg et McCollum, 2002 [type species *H. lyndonensis* Sundberg et McCollum, 2002, p. 87-89, figs. 11(1-11)] bears also a few resemblances to the new species in general outline of the cranidium, but *Hadrocephalites* has wider anterior border, pygidium with a pair of marginal spine.

Locality and horizon Gangdeershan (western 715 factory) and Abuqiehaigou, Zhuozishan area, Wuhai City and Taosigou, Hulusitai, Alashan, Inner Mongolia Autonomous Region, *Sinopagetia jinnanensis* Zone of the Hulusitai Formation.

Luaspides? sp.
(pl. 19, fig. 16)

Material 1 cranidium.

Description Cranidium gently convex, wide (tr.), subtrapezoidal, slightly bending forward anteriorly, 10.0 mm in length, 12.0 mm in width between palpebral lobes; axial furrow deep laterally, narrow and shallow in front of glabella; glabella convex, truncated conical, broadly rounded anteriorly, with 3 pairs of shallow lateral glabellar furrows, of which S1 is long, bifurcated, anterior branch slanting forward, posterior branch slanting backward, S2 short, located in front of midline of glabella, horizontal, S3 located behind inner end of eye ridge, disconnected with axial furrow, slightly slanting forward; occipital furrow wide and deep, nearly straight medially, slightly bending forward laterally; occipital ring convex, narrowing laterally; fixigenae gently convex, 2/3 as wide as glabella between palpebral lobes; eye ridge convex, slanting backward from anterior corner of glabella; palpebral lobe medium in length to short, located medially, about 1/3 as long as glabella in length; anterior border furrow shallow, shallowing in sagittal line; preglabellar field narrow to medium in width (sag.), gently convex; anterior border medium in width (sag.), convex, narrowing laterally; preocular field subtrapezoidal, slightly wider than preglabellar field; posterolateral projection narrow (exsag.) and short (tr.), subtriangular; posterior border furrow wide and deep, posterior border gently convex, widening outward, as wide as basal glabella in width (tr.); anterior branch of facial suture gently divergent forward, posterior branch slanting backward; prosopon of fine granules.

Comparison　In general configuration of cranidium and glabella, *Luaspides*? sp. bears some resemblances to *Luaspides*, but it has wider preglabellar field, wider and convex anterior border. Therefore assignment is doubtful.

Locality and horizon　Taosigou, Hulusitai, Alashan, Inner Mongolia Autonomous Region, *Luaspides shangzhuangensis* Zone of the Hulusitai Formation.

<h2 style="text-align:center">Family Inouyiidae Chang, 1963</h2>

<h3 style="text-align:center">Genus Inouyia Walcott, 1911</h3>

Type species　*Agraulos*? *capax* Walcott, 1906, p. 580; 1913, p. 151, pl. 14, figs. 11, 11a, from *Poriagraulos nanus-Tonkinella flabelliformis* Zone (Hsuchuangian) of 6.4 km South-Southwest Dongye (= Tung-Yu) Town, southern Wutai County, northern Shanxi Province.

Diagnosis and remarks　See Yuan *et al.*, 2012, p. 154–156, 531, 532.

Occurrence　Cambrian Series 3 (upper Hsuchuangian); North and Northeast China.

<h3 style="text-align:center">Subgenus Inouyia (Bulbinouyia) Yuan in Yuan et al., 2012</h3>

Type species　*Inouyia lubrica* Zhou in Zhou *et al.*, 1982, p. 248, 249, pl. 62, fig. 14, from *Metagraulos nitidus* Zone (= *Metagraulos dolon* Zone, Hsuchuangian) of southern slope of Tianjingshan, Zhongwei County, Ningxia Hui Autonomous Region.

Diagnosis and Discussion　See Yuan *et al.*, 2012, p. 157, 533.

Occurrence　Cambrian Series 3 (upper Hsuchuangian); North and Northeast China.

<h3 style="text-align:center">Inouyia (Bulbinouyia) lata Yuan et Zhang, sp. nov.</h3>

(pl. 29, figs. 13, 14)

Etymology　lata, -us, -um (Lat.), broad, wide, referring to wide (tr.) cranidium and fixigenae between palpebral lobes of the new subgenus.

Holotype　Cranidium NIGP 62729 (pl. 29, fig. 14), from *Metagraulos dolon* Zone of Niuxinshan, Jingfushan area, Longxian County, Shaanxi.

Material　2 cranidia.

Description　Cranidium wide (tr.), convex, quadrate in outline (except posterolateral projection), slightly bending forward anteriorly, 5.7 mm in length, 8.7 mm in width between palpebral lobes (holotype); axial furrow wide and shallow; glabella short and convex, less than 1/2 of cranidial length, truncated conical, broadly rounded anteriorly, with a low median keel and 3 pairs of very shallow lateral glabellar furrows, of which S1 is wider and deeper, bifurcated, S2 is located in front of midline of glabella, slanting backward, S3 is located at inner end of eye ridge, short and shallow, slightly slanting backward; occipital ring convex, narrowing laterally, occipital furrow extremely shallow or obscure; preglabellar field wide (sag.), with two shallow furrows extending from anterior corner of glabella, separating from preocular field and forming a spheroidal periclinal swelling; anterior border furrow bending forward with three arches, gently bending forward medially; anterior border narrow and upturned, with uniform width; fixigenae extremely wide (tr.), gently convex, slightly sloping down towards axial furrow, anterior, posterior border furrows, 1.3 times as wide as glabella between palpebral lobes; palpebral lobe medium in length, located anteromedially; eye ridge distinct, long, almost horizontal from anterior corner of glabella; anterior branch of facial suture slightly divergent from palpebral lobe as a gently arch, across anterior border furrow, then bending inward and cutting anterior border at anterolateral margin, posterior branch extending outwards and backwards; posterolateral projection narrow (exsag.) and wide (tr.); surface smooth.

Comparison The new species differs from type species *Inouyia* (*Bulbinouyia*) *lubrica* Zhou in Zhou *et al.* (1982, p. 248, 249, pl. 62, fig. 14–16) in having shorter glabella with more distinct lateral glabellar furrows, wider (tr.) fixigenae between palpebral lobes and narrower upturned anterior border.

Locality and horizon Niuxinshan, Jingfushan area, Longxian County, Shaanxi Province, *Metagraulos dolon* Zone of the Manto Formation; Dongshankou, Gangdeershan, Wuhai City, Inner Mongolia Autonomous Region, *Metagraulos dolon* Zone of the Hulusitai Formation.

Inouyia (*Bulbinouyia*) sp.
(p. 29, fig. 15)

Material 1 cranidium.

Description Cranidium convex, quadrate in outline, 4.3 mm in length, 5.5 mm in width; axial furrow deep, deeper in front of glabella; glabella short and convex, occupying 1/2 of total cranidial length, truncated conical, straight anteriorly, with 3 pairs of obscure lateral glabellar furrows; occipital ring convex, crescent or semielliptical; occipital furrow extremely shallow, slightly bending backward medially; axial furrow wide and deep; fixigenae wide (tr.), convex, highest near palpebral lobe, slightly sloping down towards axial furrow, nearly as wide as glabella between palpebral lobes; palpebral lobe long, located posteromedially, about 2/3 as long as glabella; eye ridge low, slanting backward from anterior corner of glabella; preglabellar field wide (sag.), with two shallow furrows extending from anterior corner of glabella, separating from preocular field and forming a spheroidal swelling; anterior border furrow narrow and deep; anterior border narrow and slightly upturned; posterolateral projection narrow (exsag.); posterior border furrow wide and deep, posterior border narrow and convex, nearly as wide as basal glabella in width (tr.); anterior branch of facial suture slightly convergent from palpebral lobe, posterior branch extending outwards and backwards; surface smooth.

Comparison *Inouyia* (*Bulbinouyia*) sp. differs from the type species *Inouyia* (*Bulbinouyia*) *lubrica* Zhou in Zhou *et al.* (1982, pl. 62, figs. 14–16) from southern slope of Tianjingshan, Zhongwei County, Ningxia Hui Autonomous Region in the longer slimmer glabella, longer palpebral lobe, wider preglabellar field (sag.) with a spheroidal swelling and wider anterior border (sag.).

Locality and horizon Abuqiehaigou, Zhuozishan area, Wuhai City, Inner Mongolia Autonomous Region, *Metagraulos dolon* Zone of the Hulusitai Formation.

Subgenus *Inouyia* (*Sulcinouyia*) Yuan et Zhang, nov.

Etymology sulc (Lat.), groove, rut, furrow, referring to deeper lateral glabellar furrows of the new subgenus.

Type species *Inouyia* (*Sulcinouyia*) *rara* Yuan et Zhang, sp. nov., from *Metagraulos dolon* Zone (Hsuchuangian) of Dongshankou, Gangdeershan, Wuhai City, Inner Mongolia Autonomous Region.

Diagnosis Like *Inouyia*, but with wide deeper axial furrow, lateral glabellar furrows, occipital and anterior border furrows; glabella short and small, truncated conical in outline; wide preglabellar field with elliptical boss or swelling; very wide fixigenae between palpebral lobes; eye ridge convex, nearly horizontal; palpebral lobe short, located anteriorly; anterior border narrow and gently convex.

Discussion The new subgenus differs from *Inouyia* Walcott, 1911, mainly in having narrower convex anterior border, wider deeper axial furrow, lateral glabellar furrows, occipital and anterior border furrows, shorter smaller glabella, convex nearly horizontal eye ridge, shorter palpebral lobe located anteriorly. Although, *Zhongweia* Zhou in Zhou *et al.*, 1982 (type species *Zhongweia transversa* Zhou in Zhou *et al.*, 1982, p. 248, pl. 62, fig. 11) possesses also 3 pairs of distinct lateral glabellar furrows, it is distinct from new subgenus in having stout glabella, narrower fixigenae between palpebral lobes, longer palpebral lobe located medially, wider anterior border, lower elliptical swelling in front of glabella and shallower anterior border furrow and shallower two furrows extending from anterior corner of glabella on preglabellar field.

Occurrence   Cambrian Series 3 (Hsuchuangian); North and Northeast China.

Inouyia (Sulcinouyia) rara Yuan et Zhang, subgen. et sp. nov.

(pl. 30, figs. 6–15)

Etymology   rara, rarus, rarum (Lat.), rare, sparse, referring to sparsely distributed granules on the surface of cranidium of the new species.

Holotype   Cranidium NIGP 62739 (pl. 30, fig. 9), from *Metagraulos dolon* Zone (Hsuchuangian) of Dongshankou, Gangdeershan, Wuhai City, Inner Mongolia Autonomous Region.

Material   10 cranidia.

Description   Cranidium convex, semicircular in outline, 9.5 mm in length, 14.0 mm in width (holotype); axial furrow wide and deep; glabella short and strongly convex, occupying less than 1/2 of total cranidial length, truncated conical, broadly rounded anteriorly, with 4 pairs of deep lateral glabellar furrows, of which S1 is wide and deep, bifurcated, anterior branch slightly slanting forward, posterior branch slanting backward, S2 is located in front of midline of glabella, slightly slanting backward, S3 is short and shallow, located behind inner end of eye ridge, horizontal, S4 is extremely short and shallow, located at inner end of eye ridge, slightly slanting forward; occipital furrow extremely wide and deep laterally, narrow and shallow, slightly bending forward medially; occipital ring convex, crescent or semielliptical, with a small occipital node posteromedially; axial furrow very wide and deep; fixigenae wide (tr.), strongly convex, highest near palpebral lobe, slightly sloping down towards axial furrow and border furrows, 1.5 times as wide as glabella between palpebral lobes; eye ridge convex, nearly horizontal from anterior corner of glabella, with a median furrow on the exfoliated specimens (pl. 30, figs. 8, 11); palpebral lobe short, located anteriorly, less than 1/3 as long as glabella; preglabellar field wide (sag.), about 2.5–3 times as wide as glabella between palpebral lobes, with two wide shallow furrows extending from anterior corner of glabella, separating from preocular field and forming an elliptical boss or swelling, which is wider (tr.) than basal glabella in width; anterior border furrow wide and deep, bending forward as three arches; anterior border narrow and gently convex; posterolateral projection wide (exsag.); posterior border furrow wide and deep, widening outward, posterior border narrow and convex, wider (tr.) than basal glabella in width; anterior branch of facial suture slightly convergent from palpebral lobe, posterior branch extending outwards and backwards; prosopon of sparsely distributed granules.

Locality and horizon   Dongshankou, Gangdeershan and Abuqiehaigou, Zhuozishan area, Wuhai City, Inner Mongolia Autonomous Region; Suyukou-Wudaotang, Helanshan, Ningxia Hui Autonomous Region *Metagraulos dolon* Zone of the Hulusitai Formation.

Inouyia (Sulcinouyia) rectangulata Yuan et Zhang, subgen. et sp. nov.

(pl. 30, figs. 3–5)

Etymology   rectangulata, rectangulatus, rectangulatum (Lat.), right angle, rectangle, referring to rectangular boss or swelling on preglabellar field in front of glabella of the new species.

Holotype   Cranidium NIGP 62735 (pl. 30, fig. 5), from *Metagraulos dolon* Zone (Hsuchuangian) of Dongshankou, Gangdeershan, Wuhai City, Inner Mongolia Autonomous Region.

Material   3 cranidia.

Description   Cranidium convex, semicircular in outline, 6.0 mm in length, 9.0 mm in width (holotype); axial furrow very wide and deep; glabella short and small, strongly convex, truncated conical, occupying more than 1/3 of total cranidial length, well rounded anteriorly, with a low median keel, and with 3 pairs of deep lateral glabellar furrows, of which S1 is wide and deep, bifurcated, anterior branch horizontal, posterior branch slanting backward, S2 is located in front of midline of glabella, slightly slanting backward, S3 is short and shallow, located behind inner end of eye ridge, horizontal; occipital furrow wide and deep; occipital ring convex, crescent or semielliptical, with a short occipital spine; fixigenae wide (tr.), strongly convex, highest near palpebral lobe, slightly sloping down towards axial and border furrows, 1.4 times as wide as glabella between palpebral lobes; eye ridge convex, nearly horizontal from anterior corner of glabella; palpebral lobe medium in length to short, located anteromedially, less than 1/2 of glabellar length, palpebral furrow wide and deep; preglabellar field wide (sag.), about 3.5 times as wide as anterior border in sagittal line, with two wide shallow furrows extending from anterior corner of glabella, separating from preocular field and forming a rectangular boss or swelling, which is wider (tr.) than basal glabella in width; anterior border furrow wide and deep, bending forward as three arches; anterior border narrow and convex, uniform in width (sag.), slightly narrowing laterally; posterolateral projection narrow (exsag.), strongly sloping down backward; posterior border furrow wide and deep, widening outward, posterior border narrow and convex, about 1.3 times as wide as basal glabella in width (tr.); anterior branch of facial suture slightly convergent from palpebral lobe, posterior branch extending outwards and backwards; surface smooth.

Comparison The new species differs from type species mainly in having shorter smaller glabella with a low median keel and 3 pairs of lateral glabellar furrows, preglabellar field with a rectangular boss or swelling, narrower (tr.) preglabellar field, longer palpebral lobe, narrower (tr.) posterolateral projection and smooth surface.

Locality and horizon Dongshankou, Gangdeershan, Inner Mongolia Autonomous Region, *Metagraulos dolon* Zone of the Hulusitai Formation.

Genus *Catinouyia* Zhang et Yuan, 1981

Type species *Catinouyia typica* Zhang et Yuan, 1981, p. 164, pl. 1, figs. 5, 6, from *Luaspides shangzhuangensis* Zone (Maochuangian), Dongshankou, Gangdeershan and Abuqiehaigou, Zhuozishan area, Wuhai City, Inner Mongolia Autonomous Region.

Diagnosis Glabella short and convex, with 3–4 pairs of very shallow lateral glabellar furrows; occipital ring wide medially, with an occipital node or short occipital spine; preglabellar field wide (sag.), with a low convex periclinal swelling; anterior border narrow and convex, anterior border furrow narrow and deep, slightly bending forward as three arches; fixigenae wide (tr.) between palpebral lobes; palpebral lobe short to medium in length, located medially or posteromedially; eye ridge convex, horizontal or slightly slanting backward; posterior border wide (tr.), narrow and convex, bending backward opposite to posterior end of palpebral lobe, posterior border furrow wide and deep, bending backward opposite to posterior end of palpebral lobe. Thorax of 11 segments. Pygidium short and small, axis wide and long, gently tapering backward, with 2 axial rings; pleural field narrow; border narrow, without distinct border furrow.

Discussion This genus differs from *Inouyia* Walcott, 1911, with the type species *Inouyia capax* (Walcott) (Walcott, 1913, p. 151, pl. 14, figs. 11, 11a) mainly in having longer slimmer glabella, narrow and convex anterior border and narrower deeper anterior border furrow. It can be also distinguished from *Eoinouyia* Lo, 1974 (type species *E. dayakouensis*, Lo, 1974, p. 641, pl. 11, fig. 6; Luo *et al.*, 2009, p. 118, 119, pl. 7, fig. 9b; pl. 27, figs.1–10) chiefly by the latter having wider (tr.) periclinal swelling on preglabellar field, shallower anterior border furrow gently bending forward, shorter palpebral lobe located anteriorly, wider (exsag.) posterolateral projection, 10 thoracic segments. In general outline of the cranidium, *Catinouyia* bears some resemblances to *Kaotaia* Lu in Lu *et al.*, 1962 (type species *Alokistocare magnum*, Lu, 1945, p. 195, pl. 1, figs. 3a–j; Yuan *et al.*, 2002, p. 191, 192, pl. 58, figs. 3, 4; pl. 59, fig. 6). However, it is quite dissimilar from the latter mainly by its posterior border and border furrow bending backward opposite to posterior end of palpebral lobe, narrower and more convex anterior border, narrower and deeper anterior border furrow bending forward as three arches, wider (tr.) fixigenae between palpebral lobes, palpebral lobe located more anteriorly, librigena with expanded genal spine at the base and 11 thoracic segments instead of 14-15 thoracic segments in the latter. In the presence of wider (tr.) cranidium, narrower and convex anterior border, deeper narrower anterior border furrow, periclinal swelling on preglabellar field, wider (tr.) fixigenae between palpebral lobes, *Catinouyia* is also quite similar to *Jialaopsis* Chien et Zhou in Lu *et al.* from the Jialao Formation of Southwest China (type species *Jialaopsis latus* Chien et Zhou; Lu *et al.*, 1974b, pl. 39, figs. 3-6; Zhang *et al.*, 1980a, p. 360, pl. 130, figs. 1-8). However, the latter has deeper wider axial furrow, lower eye ridge without median furrow, shorter palpebral lobe located medially, occipital ring with distinct occipital spine, anterior border furrow even gently bending forward. *Jialaopsis truncatus* (Li in Zhou *et al.*) (Zhou *et al.*, 1982, p. 247, pl. 62, fig. 10) from the lower part of the Hulusitai Formation (Hsuchuangian) of Taosigou, Hulusitai, Alashan, Inner Mongolia Autonomous Region, is better grouped within the genus *Catinouyia* because of bending forward anterior border furrow as three arches, longer palpebral lobe located posteromedially and no occipital spine. In the presence of convex periclinal swelling or boss on the preglabellar field, *Catinouyia* is similar to *Qiaotouaspis* Guon et An, 1982 (type species *Q. qiaotouensis* Guo et An, 1982, p. 625, pl. 3, figs. 2-4, 5c) and *Yaojiayuella* Lin et Wu in Zhang *et al.*, 1980b (type species *Y. ocellata* Lin et Wu in Zhang *et al.*, 1980b, p. 50, pl. 2, figs. 1, 2). However, *Qiaotouaspis* has shorter glabella, much wider (sag.) preglabellar field, narrower fixigenae between palpebral lobes, more strongly divergent anterior branch of facial suture, shorter palpebral lobe located anteriorly, eye ridge nearly horizontal or slightly slanting forward, posterolateral projection wider (exsag.) and posterior border and border furrow without bending backward opposite to posterior end of palpebral lobe. *Yaojiayuella* possesses narrower fixigenae between palpebral lobes, shorter palpebral lobe located anteriorly, wider (exsag.) posterolateral projection and posterior border and border furrow straight. *Qiaotouaspis jilinensis* An in Duan *et al.* (2005, p. 107, pl. 6, figs. 4, 5; Text-fig. 7-1-8) from Hsuchuangian of Qinggouzi, Baishan City, Jilin Province, has wider (tr.) fixigenae between palpebral lobes, longer palpebral lobe located posteromedially, slightly convergent anterior branch of facial suture, and is better grouped within the genus *Catinouyia*. *Zhicunia* Luo in Luo *et al.* (type species *Probowmaniella dazhaiensis* Lo, 1974, p. 629, pl. 11, figs. 7, 8; Luo *et al.*, 2009, p. 110, 111, pl. 22, figs. 7,8; pl. 23, figs. 1-3) from the lower part of the Dayakou Formation, southeastern Yunnan, share characters with *Catinouyia*, such as general outline of cranidium, wide (tr.) fixigenae between palpebral lobes, long palpebral lobe located posteromedially, and *Zhicunia* is here considered as junior synonymous with *Catinouyia*.

Occurrence　Lower Cambrian Series 3 (Maochuangiuan and Hsuchuangian); North and Northeast China.

Catinouyia dasonglinensis Yuan et Gao, sp. nov.

(pl. 31, figs. 1-5; pl. 33, figs. 4-12)

Etymology　Dasonglin, a locality, where the new species occurs.

Holotype　A nearly complete exoskeleton NIGP 62746 (pl. 31, fig. 1), from *Probowaniella-Luaspides lingyuanensis* Zone (Maochuangian) of Dasonglin Village, Zuojiawu Town, Fengrun District, Tangshan City, Hebei Province.

Material　5 exoskeletons, 7 cranidia and 2 pygidia with thorax.

Description　Exoskeleton gently convex, elongated oval, 11.3 mm in length, 9.0 mm in maximum width of cephalon including librigenae; cranidium wide (tr.), subquadrate in outline (with exception of posterolateral projection); axial furrow wide and deep; glabella short and convex, subcylindrical, slightly tapering forward, longer than wide, broadly rounded anteriorly, with 3 pairs of very shallow lateral glabellar furrows, of which S1 is bifurcated; occipital ring convex, wider medially, occipital furrow shallow; preglabellar field wide (sag.), about 3 times as wide as anterior border in sagittal line, with two wide shallow furrows extending from anterior corner of glabella, separating from preocular field and forming a low elliptical periclinal swelling; anterior border narrow and convex or slightly upturned, anterior border furrow wide and deep, bending forward as three arches; fixigenae wide, as wide as glabella between palpebral lobes; palpebral lobe long, located posteromedially, about 0.7 times as long as glabella, its posterior end reaching almost at a level of occipital furrow; eye ridge convex, slightly slanting backward, palpebral furrow wide and deep; posterior border wide (tr.), about 1.2 times as wide as basal glabella (tr.), narrow and convex, bending backward opposite to posterior end of palpebral lobe, then bending forward distally; posterior border furrow deep, broadening outward, bending backward opposite to posterior end of palpebral lobe; anterior branch of facial suture parallel forward or slightly divergent forward from palpebral lobe, posterior branch slanting backward and outward. Thorax of 11 segments, axis wider than pleural region; pleural segments nearly horizontal, with short zigzag pleural spine. Pygidium rather small, semielliptical; axis wide and long, inverted conical, almost reaching posterior margin, with 2–3 axial rings; pleural field narrow, with 2 pairs of pleural ribs; border extremely narrow, without distinct border furrow.

Comparison The new species differs from the type species, *Catinouyia typica* Zhang et Yuan (1981, p. 164, pl. 1, figs. 5, 6), mainly in having wider glabella, less tapering forward, narrower fixigenae between palpebral lobes, longer palpebral lobe located more posteriorly, eye ridge slightly slanting backward from anterior corner of glabella, shorter (tr.) posterolateral projection and posterior border as well as longer slimmer genal spine.

Locality and horizon Dasonglin Village, Zuojiawu Town, Fengrun District, Tangshan City, Hebei Province, *Probowaniella-Luaspides lingyuanensis* Zone of the Manto Formation.

Catinouyia sp.
(pl. 23, figs. 11, 12)

Material 2 incomplete cranidia.

Description Cranidium wide (tr.), subquadrate in outline (with exception of posterolateral projection); axial furrow wide and deep; glabella short and convex, truncated conical, tapering forward, longer than wide, flat rounded anteriorly, with 3 pairs of very shallow lateral glabellar furrows, of which S1 is bifurcated; occipital ring convex, wider medially, occipital furrow shallow, slightly bending forward laterally; preglabellar field wide (sag.), about 2 times as wide as anterior border in sagittal line, with two wide shallow furrows extending from anterior corner of glabella, separating from preocular field and forming a low subquadrate periclinal swelling; anterior border medium in width (sag.) and convex, anterior border furrow wide and deep, bending forward as three arches; fixigenae wider than glabella between palpebral lobes; palpebral lobe medium in length, located medially, about 0.5 times as long as glabella; eye ridge convex, slightly slanting backward, palpebral furrow distinct; posterior border wide (tr.), narrow and convex, about 1.1 times as wide as basal glabella in width (tr.), bending backward opposite to posterior end of palpebral lobe; posterior border furrow deep, widening outward, bending backward opposite to posterior end of palpebral lobe; anterior branch of facial suture parallel forward or slightly convergent forward from palpebral lobe, posterior branch slanting backward and outward.

Comparison *Catinouyia* sp. differs from type species chiefly in the longer slimmer rapidly tapering forward glabella, wider fixigenae between palpebral lobes, wider anterior border, longer palpebral lobe located posteriorly, and subquadrate periclinal swelling on preglabellar field.

Locality and horizon Dongshankou, Gangdeershan and Abuqiehaigou, Zhuozishan area, Wuhai City, Inner Mongolia Autonomous Region, *Luaspides shangzhuangensis* Zone of the Hulusitai Formation.

Genus *Parainouyia* Lin et Wu in Zhang *et al.*, 1980b

Type species *Parainouyia lata* Lin et Wu in Zhang *et al.*, Zhang *et al.*, 1980b, p. 66, pl. 6, figs. 2, 3 (= *Inouyia fakelingensis* Mong in Zhou *et al.*, 1977), from *Sinopagetia jinnanensis* Zone of Zhongtiaoshan, Shuiyu Town, Ruicheng County, Shanxi Province.

Diagnosis See Zhang *et al.*, 1980b, p. 66, 92.

Discussion *Parainouyia* is characterized by its wider (tr.) subtrapezoidal to semielliptical cranidium, shorter truncated conical glabella, occipital ring with long occipital spine, shorter palpebral lobe located anteriorly, eye ridge long and convex, horizontal or slightly slanting forward, very shallow anterior border furrow, broader (exsag.) and wider (tr.) posterolateral projection, wider (tr.) posterior border distinctly bending backward opposite to anterior end of palpebral lobe, and wider deeper posterior border furrow distinctly bending backward opposite to anterior end of palpebral lobe.

Occurrence Cambrian Series 3 (Hsuchuangian); North China.

Parainouyia niuxinshanensis Yuan et Zhang, sp. nov.

(pl. 34, figs. 13, 14)

1995 *Catinouyia typica* Zhang et Yuan, Zhang *et al.*, p. 53, pl. 21, figs. 1–3.

Etymology Niuxinshan, a locality, where the new species occurs.

Holotype Cranidium NIGP 62788 (pl. 34, fig. 14), from *Sinopagetia jinnanensis* Zone (Hsuchuangian) of Niuxinshan, Jingfushan area, Longxian County, Shaanxi Province.

Material 2 cranidia.

Description Cranidium subtrapezoidal to subtriangular in outline, slightly bending forward anteriorly, 6.6 mm in length, 9.0 mm in width between palpebral lobes (holotype); axial furrow wide and deep; glabella convex, truncated conical, strongly sloping down forward, with a low median keel, about 0.5 times as long as cranidium, with 3 pairs of very shallow or obscure lateral glabellar furrows; occipital ring convex, extending backward and forming a long occipital spine, almost equal to the width of occipital ring (sag.); occipital furrow shallow, slightly bending backward medially; fixigenae wide and convex, about 0.8 times as wide as glabella between palpebral lobes, highest near the palpebral lobe, sloping down towards axial furrow and posterior border furrow; eye ridge convex and long, slightly slanting forward from palpebral lobe; palpebral lobe short, located anteriorly, about 0.3 times as long as glabella; preglabellar field wide (sag.), gently convex, about 2 times as wide as anterior border in sagittal line, with two wide shallow furrows extending from anterior corner of glabella, separating from preocular field and forming a low subcircular swelling; anterior border narrow and flat, slightly sloping down; anterior border furrow faint, slightly bending forward; posterolateral projection wide (exsag.) and broad (tr.); posterior border furrow deep and wide, widening outward, bending backward opposite to anterior end of palpebral lobe; posterior border narrow and gently convex, widening outward, bending backward opposite to anterior end of palpebral lobe; anterior branch of facial suture convergent forward from palpebral lobe, posterior branch long, slanting backward and outward; prosopon of fine granules or crests.

Comparison In general outline of the cranidium and glabella, the new species is similar to *Parainouyia prompta* Zhang et Yuan (1981, p. 163, 164, pl. 2, fig. 3). It differs from the latter mainly in having narrower fixigenae between palpebral lobes, a low subcircular swelling on preglabellar field in front of glabella, longer palpebral lobe, longer slimmer occipital spine and prosopon of fine granules or crests. The specimens assigned to *Catinouyia typica* Zhang et Yuan, 1981 (Zhang *et al.*, 1995, p. 53, pl. 21, figs. 1–3) from the middle part of the Manto Formation (Hsuchuangian) of Chishanhe and Shibaotou, Jixian County, Henan Province, should be reassigned to the new species because of the presence of narrower fixigenae between palpebral lobes, a low subcircular swelling on preglabellar field in front of glabella, longer palpebral lobe, longer slimmer occipital spine and so on.

Locality and horizon Niuxinshan, Jingfushan area, Longxian County, Shaanxi Province, lower to middle part of the *Sinopagetia jinnanensis* Zone of the Manto Formation.

Genus *Zhongweia* Zhou in Zhou *et al.*, 1982

Type species *Zhongweia transversa* Zhou in Zhou *et al.*, 1982, p. 248, pl. 62, fig. 11, from *Metagraulos nitidus* Zone (=*Metagraulos dolon* Zone, Hsuchuangian) of southern slope of Tianjingshan, Zhongwei County, Ningxia Hui Autonomous Region.

Diagnosis and Discussion See Yuan *et al.*, 2012, p. 159, 534.

Occurrence Cambrian Series 3 (Hsuchuangian); North and Northeast China, Southwest China (southeastern Yunnan).

Zhongweia cylindrica Yuan et Zhang, sp. nov.
(pl. 30, figs. 1, 2; pl. 58, figs. 16, 17)

Etymology cylindrica, -us, -um (Lat.), cylindrical, referring to cylindrical glabella of the new species.

Holotype Cranidium NIGP 62731 (pl. 30, fig. 1), from *Metagraulos dolon* Zone (Hsuchuangian) of the second ditch of western slope of Yilesitushan, Zhuozishan area, Wuhai City, Inner Mongolia Autonomous Region.

Material 4 cranidia.

Description Cranidium wide (tr.), quadrate in outline (with exception of posterolateral projection), 9.8 mm in length, 15.1 mm in width between palpebral lobes (holotype); axial furrow narrow and distinct; glabella short and convex, cylindrical in outline, flat rounded anteriorly, occupying about 1/2 of total cranidial length, with a median keel in sagittal line, a median notch anteriorly, and 3 pairs of very shallow lateral glabellar furrows, of which S1 is bifurcated; occipital furrow narrow and distinct; occipital ring convex, crescent, with a small occipital node posteromedially; fixigenae wide, gently convex, highest near the palpebral lobe, sloping down towards axial furrow, 1.3 times as wide as glabella between palpebral lobes; eye ridge convex, horizontal or slightly slanting backward from anterior corner of glabella, with a median furrow; palpebral lobe short and convex, located medially, occupying about 1/3 of total glabellar length, palpebral furrow shallow; preglabellar field very wide (sag.), about 7 – 8 times as wide as anterior border in sagittal line, with a low elliptical spheroidal swelling, which is equal to the basal glabella in width; anterior border very narrow and convex or upturned as a wire; anterior border furrow wide and deep, narrowing and shallowing medially; posterolateral projection broad (exsag.); posterior border furrow deep and wide, bending backward laterally; posterior border narrow and convex, bending backward laterally; anterior branch of facial suture convergent forward from palpebral lobe as a rounded arch, posterior branch slanting backward and outward; prosopon of fine granules or crests.

Comparison In general configuration of cranidium and glabella, the new species is similar to the type species *Zhongweia transversa* Zhou in Zhou *et al.* (1982, p. 248, pl. 62, fig. 11). However, it differs from the latter mainly in the cylindrical glabella with shallower lateral glabellar furrows, the elliptical spheroidal swelling in front of glabella, shorter palpebral lobe, wire-like anterior border and wider deeper anterior border furrow. The new species bears some resemblances to *Zhongweia bainiuchengensis* (Luo) and *Z. rectangulatus* (Luo) (Luo *et al.*, 2009, p. 116, pl. 26, figs. 1-5) from Bainiuchang, Mengzi County, southeastern Yunnan Province, but the latter two species have narrower fixigenae, longer palpebral lobe, narrower (sag.) preglabellar field, no distinct elliptical spheroidal swelling in front of glabella, and prosopon of fine pitted sculpture.

Locality and horizon The second ditch of western slope of Yilesitushan, Zhuozishan area, Wuhai City, Inner Mongolia Autonomous Region, *Metagraulos dolon* Zone of the Hulusitai Formation; Suyukou-Wudaotang,

Helanshan, Ningxia Hui Autonomous Region, the lower part of *Sunaspis laevis-Sunaspidella rara* Zone of the Hulusitai Formation.

Zhongweia sp.

(pl. 35, fig. 9)

Material 1 cranidium.

Description Cranidium convex, subquadrate, 4.0 mm in length, 6.0 mm in width between palpebral lobes; axial furrow wide and deep; glabella short and convex, more than 1/2 of cranidial length, truncated conical, well rounded anteriorly, with a low median keel and 4 pairs of deep lateral glabellar furrows, of which S1 is bifurcated, anterior branch slightly slanting forward, posterior branch slanting backward, S2 is located in front of midline of glabella, slightly slanting backward, S3 is located behind inner end of eye ridge, horizontal, S4 is short and shallow, located at inner end of eye ridge, slightly slanting forward; occipital ring convex, narrowing laterally; occipital furrow deep and wide laterally, narrow medially; preglabellar field wide (sag.), with two wide shallow furrows extending from anterior corner of glabella, separating from preocular field and forming a wider elliptical periclinal swelling in front of glabella; anterior border furrow wide and deep; anterior border extremely narrow and convex, wire-like; fixigenae wide and convex, wider or equal to the basal glabella in width, highest near palpebral lobe, gently sloping down forward, backward and toward axial furrow; palpebral lobe short to medium in length, located medially, about 2/5 of glabellar length, palpebral furrow wide and deep; eye ridge convex, horizontal or slightly slanting backward; posterolateral projection narrow (exsag.); posterior border furrow wide and deep; posterior border narrow and gently convex, as wide as basal glabella in width (tr.); anterior branch of facial suture gently convergent from palpebral lobe, across anterior border furrow, then bending inward and cutting anterior border at anterolateral margin, posterior branch slanting outward and backward; prosopon of dense fine granules.

Comparison *Zhongweia* sp. differs from the type species *Zhongweia transversa* Zhou in Zhou *et al.*, 1982 mainly in having wider preglabellar field with wider elliptical periclinal swelling in front of glabella, very narrow anterior border as wire-like and narrower fixigenae between palpebral lobes.

Locality and horizon Taosigou, Hulusitai, Alashan, Inner Mongolia Autonomous Region, *Metagraulos dolon* Zone of the Hulusitai Formation.

Genus *Pseudinouyia* Zhang et Yuan in Zhang *et al.*, 1995

Type species *Pseudinouyia transversa* Zhang et Yuan in Zhang *et al.*, 1995, p. 53, pl. 20, figs. 11, 12, from the middle to upper parts of *Sunaspis laevis-Sunaspidella rara* Zone (Hsuchuangian) of Taosigou, Hulusitai, Alashan, Inner Mongolia Autonomous Region.

Diagnosis (revised) Cranidium wide (tr.), gently convex, quadrate in outline; axial furrow narrow and shallow, wider and deeper in front of glabella; glabella gently convex, rectangular to truncated conical, slightly tapering forward, well rounded anteriorly, with 4 pairs of shallow lateral glabellar furrows, of which S1 is bifurcated, and with a low median keel; occipital furrow shallow, deeper and slightly bending forward laterally; occipital ring convex, with a small occipital node or short occipital spine posteriorly; preglabellar field wide (sag.), very gently convex; anterior border narrow, gently convex; anterior border furrow shallow; fixigenae very wide, equal to or wider than glabella between palpebral lobes, gently to strongly convex, highest near palpebral lobe, distinctly sloping down towards axial furrow; palpebral lobe medium in length, located posteromedially; eye ridge low, distinctly slanting backwards; preocular field gently sloping down forward; posterolateral projection narrow (exsag.) and broad (tr.); posterior border furrow wide and deep, widening outward, and bending backward opposite to posterior end of palpebral lobe; posterior border narrow, gently convex, bending backward opposite to posterior end of palpebral lobe; anterior branch of facial suture almost parallel forward from palpebral lobe, posterior branch slanting outward and backward.

Discussion　In general configuration of cranidium, especially the wider fixigenae between palpebral lobes, *Pseudinouyia* shows some similarities to *Inouyia* (*I.*) Walcott, 1911, *I.* (*Bulbinouyia*) Yuan in Yuan *et al.*, 2010, *Catinouyia* Zhang et Yuan, 1981, *Parainouyia* Lin et Wu in Zhang *et al.*, 1980b. However, it differs from the latter mainly in having lower convexity of cranidium and glabella, eye ridge more strongly slanting backward, palpebral lobe located posteromedial or posteriorly. In the size and position of palpebral lobe, general outline of eye ridge, and patterns of glabella and glabellar furrows, *Pseudinouyia* bears the closest resemblance to *Angustinouyia* gen. nov. However, it can be distinguished from the latter chiefly by its 4 pairs of distinct lateral glabellar furrows, lower convexity of glabella and fixigena, wider (tr.) fixigenae between palpebral lobes, narrower and shallower axial furrow, and broader (sag.) convex preglabellar field. *Pseudinouyia* is also distinct from *Proinouyia* Qiu (1980, p. 58, 59, pl. 5, figs. 1–4) from the Manto Formation (upper Cambrian Series 2 to lower Cambrian Series 3) of northern Anhui, in the following features: the latter has tapering forward truncated conical glabella with shallower lateral glabellar furrows, spheroidal swelling on preglabellar field in front of glabella, wider deeper axial furrow, wider flat anterior border, anterior border furrow bending forward as three arches. *Inouyites* An et Duan in Duan *et al.*, 2005 (type species *Inouyites funingensis* An et Duan in Duan *et al.*, 2005, p.149, pl. 27, figs. 15–23; Text-fig. 7-11) from the middle to upper parts of *Sunaspis laevis-Sunaspidella rara* Zone (Hsuchuangian) of Shahezhai and Dongbuluo, Funing County, Hebei Province, is characterized mainly by wider (tr.) cranidium, cylindrical glabella slightly contracted medially, with a median keel and with 3–4 pairs of shallow lateral glabellar furrows, occipital ring with an occipital node or short occipital spine posteromedially, wider fixigenae between palpebral lobes, shorter palpebral lobe located posteriorly, eye ridge strongly slanting backward, shallower anterior border furrow, wider (sag.) preglabellar field and narrow and strongly convex anterior border. These features coincide with those of *Pseudinouyia*. Therefore *Inouyites* was considered as synonymous with *Pseudinouyia* (Yuan, 2009, p. 42, 43). In general outline of the cranidium and position of palpebral lobe, *Pseudinouyia* is also similar to *Volonellus* Ivshin, 1953 (type species *Volonellus granulatus* Ivshin, 1953, p. 164–166, pl. 11, figs. 7–11, 17) from the middle to upper Cambrian Series 3 of Kazakhstan, but *Volonellus* has eye ridge slanting backward behind anterior corner of glabella, deeper anterior border furrow, wider convex anterior border.

Occurrence　Cambrian Series 3 (Hsuchuangian); North and Northeast China.

Pseudinouyia intermedia Yuan et Zhang, sp. nov.

(pl. 37, figs. 11–15; pl. 38, figs. 5–8)

Etymology　intermedia, -us, -um, (Lat.), intermedium, intermediate, between, referring to the similarity of the new species between *Pseudinouyia transversa* and *Angstinouyia quadrata* Yuan et Zhang, sp. nov. in morphology.

Holotype　Cranidium NIGP 62842 (pl. 38, fig. 6), from upper part of *Sunaspis laevis-Sunaspidella rara* Zone (Hsuchuangian) of Taosigou, Hulusitai, Alashan, Inner Mongolia Autonomous Region.

Material　9 cranidia.

Description　Cranidium moderately convex, nearly quadrate in outline, straight or slightly bending forward anteriorly, 7.5 mm in length, 10.0 mm in width between palpebral lobes (holotype); axial furrow wide and deep; glabella short and moderately convex, subcylindrical to cylindrical in outline, occupying about 1/2 of total cranidial length, with a median keel in sagittal line, and 4 pairs of very shallow lateral glabellar furrows, of which S1 is bifurcated; occipital furrow narrow and shallow, bending backward; occipital ring convex, narrowing laterally, with a small occipital node posteromedially; fixigenae wide, strongly convex, highest near the palpebral lobe, distinctly higher than glabella, sloping down towards axial furrow and posterior border furrow, as wide as glabella between palpebral lobes; eye ridge long and convex, slanting backward behind anterior corner of glabella, with a shallow median furrow on exfoliated specimen; palpebral lobe short to medium in length, located posteriorly, occupying about 1/3-2/5 of total glabellar length, palpebral furrow wide and shallow; preglabellar field wide (sag.), about 2.5-3 times as wide as anterior border in sagittal line, highest near anterior border in sagittal line, sloping down toward glabella and preocular field, preocular field wider (sag.) than preglabellar field; anterior border furrow shallow and straight; anterior border narrow, gently convex, uniform in width (sag.), narrowing distally; posterolateral projection narrow (exsag.) and broad (tr.), steeply sloping down toward posterior border furrow; posterior border furrow wide and deep, widening outward, bending backwards laterally; posterior border narrow, gently convex, wider or as wide as basal glabella in width; anterior branch of facial suture long, parallel forward or slightly bending inward as a rounded arch from palpebral lobe, posterior branch slanting outward and backward; surface smooth.

Comparison　The new species differs from type species *Pseudinouyia transversa* Zhang et Yuan (Zhang *et al.*, 1995, p. 53, pl. 20, figs. 11, 12) mainly in having wider deeper axial furrow, strongly convex fixigena, higher than glabella, shorter cylindrical glabella with indistinct lateral glabellar furrows, fixigena steeply sloping down toward posterior border furrow, narrower preglabellar field sloping down toward glabella and preocular field and eye ridge more strongly slanting backward behind anterior corner of glabella. In general outline of the cranidium and glabella, the new species bears the closest resemblance to *Pseudinouyia funingensis* (An et Duan in Duan *et al.*) (Duan *et al.*, 2005, p. 149, pl. 27, figs. 15-23; Text-fig. 7-11) from the Manto Formation (Hsuchuangian) of Dongbuluo, Funing County, Hebei Province. However, it differs from the latter chiefly in the wider deeper axial furrow, wider (tr.) cranidium, higher vaulted fixigena steeply sloping down toward posterior border furrow, wider cranidium with straight anterior margin, wider (sag.) preglabellar field and straight anterior border furrow.

Locality and horizon　Taosigou, Hulusitai, Alashan and Dongshankou, Gangdeershan, Wuhai City, Inner Mongolia Autonomous Region, the middle to upper parts of *Sunaspis laevis-Sunaspidella rara* Zone of the Hulusitai Formation; Niuxinshan, Fujingshan area, Longxian County, Shaanxi, the middle to upper parts of *Sunaspis laevis-Sunaspidella rara* Zone of the Manto Formation.

Pseudinouyia sp.
(pl. 38, figs. 14, 15)

Material　1 cranidium and 1 pygidium.

Description　Cranidium moderately convex, nearly quadrate in outline, straight or slightly bending forward anteriorly, 9.5 mm in length, 12.0 mm in width between palpebral lobes; axial furrow distinct, wide and deep in front of glabella; glabella short and moderately convex, subcylindrical to cylindrical in outline, occupying about 1/2 of total cranidial length, lateral glabellar furrows very shallow; occipital furrow narrow and shallow, bending backward; occipital ring convex, narrowing laterally; fixigenae wide, convex, highest near the palpebral lobe, sloping down towards axial furrow and posterior border furrow, less than glabellar width between palpebral lobes; eye ridge convex, slanting backward behind anterior corner of glabella, with a shallow median furrow on exfoliated specimen; palpebral lobe medium in length, located posteriorly, occupying about 2/5 of total glabellar length, palpebral furrow wide and shallow; preglabellar field wide (sag.), about 2.5 times as wide as anterior border in sagittal line, preocular field wider (sag.) than preglabellar field; anterior border furrow wide and deep; anterior border narrow, gently convex, uniform in width (sag.); posterolateral projection narrow (exsag.) and broad (tr.), steeply sloping down toward posterior border furrow; posterior border furrow wide and deep, widening outward, bending backwards laterally; posterior border narrow, gently convex, wider or as wide as basal glabella in width; anterior branch of facial suture long, parallel forward or slightly bending inward as a rounded arch from palpebral lobe, posterior branch slanting outward and backward. An associated pygidium wide (tr.), fusiform; axis long, inverted conical, with 4–5 axial rings; pleural field wide (tr.), gently convex, with 3 – 4 pairs of pleural ribs; pleural furrows deep, interpleural furrows narrow and shallow; border extremely narrow; border furrow indistinct; surface smooth.

Comparison   *Pseudinouyia* sp. is similar to *Pseudinouyia funingensis* (An et Duan in Duan *et al.*) (Duan *et al.*, 2005, p. 149, pl. 27, figs. 15 – 23; Text-fig. 7 – 11) from the Manto Formation (Hsuchuangian) of Dongbuluo, Funing County, Hebei Province. However, it differs from the latter chiefly in the deeper anterior border furrow, wider (sag.) preglabellar field and the cylindrical glabella.

Locality and horizon   Niuxinshan, Jingfushan area, Longxian County, Shaanxi Province, the middle to upper parts of *Sunaspis laevis-Sunaspidella rara* Zone of the Manto Formation.

Genus *Angustinouyia* Yuan et Zhang, nov.

Etymology   angust, angusti- (Lat.), narrow, *Inouyia*, genus name of trilobites, referring to very narrow fixigenae between palpebral lobes of the new genus.

Type species   *Angustinouyia quadrata* Yuan et Zhang gen. et sp. nov., from upper part of *Sunaspis laevis-Sunaspidella rara* Zone (Hsuchuangian) of Taosigou, Hulusitai, Alashan, Inner Mongolia Autonomous Region.

Diagnosis   Cranidium convex, quadrate in outline; axial furrow extremely wide and deep; glabella strongly convex, subcylindrical to rectangular, with a low median keel, and with or without faint lateral glabellar furrows; occipital furrow distinct, slightly bending forward laterally; occipital ring convex, narrowing laterally; preglabellar field extremely narrow or absent (sag.); anterior border wide, strongly convex or upturned; anterior border furrow shallow; fixigenae very narrow (tr.), strongly convex, highest near the palpebral lobe, steeply sloping down towards axial furrow; palpebral lobe short, located posteriorly; eye ridge low, strongly slanting backwards; preocular field strongly sloping down forward, with a several terrace convergent lines; posterolateral projection narrow (exsag.) and short (tr.); posterior border furrow wide and deep; posterior border narrow, gently convex; anterior branch of facial suture almost parallel forward, posterior branch short, slanting outward and backward.

Discussion   In general outline of the glabella and eye ridge, the size and position of palpebral lobe, *Angustinouyia* bears the closest resemblance to *Pseudinouyia* Zhang et Yuan in Zhang *et al.*, 1995. However, it differs from the latter mainly in having wider longer subcylindrical glabella without distinct lateral glabellar furrows, strongly convex glabella and fixigena, very narrow fixigenae between palpebral lobes, very wider deeper axial furrow and narrower (sag.) or absence of preglabellar field. In general configuration of cranidium and glabella, strongly elevated fixigenae, the new genus is also quite similar to *Okunevaella* Repina in Okuneva et Repina, 1973 from Primorye area, Russia (type species *O. minuta* Repina; Okuneva and Repina, 1973, p. 189, 190, pl. 41, figs. 9–19; Text-fig. 95). However, it differs from the latter mainly in having wider shorter glabella, narrower and more convex fixigenae between palpebral lobes, shorter posterior located palpebral lobe and wider (sag.) preglabellar field.

Occurrence   Cambrian Series 3 (Hsuchuangian); North China (Inner Mongolia Autonomous Region).

Angustinouyia quadrata Yuan et Zhang, gen. et sp. nov.
(pl. 38, figs. 9–13)

Etymology   quadrata, -us, -um (Lat.), square, quadrate, referring to quadrate cranidium of the new species.

Holotype   Cranidium NIGP 62848 (pl. 38, fig. 12), from upper part of *Sunaspis laevis-Sunaspidella rara* Zone (Hsuchuangian) of Taosigou, Hulusitai, Alashan, Inner Mongolia Autonomous Region.

Material   5 cranidia.

Description   Cranidium strongly convex, quadrate in outline, slightly bending forward anteriorly, 5.5 mm in length, 6.0 mm in width between palpebral lobes (holotype); axial furrow extremely wide and deep; glabella wide and long, strongly convex, subcylindrical to rectangular in outline, slightly tapering forward, occupying about 0.6–0.7 times as long as cranidial length, with a low median keel, and with 4 pairs of very faint lateral glabellar furrows, of which S1 is bifurcated, anterior branch short, horizontal, posterior branch long, slanting backwards; occipital furrow narrow and deep, slightly bending backward medially; occipital ring convex, narrowing laterally; fixigenae very narrow (tr.), strongly convex, highest near the palpebral lobe, steeply sloping down towards axial furrow and posterior border furrow, less than 0.5 times as wide as glabella between palpebral lobes, higher than glabella as acute triangular from anterior view; eye ridge long, gently convex, strongly slanting backwards from anterior corner of glabella, with a median shallow furrow on exfoliated specimen; palpebral lobe short, about 0.3 times as long as glabella, located posteriorly, palpebral furrow shallow and wide; preglabellar field extremely narrow or absent (sag.); anterior border wide, narrowing laterally, strongly convex, highest near anterior margin, gently sloping towards glabella, covered with terrace lines parallel with anterior border; preocular field wide, strongly sloping down forward, with 4–5 convergent terrace lines; anterior border furrow wide and shallow; posterolateral projection narrow (exsag.) and short (tr.), steeply sloping down towards posterior border furrow; posterior border furrow wide and deep, widening outward; posterior border narrow, gently convex, about 2/3 as wide as basal glabella in width (tr.); anterior branch of facial suture long, almost parallel forward, posterior branch short, slanting outward and backward.

Locality and horizon   Taosigou, Hulusitai, Alashan and Dongshankou, Gangdeershan, Wuhai City, Inner Mongolia Autonomous Region, middle-upper parts to upper part of *Sunaspis laevis-Sunaspidella rara* Zone of the Hulusitai Formation.

Family Wuaniidae Zhang et Yuan, 1981

Genus *Wuania* Chang, 1963

Type species   *Inouyia fongfongensis* Chang, 1959, p. 211, pl. 4, fig. 19; 1963, p. 472, pl. 2, fig. 20, from the lower part of *Sunaspis laevis-Sunaspidella rara* Zone of Gushan, Wuan City, Hebei Province.

Diagnosis (revised)   Wuaniid trilobite; axial furrow distinct laterally, widening and deepening in front of glabella; glabella short and convex, truncated conical to subcylindrical, slowly tapering forward, well rounded anteriorly, with a low median keel, and with 3–4 pairs of extremely shallow lateral glabellar furrows, of which S1 is bifurcated; occipital ring wide medially; anterior border furrow wide and shallow, strongly bending forward laterally, merging with axial furrow at anterior corner of glabella; preglabellar field absent; anterior border wide (sag.), widest in sagittal line, vaulting as a periclinal swelling; fixigenae narrow between palpebral lobes, strongly convex, highest near palpebral lobe; palpebral lobe medium in length to short, located posteromedially. Pygidium inverted triangular, axis long and strongly convex, with 5–7 axial rings; pleural field gently convex, with 4–5 pairs of pleural ribs, pleural furrows deep, interpleural furrows very shallow; border narrow, gently convex; surface smooth.

Discussion   *Wuania* was considered as synonymous with *Latilorenzella* Kobayashi, 1960 (Zhang and Jell, 1987, p. 122; Jell and Adrain, 2003, p. 460; Bentley and Jago, 2004, p. 180, 184). However, it was accepted as a valid genus (Zhang *et al.*, 1995, p. 43). *Latilorenzella* differs from *Wuania* in having wider longer glabella with three short median keels or prominent nodes in sagittal line, narrower lower preglabellar field and anterior border (sag.), semielliptical pygidium instead of inverted triangular in the later. Up to date, there are 24 species assigned to *Wuania*, of which *W. mianchiensis* Mong in Zhou *et al.*, 1977, *W. trinodosa* Mong in Zhou *et al.*, 1977 should be grouped within the genus *Latilorenzella*, because of the presence of broader glabella with three short median keels or prominent nodes in sagittal line, deeper and wider axial furrow and shallower anterior border furrow. *Wuania yantouensis* Zhang et Wang (1985, p. 399, pl. 120, figs. 11, 12) has shallower axial furrow, anterior border furrow, wider truncated conical glabella, and it shares the characters with *Latilorenzella thisbe* (Walcott, 1911) (Zhang and Jell, 1987, p. 124, pl. 50, fig. 13). We here consider *Wuania yantouensis* and *Latilorenzella thisbe* to be synonymous. *Wuania angustilimbata* Bi in Qiu *et al.* (1983, p. 123, pl. 40, fig. 5) has higher vaulted spheroidal swelling on preglabellar field in front of glabella, narrower flat anterior border, shallower anterior border furrow and narrower fixigenae between palpebral lobes, and it is better grouped within *Huainania*. *W. lata* Mong in Zhou *et al.*, 1977, *W. minor* Mong in Zhou *et al.*, 1977, *W. mirabilis* Zhang et Wang, 1985 (=*W. rara* Zhang et Wang, 1985), are here listed under the genus *Wuanoides* Zhang et Yuan, 1981, because of the presence of urn-shaped glabella, anterior border furrow disconnected with axial furrow at anterior corner of glabella. *Wuania huoshanensis* Zhang et Wang (1985, p. 401, pl. 121, fig. 11) possesses shorter distinctly tapering forward glabella, deeper wider axial furrow, wider anterior border, no preglabellar field, and is here reassigned to *Eotaitzuia* Zhang et Yuan in Zhang *et al.*, 1980b. *Wuania hejinensis* Zhang et Wang (1985, p. 401, pl. 120, figs. 13, 14) and *Wuania xiweikouensis* Zhang et Wang (1985, p. 401, 402, pl. 121, figs. 12–14) have cylindrical glabella, anterior border with a pair of triangular plectrum on its posterior margin, and they here are transferred to *Taitzuina* Zhang et Yuan, 1981. *Wuania taitzuensis* (Endo, 1937) was reassigned to *Houmaia* (Zhang *et al.*, 1995, p. 44, 45). *Wuania reticulata* Zhang et Wang (1985, p. 402, pl. 121, fig. 15) bears the closest resemblance to *Shanxiella* (*Jiwangshania*) Zhang et Wang, 1985, with the type species *J. rotundolimbata* Zhang et Wang (1985, p. 449, pl. 132, figs. 2–4), because of the presence of shallower axial furrow, shallower lateral glabellar furrows and anterior border furrow, flat anterior border, wider (sag.) flabellate anterior area of cranidium. Therefore, it is better grouped within the subgenus *Shanxiella* (*Jiwangshania*). *Wuania trigona* Yang in Yang *et al.* (1991, p. 147, pl. 15, fig. 13) erected based on a single incomplete cranidium, has very short palpebral lobe located posteriorly, wider triangular anterior border, shallower anterior border furrow, the assignment of this species is questionable. The new assignments of total 24 species are as follows:

Wuania angustilimbata Bi in Qiu *et al.*, 1983   [=*Huainania*]

Wuania elongata Wu et Lin in Zhang *et al.*, 1980b

Wuania fongfongensis (Chang, 1959)

Wuania hejinensis Zhang et Wang, 1985   [=*Taitzuina*]

Wuania huoshanensis Zhang et Wang, 1985   [=*Eotaitzuia*]

Wuania lata Mong in Zhou *et al.*, 1977   [=*Wuanoides*]

Wuania luna Wu et Lin in Zhang *et al.*, 1980b

Wuania meridionalis Qiu in Qiu *et al.*, 1983   [=*Wuania elongata*]

Wuania mianchiensis Mong in Zhou *et al.*, 1977   [=*Latilorenzella mianchiensis*]

Wuania minor Mong in Zhou *et al.*, 1977   [=*Wuanoides*]

Wuania mirabilis Zhang et Wang, 1985   [=*Wuanoides*]

Wuania oblongata (Bi in Qiu *et al.*, 1983)

Wuania rara Zhang et Wang, 1985   [? =*Latilorenzella*]

Wuania rectangulata Li in Zhou *et al.*, 1982   [=*Wuania venusta*]

Wuania reticulata Zhang et Wang, 1985   [=*Shanxiella* (*Jiwangshania*)]

Wuania semicircularis Zhang et Wang, 1985

Wuania taitzuensis (Endo, 1937)   [=*Houmaia*]

Wuania transversa Luo in Luo *et al.*, 2009

Wuania trigona Yang in Yang *et al.*, 1991   [?]

Wuania trinodosa Mong in Zhou *et al.*, 1977   [=*Latilorenzella trinodosa*]

Wuania venusta Zhang et Yuan, 1981

Wuania wutaishanensis Zhang et Wang, 1985   [=*Latilorenzella*]

Wuania yantouensis Zhang et wang, 1985   [= *Latilorenzella thisbe*]

Wuania xiweikouensis Zhang et Wang, 1985   [= *Taitzuina*]

Occurrence   Cambrian Series 3 (Hsuchuangian); North and Northeast China, Southwest China (southeastern Yunnan).

Wuania spinata Yuan et Zhang, sp. nov.

(pl. 39, figs. 1-3)

Etymology   spinata, -us, -um (Lat.), thorns, tip, spine, spina, referring to shorter occipital spine of the new species.

Holotype   Cranidium NIGP 62856 (pl. 39, frig. 3), from the lower part of *Sunaspis laevis-Sunaspidella rara* Zone, Suyukou-Wudaotang, Helanshan, Ningxia Hui Autonomous Region.

Material   3 cranidia.

Description   Cranidium strongly convex, quadrate in outline, bending forward with rounded arch anteriorly, 11.0 mm in length, 8.5 mm in width between palpebral lobes (holotype); axial furrow narrow and distinct; glabella short and wide, strongly convex, rectangular in outline, slightly tapering forward, flat rounded anteriorly, with a faint median keel in sagittal line, occupying about 1/2 of total cranidial length, and with 3 pairs of very shallow lateral glabellar furrows, of which S1 is bifurcated, posterior branch long, slanting backward, anterior branch short, horizontal; occipital furrow wide and deep, bending backward; occipital ring convex, distinctly narrowing laterally, with a short occipital spine posteromedially; fixigenae narrow, gently convex, 0.5 times as wide as glabella between palpebral lobes; eye ridge long, gently convex, slightly slanting backward from anterior corner of glabella; palpebral lobe short, located posteromedially, occupying less than 1/2 of total glabellar length, palpebral furrow shallow; preglabellar field absent; anterior border wide (sag.) and convex, narrowing laterally, vaulting as a periclinal swelling medially, preocular field wide; anterior border furrow narrow and bending forward laterally, merging with axial furrow at anterior corner of glabella, wide and deep in front of glabella; posterolateral projection narrow (exsag.) and short (tr.); posterior border furrow wide and deep, posterior border narrow, gently convex, less than basal glabella in width; anterior branch of facial suture long, slightly divergent from palpebral lobe, across anterior border furrow, then bending inward as an arch, and cutting anterior border at anterolateral margin, posterior branch extending outwards and backwards; prosopon of fine dense granules or pittings.

Comparison   In general outline of the cranidium, glabella and anterior border, the new species is similar to the type species *Wuania fongfongensis* (Chang) (Chang, 1963, pl. 2, fig. 20), it differs from the latter mainly in having wider glabella, narrower fixigenae between palpebral lobes, occipital ring with short occipital spine and fine dense granules or pittings on the surface of cranidium.

Locality and horizon   Suyukou-Wudaotang, Helanshan and Qinglongshan, Tongxin County, Ningxia Hui Autonomous Region, the lower part of *Sunaspis laevis-Sunaspidella rara* Zone of the Hulusitai Formation.

Genus *Ruichengaspis* Zhang et Yuan in Zhang *et al.*, 1980b

Type species   *Ruichengaspis mirabilis* Zhang et Yuan in Zhang *et al.*, 1980b, p. 67, pl. 6, figs. 8, 9, from *Ruichengaspis mirabilis* Zone (Hsuchuangian) of Zhongtiaoshan, Shuiyu Town, Ruicheng County, Shanxi Province.

Diagnosis (revised)   Wuaniid trilobite; axial furrow wide and deep; glabella short and convex, truncated conical, strongly tapering forward, well rounded anteriorly, with a low median keel, and with 4 pairs of extremely shallow lateral glabellar furrows; occipital ring convex, wide medially; anterior border furrow wide and shallow, merging with axial furrow at anterior corner of glabella; preglabellar field absent; anterior border wide (sag.), widest in sagittal line, vaulting as a periclinal swelling; fixigenae narrow between palpebral lobes, strongly convex, highest near palpebral lobe; palpebral lobe medium in length, located medially; eye ridge faint, slanting backward from anterior corner of glabella; preocular field narrow or absent, with 3 convergent terrace lines extending to the anterior border; anterior branch of facial suture parallel or convergent forward from palpebral lobe; posterolateral projection short (exsag. and tr.). Pygidium semielliptical; axis long and strongly convex, with 3–4 axial rings; pleural field gently convex, with 2–3 pairs of pleural ribs, first pleural furrows deep, shallowing backward, interpleural furrows very shallow; border narrow, gently convex; border furrow indistinct; surface smooth or with fine pittings.

Discussion *Ruichengaspis* differs from *Wuania* Chang, 1963, mainly in having more strongly tapering forward glabella, wider deeper axial furrow, semielliptical pygidium with a fewer axial rings. The specimens assigned to *Plesiagraulos dirce* (Walcott, 1905) from Maochuangian of Tuanshanzi, Benxi City, Liaoning Province (Duan *et al.*, 2005, p. 142, 143, pl. 24, figs. 11–15) should be reassigned to *Ruichengaspis*, because of its general outline of cranidium and glabella, wider deeper axial furrow and 3 convergent terrace lines extending to the anterior border on preocular field.

Occurrence Cambrian Series 3 (Hsuchuangian); North and Northeast China.

Genus *Wuanoides* Zhang et Yuan, 1981

Type species *Wuanoides situla* Zhang et Yuan, 1981, p. 165, pl. 2, fig. 10, from the middle to upper parts of *Sunaspis laevis-Sunaspidella rara* Zone, Suyukou-Wudaotang, Helanshan, Ningxia Hui Autonomous Region.

Diagnosis (revised) Wuaniid trilobite; axial furrow wide and deep; glabella wide (tr.), convex and expanded, urn-shaped, broadly rounded anteriorly, with a low median keel, and with 4 pairs of shallow lateral glabellar furrows; occipital ring convex, wide medially; anterior border furrow wide and deep laterally, bifurcated, posterior branch bending backward and merging with axial furrow at anterior corner of glabella, anterior branch very shallow, bending forward and parallel with anterior margin of cranidium; preglabellar field wide (sag.), with an elliptical swelling; anterior border gently convex; fixigenae very narrow between palpebral lobes, strongly convex, highest near palpebral lobe; palpebral lobe short to medium in length, located posteromedially; eye ridge faint, slanting backward from anterior corner of glabella; anterior branch of facial suture parallel or slightly divergent forward from palpebral lobe; posterolateral projection short (exsag. and tr.); surface smooth or with fine granules.

Discussion Besides the type species, *Wuania lata* Mong in Zhou *et al.*, 1977 (= *Wuania minor* Mong in Zhou *et al.*, 1977), and *Wuania mirabilis* Zhang et Wang, 1985 (= *Wuania rara* Zhang et Wang, 1985) should be better grouped within *Wuanoides*, because these two species have expanded urn-shaped glabella, wide and deep laterally, bifurcated anterior border furrow, a elliptical swelling on preglabellar field.

Occurrence Cambrian Series 3 (Hsuchuangian); North China.

Genus *Taitzuina* Zhang et Yuan, 1981

Type species *Taitzuina lubrica* Zhang et Yuan, 1981, p. 166, pl. 2, figs. 8, 9, from middle part of *Sunaspis laevis-Sunaspidella rara* Zone (Hsuchuangian) of Hejin County, Shanxi.

Diagnosis (revised) Cranidium convex, quadrate in outline, rounded as an arch anteriorly; axial furrow wide and moderately deep; glabella wide (tr.), strongly convex, subquadrte, broadly rounded anteriorly, with a low median keel, and with 4 pairs of extremely shallow lateral glabellar furrows; occipital furrow wide and deep, narrowing and bending forward laterally; occipital ring narrow and convex, with a median occipital node; anterior border furrow wide and deep laterally, gently bending forward as three arches, and merging with axial furrow at anterior corner of glabella; anterior border wide (sag.), strongly convex, vaulting as a periclinal swelling, with a pair of triangular plectrum on its posterior margin opposite to anterior corner of glabella; preglabellar field absent. Pygidium semielliptical, axis narrow and long, tapering backward, with 7－8 axial rings; pleural field wide, gently convex, with 5－6 pairs of pleural ribs; pleural furrows wide, interpleural furrows shallow; border flat.

Discussion　*Taitzuina* was listed under the family Ordosiidae Lu,1954 (Zhang and Yuan, 1981, p. 165). Subsequently, it was placed within the family Wuaniidae (Zhang and Jell, 1987, p. 118; Bentley and Jago, 2004, p. 180, 182). Later, it was reassigned to the family Cheilocephalidae Shaw, 1956 (Yuan *et al.*, 2008, p. 96). Now, it is grouped within the family Wuaniidae. In general outline of the cranidium and glabella, *Taitzuina* bears the closest resemblance to *Wuanoides*. However, it differs from the latter mainly in having wider truncated conical glabella, wider deeper anterior border furrow bending forward as three arches, and merging with axial furrow at anterior corner of glabella, wider (sag.) strongly convex anterior border vaulting as a periclinal swelling, with a pair of triangular plectrum on its posterior margin opposite to anterior corner of glabella and no preglabellar field.

Occurrence　Cambrian Series 3 (Hsuchuangian); North China (Shanxi, Inner Mongolia and Ningxia).

Taitzuina transversa Yuan et Zhang, sp. nov.

(pl. 42, figs. 1–5)

Etymology　transversa, -us, -um (Lat.), referring to transversal wider cranidium of the new species.

Holotype　Cranidium NIGP 62897 (pl. 42, fig. 1), from the middle to upper parts of *Sunaspis laevis-Sunaspidella rara* Zone (Hsuchuangian) of Taosigou, Hulusitai, Alashan, Inner Mongolia Autonomous Region.

Material　3 cranidia, 1 librigena and 1 pygidium.

Description　Cranidium convex, wide (tr.), quadrate in outline, 9.5 mm in length, 13.2 mm in width between palpebral lobes (holotype); axial furrow shallow, moderately wide laterally, and deeper in front of glabella; glabella short and wide, strongly convex, truncated conical, tapering forward, flat rounded anteriorly, occupying 4/9 of total cranidial length, with low median keel in sagittal line, and with 4 pairs of shallow lateral glabellar furrows, of which S1 is located behind midline of glabella, bifurcated, anterior branch short, slightly slanting forward, posterior branch long, slanting backward, S2 located in front of midline of glabella, bifurcated, anterior branch horizontal, posterior branch slanting backward, S3 located behind inner end of eye ridge, horizontal, S4 short, located at inner end of eye ridge, slightly slanting forward; occipital furrow wide and deep, narrowing and slightly bending forward laterally; occipital ring narrow, convex, with a small occipital node posteriorly; fixigenae wide, as wide as glabella between palpebral lobes; eye ridge convex, almost transversal from anterior corner of glabella; palpebral lobe long, bending as an arch, more than 0.5 times as long as glabella, located posteromedially, palpebral furrow distinct; anterior border furrow wide and deep laterally, gently bending forward as three arches, and merging with axial furrow at anterior corner of glabella; anterior border wide (sag.), strongly convex, vaulting as a periclinal swelling, with a pair of indistinct triangular plectrum on its posterior margin opposite to anterior corner of glabella; preglabellar field absent; posterolateral projection extremely narrow (exsag.); posterior border furrow wide and deep; posterior border narrow, gently convex; anterior branch of facial suture parallel forward from palpebral lobe, across anterior border furrow, then bending inward as a rounded arc, and cutting anterior border at anterolateral margin, posterior branch short, extending outwards and backwards. An associated librigena with bluntly rounded genal angle; lateral border wide, widening backward; lateral border furrow shallow; genal field moderately wide. Pygidium semielliptical, axis narrow and long, tapering backward, with 5－6 axial rings; pleural field wide, gently convex, with 3－4 pairs of pleural ribs; pleural furrows wide and shallow, interpleural furrows narrow and shallow; border narrow and flat.

Comparison　The new species can be distinguished from the type species mainly by its wider (tr.)

cranidium, shorter narrower glabella, wider (tr.) fixigenae between palpebral lobes, longer palpebral lobe, longer almost horizontal eye ridge (tr.), anterior border with indistinct a pair of triangular plectrum on its posterior margin, less segmented pygidium with shallower pleural and interpleural furrows, and narrower pygidial border.

Locality and horizon   Taosigou, Hulusitai, Alashan, Inner Mongolia Autonomous Region, the middle to upper parts of *Sunaspis laevis-Sunaspidella rara* Zone of the Hulusitai Formation.

Taitzuina sp.
(pl. 36, fig. 16)

Material   1 cranidium.

Description   Cranidium convex, wide (tr.), quadrate in outline, 4.7 mm in length, 6.0 mm in width between palpebral lobes; axial furrow shallow, deeper at anterior corner of glabella; glabella short, strongly convex, truncated conical, tapering forward, flat rounded anteriorly, with low median keel in sagittal line, and with 4 pairs of very shallow lateral glabellar furrows, of which S1 is located behind midline of glabella, bifurcated, anterior branch short, slightly slanting forward, posterior branch long, slanting backward, S2 located in front of midline of glabella, horizontal, S3 located behind inner end of eye ridge, horizontal, S4 short, located at inner end of eye ridge, slightly slanting forward; occipital furrow wide and deep laterally, shallow and straight medially; occipital ring narrow, convex, wide (sag.) medially; fixigenae wide, less than glabellar width between palpebral lobes; eye ridge convex, almost horizontal from anterior corner of glabella; palpebral lobe long, bending as an arch, more than 0.5 times as long as glabella, located posteromedially, palpebral furrow shallow; anterior border furrow wide and deep laterally, extremely shallow or effaced medially, gently bending forward as three arches, and merging with axial furrow at anterior corner of glabella; anterior border wide (sag.), strongly convex, vaulting as a periclinal swelling; preglabellar field absent; posterolateral projection extremely narrow (exsag.); posterior border furrow wide and deep; posterior border narrow, gently convex; anterior branch of facial suture parallel forward from palpebral lobe, across anterior border furrow, then bending inward as a rounded arc, and cutting anterior border at anterolateral margin, posterior branch short, extending outwards and backwards.

Comparison   *Taitzuina* sp. differs from type species *Taitzuina lubrica* Zhang et Yuan, 1981, chiefly in the strongly tapering forward glabella with deeper lateral glabellar furrows, shallow and narrow axial furrow in front of glabella and anterior border with a pair of indistinct triangular plectrum on its posterior margin at anterior corner of glabella.

Locality and horizon   Near the road to the Chengjisihan statue, Gangdeershan, Wuhai City, Inner Mongolia Autonomous Region, the middle to upper parts of *Sunaspis laevis-Sunaspidella rara* Zone of the Hulusitai Formation.

Genus *Latilorenzella* Kobayashi, 1960b

Type species   *Agraulos divi* Walcott, 1905, p. 45; 1913, p. 152, pl. 14, figs. 13, 13a; Zhang and Jell, 1987, p. 122, 123, pl. 50, figs. 7-9, from the middle to upper parts of *Sunaspis laevis-Sunaspidella rara* Zone of Yanzhuang, Xintai City, Shandong Province.

Diagnosis   Wuaniid trilobite; cranidium convex, subquadrate in outline, bending forward as an arch; axial furrow wide and deep; glabella wide and convex, truncated conical, well rounded anteriorly, with three short disconnected median keels or three prominent nodes in sagittal line, and with 4 pairs of extremely shallow lateral glabellar furrows, of which S1 and S2 are bifurcated; occipital ring convex, wide medially, with an occipital node; anterior border furrow wide and shallow, discernible laterally; preglabellar field merging with anterior border, vaulting as a periclinal swelling near glabella, gently sloping down forward and outward; fixigenae narrow between palpebral lobes, strongly convex, highest near palpebral lobe, sloping down towards axial furrow; palpebral lobe medium in length to short; posterolateral projection moderately wide (exsag.), subtriangular; anterior branch of facial suture slightly convergent from palpebral lobe, posterior branch slanting outward and backward. Librigena medium in width, without genal spine. Pygidium semielliptical; axis long and strongly convex, with 4-5 axial rings; pleural field gently convex, with 3-4 pairs of pleural ribs, pleural furrows deep, interpleural furrows very shallow; border narrow, gently convex; surface smooth.

Discussion Because of preglabellar field merging with anterior border, vaulting as a periclinal swelling, *Wuania* was considered as synonymous with *Latilorenzella* Kobayashi, 1960 (Zhang and Jell, 1987, p. 122; Jell and Adrain, 2003, p. 460; Bentley and Jago, 2004, p. 180, 184). However, *Latilorenzella* differs from *Wuania* mainly in having wider longer glabella with three short disconnected median keels or three prominent nodes in sagittal line, narrower preglabellar field and anterior border (sag.), semielliptical pygidium instead of inverted triangular pygidium in the latter. *Rencunia* Zhang et Yuan in Zhang *et al.*,1995 (type species *Wuania trinodosa* Mong in Zhou *et al.*, 1977, p. 169, pl. 50, figs. 15, 16) differs from *Latilorenzella* in having three prominent nodes in sagittal line instead of three short disconnected median keels in the latter. These differences are here considered as at species level.

Occurrence Cambrian Series 3 (Hsuchuangian); North China.

Genus *Huainania* Qiu in Qiu *et al.*, 1983

Type species *Huainania sphaerica* Qiu in Qiu *et al.*, 1983, p. 125, pl. 40, figs. 9, 10, from upper part of *Sunaspis laevis-Sunaspidella rara* Zone of Dongshan, Huainan City, Anhui Province.

Diagnosis (revised) Wuaniid trilobite; axial furrow narrow and distinct, wide and deep in front of glabella; glabella wide and short, convex, broadly rounded anteriorly, with a median keel, and with 3-4 pairs of lateral glabellar furrows, of which S1, S2 and S3 are bifurcated; occipital ring convex, wider medially; anterior border furrow narrow and deep laterally, bifurcated opposite to anterior corner of glabella, posterior branch strongly bending backward as an arch and merging with axial furrow; wide preglabellar field merging with anterior border, strongly vaulting as a spheroidal swelling; anterior border narrow, gently convex; fixigenae narrow between palpebral lobes, less than 0.5 times as wide as glabella, strongly convex, highest near palpebral lobe; palpebral lobe medium in length, bending as an arch, located posteromedially; eye ridge faint, slanting backward from anterior corner of glabella, palpebral furrow shallow; preocular field wide (exsag.); posterolateral projection narrow (exsag.) and short (tr.); posterior border furrow deep; posterior border narrow, gently convex, less than basal glabella in width; anterior branch of facial suture slightly divergent from palpebral lobe, posterior branch slanting outward and backward. Pygidium strongly convex, semielliptical; axis long and wide, with 5 axial rings; pleural field narrow, with 3-4 pairs of pleural ribs, pleural furrows wide and deep, interpleural furrows very shallow; border very narrow, without distinct border furrow; surface smooth or with radiated terrace lines.

Discussion In general outline of the cranidium and glabella, *Huainania* bears the closest resemblance to *Wuania*. However, it differs from the latter mainly in having wider (tr.) glabella, narrower fixigenae between palpebral lobes, preglabellar field with strongly convex spheroidal swelling separating from flat anterior border and elliptical pygidium with wider axis. Besides the type species, *Wuania angustilimbata* Bi in Qiu *et al.* (1983, p. 123, pl. 40, fig. 5) may be reassigned to *Huainania*.

Occurrence Cambrian Series 3 (Hsuchuangian); North China.

Genus *Houmaia* Zhang et Wang, 1985

Type species *Houmaia jinnanensis* Zhang et Wang, 1985, p. 403, pl. 121, figs. 8-10, from Cambrian Series 3 (Hsuchuangian) of Zijinshan, Houma County, Shanxi Province.

Diagnosis   Wuaniid trilobite; cranidium convex, subquadrate in outline (except posterolateral projection), strongly bending forward anteriorly; axial furrow narrow and shallow; glabella convex, truncated conical to subcylindrical in outline, flat rounded anteriorly, with a low median keel, and with 4 pairs of very shallow lateral glabellar furrows, of which S1 is bifurcated; occipital ring convex, wide medially, with a occipital node posteromedially; occipital furrow shallow; preglabellar field narrow and somewhat concave; anterior border furrow wide and deep; anterior border wide (sag.), gently vaulting as a periclinal swelling; fixigenae wide, gently convex; eye ridge convex, slightly slanting backward from anterior corner of glabella; palpebral lobe convex, medium in length to long, located posteromedially. Librigena medium in width, lateral border furrow shallow, genal spine robust. Pygidium inverted triangular; axis long and wide, strongly convex, with 5-6 axial rings; pleural field narrow, gently convex, with 3-4 pairs of pleural ribs, 2-3 pairs of pleural furrows wide and shallow, interpleural furrows indistinct; border very narrow, sloping down, without distinct border furrow; surface smooth or with fine pittings.

Discussion   *Houmaia* is closely related to *Wuania*, with the type species *Wuania fongfongensis* Chang (1963, pl. 2, fig. 20; Qiu *et al.*, 1983, pl. 40, figs. 1-3). However, it differs from the latter in many important features: *Wuania* has shallower anterior border furrow in front of preocular field and merging with axial furrow at anterior corner of glabella, wider (sag.) anterior border, no preglabellar field, narrower fixigenae between palpebral lobes, narrower longer glabella and less divergent anterior branch of facial suture. *Yunmengshania* Zhang et Wang, 1985, with the type species *Yunmengshania shanxiensis* Zhang et Wang (1985, pl. 121, figs. 3-5), was erected based on the meraspid specimens, and the type species of the genus may be a synonym with *Houmaia taitzuensis* (Endo, 1937). Therefore, *Yunmengshania* was considered as synonymous with *Houmaia* (Yuan *et al.*, 2008, p. 90).

Occurrence   Cambrian Series 3 (Hsuchuangian); North China.

Houmaia hanshuigouensis Yuan et Zhang, sp. nov.

(pl. 45, figs. 1-3)

Etymology   Hanshuigou, a locality, where the new species occurs.

Holotype   Cranidium NIGP 62952 (pl. 45, fig. 1), from *Poriagraulos nanus* Zone (Hsuchuangian) of Hanshuigou, Liquan County, Shaanxi Province.

Material   3 cranidia.

Description   Cranidium convex, subquadrate in outline (except posterolateral projection), strongly bending forward as an arch anteriorly, 5.0 mm in length, 5.0 mm in width between palpebral lobes (holotype); axial furrow narrow and deep; glabella convex, truncated conical in outline, flat rounded anteriorly, with a low median keel in sagittal line, and with 4 pairs of shallow lateral glabellar furrows, of which S1 is bifurcated, anterior branch short, slightly slanting forward, posterior branch slanting backward, S2 located in front of midline of glabella, slightly slanting backward, S3 located slightly behind inner end of eye ridge, horizontal, S4 located at inner end of eye ridge, slightly slanting forward; occipital ring convex, semielliptical, with a small occipital node posteromedially; occipital furrow deep; preglabellar field narrow and low, gently sloping towards anterior border furrow; anterior border crescent, vaulting as a periclinal swelling; anterior border furrow wide and deep medially, narrow and shallow laterally; fixigenae wide, gently convex, as wide as glabella between palpebral lobes; eye ridge convex, slightly slanting backward from anterior corner of glabella; palpebral lobe convex, medium in length to long, bending as an arch, about 0.5 times as long as glabella, located posteromedially; posterolateral projection narrow (exsag.) and broad (tr.); posterior border furrow wide and deep, posterior border narrow, gently convex, wider (tr.) than basal glabella in width; anterior branch of facial suture divergent from palpebral lobe, posterior branch extending outward and backward; prosopon of fine pittings.

Comparison   The new species bears some resemblances to *Houmaia taitzuensis* (Endo) (Endo, 1937, p. 328, pl. 61, figs. 12−14). However, it has longer slimmer glabella with 4 pairs of more distinct lateral glabellar furrows, deeper axial furrow laterally, wider fixigenae between palpebral lobes and more strongly divergent anterior branch of facial suture.

Locality and horizon   Hanshuigou, Liquan County, Shaanxi Province, *Poriagraulos nanus* Zone of the Manto Formation and Xiweikou, Hejin County, Shanxi Province, *Poriagraulos nanus* Zone of the Changhia Formation.

Genus *Megagraulos* Kobayashi, 1935

Type species   *Megagraulos coreanicus* Kobayashi, 1935, p. 207−209, pl. 18, figs. 5−10; pl. 23, fig. 15, from *Megagraulos* Zone (Changqingian) of Nankaso, Sosan area, D. P. R. Korea (=Chosen).

Diagnosis and Discussion   See Yuan *et al.*, 2012, p. 149−151, 529−531.

Occurrence   Cambrian Series 3 (Changqingian); China (North China), D. P. R. Korea and R. O. Korea.

Megagraulos longispinifer Zhu, sp. nov.
(pl. 46, figs. 1−6)

Etymology   long, -longe, -longi (Lat.), long; spinifer, -fera, -ferum (Lat.), spine, spina, thorns, referring to longer occipital spine of the new species.

Holotype   Cranidium NIGP 62978 (pl. 46, fig. 4), from *Megagraulos inflatus* Zone (Changqingian) of Qinglongshan, Tongxin County, Ningxia Hui Autonomous Region.

Material   3 cranidia, 1 librigena and 2 pygidia.

Description   Cranidium moderately convex, subtrapezoidal in outline, narrow and slightly bending forward anteriorly, 6.5 mm in length, 7.0 mm in width between palpebral lobes (holotype); axial furrow wide and deep; glabella wide and stout, truncated conical in outline, flat rounded anteriorly, with 4 pairs of distinct lateral glabellar furrows, of which S1 is long, bifurcated, posterior branch strongly slanting backward, S2 located in front of midline of glabella, slightly slanting backward, S3 located slightly behind inner end of eye ridge, horizontal, S4 located at inner end of eye ridge, slightly slanting forward; occipital ring convex, broad (sag.) medially, with a short occipital spine posteromedially; occipital furrow wide and deep laterally, narrow and shallow medially; preglabellar field merging with anterior border, and vaulting; anterior border furrow very shallow, discernible laterally, bending backward and merging with axial furrow at anterior corner of glabella; fixigenae narrow, convex, strongly sloping down toward axial furrow, less than 0.5 times as wide as glabella between palpebral lobes; eye ridge low, slightly slanting backward from anterior corner of glabella; palpebral lobe convex, medium in length, about 0.5 times as long as glabella, located posteromedially, palpebral furrow wide and deep; posterolateral projection subtriangular; posterior border furrow wide and deep, posterior border narrow, gently convex, about 2/3 of basal glabella in width (tr.); anterior branch of facial suture parallel forward or slightly convergent from palpebral lobe, across anterior border furrow, then bending inward as an arc, and cutting anterior border at anterolateral margin, posterior branch extending outward and backward. Librigena gently convex, lateral border wide and convex, lateral border furrow distinct, genal field wide, widening backward, genal spine not preserved. Pygidium transversal elliptical; axis stout, strongly convex, tapering backward, wide, strongly convex, with 4−5 axial rings; pleural field gently convex, with 3−4 pairs of pleural ribs, 2−3 pairs of pleural furrows wide and deep, interpleural furrows indistinct; border very narrow, flat, or slightly upturned, without distinct border furrow; prosopon of fine granules, crests and pittings.

Comparison   The new species is quite similar to *Megagraulos simils* Yuan in Yuan *et al.* from *Megagraulos* *coreanicus* Zone of Yangjiazhuang, Zichuan County, Shandong Province (Yuan *et al.*, 2012, p. 152, pl. 50, figs. 1-3) in the presence of short occipital spine. However, the new species has shorter wider glabella with 4 pairs of distinct lateral glabellar furrows, longer palpebral lobe, narrower fixigenae between palpebral lobes, deeper axial furrow, distinct eye ridge and prosopon of fine granules, crests and pittings. It can be also discriminated from the type species *Megagraulos coreanicus* Kobayashi, 1935 by its wider deeper axial furrow, shorter wider distinctly tapering forward glabella with 4 pairs of distinct lateral glabellar furrows, presence of occipital spine, longer palpebral lobe, narrower fixigenae between palpebral lobes, distinct eye ridge, more rapidly tapering backward pygidial axis and prosopon of fine granules, crests and pittings. In the presence of deeper wider axial furrow and shorter wider glabella, the new species bears some resemblances to *Megagraulos inflatus* (Walcott), but it has subtrapezoidal cranidium, more rapidly tapering forward glabella, occipital spine, parallel or slightly convergent anterior branch of facial suture and prosopon of fine granules, crests and pittings. In the presence of short occipital spine, it also resembles to *Megagraulos spinosa* Duan in Duan *et al.* from Changqingian of Longxumen, Kuancheng County, Hebei Province (Duan *et al.*, 2005, p. 136, pl. 26, figs. 18-21; Text-fig. 7-7-2), but the latter has wider (sag.) preglabellar field, wider and more convex anterior border, more distinct anterior border furrow medially and smooth surface.

Locality and horizon   Qinglongshan, Tongxin County, Ningxia Hui Autonomous Region, *Megagraulos inflatus* Zone of the Hulusitai Formation.

Megagraulos sp.
(pl. 46, figs. 14-16)

Material   3 cranidia.

Description   Cranidium wide (tr.), moderately convex, subquadrate in outline (except posterolateral projection), wide and slightly bending forward anteriorly, 15.0 mm in length, 17.0 mm in width between palpebral lobes (pl. 46, fig. 14); axial furrow distinct, wide and deep in front of glabella; glabella wide, truncated conical in outline, flat rounded anteriorly, with 3-4 pairs of shallow lateral glabellar furrows, of which S1 is long, bifurcated, posterior branch strongly slanting backward, S2 located in front of midline of glabella, slightly slanting backward, S3 and S4 located at inner end of eye ridge, slightly slanting forward; occipital ring convex, wide (sag.) medially; occipital furrow shallow; preglabellar field merging with anterior border, and vaulting as a spheroidal swelling; anterior border furrow very shallow, discernible laterally, bending backward and merging with axial furrow at anterior corner of glabella; fixigenae wide and convex, sloping down towards preocular field and posterior border furrow, about 2/3 of glabellar width between palpebral lobes; eye ridge low, slanting backward from anterior corner of glabella; palpebral lobe convex, located posteromedially, 0.5 times as long as glabella, palpebral furrow shallow; posterolateral projection subtriangular; posterior border furrow wide and deep, posterior border narrow, gently convex, 0.8 times as wide (tr.) as basal glabella in width; anterior branch of facial suture slightly divergent from palpebral lobe, across anterior border furrow, then bending inward as an arc, and cutting anterior border at anterolateral margin, posterior branch extending outward and backward; surface smooth.

Comparison   *Megagraulos* sp. differs from type species *Megagraulos coreanicus* Kobayashi, 1935 in the preglabellar field merging with anterior border, and vaulting as a spheroidal swelling, wider (tr.) fixigena. In general outline of the preglabellar field and fixigena, *Megagraulos* sp. is quite similar to *Poshania* Chang, 1959. However, *Poshania* has eye ridge slanting backward behind anterior corner of glabella.

Locality and horizon   Dongshankou, Gangdeershan, Wuhai City, Inner Mongolia Autonomous Region, *Megagraulos inflatus* Zone of the Hulusitai Formation.

Family Ignotogregatidae Zhang et Jell, 1987

Genus *Wuhushania* Zhang et Yuan, 1981

Type species *Wuhushania cylindrica* Zhang et Yuan, 1981, p. 165, pl. 2, figs. 13, 14; pl. 3, fig. 11, from upper part of *Sunaspis laevis-Sunaspidella rara* Zone (Hsuchuangian) of Wuhushan, western Wuhai City, Inner Mongolia Autonomous Region.

Diagnosis Cephalon and pygidium nearly equal in size; glabella wide (tr.), strongly convex, very slowly tapering forward, truncated conical to subcylindrical in outline, with a low median keel in sagittal line, and with 3–4 pairs of very shallow lateral glabellar furrows; anterior border wide (sag.), vaulting as a periclinal swelling or slightly upturned, with or without an ill-developed plectrum on its posterior margin in sagittal line; preglabellar field narrow to medium in width (sag.), gently concave; anterior border furrow distinct, gently bending forward as two arches; fixigena wide to medium in width; palpebral lobe medium in length; eye ridge distinct, slightly slanting backward from anterior corner of glabella. Pygidium subquadrate to inverted trapezoidal, wide and straight posteriorly; axis long, strongly convex, cylindrical to cudgel-shaped, with 6–10 axial rings; pleural field very gently convex, with 4–7 pairs of pleural ribs; border narrow and flat, broadening backward, without distinct border furrow; prosopon of fine pittings or smooth.

Discussion In general configuration of cranidium, *Wuhushania* bears the closest resemblance to *Houmaia* Zhang et Wang, 1985, with the type species *H. jinnanensis* Zhang et Wang (1985, p. 403, pl. 121, figs. 8–10). However, the latter has wider deeper anterior border furrow, no preglabellar field, shorter subtriangular pygidium with 2 pairs of zigzag marginal spines at anterior corner. *Jiangjunshania* Qiu in Qiu *et al.* from the Manto Formation (Hsuchuangian) of Jiangjunshan, Huainan, Anhui (type species *J. jiangjunshanensis* Qiu in Qiu *et al.*, 1983, p. 121, pl. 39, figs. 6–8) was considered as synonymous with *Wuhushania* because of the truncated conical glabella, wider anterior border, vaulting as a periclinal swelling or slightly upturned, subquadrate pygidium with long strongly convex subcylindrical pygidial axis of more rings (Yuan *et al.*, 2008, p. 81). *Lorenzella*? *taitzuensis* Endo, 1937 (p. 328, pl. 61, figs. 12–14) was reassigned to *Houmaia* (Yuan *et al.*, 2012, p. 154). However, it may better grouped with *Wuhushania*. We maintain that *Wuhushania* Zhang et Yuan, 1981, *Ignotogregatus* Zhang et Jell, 1987, *Angsiduoa* Zhou in Zhou *et al.*, 1996, and *Woqishanaspis* Yuan in Yuan *et al.*, 2012, were placed within the family Ignotogregatidae Zhang et Jell, 1987. *Proampyx difformis* (Angelin, 1851) (Álvaro *et al.*, 2013, p. 129, figs. 5a–f) from northeastern Spain shares the characteristics of *Wuhushania jiangjunshanensis*, not only in cranidial outline, but pygidial features. Therefore, *Proampyx* is better listed under the family Ignotogregatidae rather than Agraulidae Raymond, 1913, because trilobites of Agraulidae have rather small pygidium. Although, the pygidium of *Ignotogregatus* Zhang et Jell, 1987 has been not found (Zhang and Jell, 1987, pl. 69, figs. 1–7), the specimen assigned to *Solenoparia* sp. (Zhang and Jell, 1987, p. 91, pl. 40, fig. 9) from *Crepicephalina convexa* Zone of Zhangxia Town, Changqing County, Shandong Province may belong to *Ignotogregatus*, which is compared with the pygidium of *Wuhushania*.

Occurrence Cambrian Series 3 (Hsuchuangian); North and Northeast China.

Wuhushania claviformis Yuan et Zhang, sp. nov.

(pl. 47, figs. 15,16)

Etymology claviformis, claviforme (Lat.), club-shaped, cudgel-shaped, referring to the cudgel-shaped pygidial axis of the new species.

Holotype Pygidium NIGP 62985-21 (pl. 47, fig. 15), from upper part of *Sunaspis laevis-Sunaspidella rara* Zone (Hsuchuangian) of Niuxinshan, Jingfushan area, Longxian County, Shaanxi Province.

Material 2 pygidia.

Description Pygidium rather small, convex, inverted trapezoidal, 4.0 mm in length, 4.2 mm in width anteriorly; axis long, strongly convex, expanding backward, cudgel-shaped, with 7–8 axial rings plus a terminal piece, axial ring furrows shallowing backward; pleural field gently convex, elongated triangular, narrower than axis, with 6 pairs of pleural ribs; pleural furrows deep, interpleural furrows extremely shallow or indistinct; border narrow and flat, widening backward, posterior margin straight.

Comparison The new species is characterized mainly by its inverted trapezoidal pygidium with long strongly convex cudgel-shaped axis of less axial rings.

Locality and horizon Niuxinshan, Jingfushan area, Longxian County, Shaanxi Province, upper part of *Sunaspis laevis-Sunaspidella rara* Zone of the Manto Formation.

Genus *Paraszeaspis* Yuan et Zhang, nov.

Etymology par-, para (Gr.), near, similar, next to; *Szeaspis* Chang, 1959 of trilobite genus.

Type species *Paraszeaspis quadratus* Yuan et Zhang, sp. nov., from the lower part of *Sunaspis laevis - Sunaspidella rara* Zone (Hsuchuangian) of Taosigou, Hulusitai, Alashan, Inner Mongolia Autonomous Region.

Diagnosis Cranidium gently convex, subquadrate (except posterolateral projection), slightly bending forward anteriorly; axial furrow distinct; glabella wide, truncated conical, slightly tapering forward, broadly rounded anteriorly, with 3 – 4 pairs of shallow lateral glabellar furrows; occipital ring gently convex, wider medially, with or without occipital node; fixigenae narrow to medium in width, gently convex; palpebral lobe wide, long to medium in length, located posteromedially; preglabellar field narrow (sag.); anterior border wide and convex, with an ill-developed plectrum on its posterior margin in sagittal line; anterior border furrow moderately deep, shallowing and bending backward in sagittal line. Librigena wide, with long genal spine. Pygidium long, elliptical, well rounded posteriorly; axis wide and long, tapering backward, with 5 axial rings and a terminal piece, postaxial ridge short; pleural field with 4 – 5 pairs of deep bending backward pleural furrows, extending onto narrow somewhat concave pygidial border; surface smooth.

Discussion In general configuration of cranidium and glabella, width of fixigena, pattern of anterior border furrow, size and position of palpebral lobe, the new genus bears the closest resemblance to *Szeaspis* Chang, 1959 [type species *Szeaspis reticulatus* Chang, 1959, p. 208, pl. 3, figs. 11–16 (=*Proasaphiscus centronatus* Resser et Endo, 1937)]. However, it can be distinguished from the latter mainly by the shorter wider glabella, narrower (tr.) fixigenae between palpebral lobes, narrower (sag.) preglabellar field, wider longer pygidial axis with 5 axial rings and a terminal piece, shorter postaxial ridge and narrower pygidial border. The pygidium assigned to *Ptyctolorenzella rugosa* Lin et Wu in Zhang *et al.* from Zhongtiaoshan, Shuiyu Town, Ruicheng County, Shanxi (Zhang *et al.* 1980b, p. 65, pl. 6, fig. 1) is longer than cranidia Zhang *et al.* 1980b, p. 65, pl. 5, figs. 20, 21), as we know, pygidia belonging to Lorenzellidae are much smaller than cranidium. Therefore the pygidium from Zhongtiaoshan should be better reassigned to the new genus *Paraszeaspis*.

Occurrence Cambrian Series 3 (Hsuchuangian); North China.

Paraszeaspis quadratus Yuan et Zhang, gen. et sp. nov.

(pl. 70, figs. 1–10)

Etymology quadratus, -a, -um (Lat.), square, quadrate, referring to quadrate cranidium of the new species.

Holotype Cranidium NIGP 62985-393 (pl. 70, fig. 1), from the lower part of *Sunaspis laevis-Sunaspidella rara* Zone (Hsuchuangian) of Taosigou, Hulusitai, Alashan, Inner Mongolia Autonomous Region.

Material 4 cranidia, 1 librigena, 1 hypostome and 4 pygidia.

Description Cranidium gently convex, subquadrate in outline (except posterolateral projection), slightly bending forward anteriorly, 8.0 mm in length, 8.5 mm in width between palpebral lobes (holotype); axial furrow shallow, but distinct; glabella wide, truncated conical, slightly tapering forward, broadly rounded anteriorly, more than 0.5 times as long as cranidial length, with 3–4 pairs of shallow lateral glabellar furrows, of which S1 is long, located behind midline of glabella, slanting backward, S2 located in front of midline of glabella, slanting backward, S3 located behind inner end of eye ridge, slightly slanting forward, S4 short, located at inner end of eye ridge, slightly slanting forward; occipital furrow shallow, bending backward medially; occipital ring gently convex, wider medially, with an occipital node posteromedially; fixigenae narrow, gently convex, about 3/5 of glabellar width between palpebral lobes; palpebral lobe wide, long, located posteromedially, palpebral furrow wide and shallow; preglabellar field narrow (sag.), gently convex, about as wide as anterior border (sag.); anterior border wide and convex, with an ill-developed plectrum on its posterior margin in sagittal line; anterior border furrow moderately deep, shallowing and bending backward in sagittal line; anterior branch of facial suture strongly divergent from palpebral lobe, posterior branch strongly extending outward and backward. Librigena wide, with long genal spine. Pygidium long, elliptical, well rounded posteriorly; axis wide and long, tapering backward, with 5 axial rings and a terminal piece, postaxial ridge short; pleural field with 4–5 pairs of deep bending backward pleural furrows, extending onto narrow somewhat concave pygidial border; surface smooth.

Comparison   In general configuration of cranidium and glabella, the new species bears some resemblances to *Szeaspis offula* (Resser et Endo, 1937) (Resser and Endo, 1937, p. 267, pl. 46, fig. 30; Yuan *et al.*, 2012, p. 359, pl. 155, figs. 6–22; pl. 156, fig. 23). However, the new species has wider truncated conical glabella, wider (tr.) fixigenae between palpebral lobes, less divergent anterior branch of facial suture, longer pygidial axis with more axial rings, deeper axial ring furrows and shorter postaxial ridge.

Locality and horizon   Taosigou, Hulusitai, Alashan, Inner Mongolia Autonomous Region, the lower part of *Sunaspis laevis-Sunaspidella rara* Zone of the Hulusitai Formation.

Paraszeaspis sp.

(pl. 70, figs. 11–13)

Material   1 external mould of librigena and 2 pygidia.

Description   Librigena gently convex, with moderately long genal spine; lateral border medium in width, convex, lateral border furrow distinct; genal field wide, with fine terrace lines and a few granules. Pygidium convex, elliptical, well rounded posteriorly or with posteromedian embayment; axis narrow and short, tapering backward, with 5–6 axial rings and a long postaxial ridge; axial ring furrows shallow; pleural field wide, gently convex on inner portion, depressed or somewhat concave on outer portion, with 5–6 pairs of convex pleural ribs, pleural furrows wide and deep, interpleural furrows indistinct; pygidial border very narrow, flat or slightly upturned; without border furrow.

Comparison   *Paraszeaspis* sp. differs from type species in the wider (tr.) pygidium with shorter axis and longer postaxial ridge, wider pleural field with depressed or somewhat concave outer portion, 5–6 pairs of convex pleural ribs, deeper wider pleural furrows.

Locality and horizon   Qinglongshan, Tongxin County, Ningxia Hui Autonomous Region, the lower part of *Sunaspis laevis-Sunaspidella rara* Zone of the Hulusitai Formation.

Family Agraulidae Raymond, 1913

Genus *Plesiagraulos* Chang, 1963

Type species   *Metagraulos tienshihfuensis* Endo, 1944, p. 71, pl. 1, figs. 2–4, from *Probowmaniella jiawangensis* Zone or *Yaojiayuella granosa* Zone (Maochuangian) of Tianshifu (= Tienshifu), Benxi City, Liaoning Province.

Diagnosis   Agraulid trilobite; exoskeleton moderately convex; axial furrow, occipital furrow and anterior border furrow extremely shallow; cranidium triangular to semielliptical in outline; glabella truncated conical, with 3–4 pairs of very shallow lateral glabellar furrows, of which S1 is bifurcated, and with a low median keel in sagittal line; occipital ring wide medially, crescent to semielliptical, with a small occipital node; fixigena narrow to medium in width between palpebral lobes; palpebral lobe short; eye ridge low and flat; preglabellar field merging with anterior border; posterior border short (tr.), less than basal glabella in width. Pygidium rather small, transversal elliptical, axis with a little rings.

Discussion In general outline of the cranidium and glabella, size and position of palpebral lobe, as well as the course of facial suture, *Paraporilorenzella* Qiu in Qiu *et al.*, 1983 from Hsuchuangian of Dongshan, Huainan City, Anhui Province, with the type species, *P. obsoleta* Qiu (Qiu *et al.*, 1983, p. 120, pl. 38, figs. 14, 15), coincides with *Plesiagraulos*, with which was considered as synonymous (Yuan *et al.*, 2008, p. 86). *Bhargavia* Peng in Peng *et al.*, 2009 (type species *B. prakritika*; Peng *et al.*, 2009, p. 45–47, figs. 27, 28) from the lower part of the Parahio Formation (lower Cambrian Series 3) of Parahio Valley, India, Himalayan Area, is here considered as synonymous with *Plesiagraulos*. Because *Bhargavia* shares with *Plesiagraulos* in many important features, for example, extremely shallow axial furrow, occipital furrow and anterior border furrow, triangular to semielliptical cranidium, truncated conical glabella with 3–4 pairs of very shallow lateral glabellar furrows, of which S1 is bifurcated, and with a low median keel in sagittal line, wider occipital ring medially, narrower fixigenae between palpebral lobes, preglabellar field merging with anterior border, shorter (tr.) posterior border and smaller transversal elliptical pygidium. In general outline of the cranidium and glabella, the length and position of palpebral lobe, *Plesiagraulos prakritika* (Peng in Peng *et al.*, 2009) bears the closest resemblance to *P. tianweibaensis* Luo in Luo *et al.* (2009, p. 115, pl. 25, figs. 5–7, 8a) from upper part of the Dayakou Formation of Tianweiba, Bainiuchang, Mengzi County, southeastern Yunnan. Therefore, two species may be conspecific. *Bhargavia* Peng in Peng *et al.*, 2009, has been listed under the family Ellipsocephalidae Matthew, 1887. However, in general, the trilobites of the family Ellipsocephalidae have distinct axial furrow and anterior border furrow, wider fixigenae between palpebral lobes, longer palpebral lobe, cylindrical glabella, divergent anterior branch of facial suture and extremely small pygidium. In general outline, *Plesiagraulos* is also closely related to *Chittidilla* King, 1941 (type species *C. plana* King; King, 1941, pl. 2, figs. 5–8), *Paragraulos* Lu, 1941 (type species *P. kunmingensis* Lu, 1941, pl. 1, fig. 7a) and *Qiannangraulos* Yuan et Zhao in Yuan *et al.*, 1997 (type species *Q. orientalis* Yuan et Zhao in Yuan *et al.*, 1997, pl. 5, fig. 15). However, the latter 3 genera have wider (tr.) posterolateral projection and posterior border. In general outline of the cranidium and glabella, shallower axial furrow and anterior border furrow, *Onchocephalites* Rasetti, 1957 (type species *O. laevis* Rasetti; Rasetti,1957, p. 962, pl. 121, figs. 5–9; text-fig. 2) from *Plagiura-Kochaspis* Zone (early Cambrian Series 3) of Rocky Mountains, Canada, is quite similar to *Plesiagraulos*. However, *Onchocephalites* has broad oval glabella sloping down forward, deeper occipital furrow laterally, and deeper posterior border furrow. Up to date, 18 species of *Plesiagraulos* have been erected, of which *Plesiagraulos? dirce* (Walcott, 1905) based on a juvenile cranidium (Zhang and Jell, 1987, pl. 48, fig. 10) may belong to *Metagraulos*; *Poriagraulos pingluoensis* Li in Zhou *et al.* (1982, pl. 62, fig. 3) and *P. truncatus* Li in Zhou *et al.* (1982, pl. 62, fig. 4) from Hsuchuangian of Ningxia and Inner Mongolia may be synonymous, and can be reassigned to *Plesiagraulos*; *Plesiagraulos triangulus* Chang in Lu *et al.*, 1965, *P. latilus* Chang in Lu *et al.*, 1965 and *P. tienshihfuensis* (Endo, 1944) are conspecific because of the same configuration of cranidium and glabella; *P. subtriangulus* Qiu in Qiu *et al.*, 1983 and *P. intermedius* (Kobayashi, 1942) possess a little differences. Based on single cranidium erected *Plesiagraulos bainiuchangensis* Luo in Luo *et al.* (2009, p. 114, 115, pl. 25, fig. 4), *P. milewanensis* Luo in Luo *et al.* (2009, p. 114, pl. 25, fig. 2) and *P. qiubeiensis* Luo in Luo *et al.* (2009, p. 114, pl. 25, fig. 3) from upper part of the Dayakou Formation of southeastern Yunnan, have subquadrate cranidium with broad less bending forward anterior margin, less tapering forward glabella, and narrower (sag.) occipital ring, longer located posteriorly palpebral lobe, are better grouped within *Parachittidilla*

Lin et Wu in Zhang *et al.*, 1980b at the present status. Besides, *Metagreaulos sampoensis* Kobayashi, 1961 (Kobayashi, 1961, p. 230, pl. 13, figs. 5–8; Choi *et al.*, 1999, p. 140–142, pl. 2, figs. 1–10) from the Sambangsan Formation of Yongwol Area (= Yeongweol District), R. O. Korea, should be reassigned to *Plesiagraulos*, because the general outline of cranidium and glabella, length and position of palpebral lobe of *Metagreaulos sampoensis* coincide with those of *Plesiagraulos*. After revision, the assignments of 18 species are as follows:

Plesiagraulos bainiuchangensis Luo in Luo *et al.*, 2009	[= *Parachittidilla*]
Plesiagraulos? dirce (Walcott, 1905)	[= *Metagraulos*]
Plesiagraulos intermedius (Kobayashi, 1942)	
Plesiagraulos latilus Chang in Lu *et al.*, 1965	[= *Plesiagraulos tienshifuensis*]
Plesiagraulos lunus Qiu in Qiu *et al.*, 1983	[= *Plesiagraulos tienshihfuensis*]
Plesiagraulos milewanensis Luo in Luo *et al.*, 2009	[= *Parachittidilla*]
Plesiagraulos nebelosus Qiu in Qiu *et al.*, 1983	[= *Plesiagraulos pingluoensis*]
Plesiagraulos obsoleta (Qiu in Qiu *et al.*, 1983)	
Plesiagraulos pingluoensis (Li in Zhou *et al.*, 1982)	
Plesiagraulos prakritika (Peng in Peng *et al.*, 2009)	
Plesiagraulos qiubeiensis Luo in Luo *et al.*, 2009	[= *Parachittidilla*]
Plesiagraulos sampoensis (Kobayashi, 1961)	
Plesiagraulos subtriangulus Qiu in Qiu *et al.*, 1983	[= *Plesiagraulos inter medius*]
Plesiagraulos tianweibaensis Luo in Luo *et al.*, 2009	[= *Plesiagraulos prakritika*]
Plesiagraulos tienshihfuensis (Endo, 1944)	
Plesiagraulos transversus Yuan et Li, 1999	
Plesiagraulos triangulus Chang in Lu *et al.*, 1965	
Plesiagraulos truncatus (Li in Zhou *et al.*, 1982)	[= *Plesiagraulos pingluoensis*]

Occurrence Cambrian Series 3 (Maochuangian to lower Hsuchuangian); North China, R. O. Korea and Himalayan Area.

Plesiagraulos sp.

(pl. 49, figs. 7, 8)

Material 2 cranidia.

Description Cranidium convex, subtrapezoidal, slightly bending forward anteriorly; axial furrow deep; glabella convex, truncated conical, flat rounded anteriorly, with 3 pairs of very shallow or indistinct lateral glabellar furrows; occipital ring gently convex, wide medially, narrowing laterally; occipital furrow shallow; preglabellar field merging with anterior border, convex, medium in width; fixigena wide (tr.), gently convex, about 2/3 of glabellar width between palpebral lobes; eye ridge low and flat, slightly slanting backward from anterior corner of glabella; palpebral lobe short and convex, about 0.3 times as long as glabella, located anteromedially; posterolateral projection wide (exsag.) and short (tr.), triangular; posterior border narrow, gently convex, about 0.8 times as wide as basal glabella in width (tr.); posterior border furrow narrow and deep; anterior branch of facial suture slightly convergent from palpebral lobe, cutting anterior border at anterolateral margin, posterior branch short, extending outward and backward; prosopon of fine dense granules or crests.

Comparison *Plsiagraulos* sp. differs from other species in having wider (tr.) subtrapezoidal cranidium, deeper axial furrow, wider (tr.) fixigenae between palpebral lobes, shorter palpebral lobe located more anteriorly. In general configuration of cranidium and glabella, *Plsiagraulos* sp. is quite similar to *Plesiagraulos sampoensis* (Kobayashi, 1942d) (Kobayashi, p. 230, pl. 13, figs. 5–8), but the latter has longer palpebral lobe, shorter (exsag.) posterolateral projection.

Locality and horizon Xiweikou, Hejin County, Shanxi, *Sinopagetia jinnanensis* Zone? of the Manto Formation (Cambrian Series 3).

Genus *Protochittidilla* Qiu, 1980

Type species *Protochittidilla xeshanensis* Qiu, 1980, p. 58, pl. 5, figs. 12, 13, from middle part of the Manto Formation (upper Cambrian Series 2; Lungwangmiaoan) of Tangzhuang, Zaozhuang City, Shandong Province.

Diagnosis Small agraulids; axial furrow wide and deep; glabella short, convex, broadly conical, with 3 pairs of very shallow or indistinct lateral glabellar furrows; occipital ring convex, semielliptical to subtriangular; anterior border furrow shallow; preglabellar field wide, vaulting as a periclinal swelling; anterior border narrow; fixigena wide (tr.); palpebral lobe long and narrow; palpebral furrow shallow; prosopon of fine dense pittings on the surface of cranidium and concentric terrace lines on preglabellar field.

Discussion *Paraplesiagraulos* Qiu in Qiu *et al.*, 1983 (type species *Paraplesiagraulos poriformis* Qiu in Qiu *et al.*, 1983, p. 85, pl. 27, figs. 9–11) was regarded as a junior synonym of *Protochittidilla* Qiu, 1980 (Yuan *et al.*, 2008, p. 86). Because both genera have the same very important features: convex, broadly conical glabella, vaulting as a periclinal swelling preglabellar field, wider fixigenae between palpebral lobes, longer narrower palpebral lobe, shallower palpebral furrow and prosopon of fine dense pittings on the surface of cranidium. In general outline of the cranidium and glabella, *Protochittidilla* is quite similar to *Mexicella* Lochman, 1948 (type species *M. mexicana* Lochman, 1948, p. 457, 458, pl. 69, figs. 12–22) from traditional lower Middle Cambrian Los Arrojos Formation of Sonora, Mexico, but the latter has narrower fixigena, shorter palpebral lobe located anteriorly, wider (exsag.) posterolateral projection.

Occurrence Cambrian Series 2 to Cambrian Series 3 (Lungwangmiaoan to Hsuchuangian); North and Northeast China.

Genus *Parachittidilla* Lin et Wu in Zhang *et al.*, 1980b

Type species *Parachittidilla xiaolinghouensis* Lin et Wu in Zhang *et al.*, 1980b, p. 61, 62, pl. 5, figs. 2–5, from *Ruichengaspis mirabilis* Zone (Hsuchuangian) of Zhongtiaoshan, Shuiyu Town, Ruicheng County, Shanxi Province.

Diagnosis Small agraulids; cranidium convex, subtrapezoidal; axial furrow shallow; glabella wide and long, strongly convex, truncated conical, with 4 pairs of very shallow or indistinct lateral glabellar furrows; occipital ring convex, crescent, with a small occipital node posteromedially; occipital furrow shallow; anterior border furrow shallow, slightly bending forward; anterior border strongly convex, sloping down forward and towards glabella; preglabellar field medium in width (sag.), gently convex; fixigena narrow to medium in width (tr.); palpebral lobe short to medium in length; eye ridge slightly slanting backward from anterior corner of glabella; preocular field wider (sag.) than preglabellar field; posterolateral projection and posterior border short (tr.), about 2/3 of basal glabella in width (tr.); posterior border bending forward at midway with a obtuse angle. Pygidium wide semielliptical in outline; axis wide and convex, with 2 axial rings and a terminal piece bearing a pair of periclinal swelling; pleural field narrow, with 2–3 pairs of pleural ribs, pleural and interpleural furrows deep; border extremely narrow; surface smooth.

Discussion *Parachittidilla* differs from *Chittidilla* King, 1941 (type species *C. plana* King, 1941, p. 13, pl. 2, figs. 5–8; Jell and Hughes, 1997, p. 30, 31, pl. 4, figs. 8–12) in having wider longer glabella, more distinct anterior border furrow, strongly convex anterior border sloping down forward and towards glabella, instead of preglabellar field merging with anterior border sloping down forward in the latter, shorter (tr.) posterolateral projection and posterior border. *Parachittidilla kashmirensis* (Shah, Parcha et Raina) (Shah *et al.*, 1991, p. 92, pl. 1, figs. a, d, g, k, p; Jell and Hughes, 1997, p. 68, pl. 4, figs. 1–7) from

Himalayan area, is better grouped within the genus *Megagraulos* Kobayashi, 1935 because of general outline of cranidium and glabella, narrower fixigenae between palpebral lobes.

Occurrence　Cambrian Series 3 (Maochuangian and Hsuchuangian); North and Northeast China.

Parachittidilla sp.
(pl. 21, figs. 13, 14)

Material　1 cranidium and 1 pygidium.

Description　Cranidium convex, subquadrate (with exception of posterolateral projection), 6.0 mm in length, 6.5 mm in width between palpebral lobes; axial furrow deep laterally, shallow in front of glabella; glabella wide and short, strongly convex, truncated conical, with 3–4 pairs of very shallow or indistinct lateral glabellar furrows; occipital ring convex, crescent; occipital furrow distinct; anterior border furrow shallow, slightly bending forward; anterior border strongly convex; preglabellar field medium in width (sag.), gently convex; fixigena medium in width (tr.); palpebral lobe short; eye ridge slightly slanting backward from anterior corner of glabella; preocular field as wide (sag.) as preglabellar field; posterolateral projection and posterior border short (tr.), about 4/5 of basal glabella in width (tr.). Pygidium wide semielliptical in outline; axis wide and convex, with 4 axial rings and a terminal piece; pleural field narrow, with 3 pairs of pleural ribs, pleural and interpleural furrows narrow and distinct; border extremely narrow, without distinct border furrow; surface smooth.

Comparison　In general outline of the cranidium, *Parachittidilla* sp. is similar to *Parachittidilla xiaolinghouensis* Lin et Wu in Zhang *et al.*, 1980b. However, it has deeper axial and anterior border furrows, less tapering forward glabella, longer pygidial axis of more axial rings.

Locality and horizon　Dongshankou, Gangdeershan, Wuhai City, Inner Mongolia Autonomous Region, *Ruichengaspis mirabilis* Zone of the Hulusitai Formation.

Genus *Poriagraulos* Chang, 1963

Type species　*Poriagraulos perforatus* Chang, 1963 = *Anomocare nanum* Dames, 1883, S. 17, Taf. 2, Fig. 14; Schrank, 1976, S. 895, Taf. 1, Bild. 1–6, ?7, from *Poriagraulos nanus-Tonkinella flabelliformis* Zone (Hsuchuangian) of Daling, Liaoning.

Diagnosis　See Zhang and Jell, 1987, p. 115.

Discussion　See Yuan *et al.*, 2012, p.143. *Paraporilorenzella* Qiu in Qiu *et al.*, 1983, with *P. obsoleta* Qiu in Qiu *et al.* (1983, p. 120, pl. 38, figs. 14, 15) as the type species, was regarded as a synonym of *Poriagraulos* Chang, 1963 (Yuan *et al.*, 2012, p. 143). However, in general configuration of cranidium and glabella, especially strongly bending forward anterior margin of cranidium, less sloping down forward glabella, *Paraporilorenzella* is here retained to *Plesiagraulos* Chang, 1963 (Yuan *et al.*, 2008, p. 86). *Poriagraulos pingluoensis* Li in Zhou *et al.* (1982, p. 246, pl. 62, fig. 3) and *Poriagraulos truncatus* Li in Zhou *et al.* (1982, p. 246, pl. 62, fig. 4) have triangular cranidium, are better grouped within the genus *Plesiagraulos* Chang, 1963. *Porilorenzella devia* Nan et Chang (1982b, p. 34, pl. 1, figs. 11–13) has elliptical swelling on preglabellar field, and is closer to *Plesioperiomma* Qiu, 1980. Pygidium assigned to *Poriagraulos nanus* (Schrank, 1976, S. 895, 896, Taf. 1, Bild. 7) may belong to *Houmaia* cf. *taitzuensis* (Endo, 1937), because of different sculpture on the surface of cranidium and pygidium.

Occurrence　Cambrian Series 3 (Hsuchuangian); North and Northeast China.

Poriagraulos sp.
(pl. 52, fig. 16)

Material   1 cranidium.

Description   Cranidium convex, subquadrate in outline, bending forward anteriorly as a rounded arch, 4.7 mm in length, 4.7 mm in width between palpebral lobes; axial furrow shallow laterally, wide and deep in front of glabella; glabella short, strongly convex, conical, pointed rounded anteriorly, highest at posteriorly, sloping down forward, occupying about 1/2 of total cranidial length, lateral glabellar furrows very shallow or indistinct; occipital ring convex, semielliptical; occipital furrow slightly bending backward; anterior border furrow indistinct, very shallow on exfoliated specimen; anterior border narrow, gently upturned; preglabellar field wide, gently convex; fixigena wide (tr.), gently convex, highest near palpebral lobe, gently sloping down towards axial furrow and border furrows, about 2/3 of glabellar width between palpebral lobes; palpebral lobe short, about 0.3 times as long as glabella, located medially; posterolateral projection narrow (exsag.), subtriangular; posterior border narrow, gently convex, about 4/5 of basal glabella in width (tr.); posterior border furrow shallow; anterior branch of facial suture parallel forward from palpebral lobe, across anterior border furrow, then bending inward as an arc, and cutting anterior border at anterolateral margin, posterior branch extending outward and backward; surface covered with wrinkles on exfoliated part of the cranidium.

Comparison   *Poriagraulos* sp. is distinct from *Poriagraulos nanus* (Dames) mainly in the wider (sag.) preglabellar field, conical more strongly tapering forward glabella, narrower upturned anterior border and parallel forward anterior branch of facial suture.

Locality and horizon   Niuxinshan, Jingfushan area, Longxian County, Shaanxi Province, upper part of *Poriagraulos nanus* Zone of the Manto Formation.

Genus *Metagraulos* Kobayashi, 1935

Type species   *Agraulos nitida* Walcott, 1906, p. 576; 1913, p. 158, pl. 15, figs. 2, 2a, 2b; Zhang and Jell, 1987, p. 114, 115, pl. 48, figs. 7-9, from *Metagraulos dolon* Zone (Hsuchuangian) of Wutai County, Shanxi Province.

Diagnosis (revised)   Small agraulids; glabella wide, strongly convex, truncated conical to subtrapezoidal; axial furrow, anterior border furrow, occipital furrow and lateral glabellar furrows are shallow; occipital ring convex, with a long stout occipital spine; preglabellar field narrow to medium in width (sag.), anterior border wide, strongly convex; fixigena medium in width (tr.); palpebral lobe medium in length. Librigena narrow, with moderately long genal spine. Pygidium transversal elliptical in outline; axis wide and long, strongly convex, with 4-5 axial rings; pleural field narrow; border extremely narrow.

Discussion   Up to date, total 36 genera are belonging to the Family Agraulidae Raymond, 1913 from upper Cambrian Series 2 to lower Cambrian Series 3 (Jell and Adrain, 2003, p. 465), of which 13 genera were established based on Chinese material, such as *Metagraulos* Kobayashi, 1935, *Chittidilla* (*Diandongaspidella*) Yuan in Yuan *et al.*, 1997, *Paragraulos* Lu, 1941, *Plesiagraulos* Chang, 1963, *Poriagraulos* Chang, 1963, *Protochittidilla* Qiu, 1980, *Parachittidilla* Lin et Wu in Zhang *et al.*, 1980b, *Tianjingshania* Zhou in Zhou *et al.*, 1982, *Paraplesiagraulos* Qiu in Qiu *et al.*, 1983, *Wutaishania* Zhang et Wang, 1985, *Pseudoplesiagraulos* Lu, Zhu et Zhang, 1988, *Jixianaspis* Zhang in Zhang *et al.*, 1995, *Qiannanagraulos* Yuan et Zhao in Yuan *et al.*, 1997. *Tianjingshania* Zhou in Zhou *et al.*, 1982 (type species *Tianjingshania spinosa* Zhou, 1982, p. 246, 247, pl. 62, figs. 5-7) was erected based on a cranidium of *Lorenzella* Kobayashi, 1935 and a mismatched pygidium of *Lioparella* Kobayashi, 1937 (Yuan *et al.*, 2008, p. 89). *Paraplesiagraulos* Qiu in Qiu *et al.*, 1983 (type species *P. poriformis* Qiu, 1983, p. 85, pl. 27, figs. 9-11) was considered as synonymous with *Protochittidilla* Qiu, 1980 (Yuan *et al.*, 2008, p. 86). *Jixianaspis* Zhang in Zhang *et al.* (type species *J. lubrica* Zhang; Zhang *et al.*, 1995, p. 73, pl. 33, fig. 1) based on a single, poorly preserved cranidium, was considered as a junior synonym of *Metagraulos* Kobayashi, 1935 (Yuan *et al.*, 2008, p. 82). In general outline of the pygidium, agraulids trilobites can be divided into two groups: one group is represented by *Agraulos* Hawle et Corda, 1847, which is characterized by very short transversal pygidium with 2–3 axial rings, such as *Chittidilla* King, 1941, *Plesiagraulos* Chang, 1963, *Protochittidilla* Qiu, 1980, *Parachittidilla* Lin et Wu in Zhang *et al.*, 1980b, *Qiannanagraulos* Yuan et Zhao in Yuan *et al.*, 1997 and so on; other group is represented by *Micragraulos* Howell, 1937, which is characterized by narrow long pygidium with wider axis of 5–6 axial rings, for example, *Metagraulos* Kobayashi, 1935, *Paragraulos* Lu, 1941, *Poriagraulos* Chang, 1963, *Pseudoplesiagraulos* Lu, Zhu et Zhang, 1988 etc. Up to date, the following species had been assigned to *Metagraulos* Kobayashi, 1935: *Metagraulos nanum* (Dames, 1883), *M. nitida* (Walcott, 1906), *M. dolon* (Walcott, 1905), *M. tienshihfuensis* Endo, 1944, *M. sampoensis* Kobayashi, 1961, *M. linruensis* Mong in Zhou *et al.*, 1977, *M. nasutus* Zhou in Zhou *et al.*, 1982, *M. truncatus* Zhang et Yuan, 1981, *M. lubricus* (Zhang in Zhang *et al.*, 1995), *M. constricta* An in Duan *et al.*, 2005, *M. laevis* An in Duan *et al.*, 2005, *M. convexus* An in Duan *et al.*, 2005, *M.? intermedius* Kobayashi, 1942, *M.? dryas* (Walcott, 1905), *M.? dirce* (Walcott, 1905), *M.? sorge* (Walcott, 1911) and so on, of which *Metagraulos nanum* (Dames, 1883) was reassigned to *Poriagraulos* Chang, 1963; *M.? intermedius* Kobayashi, 1942 and *M. tienshihfuensis* Endo, 1944 were placed within *Plesiagraulos* Chang, 1963; *M.? dryas* (Walcott, 1905) was considered as a synonym of *Poriagraulos nanum* (Dames, 1883) (Zhang and Jell, 1987, p. 116; *M. linruensis* Mong in Zhou *et al.*, 1977 is a junior synonym of *M. dolon* (Walcott, 1905) (Zhang *et al.*, 1995, p. 50); *M. convexus* An in Duan *et al.* (2005, pl. 24, figs. 4, 5) is here regarded as a synonym of *M. dolon* (Walcott, 1905), because of presence of strongly convex glabella with long occipital spine. *M. sampoensis* Kobayashi (Kobayashi, 1961, p. 230, pl. 13, figs. 5–8) and *M.? dirce* (Walcott, 1905) (Zhang and Jell, 1987, p. 117, pl. 48, fig. 10) have no occipital spine, and were better grouped within the genus *Plesiagraulos* Chang, 1963 with a questionable mark, because of the presence of distinct divergent anterior branch of facial suture. *M.? sorge* (Walcott, 1911) from *Crepicephalina* Zone of the Changhia Formation of Changxindao Island, Liaoning (Zhang and Jell, 1987, p. 114, pl. 48, figs. 11, 12) may be better listed under the genus *Megagraulos* Kobayashi, 1935.

Occurrence   Cambrian Series 3 (Hsuchuangian); North and Northeast China.

Family Lorenzellidae Chang, 1963

Genus *Lorenzella* Kobayashi, 1935

Type species   *Agraulos abaris* Walcott, 1905, p. 42; 1913, p. 149, pl. 14, fig. 16; Zhang and Jell, 1987, p. 127, pl. 49, figs. 8, 9, from *Metagraulos dolon* Zone (Hsuchuangian) of 3.5 km of southwestern Yanzhuang, Xintai City, Shandong Province.

Diagnosis   Lorenzellids; cranidium convex, subquadrate in outline, strongly bending forward anteriorly; axial furrow wide and deep; glabella convex, truncated conical, well rounded anteriorly, with 3–4 pairs of very shallow lateral glabellar furrows, of which S1 is bifurcated; occipital ring convex, with long stout occipital spine; occipital furrow distinct, deep laterally, shallow medially; preglabellar field convex, merging with anterior border; anterior border furrow very shallow, strongly bending forward; fixigena medium in width, gently convex, highest near palpebral lobe, sloping down towards axial furrow; eye ridge convex, slanting backward from anterior corner of glabella; palpebral lobe medium in length, located posteromedially; posterolateral projection narrow (exsag.); posterior border furrow wide and deep; posterior border narrow, gently convex, as wide as basal glabella in width (tr.); anterior branch of facial suture divergent from palpebral lobe, across anterior border furrow, then bending inward, and cutting anterior border at anterolateral margin, posterior branch extending outward and backward; surface smooth or with fine granules.

Discussion *Lorenzella* shares a long stout occipital spine with *Inouyops* Resser, 1942, *Lonchinouyia* Chang, 1963, *Metagraulos* Kobayashi, 1935. However, *Inouyops* differs from *Lorenzella* mainly in having wider deeper axial furrow in front of glabella, extremely high crescent periclinal swelling on preglabellar field, deeper anterior border furrow laterally, lower flat anterior border. *Lonchinouyia* Chang, 1963 can be distinguished from *Lorenzella* by its shorter conical strongly tapering forward glabella, more strongly bending forward cranidium, wider deeper axial furrow and narrower fixigenae between palpebral lobes. It may be discriminated from *Metagraulos* Kobayashi, 1935 by its wider deeper axial furrow, longer narrower glabella with 3 pairs of shallow lateral glabellar furrows, distinct occipital furrow, wider fixigenae between palpebral lobes, divergent anterior branch of facial suture and longer stout occipital spine instead of short slimmer spine in the latter. *Lorenzella beishanensis* Nan (1976, p. 336, pl. 195, figs. 4, 8, 9) from Beishan, Qingshuihe County, Inner Mongolia Autonomous Region, has no occipital spine, and is better grouped within *Parachittidilla* Lin et Wu in Zhang et al., 1980b. *Lorenzella lingyuanensis* Duan in Duan et al. (2005, p. 146, pl. 25, figs. 11, 12) from Laozhuanghu, Lingyuan County, Liaoning Province, has cylindtical glabella, 3 – 4 pairs of distinct lateral glabellar furrows, no occipital spine, distinct anterior border furrow, wider convex preglabellar field, and is quite different from other species of *Lorenzella*. The assignment of this species is worth to be further studied. *Tianjingshania* Zhou in Zhou et al., 1982 (type species *T. spinosa* Zhou in Zhou et al., 1982, p. 246, pl. 62, figs. 5–7) was established based on a cranidium of *Lorenzella* Kobayashi, 1935 and a mismatched pygidium of *Lioparella* Kobayashi, 1937 (Yuan et al., 2008, p. 89). *Lonchinouyia shanxiensis* Zhang et Wang (1985, p. 407, pl. 122, figs. 4 – 6; Yuan et al., 2012, p. 162, pl. 54, fig. 11) from Hsuchuangian of Zhuwopeng, Qinyuan County, Shanxi Province, is better grouped within *Lorenzella*, because of wider truncated conical glabella, narrow and shallow axial furrow.

Occurrence Cambrian Series 3 (Hsuchuangian); North and Northeast China, and Southwest China (southeastern Yunnan)

Lorenzella postulosa Yuan et Zhang, sp. nov.
(pl. 52, figs. 1–13)

Etymology postulosa, -us, -um (Lat.), papule, papula, pimpled, pimply, tubercular, referring to pimply sculpture on the surface of cranidium and pygidium of the new species.

Holotype Cranidium NIGP 62985-92 (pl. 52, fig. 3), from *Inouyops titiana* Zone (Hsuchuangian) of Dongshankou, Gangdeershan, Wuhai City, Inner Mongolia Autonomous Region.

Material 11 cranidia, 1 librigena and 1 pygidium.

Description Cranidium subquadrate (except posterolateral projection), strongly bending forward anteriorly, 6.0 mm in length (exclusive of occipital spine), 6.0 mm in width between palpebral lobes (holotype); axial furrow wide and deep; glabella convex, truncated conical, flat rounded anteriorly, wider (sag.) than 1/2 of total cranidial length, with 4 pairs of very shallow lateral glabellar furrows, of which S1 is bifurcated, S2 located in front of midline of glabella, slightly slanting backward, S3 located behind inner end of eye ridge, almost horizontal, S4 located at inner end of eye ridge, slightly slanting forward; occipital ring convex, with long stout occipital spine, which is longer than glabella, and with a small occipital node posteromedially; occipital furrow distinct, deep laterally, shallow medially; preglabellar field narrow and convex, merging with wide convex anterior border; anterior border furrow very shallow, strongly bending forward; 2 terrace lines parallel with anterior margin of cranidium on the preocular field; fixigena medium in width, gently convex, highest near palpebral lobe, sloping down towards axial furrow, about 0.75 times as wide as glabella between palpebral lobes; eye ridge convex, slanting backward from anterior corner of glabella; palpebral lobe convex, medium in length, located posteromedially, 0.5 times as long as glabella; posterolateral projection narrow (exsag.); posterior border furrow wide and deep; posterior border narrow, gently convex, slightly less than basal glabella in width; anterior branch of facial suture slightly divergent from palpebral lobe, across anterior border furrow, then bending inward, and cutting anterior border at anterolateral margin, posterior branch extending outward and backward. An associated librigena gently convex, lateral border strongly convex; genal field wide, concave, genal angle bluntly rounded. An associated pygidium rather small, transversal semielliptical; axis wide and convex, with 2 axial rings and a terminal piece; pleural field narrow, with 2 pairs of pleural ribs, pleural furrows deep, interpleural furrows extremely shallow, without distinct border and border furrow; prosopon of fine dense tubercules.

Comparison The new species differs from the type species *Lorenzella abaris* (Walcott) (Zhang and Jell, 1987, p. 127, pl. 49, figs. 8, 9) mainly in having wider deeper axial furrow, narrower strongly convex preglabellar field, longer stout occipital spine and prosopon of fine dense tubercules. It can be also distinguished from *Lorenzella spinosa* (Zhou in Zhou *et al.*, 1982) chiefly by its wider deeper axial furrow, strongly bending forward anterior margin of cranidium, shorter stout glabella, wider (sag.) anterior border and prosopon of fine dense tubercules.

Locality and horizon Dongshankou, Gangdeershan, Subaigou, Zhuozishan area, and Kejiubuchong, Guole, Wuhai City, Inner Mongolia Autonomous Region, *Inouyops titiana* Zone of the Hulusitai Formation.

Lorenzella sp. A

(pl. 52, fig. 15; pl. 53, figs. 7–10)

Material 5 cranidia.

Description Cranidium subquadrate to subtrapezoidal (except posterolateral projection and occipital spine), bending forward anteriorly, 5.0 mm in length (exclusive of occipital spine), 5.8 mm in width between palpebral lobes (the largest specimen); axial furrow wide and deep, depressed in front of glabella as a crescent; glabella wide and short, tapering forward, truncated conical, flat rounded anteriorly, about 1.3 times as long as preglabellar area (preglabellar field and anterior border), with 4 pairs of very shallow lateral glabellar furrows on exfoliated specimen, of which S1 is bifurcated, S2 located in front of midline of glabella, slightly slanting backward, S3 located behind inner end of eye ridge, almost horizontal, S4 located at inner end of eye ridge, slightly slanting forward; occipital ring convex, with long stout occipital spine, which is shorter than glabella ; occipital furrow narrow and distinct; preglabellar field narrow and convex, merging with wide convex anterior border; anterior border furrow very shallow, bending forward; fixigena medium in width, gently convex, highest near palpebral lobe, sloping down towards axial furrow, about 0.5 times as wide as glabella between palpebral lobes; eye ridge convex, slanting backward from anterior corner of glabella; palpebral lobe convex, medium in length, located posteromedially, more than 0.5 times as long as glabella; posterolateral projection narrow (exsag.); posterior border furrow wide and deep, posterior border narrow, gently convex, about 0.8 times as wide as basal glabella in width (tr.); anterior branch of facial suture slightly divergent from palpebral lobe, across anterior border furrow, then bending inward, and cutting anterior border at anterolateral margin, posterior branch extending outward and backward; surface smooth.

Comparison In general outline of the cranidium, *Lorenzella* sp. A is similar to *Lorenzella postulosa* sp. nov., and differs from the latter in having shorter wider strongly tapering glabella, less bending forward anterior margin of cranidium, shorter occipital spine and smooth surface.

Locality and horizon Mantoushan, Zhangxia Town, Shandong Province, *Metagraulos nitidus* Zone of the Manto Formation; Abuqiehaigou, Zhuozishan area, Wuhai City, Inner Mongolia Autonomous Region, *Metagraulos dolon* Zone of the Hulusitai Formation.

Lorenzella sp. B

(pl. 54, figs. 13-15)

Material 1 cranidium and 2 pygidia.

Description Cranidium subquadrate in outline (except posterolateral projection and occipital spine), slightly bending forward anteriorly, 3.5 mm in length (exclusive of occipital spine), 3.8 mm in width between palpebral lobes (the largest specimen); axial furrow narrow and shallow, deeper and wider in front of glabella; glabella convex, wide and short, distinctly tapering forward, truncated conical, straight anteriorly, more than 1.5 times as long as preglabellar area (preglabellar field and anterior border), with 2-3 pairs of very shallow lateral glabellar furrows, of which S1 is nearly connected in sagittal line; occipital ring convex, extending backward and forming a long stout occipital spine as long as glabella; occipital furrow narrow and shallow; preglabellar field narrow and gently convex, merging with convex anterior border; anterior border furrow very shallow, gently bending forward, almost effaced medially; fixigena medium in width, gently convex, highest near palpebral lobe, sloping down toward axial furrow, about 0.5 times as wide as glabella between palpebral lobes; eye ridge faint, slanting backward from anterior corner of glabella; palpebral lobe convex, medium in length, located posteromedially; posterolateral projection narrow (exsag.); posterior border furrow wide and deep, posterior border narrow, gently convex, less than basal glabella in width (tr.); anterior branch of facial suture slightly divergent from palpebral lobe, across anterior border furrow, then bending inward, and cutting anterior border at anterolateral margin, posterior branch extending outward and backward. An associated pygidium semielliptical, gently convex; axis long, inverted conical, with 5-6 axial rings; pleural field with 5-6 pairs of pleural ribs; pleural furrows deep, interpleural furrows shallow; border narrow, gently convex; surface smooth.

Comparison In general outline of cranidium, *Lorenzella* sp. B is similar to *Lorenzella* sp. A. However, it has straight anterior margin of glabella, shallower axial furrow ad narrower preglabellar field (sag.).

Locality and horizon Niuxinshan, Jingfushan area, Longxian County, Shaanxi Province, upper part of *Inouyops titiana* Zone of the Manto Formation.

Genus *Inouyops* Resser, 1942

Type species *Ptychoparia titiana* Walcott, 1905, p. 81; 1913, p. 155, pl. 14, fig. 9; Zhang and Jell, 1987, p. 129, pl. 50, fig. 14, from *Inouyops titiana* Zone (Hsuchuangian) of 3.5 km of southwestern Yanzhuang, Xintai City, Shandong Province.

Diagnosis See Zhang and Jell, 1987, p. 128, 129.

Discussion In general outline of the cranidium, especially the presence of long occipital spine, *Inouyops* is quite similar to *Lorenzella* Kobayashi, 1935 and *Lonchinouyia* Chang, 1963. However, the latter two genera have rather shallow anterior border furrow and occipital furrow, wider anterior border, gently convex preglabellar field merging with anterior border. Up to date, more than 10 species have been established. However, most of them were reassigned to the type species *Inouyops titiana* (Walcott, 1905) (Zhang et al., 1995, p. 49). *Inouyops latilimbatus* Zhang et Yuan (Zhang and Yuan, 1981, p. 166, 167, pl. 3, fig. 6) differs from the type species in having very shallow axial furrow, wider (tr.) cranidium, wider (sag.) anterior border, crescent highly vaulted preglabellar field and wider longer occipital spine. *Inouyops jinbeiensis* Zhang et Wang (1985, p. 394, 395, pl. 119, fig. 15) has longer rectangular glabella, narrower and flat anterior border, wider shallower anterior border furrow, narrower fixigenae between palpebral lobes, and it is retained in *Inouyops* with a questionable mark. *Inouyops contracta* Guo et Zan in Guo et al. (1996, p. 73, pl. 27, figs. 7, 9) based on 2 incomplete cranidia is characterized by the presence of narrow and weekly convex preglabellar field, narrower fixigenae between palpebral lobes, and prosopon of fine terrace lines or pittings, its assignment needs to be further studied.

Occurrence Cambrian Series 3 (Hsuchuangian); North and Northeast China.

Inouyops sp.

(pl. 54, fig. 16)

Material 1 cranidium.

Description Cranidium convex, quadrate in outline, bending forward as an arch, 9.3 mm in length (exclusive of occipital spine), 10.0 mm in width between palpebral lobes; axial furrow wide and deep; glabella convex, wide, truncated conical, flat rounded anteriorly, 0.5 times as long as cranidium, with 4 pairs of distinct lateral glabellar furrows, of which S1 is bifurcated, anterior branch horizontal, posterior branch slanting backward, S2 located in front of midline of glabella, slightly slanting backward, S3 and S4 located at or slightly behind inner end of eye ridge, slightly slanting forward; occipital ring convex, broad medially, with a short occipital spine; occipital furrow deep laterally, narrow and shallow medially; fixigena narrow, highest near palpebral lobe, sloping down toward axial furrow, less than 0.5 times as wide as glabella between palpebral lobes; eye ridge low, slanting backward from anterior corner of glabella; palpebral lobe medium in length, 0.5 times as long as glabella, located posteromedially, palpebral furrow deep; anterior border furrow narrow and deep, bending forward as an arch; anterior border narrow, convex as a wire-like line; preglabellar field wide, vaulted as a periclinal swelling, 5–6 times as wide (sag.) as anterior border, covered with reticulated striations; posterolateral projection narrow (exsag.) and short (tr.); posterior border furrow wide and deep, posterior border narrow, convex, about 2/3 of basal glabella in width (tr.); anterior branch of facial suture slightly divergent from palpebral lobe, across anterior border furrow, then bending inward as a rounded arc, and cutting anterior border at anterolateral margin, posterior branch extending outward and backward.

Comparison *Inouyops* sp. differs from other species in the narrow wire-like convex anterior border, wider preglabellar field and short occipital spine.

Locality and horizon Subaigou, Zhuozishan area, Wuhai City, Inner Mongolia Autonomous Region, *Inouyops titiana* Zone of the Hulusitai Formation.

Genus *Lonchinouyia* Chang, 1963

Type species *Agraulos armata* Walcott, 1906, p. 576; 1913, p. 150, pl. 14, figs. 17, 17a; Zhang and Jell, 1987, p. 128, pl. 49, figs. 11–13; pl. 50, fig. 10, from *Inouyops titiana* Zone (Hsuchuangian) of 7.2 km of southern Wutai County, Shanxi Province.

Diagnosis See Zhang and Jell, 1987, p. 128.

Discussion In general configuration of cranidium, especially the presence of long stout occipital spine, *Lonchinouyia* bears the closest resemblance to *Inouyops* Resser, 1942. However, it differs from the latter mainly in having very shallow anterior border furrow and occipital furrow, more strongly bending forward anterior margin of cranidium, less vaulted preglabellar field, highly vaulted conical to oval glabella merging with occipital ring and occipital spine, and indistinct glabellar furrows. *Lonchinouyia* can be also discriminated from *Lorenzella* Kobayashi, 1937 chiefly by its wider deeper axial furrow, conical to oval glabella strongly sloping down forward, and almost effaced anterior border furrow. *Parahuainania* Guo et Zan in Guo *et al.* (1996, p. 75, pl. 28, fig. 16) erected based on a single cranidium, was considered as a junior synonym of *Lonchinouyia* (Yuan *et al.*, 2008, p. 85).

Occurrence Cambrian Series 3 (Hsuchuangian); North and Northeast China.

Genus *Jinnania* Lin et Wu in Zhang *et al.*, 1980b

Type species *Jinnania ruichengensis* Lin et Wu in Zhang *et al.*, 1980b, p. 64, pl. 5, figs. 16–18, from *Ruichengaspis mirabilis* Zone (Hsuchuangian) of Zhongtiaoshan, Shuiyu Town, Ruicheng County, Shanxi Province.

Diagnosis (revised)   Small lorenzellids; cranidium convex, subrectangular in outline (except posterolateral projection), strongly bending forward anteriorly; axial furrow wide and deep, deeper in front of glabella; glabella short, convex, truncated conical, flat rounded anteriorly, with 3 – 4 pairs of very faint or obscure lateral glabellar furrows; occipital ring convex, broad medially; preglabellar field wide (sag.), vaulted as a low periclinal swelling; anterior border medium in width, strongly convex, crescent; anterior border furrow shallow to wide and deep, strongly curving forward; fixigenae moderately wide (tr.), gently convex, about 0.7 times as wide as glabella between palpebral lobes; eye ridge convex, slanting backward from anterior corner of glabella; palpebral lobe convex, medium in length, located posteromedially; posterolateral projection narrow (exsag.); posterior border furrow wide and deep, posterior border narrow, gently convex, less than or as wide as basal glabella in width (tr.); anterior branch of facial suture slightly divergent from palpebral lobe, across anterior border furrow, then bending inward, and cutting anterior border at anterolateral margin, posterior branch extending outward and backward. Pygidium wide and short, transversal elliptical; axis broad and convex, with 2–3 axial rings; pleural field narrow, gently convex, with 2–3 pairs of pleural ribs; 2–3 pairs of pleural and interpleural furrows distinct; border narrow and flat, without border furrow; prosopon of fine closely spaced pittings or granules.

Discussion   *Paralorenzella* Zhang in Qiu *et al.*, 1983 (Homonym of *Paralorenzella* Lo, 1974) and *Paralorenzhangella* Jell in Jell and Adrain, 2003, were considered as junior synonyms of *Jinnania* (Yuan *et al.*, 2008, p. 85). Besides, *Trigonaspis* Yang in Yang *et al.*, 1991 (type species *T. hujiaensis* Yang in Yang *et al.*, 1991, p. 137, 138, pl. 12, figs. 7 – 10, homonym of *Trigonaspis* Sandberger et Sandberger, 1850) and *Trigonyangaspis* Jell in Jell et Adrain, 2003, were synonymized with *Jinnania* (Yuan *et al.*, 2008, p. 89).

Occurrence   Cambrian Series 3 (Maochuangian to Hsuchuangian); North and Northeast China, and Southwest Henan.

Jinnania poriformis Yuan et Zhang, sp. nov.
(pl. 55, figs. 1–9)

Etymology   poriformis, -poriformis, -poriforme (Lat.), pore, porous, foraminate, referring to the porous sculpture on the surface of cranidium of the new species.

Holotype   Cranidium NIGP 62985-144 (pl. 55, fig. 4), from *Luaspides shangzhuangensis* Zone (Maochuangian) of Dongshankou, Gangdeershan, Wuhai City, Inner Mongolia Autonomous Region.

Material   7 cranidia and 2 pygidia.

Description   Cranidium convex, subrectangular in outline (except posterolateral projection), strongly bending forward anteriorly, 5.3 mm in length, 5.0 mm in width between palpebral lobes; axial furrow very wide and deep; glabella short, gently convex, strongly tapering forward, conical to truncated conical, pointed rounded to flat rounded anteriorly, less than 0.5 times as long as cranidium, with a low median keel, and with 4 pairs of very shallow lateral glabellar furrows on exfoliated specimens, of which S1 is deep and wide, bifurcated, S2 located in front of midline of glabella, slightly slanting backward, S3 short, located behind inner end of eye ridge, slightly slanting forward, S4 very short, almost horizontal; occipital furrow wide and deep, narrow and slightly slanting forward laterally; occipital ring convex, semielliptical, with a small occipital node posteromedially; fixigenae narrow (tr.), gently convex, about 0.5 times as wide as glabella between palpebral lobes; eye ridge low, slanting backward from anterior corner of glabella; palpebral lobe medium in length to short, 0.4 times as long as glabella, located posteromedially; preglabellar field narrow (sag.), vaulted as a low periclinal swelling; anterior border wide, convex, narrowing laterally, crescent in outline, 1.5–2 times as wide as preglabellar field in sagittal line; anterior border furrow shallow, slightly bending forward; posterolateral projection narrow (exsag.) and short (tr.); posterior border furrow wide and deep, posterior border narrow, gently convex, less than 0.7 times as wide as basal glabella in width (tr.); anterior branch of facial suture long, parallel forward from palpebral lobe, across anterior border furrow, then bending inward as a rounded arc, and cutting anterior border at anterolateral margin, posterior branch extending outward and backward. An associated pygidium wide (tr.), transversal elliptical; axis broad and convex, slowly tapering backward, with 2-3 axial rings; pleural field narrow, gently convex, with 2-3 pairs of pleural ribs, anterior band broad, posterior band narrow and low; 2-3 pairs of pleural and interpleural furrows distinct; border narrow and flat, without border furrow; prosopon of fine closely spaced pittings or granules.

Comparison   The new species differs from the type species *Jinnania ruichengensis* Lin et Wu in Zhang *et al.* (1980b, p. 64, pl. 5, figs. 16-18) mainly in having a shorter glabella with a median keel, 4 pairs of more distinct lateral glabellar furrows, very shallow anterior border furrow, narrower (sag.) preglabellar field, shorter palpebral lobe located posteriorly and prosopon of fine closely spaced pittings or granules. In general outline of the cranidium, and glabella with low median keel, the size and position of palpebral lobe, the course of facial suture, the new species is similar to *Jinnania hujiaensis* (Yang) (Yang *et al.*, 1991, pl. 12, figs. 7-10), but the latter has longer slimmer glabella, wider (sag.) preglabellar field, deeper anterior border furrow, narrower axial furrow and no fine closely spaced pittings or granules on the surface of cranidium.

Locality and horizon   Dongshankou, Gangdeershan, Wuhai City, Inner Mongolia Autonomous Region, *Luaspides shangzhuangensis* Zone of the Hulusitai Formation.

Genus *Plesioperiomma* Qiu, 1980

Type species   *Plesioperiomma elevata* Qiu (1980, p. 57, pl. 5, figs. 10, 11), from *Bonnia-Tingyuania* Zone (Lungwangmiaoan), Xiangshan, Huaibei City, Anhui Province.

Diagnosis (revised)   Small lorenzellids; cranidium highly convex posteriorly, sloping down forward, subtrapezoidal in outline; axial furrow moderately deep; glabella short, convex, truncated conical, flat rounded anteriorly, with 3 pairs of very faint or obscure lateral glabellar furrows; occipital ring convex, broad medially; preglabellar field wide (sag.), vaulted as a distinct periclinal swelling, separating from preocular field by two shallow furrows; anterior border medium in width, strongly upturned; anterior border furrow wide and deep, strongly curving forward; fixigenae wide (tr.), gently convex, about 0.7 times as wide as glabella between palpebral lobes; eye ridge convex, slanting backward from anterior corner of glabella; palpebral lobe convex, medium in length, located medially; posterolateral projection narrow (exsag.) and wide (tr.); posterior border furrow wide and deep, posterior border narrow, gently convex, more than or as wide as basal glabella in width (tr.); surface smooth.

Discussion   In general configuration of cranidium, *Plesioperiomma* is quite similar to *Jinnania* Lin et Wu in Zhang *et al.*, 1980b. However, the latter has a cranidium without distinctly sloping down forward, convex anterior border instead of upturned anterior border in the former, preglabellar field without 2 shallow furrows separating from preocular field and forming a low transversal periclinal swelling. *Eujinnania* Qiu in Qiu *et al.* (type species *E. huaibeiensis* Qiu in Qiu *et al.*, 1983, p. 107, pl. 36, fig. 4) was considered as a synonym of *Plesioperiomma* (Yuan *et al.*, 2008, p. 80). Because the main characters of *Eujinnania* (strongly forwardly inclined cranidium, short subtrapezoidal glabella, and a wide strongly upturned anterior border) are coincided with those of *Plesioperiomma*. Besides, *Porilorenzella devia* Nan et Chang (1982b, p. 34, pl. 1, figs. 11-13) from Hsuchuangian of Mopanshan, Fuxian County, Liaoning Province, should be reassigned to *Plesioperiomma* because of common features with the type species of *Plesioperiomma*. *Chancia lata* Nan et Shi (1985, p. 2, pl. 1, figs. 1, 2) from Hsuchuangian of Dayangcha, southwestern Jilin, has a strongly upturned anterior border, a distinct transversal elliptical periclinal swelling on preglabellar field separating from preocular field by a pair of shallow furrow. Therefore *Chancia lata* is better grouped within *Plesioperiomma*. *Jiumenia jinnanensis* Zhang et

Wang (1985, p. 352, pl. 108, fig. 6) from Maochuangian of Jiwangshan, Wanrong County, Shanxi Province, was placed with *Plesioperiomma* (Duan *et al.*, 2005, p. 118, pl. 12, fig. 6). However, it has no strongly upturned anterior border, and is better listed under the genus *Ptyctolorenzella* Lin et Wu in Zhang *et al.*, 1980b.

Occurrence　Cambrian Series 2 (Lungwangmiaoan) to Cambrian Series 3 (Maochuangian to lower Hsuchuangian); North China.

Plesioperiomma triangulata Yuan et Zhang, sp. nov.

(pl. 55, figs. 17-19)

Etymology　triangulata, -us, -um (Lat.), triangular, referring to triangular cranidium of the new species.

Holotype　Cranidium NIGP 62985-159(pl. 55, fig. 19), from *Ruichengaspis mirabilis* Zone (Hsuchuangian) of 12 km southwestern Wuda District, Wuhai City, Inner Mongolia Autonomous Region.

Material　4 cranidia.

Description　Cranidium convex, subtriangular in outline, strongly bending forward anteriorly, 8.0 mm in length, 9.0 mm in width between palpebral lobes (holotype); axial furrow wide and deep; glabella short, truncated conical, less than 0.5 times as long as cranidial length, highly convex posteriorly, inclined forwardly, with 3 pairs of shallow lateral glabellar furrows, of which S1 and S2 are bifurcated; occipital furrow wide and deep; occipital ring strongly convex, inverted triangular in outline, with a small occipital node posteromedially; fixigenae gently convex, highest near palpebral lobe, sloping down towards axial furrow, about 0.7 times as wide as glabella between palpebral lobes; palpebral lobe medium in length, about 0.5 times as long as glabella, located posteromedially; anterior border furrow deep, slightly curving forward; anterior border wide, strongly upturned; preglabellar field narrow (sag.), vaulted as a low periclinal swelling, separating from preocular field by two shallow furrows extending from anterior corner of glabella; posterolateral projection narrow (exsag.); posterior border furrow wide and deep, posterior border narrow, gently convex, as wide as or more than basal glabella in width; anterior branch of facial suture convergent from palpebral lobe, posterior branch extending outward and backward; surface smooth.

Comparison　In general outline of the cranidium, the new species is similar to *Plesioperiomma huaibeiensis* (Qiu in Qiu *et al.*) (Qiu *et al.*, 1983, p. 107, pl. 36, fig. 4), but the latter has wider anterior border, shorter wider glabella and shallower occipital furrow and axial furrow.

Locality and horizon　12 km southwestern Wuda District, Wuhai City, Inner Mongolia Autonomous Region, *Ruichengaspis mirabilis* Zone of the Hulusitai Formation.

Family Crepicephalidae Kobayashi, 1935

Genus *Temnoura* Resser et Endo, 1937

Type species　*Temnoura granosa* Resser et Endo, 1937, p. 295, pl. 57, fig. 8 (= *Temnura granulosa* Resser et Endo in Kobayashi, 1935, p. 278, pl. 24, fig. 14), from Cambrian Series 3 (Maochuangian) of Huolianzhai, Benxi City, Liaoning Province.

Diagnosis (revised)　Exoskeleton elongated oval in outline; axial furrow distinct; glabella truncated conical, with 2-3 shallow lateral glabellar furrows; preglabellar field moderately wide (sag.); anterior border wide, convex or slightly upturned; anterior border furrow wide and deep; fixigena moderately wide (tr.); eye ridge distinct; palpebral lobe short, located posteromedially. Thorax of 12 segments with moderately long pleural spines extending outward and backward. Pygidium semielliptical, posterior margin strongly arched forward, pleural field extending into a pair of short broad pygidial spine; axis convex, slightly tapering backward, with 6 axial rings and a terminal piece; pleural field with 5 pairs of pleural ribs bending posterolaterally; 5 pairs of pleural furrows distinct; border narrow, broadening backward, without distinct border furrow; surface smooth or with fine granules.

Discussion   In general configuration of cranidium and glabella, *Temnoura* bears a closely resemblance to *Asteromajia* Nan et Chang, 1982 (type species *A. duplicata* Nan et Chang, 1982 = *Kochaspis hsuchuangensis* Lu in Lu et Dong, 1952; Lu and Zhu, 2001, p. 283, pl. 2, fig. 5; Yuan *et al.*, 2014, pl. 1, figs. 1-3). The main differences between two genera are as follows: pygidium with strongly arched forward posterior margin in *Temnoura* instead of pygidium with broader slightly bending backward posterior margin; pleural field with 5 pairs of pleural ribs bending posterolaterally in *Temnoura*, pleural field with 3-4 pairs of pleural ribs merging and forming a pair of longer pygidial spine extending outward and backward in *Asteromajia*; narrower (sag.) preglabellar field, deeper anterior border furrow and wider fixigenae between palpebral lobes in *Temnoura*. It is worth notice that the type species of *Hsuchuangia* (= *Asteromajia*), *Kochaspis hsuchuangensis* (Lu in Lu and Dong, 1952) has cranidium covered with granules, matched with pygidium without granules. Therefore, it is certain that cranidium and pygidium are not conspecies (Yuan *et al.*, 2014). *Asteromajia* Nan et Chang, 1982b (type species *A. duplicata* Nan et Chang, 1982b, p. 33, pl. 2, figs. 1, 2) erected based on two cranidia, was considered as a junior synonym of *Temnoura* (Yuan *et al.*, 1999, p. 23, 2002, p. 209; Yuan *et al.*, 2008, p. 78). However, it differs from *Temnoura* in having wider (sag.) preglabellar field, pygidium with broader slightly bending backward posterior margin, pleural field with 3-4 pairs of pleural ribs merging and forming a pair of longer pygidial spine extending outward and backward, prosopon of fine granules. Therefore, *Asteromajia* is here retained as a valid genus. In general configuration of cranidium and glabella, *Asteromajia* is very closely related to *Hsuchuangia*, because the pygidium of *Asteromajia* has be found the same as that of *Hsuchuangia*, the latter should be considered as a junior synonym of the former. At present time we retain *Temnoura*, *Asteromajia* as valid genera. With exception of type species, *Temnoura quadrata* Resser et Endo, 1937, *T. huoshanensis* (Zhang et Wang, 1985), *T. mesembrina* Yuan et Zhao in Yuan *et al.*, 1999, of which *Temnoura quadrata* Resser et Endo, 1937 should be transferred to *Asteromajia*; in contrast, *Hsuchuangia huoshanensis* Zhang et Wang (1985, p. 362, pl. 110, figs. 16-18) should be listed under the genus *Temnoura*.

Occurrence   Cambrian Series 2 (Lungwangmiaoan) to Cambrian Series 3 (Maochuangian to lewer Hsuchuangian); North and South China.

Temnoura sp.
(pl. 86, fig. 14)

Material   1 cranidium.

Description   Cranidium convex, trapezoidal in outline, slightly bending forward anteriorly; axial furrow distinct, very narrow and shallow in front of glabella; glabella convex, wide and long, truncated conical, broadly rounded anteriorly, with 3-4 pairs of very shallow lateral glabellar furrows; preglabellar field very narrow (sag.); anterior border moderately wide, convex, narrowing laterally; anterior border furrow deep; occipital ring convex, wide medially; occipital furrow shallow and wide; fixigenae medium in width; eye ridge distinct, slanting backward behind anterior corner of glabella; preocular field wider than preglabellar field (sag.); palpebral lobe short, located medially; posterior border narrow and convex, less than basal glabella in width; posterior border furrow wide and deep; anterior branch of facial suture divergent from palpebral lobe, posterior branch extending outward and backward; surface rough or with granules.

Comparison   *Temnoura* sp. is quite similar to *Temnoura mesembrina* Yuan et Zhao in Yuan *et al.* (1999, p. 24, pl. 2, figs. 10, 11; 2002, p. 210, pl. 62, figs. 1-3). It differs from the latter in the wider longer glabella, narrower fixigenae between palpebral lobes, narrower preglabellar field, shorter (tr.) posterolateral projection and posterior border.

Locality and horizon   Xiweikou, Hejin County, Shanxi Province, *Qingshuiheia hejinensis* Zone of the

Manto Formation (upper Cambrian Series 2).

Genus *Asteromajia* Nan et Chang, 1982b

Type species *Asteromajia duplicata* Nan et Chang, 1982b (=*Kochaspis hsuchuangensis* Lu in Lu et Dong, 1952, p. 171, fig. 2a), from *Asteromajia hsuchuangensis* Zone (Hsuchuangian) of Mopanshan, Fuxian County, Liaoning Province *Asteromajia hsuchuangensis-Ruichengella triangularis* Zone (Hsuchuangian) of northern slope of Mantoushan, Zhangxia Town, Changqing County, Shandong Province.

Diagnosis Glabella truncated conical, broadly rounded anteriorly, with 2–3 shallow lateral glabellar furrows; preglabellar field and anterior border uniform width (sag.); anterior border convex; anterior border furrow wide and deep; fixigena wide (tr.), about 0.7 times as wide as glabella between palpebral lobes; eye ridge distinct; palpebral lobe moderately long, located posteromedially. Pygidium wide (tr.), subrhomboidal in outline, posterior margin very broad, gently bending backward, pleural field narrow, merging into a pair of long pygidial spine extending outward and backward; axis long and convex, slightly tapering backward, with 5–6 axial rings; pleural field with 4–5 pairs of pleural ribs bending posterolaterally; 4–5 pairs of pleural furrows distinct; without border furrow; pygidial border narrow; surface smooth or with fine granules.

Discussion In general configuration of pygidium, *Crepicephalina* Resser et Endo in Kobayashi, 1935 bears the closest resemblance to *Asteromajia*. However, *Crepicephalina* differs from *Asteromajia* mainly in having narrower pleural ribs, first two pleural ribs merging into a pair of long pygidial spine, broader axis, broader glabella, longer palpebral lobe, narrower fixigenae between palpebral lobes. Up to date, 15 species have been assigned to *Asteromajia* (including *Hsuchuangia*), *Kochaspis* Resser, 1935 and *Bagongshania* Lin in Qiu *et al.*, 1983, of which *H. angustilimbata* (Mong in Zhou *et al.*, 1977) is better reassigned to *Zhongtiaoshanaspis* because of the presence of longer palpebral lobe and narrower fixigenae between palpebral lobes. *Hsuchuangia longiceps* Lu et Zhu, 2001 is retain in *Asteromajia* with questionable mark. *Hsuchuangia huoshanensis* Zhang et Wang, 1985 is better listed under *Temnoura*. *H. funingensis* An in Duan *et al.* (2005, p. 122, pl. 14, figs. 16b, 17b; pl. 16, fig. 12) erected based on 3 cranidia from Shahezhai, Funing County, Hebei Province, is characterized mainly by the conical glabella, shorter palpebral lobe, eye ridge slanting backward behind anterior corner of glabella, wider preglabellar field and preocular field, narrower fixigena. Therefore, *H. funingensis* can be compared with *Solenoparia* (*Plesisolenoparia*) *ruichengensis* Zhang et Yuan in Zhang *et al.*, 1980b (Yuan *et al.*, 2014). The new assignments of revised 15 species are as follows:

Hsuchuangia angustilimbata (Mong in Zhou *et al.*, 1977)   [=*Zhongtiaoshanaspis*]

Asteromajia duplicata Nan et Chang, 1982   [=*Asteromajia hsuchuangensis* (Lu in Lu et Dong, 1952)]

Hsuchuangia elongata Qiu in Qiu *et al.*, 1983   [=*Asteromajia quadrata*]

Hsuchuangia funingensis An in Duan *et al.*, 2005   [=*Solenoparia* (*Plesisolenoparia*)]

Hsuchuangia hongtongensis Zhang et Wang, 1985   [=*Temnoura*]

Hsuchuangia hsuchuangensis (Lu in Lu et Dong, 1952)   [=*Asteromajia hsuchuangensis* (Lu in Lu et Dong, 1952)]

Bagongshania huainanensis Lin in Qiu *et al.*, 1983   [=*Asteromajia huainanensis* (Lin in Qiu *et al.*, 1983)]

Hsuchuangia huoshanensis Zhang et Wang, 1985   [=*Temnoura*]

Hsuchuangia latilimbata Zhang et Wang, 1985   [=*Asteromajia quadrata*]

Hsuchuangia liuheensis (An, 1966)   [=*Asteromajia*]

Hsuchuangia longiceps Lu et Zhu, 2001   [=*Asteromajia*?]

Hsuchuangia luliangshanensis Zhang et Wang, 1985   [=*Asteromajia*]

Kochaspisstellata Nan et Chang, 1982   [=*Asteromajia liuheensis* (An, 1966)]

Asteromajia quadrata (Resser et Endo, 1937)   [=*Asteromajia*]

Hsuchuangia yangchengensis Zhang et Wang, 1985   [=*Asteromajia*?]

Occurrence Cambrian Series 3 (Hsuchuangian to Changqingian); North China.

Asteromajia dongshankouensis Zhu, sp. nov.

(pl. 56, figs. 1-4)

Etymology   Dongshankou, a locality, where the new species occurs.

Holotype   Pygidium NIGP 62985-162 (pl. 56, fig. 33), from *Lioparia blautoeides* Zone (Changqingian) of Dongshankou, Gangdeershan, Wuhai City, Inner Mongolia Autonomous Region.

Material   1 incomplete cranidium, 1 librigena and 2 pygidia.

Description   Glabella wide (tr.), truncated conical, flat rounded anteriorly, with 3-4 pairs of very shallow lateral glabellar furrows; axial furrow wide and deep; preglabellar field wide (sag.); anterior border moderately wide (sag.), narrowing laterally; anterior border furrow shallow; occipital ring convex, broad medially, with a small occipital node posteromedially; occipital furrow wide and shallow, slightly bending forward laterally; fixigena narrow (tr.); eye ridge distinct; palpebral lobe short, located posteromedially; posterior border narrow, gently convex, less than basal glabella in width; posterior border furrow wide and deep; anterior branch of facial suture divergent from palpebral lobe, posterior branch extending outward and backward. An associated librigena subtrapezoidal in outline, with moderately long genal spine; lateral border convex, lateral border furrow deep; genal field wide, widening backward. Pygidium wide (tr.), subrhomboidal in outline, posterior margin broad, gently bending backward, pleural field narrow, merging into a pair of moderately long stout pygidial spine extending outward and backward; axis long and convex, slightly tapering backward, with 5 axial rings and a terminal piece; pleural field with 4-5 pairs of pleural ribs bending posterolaterally; 4-5 piars of pleural furrows deep; without border furrow and pygidial border narrow; prosopon of fine sporadic distributed granules.

Comparison   The new species differs from *Asteromajia hsuchuangensis* (Lu in Lu et Dong) (Qiu *et al.*, 1983, p. 88, pl. 29, fig. 3; Lu and Zhu, 2001, p. 283, pl. 2, fig. 5; Yuan *et al.*, 2014, p. 585, 586, pl. 1, figs. 1-3) chiefly in having wider longer glabella, narrower fixigenae, shorter (tr.) less bending forward posterior margin of pygidium, broad pygidial axis and shorter stout pygidial spine.

Locality and horizon   Dongshankou, Gangdeershan, Wuhai City, Inner Mongolia Autonomous Region, *Lioparia blautoeides* Zone of the Hulusitai Formation.

Asteromajia? sp.

(pl. 56, fig. 14)

Material   1 incomplete cranidium.

Description   Cranidium gently convex, subtrapezoidal in outline; axial furrow deep; glabella wide (tr.), truncated conical to subcylindrical in outline, broadly rounded anteriorly, with 4 pairs of very shallow lateral glabellar furrows, of which S1 is located behind midline of glabella, bifurcated, anterior branch slightly inclined backward, and almost connected in sagittal line, posterior branch strongly inclined backward, S2 located in front of midline of glabella, short, slightly slanting backward, S3 located behind inner end of eye ridge, horizontal, S4 located at inner end of eye ridge, slightly slanting forward; preglabellar field narrow (sag.); anterior border moderately wide (sag.), convex, narrowing laterally; anterior border furrow shallow; occipital ring convex, broad medially, with a small occipital node posteromedially; occipital furrow wide and shallow, slightly bending forward laterally; fixigena moderately wide (tr.); eye ridge convex, slanting backward behind anterior corner of glabella; palpebral lobe long, more than 0.5 times as long as glabella, located posteromedially; anterior branch of facial suture divergent from palpebral lobe, posterior branch extending outward and backward.

Comparison   In general outline of the cranidium and glabella, *Asteromajia*? sp. is similar to *Asteromajia dongshankouensis* Zhu, sp. nov., but it has gently tapering forward glabella, wider fixigenae between palpebral lobes, and longer palpebral lobe. Owing to absence of associated pygidium, the assignment is questionable.

Locality and horizon Dongshankou, Gangdeershan, Wuhai City, Inner Mongolia Autonomous Region, *Megagraulos inflatus* Zone of the Hulusitai Formation.

Genus *Idioura* Zhang et Yuan in Zhang *et al.*, 1980b

Type species *Idioura granosa* Zhang et Yuan in Zhang *et al.*, 1980b, p. 53, 54, 90, pl. 2, fig. 13, from *Crepicephalina convexa* Zone (Changqingian) of Zhongtiaoshan, Shuiyu Town, Ruicheng County, Shanxi Province.

Diagnosis and remarks See Yuan *et al.*, 2012, p. 179, 180, 545, 546.

Occurrence Cambrian Series 3 (Changqingian); North China (Shanxi, Shandong, Liaoning and Inner Mongolia).

Idioura sp.
(pl. 56, fig. 5)

Material 1 incomplete pygidium.

Description Pygidium subquadrate (except marginal spine), posterior margin almost straight; axis convex, cylindrical in outline, with 4 axial rings and a terminal piece; pleural field narrow, gently convex, subtriangular, with 2–3 pairs of pleural ribs; border flat, broadening backward, and extending posterolaterally and forming a pair of triangular marginal spine; border furrow shallow; surface smooth.

Comparison *Idioura* sp. differs from *Idioura laevigata* Zhang et Yuan in Zhang *et al.* (1980b, p. 54, pl. 2, fig. 14) from Zhongtiaoshan, Shuiyu Town, Ruicheng County, Shanxi Province, mainly in having longer cylindrical pygidial axis and shallower pygidial border furrow.

Locality and horizon Dongshankou, Gangdeershan, Wuhai City, Inner Mongolia Autonomous Region, upper part of *Psilaspis changchengensis* Zone of the Hulusitai Formation.

Genus *Tetraceroura* Chang, 1963

Type species *Tetraceroura chengshanensis* Chang (1963, p. 465, pl. 1, fig. 10), from *Megagraulos coreanicus* Zone or the lower part of *Crepicephalina convexa* Zone (Changqingian) of Chenshan, Zhaogezhuang, Guye District, Tangshan City, Hebei Province.

Diagnosis (revised) Glabella convex, short and wide, tapering forward, truncated conical in outline, broadly rounded anteriorly, with 3–4 pairs of shallow lateral glabellar furrows; preglabellar field narrow (sag.); anterior border furrow distinct, anterior border wide and flat or gently upturned; occipital ring convex, broad medially; fixigenae narrow between palpebral lobes; palpebral lobe medium in length, located medially. Pygidium convex, quadrate to rectangular in outline, with 2 pairs of marginal spines, of which second pair is longer and wider; axis strongly convex, slightly tapering backward, well rounded posteriorly, with 5–7 axial rings; pleural field gently convex; pleural furrows deep, interpleural furrows shallow; border wide, without border furrow.

Discussion In general configuration of cranidium, *Tetraceroura* is quite similar to *Grandioculus* Cossmann, 1908. However, both genera have different pygidium, and *Grandioculus* has narrow and strongly convex anterior border, longer palpebral lobe. Up to date, 4 species have been recorded: *Tetraceroura bispinosa* (Endo, 1937), *T. chengshanensis* Chang, 1963, *T. clara* Nan et Shi, 1985, *T. confecta* Nan et Shi, 1985, of which *T. confecta* erected based on single cranidium (Nan and Shi, 1985, pl. 1, fig. 14) bears the closest resemblance to *Grandioculus* Cossmann, 1908, and may be better grouped within the genus *Grandioculus*.

Occurrence Cambrian Series 3 (Changqingian); North and Northeast China.

Tetraceroura transversa Yuan et Zhu, sp. nov.

(pl. 56, figs. 10, 11)

Etymology   transversa, -us, -um (Lat.), referring to transversal wide pygidium of the new species.

Holotype   Pygidium NIGP 62985-170 (pl. 56, fig. 11), from *Megagraulos inflatus* Zone or *Psilaspis changchengensis* Zone (Changqingian) of the second ditch of western slope of Yilesitushan, Zhuozishan area, Wuhai City, Inner Mongolia Autonomous Region.

Material   2 pygidia.

Description   Pygidium convex, wide (tr.), inverted trapezoidal in outline, posterior margin wide, gently bending forward in sagittal line; axis strongly convex, slightly tapering backward, well rounded posteriorly, with 4–5 axial rings; pleural field gently convex, with 2–3 pairs of pleural furrows, of which anterior two pairs deep, posterior one shallow; interpleural furrows shallow; 2 pairs of pygidial marginal spines, of which the first pair is short and small, the second pair is broad and moderately long; border narrow, without border furrow.

Comparison   The new species differs from type species *Tetraceroura chengshanensis* Chang (1963, pl. 1, fig. 10) mainly in having shorter wider inverted trapezoidal pygidium, shorter axis with fewer axial rings.

Locality and horizon   The second ditch of western slope of Yilesitushan, Zhuozishan area, Wuhai City, Inner Mongolia Autonomous Region, *Megagraulos inflatus* Zone or *Psilaspis changchengensis* Zone of the Hulusitai Formation.

Tetraceroura sp.

(pl. 56, fig. 9)

Material   1 pygidium.

Description   Pygidium convex, wide (tr.), elliptical in outline, posterior margin narrow, strongly bending forward in sagittal line; axis strongly convex, slightly tapering backward, well rounded posteriorly, with 5–6 axial rings; pleural field gently convex, with 4 pairs of strongly bending backward pleural ribs, and with 4 pairs of pleural furrows, of which anterior three pairs deep, posterior one shallow; interpleural furrows extremely shallow; 2 pairs of pygidial marginal spines located posterolaterally, of which the first pair is short and wide, the second pair is broad and long; border narrow, without border furrow.

Comparison   *Tetraceroura* sp. differs from other species in having 2 pairs of pygidial marginal spines located posterolaterally, posterior margin of pygidium strongly bending forward in sagittal line.

Locality and horizon   Dongshankou, Gangdeershan, Wuhai City, Inner Mongolia Autonomous Region, *Megagraulos inflatus* Zone of the Hulusitai Formation.

Genus *Niuxinshania* Yuan et Zhang, nov.

Etymology   Niuxinshan, a locality, where the new genus occurs.

Type species   *Niuxinshania longxianensis* Yuan et Zhang, gen. et sp. nov., from upper part of *Sunaspis laevis-Sunaspidella rara* Zone (Hsuchuangian) of Niuxinshan, Jingfushan area, Longxian County, Shaanxi Province.

Diagnosis   Cranidium convex, quadrate in outline (except posterolateral projection); axial furrow wide and deep; glabella wide and long, strongly convex, truncated conical, flat rounded anteriorly, with 4 pairs of very shallow lateral glabellar furrows; occipital ring convex, semielliptical; fixigenae narrow, highly convex; eye ridge convex, slightly slanting backward from anterior corner of glabella; palpebral lobe moderately long to long, located posteromedially; anterior border furrow very shallow, slightly bending forward; anterior border narrow (sag.), preglabellar field wider than the anterior border, preocular field wide; posterolateral projection narrow (exsag.) and short (tr.); posterior border furrow wide and deep; posterior border narrow, gently convex, less than basal glabella in width; anterior branch of facial suture parallel forward from palpebral lobe. Pygidium transversal wide, posterior margin wider and gently bending backward, with a pair of very long marginal spine extending from pygidial border obliquely; axis narrow and long, tapering backward, with 5-6 axial rings; pleural field broad (tr.), gently convex, with 2-3 pairs of pleural ribs; 2-3 pairs of pleural furrows distinct; border broad and flat or slightly concave; surface smooth.

Discussion   In general outline of the cranidium, the new genus bears some resemblances to *Angustinouyia* Yuan et Zhang, gen. nov. (type species *A. quadrata* Yuan et Zhang, sp. nov.), but the latter has shorter smaller glabella, extremely vaulted narrower fixigenae between palpebral lobes, shorter palpebral lobe located posteriorly, gently concave preglabellar field, and divergent anterior branch of facial suture. In general configuration of pygidium, the new genus is also quite similar to *Asteromajia* Nan et Chang, 1982b [type species *A. hsuchuangensis* (Lu in Lu et Dong, 1952); Qiu *et al.*, 1983, p. 88, pl. 29, fig. 3; Lu and Zhu, 2001, p. 283, pl. 2, fig. 5; Yuan *et al.*, 2014, p. 585, 586, pl. 1, figs. 1-3]. However, it can be distinguished from the latter mainly by longer wider glabella, wider deeper axial furrow, narrower highly vaulted fixigenae between palpebral lobes, shallower anterior border furrow, transversal wider pygidium with narrower slimmer axis and wider pleural field, longer pygidial marginal spine extending from the pygidial border and wider flat and somewhat concave pygidial border.

Occurrence   Cambrian Series 3 (Hsuchuangian); North China (Shaanxi).

Niuxinshania longxianensis Yuan et Zhang, gen. et sp. nov.
(pl. 56, figs. 6-8)

Etymology   Longxian, a locality, where the new species occurs.

Holotype   Cranidium NIGP 62985-166 (pl. 56, fig. 7), from upper part of *Sunaspis laevis-Sunaspidella rara* Zone (Hsuchuangian) of Niuxinshan, Jingfushan area, Longxian County, Shaanxi Province.

Material   2 cranidia and 1 pygidium.

Description   Cranidium convex, nearly straight anteriorly, quadrate in outline (except posterolateral projection), 5.0 mm in length, 5.5 mm in width between palpebral lobes; axial furrow wide and deep, narrowing and shallowing in front of glabella; glabella wide and long, strongly convex, truncated conical, flat rounded anteriorly, with a low median keel in sagittal line, and with 4 pairs of very shallow lateral glabellar furrows, of which S1 is bifurcated, anterior branch short, horizontal, posterior branch long, slanting backward, S2 located in front of midline of glabella, slightly slanting backward, S3 located behind inner end of eye ridge, slightly slanting forward, S4 located at inner end of eye ridge, short, slightly slanting forward; occipital furrow wide and shallow, slightly bending forward medially; occipital ring convex, semielliptical, with a small occipital node posteromedially; fixigenae narrow, highly convex, steeply sloping down toward axial furrow and posterior border furrow, about 0.3 times as wide as glabella between palpebral lobes; eye ridge convex, slightly slanting backward from anterior corner of glabella; palpebral lobe moderately long to long, located posteromedially, more than 0.5 times as long as glabella, palpebral furrow wide and shallow; anterior border furrow very shallow, slightly bending forward; anterior border narrow (sag.), preglabellar field wider than the anterior border, preocular field wider, with 4-5 terrace lines convergent to sagittal line; posterolateral projection narrow (exsag.) and short (tr.); posterior border furrow wide and deep; posterior border narrow, gently convex, less than basal glabella in width; anterior branch of facial suture parallel forward from palpebral lobe, then bending inward as a rounded arc, and cutting anterior border at anterolateral margin, posterior branch extending outward and backward. An associated pygidium transversally wide, posterior margin wider and gently bending backward, with a pair of very long marginal spine extending from pygidial border obliquely; axis narrow and long, tapering backward, with 5-6 axial rings, axial ring furrows shallow; pleural field broad (tr.), gently convex, with 2-3 pleural ribs; 2-3 pairs of pleural furrows distinct; border broad and flat or slightly concave; surface smooth.

Locality and horizon　Niuxinshan, Jingfushan area, Longxian County, Shaanxi Province, the upper part of *Sunaspis laevis-Sunaspidella rara* Zone of the Manto Formation.

Family Proasaphiscidae Chang, 1963

Genus *Proasaphiscus* Resser et Endo in Kobayashi, 1935

Type species　*Proasaphiscus yabei* Resser et Endo in Kobayashi, 1935, p. 287, pl. 24, fig. 16, from *Bailiella lantenoisi* Zone (Hsuchuangian) of Dangshishan, 3.3 km Southeast of the Yantai County, Liaoning Province.

Diagnosis and discussion　See Yuan *et al.*, 2012, p. 534-537, 579, 580.

Occurrence　Cambrian Series 3 (upper Hsuchuangian to lower Changqingian); China, Russia (Siberia) and South Asia (Iran and India).

Proasaphiscus pustulosus Yuan et Zhu, sp. nov.

(pl. 86, figs. 12, 13)

Etymology　pustulosus, -a, -um (Lat.), pustular, pustulous, referring to pustular sculpture on the surface of cranidium of the new species.

Holotype　Cranidium NIGP 62985-689 (pl. 86, fig. 12), from *Bailiella lantenoisi* Zone (Hsuchuangian) of the second ditch of western slope of Yilesitushan, Zhuozishan area, Wuhai City, Inner Mongolia Autonomous Region.

Material　2 cranidia.

Description　Cranidium gently convex, arched forward anteriorly, subquadrate in outline (except posterolateral projection), 9.2 mm in length, 9.3 mm in width between palpebral lobes (holotype); axial furrow deep; glabella convex, robust, truncated conical, broadly rounded anteriorly, about 0.6 times as long as cranidium, with 4 pairs of shallow lateral glabellar furrows, of which S1 and S2 are bifurcated, anterior branch short, horizontal, posterior branch slanting backward, S3 located behind inner end of eye ridge, horizontal, S4 short, located at inner end of eye ridge, slightly slanting forward; occipital ring convex, wide medially, with a small occipital node posteromedially; fixigena narrow, gently convex, about 0.4 times as wide as glabella between palpebral lobes; eye ridge convex, slanting backward behind anterior corner of glabella; palpebral lobe moderately long, about 0.5 times as long as glabella, located posteromedially; palpebral furrow shallow; anterior border furrow shallow, anterior border wide (sag.), gently convex, narrowing laterally; preglabellar field narrow (sag.), about 0.25 times as wide as anterior border (sag.); preocular field wide, gently sloping down toward anterior border furrow; posterolateral projection narrow (exsag.) and short (tr.); posterior border furrow deep, posterior border narrow, gently convex, about 0.75 times as wide as basal glabella in width (tr.); anterior branch of facial suture divergent forward from palpebral lobe, across anterior border furrow, then bending inward, and cutting anterior border at anterolateral margin, posterior branch extending outward and backward; prosopon of fine closely spaced granules.

Comparison　In general configuration of cranidium and glabella, the new species bears some resemblances to *Proasaphiscus machidai* (Endo) (Endo, 1937, p. 352, pl. 59, fig. 15; pl. 60, figs. 22, 23; Yuan *et al.*, 2012, p. 239, pl. 119, figs. 8-13; pl. 120, figs. 5, 6; pl. 122, figs. 15-20; pl. 123, figs. 1-25; pl. 124, figs. 5-9). However, it differs from the latter in having shorter wider glabella, extremely narrow preglabellar field, and prosopon of fine closely spaced granules. The new species bears the closest resemblance to *Proasaphiscus huoshanensis* Zhang et Wang (1985, p. 416, pl. 124, fig. 6) and *Proasaphiscus hongtongensis* Zhang et Wang (1985, p. 417, pl. 124, fig. 8) from the Changhia Formation of Guojiajie, Hongdong County,

Shanxi Province. However, the new species has wider cranidium, wider fixigenae between palpebral lobes, deeper lateral glabellar furrows, wider occipital ring medially with a occipital node, longer palpebral lobe, less divergent anterior branch of facial suture and fine more closely spaced granules on the surface of cranidium.

Locality and horizon   The second ditch of western slope of Yilesitushan, Zhuozishan area, Wuhai City, Inner Mongolia Autonomous Region, *Bailiella lantenoisi* Zone of the Hulusitai Formation.

Proasaphiscus zhuozishanensis Yuan et Zhu, sp. nov.

(pl. 57, figs. 1–13)

Etymology   Zhuozishan, a locality, where the new species occurs.

Holotype   Cranidium NIGP 62985-178 (pl. 57, fig. 1), from *Poriagraulos nanus* Zone (Hsuchuangian) of Abuqiehaigou, Zhuozishan area, Wuhai City, Inner Mongolia Autonomous Region.

Material   7 cranidia, 1 librigena, 1 hypostome and 7 pygidia.

Description   Cranidium gently convex, slightly bending forward anteriorly, subquadrate in outline (except posterolateral projection), 26.5 mm in length, 26.0 mm in width between palpebral lobes (holotype); axial furrow narrow and distinct, slightly curved laterally, wider in front of glabella, with a short ridge parallel with anterior margin; glabella convex, truncated conical, broadly rounded anteriorly, about 0.7 times as long as cranidium, and with a low median keel in sagittal line, as well as with 4 pairs of shallow lateral glabellar furrows, of which S1 is located behind midline of glabella, tripartite, anterior branch short, horizontal or slightly slanting forward, middle branch long and deep, strongly slanting backward and connecting each other in sagittal line, posterior branch turning backward and connecting with axial furrow, and forming an oval lateral glabellar lobe, S2 located in front of midline of glabella, bifurcated, anterior branch short, slightly slanting forward, posterior branch long, slanting backward, S3 located behind inner end of eye ridge, bifurcated, anterior branch slightly slanting forward, posterior branch horizontal, S4 short, located at inner end of eye ridge, slightly slanting forward; occipital ring convex, wide medially, with a small occipital node posteromedially; occipital furrow narrow and shallow; fixigena narrow, gently convex, about 0.5 times as wide as glabella between palpebral lobes; eye ridge convex, slanting backward behind anterior corner of glabella; palpebral lobe moderately long to short, about 0.43 times as long as glabella, located medially; palpebral furrow shallow; anterior border furrow narrow and shallow, anterior border wide (sag.) and flat, slightly upturned forward, narrowing laterally; preglabellar field narrow (sag.), about 0.5 times as wide as anterior border (sag.); preocular field wide, gently sloping down toward anterior border furrow, about 3–4 times as wide as preglabellar field (sag.); posterolateral projection narrow (exsag.) and short (tr.); posterior border furrow distinct, posterior border narrow, gently convex, about 0.8 times as wide as basal glabella in width (tr.); anterior branch of facial suture strongly divergent forward from palpebral lobe, across anterior border furrow, then bending inward, and cutting anterior border at anterolateral margin, posterior branch extending outward and backward. An associated librigena with short to moderately long genal spine extending obliquely; lateral border furrow shallow, lateral border wide, gently convex; genal field wider than lateral border, widening backward. An associated hypostome elongated elliptical, anterior margin wider than posterior margin; middle body elongated oval, anterior lobe of middle body convex, oval, posterior lobe crescent, middle furrow deep laterally, strongly slanting backward, very shallow medially; anterior wing triangular with obtuse angle; border furrow shallow, border narrow, gently convex. An associated pygidium large, 20.0 mm in length, 27.0 mm in width (largest specimen), semielliptical; axial furrow distinct; axis long and convex, well rounded posteriorly, with 7–8 axil rings, only anterior 5 rings distinct; pleural field gently convex, slightly wider (tr.) than axis, with 5–6 pairs of pleural ribs; pleural furrows distinct, bending backward, and extending onto pygidial border, interpleural furrows obscure, without distinct border furrow; surface smooth.

Comparison   In general outline of the cranidium and glabella, the new species is similar to *Proasaphiscus honanensis* Chang (1959, p. 205, 227, 228, pl. 3, figs. 1–4; Text-fig. 24). However, it differs from the latter mainly in having longer stout glabella with 4 pairs of deeper lateral glabellar furrows, of which S1, S2 and S3 are bifurcated, and with an oval lateral glabellar lobe and a low median keel, a transversal ridge in front of glabella, larger pygidium with more axial rings. In general configuration of cranidium, the new species bears some resemblances to *Proasaphiscus decelus* (Walcott) (Walcott, 1913, p. 212, pl. 21, fig. 8; Zhang and Jell, 1987, p. 144, pl. 58, fig. 11) from Hsuchuangian of Yanzhuang, Laiwu City, Shandong Province. However, it has distinct anterior border furrow, gently upturned anterior border, 4 pairs of deeper lateral glabellar furrows, of which S1, S2 and S3 are bifurcated, and with an oval lateral glabellar lobe and a low median keel, a transversal ridge in front of glabella.

Locality and horizon   Abuqiehaigou, Zhuozishan area, Wuhai City, Inner Mongolia Autonomous Region, *Poriagraulos nanus* Zone of the Hulusitai Formation.

Proasaphiscus sp. A

(pl. 66, fig. 17; pl. 71, fig. 18)

Material   1 cranidium and 1 pygidium.

Description   Cranidium gently convex, subquadrate in outline, slightly bending forward anteriorly, 8.0 mm in length, 8.3 mm in width between palpebral lobes; axial furrow deep laterally, narrow and shallow in front of glabella; glabella convex, truncated conical, slightly tapering forward, broadly rounded anteriorly, about 0.7 times as long as cranidium, lateral glabellar furrows very shallow; occipital ring convex, wide medially, with a small occipital node posteromedially; occipital furrow shallow, slightly bending backward; fixigena narrow, gently convex, less than 0.5 times as wide as glabella between palpebral lobes; eye ridge convex, slanting backward behind anterior corner of glabella; palpebral lobe moderately long, about 0.43 times as long as glabella, located posteromedially; palpebral furrow shallow; anterior border furrow shallow, anterior border wide (sag.) and flat, gently convex, narrowing laterally; preglabellar field extremely narrow (sag.), about 0.3 times as wide as anterior border (sag.); preocular field wide, gently sloping down toward anterior border furrow, about 4 times as wide as preglabellar field (sag.); posterolateral projection narrow (exsag.) and short (tr.); posterior border furrow distinct, posterior border narrow, gently convex; anterior branch of facial suture divergent forward from palpebral lobe, across anterior border furrow, then bending inward, and cutting anterior border at anterolateral margin, posterior branch extending outward and backward. Pygidium gently convex, semicircular; axial furrow deep; axis convex, inverted conical, less than 1/3 of pygidial width, occupying 2/3 of total pygidial length, with 5–6 axial rings and a terminal piece, axial ring furrows shallow; pleural field wide, gently convex, with 4–5 pairs of pleural ribs, pleural furrows deep, and extending onto pygidial border; border wide, slightly concave, without distinct border furrow.

Comparison   *Proasaphiscus* sp. A is similar to *Proasaphiscus angustilimbatus* (Resser et Endo) (Resser and Endo, 1937, p. 248, pl. 41, figs. 9–16; Zhang and Jell, 1987, p. 144, pl. 62, figs. 12–15; pl. 63, figs. 1–3) from late Hsuchuangian of Huolianzhai, Benxi City, Liaoning Province. However, it differs from the latter in having indistinct lateral glabellar furrows, narrower fixigenae between palpebral lobes, less divergent anterior branch of facial suture, wider somewhat concave pygidial border, and pleural furrows bending backward. Based on the configuration of cranidium, especially the narrower fixigena, *Proasaphiscus angustilimbatus* (Resser et Endo) was reassigned to the genus *Iranochresterius* (Yuan et al., 2012, p. 257).

Locality and horizon   Dongshankou, Gangdeershan, Wuhai City, Inner Mongolia Autonomous Region, *Bailiella lantenoisi* Zone of the Hulusitai Formation.

Proasaphiscus sp. B

(pl. 73, fig. 18)

Material 1 incomplete cranidium.

Description Cranidium gently convex, subquadrate in outline (except posterolateral projection), slightly bending forward anteriorly, 12.0 mm in length; axial furrow narrow and shallow; glabella wide (tr.), convex, truncated conical, slightly tapering forward, broadly rounded anteriorly, about 0.7 times as long as cranidium, lateral glabellar furrows very shallow; occipital ring convex, wide medially; occipital furrow wide and distinct laterally, narrow and shallow medially; fixigena narrow, gently convex, about 0.5 times as wide as glabella between palpebral lobes; eye ridge and palpebral lobe not preserved; palpebral furrow shallow; anterior border furrow wide and shallow, anterior border wide (sag.), gently upturned, narrowing laterally; preglabellar field moderately wide (sag.), about 0.5 times as wide as anterior border (sag.); preocular field wide, gently sloping down toward anterior border furrow, about 2.5 times as wide as preglabellar field (sag.); posterolateral projection narrow (exsag.) and short (tr.); posterior border furrow distinct, posterior border narrow, gently convex; anterior branch of facial suture divergent forward from palpebral lobe, across anterior border furrow, then bending inward, and cutting anterior border at anterolateral margin, posterior branch extending outward and backward; surface smooth.

Comparison *Proasaphiscus* sp. B is quite similar to *Proasaphiscus butes* (Walcott, 1905) (Walcott, 1913, p. 199, pl. 19, figs. 7, 7a-d; Zhang and Jell, 1987, p. 142–144, pl. 55, fig. 6; pl. 56, figs. 4–8; pl. 57, figs. 1–5, 8–12; pl. 58, fig. 2, non figs. 1, 3, 4), and differs from the latter in the slightly upturned anterior border and narrower shallow axial furrow.

Locality and horizon Niuxinshan, Jingfushan area, Longxian County, Shaanxi Province, *Poriagraulos nanus* Zone of the Manto Formation.

Genus *Zhongtiaoshanaspis* Zhang et Yuan in Zhang *et al.*, 1980b

Type species *Zhongtiaoshanaspis ruichengensis* Zhang et Yuan in Zhang *et al.*, 1980b, p. 71, pl. 4, fig. 14b; pl. 7, fig. 11, from *Asteromajia hsuchuangensis-Ruichengella triangularis* Zone (Hsuchuangian) of Zhongtiaoshan, Shuiyu Town, Ruicheng County, Shanxi Province.

Diagnosis (revised) Proasaphiscids; glabella long and wide, conical in outline; fixigena moderately wide (tr.); eye ridge convex, with a median furrow, dividing eye ridge into two parts; palpebral lobe long, about 0.7 times as long as glabella, separating from eye ridge by a shallow furrow, palpebral furrow wide and deep; preglabellar field wide, gently convex; anterior border moderately wide, convex, with an ill-developed plectrum on its posterior margin in sagittal line; anterior border furrow deep, shallowing in sagittal line. Thorax of 13–14 segements, pleural spine short, slightly bending backward, last pleural spine longest, extending backward. Pygidium small, semielliptical; axis wide and long, with 5–6 axial rings; pleural field narrow, gently convex; border narrow and flat, border furrow shallow; surface smooth.

Discussion *Parazhongtiaoshanaspis* Qiu in Qiu *et al.*, 1983 was considered as a junior synonym of *Kailiella* Lu et Chien in Lu *et al.*, 1974 (Yuan *et al.*, 2008, p. 90, 91). Up to date, 12 species were assigned to *Zhongtiaoshanaspis*: *Z. ruichengensis* Zhang et Yuan in Zhang *et al.*, 1980, *Z. minus* Zhang et Yuan in Zhang *et al.*, 1980b, *Z.? rara* Zhang et Yuan in Zhang *et al.*, 1980b, *Z. similis* Zhang et Yuan in Zhang *et al.*, 1981, *Z. huainanensis* Lin in Qiu *et al.*, 1983, *Z. elongata* Qiu in Qiu *et al.*, 1983, *Z. punctata* Qiu in Qiu *et al.*, 1983, *Z. weijiensis* Qiu in Qiu *et al.*, 1983, *Z. transversa* Qiu in Qiu *et al.*, 1983, *Z. magna* Zhang in Qiu *et al.*, 1983, *Z. yangchengensis* Zhang et Wang, 1985, *Z. yanzhuangensis* Zhang et Jell, 1987, of which *Z. huainanensis* Lin in Qiu *et al.*, 1983, *Z. magna* Zhang in Qiu *et al.*, 1983 and *Z. similis* Zhang et Yuan in Zhang *et al.*, 1981 are here regarded as one species. In general outline of the cranidium and glabella, it bears the closest resemblance to *Kailiella* Lu et Chien in Lu *et al.* (type species *Kailiella angusta* Lu et Chien in Lu *et al.*, 1974b, p. 98, pl. 38, fig. 5; Yuan *et al.*, 2002, p. 195, 196, pl. 55, figs. 6–8; pl. 56, figs. 1–10; pl. 57, fig. 9). However, it differs from the latter in having wider (tr.) cranidium, longer palpebral lobe, deeper palpebral furrow, strongly convex eye ridge with a median furrow, dividing eye ridge into two parts, wider preocular field, wider deeper anterior border furrow, strongly divergent anterior branch of facial suture and longer semielliptical pygidium with 5–6 axial rings instead of rather small pygidium with 1–2 axial rings in the latter. The differences between *Zhongtiaoshanaspis* and *Douposiella* Lu et Chang in Lu *et al.*, 1974b have been discussed in detail (Yuan *et al.*, 2002, p. 180). Therefore, *Zhongtiaoshanaspis transversa* Qiu in Qiu *et al.* (1983, p. 142, 143, pl. 48, figs. 1, 2) should be better reassigned to *Douposiella*. Besides, *Kunmingaspis angustilimbata* Mong in Zhou *et al.* (1977, p. 142, pl. 44, fig. 15) from Wangjiagou Village, Tangyao Town, Dengfeng County, Henan Province was transferred to *Hsuchuangia* (Zhang *et al.*, 1995, p. 39, pl. 12, figs. 7, 8), but it is better grouped within *Zhongtiaoshanaspis* because of the presence of deeper anterior border furrow and longer palpebral lobe.

Occurrence   Cambrian Series 3 (Hsuchuangian); North China (Shanxi, Shandong, Henan, Anhui and Ningxia).

Genus *Iranoleesia* King, 1955

Type species   *Irania pisiformis* King, 1937, p. 12, 13, pl. 2, figs. 6a–c; Wittke, 1984, p. 104, 105, pl. 1, figs. 1–11; text-fig. 2, from Cambrian Series 3 of Northwest of Shiraz, Iran.

Diagnosis and discussion   See Yuan *et al.*, 2012, p. 244, 245, 581.

Occurrence   Cambrian Series 3; North China and South Asia (Iran and India).

Subgenus *Iranoleesia* (*Iranoleesia*) King, 1955

Iranoleesia (*Iranoleesia*) *angustata* Yuan et Zhang, sp. nov.
(pl. 58, figs. 8–15)

Etymology   angust, angusti (Lat.), narrow, referring to the cranidium with narrower anterior border of the new species.

Holotype   Cranidium NIGP 62985-197 (pl. 58, fig. 8), from the lower part of *Sunaspis laevis-Sunaspidella rara* Zone (Hsuchuangian) of Qianlishan, northern Wuhai City, Inner Mongolia Autonomous Region.

Material   6 cranidia, 1 cephalon with partly thorax and 1 pygidium.

Description   Cranidium gently convex, subquadrate in outline, 5.3 mm in length, 5.6 mm in width between palpebral lobes (holotype); axial furrow deep; glabella long, moderately convex, truncated conical, slightly tapering forward, broadly rounded anteriorly, more than 0.7 times as long as cranidium, with a low median keel in sagittal line, and with 4 pairs of distinct lateral glabellar furrows, of which S1 is bifurcated, anterior branch horizontal, posterior branch long, slanting backward, S2 located in front of midline of glabella, slightly slanting backward, S3 located behind inner end of eye ridge, slightly slanting forward, S4 short, located at inner end of eye ridge, slightly slanting forward; occipital ring gently convex, wide medially, with a small occipital node posteromedially; occipital furrow deep; preglabellar field narrow (sag.); anterior border narrow (sag.), convex or slightly upturned; anterior border furrow wide and deep, slightly bending forward; fixigena narrow, more than 0.5 times as wide as glabella between palpebral lobes; palpebral lobe moderately long to long, 0.6 times as long as glabella, located posteromedially; eye ridge convex, slanting backward behind anterior corner of glabella; posterolateral projection narrow (exsag.) and short (tr.); posterior border furrow wide and deep, posterior border narrow, gently convex, about 0.8 times as wide as basal glabella in width (tr.); anterior branch of facial suture slightly divergent forward from palpebral lobe, posterior branch extending outward and backward. Pygidium semielliptical in outline, axis long, inverted conical, highly convex, with 5–6 axial rings; pleural field gently convex, with 4–5 pairs of pleural ribs, pleural furrows deep, interpleural furrows distinct; border narrow, without distinct border furrow.

Comparison　The new species differs from type species *Iranoleesia pisiformis* (King) (Fortey and Rushton, 1976, p. 329, 330, pl. 9, figs. 6, 8, 10, 12; Wittke, 1984, p. 104, 105, pl. 1, figs. 1–11; text-fig. 2) mainly in having narrower slightly upturned anterior border, 4 pairs of deeper lateral glabellar furrows, longer palpebral lobe, semielliptical pygidium with longer highly vaulted axis, deeper pleural and interpleural furrows. The new species shows some similarities to *Iranoleesia* (*Proasaphiscina*) *quadrata* Lin et Wu in Zhang *et al.*, 1980b, for example, slightly tapering forward glabella with deeper lateral glabellar furrows, narrower (sag.) lower preglabellar field, and wider deeper anterior border furrow. However, it differs from the latter chiefly in the less arched forward anterior margin of cranidium, strongly tapering forward glabella, narrower anterior border and wider fixigenae between palpebral lobes. The new species can be compared with *Iranoleesia* (*Proasaphiscina*) *angusta* (Zhang et Wang) (Zhang and Wang, 1985, p. 441, pl. 129, figs. 14–16; Wang and Zhang, 1994b, p. 235, pl. 12, figs. 9, 10) from Hsuchuangian of Hanshan, Fanzhi County, Shanxi Province. However, the latter has longer glabella with shallower lateral glabellar furrows, shallower axial and occipital furrows, wider gently convex anterior border.

Locality and horizon　Qianlishan, northern Wuhai City, Dongshankou, Gangdeershan, Wuhai City and Taosigou, Hulusitai, Alashan, Inner Mongolia Autonomous Region, the lower part of *Sunaspis laevis-Sunaspidella rara* Zone of the Hulusitai Formation.

Iranoleesia (*Iranoleesia*) *qianlishanensis* Yuan et Zhang, sp. nov.

(pl. 71, figs. 15–17)

Etymology　Qianlishan, a locality, where the new species occurs.

Holotype　Cranidium NIGP 62985-434 (pl. 71, fig. 17), from the lower part of *Sunaspis laevis-Sunaspidella rara* Zone (Hsuchuangian) of Qianlishan, northern Wuhai City, Inner Mongolia Autonomous Region.

Material　2 cranidia and 1 hypostome.

Description　Cranidium wide (tr.), gently convex, quadrate in outline (except posterolateral projection), 12.0 mm in length, 15.0 mm in width between palpebral lobes (holotype); axial furrow wide and deep, narrow and shallow in front of glabella; glabella broad, moderately convex, truncated conical to cylindrical, flat rounded anteriorly, more than 0.7 times as long as cranidium, with 4 pairs of distinct lateral glabellar furrows, of which S1 is bifurcated, anterior branch horizontal, posterior branch long, slanting backward, almost connecting with occipital furrow, S2 located in front of midline of glabella, slightly slanting backward, S3 located behind inner end of eye ridge, horizontal, isolating from axial furrow, S4 short, located at inner end of eye ridge, slightly slanting forward; occipital ring convex, wide medially; occipital furrow narrow medially, wide, deep and slightly bending forward laterally; preglabellar field wider than the anterior border (sag.), gently convex, inclining toward anterior border furrow; preocular field wider, 2 times as wide as preglabellar field; anterior border narrow (sag.), gently convex or slightly upturned; anterior border furrow wide and deep, slightly bending forward; fixigena wide (tr.), more than 0.7 times as wide as glabella between palpebral lobes; palpebral lobe moderately long to short, 0.4 times as long as glabella, bending as an arc, located posteromedially; eye ridge convex, slanting backward behind anterior corner of glabella, with a shallow median furrow; posterolateral projection narrow (exsag.), subtriangular; posterior border furrow wide and deep, posterior border narrow, gently convex, about 0.75 times as wide as basal glabella in width (tr.); anterior branch of facial suture strongly divergent forward from palpebral lobe, across anterior border furrow, then bending inward and cutting anterior border at anterolateral margin, posterior branch extending outward and backward. An associated hypostome rectangular; middle body elongated oval, anterior lobe of middle body convex, pear-shaped, posterior lobe crescent, middle furrow wide and deep, strongly slanting backward; anterior and posterior border furrow shallow, lateral border furrow narrow and deep; border narrow and convex; anterior wing triangular with obtuse angle; prosopon of many radiated striations on the surface of fixigena and preglabellar field.

Comparison The new species differs from type species *Iranoleesia pisiformis* (King) (Fortey and Rushton, 1976, p. 329, 330, pl. 9, figs. 6, 8, 10, 12; Wittke, 1984, p. 104, 105, pl. 1, figs. 1–11; text-fig. 2) mainly in having longer glabella with deeper lateral glabellar furrows, wider preglabellar field (sag.), narrower anterior border, deeper anterior border furrow, shorter palpebral lobe, broader posterolateral projection (exsag.) and different outline of hypostome. It can be also discriminated from *Iranoleesia* (*Iranoleesia*) *angustata* Yuan et Zhang, sp. nov. by the wider preglabellar field and anterior border (sag.), wider fixigenae between palpebral lobs, shorter palpebral lobe, wider posterolateral projection (exsag.) and convex anterior border instead of slightly upturned anterior border in the latter. In the presence of wider preglabellar field, the new species bears some resemblances to *Yujinia angustilimbata* Zhang et Yuan in Zhang *et al.* from Zhongtiaoshan, Shuiyu Town, Ruicheng County, Shanxi Province (Zhang *et al.*, 1980b, p. 73, pl. 8, figs. 3, 4). However, the latter has shallower axial furrow, lateral glabellar furrows and anterior border furrow, wider anterior border, narrower fixigenae between palpebral lobes located posteriorly, and strongly divergent anterior branch of facial suture.

Locality and horizon Qianlishan, northern Wuhai City, Inner Mongolia Autonomous Region, the lower part of *Sunaspis laevis-Sunaspidella rara* Zone of the Hulusitai Formation.

Subgenus *Iranoleesia* (*Proasaphiscina*) Lin et Wu in Zhang *et al.*, 1980b

Type species *Proasaphiscina quadrata* Lin et Wu in Zhang *et al.*, 1980b, p. 76, 77, pl. 9, figs. 1–3, from the lower part of *Sunaspis laevis-Sunaspidella rara* Zone (Hsuchuangian) of Zhongtiaoshan, Shuiyu Town, Ruicheng County, Shanxi Province.

Diagnosis and Discussion See Yuan *et al.*, 2012, p. 247, 582.

Occurrence Cambrian Series 3 (Hsuchuangian); North China.

Iranoleesia (*Proasaphiscina*) *microspina* Yuan et Zhang, sp. nov.
(pl. 58, fig. 20; pl. 59, figs. 1–16; pl. 61, figs. 1–4)

Etymology micr-, micro- (Gr.), small, a little, petty, minor, minute, tiny; spin- (Lat.), spine, needle, referring to a pair of small spine on lateral margin of pygidium of the new species.

Holotype Cranidium NIGP 62985-210 (pl. 59, fig. 1), from *Metagraulos dolon* Zone (Hsuchuangian) of Dongshankou, Gangdeershan, Wuhai City, Inner Mongolia Autonomous Region.

Material 12 cranidia, 2 pygidia with partly thorax, 2 librigenae and 6 pygidia.

Description Cranidium convex, quadrate in outline, gently bending forward anteriorly, 10.5 mm in length, 12.5 mm in width between palpebral lobes (holotype); axial furrow deep; glabella broad (tr.), strongly convex, truncated conical, broadly rounded anteriorly, more than 0.63 times as long as cranidium (except occipital ring), with 4 pairs of shallow but distinct lateral glabellar furrows, of which S1 is bifurcated, anterior branch slightly slanting forward, posterior branch strongly slanting backward, S2 short and bifurcated, located in front of midline of glabella, posterior branch slanting backward, S3 located behind inner end of eye ridge, nearly horizontal or slightly slanting forward, S4 short, located at inner end of eye ridge, slightly slanting forward; occipital ring convex, semielliptical, wide medially with a small occipital node posteromedially; occipital furrow deep; preglabellar field narrow, gently convex, slightly narrower than the anterior border (sag.); anterior border convex, narrowing laterally; preocular field wider than the anterior border (sag.); anterior border furrow wide and deep, slightly bending forward; fixigena narrow (tr.), gently convex, highest near palpebral lobe, more than 0.57 times as wide as glabella between palpebral lobes; palpebral lobe moderately long to short, 0.4 times as long as glabella, located posteromedially; eye ridge gently convex, slanting backward behind anterior corner of glabella; posterolateral projection narrow (exsag.) and short (tr.), subtriangular; posterior border furrow wide and deep, posterior border narrow, gently convex, about 0.66 times as wide as basal glabella in width (tr.); anterior branch of facial suture parallel forward from palpebral lobe, across anterior border furrow, then bending inward and cutting anterior border at anterolateral margin, posterior branch extending outward and backward. Librigena wide, with a moderately long genal spine, gently convex; lateral border wide, convex, lateral border furrow distinct; genal field wide, slightly sloping down toward lateral border furrow, about 3–4 times as wide as lateral border (tr.), with many radiated striations, posterolateral border furrow wide and deep, shallowing and narrowing backward; an incomplete exoskeleton with 9 thoracic segments; axis convex, slightly tapering backward, pleural furrows and axial ring furrows deep; pleural field narrower than axis, gently convex, with short slightly bending backward pleural spines. Pygidium small, rhomboidal, ratio of length to width about 1 : 2, with a pair of short marginal spine; axis wide and long, inverted conical, occupying 9/10 of total pygidial length, with 4–5 axial rings and a terminal piece; pleural field gently convex, with 3–4 pairs of pleural ribs; 3–4 pairs of pleural furrows deep, interpleural furrows very shallow or indistinct; border narrow and flat, without border furrow; surface smooth.

Comparison The new species differs from type species *Iranoleesia* (*Proasaphiscina*) *quadrata* Lin et Wu in Zhang *et al.* (1980b, p. 76, 77, pl. 9, figs. 1–3) mainly in having longer wider cranidium and glabella, more strongly tapering forward glabella with 4 pairs of deeper lateral glabellar furrows, narrower preglabellar field (sag.), shorter palpebral lobe, wider posterolateral projection (exsag.), longer pygidium with more axial rings and smooth surface. In general outline of the pygidium, especially the presence of a pair of short marginal spine of pygidium, the new species is similar to *Iranoleesia* (*Iranoleesia*) *pisiformis spinosa* Wittke (1984, p. 105, 106, pl. 1, figs. 14, 16, 17). However, the latter has transversal pygidium with more axial rings. It can be also distinguished from *Iranoleesia* (*Iranoleesia*) *chinensis* (Lin in Qiu *et al.*) from the Changhia Formation of Luogang, Tongshan County, northern Jiangsu Province (Qiu *et al.*, 1983, p. 149, pl. 43, figs. 10, 11) by its wider glabella, narrower preglabellar field, narrower fixigenae between palpebral lobes, longer palpebral lobe, longer pygidium with longer wider axis, narrower pygidial border and smooth surface.

Locality and horizon Dongshankou, Gangdeershan, Wuhai City, Inner Mongolia Autonomous Region, *Metagraulos dolon* Zone of the Hulusitai Formation; Abuqiehaigou, Zhuozishan area, Wuhai City, Inner Mongolia Autonomous Region, *Poriagraulos nanus* Zone of the Hulusitai Formation.

Iranoleesia (*Proasaphiscina*) *pustulosa* Yuan et Zhang, sp. nov.

(pl. 58, figs. 18, 19)

Etymology pustulosa, -us, -um (Lat.), pustular, pustulous, referring to closely spaced pustular sculpture on the surface of cranidium of the new species.

Holotype Cranidium NIGP 62985-208 (pl. 58, fig. 19), from *Metagraulos dolon* Zone (Hsuchuangian) of Dongshankou, Gangdeershan, Wuhai City, Inner Mongolia Autonomous Region.

Material 2 cranidia.

Description Cranidium gently convex, subquadrate in outline, 7.8 mm in length, 8.4 mm in width between palpebral lobes (holotype); axial furrow deep; glabella long, subcylindrical, flat rounded anteriorly, with 4 pairs of shallow lateral glabellar furrows, of which S1 is bifurcated, anterior branch horizontal, posterior branch long, slanting backward as an arch, nearly connected in sagittal line, S2 located at midline of glabella, slightly slanting backward, S3 located behind inner end of eye ridge, slightly slanting forward, S4 very short, located at inner end of eye ridge, slightly slanting forward; occipital ring gently convex, wide medially, with a small occipital node posteromedially; occipital furrow deep and wide laterally, narrow and shallow medially; preglabellar field very narrow (sag.); anterior border broad, convex; anterior border furrow narrow and shallow, slightly bending forward; fixigena narrow (tr.), more than 0.5 times as wide as glabella between palpebral lobes; palpebral lobe long, its posterior end reaching at the level of occipital furrow, about 0.7 times as long as glabella, located posteromedially; eye ridge short and convex, slanting backward behind anterior corner of glabella; posterolateral projection narrow (exsag.) and short (tr.); posterior border furrow wide and deep, posterior border narrow, gently convex, about 0.86 times as wide as basal glabella in width (tr.); anterior branch of facial suture slightly divergent from palpebral lobe, posterior branch extending outward and backward; prosopon of closely spaced fine pustulous granules.

Comparison   The new species differs from type species *Iranoleesia* (*Proasaphiscina*) *quadrata* Lin et Wu in Zhang *et al.* (1980b, p. 76, 77, pl. 9, figs. 1-3) mainly in having longer slightly tapering forward glabella, narrower somewhat concave preglabellar field, wider fixigenae between palpebral lobes. In general outline of the cranidium and glabella, especially the presence of narrower preglabellar field, and slightly tapering forward glabella, the new species bears some resemblances to *Iranoleesia* (*Proasaphiscina*) *microspina* Yuan et Zhang, sp. nov. However, it can be discriminated from the latter chiefly by the longer slimmer glabella, wider fixigenae between palpebral lobes, longer palpebral lobe and prosopon of closely spaced fine pustulous granules.

Locality and horizon   Dongshankou, Gangdeershan, Wuhai City, Inner Mongolia Autonomous Region and Suyukou-Wudaotang, Helanshan, Ningxia Hui Autonomous Region, *Metagraulos dolon* Zone of the Hulusitai Formation.

Iranoleesia (*Proasaphiscina*) sp. A

(pl. 61, fig. 13)

Material   1 cranidium.

Description   Cranidium gently convex, nearly quadrate in outline (except posterolateral projection), 12.0 mm in length, 11.0 mm in width between palpebral lobes; axial furrow wide and deep; glabella long, moderately convex, subcylindrical, flat rounded anteriorly, occupying about 2/3 of total cranidial length, with 3-4 pairs of shallow lateral glabellar furrows; occipital ring convex, wide medially; occipital furrow deep and wide; preglabellar field wider than the anterior border, gently convex, sloping down toward anterior border furrow; preocular field wider, about 1.7 times as wide as preglabellar field (sag.); anterior border narrow, gently convex; anterior border furrow wide and deep laterally, slightly bending forward, shallow and narrow medially; fixigena wide (tr.), more than 0.6 times as wide as glabella between palpebral lobes; palpebral lobe moderately long to long, bending as an arch, about 0.6 times as long as glabella, located posteromedially, palpebral furrow distinct; eye ridge convex, slanting backward behind anterior corner of glabella; posterolateral projection narrow (exsag.); posterior border furrow wide and deep; anterior branch of facial suture slightly divergent from palpebral lobe, across anterior border furrow, then bending inward and cutting anterior border at anterolateral margin, posterior branch extending outward and backward.

Comparison   *Iranoleesia* (*Proasaphiscina*) sp. A differs from *Iranoleesia* (*Proasaphiscina*) *microspina* Yuan et Zhang, sp. nov. mainly in having wider preglabellar field, longer slimmer glabella with shallower lateral glabellar furrows, and wider fixigenae between palpebral lobes.

Locality and horizon   Suyukou-Wudaotang, Helanshan, Ningxia Hui Autonomous Region, *Metagraulos dolon* Zone of the Hulusitai Formation.

Iranoleesia (*Proasaphiscina*) sp. B

(pl. 72, fig. 12)

Material   1 cranidium.

Description   Cranidium gently convex, nearly quadrate in outline (except posterolateral projection), 8.0 mm in length, 7.7 mm in width between palpebral lobes; axial furrow narrow, very shallow in front of glabella; glabella wide (tr.), moderately convex, truncated conical, broadly rounded anteriorly, occupying about 2/3 of total cranidial length, with 4 pairs of shallow lateral glabellar furrows, of which S1 is bifurcated, anterior branch slightly slanting forward, posterior branch long, slanting backward, S2 located in front of midline of glabella, slightly slanting backward, S3 located behind inner end of eye ridge, slightly slanting forward, S4 very short and narrow, located at inner end of eye ridge, slightly slanting forward; occipital ring convex, wide medially; occipital furrow deep, narrow medially, wide and slightly bending forward laterally; preglabellar field very narrow or absent; preocular field wider (exsag.); anterior border wide, convex; anterior border furrow wide and deep, slightly bending forward; fixigena narrow (tr.), less than 0.5 times as wide as glabella between palpebral lobes; palpebral lobe moderately long to long, bending as an arch, about 0.6 times as long as glabella, located posteromedially; eye ridge convex, slanting backward behind anterior corner of glabella; posterolateral projection very narrow (exsag.); posterior border furrow wide and deep; posterior border narrow, gently convex, about 0.75 times as wide as basal glabella in width (tr.); anterior branch of facial suture divergent from palpebral lobe, across anterior border furrow, then bending inward and cutting anterior border at anterolateral margin, posterior branch extending outward and backward; surface smooth.

Comparison   In general outline of the cranidium and glabella, *Iranoleesia* (*Proasaphiscina*) sp. B is similar to *Iranoleesia* (*Proasaphiscina*) *microspina* Yuan et Zhang, sp. nov. However, it is different from the latter in having very shallow lateral glabellar furrows, narrower fixigenae between palpebral lobes and no preglabellar field.

Locality and horizon   Near the road to the Chengjisihan statue, Gangdeershan, Wuhai City, Inner Mongolia Autonomous Region, *Metagraulos dolon* Zone of the Hulusitai Formation.

Iranoleesia (*Proasaphiscina*) sp. C

(pl. 73, figs. 14–16)

Material   2 cranidia and 1 pygidium.

Description   Cranidium gently convex, nearly quadrate in outline (except posterolateral projection), 8.0 mm in length, 8.7 mm in width between palpebral lobes (on largest specimen); axial furrow narrow and deep, narrow and shallow in front of glabella; glabella wide (tr.), moderately convex, truncated conical, broadly rounded anteriorly, occupying about 2/3 of total cranidial length, lateral glabellar furrows extremely shallow or absent; occipital ring convex, uniform in width; occipital furrow shallow, slightly bending backward; preglabellar field medium in width (sag.); preocular field wider (exsag.) than preglabellar field; anterior border narrow to medium in width, convex; anterior border furrow wide and deep, slightly bending forward; fixigena wide (tr.), more than 0.5 times as wide as glabella between palpebral lobes; palpebral lobe moderately long to long, bending as an arch, about 0.6 times as long as glabella, located posteromedially; eye ridge convex, slanting backward behind anterior corner of glabella; posterolateral projection very narrow (exsag.); posterior border furrow wide and deep; posterior border narrow, gently convex, about 0.8 times as wide as basal glabella in width (tr.); anterior branch of facial suture divergent from palpebral lobe, across anterior border furrow, then bending inward and cutting anterior border at anterolateral margin, posterior branch extending outward and backward. A pygidium tentatively assigned to *Iranoleesia* (*Proasaphiscina*) sp. C semielliptical in outline, gently convex; axis convex, inverted conical, with 5–6 axial rings, axial ring furrows shallow; pleural field gently convex, with 4 pairs of pleural ribs, 4 pairs of pleural furrows shallow; border wide and flat, without distinct border furrow; surface smooth.

Comparison In general outline of the cranidium and glabella, *Iranoleesia* (*Proasaphiscina*) sp. C bears some resemblances to *Iranoleesia* (*Proasaphiscina*) *microspina* sp. nov. However, it differs from the latter chiefly in the deeper anterior border furrow, wider fixigenae between palpebral lobes, occipital ring with uniform width and wider flat pygidial border.

Locality and horizon Dongshankou, Gangdeershan and Ahaitaigou, Zhuozishan area, Wuhai City, Inner Mongolia Autonomous Region and Qinglongshan, Tongxin County, Ningxia Hui Autonomous Region, *Metagraulos dolon* Zone of the Hulusitai Formation.

Genus *Michaspis* Egorova et Savitzky, 1968

Type species *Michaspis librata* Egorova et Savitzky, 1968, p. 68, pl. 10, figs. 1, 2; 1969, p. 258, 259, pl. 57, figs. 1–7; pl. 58, figs. 1–5, from *Urjungaspis* Zone to *Proasaphiscus privus* Zone of the Mayan Stage, North Siberia, Russia.

Diagnosis Exoskeleton elongated oval in outline; cephalon longer than pygidium; cranidium nearly quadrate in outline, anterior margin almost straight; axial furrow narrow and distinct; glabella wide, truncated conical, with 4 pairs of distinct lateral glabellar furrows; occipital ring narrow, gently convex, uniform in width; preglabellar field very narrow (sag.); preocular field wide; anterior border moderately wide (sag.), convex; anterior border furrow distinct; fixigena narrow; palpebral lobe short to moderately long, located posteromedially; eye ridge short, slanting backward behind anterior corner of glabella; posterolateral projection narrow (exsag.) and short (tr.); anterior branch of facial suture divergent from palpebral lobe, posterior branch extending outward and backward. Thorax of 12 segments, with short bending backward pleural spines. Pygidium subelliptical, with well rounded posterior margin; axis short, inverted conical, with 4–5 axial rings; axial ring furrows shallow; pleural field gently convex, 3–4 pairs of pleural furrows distinct, bending backward and extending onto the pygidial border; interpleural furrows obscure; border wide and flat or gently concave; without distinct border furrow; surface smooth.

Discussion In general configuration of cranidium and glabella, *Michaspis* Egorova et Savitzky, 1968, is quite similar to *Iranoleesia* King, 1955 [type species *Iranoleesia pisiformis* (King) (Fortey and Rushton, 1976, p. 329, 330, pl. 9, figs. 6, 8, 10, 12; Wittke, 1984, p. 104, 105, pl. 1, figs. 1–11; text-fig. 2]. However, it differs from the latter mainly in having 4 pairs of deeper lateral glabellar furrows, of which S3 is rounded pits, isolating from axial furrow, no median keel in sagittal line on glabella, subelliptical pygidium with shorter axis of 4–5 rings, shallower axial ring furrows, gently convex pleural field, with 3–4 pairs of distinct pleural furrows, bending backward and extending onto the pygidial border, wider and flatter or gently concave pygidial border. In general outline of the pygidium, *Michaspis* bears some resemblances to *Proasaphiscus* Resser et Endo in Kobayashi (type species *Proasaphiscus yabei* Resser and Endo in Kobayashi, 1935, p. 287, pl. 24, fig. 16; Resser and Endo, 1937, p. 257, pl. 41, figs. 17–21; Zhang and Jell, 1987, p. 142, pl. 55, figs. 3–5; pl. 56, figs. 1–3). However, *Michaspis* has 4 pairs of deeper lateral glabellar furrows, of which S3 is rounded pits, isolating from axial furrow, extremely narrow preglabellar field, 12 thoracic segments, and pygidial axis without short postaxial ridge.

Occurrence Cambrian Series 3 (Hsuchuangian to lower Changqingian); Russia (Siberia) and North China.

Genus *Shanxiella* Lin et Wu in Zhang *et al.*, 1980b

Type species *Shanxiella venusta* Lin et Wu in Zhang *et al.*, 1980b, p. 78, pl. 9, fig. 7, from middle part of *Sunaspis laevis-Sunaspidella rara* Zone (Hsuchuangian) of Zhongtiaoshan, Shuiyu Town, Ruicheng County,

Shanxi Province.

Diagnosis (revised) Proasaphiscids; cranidium long, bending forward as a rounded arch; axial furrow narrow and distinct; glabella truncated conical to rectangular, with 4 pairs of shallow lateral glabellar furrows; occipital ring gently convex, wide medially, with a small occipital node; preglabellar field wide (sag.), slightly inclining forward; anterior border wide and flat, or slightly upturned forward; anterior border furrow distinct, bending forward as a rounded arched; fixigena narrow to moderately wide (tr.); palpebral lobe moderately long to long, located posteromedially; eye ridge short, slanting backward behind anterior corner of glabella; posterolateral projection narrow (exsag.) and short (tr.); posterior border furrow wide and deep; posterior border narrow, gently convex, about 0.8 times as wide as basal glabella in width (tr.); anterior branch of facial suture divergent from palpebral lobe, posterior branch extending outward and backward. Pygidium large, semielliptical, well rounded or with an ill-developed posteromedian embayment; axis inverted conical, with 5–6 axial rings, axial ring furrows shallow; pleural field gently convex; 4–5 pairs of pleural furrows distinct, bending backward and extending onto pygidial border distally, interpleural furrows obscure; border wide and flat, without distinct border furrow; surface smooth.

Discussion In general configuration of cranidium, *Shanxiella* is quite similar to *Jiwangshania* Zhang et Wang,1985 (type species *J. rotundolimbata* Zhang et Wang, 1985, p. 449, pl. 132, figs. 2–4). However, it differs from the latter mainly in following features: the latter has less tapering forward nearly cylindrical glabella, a keel-like elevation on its posterior margin of anterior border parallel with anterior margin, wider fixigenae between palpebral lobes, and strongly divergent anterior branch of facial suture. The pygidium assigned to *Jiwangshania* (Zhang and Wang, 1985, pl. 132, fig. 3) is quite different from that of *Shanxiella* in the longer slimmer pygidial axis of more axial rings (10 axial rings), broader pleural field (tr.), longer pleural furrows extending onto pygidial border and absence of wider pygidial border. Such pygidium can be compared with those of *Sunaspis* Lu in Lu et Dong, 1952 or *Lüliangshanaspis* Zhang et Wang, 1985. Therefore, the pygidium assigned to *Jiwangshania* may be belonging to *Leiaspis* Wu et Lin in Zhang *et al.*, 1980b, which should be grouped within Sunaspidae Zhang et Jell, 1987.

Occurrence Cambrian Series 3 (Hsuchuangian); North China.

Subgenus *Shanxiella* (*Shanxiella*) Lin et Wu in Zhang *et al.*, 1980b

Shanxiella (*Shanxiella*) *xiweikouensis* Yuan et Zhang, sp. nov.

(pl. 60, figs. 6–9)

Etymology Xiweikou, a locality, where the new species occurs.

Holotype Cranidium NIGP 62985-232 (pl. 60, fig. 8), from the middle part of *Sunaspis laevis-Sunaspidella rara* Zone (Hsuchuangian) of Xiweikou, Hejin County, Shanxi Province.

Material 1 cranidium and 3 pygidia.

Description Cranidium gently convex, nearly quadrate in outline (except posterolateral projection), anterior margin bending forward as an arch, 22.0 mm in length, 20.0 mm in width between palpebral lobes (holotype); axial furrow narrow and deep, distinctly constricting at inner end of eye ridge, wide and deep in front of glabella; glabella convex, truncated conical, slightly tapering forward posteromedially, almost parallel anteriorly, flat rounded anteriorly, more than 0.5 times as long as cranidium, with 4 pairs of very shallow lateral glabellar furrows, of which S1 is bifurcated, anterior branch short, horizontal, posterior branch slanting backward, S2 located in front of midline of glabella, broadening inward, S3 located behind inner end of eye ridge, horizontal, S4 short, located at inner end of eye ridge, slightly slanting forward; occipital ring convex, wide medially, with a small occipital node posteromedially; occipital furrow shallow, straight medially, bifurcated laterally, anterior branch bending forward, posterior branch slanting backward and forming a lateral subtriangular occipital lobe; fixigena wide, gently convex, about 0.7 times as wide as glabella between palpebral lobes; eye ridge convex, slanting backward behind anterior corner of glabella; palpebral lobe moderately long, bending as an arch, about 0.5 times as long as glabella, located posteromedially, palpebral furrow wide and deep; anterior border furrow moderately wide and deep, slightly bending forward; preglabellar field moderately wide (sag.), gently convex, slightly sloping down toward anterior border furrow, about 0.7 times as wide as anterior border in sagittal line; preocular field wider, slightly sloping down toward anterior border furrow, about 1.5-2 times as wide as preglabellar field (sag.); anterior border wide (sag.), convex, narrowing laterally; posterolateral projection narrow (exsag.) and short (tr.); posterior border furrow wide and deep; posterior border narrow, gently convex, about 0.75 times as wide as basal glabella in width (tr.); anterior branch of facial suture strongly divergent from palpebral lobe, across anterior border furrow, then bending inward and cutting anterior border at anterolateral margin, posterior branch extending outward and backward. An associated pygidium larger, nearly as long as cranidium, semielliptical, with well rounded posterior margin; axis long, strongly convex, inverted conical, well rounded posteriorly, about 0.75 times as long as pygidial length, with 5-6 axial rings; pleural field gently convex, wider than axis, with 5-6 pairs of pleural ribs, pleural furrows distinct, bending backward and extending onto pygidial border; interpleural furrows shallow; border wide, widening backward; border furrow shallow; surface smooth.

Comparison The new species differs from type species *Shanxiella* (*S.*) *venusta* Lin et Wu in Zhang *et al.*, 1980b, mainly in having wider strongly convex anterior border, occipital ring with a pair of lateral occipital lobe, wider fixigenae between palpebral lobes, wider pygidial axis with less axial rings and without postaxial ridge.

Locality and horizon Xiweikou, Hejin County, Shanxi Province, middle part of *Sunaspis laevis-Sunaspidella rara* Zone of the Manto Formation; Suyukou-Wudaotang, Helanshan, Ningxia Hui Autonomous Region, the middle to upper parts of *Sunaspis laevis-Sunaspidella rara* Zone of the Hulusitai Formation.

Shanxiella (*Shanxiella*) sp.
(pl. 61, figs. 14, 15)

Material 1 cranidium and 1 pygidium.

Description Cranidium gently convex, nearly rectangular in outline (except posterolateral projection), anterior margin slightly bending forward, 7.7 mm in length, 7.0 mm in width between palpebral lobes; axial furrow narrow and shallow; glabella wide and long, convex, truncated conical, slightly tapering forward, well rounded anteriorly, 0.7 times as long as cranidium, with 4 pairs of distinct lateral glabellar furrows, of which S1 is bifurcated, anterior branch short, horizontal, posterior branch slanting backward, S2 located in front of midline of glabella, horizontal, S3 located behind inner end of eye ridge, slightly slanting forward, S4 short, located at inner end of eye ridge, slightly slanting forward; occipital ring convex, wide medially, with a small occipital node posteromedially; occipital furrow shallow, straight medially, slanting forward laterally; fixigena narrow, gently convex, less than 0.5 times as wide as glabella between palpebral lobes; eye ridge convex, slanting backward behind anterior corner of glabella; palpebral lobe moderately long, bending as an arch, about 0.5 times as long as glabella, located posteromedially, palpebral furrow shallow; anterior border furrow moderately wide and deep, slightly bending forward; anterior border narrow (sag.), gently upturned forward, narrowing laterally; preglabellar field narrow (sag.), gently convex, slightly sloping down toward anterior border furrow, about 0.5 times as wide as anterior border in sagittal line; preocular field wider, slightly sloping down toward anterior border furrow, about 2-2.5 times as wide as preglabellar field (sag.); posterolateral projection narrow (exsag.) and short (tr.); posterior border furrow wide and shallow; posterior border narrow, gently convex; anterior branch of facial suture strongly divergent from palpebral lobe, across anterior border furrow, then bending inward and cutting anterior border at anterolateral margin, posterior branch extending outward and backward. An associated pygidium larger, nearly as long as cranidium, semicircular, with well rounded posterior margin; axis long, strongly convex, inverted conical, well rounded posteriorly, about 0.75 times as long as pygidial length, with 6 axial rings and a short postaxial ridge; pleural field gently convex, wider than axis, with 4-5 pairs of pleural ribs, pleural furrows distinct, bending backward and extending onto pygidial border; interpleural furrows very shallow or obscure; border wide; border furrow indistinct; surface smooth.

Comparison *Shanxiella* (*S.*) sp. differs from type species *Shanxiella* (*S.*) *venusta* Lin et Wu in Zhang *et al.*, 1980b mainly in having longer wider more strong tapering forward glabella with 4 pairs of distinct lateral glabellar furrows and narrower preglabellar field.

Locality and horizon Dongshankou, Gangdeershan Wuhai City, Inner Mongolia Autonomous Region, the middle to upper parts of *Sunaspis laevis-Sunaspidella rara* Zone of the Hulusitai Formation.

Subgenus *Shanxiella* (*Jiwangshania*) Zhang et Wang, 1985

Type species *Jiwangshania rotundolimbata* Zhang et Wang, 1985, p. 449, pl. 132, figs. 2, ?3, 4, from the middle to upper parts of *Sunaspis laevis-Sunaspidella rara* Zone (Hsuchuangian) of Jiwangshan, Wanrong County, Shanxi Province.

Diagnosis Proasaphiscids; cranidium subquadrate in outline (except posterolateral projection), gently convex, preocular area and preglabellar area wide (sag.), fan-shaped; axial furrow shallow to moderately deep; glabella short, convex, cylindrical in outline, very slightly tapering forward, broadly rounded anteriorly, with 4 pairs of very shallow or distinct lateral glabellar furrows; preglabellar field wide, gently convex, gently sloping down toward anterior border furrow; anterior border moderately wide (sag.), gently convex or slightly upturned forward, with a low ridge on its posterior margin parallel to the anterior border furrow; anterior border furrow distinct; fixigena wide, gently convex; eye ridge convex, slightly slanting backward from anterior corner of glabella; palpebral lobe short to moderately long, crescent, located medially; posterolateral projection narrow (exsag.); posterior border furrow deep; posterior border narrow, gently convex, equal to or wider than basal glabella in width; anterior branch of facial suture strongly divergent from palpebral lobe, across anterior border furrow, then bending inward and cutting anterior border at anterolateral margin, posterior branch extending outward and backward. Pygidium semicircular; axis long, with 7-9 axial rings, axial ring furrows distinct, shallowing backward; pleural field broad, gently convex, with 7-8 pairs of pleural ribs, pleural furrows narrow and distinct, interpleural furrows very shallow; border wide and flat, border furrow very shallow; surface smooth.

Discussion During the Cambrian Epoch 2 to Epoch 3 (Lungwangmiaoan, Maochuangian and Hsuchuangian) of North China, among the ptychoparids the following trilobite genera have realtively larger pygidium, such as *Tengfengia* Hsiang, 1962, *Qingshuiheia* Nan, 1976, *Emmrichiella* Walcott, 1911, *Lioparia* Lorenz, 1906, *Lioparella* Kobayashi, 1937, *Shanxiella* Lin et Wu in Zhang *et al.*, 1980b, *Shanxiella* (*Jiwangshania*) Zhang et Wang, 1985, *Luliangshanaspis* Zhang et Wang, 1985, and so on. *Shanxiella* (*Jiwangshania*) differs from *Shanxiella* mainly in having cylindrical glabella, a low ridge on posterior margin of anterior border parallel with anterior border furrow, wider fixigenae between palpebral lobes, strongly divergent anterior branch of facial suture, larger pygidium with longer axis, and wider flat pygidial border. The pygidium assigned to type species *Jiwangshania rotundolimbata* Zhang et Wang (1985, pl. 132, figs. 3) may be belonging to *Leiaspis* Wu et Lin in Zhang *et al.*, 1980b because of the presence of slimmer pygidial axis, extremely shallow axial furrow and axial ring furrows and very narrow pygidial border.

Occurrence Cambrian Series 3 (Hsuchuangian); North China.

Genus *Gangdeeria* Zhang et Yuan in Zhang *et al.*, 1980b

Type species *Gangdeeria neimengguensis* Zhang et Yuan in Zhang *et al.*, 1980b, p. 76, pl. 8, figs. 10-

12, from *Inouyops titiana* Zone (Hsuchuangian) of southern slope of Gangdeershan, Wuhai City, Inner Mongolia Autonomous Region.

Diagnosis Small proasaphiscids; axial furrow moderately wide and deep; glabella subcylindrical in outline, slightly tapering forward, broadly rounded anteriorly, glabellar furrows very shallow or obscure; occipital furrow narrow and shallow, slightly bending backward, occipital ring gently convex, with a small occipital node posteromedially; fixigenae narrow, about 0.5 times as wide as glabella between palpebral lobes; palpebral lobe long, curving as an arch, its posterior end almost reaching at a level of occipital furrow, palpebral furrow wide and shallow; preglabellar field wide; anterior border furrow shallow; anterior border wide (sag.) and flat or gently convex; posterolateral projection narrow (exsag.); posterior border furrow narrow and shallow; posterior border narrow, gently convex, less than basal glabella in width; anterior branch of facial suture divergent from palpebral lobe as an arc, across anterior border furrow, then bending inward and cutting anterior border at anterolateral margin, posterior branch extending outward and backward. Pygidium semicircular to semielliptical; axis narrow and long, with 7–9 axial rings and a long postaxial ridge; pleural field gently convex, subtriangular, with 7–8 pairs of distinct pleural furrows, extending onto wider and flat pygidial border, interpleural furrows very shallow or obscure.

Discussion In general outline of the cranidium, *Gangdeeria* bears some resemblances to *Lioparella* Kobayashi, 1937 (type species *L. walcotti* Kobayashi, 1937; Zhang and Jell, 1987, p. 161, pl. 66, fig. 14, *Yongwolia* Kobayashi, 1962 (type species *Y. ovata* Kobayashi, 1962, p. 63, pl. 1, fig. 1) and *Plesigangderria* Qiu in Qiu et al., 1983 (type species *P. zhanglouensis* Qiu in Qiu et al., 1983, p. 146, pl. 47, figs. 3–5), of which *Plesigangderria* was regarded as a junior subjective synonym or a subgenus of *Yongwolia* (Yuan et al., 2008, p. 86, 2012, p. 259). *Gangdeeria* differs from *Lioparella* mainly in having less tapering forward glabella, narrower fixigenae between palpebral lobes, shallower anterior border furrow, no 4–5 pairs of marginal spines on pygidium, narrower longer pygidial axis and wider flat pygidial border. It can be also distinguished from *Yongwolia* and *Yongwolia* (*Plesigangderria*) by the less tapering forward subcylindrical glabella, wider flat anterior border, shallower anterior border furrow, longer slimmer pygidial axis and wider flat pygidial border.

Occurrence Cambrian Series 3 (Hsuchuangian); North China.

Gangdeeria obvia Yuan et Zhang, sp. nov.
(pl. 62, figs. 11–17; pl. 64, figs. 14–17)

Etymology obvia, -us, -um (Lat.), obvious, referring to frontal glabellar lobe obviously protruding in front of eye ridge of the new species.

Holotype Cranidium NIGP 62985-263 (pl. 62, fig. 13), from *Inouyops titiana* Zone (Hsuchuangian) of Subaigou, Zhuozishan area, Wuhai City, Inner Mongolia Autonomous Region.

Material 6 cranidia, 2 hypostomes and 3 pygidia.

Description Cranidium gently convex, nearly quadrate in outline, 10.0 mm in length, 10.0 mm in width between palpebral lobes (holotype); axial furrow narrow and distinct; glabella convex, subcylindrical, flat rounded anteriorly, with a low median keel, more than 0.5 times as long as cranidium, with 4 pairs of shallow lateral glabellar furrows, of which S1 is wide and deep, bifurcated, S2 located in front of midline of glabella, deep and long, slightly slanting backward, S3 located behind inner end of eye ridge, narrow and shallow, slightly slanting forward, S4 short and narrow, located at inner end of eye ridge, slightly slanting forward; occipital furrow distinct, slightly bending forward laterally; occipital ring gently convex, uniform in width; fixigena moderately wide, gently convex, about 0.5 times as wide as glabella between palpebral lobes; eye ridge convex, slanting backward behind anterior corner of glabella; palpebral lobe long, bending as an arch, its posterior end almost reaching at a level of occipital furrow, about 0.6 times as long as glabella, palpebral furrow wide and shallow; preglabellar field wide (sag.), gently convex, preocular field wider than preglabellar field; anterior border furrow shallow; anterior border wide (sag.), gently convex, narrowing laterally; posterolateral projection very narrow (exsag.); posterior border narrow, gently convex, less than basal glabella in width; posterior border furrow wide and deep; anterior branch of facial suture strongly divergent from palpebral lobe, across anterior border furrow, then bending inward and cutting anterior border at anterolateral margin, posterior branch short, extending outward and backward. An associated hypostome elongated oval in outline, wide, bending forward anteriorly, well rounded posteriorly; middle body strongly convex, elongated oval, anterior lobe of middle body oval, posterior lobe crescent; middle furrow deep, strongly bending backward, connecting in sagittal line; anterior border furrow shallow, lateral and posterior border furrows deep; border narrow, gently convex. Pygidium semielliptical; axis narrow and long, convex, with 7−9 axial rings and a long postaxial ridge, axial ring furrows very shallow; pleural field wider than axis, with 5−6 pairs of shallow pleural furrows, extending onto wider flat pygidial border, interpleural furrows very shallow or obscure.

Comparison   The new species differs from type species *Gangdeeria neimengguensis* Zhang et Yuan in Zhang *et al.*,1980b, mainly in having more distinct anterior border furrow, lateral glabellar furrows and occipital furrow, frontal glabellar lobe obviously protruding in front of eye ridge, preocular field wider than preglabellar field (sag.), longer palpebral lobe, its posterior end almost reaching at a level of occipital furrow.

Locality and horizon   Subaigou and Kejiubuchong, Guole, Zhuozishan area, Wuhai City, Inner Mongolia Autonomous Region, *Inouyops titiana* Zone of the Hulusitai Formation; Abuqiehaigou, Zhuozishan area, Wuhai City, Inner Mongolia Autonomous Region, *Metagraulos dolon* Zone of the Hulusitai Formation.

Gangdeeria sp. A
(pl. 62, figs. 18, 19)

Material   2 cranidia.

Description   Cranidium gently convex, quadrate in outline, arched forward anteriorly; axial furrow narrow and deep; glabella convex, subcylindrical, well rounded anteriorly, with a low median keel, more than 0.5 times as long as cranidium, with 4 pairs of shallow lateral glabellar furrows, of which S1 is wide and deep, bifurcated, S2 located in front of midline of glabella, deep and long, slightly slanting backward, S3 located behind inner end of eye ridge, narrow and shallow, horizontal, isolating from axial furrow, S4 short and narrow, located at inner end of eye ridge, slightly slanting forward; occipital furrow distinct, slightly bending forward laterally; occipital ring gently convex, narrowing laterally; fixigena moderately wide, gently convex, about 0.5 times as wide as glabella between palpebral lobes; eye ridge convex, slanting backward from anterior corner of glabella; palpebral lobe moderately long, bending as an arch, about 0.5 times as long as glabella, palpebral furrow shallow; preglabellar field wide (sag.), gently convex, preocular field as wide as preglabellar field; anterior border furrow shallow; anterior border narrow (sag.), gently convex or slightly upturned forward; posterolateral projection very narrow (exsag.); posterior border narrow, gently convex, less than basal glabella in width; posterior border furrow distinct; anterior branch of facial suture strongly divergent from palpebral lobe, across anterior border furrow, then bending inward and cutting anterior border at anterolateral margin, posterior branch short, extending outward and backward.

Comparison   In general outline of the cranidium and glabella, *Gangdeeria* sp. A is similar to *Gangdeeria angusta* Zhang et Yuan in Zhang *et al.* (1980b, p. 76, pl. 8, fig. 9). However, *Gangdeeria* sp. A has wider shorter glabella, narrower fixigenae between palpebral lobes, deeper anterior border furrow, and narrower slightly upturned anterior border.

Locality and horizon   Taosigou, Hulusitai, Alashan, Inner Mongolia Autonomous Region, *Sinopagetia jinnanensis* Zone of the Hulusitai Formation.

***Gangdeeria*? sp. B**

(pl. 73, fig. 17)

Material 1 cranidium.

Description Cranidium small, gently convex, quadrate in outline, arched forward anteriorly, 4.3 mm in length, 4.5 mm in width between palpebral lobes; axial furrow very narrow and shallow; glabella wide and short, gently convex, subcylindrical, broadly rounded anteriorly, with a low median keel, more about 0.5 times as long as cranidium, lateral glabellar furrows very shallow or obscure; occipital furrow shallow, slightly bending backward; occipital ring gently convex, uniform in width, with a small occipital node near posterior margin in sagittal line; fixigena narrow, gently convex, about 0.33 times as wide as glabella between palpebral lobes; eye ridge faint, slanting backward from anterior corner of glabella; palpebral lobe moderately long, bending as an arch, about 0.5 times as long as glabella, palpebral furrow shallow; preglabellar field wide (sag.), gently convex, preocular field as wide as preglabellar field, gently sloping down toward deep anterior border furrow; anterior border furrow narrow and deep; anterior border narrow (sag.), gently convex or slightly upturned forward; posterolateral projection very narrow (exsag.); posterior border narrow, gently convex, less than basal glabella in width; posterior border furrow shallow; anterior branch of facial suture divergent from palpebral lobe, across anterior border furrow, then bending inward and cutting anterior border at anterolateral margin, posterior branch short, extending outward and backward; surface smooth.

Comparison *Gangdeeria*? sp. B possesses a wider shorter glabella, deeper anterior border furrow, very shallow axial furrow, occipital furrow and lateral glabellar furrows and narrower fixigena, which are different from other species of *Gangdeeria*. Because of absence of pygidium, it is assigned to *Gangdeeria* with a questionable mark.

Locality and horizon Niuxinshan, Jingfushan area, Longxian County, Shaanxi Province, *Metagraulos dolon* Zone of the Manto Formation.

Genus *Lioparella* Kobayashi, 1937

Type species *Lioparella walcotti* Kobayashi, 1937, p. 429; Zhang and Jell, 1987, p. 161, pl. 66, fig. 14, from *Poriagraulos nanus-Tonkinella flabelliformis* Zone or *Metagraulos dolon* Zone (Hsuchuangian) of Yanzhuang, Xintai City, Shandong Province.

Diagnosis (revised) Cranidium subquadrate to subtrapezoidal in outline, gently convex; axial furrow narrow and distinct; glabella convex, truncated conical, broadly rounded anteriorly, with 4 pairs of shallow lateral glabellar furrows; fixigenae wide between palpebral lobes; eye ridge strongly slanting backward behind anterior corner of glabella; palpebral lobe moderately long, located posteromedially, palpebral furrow narrow and shallow; preglabellar field wide, gently convex; anterior border wide, gently convex; anterior border furrow distinct; anterior branch of facial suture divergent from palpebral lobe. Pygidium transversal elliptical, well rounded posteriorly, with 3-5 pairs of short lateral marginal spines; without border and border furrow; surface smooth or with fine granules.

Discussion The diagnosis and its relationships with other genera of *Lioparella* have been discussed in detail (Zhang and Jell, 1987, p. 160, 161). *Lioparella* bears the closest resemblance to *Yongwolia* Kobayashi, 1962 (type species *Y. ovata* Kobayashi, 1962, p. 63, pl. 1, fig. 1) because of the presence of wider preglabellar field (sag.). However, it differs from the latter mainly in having wider truncated conical glabella, wider fixigenae between palpebral lobes, wider flat anterior border, shorter palpebral lobe and the pygidium with 3-5 pairs of short lateral marginal spines. Therefore, *Lioparella longifolia* Kobayashi (1962, p. 100, pl. 1, figs. 20a, 20b), *Lioparella longa* Mong in Zhou *et al.* (1977, p. 151, pl. 46, fig. 16) and *Lioparella pingxingguanensis* Zhang et Wang (1985, p. 369, 370, pl. 113, fig. 1) should be reassigned to the genus *Yongwolia*. Because they share the following features: narrower fixigena, longer palpebral lobe, narrow conical glabella, and narrow strongly convex anterior border. The relationships between *Plesigangderria* Qiu in Qiu *et al.*, 1983, *Guankouia* Zhang et Yuan in Zhang *et al.*, 1995, *Paragangdeeria* Guo et Zan in Guo *et al.*, 1996, *Shuangshania* Guo et Zan in Guo *et al.*, 1996 and *Yongwolia* have been discussed in detail (Yuan *et al.*, 2012, p. 259, 587). *Lioparella nimis* Nan et Chang (1982a, p. 18, 19, pl. 2, fig. 10) from Changhia Formation of Changxindao Island, Liaoning, possesses wider flat preglabellar field, wider fixigenae between palpebral lobes, longer palpebral lobe and anterior border with an ill-developed plectrum on its posterior margin in sagittal line, and was grouped within the genus *Mapanopsis* (Yuan *et al.*, 2012, p. 334). *Zhuozishania* Zhang et Yuan, 1981 (type species *Z. typica* Zhang et Yuan, 1981, p. 167, pl. 3, figs. 1, 2) was regarded as a junior synonym of *Lioparella* (Zhang and Jell, 1987, p. 160). *Tianjingshania* Zhou in Zhou *et al.*, 1982 (type species *T. spinosa* Zhou in Zhou *et al.*, 1982, p. 246, 247, pl. 62, figs. 5-7) was established based on a cranidium of *Lorenzella* Kobayashi, 1935 and a mismatched pygidium of *Lioparella* Kobayashi, 1937 (Yuan *et al.*, 2008, p. 89). *Lioparella* was listed under different families: Asaphscidae Raymond, 1924 (Harrington *et al.*, 1959; Kobayashi, 1962); Monkaspidae Kobayashi, 1935 (Lu *et al.*, 1963a, 1965; Zhou *et al.*, 1977; Nan and Chang, 1982a; Zhang and Wang, 1985) or Proasaphiscidae Chang, 1959 (Zhang and Yuan, 1981; Zhang and Jell, 1987; Jell and Adrain, 2003; Laurie, 2006b). At present time, we would like to list *Lioparella* under the family Proasaphiscidae. However, in the growing manner of pygidial marginal spine, *Lioparella* is closely related to *Karslanus* Özdikmen, 2009 (=*Ariaspis* Wolfart, 1974b), *Tylotaspis* Zhang in Qiu *et al.*, 1983, which are listed under the family Damesellidae Kobayashi, 1935. *Suludella*? *spinosa* Palmer et Gatehouse (1972, p. 24, 25, pl. 6, figs. 16-18, 20-23) from the Middle Cambrian of Antarctica is better transferred to *Lioparella* in general outline of the cranidium and pygidium.

Occurrence　Cambrian Series 3 (Hsuchuangian); North China, Afghanistan, Australia and Antarctica.

Lioparella suyukouensis Yuan et Zhang, sp. nov.
(pl. 65, figs. 8-12)

Etymology　Suyukou, a locality, where the new species occurs.

Holotype　Cranidium NIGP 62985-304 (pl. 65, fig. 8), from *Metagraulos dolon* Zone (Hsuchuangian) of Suyukou-Wudaotang, Helanshan, Ningxia Hui Autonomous Region.

Material　3 cranidia and 2 pygidia.

Description　Cranidium wide (tr.), rectangular in outline, arched forward anteriorly, 10.0 mm in length, 14.5 mm in width between palpebral lobes (holotype); axial furrow distinct; glabella short and convex, gently tapering forward, truncated conical to subcylindrical, distinctly constrict anteriorly, about 0.5 times as long as cranidium, with a low median keel, and with 3 pairs of shallow wider lateral glabellar furrows; occipital furrow distinct; occipital ring convex, wide medially; fixigena wide, about 0.8 times as wide as glabella between palpebral lobes; eye ridge convex, horizontal or very slightly slanting backward behind anterior corner of glabella; palpebral lobe moderately long to long, bending as an arch, about 0.57 times as long as glabella, located posteromedially; preglabellar field wide (sag.), gently convex, 2.0 times as wide as anterior border (sag.), preocular field wide, slightly sloping down toward anterior border furrow; anterior border furrow wide and deep; anterior border narrow (sag.), slightly upturned forward; posterolateral projection narrow (exsag.); posterior border narrow and convex, more than basal glabella in width; posterior border furrow deep; anterior branch of facial suture strongly divergent from palpebral lobe, across anterior border furrow, then bending inward and cutting anterior border at anterolateral margin, posterior branch extending outward and backward. Pygidium wide (tr.), rhomboidal, posterior margin wide and gently bending backward, about 1.2-1.3 times as wide as the first axial ring, with 4 pairs of short lateral marginal spines; axis short, convex, inverted conical, with 4-5 axial rings and a short postaxial ridge, axial ring furrows shallowing backward; pleural field gently convex, subtriangular, with 4 pairs of shallow pleural furrows, without border and border furrow laterally, wide border posteriorly, without border furrow; surface smooth.

Comparison The new species differs from other species of the genus in the wider (tr.) cranidium, shorter glabella with distinctly constrict frontal lobe, longer palpebral lobe, narrower slightly upturned anterior border, wider (tr.) pygidium with shorter axis and broader border posteriorly, and shallower pleural furrows.

Locality and horizon Suyukou, Helanshan, Ningxia Hui Autonomous Region, Abuqiehaigou, Zhuozishan area, Wuhai City, and Taosigou, Hulusitai, Alashan, Inner Mongolia Autonomous Region, *Metagraulos dolon* Zone of the Hulusitai Formation.

Lioparella sp.
(pl. 65, fig. 13)

Material 1 cranidium.

Description Cranidium convex, quadrate in outline, arched forward anteriorly; axial furrow shallow; glabella convex, narrow and long, truncated conical, flat rounded anteriorly, more than 0.5 times as long as cranidium, with a low median keel, lateral glabellar furrows obscure; occipital furrow shallow; occipital ring gently convex, wide medially; fixigena wide, gently convex, nearly as wide as glabella between palpebral lobes; eye ridge convex, slightly slanting backward from anterior corner of glabella; palpebral lobe convex, moderately long, about 0.5 times as long as glabella, located posteromedially; preglabellar field wide (sag.), convex, 1.5 times as wide as anterior border (sag.), preocular field wide, slightly sloping down toward anterior border furrow; anterior border furrow wide and deep; anterior border wide (sag.) and flat; posterolateral projection narrow (exsag.); posterior border narrow, convex, as wide as basal glabella in width (tr.); posterior border furrow wide and deep; anterior branch of facial suture strongly divergent from palpebral lobe, across anterior border furrow, then bending inward and cutting anterior border at anterolateral margin, posterior branch extending outward and backward; surface smooth.

Comparison *Lioparella* sp. differs from *Lioparella typica* (Zhang et Yuan, 1981) chiefly in having longer slimmer glabella, no distinct lateral glabellar furrows, and wider (tr.) fixigenae between palpebral lobes.

Locality and horizon Suyukou, Helanshan, Ningxia Hui Autonomous Region, *Metagraulos dolon* Zone of the Hulusitai Formation.

Genus *Honania* Lee in Lu *et al.*, 1963a

Type species *Honania lata* Lee in Lu *et al.*, 1963a, p. 101, 102, pl. 20, fig. 4, from Cambrian Series 3 (Changqingian) of Gongxian County, western Henan Province.

Diagnosis and remarks See Yuan *et al.*, 2012, p. 252, 253, 584, 585.

Occurrence Cambrian Series 3 (upper Hsuchuangian to lower Changqingian); North China.

Genus *Eymekops* Resser et Endo in Kobayashi, 1935

Type species *Anomocarella hermias* Walcott, 1911, p. 92, pl. 15, fig. 10, from *Crepicephalina convexa* Zone (Changqingian) of Changxing Island, eastern Liaoning.

Diagnosis and Discussion See Yuan *et al.*, 2012, p. 269, 270, 593, 594.

Occurrence Cambrian Series 3 (Changqingian); China (North and South China), Russia (Siberia) and Uzbekistan (southern Tianshan).

Eymekops nitidus Zhu, sp. nov.

(pl. 82, figs. 9b-11)

Etymology   nitidus, -a, -um (Lat.), bright, luminous, shiny, referring to shiny cranidium and pygidium of the new species.

Holotype   Cranidium NIGP 62985-609 (pl. 82, fig. 9b), from *Mcgagraulos inflatus* Zone or *Psilaspis changchengensis* Zone (Changqingian) of the second ditch of western slope of Yilesitu mountain, Zhuozishan area, Wuhai City, Inner Mongolia Autonomous Region.

Material   1 cranidium and 2 pygidia.

Description   Cranidium gently convex, subquadrate in outline, longer (sag.) than wide (tr.), 10.0 mm in length, 8.5 mm in width between palpebral lobes (holotype); axial furrow narrow and distinct, very shallow in front of glabella; glabella wide (tr.), convex, longer than wide, truncated conical, broadly rounded anteriorly, with a low median keel, lateral glabellar furrows obscure; occipital furrow shallow or obscure; occipital ring gently convex, wide medially; preglabellar field wide (sag.), gently inclining forward, 1.4 times as wide as anterior border (sag.); anterior border narrow, gently convex, with a triangular plectrum on its posterior margin in sagittal line; anterior border furrow shallow, slightly bending backward medially; fixigenae wide, gently convex, about 0.6 times as wide as glabella between palpebral lobes; eye ridge short and convex, slightly slanting backward from anterior corner of glabella; palpebral lobe long, bending as an arch, its posterior end reaching at a level of occipital furrow, about 0.7 times as long as glabella; posterolateral projection very narrow (exsag.); posterior border narrow, gently convex; posterior border furrow shallow; anterior branch of facial suture strongly divergent from palpebral lobe, posterior branch extending outward and backward. Pygidium wide, elliptical in outline, nearly straight posteriorly, with 2 pairs of zigzag short spines posterolaterally; axis wide and convex, occupying more than 3/5 of total pygidial length, with 2-3 axial rings and a terminal piece, postaxial ridge indistinct; pleural field with 2-3 pairs of wide shallow pleural furrows, bending and extending onto pygidial border, interpleural furrows very shallow; border moderately wide, without border furrow; surface smooth.

Comparison   In general configuration of cranidium and pygidium, the new species bears the closest resemblance to *Eymekops transversa* Yuan in Yuan *et al.* (2012, p. 271, pl. 66, figs. 1, 2; pl. 128, fig. 17; pl. 140, fig. 18; pl. 154, figs. 8-17; pl. 239, figs. 3-5; pl. 240, figs. 9, 10). However, the new species has longer cranidium, wider preglabellar field, elliptical pygidium with straight posterior margin, wider longer pygidial axis and narrower pygidial border.

Locality and horizon   The second ditch of western slope of Yilesitushan, Zhuozishan area, Wuhai City, Inner Mongolia Autonomous Region, *Megagraulos inflatus* Zone or *Psilaspis changchengensis* Zone of the Hulusitai Formation.

Genus *Psilaspis* Resser et Endo in Kobayashi, 1935

Type species   *Psilaspis manchuriensis* Resser et Endo in Kobayashi, 1935 (=*Anomocare temenus* Walcott, 1905, p. 53; 1913, p. 206, pl. 20, figs. 7, 7a-d; Zhang and Jell, 1987, p. 183, pl. 71, fig. 15; pl. 73, figs. 9-14; pl. 74, figs. 1-12), from the lower part of *Crepicephalina convexa* Zone (Changqingian) of Changxing Island, eastern Liaoning.

Diagnosis and remarks   See Yuan *et al.*, 2012, p. 249, 250, 583.

Occurrence   Cambrian Series 3 (Changqingian); North China and R. O. Korea.

Psilaspis affinis Zhu et Yuan, sp. nov.

(pl. 67, figs. 1-13; pl. 68, fig. 19)

Etymology   affinis (Lat.), affinity, closely related, referring to the new species with closely relation to the type species *Psilaspis temenus* (Walcott, 1905) of the genus.

Holotype   Cranidim NIGP 62985-331 (pl. 67, fig. 1), from *Psilaspis changchengensis* Zone (Changqingian) of Abuqiehaigou, Zhuozishan area, Wuhai City, Inner Mongolia Autonomous Region.

Material   8 cranidia and 6 pygidia.

Description   Cranidium broad (tr.), gently convex, subquadrate in outline, arched forward anteriorly, 13.7 mm in length, 13.3 mm in width between palpebral lobes (holotype); axial furrow narrow and distinct laterally, wide and deep in front of glabella; glabella narrow (tr.) and long, gently convex, truncated conical, flat rounded anteriorly, with a low median keel, and with 4 pairs of shallow lateral glabellar furrows, of which S1 is located posteriorly, near the 1/3 of total glabellar length, bifurcated, anterior branch horizontal, posterior branch slanting backward, almost connecting in sagittal line, S2 located in front of midline of glabella, bifurcated, nearly horizontal, S3 located behind inner end of eye ridge, slightly slanting forward, S4 short, located at inner end of eye ridge, slightly slanting forward; occipital furrow shallow, slightly bending backward; occipital ring gently convex, uniform in width, with a small occipital node medially; preglabellar field wide (sag.), gently convex, inclining toward anterior border furrow; anterior border wide, gently convex or slightly upturned forward, narrower than preglabellar field (sag.); anterior border furrow deep; fixigena moderately wide, less than 0.7 times as wide as glabella between palpebral lobes; eye ridge gently convex, slightly slanting backward behind anterior corner of glabella; palpebral lobe moderately long, bending as an arch, about 0.5 times as long as glabella; posterolateral projection very narrow (exsag.) and wide (tr.); posterior border gently convex, broadening outward, wider than basal glabella in width; posterior border furrow wide and deep; anterior branch of facial suture divergent from palpebral lobe, across anterior border furrow, then bending inward as a rounded arc and cutting anterior border at anterolateral margin, posterior branch extending outward and backward. Pygidium larger, semicircular to semielliptical in outline; axis narrow and long, with 6-7 axial rings and a terminal piece, axial ring furrows shallow; pleural field with 5-6 pairs of shallow pleural furrows, bending backward and extending onto narrow and flat border, interpleural furrows very faint, without border furrow; surface smooth.

Comparison   The new species differs from other species of the genus *Psilaspis* in having longer slimmer glabella with 4 pairs of shallow lateral glabellar furrows, wider (sag.) preglabellar field, shorter palpebral lobe and deeper axial and anterior border furrows. In general outline of the cranidium and glabella, it is quite similar to *Maotunia jilinensis* An in Duan *et al.* (2005, p. 162, 163, pl. 32, figs. 3, 4) from Hsuchuangian of Shuidong, Tonghua City, Jilin Province and *Anomocarella elongata* Resser et Endo (1937, p. 171, pl. 34, figs. 21, 22; Zhang and Jell, 1987, p. 181, 182, pl. 77, fig. 12; pl. 78, fig. 2) from traditional Middle Cambrian of Xipianling, 13.3 km southwestern of Qiaotou Town, Liaoning Province. However, it can be distinguished from *Maotunia jilinensis* by the wider (tr.) cranidium with strongly arched anterior margin, eye ridge slanting backward behind anterior corner of glabella, shorter palpebral lobe located medially, wider preglabellar field, more strongly divergent anterior branch of facial suture, longer pygidium without posteromedian embayment. The new species is also different from *Anomocarella elongata* in having distinctly tapering forward glabella with 4 pairs of lateral glabellar furrows, occipital ring with uniform width, wider preglabellar field, more strongly divergent anterior branch of facial suture, pygidium with longer slimmer axis and wider (tr.) pleural field.

Locality and horizon   Abuqiehaigou, Zhuozishan area, Wuhai City, Inner Mongolia Autonomous Region, *Psilaspis changchengensis* Zone of the Hulusitai Formation.

Psilaspis dongshankouensis Zhu et Yuan, sp. nov.

(pl. 67, figs. 14-18; pl. 68, figs. 1-18)

Etymology   Dongshankou, a locality, where the new species occurs.

Holotype   Cranidium NIGP 62985-359 (pl. 68, fig. 11), from upper part of *Psilaspis changchengensis* Zone (Changqingian) of Dongshankou, Gangdeershan, Wuhai City, Inner Mongolia Autonomous Region.

Material   9 cranidia, 1 librigena and 9 pygidia.

Description   Cranidium broad (tr.), gently convex, quadrate in outline (except posterolateral projection), arched forward anteriorly, 12.0 mm in length, 12.0 mm in width between palpebral lobes (holotype); axial furrow distinct laterally, wide and deep in front of glabella; glabella short, gently convex, truncated conical, well rounded anteriorly, with a low median keel, and with 4 pairs of shallow lateral glabellar furrows, of which S1 is located posteriorly, near the 1/3 of total glabellar length, bifurcated, anterior branch slightly slanting backward, posterior branch slanting backward, almost connecting in sagittal line, S2 located in front of midline of glabella, long, slanting backward, S3 located behind inner end of eye ridge, horizontal, isolating from axial furrow, S4 short, located at inner end of eye ridge, slightly slanting forward; occipital furrow shallow, slightly bending backward; occipital ring gently convex, narrowing laterally, with a small occipital node posteromedially; preglabellar field wide (sag.), gently convex, inclining toward anterior border furrow, preocular field wider than preglabellar field, about 1.4 times as wide as preglabellar field (sag.); anterior border wide, gently convex, equal to or less than preglabellar field (sag.); anterior border furrow deep; fixigena narrow, about 0.5 times as wide as glabella between palpebral lobes; eye ridge gently convex, slightly slanting backward behind anterior corner of glabella; palpebral lobe moderately long, bending as an arch, less than 0.5 times as long as glabella; posterolateral projection wide (exsag.) and short (tr.); posterior border gently convex, broadening outward, equal to or less than basal glabella in width; posterior border furrow distinct; anterior branch of facial suture strongly divergent forward from palpebral lobe, across anterior border furrow, then bending inward as a rounded arc and cutting anterior border at anterolateral margin, posterior branch extending outward and backward. Librigena broad, gently convex, genal spine short; lateral border moderately wide, broadening backward, genal field wide. Pygidium large, semicircular to semielliptical in outline; axis narrow and short, with 6-7 axial rings and a terminal piece, axial ring furrows shallow; pleural field with 4-5 pairs of shallow pleural furrows, bending backward and extending onto wider and flat border, interpleural furrows very faint, without border furrow; surface smooth.

Comparison   In general outline of the cranidium, glabella and pygidium, the new species is quite like *Psilaspis affinis* Zhu et Yuan, sp. nov. However, it differs from the latter in having wider shorter glabella with well rounded anterior margin, narrower fixigenae between palpebral lobes, shorter palpebral lobe, shorter pygidial axis on holaspid specimen and wider pygidial border.

Locality and horizon   Dongshankou, Gangdeershan and Abuqiehaigou, Zhuozishan area, Wuhai City, Inner Mongolia Autonomous Region, *Psilaspis changchengensis* Zone of the Hulusitai Formation.

Genus *Yujinia* Zhang et Yuan in Zhang *et al.*, 1980b

Type species   *Yujinia magna* Zhang et Yuan in Zhang *et al.*, 1980b, p. 73, pl. 8, fig. 2, from *Yujinia* Zone (Changqingian) of Zhongtiaoshan, Shuiyu Town, Ruicheng County, Shanxi Province.

Diagnosis (revised)   Cranidium subquadrate in outline (except posterolateral projection); axial furrow deep, deeper at anterior corner of glabella, narrow and shallow in front of glabella; glabella broad (tr.), truncated conical, with 3 - 4 pairs of distinct lateral glabellar furrows, of which S1 is deeper and longer, bifurcated; occipital ring gently convex, wider medially, occipital furrow distinct; preglabellar field narrow; anterior border wide, somewhat concave or upturned forward; anterior border furrow deep; fixigenae narrow, gently convex; palpebral lobe moderately long; eye ridge convex, slanting backward behind anterior corner of glabella; anterior branch of facial suture divergent from palpebral lobe, posterior branch extending outward and backward. Pygidium small, inverted triangular in outline; axis wide and long, with 6–7 axial rings; pleural field narrow, strongly sloping down laterally, with 4–5 pairs of distinct pleural furrows, extending onto wider deeper border furrow, interpleural furrows shallow; border narrow and upturned; without border furrow; surface smooth or covered with fine granules.

Discussion In general configuration of cranidium and glabella, *Yujinia* bears the closest resemblance to *Honania* Lee in Lu, Chien et Chu, 1963a (type species *Honania lata* Lee in Lu, Chien et Chu, 1963, p. 101, 102, pl. 20, fig. 4; Lu *et al.*, 1965, p. 338, pl. 63, figs. 3–5). However, the latter has narrower glabella with shallower lateral glabellar furrows, wider fixigenae between palpebral lobes and perhaps different type of pygidium. The pygidium assigned to *Yujinia angustilimbata* Zhang et Yuan in Zhang *et al.*, 1980 (Zhang *et al.*, 1995, pl. 27, fig. 3) may belong to *Sudanomocarina*. Up to date, 9 species were listed under the genus *Yujinia*: *Y. magna* Zhang et Yuan in Zhang *et al.*, 1980, *Y. angustilimbata* Zhang et Yuan in Zhang *et al.*, 1980, *Y. shanxiensis* Zhang et Yuan in Zhang *et al.*, 1980, *Y. ludianensis* (Mong in Zhou *et al.*, 1977), *Y. hebeiensis* Zhang et Wang, 1985, *Y. jiaokouensis* Zhang et Wang, 1985, *Y. lingchuanensis* Zhang et Wang, 1985, *Y. qinyuanensis* Zhang et Wang, 1985, *Y. granulosa* Zhu, sp. nov., of which *Y. hebeiensis* Zhang et Wang, 1985, *Y. lingchuanensis* Zhang et Wang, 1985, *Y. qinyuanensis* Zhang et Wang were assigned to *Yujinia* with a questionable mark.

Occurrence Cambrian Series 3 (Changqingian); North China.

Yujinia granulosa Zhu, sp. nov.
(pl. 66, figs. 10–16)

Etymology granulosa, -us, -um (Lat.), granular, referring to granular surface on cranidium and pygidium of the new species.

Holotype Cranidium NIGP 62985-323 (pl. 66, fig. 10), from *Lioparia blautoeides* Zone (Changqingian) of Dongshankou, Gangdeershan, Wuhai City, Inner Mongolia Autonomous Region.

Material 7 cranidia and 1 pygidium.

Description Cranidium subquadrate in outline (except posterolateral projection), 4.5 mm in length, 4.8 mm in width between palpebral lobes (holotype); axial furrow deep, deeper at anterior corner of glabella, narrow and shallow in front of glabella; glabella broad (tr.), truncated conical, with 4 pairs of deep lateral glabellar furrows, of which S1 is deeper and longer, bifurcated, posterior branch long, slanting backward, S2 long, located at midline of glabella, slightly slanting backward, S3 located behind inner end of eye ridge, horizontal, S4 narrow and shallow, located at inner end of eye ridge, slightly slanting forward; occipital ring gently convex, wider medially, with a small occipital node posteromedially; occipital furrow distinct, slightly bending backward; preglabellar field moderately wide, gently convex; anterior border narrow, strongly convex or slightly upturned forward; anterior border furrow deep; fixigenae narrow, gently convex, about 0.33 times as wide as glabella between palpebral lobes; palpebral lobe moderately long to short, about 0.4 times as long as glabella; eye ridge short and convex, slanting backward behind anterior corner of glabella; anterior branch of facial suture divergent from palpebral lobe, posterior branch extending outward and backward. Pygidium small, inverted triangular in outline; axis wide and long, with 6–7 axial rings, axial ring furrows shallowing backward; pleural field narrow, strongly sloping down laterally, with 4–5 pairs of distinct pleural furrows, extending onto wider deeper border furrow, interpleural furrows shallow; pygidial border narrow, strongly convex or upturned; surface covered with fine closely spaced granules.

Comparison The new species differs from type species *Yujinia magna* Zhang et Yuan in Zhang *et al.*

(1980b, p. 73, pl. 8, fig. 2) in having deeper lateral glabellar furrows and anterior border furrow, wider convex preglabellar field, narrower fixigenae between palpebral lobes and fine closely spaced granules on the surface of cranidium and pygidium.

Locality and horizon　Dongshankou, Gangdeershan, Wuhai City, Inner Mongolia Autonomous Region, *Lioparia blautoeides* Zone of the Hulustai Formation.

Genus *Yanshaniashania* Jell in Jell et Adrain, 2003

Type species　*Yanshania xinglongensis* Zhang et Wang, 1985, p. 426, pl. 126, figs. 13–15, from the Changhia Formtion (Changqingian) of Zhangjiazhuang, Xinglong County, Hebei Province.

Diagnosis (revised)　Cranidium gently convex, subtrapezoidal in outline; axial furrow narrow and deep; glabella wide (tr.), tapering forward, truncated conical, with a low median keel, and with 4 pairs of shallow lateral glabellar furrows, of which S1 is bifurcated; preglabellar field narrow to moderately wide; anterior border narrow, gently convex; anterior border furrow distinct, shallowing medially, slightly bending backward in sagittal line; fixigena narrow (tr.); palpebral lobe moderately long, strongly convex; eye ridge short and convex, strongly slanting backward behind anterior corner of glabella; anterior branch of facial suture strongly divergent forward from palpebral lobe, posterior branch extending outward and backward; posterolateral projection narrow (exsag.); posterior border furrow deep; posterior border gently convex, less than basal glabella in width. Pygidium wide (tr.); axis long, strongly convex, with 6–7 axial rings; pleural field triangular; pleural furrows deep, interpleeural furrows shallow; border narrow, border furrow indistinct; prosopon of fine crests.

Discussion　*Yanshania* Zhang et Wang, 1985 was preoccupied by conchostracan *Yanshania* Wang, 1981. Therefore, *Yanshaniashania* was erected (Jell and Adrain, 2003, p. 426). In general outline of the cranidium, it is quite similar to *Mimoculus* An in Duan *et al.* (type species *Mimoculus pyrus* An in Duan *et al.*, 2005, p. 158, pl. 32, figs. 16, 17; Text-fig. 7–15). However, the latter has a pear-shaped glabella, wider flat anterior border, shorter palpebral lobe located posteriorly.

Occurrence　Cambrian Series 3 (Changqingian); North China.

Yanshaniashania angustigenata Zhu, sp. nov.
(pl. 71, figs. 1–6)

Etymology　angust, angusti- (Lat.), narrow, gen (Gr.), cheek, referring to narrower fixigenae between palpebral lobes of the new species.

Holotype　Cranidium NIGP 62985-423 (pl. 71, fig. 6), from *Taitzuia lui-Poshania poshanensis* Zone (Changqingian) of Dongshankou, Gangdeershan, Wuhai City, Inner Mongolia Autonomous Region.

Material　5 cranidia and 1 librigena.

Description　Cranidium gently convex, subtrapezoidal in outline, 15.0 mm in length, 13.0 mm in width between palpebral lobes (holotype); axial furrow narrow; glabella wide (tr.), tapering forward, truncated conical, with a low median keel, and with 4 pairs of shallow lateral glabellar furrows, of which S1 is bifurcated, anterior branch short, horizontal, posterior branch long, slanting backward, S2 located in front of midline of glabella, slightly slanting backward, S3 located behind inner end of eye ridge, horizontal or slightly slanting forward, S4 short, located at inner end of eye ridge, slightly slanting forward; occipital ring narrow (sag.), gently convex, wider medially; occipital furrow shallow, more distinct on exfoliated specimens; preglabellar field moderately wide; anterior border narrow, gently convex; anterior border furrow distinct, deep laterally, shallowing medially; fixigena narrow (tr.), about 1/3 of glabellar width between palpebral lobes; palpebral lobe moderately long, less than 0.5 times as long as glabella, located posteromedially, its posterior end almost reaching at a level of occipital furrow; eye ridge short and convex, strongly slanting backward behind anterior corner of glabella; anterior branch of facial suture distinctly divergent from palpebral lobe, across anterior border furrow, then bending inward as an arch, and cutting anterior border at anterolateral margin, posterior branch extending outward and backward; posterolateral projection narrow (exsag.); posterior border furrow deep; posterior border gently convex, less than basal glabella in width. An associated librigena gently convex with moderately long genal spine; lateral border convex, lateral border furrow distinct; genal field wide, widening backward; surface smooth.

Comparison The new species differs from type species *Yanshaniashania xinglongensis* (Zhang et Wang) (Zhang and Wang, 1985, p. 426, pl. 126, figs. 13−15) in having more strongly tapering forward glabella, narrower anterior border, wider preglabellar field and shorter palpebral lobe located posteriorly.

Locality and horizon Dongshankou, Gangdeershan, Wuhai City, Inner Mongolia Autonomous Region, *Taitzuia lui-Poshania poshanensis* Zone of the Hulusitai Formation.

Yanshaniashania similis Zhu et Yuan, sp. nov.
(pl. 69, figs. 1−9)

Etymology similis (Lat.), similar, like, resemble, referring to some resemblances between the new species and type species of the genus.

Holotype Cranidium NIGP 62985-369 (pl. 69, fig. 2), from *Megagraulos inflatus* Zone (Changqingian) of Dongshankou, Gangdeershan, Wuhai City, Inner Mongolia Autonomous Region.

Material 8 cranidia and 1 pygidium.

Description Cranidium gently convex, elongated rectangular in outline (except posterolateral projection), 13.0 mm in length, 12.0 mm in width between palpebral lobes (holotype); axial furrow narrow and deep; glabella wide (tr.), tapering forward, truncated conical, with a low median keel, and with 4 pairs of shallow lateral glabellar furrows, of which S1 is located behind midline of glabella, bifurcated, anterior branch short, slightly slanting backward, posterior branch long, strongly slanting backward, S2 wide and shallow, located in front of midline of glabella, slightly slanting backward, S3 wide and shallow, located behind inner end of eye ridge, horizontal, S4 short and shallow, located at inner end of eye ridge, slightly slanting forward; occipital ring narrow (sag.), gently convex, wider medially, narrowing laterally, with a small occipital node posteromedially; occipital furrow narrow and deep, slightly bending forward laterally; preglabellar field moderately wide; anterior border narrow, gently convex or slightly upturned forward; anterior border furrow wide and shallow, slightly bending forward; fixigena narrow (tr.) to moderately wide, about 0.5 times as wide as glabella between palpebral lobes; palpebral lobe moderately long, equal to or more than 0.5 times as long as glabella, located posteromedially, its posterior end almost reaching at a level of occipital furrow; palpebral furrow distinct; eye ridge short and convex, strongly slanting backward behind anterior corner of glabella; anterior branch of facial suture distinctly divergent from palpebral lobe, across anterior border furrow, then bending inward as an arch and cutting anterior border at anterolateral margin, posterior branch extending outward and backward; posterolateral projection narrow (exsag.); posterior border furrow deep; posterior border gently convex, less than basal glabella in width. An associated pygidium large, semicircular in outline; axis long, strongly convex, extending to the posterior margin, with 5−6 axial rings and a terminal piece, axial ring furrows shallowing backward; pleural field narrow, gently convex, with 2−3 pairs of shallow pleural furrows; border narrow, without distinct border furrow; surface smooth.

Comparison The new species differs from type species *Yanshaniashania xinglongensis* (Zhang et Wang) (Zhang and Wang, 1985, p. 426, pl. 126, figs. 13−15) in having 4 pairs of shallow lateral glabellar furrows, wider fixigenae between palpebral lobes, anterior border furrow not bending backward in sagittal line, wider pygidial axis and shallower pleural and interpleural furrows. It can be also distinguished from *Yanshaniashania angustigenata* Zhu, sp. nov. chiefly by its less tapering forward glabella, wider fixigenae between palpebral lobes, longer palpebral lobe and less divergent anterior branch of facial suture.

Locality and horizon　Dongshankou, Gangdeershan, Wuhai City, Inner Mongolia Autonomous Region, *Megagraulos inflatus* Zone of the Hulusitai Formation.

Genus *Heyelingella* Zhang et Yuan in Zhang *et al.*, 1980b

Type species　*Heyelingella shuiyuensis* Zhang et Yuan in Zhang *et al.*, 1980b, p. 74, pl. 8, fig. 6, from the lower part of *Crepicephalina convexa* Zone or *Megagraulos coreanicus* Zone (Changqingian) of Zhongtiaoshan, Shuiyu Town, Ruicheng County, Shanxi Province.

Diagnosis and remarks　See Yuan *et al.*, 2012, p. 254, 255, 586.

Occurrence　Cambrian Series 3 (Changqingian); North China.

Genus *Manchuriella* Resser et Endo in Kobayashi, 1935

Type species　*Manchuriella typa* Resser et Endo in Kobayashi 1935 (=*Anomocarella macar* Walcott, 1911, p. 92, pl. 15, figs. 11, 11a, non 11b), from the lower part of *Crepicephalina convexa* Zone (Changqingian) of Changxing Island, eastern Liaoning.

Diagnosis and remarks　See Yuan *et al.*, 2012, p. 278, 279, 600.

Occurrence　Cambrian Series 3 (Changqingian); China (North and South China), D. P. R. Korea and R. O. Korea.

Manchuriella sp.
(pl. 69, fig. 22)

Material　1 cranidium.

Description　Cranidium gently convex, subquadrate in outline (except posterolateral projection), 9.6 mm in length, 6.0 mm in width between palpebral lobes; axial furrow narrow and deep, narrowing and shallowing in front of glabella; glabella tapering forward, truncated conical, with a low median keel in sagittal line and with 3 pairs of lateral glabellar furrows, of which S1 is deeper, bifurcated, S2 located in front of midline of glabella, slightly slanting backward, S3 very short and shallow, located behind inner end of eye ridge, slightly slanting forward; occipital ring narrow (sag.), gently convex, wider medially; occipital furrow shallow, slightly bending forward laterally; preglabellar field moderately wide, preocular field wider than preglabellar field; anterior border narrow to moderately wide, gently convex; anterior border furrow shallow; fixigenae narrow; palpebral lobe long and convex, located medially; eye ridge short and robust, convex, slanting backward from anterior corner of glabella; anterior branch of facial suture slightly divergent from palpebral lobe, across anterior border furrow, then bending inward as an arch, cutting anterior border at anterolateral margin, posterior branch extending outward and backward; surface smooth.

Comparison　*Manchuriella* sp. differs from other species in having longer slimmer cranidium, longer slimmer glabella and wider preglabellar field.

Locality and horizon　Dongshankou, Gangdeershan, Wuhai City, Inner Mongolia Autonomous Region, *Megagraulos inflatus* Zone of the Hulusitai Formation.

Genus *Jiangsucephalus* Qiu in Nan et Chang, 1982b

Type species　*Jiangsucephalus subeiensis* Qiu in Qiu *et al.*, 1983, p. 147, pl. 47, figs. 10-12, from *Bailiella lantenoisi* Zone (Hsuchunagian) of Dananzhuang, Tongshan County, northern Jiangsu Province.

Diagnosis (revised)　Cranidium gently convex, elongated rectangular in outline (except posterolateral projection); axial furrow shallow; glabella long, truncated conical, well rounded anteriorly, with a low median keel, and with 4 pairs of very shallow lateral glabellar furrows, of which S1 is bifurcated; preglabellar field narrow, somewhat concave, preocular field wide, slightly inclining forward; anterior border wide, gently convex or slightly upturned forward; occipital ring convex, wider medially, with a small occipital node posteromedially; occipital furrow narrow and shallow; anterior border furrow wide and deep, slightly bending forward; fixigena narrow (tr.) to moderately wide; palpebral lobe moderately long, located posteromedially; eye ridge strongly slanting backward behind anterior corner of glabella; anterior branch of facial suture divergent from palpebral lobe, posterior branch extending outward and backward; posterolateral projection narrow (exsag.); posterior border furrow deep; posterior border gently convex, less than basal glabella in width. Pygidium wide (tr.), elliptical; axis long, inverted conical, with 5 – 6 axial rings and a short postaxial ridge; pleural field subtriangular, with 4 pairs of shallow pleural furrows; border flat, narrowing backward, border furrow indistinct; surface smooth.

Discussion　　*Jiangsucephalus* differs from *Houmaia* Zhang et Wang, 1985 mainly in having rectangular cranidium, narrower fixigenae between palpebral lobes, anterior border gently convex or slightly upturned forward instead of vaulted as a low periclinal swelling in the latter, wider (tr.) pygidium with flat border. We agree with that *Anomocarella*? *miaogouensis* Mong in Zhou *et al.* (1977, p. 182, pl. 53, figs. 11, 12) from the Changhia Formation of Miaogou, Yiyang County, Henan Province and *Honania*? *latilimbata* Mong in Zhou *et al.* (1977, p. 184, 185, pl. 54, fig. 11) from latest Hsuchuangian of Anhe, Gongxian County, Henan Province were regarded as the same species (Zhang *et al.*, 1995, p. 86, 87), but it is better grouped within the genus *Jiangsucephalus*. Besides, *Jiangsucephalus tongshanensis* Qiu in Qiu *et al.* (1983, p. 147, 148, pl. 47, fig. 13) from Hsuchuangian of Weiji, Tongshan County, northern Jiangsu is here considered as a junior synonym of *Jiangsucephalus laevis* (Endo, 1937) because of the presence of similar outline of cranidium and glabella, the same length of palpebral lobe and same width of fixigena.

Occurrence　　Cambrian Series 3 (Hsuchuangian to lower Changqingian); North China.

Jiangsucephalus subaigouensis Yuan et Zhang, sp. nov.

(pl. 71, figs. 19, 20)

Etymology　　Subaigou, a locality, where the new species occurs.

Holotype　　Cranidium NIGP 62985-437 (pl. 71, fig. 20), from *Bailiella lantenoisi* Zone (Hsuchuangian) of Subaigou, Zhuozishan area, Wuhai City, Inner Mongolia Autonomous Region.

Material　　2 cranidia.

Description　　Cranidium gently convex, quadrate in outline (except posterolateral projection), 11.0 mm in length, 10.0 mm in width between palpebral lobes (holotype); axial furrow shallow; glabella wide and long, truncated conical, well rounded anteriorly, with a low median keel, and with 4 pairs of very shallow lateral glabellar furrows, of which S1 is bifurcated, anterior branch short, slightly slanting backward, posterior branch long, strongly slanting backward, S2 located in front of midline of glabella, pit-like, broadening inward, S3 located behind inner end of eye ridge, bifurcated, anterior branch slightly slanting forward, posterior branch long, horizontal, S4 located at inner end of eye ridge, short and narrow, slightly slanting forward; preglabellar field narrow, somewhat concave, preocular field wide, slightly inclining forward, about 2.5 times as wide as preglabellar field (sag.); anterior border wide, gently convex or slightly upturned forward; occipital ring convex, wider medially, with a small occipital node posteromedially; occipital furrow straight, narrow and shallow; anterior border furrow wide and deep, straight or slightly bending forward; fixigena narrow (tr.), less than 0.5 times as wide as glabella; palpebral lobe moderately long to short, 0.4 times as long as glabella, located medially; eye ridge strongly slanting backward behind anterior corner of glabella; anterior branch of facial suture strongly divergent from palpebral lobe, posterior branch extending outward and backward; posterolateral projection narrow (exsag.); posterior border furrow deep; posterior border gently convex, less than basal glabella in width; surface smooth.

Comparison The new species differs from type species *Jiangsucephalus subeiensis* Qiu in Qiu *et al.* (1983, p. 147, pl. 47, figs. 10-12) in having quadrate cranidium with wider less bending forward anterior margin, shorter and robust glabella, shorter palpebral lobe and more strongly divergent anterior branch of facial suture.

Locality and horizon Subaigou, Zhuozishan area, Wuhai City, Inner Mongolia Autonomous Region, *Bailiella lantenoisi* Zone of the Hulusitai Formation.

Jiangsucephalus sp.
(pl. 71, figs. 7, 8?)

Material 1 cranidium and 1 librigena.

Description Cranidium gently convex, quadrate in outline (except posterolateral projection), 10.5 mm in length, 9.0 mm in width between palpebral lobes; axial furrow narrow and shallow; glabella wide (tr.), tapering forward, truncated conical, with a low median keel, lateral glabellar furrows obscure; occipital ring narrow (sag.), gently convex, wide medially; occipital furrow indistinct; preglabellar field moderately wide, preocular field wider, about 1.5 times as wide as preglabellar field (sag.); anterior border moderately wide, gently convex or slightly upturned forward; anterior border furrow shallow; fixigena narrow (tr.); palpebral lobe short and convex, located medially; eye ridge short and robust, convex, strongly slanting backward behind anterior corner of glabella; anterior branch of facial suture gently divergent from palpebral lobe, across anterior border furrow, then bending inward as an arch, and cutting anterior border at anterolateral margin, posterior branch extending outward and backward; posterolateral projection wide (exsag.). A librigena tentatively assigned to *Jiangsucephalus* sp. gently convex, with moderately long genal spine; lateral border convex, moderately wide, lateral border furrow wide and shallow; genal field wide, widening backward; surface covered with irregular striations.

Comparison *Jiangsucephalus* sp. is different from type species *Jiangsucephalus subeiensis* Qiu in Qiu *et al.* (1983, p. 147, pl. 47, figs. 10-12) in the wider preglabellar field (sag.), shorter robust glabella, obscure occipital furrow, narrow and shallow anterior border furrow, narrower fixigenae between palpebral lobes, shorter and robust eye ridge and shorter strongly convex palpebral lobe.

Locality and horizon Dongshankou, Gangdeershan, Wuhai City, Inner Mongolia Autonomous Region, upper part of *Sunaspis laevis-Sunaspidella rara* Zone of the Hulusitai Formation; Qinglongshan, Tongxin County, Ningxia Hui Autonomous Region, the lower part of *Sunaspis laevis-Sunaspidella rara* Zone of the Hulusitai Formation.

Genus *Daopingia* Lee in Yin et Lee, 1978

Type species *Daopingia daopingensis* Lee in Yin et Lee, 1978, p. 500, pl. 167, figs. 7, 8, from the Shilengshui Formation (Hsuchuangian) of Gelabao, Daoping Town, Fuquan City, Guizhou Province.

Diagnosis (revised) Cranidium convex, subquadrate in outline (except posterolateral projection), long equal to wide; axial furrow narrow and distinct; glabella long and convex, slowly tapering forward, truncated conical to rectangular in outline, with a low median keel, and 3 pairs of shallow lateral glabellar furrows; occipital ring gently convex, uniform in width; occipital furrow shallow; preglabellar field narrow to wide, as a low vaulted swelling, almost merging with anterior border; anterior border narrow to moderately wide, gently convex; anterior border furrow extremely shallow or inconspicuous in front of glabella, shallow laterally; fixigena narrow to moderately wide; eye ridge convex, slanting backward behind anterior corner of glabella; palpebral lobe moderately long, located posteromedially; anterior branch of facial suture gently divergent from palpebral lobe, posterior branch extending outward and backward. Thorax of 11 segments. Pygidium semielliptical; axis gently convex, inverted conical, with 5–6 axial rings, axial ring furrows shallow; pleural field gently convex, with 3–4 pairs of pleural ribs; pleural furrows shallow, interpleural furrows indistinct; border wide and flat; surface smooth.

Discussion *Parawuania* (type species *P. wanbeiensis* Zhang in Qiu *et al.*, 1983, pl. 39, figs. 9, 10) was considered as a junior synonym of *Daopingia* Lee in Yin et Lee, 1978, because they share the general outline of cranidium and glabella, uniform width of fixigena (tr.), general configuration of preglabellar field and anterior border, anterior border furrow and the same pattern of facial suture (Yuan *et al.*, 2012, p. 86). *Daopingia* was grouped within the different families: Ordosiidae Lu, 1954 (Zhao and Huang, 1981), Inoyiidae Chang, 1963 (Qiu *et al.*, 1983) and Proasaphiscidae Chang, 1963 (Yin and Lee, 1978; Zhang and Wang, 1985; Jell and Adrain, 2003; Yuan *et al.*, 2008). *Daopingia* is better listed under the family Proasaphiscidae because of the general outline of an associated pygidium. *Proposhania* Duan in Duan *et al.* (type species *P. liaoningensis* Duan in Duan *et al.*, 2005, p. 139, pl. 23, figs. 7, 8; Text-fig. 7-8-1) from Hsuchuangian of Yangjiazhangzi, Jinxi County, Liaoning Province, is considered herein as a junior synonym of *Daopingia*. With exception of wider fixigenae between palpebral lobes, *Proposhania* is comparable with *Daopingia* in general morphology of the cranidia and glabellae. *Proposhania pergranosa* Duan in Duan *et al.* (2005, p. 139, pl. 23, figs. 1; Text-fig. 7-8-3) from Changqingian of Chuaizhuang, Funing County, Hebei Province, has broader glabella, shallower and bending forward as three arches anterior border furrow, very wide (sag.) anterior border and no preglabellar field. Therefore, it is better grouped within the genus *Megagraulos* Kobayashi, 1935.

Occurrence Cambrian Series 3 (Hsuchuangian); North and South China.

Daopingia quadrata Yuan et Zhang, sp. nov.
(pl. 73, figs. 8–13)

Etymology quadrata, -us, -um (Lat.), square, quadrate, referring to quadrate cranidium of the new species.

Holotype Cranidium NIGP 62985-464 (pl. 73, fig. 12), from *Metagraulos dolon* Zone (Hsuchuangian) of Dongshankou, Gangdeershan, Wuhai City, Inner Mongolia Autonomous Region.

Material 5 cranidia and 1 pygidium.

Description Cranidium gently convex, subquadrate in outline, strongly bending forward anteriorly, 8.0 mm in length, 9.0 mm in width between palpebral lobes (holotype); axial furrow narrow and distinct; glabella convex, slowly tapering forward, truncated conical in outline, straight anteriorly, with a low median keel, 0.5 times as long as cranidium, lateral glabellar furrows very faint; occipital ring convex, wide and with a small occipital node medially; occipital furrow narrow and shallow, slightly bending forward laterally; fixigena wide, about 0.75 times as wide as glabella between palpebral lobes; eye ridge convex, slanting backward behind anterior corner of glabella; palpebral lobe moderately long, more than 0.5 times as long as glabella, located posteromedially, palpebral furrow wide and shallow; preglabellar field wide, as a low vaulted swelling, about 2–3 times as wide as anterior border (sag.); anterior border gently convex; anterior border furrow shallow, bending forward; posterolateral projection narrow (exsag.); posterior border narrow and convex, as wide as basal glabella in width (tr.); posterior border furrow wide and deep; anterior branch of facial suture gently divergent from palpebral lobe, across anterior border furrow, then bending inward and cutting anterior border at anterolateral margin, posterior branch extending outward and backward. An associated pygidium short, elliptical, broadly rounded posteriorly; axis short, gently tapering backward, broadly rounded posteriorly, with 4 axial rings; pleural field narrow, gently convex, with 3–4 pairs of pleural ribs; pleural furrows deep, interpleural furrows shallow, both pleural and interpleural furrows extending onto wide flat border; surface smooth.

Comparison The new species differs from type species *Daopingia daopingensis* Lee in Yin et Lee (1978,

p. 500, pl. 167, figs. 7, 8) mainly in having narrower glabella, wider fixigenae between palpebral lobes, wider preglabellar field, narrower anterior border, more distinct anterior border furrow and longer palpebral lobe. In general configuration of cranidium and glabella, it is quite similar to *Daopingia wanbeiensis* (Zhang in Qiu *et al.*) (Qiu *et al.*, 1983, p. 123, pl. 39, figs. 9, 10). However, it differs from the latter in the narrower anterior border, wider preglabellar field (sag.), longer (sag.) narrower (tr.) pygidium with wider axis and broader pygidial border. The new species bears the closest resemblance to *Daopingia liaoningensis* (Duan in Duan *et al.*) (Duan *et al.*, 2005, p. 139, pl. 23, figs. 7, 8; Text-fig. 7-8-1) from Hsuchuangian of Yangjiazhangzi, Jinxi County, Liaoning Province. However, the latter has narrower preglabellar field (sag.), deeper lateral glabellar furrows, no distinct median keel in sagittal line, narrower occipital ring (sag.) without occipital node, narrower pygidial border and indistinct interpleural furrows on pleural field.

Locality and horizon　Dongshankou, Gangdeershan and Ahaitaigou, Zhuozishan area, Wuhai City, Inner Mongolia Autonomous Region, *Metagraulos dolon* Zone of the Hulusitai Formation.

Genus *Parashanxiella* Yuan et Zhang, nov.

Etymology　par-, para (Gr.), near, next to, close to, *Shanxiella*, genus name of trilobites.

Type species　*Parashanxiella lubrica* Yuan et Zhang, sp. nov., from the lower part of *Sunaspis laevis-Sunaspidella rara* Zone (Hsuchuangian) of Taosigou, Hulusitai, Alashan, Inner Mongolia Autonomous Region.

Diagnosis　Cranidium moderately convex, elongated subquadrate in outline (except posterolateral projection); axial furrow, occipital furrow and anterior border furrow very shallow; a pair of shallow anterior pit in axial furrow at anterior corner of glabella; glabella wide (tr.), truncated conical, well rounded anteriorly, with a low median keel in sagittal line, lateral glabellar furrows almost effaced; fixigena moderately wide; palpebral lobe moderately long; eye ridge short, strongly slanting backward behind anterior corner of glabella; anterior area of cranidium (= preglabellar area and preocular area) wide (sag. and exsag.), fan-shaped expanding forward; anterior border moderately wide, gently convex, sloping down forward; anterior branch of facial suture strongly divergent from palpebral lobe, posterior branch extending outward and backward. Pygidium relatively large and long, semielliptical, broadly rounded posteriorly; axis wide and long, inverted conical, with 6-7 axial rings and a terminal piece, postaxial ridge short; pleural field with 4-6 pairs of distinct pleural furrows, extending onto narrow pygidial border, without border furrow; surface smooth.

Discussion　In general outline of the cranidium, width of fixigena, size and position of palpebral lobe, the new genus is quite similar to *Shanxiella* Lin et Wu in Zhang *et al.*, 1980b (type species *Shanxiella venusta* Lin et Wu in Zhang *et al.*, 1980b, p. 78, pl. 9, fig. 7). However, it differs from the latter mainly in having very shallow axial furrow, occipital furrow and anterior border furrow, effaced lateral glabellar furrows, convex anterior border sloping down forward anteriorly, instead of somewhat upturned forward anterior border in the latter and wider longer pygidial axis with 6-7 axial rings and a terminal piece, and with shorter postaxial ridge.

Occurrence　Cambrian Series 3 (Hsuchuangian); North China.

Parashanxiella flabellata Yuan et Zhang, gen. et sp. nov.
(pl. 72, figs. 3-8)

Etymology　flabellata, -us, -um (Lat.), fan-shaped, referring to fan-shaped expanding forward preglabellar area and preocular area of the new species.

Holotype　Cranidium NIGP 62985-441 (pl. 72, fig. 4), from *Metagraulos dolon* Zone (Hsuchuangian) near the road to the Chengjisihan statue, Gangdeershan, Wuhai City, Inner Mongolia Autonomous Region.

Material　4 cranidia and 2 pygidia.

Description　Cranidium moderately convex, subquadrate in outline (except posterolateral projection), 13.1 mm in length, 13.3 mm in width between palpebral lobes (holotype); axial furrow and occipital furrow very shallow; glabella wide (tr.), moderately convex, truncated conical, well rounded anteriorly, lateral glabellar furrows almost effaced; fixigena wide, about 0.75 times as wide as glabella between palpebral lobes; palpebral lobe long, about 0.7 times as long as glabella, its posterior end almost reaching at a level of occipital furrow; eye ridge short, strongly slanting backward behind anterior corner of glabella; anterior border furrow nearly vanished, very shallow laterally, discernible only on the smaller specimen; preglabellar field merging with anterior border in front of glabella, wide (sag.), gently convex, anterior area of cranidium fan-shaped expanding forward; anterior branch of facial suture strongly divergent from palpebral lobe, across anterior border furrow, cutting anterior border at anterolateral margin, posterior branch extending outward and backward. Pygidium relatively large and long, elongated semielliptical, broadly rounded posteriorly; axis slim and long, inverted conical, with 7 axial rings and a terminal piece, postaxial ridge short; pleural field with 5-6 pairs of distinct pleural furrows, extending onto narrow pygidial border, interpleural furrows extremely shallow or indistinct; without distinct border furrow; surface smooth.

Comparison   The new species differs from type species chiefly in having wider fixigenae between palpebral lobes, effaced anterior border furrow, longer palpebral lobe, more strongly divergent anterior branch of facial suture, longer pygidium with longer slimmer axis of more axial rings.

Locality and horizon   Near the road to the Chengjisihan statue, Gangdeershan, Wuhai City, Inner Mongolia Autonomous Region, *Metagraulos dolon* Zone of the Hulusitai Formation; Suyukou-Wudaotang, Helanshan, Ningxia Hui Autonomous Region, the middle to upper parts of *Sunaspis laevis-Sunaspidella rara* Zone of the Hulusitai Formation; Niuxinshan, Jingfushan area, Longxian County, Shaanxi, the middle part of *Sunaspis laevis-Sunaspidella rara* Zone of the Manto Formation.

Parashanxiella lubrica Yuan et Zhang, gen. et sp. nov.
(pl. 72, figs. 1, 2)

Etymology   lubrica, -us,-um (Lat.), smooth, glossy, sleekly, referring to smooth surface of cranidium of the new species.

Holotype   Cranidium NIGP 62985-439 (pl. 72, fig. 2), from the lower part of *Sunaspis laevis-Sunaspidella rara* Zone (Hsuchuangian) of Taosigou, Hulusitai, Alashan, Inner Mongolia Autonomous Region.

Material   1 cranidium and 1 pygidium.

Description   Cranidium moderately convex, elongated subquadrate in outline (except posterolateral projection), 22.0 mm in length, 19.0 mm in width between palpebral lobes (holotype); axial furrow, occipital furrow and anterior border furrow very shallow; a pair of shallow anterior pit in axial furrow at anterior corner of glabella; glabella wide (tr.), moderately convex, truncated conical, broadly rounded anteriorly, with a low median keel in sagittal line, lateral glabellar furrows almost effaced; fixigena narrow, about 0.5 times as wide as glabella between palpebral lobes; palpebral lobe short, less than 0.5 times as long as glabella; eye ridge short, strongly slanting backward behind anterior corner of glabella; preglabellar field wide, convex, 2.5 times as wide as anterior border (sag.); anterior border convex, uniform in width (sag.), sloping down forward anteriorly, anterior area of cranidium wide (sag. and exsag.), fan-shaped expanding forward; anterior branch of facial suture divergent from palpebral lobe, across anterior border furrow, cutting anterior border at anterolateral margin, posterior branch extending outward and backward. Pygidium relatively large and long, about 20.0 mm in length, semielliptical, broadly rounded posteriorly; axis wide and long, inverted conical, with 6 axial rings and a terminal piece, without postaxial ridge; pleural field with 4-5 pairs of pleural ribs, 4 pairs of pleural furrows distinct, extending onto pygidial border, interpleural furrows extremely shallow or obscure; border narrow, without border furrow; surface smooth.

Locality and horizon Taosigou, Hulusitai, Alashan, Inner Mongolia Autonomous Region, the lower part of *Sunaspis laevis-Sunaspidella rara* Zone of the Hulusitai Formation.

Genus *Pseudocrepicephalus* Chu et Zhang in Chu *et al.*, 1979

Type species *Pseudocrepicephalus subconicus* Chu et Zhang in Chu *et al.*, 1979, p. 90, 91, pl. 37, figs. 12–14, from Changqingian of southern slope of Wulashan, Yimingyike, Delingha City, Qinghai Province.

Diagnosis (revised) Cranidium moderately convex, subtrapezoidal in outline; axial furrow wide and deep laterally, shallow and narrow in front of glabella; glabella wide (tr.) and convex, broadly conical to truncated conical, well rounded anteriorly, with a ridge-like elevation around frontal lobe parallel with eye ridge, and with 3–4 pairs of shallow lateral glabellar furrows, of which S1 is long, bifurcated; occipital ring gently convex, wide medially, with a small occipital node posteromedially; occipital furrow wide and deep; preglabellar field narrow and low, preocular field and preglabellar field with 1–3 convergent striations; anterior border wide and convex or slightly upturned forward; anterior border furrow shallow, moderately wide; fixigenae moderately wide to narrow; palpebral lobe moderately long, located posteromedially, palpebral furrow deep; eye ridge distinct, slanting backward from anterior corner of glabella; anterior branch of facial suture parallel forward or slightly convergent from palpebral lobe, posterior branch extending outward and backward; posterolateral projection narrow (exsag.); posterior border narrow, gently convex, distinctly less than basal glabella in width; posterior border furrow wide and deep. Librigena broad, with short robust genal spine. Pygidium semielliptical; axis long, with 5–6 axial rings and a terminal piece; pleural field with 3–4 pairs of pleural furrows, shallowing backward; border narrow to moderately wide, flat; border furrow shallow; surface smooth or covered with fine granules.

Discussion *Hadraspis* Wu et Lin in Zhang *et al.*, 1980 and *Xenosolenoparia* Duan in Duan *et al.* (type species *X. yanshanensis* Duan in Duan *et al.*, 2005, p. 134, pl. 20, figs. 14–19; Text-fig. 7-7-1) were considered as synonymous with *Pseudocrepicephalus* (Yuan *et al.*, 2012, p. 263). Because *Hadraspis* and *Xenosolenoparia* share the main characters with *Pseudocrepicephalus*: broadly conical glabella, well rounded anteriorly, with a ridge-like elevation around frontal lobe parallel with eye ridge, 3–4 pairs of shallow lateral glabellar furrows, wider slightly upturned anterior border, narrow to moderately wide fixigenae, moderately long palpebral lobe located posteromedially, deeper palpebral furrow, distinct eye ridge slanting backward from anterior corner of glabella. The pygidium assigned to *Pseudocrepicephalus* (Zhu *et al.*, 1979, pl. 37, figs. 13, 14) may belong to *Crepicephalina* Resser et Endo in Kobayashi, 1935.

Occurrence Cambrian Series 3 (Changqingian); North and Northwest China.

Pseudocrepicephalus angustilimbatus Zhu, sp. nov.

(pl. 88, figs. 1–18)

Etymology angust, angusti- (Lat.), narrow; limbatus, -a, -um (Lat.), border, referring to narrower anterior border of the new species.

Holotype Cranidium NIGP 62985-709 (pl. 88, fig. 1), from *Psilaspis changchengensis* Zone (Changqingian) of Abuqiehaigou, Zhuozishan area, Wuhai City, Inner Mongolia Autonomous Region.

Material 10 cranidia and 6 pygidia.

Description Cranidium wide (tr.), gently convex, subquadrate in outline (except posterolateral projection), 9.0 mm in length, 10.9 mm in width between palpebral lobes (holotype); axial furrow narrow and shallow; glabella wide (tr.), truncated conical, broadly rounded anteriorly, with a low median keel in sagittal line, and with 4 pairs of very shallow lateral glabellar furrows, of which S1 is bifurcated, S2 located at midline of glabella, isolating from axial furrow, S3 located behind inner end of eye ridge, slightly slanting forward, S4 located at inner end of eye ridge, short, slightly slanting forward; occipital ring gently convex, wide medially, with a small occipital node posteromedially; occipital furrow distinct, narrowing and shallowing laterally;

fixigenae wide, gently convex, highest near anterior position of palpebral lobe, inclining toward axial furrow and anterior border furrow, less than 0.6 times as wide as glabella; palpebral lobe long, located posteromedially, about 0.57 times as long as glabella; eye ridge low and flat, slanting backward slightly behind anterior corner of glabella; preglabellar field narrow and low; anterior border moderately wide and convex; anterior border furrow wide and deep, slightly bending forward as three arches; anterior branch of facial suture parallel forward or slightly convergent from palpebral lobe, posterior branch strongly extending outward and backward; posterolateral projection narrow (exsag.); posterior border narrow, gently convex, widening outward, about 0.5 times as basal glabella in width; posterior border furrow distinct. Pygidium semielliptical, broadly rounded posteriorly; axis convex, inverted conical, with 5-7 axial rings; pleural field narrow, gently convex, with 3-4 pairs of pleural ribs and pleural furrows; border moderately wide, flat; border furrow shallow; surface smooth.

Comparison　The new species differs from type species *Pseudocrepicephalus subconicus* Chu et Zhang in Zhu *et al.* (1979, p. 90, 91, pl. 37, fig. 12) in having less tapering forward glabella, with broadly rounded anterior margin, wider fixigenae between palpebral lobes, shallower axial furrow and palpebral furrow. In general configuration of cranidium and glabella, it bears the closest resemblance to *Pseudocrepicephalus yanshanensis* (Duan in Duan *et al.*) (Duan *et al.*, 2005, p. 134, pl. 20, figs. 14 – 19; Text-fig. 7-7-1) and *Pseudocrepicephalus ovata* (Zhang et Wang, 1985) (Duan *et al.*, 2005, p. 134, 135, pl. 20, figs. 12, 13) from Changqingian of Laozhuanghu, Lingyuan County, Liaoning Province. It differs from the latter chiefly in the absence of convergent striations on the preglabellar field, wider fixigenae between palpebral lobes, wider (tr.) pygidium with broader flat border.

Locality and horizon　Abuqiehaigou, Zhuozishan area, Wuhai City, Inner Mongolia Autonomous Region, *Psilaspis changchengensis* Zone of the Hulusitai Formation.

Family Tengfengiidae Chang, 1963

Genus *Tengfengia* Hsiang, 1962

Type species　*Tengfengia latilimbata* Hsiang, 1962, p. 394, pl. 1, figs. 1-3, from *Poriagraulos nanus-Tonkinella flabelliformis* Zone (Hsuchuangian) of Dengfeng, Henan.

Diagnosis (revised)　Cranidium subquadrate in outline (except posterolateral projection), gently convex, bending forward as an arch anteriorly; axial furrow narrow and distinct; glabella short, truncated conical to subcylindrical, broadly rounded anteriorly, with 3-4 pairs of shallow lateral glabellar furrows, of which S1 is bifurcated; preglabellar field wide, gently convex, gently inclining forward; anterior border wide, gently convex or slightly upturned forward, with a transversal ridge on its posterior margin parallel to the anterior border furrow; anterior border furrow narrow and distinct; occipital ring gently convex, wide medially, with a small occipital node posteromedially; occipital furrow distinct; fixigenae wide, gently convex; eye ridge convex, slanting backward behind anterior corner of glabella; palpebral lobe moderately long, located posteromedially; posterolateral projection narrow (exsag.); posterior border furrow narrow and deep; posterior border narrow, gently convex, distinctly more than basal glabella in width; anterior branch of facial suture divergent from palpebral lobe, posterior branch extending outward and backward. Pygidium semicircular; axis narrow, with 7-8 axial rings; pleural field gently convex, with 4-5 pairs of pleural ribs, pleural furrows narrow and deep, slightly bending backward distally, interpleural furrows obscure; border wide and flat; border furrow faint; prosopon of fine granules of unequal size.

Remarks　The assignment of the species of *Tengfengia* Hsiang, 1962, has been discussed in detail (Zhang *et al.*, 1995, p. 54). Besides type species, *Tengfengia granosa* (Resser et Endo, 1937), *T. obsoleta* Qiu in Qiu *et al.*, 1983 and *T. tantilla* Qiu in Qiu *et al.*, 1983 are considered as valid species. *Tengfengia tantilla* Qiu in Qiu *et al.* (1983, p. 86, pl. 28, fig. 3) and *Tengfengia? wuyangensis* Zhou in Zhou *et al.* (1977, p. 146, pl.

45, fig. 17) erected based on incomplete cranidium were regarded as synonyms of *Tengfengia latilimbata* Hsiang, 1962 (Yuan *et al*., 2012, p. 163). *Tengfengia xiyangensis* Zhang et Wang (1985, p. 357, pl. 109, fig. 8) and *Tengfengia* sp. (Zhang *et al*., 1995, p. 55, pl. 21, fig. 7) are tentatively transferred to *Tengfengia* (*Luguoia*) Lu et Zhu, 2001 because of distinctly tapering forward glabella, narrower fixigenae between palpebral lobes. *Tengfengia* bears the closest resemblance to *Tankhella* Tchernysheva, 1961 (type species *T. devexa* Tcherntsheva, 1961, p. 219-222, pl. 26, figs. 6-13) in general outline of the glabella, wider flat preglabellar field, somewhat concave anterior border medially and the course of facial suture. However, the latter has narrower fixigenae between palpebral lobes, shorter strongly slanting backward eye ridge, and narrower pygidial border.

Occurrence Cambrian Series 3 (Hsuchuangian); North and Northeast China.

Subgenus *Tengfengia* (*Tengfengia*) Hsiang, 1962

Tengfengia (*Tengfengia*) *granulata* Yuan et Zhang, sp. nov.

(pl. 73, figs. 2-5)

Etymology granulata, -us, -um (Lat.), granular, referring to granular surface on the cranidium of the new species.

Holotype Cranidium NIGP 62985-455 (pl. 73, fig. 3), from *Metagraulos dolon* Zone (Hsuchuangian) of Dongshankou, Gangdeershan, Wuhai City, Inner Mongolia Autonomous Region.

Material 4 cranidia.

Description Cranidium convex, wide (tr.), subquadrate in outline, 18.0 mm in length, 17.0 mm in width between palpebral lobes (holotype); axial furrow narrow and deep laterally, narrow and shallow in front of glabella; glabella short and convex, truncated conical, broadly rounded anteriorly, occupying less than 0.5 times as long as cranidium, long equal to wide, with 3 pairs of deep lateral glabellar furrows, of which S1 and S2 are long and bifurcated, S3 short, located at inner end of eye ridge, slightly slanting forward; occipital ring convex, wide medially; occipital furrow deep, straight medially, slanting forward laterally; fixigenae moderately wide, gently convex, 0.6 times as wide as glabella between palpebral lobes; eye ridge low and flat, very gently convex, slightly slanting backward behind anterior corner of glabella; palpebral lobe short, located posteromedially, about 0.33 times as long as glabella; anterior border furrow shallow; preglabellar field moderately wide, gently convex, gently inclining forward, preocular field distinctly wider than preglabellar field; anterior border wide and flat, wider than preglabellar field, slightly upturned forward, with an indistinct transversal ridge on its posterior margin; posterolateral projection narrow (exsag.) and wide (tr.); posterior border furrow wide and deep; posterior border narrow, gently convex; anterior branch of facial suture gently divergent from palpebral lobe, across anterior border furrow, then bending inward as a rounded arc, cutting anterior border at anterolateral margin, posterior branch extending outward and backward; prosopon of fine granules of unequal size.

Comparison The new species differs from type species *Tengfengia latilimbata* Hsiang, 1962 mainly in having wider flatter slightly upturned forward anterior border with an indistinct transversal ridge on its posterior margin, very shallow anterior border furrow, shorter wider glabella, shorter palpebral lobe located more posteriorly, narrower fixigenae between palpebral lobes and less divergent anterior branch of facial suture. It can be also discriminated from *Tengfengia striata* Yuan et Zhang, sp. nov. chiefly by its shorter wider glabella, its absence of a part of small oval tubercle at anterior corner of glabella in axial furrow, wider flatter slightly upturned forward anterior border with an indistinct transversal ridge on its posterior margin, lower flat eye ridge, shorter palpebral lobe located more posteriorly, narrower fixigenae between palpebral lobes and less divergent anterior branch of facial suture and prosopon of fine granules of unequal size. In the presence of wide anterior border and sculpture on the cranidium, the new species bears the closest resemblance to *Tengfengia granosa*

(Resser et Endo, 1937) (Lu et al., 1965, p. 148, pl. 24, fig. 11; Zhang and Jell, 1987, p. 172, pl. 86, fig. 3). However, it is different from the latter chiefly in the wider glabella, which is not constricted medially, longer deeper lateral glabellar furrows and shallower anterior border furrow.

Locality and horizon Dongshankou, Gangdeershan, Wuhai City, Inner Mongolia Autonomous Region, *Metagraulos dolon* Zone of the Hulusitai Formation.

Tengfengia (*Tengfengia*) *striata* Yuan et Zhang, sp. nov.

(pl. 73, fig. 1)

Etymology striata, -us, -um (Lat.), stripe, streak, striation, referring to striations on preglabellar field and preocular field of the new species.

Holotype Cranidium NIGP 62985-453 (pl. 73, fig. 1), from *Poriagraulos nanus* Zone (Hsuchuangian) of Dongshankou, Gangdeershan, Wuhai City, Inner Mongolia Autonomous Region.

Material 1 cranidium.

Description Cranidium convex, nearly quadrate in outline, 13.0 mm in length, 17.0 mm in width between palpebral lobes (holotype); axial furrow narrow and deep laterally, shallow in front of glabella; glabella short and convex, truncated conical, well rounded anteriorly, occupying about 0.5 times as long as cranidium, with a low median keel in sagittal line, a pair of anterior pit at anterior corner of glabella in axial furrow and a small oval tubercle between S4 and anterior pit, and with 4 pairs of narrow and deep lateral glabellar furrows, of which S1 is deep and long, slanting backward, S2 narrow and long, located medially, slightly slanting backward, S3 narrow and long, located behind inner end of eye ridge, horizontal or slightly slanting forward, S4 short, located at inner end of eye ridge, slightly slanting forward; occipital ring convex, uniform in width, with a small occipital node posteromedially; occipital furrow narrow and distinct, slanting forward laterally; fixigenae wide, gently convex, gently sloping down toward axial furrow and posterior border furrow, 0.86 times as wide as glabella between palpebral lobes; eye ridge robust, convex, slightly slanting backward behind anterior corner of glabella; palpebral lobe moderately long to long, bending as an arch, located posteromedially, more than 0.5 times as long as glabella; anterior border furrow shallow; preglabellar field wide, gently convex; anterior border wide, slightly upturned forward, somewhat concave medially, with a transversal ridge on its posterior margin, and with radiated striations on preglabellar field and preocular field; posterolateral projection narrow (exsag.) and wide (tr.); posterior border furrow narrow and shallow; posterior border narrow, gently convex; anterior branch of facial suture strongly divergent from palpebral lobe, across anterior border furrow, bending inward as a rounded arc, cutting anterior border at anterolateral margin, posterior branch extending outward and backward.

Comparison The new species differs from type species *Tengfengia latilimbata* Hsiang, 1962 mainly in having wider (tr.) cranidium, a pair of small oval tubercle between S4 and anterior pit in axial furrow, 4 pairs of narrow long lateral glabellar furrows, robust eye ridge and smooth surface.

Locality and horizon Dongshankou, Gangdeershan, Wuhai City, Inner Mongolia Autonomous Region, *Poriagraulos nanus* Zone of the Hulusitai Formation.

Subgenus *Tengfengia* (*Luguoia*) Lu et Zhu, 2001

Type species *Tengfengia* (*Luguoia*) *luguoensis* Lu et Zhu, 2001, p. 282, 283, pl. 2, figs. 1, 2, from the lower part of *Sunaspis laevis-Sunaspidella rara* Zone (Hsuchuangian) of Mantoushan, Zhangxia Town, Changqing County, Shandong Province.

Diagnosis (revised) Glabella broad, subcylindrical in outline, with 4 pairs of distinct lateral glabellar furrows; fixigenae narrow; preglabellar field and anterior border narrow (sag.). Pygidium elliptical; axis short and broad; pleural furrows wide and deep, without wider pygidial border.

Discussion *Tengfengia* (*Luguoia*) differs from *Tengfengia* Hsiang, 1962, mainly in having broader subcylindrical glabella, narrower fixigenae between palpebral lobes, narrower (sag.) anterior border and preglabellar field, elliptical pygidium with shorter wider axis and without wider pygidial border. In general configuration of cranidium, *Tengfengia* (*Luguoia*) bears the closest resemblance to *Tankhella* Tchernysheva, 1961 (type species *T. devexa* Tcherntsheva, 1961, p. 219–222, pl. 26, figs. 6–13). However, the latter has distinctly tapering forward glabella, with 3 pairs of shallow lateral glabellar furrows and with a lower median keel in sagittal line, shorter and flat strongly slanting backward eye ridge, shorter wider pygidium. In general outline of the cranidium and glabella, *Tengfengia* sp. (Zhang *et al.*, 1995, p. 55, pl. 21, fig. 7) from the lower part of *Sunaspis laevis-Sunaspidella rara* Zone of Mianchi, western Henan, is quite similar to *Tankhella*, but the pattern of lateral glabellar furrows is very close to *Tengfengia* (*Luguoia*).

Occurrence　Cambrian Series 3 (Hsuchuangian); North and Northeast China.

Tengfengia (*Luguoia*) *helanshanensis* Yuan et Zhang, sp. nov.

(pl. 73, figs. 6, 7)

Etymology　Helanshan, a locality, where the new species occurs.

Holotype　Cranidium NIGP 62985-458 (pl. 73, fig. 6), from the lower part of *Sunaspis laevis-Sunaspidella rara* Zone (Hsuchuangian) of Taosigou, Hulusitai, Alashan, Inner Mongolia Autonomous Region.

Material　1 cranidium and 1 pygidium.

Description　Cranidium gently convex, subtrapezoidal in outline, arched forward anteriorly, 4.0 mm in length, 5.5 mm in width between palpebral lobes (holotype); axial furrow narrow and distinct, shallow in front of glabella; glabella wide (tr.), subcylindrical, slightly constricted medially, occupying 5/8 of total cranidial length, flat rounded anteriorly, with 4 pairs of distinct lateral glabellar furrows, of which S1 is bifurcated, anterior branch short, horizontal, posterior branch slanting backward, S2 located in front of midline of glabella, nearly horizontal, S3 located behind inner end of eye ridge, S4 short, located at inner end of eye ridge, slightly slanting forward; occipital ring convex, wide medially, narrowing laterally; occipital furrow deep; fixigenae wide, 0.7 times as wide as glabella between palpebral lobes; eye ridge robust, slightly slanting backward behind anterior corner of glabella; palpebral lobe moderately long, about 0.5 times as long as glabella; preglabellar field moderately wide, gently convex; anterior border wide, strongly concave medially, convex as a transversal ridge on posterior margin, very narrow slightly upturned forward anteriorly; anterior border furrow shallow; posterolateral projection narrow (exsag.); posterior border furrow deep; posterior border narrow, gently convex, less than basal glabella in width; anterior branch of facial suture divergent from palpebral lobe, posterior branch extending outward and backward. A pygidium tentatively assigned to the new species subelliptical in outline; axis convex, inverted conical, broadly rounded posteriorly, less than 0.75 times as long as pygidium, with 5 axial rings; pleural field gently convex, with 3–4 pairs of pleural ribs; pleural furrows deep, interpleural furrows extremely shallow, extending onto concave pygidial border, without distinct border furrow; surface smooth.

Comparison　The new species is different from type species *Tengfengia* (*Luguoia*) *luguoensis* Lu et Zhu (2001, p. 282, 283, pl. 2, figs. 1, 2) chiefly in having shorter slightly constricted subcylindrical glabella medially, with 4 pairs of narrow deeper lateral glabellar furrows, wider anterior border, strongly concave medially, convex as a transversal ridge on posterior margin, very narrow slightly upturned forward anteriorly, wider (sag.) preglabellar field, wider fixigenae between palpebral lobes and pleural ribs bending backward. It differs from *Tengfengia* sp. (Zhang *et al.*, 1995, p. 55, pl. 21, fig. 7) from the lower part of *Sunaspis laevis-Sunaspidella rara* Zone of Mianchi, western Henan, in the shorter slightly constricted subcylindrical glabella medially, with 4 pairs of narrow deeper lateral glabellar furrows, wider anterior border, strongly concave medially, convex as a transversal ridge on posterior margin, very narrow slightly upturned forward anteriorly, wider fixigenae between palpebral lobes and less divergent anterior branch of facial suture.

Locality and horizon   Taosigou, Hulusitai, Alashan, Inner Mongolia Autonomous Region and Qinglongshan, Tongxin County, Ningxia Hui Autonomous Region, the lower part to the lower-middle parts of *Sunaspis laevis-Sunaspidella rara* Zone of the Hulusitai Formation.

Family Holanshaniidae Chang, 1963

Genus *Holanshania* Tu in Wang *et al.*, 1956

Type species   *Holanshania ninghsiaensis* Tu in Wang *et al.*, 1956, p. 116, Text-fig. 3; Lu, 1957, p. 268, pl. 141, fig. 17, from the lower-middle parts of *Sunaspis laevis-Sunaspidella rara* Zone (Hsuchuangian) of Helanshan, Ningxia Hui Autonomous Region.

Diagnosis   Cranidium subquadrate to rectangular in outline, with a pair of cranidial spine laterally; axial furrow shallow; glabella gently convex, truncated conical, subcylindrical to conical, with a low median keel in sagittal line, and with 3–4 pairs of shallow lateral glabellar furrows, of which S1 is bifurcated; occipital ring convex, wide medially, with a small occipital node posteromedially; preglabellar field and preocular field moderately wide, gently convex; anterior border wide, gently convex or slightly upturned forward; anterior border furrow shallow; fixigenae narrow, 0.5 times as wide as glabella between palpebral lobes; eye ridge short, slanting backward slightly behind anterior corner of glabella; palpebral lobe moderately long, located posteromedially. Pygidium small, semielliptical; axis inverted conical, with 3–4 axial rings; pleural field gently convex, with 2–3 pairs of pleural ribs; pleural furrows distinct; border wide and flat; border furrow very shallow or obscure.

Discussion   In general outline of the cranidium and glabella, *Holanshania* is quite similar to *Olenekina* Egorova (type species *Olenekina pinnata* Egorova, 1970, p. 73, pl. 10, figs. 1, 2; Savitzky *et al.*, 1972, p. 84, pl. 23, figs. 1–3) from middle part of *Kounamkites* Zone of Siberia, Russia. However, the latter has shorter glabella, much wider preglabellar field, wider fixigenae between palpebral lobes, longer anterior lateral cranidial spine bending backward distally. Up to date, 6 species of *Holanshania* have been recorded: *Holanshania ninghsiaensis* Tu in Wang *et al.*, 1956, *H. hsiaoxianensis* Bi in Qiu *et al.*, 1983, *H. shanxiensis* Zhang et Wang, 1985, *H. striata* Zhang et Wang, 1985, *H. brevispinata* Zhang et Wang, 1985, *H. lubrica* Duan in Duan *et al.*, 2005, of which 3 species are considered as valid: *Holanshania ninghsiaensis* Tu in Wang *et al.*, 1956 (including *H. brevispinata* Zhang et Wang, 1985); *H. hsiaoxianensis* Bi in Qiu *et al.*, 1983 (including *H. shanxiensis* Zhang et Wang, 1985, *H. striata* Zhang et Wang, 1985), and *H. lubrica* Duan in Duan *et al.*, 2005.

Occurrence   Cambrian Series 3 (lower Hsuchuangian); North and Northeast China.

Genus *Proacanthocephala* Özdikmen, 2008

Type species   *Acanthocephalus longispinus* Qiu in Qiu *et al.*, 1983, p. 152, pl. 49, figs. 1, 2, from lower-middle part of *Sunaspis laevis-Sunaspidella rara* Zone (Hsuchuangian) of Weiji, Tongshan County, northern Jiangsu.

Diagnosis   Cranidium subquadrate to rectangular in outline, with a median cranidial spine extending from anterior border; axial furrow shallow; glabella wide, gently convex, truncated conical, with a low median keel in sagittal line, and with 4 pairs of shallow lateral glabellar furrows, of which S1 and S2 are bifurcated; occipital ring convex, wide medially, with a small occipital node posteromedially; preglabellar field and preocular field wide, gently convex; anterior border wide medially, narrowing laterally; anterior border furrow shallow; fixigenae narrow, 0.5 times as wide as glabella between palpebral lobes; eye ridge short, slanting backward slightly behind anterior corner of glabella; palpebral lobe short, located medially; anterior branch of facial suture divergent from palpebral lobe, posterior branch extending outward and backward.

Discussion   In general configuration of cranidium and glabella, *Proacanthocephalus* bears some resemblances to *Proampyx* Frech, 1897 (type species *Proetus? difformis* var. *acuminatus* Anglin, 1851, p. 22, pl. 18, fig. 7; Westergård, 1953, p. 6, pl. 1, figs. 11–15) from *Solenopleura brachymetopa* Zone of the Andrarum Limestone (= *Erratojincella brachymetopa* Zone) of Sweden. However, the latter has a glabella with more distinct median keel in sagittal line, narrower preglabellar field, longer palpebral lobe, shorter anterior branch of facial suture less divergent forward from palpebral lobe.

Occurrence　Cambrian Series 3 (lower Hsuchuangian); North China.

Family Solenopleuridae Angelin, 1854

Genus *Parasolenopleura* Westergård, 1953

Type species　*Calymene aculeata* Angelin, 1851, p. 23, pl. 19, fig. 2; Westergård, 1953, p. 23–25, pl. 5, figs. 6–10; pl. 6, figs. 1–4, from *Ptychagnostus* (*Triplagnostus*) *gibbus* Zone (Taijiangian) of Sweden.

Diagnosis　Small solenopleurids; cranidium subtrapezoidal in outline, gently convex, slightly bending forward anteriorly; axial furrow distinct; glabella convex, conical to truncated conical, well rounded anteriorly, with 3 pairs of faint lateral glabellar furrows; occipital ring gently convex, wide medially, with a small occipital node or short occipital spine posteromedially; fixigena moderately wide; palpebral lobe short, located medially; eye ridge distinct, slanting backward from anterior corner of glabella; preglabellar field narrow to moderately wide; anterior border convex, anterior border furrow shallow; anterior branch of facial suture parallel forward or slightly convergent from palpebral lobe, across anterior border furrow, bending inward, cutting anterior border at anterolateral margin, posterior branch extending outward and backward. Librigena moderately wide, without genal spine. Thorax of 14–15 segments. Pygidium small and short, subrhomboidal in outline; axis gently convex, moderately wide, tapering backward, well rounded posteriorly, with 2 axial rings and a terminal piece; pleural field narrow, gently convex, with 1–2 pairs of pleural ribs; 1–2 pairs of pleural furrows distinct, interpleural furrows shallow; border narrow or absent, without border furrow; surface smooth or covered with fine granules.

Discussion　In general configuration of cranidium and glabella, *Parasolenopleura* is quite similar to *Solenopleura* Angelin, 1854 (type species *Calymene holometopa* Angelin, 1851, selected by Walcott, 1884; Westergård, 1953, p. 14–16, pl. 4, figs. 1–8) and *Solenoparia* Kobayashi, 1935 [type species *Ptychoparia* (*Liostracus*) *toxeus* Walcott, 1905; Walcott, 1913, p. 208, pl. 19, figs. 10, 10a; Zhang and Jell, 1987, p. 88, 89, pl. 38, figs. 8, 9, ? 10; pl. 39, figs. 1–3]. However, it differs from *Solenopleura* mainly in the latter possessing higher convexity of cranidium and glabella, broadly conical to subcylindrical glabella with more distinct lateral glabellar furrows, deeper axial furrow and anterior border furrow, faint eye ridges located anteriorly and semicircular to semielliptical pygidium. *Parasolenopleura* can be also discriminated from *Solenoparia* by the shallower axial furrow, anterior border furrow and lateral glabellar furrows, less convex truncated conical glabella, narrower pygidial axis and wider pleural field. *Pseudosolenoparia* Zhou in Lu *et al.*, 1974b, with the type species *P. yankongensis* Zhou (Lu *et al.*, 1974b, p. 102, pl. 40, figs. 8, 9; Zhang *et al.*, 1980a, p. 369, 370, pl. 131, figs. 1–7) is better grouped within the genus *Parasolenopleura* because of the presence of shallower axial furrow, anterior border furrow and lateral glabellar furrows, lower convexity of cranidium and pygidium, subrhomboidal pygidium with narrower axis. *Atopiaspis* Geyer, 1998 (type species *A. tikasraynensis* Geyer, 1998, p. 396, pl. 2, figs. 14–18; pl. 3, figs. 9, 10) from *Ornamentaspis frequen* Zone (lower Cambrian Series 3) of Morocco, has been regarded as a junior synonym of *Parasolenopleura* (Fletcher, 2005, p. 1078), of which we approve.

Occurrence　Cambrian Series 3 (Maochuangian and Hsuchuangian); Sweden, Morocco, Canada, Spain and North China.

Parasolenopleura cf. *cristata* (Linnarsson, 1877)

(pl. 77, figs. 16, 17; pl. 78, fig. 1)

Material   1 cranidium and 2 pygidia.

Description   Cranidium trapezoidal in outline, gently convex, slightly bending forward anteriorly, 5.5 mm in length, 6.3 mm in width between palpebral lobes; axial furrow shallow; glabella convex, broadly truncated conical, broadly rounded anteriorly, with 3 pairs of very faint lateral glabellar furrows; occipital ring gently convex, wide medially; fixigena wide, about 0.7 times as wide as glabella between palpebral lobes; palpebral lobe short, located anteromedially, less than 0.33 times as long as glabella; eye ridge indistinct, slanting backward from anterior corner of glabella; preglabellar field moderately wide, gently convex; anterior border convex, anterior border furrow shallow; posterolateral projection wide (exsag.), subtriangular; posterior border gently convex, about 0.8 times as wide as basal glabella in width (tr.), posterior border furrow distinct; anterior branch of facial suture parallel forward from palpebral lobe, across anterior border furrow, bending inward, cutting anterior border at anterolateral margin, posterior branch extending outward and backward. Librigena gently convex, narrow and short, without genal spine; lateral border furrow shallow, lateral border gently convex; genal field as wide as lateral border (tr.); prosopon of fine reticulated crests and fine pits.

Comparison   In general outline of the cranidium and glabella, *Parasolenopleura* cf. *cristata* is quite similar to *Parasolenopleura cristata* (Linnarsson, 1877) (Westergård, 1953, p. 22, 23, pl. 2, figs. 4, 5) from *Paradoxides insularis* Zone (or *Ptychagnostus praecurrens* Zone; Axheimer, 2006, p. 193) of Sweden. However, it has wider preglabellar field (sag.), palpebral lobe located more anteriorly, and prosopon of fine reticulated crests and fine pits. In the shape of cranidium, especially the presence of shorter palpebral lobe, *Parasolenopleura* cf. *cristata* bears some resemblances to *Solenoparia* (*Plesisolenoparia*) *conica* Guo et Zan in Guo *et al.* (1996, p. 105, pl. 21, figs. 7 – 9) from *Ruichengaspis mirabilis* Zone (= *Damiaoaspis* Zone) of Shuangshan, Fuxian County, Liaoning Province. However, the latter has deeper axial furrow, anterior border furrow and lateral glabellar furrows, more strongly tapering forward conical glabella and distinctly convex eye ridge.

Locality and horizon   Qinglongshan, Tongxin County, Ningxia Hui Autonomous Region and Subaigou, Zhuozishan area, Wuhai City, Inner Mongolia Autonomous Region, *Ruichengaspis mirabilis* Zone of the Hulusitai Formation.

Genus *Solenoparia* Kobayashi, 1935

Types pecies   *Ptychoparia* (*Liostracus*) *toxeus* Walcott, 1905, p. 83; 1913, p. 208, pl. 19, figs. 10, 10a; Zhang and Jell, 1987, p. 88, 89, pl. 38, figs. 8 – 10; pl. 39, figs. 1 – 3, from *Inouyops titiana* Zone (Hsuchuangian) of 1.6 km southeast of Zhangxia Town, Changqing County, Shandong Province.

Diagnosis and Discussion   See Yuan *et al.*, 2012, p. 187–191, 553–555.

Occurrence   Cambrian Series 3 (Maochuangian, Hsuchuangian and Changqingian); Eurasia [China, R. O. Korea, D. P. R. Korea, Kazakhstan, Uzbekistan, Russia (Siberia), Sweden and Czech (Bohemia)].

Subgenus *Solenoparia* (*Solenoparia*) Kobayashi, 1935

Solenoparia (*Solenoparia*) cf. *talingensis* (Dames, 1883)

(pl. 78, fig. 3)

Material   1 cranidium.

Description   Cranidium gently convex, subquadrate in outline (except posterolateral projection), slightly bending forward anteriorly, 7.4 mm in length, 9.6 mm in width between palpebral lobes; axial furrow deep, narrower and shallower in front of glabella; glabella convex, urn-shaped to broadly truncated conical, broadly rounded anteriorly, with 4 pairs of short shallow lateral glabellar furrows, of which S1 is long, slanting backward, S2 located in front of midline of glabella, slightly slanting backward, S3 located behind inner end of eye ridge, horizontal, S4 very short and narrow, located at inner end of eye ridge, slightly slanting forward; occipital furrow deep, bending backward medially; occipital ring convex, slightly narrowing laterally; fixigenae moderately wide, about or less than 0.5 times as wide as glabella; eye ridge faint, slightly slanting backward from anterior corner of glabella; palpebral lobe moderately long, less than 0.5 times as long as glabella, located posteromedially; preglabellar field wide, gently convex, 1.5 – 2.0 times as wide as anterior border (sag.); anterior border narrow, convex, narrowing laterally, anterior border furrow distinct; posterolateral projection narrow (exsag.); posterior border furrow deep, posterior border narrow, gently convex, less than basal glabella in width (tr.); anterior branch of facial suture slightly convergent from palpebral lobe, posterior branch extending outward and backward; prosopon of fine sparsely distributed granules.

Comparison   *Solenoparia* (*Solenoparia*) cf. *talingensis* (Dames, 1883) differs from *Solenoparia* (*S.*) *talingensis* (Dames, 1883) (Schrank, 1976, S. 904, 905, Taf. 5, Bild. 5, 6; Taf. 6, Bild. 1, 2; Zhang and Jell, 1987, p. 89, 90, pl. 39, figs. 9, 10; pl. 40, figs. 1, 2) mainly in having urn-shaped to truncated conical glabella, broadly rounded anteriorly, wider preglabellar field (sag.), narrower anterior border, faint eye ridge. In general outline of the glabella, *Solenoparia* (*Solenoparia*) cf. *talingensis* (Dames, 1883) is quite similar to *Solenoparia* (*Plesisolenoparia*) *robusta* Yuan et Zhang, sp. nov. However, it differs from the latter chiefly in the urn-shaped to broadly truncated conical glabella with shallower lateral glabellar furrows, much wider preglabellar field (sag.), faint eye ridge slightly slanting backward from anterior corner of glabella and surface covered with fine sparsely distributed granules. In general outline of the cranidium and glabella, *Solenoparia* (*Solenoparia*) cf. *talingensis* (Dames, 1883) bears some resemblances to *Solenoparia* (*S.*) *ovata* (Zhang in Qiu *et al.*) (Qin *et al.*, 1983, p. 108, pl. 35, fig. 11) from Hsuchuangian of Suzhou City, Anhui Province. However, it has urn-shaped to broadly truncated conical glabella with shallower lateral glabellar furrows, much wider preglabellar field (sag.), faint gently convex eye ridge.

Locality and horizon   Suyukou-Wudaotang, Helanshan, Ningxia Hui Autonomous Region, *Inouyops titiana* Zone of the Hulusitai Formation.

Solenoparia (*Solenoparia*) *accedens* Yuan et Zhang, sp. nov.

(pl. 76, figs. 1, 2)

Etymology   accedens (Lat.), close to, near, next to, referring to the cranidium and glabella of the new species closing to the type species *Solenoparia* (*S.*) *toxea* (Wallcott, 1905) in morphology.

Holotype   Cranidium NIGP 62985-498 (pl. 76, fig. 1), from the lower part of *Luaspides shangzhuangensis* Zone (Maochuangian) of Dongshankou, Gangdeershan, Wuhai City, Inner Mongolia Autonomous Region.

Material   1 cranidium and 1 pygidium.

Description   Cranidium gently convex, subtrapezoidal in outline, 8.3 mm in length, 9.3 mm in width between palpebral lobes (holotype); axial furrow deep, narrow and shallow in front of glabella, anterior pit ill-developed; glabella wide, truncated conical, broadly rounded anteriorly, with 3 pairs of very shallow lateral glabellar furrows, of which S1 is bifurcated, anterior branch short, slightly slanting forward, posterior branch long, slanting backward, S2 located in front of midline of glabella, slightly slanting backward, S3 located behind inner end of eye ridge, slightly slanting backward; occipital furrow wide and deep, slightly bending backward; occipital ring convex, slightly narrowing laterally; fixigenae wide, about 0.6 times as wide as glabella; eye ridge gently convex, slightly slanting backward from anterior corner of glabella; palpebral lobe short to moderately long, more than 0.33 times as long as glabella; preglabellar field wide, gently convex, 1.5 times as wide as anterior border (sag.); anterior border narrow, strongly convex, narrowing laterally, anterior border furrow wide and deep; posterolateral projection moderately wide (exsag.); posterior border furrow deep, posterior border narrow, gently convex, less than basal glabella in width (tr.); anterior branch of facial suture parallel forward from palpebral lobe, posterior branch extending outward and backward. Pygidium short, elliptical in outline; axis wide and convex, slightly tapering backward, well rounded posteriorly, with 4-5 axial rings, occupying 4/5 of total pygidial length; pleural field narrow, gently convex, with 3-4 pairs of pleural ribs; pleural furrows wide and shallow, interpleural furrows obscure; border very narrow, without border furrow; prosopon of irregular reticulated crests, pits or fine granules.

Comparison The new species differs from type species *Solenoparia toxea* (Walcott, 1905) (Zhang and Jell, 1987, p. 88, 89, pl. 38, figs. 8-10; pl. 39, figs. 1-3) from *Inouyops titiana* Zone of the Changhia Formation of 1.6 km southeast of Zhangxia Town, Shandong Province, mainly in having wider preglabellar field (sag.), narrower anterior border, ill-developed anterior pit, wider fixigenae between palpebral lobes, elliptical pygidium and irregular reticulated crests, pits or fine granules on the surface of cranidium and pygidium.

Locality and horizon Dongshankou, Gangdeershan, Wuhai City, Inner Mongolia Autonomous Region, the lower part of *Luaspides shangzhuangensis* Zone of the Hulusitai Formation.

Solenoparia (*Solenoparia*) *porosa* Yuan et Zhang, sp. nov.
(pl. 76, figs. 10, 11)

Etymology porosa, -us, -um (Lat.), porous, perforated, referring to perforated surface on the cranidium of the new species.

Holotype Cranidium NIGP 62985-508 (pl. 76, fig. 11), from *Sinopagetia jinnanensis* Zone (Hsuchuangian) of Abuqiehaigou, Zhuozishan area, Wuhai City, Inner Mongolia Autonomous Region.

Material 1 cranidium and 1 pygidium.

Description Cranidium gently convex, elongated trapezoidal in outline, 4.4 mm in length, 4.5 mm in width between palpebral lobes (holotype); axial furrow deep, narrow and shallow in front of glabella; glabella convex, narrow and long, truncated conical to subcylindrical, broadly rounded anteriorly, lateral glabellar furrows very shallow or obscure; occipital furrow wide and deep, slightly bending backward; occipital ring convex, slightly narrowing laterally; fixigenae wide, about 0.7 times as wide as glabella; eye ridge gently convex, nearly horizontal from anterior corner of glabella; palpebral lobe short to moderately long, more than 0.33 times as long as glabella; preglabellar field wide, gently convex, 2.0 times as wide as anterior border (sag.); anterior border narrow, strongly convex, narrowing laterally, anterior border furrow wide and deep; posterolateral projection moderately wide (exsag.); posterior border furrow deep, posterior border narrow, gently convex, less than basal glabella in width (tr.); anterior branch of facial suture slightly convergent from palpebral lobe, posterior branch extending outward and backward. Pygidium tentatively assigned to the new species short, semielliptical; axis wide and convex, slightly tapering backward, well rounded posteriorly, with 4-5 axial rings, occupying 5/6 of total pygidial length; pleural field narrow, gently convex, with 3-4 pairs of pleural ribs; pleural furrows narrow and shallow, interpleural furrows obscure; border very narrow, without border furrow; prosopon of irregular reticulated crests, or closely spaced porous or pits.

Comparison The new species is quite similar to *Solenoparia* (*S.*) *accedens* Yuan et Zhang, sp. nov. However, it differs from the latter mainly in having narrower longer subcylindrical glabella, wider (sag.) preglabellar field, nearly horizontal eye ridge extending from anterior corner of glabella, longer palpebral lobe, wider fixigenae between palpebral lobes, wider (tr.) pygidium and surface covered with closely spaced porous or pits. The new species can be also distinguished from type species *Solenoparia toxea* (Walcott, 1905) (Zhang and Jell, 1987, p. 88, 89, pl. 38, figs. 8-10; pl. 39, figs. 1-3) from *Inouyops titiana* Zone of the Changhia

Formation of 1. 6 km southeast of Zhangxia Town, Shandong Province, chiefly by its narrower longer subcylindrical glabella, wider (sag.) preglabellar field, narrower anterior border, ill-developed anterior pit, wider fixigenae between palpebral lobes, longer palpebral lobe, semielliptical pygidium with wider longer axis and prosopon of irregular reticulated crests, or closely spaced porous or pits.

Locality and horizon   Abuqiehaigou, Zhuozishan area, Wuhai City and Taosigou, Hulusitai, Alashan, Inner Mongolia Autonomous Region, the lower to middle parts of *Sinopagetia jinnanensis* Zone of the Hulusitai Formation.

Solenoparia (*Solenoparia*) *subcylindrica* Yuan, sp. nov.
(pl. 77, figs. 11, 12)

Etymology   sub. (Lat.), under, below, nearly, almost, slightly, near, next to, cylindrica, -us, -um (Lat.), cylindrical, referring to subcylindrical glabella of the new species.

Holotype   Cranidium NIGP 62985-530 (pl. 77, fig. 11), from *Metagraulos dolon* Zone or *Inouyops titiana* Zone (Hsuchuangian), near the road to the Chengjisihan statue, Gangdeershan, Wuhai City, Inner Mongolia Autonomous Region.

Material   2 cranidia.

Description   Cranidium gently convex, subquadrate in outline (except posterolateral projection), 2.8 mm in length, 3.2 mm in width between palpebral lobes (holotype); axial furrow narrow; glabella convex, truncated conical to subcylindrical, broadly rounded anteriorly, with 4 pairs of deep lateral glabellar furrows, of which S1 is long, slanting backward, S2 located in front of midline of glabella, horizontal, S3 located behind inner end of eye ridge, isolating from axial furrow, slightly slanting forward, S4 very short and narrow, located at inner end of eye ridge, slanting forward; occipital furrow deep, slightly bending backward medially and laterally; occipital ring convex, slightly narrowing laterally; fixigenae moderately wide, more than or about 0.5 times as wide as glabella; eye ridge gently convex, nearly horizontal slightly behind anterior corner of glabella; palpebral lobe moderately long, less than 0.5 times as long as glabella; preglabellar field wide, gently convex, 2.0–2.5 times as wide as anterior border (sag.); anterior border narrow, convex, narrowing laterally, anterior border furrow distinct; posterolateral projection narrow (exsag.); posterior border furrow deep, posterior border narrow, gently convex, less than basal glabella in width (tr.); anterior branch of facial suture slightly divergent from palpebral lobe, posterior branch extending outward and backward; surface smooth.

Comparison   In general configuration of cranidium and glabella, the new species is quite similar to *Solenoparia* (*S.*) *porosa* Yuan et Zhang, sp. nov. However, it differs from the latter mainly in having shallower axial furrow, shorter wider glabella with 4 pairs of deeper lateral glabellar furrows, nearly horizontal eye ridge extending behind anterior corner of glabella, longer palpebral lobe and smooth surface. The new species can be also distinguished from type species *Solenoparia toxea* (Walcott, 1905) (Zhang and Jell, 1987, p. 88, 89, pl. 38, figs. 8–10; pl. 39, figs. 1–3) from *Inouyops titiana* Zone of the Changhia Formation of 1.6 km southeast of Zhangxia Town, Shandong Province, chiefly by its deeper lateral glabellar furrows, wider preglabellar field (sag.), narrower anterior border, ill-developed anterior pit, longer palpebral lobe and more distinct eye ridge.

Locality and horizon   Near the road to the Chengjisihan statue, Gangdeershan, Wuhai City, Inner Mongolia Autonomous Region, the upper part of *Metagraulos dolon* Zone of the Hulusitai Formation.

Subgenus *Solenoparia* (*Plesisolenoparia*) Zhang et Yuan in Zhang *et al.*, 1980b

Type species   *Solenoparia* (*Plesisolenoparia*) *trapezoidalis* Zhang et Yuan in Zhang *et al.*, 1980b, p. 56, pl. 3, figs. 3, 4, from *Luaspides shangzhuangensis* Zone (Maochuangian) of Dongshankou, Gangdeershan, Wuhai City, Inner Mongolia Autonomous Region.

Diagnosis (revised)   Solenopleurids; cranidium trapezoidal in outline; glabella conical to truncated conical, with 3−4 pairs of deep lateral glabellar furrows, of which S1 is bifurcated; axial furrow, occipital furrow and anterior border furrow wide and deep; preglabellar field wide and convex; anterior border convex, narrower than preglabellar field; fixigenae moderately wide; palpebral lobe moderately long, located medially; eye ridge convex, slanting backward behind anterior corner of glabella. Librigena without genal spine. Pygidium wide (tr.), subrhomboidal; axis wide, strongly convex, well rounded posteriorly, with 3−4 axial rings; pleural field narrow, gently convex, with 2−3 pairs of pleural ribs; border narrow, without distinct border furrow; surface smooth or covered with fine granules.

Discussion *Solenoparia* (*Plesisolenoparia*) differs from *Solenoparia* (*S.*) Kobayashi, 1935 [type species *Ptychoparia* (*Liostracus*) *toxeus* Walcott, 1905; Walcott, 1913, p. 208, pl. 19, figs. 10, 10a; Zhang and Jell, 1987, p. 88, 89, pl. 38, figs. 8, 9, non10; pl. 39, figs. 1−3] mainly in having less tapering forward glabella with broadly rounded anterior margin, and with 3−4 pairs of deeper lateral glabellar furrows, wider preglabellar field, narrower anterior border, more convex eye ridge, longer palpebral lobe and no genal spine, narrower pygidial axis and wider pleural field.

Occurrence Cambrian Series 3 (Maochuangian and Hsuchuangian); North China.

Solenoparia (*Plesisolenoparia*) *robusta* Yuan et Zhang, sp. nov.

(pl. 75, figs. 10−12)

Etymology robusta, -us, -um (Lat.), strong, robust, referring to robust glabella of the new species.

Holotype External imprint of exoskeleton NIGP 62985-492 (pl. 75, fig. 10), from the lower part of *Luaspides shangzhuangensis* Zone (Maochuangian) of Dongshankou, Gangdeershan, Wuhai City, Inner Mongolia Autonomous Region.

Material 1 external imprint and 2 cranidia.

Description Exoskeleton gently convex, elongated oval in outline, 12.0 mm in length, ratio of length of cephalon, thorax and pygidium about 3.3 : 5.5 : 1; cephalon semicircular in outline, bending forward as a rounded arc; cranidium gently convex, subtrapezoidal, 4.5 mm in length, 4.8 mm in width between palpebral lobes; axial furrow narrow, distinct, shallower in front of glabella; glabella wide (tr.), truncated conical, broadly rounded anteriorly, nearly reaching anterior border furrow, with 3 pairs of shallow lateral glabellar furrows, of which S1 is bifurcated, anterior branch short, slightly slanting forward, posterior branch long, slanting backward, S2 located in front of midline of glabella, slightly slanting backward, S3 located behind inner end of eye ridge, slightly slanting forward; occipital furrow wide and deep, slightly bending backward laterally; occipital ring convex, slightly narrowing laterally; fixigenae narrow to moderately wide, less than 0.5 times as wide as glabella; eye ridge gently convex, slightly slanting backward behind anterior corner of glabella; palpebral lobe moderately long, about 0.5 times as long as glabella; preglabellar field very narrow, gently convex; anterior border wide, strongly convex, narrowing laterally, anterior border furrow deep; posterolateral projection narrow (exsag.); posterior border furrow deep, posterior border narrow, gently convex, as wide as basal glabella in width (tr.); anterior branch of facial suture parallel forward from palpebral lobe, posterior branch extending outward and backward. Librigena as wide as fixigena (tr.), without genal spine; genal field wider than lateral border, widening backward; lateral border furrow distinct. Thorax of 13 segments, pleural region wider than axis region (tr.), pleural segments with short pleural spines; axial ring furrows deep; pleural furrows deep. Pygidium short, subrhomboidal; axis convex, slightly tapering backward, broadly rounded posteriorly, 0.75 times as long as pygidium, with 2−3 axial rings; pleural field gently convex, with 2 pairs of pleural ribs; pleural furrows shallow, interpleural furrows indistinct; border very narrow, without border furrow; prosopon of irregular reticulated crests and porous or pits.

Comparison The new species differs from type species *Solenoparia* (*Plesisolenoparia*) *trapezoidalis* Zhang et Yuan in Zhang *et al.* (1980b, p. 56, pl. 3, figs. 3, 4) chiefly in having wider longer glabella with 3 pairs of shallower lateral glabellar furrows, much narrower preglabellar field, wider anterior border, narrower fixigenae between palpebral lobes. In the presence of narrower preglabellar field, the new species bears the closest resemblance to *Solenoparia* (*Plesisolenoparia*) *angustilimbata* Lu, Zhu et Zhang (1988, p. 345, 353, pl. 10, figs. 1-6) from Maochuangian of Zhangxia Town, Shandong Province. However, the latter has narrower strongly upturned forward anterior border (sag.), strongly tapering forward glabella with 3 pairs of deeper lateral glabellar furrows.

Locality and horizon   Dongshankou, Gangdeershan and Wuhushan, Wuhai City, Inner Mongolia Autonomous Region, the lower part of *Luaspides shangzhuangensis* Zone of the Hulusitai Formation.

Genus *Solenoparops* Chang, 1963

Type species   *Solenoparia luna* Endo, 1944, p. 81, pl. 6, figs. 6-10 (= *Solenoparia taitzuensis* Resser et Endo, 1937, p. 291, pl. 47, fig. 26), from *Amphoton deois* Zone (Changqingian) of Shuangmiaozi, Liaoyang County, eastern Liaoning [= on the southern slope of Dangshiling, 3.2 km Southeast of Yantai (Yen-tai), Dengta, eastern Liaoning].

Diagnosis and Discussion   See Yuan *et al.*, 2012, p. 197, 198, 555, 556.

Occurrence   Cambrian Series 3 (Hsuchuangian and Changqingian); North China.

Solenoparops? *intermedius* Yuan et Zhang, sp. nov.
(pl. 78, figs. 4-9)

Etymology   intermedius, -a, -um (Lat.), intermedium, intermediate, between, referring to the morphology of the cranidium of the new species between *Solenoparops* and *Solenoparia*.

Holotype   Cranidium NIGP 62985-545 (pl. 78, fig. 8), from the lower part of *Sunaspis laevis-Sunaspidella rara* Zone (Hsuchuangian) of Taosigou, Hulusitai, Alashan, Inner Mongolia Autonomous Region.

Material   4 cranidia and 2 pygidia.

Description   Cranidium nearly quadrate in outline, arched forward anteriorly, 5.2 mm in length, 5.6 mm in width between palpebral lobes (holotype); axial furrow deep laterally, shallow and narrow in front of glabella; glabella convex, truncated conical, broadly rounded anteriorly, with 3 pairs of very shallow lateral glabellar furrows, of which S1 is long, slanting backward, S2 located in front of midline of glabella, slightly slanting backward, S3 short and shallow, located behind inner end of eye ridge, nearly horizontal; occipital ring convex, narrowing laterally, with a small occipital node posteromedially; fixigenae moderately wide to narrow, gently convex, less than 0.5 times as wide as glabella between palpebral lobes; palpebral lobe moderately long, located medially, about 0.5 times as long as glabella; eye ridge faint; preglabellar field moderately wide, preocular field wider than preglabellar field, both preglabellar field and preocular field gently inclining toward anterior border furrow; anterior border wide and convex; anterior border furrow distinct; posterior border furrow deep, posterior border gently convex, 0.8 times as wide as basal glabella in width (tr.); anterior branch of facial suture parallel forward from palpebral lobe, across anterior border furrow, cutting anterior border at anterolateral margin, posterior branch extending outward and backward. Pygidium subelliptical in outline; axis inverted conical, broadly rounded posteriorly, axial ring furrows shallow, with 2 axial rings; pleural field with 2-3 pairs of pleural ribs; 2-3 pairs of pleural furrows distinct, interpleural furrows very shallow; border very narrow, without distinct border furrow; surface covered with very fine granules.

Comparison   In general outline of the cranidium and glabella, the new species is quite similar to type species *Solenoparops taitzuensis* (Resser et Endo, 1937) (Chang, 1963, p. 480, pl. 1, figs. 16, 17; Yuan *et al.*, 2012, p. 198, pl. 237, figs. 15, 16) from *Amphoton deois* Zone of Dongshan, Shuangmiaozi, Liaoyang County, eastern Liaoning, and differs from the latter mainly in having shallower anterior border furrow and occipital furrow, longer slimmer glabella, wider preglabellar field (sag.) and narrower anterior border. The new species can be also discriminated from *Solenoparops taosigouensis* Yuan et Zhang, sp. nov., chiefly by its narrower anterior border without plectrum on its posterior margin in sagittal line, wider preglabellar field and surface covered with very fine granules.

Locality and horizon Taosigou, Hulusitai, Alashan, Inner Mongolia Autonomous Region, from *Sinopagetia jinnanensis* Zone to the lower part of *Sunaspis laevis-Sunaspidella rara* Zone of the Hulusitai Formation.

Solenoparops neimengguensis Yuan et Zhu, sp. nov.
(pl. 85, figs. 14-16)

Etymology Neimenggu, a locality, where the new species occurs.

Holotype Cranidium NIGP 62985-671 (pl. 85, fig. 15), from *Taitzuia lui-Poshania poshanensis* Zone or *Solenoparops neimengguensis* Zone (Changqingian) of Abuqiehaigou, Zhuozishan area, Wuhai City, Inner Mongolia Autonomous Region.

Material 1 cranidium and 2 pygidia.

Description Cranidium nearly subtrapezoidal in outline, slightly arched forward anteriorly, 8.0 mm in length, 8.3 mm in width between palpebral lobes (holotype); axial furrow distinct, shallow and narrow in front of glabella; glabella convex, broadly truncated conical, broadly rounded anteriorly, longer than wide at the base, with 3 pairs of very shallow lateral glabellar furrows, of which S1 is long, slanting backward; occipital ring convex, narrowing laterally; fixigenae moderately wide, gently convex, more than 0.5 times as wide as glabella between palpebral lobes; palpebral lobe moderately long, located medially, about 0.5 times as long as glabella; eye ridge faint; preglabellar field very narrow, preocular field wider than preglabellar field, both preglabellar field and preocular field gently inclining toward anterior border furrow; anterior border wide and convex; anterior border furrow wide and deep; posterior border furrow deep, posterior border gently convex, 0.7 times as wide as basal glabella in width (tr.); anterior branch of facial suture gently convergent from palpebral lobe, across anterior border furrow, cutting anterior border at anterolateral margin, posterior branch extending outward and backward. Pygidium subelliptical; axis inverted conical, broadly rounded posteriorly, axial ring furrows obscure; border narrow, widening backward, border furrow very shallow; prosopon of fine sparsely distributed granules.

Comparison The new species is quite similar to type species *Solenoparops taitzuensis* (Resser et Endo, 1937) (Chang, 1963, p. 480, pl. 1, figs. 16, 17; Yuan *et al.*, 2012, p. 198, pl. 237, figs. 15, 16) from *Amphoton deois* Zone of Dongshan, Shuangmiaozi, Liaoyang County, eastern Liaoning Province, and differs from the latter mainly in having shallower axial furrow, longer less tapering forward glabella, and narrower anterior border (sag.).

Locality and horizon Abuqiehaigou, Zhuozishan area, Wuhai City, Inner Mongolia Autonomous Region, *Taitzuia lui-Poshania poshanensis* Zone or *Solenoparops neimengguensis* Zone of the Hulusitai Formation.

Solenoparops taosigouensis Yuan et Zhang, sp. nov.
(pl. 78, figs. 12-15)

Etymology Taosigou, a locality, where the new species occurs.

Holotype Cranidium NIGP 62985-552 (pl. 78, fig. 15), from *Sinopagetia jinnanensis* Zone (Hsuchuangian) of Taosigou, Hulusitai, Alashan, Inner Mongolia Autonomous Region.

Material 4 cranidia.

Description Cranidium nearly subtrapezoidal in outline, slightly arched forward anteriorly, 8.5 mm in length, 10.0 mm in width between palpebral lobes (holotype); axial furrow deep, shallow and narrow in front of glabella; glabella convex, broadly truncated conical, strongly tapering forward, broadly rounded anteriorly, longer than wide at the base, with 3 pairs of very shallow lateral glabellar furrows; occipital ring convex, narrowing laterally, with a occipital node posteromedially; fixigenae moderately wide, more than 0.5 times as wide as glabella between palpebral lobes, less convex than glabella; palpebral lobe moderately long, located medially, about 0.5 times as long as glabella; eye ridge faint, slanting backward behind anterior corner of glabella; palpebral furrow very narrow and shallow; preglabellar field very narrow, preocular field wider, both preglabellar field and preocular field gently inclining toward anterior border furrow; anterior border wide and convex, with an ill-developed plectrum on its posterior margin in sagittal line; anterior border furrow deep laterally, narrowing and shallowing, and bending backward in sagittal line; posterior border furrow wide and deep, posterior border gently convex, 0.8 times as wide as basal glabella in width (tr.); anterior branch of facial suture gently convergent from palpebral lobe, across anterior border furrow, cutting anterior border at anterolateral margin, posterior branch extending outward and backward; surface smooth or prosopon of fine sparsely distributed granules or small pits on exfoliated specimen.

Comparison In general configuration of cranidium and glabella, the new species is similar to *Solenoparops lata* Chang (Zhang *et al.*, 1995, p. 65, 66, pl. 28, fig. 12; pl. 29, figs. 1–3) from *Ruichengaspis mirabilis* Zone of Mianchi, western Henan. However, the new species has longer slimmer glabella, narrower preglabellar field and narrower fixigenae between palpebral lobes.

Locality and horizon Taosigou, Hulusitai, Alashan, Inner Mongolia Autonomous Region, *Sinopagetia jinnanensis* Zone of the Hulusitai Formation; Suyukou-Wudaotang, Helanshan, Ningxia Hui Autonomous Region, *Ruichengaspis mirabilis* Zone of the Hulusitai Formation.

Genus *Qianlishania* Yuan et Zhang, nov.

Etymology Qianlishan, a locality, where the new genus occurs.

Type species *Qianlishania megalocephala* Yuan et Zhang, sp. nov., from the lower part of *Sunaspis laevis-Sunaspidella rara* Zone (Hsuchuangian) of Qianlishan, northern Wuhai City, Inner Mongolia Autonomous Region.

Diagnosis Cranidium convex, nearly quadrate in outline (except posterolateral projection); axial furrow distinct; glabella broad (tr.), truncated conical to subcylindrical in outline, with a low median keel in sagittal line and with 3–4 pairs of shallow lateral glabellar furrows, of which S1 is deep and long, bifurcated; occipital ring convex, semielliptical; fixigena narrow, less than 0.5 times as wide as glabella; eye ridge convex, slightly slanting backward behind anterior corner of glabella; palpebral lobe moderately long to long, its posterior end almost reaching at a level of occipital furrow, located posteromedially; anterior border furrow wide and deep, bending forward as three arches; anterior border convex, narrowing laterally; preglabellar field narrower than the anterior border (sag.), preocular field wider; posterolateral projection narrow (exsag.) and short (tr.); posterior border furrow wide and deep; posterior border narrow, gently convex, less than basal glabella in width; anterior branch of facial suture parallel forward from palpebral lobe; prosopon of fine granules.

Discussion In general configuration of cranidium, the new genus is quite similar to *Grandioculus* Cossmann, 1908 (type species *Liostracus megalurus* Dames, 1883, S. 20, 21, Taf. 1, Fig. 7, 8; Schrank, 1977, S. 152, 153, Taf. 4, Fig. 7–9; Taf. 5, Fig. 1–4) from the Changhia Formation of eastern Liaoning. However, it differs from the latter mainly in having wider deeper axial furrow, occipital furrow and anterior border furrow, anterior border furrow bending forward as three arches, broadly truncated conical to subcylindrical glabella, longer palpebral lobe located posteriorly, narrower posterolateral projection (exsag.) and less divergent anterior branch of facial suture. It should be pointed out that some juvenile specimens of *Grandioculus megalurus* (Schrank, 1977, Taf. 4, Fig. 8, 9) bears the closest resemblance to the new genus with exception of anterior border furrow not bending forward as three arches, and implicates that the new genus is closely related with

Grandioculus. In the pattern of anterior border furrow, outline of glabella, the size and position of palpebral lobe, the new genus is also quite similar to *Paraeosoptychoparia* Qiu in Qiu *et al.*, 1983 (type species *P. dongshanensis* Qiu in Qiu *et al.*, 1983, p. 76, 77, pl. 23, fig. 14) from Hsuchuangian of Dongshan, Huainan City, Anhui Province. However, the latter has shallower axial furrow and anterior border furrow, smaller glabella, wider fixigenae between palpebral lobes and strongly divergent anterior branch of facial suture from palpebral lobe.

Occurrence Cambrian Series 3 (Hsuchuangian); North China.

Qianlishania conica Yuan et Zhang, gen. et sp. nov.

(pl. 79, figs. 1-5)

1995 *Solenoparia talingensis* (Demes, 1883), Zhang *et al.*, p. 65, pl. 28, fig. 7, non figs. 6, 8-11.

Etymology conica, -us, -um (Lat.), conic, conical, referring to conical glabella of the new species.

Holotype Cranidium NIGP 62985-560 (pl. 79, fig. 4), from *Sinopagetia jinnanensis* Zone (Hsuchuangian) of Abuqiehaigou, Zhuozishan area, Wuhai City, Inner Mongolia Autonomous Region.

Material 5 cranidia.

Description Cranidium convex, nearly quadrate in outline (except posterolateral projection), slightly arched forward anteriorly, 6.5 mm in length, 7.5 mm in width between palpebral lobes (holotype); axial furrow wide and deep, shallow and narrow in front of glabella; glabella short and wide (tr.), broadly truncated conical, strongly tapering forward, broadly rounded anteriorly, more than 0.5 times as long as cranidium, with a low median keel in sagittal line, and with 4 pairs of very shallow lateral glabellar furrows, of which S1 is deep and long, located at 1/3 of glabellar length, bifurcated, anterior branch horizontal, posterior branch long, slanting backward, S2 located in front of midline of glabella, slanting backward, S3 located behind inner end of eye ridge, horizontal, S4 very short and shallow, located at inner end of eye ridge, slanting forward; occipital furrow wide and deep, narrowing medially; occipital ring convex, semielliptical, with a occipital node posteromedially; fixigenae moderately wide, about 0.6 times as wide as glabella between palpebral lobes; eye ridge robust, convex, slightly slanting backward behind anterior corner of glabella; palpebral lobe moderately long to long, its posterior end reaching at a level of occipital furrow, located posteromedially, more than 0.5 times as long as glabella; palpebral furrow distinct; anterior border furrow wide and deep, strongly bending forward as three arches; anterior border convex, rapidly narrowing laterally; preglabellar field as wide as anterior border (sag.), preocular field wider; posterolateral projection narrow (exsag.) and short (tr.); posterior border furrow wide and deep; posterior border narrow, gently convex, less than basal glabella in width; anterior branch of facial suture slightly convergent forward as an arc from palpebral lobe, posterior branch extending outward and backward; prosopon of fine closely spaced reticulated crests and pits.

Comparison The new species differs from type species mainly in having shorter wider strongly tapering forward conical glabella with 4 pairs of more distinct lateral glabellar furrows, wider preglabellar field, slightly convergent anterior branch of facial suture and prosopon of fine closely spaced reticulated crests and pits.

Locality and horizon Abuqiehaigou, Zhuozishan area, Wuhai City, Inner Mongolia Autonomous Region, *Sinopagetia jinnanensis* Zone of the Hulusitai Formation.

Qianlishania longispina Yuan et Zhang, gen. et sp. nov.

(pl. 79, figs. 6, 7)

Etymology longispina, -us, -um (Lat.), referring to long occipital spine of the new species.

Holotype Cranidium NIGP6 2985-562 (pl. 79, fig. 6), from *Zhongtiaoshanaspis similis* Zone (Hsuchuangian) of Taosigou, Hulusitai, Alashan, Inner Mongolia Autonomous Region.

Material 2 cranidia.

Description Cranidium convex, nearly quadrate in outline (except posterolateral projection and occipital spine), nearly straight anteriorly, 9.0 mm in length (including occipital spine), 8.7 mm in width between palpebral lobes (holotype); axial furrow wide and deep; glabella short and wide (tr.), truncated conical, tapering forward, flat rounded anteriorly, longer than wide at the base, with 3 pairs of shallow lateral glabellar furrows, of which S1 is deep and long, located at 1/3 of glabellar length, bifurcated, anterior branch horizontal, posterior branch long, slanting backward, S2 located in front of midline of glabella, slanting backward, S3 located behind inner end of eye ridge, horizontal; occipital furrow wide and deep, narrow and shallow medially; occipital ring convex, nearly triangular, extending backward and forming a robust occipital spine; fixigenae wide, strongly convex, gently sloping down toward axial furrow and posterior border furrow, about 0.7 times as wide as glabella between palpebral lobes; eye ridge robust, convex, with a median furrow, nearly horizontal or slightly slanting backward behind anterior corner of glabella; palpebral lobe moderately long to long, its posterior end reaching at a level of occipital furrow, located posteromedially, more than 0.5 times as long as glabella; palpebral furrow deep; anterior border furrow wide and deep, strongly bending forward as three arches; anterior border convex, rapidly narrowing laterally; preglabellar field wide, convex, 3−4 times as wide as anterior border (sag.), covered with irregular terrace lines, preocular field wider than preglabellar field; posterolateral projection narrow (exsag.) and short (tr.); posterior border furrow wide and deep; posterior border narrow, gently convex, less than basal glabella in width; anterior branch of facial suture slightly convergent forward as an arc from palpebral lobe, posterior branch extending outward and backward; prosopon of fine closely spaced granules.

Comparison The new species differs from type species *Qianlishania megalocephla* chiefly in having shorter glabella, wider preglabellar field, occipital ring with a robust long occipital spine, wider fixigenae between palpebral lobes, nearly horizontal eye ridge located more anteriorly and prosopon of fine closely spaced granules. The new species can be also discriminated from *Qianlishania conica* mainly by its truncated conical glabella with flat rounded anterior margin, wider preglabellar field (sag.), narrower anterior border, occipital ring with a robust longer occipital spine and prosopon of fine closely spaced granules.

Locality and horizon Taosigou, Hulusitai, Alashan, Inner Mongolia Autonomous Region, *Zongtiaoshanaspis similis* Zone of the Hulusitai Formation.

Qianlishania megalocephala Yuan et Zhang, gen. et sp. nov.

(pl. 79, figs. 8−13)

Etymology megalocephala, -us, -um (Lat.), mega, cephalo, referring to larger broad glabella of the new species.

Holotype Cranidium NIGP 62985-564 (pl. 79, fig. 8) from the lower part of *Sunaspis laevis-Sunaspidella rara* Zone (Hsuchuangian) of Qianlishan, northern Wuhai City, Inner Mongolia Autonomous Region.

Material 3 cranidia and 3 pygidia.

Description Cranidium convex, nearly quadrate in outline (except posterolateral projection), slightly arched forward anteriorly, 11.0 mm in length, 11.0 mm in width between palpebral lobes (holotype); axial furrow distinct; glabella wide (tr.), truncated conical, broadly rounded anteriorly, occupying about 2/3 of total cranidial length, with a low median keel in sagittal line, and with 3 pairs of shallow lateral glabellar furrows, of which S1 is deep and long, bifurcated; occipital furrow narrow and deep; occipital ring convex, wide medially, with a occipital node or very short occipital spine posteromedially; fixigenae narrow, about 0.4 times as wide as glabella between palpebral lobes; eye ridge robust, convex, slightly slanting backward behind anterior corner of glabella; palpebral lobe moderately long to long, its posterior end reaching at a level of occipital furrow, located posteromedially, about 0.5 times as long as glabella; palpebral furrow deep; anterior border furrow wide and deep, bending forward as three arches; anterior border convex, rapidly narrowing laterally; preglabellar field narrow, convex, 0.5 times as wide as anterior border (sag.), preocular field wider than preglabellar field; posterolateral projection narrow (exsag.) and short (tr.); posterior border furrow deep; posterior border narrow, gently convex, less than basal glabella in width; anterior branch of facial suture slightly divergent forward as an arch from palpebral lobe, posterior branch extending outward and backward. An associated pygidium tentatively assigned to the new species, short, elliptical in outline, 3.5 mm in length, 5.0 m in maximum width, strongly convex, with a pair of tiny lateral marginal spine; axis wide and long, nearly reaching its posterior margin posteriorly, with 5 axial rings and a terminal piece, axial ring furrows deep; pleural field narrow, gently convex, with 4 pairs of pleural ribs slightly bending backward; 4 pairs of pleural furrows deep, interpleural furrows very shallow or obscure; border furrow deep; border narrow, gently upturned; prosopon of fine sparsely distributed granules.

Locality and horizon   Qianlishan, northern Wuhai City and Taosigou, Hulusitai, Alashan, Inner Mongolia Autonomous Region, the lower part of *Sunaspis laevis-Sunaspidella rara* Zone of the Hulusitai Formation.

Qianlishania sp.

(pl. 79, fig. 14)

Material   1 cranidium.

Description   Cranidium convex, nearly quadrate in outline (except posterolateral projection), strongly arched forward anteriorly, 7.5 mm in length, 9.0 mm in width between palpebral lobes; axial furrow wide and deep, narrow and shallow in front of glabella; glabella short and wide (tr.), truncated conical in outline, strongly tapering forward, broadly rounded anteriorly, occupying more than 1/2 of total cranidial length, with a low median keel in sagittal line, and with 4 pairs of shallow lateral glabellar furrows, of which S1 is deep and long, located at 1/3 of glabellar length, bifurcated, anterior branch horizontal, posterior branch long, slanting backward, S2 located in front of midline of glabella, slanting backward, S3 located behind inner end of eye ridge, slightly slanting backward, S4 short, located at inner end of eye ridge, horizontal; occipital furrow wide and deep, narrow and straight medially; occipital ring convex, semielliptical; fixigenae wide, about 0.8 times as wide as glabella between palpebral lobes; eye ridge robust, convex, slightly slanting backward from anterior corner of glabella; palpebral lobe moderately long to long, its posterior end reaching at a level of occipital furrow, located posteromedially, more than 0.5 times as long as glabella; palpebral furrow wide and deep; anterior border furrow wide and deep, bending forward; anterior border convex, rapidly narrowing laterally; preglabellar field wide, gently convex, 2.0 times as wide as anterior border (sag.), preocular field as wide as preglabellar field (sag.); posterolateral projection narrow (exsag.) and short (tr.); posterior border furrow wide and deep; posterior border narrow, gently convex, less than basal glabella in width; anterior branch of facial suture slightly convergent forward as an arch from palpebral lobe, posterior branch extending outward and backward; prosopon of irregular terrace lines.

Comparison   *Qianlishania* sp. differs from *Qianlishania conica* Yuan et Zhang, sp. nov. mainly in having shorter smaller glabella, wider preglabellar field, wider fixigenae between palpebral lobes.

Locality and horizon   Dongshankou, Gangdeershan, Wuhai City, Inner Mongolia Autonomous Region, *Luaspides shangzhuangensis* Zone of the Hulusitai Formation.

Genus *Squarrosoella* Wu et Lin in Zhang *et al.*, 1980b

Type species   *Squarrosoella tuberculata* Wu et Lin in Zhang *et al.*, 1980b, p. 58, pl. 4, figs. 2, 3, from *Poriagraulos nanus* Zone (Hsuchuangian) of Zhongtiaoshan, Shuiyu Town, Ruicheng County, Shanxi Province.

Diagnosis Solenopleurids; cranidium subquadrate in outline, strongly convex; axial furrow wide and deep laterally; glabella narrow and long, highly vaulted, truncated conical, with 2 rows of 6 larger tubercles in sagittal line, and with 3 pairs of deep lateral glabellar furrows; occipital ring convex, wide medially, with a small occipital node posteromedially; occipital furrow wide and deep; fixigenae narrow; eye ridge distinct, slightly slanting backward behind anterior corner of glabella; palpebral lobe short and convex, located posteromedially, palpebral furrow wide and deep; preglabellar field narrow to moderately wide; anterior border convex, narrow to moderately wide (sag.); anterior border furrow wide and deep. Pygidium short, transversal elliptical; axis long and convex, slightly tapering backward, well rounded posteriorly, with 4 axial rings and a terminal piece; pleural field gently convex, with 3 pairs of pleural ribs; 2–3 pairs of pleural furrows deep; border narrow and flat, without distinct border furrow; surface smooth or covered with fine granules.

Discussion In general configuration of cranidium and glabella, *Squarrosoella* is quite similar to some species of *Badulesia* Sdzuy, 1967 and *Pardaihania* Thoral, 1948, for example, *Badulesia granieri* (Thoral, 1935) (Courtessole, 1973, p. 165, 166, pl. 15, figs. 19–24; Álvaro and Vizcaïno, 2001, pl. 1, fig. 2), *Pardaihania hispida* Thoral, 1935 (Courtessole, 1973, p. 160–163, pl. 15, figs. 1–8; pl. 27, fig. 4; Álvaro and Vizcaïno, 2001, pl. 1, fig. 4). However, *Badulesia granieri* and *Pardaihania hispida* have ridge-like convex palpebral lobe and eye ridge, distinct concave area between palpebral lobe and eye ridge on palpebral area and more highly outstanding convex tubercles on glabella.

Occurrence Cambrian Series 3 (Hsuchuangian); North and Northeast China.

Squarrosoella dongshankouensis Yuan et Zhang, sp. nov.
(pl. 81, figs. 5–14)

Etymology Dongshankou, a locality, where the new species occurs.

Holotype Cranidium NIGP 62985-593 (pl. 81, fig. 8), from *Poriagraulos nanus* Zone (Hsuchuangian) of Dongshankou, Gangdeershan, Wuhai City, Inner Mongolia Autonomous Region.

Material 10 cranidia and 1 pygidium.

Description Cranidium nearly quadrate in outline (except posterolateral projection), slightly arched forward anteriorly, 7.3 mm in length, 9.0 mm in width between palpebral lobes (holotype); axial furrow very wide and deep laterally, narrow and shallow in front of glabella; glabella narrow and long, highly vaulted, truncated conical, ratio of length to width at the base 4 : 3, more than 0.5 times as long as cranidium, flat rounded anteriorly, with 2 rows of larger 6 tubercles in sagittal line, and with 3–4 pairs of deep lateral glabellar furrows, of which S1 and S2 are very deep, bifurcated and forming 3 pairs of papillary lateral lobes, S3 deep, located behind inner end of eye ridge, horizontal, S4 short and shallow, located at inner end of eye ridge, slightly slanting forward; occipital ring convex, wide medially, with a small occipital node posteromedially; occipital furrow wide and deep; fixigenae wide, strongly convex, about 0.83 times as wide as glabella between palpebral lobes; eye ridge distinct, slightly slanting backward behind anterior corner of glabella; palpebral lobe moderately long to short, convex, located posteromedially, about 0.4 times as long as glabella, palpebral furrow wide and deep; preglabellar field wide, 2.0 times as wide as anterior border (sag.); anterior border very narrow (sag.), strongly convex as a ridge; anterior border furrow wide and deep; posterolateral projection narrow (exsag.); posterior border furrow wide and deep; posterior border narrow and convex, as wide as basal glabella in width (tr.); anterior branch of facial suture divergent forward as an arch, posterior branch extending outward and backward. Pygidium short and small, transversal elliptical; axis long and convex, slightly tapering backward, well rounded posteriorly, with 4 axial rings and a terminal piece; pleural field gently convex, with 3 pairs of pleural ribs; 2–3 pairs of pleural furrows deep; border narrow and flat, without distinct border furrow; surface covered with fine sparsely distributed granules.

Comparison The new species differs from type species *Squarrosoella tuberculata* Wu et Lin in Zhang *et al*. (1980b, pl. 4, figs. 2, 3) mainly in having longer slimmer strongly tapering forward glabella, wider fixigenae between palpebral lobes, very narrow and strongly convex anterior border as a ridge, wider preglabellar field (sag.) and more strongly divergent anterior branch of facial suture. In the presence of wider preglabellar field, the new species is quite similar to *Squarrosoella speciosa* Qiu in Qiu *et al*. (1983, p. 105, pl. 36, fig. 3). However, it differs from the latter chiefly in having longer slimmer strongly tapering forward glabella, wider fixigenae between palpebral lobes, very narrow and strongly convex anterior border as a ridge and very wider deeper axial furrow and anterior border furrow.

Locality and horizon Dongshankou, Gangdeershan, Abuqiehaigou and the second ditch of western slope of Yilesitushan, Zhuozishan area, Wuhai City, Inner Mongolia Autonomous Region, *Poriagraulos nanus* Zone of the Hulusitai Formation.

Squarrosoella sp.
(pl. 81, fig. 15)

Material 1 cranidium.

Description Cranidium nearly trapezoidal in outline, strongly arched forward anteriorly, 4.5 mm in length, 5.5 mm in width between palpebral lobes; axial furrow very wide and deep laterally, narrow and shallow in front of glabella; glabella narrow and short, highly vaulted, truncated conical, about 0.5 times as long as cranidium, flat rounded anteriorly, with 2 rows of larger 6 tubercles in sagittal line, and with 3 pairs of deep lateral glabellar furrows, of which S1 and S2 are very deep, bifurcated and forming 3 pairs of papillary lateral lobes, S3 deep, located behind inner end of eye ridge, horizontal; occipital ring convex, wide medially; occipital furrow wide and deep; fixigenae wide, strongly convex, about 0.7 times as wide as glabella between palpebral lobes; eye ridge distinct, slightly slanting backward behind anterior corner of glabella; palpebral lobe damaged; preglabellar field wide (sag.); anterior border wide (sag.) and convex; anterior border furrow wide and deep; posterolateral projection narrow (exsag.); posterior border furrow wide and deep; posterior border narrow and convex, less than basal glabella in width (tr.); anterior branch of facial suture parallel forward, posterior branch extending outward and backward; prosopon of closely spaced granules on the surface of glabella.

Comparison *Squarrosoella* sp. differs from type species *Squarrosoella tuberculata* Wu et Lin in Zhang *et al*. (1980b, pl. 4, figs. 2, 3) mainly in having shorter glabella, wider preglabellar field and anterior border (sag.). In the presence of wider preglabellar field and anterior border, *Squarrosoella* sp. is similar to *Squarrosoella guluheensis* Zhang et Wang (1985, p. 382, 383, pl. 116, figs. 11, 12). However, the latter has slowly tapering forward glabella, narrower fixigenae, anterior border furrow narrow and shallow medially.

Locality and horizon Xiweikou, Hejin County, Shanxi Province, *Poriagraulos nanus* Zone of the Changhia Formation.

Genus *Erratojincella* Rudolph, 1994

Type species *Calymene brachymetopa* Angelin, 1851, p. 23, pl. 19, figs. 1, 1a; Westergärd, 1953, p. 18, 19, pl. 3, figs. 4–10, from *Erratojencella brachymetopa* Zone (*Paradoxides forchhammeri* Stage = upper Drumian) of Andrarum, Sweden.

Diagnosis Cranidium trapezoidal in outline, wider than long; axial furrow wide and deep; glabella conical to truncated conical, strongly convex, with 3–4 pairs of shallow lateral glabellar furrows; anterior border narrow to moderately wide (sag.), convex, narrowing laterally; fixigena wide, merging with preglabellar field; eye ridge strongly slanting backward behind anterior corner of glabella; palpebral lobe short, gently convex; occipital ring with very small occipital node; posterolateral projection narrow (exsag.); posterior border narrow and gently convex, more than basal glabella in width (tr.); anterior branch of facial suture parallel forward from palpebral lobe. Pygidium short and wide (tr.) ; axis short and convex, with 2–3 axial rings; pleural field narrow, gently convex; border wide, without distinct border furrow.

Discussion *Erratojencella* differs from *Jincella* Šnajdr,1957 [=*Solenoparia* Kobayashi, 1935, type species *J. prantli* (Růžička,1944) ; Šnajdr,1958, p. 197–200, pl. 41, figs. 10–25; Text-fig. 42] in having much wider cranidium, shorter palpebral lobe, distinctly convex eye ridge and posterior end of facial suture far from glabella, wider (tr.) pygidium with narrower axis and broader flat pygidial border. *Erratojencella* can be also distinguished from *Solenopleura* Angelin, 1854 (type species *Calymene holometopa* Angelin, 1851; Westergärd, 1953, p. 14–16, pl. 4, figs. 1–8) chiefly by its wider (tr.) cranidium, wider fixigenae between palpebral lobes, narrower posterolateral projection (exsag.), broader (tr.) pygidium with narrower axis and broader flat border. In general outline of the cranidium and pygidium, *Erratojencella* is quite similar to *Changqingia* Lu et Zhu in Qiu *et al.* (type species *C. shandongensis* Lu et Zhu in Qiu *et al.*, 1983, p. 105, pl. 36, figs. 9, 10) from the Changhia Formation of Shandong, North China. However, it differs from the latter chiefly in having much smaller shorter wider pygidium with narrower axis of fewer axial rings and with wider straight posterior margin or slightly posteromedian embayment. *Changqingia laevis* Peng, Lin et Chen (1995, p. 280, 281, pl. 2, figs. 1–4; Peng *et al.*, 2004b, p. 145, pl. 63, figs. 1–5) erected based on cranidia from the Huaqiao Formation of Paibi, Huayuan County, northwestern Hunan Province, was assigned to *Changqingia* with a questionable mark because of absence of corresponding pygidium.

Occurrence Cambrian Series 3 (Hsuchuangian to Changqingian); Europe (Sweden and Germany) and North China.

Erratojincella lata Yuan et Zhang, sp. nov.
(pl. 80, figs. 1, 2)

Etymology lata-, -us-, -um (Lat.), broad, wide, referring to wider (tr.) cranidium of the new species.

Holotype Cranidium NIGP 62985-571 (pl. 80, fig. 1), from *Metagraulos dolon* Zone (Hsuchuangian) of Dongshankou, Gangdeershan, Wuhai City, Inner Mongolia Autonomous Region.

Material 1 cranidium and 1 pygidium.

Description Cranidium convex, wide (tr.), subtrapezoidal in outline, arched forward anteriorly, 9.8 mm in length, 14.5 mm in width between palpebral lobes (holotype); axial furrow wide and deep, narrow and shallow in front of glabella; glabella strongly convex, conical, pointed-rounded anteriorly, more than 0.5 times as long as cranidium, with 4 pairs of shallow lateral glabellar furrows, of which S1 is long, located behind midline of glabella, bifurcated, posterior branch strongly slanting backward, S2 located in front of midline of glabella, slightly slanting backward, S3 located behind inner end of eye ridge, nearly horizontal, S4 located at inner end of eye ridge, slightly slanting forward; occipital furrow wide and deep; occipital ring convex, wide medially, rapidly narrowing laterally, with a small occipital node posteromedially; anterior border narrow (sag.) and convex, narrowing laterally; preglabellar field slightly narrower than the anterior border (sag.); anterior border furrow wide and deep, bending forward as an arc; fixigena very wide, as wide as glabella between palpebral lobes; eye ridge low, nearly horizontal behind anterior corner of glabella; palpebral lobe short, gently convex, 0.33 times as long as glabella, located posteromedially; posterolateral projection narrow (exsag.); posterior border furrow wide and deep; posterior border narrow, gently convex, more than basal glabella in width (tr.); anterior branch of facial suture slightly convergent forward from palpebral lobe, across anterior border furrow, bending inward as an arch, cutting anterior border at anterolateral margin, posterior branch extending outward and backward. Pygidium short and wide (tr.), subelliptical, wider than long; axis short and narrow, convex, inverted conical, with 4 axial rings and terminal piece; pleural field wide, with 3–4 pairs of deep pleural furrows, 3–4 pairs of pleural ribs gently convex; border very narrow, without distinct border furrow;

prosopon of fine closely spaced granules.

Comparison The new species differs from type species *Erratojincella brachymetopa* (Angelin)(Angelin, 1851, p. 23, pl. 19, figs. 1, 1a; Westergård, 1953, p. 18, 19, pl. 3, figs. 4–10) mainly in having lower convexity of cranidium, longer slimmer glabella, deeper anterior border furrow, which is not shallowing and bending backward in sagittal line, no distinct pygidial border and border furrow. It is also similar to *Solenopleura jiyuanensis* Zhou in Zhou *et al.* (1977, p. 157, pl. 48, fig. 17) from tranditional Middle Cambrian (Cambrian Series 3) of Jiyuan City, Henan Province. However, the latter has narrower strongly upturned forward anterior border and narrower glabella. *Solenopleura jiyuanensis* Zhou in Zhou *et al.* is quite different from *Solenopleura* with *Solenopleura holometopa* (Angelin, 1851) (Westergård, 1953, p. 14–16, pl. 4, figs. 1–8) as the type species, in the longer slimmer strongly tapering forward glabella, wider fixigenae between palpebral lobes, palpebral lobe located posteriorly, and narrower strongly upturned forward anterior border. Therefore, *Solenopleura jiyuanensis* is better grouped within *Erratojincella* with a questionable mark because of presence of deeper anterior border furrow, narrower strongly upturned forward anterior border and absence of pygidium.

Locality and horizon Dongshankou, Gangdeershan, Wuhai City, Inner Mongolia Autonomous Region, *Metagraulos dolon* Zone of the Hulusitai Formation.

Erratojincella convexa Yuan et Zhang, sp. nov.
(pl. 80, figs. 3, 4)

Etymology convexa-, -us, -um (Lat.), convex, raised, referring wider strongly convex anterior border of the new species.

Holotype Cranidium NIGP 62985-573 (pl. 80, fig. 3), from *Metagraulos dolon* Zone (Hsuchuangian) of the second ditch of western slope of Yilesitushan, Zhuozishan area, Wuhai City, Inner Mongolia Autonomous Region.

Material 2 cranidia.

Description Cranidium convex, wide (tr.), subtrapezoidal in outline, strongly arched forward anteriorly, 6.2 mm in length, 10.0 mm in width between palpebral lobes (holotype); axial furrow wide and deep; glabella strongly convex, wide conical, broadly rounded anteriorly, length less than basal glabella in width, with 4 pairs of distinct lateral glabellar furrows, of which S1 is long, located behind midline of glabella, bifurcated, anterior branch short, slightly slanting forward, posterior branch strongly slanting backward, S2 located in front of midline of glabella, slightly slanting backward, S3 located behind inner end of eye ridge, slightly slanting forward, S4 located at inner end of eye ridge, slightly slanting forward; occipital furrow wide and deep; occipital ring convex, wide medially, rapidly narrowing laterally; anterior border moderately wide (sag.) and strongly convex, narrowing laterally; preglabellar field narrower than the anterior border (sag.), about 0.33–0.5 times as wide as anterior border (sag.); preocular field wider than preglabellar field; anterior border furrow wide and deep, bending forward as an arc; fixigena very wide, slightly narrower than glabella between palpebral lobes; eye ridge low, nearly horizontal behind anterior corner of glabella; palpebral lobe moderately long to short, gently convex, 0.4 times as long as glabella, located posteromedially, palpebral furrow shallow; posterolateral projection narrow (exsag.); posterior border furrow wide and deep; posterior border narrow, gently convex, less than basal glabella in width (tr.); anterior branch of facial suture strongly convergent forward from palpebral lobe, across anterior border furrow, bending inward as an arch, cutting anterior border at anterolateral margin, posterior branch extending outward and backward; prosopon of fine closely spaced granules.

Comparison The new species differs from *Erratojincella lata* sp. nov. in having wider conical glabella, more strongly bending forward anterior margin of cranidium, longer palpebral lobe, narrower preglabellar field (sag.), and wider strongly convex anterior border. It can be also distinguished from *Solenopleura*? sp. (Zhou *et al.*, 1977, p. 157, pl. 48, fig. 16) from traditional Middle Cambrian of Shechang, Longlin, Guangxi, by its wider conical glabella instead of suboval in the latter, wider anterior border and surface covered with fine closely spaced granules.

Locality and horizon　The second ditch of western slope of Yilesitushan and Abuqiehaigou, Zhuozishan area, Wuhai City, Inner Mongolia Autonomous Region, *Metagraulos dolon* Zone of the Hulusitai Formation.

Erratojincella? *truncata* Yuan et Zhang, sp. nov.

(pl. 80, figs. 5–8)

Etymology　truncata-, -us, -um (Lat.), truncated, referring to truncated conical glabella of the new species.

Holotype　Cranidium NIGP 62985-576 (pl. 80, fig. 6), from *Metagraulos dolon* Zone (Hsuchuangian) of Dongshankou, Gangdeershan, Wuhai City, Inner Mongolia Autonomous Region.

Material　2 cranidia and 2 pygidia.

Description　Cranidium convex, wide (tr.), subtrapezoidal in outline, slightly arched forward anteriorly, 2.6 mm in length, 3.5 mm in width between palpebral lobes (holotype); axial furrow wide and deep; glabella strongly convex, truncated conical, broadly rounded anteriorly, longer than wide at the base, with 4 pairs of wide shallow lateral glabellar furrows, of which S1 is long, located behind midline of glabella, bifurcated, anterior branch short, slightly slanting forward, posterior branch long, strongly slanting backward, S2 located in front of midline of glabella, slightly slanting backward, S3 located behind inner end of eye ridge, slightly slanting forward, S4 very short and shallow, located at inner end of eye ridge, slightly slanting forward; occipital furrow wide and deep, slightly bending forward laterally; occipital ring convex, wide medially, rapidly narrowing laterally, with a small occipital node posteromedially; anterior border moderately wide (sag.) and strongly convex, narrowing laterally; preglabellar field narrower than the anterior border (sag.), about 0.5 times as wide as anterior border (sag.), preocular field wider than preglabellar field, about 2 times as wide as preglabellar field; anterior border furrow deep, bending forward as three arches; fixigena very wide, slightly less than glabella between palpebral lobes; eye ridge low, nearly horizontal behind anterior corner of glabella; palpebral lobe moderately long to long, gently convex, 0.5 times as long as glabella, located medially, palpebral furrow shallow; posterolateral projection narrow (exsag.); posterior border furrow wide and deep; posterior border narrow, gently convex, as wide as basal glabella in width (tr.); anterior branch of facial suture parallel or slightly convergent forward from palpebral lobe, across anterior border furrow, bending inward, cutting anterior border at anterolateral margin, posterior branch extending outward and backward. An associated pygidium semielliptical in outline; axis wide, convex, slightly tapering backward, well rounded posteriorly, with 6 axial rings, each axial ring with 2 tubercles in sagittal line; pleural field narrow, gently convex, with 4–5 pairs of pleural ribs, without distinct border and border furrow; prosopon of fine and coarse closely spaced granules.

Comparison　The new species differs from *Erratojincella lata* sp. nov. and *Erratojincella convexa* sp. nov. mainly in having subtrapezoidal cranidium with less arched forward anterior margin, truncated conical glabella, anterior border furrow bending forward as three arches, longer palpebral lobe, parallel forward anterior branch of facial suture, longer narrower pygidium with wider longer axis of more axial rings. In general outline of the cranidium and glabella, and the type of the sculpture, the new species is quite similar to *Oreisator tichkaensis* Geyer et Malinky (1997, p. 634, 635, Figs. 8.1–8.17, 8.19, 8.20) from *Morocconus notabilis* Zone (upper Cambrian Series 2) of Morocco. However, it differs from the latter in having a truncated conical glabella with 4 pairs of more distinct lateral glabellar furrows, subtrapezoidal cranidium with less arched forward anterior margin, anterior border furrow bending forward as three arches, narrower fixigenae between palpebral lobes, longer palpebral lobe, longer narrower pygidium with wider longer axis of more axial rings. In general configuration of glabella and pygidium, the new species is quite different from type species, therefore the assignment of the new species is questionable.

Locality and horizon　Dongshankou, Gangdeershan, Wuhai City, Inner Mongolia Autonomous Region, *Metagraulos dolon* Zone of the Hulusitai Formation.

Genus *Hyperoparia* Zhang in Qiu *et al.*, 1983

Type species　*Hyperoparia conicata* Zhang in Qiu *et al.*, 1983, p. 109, pl. 35, figs. 4, 5, from *Poriagraulos nanus* Zone (Hsuchuangian) of Suzhou City, Anhui Province.

Diagnosis (revised)　Solenopleurids; cranidium subtrapezoidal to subtriangular in outline; axial furrow wide and deep laterally; glabella wide, truncated conical to rectangular, with 4 pairs of very shallow lateral glabellar furrows; fixigenae narrow, strongly convex, highest near palpebral lobe; palpebral lobe short, located medially, preglabellar field narrow; anterior border convex, subtriangular; anterior border furrow distinct; anterior branch of facial suture slightly convergent from palpebral lobe; prosopon of fine granules or pits.

Discussion　In general configuration of cranidium and glabella, *Hyperoparia* bears the closest resemblance to *Squarrosoella* Wu et Lin in Zhang *et al.*, 1980b (type species *Squarrosoella tuberculata* Wu et Lin in Zhang *et al.*, 1980b, p. 58, pl. 4, figs. 2, 3) from *Poriagraulos nanus* Zone (Hsuchuangian) of Zhongtiaoshan, Shuiyu Town, Ruicheng County, Shanxi Province. However, the latter has subquadrate cranidium, wider deeper axial furrow and anterior border furrow, longer slimmer glabella with deeper lateral glabellar furrows forming 3 pairs of papillary lateral lobes, and with 2 rows of 6–8 larger tubercles in sagittal line, wider fixigenae between palpebral lobes, wider (tr.) posterolateral projection and posterior border and divergent anterior branch of facial suture. In general outline of the cranidium, it is also similar to *Trachoparia* Chang, 1963 [type species *Solenoparia bigranosa* (Endo); Zndo, 1937, p. 339, pl. 59, fig. 5; Chang, 1963, p. 465, 466, pl. 1, figs. 12, 13; Yuan *et al.*, 2012, p. 201, pl. 86, figs. 12–17; pl. 88, figs. 1–13; pl. 116, figs. 17, 18; pl. 236, figs. 9–11]. However, the latter has more strongly convex cranidium, broadly oval glabella, nearly absence of preglabellar field and wider fixigenae between palpebral lobes.

Occurrence　Cambrian Series 3 (Hsuchuangian); North China (Anhui and Shaanxi).

Hyperoparia liquanensis Yuan et Zhang, sp. nov.
(pl. 81, figs. 1–4)

Etymology　Liquan, a locality, where the new species occurs.

Holotype　Cranidium NIGP 62985-587 (pl. 81, fig. 3), from *Poriagraulos nanus* Zone (Hsuchuangian) of Hanshuigou, Liquan County, Shaanxi Province.

Material　4 cranidia.

Description　Cranidium rather small, convex, subtrapezoidal in outline, slightly arched forward anteriorly, 3.4 mm in length, 3.6 mm in width between palpebral lobes (holotype); axial furrow wide and deep; glabella wide and long, strongly convex, truncated conical to subcylindrical, flat rounded anteriorly, 0.6 times as long as cranidium, longer than wide at the base, with 4 pairs of shallow distinct lateral glabellar furrows, of which S1 and S2 are bifurcated; occipital furrow deep; occipital ring convex, narrow (sag.); fixigena narrow, less than 0.5 times as wide as glabella between palpebral lobes, strongly convex, highest near palpebral lobe; eye ridge low, slightly slantly backward behind anterior corner of glabella, with a median furrow; palpebral lobe moderately long to long, gently convex, 0.4–0.6 times as long as glabella, located medially, palpebral furrow wide and deep; anterior border furrow deep and straight; anterior border convex, semicircular in cross section; preglabellar field narrow, gently convex, about 0.5 times as wide as anterior border (sag.), preocular field wider than the anterior border; anterior branch of facial suture slightly convergent forward from palpebral lobe, posterior branch extending outward and backward; prosopon of fine sparsely distributed granules.

Comparison The new species differs from type species *Hyperoparia conicata* Zhang in Qiu *et al.* (1983, p. 109, pl. 35, figs. 4, 5) mainly in having slowly tapering forward glabella with 4 pairs of more distinct lateral glabellar furrows, deeper axial furrow, anterior border furrow and occipital furrow, narrower strongly convex fixigenae between palpebral lobes, and longer palpebral lobe. It is quite similar to *Hyperoparia convexa* Zhang in Qiu *et al.* (1983, p. 109, pl. 35, figs. 2, 3). However, it is different from the latter in the deeper axial furrow, anterior border furrow and occipital furrow, comparatively distinctly tapering forward glabella with 4 pairs of more distinct lateral glabellar furrows, narrower fixigenae, broader eye ridge with a median furrow.

Locality and horizon Hanshuigou, Liquan County, Shaanxi Province, *Poriagraulos nanus* Zone of the Manto Formation.

<h3 style="text-align:center">Hyperoparia? sp.</h3>
(pl. 78, fig. 2)

Material 1 cranidium.

Description Cranidium convex, subtrapezoidal in outline, slightly arched forward anteriorly, 11.5 mm in length, 14.5 mm in width between palpebral lobes; axial furrow narrow and distinct; glabella wide and long, strongly convex, wide, truncated conical, broadly rounded anteriorly, long equal to wide at the base, without distinct lateral glabellar furrows; occipital furrow shallow; occipital ring convex, wide medially (sag.); fixigena narrow, gently convex, about 0.5 times as wide as glabella between palpebral lobes; palpebral lobe short, 0.33 times as long as glabella, located medially; eye ridge faint, slightly slanting from anterior corner of glabella; anterior border furrow moderately deep, slightly bending forward; anterior border narrow, slightly upturned forward; preglabellar field wide, gently convex, gently inclining toward anterior border furrow, 2 times as wide as anterior border (sag.), preocular field wider than the anterior border; posterolateral projection wide (exsag.), subtriangular; posterior border furrow wide and deep; posterior border narrow, gently convex, about 0.7 times as wide as glabella at the base; anterior branch of facial suture slightly convergent forward from palpebral lobe, posterior branch extending outward and backward; prosopon of fine sparsely distributed granules or smooth.

Comparison *Hyperoparia*? sp. differs from *Hyperoparia liquanensis* Yuan et Zhang, sp. nov., mainly in having wider glabella with indistinct lateral glabellar furrows, shallower axial furrow, anterior border furrow and occipital furrow, less convex fixigenae, shorter palpebral lobe, wider preglabellar field, narrower somewhat upturned anterior border and broader posterolateral projection (exsag.). The specimen assigned to *Hyperoparia* is questionable because of less convex fixigenae and nearly smooth surface of cranidium. *Hyperoparia*? sp. bears some resemblances to *Solenoparia toxea* (Walcott, 1905) (Zhang and Jell, 1987, p. 88, 89, pl. 38, figs. 8-10; pl. 39, figs. 1-3), *S. lilia* (Qiu in Qiu *et al.*) (Qiu *et al.*, 1983, p. 106, pl. 36, fig. 6), *S. ovata* (Zhang) (Qiu *et al.*, 1983, p. 108, pl. 35, fig. 11). However, it differs from the latter in the much wider (tr.) glabella, narrower fixigenae between palpebral lobes.

Locality and horizon Suyukou-Wudaotang, Helanshan, Ningxia Hui Autonomous Region, *Inouyops titiana* Zone of the Hulusitai Formation.

<h3 style="text-align:center">Genus Camarella Zhu, nov.</h3>

Etymology camar (Gr.), vault, referring to strongly vaulted cranidium of the new genus.

Type species *Camarella tumida* Zhu sp. nov., from *Liopeishania convexa* Zone (Changqingian) of Dongshankou, Gangdeershan, Wuhai City, Inner Mongolia Autonomous Region.

Diagnosis Small solenopleurids; cranidium convex, semielliptical in outline, strongly arched forward anteriorly; axial furrow deep; glabella short, subcylindrical, with 2-3 pairs of short and shallow lateral glabellar furrows; anterior border furrow deep, strongly bending forward; anterior border narrow, strongly convex;

preglabellar field wide, strongly convex; fixigenae moderately wide; eye ridge short, gently convex, nearly horizontal from anterior corner of glabella; palpebral lobe moderately long, located medially; posterolateral projection narrow (exsag.) and short (tr.); posterior border furrow deep, posterior border narrow and convex, less than basal glabella in width (tr.); anterior branch of facial suture distinctly convergent from palpebral lobe. Pygidium smaller than cranidium, semicircular in outline; axis wide and long, strongly convex, with 4–5 axial rings; pleural field narrow, gently convex, with 3–4 pairs of pleural ribs; border very narrow, without distinct border furrow; prosopon of fine sparsely distributed granules.

Discussion　In general configuration of cranidium and glabella, the new genus is similar to *Kuraspis* Tchernysheva in Kryskov *et al.*, 1960 (type species *Kuraspis obscura* Tchernysheva in Kryskov *et al.*, 1960, p. 251, 252, pl. 53, figs. 4, 5) from upper part of Cambrian Series 3 of northern Siberia, and differs from the latter in having strongly arched forward cranidium anteriorly, narrower occipital ring without occipital spine, longer palpebral lobe and narrower posterolateral projection (exsag.).

Occurrence　Cambrian Series 3 (Changqingian), North China (Inner Mongolia Autonomous Region).

Camarella tumida Zhu gen. et sp. nov.

(pl. 80, figs. 9–14)

Etymology　tumida, -us, -um (Lat.), expand, swell, inflate, referring to inflated fixigena of the new species.

Holotype　Cranidium NIGP 62985-579 (pl. 80, fig. 9), from *Liopeishania convexa* Zone (Changqingian) of Dongshankou, Gangdeershan, Wuhai City, Inner Mongolia Autonomous Region.

Material　5 cranidia and 3 pygidia.

Description　Cranidium rather small, convex, semielliptical in outline, strongly arched forward anteriorly, 2.7 mm in length, 3.7 mm in width between palpebral lobes (holotype); axial furrow deep; glabella short, subcylindrical, with 2–3 pairs of short and shallow lateral glabellar furrows, of which S1 is located behind midline of glabella, slanting backward, S2 located in front of midline of glabella, horizontal, S3 very short and shallow, located at inner end of eye ridge, slightly slanting forward; anterior border furrow deep, strongly bending forward; anterior border narrow, strongly convex; preglabellar field wide, strongly convex, about 2.5–3 times as wide as anterior border in sagittal line; fixigenae moderately wide, about 0.57 times as wide as glabella between palpebral lobes; eye ridge short, gently convex, nearly horizontal from anterior corner of glabella; palpebral lobe moderately long, located medially, about 0.5 times as long as glabella; posterolateral projection narrow (exsag.) and short (tr.); posterior border furrow deep, posterior border narrow and convex, less than basal glabella in width (tr.); anterior branch of facial suture distinctly convergent from palpebral lobe, posterior branch extending outward and backward. Pygidium smaller than cranidium, semicircular; axis wide and long, strongly convex, nearly reaching posterior margin of pygidium, with 4–5 axial rings, axial ring furrows deep; pleural field narrow, gently convex, with 3–4 pairs of pleural ribs; pleural furrows deep, interpleural furrows obscure; border very narrow, without distinct border furrow; prosopon of fine sparsely distributed granules.

Locality and horizon　Dongshankou, Gangdeershan, Wuhai City, Inner Mongolia Autonomous Region, *Liopeishania convexa* Zone of the Hulusitai Formation.

Family Menocephalidae Hupé, 1953a

Genus *Changqingia* Lu et Zhu in Qiu *et al.*, 1983

Type species　*Changqingia shandongensis* Lu et Zhu in Qiu *et al.*, 1983, p. 105, pl. 36, figs. 9, 10, from *Crepicephalina convexa* Zone (Changqingian) of Hutoushan, Zhangxia Town, Changqing County, Shandong Province.

Diagnosis and remarks See Yuan *et al.*, 2012, p. 219, 220, 573.

Occurrence Cambrian Series 3 (Changqingian); China and R. O. Korea.

Genus *Eiluroides* Yuan et Zhu, nov.

Etymology oides (Gr.), resemble, similar, alike; *Eilura*, genus name of trilobites, referring to quite similar pygidium between the new genus and *Eilura* morphologically.

Type species *Eiluroides triangula* Yuan et Zhu, sp. nov., from *Megagraulos inflatus* Zone or *Psilaspis changchengensis* Zone (Changqingian) of the second ditch of western slope of Yilesitushan, Zhuozishan area, Wuhai City, Inner Mongolia Autonomous Region.

Diagnosis Menocephalids; cranidium and librigena like *Solenoparia* Kobayashi, 1935; pygidium similar to *Eilura* Resser et Endo in Kobayashi, 1935 or *Changqingia* Lu et Zhu in Qiu *et al.*, 1983; cranidium subtrapezoidal in outline, strongly convex, slightly bending forward anteriorly; axial furrow wide and deep; glabella strongly convex, wide conical, pointed rounded anteriorly, with 4 pairs of shallow lateral glabellar furrows; occipital ring convex, wide medially, with a small occipital node posteromedially; occipital furrow wide and deep; fixigenae narrow; eye ridge distinct, nearly horizontal or slightly slanting backward behind anterior corner of glabella; palpebral lobe short, convex, located medially; preglabellar field very narrow, somewhat concave; anterior border narrow to moderately wide, convex or slightly upturned forward; anterior border furrow deep and wide; anterior branch of facial suture parallel forward or slightly convergent from palpebral lobe, across anterior border furrow, then bending inward, cutting anterior border at anterolateral margin, posterior branch long, extending outward and backward. Librigena moderately wide, with short genal spine; lateral border convex; genal field wide. Pygidium large, inverted triangular, well rounded posteriorly, strongly bending inward laterally, rapidly narrowing backward, with a pair of obtuse angle anterolaterally; axis long, strongly convex, with 9 – 10 axial rings and a terminal piece, 8 – 9 axial ring furrows distinct; pleural field narrow, strongly bending outward and backward, with 7–8 pairs of pleural ribs; 6–7 pairs of pleural furrows deep, interpleural furrows obscure; border narrow and convex or slightly upturned; border furrow wide and deep; surface smooth.

Discussion In general configuration of cranidium and pygidium, the new genus is quite similar to *Changqingia* Lu et Zhu in Qiu *et al.*, 1983. However, it differs from the latter mainly in having wide conical glabella with pointed rounded anterior margin, narrower anterior border, narrower fixigena, about 0.56 times as wide as glabella between palpebral lobes, shorter palpebral lobe, wider posterolateral projection (exsag.), wider librigenal field, inverted triangular pygidium with wider pygidial axis, narrower pleural field, strongly bending inward laterally, rapidly narrowing backward, narrower strongly convex or upturned pygidial border and deeper border furrow. In general outline of the pygidium, it bears the closest resemblance to *Eilura* (type species *Eilura typa* Resser et Endo in Kobayashi, 1935; Resser and Endo, 1937, pl. 48, figs. 19, 20; Zhang and Jell, 1987, pl. 42, figs. 9, 10; Yuan *et al.*, 2012, p. 218, pl. 101, figs. 1–13; pl. 102, figs. 1–15; pl. 113, figs. 14–16; pl. 176, fig. 18; pl. 188, pl. 8, 9). However, it can be distinguished from the latter chiefly by its shorter smaller glabella with rather shallow lateral glabellar furrows, narrower fixigenae between palpebral lobes, and pygidium with narrow upturned border and deeper border furrow.

Occurrence Cambrian Series 3 (Changqingian); North China.

Eiluroides triangula Yuan et Zhu, gen. et sp. nov.

(pl. 82, figs. 1–9a)

Etymology triangula, -us, -um (Lat.), triangular, referring to inverted triangular pygidium of the new species.

Holotype Pygidium NIGP 62985-604 (pl. 82, fig. 5), from *Megagraulos inflatus* Zone or *Psilaspis changchengensis* Zone (Changqingian) of the second ditch of western slope of Yilesitushan, Zhuozishan area,

Wuhai City, Inner Mongolia Autonomous Region.

Material 3 cranidia, 1 librigena and 5 pygidia.

Description Cranidium subtrapezoidal in outline, strongly convex, slightly bending forward anteriorly, 7.2 mm in length, 7.6 mm in width between palpebral lobes (pl. 82, fig. 1); axial furrow wide and deep, wide and shallow in front of glabella; glabella strongly convex, wide conical, pointed rounded anteriorly, with 4 pairs of shallow lateral glabellar furrows, of which S1 and S2 are bifurcated, slanting backward, S3 and S4 short and faint, slightly slanting forward; occipital ring convex, wide medially, with a small occipital node posteromedially; occipital furrow wide and deep; fixigenae narrow, about 0.56 times as wide as glabella between palpebral lobes, less convex than glabella, inclining toward axial furrow, anterior and posterior border furrows; eye ridge distinct, nearly horizontal or slightly slanting backward behind anterior corner of glabella; palpebral lobe short, convex, located medially, about 0.33 times as long as glabella; preglabellar field very narrow, somewhat concave; anterior border moderately wide, convex or slightly upturned forward; anterior border furrow deep and wide, slightly bending backward in sagittal line; anterior branch of facial suture parallel forward or slightly convergent from palpebral lobe, across anterior border furrow, bending inward, cutting anterior border at anterolateral margin, posterior branch long, extending outward and backward. Librigena moderately wide, with short genal spine extending obliquely; lateral border convex; genal field wide. Pygidium large, inverted triangular, well rounded posteriorly, strongly bending inward laterally, rapidly narrowing backward, with a pair of obtuse angle anterolaterally; axis long, strongly convex, with 9–10 axial rings and a terminal piece, 8–9 axial ring furrows distinct; pleural field narrow, strongly bending outward and backward, with 7–8 pairs of pleural ribs; 6–7 pairs of pleural furrows deep, interpleural furrows obscure; border narrow and convex or slightly upturned; border furrow wide and deep; surface smooth.

Locality and horizon The second ditch of western slope of Yilesitushan, Zhuozishan area, Wuhai City, Inner Mongolia Autonomous Region, *Megagraulos inflatus* Zone or *Psilaspis changchengensis* Zone of the Hulusitai Formation.

Family Lisaniidae Chang, 1963

Genus *Lisania* Walcott, 1911

Type species *Anomocarella*? *bura* Walcott (1905, p. 56; Walcott, 1911, p. 82, pl. 15, fig. 2), from *Taitzuia insueta-Poshania poshanensis* Zone (Chanhqingian) of Zhangxia Town, Changqing County, Shandong Province.

Diagnosis and Discussion See Yuan *et al.*, 2012, p. 302–304, 616, 617.

Occurrence Cambrian Series 3 (Changqingian to Jinanian = Drumian to Guzhangian); China, R. O. Korea, Kazakhstan, Russia (Siberia) and Australia.

Lisania subaigouensis Yuan, sp. nov.
(pl. 84, figs. 1–20)

Etymology Subaigou, a locality, where the new species occurs.

Holotype Cranidium NIGP 62985-637 (pl. 84, fig. 1), from *Liopeishania convexa* Zone (Changqingian) of Subaigou, Zhuozishan area, Wuhai City, Inner Mongolia Autonomous Region.

Material 5 cranidia, 7 librigenae and 8 pygidia.

Description Cranidium convex, subtrapezoidal in outline, bending forward anteriorly, 4.0 mm in length, 3.8 mm in width between palpebral lobes (holotype); axial furrow narrow and shallow; glabella wide (tr.) and convex, wide truncated conical, slightly inclining forward, broadly rounded anteriorly, longer than wide at the base, with 4 pairs of very shallow lateral glabellar furrows recognizable on exfoliated specimens, of which S1 is deeper and longer, bifurcated, anterior branch horizontal, posterior branch slanting backward, S2 located in front of midline of glabella, horizontal, S3 located behind inner end of eye ridge, slightly slanting forward, S4 very short and shallow, located at inner end of eye ridge, slanting forward; anterior border furrow very narrow and shallow, slightly bending forward; preglabellar field absent; anterior border wide (sag.), gently convex, narrowing laterally; occipital ring convex, wide medially, with a small occipital node anteromedially; occipital furrow wide and shallow, slightly bending forward laterally; fixigenae narrow, strongly convex, about 0.33 times as wide as glabella between palpebral lobes; palpebral lobe moderately long to long, more than 0.5 times as long as glabella, located posteromedially, palpebral furrow shallow; anterior branch of facial suture slightly divergent forward from palpebral lobe, across anterior border furrow, then bending inward, cutting anterior border at anterolateral margin, posterior branch extending outward and backward. Librigena wide, gently convex, with moderately long genal spine; lateral border furrow obscure; genal field wide. Pygidium short and broad, semielliptical in outline; axis long and wide, convex, slowly tapering backward, nearly reaching posterior margin, axial ring furrows indistinct; pleural field narrow, gently convex, pleural and interpleural furrows obscure; border extremely narrow, without distinct border furrow; surface smooth.

Comparison   In the presence of shallower axial furrow and lateral glabellar furrows, the new species bears some resemblances to *Lisania lubrica* Zhang et Wang (1985, p. 409, pl. 123, fig. 5) from the Changhia Formation of Gengzhen, Wutai County, Shanxi Province. However, it differs from the latter in having shallower anterior border furrow, wider anterior border, narrower fixigenae between palpebral lobes and longer palpebral lobe.

Locality and horizon   Subaigou, Zhuozishan area, Wuhai City, Inner Mongolia Autonomous Region, *Liopeishania convexa* Zone of the Hulusitai Formation.

Lisania zhuozishanensis Yuan et Zhu, sp. nov.
(pl. 83, figs. 7–20)

Etymology   Zhuozishan, a locality, where the new species occurs.

Holotype   Cranidium NIGP 62985-629 (pl. 83, fig. 13), from *Liopeishania convexa* Zone (Changqingian) of Subaigou, Zhuozishan area, Wuhai City, Inner Mongolia Autonomous Region.

Material   7 cranidia, 2 librigenae and 6 pygidia.

Description   Cranidium convex, rectangular in outline, slightly bending forward anteriorly, 6.8 mm in length, 6.2 mm in width between palpebral lobes (holotype); axial furrow narrow and distinct; glabella wide (tr.) and convex, nearly rectangular, slightly inclining forward, broadly rounded anteriorly, longer than wide at the base, with a low median keel in sagittal line, and with 4 pairs of shallow lateral glabellar furrows, of which S1 is deeper and longer, bifurcated, anterior branch slanting backward, posterior branch bending inward and connecting with axial furrow, forming a pair of small subcircular tubercles, S2 located in front of midline of glabella, slightly slanting backward, S3 located behind inner end of eye ridge, nearly horizontal, S4 located at inner end of eye ridge, slanting forward; anterior border furrow narrow and shallow, slightly bending forward laterally; preglabellar field absent; anterior border wide (sag.), gently convex, narrowing laterally; occipital ring convex, wide medially, with a small occipital node medially; occipital furrow narrow and deep, slightly bending forward laterally; fixigenae narrow, strongly convex, less than 0.5 times as wide as glabella between palpebral lobes; palpebral lobe moderately long to short, less than 0.5 times as long as glabella, located medially, palpebral furrow shallow; anterior branch of facial suture parallel forward or slightly divergent forward from palpebral lobe, across anterior border furrow, then bending inward, cutting anterior border at anterolateral margin, posterior branch extending outward and backward. Librigena wide, gently convex, with short genal spine; lateral border furrow distinct; genal field wide, widening backward. Pygidium short and broad, semielliptical in outline; axis long and wide, convex, rapidly tapering backward, nearly reaching posterior margin, with 2-3 axial rings and a terminal piece, first 2 axial ring furrows distinct; pleural field narrow, gently convex, 2 pairs of pleural furrows shallow, interpleural furrows obscure; border wide and flat, border furrow shallow; surface smooth.

Comparison In the presence of a pair of small subcircular tubercles on glabella posteriorly, the new species is quite similar to *Lisania depressa* (Endo) from *Liopeishania lubrica* Zone of Daweijiatun (=Ta-wei-chia-tun), Aichuan (=Aigawamura), Liaoning (Endo, 1937, p. 321, pl. 60, fig. 9; Lu *et al.*, 1965, pl. 46, fig. 4; Yuan *et al.*, 2012, p. 308, pl. 186, figs. 2-13). However, it differs from the latter in having narrower and shallower axial furrow, no a pair of anterior pits at anterior corner of glabella, wider flat anterior border and pygidial border, glabella with a low median keel in sagittal line, pygidium without a pair of short marginal spine anterolaterally, narrower more convex fixigenae between palpebral lobes. *Lisania latilimbata* An in Duan *et al.* (2005, p. 155, pl. 27, fig. 12) from upper part of *Crepicephalina convexa* Zone of Qinggouzi, Baishan City, Jilin, also has wider flat anterior border, and differs from the new species in the longer cranidium and glabella without a low median keel in sagittal line and a pair of small subcircular tubercles, and the longer palpebral lobe. In the pattern of axial furrow and anterior border furrow, glabella with a pair of small subcircular tubercles, the new species bears some resemblances to some species of *Baojingia* Yang in Zhou *et al.*, 1977, such as *Baojingia jiudiantangensis* (Yang in Zhou *et al.*, 1977) (Peng *et al.*, 2004b, p. 101, 102, pl. 39, figs. 8, 9; text-fig. 15), *Baojingia latilimbata* (Peng, 1987) (Peng *et al.*, 2004b, p. 102, 103, pl. 39, figs. 1-7), *Baojingia paralala* (Yang in Zhou *et al.*, 1977) (Peng *et al.*, 2004b, p. 103, 104, pl. 40, figs. 1-18; text-fig. 16), *Baojingia quadrata* (Yang in Zhou *et al.*, 1977) (Peng *et al.*, 2004b, p. 104-106, pl. 38, figs. 10-13; text-fig. 17), *Baojingia tungjenensis* (Nan in Egorova *et al.*, 1963) (Peng *et al.*, 2004b, p. 108-109, pl. 39, figs. 10-14). However, these species have deeper lateral glabellar furrows, wider fixigenae between palpebral lobes, more convex anterior border, wider (tr.) posterolateral projection, longer narrower pygidial axis of more axial rings.

Locality and horizon Subaigou and Nanpodagou, Zhuozishan area, Wuhai City, Inner Mongolia Autonomous Region, *Liopeishania convexa* Zone of the Hulusitai Formation.

Lisania sp.

(pl. 83, figs. 4-6)

Material 2 cranidia and 1 pygidium.

Description Cranidium convex, subtrapezoidal in outline, slightly bending forward anteriorly, 5.0 mm in length, 4.5 mm in width between palpebral lobes (pl. 83, fig. 5); axial furrow narrow and shallow; glabella wide (tr.) and convex, truncated conical, slightly tapering forward, broadly rounded anteriorly, long equal to wide at the base, with 4 pairs of shallow lateral glabellar furrows, of which S1 is deeper and longer, bifurcated, posterior branch bending backward, and connecting with axial furrow, forming a pair of small subcircular tubercles, anterior branch slanting backward, S2 located in front of midline of glabella, slightly slanting backward, S3 located behind inner end of eye ridge, nearly horizontal, S4 located at inner end of eye ridge, slanting forward; anterior border furrow wide and deep; preglabellar field absent; anterior border wide (sag.), convex, narrowing laterally; occipital ring convex, semielliptical, wide medially, with a small occipital node posteromedially; occipital furrow wide and deep, slightly bending forward laterally and medially; fixigenae narrow, strongly convex, less than 0.4 times as wide as glabella between palpebral lobes; palpebral lobe moderately long to short, less than 0.5 times as long as glabella, palpebral furrow shallow; anterior branch of facial suture parallel forward or slightly convergent forward from palpebral lobe, across anterior border furrow, then bending inward, cutting anterior border at anterolateral margin, posterior branch extending outward and backward. Pygidium short and broad, semielliptical in outline; axis long and wide, convex, rapidly tapering backward, nearly reaching posterior margin, with 4−5 axial rings and a terminal piece; pleural field gently convex, with 3−4 pairs of pleural ribs, pleural furrows shallow, interpleural furrows obscure; border wide and flat; border furrow indistinct; surface smooth.

Comparison *Lisania* sp. differs from other species of the genus in having wider deeper anterior border furrow and occipital furrow, wider strongly convex anterior border.

Locality and horizon Abuqiehaigou, Zhuozishan area, Wuhai City, Inner Mongolia Autonomous Region, *Megagraulos inflatus* Zone of the Hulusitai Formation.

Genus *Prolisania* Yuan et Zhu, nov.

Etymology pro (Gr. or Lat.) , before, in front, ahead, original; *Lisania*, genus name of trilobites, referring to that the new genus occurs earlier than *Lisania* stratigraphically.

Type species *Prolisania neimengguensis* sp. nov., from *Psilaspis changchengensis* Zone (Changqingian) of western slope of Yilesitushan, Zhuozishan area, Wuhai City, Inner Mongolia Autonomous Region.

Diagnosis Lisaniid trilobite; axial furrow wide and deep; glabella wide and long, strongly convex, truncated conical in outline, well rounded anteriorly, with 3−4 pairs of shallow lateral glabellar furrows; occipital ring convex, wide medially, extending backward and upward, with a long occipital spine; occipital furrow wide and shallow; fixigena narrow, less than 0.33 times as wide as glabella between palpebral lobes; palpebral lobe long, bending as an arch, located posteromedially; eye ridge short and low, slanting backward from anterior corner of glabella; preglabellar field wide, slightly inclining forward; anterior border narrow, gently convex, with an ill-developed plectrum on its posterior margin in sagittal line; anterior border furrow moderately deep, shallowing and bending backward in sagittal line; anterior branch of facial suture distinctly divergent from palpebral lobe, posterior branch extending outward and backward. Pygidium wide (tr.) , subfusiform in outline; axis convex, with 3−4 axial rings; pleural field gently convex, with 2−3 pairs of pleural ribs, and 2−3 pairs of pleural furrows shallow; border wide and flat, without distinct border furrow; surface smooth.

Discussion In general configuration of cranidium and pygidium, the new genus is quite similar to *Lisania* Walcott, 1911 [type species *Lisania bura* (Walcott) ; Zhang and Jell, 1987, p. 134, pl. 52, fig. 8; Yuan *et al.*, 2012, p. 307, pl. 164, figs. 1−19; pl. 166, figs. 14−21; pl. 168, figs. 1−7]. However, it differs from the latter mainly in having shorter strongly tapering forward glabella, wider preglabellar field, narrower gently convex anterior border with an ill-developed plectrum on its posterior margin in sagittal line, distinctly divergent anterior branch of facial suture, narrower pygidial axis and broader pleural field and pygidial border.

Occurrence Cambrian Series 3 (Changqingian) ; North China (Inner Mongolia Autonomous Region).

Prolisania neimengguensis Yuan et Zhu, gen. et sp. nov.

(pl. 83, figs. 1−3)

Etymology Neimenggu, a locality, where the new species occurs.

Holotype Cranidium NIGP 62985-617 (pl. 83, fig. 1) , from *Psilaspis changchengensis* Zone (Changqingian) of western slope of Yilesitushan, Zhuozishan area, Wuhai City, Inner Mongolia Autonomous Region.

Material 2 cranidia and 1 pygidium.

Description Cranidium nearly rectangular in outline, 10. 2 mm in length, 9. 8 mm in width between palpebral lobes (holotype) ; axial furrow deep laterally, narrow and shallow in front of glabella; glabella wide and long, strongly convex, truncated conical, well rounded anteriorly, with 4 pairs of shallow lateral glabellar furrows, of which S1 is bifurcated, S2 located at midline of glabella, slightly slanting backward, S3 and S4 located near inner end of eye ridge, slightly slanting forward; occipital ring convex, wide medially, extending backward and upward, with a long occipital spine; occipital furrow wide and shallow; fixigena narrow, less than 0.33 times as wide as glabella between palpebral lobes; palpebral lobe long, bending as an arch, located posteromedially; eye ridge short and low, slanting backward from anterior corner of glabella; preglabellar field wide, slightly inclining forward, about 1.5 times as wide as anterior border (sag.); anterior border narrow, gently convex, with an ill-developed plectrum on its posterior margin in sagittal line; anterior border furrow moderately deep, shallowing and bending backward in sagittal line; anterior branch of facial suture distinctly divergent from palpebral lobe, posterior branch extending outward and backward. Pygidium wide (tr.), subfusiform in outline; axis convex, with 3–4 axial rings; pleural field gently convex, with 2–3 pairs of pleural ribs, and 2–3 pairs of pleural furrows shallow; border wide and flat, without distinct border furrow; surface smooth.

Locality and horizon　The second ditch of western slope of Yilesitushan, Zhuozishan area, Wuhai City, Inner Mongolia Autonomous Region, *Psilaspis changchengensis* Zone of the Hulusitai Formation.

Genus *Tylotaitzuia* Chang, 1963

Type species　*Taitzuia granulata* Endo, 1944, p. 93, pl. 7, figs. 3, 4, from *Megagraulos coreanicus* Zone (Changqingian) of Shuangmiaozi, Liaoyang County, eastern Liaoning Province.

Diagnosis (revised)　Glabella wide (tr.), gently convex, truncated conical in outline, with 3–4 pairs of shallow lateral glabellar furrows, of which S1 is bifurcated; axial furrow deep; occipital ring gently convex, wide medially; occipital furrow distinct; preglabellar field narrow and concave or absent; anterior border narrow and convex, slightly curved in sagittal line; anterior border furrow moderately deep, slightly bending backward in sagittal line; fixigena narrow, about 0.25–0.33 times as wide as glabella between palpebral lobes; palpebral lobe short to moderately long; eye ridge convex, slanting backward behind anterior corner of glabella; anterior branch of facial suture parallel or slightly divergent forward from palpebral lobe, posterior branch extending outward and backward. Librigena wide, genal spine short. Thorax of 11 segments. Pygidium small, semielliptical; axis wide and long, with 4–5 axial rings; pleural field narrow and gently convex, with 3–4 pairs of pleural ribs, and 3 pairs of pleural furrows wide and deep, interpleural furrows very faint; border narrow and flat or slightly upturned; border furrow distinct; surface smooth or with fine granules.

Discussion　In general configuration of cranidium, *Tylotaitzuia* Chang, 1963 bears the closest resemblance to *Rinella* Poletaeva et Egorova in Egorova et Savitzky, 1969 from *Proasaphiscus privus-Urjungaspis* Zone of northern Siberia, Russia (type species *Rinella multifaria* Egorova in Egorova et Savitzky, 1969, p. 263, 264, pl. 56, figs. 1–8). However, the latter has more strongly divergent anterior branch of facial suture and smooth surface. These differences may be regarded as intragenus variations. Therefore, *Rinella* Poletaeva et Egorova in Egorova et Savitzky, 1969 was considered as a junior synonym of *Tylotaitzuia* Chang 1963 (Yuan *et al.*, 2012, p. 324). *Rinella* Poletaeva et Egorova in Egorova et Savitzky, 1969 was grouped within the family Lisaniidae (Jell and Adrain, 2003, p. 473).

Occurrence　Cambrian Series 3 (lower Changqingian); North China and Russia (northern Siberia).

Tylotaitzuia truncata Zhu, sp. nov.
(pl. 92, figs. 22–27)

Etymology　truncata, -us, -um (Lat.), truncated, referring to truncated conical glabella of the new species.

Holotype　Cranidium NIGP 62985-808 (pl. 92, fig. 27), from *Megagraulos inflatus* Zone (Changqingian) of Dongshankou, Gangdeershan, Wuhai City, Inner Mongolia Autonomous Region.

Material　4 cranidia and 2 pygidia.

Description　Cranidium nearly trapezoidal in outline, 4.8 mm in length, 6.0 mm in width between palpebral lobes (holotype); axial furrow deep laterally, narrow and shallow in front of glabella; glabella wide (tr.) and short, moderately convex, truncated conical, broadly rounded anteriorly, with 3–4 pairs of shallow lateral glabellar furrows, of which S1 is long and bifurcated, anterior branch short, slightly slanting forward, posterior branch long, slanting backward, S2 short and narrow, located in front of midline of glabella, slightly slanting backward, S3 short and shallow, nearly horizontal, S4 short and narrow, located at inner end of eye ridge, slightly slanting forward; occipital furrow deep, slightly bending forward laterally; occipital ring convex, narrowing laterally, with a small occipital node posteriorly; preglabellar field narrow and concave; anterior border wide and strongly convex, slightly curved in sagittal line and forming an ill-developed plectrum on its posterior margin in sagittal line; anterior border furrow narrow, moderately deep, slightly curved backward in sagittal line as two arches on smaller specimen; fixigena wide, more than 0.70–0.75 times as wide as glabella at the base between palpebral lobes; palpebral lobe moderately long to long, strongly convex, 0.6 times as long as glabella, located posteromedially; eye ridge robust, slanting backward behind anterior corner of glabella; posterior border furrow wide and deep, posterior border narrow, gently convex, less than basal glabella in width; anterior branch of facial suture slightly convergent forward from palpebral lobe, across anterior border furrow, then bending inward, cutting anterior border at anterolateral margin, posterior branch strongly extending outward and backward. Pygidium small, semielliptical; axis wide and long, strongly convex, with 4 axial rings and a semicircular terminal piece, axial ring furrows shallowing backward; pleural field with 3 pairs of pleural ribs, and 3 pairs of pleural furrows wide and deep, interpleural furrows very faint; border wide, slightly upturned; border furrow wide and deep; surface covered with fine granules.

Comparison   The new species differs from type species *T. granulata* (Endo, 1944) (Endo, 1944, pl. 7, fig. 4; Chang, 1963, pl. 2, figs. 1–3; Yuan *et al.*, 2012, p. 324, pl. 237, fig. 2) in having more strongly tapering forward glabella, wider strongly convex or upturned anterior border, wider fixigenae between palpebral lobes, longer strongly convex palpebral lobe, and robust nearly horizontal eye ridge. In general outline of cranidium and pygidium, the new species bears some resemblances to *Tylotaitzuia multifaria* (Egorova in Egorova et Savitzky, 1969) (Egorova and Savitzky, 1969, p. 263, 264, pl. 56, figs. 1–8) from *Proasaphiscus privus-Urjungaspis* Zone of northern Siberia, Russia. However, it can be also discriminated from the latter mainly by its wider strongly convex or upturned anterior border, wider fixigenae between palpebral lobes, longer strongly convex palpebral lobe, robust nearly horizontal eye ridge, wider deeper pygidial border furrow, wider somewhat upturned pygidial border and prosopon of fine granules. *T. rustica* (Egorova in Egorova et Savitzky) (Egorova and Savitzky, 1969, p. 264, 265, pl. 56, figs. 9–16) from *Proasaphiscus privus-Urjungaspis* Zone of northern Siberia, Russia, has wider pygidial border, and differs from the new species in having narrower anterior border, narrower fixigenae between palpebral lobes, no concave preglabellar field, shallower lateral glabellar furrows and smooth surface.

Locality and horizon   Dongshankou, Gangdeershan, Wuhai City, Inner Mongolia Autonomous Region, *Megagraulos inflatus* Zone of the Hulusitai Formation.

Genus *Parayujinia* Peng, Babcock et Lin, 2004b

Type species   *Parayujinia constricta* Peng, Babcock et Lin, 2004b, p. 50–52, pl. 19, figs. 1–14; text-fig. 5, from *Ptychagnostus atavus* Zone (Wangcunian = Drumian) of Wangcun, Yongshun County and Paibi, Huayuan County, northwestern Hunan Province.

Diagnosis   See Peng *et al.*, 2004, p. 50.

Discussion   See Yuan *et al.*, 2012, p. 321, 624.

Occurrence   Mid Cambrian Series 3 (Changqingian); South and North China.

Parayujinia convexa Yuan et Zhang, sp. nov.

(pl. 56, figs. 15-17)

Etymology   convexa, -us, -um (Lat.), convex, referring to wider convex anterior border of the new species.

Holotype   Cranidium NIGP 62985-176 (pl. 56, fig. 17), from the lower-middle parts of *Sunaspis laevis - Sunaspidella rara* Zone (Hsuchuangian) of Dongshankou, Gangdeershan, Wuhai City, Inner Mongolia Autonomous Region.

Material   3 cranidia.

Description   Cranidium convex, rectangular in outline (except posterolateral projection), 7.0 mm in length, 6.0 mm in width between palpebral lobes (holotype), slightly bending forward anteriorly; axial furrow narrow and deep, with a pair of anterior pits at anterior corner of glabella; glabella wide (tr.), truncated conical, slightly tapering forward, flat rounded anteriorly, occupying about 4/7 of total cranidial length, and with 4 pairs of shallow lateral glabellar furrows, of which S1 is long and deep, bifurcated, anterior branch short, slightly slanting forward, posterior branch long, bending as an arc backward, connecting in sagittal line, S2 located in front of midline of glabella, bifurcated, slightly slanting backward, S3 located behind inner end of eye ridge, very shallow, nearly horizontal, S4 short and shallow, located at inner end of eye ridge, slightly slanting forward; occipital ring convex, semielliptical, narrowing laterally, with a small occipital node posteriorly; occipital furrow wide and deep; fixigena narrow, gently convex, less than 0.5 times as wide as glabella between palpebral lobes, highest near middle part of palpebral lobe, inclining toward axial furrow, anterior and posterior border furrows; palpebral lobe moderately long, bending as an arch, about 0.5 times as long as glabella, located posteromedially, palpebral furrow shallow and distinct; eye ridge convex, slanting backward slightly behind anterior corner of glabella; preglabellar field very narrow, sloping down; anterior border wide, convex, semicircular in cross section; anterior border furrow wide and deep; posterolateral projection narrow (exsag.) and short (tr.); posterior border furrow deep; posterior border narrow and convex, about 0.7 times as wide as basal glabella in width (tr.); anterior branch of facial suture nearly parallel forward, across anterior border furrow, bending inward, cutting anterior border at anterolateral margin, posterior branch strongly extending outward and backward; surface smooth or covered with fine sparsely distributed granules.

Comparison   The new species differs from type species *Parayujinia constricta* Peng, Babcock et Lin (Peng *et al.*, 2004b, p. 50-52, pl. 19, figs. 1-14; text-fig. 5) in having shorter strongly tapering forward glabella, wider convex, semicircular in cross section anterior border, deeper anterior border furrow, wider fixigenae between palpebral lobes, longer palpebral lobe, an axial furrow with a pair of anterior pits at inner end of eye ridge, narrower posterolateral projection (exsag.) and shorter posterior border (tr.).

Locality and horizon   Dongshankou, Gangdeershan and Subaigou, Zhuozishan area, Wuhai City, Inner Mongolia Autonomous Region, the lower-middle parts of *Sunaspis laevis -Sunaspidella rara* Zone of the Hulusitai Formation.

Family Asaphiscidae Raymond,1924

Genus *Lioparia* Lorenz, 1906

Type species   *Lioparia blautoeides* Lorenz, 1906, S. 78, Taf. 6, Fig. 1 - 3, from *Inouyella peiensis-Peishania convexa* Zone (Changqingian) of northern Taishan, Taian City, Shandong Province.

Diagnosis and remarks   See Yuan *et al.*, 2012, p. 298-300, 615, 616.

Occurrence   Cambrian Series 3 (upper Hsuchuangian to lower Changqingian); North and Northeast China.

Genus *Liquanella* Yuan et Zhang, nov.

Etymology   Liquan, a locality, where the new genus occurs.

Type species   *Liquanella venusta* Yuan et Zhang, sp. nov., from *Poriagraulos nanus* Zone (Hsuchuangian) of Hanshuigou, Liquan County, Shaanxi Province.

Diagnosis   Cephalon nearly equal to pygidium in size, with opisthoparian facial suture; cranidium subquadrate in outline (except posterolateral projection), gently convex; axial furrow moderately deep; glabella strongly convex, subcylindrical, slightly tapering forward, broadly rounded anteriorly, with 4 pairs of distinct lateral glabellar furrows; preglabellar field wide, gently convex; anterior border narrow; anterior border furrow deep; fixigena wide, gently convex; eye ridge convex, slightly slanting backward from anterior corner of glabella; palpebral lobe moderately long, crescent, located medially, palpebral furrow deep. Pygidium semicircular to semielliptical in outline; axis narrow and long, with 9–10 axial rings, axial ring furrows deep; pleural field broad, gently convex, with 7–8 pairs of pleural ribs, pleural furrows narrow and deep, interpleural furrows very shallow; border narrow and flat; surface smooth.

Discussion   In the features of cranidium and glabella, the new genus is quite similar to *Shanxiella* (*Jiwangshania*) Zhang et Wang, 1985 (type species *Jiwangshania rotundolimbata* Zhang et Wang, 1985, p. 449, pl. 132, figs. 2, 4). However, it differs from the latter in having deeper axial furrow, wide (tr.) strongly convex subcylindrical glabella with 4 pairs of deeper lateral glabellar furrows, narrower strongly convex anterior border without a low ridge on its posterior margin parallel to the anterior border furrow, narrower fixigenae between palpebral lobes, longer palpebral lobe, deeper palpebral furrow. It can be also distinguished from *Shanxiella* Lin et Wu in Zhang *et al.*, 1980b mainly by its subcylindrical strongly convex glabella with 4 pairs of deeper lateral glabellar furrows, narrower strongly convex anterior border, wider (tr.) posterior border, wider deeper axial furrow, anterior and posterior border furrows, narrower longer pygidial axis of more axial rings, wider (tr.) pleiral field with deeper pleural and interpleural furrows and very narrow pygidial border.

Occurrence   Cambrian Series 3 (Hsuchuangia); North China.

Liquanella venusta Yuan et Zhang, gen. et sp. nov.
(pl. 85, figs. 17–21)

Etymology   venusta, -us, -um (Lat.), lovable, likable, elegant, refined, referring to likable pygidium of the new species.

Holotype   Cranidium NIGP 62985-673 (pl. 85, fig. 17), from *Poriagraulos nanus* Zone (Hsuchuangian) of Hanshuigou, Liquan County, Shaanxi Province.

Material   3 cranidia and 2 pygidia.

Description   Cephalon nearly equal to pygidium in size, with opisthoparian facial suture; axial furrow narrow and deep; cranidium subquadrate in outline (except posterolateral projection), gently convex, 5.3 mm in length, 5.8 mm in width between palpebral lobes (holotype); glabella convex, subcylindrical, slightly tapering forward, broadly rounded anteriorly, with 4 pairs of narrow but distinct lateral glabellar furrows, of which S1 is located between S3 and occipital furrow, slightly slanting backward, S2 located in front of midline of glabella, slightly slanting backward, S3 and S4 located near inner end of eye ridge, short, slightly slanting forward; preglabellar field wide, gently convex, gently inclining toward anterior border furrow; anterior border narrow, gently convex or upturned forward; anterior border furrow deep; fixigena wide, gently convex; eye ridge convex, slightly slanting backward from anterior corner of glabella; palpebral lobe moderately long, crescent, located medially, palpebral furrow deep; posterolateral projection narrow (exsag.); posterior border furrow wide and deep; posterior border narrow, gently convex, less than basal glabella in width; anterior branch of facial suture divergent from palpebral lobe, across anterior border furrow, then bending inward, cutting anterior border at anterolateral margin, posterior branch strongly extending outward and backward. Pygidium semicircular in outline; axis narrow and long, with 9 – 10 axial rings, axial ring furrows deep; pleural field broad, gently convex, with 7 – 8 pairs of pleural ribs, pleural furrows narrow and deep, interpleural furrows very shallow; border narrow and flat; border furrow faint; surface smooth.

Comparison   There are many ptychoparids trilobite genera with larger pygidium from Maochuangian to Hsuchuangian in North China, such as *Tengfengia* Hsiang, 1962, *Qingshuiheia* Nan, 1976, *Emmrichiella* Walcott, 1911, *Lioparia* Lorenz, 1906, *Lioparella* Kobayashi, 1937, *Shanxiella* Lin et Wu in Zhang *et al.*, 1980b, *Shanxiella* (*Jiwangshania*) Zhang et Wang, 1985, and *Luliangshanaspis* Zhang et Wang, 1985. However, the new species differs from species of the above mentioned genera in the subcylindrical glabella and the special features of pygidium.

Locality and horizon   Hanshuigou, Liquan County and Niuxinshan, Jingfushan area, Longxian County, Shaanxi Province, *Poriagraulos nanus* Zone of the Manto Formation.

Family Anomocarellidae Hupé, 1953a

Genus *Anomocarella* Walcott, 1905

Type species   *Anomocarella chinensis* Walcott, 1905, p. 57; Walcott, 1913, p. 200, 201, pl. 20, figs. 3, 3a–d, non figs. 3e, 4, 4a, from *Amphoton deois* Zone (Changqingian) of Jiulongshan, Jiulongcun Village, Yanzhuang Town, Xintai District, Laiwu City, Shandong Province.

Diagnosis and remarks   See Yuan *et al.*, 2012, p. 335–337, 634.

Occurrence   Cambrian Series 3 (Changqingian); China (North and South China), D. P. R. Korea.

Genus *Liopeishania* Chang, 1963

Type species   *Psilaspis? convexa* Endo, 1937, p. 350, pl. 59, figs. 1–4, from *Liopeishania lubrica* Zone (Changqingian) of Daweijiatun (＝Ta-wei-chia-tun), Aichuan (＝Aigawamura), eastern Liaoning.

Diagnosis and remarks   See Yuan *et al.*, 2012, p. 351, 352, 645.

Occurrence   Cambrian Series 3 (Changqingian); China (North and South China), D. P. R. Korea, Australia and North Europe.

Subgenus *Liopeishania* (*Liopeishania*) Chang, 1963

Liopeishania (*Liopeishania*) *lata* Yuan, sp. nov.
(pl. 89, figs. 7–12; pl. 90, fig. 17; pl. 91, figs. 1–7)

Etymology   lata,-us, -um (Lat.), broad, wide, referring to wider (tr.) cranidium and pygidium of the new species.

Holotype   Cranidium NIGP 62985-763 (pl. 91, fig. 1), from *Liopeishania convexa* Zone (Changqingian) of Subaigou, Zhuozishan area, Wuhai City, Inner Mongolia Autonomous Region.

Material   4 cranidia, 1 hypostome and 12 pygidia.

Description   Cranidium medium in size, moderately convex, subtrapezoidal in outline, arched forward anteriorly, 7.6 mm in length, 8.8 mm in width between palpebral lobes (holotype); axial furrow very shallow; glabella strongly convex, wide and long, strongly tapering forward, wide truncated conical in outline, lateral glabellar furrow very shallow or obscure; occipital ring gently convex, wide medially; occipital furrow shallow and straight; fixigenae wide, gently convex, about 0.6–0.8 times as wide as glabella between palpebral lobes; palpebral lobe moderately long, less than 0.5 times as long as glabella, located medially; eye ridge low, slanting backward from anterior corner of glabella; preglabellar field moderately wide, inclining toward anterior border furrow; anterior border narrow, strongly convex or upturned forward; anterior border furrow deep; anterior branch of facial suture slightly convergent from palpebral lobe, posterior branch extending outward and backward; posterolateral projection narrow (exsag.), subtriangular; posterior border furrow wide and deep; posterior border narrow, gently convex, less than basal glabella in width (tr.). An associated hypostome elongated elliptical in outline; anterior lobe of middle body long oval, broadly rounded anteriorly, pointed rounded posteriorly; middle furrow very shallow, slanting backward, posterior lobe of middle body crescent; lateral border, anterior and posterior borders narrow, gently convex; border furrow distinct; anterior wing subtriangular. Pygidium wide (tr.), subelliptical, broadly rounded posteriorly; axis moderately long, inverted conical, with 5–6 axial rings and a terminal piece; axial ring furrows very shallow; pleural field narrow, with 3–4 pairs of very shallow pleural furrows, interpleural furrows extremely shallow or obscure; border very broad and flat, without border furrow; surface smooth.

Comparison   In general outline of the cranidium and glabella, and narrow strongly convex anterior border, the new species is quite like *Liopeishania convexa* (Endo, 1937) (Chang, 1963, p. 473, 486, pl. 2, figs. 15, 16; Yuan *et al.*, 2012, p. 352, pl. 201, figs. 1–8; pl. 234, fig. 4). However, it differs from the latter in having wider longer glabella, narrower anterior border, wider fixigenae between palpebral lobes, longer palpebral lobe, wider (tr.) pygidium with longer pygidial axis of more axial rings and wider flat pygidial border.

Locality and horizon   Subaigou, Zhuozishan area, Wuhai City, Inner Mongolia Autonomous Region, *Liopeishania convexa* Zone of the Hulusitai Formation.

Subgenus *Liopeishania* (*Zhujia*) Ju in Qiu *et al.*, 1983

Type species   *Zhujia lubrica* Ju in Qiu *et al.*, 1983, p. 160, pl. 50, figs. 6, 7, from upper part of the Yangliugang Formation of Zhuji, Zhejiang, South China.

Diagnosis and remarks   See Yuan *et al.*, 2012, p. 354, 645.

Occurrence   Cambrian Series 3 (Changqingian = Wangcunian); North and South China.

Liopeishania (*Zhujia*) *zhuozishanensis* Yuan, sp. nov.
(pl. 90, figs. 1–16)

Etymology   Zhuozishan, a locality, where the new species occurs.

Holotype   Cranidium NIGP 62985-746 (pl. 90, fig. 1), from *Liopeishania convexa* Zone (Changqingian) of Subaigou, Zhuozishan area, Wuhai City, Inner Mongolia Autonomous Region.

Material   6 cranidia, 1 librigena and 9 pygidia.

Description   Cranidium wide (tr.), medium in size, strongly convex, subquadrate in outline (except posterolateral projection), slightly bending forward anteriorly, 6.2 mm in length, 8.2 mm in width between palpebral lobes (holotype); axial furrow deep laterally, shallow in front of glabella; glabella strongly convex, wide and long, strongly tapering forward, wide truncated conical in outline, with 4 pairs of shallow lateral glabellar furrows, of which S1 is located behind midline of glabella, bifurcated, anterior branch short, nearly horizontal, posterior branch long, strongly slanting backward, S2 located in front of midline of glabella, slanting backward, S3 located behind inner end of eye ridge, nearly horizontal, S4 located at inner end of eye ridge, slanting forward; occipital ring gently convex, wide medially; occipital furrow shallow and straight medially, slightly bending forward laterally; fixigenae wide, gently convex, about 0.83 times as wide as glabella between palpebral lobes; palpebral lobe moderately long, 0.4 times as long as glabella, located medially; eye ridge long, gently convex, slanting backward from anterior corner of glabella; preglabellar field narrow to moderately wide, inclining toward anterior border furrow; anterior border wide, strongly convex or upturned forward; anterior border furrow wide and deep, bending forward as three arches; anterior branch of facial suture slightly divergent from palpebral lobe, posterior branch extending outward and backward; posterolateral projection narrow (exsag.), subtriangular; posterior border furrow wide and deep; posterior border narrow, gently convex, less than basal glabella in width (tr.). Librigena narrow and long, gently convex, with moderately long genal spine; lateral border wide, gently convex, lateral border furrow distinct; genal field narrow, widening backward. Pygidium nearly equal to cranidium in length, strongly convex, subelliptical in outline, well rounded posteriorly; axis wide and long, inverted conical, with 6 axial rings and a terminal piece; axial ring furrows shallow; pleural field narrow, with 3-4 pairs of very distinct pleural furrows, interpleural furrows shallow; border broad and flat, border furrow shallow; prosopon of irregular reticulated striations or pits.

Comparison　In general configuration of cranidium and glabella, the new species is quite like *Liopeishania* (*Zhujia*) *yangjiazhuangensis* Yuan in Yuan *et al.* (2012, p. 355, 356, pl. 197, figs. 1-15; pl. 198; figs. 14-19; pl. 201, figs. 13-15) from the Changhia Formation of Yangjiazhunag Village, Ezhuang Town, Zichuan County, Shandong Province. However, the latter has wider (sag.) preglabellar field, convex anterior border instead of upturned anterior border in the former, anterior border furrow bending forward without three arches, wider (tr.) less convex pygidium with narrower longer axis and smooth surface. In general outline of the pygidium, the new species bears the closest resemblance to *Liopeishania* (*Zhujia*) *hunanensis* Peng, Lin et Chen (Peng *et al.*, 1995, p. 297, 298, pl. 5, figs. 7-10; 2004b, p. 48,49, pl. 14, figs.1-10) from *Ptychagnostus punctuosus* Zone (Wangcunian) of Paibi, Huayuan County, northwestern Hunan Province. However, it differs from the latter mainly in having wider cranidium, wider fixigenae between palpebral lobes, longer palpebral lobe, upturned forward anterior border, anterior border furrow bending forward as three arches, strongly convex pygidium with wider axis and prosopon of irregular reticulated striations or pits.

Locality and horizon　Subaigou, Zhuozishan area, Wuhai City, Inner Mongolia Autonomous Region, *Liopeishania convexa* Zone of the Hulusitai Formation.

Genus *Orientanomocare* Yuan et Zhang, nov.

Etymology　orien-, orient-, oriental (Lat.), rising, oriental; *Anomocare*, genus name of trilobites, referring to similarity between the new genus and *Anomocare* in morphology of cranidium and pygidium.

Type species　*Orientanomocare elegans* Yuan et Zhang, sp. nov., from *Bailiella lantenoisi* Zone (Hsuchuangian) of Dongshankou, Gangdeershan, Wuhai City, Inner Mongolia Autonomous Region.

Diagnosis　Cephalon nearly equal to pygidium in size; cranidium convex, nearly quadrate in outline; axial furrow shallow; glabella wide (tr.), strongly convex, truncated conical to rectangular in outline, with 4 pairs of very shallow lateral glabellar furrows; occipital ring convex, wide medially, with a small occipital node posteromedially; fixigena moderately wide to wide; eye ridge convex, slanting backward slightly behind anterior corner of glabella; palpebral lobe moderately long to long, located posteromedially; anterior border furrow wide and shallow; anterior border wide, upturned forward; preglabellar field and preocular field wide, gently inclining toward anterior border furrow. Pygidium large, semielliptical; axis narrow and long, strongly convex, inverted conical, with 8-9 axial rings; pleural field gently convex adaxially, steeply sloping down abaxially, with 6-7 pairs of bending backward pleural ribs; pleural furrows deep, interpleural furrows shallow; border narrow, without distinct border furrow.

Discussion　In general configuration of cranidium and pygidium, the new genus bears some resemblances to *Paranomocare* Lee et Yin (type species *Paranomocare guizhouensis* Lee et Yin, 1973, p. 28, 29, pl. 1, figs. 1, 2; Yin and Lee, 1978, p. 495, pl. 166, fig. 1) from the Pingjing Formation of Houjiatuo, Ganxi Town, Yanhe County, northeastern Guizhou Province. However, the latter has strongly tapering forward glabella with deeper lateral glabellar furrows, deeper occipital furrow, extremely narrow upturned forward anterior border, wider preglabellar field and preocular field, shorter pygidial axis and wider pygidial border. The new genus can be also distinguished from *Taosigouia* Yuan et Zhang, gen. nov., mainly by the latter having wider glabella with a median keel on sagittal line, narrower fixigenae between palpebral lobes, shorter palpebral lobe, convex, semicircular in cross section anterior border, narrower shallower anterior border furrow and pygidium with fan-shaped arranged pleural ribs and pleural furrows, narrower but distinct pygidial border. The new genus is also different from *Anomocare* Angelin,1854 [type species *Anomocare laeve* (Angelin); Angelin, 1851, p. 21, pl. 18, figs. 1, 1a; Westergård, 1950, p. 14–16, pl. 3, figs. 1–8] in the latter having narrower strongly convex glabella with a median keel on sagittal line, and with 3 pairs of deeper lateral glabellar furrows, occipital ring with long occipital spine, longer bending as an arch palpebral lobe, wider (sag.) preglabellar field and preocular field, shorter wider pygidium with a fewer axial rings and wider pygidial border.

Occurrence　Cambrian Series 3 (Hsuchuangian); North China.

Orientanomocare elegans Yuan et Zhang, gen. et sp. nov.

(pl. 86, figs. 1–11)

Etymology　elegans (Lat.), elegant, refined, tasteful, magnificent, resplendent, gorgeous, referring to elegant pygidium of the new species.

Holotype　Cranidium NIGP 62985-678 (pl. 86, fig. 1), from *Bailiella lantenoisi* Zone (Hsuchuangian) of Dongshankou, Gangdeershan, Wuhai City, Inner Mongolia Autonomous Region.

Material　5 cranidia and 6 pygidia.

Description　Cranidium gently convex, nearly quadrate in outline, bending forward as an arch anteriorly, 11.2 mm in length, 11.0 mm in width between palpebral lobes (holotype), longer than wide; axial furrow shallow and distinct; glabella wide (tr.), convex, slowly tapering forward, longer than wide at the base, truncated conical, broadly rounded anteriorly, occupying 1/2 of total cranidial length, with 4 pairs of very shallow lateral glabellar furrows, of which S1 is bifurcated, anterior branch short, horizontal, posterior branch long, slanting backward, S2 located in front of midline of glabella, slightly slanting backward, S3 located behind inner end of eye ridge, slightly slanting forward, S4 short and shallow, located at inner end of eye ridge, slanting forward; occipital ring gently convex, wide medially, with a small occipital node posteromedially; occipital furrow shallow, slightly bending backward medially; preglabellar field wide, slightly inclining forward; anterior border wide, upturned forward; anterior border furrow wide and shallow; fixigena wide, 0.6 times as wide as glabella between palpebral lobes; eye ridge short and convex, slanting backward slightly behind anterior corner of glabella; palpebral lobe moderately long to long, more than 0.5 times as long as glabella, located posteromedially, palpebral furrow distinct; posterolateral projection narrow (exsag.); posterior border narrow, gently convex, about 0.71 times as wide as basal glabella in width (tr.); posterior border furrow wide and deep; anterior branch of facial suture divergent from palpebral lobe, across anterior border furrow, then bending inward as an arch, cutting anterior border at anterolateral margin, posterior branch strongly extending outward and backward. Pygidium long, semielliptical in outline; axis convex, inverted conical, occupying 9/10 of total pygidial length, with 8–9 axial rings, each axial ring covered with 2 fine tubercles anteriorly and posteriorly; axial furrow and axial ring furrows shallow; pleural field gently convex adaxially, steeply sloping down abaxially, with 6–7 pairs of bending backward pleural ribs; pleural furrows deep, interpleural furrows shallow; border narrow, without distinct border furrow; surface smooth.

Locality and horizon　Dongshankou, Gangdeershan, Wuhai City, Inner Mongolia Autonomous Region, *Bailiella lantenoisi* Zone of the Hulusitai Formation.

Orientanomocare sp.

(pl. 91, figs. 8–10)

Material　3 pygidia.

Description　Pygidium long, semielliptical in outline; axis convex, inverted conical, occupying 4/5 of total pygidial length, with 6–7 axial rings; axial furrow and axial ring furrows shallow; pleural field gently convex, with 5 – 6 pairs of pleural ribs; pleural furrows narrow and shallow, radially arranged, interpleural furrows very shallow or obscure; border wide and flat, without distinct border furrow; surface smooth.

Comparison　*Orientanomocare* sp. differs from type species mainly in having shorter wider pygidial axis of less axial rings and wider flat pygidial border.

Locality and horizon　Near the road to the Chengjisihan statue, Gangdeershan, Wuhai City, Inner Mongolia Autonomous Region, upper part of *Metagraulos dolon* Zone of the Hulusitai Formation.

Genus *Taosigouia* Yuan et Zhang, nov.

2012　*Paralongxianella* gen. nov. nom. nud., Yuan *et al.*, p. 336.

Etymology　Taosigou, a locality, where the new genus occurs.

Type species　*Anomocarella cylindrica* Li in Zhou *et al.*, 1982, p. 252, pl. 63, figs. 7, 8, from middle to uper part of *Sunaspis laevis-Sunaspidella rara* Zone (Hsuchuangian) of Taoigou, Hulusitai, Alashan, Inner Mongolia Autonomous Region.

Diagnosis　Cephalon nearly equal to pygidium in size; glabella wide (tr.), strongly convex, truncated conical to rectangular in outline, with a low median keel in sagittal line, and with 4 pairs of very shallow lateral glabellar furrows; occipital ring convex, wide medially, with a small occipital node posteromedially; fixigena narrow to moderately wide; eye ridge convex, slanting backward slightly behind anterior corner of glabella; palpebral lobe moderately long to short, located posteromedially; anterior border furrow distinct, bending forward as an arch; anterior border wide, convex, semicircular in cross section; preglabellar field wide, gently convex; posterolateral projection narrow (exsag.); posterior border narrow and convex, less than basal glabella in width. Pygidium large, semielliptical in outline; axis wide and long, inverted conical, almost reaching posterior margin of pygidium, with 9–10 axial rings, each axial ring with 2 row of fine granules laterally; pleural field with 6–7 pairs of nearly horizontal pleural ribs; pleural furrows deep, interpleural furrows shallow; border narrow and flat, without distinct border furrow.

Discussion　In general configuration of cranidium and pygidium, the new genus is quite similar to *Leiaspis* Wu et Lin in Zhang *et al.* (type species *Leiaspis shuiyuensis* Wu et Lin in Zhang *et al.*, 1980b, p. 84, pl. 11, figs. 5, 6). However, the latter has very shallow axial furrow, occipital furrow and lateral glabellar furrows, lower convexity of cranidium and glabella, lower convexity of occipital ring with uniform width (sag.), extremely narrow somewhat upturned forward anterior border, wider somewhat concave preglabellar field and preocular field, narrower fixigenae between palpebral lobes, shorter wider pygidium with narrower pygidial axis, wider pleural field and pygidial border. It differs from *Shanxiella* (*Jiwangshania*) Zhang et Wang (type species *Jiwangshania rotundolimbata* Zhang et Wang, 1985, p. 449, pl. 132, figs. 2, 4), mainly in having wider longer glabella, wider convex, semicircular in cross section anterior border, narrower fixigenae between palpebral lobes, longer pygidium with longer axis and narrower pygidial border. The new genus can be also distinguished from *Anomocarella* Walcott (type species *Anomocarella chinensis* Walcott, 1905; Zhang and Jell, 1987, p. 177– 179, pl. 71, figs. 7–14; pl. 72, figs. 1–16; pl. 73, figs. 1–7; pl. 75, figs. 1, 2) chiefly by the latter having extremely narrow preglabellar field, anterior border with an ill-developed plectrum on its posterior margin in sagittal line, shorter pygidial axis, pleural ribs and pleural furrow bending backward and wider pygidial border.

Occurrence　Cambrian Series 3 (Hsuchuangian); North China.

Family Diceratocephalidae Lu, 1954a

Genus *Cyclolorenzella* Kobayashi, 1960

Type species　*Lorenzella quadrata* Kobayashi, 1935, p. 210, pl. 12, figs. 2–5; pl. 13, figs. 2, 3, from *Neodrepanura* Zone of Shoku-do and Kasetsu-Ji, R. O. Korea (=South Korea).

Diagnosis and Discussion   See Yuan *et al.*, 2012, p. 366–369.

Occurrence   Cambrian Series 3 to Furongian; North China and R. O. Korea.

Genus *Jiulongshania* Park, Han, Bai et Choi, 2008

Type species   *Agraulos acalle* Walcott, 1905 = *Inouyia? acalle* Walcott, 1913, p. 150, pl. 14, fig. 15, from *Damesella paronai* Zone (Jinanian) of southwestern Yanzhuang Town, Laiwu City, Shandong Province.

Diagnosis and remarks   See Yuan *et al.*, 2012, p. 370, 371, 652, 653.

Occurrence   Cambrian Series 3 to Furongian (from upper Hsuchuangian via Jinanian to Changshnian); North China and R. O. Korea.

Genus *Pingluaspis* Zhang et Wang, 1986

Type species   *Pingluaspis minor* Zhang et Wang, 1986, p. 665, 666, pl. 1, figs. 1 – 7, from *Neodrepanura premesnili* Zone (Jinanian) of Hutoushan, Zhongjing Town, Pinglu County, Shanxi Province.

Diagnosis and discussion   See Yuan *et al.*, 2012, p. 372, 373.

Occurrence   Cambrian Series 3 (Jinanian); North China.

Order Asaphida Salter, 1864
Family Ordosiidae Lu, 1954

Genus *Taitzuia* Resser et Endo in Kobayashi, 1935

Type species   *Taitzuia insueta* Resser et Endo in Kobayashi, 1935, p. 90, pl. 24, fig. 2, from *Taitzuia insueta-Poshania poshanensis* Zone (Changqingian) of Dangshiling, Yantai (Yen-tai), Dengta, LiaoYang, eastern Liaoning.

Diagnosis andremarks   See Yuan *et al.*, 2012, p. 388, 389, 661.

Occurrence   Cambrian Series 3 (Changqingian); North China.

Genus *Poshania* Chang, 1959

Type species   *Poshania poshanensis* Chang, 1959, p. 201–203, pl. 2, figs. 4–10; Text-fig. 21, from *Taitzuia insueta-Poshania poshanensis* Zone (Changqingian) of Yaojiayu, Boshan County, Shandong Province.

Diagnosis and remarks   See Yuan *et al.*, 2012, p. 391, 611, 612.

Occurrence   Cambrian Series 3 (Changqingian); China and D. P. R. Korea.

Genus *Sciaspis* Zhu, nov.

Etymology   sci-, scia (Gr.), shadow, reflection, trace, vague, referring to vague outline of the cranidium of the new genus.

Type specis   *Sciaspis brachyacanthus* Zhu, sp. nov., from the upper part of *Psilaspis changchengensis* Zone (Changqingian) of Dongshankou, Gangdeershan, Wuhai City, Inner Mongolia Autonomous Region.

Diagnosis   Cranidium convex, subquadrate in outline (except posterolateral projection), slightly bending forward anteriorly; axial furrow deep; glabella short, truncated conical, with 3 pairs of shallow lateral glabellar furrows, of which S1 is bifurcated; occipital ring convex, with a short occipital spine posteromedially; anterior border furrow distinct, bending forward as three arches, deep laterally, shallow medially; anterior border narrow, strongly convex; preglabellar field narrow, gently convex; fixigena moderately wide to wide; eye ridge convex, slightly slanting backward behind anterior corner of glabella; preocular field wider than preglabellar field (sag.); palpebral lobe short, located posteromedially; posterolateral projection narrow (exag.); posterior border furrow deep; posterior border narrow and convex, as wide as basal glabella in width (tr.); anterior branch of facial suture distinctly divergent from palpebral lobe. Pygidium smaller than cranidium, semielliptical in outline;

axis wide and long, strongly convex, slightly tapering backward, with 4-5 axial rings; pleural field narrow, gently convex, with 3-4 pairs of pleural ribs; pleural furrows wide and deep, interpleural furrows narrow and shallow; border narrow and flat, border furrow shallow; surface smooth.

Discussion In general outline of the cranidium, glabella and pygidium, the new genus is like *Taitzuia* Resser et Endo in Kobayashi, 1935 (type species *Taitzuia insueta* Resser et Endo, 1937, p. 90, pl. 24, fig. 2; Zhang and Jell, 1987, p. 110, pl. 46, figs. 1, 2). However, it differs from the latter mainly in having preglabellar field, narrower somewhat upturned anterior border, narrower glabella, short occipital spine, wider fixigenae between palpebral lobes, shorter pygidium with wider longer axis of less axial rings. In general configuration of cranidium, especially the presence of preglabellar field, the new genus is quite similar to *Pseudotaitzuia* Qiu in Qiu *et al.*, 1983 (type species *Pseudotaitzuia insueta* Qiu in Qiu *et al.*, 1983, p. 114, pl. 38, figs. 1, 2) from the Changhia Formation of Dananzhuang, Tongshan County, northern Jiangsu Province, but the latter has narrower highly vaulted fixigenae between palpebral lobes, longer palpebral lobe, longer semicircular pygidium and no occipital spine.

Occurrence Cambrian Series 3 (Changqingian); North China (Inner Mongolia Autonomous Region).

Sciaspis brachyacanthus Zhu, gen. et sp. nov.
(pl. 92, figs. 7-21)

Etymology brachyacanthus, -tha, -thum (Lat.), shorter spine, referring to short occipital spine of the new species.

Holotype Cranidium NIGP 62985-796 (pl. 92, fig. 15), from the upper part of *Psilaspis changchengensis* Zone (Changqingian) of Dongshankou, Gangdeershan, Wuhai City, Inner Mongolia Autonomous Region.

Material 9 cranidia and 6 pygidia.

Description Cranidium convex, subquadrate in outline (except posterolateral projection), slightly bending forward anteriorly, 9.0 mm in length, 9.0 mm in width between palpebral lobes; axial furrow deep; glabella short, truncated conical, broadly rounded anteriorly, with 3 pairs of shallow lateral glabellar furrows, of which S1 is bifurcated, anterior branch slightly slanting forward, posterior branch slanting backward, S2 located slightly in front of midline of glabella, slightly slanting backward, S3 located at inner end of eye ridge, nearly horizontal; occipital furrow deep, slightly bending forward laterally; occipital ring convex, wide medially, with a short occipital spine posteromedially; anterior border furrow distinct, bending forward as three arches, deep and bending forward laterally, shallow and narrow medially; anterior border narrow, strongly convex; preglabellar field narrow, gently convex; fixigena moderately wide to wide, about 0.7 times as wide as glabella between palpebral lobes; eye ridge convex, slightly slanting backward behind anterior corner of glabella; preocular field wider than preglabellar field (sag.); palpebral lobe short, located posteromedially, about 0.33 times as long as glabella; posterolateral projection narrow (exag.); posterior border furrow deep; posterior border narrow and convex, as wide as basal glabella in width (tr.); anterior branch of facial suture distinctly divergent from palpebral lobe, posterior branch extending outward and backward. Pygidium smaller than cranidium, semielliptical in outline; axis wide and long, strongly convex, slightly tapering backward, with 4-5 axial rings; pleural field narrow, gently convex, with 3-4 pairs of pleural ribs; pleural furrows wide and deep, interpleural furrows narrow and shallow; border narrow and flat, border furrow shallow; surface smooth.

Locality and horizon Dongshankou, Gangdeershan, Wuhai City, Inner Mongolia Autonomous Region, the upper part of *Psilaspis changchengensis* Zone of the Hulusitai Formation.

Family Ceratopygidae Linnarsson, 1869

Genus *Haniwoides* Kobayashi, 1935

Type species *Haniwoides longus* Kobayashi, 1935, p. 243, pl. 17, figs. 2, 3, from *Olenoides* Zone (Cambrian Series 3) of Yongwol Area, R. O. Korea.

Diagnosis Ceratopygids; glabella subrectangular in outline, without lateral glabellar furrows; preglabellar field and anterior border wide (sag.), without distinct anterior border furrow; palpebral lobe moderately long to long, close to axial furrow. Pygidium semielliptical in outline, well rounded or with weak posteromedian embayment; pleural and interpleural furrows shallow; doublure broad.

Discussion See Choi *et al.*, 2008, p. 196.

Occurrence Cambrian Series 3 (Hsuchuangian) to Furongian (Changshania); R. O. Korea, China and Australia.

Haniwoides? *niuxinshanensis* Yuan et Zhang, sp. nov.

(pl. 70, figs. 22–24)

Etymology Niuxinshan, a locality, where the new species occurs.

Holotype Cranidium NIGP 62985-414 (pl. 70, fig. 22), from *Inouyops titiana* Zone (Hsuchuangian) of Niuxinshan, Jingfushan area, Longxian County, Shaanxi.

Material 3 cranidia.

Description Cranidium rather small, subtrapezoidal in outline, 4.5 mm in length, 4.0 mm in width between palpebral lobes (holotype); axial furrow narrow and distinct; glabella short and convex, subcylindrical in outline, slightly tapering forward, well round anteriorly, occupying 1/2 of total cranidial length, lateral glabellar furrows absent; occipital furrow obscure; occipital ring convex, slightly narrowing laterally, bending backward posteriorly; preglabellar field wide (sag.), slightly inclining toward anterior border furrow, about 1.5–2 times as wide as anterior border (sag.); anterior border narrow, slightly upturned forward; anterior border furrow shallow; fixigenae narrow, gently convex, about 0.29 times as wide as glabella between palpebral lobes; eye ridge short, strongly slanting backward from anterior corner of glabella; palpebral lobe long, bending as an arch, its posterior end reaching almost at a level of occipital furrow; posterolateral projection narrow (exsag.); posterior border furrow deep; anterior branch of facial suture slightly divergent from palpebral lobe, across anterior border furrow, then bending inward as an arch, cutting anterior border at anterolateral margin, posterior branch extending outward and backward.

Comparison The new species differs from type species *Haniwoides longus* Kobayashi [1935, p. 243, pl. 17, figs. 2, 3; Choi *et al.*, 2008, p. 196–199, figs. 8 (1–19), 9 (1–17)] mainly in having shorter eye ridge, distinct anterior border furrow, slightly upturned forward anterior border, wider occipital ring medially. These features are quite different from those diagnosis of the genus, therefore, assignment of the new species is questionable.

Locality and horizon Niuxinshan, Jingfushan area, Longxian County, Shaanxi, *Inouyops titiana* Zone of the Manto Formation.

Family Anomocaridae Poulsen, 1927

Genus *Koptura* Resser et Endo in Kobayashi, 1935

Type species *Anomocare lisani* Walcott, 1911, p. 90, 91, pl. 15, figs. 9, 9a, b, from *Damesella paronai* Zone (Jinanian) of Changxing Island, eastern Liaoning.

Diagnosis and remarks See Yuan *et al.*, 2012, p. 374, 375, 653, 654.

Occurrence From Cambrian Series 2 to Cambrian Series 3; North China, D. P. R. Korea and Russia (Siberia).

Subgenus *Koptura* (*Eokoptura*) Yuan in Yuan *et al.*, 2012

Type species   *Koptura* (*Eokoptura*) *bella* Yuan in Yuan *et al.*, 2012, p. 380, 657, pl. 159, figs. 1-4, from *Metagraulos dolon* Zone (Hsuchuangian) of Yangjiazhuang, Ezhuang Town, Zichuan County, Shandong Province.

Diagnosis and discussion   See Yuan *et al.*, 2012, p. 379, 656, 657.

Occurrence   From upper Cambrian Series 2 to Cambrian Series 3 (Hsuchuangian to lower Changqingian); North China, D. P. R. Korea and Russia (Siberia).

Koptura (*Eokoptura*) sp.
(pl. 93, fig. 14)

Material   1 pygidium.

Description   Pygidium nearly quadrate or elliptical in outline, with posteromedian embayment, broadly rounded posterolaterally; axis short and broad, more than 0.5 times as long as pygidium, with 4-5 axial rings and a short postaxial ridge; pleural field narrow and gently convex, with 3-4 pairs of wider deeper bending backward pleural furrows and 3-4 pairs of very faint interpleural furrows; doublure widening backward; prosopon of fine sparsely distributed granules.

Comparison   In general outline of the pygidium, *Kptura* (*Eokoptura*) sp. is quite like *Koptura* (*Eokoptura*) *quadrata* Endo from Changxing Island, eastern Liaoning (Endo 1937, pl. 65, fig. 11; Lu *et al.*, 1965, pl. 28, fig. 14; Yuan *et al.*, 2012, p. 379, pl. 237, figs. 8-14; pl. 238, fig. 7). However, it differs from the latter mainly in having longer slimmer pygidial axis, wider (tr.) pleural field, indistinct pygidial border. In general outline of the pygidium, it is also similar to *Chondranomocare bidjensis* Poletayeva in Tchernysheva *et al.* (1956, p. 170, pl. 31, figs. 4, 5) from Cambrian Series 3 of Siberia, Russia. However, the latter has wider (tr.) pygidium with shorter pygidial axis, which is less than 0.5 times as long as pygidium.

Locality and horizon   Niuxinshan, Jingfushan area, Longxian County, Shaanxi Province, the lower part of *Sunaspis laevis-Sunaspidella rara* Zone of the Manto Formation.

Genus *Jinxiaspis* Guo et Duan, 1978

Type species   *Jinxiaspis liaoningensis* Guo et Duan, 1978, p. 448, pl. 1, figs. 9, 11, 12, non figs. 7, 8, 10, from *Megagraulos coreanicus* Zone (Changqingian) of Yushugou, Yangjiazhangzi, Jinxi County, eastern Liaoning.

Diagnosis (revised)   Exoskeleton elongated oval in outline; cranidium subtrapezoidal; axial furrow narrow and distinct; glabella wide and long, truncated conical, with 4 pairs of very shallow lateral glabellar furrows, of which S1 is bifurcated; fixigenae narrow; eye ridge convex, slanting backward behind anterior corner of glabella; palpebral lobe moderately long to long, strongly convex, located posteromedially; preglabellar field narrow to moderately wide, gently convex; anterior border narrow and convex; anterior branch of facial suture strongly divergent from palpebral lobe. Thorax of 11 segments. Bifid pygidium like that of *Koptura* Resser et Endo in Kobayashi, 1935, with posteromedian indentation; axis narrow and long, slowly tapering backward, with 7-8 axial rings and a short post-axial ridge, axial ring furrows shallowing backward; pleural field wide, with 5-6 pairs of convex pleural ribs, bending backward at midway and extending to posterolateral corner; pleural furrows deep, interpleural furrows obscure; pygidial border very narrow and no distinct border furrow; surface smooth or covered with fine granules.

Discussion   The type species of the genus *Jinxiaspis liaoningensis* Guo et Duan (1978, p. 448, pl. 1, figs. 7-12) has two different cranidia: Cranidium (pl. 1, fig. 9; holotype) with narrower anterior border and wider somewhat concave preglabellar field; cranidia (figs. 7, 8) with wider (tr.) glabella, preglabellar field merging with anterior border, which are belonging to *Megagraulos* Kobayashi, 1935. Therefore, type species includes two species: *Jinxiaspis liaoningensis* Guo et Duan, 1978, *Megagraulos obscura* (Walcott, 1906) (Guo and Duan, 1978, pl. 1, figs. 7, 8), which should occur in *Megagraulos coreanicus* Zone. *Jinxiaspis* differs from *Proasaphiscus* Resser et Endo in Kobayashi, 1935 (type species *Proasaphiscus yabei* Resser et Endo in Kobayashi, 1935, p. 287, pl. 24, fig. 16; Resser and Endo, 1937, p. 257, pl. 41, figs. 17-21) mainly in having shallower axial furrow, wider (tr.) glabella, narrower strongly convex or upturned forward anterior border, wider deeper anterior border furrow, pygidium with posteromedian indentation, narrower longer pygidial axis, wider pleural field, very narrow pygidial border and no border furrow. *Jinxiaspis* can be also distinguished from *Koptura* Resser et Endo in Kobayashi, 1935 (type species *Anomocare lisani* Walcott, 1911, p. 90, 91, pl. 15, figs. 9, 9a, 9b; Zhang and Jell, 1987, p. 171, pl. 86, figs. 4-11) chiefly by the latter having shorter slimmer glabella, very wide preglabellar field (sag.), narrow and shallow anterior border furrow, wider fixigenae between palpebral lobes, wider pygidial axis, narrower pleural field, pygidium strongly bending forward posteriorly, and with a pair of longer wider pygidial spine. In general configuration of cranidium and pygidium, *Koptura dikelocephalinoides* Zhou in Zhou et al. (1982, p. 240, 241, pl. 61, figs. 7-9) from Taosigou, Hulusitai, Alashan, Inner Mongolia Autonomous Region should be reassigned to the genus *Jinxiaspis*.

Occurrence   Cambrian Series 3 (lower Changqingian); North China

Jinxiaspis intermedia Yuan et Zhang, sp. nov.

(pl. 93, figs. 1-12)

Etymology   intermedia, -us, -um (Lat.), intermedium, intermediate, between, referring to the similarity of the cranidium and pygidium of the new species between *Jinxiaspis* and *Koptura* in morphology.

Holotype   Cranidium NIGP 62985-809 (pl. 93, fig. 1), from *Metagraulos dolon* Zone (Hsuchuangian) of Abuqiehaigou, Zhuozishan area, Wuhai City, Inner Mongolia Autonomous Region.

Material   4 cranidia, 2 hypostomes and 7 pygidia.

Description   Cranidium moderately convex, nearly quadrate in outline (except posterolateral projection), slightly bending forward anteriorly, 9.0 mm in length, 10.5 mm in width between palpebral lobes (holotype); axial furrow moderately deep, shallow in front of glabella; glabella wide (tr.) and convex, slightly tapering forward, truncated conical, falt rounded anteriorly, 0.6 times as long as cranidium (excluding occipital spine), with 4 pairs of distinct lateral glabellar furrows, of which S1 is long and deep, located behind midline of glabella, bifurcated, anterior branch short, slightly slanting forward, posterior branch long, bending backward and almost connecting in sagittal line, S2 located in front of midline of glabella, bifurcated, anterior branch very short, slightly slanting forward, posterior branch long, slanting backward, S3 very narrow and shallow, located behind inner end of eye ridge, slightly slanting forward, S4 short, located at inner end of eye ridge, slanting forward; occipital furrow moderately deep laterally, slightly bending forward, narrow and deep medially, slightly bending forward; occipital ring convex, wide medially, with a small occipital node medially; preglabellar field moderately wide (sag.), gently convex, inclining toward anterior border furrow, nearly as wide as anterior border (sag.), preocular field wider, 1.5 times as wide as preglabellar field; anterior border moderately wide, convex, semicircular in across section, slightly bending forward, narrowing laterally; anterior border furrow moderately deep; fixigenae wide, about 0.71 times as wide as glabella between palpebral lobes; palpebral lobe long, bending as an arch, its posterior end almost reaching at a level of occipital furrow, about 0.58 times as long as glabella, located posteromedially, palpebral furrow wide and shallow; eye ridge short, strongly slanting backward behind anterior corner of glabella; posterolateral projection narrow (exsag.); posterior border furrow wide and deep; posterior border narrow and convex; anterior branch of facial suture gently divergent from palpebral lobe, across anterior border furrow, then bending inward, cutting anterior border at anterolateral margin, posterior branch extending outward and backward. Pygidium like fish-tail shape, with triangular curvature posteriorly and a pair of wider longer posterolateral spine merging and forming by pleural ribs; axis short and narrow, convex, tapering backward, inverted conical, with 6–7 axial rings and a short postaxial ridge; pleural field wide, slightly inclining from inward to outward, with 4 – 5 pairs of long pleural ribs bending posterolaterally; pleural furrows deep, bending posterolaterally, interpleural furrows indistinct; without border and border furrow; prosopon of closely spaced pits.

Comparison The new species differs from type species *Jinxiaspis liaoningensis* Guo et Duan (1978, pl. 1, figs. 9, 11, 12) mainly in having wider glabella with 4 pairs of deeper lateral glabellar furrows, longer palpebral lobe, wider more convex anterior border, fish-tail shaped pygidium with triangular curvature posteriorly and a pair of wider longer posterolateral spine merging and forming by pleural ribs. In general outline of the pygidium, it is quite similar to *Koptura longibiloba* Chang, 1959 (Yuan *et al.*, 2012, p. 375, 376, pl. 159, fig. 12; pl. 160, figs. 1–7; pl. 176, fig. 17). However, it can be also discriminated from the latter chiefly by the wider (tr.) cranidium, 4 pairs of deeper lateral glabellar furrows, very narrow preglabellar field (sag.), wider convex anterior border, wider (tr.) fixigenae between palpebral lobes, longer palpebral lobe, wider (tr.) pygidium with narrower slimmer axis, wider (tr.) pleural field, ill-developed interpleural furrows, and a pair of wider longer posterolateral spine merging and forming by pleural ribs.

Locality and horizon Dongshankou, Gangdeershan and Abuqiehaigou, Zhuozishan area, Wuhai City, Inner Mongolia Autonomous Region, *Metagraulos dolon* Zone of the Hulusitai Formation.

Jinxiaspis rara Zhu et Yuan, sp. nov.

(pl. 94, figs. 1–12)

Etymology rara, -us, -um (Lat.), rare, sparse, referring to rare specimens of the new species.

Holotype Cranidium NIGP 62985-823 (pl. 94, fig. 1), from *Megagraulos inflatus* Zone (Changqingian) of Dongshankou, Gangdeershan, Wuhai City, Inner Mongolia Autonomous Region.

Material 5 cranidia, 1 pygidium with partly thorax, 1 hypostome and 5 pygidia.

Description Cranidium moderately convex, subquadrate in outline (except posterolateral projection), 13.4 mm in length, 14.6 mm in width between palpebral lobes (holotype); axial furrow narrow and shallow, but distinct, deeper at anterior corner of glabella, shallower in front of glabella; glabella wide (tr.), slightly tapering forward, truncated conical, broadly rounded anteriorly, with 4 pairs of shallow lateral glabellar furrows, of which S1 is long and deep, located behind midline of glabella, slanting backward, S2 located in front of midline of glabella, slightly slanting backward or nearly horizontal, S3 short, located behind inner end of eye ridge, isolating from axial furrow, horizontal, S4 located at inner end of eye ridge, slightly slanting forward; occipital furrow moderately deep laterally, slightly bending forward, straight, narrow and shallow medially; occipital ring convex, wide medially, with a small occipital node posteromedially; preglabellar field wide (sag.), gently convex, slightly inclining toward anterior border furrow, 2.0 times as wide as anterior border (sag.); anterior border narrow, convex or upturned forward, slightly bending forward; anterior border furrow wide and shallow; fixigenae narrow, about 0.33 times as wide as glabella between palpebral lobes; palpebral lobe moderately long to long, its posterior end almost reaching at a level of occipital furrow, about 0.5 times as long as glabella, located posteromedially; eye ridge short, strongly slanting backward behind anterior corner (on juvenile specimen) or from anterior corner of glabella; posterolateral projection narrow (exsag.); posterior border furrow deep; posterior border narrow and convex, less than basal glabella in width; anterior branch of facial suture gently divergent from palpebral lobe, across anterior border furrow, then bending inward, cutting anterior border at anterolateral margin, posterior branch extending outward and backward. An associated hypostome oval in outline; middle body broadly oval, strongly convex; middle furrow long, slanting backward, connecting in sagittal line; anterior lobe of middle body subcircular, posterior lobe of middle body crescent; border narrow, gently convex; border furrow shallow; anterior wing subtriangular. Thorax of 10 or 11 segments; axis convex, slowly tapering backward; pleural segments with short bending backward pleural spines, elongating backward, pleural furrows narrow and shallow. Pygidium nearly quadrate or inverted trapezoidal in outline, with arched curvature posteriorly and a pair of wider posterolateral obtuse angle merging and forming by pleural ribs; axis narrow, convex, tapering backward, with 5-6 axial rings and a short postaxial ridge; pleural field wide, slightly inclining from inward to outward, with 5 - 6 pairs of pleural ribs; pleural furrows deep, bending posterolaterally, interpleural furrows indistinct; border narrow, without border furrow; surface smooth or with fine sparsely distributed granules.

Comparison   The new species differs from type species *Jinxiaspis liaoningensis* Guo et Duan (1978, pl. 1, figs. 9, 11, 12) mainly in having wider glabella with 4 pairs of more distinct lateral glabellar furrows, longer palpebral lobe, wider more convex preglabellar field, less bending forward posterior margin of pygidium with a pair of wider posterolateral obtuse angle. In general outline of the cranidium, glabella and pygidium, the new species bears the closest resemblance to *Jinxiaspis dikelocephalinoides* (Zhou in Zhou *et al.*) (Zhou *et al.*, 1982, p. 240, 241, pl. 61, figs. 7 - 9). However, the new species has wider (tr.) cranidium, wider (sag.) preglabellar field, narrower anterior border, wider (tr.) pygidium with slimmer axis.

Locality and horizon   Dongshankou, Gangdeershan, Wuhai City, Inner Mongolia Autonomous Region, *Megagraulos inflatus* Zone of the Hulusitai Formation.

Jinxiaspis gaoi Yuan, sp. nov.
(pl. 94, figs. 13-15)

Etymology   Mr. Gao Jian, huntsman for fossils, who lives in Tangshan City, Hebei Province, referring to the specimens of the new species were found by Mr. Gao Jian.

Holotype   Cranidium NIGP 62985-836 (pl. 94, fig. 14), from *Megagraulos coreanicus* Zone of the upper part of the Manto Formation (lower Changqingian), near Changshangou Village, Guye District, Tangshan City, Hebei Province.

Material   1 cranidium, 1 nearly complete exoskeleton and 1 pygidium.

Description   Exoskeleton elongated oval in outline, moderately convex, ratio of length of cephalon, thorax and pygidium about 1 : 1.4 : 0.7, slightly bending forward anteriorly; cranidium moderately convex, subquadrate in outline (except posterolateral projection), 12.5 mm in length, 13.5 mm in width between palpebral lobes (holotype); axial furrow distinct, deeper at anterior corner of glabella, shallow and narrow in front of glabella; glabella wide (tr.), slightly tapering forward, truncated conical, broadly rounded anteriorly, with a low median keel in sagittal line, and with 3 pairs of shallow lateral glabellar furrows, of which S1 is long and deep, located behind midline of glabella, bifurcated, anterior branch nearly horizontal, posterior branch long, slanting backward, S2 located in front of midline of glabella, nearly horizontal, S3 short, located at inner end of eye ridge, slightly slanting forward; occipital furrow wide and deep, straight; occipital ring convex, uniform width medially, slightly narrowing laterally, with a small occipital node posteromedially; preglabellar field narrow (sag.), gently convex, slightly inclining toward anterior border furrow, about as wide as anterior border (sag.), preocular field wider, about 2.5-3.0 times as wide as preglabellar field (sag.); anterior border narrow, convex or upturned forward, slightly bending forward; anterior border furrow wide and deep; fixigenae moderately wide, about 0.5 times as wide as glabella between palpebral lobes; palpebral lobe moderately long to long, its posterior end almost reaching at a level of occipital furrow, less than 0.66 times as long as glabella, located posteromedially; eye ridge short, slanting backward behind anterior corner of glabella; posterolateral projection narrow (exsag.); posterior border furrow deep; posterior border narrow and convex, less than basal glabella in width; anterior branch of facial suture gently divergent from palpebral lobe, across anterior border furrow, then bending inward, cutting anterior border at anterolateral margin, posterior branch extending outward and backward. Thorax of 11 segments; axis convex, slowly tapering backward; pleural segments with short bending backward pleural spines, pleural furrows wide and deep. Pygidium transversal elliptical in outline, with arched curvature posteriorly and a pair of wider posterolateral obtuse angle merging and forming by pleural ribs; axis narrow, convex, tapering backward, with 4–5 axial rings and a short postaxial ridge; pleural field wide, slightly inclining from inward to outward, with 4 pairs of pleural ribs; pleural furrows deep, bending posterolaterally, interpleural furrows indistinct; border narrow, without border furrow; prosopon of fine granules or pits.

Comparison　The new species differs from type species *Jinxiaspis liaoningensis* Guo et Duan (1978, pl. 1, figs. 9, 11, 12) mainly in having wider (tr.) exoskeleton, wider glabella with 3 pairs of more distinct lateral glabellar furrows, longer palpebral lobe, eye ridge slightly slanting backward behind anterior corner of glabella, wider pygidium with less arched curvature posteriorly and a pair of wider posterolateral obtuse angle instead of triangular angle in the latter. In general outline of the cranidium, glabella and pygidium, the new species bears some resemblances to *Jinxiaspis rara* Zhu et Yuan, sp. nov. However, it has wider cranidium, narrower preglabellar field (sag.), eye ridge slightly slanting backward behind anterior corner of glabella, wider fixigenae between palpebral lobes and prosopon of fine granules or pits.

Locality and horizon　Near Changshangou Village, Guye District, Tangshan City, Hebei Province, *Megagraulos coreanicus* Zone of the Manto Formation.

Genus *Lianglangshania* Zhang et Wang, 1985

Type species　*Lianglangshania hueirenensis* Zhang et Wang, 1985, p. 370, pl. 113, figs. 2–4, from Cambrian Series 3 (Changqingian) of Lianglangshan, Huairen County, Shanxi Province.

Diagnosis (revised)　Cephalon semicircular in outline; cranidium subquadrate, arched forward anteriorly; axial furrow narrow and distinct; glabella short and convex, truncated conical, with 3–4 pairs of lateral glabellar furrows; occipital furrow distinct; occipital ring convex, wide medially; fixigenae wide between palpebral lobes; eye ridge convex, slightly slanting backward or nearly horizontal behind anterior corner of glabella; palpebral lobe moderately long, highly convex, located posteromedially; preglabellar field wide, vaulted as a periclinal swelling or gently concave; anterior border moderately wide to wide; anterior branch of facial suture strongly divergent from palpebral lobe. Pygidium like that of *Koptura* Resser et Endo in Kobayashi, 1935, with posteromedian swallow-tail shaped inflection, bifid two pleural lobe broadly rounded posteriorly; axis narrow and long, slowly tapering backward, with 8–10 axial rings and a short postaxial ridge, axial ring furrows shallowing backward; pleural field wide, with 7–8 pairs of convex pleural ribs, bending backward medially and extending onto wide somewhat concave pygidial border; pleural furrows deep, interpleural furrows very shallow or obscure; without distinct border furrow; prosopon of fine granules.

Discussion　*Lianglangshania* was grouped within the family Monkaspidae Kobayashi, 1935 (Zhang and Wang, 1985, p. 366). Subsequently, it was listed under the family Ptychopariidae Matthew, 1887 (Jell and Adrain, 2003, p. 478). Recently, it was reassigned to family Solenopleuridae Angelin, 1854 (Zhang et al., 1995, p. 65, 66; Luo, 2001, p. 376; Yuan and Li, 2008, p. 134). In general outline of the pygidium, it bears the closest resemblance to *Koptura* Resser et Endo in Kobayashi, 1935. However, the latter has shorter wider pygidial axis of 5–6 axial rings, narrower pleural field, glabella with well rounded anterior margin and with extremely shallow or obscure lateral glabellar furrows, eye ridge slanting backward from anterior corner of glabella. Therefore, it is better listed under the family Anomocaridae Poulsen, 1927. The genera of Solenopleuridae Angelin, 1854, have conical strongly convex glabella and narrower pygidial border.

Occurrence　Cambrian Series 3 (Changqingian); North China.

Lianglangshania transversa Zhu sp. nov.

(pl. 94, figs. 16-18; pl. 95, figs. 1-12)

Etymology transversa, -us, -um (Lat.), referring to transversal wide cranidium of the new species.

Holotype Cranidium NIGP 62985-849 (pl. 95, fig. 9), from the upper part of *Psilaspis changchengensis* Zone (Changqingian) of Dongshankou, Gangdeershan, Wuhai City, Inner Mongolia Autonomous Region.

Material 12 cranidia and 3 pygidia.

Description Cranidium wide (tr.), subquadrate in outline, arched forward anteriorly, 7.8 mm in length, 9.0 mm in width between palpebral lobes (holotype); axial furrow narrow and distinct; glabella short and convex, truncated conical, less than 0.5 times as long as cranidium (except occipital ring), with 4 pairs of shallow lateral glabellar furrows, of which S1 is deep, bifurcated, S2 shallow, located in front of midline of glabella, slightly slanting backward, S3 narrow and shallow, located behind inner end of eye ridge, slightly slanting forward, S4 very short and shallow, located at inner end of eye ridge, slanting forward; occipital furrow distinct, narrow and straight medially, wide and deep, bending forward laterally; occipital ring convex, wide medially, with a small occipital node posteromedially; fixigenae wide, about 0.7 times as wide as glabella between palpebral lobes; eye ridge convex, slightly slanting backward or nearly horizontal behind anterior corner of glabella; palpebral lobe moderately long, highly convex, 0.5 times as long as glabella, located posteromedially; preglabellar field wide, gently convex, about 2 times as wide as anterior border (sag.), with a transversal ridge parallel to eye ridge, and a paradoublure furrow behind transversal ridge, which is connecting with anterior border furrow laterally and covered with many pits; preocular field highly convex; anterior border moderately wide, gently convex or slightly upturned forward; anterior border furrow wide and deep, with a row of small pits; posterolateral projection narrow (exsag.); posterior border narrow and convex, as wide as basal glabella in width (tr.); posterior border furrow wide and deep; anterior branch of facial suture strongly divergent from palpebral lobe, posterior branch extending outward and backward. Pygidium nearly quadrate in outline, with posteromedian swallow-tail shaped inflection, bifid two pleural lobe broadly rounded posteriorly; axis narrow and long, slowly tapering backward, with 8 – 10 axial rings and a short postaxial ridge, axial ring furrows shallowing backward; pleural field wide, with 7-8 pairs of convex pleural ribs, bending backward medially and extending onto wide somewhat concave pygidial border; pleural furrows deep, interpleural furrows very shallow or obscure; without distinct border furrow; prosopon of fine sparsely distributed granules and irregular reticulated striations.

Comparison The new species differs from type species *Lianglangshania hueirenensis* Zhang et Wang (1985, p. 370, pl. 113, figs. 2-4) mainly in having narrower longer slowly tapering forward glabella with 3-4 pairs of more distinct lateral glabellar furrows, preglabellar field with a transversal ridge, wider deeper anterior border furrow, deeper axial furrow, occipital furrow and posterior border furrow, longer pygidium with longer slimmer axis of more axial rings. It can be also distinguished from *Lianglangshania dayugouensis* Zhang et Wang (1985, p. 370, 371, pl. 113, figs. 5, 6) chiefly by its wider preglabellar field with a transversal ridge, narrower anterior border, wider deeper anterior border furrow, deeper axial furrow, occipital furrow and posterior border furrow and prosopon of fine sparsely distributed granules.

Locality and horizon Dongshankou, Gangdeershan, Wuhai City, Inner Mongolia Autonomous Region, the upper part of *Psilaspis changchengensis* Zone of the Hulusitai Formation.

Genus *Sinoanomocare* Yuan et Zhang, nov.

Sinoanomocare nom. nud. Feng *et al.*, 1991, p. 4, table 2-1.

Etymology Sin (Gr.), Sinae, an ancient name of China, used in old Egypt mentioned by astronomer Ptolemy, and combined with trilobite genus *Anomocare* Angelin, 1851.

Type species   *Sinoanomocare lirellatus* Yuan et Zhang, sp. nov., from *Poriagraulos nanus* Zone (Hsuchuangian) of Hanshuigou, Liquan County, Shaanxi Province.

Diagnosis   Cranidium rectangular in outline, strongly bending forward anteriorly; glabella short and convex, subcylindrical, well rounded anteriorly, with 3 pairs of shallow lateral glabellar furrows; fixigenae narrow, gently convex; palpebral lobe long, bending as an arch, located posteromedially; eye ridge convex, slanting backward from anterior corner of glabella; preglabellar field wide; anterior border wide, somewhat concave in middle portion, ridge-like convex anteriorly and posteriorly; anterior border furrow distinct, strongly bending forward as an arch. Pygidium slightly smaller than cephalon, semielliptical in outline; axis narrow, inverted conical, with 5−6 axial rings and a short postaxial ridge; pleural field wide, with 5 pairs of pleural ribs; 5 pairs of pleural furrows shallow, interpleural furrows obscure; border wide, low and flat or slightly concave; border furrow shallow; prosopon of reticulated striations.

Discussion   In general configuration of cranidium, the new genus is quite similar to *Chondranomocare* Poletayeva in Tchernysheva *et al.*, 1956 (type species *Chondranomocare bidjensis* Poletayeva in Tchernysheva *et al.*, 1956, p. 170, pl. 31, figs. 4, 5) from lower Cambrian Series 3 of Siberia, Russia. However, the latter has very narrow fixigena, eye ridge slanting backward behind anterior corner of glabella, preocular field wider than preglabellar field, and pygidium with very short axis. In general outline of the pygidium, the new genus bears some resemblances to *Pseudanomocarina* Tchernysheva in Tchernysheva *et al.*, 1956 (type species *Pseudanomocarina plana* Tchernysheva in Tchernysheva *et al.*, 1956, p. 167, 168, pl. 31, figs. 6−8) from early Cambrian Series 3 of Siberia, Russia. However, it differs from the latter mainly in having wider (sag.) preglabellar field, wider fixigenae between palpebral lobes, pygidium with longer slimmer axis and wider pleural field. In general outline of the cranidium, the new genus is also like *Tengfengia* Hsiang (type species *T. latilimbata* Hsiang, 1962, p. 394, pl. 1, figs. 1−3). However, the latter has wider fixigenae, shorter slimmer truncated conical glabella with deeper lateral glabellar furrows, longer strongly convex eye ridge and slimmer pygidial axis and wider flat pygidial border. In general outline of the cranidium, the new genus is also similar to *Plesiamecephalus* Lin et Qiu in Qiu *et al.* (type species *P. xuzhouensis* Lin et Qiu in Qiu *et al.*, 1983, p. 82, pl. 26, fig. 9) from the Manto Formation of Tongshan County, northern Jiangsu Province. However, the latter has wider cranidium and fixigena, truncated conical glabella without lateral glabellar furrows, longer eye ridge, shorter palpebral lobe, wider (exsag.) posterolateral projection, much smaller subrhomboidal pygidium.

Occurrence   Cambrian Series 3 (Hsuchuangian); North China.

Sinoanomocare lirellatus Yuan et Zhang gen. et sp. nov.
(pl. 91, figs. 11−13; pl. 95, figs. 13−16)

Etymology   lirellatus, -ta, -tum (Lat.), small ridge, referring to posterior margin of anterior border as a convex transversal ridge of the new species.

Holotype   Cranidium NIGP 62985-854 (pl. 95, fig. 14), from *Poriagraulos nanus* Zone (Hsuchuangian) of Hanshuigou, Liquan County, Shaanxi Province.

Material   2 cranidia and 5 pygidia.

Description   Cranidium nearly rectangular in outline, bending forward as an arch anteriorly, 6.0 mm in length, 5.0 mm in width between palpebral lobes (holotype); axial furrow shallow; glabella convex, subcylindrical, broadly rounded anteriorly, about 0.5 times as long as cranidium, with 3 pairs of shallow lateral glabellar furrows; occipital furrow shallow and straight; occipital ring gently convex, uniform width (sag.); fixigenae narrow, gently convex, about 0.5 times as wide as glabella between palpebral lobes; palpebral lobe moderately long to long, more than 0.5 times as long as glabella, located posteromedially, palpebral furrow shallow; eye ridge short and low, strongly slanting backward from anterior corner of glabella; anterior border furrow narrow, moderately deep, bending forward as an arch; anterior border wide, somewhat concave in the middle portion, ridge-like convex anteriorly and posteriorly; preglabellar field wide, as wide as anterior border (sag.), together with preocular field gently inclining toward anterior border furrow; posterolateral projection narrow (exsag.) and short (tr.); posterior border furrow shallow; posterior border narrow and gently convex; anterior branch of facial suture strongly divergent from palpebral lobe, posterior branch extending outward and backward. Pygidium elongated semielliptical in outline; axis narrow and convex, inverted conical, with 5-6 axial rings and a short postaxial ridge, axial ring furrows shallow; pleural field wide, gently convex, with 5 pairs of pleural ribs and 5 pairs of shallow pleural furrows, interpleural furrows obscure; border wide, low and flat or slightly concave; border furrow shallow; prosopon of reticulated striations.

Locality and horizon　Hanshuigou, Liquan County, Shaanxi Province, *Poriagraulos nanus* Zone of the Manto Formation.

Genus *Anomocarioides* Lermontova, 1940

Type species　*Proetus? limbatus* Angelin, 1851, p. 22, pl. 18, fig. 2; Westergärd, 1950, p. 20-22, pl. 4, figs. 6-14, from *Lejopyge laevigata-Aldanaspis truncata* Zone (Guzhangian) of Siberia, Russia.

Diagnosis　Cranidium gently convex, subtrapezoidal in outline; glabella wide (tr.), truncated conical, with 3-4 pairs of shallow lateral glabellar furrows; fixigenae moderately wide, with a pair of ridge-like elevation near posterior corner of glabella; palpebral lobe long, bending as an arch; preglabellar field narrow and low; anterior border wide, inclining forward; anterior border furrow shallow. Thorax of 10 segments. Pygidium large, semicircular; axis long and slimmer, with 7-8 axial rings; pleural field wide, with 6-7 pairs of pleural ribs; pleural furrows deep, interpleural furrows obscure; border wide and flat.

Occurrence　Cambrian Series 3; Russia (Siberia), Sweden and North China.

Anomocarioides? sp.
(pl. 56, figs. 12, 13)

Material　2 cranidia.

Description　Cranidium gently convex, subtrapezoidal in outline, bending forward as a circular arch, 14.7 mm in maximum length, 11.7 mm in width between palpebral lobes; axial furrow deep; glabella wide (tr.), truncated conical, with 3-4 pairs of shallow lateral glabellar furrows, of which S1 is bifurcated, anterior branch short, nearly horizontal, S2 located near midline of glabella, horizontal or slightly slanting backward, S3 located behind inner end of eye ridge, slightly slanting forward, S4 short and shallow, located at inner end of eye ridge, slightly slanting forward; fixigenae moderately wide, about 0.71 times as wide as glabella between palpebral lobes, without a pair of ridge-like elevation near posterior corner of glabella; palpebral lobe long, bending as a round-arch, more than 0.5 times as long as glabella, palpebral furrow shallow; eye ridge short and flat, slanting backward slightly behind anterior corner of glabella; preglabellar field narrow (sag.), low and flat; anterior border very wide, slightly inclining forward as fan-shaped, its posterior margin ridge-like convex; anterior border furrow shallow; occipital furrow shallow, slightly bending backward; occipital ring gently convex, narrowing laterally, with a small occipital node posteromedially; posterolateral projection narrow (exsag.) and short (tr.); posterior border narrow, gently convex; anterior branch of facial suture strongly divergent from palpebral lobe, posterior branch extending outward and backward; surface smooth.

Comparison　*Anomocarioides*? sp. differs from type species *Anomocarioides limbatus* (Angelin, 1851) (Westergärd, 1950, p. 20-22, pl. 4, figs. 6-14; Egorova *et al.*, 1982, p. 85, 86, pl. 42, fig. 15; pl. 44, fig. 2) mainly in having longer slimmer glabella, wider anterior border (sag.), fixigenae without a pair of ridge-like elevation near posterior corner of glabella and shorter palpebral lobe. *Anomocarioides*? sp. was listed under *Anomocarioides* with a questionable mark because of absence of a pair of ridge-like elevation near posterior corner of glabella and shorter palpebral lobe and absence of corresponding pygidium.

Locality and horizon　Dongshankou, Gangdeershan, Wuhai City, Inner Mongolia Autonomous Region, *Megagraulos inflatus* Zone of the Hulusitai Formation.

Family Monkaspidae Kobayashi, 1935

Genus *Monkaspis* Kobayashi, 1935

Type species　*Anomocare* (?) *daulis* Walcott, 1905, p. 50; Walcott, 1913, p. 189, 190, pl. 18, figs. 7, 7a, from *Damesella paronai* Zone (Jinanian) of 3.2 km north-northeastren Zhangxia Town, Shandong Province.

Diagnosis and remarks　See Yuan *et al.*, 2012, p. 397, 398, 664, 665.

Occurrence　Cambrian Series 3 (Jinanian); China (North and South China) and D. P. R. Korea.

Order Lichida Moore, 1959
Family Damesellidae Kobayashi, 1935

Genus *Haibowania* Zhang, 1985

Type species　*Haibowania zhuozishanensis* Zhang, 1985, p. 114, 117, 118, pl. 1, figs. 2 – 8, from *Blackwelderia tenuilimbata* Zone (Jinanian) of Subaigou, Zhuozishan area, Wuhai City, Inner Mongolia Autonomous Region.

Diagnosis (revised)　Damesellids; cranidium strongly convex, subquadrate in outline, strongly inclining forward; glabella subcylindrical, with 4 pairs of very shallow lateral glabellar furrows; anterior border narrow, convex, with a pair of ill-developed plectrums towards axial furrow on its posterior margin; anterior border furrow deep, with curvature towards frontal glabellar lobe as three arches; eye ridge gently convex, strongly slanting backward; palpebral lobe moderately long, located posteriorly. Librigena strongly convex, genal field very wide, genal spine very short, slanting outward and backward. Pygidium wide (tr.), semielliptical, with 6 pairs of oar-shaped marginal spines; border very narrow, strongly sloping down; no border furrow; surface smooth or covered with very fine granules or pits.

Discussion　*Haibowania* Zhang, 1985 was considered as a junior synonym of *Damesella* Walcott, 1905 (Jell and Adrain, 2003, p. 381). However, it differs from the latter mainly in having strongly inclining forward cranidium, anterior border with a pair of ill-developed plectrums towards axial furrow on its posterior margin; deeper anterior border furrow with curvature towards frontal glabellar lobe as three arches, narrower fixigenae between palpebral lobes, eye ridge strongly slanting backward, palpebral lobe located posteriorly, and surface smooth or covered with very fine granules or pits, wider (tr.) pygidium with 6 pairs of oar-shaped marginal spines, shorter pygidial axis of less axial rings, narrower pygidial border strongly sloping down, no border furrow, wider hypostome anteriorly with triangular anterior wings, narrower posterior border and posterolateral border with 2 pairs of marginal spines. Therefore, *Haibowania* is here regarded as a valid genus.

Occurrence　Cambrian Series 3 (Jinanian); North China (Shanxi Province and Inner Mongolia Autonomous Region).

Haibowania brevis Yuan, sp. nov.
(pl. 97, figs. 15,16)

Etymology　bevis, brevis, breve (Lat.), short, referring to shorter glabella and shorter and wider marginal spines of pygidium of the new species.

Holotype　Pygidium NIGP 62985-884 (pl. 97, fig. 15), from *Blackwelderia tenuilimbata* Zone (Jinanian) of Subaigou, Zhuozishan area, Wuhai City, Inner Mongolia Autonomous Region.

Material　1 cranidium and 1 pygidium.

Description Cranidium strongly convex, subtrapezoidal in outline, gently inclining forward, 8.6 mm in length, 12.4 mm in width between palpebral lobes; glabella wide, truncated conical, slightly tapering forward, with 3 pairs of very shallow lateral glabellar furrows, of which S1 is wide and deep, strongly slanting backward, S2 short and shallow, located in front of midline of glabella, slightly slanting backward, S3 short and shallow, located behind inner end of eye ridge, horizontal; occipital ring damaged, occipital furrow distinct, straight medially, slightly bending backward laterally; anterior border moderately wide, widest opposite to axial furrow, narrowing laterally; anterior border furrow wide and deep, with a curvature towards frontal glabellar lobe as three arches; fixigena narrow, gently convex, less than 0.5 times as wide as glabella at the base; eye ridge gently convex, strongly slanting backward behind anterior corner of glabella; palpebral lobe short, about 0.33 times as long as glabella, located posteriorly; posterolateral projection narrow (exsag.); posterior border and posterior border furrow partly damaged, less than basal glabella in width; anterior branch of facial suture gently divergent from palpebral lobe, posterior branch extending outward and backward. Pygidium wide (tr.), semielliptical in outline, with 6 pairs of oar-shaped short stout marginal spines; no border furrow; surface covered with very fine granules.

Comparison The new species differs from type species chiefly in the shorter wider less tapering forward glabella, wider (sag.) anterior border and pygidium with 6 pairs of oar-shaped shorter stout marginal spines.

Locality and horizon Subaigou, Zhuozishan area, Wuhai City, Inner Mongolia Autonomous Region, *Blackwelderia tenuilimbata* Zone of the Hulusitai Formation.

Genus *Blackwelderia* Walcott, 1906

Type species *Calymmene? sinensis* Bergeron, 1899, p. 500−503, pl. 13, fig. 1, text-figs. 1, 2, from *Neodrepanura premesnili* Zone of the Kushan Formation (Jinanian) of Dawenkou?, Taian City, Shandong Province.

Diagnosis and remarks See Kobayashi, 1942b, p. 197; Lu *et al.*, 1965, p. 377; Öpik, 1967, p. 308; Zhang and Jell, 1987, p. 213; Peng *et al.*, 2004a, p. 99.

Occurrence Cambrian Series 3 (Jinanian); China (North and South China), R. O. Korea, D. P. R. Korea, Vietnam, India (Himalaya), Kazakhstan and Australia.

Genus *Parablackwelderia* Kobayashi, 1942b

Type species *Blackwelderia spectabilis* Resser et Endo, 1937, p. 188, pl. 52, from *Damesella paronai* Zone (Jinanian) of Changxing Island, eastern Liaoning.

Diagnosis and remarks See Peng *et al.*, 2008, p. 848; Yuan *et al.*, 2012, p. 406. 407, 668.

Occurrence Cambrian Series 3 (upper Changqingian to Jinnanian); China (North and South China), D. P. R. Korea, India (Himalaya), Kazakhstan, Russia (Siberia) and Australia.

Genus *Teinistion* Monke, 1903

Type species *Teinistion lansi* Monke, 1903, S. 117, Taf. 4, Fig. 1−17; Taf. 9, Fig. 3, from Cambrian Series 3 (Jinanian) of Yanzhuang Town (Yen-tsy-yai), Laiwu City, Shandong Province.

Diagnosis and remarks See Yuan *et al.*, 2012, p. 409, 410, 669.

Occurrence Cambrian Series 3 (Jinanian); China (North and South China), Kazakhstan and Australia.

Teinistion triangulus Yuan, sp. nov.

(pl. 98, figs. 10−15)

Etymology triangulus, -a, -um (Lat.), triangular, referring to inverted triangular glabella and pygidium of the new species.

Holotype Cranidium NIGP 62985-897 (pl. 98, fig. 12), from *Blackwelderia tenuilimbata* Zone (Jinanian) of Subaigou, Zhuozishan area, Wuhai City, Inner Mongolia Autonomous Region.

Material 2 cranidia, 2 librigenae and 2 pygidia.

Description Cranidium wide (tr.), trapezoidal in outline, 6.4 mm in length, 8.8 mm in width between palpebral lobes (holotype), straight anteriorly; axial furrow narrow and distinct; glabella short and convex, truncated conical to subtriangular, slightly more than 0.5 times as long as cranidium (except occipital ring), with 3 pairs of shallow lateral glabellar furrows, of which S1 is more distinct, slanting backward; occipital furrow distinct, narrow and shallow, slightly bending backward medially, deeper laterally; occipital ring convex, wider medially; fixigenae wide, about 0.86 times as wide as glabella between palpebral lobes, with a pair of suboval bacculae near posterior corner of glabella; eye ridge convex, slanting backward behind anterior corner of glabella; palpebral lobe short, highly convex, located anteromedially, less than 0.5 times as long as glabella; preglabellar field moderately wide, low and flat, about 2.0 times as wide as anterior border (sag.), with a pair of preocular facial line extending from anterior corner of glabella to preocular field; preocular field wide (sag.), strongly convex; anterior border narrow, slightly upturned forward; anterior border furrow wide and deep; posterolateral projection wide (exsag.); posterior border narrow and convex, more than basal glabella in width (tr.), posterior border furrow wide and deep; anterior branch of facial suture slightly divergent forward from palpebral lobe, posterior branch extending outward and backward. Librigena nearly triangular, with longer bending backward genal spine; lateral border gently convex, widening backward; genal field wide, covered with irregular striations; lateral border furrow shallow, posterior border furrow wide and deep. Pygidium inverted triangular, with 7 pairs of extending backward marginal spines of equal length; axis long and wide, slowly tapering backward, with 7-8 axial rings; axial ring furrows shallow; pleural field narrow, with 4-5 pairs of pleural ribs; pleural furrows wide and distinct, interpleural furrows very shallow or obscure; border furrow discontinuous; surface smooth.

Comparison The new species differs from type species *Teinistion lansi* (Monke, 1903, S. 117, Taf. 4, Fig. 1-17; Taf. 9, Fig. 3; Lu *et al.*, 1965, p. 408, pl. 77, figs. 14-18) mainly in having nearly subtriangular glabella, cranidium with straight anterior margin, inverted triangular pygidium with longer wider axis of more axial rings. It can be also distinguished from *Teinistion* sp. (Yuan *et al.*, 2012, p. 412, pl. 233, fig. 15) from *Damesella paronai* Zone of the Changhia Formation of Shibapan, Duozhuang Village, Zhangqiu County, Shandong Province, chiefly by its wider longer pygidial axis and longer marginal spine of pygidium.

Locality and horizon Subaigou, Zhuozishan area, Wuhai City, Inner Mongolia Autonomous Region, *Blackwelderia tenuilimbata* Zone of the Hulusitai Formation.

图 版 说 明

登记号 NIGP 的标本保存在中国科学院南京地质古生物研究所标本馆

本书所引用的模式标本存放地及其缩写如下［The cited type specimens（holotype, lectotype）are deposited at the following institutions designated by the abbreviations］：

CUGW　中国地质大学，武汉（China University of Geosciences, Wuhan）

ESNU　南京大学地球科学系，南京（Department of Earth Sciences, Nanjing University, Nanjing）

IGGS　中国地质科学院地质研究所，北京（Institute of Geology, Chinese Academy of Geological Sciences, Beijing）

JUGS　吉林大学地球科学学院，长春（College of Geological Sciences, Jilin University, Changchun）

NIGM　中国地质科学院南京地质矿产研究所，南京（Nanjing Institute of Geology and Mineral Resources, Chinese Academy of Geological Sciences, Nanjing）

NIGP　中国科学院南京地质古生物研究所，南京（Nanjing Institute of Geology and Palaeontology, Chinese Academy of Sciences, Nanjing）

RCPJ　吉林大学古生物研究中心，长春（Research Centre of Palaeontology, Jilin University, Changchun）

SIGM　中国地质科学院沈阳地质矿产研究所，沈阳（Shenyang Institute of Geology and Mineral Resources, Chinese Academy of Geological Sciences, Shenyang）

TIGM　中国地质科学院天津地质矿产研究所，天津（Tianjin Institute of Geology and Mineral Resources, Chinese Academy of Geological Sciences, Tianjin）

USNM　美国自然历史博物馆（史密斯逊研究院），华盛顿［The National Museum of Natural History（Smithsonian Institution）, Washington D. C.］

XIGM　中国地质科学院西安地质矿产研究所，西安（Xi'an Institute of Geology and Mineral Resources, Chinese Academy of Geological Sciences, Xi'an）

图 版 1

1—17. *Peronopsis guoleensis* Zhang, Yuan et Sun in Sun, 1989

1. 头部，×20，采集号：Q5-54H2，登记号：NIGP89111。

2. 头部，×20，采集号：Q5-54H3，登记号：NIGP89118a。

3. 头部，×20，采集号：Q5-54H2，登记号：NIGP89119。

4. 头部，×15，采集号：Q5-54H2，登记号：NIGP89115。

5. 尾部，×15，采集号：Q5-54H1，登记号：NIGP89120。

6. 尾部，正模（Holotype），×15，采集号：Q5-54H1，登记号：NIGP89122。

7. 尾部，×15，采集号：Q5-54H2，登记号：NIGP89113。

8. 头部，×15，采集号：Q5-54H2，登记号：NIGP89114。

9. 头部，×20，采集号：Q5-54H2，登记号：NIGP89111a。

10. 尾部，×20，采集号：Q5-54H2，登记号：NIGP62272。

11. 尾部，×15，采集号：Q5-54H2，登记号：NIGP89112。

12. 尾部，×20，采集号：Q5-54H3，登记号：NIGP89118b。

13. 尾部，×20，采集号：Q5-54H3，登记号：NIGP89118c。

14. 尾部，×15，采集号：Q5-54H2，登记号：NIGP143757。

15. 头部，×15，采集号：Q5-54H1，登记号：NIGP62273。

16. 头部，×20，采集号：Q5-54H2，登记号：NIGP89117。

17. 尾部，×15，采集号：Q5-54H2，登记号：NIGP89121a。

内蒙古自治区乌海市桌子山地区可就不冲郭勒，胡鲁斯台组 *Inouyops titiana* 带。

18—20. *Sinopagetia jinnanensis*（Lin et Wu in Zhang *et al.*, 1980b）

18. 尾部，×15，采集号：CD94C，登记号：NIGP62274。

19. 尾部，×15，采集号：CD94C，登记号：NIGP62275。

20. 头盖，×15，采集号：CD94C，登记号：NIGP62276。

内蒙古自治区乌海市桌子山地区阿不切亥沟，胡鲁斯台组 *Sinopagetia jinnanensis* 带中下部。

图 版 2

1, 2. *Jiulongshania rotundata*（Resser et Endo, 1937）

1. 头盖，×10，采集号：NZ50，登记号：NIGP62277。

2. 头盖，×12.6，采集号：SBT1，登记号：NIGP62278。

内蒙古自治区乌海市岗德尔山东山口和桌子山地区苏拜

沟，胡鲁斯台组 *Blackwelderia tenuilimbata* 带。

3—9. *Cyclolorenzella distincta* Zhang, 1985

  3. 头盖，×9.2，采集号：SBT1，登记号：NIGP62279。

  4. 头盖，×10，采集号：SBT1，登记号：NIGP62280。

  5. 头盖，×9.4，采集号：SBT1，登记号：NIGP62281。

  6. 头盖，×9，采集号：SBT1，登记号：NIGP62282。

  7. 头盖，×22，采集号：SBT1，登记号：NIGP62283。

  8. 头盖，×7.6，采集号：SBT1，登记号：NIGP62284。

  9. 头盖，×9，采集号：SBT1，登记号：NIGP62285。

内蒙古自治区乌海市桌子山地区苏拜沟，胡鲁斯台组 *Blackwelderia tenuilimbata* 带。

10—12. *Pingluaspis decora* (Wang et Lin, 1990)

  10. 活动颊，×10，采集号：SBT1，登记号：NIGP62286。

  11. 头盖，×10，采集号：SBT1，登记号：NIGP62287。

  12. 头盖，×10，采集号：SBT1，登记号：NIGP62288。

内蒙古自治区乌海市桌子山地区苏拜沟，胡鲁斯台组 *Blackwelderia tenuilimbata* 带。

13—21. *Formosagnostus formosus* Ergaliev, 1980

  13. 头盖，×12，采集号：SBT1，登记号：NIGP62289。

  14. 头盖，×9.8，采集号：SBT1，登记号：NIGP62290。

  15. 头盖，×12.4，采集号：SBT1，登记号：NIGP62291。

  16. 头盖，×12，采集号：SBT1，登记号：NIGP62292。

  17. 尾部，×10，采集号：SBT1，登记号：NIGP62293。

  18. 尾部，×9.8，采集号：SBT1，登记号：NIGP62294。

  19. 尾部，×12，采集号：SBT1，登记号：NIGP62295。

  20. 尾部，×10，采集号：SBT1，登记号：NIGP62296。

  21. 头盖，×9.7，采集号：SBT1，登记号：NIGP62297。

内蒙古自治区乌海市桌子山地区苏拜沟，胡鲁斯台组 *Blackwelderia tenuilimbata* 带。

22. *Ammagnostus shandongensis* (Sun, 1989)

  22. 头盖，×10，采集号：SBT2，登记号：NIGP62298。

内蒙古自治区乌海市桌子山地区苏拜沟，胡鲁斯台组 *Liopeishania convexa* 带。

图 版 3

1, 7—22. *Sinopagetia jinnanensis* (Lin et Wu in Zhang *et al.*, 1980b)

  1. 头盖，×18，采集号：L12，登记号：NIGP62299。

陕西省陇县景福山地区牛心山，馒头组 *Sinopagetia jinnanensis* 带中下部。

  7. 头盖，×15，采集号：NZ02，登记号：NIGP62300。

  8. 尾部，×15，采集号：NZ02，登记号：NIGP62301。

  9. 尾部，×15，采集号：NZ02，登记号：NIGP62302。

  10. 尾部，×15，采集号：NZ02，登记号：NIGP62303。

  11. 头盖，×15，采集号：NZ02，登记号：NIGP62304。

  12. 尾部，×20，采集号：NZ02，登记号：NIGP62305。

  13. 头盖，×20，采集号：NZ02，登记号：NIGP62306。

  14. 头盖，×15，采集号：NZ02，登记号：NIGP62307。

  15. 尾部，×15，采集号：NZ02，登记号：NIGP62308。

  16. 头盖，×15，采集号：Q5-25H1-3，登记号：NIGP62309。

  17. 尾部，×15，采集号：Q5-25H1-3，登记号：NIGP62310。

  18. 头盖，×15，采集号：Q5-25H1-3，登记号：NIGP62311。

  19. 头盖，×15，采集号：Q5-25H1-3，登记号：NIGP62312。

  20. 头盖，×15，采集号：NH33，登记号：NIGP62313。

  21. 头盖，×15，采集号：NH40，登记号：NIGP62314。

  22. 头盖，×15，采集号：NH40，登记号：NIGP62315。

内蒙古自治区乌海市内蒙古自治区乌海市岗德尔山东山口，巴什图和阿拉善盟宗别立乡呼鲁斯太陶思沟，胡鲁斯台组 *Sinopagetia jinnanensis* 带中下部。

2—6. *Sinopagetia longxianensis* Yuan et Zhang, sp. nov.

  2. 头盖，正模（Holotype），×18，采集号：L12，登记号：NIGP62316。

  3. 头盖，×18，采集号：L12，登记号：NIGP62317。

陕西省陇县景福山地区牛心山，馒头组 *Sinopagetia jinnanensis* 带中下部。

  4. 头盖，×20，采集号：NC50，登记号：NIGP62318。

  5. 头盖，尾部，×15，采集号：NC50，登记号：NIGP62319。

  6. 尾部，×20，采集号：NC50，登记号：NIGP62320。

宁夏回族自治区同心县青龙山，胡鲁斯台组 *Sinopagetia jinnanensis* 带中下部。

23. *Sulcipagetia* sp.

  23. 头盖，×18，采集号：NH41，登记号：NIGP62321。

内蒙古自治区阿拉善盟宗别乡呼鲁斯太陶思沟，胡鲁斯台组 *Sinopagetia jinnanensis* 带上部。

图 版 4

1—8. *Sinopagetia neimengguensis* Zhang et Yuan, 1981

  1. 头盖，正模（Holotype），×20，采集号：NZ02，登记号：NIGP62248。

  2. 尾部，×18，采集号：NZ02，登记号：NIGP62249。

  3. 头盖，尾部，×18，采集号：NZ02，登记号：NIGP62322。

  4. 尾部，×15，采集号：NZ02，登记号：NIGP62323。

  5. 尾部，×15，采集号：NZ02，登记号：NIGP62324。

内蒙古自治区乌海市岗德尔山东山口，胡鲁斯台组 *Sinopagetia jinnanensis* 带中下部。

  6. 头盖，×20，采集号：L12，登记号：NIGP62325。

  7. 尾部，×20，采集号：L12，登记号：NIGP62326。

  8. 尾部，×20，采集号：L12，登记号：NIGP62327。

陕西省陇县景福山地区牛心山，馒头组 *Sinopagetia jinnanensis* 带中下部。

9—12. *Sinopagetia jinnanensis* (Lin et Wu in Zhang *et al.*, 1980b)

9. 头盖，×20，采集号：L12，登记号：NIGP62328。

陕西省陇县景福山地区牛心山，馒头组 *Sinopagetia jinnanensis* 带中下部。

10. 头盖，×15，采集号：Q5-25H1-3，登记号：NIGP62329。

11. 尾部，×15，采集号：NZ9，登记号：NIGP62330。

12. 头盖，×15，采集号：NZ9，登记号：NIGP62331。

内蒙古自治区乌海市内蒙古自治区乌海市岗德尔山东山口和巴什图，胡鲁斯台组 *Sinopagetia jinnanensis* 带中下部。

13，14. *Sinopagetia longxianensis* Yuan et Zhang, sp. nov.

13. 尾部，×20，采集号：NH40，登记号：NIGP62332。

14. 头盖，×18，采集号：NH40，登记号：NIGP62333。

内蒙古自治区阿拉善盟宗别立乡呼鲁斯太陶思沟，胡鲁斯台组 *Sinopagetia jinnanensis* 带中下部。

图 版 5

1—14. *Sulcipagetia gangdeershanensis* Yuan et Zhang, gen. et sp. nov.

1. 头盖，×20，采集号：NH43a，登记号：NIGP62334。

2. 尾部，×20，采集号：NH43a，登记号：NIGP62335。

3. 尾部，×18，采集号：NH43a，登记号：NIGP62336。

4a. 尾部，×16，采集号：NH43a，登记号：NIGP62337。

4b. 尾部侧视，×16，采集号：NH43，登记号：NIGP62337。

5. 尾部，×16，采集号：NH43a，登记号：NIGP62338。

6. 尾部，×18，采集号：NH43a，登记号：NIGP62339。

7. 尾部，×20，采集号：NH43a，登记号：NIGP62340。

8. 尾部，×16，采集号：NH43a，登记号：NIGP62341。

9. 头盖，×18，采集号：NH43a，登记号：NIGP62342。

10. 尾部，×18，采集号：NH43a，登记号：NIGP62343。

11. 头盖，×16，采集号：NH43a，登记号：NIGP62344。

12. 头盖，×16，采集号：NH43a，登记号：NIGP62345。

13. 头盖，×16，采集号：NH43a，登记号：NIGP62346。

14. 尾部，×16，采集号：NH43a，登记号：NIGP62347。

内蒙古自治区阿拉善盟宗别立乡呼鲁斯太陶思沟，胡鲁斯台组 *Sinopagetia jinnanensis* 带上部。

15—22. *Sinopagetia longxianensis* Yuan et Zhang, sp. nov.

15a. 尾部，×15，采集号：CD94B，登记号：NIGP62348。

15b. 尾部侧视，×15，采集号：CD94B，登记号：NIGP62348。

内蒙古自治区乌海市桌子山地区阿不切亥沟，胡鲁斯台组 *Sinopagetia jinnanensis* 带中下部。

16. 头盖，×15，采集号：L12，登记号：NIGP62349。

17. 尾部，×15，采集号：L12，登记号：NIGP62350。

18. 尾部，×15，采集号：L12，登记号：NIGP62351。

19. 尾部，×15，采集号：L12，登记号：NIGP62352。

20. 尾部，×15，采集号：L12，登记号：NIGP62353。

21. 尾部，×15，采集号：L12，登记号：NIGP62354。

22. 尾部，×15，采集号：L12，登记号：NIGP62355。

陕西省陇县景福山地区牛心山，馒头组 *Sinopagetia jinnanensis* 带中下部。

图 版 6

1—16. *Sulcipagetia gangdeershanensis* Yuan et Zhang, gen. et sp. nov.

1. 尾部，正模（Holotype），×18，采集号：NZ04，登记号：NIGP62356。

2. 头盖，×15，采集号：NZ04，登记号：NIGP62357。

3. 头盖，×15，采集号：NZ04，登记号：NIGP62358。

4. 头盖，×15，采集号：NZ04，登记号：NIGP62359。

5. 头盖，×18，采集号：NZ04，登记号：NIGP62360。

6. 头盖，×15，采集号：NZ04，登记号：NIGP62361。

7. 尾部，×15，采集号：NZ04，登记号：NIGP62362。

内蒙古自治区乌海市内蒙古自治区乌海市岗德尔山东山口，胡鲁斯台组 *Sinopagetia jinnanensis* 带上部。

8. 头盖、尾部，×18，采集号：NH43a，登记号：NIGP62363。

9. 尾部，×20，采集号：NH40，登记号：NIGP62364。

10. 尾部，×15，采集号：NH40，登记号：NIGP62365。

11. 尾部，×15，采集号：NH40，登记号：NIGP62366。

内蒙古自治区阿拉善盟宗别立乡呼鲁斯太陶思沟，胡鲁斯台组 *Sinopagetia jinnanensis* 带中下部至上部。

12. 头盖，×15，采集号：GDNT0，登记号：NIGP62367。

13. 尾部，×15，采集号：GDNT0，登记号：NIGP62368。

14. 尾部，×15，采集号：GDNT0，登记号：NIGP62369。

15. 头盖、尾部，×15，采集号：GDNT0，登记号：NIGP62370。

16. 尾部，×20，采集号：GDNT0，登记号：NIGP62371。

内蒙古自治区乌海市岗德尔山北麓，胡鲁斯台组 *Sinopagetia jinnanensis* 带上部。

17—20. *Sinopagetia jinnanensis* (Lin et Wu in Zhang *et al.*, 1980b)

17. 头盖，×15，采集号：NH40，登记号：NIGP62372。

18. 头盖，×15，采集号：NH40，登记号：NIGP62373。

19. 头盖，×15，采集号：NH40，登记号：NIGP62374。

内蒙古自治区阿拉善盟宗别立乡呼鲁斯太陶思沟，胡鲁斯台组 *Sinopagetia jinnanensis* 带中下部。

20. 头盖，×15，采集号：NZ02，登记号：NIGP62375。

内蒙古自治区乌海市内蒙古自治区乌海市岗德尔山东山口，胡鲁斯台组 *Sinopagetia jinnanensis* 带中下部。

图 版 7

1—6. *Kootenia helanshanensis* Zhou in Zhou *et al.*, 1982

1. 头盖，×2，采集号：Q35-XII-H8，登记号：NIGP62376。
2. 尾部，×5，采集号：Q35-XII-H8，登记号：NIGP62377。
内蒙古自治区乌海市北部千里山，胡鲁斯台组 *Sunaspis laevis-Sunaspidella rara* 带下部。
3. 尾部，×4，采集号：NH42，登记号：NIGP62378。
4. 尾部，×5，采集号：NH42，登记号：NIGP62379。
5. 尾部，×3，采集号：NH42，登记号：NIGP62380。
6. 头盖，×2，采集号：NH42，登记号：NIGP62381。
内蒙古自治区阿拉善盟宗别立乡呼鲁斯太陶思沟，胡鲁斯台组 *Sunaspis laevis-Sunaspidella rara* 带下部。

7—11. *Dorypyge areolata* Yuan et Zhang, sp. nov.

7. 唇瓣，×6，采集号：LQH-1，登记号：NIGP62382。
8. 尾部，×4，采集号：LQH-1，登记号：NIGP62383。
9. 头盖，正模（Holotype），×4，采集号：LQH-1，登记号：NIGP62384。
10. 尾部，×5，采集号：LQH-1，登记号：NIGP62385。
11. 头盖，×6，采集号：LQH-1，登记号：NIGP62386。
陕西省礼泉县寒水沟，馒头组 *Poriagraulos nanus* 带。

12. *Dorypyge*? sp. A

12. 尾部，×3，采集号：LQH-1，登记号：NIGP62387。
陕西省礼泉县寒水沟，馒头组 *Poriagraulos nanus* 带。

13—15. *Olenoides longus* Zhu et Yuan, sp. nov.

13. 尾部，×4，采集号：NZ37，登记号：NIGP62388。
14. 尾部，×3，采集号：NZ37，登记号：NIGP62389。
15. 尾部，×2，采集号：NZ37，登记号：NIGP62390。
内蒙古自治区乌海市岗德尔山东山口，胡鲁斯台组 *Megagraulos inflatus* 带。

图 版 8

1—6. *Olenoides longus* Zhu et Yuan, sp. nov.

1a. 头盖，×2，采集号：NZ37，登记号：NIGP62391。
1b. 头盖前视，×2，采集号：NZ37，登记号：NIGP62391。
2a. 头盖，×3，采集号：NZ37，登记号：NIGP62392。
2b. 头盖侧视，×3，采集号：NZ37，登记号：NIGP62392。
3a. 头盖，×3，采集号：NZ37，登记号：NIGP62393。
3b. 头盖侧视，×3，采集号：NZ37，登记号：NIGP62393。
4. 尾部，×4，采集号：NZ37，登记号：NIGP62394。
5. 尾部，正模（Holotype），×2，采集号：NZ37，登记号：NIGP62395。
6. 尾部，×2，采集号：NZ37，登记号：NIGP62396。
内蒙古自治区乌海市岗德尔山东山口，胡鲁斯台组 *Megagraulos inflatus* 带。

7—15. *Sunaspis lui* Lee in Lu *et al.*, 1965

7. 头盖，×6，采集号：CD97，登记号：NIGP62397。
8. 尾部，×6，采集号：CD97，登记号：NIGP62398。
9. 尾部，×6，采集号：CD97，登记号：NIGP62399。
10. 尾部，×6，采集号：CD97，登记号：NIGP62400。
11. 头盖，×6，采集号：CD97，登记号：NIGP62401。
12. 头盖，×6，采集号：CD97，登记号：NIGP62402。
13. 尾部，×6，采集号：CD97，登记号：NIGP62403。
内蒙古自治区乌海市桌子山地区阿不切亥沟，胡鲁斯台组 *Sunaspis laevis-Sunaspidella rara* 带下部。
14. 尾部，×5，采集号：L13，登记号：NIGP62404。
陕西省陇县景福山地区牛心山，馒头组 *Sunaspis laevis-Sunaspidella rara* 带下部。
15. 头盖，×6，采集号：NH9，登记号：NIGP62405。
宁夏回族自治区贺兰山苏峪口至五道塘，胡鲁斯台组 *Sunaspis laevis-Sunaspidella rara* 带下部。

16. *Meropalla* sp.

16. 头盖，×3，采集号：NC133，登记号：NIGP62406。
宁夏回族自治区同心县青龙山，胡鲁斯台组 *Blackwelderia tenuilimbata* 带。

图 版 9

1—16. *Chuangioides subaiyingouensis* Zhang, 1985

1. 尾部，×5.2，采集号：SBT1，登记号：NIGP62407。
2. 尾部，×5，采集号：SBT1，登记号：NIGP62408。
3. 尾部，×9.6，采集号：SBT1，登记号：NIGP62409。
4. 尾部，×5.2，采集号：SBT1，登记号：NIGP62410。
5. 尾部，×7.5，采集号：SBT1，登记号：NIGP62411。
6. 尾部，×5.3，采集号：SBT1，登记号：NIGP62412。
7. 尾部，×10，采集号：SBT1，登记号：NIGP62413。
8. 尾部，×9.6，采集号：SBT1，登记号：NIGP62414。
9. 尾部，×7.3，采集号：SBT1，登记号：NIGP62415。
10. 尾部，×6.2，采集号：SBT1，登记号：NIGP62416。
11. 活动颊，×10，采集号：SBT1，登记号：NIGP62417。
12. 活动颊，×15，采集号：SBT1，登记号：NIGP62418。
13. 活动颊，×5.5，采集号：SBT1，登记号：NIGP62419。
14. 活动颊，×10，采集号：SBT1，登记号：NIGP62420。
15. 尾部（图的下方），×5.2，采集号：SBT1，登记号：NIGP62421。
16. 头盖，×7.2，采集号：SBT1，登记号：NIGP62422。
内蒙古自治区乌海市桌子山地区苏拜沟，胡鲁斯台组 *Blackwelderia tenuilimbata* 带。

15. *Monkaspis neimonggolensis* Zhang, 1985

15. 活动颊（图的上方），×5.2，采集号：SBT1，登记号：

NIGP62423。

内蒙古自治区乌海市桌子山地区苏拜沟，胡鲁斯台组 *Blackwelderia tenuilimbata* 带。

17. *Chuangioides* sp.

 17. 尾部，×7.5，采集号：SBT1，登记号：NIGP62424。

 内蒙古自治区乌海市桌子山地区苏拜沟，胡鲁斯台组 *Blackwelderia tenuilimbata* 带。

18. *Cyclolorenzella*? *distincta* Zhang，1985

18. 活动颊，×9.2，采集号：SBT1，登记号：NIGP62425。

 内蒙古自治区乌海市桌子山地区苏拜沟，胡鲁斯台组 *Blackwelderia tenuilimbata* 带。

19. *Haibowania zhuozishanensis* Zhang，1985

 19. 唇瓣，×7，采集号：SBT1，登记号：NIGP62426。

 内蒙古自治区乌海市桌子山地区苏拜沟，胡鲁斯台组 *Blackwelderia tenuilimbata* 带。

图　版　10

1—5, 15, 16. *Sunaspis lui* Lee in Lu *et al.*，1965

 1. 头盖，×6，采集号：CD97，登记号：NIGP62427。

 2. 头盖，×6，采集号：CD97，登记号：NIGP62428。

 内蒙古自治区乌海市桌子山地区阿不切亥沟，胡鲁斯台组 *Sunaspis laevis-Sunaspidella rara* 带下部。

 3. 尾部，×4，采集号：NH9，登记号：NIGP62429。

 4. 头盖，×4，采集号：NH9，登记号：NIGP62430。

 5. 尾部，×10，采集号：NH8，登记号：NIGP62431。

 宁夏回族自治区贺兰山苏峪口至五道塘，胡鲁斯台组 *Sunaspis laevis-Sunaspidella rara* 带下部。

 15. 头盖，×5，采集号：L13，登记号：NIGP62432。

 16. 尾部，×5，采集号：L13，登记号：NIGP62433。

 陕西省陇县景福山地区牛心山，馒头组 *Sunaspis laevis-Sunaspidella rara* 带下部。

6，17. *Sunaspis laevis* Lu in Lu et Dong，1952

 6. 头盖，×6，采集号：NH8，登记号：NIGP62434。

 宁夏回族自治区贺兰山苏峪口至五道塘，胡鲁斯台组 *Sunaspis laevis-Sunaspidella rara* 带下部。

 17. 尾部，×5，采集号：NC59，登记号：NIGP62435。

宁夏回族自治区同心县青龙山，胡鲁斯台组 *Sunaspis laevis-Sunaspidella rara* 带下部。

7—11. *Sunaspidella qinglongshanensis* Yuan et Zhang, sp. nov.

 7a. 头盖，正模（Holotype），×4，采集号：NC65，登记号：NIGP62436。

 7b. 头盖侧视，×4，采集号：NC65，登记号：NIGP62436。

 8. 头盖，×5，采集号：NC65，登记号：NIGP62437。

 9. 尾部，×5，采集号：NC65，登记号：NIGP62438。

 10. 尾部，×3，采集号：NC65，登记号：NIGP62439。

 11. 尾部，×3，采集号：NC65，登记号：NIGP62440。

 宁夏回族自治区同心县青龙山，胡鲁斯台组 *Sunaspis laevis-Sunaspidella rara* 带上部。

12—14. *Sunaspidella ovata* Zhang et Wang, 1985

 12. 头盖，×4，采集号：NH12，登记号：NIGP62441。

 13. 尾部，×4，采集号：NH11，登记号：NIGP62442。

 14. 尾部，×4，采集号：NH12，登记号：NIGP62443。

 宁夏回族自治区贺兰山苏峪口至五道塘，胡鲁斯台组 *Sunaspis laevis-Sunaspidella rara* 带中上部。

图　版　11

1—8. *Sunaspidella rara* Zhang et Yuan，1981

 1. 头盖，正模（Holotype），×4，采集号：76-302-F38，登记号：NIGP62258。

 2. 尾部，×4，采集号：76-302-F38，登记号：NIGP62444。

 3. 尾部，×4，采集号：76-302-F38，登记号：NIGP62259。

 4. 头盖，×4，采集号：76-302-F38，登记号：NIGP62445。

 5. 尾部，×10，采集号：NZ12，登记号：NIGP62446。

 6. 头盖，×20，采集号：NZ12，登记号：NIGP62447。

 7. 尾部，×10，采集号：NZ12，登记号：NIGP62448。

 内蒙古自治区乌海市岗德尔山东山口，胡鲁斯台组 *Sunaspis laevis-Sunaspidella rara* 带上部。

 8. 尾部，×4，采集号：NH16，登记号：NIGP62449。

 宁夏回族自治区贺兰山苏峪口至五道塘，胡鲁斯台组 *Sunaspis laevis-Sunaspidella rara* 带上部。

9—11. *Sunaspidella qinglongshanensis* Yuan et Zhang, sp. nov.

 9. 尾部，×3，采集号：NH49，登记号：NIGP62450。

 10. 头盖、活动颊，×4，采集号：NH49，登记号：

NIGP62451。

内蒙古自治区阿拉善盟呼鲁斯太陶思沟，胡鲁斯台组 *Sunaspis laevis-Sunaspidella rara* 带上部。

 11. 头盖，×5，采集号：NC65，登记号：NIGP62452。

 宁夏回族自治区同心县青龙山，胡鲁斯台组 *Sunaspis laevis-Sunaspidella rara* 带上部。

12—14, 17. *Sunaspidella ovata* Zhang et Wang, 1985

 12. 头盖，×4，采集号：NH11，登记号：NIGP62453。

 13. 头盖，×5，采集号：NH11，登记号：NIGP62454。

 14. 头盖，×4，采集号：NH12，登记号：NIGP62455。

 宁夏回族自治区贺兰山苏峪口至五道塘，胡鲁斯台组 *Sunaspis laevis-Sunaspidella rara* 带中上部。

 17. 头盖，×8，采集号：化 15A，登记号：NIGP62456。

 山西河津县西硙口，馒头组 *Sunaspis laevis-Sunaspidella rara* 带上部。

15. *Sunaspidella* sp. A

 15. 头盖，×5，采集号：NH10，登记号：NIGP62457。

宁夏回族自治区贺兰山苏峪口至五道塘, 胡鲁斯台组 *Sunaspis laevis-Sunaspidella rara* 带中上部。

16. *Sunaspis lui* Lee in Lu *et al.*, 1965

16. 头盖, ×8, 采集号: NH9, 登记号: NIGP62458。
宁夏回族自治区贺兰山苏峪口至五道塘, 胡鲁斯台组 *Sunaspis laevis-Sunaspidella rara* 带下部。

图 版 12

1—14. *Sunaspidella transversa* Yuan et Zhang, sp. nov.
1. 头盖, 正模 (Holotype), ×6, 采集号: L15, 登记号: 62459。
2. 头盖, ×5, 采集号: L15, 登记号: NIGP62460。
3. 尾部, ×5, 采集号: L15, 登记号: NIGP 62461。
4. 头盖, ×6, 采集号: L15, 登记号: NIGP62462。
5. 尾部, ×5, 采集号: L15, 登记号: NIGP62463。
6. 头盖, ×6, 采集号: L15, 登记号: NIGP62464。
7. 头盖, ×5, 采集号: L15, 登记号: NIGP62465。
8. 头盖, ×6, 采集号: L15, 登记号: NIGP62466。
9. 尾部, ×5, 采集号: L15, 登记号: NIGP62467。
陕西省陇县景福山地区牛心山, 馒头组 *Sunaspis laevis-Sunaspidella rara* 带上部。
10. 头盖, ×8, 采集号: NH50, 登记号: NIGP62468。
11. 尾部, ×4, 采集号: NH51, 登记号: NIGP62469。
内蒙古自治区阿拉善盟呼鲁斯太陶思沟, 胡鲁斯台组 *Sunaspis laevis-Sunaspidella rara* 带上部。

12. 尾部, ×4, 采集号: NH15, 登记号: NIGP62470。
13. 头盖, ×5, 采集号: NH16, 登记号: NIGP62471。
14. 头盖, ×5, 采集号: NH16, 登记号: NIGP62472。
宁夏回族自治区贺兰山苏峪口至五道塘, 胡鲁斯台组 *Sunaspis laevis-Sunaspidella rara* 带上部。

15. *Leiaspis elongata* Zhang et Wang, 1985
15. 活动颊, ×5, 采集号: NH16, 登记号: NIGP62473。
宁夏回族自治区贺兰山苏峪口至五道塘, 胡鲁斯台组 *Sunaspis laevis-Sunaspidella rara* 带上部。

16, 17. *Palaeosunaspis latilimbata* Yuan et Zhang, gen. et sp. nov.
16. 头盖, ×6, 采集号: Q5-XIV-H34, 登记号: NIGP62474。
17. 头盖, 正模 (Holotype), ×5, 采集号: Q5-XIV-H34, 登记号: NIGP62475。
内蒙古自治区乌海市桌子山地区苏拜沟, 胡鲁斯台组 *Bailiella lantenoisi* 带。

图 版 13

1—17. *Sunaspidella transversa* Yuan et Zhang, sp. nov.
1. 头盖、活动颊, ×6.4, 采集号: GDME1-1, 登记号: NIGP 62476。
2. 尾部, ×5, 采集号: GDME1-1, 登记号: NIGP62477。
3. 尾部, ×7, 采集号: GDME1-1, 登记号: NIGP 62478。
4. 尾部, ×5, 采集号: GDME1-1, 登记号: NIGP62479。
内蒙古自治区乌海市岗德尔山成吉思汗塑像公路旁, 胡鲁斯台组 *Sunaspis laevis-Sunaspidella rara* 带上部。
5. 尾部, ×5.3, 采集号: SBT3-2, 登记号: NIGP62480。
6. 头盖, ×4, 采集号: SBT3-2, 登记号: NIGP62481。
7. 尾部, ×5, 采集号: SBT3-2, 登记号: NIGP62482。
8. 头盖, ×5.3, 采集号: SBT3-2, 登记号: NIGP62483。
9. 尾部, ×6.8, 采集号: SBT3-2, 登记号: NIGP62484。
10. 尾部, ×8.1, 采集号: SBT3-2, 登记号: NIGP62485。

11. 尾部, ×4.8, 采集号: SBT3-2, 登记号: NIGP62486。
12. 尾部, ×5, 采集号: SBT3-2, 登记号: NIGP62487。
13. 头盖、尾部, ×5.3, 采集号: SBT3-2, 登记号: NIGP62488。
14. 尾部, ×5, 采集号: SBT3-2, 登记号: NIGP62489。
15. 头盖, ×5, 采集号: SBT3-2, 登记号: NIGP62490。
16. 尾部, ×5.4, 采集号: SBT3-2, 登记号: NIGP62491。
17. 头盖, ×5, 采集号: SBT3-2, 登记号: NIGP62492。
内蒙古自治区乌海市桌子山地区苏拜沟, 胡鲁斯台组 *Sunaspis laevis-Sunaspidella rara* 带上部。

18. Wuaniidae gen. et sp. indet.
18. 活动颊, ×7, 采集号: SBT3-3, 登记号: NIGP62493。
内蒙古自治区乌海市桌子山地区苏拜沟, 胡鲁斯台组 *Sunaspis laevis-Sunaspidella rara* 带中上部。

图 版 14

1—13. *Leiaspis elongata* Zhang et Wang, 1985
1. 头盖, ×4, 采集号: NZ13, 登记号: NIGP 62494。
2. 尾部, ×4, 采集号: NZ13, 登记号: NIGP62495。
3. 头盖, ×4, 采集号: NZ13, 登记号: NIGP62499。
4. 尾部, ×4, 采集号: NZ13, 登记号: NIGP62597。
5. 尾部, ×4, 采集号: NZ13, 登记号: NIGP62598。
6. 头盖, ×6, 采集号: NZ13, 登记号: NIGP62599。
7. 尾部, ×1.5, 采集号: NZ13, 登记号: NIGP62500。

8. 头盖, ×3, 采集号: NZ14, 登记号: NIGP62501。
9. 头盖, ×3, 采集号: NZ14, 登记号: NIGP62502。
10. 头盖, ×4, 采集号: NZ14, 登记号: NIGP62503。
11. 尾部, ×3, 采集号: NZ14, 登记号: NIGP62504。
内蒙古自治区乌海市岗德尔山东山口, 胡鲁斯台组 *Sunaspis laevis-Sunaspidella rara* 带上部。
12. 头盖, ×4, 采集号: QII-I-H19, 登记号: NIGP62505。
13. 头盖, ×3, 采集号: QII-I-H19, 登记号: NIGP62506。

内蒙古自治区阿拉善盟呼鲁斯太陶思沟, 胡鲁斯台组 *Sunaspis laevis-Sunaspidella rara* 带中上部。

14, 15. *Helanshanaspis abrota* Yuan et Zhang, gen. et sp. nov.

14. 尾部, ×5, 采集号: NH31a, 登记号: NIGP62507

内蒙古自治区阿拉善盟呼鲁斯太陶思沟, 胡鲁斯台组

Sinopagetia jinnanensis 带。

15. 头盖, 正模 (Holotype), ×5, 采集号: Q5-XVI-H368, 登记号: NIGP62508。

宁夏回族自治区贺兰山达里渤海北 3 km, 胡鲁斯台组 *Sinopagetia jinnanensis* 带。

图 版 15

1—18. *Leiaspis elongata* Zhang et Wang, 1985

1. 头盖, ×4, 采集号: NZ13, 登记号: NIGP62509。
2. 尾部, ×3, 采集号: NZ13, 登记号: NIGP62510。
3. 尾部, ×5, 采集号: NZ13, 登记号: NIGP62511。
4. 头盖, ×5, 采集号: NZ13, 登记号: NIGP62512。
5. 活动颊, ×3, 采集号: NZ13, 登记号: NIGP62513。

内蒙古自治区乌海市岗德尔山东山口, 胡鲁斯台组 *Sunaspis laevis-Sunaspidella rara* 带上部。

6. 头盖, ×2.7, 采集号: SBT3-2, 登记号: NIGP62514。

内蒙古自治区乌海市桌子山地区苏拜沟, 胡鲁斯台组 *Sunaspis laevis-Sunaspidella rara* 带上部。

7. 头盖, ×5.2, 采集号: GDME1-2, 登记号: NIGP62515。
8. 头盖, ×7.2, 采集号: GDME1-2, 登记号: NIGP62516。
9. 头盖, ×5.3, 采集号: GDME1-2, 登记号: NIGP62517。
10. 活动颊, ×5.2, 采集号: GDME1-2, 登记号: NIGP62518。
11. 尾部, ×5, 采集号: GDME1-2, 登记号: NIGP62519。
12. 尾部, ×5.1, 采集号: GDME1-2, 登记号: NIGP62520。
13. 尾部, ×3.9, 采集号: GDME1-2, 登记号: NIGP62521。
14. 尾部, ×2.8, 采集号: GDME1-2, 登记号: NIGP62522。
15. 头盖, ×10.6, 采集号: GDME1-2, 登记号: NIGP62523。
16. 尾部, ×4.8, 采集号: GDME1-2, 登记号: NIGP62524。
17. 尾部, ×4.8, 采集号: GDME1-2, 登记号: NIGP62525。
18. 尾部, ×10.2, 采集号: GDME1-2, 登记号: NIGP62526。

内蒙古自治区乌海市岗德尔山成吉思汗塑像公路旁, 胡鲁斯台组 *Sunaspis laevis-Sunaspidella rara* 带中上部。

图 版 16

1—10. *Bailiella lantenoisi* (Mansuy, 1916)

1. 头盖, ×6, 采集号: L25, 登记号: NIGP62270。
2. 头盖, ×5, 采集号: L25, 登记号: NIGP62527。

陕西省陇县景福山地区牛心山, 张夏组 *Bailiella lantenoisi* 带。

3. 尾部, ×5, 采集号: NH25, 登记号: NIGP62528。
4. 头盖, ×5, 采集号: NH25, 登记号: NIGP62529。

宁夏回族自治区贺兰山苏峪口至五道塘, 胡鲁斯台组 *Bailiella lantenoisi* 带。

5. 尾部, ×8, 采集号: NZ29, 登记号: NIGP62530。
6. 头盖, ×8, 采集号: NZ29, 登记号: NIGP62531。
7. 头盖, ×8, 采集号: NZ29, 登记号: NIGP62532。

内蒙古自治区乌海市岗德尔山东山口, 胡鲁斯台组 *Bailiella lantenoisi* 带。

8. 头盖、尾部, ×4, 采集号: NH57a, 登记号: NIGP62533。
9. 尾部, ×4, 采集号: NH57a, 登记号: NIGP62534。
10. 尾部, ×4, 采集号: NH56, 登记号: NIGP62535。

内蒙古自治区阿拉善盟呼鲁斯太陶思沟, 胡鲁斯台组 *Bailiella lantenoisi* 带。

11—14. *Occatharia dongshankouensis* Yuan et Zhang, sp. nov.

11. 头盖, ×8, 采集号: NZ29, 登记号: NIGP62536。
12. 尾部, ×3, 采集号: NZ29, 登记号: NIGP62537。
13. 头盖, 正模 (Holotype), ×2, 采集号: NZ29, 登记号: NIGP62538。
14. 头盖, ×3, 采集号: NZ29, 登记号: NIGP62539。

内蒙古自治区乌海市岗德尔山东山口, 胡鲁斯台组 *Bailiella lantenoisi* 带。

15. *Michaspis taosigouensis* (Zhang et Yuan, 1981)

15. 活动颊, ×4, 采集号: NH56, 登记号: NIGP62540。

内蒙古自治区阿拉善盟呼鲁斯太陶思沟, 胡鲁斯台组 *Bailiella lantenoisi* 带。

图 版 17

1—7. *Qingshuiheia hejinensis* Yuan et Zhang, sp. nov.

1. 近乎完整背壳, 正模 (Holotype), ×4, 采集号: 化 4, 登记号: NIGP62541。
2. 不完整背壳, ×4, 采集号: 化 4, 登记号: NIGP62542。
3. 近乎完整背壳, ×4, 采集号: 化 4, 登记号: NIGP62543。
4. 活动颊, ×8, 采集号: 化 4, 登记号: NIGP62544。
5. 尾部和部分胸节, ×6, 采集号: 化 4, 登记号: NIGP62545。
6. 不完整背壳, ×8, 采集号: 化 10A, 登记号: NIGP62546。
7. 头盖, ×8, 采集号: 化 10A, 登记号: NIGP62547。

山西河津县西硙口, 馒头组 *Qingshuiheia hejinensis* 带。

8—12. *Qingshuiheia huangqikouensis* Yuan et Zhang, sp. nov.

8. 头盖, ×4, 采集号: 化 5, 登记号: NIGP62548。
9. 头盖, ×6, 采集号: 化 19A, 登记号: NIGP62549。

山西河津县西硙口, 馒头组 *Qingshuiheia hejinensis* 带。

10. 尾部, ×4, 采集号: Q5-II-H45, 登记号: NIGP62550。

11. 头盖，正模（Holotype），×5，采集号：Q5-II-H45，登记号：NIGP62551。

12. 头盖，×4，采集号：Q5-II-H46，登记号：NIGP62552。
宁夏回族自治区贺兰山黄旗口，朱砂洞组 *Qingshuiheia hejinensis* 带。

13—15. *Eoptychoparia* sp.

13. 头盖，×8，采集号：L7，登记号：NIGP62553。

14. 头盖，×8，采集号：L7，登记号：NIGP62554。

15. 尾部，×10，采集号：L7，登记号：NIGP62555。
陕西省陇县景福山地区牛心山，馒头组（寒武系第二统上部）。

16. *Sanwania* sp.

16. 头盖，×8，采集号：L8，登记号：NIGP62556。
陕西省陇县景福山地区牛心山，馒头组（寒武系第二统上部）。

图 版 18

1—5. *Probowmania qiannanensis* (Zhou in Lu *et al.*, 1974b)

1. 头盖，×5，采集号：NC15，登记号：NIGP62557。

2. 尾部，×8，采集号：NC15，登记号：NIGP62558。

3. 头盖，×4，采集号：NC15，登记号：NIGP62559。

4. 尾部，×8，采集号：NC15，登记号：NIGP62560。

5. 头盖，×10，采集号：NC15，登记号：NIGP62561。
宁夏回族自治区同心县青龙山，五道淌组 *Qingshuiheia hejinensis* 带。

6. Ptychopariidae gen. et sp. indet.

6. 不完整头盖，×4，采集号：QII-I-H1，登记号：NIGP62562。
内蒙古自治区阿拉善盟呼鲁斯太陶思沟，五道淌组。

7—15. *Probowmaniella conica* (Zhang et Wang, 1985)

7. 头盖，×6，采集号：NC31，登记号：NIGP62563。

8. 头盖，×6，采集号：NC31，登记号：NIGP62564。

9. 头盖，×6，采集号：NC31，登记号：NIGP62565。

10. 头盖，×10，采集号：NC31，登记号：NIGP62566。
宁夏回族自治区同心县青龙山，胡鲁斯台组 *Probowmaniella jiawangensis* 带

11. 头盖，×4，采集号：NH2，登记号：NIGP62567。

12. 头盖，×4，采集号：NH2，登记号：NIGP62568。

13. 头盖，×5，采集号：NH2，登记号：NIGP62569。

14. 头盖，×4，采集号：NH2，登记号：NIGP62570。

15. 头盖，×4，采集号：NH2，登记号：NIGP62571。
宁夏回族自治区贺兰山苏峪口至五道塘，胡鲁斯台组 *Probowmaniella jiawangensis* 带。

16. *Probowmaniella jiawangensis* Zhang, 1963

16. 头盖，×2，采集号：NH2，登记号：NIGP62572。
宁夏回族自治区贺兰山苏峪口至五道塘，胡鲁斯台组 *Probowmaniella jiawangensis* 带。

17. *Eoptychoparia* sp.

17. 头盖，×6，采集号：NH30，登记号：NIGP62573。
内蒙古自治区阿拉善盟宗别立乡呼鲁斯太陶思沟，五道淌组（寒武系第二统上部）。

18. *Solenoparia* (*Plesisolenoparia*) *ruichengensis* Zhang et Yuan in Zhang *et al.*, 1980b

18. 尾部，×15，采集号：Q35-XII-H6，登记号：NIGP62574。
内蒙古自治区乌海市北部千里山，胡鲁斯台组 *Ruichengaspis mirabilis* 带。

图 版 19

1—4. *Danzhaina hejinensis* (Zhang et Wang, 1985)

1. 头盖，×4，采集号：化8，登记号：NIGP62575。

2. 头盖，×6，采集号：化8，登记号：NIGP62576。

3. 近乎完整背壳，×6，采集号：化8，登记号：NIGP62577。

4. 头盖，×5，采集号：化8，登记号：NIGP62578。
山西省河津县西砠口（化8），馒头组（毛庄阶）。

5—8. *Shuiyuella miniscula* (Qiu in Qiu *et al.*, 1983)

5. 不完整头盖，×3，采集号：NZ6，登记号：NIGP62579。

6. 头盖，×4，采集号：NZ6，登记号：NIGP62580。

7. 头盖，×6，采集号：NZ6，登记号：NIGP62581。

8. 头盖，×4，采集号：NZ6，登记号：NIGP62582。
内蒙古自治区乌海市岗德尔山东山口，胡鲁斯台组 *Ruichengaspis mirabilis* 带。

9. *Probowmanops* sp.

9. 头盖，×6，采集号：LQS-1，登记号：NIGP62583。
陕西省礼泉县筛珠洞，馒头组（寒武系第二统上部）。

10—13. *Solenoparia* (*Plesisolenoparia*) *ruichengensis* Zhang et Yuan in Zhang *et al.*, 1980b

10. 活动颊，×5，采集号：NZ3，登记号：NIGP62584。

11. 活动颊，×10，采集号：NZ3，登记号：NIGP62585。

12. 活动颊，×6，采集号：NZ3，登记号：NIGP62586。

13. 头盖，×6，采集号：NZ3，登记号：NIGP62587。
内蒙古自治区乌海市岗德尔山东山口，胡鲁斯台组 *Luaspides shangzhuangensis* 带。

14, 15. *Shuiyuella* sp.

14. 头盖，×4，采集号：NZ3，登记号：NIGP62588。

15. 头盖，×5，采集号：Q5-VII-H13，登记号：NIGP62589。
内蒙古自治区乌海市岗德尔山东山口和桌子山地区阿不切亥沟，胡鲁斯台组 *Luaspides shangzhuangensis* 带。

16. *Luaspides*? sp.

16. 头盖，×3，采集号：NH31，登记号：NIGP62590。
内蒙古自治区阿拉善盟呼鲁斯太陶思沟，胡鲁斯台组 *Luaspides shangzhuangensis* 带。

图 版 20

1—10. *Shuiyuella triangularis* Zhang et Yuan in Zhang et al., 1980b

1. 头盖，×8，采集号：CD94，登记号：NIGP62591。
2. 头盖，×6，采集号：CD94，登记号：NIGP62592。
3. 头盖，×8，采集号：CD94，登记号：NIGP62593。
4. 头盖，×8，采集号：CD93，登记号：NIGP62594。
5. 尾部，×8，采集号：CD93，登记号：NIGP62595。
内蒙古自治区乌海市桌子山地区阿不切亥沟，胡鲁斯台组 *Ruichengaspis mirabilis* 带。
6. 头盖，×6，采集号：76-302-F20，登记号：NIGP62596。
7. 头盖，×5，采集号：Q5-VII-H43，登记号：NIGP62597。
8. 头盖，×4，采集号：76-302-F16，登记号：NIGP62598。
9. 头盖，×4，采集号：76-302-F16，登记号：NIGP62599。
10. 头盖，×10，采集号：NZ5，登记号：NIGP62600。
内蒙古自治区乌海市岗德尔山东山口，胡鲁斯台组 *Ruichengaspis mirabilis* 带。

11—15. *Shuiyuella scalariformis* Yuan et Zhu, sp. nov.

11. 头盖，×6，采集号：CD94，登记号：NIGP62601。
12. 尾部，×6，采集号：CD93，登记号：NIGP62602。
13. 头盖，正模（Holotype），×4，采集号：CD93，登记号：NIGP62603。
14. 头盖，×4，采集号：CD93，登记号：NIGP62604。
15. 头盖，×5，采集号：Q5-VII-H39，登记号：NIGP62605。
内蒙古自治区乌海市岗德尔山东山口和桌子山地区阿不切亥沟，胡鲁斯台组 *Ruichengaspis mirabilis* 带。

图 版 21

1—7. *Wuhaina lubrica* Zhang et Yuan, 1981

1. 头盖，×6，采集号：CD93，登记号：NIGP62606。
2. 活动颊，×6，采集号：CD93，登记号：NIGP62607。
3. 尾部，×6，采集号：CD93，登记号：NIGP62608。
4. 活动颊，×6，采集号：CD93，登记号：NIGP62609。
5. 尾部，×6，采集号：CD93，登记号：NIGP62610。
6. 尾部，×6，采集号：CD93，登记号：NIGP62611。
7. 活动颊，×4，采集号：CD93，登记号：NIGP62612。
内蒙古自治区乌海市桌子山地区阿不切亥沟，胡鲁斯台组 *Ruichengaspis mirabilis* 带。

8—10. *Jinnania convoluta*（An in Duan et al., 2005）

8. 头盖，×10，采集号：CD93，登记号：NIGP62613。
9. 头盖，×6，采集号：CD93，登记号：NIGP62614。
10. 头盖，×10，采集号：CD93，登记号：NIGP62615。
内蒙古自治区乌海市桌子山地区阿不切亥沟，胡鲁斯台组 *Ruichengaspis mirabilis* 带。

11，12. *Shuiyuella triangularis* Zhang et Yuan in Zhang et al., 1980b

11. 头盖，×5，采集号：CD93，登记号：NIGP62616。
12. 活动颊，×5，采集号：CD93，登记号：NIGP62617。
内蒙古自治区乌海市桌子山地区阿不切亥沟，胡鲁斯台组 *Ruichengaspis mirabilis* 带。

13，14. *Parachittidilla* sp.

13. 头盖，×4，采集号：NZ5，登记号：NIGP62618。
14. 尾部，×8，采集号：NZ5，登记号：NIGP62619。
内蒙古自治区乌海市岗德尔山东山口，胡鲁斯台组 *Ruichengaspis mirabilis* 带。

15，16. *Shuiyuella scalariformis* Yuan et Zhu, sp. nov.

15. 头盖，×8，采集号：NZ5，登记号：NIGP62620。
16. 尾部，×20，采集号：NZ5，登记号：NIGP62621。
内蒙古自治区乌海市岗德尔山东山口，胡鲁斯台组 *Ruichengaspis mirabilis* 带。

图 版 22

1—14. *Wuhaina lubrica* Zhang et Yuan, 1981

1. 头盖，×5，采集号：CD93，登记号：NIGP62622。
2. 活动颊，×3，采集号：CD93，登记号：NIGP62623。
3. 头盖，×6，采集号：CD93，登记号：NIGP62624。
4. 头盖，×5，采集号：CD93，登记号：NIGP62625。
5. 头盖，×8，采集号：CD93，登记号：NIGP62626。
6. 头盖，×5，采集号：CD93，登记号：NIGP62627。
7. 头盖，×5，采集号：CD93，登记号：NIGP62628。
8. 尾部，×6，采集号：CD93，登记号：NIGP62629。
内蒙古自治区乌海市桌子山地区阿不切亥沟，胡鲁斯台组 *Ruichengaspis mirabilis* 带。
9. 头盖，×3，采集号：NZ5，登记号：NIGP62244。
10. 头盖，×6，采集号：NZ5，登记号：NIGP62242。
11. 头盖，正模（Holotype），×6，采集号：NZ5，登记号：NIGP62243。
12. 活动颊，×10，采集号：NZ5，登记号：NIGP62630。
13. 头盖，×2，采集号：76-302-F17，登记号：NIGP62631。
14. 头盖，×4，采集号：76-302-F17，登记号：NIGP62632。
内蒙古自治区乌海市岗德尔山东山口，胡鲁斯台组 *Ruichengaspis mirabilis* 带。

图 版 23

1—6. *Wuhaiaspis longispina* Yuan et Zhang, gen. et sp. nov.

1a. 头盖，×6，采集号：NZ7，登记号：NIGP62633。

1b. 头盖侧视，×6，采集号：NZ7，登记号：NIGP62633。

2. 活动颊，×4，采集号：NZ7，登记号：NIGP62634。

3. 头盖，正模（Holotype），×4，采集号：CD93，登记号：NIGP62635。

4. 尾部，×10，采集号：NZ7，登记号：NIGP62636。

5. 头盖，×4，采集号：NZ7，登记号：NIGP62637。
内蒙古自治区乌海市岗德尔山东山口，胡鲁斯台组 *Ruichengaspis mirabilis* 带。

6. 头盖，×4，采集号：NH3b，登记号：NIGP62638。
宁夏回族自治区贺兰山苏峪口至五道塘，胡鲁斯台组 *Ruichengaspis mirabilis* 带。

7—10. *Wuhaiaspis convexa* Yuan et Zhang, gen. et sp. nov.

7. 头盖，正模（Holotype），×8，采集号：NZ5，登记号：NIGP62639。

8. 尾部，×10，采集号：NZ8，登记号：NIGP62640。
内蒙古自治区乌海市岗德尔山东山口，胡鲁斯台组 *Ruichengaspis mirabilis* 带。

9. 头盖，×4，采集号：NC37，登记号：NIGP62641。

10. 头盖，×8，采集号：NC37，登记号：NIGP62642。

宁夏回族自治区同心县青龙山，胡鲁斯台组 *Ruichengaspis mirabilis* 带。

11, 12. *Catinouyia* sp.

11. 头盖，×6，采集号：NZ1，登记号：NIGP62643。

12. 头盖，×6，采集号：NZ1，登记号：NIGP62644。
内蒙古自治区乌海市岗德尔山东山口，胡鲁斯台组 *Luaspides shangzhuangensis* 带下部。

13. *Parachittidilla xiaolinghouensis* Lin et Wu in Zhang et al., 1980b

13. 头盖，×6，采集号：NZ7，登记号：NIGP62645。
内蒙古自治区乌海市岗德尔山东山口，胡鲁斯台组 *Ruichengaspis mirabilis* 带。

14. *Wuhaiaspis* sp.

14. 头盖，×5，采集号：NH3a，登记号：NIGP62646。
宁夏回族自治区贺兰山苏峪口至五道塘，胡鲁斯台组 *Ruichengaspis mirabilis* 带。

15. *Wuhaina lubrica* Zhang et Yuan, 1981

15. 头盖，×4，采集号：L11，登记号：NIGP62647。
陕西省陇县景福山地区牛心山，馒头组 *Ruichengaspis mirabilis* 带。

图 版 24

1—9. *Monanocephalus zhongtiaoshanensis* Lin et Wu in Zhang et al., 1980b

1. 头盖，×5，采集号：60-11-F71，登记号：NIGP62648。

2. 头盖，×5，采集号：60-11-F71，登记号：NIGP62649。
宁夏回族自治区贺兰山，胡鲁斯台组 *Sinopagetia jinnanensis* 带。

3. 头盖，×5，采集号：NH41，登记号：NIGP62650。

4. 头盖，×4，采集号：NH41，登记号：NIGP62651。

5. 头盖，×4，采集号：NH41，登记号：NIGP62652。

6. 尾部，×8，采集号：NH43a，登记号：NIGP62653。

7. 尾部，×6，采集号：NH43a，登记号：NIGP62654。

8a. 头盖，×4，采集号：NH43a，登记号：NIGP62655。

8b. 头盖侧视，×4，采集号：NH43a，登记号：NIGP62655。

9. 活动颊，×6，采集号：NH43a，登记号：NIGP62656。

内蒙古自治区阿拉善盟呼鲁斯太陶思沟，胡鲁斯台组 *Sinopagetia jinnanensis* 带。

10—15. *Monanocephalus reticulatus* Yuan et Zhu, sp. nov.

10. 头盖，×8，采集号：NZ11，登记号：NIGP62657。

11. 头盖，×4，采集号：NZ11，登记号：NIGP62658。

12. 尾部，×8，采集号：NZ11，登记号：NIGP62659。
内蒙古自治区乌海市岗德尔山东山口，胡鲁斯台组 *Sunaspis laevis-Sunaspidella rara* 带下部。

13. 头盖，×8，采集号：CD94C，登记号：NIGP62660。

14. 头盖，×6，采集号：CD94C，登记号：NIGP62661。

15. 头盖，正模（Holotype），×6，采集号：CD94C，登记号：NIGP62662。
内蒙古自治区乌海市桌子山地区阿不切亥沟，胡鲁斯台组 *Sinopagetia jinnanensis* 带中下部。

图 版 25

1. *Monanocephalus zhongtiaoshanensis* Lin et Wu in Zhang et al., 1980b

1. 头盖，×4，采集号：NH41，登记号：NIGP62663。
内蒙古自治区阿拉善盟呼鲁斯太陶思沟，胡鲁斯台组 *Sinopagetia jinnanensis* 带。

2—12. *Monanocephalus taosigouensis* Yuan et Zhang, sp. nov.

2. 头盖，×5，采集号：NH41，登记号：NIGP62664。

3. 头盖、活动颊，×5，采集号：NH41，登记号：NIGP62665。

4. 头盖，×5，采集号：NH41，登记号：NIGP62666。

5. 头盖，×5，采集号：NH41，登记号：NIGP62667。

6. 头盖，正模（Holotype），×4，采集号：NH43a，登记号：NIGP62668。

7. 头盖，×5，采集号：NH43a，登记号：NIGP62669。

8. 头盖，×5，采集号：NH43a，登记号：NIGP62670。

9. 头盖，×4，采集号：NH43a，登记号：NIGP62671。

10. 头盖，×8，采集号：NH43a，登记号：NIGP62672。

11. 头盖，×4，采集号：NH43a，登记号：NIGP62673。

12. 活动颊，×4，采集号：NH43a，登记号：NIGP62674。

内蒙古自治区阿拉善盟呼鲁斯太陶思沟，胡鲁斯台组 *Sinopagetia jinnanensis* 带。

13. *Monanocephalus* sp.

13. 头盖，×8，采集号：CD94C，登记号：NIGP62675。

内蒙古自治区乌海市桌子山地区阿不切亥沟，胡鲁斯台组 *Sinopagetia jinnanensis* 带中下部。

14，15. *Monanocephalus reticulatus* Yuan et Zhu, sp. nov.

14. 头盖，×4，采集号：NZ11，登记号：NIGP62676。

内蒙古自治区乌海市岗德尔山东山口，胡鲁斯台组 *Sunaspis laevis-Sunaspidella rara* 带下部。

15. 头盖，×5，采集号：L12，登记号：NIGP62677。

陕西省陇县景福山地区牛心山，馒头组 *Sinopagetia jinnanensis* 带中下部。

16. *Wuhaiaspis longispina* Yuan et Zhang, gen. et sp. nov.

16. 头盖，×6，采集号：NZ7，登记号：NIGP62678。

内蒙古自治区乌海市岗德尔山东山口，胡鲁斯台组 *Ruichengaspis mirabilis* 带。

图 版 26

1—10. *Luaspides lingyuanensis* Duan, 1966

1. 头盖，×4，采集号：TGC1，登记号：NIGP62679。

2. 头盖和部分胸节，×3，采集号：TGC1，登记号：NIGP62680。

3. 头盖、活动颊，×4，采集号：TGC1，登记号：NIGP62681。

4. 唇瓣，×8，采集号：TGC1，登记号：NIGP62682。

5. 头盖，×4，采集号：TGC1，登记号：NIGP62683。

6. 尾部，×8，采集号：TGC1，登记号：NIGP62684。

7. 头盖，×10，采集号：TGC1，登记号：NIGP62685。

8. 头盖，×10，采集号：TGC1，登记号：NIGP62686。

9. 尾部，×8，采集号：TGC1，登记号：NIGP62687。

河北省唐山市古冶区王辇庄乡赵各庄长山沟，馒头组 *Luaspides lingyuanensis* 带。

10. 头盖，×4，采集号：TFD1，登记号：NIGP62688。

河北省唐山市丰润区左家坞乡大松林村，馒头组 *Luaspides lingyuanensis* 带。

11—13. *Luaspides shangzhuangensis* Zhang et Wang, 1985

11. 近乎完整背壳，×4，采集号：TFD1，登记号：NIGP62689。

12. 未成年背壳，×12，采集号：TFD1，登记号：NIGP62690。

13. 头盖，×4，采集号：TFD1，登记号：NIGP62691。

河北省唐山市丰润区左家坞乡大松林村，馒头组 *Luaspides lingyuanensis* 带。

图 版 27

1—10. *Luaspides brevis* Zhang et Yuan, 1981

1. 近乎完整背壳，×4，采集号：NZ2a，登记号：NIGP62236。

2. 胸、尾部，×1.5，采集号：NZ2a，登记号：NIGP62692。

3. 头盖，×1.5，采集号：NZ2a，登记号：NIGP62693。

4. 背壳外模，×6，采集号：NZ2a，登记号：NIGP62694。

5. 近乎完整背壳，×6，采集号：NZ2a，登记号：NIGP62695。

6. 活动颊及胸尾部，×1.5，采集号：NZ2a，登记号：NIGP62696。

7. 头盖，×3，采集号：NZ2a，登记号：NIGP62697。

8. 头盖，正模（Holotype），×3，采集号：NZ2a，登记号：NIGP62237。

9. 头部及部分胸部，×3，采集号：NZ2a，登记号：NIGP62698。

内蒙古自治区乌海市岗德尔山东山口，胡鲁斯台组 *Luaspides shangzhuangensis* 带。

10. 近乎完整背壳，×1.5，采集号：TFD1，登记号：NIGP62699。

河北省唐山市丰润区左家坞乡大松林村，馒头组 *Luaspides lingyuanensis* 带。

11. *Luaspides shangzhuangensis* Zhang et Wang, 1985

11. 头盖，×4，采集号：NH31，登记号：NIGP62700。

内蒙古自治区阿拉善盟呼鲁斯太陶思沟，胡鲁斯台组 *Luaspides shangzhuangensis* 带。

图 版 28

1—10. *Luaspides shangzhuangensis* Zhang et Wang, 1985

1. 近乎完整背壳，×2，采集号：TFD1，登记号：NIGP62701。

2. 完整背壳，×2，采集号：TFD1，登记号：NIGP62702。

3. 完整背壳外模，×2，采集号：TFD1，登记号：NIGP62703。

4. 头盖，×8，采集号：TFD1，登记号：NIGP62704。

5. 头盖，×8，采集号：TFD1，登记号：NIGP62705。

6. 头盖，×8，采集号：TFD1，登记号：NIGP62706。

河北省唐山市丰润区左家坞乡大松林村，馒头组 *Luaspides lingyuanensis* 带。

7. 头盖，×3，采集号：NC32，登记号：NIGP62707。

8. 头盖，×3，采集号：NC32，登记号：NIGP62708。

9. 头盖，×2，采集号：NC32，登记号：NIGP62709。

宁夏回族自治区同心县青龙山，胡鲁斯台组 *Luaspides shangzhuangensis* 带。

10. 头盖，×3，采集号：NZ2a，登记号：NIGP62710。

内蒙古自治区乌海市岗德尔山东山口，胡鲁斯台组

Luaspides shangzhuangensis 带。

11. *Luaspides brevis* Zhang et Yuan, 1981

  11. 头盖，×3，采集号：NZ2a，登记号：NIGP62711。

内蒙古自治区乌海市岗德尔山东山口，胡鲁斯台组
Luaspides shangzhuangensis 带。

12—15. *Luaspides? quadrata* Yuan et Zhang, sp. nov.

  12. 尾部，×5，采集号：NH36，登记号：NIGP62712。

  13. 头盖，×5，采集号：NH36，登记号：NIGP62713。

内蒙古自治区阿拉善盟呼鲁斯太陶思沟，胡鲁斯台组

Sinopagetia jinnanensis 带。

14. 唇瓣，×8，采集号：Q5-VII-H14，登记号：NIGP62714。

内蒙古自治区乌海市桌子山地区阿不切亥沟，胡鲁斯台
组 *Sinopagetia jinnanensis* 带。

15. 头盖，正模（Holotype），×4，采集号：Q5-31H-1，登
记号：NIGP62715。

内蒙古自治区乌海市岗德尔山 715 厂西侧，胡鲁斯台组
Sinopagetia jinnanensis 带。

图 版 29

1，2. *Inouyia*（*Inouyia*）*capax*（Walcott, 1906）

  1. 头盖，×4，采集号：306-F36，登记号：NIGP62716。

宁夏回族自治区贺兰山苏峪口至五道塘，胡鲁斯台组
Poriagraulos nanus 带。

  2. 头盖，×4，采集号：化24，登记号：NIGP62717。

山西河津县西硙口，馒头组 *Poriagraulos nanus* 带。

3—12. *Inouyia*（*Bulbinouyia*）*lubrica*（Zhou in Zhou et al.,
1982）

  3. 头盖，×4，采集号：NZ20，登记号：NIGP62718。

  4. 头盖，×6，采集号：NZ19，登记号：NIGP62719。

  5. 头盖，×6，采集号：NZ23，登记号：NIGP62720。

  6. 头盖，×10，采集号：NZ23，登记号：NIGP62721。

  7. 头盖，×5，采集号：NZ20，登记号：NIGP62722。

  8. 头盖，×4，采集号：NZ19，登记号：NIGP62723。

  9. 头盖，×6，采集号：NZ17，登记号：NIGP62724。

  10. 头盖，×6，采集号：NZ19，登记号：NIGP62725。

内蒙古自治区乌海市岗德尔山东山口，胡鲁斯台组
Metagraulos dolon 带。

11. 头盖，×4，采集号：NC86，登记号：NIGP62726。

宁夏回族自治区同心县青龙山，胡鲁斯台组 *Metagraulos
dolon* 带。

12. 头盖，×8，采集号：NH17，登记号：NIGP62727。

宁夏回族自治区贺兰山苏峪口至五道塘，胡鲁斯台组
Metagraulos dolon 带。

13，14. *Inouyia*（*Bulbinouyia*）*lata* Yuan et Zhang, sp. nov.

  13. 头盖，×6，采集号：NZ19，登记号：NIGP62728。

内蒙古自治区乌海市岗德尔山东山口，胡鲁斯台组
Metagraulos dolon 带。

  14. 头盖，正模（Holotype），×6，采集号：L20a，登记号：
NIGP62729。

陕西陇县景福山地区牛心山，馒头组 *Metagraulos
dolon* 带。

15. *Inouyia*（*Bulbinouyia*）sp.

  15. 头盖，×8，采集号：CD102，登记号：NIGP62730。

内蒙古自治区乌海市桌子山地区阿不切亥沟，胡鲁斯台
组 *Metagraulos dolon* 带。

图 版 30

1，2. *Zhongweia cylindrica* Yuan et Zhang, sp. nov.

  1. 头盖，正模（Holotype），×4，采集号：CD60，登记号：
NIGP62731。

  2. 头盖，×4，采集号：CD60，登记号：NIGP62732。

内蒙古自治区乌海市桌子山地区伊勒思图山西坡第二大
沟，胡鲁斯台组 *Metagraulos dolon* 带。

3—5. *Inouyia*（*Sulcinouyia*）*rectangulata* Yuan et Zhang,
subgen. et sp. nov.

  3. 头盖，×4，采集号：NZ23，登记号：NIGP62733。

  4. 头盖，×4，采集号：NZ19，登记号：NIGP62734。

  5. 头盖，正模（Holotype），×4，采集号：NZ20，登记号：
NIGP62735。

内蒙古自治区乌海市岗德尔山东山口，胡鲁斯台组
Metagraulos dolon 带。

6—15. *Inouyia*（*Sulcinouyia*）*rara* Yuan et Zhang, subgen. et
sp. nov.

  6. 头盖，×4，采集号：NZ23，登记号：NIGP62736。

7. 头盖，×3，采集号：NZ20，登记号：NIGP62737。

8. 头盖，×4，采集号：NZ20，登记号：NIGP62738。

9. 头盖，正模（Holotype），×4，采集号：NZ18，登记
号：62739。

10. 头盖，×6，采集号：NZ23，登记号：NIGP62740。

11. 头盖，×4，采集号：NZ20，登记号：NIGP62741。

12. 头盖，×4，采集号：NZ20，登记号：NIGP62742。

13. 头盖，×4，采集号：NZ19，登记号：NIGP62743。

内蒙古自治区乌海市岗德尔山东山口，胡鲁斯台组
Metagraulos dolon 带。

14. 头盖，×4，采集号：NH17，登记号：NIGP62744。

宁夏回族自治区贺兰山苏峪口至五道塘，胡鲁斯台组
Metagraulos dolon 带。

15. 头盖，×8，采集号：CD102，登记号：NIGP62745。

内蒙古自治区乌海市桌子山地区阿不切亥沟，胡鲁斯台
组 *Metagraulos dolon* 带。

1—5. *Catinouyia dasonglinensis* Yuan et Gao, sp. nov.

　1. 头盖及完整背壳，正模（Holotype），×8，采集号：TFD1，登记号：NIGP62746。

　2. 近乎完整背壳，×8，采集号：TFD1，登记号：NIGP62747。

　3. 头盖，×10，采集号：TFD1，登记号：NIGP62748。

　4. 胸部、尾部，×10，采集号：TFD1，登记号：NIGP62749。

　5. 背壳，×10，采集号：TFD1，登记号：NIGP62750。

河北省唐山市丰润区左家坞乡大松林村，馒头组 *Luaspides lingyuanensis* 带。

1—10. *Catinouyia typica* Zhang et Yuan, 1981

　1. 头盖，正模（Holotype），×4，采集号：NZ3，登记号：NIGP62240。

　2. 头盖，×4，采集号：NZ3，登记号：NIGP62751。

　3. 头盖，×5，采集号：NZ3，登记号：NIGP62241。

　4. 头盖，×4，采集号：NZ3，登记号：NIGP62752。

　5. 头盖，×10，采集号：NZ3，登记号：NIGP62753。

　6. 头盖，×10，采集号：NZ3，登记号：NIGP62754。

　7. 头盖，×6，采集号：NZ3，登记号：NIGP62755。

　8. 活动颊，×6，采集号：NZ3，登记号：NIGP62756。

　9. 近乎完整背壳，×6，采集号：NZ4，登记号：NIGP62757。

　10. 头盖，×6，采集号：NZ4，登记号：NIGP62758。

内蒙古自治区乌海市岗德尔山东山口，胡鲁斯台组 *Luaspides shangzhuangensis* 带。

11—15. *Danzhaina triangularis* Yuan et Gao, sp. nov.

　11. 头盖，×10，采集号：TFD2，登记号：NIGP62759。

　12. 头盖，正模（Holotype），×10，采集号：NZ20，登记号：NIGP62760。

　13. 头盖，×10，采集号：TFD2，登记号：NIGP62761。

　14. 头盖，×10，采集号：TFD2，登记号：NIGP62762。

　15. 头盖，×10，采集号：TFD2，登记号：NIGP62763。

河北省唐山市丰润区左家坞乡大松林，馒头组 *Plesiagraulos tienshihfuensis* 带下部。

1—3. *Danzhaina triangularis* Yuan et Gao, sp. nov.

　1. 头盖，×6，采集号：TFD2，登记号：NIGP62764。

　2. 尾部，×10，采集号：TFD2，登记号：NIGP62765。

　3. 头盖，×10，采集号：TFD2，登记号：NIGP62766。

河北省唐山市丰润区左家坞乡大松林，馒头组 *Plesiagraulos tienshihfuensis* 带下部。

4—12. *Catinouyia dasonglinensis* Yuan et Gao, sp. nov.

　4. 近乎完整背壳，×8，采集号：TFD1，登记号：NIGP62767。

　5. 活动颊，×10，采集号：TFD1，登记号：NIGP62768。

　6. 头盖，×10，采集号：TFD1，登记号：NIGP62769。

　7. 头盖，×8，采集号：TFD1，登记号：NIGP62770。

　8. 胸部和尾部，×10，采集号：TFD1，登记号：NIGP62771。

　9. 头盖，×10，采集号：TFD1，登记号：NIGP62772。

　10. 背壳，×8，采集号：TFD1，登记号：NIGP62773。

　11. 头盖和活动颊，×8，采集号：TFD1，登记号：NIGP62774。

　12. 头盖，×10，采集号：TFD1，登记号：NIGP62775。

河北省唐山市丰润区左家坞乡大松林，馒头组 *Plesiagraulos tienshihfuensis* 带下部。

1—10. *Parainouyia prompta* Zhang et Yuan, 1981

　1. 头盖，×8，采集号：CD94C，登记号：NIGP62776。

　2. 头盖，×6，采集号：CD94C，登记号：NIGP62777。

　3. 头盖，×8，采集号：CD94C，登记号：NIGP62778。

　4. 头盖，×8，采集号：CD94C，登记号：NIGP62779。

　5. 头盖，×6，采集号：CD94C，登记号：NIGP62780。

内蒙古自治区乌海市桌子山地区阿不切亥沟，胡鲁斯台组 *Sinopagetia jinnanensis* 带中下部。

　6. 活动颊，×6，采集号：NZ02，登记号：NIGP62781。

　7. 头盖，×6，采集号：NZ02，登记号：NIGP62782。

　8. 头盖，正模（Holotype），×5，采集号：NZ02，登记号：NIGP62250。

　9a. 头盖，×5，采集号：NZ02，登记号：NIGP62783。

　9b. 头盖前视，×5，采集号：NZ02，登记号：NIGP62783。

内蒙古自治区乌海市岗德尔山东山口，胡鲁斯台组 *Sinopagetia jinnanensis* 带。

　10a. 头盖，×5，采集号：NH31a，登记号：NIGP62784。

　10b. 头盖前视，×5，采集号：NH31a，登记号：NIGP62784。

内蒙古自治区阿拉善盟呼鲁斯太陶思沟，胡鲁斯台组 *Sinopagetia jinnanensis* 带。

11, 12. *Parainouyia fakelingensis* (Mong in Zhou et al., 1977)

　11. 头盖，×4，采集号：L12，登记号：NIGP62785。

　12. 头盖，×5，采集号：L12，登记号：NIGP62786。

陕西省陇县景福山地区牛心山，馒头组 *Sinopagetia*

jinnanensis 带中下部。

13、14. *Parainouyia niuxinshanensis* Yuan et Zhang, sp. nov.

13. 头盖，×5，采集号：L12，登记号：NIGP62787。

14. 头盖，正模（Holotype），×5，采集号：L12，登记号：NIGP62788。

陕西省陇县景福山地区牛心山，馒头组 *Sinopagetia jinnanensis* 带中下部。

图　版　35

1—8. *Zhongweia transversa* Zhou in Zhou *et al.*, 1982

1. 头盖，×8，采集号：NZ17，登记号：NIGP62789。

2. 头盖，×4，采集号：NZ17，登记号：NIGP62790。

3. 头盖，×8，采集号：NZ17，登记号：NIGP62791。

4. 头盖，×4，采集号：NZ18，登记号：NIGP62792。

5. 头盖，×5，采集号：NZ16，登记号：NIGP62793。

6. 头盖，×4，采集号：NZ17，登记号：NIGP62794。

7. 头盖，×10，采集号：NZ18，登记号：NIGP62795。

内蒙古自治区乌海市岗德尔山东山口，胡鲁斯台组 *Metagraulos dolon* 带。

8a. 头盖，×5，采集号：NH52，登记号：NIGP62796。

8b. 头盖前视，×5，采集号：NH52，登记号：NIGP62796。

内蒙古自治区阿拉善盟呼鲁斯太陶思沟，胡鲁斯台组 *Metagraulos dolon* 带。

9. *Zhongweia* sp.

9. 头盖，×8，采集号：NH52，登记号：NIGP62797。

内蒙古自治区阿拉善盟呼鲁斯太陶思沟，胡鲁斯台组 *Metagraulos dolon* 带。

10—14. *Zhongweia convexa* Yuan in Yuan *et al.*, 2012

10. 头盖，×4，采集号：76-302-F60，登记号：NIGP62798。

11. 头盖，×8，采集号：NZ18，登记号：NIGP62799。

内蒙古自治区乌海市岗德尔山东山口，胡鲁斯台组 *Metagraulos dolon* 带。

12. 头盖，×8，采集号：CD99，登记号：NIGP62800。

13. 头盖，×8，采集号：CD99，登记号：NIGP62801。

14. 头盖，×8，采集号：CD99，登记号：NIGP62802。

内蒙古自治区乌海市桌子山地区阿不切亥沟，胡鲁斯台组 *Metagraulos dolon* 带。

15. *Zhongweia latilimbata* Zhang in Qiu *et al.*, 1983

15. 头盖，×5，采集号：Q5-XIV-H23，登记号：NIGP62803。

内蒙古自治区乌海市桌子山地区苏拜沟，胡鲁斯台组 *Metagraulos dolon* 带。

图　版　36

1—7. *Pseudinouyia punctata* Zhang in Zhang *et al.*, 1995

1. 头盖，×7.1，采集号：GDME1-2，登记号：NIGP62804。

2. 头盖，×7.1，采集号：GDME1-2，登记号：NIGP62805。

3. 头盖，×3.7，采集号：GDME1-2，登记号：NIGP62806。

4. 头盖，×5.2，采集号：GDME1-2，登记号：NIGP62807。

5. 活动颊，×7.5，采集号：GDME1-2，登记号：NIGP62808。

6. 活动颊，×7.4，采集号：GDME1-2，登记号：NIGP62809。

7. 头盖，×4.8，采集号：GDME1-2，登记号：NIGP62810。

内蒙古自治区乌海市岗德尔山成吉思汗塑像公路旁公路旁，胡鲁斯台组 *Sunaspis laevis-Sunaspidella rara* 带中上部。

8—12. *Wuanoides lata*（Mong in Zhou *et al.*, 1977）

8. 头盖，×6.7，采集号：SBT3-1，登记号：NIGP62811。

9. 头盖，×8，采集号：SBT3-1，登记号：NIGP62812。

10. 头盖，×4，采集号：SBT3-1，登记号：NIGP62813。

11. 头盖，×8，采集号：SBT3-1，登记号：NIGP62814。

12. 头盖，×8，采集号：SBT3-1，登记号：NIGP62815。

内蒙古自治区乌海市桌子山地区苏拜沟，胡鲁斯台组 *Sunaspis laevis-Sunaspidella rara* 带中上部。

13—15. *Wuanoides situla* Zhang et Yuan, 1981

13. 头盖，×7.4，采集号：GDME1-2，登记号：NIGP62816。

14. 头盖，×3.7，采集号：GDME1-2，登记号：NIGP62817。

15. 头盖，×5，采集号：GDME1-2，登记号：NIGP62818。

内蒙古自治区乌海市岗德尔山成吉思汗塑像公路旁，胡鲁斯台组 *Sunaspis laevis-Sunaspidella rara* 带中上部。

16. *Taitzuina* sp.

16. 头盖，×7，采集号：GDME1-2，登记号：NIGP62819。

内蒙古自治区乌海市岗德尔山成吉思汗塑像公路旁，胡鲁斯台组 *Sunaspis laevis-Sunaspidella rara* 带中上部。

17. *Ruichengaspis mirabilis* Zhang et Yuan in Zhang *et al.*, 1980b

17. 头盖，×5，采集号：NC47，登记号：NIGP62820。

宁夏回族自治区同心县青龙山，胡鲁斯台组 *Ruichengaspis mirabilis* 带。

18. *Protochittidilla poriformis*（Qiu in Qiu *et al.*, 1983）

18. 头盖，×5.2，采集号：SBT0，登记号：NIGP62821。

内蒙古自治区乌海市桌子山地区苏拜沟，胡鲁斯台组 *Ruichengaspis mirabilis* 带。

图 版 37

1—10. *Pseudinouyia transversa* Zhang et Yuan in Zhang et al., 1995

  1a. 头盖，正模（Holotype），×5，采集号：NH48a，登记号：NIGP62822。

  1b. 头盖前视，×5，采集号：NH48a，登记号：NIGP62822。

  2. 头盖，×8，采集号：NH48a，登记号：NIGP62823。

  3. 头盖，×10，采集号：NH48a，登记号：NIGP62824。

  4. 头盖，×6，采集号：NH48，登记号：NIGP62825。

  5. 头盖，×8，采集号：NH48a，登记号：NIGP62826。

  6. 头盖，×4，采集号：NH48a，登记号：NIGP62827。

  7. 头盖，×8，采集号：NH48a，登记号：NIGP62828。

  8. 头盖，×6，采集号：NH48a，登记号：NIGP62829。

  9. 头盖，×8，采集号：NH47，登记号：NIGP62830。

内蒙古自治区阿拉善盟呼鲁斯太陶思沟，胡鲁斯台组 *Sunaspis laevis-Sunaspidella rara* 带下部至中上部。

  10. 头盖，×5，采集号：Q5-XIV-H10，登记号：NIGP62831。

内蒙古自治区乌海市桌子山地区苏拜沟，胡鲁斯台组 *Sunaspis laevis-Sunaspidella rara* 带中上部。

11—15. *Pseudinouyia intermedia* Yuan et Zhang, sp. nov.

  11. 头盖，×4，采集号：QII-I-H19，登记号：NIGP62832。

  12. 头盖，×4，采集号：QII-I-H19，登记号：NIGP62833。

  13a. 头盖，×5，采集号：QII-I-H19，登记号：NIGP62834。

  13b. 头盖后视，×5，采集号：QII-I-H19，登记号：NIGP62834。

  13c. 头盖前视，×5，采集号：QII-I-H19，登记号：NIGP62834。

  14. 头盖，×4，采集号：QII-I-H19，登记号：NIGP62835。

内蒙古自治区阿拉善盟呼鲁斯太陶思沟，胡鲁斯台组 *Sunaspis laevis-Sunaspidella rara* 带中上部。

  15. 头盖，×5，采集号：51F，登记号：NIGP62836。

陕西省陇县景福山地区牛心山，馒头组 *Sunaspis laevis-Sunaspidella rara* 带中上部。

图 版 38

1—4. *Pseudinouyia transversa* Zhang et Yuan in Zhang et al., 1995

  1. 头盖，×8，采集号：QII-I-H19，登记号：NIGP62837。

内蒙古自治区阿拉善盟呼鲁斯太陶思沟，胡鲁斯台组 *Sunaspis laevis-Sunaspidella rara* 带中上部。

  2. 头盖，×6，采集号：NH12，登记号：NIGP62838。

宁夏回族自治区贺兰山苏峪口至五道塘，胡鲁斯台组 *Sunaspis laevis-Sunaspidella rara* 带中上部。

  3. 活动颊，×8，采集号：NH48a，登记号：NIGP62839。

  4. 活动颊，×8，采集号：NH47，登记号：NIGP62840。

内蒙古自治区阿拉善盟呼鲁斯太陶思沟，胡鲁斯台组 *Sunaspis laevis-Sunaspidella rara* 带下部至中上部。

5—8. *Pseudinouyia intermedia* Yuan et Zhang, sp. nov.

  5. 头盖，×6，采集号：QII-I-H19，登记号：NIGP62841。

  6. 头盖，正模（Holotype），×4，采集号：QII-I-H19，登记号：NIGP62842。

内蒙古自治区阿拉善盟呼鲁斯太陶思沟，胡鲁斯台组 *Sunaspis laevis-Sunaspidella rara* 带中上部。

  7. 头盖，×4，采集号：76-302-F52，登记号：NIGP62843。

内蒙古自治区乌海市岗德尔山东山口，胡鲁斯台组 *Sunaspis laevis-Sunaspidella rara* 带中上部。

  8. 头盖，×6，采集号：51F，登记号：NIGP62844。

陕西省陇县景福山地区牛心山，馒头组 *Sunaspis laevis-Sunaspidella rara* 带中上部。

9—13. *Angustinouyia quadrata* Yuan et Zhang, gen. et sp. nov.

  9. 头盖，×9.5，采集号：76-302-F46，登记号：NIGP62845。

内蒙古自治区乌海市岗德尔山东山口，胡鲁斯台组 *Sunaspis laevis-Sunaspidella rara* 带中上部。

  10. 头盖，×8，采集号：QII-I-H19，登记号：NIGP62846。

  11a. 头盖，×6，采集号：QII-I-H20，登记号：NIGP62847。

  11b. 头盖前视，×6，采集号：QII-I-H20，登记号：NIGP62847。

  12. 头盖，正模（Holotype），×6，采集号：QII-I-H20，登记号：NIGP62848。

  13. 头盖，×8，采集号：QII-I-H19，登记号：NIGP62849。

内蒙古自治区阿拉善盟呼鲁斯太陶思沟，胡鲁斯台组 *Sunaspis laevis-Sunaspidella rara* 带中上部至上部。

14, 15. *Pseudinouyia* sp.

  14. 尾部，×5，采集号：L13，登记号：NIGP62850。

  15. 头盖，×4，采集号：L13，登记号：NIGP62851。

陕西省陇县景福山地区牛心山，馒头组 *Sunaspis laevis-Sunaspidella rara* 带中上部。

16. *Parainouyia prompta* Zhang et Yuan, 1981

  16. 头盖，×5，采集号：Q25-H1-3，登记号：NIGP62852。

内蒙古自治区乌海市岗德尔山东山口，胡鲁斯台组 *Sinopagetia jinnanensis* 带中下部。

17. *Zhongweia convexa* Yuan in Yuan et al., 2012

  17. 头盖，×8，采集号：NZ18，登记号：NIGP62853。

内蒙古自治区乌海市岗德尔山东山口，胡鲁斯台组 *Metagraulos dolon* 带。

图　版　39

1—3. *Wuania spinata* Yuan et Zhang, sp. nov.
　　1. 头盖，×4，采集号：NC61，登记号：NIGP62854。
　　2. 头盖，×5，采集号：NC61，登记号：NIGP62855。
宁夏回族自治区同心县青龙山，胡鲁斯台组 *Sunaspis laevis-Sunaspidella rara* 带下部。
　　3. 头盖，正模（Holotype），×4，采集号：306-F31-25，登记号：NIGP62856。
宁夏回族自治区贺兰山苏峪口至五道塘，胡鲁斯台组 *Sunaspis laevis-Sunaspidella rara* 带下部。

4—10. *Wuania venusta* Zhang et Yuan, 1981
　　4. 头盖，正模（Holotype），×3，采集号：22 层顶，登记号：NIGP62253。
　　5. 头盖，×10，采集号：22 层顶，登记号：NIGP62857。
　　6. 头盖，×4，采集号：22 层顶，登记号：NIGP62858。
　　7. 唇瓣，×8，采集号：22 层顶，登记号：NIGP62859。
　　8. 尾部，×4，采集号：22 层顶，登记号：NIGP62254。
　　9. 尾部，×10，采集号：22 层顶，登记号：NIGP62860。
内蒙古自治区乌海市岗德尔山东山口，胡鲁斯台组 *Sunaspis laevis-Sunaspidella rara* 带下部。
　　10. 尾部，×4，采集号：NH46，登记号：NIGP62861。

内蒙古自治区阿拉善盟呼鲁斯太陶思沟（NH46），胡鲁斯台组 *Sunaspis laevis-Sunaspidella rara* 带中下部。

11，12. *Wuania oblongata*（Bi in Qiu et al., 1983）
　　11. 头盖，×4，采集号：NH8，登记号：NIGP62862。
　　12. 头盖，×4，采集号：NH8，登记号：NIGP62863。
宁夏回族自治区贺兰山苏峪口至五道塘，胡鲁斯台组 *Sunaspis laevis-Sunaspidella rara* 带下部。

13，14. *Ruichengaspis mirabilis* Zhang et Yuan in Zhang et al., 1980b
　　13. 头盖，×4，采集号：NZ7，登记号：NIGP62864。
　　14. 头盖，×4，采集号：NZ7，登记号：NIGP62865。
内蒙古自治区乌海市岗德尔山东山口，胡鲁斯台组 *Ruichengaspis mirabilis* 带。

15—17. *Protochittidilla poriformis*（Qiu in Qiu et al., 1983）
　　15. 头盖，×6，采集号：NH6，登记号：NIGP62866。
　　16. 头盖，×5，采集号：NH6，登记号：NIGP62867。
　　17. 头盖，×4，采集号：NH6，登记号：NIGP62868。
宁夏回族自治区贺兰山苏峪口至五道塘，胡鲁斯台组 *Ruichengaspis mirabilis* 带。

图　版　40

1—18. *Ruichengaspis mirabilis* Zhang et Yuan in Zhang et al., 1980b
　　1. 头盖、尾部，×3，采集号：NZ8，登记号：NIGP62869。
　　2. 头盖，×5，采集号：NZ8，登记号：NIGP62870。
　　3. 头盖，×6，采集号：NZ8，登记号：NIGP62871。
　　4. 活动颊，×8，采集号：NZ8，登记号：NIGP62872。
　　5. 头盖，×6，采集号：NZ8，登记号：NIGP62247。
　　6. 头盖，×4，采集号：NZ8，登记号：NIGP62873。
　　7. 头盖，×4，采集号：F34-8，登记号：NIGP62874。
　　8. 尾部，×5，采集号：NZ8，登记号：NIGP62875。
　　9. 头盖，×4，采集号：NZ8，登记号：NIGP62876。
　　10. 头盖，×5，采集号：NZ8，登记号：NIGP62877。

　　11. 活动颊，×6，采集号：NZ7，登记号：NIGP62878。
　　12. 头盖，×6，采集号：NZ7，登记号：NIGP62246。
　　13. 头盖，×6，采集号：NZ7，登记号：NIGP62879。
　　14. 头盖，×4，采集号：NZ7，登记号：NIGP62245。
　　15. 头盖，×6，采集号：NZ7，登记号：NIGP62880。
　　16. 头盖，×4，采集号：NZ7，登记号：NIGP62881。
　　17. 活动颊，×6，采集号：NZ7，登记号：NIGP62882。
内蒙古自治区乌海市岗德尔山东山口，胡鲁斯台组 *Ruichengaspis mirabilis* 带。
　　18. 头盖，×6，采集号：CD94A，登记号：NIGP62883。
内蒙古自治区乌海市桌子山地区阿不切亥沟，胡鲁斯台组 *Ruichengaspis mirabilis* 带。

图　版　41

1. *Wuania semicircularis* Zhang et Wang, 1985
　　1. 头盖，×6，采集号：NH12，登记号：NIGP62884。
宁夏回族自治区贺兰山苏峪口至五道塘，胡鲁斯台组 *Sunaspis laevis-Sunaspidella rara* 带中上部。

2—5. *Wuanoides situla* Zhang et Yuan, 1981
　　2. 头盖，正模（Holotype），×3，采集号：NH12，登记号：NIGP62257。
　　3. 头盖，×4，采集号：NH12，登记号：NIGP62885。
　　4. 头盖，×4，采集号：NH12，登记号：NIGP62886。
　　5. 头盖，×4，采集号：NH12，登记号：NIGP62887。

宁夏回族自治区贺兰山苏峪口至五道塘，胡鲁斯台组 *Sunaspis laevis-Sunaspidella rara* 带中上部。

6—9. *Wuanoides lata*（Mong in Zhou et al., 1977）
　　6. 头盖，×8，采集号：NZ15，登记号：NIGP62888。
　　7. 活动颊，×8，采集号：NZ15，登记号：NIGP62889。
　　8. 活动颊，×8，采集号：NZ15，登记号：NIGP62890。
　　9. 头盖，×8，采集号：NZ15，登记号：NIGP62891。
内蒙古自治区乌海市岗德尔山东山口，胡鲁斯台组 *Sunaspis laevis-Sunaspidella rara* 带中上部。

10—16. *Taitzuina lubrica* Zhang et Yuan, 1981

10. 头盖，正模（Holotype），×8，采集号：化 15A，登记号：NIGP62255。

11. 头盖，×8，采集号：化 15A，登记号：NIGP62892。

山西河津县西碹口，馒头组 *Sunaspis laevis-Sunaspidella rara* 带中上部。

12. 尾部，×8，采集号：NH48a，登记号：NIGP62893。

13. 头盖，×8，采集号：NH48，登记号：NIGP62894。

14. 尾部，×8，采集号：NH48，登记号：NIGP62256。

内蒙古自治区阿拉善盟呼鲁斯太陶思沟，胡鲁斯台组 *Sunaspis laevis-Sunaspidella rara* 带中上部。

15. 头盖、尾部，×4，采集号：L14，登记号：NIGP62895。

16. 头盖、尾部，×4，采集号：L14，登记号：NIGP62896。

陕西省陇县景福山地区牛心山（L14），馒头组 *Sunaspis laevis-Sunaspidella rara* 带中部。

图 版 42

1—5. *Taitzuina transversa* Yuan et Zhang, sp. nov.

1. 头盖，正模（Holotype），×4，采集号：NH46，登记号：NIGP62897。

2a. 尾部，×6，采集号：NH46，登记号：NIGP62898。

2b. 尾部侧视，×6，采集号：NH46，登记号：NIGP62898。

3. 活动颊，×4，采集号：NH46，登记号：NIGP62899。

4. 头盖，×5，采集号：NH46，登记号：NIGP62900。

5. 头盖，×4，采集号：NH46，登记号：NIGP62901。

内蒙古自治区阿拉善盟呼鲁斯太陶思沟，胡鲁斯台组 *Sunaspis laevis-Sunaspidella rara* 带中上部。

6—8. *Taitzuina lubrica* Zhang et Yuan, 1981

6. 头盖，×6，采集号：NH13，登记号：NIGP62902。

宁夏回族自治区贺兰山苏峪口至五道塘，胡鲁斯台组 *Sunaspis laevis-Sunaspidella rara* 带中上部。

7. 头盖，×6，采集号：NZ07，登记号：NIGP62903。

乌海市岗德尔山东山口，胡鲁斯台组 *Sunaspis laevis-Sunaspidella rara* 带中上部。

8. 尾部，×6，采集号：化 15，登记号：NIGP62904。

山西河津县西碹口，馒头组 *Sunaspis laevis-Sunaspidella rara* 带中上部。

9, 10, 16a. *Latilorenzella divi* (Walcott, 1905)

9. 头盖，×5，采集号：NC63，登记号：NIGP62905。

10. 头盖，×5，采集号：NC63，登记号：NIGP62906。

宁夏回族自治区同心县青龙山，胡鲁斯台组 *Sunaspis laevis-Sunaspidella rara* 带中上部。

16a. 头盖，×4，采集号：NZ07，登记号：NIGP62907。

乌海市岗德尔山东山口，胡鲁斯台组 *Sunaspis laevis-Sunaspidella rara* 带中上部。

11, 12. *Latilorenzella melie* (Walcott, 1906)

11. 头盖，×5，采集号：F36，登记号：NIGP62908。

12. 头盖，×6，采集号：NH23，登记号：NIGP62909。

宁夏回族自治区贺兰山苏峪口至五道塘，胡鲁斯台组 *Poriagraulos nanus* 带。

13—16b, 17. *Huainania angustilimbata* (Bi in Qiu et al., 1983)

13. 头盖，×5，采集号：NH50，登记号：NIGP62910。

14. 头盖，×5，采集号：NH50，登记号：NIGP62911。

内蒙古自治区阿拉善盟呼鲁斯太陶思沟，胡鲁斯台组 *Sunaspis laevis-Sunaspidella rara* 带上部。

15. 头盖，×6，采集号：NC65，登记号：NIGP62912。

宁夏回族自治区同心县青龙山，胡鲁斯台组 *Sunaspis laevis-Sunaspidella rara* 带上部。

16b. 头盖，×4，采集号：NZ07，登记号：NIGP62913。

乌海市岗德尔山东山口，胡鲁斯台组 *Sunaspis laevis-Sunaspidella rara* 带中上部。

17. 头盖，×4，采集号：NH49，登记号：NIGP62914。

内蒙古自治区阿拉善盟呼鲁斯太陶思沟，胡鲁斯台组 *Sunaspis laevis-Sunaspidella rara* 带上部。

18. *Wuanoides situla* Zhang et Yuan, 1981

18. 头盖，×5，采集号：NH12，登记号：NIGP62915。

宁夏回族自治区贺兰山苏峪口至五道塘，胡鲁斯台组 *Sunaspis laevis-Sunaspidella rara* 带中上部。

图 版 43

1—17. *Huainania sphaerica* Qiu in Qiu et al., 1983

1. 头盖，正模（Holotype），×3，采集号：P23-H19，登记号：NIGM HIT0222。

安徽省淮南市洞山，馒头组 *Sunaspis laevis-Sunaspidella rara* 带上部。

2. 头盖，×2.8，采集号：SBT3-3，登记号：NIGP62916。

3. 头盖，×5，采集号：SBT3-3，登记号：NIGP62917。

4. 头盖，×3.8，采集号：SBT3-3，登记号：NIGP62918。

5. 头盖，×3.8，采集号：SBT3-3，登记号：NIGP62919。

6. 头盖，×3.8，采集号：SBT3-3，登记号：NIGP62920。

7. 头盖，×5，采集号：SBT3-3，登记号：NIGP62921。

8. 头盖，×2.7，采集号：SBT3-3，登记号：NIGP62922。

9. 头盖，×4，采集号：SBT3-3，登记号：NIGP62923。

10. 活动颊，×3.6，采集号：SBT3-3，登记号：NIGP62924。

11. 头盖，×5.1，采集号：SBT3-3，登记号：NIGP62925。

12. 头盖，×7.4，采集号：SBT3-3，登记号：NIGP62926。

13. 尾部，×10.6，采集号：SBT3-3，登记号：NIGP62927。

14. 活动颊，×7，采集号：SBT3-3，登记号：NIGP62928。

15. 尾部，×6.8，采集号：SBT3-3，登记号：NIGP62929。

16. 尾部，×7.4，采集号：SBT3-3，登记号：NIGP62930。

17. 活动颊，×7.3，采集号：SBT3-3，登记号：NIGP62931。

内蒙古自治区乌海市桌子山地区苏拜沟，胡鲁斯台组

Sunaspis laevis-Sunaspidella rara 带上部。

图 版 44

1—20. *Houmaia jinnanensis* Zhang et Wang, 1985
　1. 头盖，×8，采集号：SBT3-1，登记号：NIGP62932。
　2. 头盖，×5.0，采集号：SBT3-1，登记号：NIGP62933。
　3. 头盖，×7.6，采集号：SBT3-1，登记号：NIGP62934。
　4. 头盖，×6.7，采集号：SBT3-1，登记号：NIGP62935。
　5. 头盖，×5.4，采集号：SBT3-1，登记号：NIGP62936。
　6. 头盖，×5.6，采集号：SBT3-1，登记号：NIGP62937。
　7. 活动颊，×3.7，采集号：SBT3-1，登记号：NIGP62938。
　8. 头盖，×10.2，采集号：SBT3-1，登记号：NIGP62939。
　9. 头盖，×7.2，采集号：SBT3-1，登记号：NIGP62940。
　10. 尾部，×9.2，采集号：SBT3-1，登记号：NIGP62941。
　11. 头盖，×6.6，采集号：SBT3-1，登记号：NIGP62942。
　12. 活动颊，×6.8，采集号：SBT3-1，登记号：NIGP62943。
　13. 头盖，×7.6，采集号：SBT3-1，登记号：NIGP62944。
　14. 头盖，×7.1，采集号：SBT3-1，登记号：NIGP62945。
　15. 尾部，×9.2，采集号：SBT3-1，登记号：NIGP62946。
　16. 头盖，×7.0，采集号：SBT3-1，登记号：NIGP62947。
　17. 头盖，×10.2，采集号：SBT3-1，登记号：NIGP62948。
　18. 头盖，×10.2，采集号：SBT3-1，登记号：NIGP62949。
　19. 头盖，×7.0，采集号：SBT3-1，登记号：NIGP62950。
　20. 头盖，×9.8，采集号：SBT3-1，登记号：NIGP62951。
内蒙古自治区乌海市桌子山地区苏拜沟，胡鲁斯台组 *Sunaspis laevis-Sunaspidella rara* 带中上部。

图 版 45

1—3. *Houmaia hanshuigouensis* Yuan et Zhang, sp. nov.
　1. 头盖，正模（Holotype），×7.4，采集号：LQH-1，登记号：NIGP62952。
　2. 头盖，×5.0，采集号：LQH-1，登记号：NIGP62953。
陕西省礼泉县寒水沟，馒头组 *Poriagraulos nanus* 带。
　3. 头盖，×7.6，采集号：化24，登记号：NIGP62954。
山西省河津县西硙口，张夏组 *Poriagraulos nanus* 带。
4—23. *Megagraulos armatus* (Zhou in Zhou *et al.*, 1982)
　4. 头盖，×6，采集号：NC116，登记号：NIGP62955。
宁夏回族自治区同心县青龙山，胡鲁斯台组 *Megagraulos inflatus* 带。
　5. 尾部，×2，采集号：NZ41，登记号：NIGP62956。
　6. 头盖，×5，采集号：NZ41，登记号：NIGP62957。
　7. 头盖，×5，采集号：NZ41，登记号：NIGP62958。
　8. 头盖，×2，采集号：NZ41，登记号：NIGP62959。
　9. 尾部，×2，采集号：NZ41，登记号：NIGP62960。
　10. 尾部，×3，采集号：NZ41，登记号：NIGP62961。
　11. 尾部，×2，采集号：NZ41，登记号：NIGP62962。
　12. 头盖，×4，采集号：NZ41，登记号：NIGP62963。
　13. 头盖，×4，采集号：NZ41，登记号：NIGP62964。
　14. 头盖，×3，采集号：NZ41，登记号：NIGP62965。
　15. 头盖，×3，采集号：NZ41，登记号：NIGP62966。
　16. 尾部，×3，采集号：NZ41，登记号：NIGP62967。
　17. 尾部，×3，采集号：NZ41，登记号：NIGP62968。
　18. 尾部，×2，采集号：NZ41，登记号：NIGP62969。
　19. 头盖，×4，采集号：NZ41，登记号：NIGP62970。
　20. 头盖，×2，采集号：NZ41，登记号：NIGP62971。
　21. 唇瓣，×6，采集号：NZ41，登记号：NIGP62972。
　22. 头盖，×3，采集号：NZ41，登记号：NIGP62973。
内蒙古自治区乌海市岗德尔山东山口，胡鲁斯台组 *Megagraulos inflatus* 带。
　23. 头盖，×3，采集号：CD106，登记号：NIGP62974。
内蒙古自治区乌海市桌子山地区阿不切亥沟，胡鲁斯台组 *Megagraulos inflatus* 带。

图 版 46

1—6. *Megagraulos longispinifer* Zhu, sp. nov.
　1. 尾部，×10，采集号：NC116，登记号：NIGP62975。
　2. 头盖，×8，采集号：NC116，登记号：NIGP62976。
　3. 头盖，×8，采集号：NC116，登记号：NIGP62977。
　4. 头盖，正模（Holotype），×8，采集号：NC116，登记号：NIGP62978。
　5. 尾部，×4，采集号：NC116，登记号：NIGP62979。
　6. 活动颊，×10，采集号：NC116，登记号：NIGP62980。
宁夏回族自治区同心县青龙山，胡鲁斯台组 *Megagraulos inflatus* 带。
7—10. *Megagraulos inflatus* (Walcott, 1906)
　7. 头盖，×3，采集号：NC110，登记号：NIGP62981。
宁夏回族自治区同心县青龙山，胡鲁斯台组 *Megagraulos inflatus* 带
　8. 头盖，×3，采集号：NZ39，登记号：NIGP62982。
　9. 头盖，×3，采集号：NZ39，登记号：NIGP62983。
　10. 头盖，×3，采集号：NZ39，登记号：NIGP62984。
内蒙古自治区乌海市岗德尔山东山口，胡鲁斯台组 *Megagraulos inflatus* 带。
11—13. *Megagraulos armatus* (Zhou in Zhou *et al.*, 1982)
　11. 头盖，×2，采集号：NZ41，登记号：NIGP62985。
　12. 尾部，×4，采集号：NZ41，登记号：NIGP62985-1。
　13. 尾部，×2，采集号：NZ41，登记号：NIGP62985-2。
内蒙古自治区乌海市岗德尔山东山口，胡鲁斯台组

Megagraulos inflatus 带。

14—16. *Megagraulos* sp.

14. 头盖，×2，采集号：NZ37，登记号：NIGP62985-3。

15. 头盖，×2，采集号：NZ37，登记号：NIGP62985-4。

16. 头盖，×5，采集号：NZ37，登记号：NIGP62985-5。

内蒙古自治区乌海市岗德尔山东山口，胡鲁斯台组 *Megagraulos inflatus* 带。

17—19. *Megagraulos spinosus* Duan in Duan *et al*., 2005

17. 头盖，×3，采集号：NZ32，登记号：NIGP62985-6。

18. 头盖，×3，采集号：NZ32，登记号：NIGP62985-7。

19. 头盖，×3，采集号：NZ32，登记号：NIGP62985-8。

内蒙古自治区乌海市岗德尔山东山口，胡鲁斯台组 *Megagraulos inflatus* 带。

图 版 47

1—14. *Wuhushania cylindrica* Zhang et Yuan, 1981

1. 头盖，×3.8，采集号：SBT3-1，登记号：NIGP62985-9。

2. 头盖，×7.4，采集号：SBT3-1，登记号：NIGP62985-10。

3. 头盖，×5.5，采集号：SBT3-1，登记号：NIGP62985-11。

4. 头盖，×7.8，采集号：SBT3-1，登记号：NIGP62985-12。

5. 头盖，×7.4，采集号：SBT3-1，登记号：NIGP62985-13。

6. 头盖，×7.8，采集号：SBT3-1，登记号：NIGP62985-14。

内蒙古自治区乌海市桌子山地区苏拜沟，胡鲁斯台组 *Sunaspis laevis-Sunaspidella rara* 带中上部。

7. 尾部，×6.5，采集号：GDME1-1，登记号：NIGP62985-15。

8. 活动颊，×7，采集号：GDME1-1，登记号：NIGP62985-16。

9. 尾部，×7.1，采集号：GDME1-1，登记号：NIGP62985-17。

10. 活动颊，×3.8，采集号：GDME1-1，登记号：NIGP62985-18。

内蒙古自治区乌海市岗德尔山成吉思汗塑像公路旁，胡鲁斯台组 *Sunaspis laevis-Sunaspidella rara* 带上部。

11. 尾部，×2，采集号：76-302-F38，登记号：NIGP62985-19。

12. 尾部，×4，采集号：76-302-F37，登记号：NIGP62985-20。

内蒙古自治区乌海市岗德尔山东山口，胡鲁斯台组 *Sunaspis laevis-Sunaspidella rara* 带上部。

13a. 尾部，正模（Holotype），×4，采集号：Q5-VIII-H40，登记号：NIGP62260。

13b. 尾部侧视，×4，采集号：Q5-VIII-H40，登记号：NIGP62260。

14. 头盖，×5，采集号：Q5-VIII-H40，登记号：NIGP62271。

内蒙古自治区乌海市西部五虎山，胡鲁斯台组 *Sunaspis laevis-Sunaspidella rara* 带上部。

15, 16. *Wuhushania claviformis* Yuan et Zhang, sp. nov.

15. 尾部，正模（Holotype），×10，采集号：L15，登记号：NIGP62985-21。

16a. 尾部，×6，采集号：L15，登记号：NIGP62985-22。

16b. 尾部侧视，×6，采集号：L15，登记号：NIGP62985-22。

16c. 尾部后视，×6，采集号：L15，登记号：NIGP62985-22。

陕西省陇县景福山地区牛心山（L15），馒头组 *Sunaspis laevis-Sunaspidella rara* 带上部。

图 版 48

1—13. *Plesiagraulos tienshihfuensis* (Endo, 1944)

1. 头部和部分胸节，×5.2，采集号：TFT1，登记号：NIGP62985-23。

河北省唐山市丰润区左家坞乡塔山，馒头组 *Plesiagraulos tienshihfuensis* 带下部。

2. 头盖，×8，采集号：TFD2，登记号：NIGP62985-24。

3. 头盖，×10，采集号：TFD2，登记号：NIGP62985-25。

4. 头盖，×10，采集号：TFD2，登记号：NIGP62985-26。

5. 近乎完整背壳，×10.2，采集号：TFD2，登记号：NIGP62985-27。

6. 头盖，×10，采集号：TFD2，登记号：NIGP62985-28。

7. 头盖，×8，采集号：GDME1-1，登记号：NIGP62985-29。

8. 近乎完整背壳，×10，采集号：GDME1-1，登记号：NIGP62985-30。

河北省唐山市丰润区左家坞乡大松林，馒头组 *Plesiagraulos tienshihfuensis* 带下部。

9. 头盖，×5，采集号：Q5-VIII-H7，登记号：NIGP62985-31。

10. 头盖，×5，采集号：Q5-VIII-H7，登记号：NIGP62985-32。

内蒙古自治区乌海市西部五虎山，胡鲁斯台组 *Luaspides shangzhuangensis* 带下部。

11. 尾部，×6，采集号：NZ4，登记号：NIGP62985-33。

12. 头盖，×4，采集号：NZ4，登记号：NIGP62985-34。

13. 头盖，×6，采集号：NZ4，登记号：NIGP62985-35。

内蒙古自治区乌海市岗德尔山东山口，胡鲁斯台组 *Luaspides shangzhuangensis* 带。

14, 15. *Plesiagraulos pingluoensis* (Li in Zhou *et al*., 1982)

14. 头盖，×5.2，采集号：GDNT0，登记号：NIGP62985-36。

15. 尾部，×9.6，采集号：GDNT0，登记号：NIGP62985-37。

内蒙古自治区乌海市岗德尔山北麓，胡鲁斯台组 *Sinopagetia jinnanensis* 带。

16. *Plesiagraulos triangulus* Chang in Lu *et al*., 1965

16. 头盖，×6，采集号：NH34，登记号：NIGP62985-38。

内蒙古自治区阿拉善盟呼鲁斯太陶思沟，胡鲁斯台组 *Sinopagetia jinnanensis* 带。

17—19. *Jinnania ruichengensis* Lin et Wu in Zhang *et al*., 1980b

17. 头盖，×6.5，采集号：SBT0，登记号：NIGP62985-39。

18. 尾部，×9.4，采集号：SBT0，登记号：NIGP62985-40。

19. 头盖，×13.8，采集号：SBT0，登记号：NIGP62985-41。

内蒙古自治区乌海市桌子山地区苏拜沟，胡鲁斯台组

Ruichengaspis mirabilis 带。

图 版 49

1—5. *Plesiagraulos* cf. *Subtriangularis* Qiu in Qiu *et al*., 1983

1. 头盖，×6，采集号：CD94C，登记号：NIGP62985-42。
2. 头盖，×8，采集号：CD94C，登记号：NIGP62985-43。
3. 头盖，×8，采集号：CD94C，登记号：NIGP62985-44。

内蒙古自治区乌海市桌子山地区阿不切亥沟，胡鲁斯台组 *Sinopagetia jinnanensis* 带中下部。

4. 头盖，×4，采集号：NZ02，登记号：NIGP62985-45。
5. 头盖，×5，采集号：NZ02，登记号：NIGP62985-46。

内蒙古自治区乌海市内蒙古自治区乌海市岗德尔山东山口，胡鲁斯台组 *Sinopagetia jinnanensis* 带中下部。

6. *Plesiagraulos triangulus* Chang in Lu *et al*., 1965

6. 头盖，×4，采集号：NH34，登记号：NIGP62985-47。

内蒙古自治区阿拉善盟呼鲁斯太陶思沟，胡鲁斯台组 *Sinopagetia jinnanensis* 带。

7, 8. *Plesiagraulos* sp.

7. 头盖，×4，采集号：化14，登记号：NIGP62985-48。
8. 头盖，×4，采集号：化14，登记号：NIGP62985-49。

山西河津县西硙口，馒头组 *Sinopagetia jinnanensis* 带？。

9—18. *Plesiagraulos pingluoensis* (Li in Zhou *et al*., 1982)

9. 头盖，×8，采集号：Q5-XIV-H4，登记号：NIGP62985-50。
10. 头盖，×6，采集号：Q5-XIV-H5，登记号：NIGP62985-51。

内蒙古自治区乌海市桌子山地区苏拜沟，胡鲁斯台组 *Sinopagetia jinnanensis* 带。

11. 头盖，×4，采集号：NZ04，登记号：NIGP62985-52。
12. 头盖，×4，采集号：NZ04，登记号：NIGP62985-53。
13. 头盖，×5，采集号：NZ04，登记号：NIGP62985-54。

内蒙古自治区乌海市岗德尔山东山口，胡鲁斯台组 *Sinopagetia jinnanensis* 带。

14. 头盖，×6，采集号：NH34，登记号：NIGP62985-55。
15. 头盖，×6，采集号：NH43a，登记号：NIGP62985-56。

内蒙古自治区阿拉善盟呼鲁斯太陶思沟，胡鲁斯台组 *Sinopagetia jinnanensis* 带。

16. 头盖，×4，采集号：Q5-25H1-3，登记号：NIGP62985-57。
17. 头盖，×4，采集号：Q5-VII-H67，登记号：NIGP62985-58。

桌子山地区巴什图、阿不切亥沟，胡鲁斯台组 *Sinopagetia jinnanensis* 带。

18. 头盖，×5，采集号：60-11-F75，登记号：NIGP62985-59。

宁夏回族自治区贺兰山苏峪口至五道塘，胡鲁斯台组 *Sinopagetia jinnanensis* 带。

19. *Plesiagraulos intermedius* (Kobayashi, 1942)

19. 头盖，×6，采集号：NZ3，登记号：NIGP62985-60。

内蒙古自治区乌海市岗德尔山东山口，胡鲁斯台组 *Luaspides shangzhuangensis* 带。

图 版 50

1—4. *Parachittidilla obscura* Lin et Wu in Zhang *et al*., 1980b

1a. 完整背壳，×4，采集号：Q5-XIV-H6，登记号：NIGP62985-61。
1b. 完整背壳侧视，×4，采集号：Q5-XIV-H6，登记号：NIGP62985-61。
1c. 完整背壳后视，×4，采集号：Q5-XIV-H6，登记号：NIGP62985-61。

内蒙古自治区乌海市桌子山地区阿不切亥沟，胡鲁斯台组 *Sinopagetia jinnanensis* 带。

2. 头盖，×3，采集号：L12，登记号：NIGP62985-62。
3. 头盖，×4，采集号：L12，登记号：NIGP62985-63。
4. 头盖，×4，采集号：L12，登记号：NIGP62985-64。

陕西省陇县景福山地区牛心山（L12），馒头组 *Sinopagetia jinnanensis* 带中下部。

5—16. *Parachittidilla xiaolinghouensis* Lin et Wu in Zhang *et al*., 1980b

5. 头盖，×6，采集号：CD93，登记号：NIGP62985-65。
6. 头盖，×6，采集号：CD93，登记号：NIGP62985-66。
7. 头盖，×6，采集号：CD93，登记号：NIGP62985-67。

内蒙古自治区乌海市桌子山地区阿不切亥沟，胡鲁斯台组 *Ruichengaspis mirabilis* 带。

8. 头盖，×4，采集号：NZ5，登记号：NIGP62985-68。
9. 头盖，×8，采集号：NZ5，登记号：NIGP62985-69。
10. 尾部，×6，采集号：NZ3，登记号：NIGP62985-70。
11. 尾部，×20，采集号：NZ3，登记号：NIGP62985-71。
12. 头盖，×4，采集号：NZ3，登记号：NIGP62985-72。
13. 头盖，×8，采集号：NZ7，登记号：NIGP62985-73。
14. 头盖，×4，采集号：NZ7，登记号：NIGP62985-74。
15. 活动颊，×8，采集号：NZ3，登记号：NIGP62985-75。
16. 活动颊，×6，采集号：NZ3，登记号：NIGP62985-76。

内蒙古自治区乌海市岗德尔山东山口，胡鲁斯台组 *Luaspides shangzhuangensis* 带至 *Ruichengaspis mirabilis* 带。

图 版 51

1—7. *Metagraulos truncatus* Zhang et Yuan, 1981

1. 头盖，×6，采集号：NZ19，登记号：NIGP62265。
2. 头盖，×3，采集号：NZ19，登记号：NIGP62985-77。
3. 头盖，正模（Holotype），×4，采集号：NZ20，登记号：NIGP62264。
4. 头盖，×6，采集号：NZ19，登记号：NIGP62985-78。

5. 尾部，×8，采集号：NZ20，登记号：NIGP62263。

6. 头盖，×6，采集号：NZ20，登记号：NIGP62985-79。

7. 尾部，×10，采集号：NZ20，登记号：NIGP62985-80。

内蒙古自治区乌海市岗德尔山东山口，胡鲁斯台组 *Metagraulos dolon* 带。

8—13. *Metagraulos dolon*（Walcott, 1905）

8. 头盖，×8，采集号：NZ23，登记号：NIGP62985-81。

9. 尾部，×10，采集号：NZ23，登记号：NIGP62985-82。

10. 尾部，×10，采集号：NZ23，登记号：NIGP62985-83。

内蒙古自治区乌海市岗德尔山东山口，胡鲁斯台组 *Metagraulos dolon* 带。

11. 头盖，×8，采集号：CD100，登记号：NIGP62985-84。

12. 头盖，×6，采集号：CD102，登记号：NIGP62985-85。

13. 头盖，×15，采集号：CD102，登记号：NIGP62985-86。

内蒙古自治区乌海市桌子山地区阿不切亥沟，胡鲁斯台组 *Metagraulos dolon* 带。

14—16. *Metagraulos laevis* An in Duan *et al.*, 2005

14. 头盖，×6，采集号：L20a，登记号：NIGP62985-87。

15. 头盖，×5，采集号：L20a，登记号：NIGP62985-88。

16. 头盖，×10，采集号：L16a，登记号：NIGP62985-89。

陕西省陇县景福山地区牛心山，馒头组 *Metagraulos dolon* 带。

图 版 52

1—13. *Lorenzella postulosa* Yuan et Zhang, sp. nov.

1. 头盖，×10，采集号：NZ25，登记号：NIGP62985-90。

2. 头盖，×8，采集号：NZ24，登记号：NIGP62985-91。

3. 头盖，正模（Holotype），×8，采集号：NZ24，登记号：NIGP62985-92。

4. 头盖，×7，采集号：NZ25，登记号：NIGP62985-93。

5. 活动颊，×10，采集号：NZ24，登记号：NIGP62985-94。

6. 头盖，×8，采集号：NZ22，登记号：NIGP62985-95。

7. 头盖，×8，采集号：NZ24，登记号：NIGP62985-96。

8. 头盖，×10，采集号：NZ24，登记号：NIGP62985-97。

9. 尾部，×15，采集号：NZ24，登记号：NIGP62985-98。

10. 头盖，×6，采集号：NZ24，登记号：NIGP62985-99。

内蒙古自治区乌海市岗德尔山东山口，胡鲁斯台组 *Inouyops titiana* 带。

11. 头盖，×8，采集号：Q5-XIV-H28，登记号：NIGP62985-100。

12. 头盖，×8，采集号：Q5-XIV-H26，登记号：NIGP62985-101。

内蒙古自治区乌海市桌子山地区苏拜沟，胡鲁斯台组 *Inouyops titiana* 带。

13. 头盖，×15，采集号：Q5-54H2，登记号：NIGP62985-102。

内蒙古自治区乌海市桌子山地区可就不冲郭勒，胡鲁斯台组 *Inouyops titiana* 带。

14. *Lorenzella spinosa*（Zhou in Zhou *et al.*, 1982）

14. 头盖，×8，采集号：NH20，登记号：NIGP62985-103。

宁夏回族自治区贺兰山苏峪口至五道塘，胡鲁斯台组 *Inouyops titiana* 带。

15. *Lorenzella* sp. A

15. 头盖，×20，采集号：SZM1，登记号：NIGP62985-104。

山东长清张夏馒头山，馒头组 *Metagraulos nitidus* 带。

16. *Poriagraulos* sp.

16. 头盖，×8，采集号：L23，登记号：NIGP62985-105。

陕西省陇县景福山地区牛心山，馒头组 *Poriagraulos nanus* 带。

17. *Poriagraulos dactylogrammacus* Zhang et Yuan, 1981

17. 头盖，正模（Holotype），×8，采集号：L23，登记号：NIGP62267。

陕西省陇县景福山地区牛心山，馒头组 *Poriagraulos nanus* 带。

图 版 53

1—6. *Lorenzella spinosa*（Zhou in Zhou *et al.*, 1982）

1. 头盖，×4，采集号：L16b，登记号：NIGP62985-106。

2. 头盖，×5，采集号：L16b，登记号：NIGP62985-107。

3. 头盖，×6，采集号：L16b，登记号：NIGP62985-108。

4. 头盖，×5，采集号：L16b，登记号：NIGP62985-109。

5. 头盖，×8，采集号：L19，登记号：NIGP62985-110。

6. 头盖，×18，采集号：L19，登记号：NIGP62985-111。

陕西省陇县景福山地区牛心山，馒头组 *Metagraulos dolon* 带。

7—10. *Lorenzella* sp. A

7. 头盖，×8，采集号：CD103，登记号：NIGP62985-112。

8. 头盖，×8，采集号：CD103，登记号：NIGP62985-113。

9. 头盖，×10，采集号：CD103，登记号：NIGP62985-114。

10. 头盖，×10，采集号：CD103，登记号：NIGP62985-115。

内蒙古自治区乌海市桌子山地区阿不切亥沟，胡鲁斯台组 *Metagraulos dolon* 带。

11—18. *Metagraulos dolon*（Walcott, 1905）

11. 头盖，×3，采集号：NZ20，登记号：NIGP62985-116。

12. 头盖，×6，采集号：NZ20，登记号：NIGP62985-117。

13. 头盖，×4，采集号：NZ20，登记号：NIGP62985-118。

14. 头盖，×6，采集号：NZ18，登记号：NIGP62985-119。

内蒙古自治区乌海市岗德尔山东山口，胡鲁斯台组 *Metagraulos dolon* 带。

15. 头盖，×5，采集号：NC86，登记号：NIGP62985-120。

16. 头盖，×6，采集号：NC86，登记号：NIGP62985-121。

17. 头盖，×8，采集号：NC86，登记号：NIGP62985-122。

宁夏回族自治区同心县青龙山，胡鲁斯台组 *Metagraulos dolon* 带。

18. 头盖，×5，采集号：F34，登记号：NIGP62985-123。

宁夏回族自治区贺兰山苏峪口，胡鲁斯台组 *Metagraulos*

dolon 带。

图 版 54

1—4. *Inouyops latilimbatus* Zhang et Yuan, 1981

　1. 头盖，正模（Holotype），×6，采集号：NZ21，登记号：NIGP62266。

　2. 头盖，×6，采集号：NZ21，登记号：NIGP62985-124。

　3. 头盖，×6，采集号：NZ21，登记号：NIGP62985-125。

　4. 头盖，×6，采集号：NZ21，登记号：NIGP62985-126。

内蒙古自治区乌海市岗德尔山东山口，胡鲁斯台组 *Inouyops titiana* 带。

5—12. *Inouyops titiana*（Walcott, 1905）

　5. 头盖，×6，采集号：L20c，登记号：NIGP62985-127。

　6. 头盖，×8，采集号：L20c，登记号：NIGP62985-128。

　7. 头盖，×8，采集号：L20c，登记号：NIGP62985-129。

　8. 头盖，×8，采集号：L20c，登记号：NIGP62985-130。

陕西省陇县景福山地区牛心山，馒头组 *Inouyops titiana* 带。

　9. 头盖，×6，采集号：NH54，登记号：NIGP62985-131。

　10. 头盖，×6，采集号：NH54，登记号：NIGP62985-132。

内蒙古自治区阿拉善盟宗别立乡呼鲁斯太陶思沟，胡鲁斯台组 *Inouyops titiana* 带。

　11. 头盖，×5，采集号：NH19，登记号：NIGP62985-133。

　12. 头盖，×10，采集号：NH19，登记号：NIGP62985-134。

宁夏回族自治区贺兰山苏峪口至五道塘，胡鲁斯台组 *Inouyops titiana* 带。

13—15. *Lorenzella* sp. B

　13. 头盖，×8，采集号：F55（＝L21），登记号：NIGP62985-135。

　14. 尾部，×10，采集号：L21，登记号：NIGP62985-136。

　15. 尾部，×20，采集号：L21，登记号：NIGP62985-137。

陕西省陇县景福山地区牛心山，馒头组 *Inouyops titiana* 带。

16. *Inouyops* sp.

　16. 头盖，×3，采集号：Q5-XIV-H28，登记号：NIGP62985-138。

内蒙古自治区乌海市乌海市桌子山地区苏拜沟，胡鲁斯台组 *Inouyops titiana* 带。

17—19. *Lonchinouyia armata*（Walcott, 1906）

　17. 头盖，×5，采集号：Q5-54H3，登记号：NIGP62985-139。

内蒙古自治区乌海市桌子山地区可就不冲郭勒，胡鲁斯台组 *Inouyops titiana* 带。

　18. 活动颊，×3，采集号：NZ24，登记号：NIGP62985-140。

　19. 头盖，×10，采集号：NZ24，登记号：NIGP76373。

内蒙古自治区乌海市岗德尔山东山口，胡鲁斯台组 *Inouyops titiana* 带。

图 版 55

1—9. *Jinnania poriformis* Yuan et Zhang, sp. nov.

　1. 头盖，×8，采集号：NZ3，登记号：NIGP62985-141。

　2. 头盖，×10，采集号：NZ3，登记号：NIGP62985-142。

　3. 头盖，×10，采集号：NZ3，登记号：NIGP62985-143。

　4. 头盖，正模（Holotype），×10，采集号：NZ3，登记号：NIGP62985-144。

　5. 头盖，×10，采集号：NZ3，登记号：NIGP62985-145。

　6. 头盖，×10，采集号：NZ3，登记号：NIGP62985-146。

　7. 尾部，×4，采集号：NZ3，登记号：NIGP62985-147。

　8. 头盖，×15，采集号：NZ3，登记号：NIGP62985-148。

　9. 尾部，×6，采集号：NZ3，登记号：NIGP62985-149。

内蒙古自治区乌海市岗德尔山东山口，胡鲁斯台组 *Luaspides shangzhuangensis* 带。

10—16. *Jinnania ruichengensis* Lin et Wu in Zhang et al., 1980b

　10. 头盖，×8，采集号：L11（F40），登记号：NIGP62985-150。

陕西省陇县景福山地区牛心山，馒头组 *Ruichengaspis*

mirabilis 带。

　11. 头盖，×10，采集号：NZ5，登记号：NIGP62985-151。

　12. 头盖，×10，采集号：NZ5，登记号：NIGP62985-152。

　13. 头盖，×6，采集号：NZ7，登记号：NIGP62985-153。

　14. 活动颊，×8，采集号：NZ7，登记号：NIGP62985-154。

　15. 尾部，×10，采集号：NZ7，登记号：NIGP62985-155。

　16. 尾部，×10，采集号：NZ7，登记号：NIGP62985-156。

内蒙古自治区乌海市岗德尔山东山口，胡鲁斯台组 *Ruichengaspis mirabilis* 带。

17—19. *Plesioperiomma triangulata* Yuan et Zhang, sp. nov.

　17. 头盖，×5，采集号：F163，登记号：NIGP62985-157。

　18. 头盖，×4，采集号：F163，登记号：NIGP62985-158。

　19. 头盖，正模（Holotype），×4，采集号：F163，登记号：NIGP62985-159。

内蒙古自治区乌海市乌达西南 12 km，胡鲁斯台组 *Ruichengaspis mirabilis* 带。

图 版 56

1—4. *Asteromajia dongshankouensis* Zhu, sp. nov.

　1. 头盖，×3，采集号：NZ35，登记号：NIGP62985-160。

2. 活动颊，×2，采集号：NZ35，登记号：NIGP62985-161。

3. 尾部，正模（Holotype），×5，采集号：NZ35，登记号：NIGP62985-162。

4. 尾部，×5，采集号：NZ35，登记号：NIGP62985-163。

内蒙古自治区乌海市岗德尔山东山口（NZ35），胡鲁斯台组 *Lioparia blautoeides* 带。

5. *Idioura* sp.

5. 尾部，×3，采集号：NZ44，登记号：NIGP62985-164。

内蒙古自治区乌海市岗德尔山东山口，胡鲁斯台组 *Psilaspis changchengensis* 带上部。

6—8. *Niuxinshania longxianensis* Yuan et Zhang, gen. et sp. nov.

6. 尾部，×8，采集号：51F，登记号：NIGP62985-165。

7. 头盖，正模（Holotype），×8，采集号：51F，登记号：NIGP62985-166。

8. 头盖，×8，采集号：51F，登记号：NIGP62985-167。

陕西省陇县景福山地区牛心山，馒头组 *Sunaspis laevis-Sunaspidella rara* 带上部。

9. *Tetraceroura* sp.

9. 尾部，×2，采集号：NZ38，登记号：NIGP62985-168。

内蒙古自治区乌海市岗德尔山东山口，胡鲁斯台组 *Megagraulos inflatus* 带。

10, 11. *Tetraceroura transversa* Yuan et Zhu, sp. nov.

10. 尾部，×2，采集号：CD68，登记号：NIGP62985-169。

11. 尾部，正模（Holotype），×4，采集号：CD68，登记号：NIGP62985-170。

内蒙古自治区乌海市桌子山地区伊勒思图山西坡第二大沟，胡鲁斯台组 *Megagraulos inflatus* 带或 *Psilaspis changchengensis* 带。

12, 13. *Anomocarioides*？ sp.

12. 头盖，×3，采集号：NZ37，登记号：NIGP62985-171。

13. 头盖，×3，采集号：NZ37，登记号：NIGP62985-172。

内蒙古自治区乌海市岗德尔山东山口，胡鲁斯台组 *Megagraulos inflatus* 带。

14. *Asteromajia*？ sp.

14. 头盖，×3，采集号：NZ37，登记号：NIGP62985-173。

内蒙古自治区乌海市岗德尔山东山口，胡鲁斯台组 *Megagraulos inflatus* 带。

15—17. *Parayujinia convexa* Yuan et Zhang, sp. nov.

15. 头盖，×8，采集号：Q5-XIV-H9，登记号：NIGP62985-174。

16. 头盖，×8，采集号：Q5-XIV-H8，登记号：NIGP62985-175。

内蒙古自治区乌海市桌子山地区苏拜沟，胡鲁斯台组 *Sunaspis laevis-Sunaspidella rara* 带中下部。

17. 头盖，正模（Holotype），×5，采集号：NZ08，登记号：NIGP62985-176。

内蒙古自治区乌海市岗德尔山东山口，胡鲁斯台组 *Sunaspis laevis-Sunaspidella rara* 带中下部。

18. *Wuhushania cylindrica* Zhang et Yuan, 1981

18. 活动颊，×5，采集号：L15，登记号：NIGP62985-177。

陕西省陇县景福山地区牛心山，馒头组 *Sunaspis laevis-Sunaspidella rara* 带上部。

图 版 57

1—13. *Proasaphiscus zhuozishanensis* Yuan et Zhu, sp. nov.

1. 头盖，正模（Holotype），×2，采集号：CD104，登记号：NIGP62985-178。

2. 尾部和部分头盖，×2，采集号：CD104，登记号：NIGP62985-179。

3. 尾部，×3，采集号：CD104，登记号：NIGP62985-180。

4. 唇瓣，×4，采集号：CD104，登记号：NIGP62985-181。

5. 头盖，×2，采集号：CD104，登记号：NIGP62985-182。

6. 头盖，×2，采集号：CD104，登记号：NIGP62985-183。

7. 尾部，×2，采集号：CD104，登记号：NIGP62985-184。

8. 头盖，×3，采集号：CD104，登记号：NIGP62985-185。

9. 头盖，×3，采集号：CD104，登记号：NIGP62985-186。

10. 尾部和头盖，×2，采集号：CD104，登记号：NIGP62985-187。

11. 活动颊，×3，采集号：CD104，登记号：NIGP62985-188。

12. 尾部，×4，采集号：CD104，登记号：NIGP62985-189。

13. 头盖，×2，采集号：CD104，登记号：NIGP62985-190。

内蒙古自治区乌海市桌子山地区阿不切亥沟，胡鲁斯台组 *Poriagraulos nanus* 带。

14, 15. *Proasaphiscus quadratus* (Hsiang in Lu *et al*., 1963a)

14. 尾部，×5，采集号：L26，登记号：NIGP62985-191。

15. 头盖，×6，采集号：L27，登记号：NIGP62985-192。

陕西陇县景福山地区牛心山，张夏组 *Lioparia blautoeides* 带。

图 版 58

1—3. *Zhongtiaoshanaspis similis* Zhang et Yuan, 1981

1. 头盖，正模（Holotype），×4，采集号：NH32，登记号：NIGP62239。

2. 头盖，×4，采集号：NH32，登记号：NIGP62238。

3. 头盖，×4，采集号：NH32，登记号：NIGP62985-193。

内蒙古自治区阿拉善盟呼鲁斯太陶思沟，胡鲁斯台组 *Zongtiaoshanaspis similis* 带。

4—6. *Zhongtiaoshanaspis ruichengensis* Zhang et Yuan in Zhang *et al*., 1980b

4. 头盖，×6，采集号：NH32，登记号：NIGP62985-194。

5. 头盖，×6，采集号：NH32，登记号：NIGP62985-195。

6. 头盖，×6，采集号：NH32，登记号：NIGP62985-196。

内蒙古自治区阿拉善盟呼鲁斯太陶思沟，胡鲁斯台组 *Zongtiaoshanaspis similis* 带。

7. *Iranoleesia* (*Proasaphiscina*) *quadrata* Lin et Wu in Zhang et al., 1980b

　7. 头盖，×10，采集号：SR17a，登记号：NIGP51201。

　山西省芮城县水峪中条山，馒头组 *Sunaspis laevis-Sunaspidella rara* 带下部。

8—15. *Iranoleesia* (*Iranoleesia*) *angustata* Yuan et Zhang, sp. nov.

　8. 头盖，正模（Holotype），×6，采集号：Q35-XII-H17，登记号：NIGP62985-197。

　9. 头盖，×6，采集号：Q35-XII-H17，登记号：NIGP62985-198。

　10. 尾部，×6，采集号：Q35-XII-H17，登记号：NIGP62985-199。

　内蒙古自治区乌海市北部千里山，胡鲁斯台组 *Sunaspis laevis-Sunaspidella rara* 带下部。

　11. 不完整背壳，×6，采集号：76-302-F30，登记号：NIGP62985-200。

　12. 头盖，×6，采集号：76-302-F30，登记号：NIGP62985-201。

　内蒙古自治区乌海市岗德尔山东山口，胡鲁斯台组 *Sunaspis laevis-Sunaspidella rara* 带下部。

　13. 头盖，×15，采集号：NH44，登记号：NIGP62985-202。

　14. 头盖，×8，采集号：NH43，登记号：NIGP62985-203。

　15. 头盖，×8，采集号：NH43，登记号：NIGP62985-204。

内蒙古自治区阿拉善盟呼鲁斯太陶思沟，胡鲁斯台组 *Sunaspis laevis-Sunaspidella rara* 带下部。

16, 17. *Zhongweia cylindrica* Yuan et Zhang, sp. nov.

　16. 头盖，×4，采集号：306-F31，登记号：NIGP62985-205。

　17. 头盖，×5，采集号：306-F31，登记号：NIGP62985-206。

　宁夏回族自治区贺兰山苏峪口至五道塘，胡鲁斯台组 *Sunaspis laevis-Sunaspidella rara* 带下部。

18, 19. *Iranoleesia* (*Proasaphiscina*) *pustulosa* Yuan et Zhang, sp. nov.

　18. 头盖，×4，采集号：NH8，登记号：NIGP62985-207。

　宁夏回族自治区贺兰山苏峪口至五道塘，胡鲁斯台组 *Metagraulos dolon* 带。

　19. 头盖，正模（Holotype），×5，采集号：NZ23，登记号：NIGP62985-208。

　内蒙古自治区乌海市岗德尔山东山口，胡鲁斯台组 *Metagraulos dolon* 带。

20. *Iranoleesia* (*Proasaphiscina*) *microspina* Yuan et Zhang, sp. nov.

　20. 活动颊，×6，采集号：NZ20，登记号：NIGP62985-209。

　内蒙古自治区乌海市岗德尔山东山口，胡鲁斯台组 *Metagraulos dolon* 带。

图　版　59

1—16. *Iranoleesia* (*Proasaphiscina*) *microspina* Yuan et Zhang, sp. nov.

　1. 头盖，正模（Holotype），×4，采集号：NZ20，登记号：NIGP62985-210。

　2. 头盖，×4，采集号：NZ20，登记号：NIGP62985-211。

　3. 头盖，×4，采集号：NZ20，登记号：NIGP62985-212。

　4. 头盖，×3，采集号：NZ20，登记号：NIGP62985-213。

　5. 胸尾部，×3，采集号：NZ23，登记号：NIGP62985-214。

　6. 胸尾部，×3，采集号：NZ23，登记号：NIGP62985-215。

　7. 尾部，×10，采集号：NZ23，登记号：NIGP62985-216。

　8. 头盖，×4，采集号：NZ23，登记号：NIGP62985-217。

　9. 头盖，×6，采集号：NZ23，登记号：NIGP62985-218。

　10. 头盖，×3，采集号：NZ19，登记号：NIGP62985-219。

　11. 尾部，×10，采集号：NZ23，登记号：NIGP62985-220。

　12. 尾部，×4，采集号：NZ20，登记号：NIGP62985-221。

　13. 尾部，×4，采集号：NZ20，登记号：NIGP62985-222。

　14. 头盖，×3，采集号：NZ23，登记号：NIGP62985-223。

　15. 尾部，×3，采集号：NZ20，登记号：NIGP62985-224。

　内蒙古自治区乌海市岗德尔山东山口，胡鲁斯台组 *Metagraulos dolon* 带。

　16. 头盖，×4，采集号：CD104，登记号：NIGP62985-225。

　内蒙古自治区乌海市桌子山地区阿不切亥沟，胡鲁斯台组 *Poriagraulos nanus* 带。

图　版　60

1—5. *Shanxiella* (*Shanxiella*) *venusta* Lin et Wu in Zhang et al., 1980b

　1. 头盖，×2.2，采集号：NC63，登记号：NIGP62985-226。

　宁夏回族自治区同心县青龙山，胡鲁斯台组 *Sunaspis laevis-Sunaspidella rara* 带中上部。

　2. 头盖，正模（Holotype），×2，采集号：SR17a，登记号：NIGP51207。

　山西省芮城县水峪中条山，馒头组 *Sunaspis laevis-Sunaspidella rara* 带中下部。

　3. 尾部，×2，采集号：QII-I-H19，登记号：NIGP62985-227。

　4. 尾部，×2，采集号：QII-I-H19，登记号：NIGP62985-228。

内蒙古自治区阿拉善盟呼鲁斯太陶思沟，胡鲁斯台组 *Sunaspis laevis-Sunaspidella rara* 带中上部。

　5. 尾部，×2，采集号：NZ06，登记号：NIGP62985-229。

　内蒙古自治区乌海市岗德尔山东山口，胡鲁斯台组 *Sunaspis laevis-Sunaspidella rara* 带中部。

6—9. *Shanxiella* (*Shanxiella*) *xiweikouensis* Yuan et Zhang, sp. nov.

　6. 尾部，×3，采集号：NH12，登记号：NIGP62985-230。

　7. 尾部，×3，采集号：NH12，登记号：NIGP62985-231。

　宁夏回族自治区贺兰山苏峪口至五道塘，胡鲁斯台组 *Sunaspis laevis-Sunaspidella rara* 带中上部。

8. 头盖, 正模 (Holotype), ×2, 采集号: 化17, 登记号: NIGP62985-232。

9. 尾部, ×2, 采集号: 化17, 登记号: NIGP62985-233。
山西河津县西碉口, 馒头组 *Sunaspis laevis-Sunaspidella rara* 带中部。

10—13. *Shanxiella (Jiwangshania) rotundolimbata* Zhang et Wang, 1985

10. 头盖, ×2, 采集号: L14, 登记号: NIGP62985-234。

11. 头盖, ×5, 采集号: L14, 登记号: NIGP62985-235。

12. 尾部, ×3, 采集号: L14, 登记号: NIGP62985-236。

13. 尾部, ×5, 采集号: L14, 登记号: NIGP62985-237。
陕西省陇县景福山地区牛心山, 馒头组 *Sunaspis laevis-Sunaspidella rara* 带中部。

14—16. *Shanxiella (Jiwangshania) flabelliformis* Qiu in Qiu et al., 1983

14. 头盖, ×2, 采集号: NH46, 登记号: NIGP62985-238。

15. 尾部, ×4, 采集号: NH46, 登记号: NIGP62985-239。

16. 头盖, ×5, 采集号: NH46, 登记号: NIGP62985-240。
内蒙古自治区阿拉善盟呼鲁斯太陶思沟, 胡鲁斯台组 *Sunaspis laevis-Sunaspidella rara* 带中下部。

图 版 61

1—4, 16. *Iranoleesia (Proasaphiscina) microspina* Yuan et Zhang, sp. nov.

1. 头盖, ×8, 采集号: NZ19, 登记号: NIGP62985-241。

2. 头盖, ×1.5, 采集号: NZ20, 登记号: NIGP62985-242。

3. 尾部, ×4, 采集号: NZ23, 登记号: NIGP62985-243。

4. 活动颊, ×6, 采集号: NZ23, 登记号: NIGP62985-244。

16. 头盖, ×4, 采集号: NZ23, 登记号: NIGP 62985-902。
内蒙古自治区乌海市岗德尔山东山口, 胡鲁斯台组 *Metagraulos dolon* 带。

5—7. *Michaspis taosigouensis* (Zhang et Yuan, 1981)

5. 头盖, 正模 (Holotype), ×4, 采集号: NH55, 登记号: NIGP62268。

6. 尾部, ×8, 采集号: NH55, 登记号: NIGP62269。

7. 活动颊, ×4, 采集号: NH55, 登记号: NIGP62985-245。
内蒙古自治区阿拉善盟呼鲁斯太陶思沟, 胡鲁斯台组 *Bailiella lantenoisi* 带。

8, 9. *Proasaphiscus quadratus* (Hsiang in Lu et al., 1963a)

8. 头盖, ×4, 采集号: NC107, 登记号: NIGP62985-246。

9. 头盖, ×6, 采集号: NC107, 登记号: NIGP62985-247。

宁夏回族自治区同心县青龙山, 胡鲁斯台组 *Lioparia blautoeides* 带。

10—12. *Shanxiella (Shanxiella) venusta* Lin et Wu in Zhang et al., 1980b

10. 头盖, ×8, 采集号: CD98, 登记号: NIGP62985-248。

11. 头盖, ×4, 采集号: CD98, 登记号: NIGP62985-249。

12. 头盖, ×2, 采集号: CD98, 登记号: NIGP62985-250。
内蒙古自治区乌海市阿不切亥沟, 胡鲁斯台组 *Sunaspis laevis-Sunaspidella rara* 带中下部。

13. *Iranoleesia (Proasaphiscina)* sp. A

13. 头盖, ×4, 采集号: NH17, 登记号: NIGP62985-251。
宁夏回族自治区贺兰山苏峪口至五道塘, 胡鲁斯台组 *Metagraulos dolon* 带。

14, 15. *Shanxiella (Shanxiella)* sp.

14. 头盖, ×6, 采集号: 76-302-F52, 登记号: NIGP62985-252。

15. 尾部, ×4, 采集号: 76-302-F52, 登记号: NIGP62985-253。
内蒙古自治区乌海市岗德尔山东山口, 胡鲁斯台组 *Sunaspis laevis-Sunaspidella rara* 带中上部。

图 版 62

1—10. *Gangdeeria neimengguensis* Zhang et Yuan in Zhang et al., 1980b

1. 头盖, ×8, 采集号: NZ24, 登记号: NIGP51199。

2. 头盖, 正模 (Holotype), ×8, 采集号: NZ24, 登记号: NIGP51198。

3. 尾部, ×8, 采集号: NZ24, 登记号: NIGP51200。

4. 尾部, ×4, 采集号: NZ22, 登记号: NIGP62985-254。

5. 尾部, ×4, 采集号: NZ22, 登记号: NIGP62985-255。
内蒙古自治区乌海市岗德尔山东山口, 胡鲁斯台组 *Inouyops titiana* 带。

6. 尾部, ×4, 采集号: NH20, 登记号: NIGP62985-256。

7. 头盖, ×5, 采集号: NH18, 登记号: NIGP62985-257。

8. 头盖, ×2, 采集号: NH20, 登记号: NIGP62985-258。
宁夏回族自治区贺兰山苏峪口至五道塘, 胡鲁斯台组 *Inouyops titiana* 带。

9. 尾部, ×4, 采集号: NH54, 登记号: NIGP62985-259。

10. 头盖, ×4, 采集号: NH54, 登记号: NIGP62985-260。
内蒙古自治区阿拉善盟宗别立乡呼鲁斯太陶思沟, 胡鲁斯台组 *Inouyops titiana* 带。

11—17. *Gangdeeria obvia* Yuan et Zhang, sp. nov.

11. 头盖, ×6, 采集号: Q5-XIV-H26, 登记号: NIGP62985-261。

12. 唇瓣, ×15, 采集号: Q5-XIV-H26, 登记号: NIGP62985-262。

13. 头盖, 正模 (Holotype), ×4, 采集号: Q5-XIV-H26, 登记号: NIGP62985-263。

14. 尾部, ×6, 采集号: Q5-XIV-H26, 登记号: NIGP62985-264。

内蒙古自治区乌海市桌子山地区苏拜沟, 胡鲁斯台组 *Inouyops titiana* 带。

15. 尾部，×3，采集号：Q5-54H2，登记号：NIGP62985-265。

16. 唇瓣，×20，采集号：Q5-54H2，登记号：NIGP62985-266。

17. 头盖，×15，采集号：Q5-54H1，登记号：NIGP62985-267。

内蒙古自治区乌海市桌子山地区可就不冲郭勒，胡鲁斯台组 *Inouyops titiana* 带。

18, 19. *Gangdeeria* sp. A

18. 头盖，×5，采集号：NH34，登记号：NIGP62985-268。

19. 头盖，×6，采集号：NH34，登记号：NIGP62985-269。

内蒙古自治区阿拉善盟呼鲁斯太陶思沟，胡鲁斯台组 *Sinopagetia jinnanensis* 带。

图 版 63

1—12. *Lioparella typica* (Zhang et Yuan, 1981)

1. 头盖，正模（Holotype），×6，采集号：NZ20，登记号：NIGP62261。

2. 头盖，×3，采集号：NZ23，登记号：NIGP62985-270。

3. 头盖，×3，采集号：NZ23，登记号：NIGP62985-271。

4. 尾部，×3，采集号：NZ20，登记号：NIGP62985-272。

5. 尾部，×3，采集号：NZ20，登记号：NIGP62985-273。

6. 头盖，×4，采集号：NZ23，登记号：NIGP62985-274。

7. 尾部，×4，采集号：NZ20，登记号：NIGP62262。

8. 活动颊，×6，采集号：NZ23，登记号：NIGP62985-275。

9. 唇瓣，×10，采集号：NZ20，登记号：NIGP62985-276。

10. 头盖，×3，采集号：NZ20，登记号：NIGP62985-277。

11. 头盖，×3，采集号：NZ20，登记号：NIGP62985-278。

12. 头盖，×4，采集号：NZ20，登记号：NIGP62985-279。

内蒙古自治区乌海市岗德尔山东山口，胡鲁斯台组 *Metagraulos dolon* 带。

图 版 64

1—7. *Lioparella walcotti* (Kobayashi, 1937)

1. 头盖，×4，采集号：CD102，登记号：NIGP62985-280。

2. 头盖，×4，采集号：CD102，登记号：NIGP62985-281。

3. 尾部，×6，采集号：CD102，登记号：NIGP62985-282。

4. 头盖，×2，采集号：69层，登记号：NIGP62985-283。

内蒙古自治区乌海市桌子山地区阿不切亥沟，胡鲁斯台组 *Metagraulos dolon* 带。

5. 头盖，×4，采集号：CD60，登记号：NIGP62985-284。

6. 头盖，×4，采集号：CD60，登记号：NIGP62985-285。

7. 活动颊，×4，采集号：CD60，登记号：NIGP62985-286。

内蒙古自治区乌海市桌子山地区伊勒思图山西坡第二大沟，胡鲁斯台组 *Metagraulos dolon* 带。

8—13. *Lioparella typica* (Zhang et Yuan, 1981)

8. 头盖，×3，采集号：CD61，登记号：NIGP62985-287。

内蒙古自治区乌海市桌子山地区伊勒思图山西坡第二大沟，胡鲁斯台组 *Metagraulos dolon* 带。

9. 尾部，×3，采集号：NZ20，登记号：NIGP62985-288。

10. 尾部，×4，采集号：NZ23，登记号：NIGP62985-289。

11. 尾部，×9，采集号：NZ23，登记号：NIGP62985-290。

内蒙古自治区乌海市岗德尔山东山口，胡鲁斯台组 *Metagraulos dolon* 带。

12. 尾部，×4，采集号：NH52，登记号：NIGP62985-291。

内蒙古自治区阿拉善盟呼鲁斯太陶思沟，胡鲁斯台组 *Metagraulos dolon* 带。

13. 尾部，×5，采集号：F34，登记号：NIGP62985-292。

宁夏回族自治区贺兰山苏峪口，胡鲁斯台组 *Metagraulos dolon* 带。

14—17. *Gangdeeria obvia* Yuan et Zhang, sp. nov.

14. 头盖，×6，采集号：CD103，登记号：NIGP62985-293。

15. 尾部，×3，采集号：CD103，登记号：NIGP62985-294。

16. 头盖，×5，采集号：CD103，登记号：NIGP62985-295。

17. 头盖，×3，采集号：CD103，登记号：NIGP62985-296。

内蒙古自治区乌海市桌子山地区阿不切亥沟，胡鲁斯台组 *Metagraulos dolon* 带。

图 版 65

1，2. *Lioparella typica* (Zhang et Yuan, 1981)

1. 头盖，×3，采集号：NC86，登记号：NIGP62985-297。

2. 尾部，×2，采集号：NC86，登记号：NIGP62985-298。

宁夏回族自治区同心县青龙山，胡鲁斯台组 *Metagraulos dolon* 带。

3—7. *Lioparella walcotti* (Kobayashi, 1937)

3. 头盖，×2，采集号：NC86，登记号：NIGP62985-299。

4. 尾部，×4，采集号：NC86，登记号：NIGP62985-300。

5. 尾部，×4，采集号：NC84，登记号：NIGP62985-301。

宁夏回族自治区同心县青龙山，胡鲁斯台组 *Metagraulos dolon* 带。

6. 尾部，×4，采集号：NZ20，登记号：NIGP62985-302。

内蒙古自治区乌海市岗德尔山东山口，胡鲁斯台组 *Metagraulos dolon* 带。

7. 尾部，×4，采集号：L20a，登记号：NIGP62985-303。

陕西陇县景福山地区牛心山，馒头组 *Metagraulos dolon* 带。

8—12. *Lioparella suyukouensis* Yuan et Zhang, sp. nov.

8. 头盖，正模（Holotype），×3，采集号：F33顶，登记号：NIGP62985-304。

9. 尾部，×3，采集号：F33顶，登记号：NIGP62985-305。

10. 尾部，×3，采集号：F33顶，登记号：NIGP62985-306。

宁夏回族自治区贺兰山苏峪口，胡鲁斯台组 *Metagraulos dolon* 带。

11. 头盖，×5，采集号：NH52，登记号：NIGP62985-307。内蒙古自治区阿拉善盟呼鲁斯太陶思沟，胡鲁斯台组 *Metagraulos dolon* 带。

12. 头盖，×5，采集号：CD103，登记号：NIGP62985-308。内蒙古自治区乌海市桌子山地区阿不切亥沟，胡鲁斯台组 *Metagraulos dolon* 带。

13. *Lioparella* sp.

13. 头盖，×5，采集号：F34，登记号：NIGP62985-309。

宁夏回族自治区贺兰山苏峪口，胡鲁斯台组 *Metagraulos dolon* 带。

14—17. *Lioparella tolus*（Walcott, 1905）

14. 尾部，×4，采集号：LQH-1，登记号：NIGP62985-310。

15. 尾部，×4，采集号：LQH-1，登记号：NIGP62985-311。

16. 头盖，×4，采集号：LQH-1，登记号：NIGP62985-312。

17. 尾部，×4，采集号：LQH-1，登记号：NIGP62985-313。

陕西省礼泉县寒水沟，馒头组 *Poriagraulos nanus* 带。

图 版 66

1—5. *Psilaspis changchengensis*（Zhang et Wang, 1985）

1. 头盖，×1.5，采集号：CD108，登记号：NIGP62985-314。

2. 头盖，×3，采集号：CD108，登记号：NIGP62985-315。

3. 尾部，×6，采集号：CD108，登记号：NIGP62985-316。

4. 尾部，×5，采集号：CD108，登记号：NIGP62985-317。

5. 唇瓣，×6，采集号：CD108，登记号：NIGP62985-318。

内蒙古自治区乌海市桌子山地区阿不切亥沟，胡鲁斯台组 *Psilaspis changchengensis* 带。

6—9. *Psilaspis temenus*（Walcott, 1905）

6. 头盖，×2，采集号：CD109，登记号：NIGP62985-319。

7. 尾部，×2，采集号：CD109，登记号：NIGP62985-320。

8. 尾部，×2，采集号：CD109，登记号：NIGP62985-321。

9. 尾部，×2，采集号：CD109，登记号：NIGP62985-322。

内蒙古自治区乌海市桌子山地区阿不切亥沟，胡鲁斯台组 *Psilaspis changchengensis* 带。

10—16. *Yujinia granulosa* Zhu, sp. nov.

10. 头盖，正模（Holotype），×8，采集号：NZ31，登记号：NIGP62985-323。

11. 头盖，×3，采集号：NZ31，登记号：NIGP62985-324。

12. 头盖，×5，采集号：NZ31，登记号：NIGP62985-325。

13. 头盖，正模（Holotype），×4，采集号：NZ31，登记号：NIGP62985-326。

14. 头盖，×3，采集号：NZ31，登记号：NIGP62985-327。

15. 头盖，×4，采集号：NZ31，登记号：NIGP62985-328。

16. 尾部，×6，采集号：NZ31，登记号：NIGP62985-329。

内蒙古自治区乌海市岗德尔山东山口，胡鲁斯台组 *Lioparia blautoeides* 带。

17. *Proasaphiscus* sp. A

17. 头盖，×6，采集号：NZ28，登记号：NIGP62985-330。

内蒙古自治区乌海市岗德尔山东山口，胡鲁斯台组 *Bailiella lantenoisi* 带。

图 版 67

1—13. *Psilaspis affinis* Zhu et Yuan, sp. nov.

1. 头盖，正模（Holotype），×3，采集号：CD110，登记号：NIGP62985-331。

2. 头盖，×4，采集号：CD110，登记号：NIGP62985-332。

3. 头盖，×2，采集号：CD110，登记号：NIGP62985-333。

4. 头盖，×6，采集号：CD110，登记号：NIGP62985-334。

5. 尾部，×2，采集号：CD110，登记号：NIGP62985-335。

6. 尾部，×2，采集号：CD110，登记号：NIGP62985-336。

7. 头盖，×2，采集号：CD110，登记号：NIGP62985-337。

8. 头盖，×5，采集号：CD110，登记号：NIGP62985-338。

9. 头盖，×3，采集号：CD110，登记号：NIGP62985-339。

10. 尾部，×5，采集号：CD110，登记号：NIGP62985-340。

11. 尾部，×2，采集号：CD110，登记号：NIGP62985-341。

12. 头盖，×2，采集号：CD110，登记号：NIGP62985-342。

13. 尾部，×2，采集号：CD110，登记号：NIGP62985-343。

内蒙古自治区乌海市桌子山地区阿不切亥沟，胡鲁斯台组 *Psilaspis changchengensis* 带。

14—18. *Psilaspis dongshankouensis* Zhu et Yuan, sp. nov.

14. 头盖，×3，采集号：CD110，登记号：NIGP62985-344。

15. 头盖，×3，采集号：CD110，登记号：NIGP62985-345。

16. 尾部，×2，采集号：CD110，登记号：NIGP62985-346。

17. 尾部，×2，采集号：CD110，登记号：NIGP62985-347。

18. 尾部，×2，采集号：CD110，登记号：NIGP62985-348。

内蒙古自治区乌海市桌子山地区阿不切亥沟，胡鲁斯台组 *Psilaspis changchengensis* 带。

图 版 68

1—18. *Psilaspis dongshankouensis* Zhu et Yuan, sp. nov.

1. 头盖，×5，采集号：NZ44，登记号：NIGP62985-349。

2. 头盖，×3，采集号：NZ44，登记号：NIGP62985-350。

3. 头盖，×5，采集号：NZ44，登记号：NIGP62985-351。

4. 头盖，×5，采集号：NZ44，登记号：NIGP62985-352。

5. 尾部，×3，采集号：NZ44，登记号：NIGP62985-353。

6. 尾部，×3，采集号：NZ44，登记号：NIGP62985-354。

7. 头盖，×2，采集号：NZ44，登记号：NIGP62985-355。

8. 尾部，×2，采集号：NZ44，登记号：NIGP62985-356。

9. 尾部，×1.5，采集号：NZ44，登记号：NIGP62985-357。

10. 尾部，×2，采集号：NZ44，登记号：NIGP62985-358。

11. 头盖，正模（Holotype），×3，采集号：NZ44，登记号：NIGP62985-359。

12. 尾部，×2，采集号：NZ44，登记号：NIGP62985-360。

13. 尾部，×3，采集号：NZ44，登记号：NIGP62985-361。

14. 头盖，×2，采集号：NZ44，登记号：NIGP62985-362。

15. 头盖，×3，采集号：NZ44，登记号：NIGP62985-363。

16. 活动颊，×3，采集号：NZ44，登记号：NIGP62985-364。

17. 尾部，×1.5，采集号：NZ44，登记号：NIGP62985-365。

18. 头盖，×2，采集号：NZ44，登记号：NIGP62985-366。

内蒙古自治区乌海市岗德尔山东山口，胡鲁斯台组 *Psilaspis changchengensis* 带。

19. *Psilaspis affinis* Zhu et Yuan, sp. nov.

19. 尾部，×2，采集号：CD110，登记号：NIGP62985-367。

内蒙古自治区乌海市桌子山地区阿不切亥沟，胡鲁斯台组 *Psilaspis changchengensis* 带。

图 版 69

1—9. *Yanshaniashania similis* Zhu et Yuan, sp. nov.

1. 头盖，×4，采集号：NZ41，登记号：NIGP62985-368。

2. 头盖，正模（Holotype），×2，采集号：NZ41，登记号：NIGP62985-369。

3. 头盖，×4，采集号：NZ41，登记号：NIGP62985-370。

4. 头盖，×4，采集号：NZ41，登记号：NIGP62985-371。

5. 头盖，×5，采集号：NZ41，登记号：NIGP62985-372。

6. 头盖，×4，采集号：NZ41，登记号：NIGP62985-373。

7. 头盖，×4，采集号：NZ41，登记号：NIGP62985-374。

8. 头盖，×3，采集号：NZ41，登记号：NIGP62985-375。

9. 尾部，×2，采集号：NZ41，登记号：NIGP62985-376。

内蒙古自治区乌海市岗德尔山东山口，胡鲁斯台组 *Megagraulos inflatus* 带。

10—13. *Proasaphiscus tatian* (Walcott, 1905)

10. 头盖，×5，采集号：NZ40，登记号：NIGP62985-377。

11. 头盖，×4，采集号：NZ40，登记号：NIGP62985-378。

12. 头盖，×4，采集号：NZ40，登记号：NIGP62985-379。

13. 尾部，×5，采集号：NZ40，登记号：NIGP62985-380。

内蒙古自治区乌海市岗德尔山东山口，胡鲁斯台组 *Megagraulos inflatus* 带。

14—19. *Heyelingella shuiyuensis* Zhang et Yuan in Zhang et al., 1980b

14. 头盖，×10，采集号：NZ37，登记号：NIGP62985-381。

15. 头盖，×3，采集号：NZ37，登记号：NIGP62985-382。

16. 头盖，×8，采集号：NZ37，登记号：NIGP62985-383。

17. 头盖，×3，采集号：NZ37，登记号：NIGP62985-384。

18. 头盖，×3，采集号：NZ37，登记号：NIGP62985-385。

19. 头盖，×4，采集号：NZ37，登记号：NIGP62985-386。

内蒙古自治区乌海市岗德尔山东山口，胡鲁斯台组 *Megagraulos inflatus* 带。

20, 21. *Anomocarella? antiqua* Yuan in Yuan et al., 2012

20. 头盖，×3，采集号：NZ39，登记号：NIGP62985-387。

21. 头盖，×2，采集号：NZ39，登记号：NIGP62985-388。

内蒙古自治区乌海市岗德尔山东山口，胡鲁斯台组 *Megagraulos inflatus* 带。

22. *Manchuriella* sp.

22. 头盖，×3，采集号：NZ39，登记号：NIGP62985-389。

内蒙古自治区乌海市岗德尔山东山口，胡鲁斯台组 *Megagraulos inflatus* 带。

23, 24. Proasaphiscidae gen. et sp. indet.

23. 头盖，×2，采集号：NZ52，登记号：NIGP62985-390。

24. 头盖，×2，采集号：NZ52，登记号：NIGP62985-391。

内蒙古自治区乌海市岗德尔山东山口，胡鲁斯台组 *Blackwelderia tenuilimbata* 带。

25. *Proasaphiscus quadratus* (Hsiang in Lu et al., 1963a)

25. 头盖，×3，采集号：NZ35，登记号：NIGP62985-392。

内蒙古自治区乌海市岗德尔山东山口，胡鲁斯台组 *Lioparia blautoeides* 带。

图 版 70

1—10. *Paraszeaspis quadratus* Yuan et Zhang, gen. et sp. nov.

1. 头盖，正模（Holotype），×4，采集号：NH44，登记号：NIGP62985-393。

2. 头盖，×4，采集号：NH44，登记号：NIGP62985-394。

3. 头盖，×5，采集号：NH44，登记号：NIGP62985-395。

4. 尾部，×5，采集号：NH44，登记号：NIGP62985-396。

5. 头盖，×5，采集号：NH44，登记号：NIGP62985-397。

6. 活动颊，×4，采集号：NH44，登记号：NIGP62985-398。

7. 尾部，×6，采集号：NH44，登记号：NIGP62985-399。

8. 尾部，×20，采集号：NH44，登记号：NIGP62985-400。

9. 唇瓣，×20，采集号：NH43，登记号：NIGP62985-401。

10. 尾部，×6，采集号：NH43，登记号：NIGP62985-402。

内蒙古自治区阿拉善盟呼鲁斯太陶思沟，胡鲁斯台组 *Sunaspis laevis-Sunaspidella rara* 带下部。

11—13. *Paraszeaspis* sp.

11. 尾部，×4，采集号：NC57，登记号：NIGP62985-403。

12. 尾部，×5，采集号：NC57，登记号：NIGP62985-404。

13. 活动颊，×5，采集号：NC57，登记号：NIGP62985-405。

宁夏回族自治区同心县青龙山，胡鲁斯台组 *Sunaspis laevis-Sunaspidella rara* 带下部。

14—18. *Parachittidilla xiaolinghouensis* Lin et Wu in Zhang et al., 1980b

14. 尾部，×8，采集号：L12，登记号：NIGP62985-406。

15. 头盖，×5，采集号：L12，登记号：NIGP62985-407。

16. 头盖，×5，采集号：L12，登记号：NIGP62985-408。

17. 头盖，×5，采集号：L12，登记号：NIGP62985-409。

18. 头盖，×5，采集号：L12，登记号：NIGP62985-410。

陕西省陇县景福山地区牛心山，馒头组 *Sinopagetia jinnanensis* 带中下部。

19—21. *Protochittidilla poriformis* (Qiu in Qiu *et al*., 1983)

19. 头盖，×5，采集号：NH6，登记号：NIGP62985-411。

20. 头盖，×5，采集号：NH6，登记号：NIGP62985-412。

宁夏回族自治区贺兰山苏峪口至五道塘，胡鲁斯台组 *Ruichengaspis mirabilis* 带。

21. 活动颊，×6.8，采集号：SBT0，登记号：NIGP62985-413。

内蒙古自治区乌海市桌子山地区苏拜沟，胡鲁斯台组 *Ruichengaspis mirabilis* 带。

22—24. *Haniwoides? niuxinshanensis* Yuan et Zhang, sp. nov.

22. 头盖，正模（Holotype），×8，采集号：L21，登记号：NIGP62985-414。

23. 头盖，×15，采集号：L21，登记号：NIGP62985-415。

24. 头盖，×15，采集号：L21，登记号：NIGP62985-416。

陕西省陇县景福山地区牛心山，馒头组 *Inouyops titiana* 带。

25. *Dorypyge* sp. B

25. 唇瓣，×7.5，采集号：GDNT0-1，登记号：NIGP62985-417。

内蒙古自治区乌海市岗德尔山北麓，胡鲁斯台组中部。

26. Ordosiidae gen. et sp. indet.

26. 头盖，×6，采集号：Q5-XIV-H33，登记号：NIGP62985-417b。

内蒙古自治区乌海市桌子山地区苏拜沟，胡鲁斯台组 *Bailiella lantenoisi* 带。

图 版 71

1 —6. *Yanshaniashania angustigenata* Zhu, sp. nov.

1. 头盖，×3，采集号：NZ45，登记号：NIGP62985-418。

2. 头盖，×3，采集号：NZ45，登记号：NIGP62985-419。

3. 头盖，×3，采集号：NZ45，登记号：NIGP62985-420。

4. 头盖，×4，采集号：NZ45，登记号：NIGP62985-421。

5. 活动颊，×3，采集号：NZ45，登记号：NIGP62985-422。

6. 头盖，正模（Holotype），×2，采集号：NZ45，登记号：NIGP62985-423。

内蒙古自治区乌海市岗德尔山东山口，胡鲁斯台组 *Taitzuia lui-Poshania poshanensis* 带。

7, 8?. *Jiangsucephalus* sp.

7. 头盖，×4，采集号：NZ09，登记号：NIGP62985-424。

内蒙古自治区乌海市岗德尔山东山口，胡鲁斯台组 *Sunaspis laevis-Sunaspidella rara* 带上部。

8. 活动颊，×5，采集号：NC57，登记号：NIGP62985-425。

宁夏回族自治区同心县青龙山，胡鲁斯台组 *Sunaspis laevis-Sunaspidella rara* 带下部。

9—14. *Honania yinjiensis* Mong in Zhou *et al*., 1977

9. 尾部，×5，采集号：L15，登记号：NIGP62985-426。

10. 尾部，×4，采集号：L15，登记号：NIGP62985-427。

11. 头盖，×5，采集号：L15，登记号：NIGP62985-428。

12. 头盖，×5，采集号：L15，登记号：NIGP62985-429。

13. 活动颊，×5，采集号：L15，登记号：NIGP62985-430。

陕西省陇县景福山地区牛心山，馒头组 *Sunaspis laevis-Sunaspidella rara* 带上部。

14. 尾部，×8，采集号：NH51，登记号：NIGP62985-431。

内蒙古自治区阿拉善盟呼鲁斯太陶思沟，胡鲁斯台组 *Sunaspis laevis-Sunaspidella rara* 带上部。

15—17. *Iranoleesia*（*Iranoleesia*）*qianlishanensis* Yuan et Zhang, sp. nov.

15. 头盖，×4，采集号：Q35-XII-H21，登记号：NIGP62985-432。

16. 唇瓣，×8，采集号：Q35-XII-H19，登记号：NIGP62985-433。

17. 头盖，正模（Holotype），×5，采集号：Q35-XII-H18，登记号：NIGP62985-434。

内蒙古自治区乌海市北部千里山，胡鲁斯台组 *Sunaspis laevis-Sunaspidella rara* 带下部。

18. *Proasaphiscus* sp. A

18. 尾部，×4，采集号：NZ28，登记号：NIGP62985-435。

内蒙古自治区乌海市岗德尔山东山口，胡鲁斯台组 *Bailiella lantenoisi* 带。

19, 20. *Jiangsucephalus subaigouensis* Yuan et Zhang, sp. nov.

19. 头盖，×3，采集号：Q5-XIV-H35，登记号：NIGP62985-436。

20. 头盖，正模（Holotype），×4，采集号：Q5-XIV-H34，登记号：NIGP62985-437。

内蒙古自治区乌海市桌子山地区苏拜沟，胡鲁斯台组 *Bailiella lantenoisi* 带。

图 版 72

1, 2. *Parashanxiella lubrica* Yuan et Zhang, gen. et sp. nov.

1. 尾部，×2，采集号：NH47，登记号：NIGP62985-438。

2. 头盖，正模（Holotype），×2，采集号：NH47，登记号：NIGP62985-439。

内蒙古自治区阿拉善盟呼鲁斯太陶思沟，胡鲁斯台组 *Sunaspis laevis-Sunaspidella rara* 带下部。

3 —8. *Parashanxiella flabellata* Yuan et Zhang, gen. et sp. nov.

3. 头盖，×3.4，采集号：GDME1-3，登记号：NIGP62985-440。

4. 头盖，正模（Holotype），×3.6，采集号：GDME1-3，登

记号：NIGP62985-441。

5. 尾部，×3.4，采集号：GDME1-3，登记号：NIGP62985-442。

6. 尾部，×3.6，采集号：GDME1-3，登记号：NIGP62985-443。

内蒙古自治区乌海市岗德尔山成吉思汗塑像公路旁，胡鲁斯台组 *Metagraulos dolon* 带。

7. 头盖，×3，采集号：NH13，登记号：NIGP62985-444。

宁夏回族自治区贺兰山苏峪口至五道塘，胡鲁斯台组 *Sunaspis laevis-Sunaspidella rara* 带中上部。

8. 头盖，×4，采集号：L14，登记号：NIGP62985-445。

陕西省陇县景福山地区牛心山，馒头组 *Sunaspis laevis-Sunaspidella rara* 带中部。

9 —11. *Proasaphiscus butes* (Walcott, 1905)

9. 尾部，×5.5，采集号：GDME1-3，登记号：NIGP62985-446。

10. 头盖、尾部，×5，采集号：GDME1-3，登记号：NIGP62985-447。

11. 活动颊，×3.5，采集号：GDME1-3，登记号：

NIGP62985-448。

内蒙古自治区乌海市岗德尔山成吉思汗塑像公路旁，胡鲁斯台组 *Metagraulos dolon* 带。

12. *Iranoleesia* (*Proasaphiscina*) sp. B

12. 头盖，× 3.9，采集号：GDME1-3，登记号：NIGP62985-449。

内蒙古自治区乌海市岗德尔山成吉思汗塑像公路旁，胡鲁斯台组 *Metagraulos dolon* 带。

13—15. *Eosoptychoparia truncata* Yuan et Zhu, sp. nov.

13. 头盖，×2，采集号：CD108，登记号：NIGP62985-450。

14. 头盖，正模 (Holotype)，×6，采集号：CD108，登记号：NIGP62985-451。

15. 不完整背壳，× 5，采集号：CD108，登记号：NIGP62985-452。

内蒙古自治区乌海市桌子山地区阿不切亥沟，胡鲁斯台组 *Psilaspis changchengensis* 带。

图 版 73

1. *Tengfengia* (*Tengfengia*) *striata* Yuan et Zhang, sp. nov.

1. 头盖，正模 (Holotype)，×3，采集号：NZ28，登记号：NIGP62985-453。

内蒙古自治区乌海市岗德尔山东山口，胡鲁斯台组 *Poriagraulos nanus* 带。

2—5. *Tengfengia* (*Tengfengia*) *granulata* Yuan et Zhang, sp. nov.

2. 头盖，×3，采集号：NZ20，登记号：NIGP62985-454。

3. 头盖，正模 (Holotype)，×3，采集号：NZ23，登记号：NIGP62985-455。

4. 头盖，×3，采集号：NZ20，登记号：NIGP62985-456。

5. 头盖，×1.5，采集号：NZ20，登记号：NIGP62985-457。

内蒙古自治区乌海市岗德尔山东山口，胡鲁斯台组 *Metagraulos dolon* 带。

6, 7. *Tengfengia* (*Luguoia*) *helanshanensis* Yuan et Zhang, sp. nov.

6. 头盖，正模 (Holotype)，×8，采集号：NH46，登记号：NIGP62985-458。

内蒙古自治区阿拉善盟呼鲁斯太陶思沟，胡鲁斯台组 *Sunaspis laevis-Sunaspidella rara* 带下部至中下部。

7. 尾部，×5，采集号：NC57，登记号：NIGP62985-459。

宁夏回族自治区同心县青龙山，胡鲁斯台组 *Sunaspis laevis-Sunaspidella rara* 带下部至中下部。

8—13. *Daopingia quadrata* Yuan et Zhang, sp. nov.

8. 头盖，×5，采集号：Q5-H208，登记号：NIGP62985-460。

内蒙古自治区乌海市桌子山地区阿亥太沟，胡鲁斯台组 *Metagraulos dolon* 带。

9. 头盖，×6，采集号：NZ17，登记号：NIGP62985-461。

10. 头盖，×6，采集号：NZ17，登记号：NIGP62985-462。

11. 头盖，×4，采集号：NZ010，登记号：NIGP62985-463。

12. 头盖，正模 (Holotype)，×4，采集号：NZ17，登记号：NIGP62985-464。

13. 尾部，×4，采集号：NZ010，登记号：NIGP62985-465。

内蒙古自治区乌海市岗德尔山东山口，胡鲁斯台组 *Metagraulos dolon* 带。

14—16. *Iranoleesia* (*Proasaphiscina*) sp. C

14. 尾部，×6，采集号：Q5-H209，登记号：NIGP62985-466。

内蒙古自治区乌海市桌子山地区阿亥太沟，胡鲁斯台组 *Metagraulos dolon* 带。

15. 头盖，×6，采集号：NZ23，登记号：NIGP62985-467。

内蒙古自治区乌海市岗德尔山东山口，胡鲁斯台组 *Metagraulos dolon* 带。

16. 头盖，×6，采集号：NC86，登记号：NIGP62985-468。

宁夏回族自治区同心县青龙山，胡鲁斯台组 *Metagraulos dolon* 带。

17. *Gangdeeria*? sp. B

17. 头盖，×8，采集号：L16a，登记号：NIGP62985-469。

陕西省陇县景福山地区牛心山，馒头组 *Metagraulos dolon* 带。

18. *Proasaphiscus* sp. B

18. 头盖，×4，采集号：L18，登记号：NIGP62985-470。

陕西省陇县景福山地区牛心山，馒头组 *Poriagraulos nanus* 带。

图 版 74

1—10. *Holanshania hsiaoxianensis* Pi, 1965

1. 头盖，×3，采集号：NH47，登记号：NIGP62985-471。

2. 头盖，×2，采集号：NH47，登记号：NIGP62985-472。

3. 头盖，×3，采集号：NH47，登记号：NIGP62985-473。

4. 尾部，×3，采集号：NH47，登记号：NIGP62985-474。

内蒙古自治区阿拉善盟呼鲁斯太陶思沟，胡鲁斯台组 *Sunaspis laevis-Sunaspidella rara* 带下部。

5. 头盖，×2，采集号：NC61，登记号：NIGP62985-475。

6. 头盖，×4，采集号：NC61，登记号：NIGP62985-476。

宁夏回族自治区同心县青龙山，胡鲁斯台组 *Sunaspis laevis-Sunaspidella rara* 带下部。

7. 头盖，×3，采集号：化17，登记号：NIGP62985-477。

8. 头盖，×4，采集号：化17，登记号：NIGP62985-478。

山西省河津县西硙口，馒头组 *Sunaspis laevis-Sunaspidella rara* 带下部至中部。

9. 活动颊，×4，采集号：NZ11，登记号：NIGP62985-479。

内蒙古自治区乌海市岗德尔山东山口，胡鲁斯台组 *Sunaspis laevis-Sunaspidella rara* 带下部。

10. 头盖，×5，采集号：L14，登记号：NIGP62985-480。

陕西省陇县景福山地区牛心山，馒头组 *Sunaspis laevis-*

Sunaspidella rara 带下部至中部。

11，12. *Holanshania ninghsiaensis* Tu in Wang *et al.*, 1956

11. 头盖，×15，采集号：NH48a，登记号：NIGP62985-481。

12. 活动颊，×10，采集号：NH48a，登记号：NIGP62985-482。

内蒙古自治区阿拉善盟呼鲁斯太陶思沟，胡鲁斯台组 *Sunaspis laevis-Sunaspidella rara* 带中上部。

13—16. *Proacanthocephala longispina* (Qiu in Qiu *et al.*, 1983)

13. 头盖，正模（Holotype），×2，采集号：PⅢ66，登记号：NIGM HIT0286。

14. 头盖，×3，采集号：PⅢ66，登记号：NIGM HIT0287。

江苏省铜山县魏集，馒头组 *Sunaspis laevis-Sunaspidella rara* 带下部。

15. 头盖，×5，采集号：NH46，登记号：NIGP62985-483。

16. 头盖，×5，采集号：NH46，登记号：NIGP62985-484。

内蒙古自治区阿拉善盟呼鲁斯太陶思沟，胡鲁斯台组 *Sunaspis laevis-Sunaspidella rara* 带中下部。

图 版 75

1—9. *Solenoparia*（*Plesisolenoparia*）*trapezoidalis* Zhang et Yuan in Zhang *et al.*, 1980b

1. 头盖，正模（Holotype），×4，采集号：NZ3，登记号：NIGP51110。

2. 头盖，×4，采集号：NZ3，登记号：NIGP62985-485。

3. 头盖，×6，采集号：NZ3，登记号：NIGP62985-486。

4. 头盖，×4，采集号：NZ3，登记号：NIGP51111。

5. 头盖，×5，采集号：NZ3，登记号：NIGP62985-487。

6. 活动颊，×8，采集号：NZ3，登记号：NIGP62985-488。

7. 尾部，×6，采集号：NZ3，登记号：NIGP62985-489。

8. 尾部，×3，采集号：NZ4，登记号：NIGP62985-490。

9. 头盖，×6，采集号：NZ4，登记号：NIGP62985-491。

内蒙古自治区乌海市岗德尔山东山口，胡鲁斯台组 *Luaspides shangzhuangensis* 带。

10—12. *Solenoparia*（*Plesisolenoparia*）*robusta* Yuan et Zhang, sp. nov.

10. 近乎完整背壳外模，正模（Holotype），×8，采集号：NZ2，登记号：NIGP62985-492。

内蒙古自治区乌海市岗德尔山东山口，胡鲁斯台组

Luaspides shangzhuangensis 带下部。

11. 头盖，×5，采集号：Q5-VIII-H3，登记号：NIGP62985-493。

12. 头盖，×5，采集号：Q5-VIII-H5，登记号：NIGP62985-494。

内蒙古自治区乌海市西部五虎山，胡鲁斯台组 *Luaspides shangzhuangensis* 带下部。

13—16. *Solenoparia*（*Plesisolenoparia*）*ruichengensis* Zhang et Yuan in Zhang *et al.*, 1980b

13. 尾部，×5，采集号：NZ3，登记号：NIGP62985-495。

内蒙古自治区乌海市岗德尔山东山口，胡鲁斯台组 *Luaspides shangzhuangensis* 带。

14. 头盖，×5，采集号：CD93，登记号：NIGP62985-496。

内蒙古自治区乌海市桌子山地区阿不切亥沟，胡鲁斯台组 *Ruichengaspis mirabilis* 带。

15. 头盖，正模（Holotype），×4，采集号：F869，登记号：NIGP51112。

16. 尾部，×6，采集号：NZ7，登记号：NIGP62985-497。

内蒙古自治区乌海市岗德尔山东山口，胡鲁斯台组 *Ruichengaspis mirabilis* 带。

图 版 76

1，2. *Solenoparia*（*Solenoparia*）*accedens* Yuan et Zhang, sp. nov.

1. 头盖，正模（Holotype），×4，采集号：NZ1，登记号：NIGP62985-498。

2. 尾部，×10，采集号：NZ3，登记号：NIGP62985-499。

内蒙古自治区乌海市岗德尔山东山口，胡鲁斯台组 *Luaspides shangzhuangensis* 带下部。

3，4. *Solenoparia*（*Plesisolenoparia*）*ruichengensis* Zhang et Yuan in Zhang *et al.*, 1980b

3. 尾部，×6，采集号：Q5-VII-H27，登记号：NIGP62985-500。

内蒙古自治区乌海市桌子山地区阿不切亥沟，胡鲁斯台组 *Ruichengaspis mirabilis* 带。

4. 尾部，×10，采集号：NZ3，登记号：NIGP62985-501。

内蒙古自治区乌海市岗德尔山东山口，胡鲁斯台组

Luaspides shangzhuangensis 带。

5—9. *Solenoparia*（*Solenoparia*）*granuliformis*（Li in Zhou et al., 1982）

　　5. 头盖，×4，采集号：NH6，登记号：NIGP62985-502。

内蒙古回族自治区贺兰山苏峪口至五道塘，胡鲁斯台组 *Ruichengaspis mirabilis* 带。

　　6. 尾部，×10，采集号：NZ7，登记号：NIGP62985-503。

　　7. 尾部，×10，采集号：NZ7，登记号：NIGP62985-504。

　　8. 尾部，×10，采集号：NZ7，登记号：NIGP62985-505。

　　9. 尾部，×10，采集号：NZ7，登记号：NIGP62985-506。

内蒙古自治区乌海市岗德尔山东山口，胡鲁斯台组 *Ruichengaspis mirabilis* 带。

10, 11. *Solenoparia*（*Solenoparia*）*porosa* Yuan et Zhang, sp. nov.

　　10. 尾部，×20，采集号：NH43a，登记号：NIGP62985-507。

内蒙古自治区阿拉善盟呼鲁斯太陶思沟，胡鲁斯台组 *Sinopagetia jinnanensis* 带。

　　11. 头盖，正模（Holotype），×8，采集号：CD94C，登记号：NIGP62985-508。

内蒙古自治区乌海市桌子山地区阿不切亥沟，胡鲁斯台组 *Sinopagetia jinnanensis* 带中下部。

12, 13. *Solenoparia*（*Plesisolenoparia*）*granulosa* Guo et Zan in Guo et al., 1996

　　12. 头盖，×5，采集号：NH38，登记号：NIGP62985-509。

　　13. 头盖，×5，采集号：NH38，登记号：NIGP62985-510。

内蒙古自治区阿拉善盟呼鲁斯太陶思沟，胡鲁斯台组 *Sinopagetia jinnanensis* 带下部。

14—20. *Solenoparia*（*Plesisolenoparia*）*jinxianensis* Guo et Zan in Guo et al., 1996

　　14. 尾部，×6，采集号：NH34，登记号：NIGP62985-511。

　　15. 头盖，×3，采集号：NH31a，登记号：NIGP62985-512。

　　16. 尾部，×5，采集号：NH31a，登记号：NIGP62985-513。

　　17. 头盖，×4，采集号：NH39，登记号：NIGP62985-514。

　　18. 头盖，×3，采集号：NH35，登记号：NIGP62985-515。

内蒙古自治区阿拉善盟呼鲁斯太陶思沟，胡鲁斯台组 *Sinopagetia jinnanensis* 带。

　　19. 头盖，×5，采集号：Q5-XII-H16，登记号：NIGP62985-516。

　　20. 头盖，×3，采集号：Q35-XII-H14，登记号：NIGP62985-517。

内蒙古自治区乌海市北部千里山，胡鲁斯台组 *Sunaspis laevis-Sunaspidella rara* 带下部。

21, 22. *Metaperiomma spinalis* Yuan, sp. nov.

　　21. 尾部，×4，采集号：Q35-XII-H8，登记号：NIGP62985-518。

　　22. 头盖，正模（Holotype），×4，采集号：Q35-XII-H8，登记号：NIGP62985-519。

内蒙古自治区乌海市北部千里山，胡鲁斯台组 *Sunaspis laevis-Sunaspidella rara* 带下部。

图　版　77

1, 2. *Shuiyuella scalariformis* Yuan et Zhu, sp. nov.

　　1. 头盖，×5.3，采集号：SBT0，登记号：NIGP62985-520。

　　2. 尾部，×7，采集号：SBT0，登记号：NIGP62985-521。

内蒙古自治区乌海市桌子山地区苏拜沟，胡鲁斯台组 *Ruichengaspis mirabilis* 带。

3—6. *Shuiyuella triangularis* Zhang et Yuan in Zhang et al., 1980b

　　3. 头盖，×4.6，采集号：SBT0，登记号：NIGP62985-522。

　　4. 尾部，×9.8，采集号：SBT0，登记号：NIGP62985-523。

　　5. 头盖，×9.3，采集号：SBT0，登记号：NIGP62985-524。

　　6. 活动颊，×9.2，采集号：SBT0，登记号：NIGP62985-525。

内蒙古自治区乌海市桌子山地区苏拜沟，胡鲁斯台组 *Ruichengaspis mirabilis* 带。

7—10. *Solenoparia*（*Solenoparia*）*talingensis*（Dames, 1883）

　　7. 头盖，×8，采集号：GDME1-4，登记号：NIGP62985-526。

　　8. 头盖，×5.1，采集号：GDME1-4，登记号：NIGP62985-527。

　　9. 头盖，×8，采集号：GDME1-4，登记号：NIGP62985-528。

　　10. 左边活动颊，×4.1，采集号：GDME1-4，登记号：NIGP62985-529。

内蒙古自治区乌海市岗德尔山成吉思汗塑像公路旁，胡鲁斯台组 *Metagraulos dolon* 带上部。

11, 12. *Solenoparia*（*Solenoparia*）*subcylindrica* Yuan, sp. nov.

　　11. 头盖，正模（Holotype），×10，采集号：GDME1-4，登记号：NIGP62985-530。

　　12. 头盖，×15.2，采集号：GDME1-4，登记号：NIGP62985-531。

内蒙古自治区乌海市岗德尔山成吉思汗塑像公路旁，胡鲁斯台组 *Metagraulos dolon* 带上部。

13—15. *Solenoparia*（*Plesisolenoparia*）*ruichengensis* Zhang et Yuan in Zhang et al., 1980b

　　13. 活动颊，×4，采集号：NZ8，登记号：NIGP62985-532。

内蒙古自治区乌海市岗德尔山东山口，胡鲁斯台组 *Ruichengaspis mirabilis* 带。

　　14. 头盖，×11.7，采集号：SBT0，登记号：NIGP62985-533。

　　15. 头盖，×10，采集号：SBT0，登记号：NIGP62985-534。

内蒙古自治区乌海市桌子山地区苏拜沟，胡鲁斯台组 *Ruichengaspis mirabilis* 带。

16, 17. *Parasolenopleura* cf. *cristata*（Linnarsson, 1877）

　　16. 活动颊，×10.8，采集号：SBT0，登记号：NIGP62985-535。

　　17. 活动颊，×8.5，采集号：SBT0，登记号：NIGP62985-536。

内蒙古自治区乌海市桌子山地区苏拜沟，胡鲁斯台组 *Ruichengaspis mirabilis* 带。

18. *Wuhaina* sp.

　　18. 活动颊，×4.8，采集号：SBT0，登记号：NIGP62985-537。

内蒙古自治区乌海市桌子山地区苏拜沟，胡鲁斯台组 *Ruichengaspis mirabilis* 带。

图　版　78

1. *Parasolenopleura* cf. *cristata* (Linnarsson, 1877)

　　1. 头盖，×8，采集号：NC37，登记号：NIGP62985-538。
宁夏回族自治区同心县青龙山，胡鲁斯台组 *Ruichengaspis mirabilis* 带。

2. *Hyperoparia*? sp.

　　2. 头盖，×4，采集号：NH20，登记号：NIGP62985-539。
宁夏回族自治区贺兰山苏峪口至五道塘，胡鲁斯台组 *Inouyops titiana* 带。

3. *Solenoparia*（*Solenoparia*）cf. *talingensis*（Dames, 1883）

　　3. 头盖，×5，采集号：NH18，登记号：NIGP62985-540。
宁夏回族自治区贺兰山苏峪口至五道塘，胡鲁斯台组 *Inouyops titiana* 带。

4—9. *Solenoparops*? *intermedius* Yuan et Zhang, sp. nov.

　　4. 头盖，×4，采集号：NH43a，登记号：NIGP62985-541。
内蒙古自治区阿拉善盟呼鲁斯太陶思沟，胡鲁斯台组 *Sinopagetia jinnanensis* 带。

　　5. 尾部，×10，采集号：NH44，登记号：NIGP62985-542。

　　6. 头盖，×5，采集号：NH44，登记号：NIGP62985-543。

　　7. 尾部，×20，采集号：NH44，登记号：NIGP62985-544。

　　8. 头盖，正模（Holotype），×5，采集号：NH44，登记号：NIGP62985-545。

　　9. 头盖，×5，采集号：NH44，登记号：NIGP62985-546。
内蒙古自治区阿拉善盟呼鲁斯太陶思沟，胡鲁斯台组 *Sunaspis laevis-Sunaspidella rara* 带下部。

10, 11. *Metaperiomma spinalis* Yuan, sp. nov.

　　10. 头盖，×4，采集号：L12，登记号：NIGP62985-547。

　　11. 尾部，×5，采集号：L12，登记号：NIGP62985-548。
陕西省陇县景福山地区牛心山，馒头组 *Sinopagetia jinnanensis* 带中下部。

12—15. *Solenoparops taosigouensis* Yuan et Zhang, sp. nov.

　　12. 头盖，×5，采集号：NH3a，登记号：NIGP62985-549。

　　13. 头盖，×5，采集号：NH3a，登记号：NIGP62985-550。
宁夏回族自治区贺兰山苏峪口至五道塘，胡鲁斯台组 *Ruichengaspis mirabilis* 带。

　　14. 头盖，×4，采集号：NH38，登记号：NIGP62985-551。

　　15. 头盖，正模（Holotype），×4，采集号：NH38，登记号：NIGP62985-552。
内蒙古自治区阿拉善盟呼鲁斯太陶思沟，胡鲁斯台组 *Sinopagetia jinnanensis* 带下部。

16, 17. *Solenoparia*（*Solenoparia*）*lilia*（Walcott, 1906）

　　16. 头盖，×8，采集号：CD99，登记号：NIGP62985-553。

　　17. 尾部，×15，采集号：CD99，登记号：NIGP62985-554。
内蒙古自治区乌海市桌子山地区阿不切亥沟，胡鲁斯台组 *Metagraulos dolon* 带。

18, 19. *Solenoparia*（*Plesisolenoparia*）*ruichengensis* Zhang et Yuan in Zhang *et al.*, 1980b

　　18. 头盖，×4，采集号：NC49，登记号：NIGP62985-555。
宁夏回族自治区同心县青龙山，胡鲁斯台组 *Sinopagetia jinnanensis* 带。

　　19. 头盖，×4，采集号：NZ04，登记号：NIGP62985-556。
内蒙古自治区乌海市岗德尔山东山口，胡鲁斯台组 *Sinopagetia jinnanensis* 带。

图　版　79

1—5. *Qianlishania conica* Yuan et Zhang, gen. et sp. nov.

　　1. 头盖，×5，采集号：CD94C，登记号：NIGP62985-557。

　　2. 头盖，×8，采集号：CD94C，登记号：NIGP62985-558。

　　3. 头盖，×5，采集号：CD94C，登记号：NIGP62985-559。

　　4. 头盖，正模（Holotype），×8，采集号：CD94C，登记号：NIGP62985-560。

　　5. 头盖，×6，采集号：CD94C，登记号：NIGP62985-561。
内蒙古自治区乌海市桌子山地区阿不切亥沟，胡鲁斯台组 *Sinopagetia jinnanensis* 带中下部。

6, 7. *Qianlishania longispina* Yuan et Zhang, gen. et sp. nov.

　　6. 头盖，正模（Holotype），×6，采集号：NH32，登记号：NIGP62985-562。

　　7. 头盖，×6，采集号：NH32，登记号：NIGP62985-563。
内蒙古自治区阿拉善盟呼鲁斯太陶思沟，胡鲁斯台组 *Zongtiaoshanaspis similis* 带。

8—13. *Qianlishania megalocephala* Yuan et Zhang, gen. et

sp. nov.

　　8. 头盖，正模（Holotype），×4，采集号：Q35-XII-H23，登记号：NIGP62985-564。
内蒙古自治区乌海市北部千里山，胡鲁斯台组 *Sunaspis laevis-Sunaspidella rara* 带下部。

　　9. 尾部，×8，采集号：NH43，登记号：NIGP62985-565。

　　10. 尾部，×10，采集号：NH43，登记号：NIGP62985-566。

　　11. 头盖，×10，采集号：NH43，登记号：NIGP62985-567。

　　12. 尾部，×6，采集号：NH44，登记号：NIGP62985-568。

　　13. 头盖，×6，采集号：NH44，登记号：NIGP62985-569。
内蒙古自治区阿拉善盟呼鲁斯太陶思沟，胡鲁斯台组 *Sunaspis laevis-Sunaspidella rara* 带下部。

14. *Qianlishania* sp.

　　14. 头盖，×4，采集号：NZ2a，登记号：NIGP62985-570。
内蒙古自治区乌海市岗德尔山东山口，胡鲁斯台组 *Luaspides shangzhuangensis* 带。

图 版 80

1，2. *Erratojincella lata* Yuan et Zhang, sp. nov.

  1. 头盖，正模（Holotype），×4，采集号：NZ19，登记号：NIGP62985-571。

  2. 尾部，×10，采集号：NZ19，登记号：NIGP62985-572。

内蒙古自治区乌海市岗德尔山东山口，胡鲁斯台组 *Metagraulos dolon* 带。

3，4. *Erratojincella convexa* Yuan et Zhang, gen. et sp. nov.

  3. 头盖，正模（Holotype），×6，采集号：CD100，登记号：NIGP62985-573。

内蒙古自治区乌海市桌子山地区阿不切亥沟，胡鲁斯台组 *Metagraulos dolon* 带。

  4. 头盖，×6，采集号：CD60，登记号：NIGP62985-574。

内蒙古自治区乌海市桌子山地区伊勒思图山西坡第二大沟，胡鲁斯台组 *Metagraulos dolon* 带。

5—8. *Erratojincella? truncata* Yuan et Zhang, sp. nov.

  5. 尾部，×10，采集号：NZ23，登记号：NIGP62985-575。

  6. 头盖，正模（Holotype），×10，采集号：NZ20，登记号：NIGP62985-576。

  7. 尾部，×20，采集号：NZ20，登记号：NIGP62985-577。

  8. 头盖，×15，采集号：NZ20，登记号：NIGP62985-578。

内蒙古自治区乌海市岗德尔山东山口，胡鲁斯台组 *Metagraulos dolon* 带。

9—14. *Camarella tumida* Zhu gen. et sp. nov.

  9. 头盖，正模（Holotype），×6，采集号：NZ49，登记号：NIGP62985-579。

  10. 头盖，×6，采集号：NZ49，登记号：NIGP62985-580。

  11. 头盖，×6，采集号：NZ49，登记号：NIGP62985-581。

  12. 头盖，×4，采集号：NZ49，登记号：NIGP62985-582。

  13. 头盖、尾部，×6，采集号：NZ49，登记号：NIGP62985-583。

  14. 头盖、尾部，×4，采集号：NZ49，登记号：NIGP62985-584。

内蒙古自治区乌海市岗德尔山东山口，胡鲁斯台组 *Liopeishania convexa* 带。

图 版 81

1—4. *Hyperoparia liquanensis* Yuan et Zhang, sp. nov.

  1. 头盖，×8，采集号：LQH-1，登记号：NIGP62985-585。

  2. 头盖，×20，采集号：LQH-1，登记号：NIGP62985-586。

  3. 头盖，正模（Holotype），×10，采集号：LQH-1，登记号：NIGP62985-587。

  4a. 头盖，×5，采集号：LQH-1，登记号：NIGP62985-588。

  4b. 头盖前视，×5，采集号：LQH-1，登记号：NIGP62985-588。

陕西省礼泉县寒水沟，馒头组 *Poriagraulos nanus* 带。

5—14. *Squarrosoella dongshankouensis* Yuan et Zhang, sp. nov.

  5. 头盖，×6，采集号：CD104，登记号：NIGP62985-589。

  6. 头盖，×6，采集号：CD104，登记号：NIGP62985-590。

  7. 头盖，×6，采集号：CD104，登记号：NIGP62985-591。

内蒙古自治区乌海市桌子山地区阿不切亥沟，胡鲁斯台组 *Poriagraulos nanus* 带。

  8. 头盖，正模（Holotype），×15，采集号：76-302-F100，登记号：NIGP62985-592。

  9. 头盖，×4，采集号：76-302-F100，登记号：NIGP62985-593。

  10. 头盖，×4，采集号：76-302-F99，登记号：NIGP62985-594。

内蒙古自治区乌海市岗德尔山东山口，胡鲁斯台组 *Poriagraulos nanus* 带。

  11. 头盖，×6，采集号：CD64，登记号：NIGP62985-595。

内蒙古自治区乌海市桌子山地区伊勒思图山西坡第二大沟，胡鲁斯台组 *Poriagraulos nanus* 带。

  12. 头盖，×6，采集号：Q5-VII-H68，登记号：NIGP62985-596。

  13. 尾部，×8，采集号：Q5-VII-H68，登记号：NIGP62985-597。

内蒙古自治区乌海市桌子山地区阿不切亥沟，胡鲁斯台组 *Poriagraulos nanus* 带。

  14. 头盖，×6，采集号：NZ-C1，登记号：NIGP62985-598。

内蒙古自治区乌海市岗德尔山东山口，胡鲁斯台组 *Poriagraulos nanus* 带。

15. *Squarrosoella* sp.

  15. 头盖，×8，采集号：化24，登记号：NIGP62985-599。

山西省河津县西硙口，张夏组 *Poriagraulos nanus* 带。

图 版 82

1—9a. *Eiluroides triangula* Yuan et Zhu, gen. et sp. nov.

  1. 头盖，×6，采集号：CD68，登记号：NIGP62985-600。

  2. 头盖，×6，采集号：CD68，登记号：NIGP62985-601。

  3. 尾部，×8，采集号：CD68，登记号：NIGP62985-602。

  4. 头盖，×6，采集号：CD68，登记号：NIGP62985-603。

  5. 尾部，正模（Holotype），×6，采集号：CD68，登记号：NIGP62985-604。

  6. 尾部，×6，采集号：CD68，登记号：NIGP62985-605。

  7. 活动颊，×6，采集号：CD68，登记号：NIGP62985-606。

  8. 尾部，×6，采集号：CD68，登记号：NIGP62985-607。

  9a. 尾部，×4，采集号：CD68，登记号：NIGP62985-608。

内蒙古自治区乌海市桌子山地区伊勒思图山西坡第二大沟，胡鲁斯台组 *Megagraulos inflatus* 带或 *Psilaspis changchengensis* 带。

9b—11. *Eymekops nitidus* Zhu, sp. nov.

  9b. 头盖，正模（Holotype），×4，采集号：CD68，登记

号：NIGP62985-609。

10. 尾部，×6，采集号：CD68，登记号：NIGP62985-610。

11. 尾部，×6，采集号：CD68，登记号：NIGP62985-611。
内蒙古自治区乌海市桌子山地区伊勒思图山西坡第二大沟，胡鲁斯台组 *Megagraulos inflatus* 带或 *Psilaspis changchengensis* 带。

12, 13. *Changqingia chalcon*（Walcott, 1911）

12. 尾部，×4，采集号：CD69，登记号：NIGP62985-612。

13. 尾部，×4，采集号：CD69，登记号：NIGP62985-613。
内蒙古自治区乌海市桌子山地区伊勒思图山西坡第二大沟，胡鲁斯台组 *Psilaspis changchengensis* 带。

14. *Wuhaiaspis* sp.

14. 头盖，×5，采集号：NH3a，登记号：NIGP62985-614。
宁夏回族自治区贺兰山苏峪口至五道塘，胡鲁斯台组 *Ruichengaspis mirabilis* 带。

15. *Solenoparia*（*Solenoparia*）*talingensis*（Dames, 1883）

15. 头盖，×5，采集号：NH53，登记号：NIGP62985-615。
内蒙古自治区阿拉善盟呼鲁斯太陶思沟，胡鲁斯台组 *Metagraulos dolon* 带上部或者 *Inouyops titiana* 带。

16. *Solenoparia*（*Solenoparia*）*consocialis*（Reed, 1910）

16. 头盖，×6，采集号：LQH-1，登记号：NIGP62985-616。
陕西省礼泉县寒水沟，馒头组 *Poriagraulos nanus* 带。

图 版 83

1—3. *Prolisania neimengguensis* Yuan et Zhu, gen. et sp. nov.

1. 头盖，正模（Holotype），×4，采集号：CD69，登记号：NIGP62985-617。

2. 尾部，×5，采集号：CD69，登记号：NIGP62985-618。

3. 头盖，×4，采集号：CD69，登记号：NIGP62985-619。
内蒙古自治区乌海市桌子山地区伊勒思图山西坡第二大沟，胡鲁斯台组 *Psilaspis changchengensis* 带。

4—6. *Lisania* sp.

4. 头盖，×8，采集号：CD106，登记号：NIGP62985-620。

5. 头盖，×8，采集号：CD106，登记号：NIGP62985-621。

6. 尾部，×8，采集号：CD106，登记号：NIGP62985-622。
内蒙古自治区乌海市桌子山地区阿不切亥沟，胡鲁斯台组 *Megagraulos inflatus* 带。

7—20. *Lisania zhuozishanensis* Yuan et Zhu, sp. nov.

7. 头盖，×8，采集号：CD6，登记号：NIGP62985-623。

8. 头盖，×8，采集号：CD6，登记号：NIGP62985-624。

9. 头盖，×8，采集号：CD6，登记号：NIGP62985-625。

10. 尾部，×8，采集号：CD6，登记号：NIGP62985-626。

11. 头盖，×8，采集号：CD6，登记号：NIGP62985-627。
内蒙古自治区乌海市桌子山地区南坡大沟，胡鲁斯台组 *Liopeishania convexa* 带。

12. 活动颊，×4.5，采集号：SBT2，登记号：NIGP62985-628。

13. 头盖，正模（Holotype），×4.5，采集号：SBT2，登记号：NIGP62985-629。

14. 头盖，×6.8，采集号：SBT2，登记号：NIGP62985-630。

15. 尾部，×9.6，采集号：SBT2，登记号：NIGP62985-631。

16. 活动颊，×9，采集号：SBT2，登记号：NIGP62985-632。

17. 尾部，×13.2，采集号：SBT2，登记号：NIGP62985-633。

18. 尾部，×9.3，采集号：SBT2，登记号：NIGP62985-634。

19. 尾部，×9.6，采集号：SBT2，登记号：NIGP62985-635。

20. 头盖、尾部，×6.8，采集号：SBT2，登记号：NIGP62985-636。
内蒙古自治区乌海市桌子山地区苏拜沟，胡鲁斯台组 *Liopeishania convexa* 带。

图 版 84

1—20. *Lisania subaigouensis* Yuan, sp. nov.

1. 头盖，正模（Holotype），×10，采集号：SBT2，登记号：NIGP62985-637。

2. 头盖，×8.4，采集号：SBT2，登记号：NIGP62985-638。

3. 尾部，×10.4，采集号：SBT2，登记号：NIGP62985-639。

4. 尾部，×10，采集号：SBT2，登记号：NIGP62985-640。

5. 头盖，×6.6，采集号：SBT2，登记号：NIGP62985-641。

6. 头盖，×7，采集号：SBT2，登记号：NIGP62985-642。

7. 头盖，×14，采集号：SBT2，登记号：NIGP62985-643。

8. 活动颊，×9，采集号：SBT2，登记号：NIGP62985-644。

9. 尾部，×11，采集号：SBT2，登记号：NIGP62985-645。

10. 尾部，×7，采集号：SBT2，登记号：NIGP62985-646。

11. 尾部，×9，采集号：SBT2，登记号：NIGP62985-647。

12. 活动颊，×9，采集号：SBT2，登记号：NIGP62985-648。

13. 尾部，×12，采集号：SBT2，登记号：NIGP62985-649。

14. 尾部，×10.4，采集号：SBT2，登记号：NIGP62985-650。

15. 尾部，×9，采集号：SBT2，登记号：NIGP62985-651。

16. 活动颊，×9，采集号：SBT2，登记号：NIGP62985-652。

17. 活动颊，×9，采集号：SBT2，登记号：NIGP62985-653。

18. 活动颊，×9.6，采集号：SBT2，登记号：NIGP62985-654。

19. 活动颊，×7，采集号：SBT2，登记号：NIGP62985-655。

20. 活动颊，×8.2，采集号：SBT2，登记号：NIGP62985-656。
内蒙古自治区乌海市桌子山地区苏拜沟，胡鲁斯台组 *Liopeishania convexa* 带。

图 版 85

1. *Lioparia blautoeides* Lorenz, 1906

1. 头盖，×3，采集号：CD67，登记号：NIGP62985-657。

内蒙古自治区乌海市桌子山地区伊勒思图山西坡第二大沟，胡鲁斯台组 *Lioparia blautoeides* 带。

2—13. *Lioparia tsutsumii*（Endo, 1937）

2. 头盖、尾部，×3，采集号：NZ31，登记号：NIGP62985-658。

3. 头盖，×2，采集号：NZ31，登记号：NIGP62985-659。

4. 尾部，×4，采集号：NZ31，登记号：NIGP62985-660。

5. 头盖，×3，采集号：NZ31，登记号：NIGP62985-661。

6. 尾部，×5，采集号：NZ31，登记号：NIGP62985-662。

7. 头盖，×3，采集号：NZ31，登记号：NIGP62985-663。

8. 头盖，×3，采集号：NZ31，登记号：NIGP62985-664。

9. 尾部，×8，采集号：NZ31，登记号：NIGP62985-665。

10. 尾部，×6，采集号：NZ31，登记号：NIGP62985-666。

11. 尾部，×6，采集号：NZ31，登记号：NIGP62985-667。

12. 尾部，×4，采集号：NZ31，登记号：NIGP62985-668。

13. 头盖，×3，采集号：NZ31，登记号：NIGP62985-669。

内蒙古自治区乌海市岗德尔山东山口，胡鲁斯台组 *Lioparia blautoeides* 带。

14—16. *Solenoparops neimengguensis* Yuan et Zhu, sp. nov.

14. 尾部，×5，采集号：CD111，登记号：NIGP62985-670。

15. 头盖，正模（Holotype），×5，采集号：CD111，登记号：NIGP62985-671。

16. 尾部，×5，采集号：CD111，登记号：NIGP62985-672。

内蒙古自治区乌海市桌子山地区阿不切亥沟，胡鲁斯台组 *Taitzuia lui-Poshania poshanensis* 带或者 *Solenoparops neimengguensis* 带。

17—21. *Liquanella venusta* Yuan et Zhang, gen. et sp. nov.

17. 头盖，正模（Holotype），×8，采集号：LQH-1，登记号：NIGP62985-673。

18. 头盖，×20，采集号：LQH-1，登记号：NIGP62985-674。

19. 尾部，×5，采集号：LQH-1，登记号：NIGP62985-675。

20. 尾部，×6，采集号：LQH-1，登记号：NIGP62985-676。

陕西省礼泉县寒水沟，馒头组 *Poriagraulos nanus* 带。

21. 头盖，×8，采集号：L23，登记号：NIGP62985-677。

陕西省陇县景福山地区牛心山，馒头组 *Poriagraulos nanus* 带。

图 版 86

1—11. *Orientanomocare elegans* Yuan et Zhang, gen. et sp. nov.

1. 头盖，正模（Holotype），×4，采集号：NZ27，登记号：NIGP62985-678。

2. 尾部，×6，采集号：NZ28，登记号：NIGP62985-679。

3. 头盖，×3，采集号：NZ27，登记号：NIGP62985-680。

4. 头盖，×4，采集号：NZ27，登记号：NIGP62985-681。

5. 尾部，×3，采集号：NZ27，登记号：NIGP62985-682。

6. 尾部，×3，采集号：NZ27，登记号：NIGP62985-683。

7. 头盖，×6，采集号：NZ27，登记号：NIGP62985-684。

8. 尾部，×2，采集号：NZ27，登记号：NIGP62985-685。

9. 头盖，×3，采集号：NZ27，登记号：NIGP62985-686。

10. 尾部，×6，采集号：NZ27，登记号：NIGP62985-687。

11. 尾部，×6，采集号：NZ27，登记号：NIGP62985-688。

内蒙古自治区乌海市岗德尔山东山口，胡鲁斯台组 *Bailiella lantenoisi* 带。

12, 13. *Proasaphiscus pustulosus* Yuan et Zhu, sp. nov.

12. 头盖，正模（Holotype），×5，采集号：CD66，登记号：NIGP62985-689。

13. 头盖，×6，采集号：CD66，登记号：NIGP62985-690。

内蒙古自治区乌海市桌子山地区伊勒思图山西坡第二大沟，胡鲁斯台组 *Bailiella lantenoisi* 带。

14. *Temnoura* sp.

14. 头盖，×3，采集号：化6，登记号：NIGP62985-691。

山西省河津县西硙口，馒头组 *Qingshuiheia hejinensis* 带。

图 版 87

1—15. *Taosigouia cylindrica*（Li in Zhou *et al.*, 1982）

1. 头盖，×4，采集号：NH48a，登记号：NIGP62985-692。

2. 头盖，×3，采集号：NH48a，登记号：NIGP62985-693。

3. 头盖，×3，采集号：NH48a，登记号：NIGP62985-694。

4. 尾部，×3，采集号：NH48a，登记号：NIGP62985-695。

5. 尾部，×4，采集号：NH48a，登记号：NIGP62985-696。

6. 尾部，×3，采集号：NH48a，登记号：NIGP62985-697。

7. 尾部，×3，采集号：NH48a，登记号：NIGP62985-698。

8. 尾部，×2，采集号：NH48a，登记号：NIGP62985-699。

9. 头盖，×4，采集号：NH48a，登记号：NIGP62985-700。

10. 尾部，×5，采集号：NH48a，登记号：NIGP62985-701。

11. 头盖，×6，采集号：NH48a，登记号：NIGP62985-702。

12. 尾部，×15，采集号：NH48a，登记号：NIGP62985-703。

13. 头盖，×3，采集号：NH47，登记号：NIGP62985-704。

14. 尾部，×3，采集号：NH47，登记号：NIGP62985-705。

15. 头盖，×6，采集号：NH48，登记号：NIGP62985-706。

内蒙古自治区阿拉善盟呼鲁斯太陶思沟，胡鲁斯台组 *Sunaspis laevis-Sunaspidella rara* 带中上部。

16, 17. *Taosigouia concavolimbata*（Wu et Lin in Zhang *et al.*, 1980b）

16. 头盖，×5，采集号：Q5-VIII-H32，登记号：NIGP62985-707。

17. 尾部，×4，采集号：Q5-VIII-H34，登记号：NIGP62985-708。

内蒙古自治区乌海市西部五虎山，胡鲁斯台组 *Sunaspis laevis-Sunaspidella rara* 带上部。

图 版 88

1—18. *Pseudocrepicephalus angustilimbatus* Zhu, sp. nov.

  1. 头盖，正模（Holotype），×4，采集号：CD108，登记号：NIGP62985-709。

  2. 头盖，×5，采集号：CD108，登记号：NIGP62985-710。

  3. 头盖，×6，采集号：CD108，登记号：NIGP62985-711。

  4. 头盖，×5，采集号：CD108，登记号：NIGP62985-712。

  5. 头盖，×6，采集号：CD108，登记号：NIGP62985-713。

  6. 头盖，×6，采集号：CD108，登记号：NIGP62985-714。

  7. 头盖，×8，采集号：CD108，登记号：NIGP62985-715。

  8. 头盖，×8，采集号：CD108，登记号：NIGP62985-716。

  9. 头盖，×4，采集号：CD108，登记号：NIGP62985-717。

  10. 头盖，×4，采集号：CD108，登记号：NIGP62985-718。

  11. 头盖，×4，采集号：CD108，登记号：NIGP62985-719。

  12. 尾部，×6，采集号：CD108，登记号：NIGP62985-720。

  13. 尾部，×5，采集号：CD108，登记号：NIGP62985-721。

  14. 尾部，×3，采集号：CD108，登记号：NIGP62985-722。

  15. 尾部，×4，采集号：CD108，登记号：NIGP62985-723。

  16. 头盖，×8，采集号：CD108，登记号：NIGP62985-724。

  17. 尾部，×6，采集号：CD108，登记号：NIGP62985-725。

  18. 尾部，×5，采集号：CD108，登记号：NIGP62985-726。

内蒙古自治区乌海市桌子山地区阿不切亥沟，胡鲁斯台组 *Psilaspis changchengensis* 带。

19. *Wuhushania cylindrica* Zhang et Yuan, 1981

  19. 活动颊，×5，采集号：L15，登记号：NIGP62985-727。

陕西省陇县景福山地区牛心山，馒头组 *Sunaspis laevis-Sunaspidella rara* 带上部。

图 版 89

1—6. *Liopeishania*（*Liopeishania*）*convexa*（Endo, 1937）

  1. 头盖，×6，采集号：CD6，登记号：NIGP62985-728。

  2. 尾部，×4，采集号：CD6，登记号：NIGP62985-729。

  3. 尾部，×3，采集号：CD6，登记号：NIGP62985-730。

  4. 头盖，×8，采集号：CD6，登记号：NIGP62985-731。

  5. 尾部，×3，采集号：CD6，登记号：NIGP62985-732。

  6. 尾部，×3，采集号：CD6，登记号：NIGP62985-733。

内蒙古自治区乌海市桌子山地区南坡大沟，胡鲁斯台组 *Liopeishania convexa* 带。

7—12. *Liopeishania*（*Liopeishania*）*lata* Yuan, sp. nov.

  7. 头盖，×9.7，采集号：SBT2，登记号：NIGP62985-734。

  8. 头盖，×9.8，采集号：SBT2，登记号：NIGP62985-735。

  9. 尾部，×6.5，采集号：SBT2，登记号：NIGP62985-736。

  10. 尾部，×4.8，采集号：SBT2，登记号：NIGP62985-737。

  11. 尾部，×3.4，采集号：SBT2，登记号：NIGP62985-738。

  12. 尾部，×3.7，采集号：SBT2，登记号：NIGP62985-739。

内蒙古自治区乌海市桌子山地区苏拜沟，胡鲁斯台组 *Liopeishania convexa* 带。

13—18. *Liopeishania*（*Zhujia*）*hunanensis* Peng, Lin et Chen, 1995

  13. 头盖，×6.9，采集号：SBT2，登记号：NIGP62985-740。

  14. 头盖，×4.8，采集号：SBT2，登记号：NIGP62985-741。

  15. 头盖，×4.8，采集号：SBT2，登记号：NIGP62985-742。

  16. 尾部，×4.8，采集号：SBT2，登记号：NIGP62985-743。

  17. 尾部，×9，采集号：SBT2，登记号：NIGP62985-744。

  18. 尾部，×7.1，采集号：SBT2，登记号：NIGP62985-745。

内蒙古自治区乌海市桌子山地区苏拜沟，胡鲁斯台组 *Liopeishania convexa* 带。

图 版 90

1—16. *Liopeishania*（*Zhujia*）*zhuozishanensis* Yuan, sp. nov.

  1. 头盖，正模（Holotype），×7.3，采集号：SBT2，登记号：NIGP62985-746。

  2. 头盖，×6.2，采集号：SBT2，登记号：NIGP62985-747。

  3. 头盖，×6.8，采集号：SBT2，登记号：NIGP62985-748。

  4. 头盖，×6.8，采集号：SBT2，登记号：NIGP62985-749。

  5. 活动颊，×3.6，采集号：SBT2，登记号：NIGP62985-750。

  6. 尾部，×6.6，采集号：SBT2，登记号：NIGP62985-751。

  7. 头盖，×3.9，采集号：SBT2，登记号：NIGP62985-752。

  8. 尾部，×6.6，采集号：SBT2，登记号：NIGP62985-753。

  9. 尾部，×5.3，采集号：SBT2，登记号：NIGP62985-754。

  10. 尾部，×7.4，采集号：SBT2，登记号：NIGP62985-755。

  11. 尾部，×10.3，采集号：SBT2，登记号：NIGP62985-756。

  12. 头盖，×5.3，采集号：SBT2，登记号：NIGP62985-757。

  13. 尾部，×6.7，采集号：SBT2，登记号：NIGP62985-758。

  14. 尾部，×6.6，采集号：SBT2，登记号：NIGP62985-759。

  15. 尾部，×6.6，采集号：SBT2，登记号：NIGP62985-760。

  16. 尾部，×5，采集号：SBT2，登记号：NIGP62985-761。

内蒙古自治区乌海市桌子山地区苏拜沟，胡鲁斯台组 *Liopeishania convexa* 带。

17. *Liopeishania*（*Liopeishania*）*lata* Yuan, sp. nov.

  17. 头盖，×6.8，采集号：SBT2，登记号：NIGP62985-762。

内蒙古自治区乌海市桌子山地区苏拜沟，胡鲁斯台组 *Liopeishania convexa* 带。

1—7. *Liopeishania* (*Liopeishania*) *lata* Yuan, sp. nov.

1. 头盖，正模（Holotype），×5.3，采集号：SBT2，登记号：NIGP62985-763。

2. 尾部，×6，采集号：SBT2，登记号：NIGP62985-764。

3. 尾部，×11.6，采集号：SBT2，登记号：NIGP62985-765。

4. 尾部，×4.8，采集号：SBT2，登记号：NIGP62985-766。

5. 尾部，×9，采集号：SBT2，登记号：NIGP62985-767。

6. 尾部，×3.7，采集号：SBT2，登记号：NIGP62985-768。

7. 尾部，×6.8，采集号：SBT2，登记号：NIGP62985-769。

内蒙古自治区乌海市桌子山地区苏拜沟，胡鲁斯台组 *Liopeishania convexa* 带。

8—10. *Orientanomocare* sp.

8. 尾部，×6.6，采集号：GDME1-4，登记号：NIGP62985-770。

9. 尾部，×5.3，采集号：GDME1-4，登记号：NIGP62985-771。

10. 尾部，7.4，采集号：GDME1-4，登记号：NIGP62985-772。

内蒙古自治区乌海市岗德尔山成吉思汗塑像公路旁，胡鲁斯台组 *Metagraulos dolon* 带上部。

11—13. *Sinoanomocare lirellatus* Yuan et Zhang gen. et sp. nov.

11. 尾部，×8，采集号：LQH-1，登记号：NIGP62985-773。

12. 尾部，×8，采集号：LQH-1，登记号：NIGP62985-774。

13. 尾部，×6，采集号：LQH-1，登记号：NIGP62985-775。

陕西省礼泉县寒水沟，馒头组 *Poriagraulos nanus* 带。

14. *Parajialaopsis* sp.

14. 头盖，×6，采集号：Q35-XII-H12，登记号：NIGP62985-776。

内蒙古自治区乌海市北部千里山，胡鲁斯台组 *Sunaspis laevis-Sunaspidella rara* 带下部。

15. *Wuanoides lata* (Mong in Zhou *et al.*, 1977)

15. 头盖，×8，采集号：NZ07，登记号：NIGP62985-777。

乌海市岗德尔山东山口，胡鲁斯台组 *Sunaspis laevis-Sunaspidella rara* 带中上部。

16. *Sunaspidella qinglongshanensis* Yuan et Zhang, sp. nov.

16. 头盖，×4，采集号：NC65，登记号：NIGP62985-778。

宁夏回族自治区同心县青龙山，胡鲁斯台组 *Sunaspis laevis-Sunaspidella rara* 带上部。

17. *Sunaspidella* sp. B

17. 头盖，×8，采集号：L15，登记号：NIGP62985-779。

陕西省陇县景福山地区牛心山，馒头组 *Sunaspis laevis-Sunaspidella rara* 带上部。

18, 19. *Lioparella typica* (Zhang et Yuan, 1981)

18. 尾部，×3.7，采集号：GDME1-5，登记号：NIGP62985-780。

19. 尾部，×3.9，采集号：GDME1-4，登记号：NIGP62985-781。

内蒙古自治区乌海市岗德尔山成吉思汗塑像公路旁，胡鲁斯台组 *Metagraulos dolon* 带上部。

1—4. *Taitzuia lui* Chu, 1960a

1. 头盖，×3，采集号：NZ46，登记号：NIGP62985-782。

2. 尾部，×4，采集号：NZ45，登记号：NIGP62985-783。

3. 尾部，×3，采集号：NZ45，登记号：NIGP62985-784。

4. 头盖，×3，采集号：NZ46，登记号：NIGP62985-785。

内蒙古自治区乌海市岗德尔山东山口，胡鲁斯台组 *Taitzuia lui-Poshania poshanensis* 带。

5, 6. *Poshania poshanensis* Chang, 1959

5. 尾部，×3，采集号：NZ46，登记号：NIGP62985-786。

6. 尾部，×2，采集号：NZ45，登记号：NIGP62985-787。

内蒙古自治区乌海市岗德尔山东山口，胡鲁斯台组 *Taitzuia lui-Poshania poshanensis* 带。

7—21. *Sciaspis brachyacanthus* Zhu gen. et sp. nov.

7. 头盖，×4，采集号：NZ44 转，登记号：NIGP62985-788。

8. 头盖，×5，采集号：NZ44 转，登记号：NIGP62985-789。

9. 头盖，×4，采集号：NZ44 转，登记号：NIGP62985-790。

10. 尾部，×5，采集号：NZ44 转，登记号：NIGP62985-791。

11. 尾部，×15，采集号：NZ44 转，登记号：NIGP62985-792。

12. 尾部，×4，采集号：NZ44 转，登记号：NIGP62985-793。

13. 尾部，×5，采集号：NZ44 转，登记号：NIGP62985-794。

14. 头盖，×4，采集号：NZ44 转，登记号：NIGP62985-795。

15. 头盖，正模（Holotype），×3，采集号：NZ44 转，登记号：NIGP62985-796。

16. 头盖，×5，采集号：NZ44 转，登记号：NIGP62985-797。

17. 头盖，×4，采集号：NZ44 转，登记号：NIGP62985-798。

18. 尾部，×6，采集号：NZ44 转，登记号：NIGP62985-799。

19. 头盖，×5，采集号：NZ44 转，登记号：NIGP62985-800。

20. 尾部，×5，采集号：NZ44 转，登记号：NIGP62985-801。

21. 头盖，×5，采集号：NZ44 转，登记号：NIGP62985-802。

内蒙古自治区乌海市岗德尔山东山口，胡鲁斯台组 *Psilaspis changchengensis* 带上部。

22—27. *Tylotaitzuia truncata* Zhu, sp. nov.

22. 尾部，×4，采集号：NZ37，登记号：NIGP62985-803。

23. 头盖，×8，采集号：NZ38，登记号：NIGP62985-804。

24. 尾部，×15，采集号：NZ37，登记号：NIGP62985-805。

25. 头盖，×15，采集号：NZ37，登记号：NIGP62985-806。

26. 头盖，×10，采集号：NZ37，登记号：NIGP62985-807。

27. 头盖，正模（Holotype），×8，采集号：NZ37，登记号：NIGP62985-808。

内蒙古自治区乌海市岗德尔山东山口，胡鲁斯台组 *Megagraulos inflatus* 带。

图 版 93

1—12. *Jinxiaspis intermedia* Yuan et Zhang, sp. nov.

1. 头盖，正模（Holotype），×6，采集号：CD102，登记号：NIGP62985-809。

2. 尾部，×10，采集号：CD102，登记号：NIGP62985-810。

3. 尾部，×6，采集号：CD101，登记号：NIGP62985-811。

内蒙古自治区乌海市桌子山地区阿不切亥沟，胡鲁斯台组 *Metagraulos dolon* 带。

4. 头盖，×4，采集号：NZ20，登记号：NIGP62985-812。

5. 头盖、尾部，×4，采集号：NZ20，登记号：NIGP62985-813。

6. 尾部，×3，采集号：NZ20，登记号：NIGP62985-814。

7. 头盖，×4，采集号：NZ20，登记号：NIGP62985-815。

8. 尾部，×1.5，采集号：NZ20，登记号：NIGP62985-816。

9. 尾部，×3，采集号：NZ20，登记号：NIGP62985-817。

10. 唇瓣，×10，采集号：NZ23，登记号：NIGP62985-818。

11. 唇瓣，×10，采集号：NZ23，登记号：NIGP62985-819。

12. 尾部，×15，采集号：NZ22，登记号：NIGP62985-820。

内蒙古自治区乌海市岗德尔山东山口，胡鲁斯台组 *Metagraulos dolon* 带。

13. *Koptura （Eokoptura） bella* Yuan in Yuan *et al.*, 2012

13. 尾部，×8，采集号：NH17，登记号：NIGP62985-821。

宁夏回族自治区贺兰山苏峪口至五道塘，胡鲁斯台组 *Metagraulos dolon* 带。

14. *Koptura （Eokoptura）* sp.

14. 尾部，×5，采集号：L21，登记号：NIGP62985-822。

陕西省陇县景福山，馒头组 *Inouyops titiana* 带。

图 版 94

1—12. *Jinxiaspis rara* Zhu et Yuan, sp. nov.

1. 头盖，正模（Holotype），×3，采集号：NZ36，登记号：NIGP62985-823。

2. 尾部，×5，采集号：NZ36，登记号：NIGP62985-824。

3. 尾部，×3，采集号：NZ36，登记号：NIGP62985-825。

4. 头盖，×8，采集号：NZ36，登记号：NIGP62985-826。

5. 头盖，×5，采集号：NZ36，登记号：NIGP62985-827。

6. 头盖，×3，采集号：NZ36，登记号：NIGP62985-828。

7. 尾部，×3，采集号：NZ36，登记号：NIGP62985-829。

8. 头盖，×6，采集号：NZ36，登记号：NIGP62985-830。

9. 唇瓣，×6，采集号：NZ36，登记号：NIGP62985-831。

10. 尾部，×3，采集号：NZ36，登记号：NIGP62985-832。

11. 胸尾部，×3，采集号：NZ36，登记号：NIGP62985-833。

12. 尾部，×3，采集号：NZ36，登记号：NIGP62985-834。

内蒙古自治区乌海市岗德尔山东山口，胡鲁斯台组 *Megagraulos inflatus* 带。

13—15. *Jinxiaspis gaoi* Yuan, sp. nov.

13. 头盖，×4，采集号：TGC1-5，登记号：NIGP62985-835。

14. 近乎完整背壳，正模（Holotype），×4，采集号：TGC1-5，登记号：NIGP62985-836。

15. 尾部，×4，采集号：TGC1-5，登记号：NIGP62985-837。

河北省唐山市古冶区长山沟村委会后山，馒头组 *Megagraulos coreanicus* 带。

16—18. *Lianglangshania transversa* Zhu sp. nov.

16. 尾部，×3，采集号：NZ44 转，登记号：NIGP62985-838。

17. 尾部，×3，采集号：NZ44 转，登记号：NIGP62985-839。

18. 尾部，×15，采集号：NZ44 转，登记号：NIGP62985-840。

内蒙古自治区乌海市岗德尔山东山口，胡鲁斯台组 *Psilaspis changchengensis* 带上部。

图 版 95

1—12. *Lianglangshania transversa* Zhu sp. nov.

1. 头盖，×3 采集号：NZ44 转，登记号：NIGP62985-841。

2. 头盖，×5，采集号：NZ44 转，登记号：NIGP62985-842。

3. 头盖，×3，采集号：NZ44 转，登记号：NIGP62985-843。

4. 头盖，×8，采集号：NZ44 转，登记号：NIGP62985-844。

5. 头盖，×5，采集号：NZ44 转，登记号：NIGP62985-845。

6. 头盖，×3，采集号：NZ44 转，登记号：NIGP62985-846。

7. 头盖，×3，采集号：NZ44 转，登记号：NIGP62985-847。

8. 头盖，×6，采集号：NZ44 转，登记号：NIGP62985-848。

9. 头盖，正模（Holotype），×6，采集号：NZ44 转，登记号：NIGP62985-849。

10. 头盖，×3，采集号：NZ44 转，登记号：NIGP62985-850。

11. 头盖，×3，采集号：NZ44 转，登记号：NIGP62985-851。

12. 头盖，×3，采集号：NZ44 转，登记号：NIGP62985-852。

内蒙古自治区乌海市岗德尔山东山口，胡鲁斯台组 *Psilaspis changchengensis* 带上部。

13—16. *Sinoanomocare lirellatus* Yuan et Zhang gen. et sp. nov.

13. 尾部，×2，采集号：LQH-1，登记号：NIGP62985-853。

14. 头盖，正模（Holotype），×8，采集号：LQH-1，登记号：NIGP62985-854。

15. 头盖，×4，采集号：LQH-1，登记号：NIGP62985-855。

16. 尾部，×3，采集号：LQH-1，登记号：NIGP62985-856。

陕西省礼泉县寒水沟，馒头组 *Poriagraulos nanus* 带。

1—13. *Monkaspis neimonggolensis* Zhang, 1985

　1. 尾部, ×3 采集号: NC133, 登记号: NIGP62985-857。

　2. 头盖, ×3, 采集号: NC133, 登记号: NIGP62985-858。

　3. 头盖, ×2, 采集号: NC133, 登记号: NIGP62985-859。

　宁夏回族自治区同心县青龙山, 胡鲁斯台组 *Blackwelderia tenuilimbata* 带。

　4. 活动颊, ×6.3, 采集号: SBT1, 登记号: NIGP62985-860。

　5. 尾部, ×4.2, 采集号: SBT1, 登记号: NIGP62985-861。

　6. 头盖, ×7, 采集号: SBT1, 登记号: NIGP62985-862。

　7. 尾部, ×7.6, 采集号: SBT1, 登记号: NIGP62985-863。

　8. 尾部, ×7, 采集号: SBT1, 登记号: NIGP62985-864。

　9. 活动颊, ×9.5, 采集号: SBT1, 登记号: NIGP62985-865。

　10. 唇瓣, ×7.2, 采集号: SBT1, 登记号: NIGP62985-866。

　11. 头盖, ×5.2, 采集号: SBT1, 登记号: NIGP62985-867。

　12. 唇瓣, ×10.4, 采集号: SBT1, 登记号: NIGP62985-868。

　13. 尾部, ×6.3, 采集号: SBT1, 登记号: NIGP62985-869。

　内蒙古自治区乌海市桌子山地区苏拜沟, 胡鲁斯台组 *Blackwelderia tenuilimbata* 带。

1—14. *Haibowania zhuozishanensis* Zhang, 1985

　1. 头盖, ×4 采集号: NZ50, 登记号: NIGP62985-870。

　内蒙古自治区乌海市岗德尔山东山口, 胡鲁斯台组 *Blackwelderia tenuilimbata* 带。

　2. 头盖, ×3.7, 采集号: SBT1, 登记号: NIGP62985-871。

　3. 头盖, ×3.6, 采集号: SBT1, 登记号: NIGP62985-872。

　4. 头盖, ×3.7, 采集号: SBT1, 登记号: NIGP62985-873。

　5. 尾部, ×5, 采集号: SBT1, 登记号: NIGP62985-874。

　6. 活动颊, ×7.5, 采集号: SBT1, 登记号: NIGP62985-875。

　7. 尾部, ×4.5, 采集号: SBT1, 登记号: NIGP62985-876。

　8. 活动颊, ×5.3, 采集号: SBT1, 登记号: NIGP62985-877。

　9. 唇瓣, ×7.1, 采集号: SBT1, 登记号: NIGP62985-878。

　10. 唇瓣, ×7.8, 采集号: SBT1, 登记号: NIGP62985-879。

　11. 尾部, ×6.6, 采集号: SBT1, 登记号: NIGP62985-880。

　12. 头盖, ×4.3, 采集号: SBT1, 登记号: NIGP62985-881。

　13. 头盖, ×5.5, 采集号: SBT1, 登记号: NIGP62985-882。

　14. 尾部, ×4.3, 采集号: SBT1, 登记号: NIGP62985-883。

　内蒙古自治区乌海市桌子山地区苏拜沟, 胡鲁斯台组 *Blackwelderia tenuilimbata* 带。

15, 16. *Haibowania brevis* Yuan, sp. nov.

　15. 尾部, 正模 (Holotype), ×5.2, 采集号: SBT1-2, 登记号: NIGP62985-884。

　16. 头盖, ×3.7, 采集号: SBT1-2, 登记号: NIGP62985-885。

　内蒙古自治区乌海市桌子山地区苏拜沟, 胡鲁斯台组 *Blackwelderia tenuilimbata* 带。

1—5. *Blackwelderia tenuilimbata* Zhou in Zhou et Zheng, 1980

　1. 头盖, ×6 采集号: NC133, 登记号: NIGP62985-886。

　2. 头盖, ×6, 采集号: NC133, 登记号: NIGP62985-887。

　3. 尾部, ×8, 采集号: NC133, 登记号: NIGP62985-888。

　宁夏回族自治区同心县青龙山, 胡鲁斯台组 *Blackwelderia tenuilimbata* 带。

　4. 尾部, ×5.2, 采集号: SBT1, 登记号: NIGP62985-889。

　5. 尾部, ×7, 采集号: SBT1, 登记号: NIGP62985-890。

　内蒙古自治区乌海市桌子山地区苏拜沟, 胡鲁斯台组 *Blackwelderia tenuilimbata* 带。

6. *Blackwelderia fortis* Zhou in Zhou et Zheng, 1980

　6. 尾部, ×2, 采集号: NC133, 登记号: NIGP62985-891。

　宁夏回族自治区同心县青龙山, 胡鲁斯台组 *Blackwelderia tenuilimbata* 带。

7—9. Damesellidae gen. et sp. indet.

　7. 头盖, ×9.8, 采集号: SBT1, 登记号: NIGP62985-892。

　8. 头盖, ×10.3, 采集号: SBT1, 登记号: NIGP62985-893。

　9. 尾部, ×11.8, 采集号: SBT1, 登记号: NIGP62985-894。

　内蒙古自治区乌海市桌子山地区苏拜沟, 胡鲁斯台组 *Blackwelderia tenuilimbata* 带。

10—15. *Teinistion triangulus* Yuan, sp. nov.

　10. 活动颊, ×5, 采集号: SBT1, 登记号: NIGP62985-895。

　11. 活动颊, ×5.2, 采集号: SBT1, 登记号: NIGP62985-896。

　12. 头盖, 正模 (Holotype), ×5, 采集号: SBT1, 登记号: NIGP62985-897。

　13. 头盖, ×5.3, 采集号: SBT1, 登记号: NIGP62985-898。

　14. 尾部, ×10.4, 采集号: SBT1, 登记号: NIGP62985-899。

　15. 尾部, ×9.6, 采集号: SBT1, 登记号: NIGP62985-900。

　内蒙古自治区乌海市桌子山地区苏拜沟, 胡鲁斯台组 *Blackwelderia tenuilimbata* 带。

16. *Parablackwelderia spectabilis* (Reeser et Endo, 1937)

　16. 尾部, ×5.2, 采集号: GDEZ-0, 登记号: NIGP62985-901。

　内蒙古自治区乌海市岗德尔山成吉思汗塑像右侧半山腰, 胡鲁斯台组 *Damesella paronai* 带?。

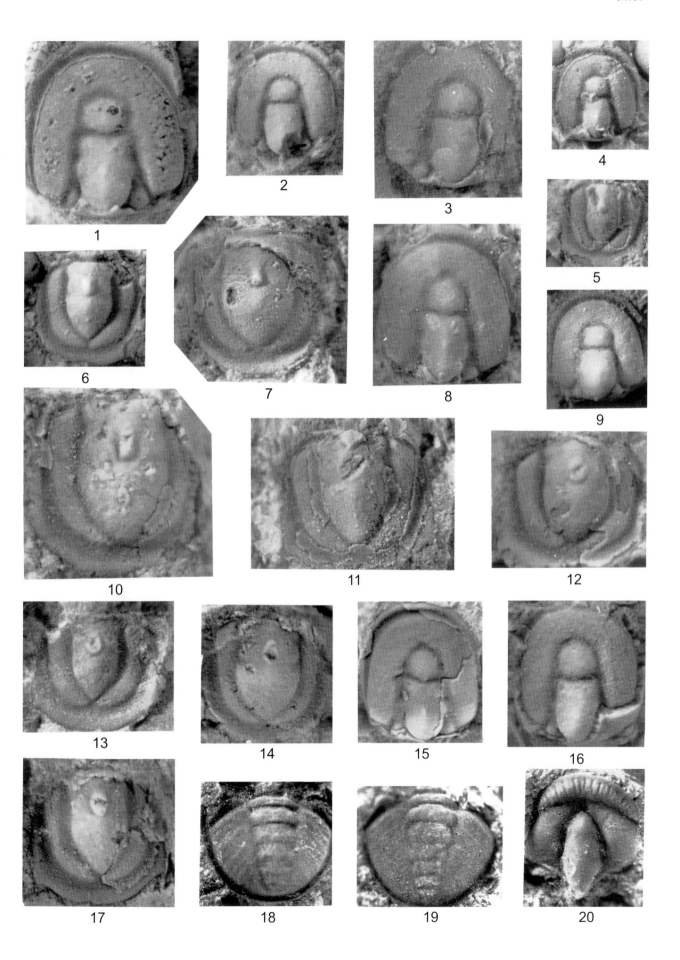

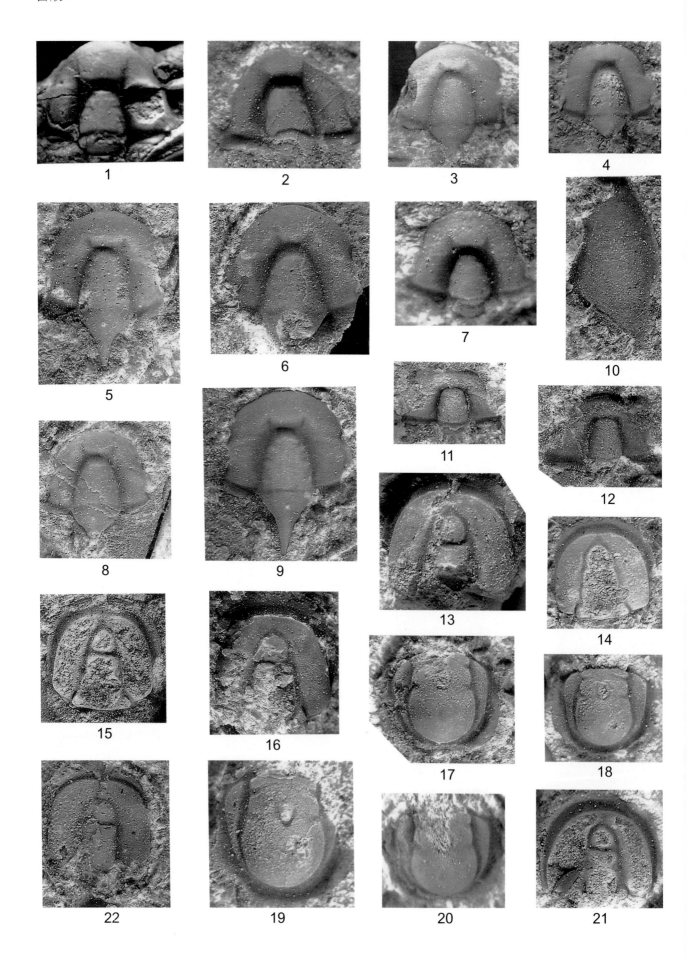

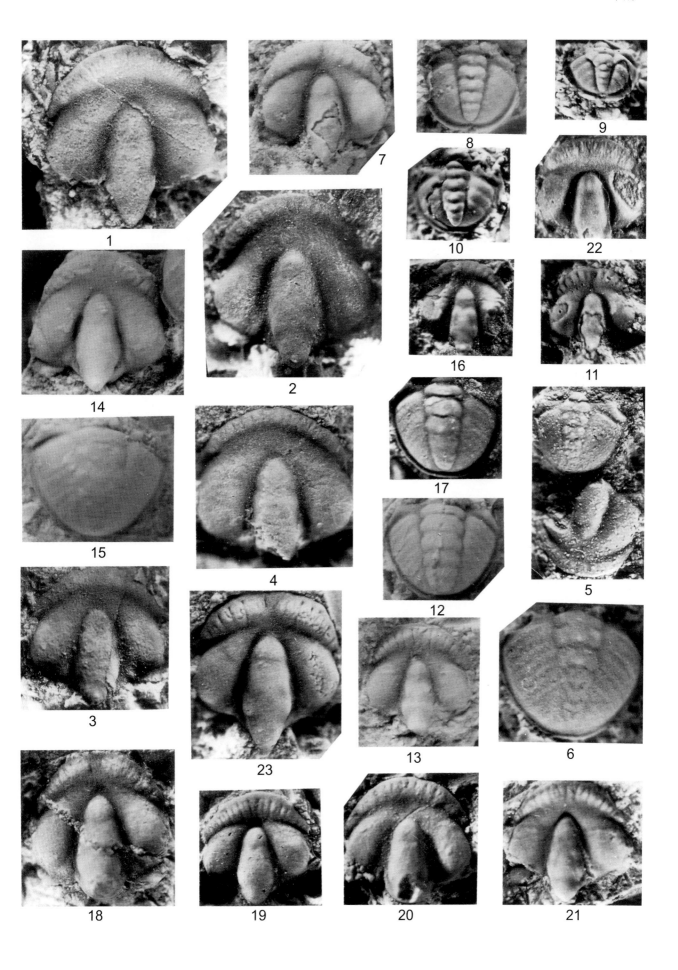

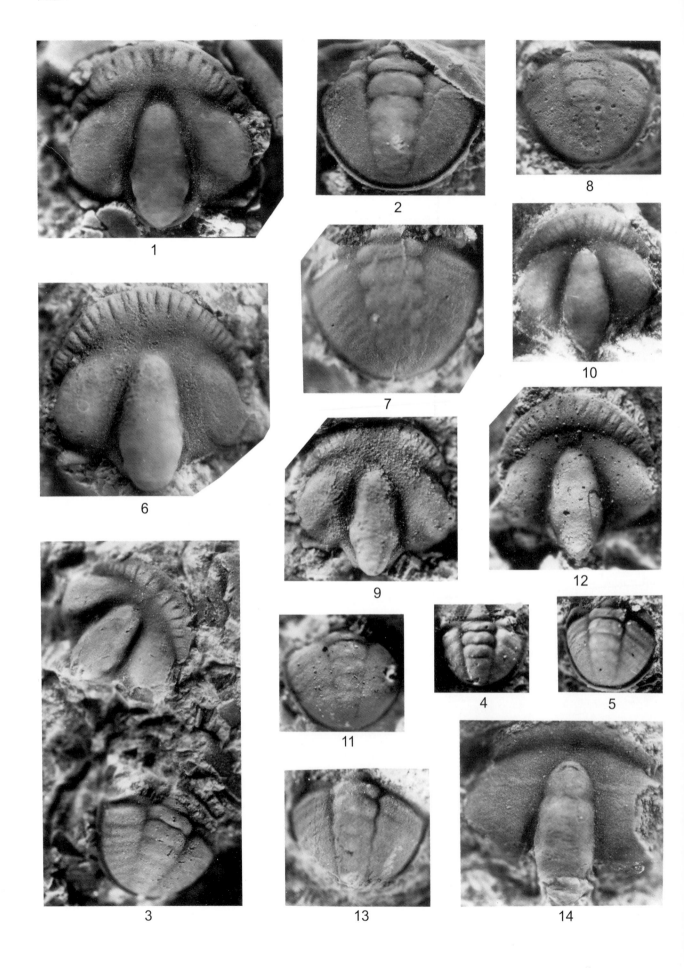

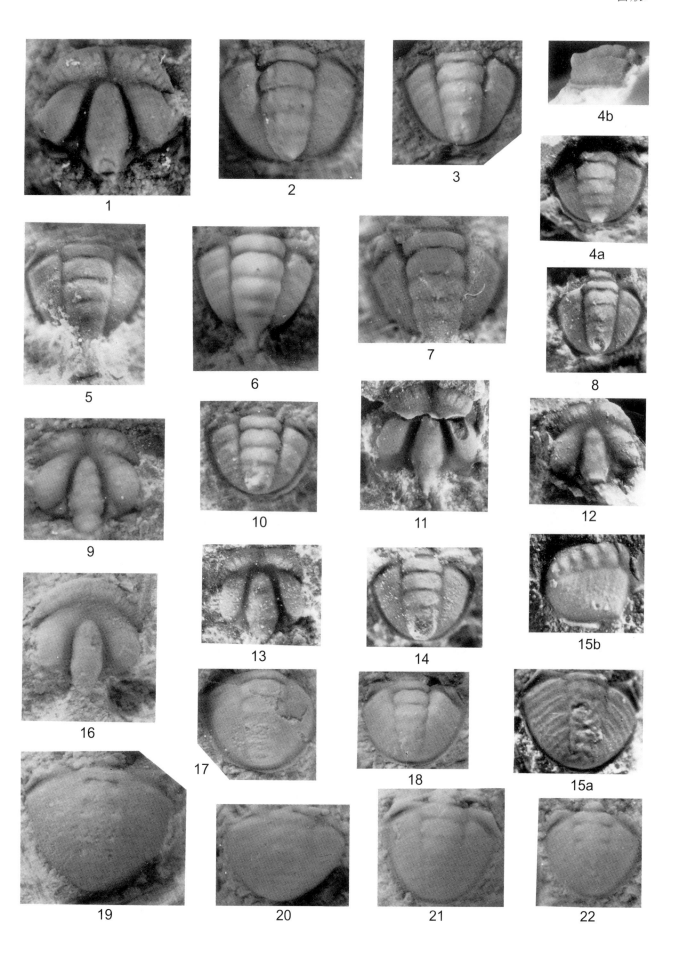

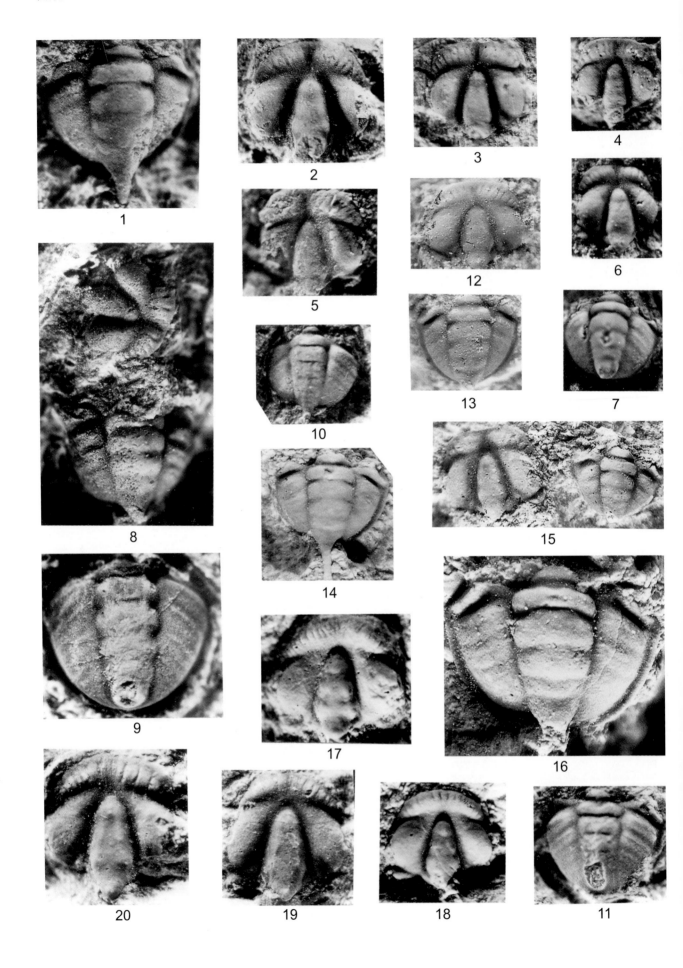

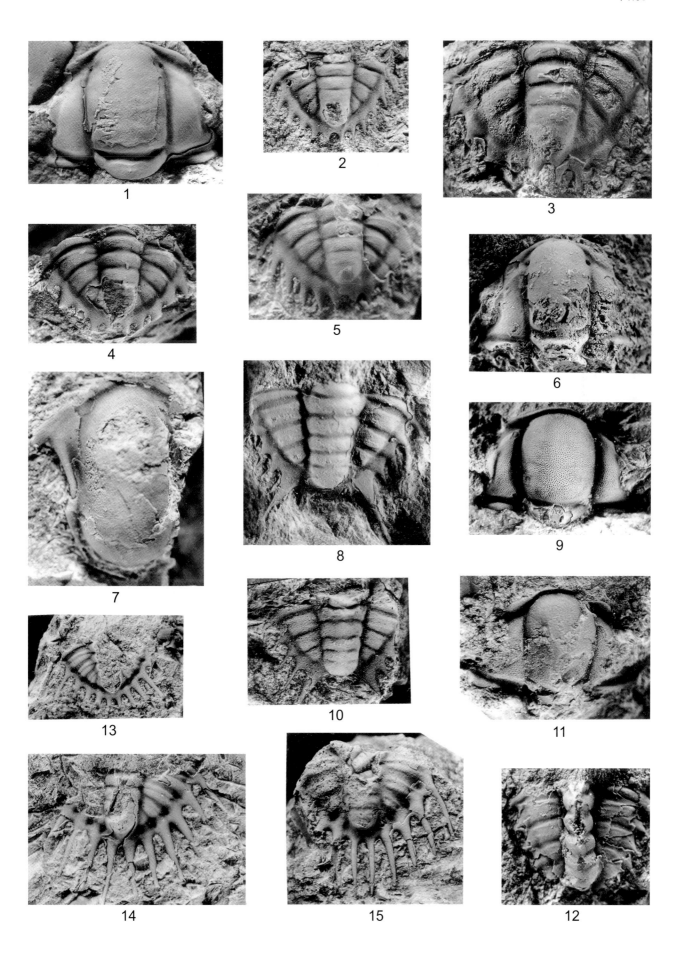

1a

1b

2a

2b

3a

3b

4

5

6

7

8

9

10

11

12

13

14

15

16

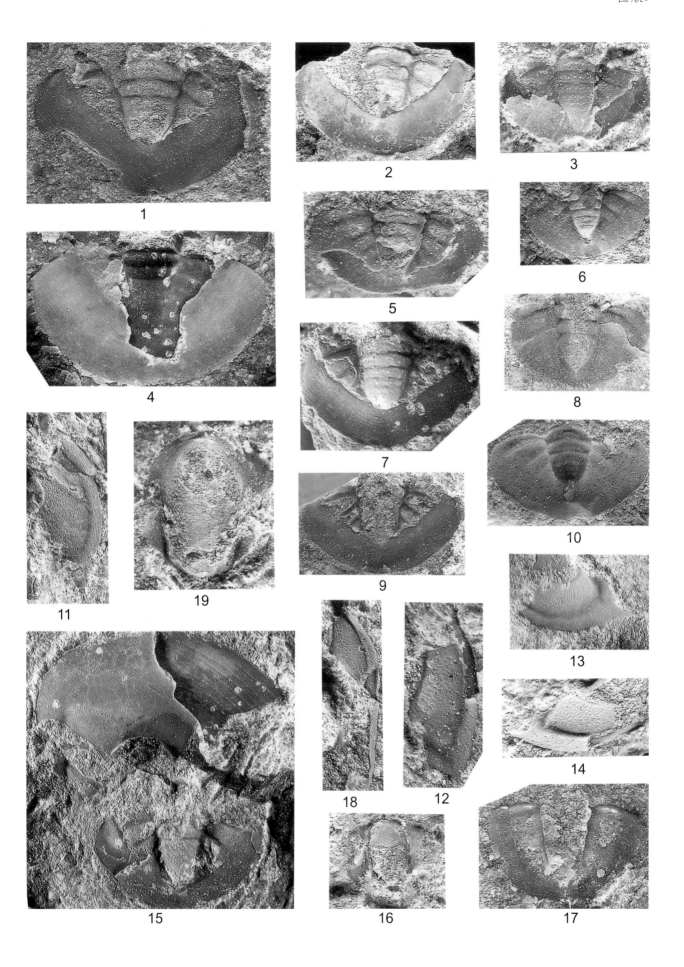

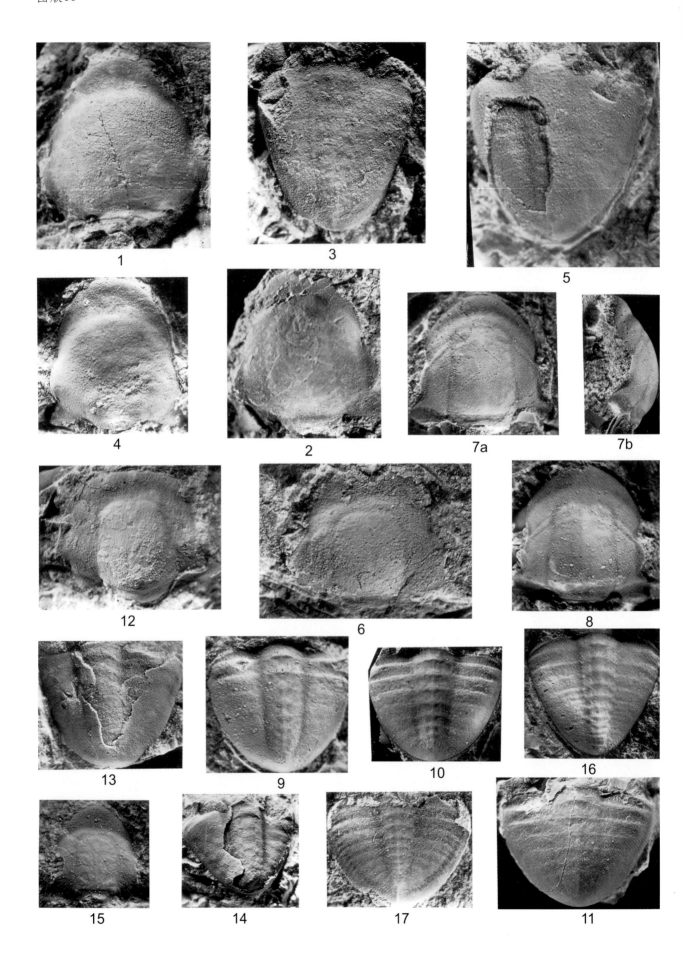

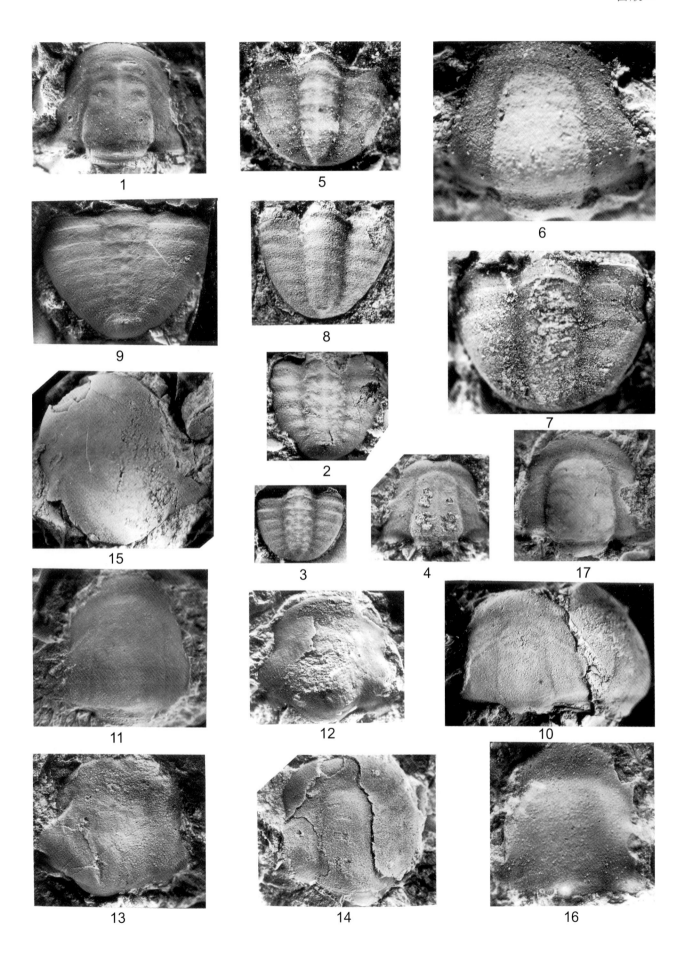

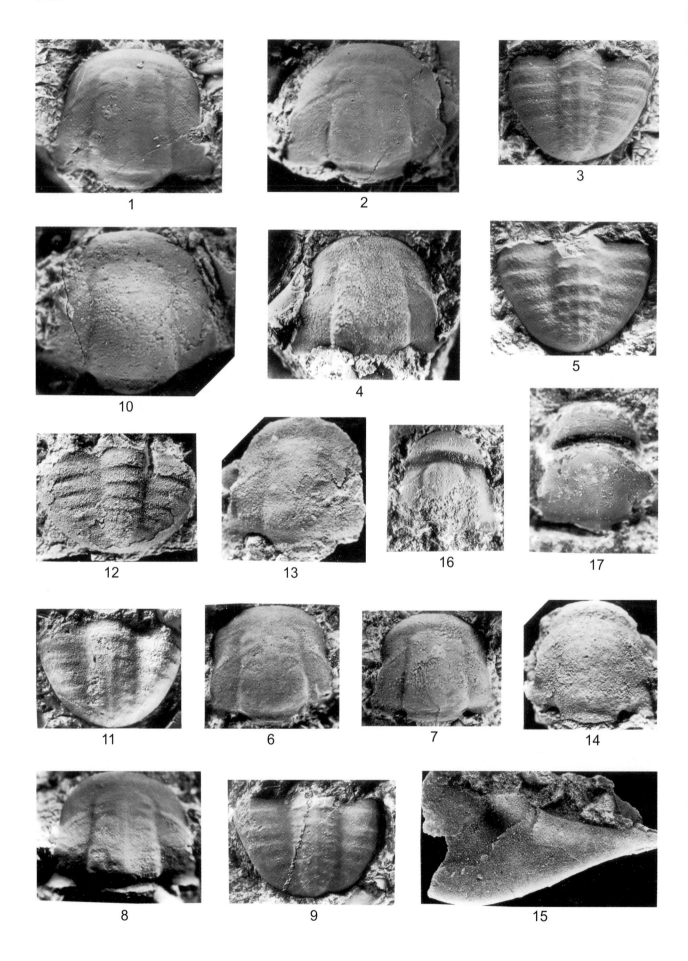

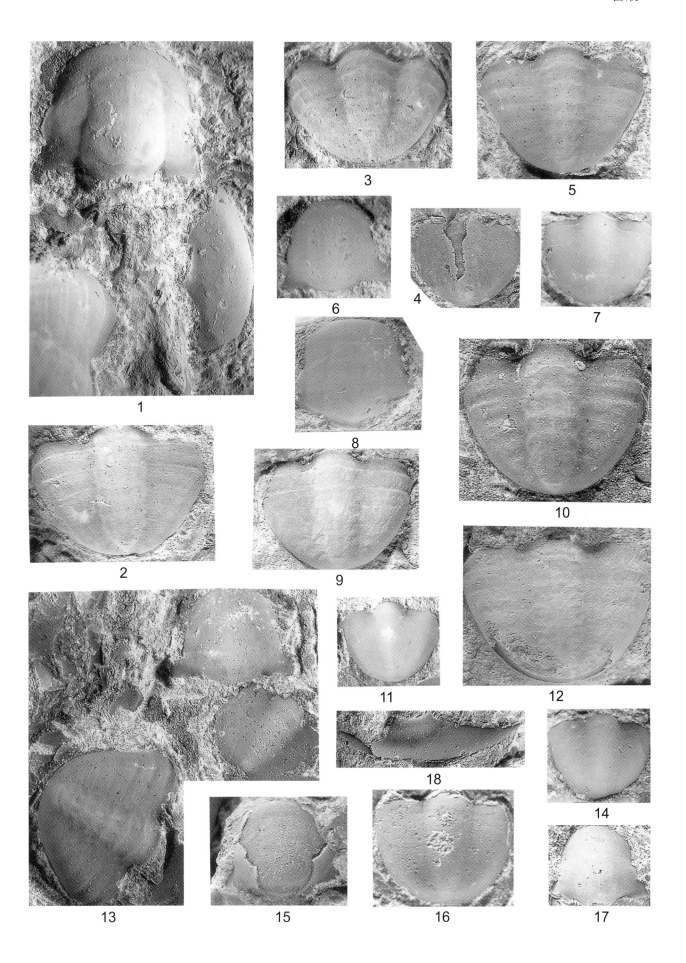

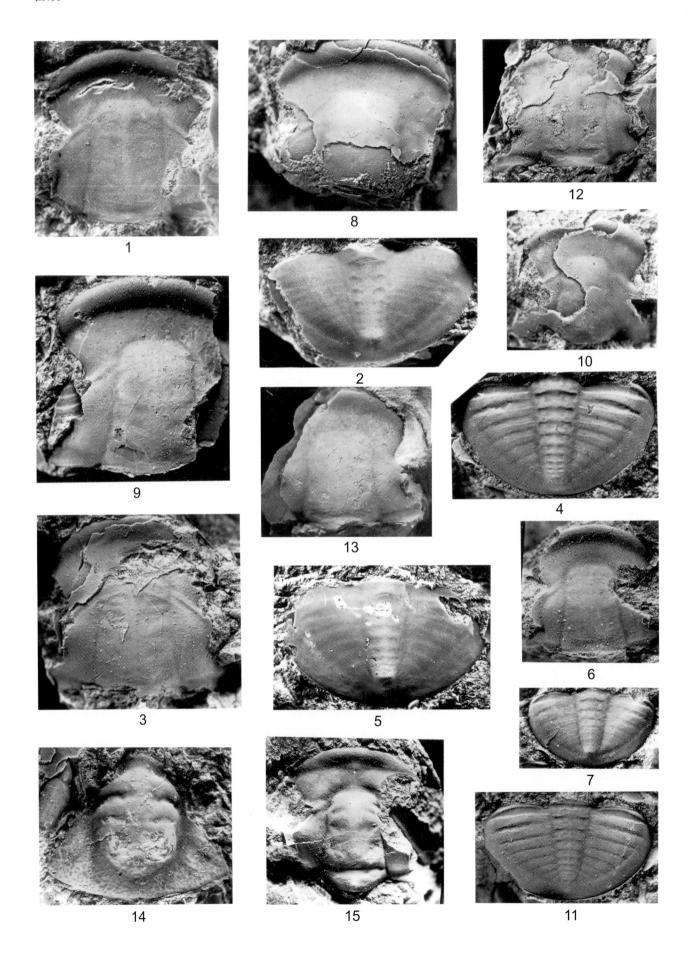

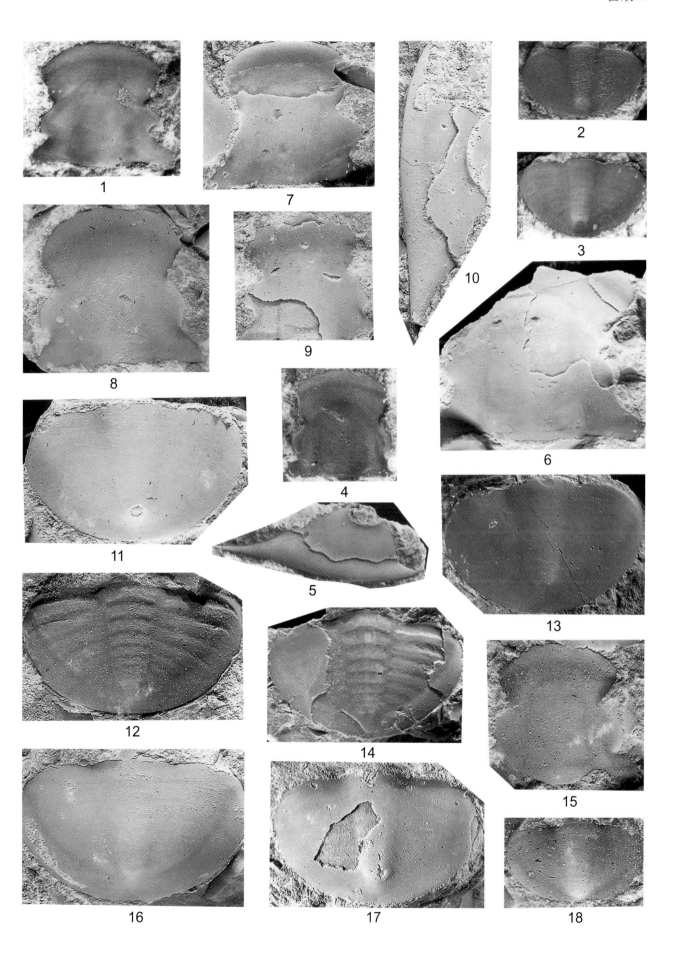

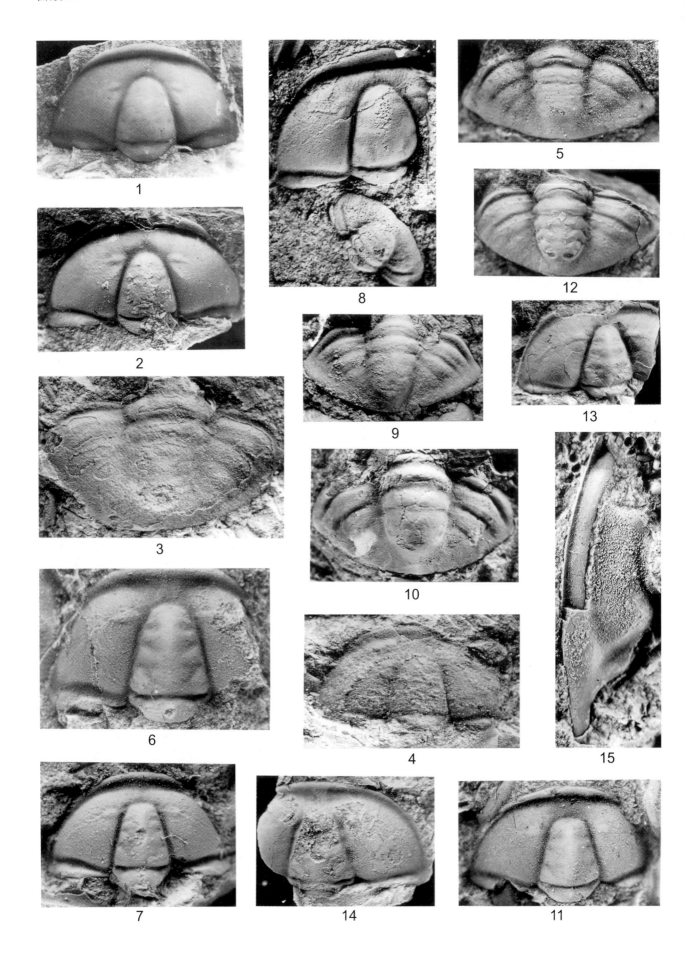

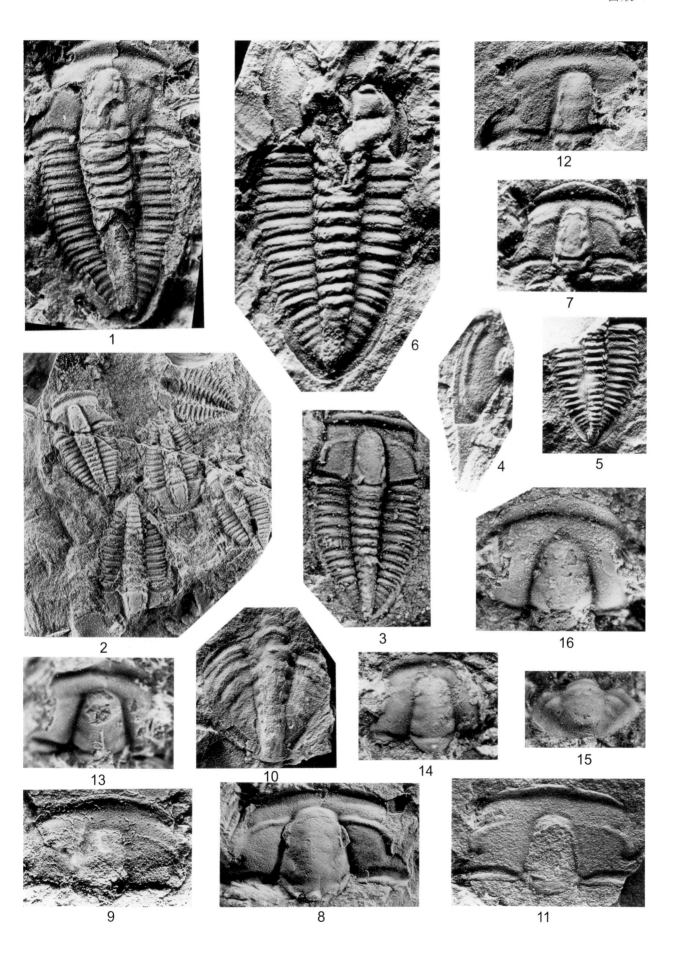

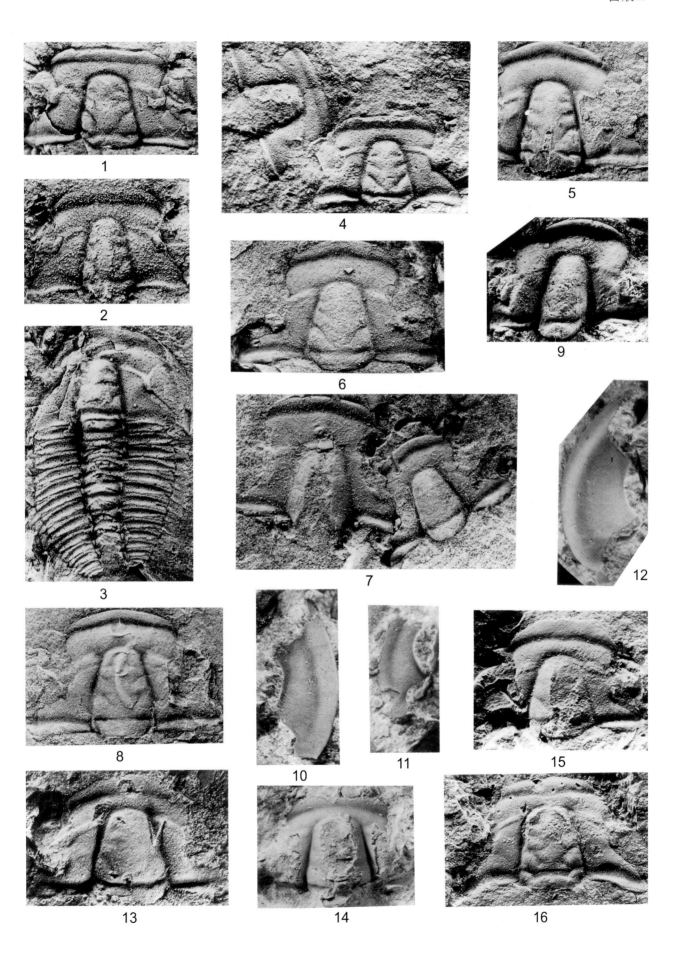

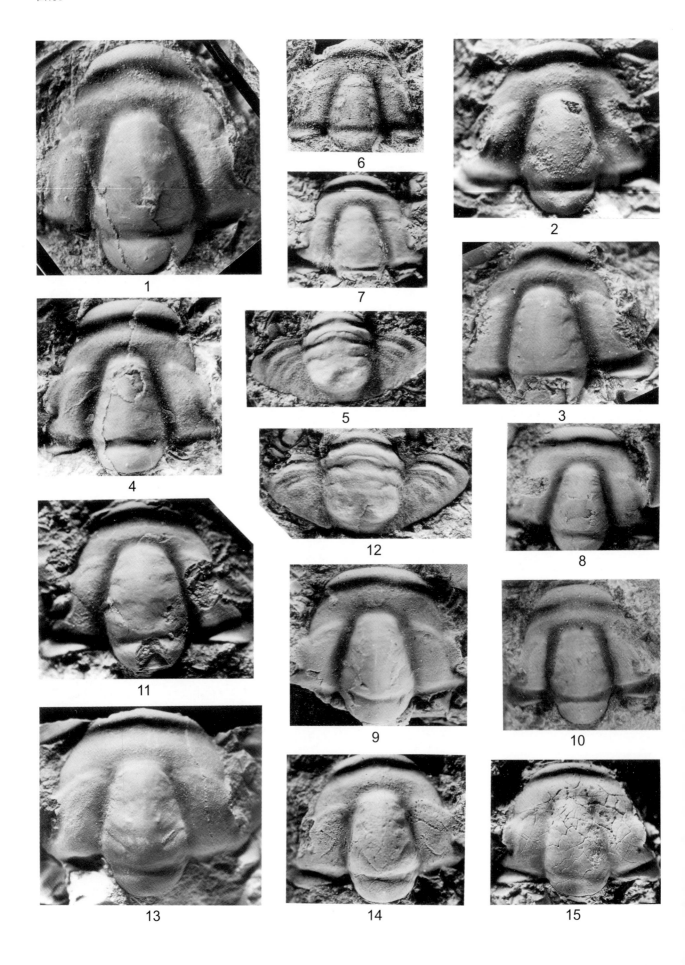

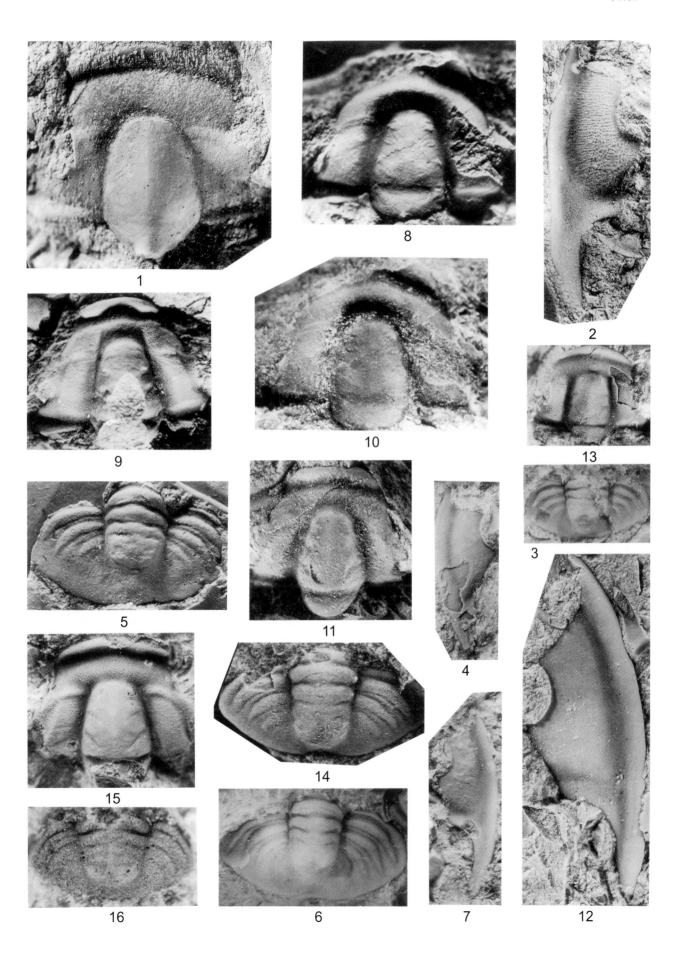

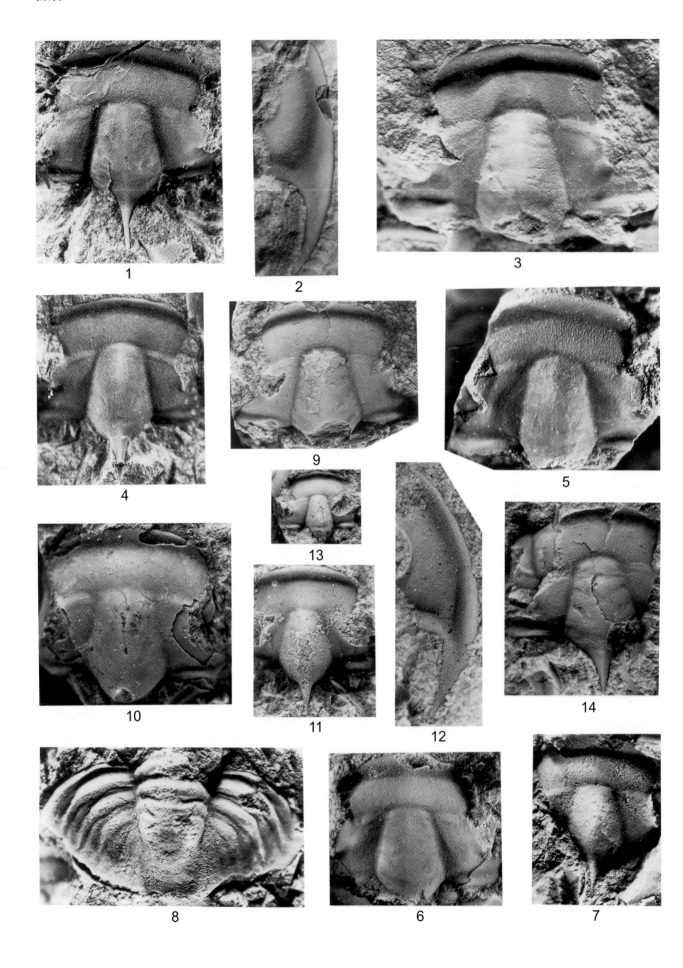

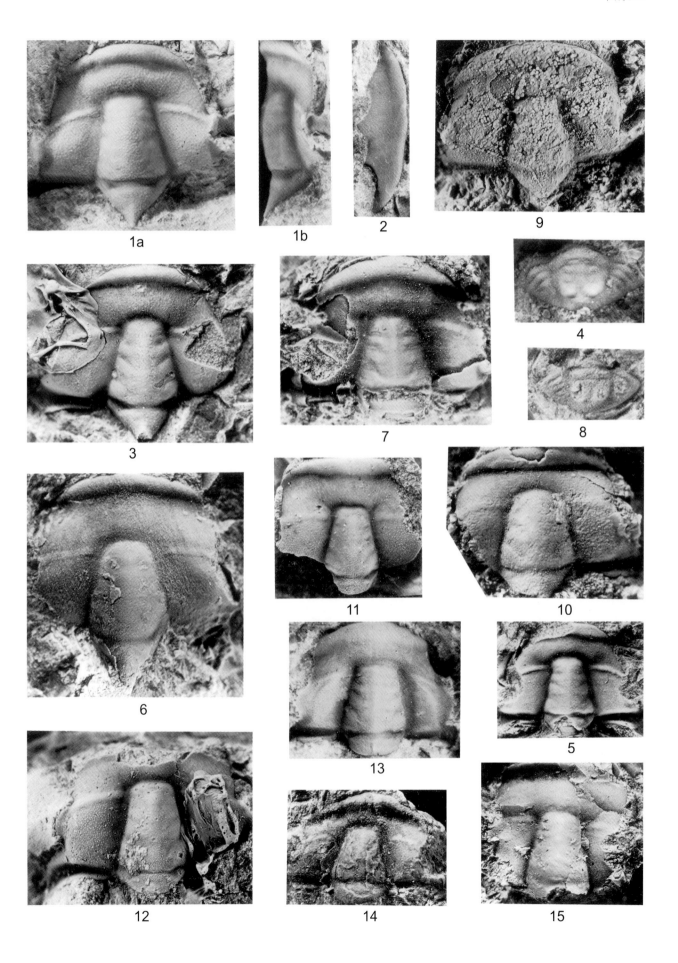

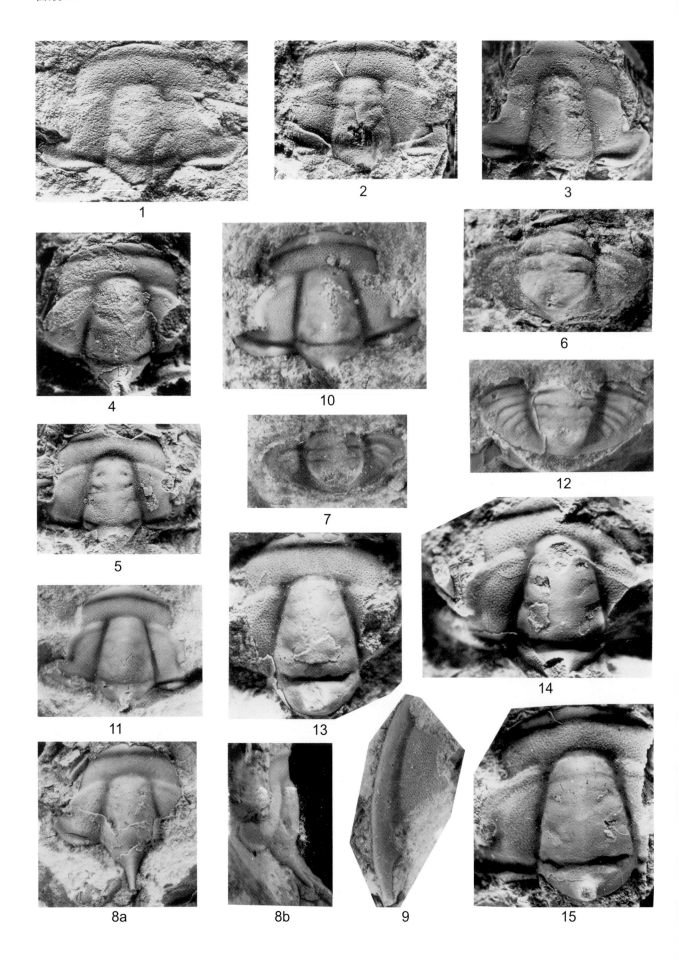

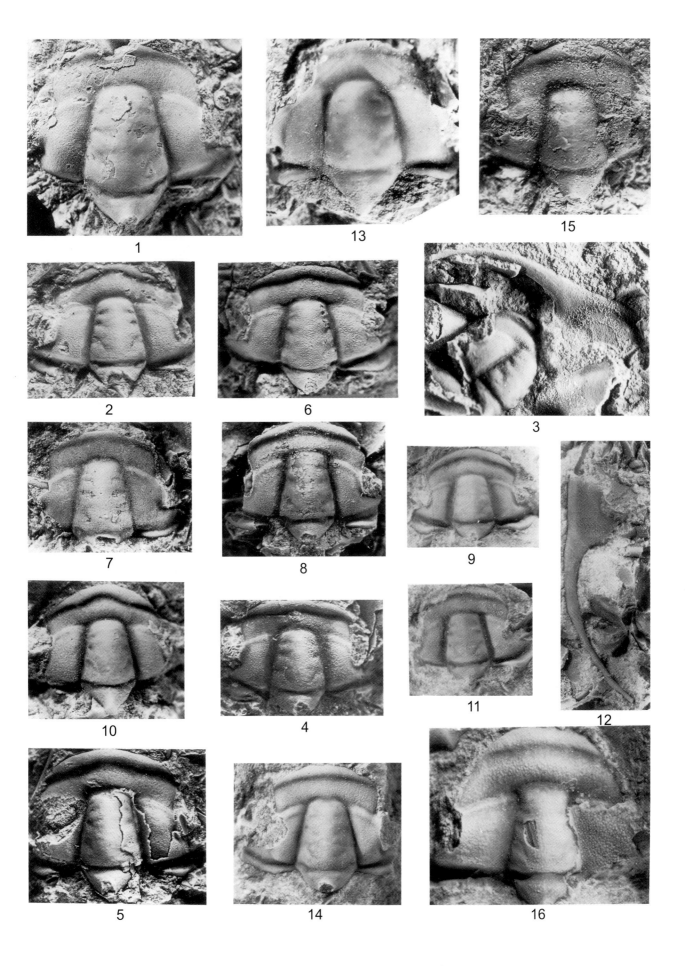

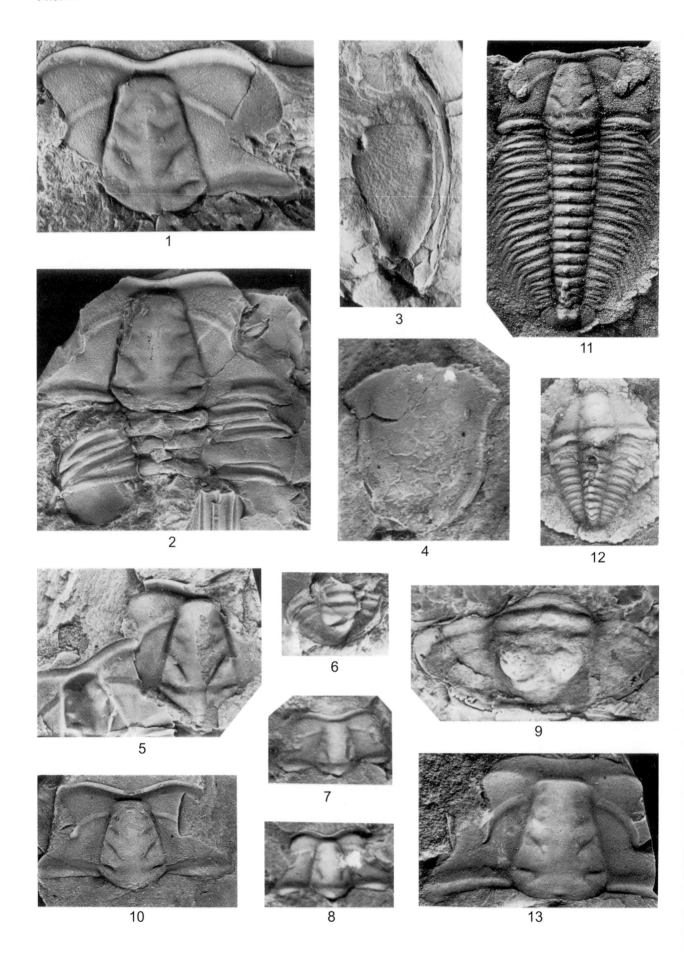

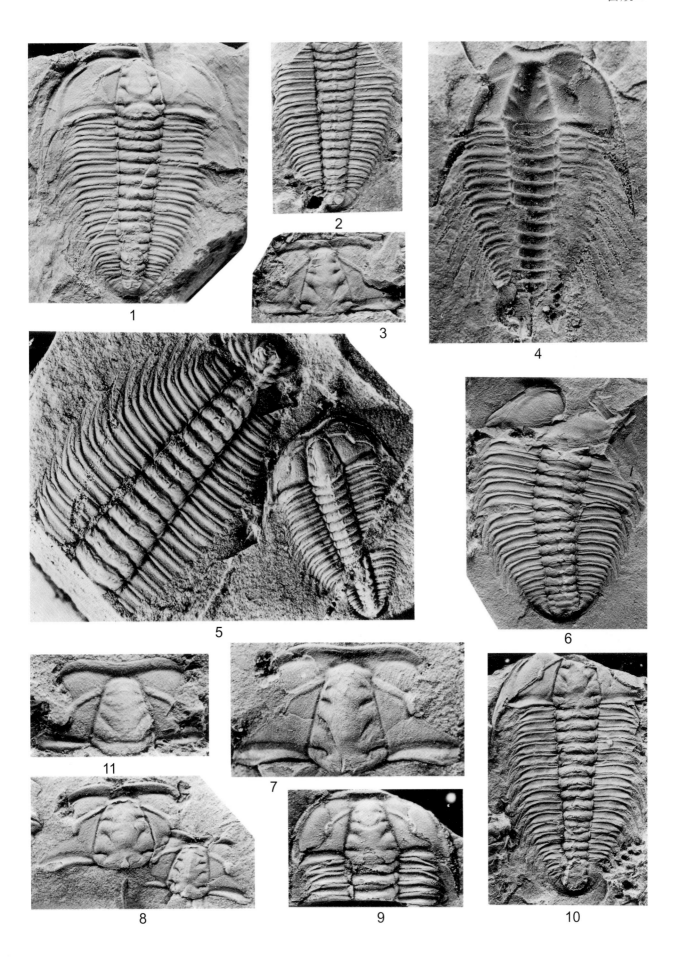

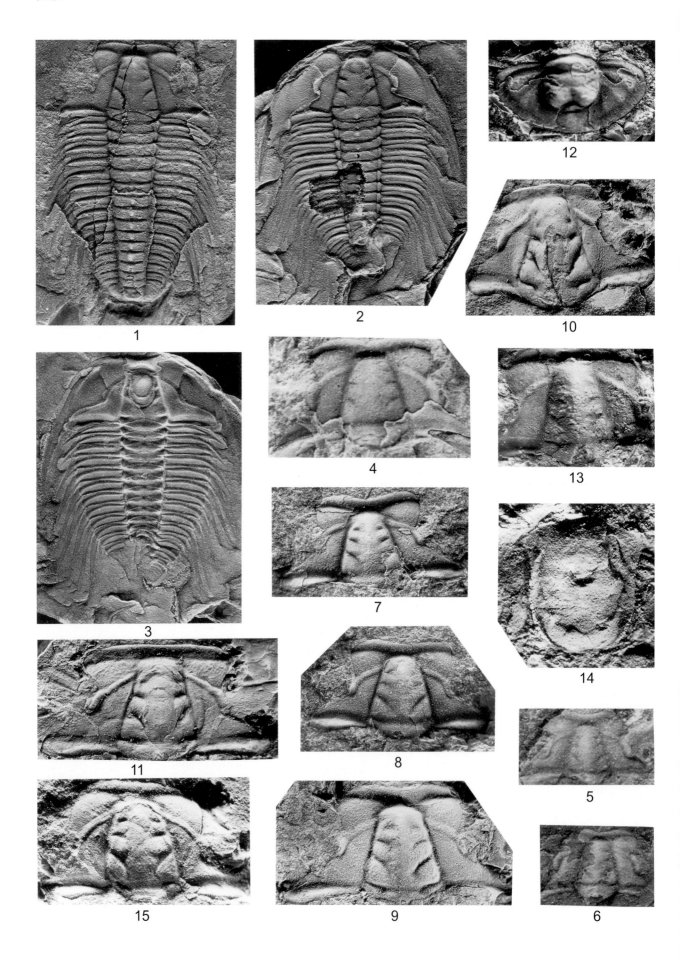

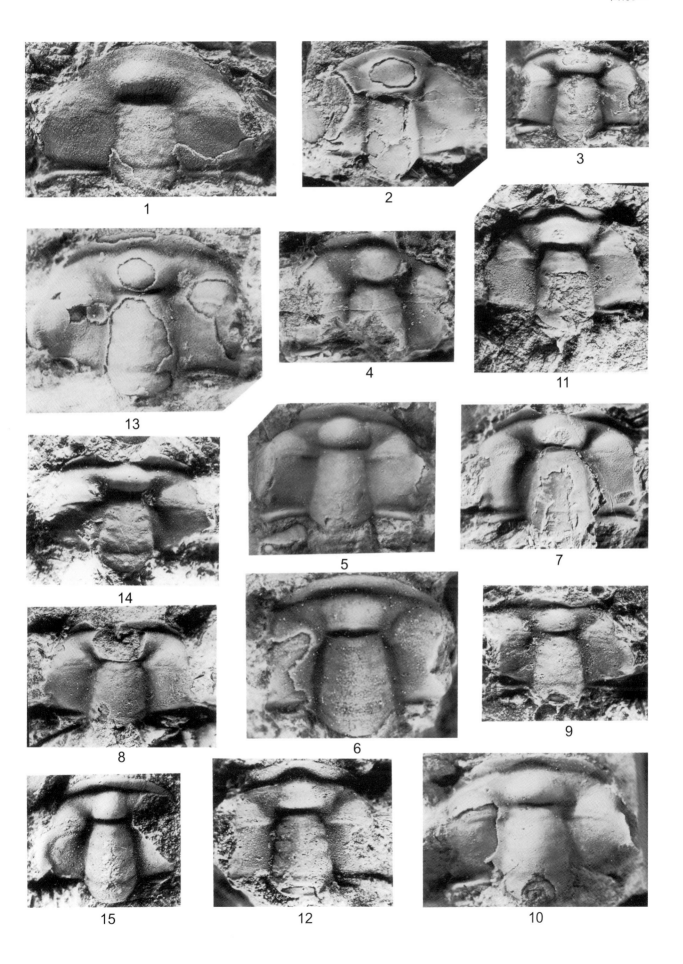

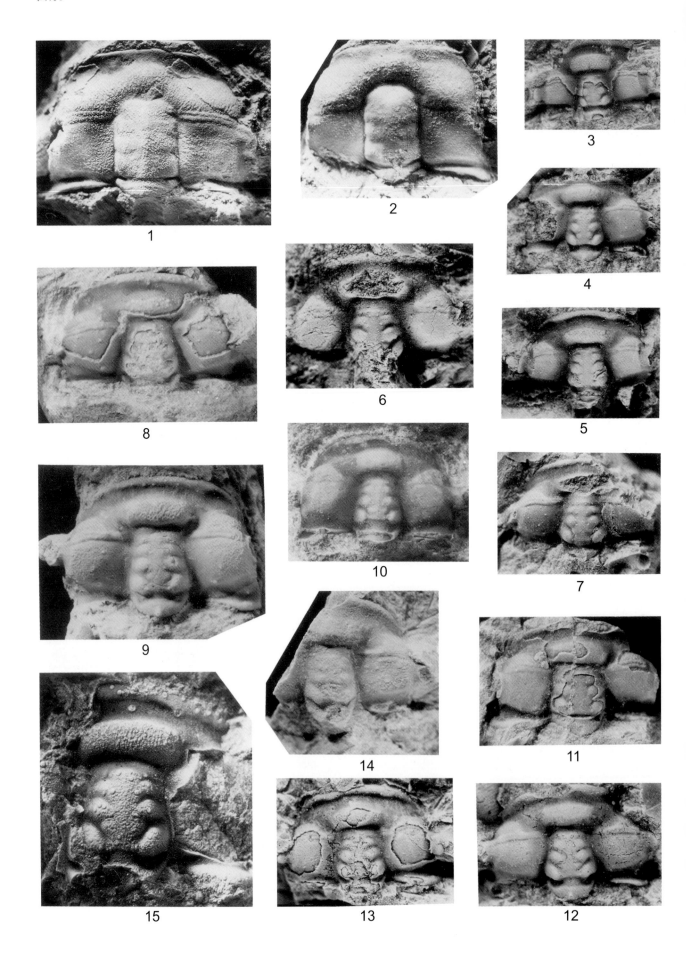

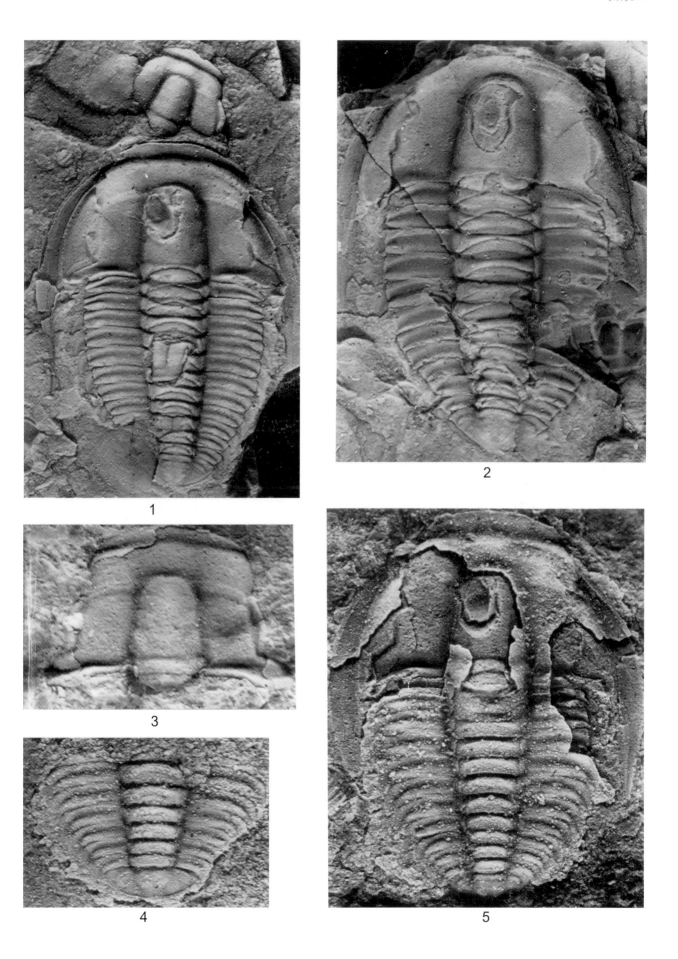

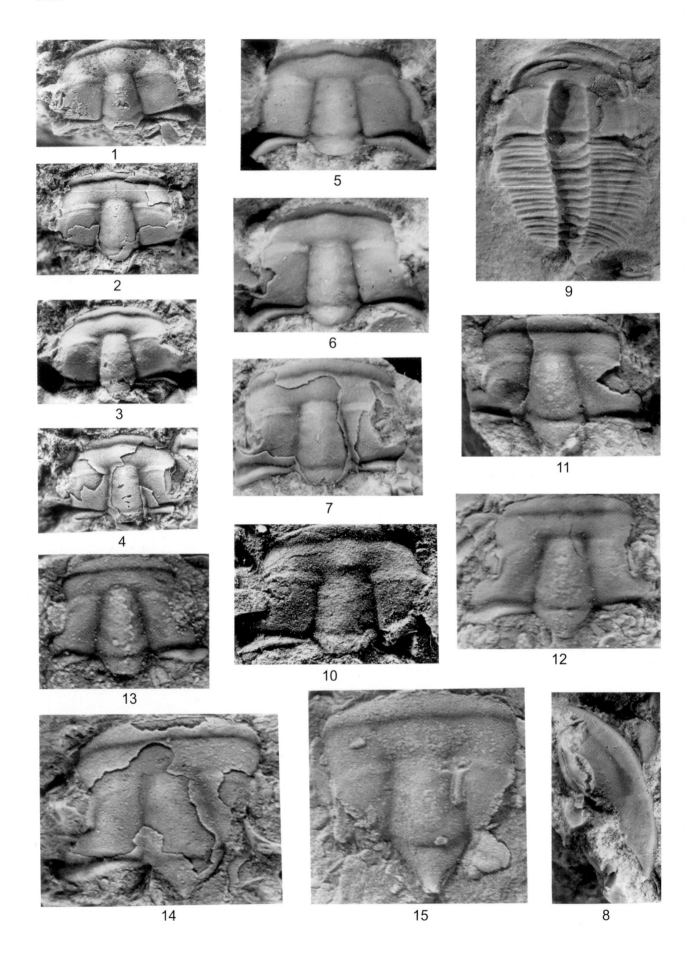

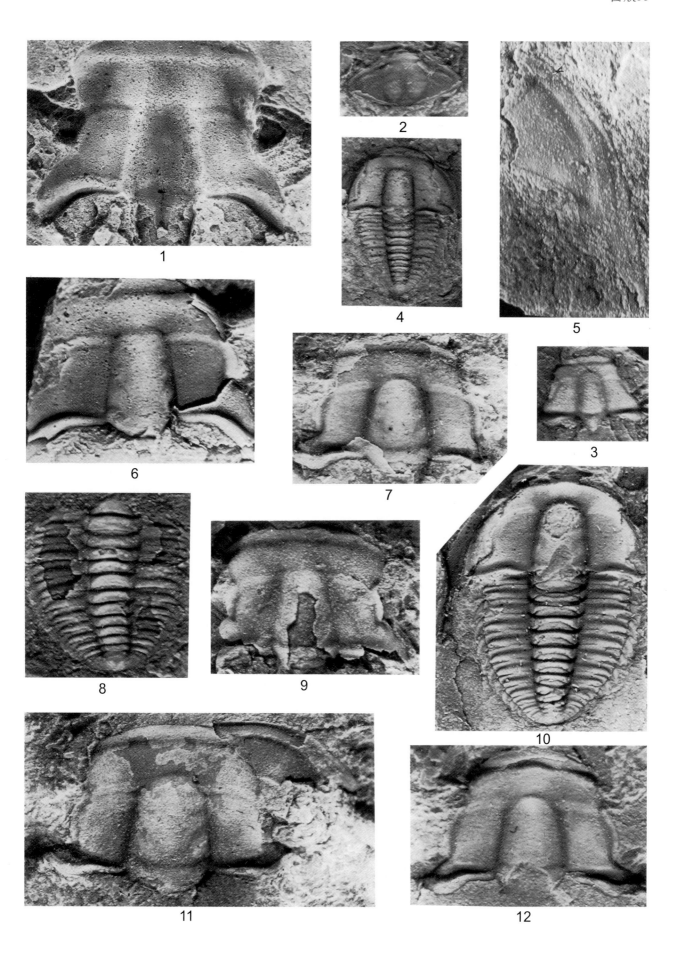

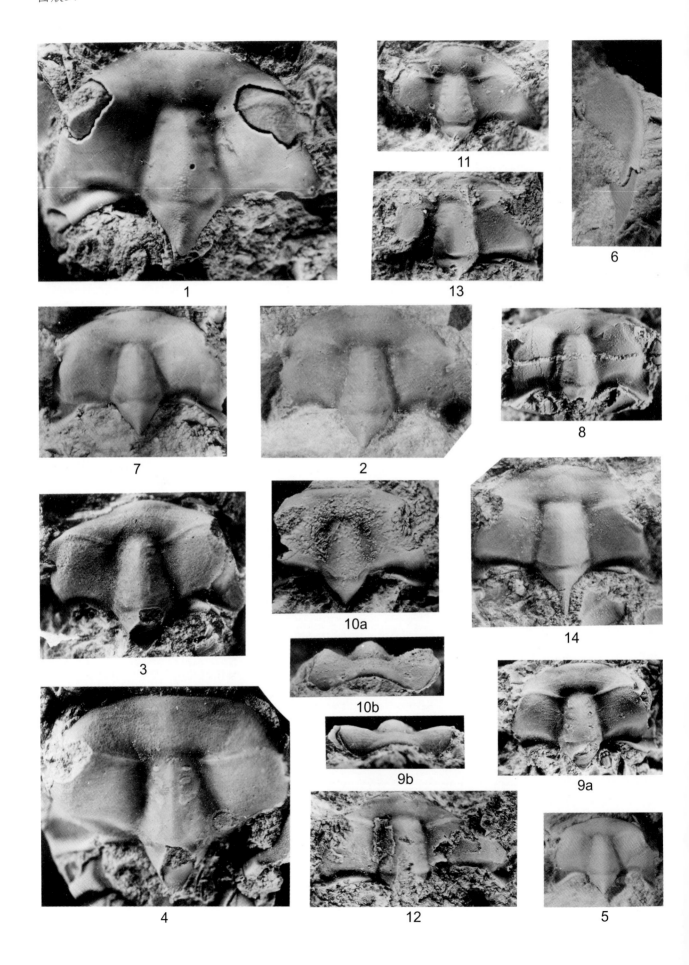

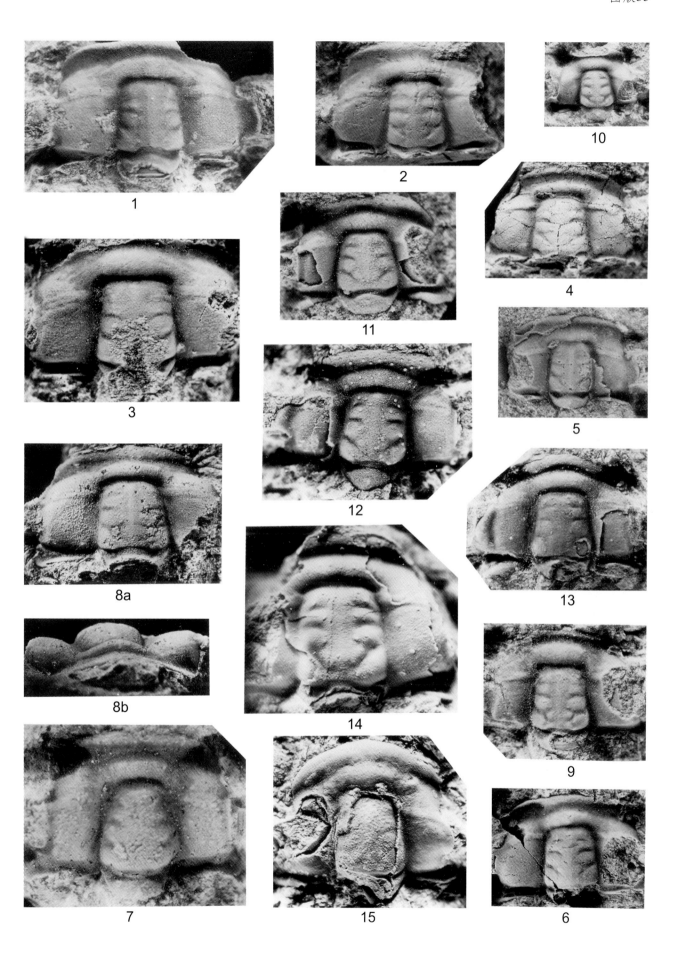

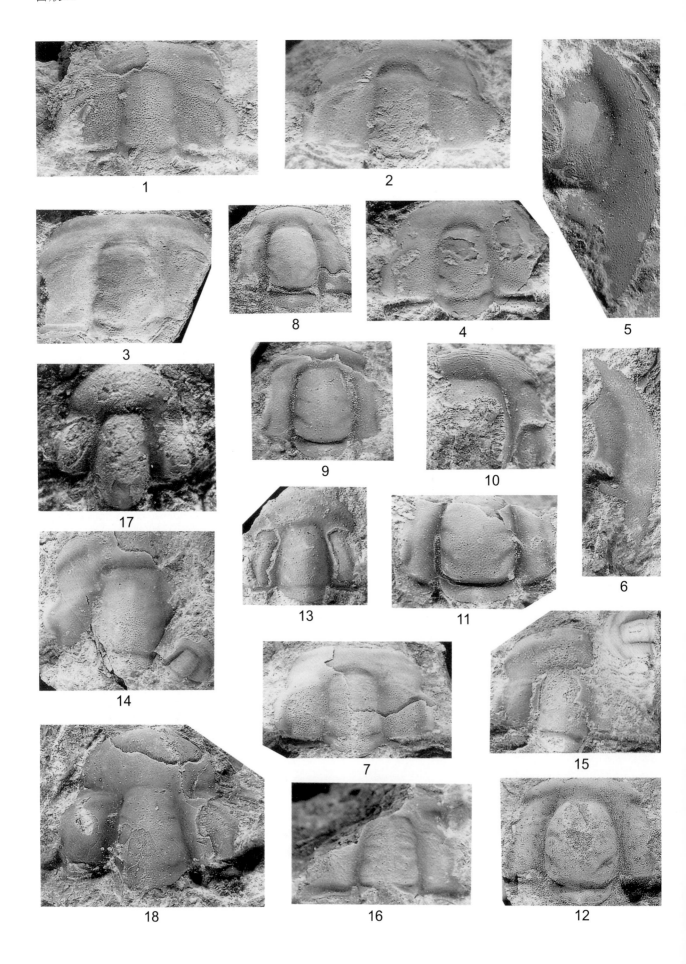

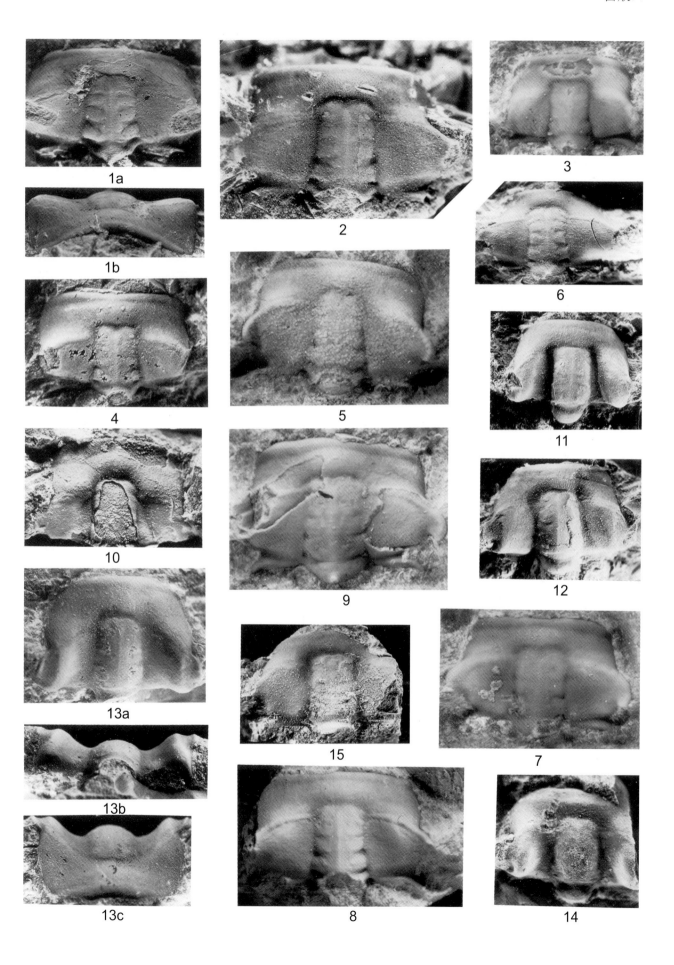

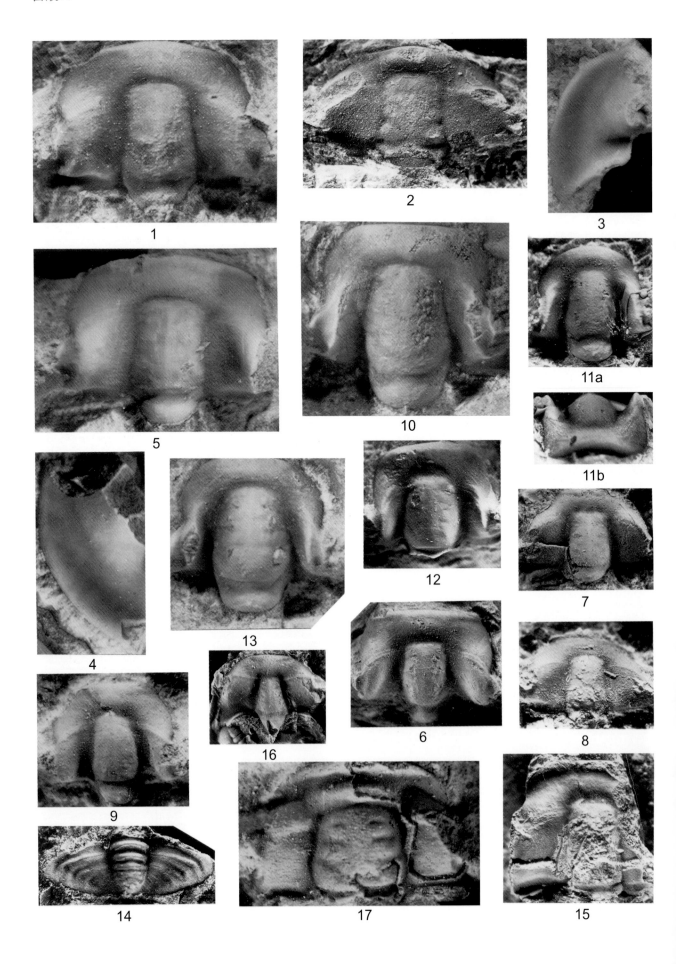

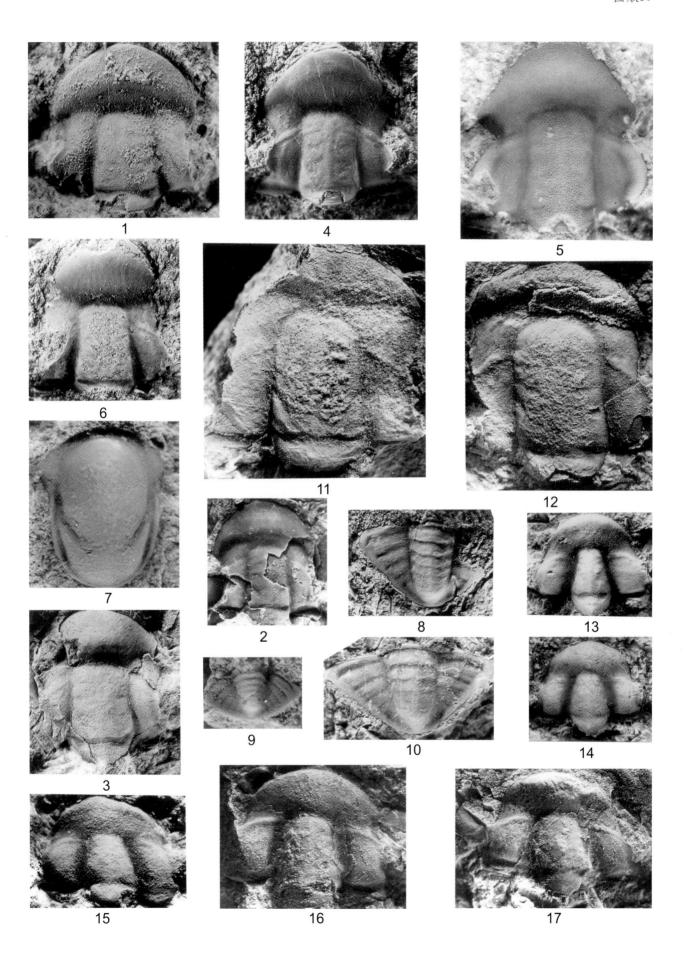

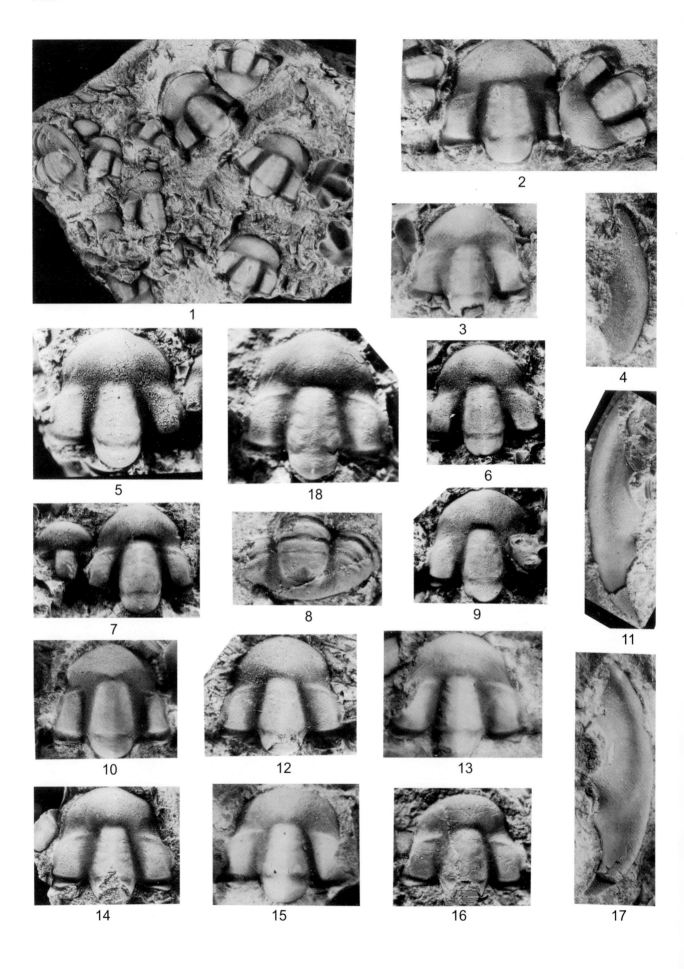

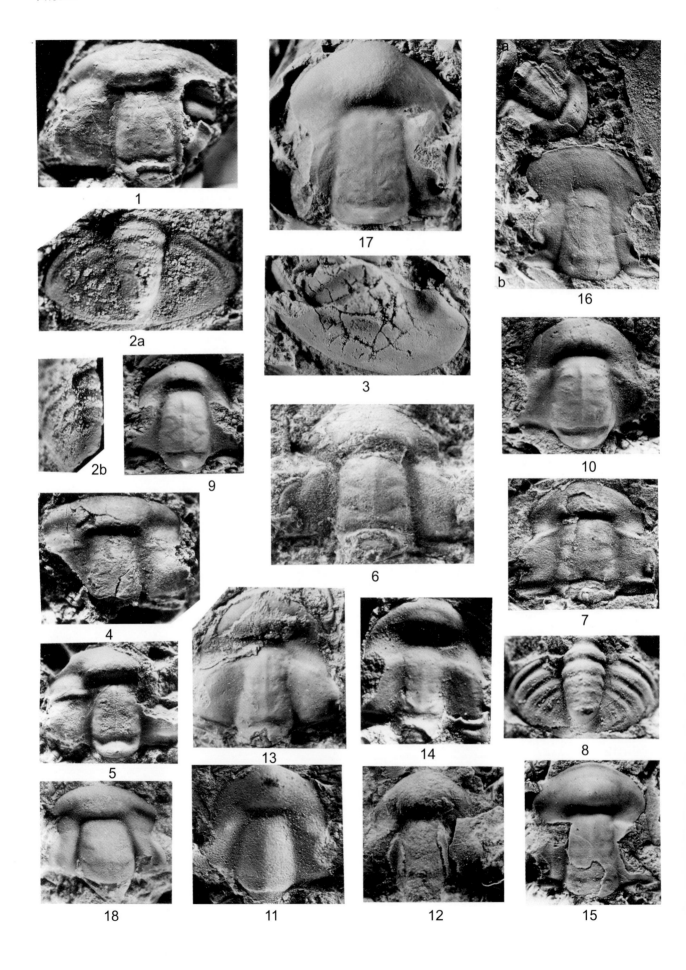

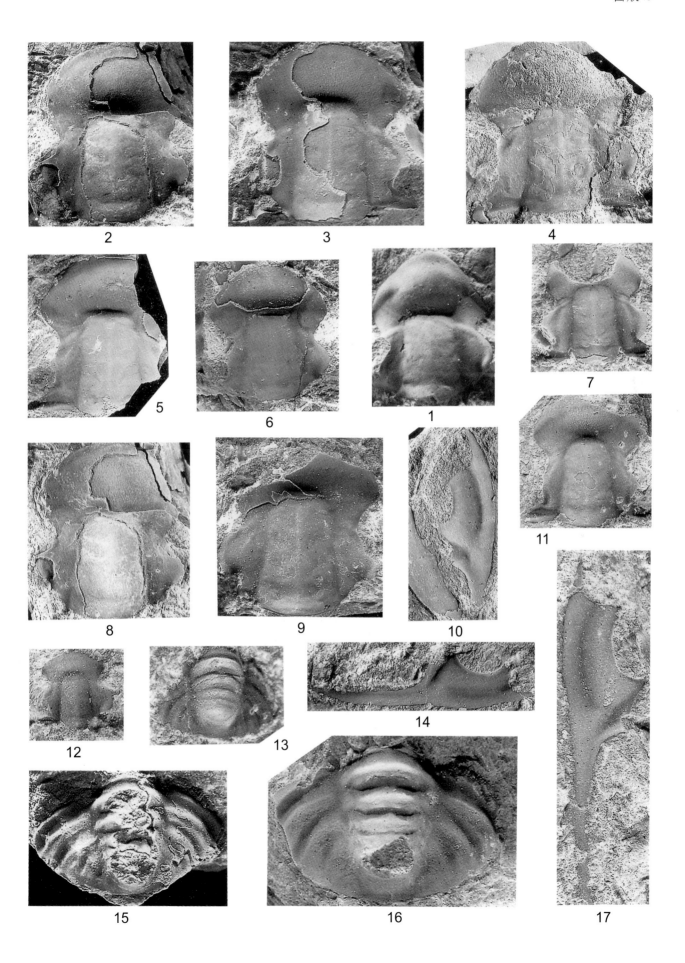

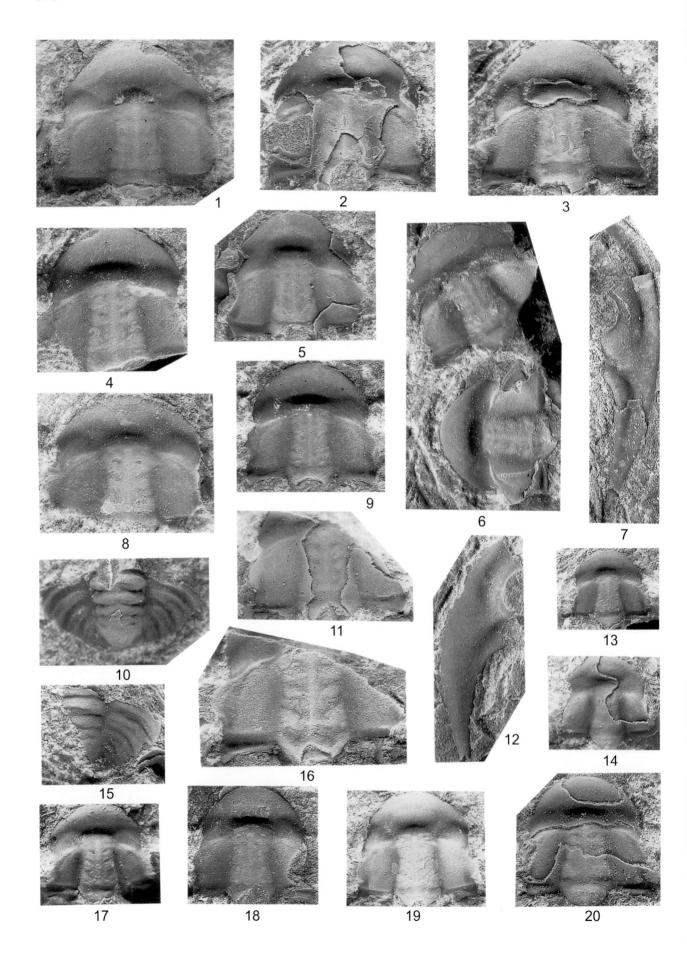

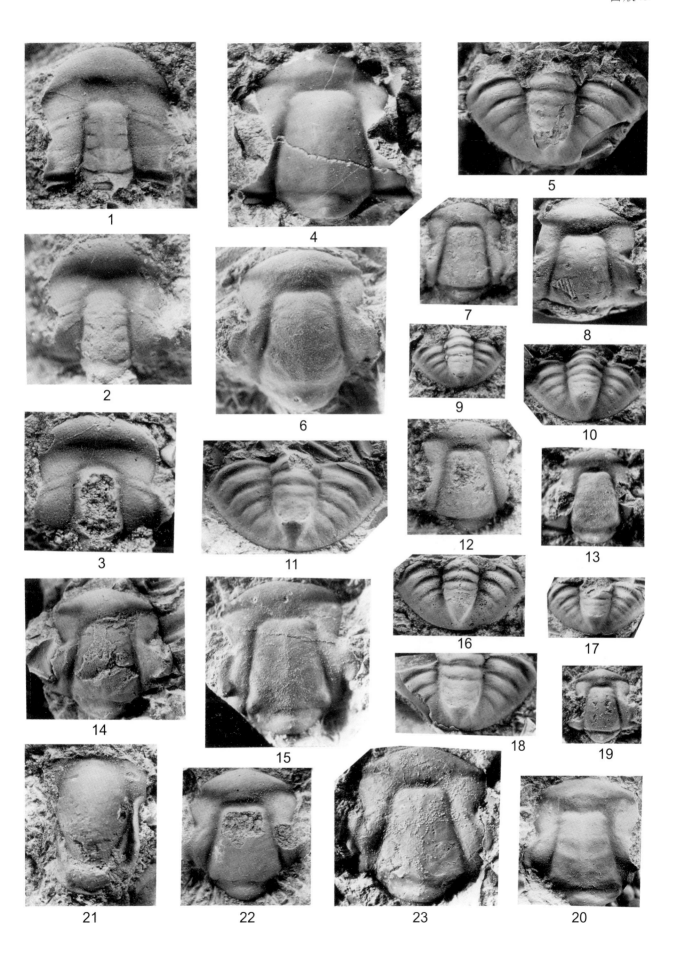

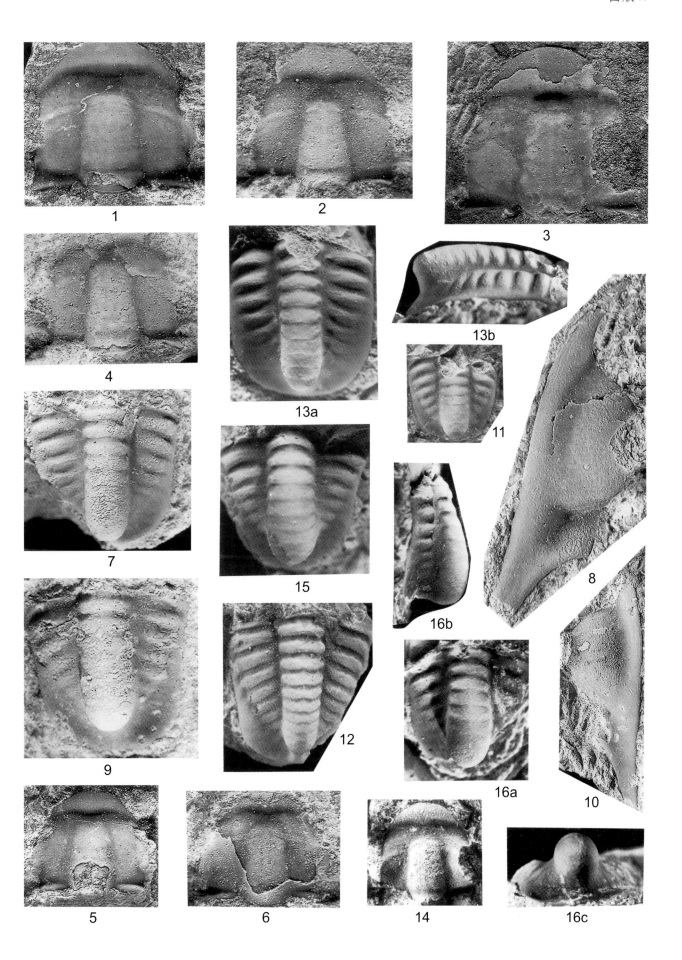

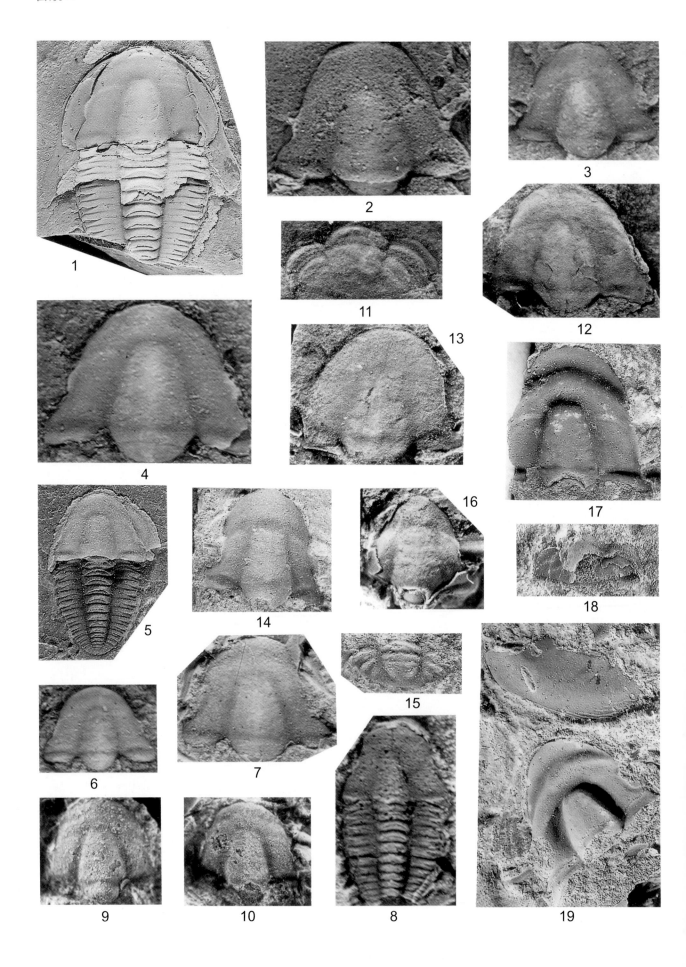

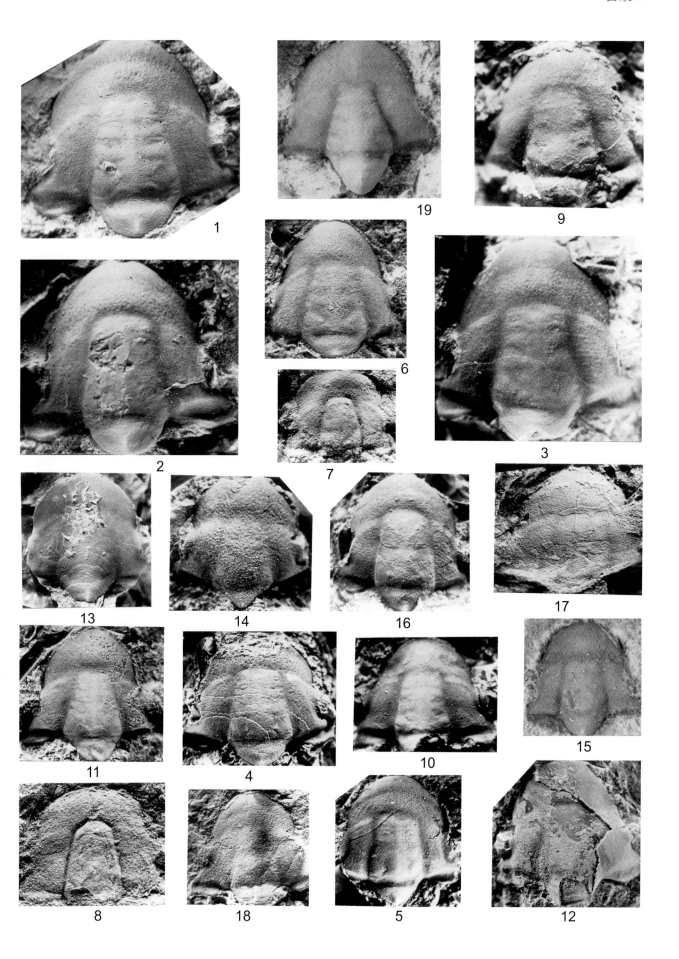

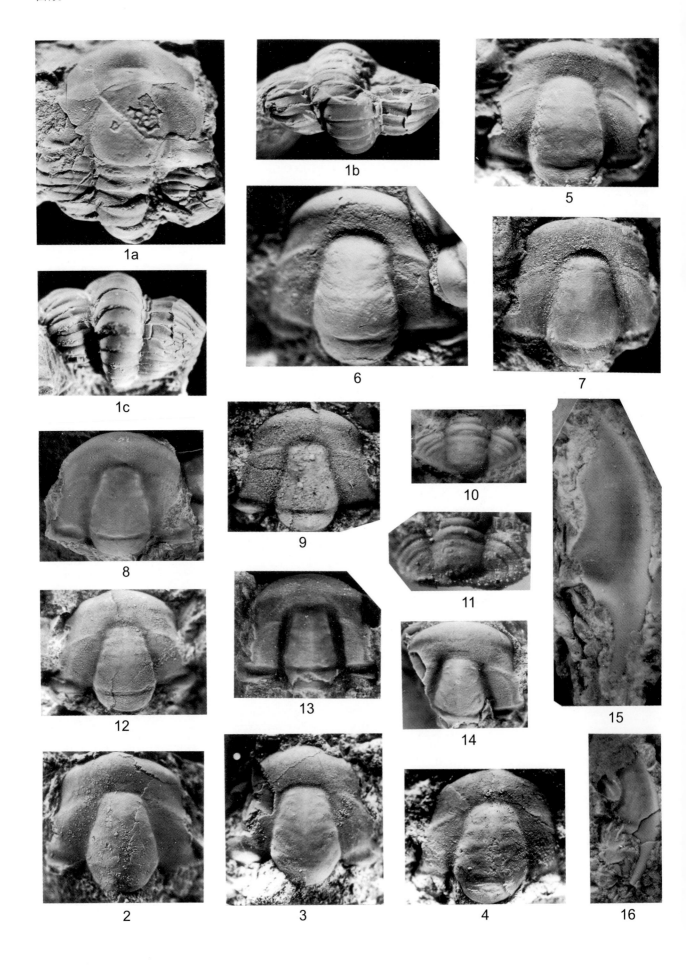

1a

1b

5

6

7

1c

8

9

10

11

15

12

13

14

2

3

4

16

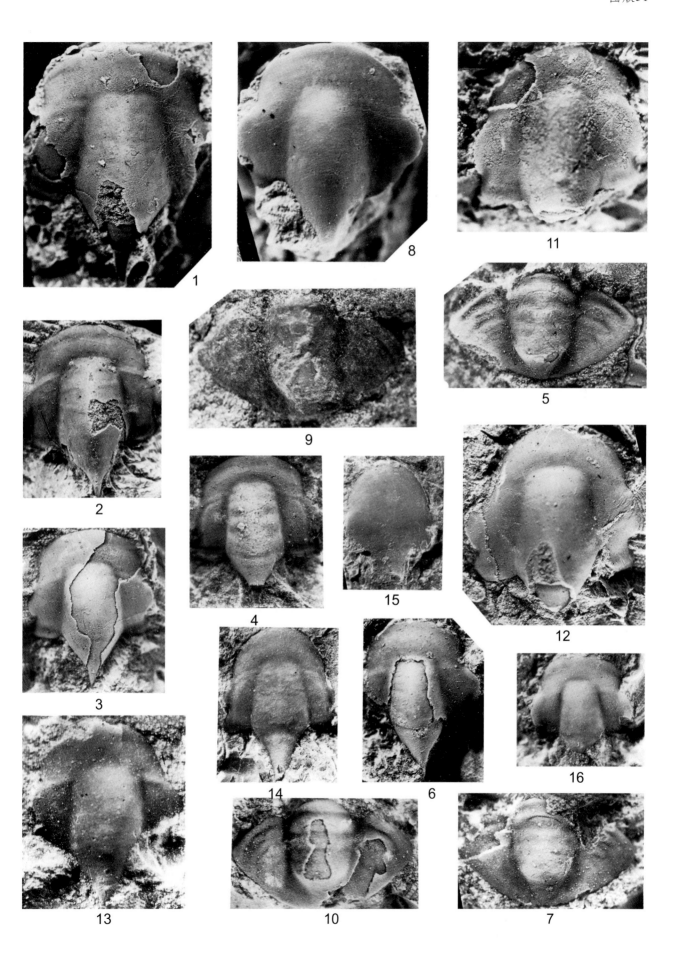

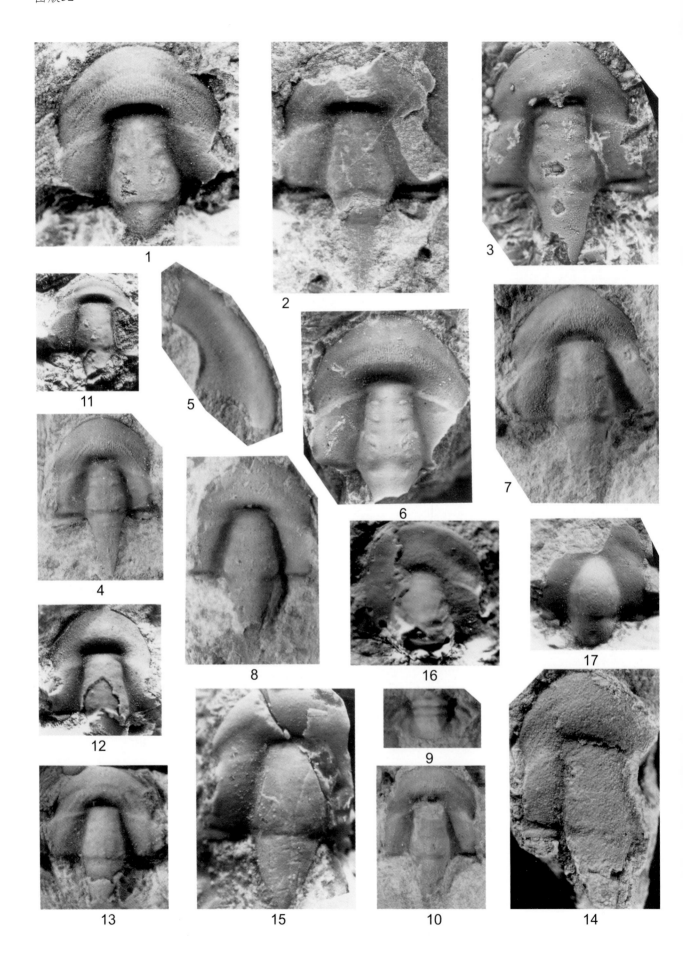

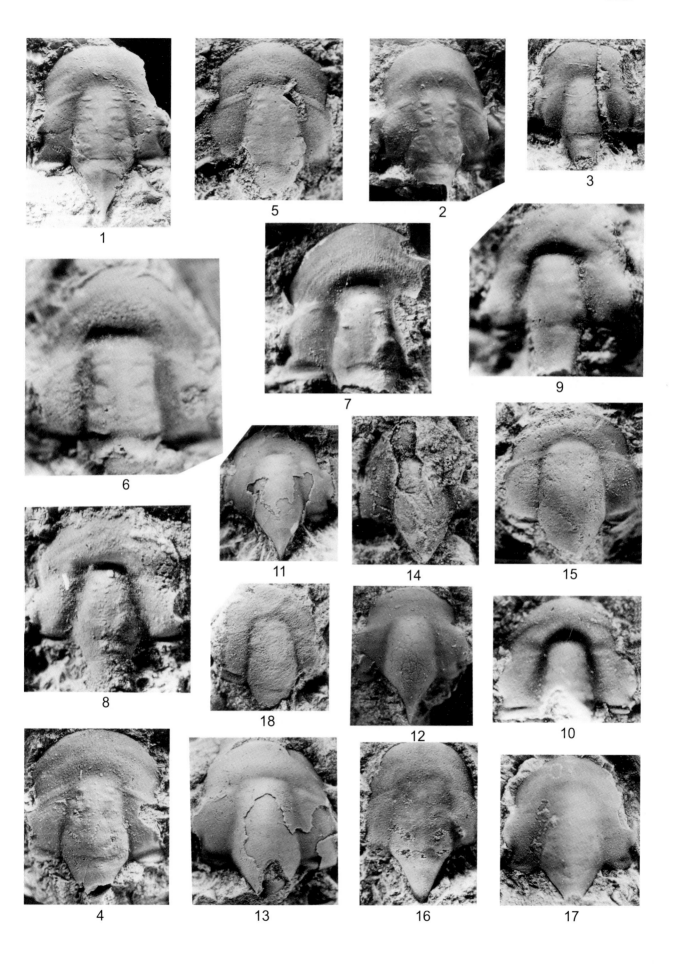

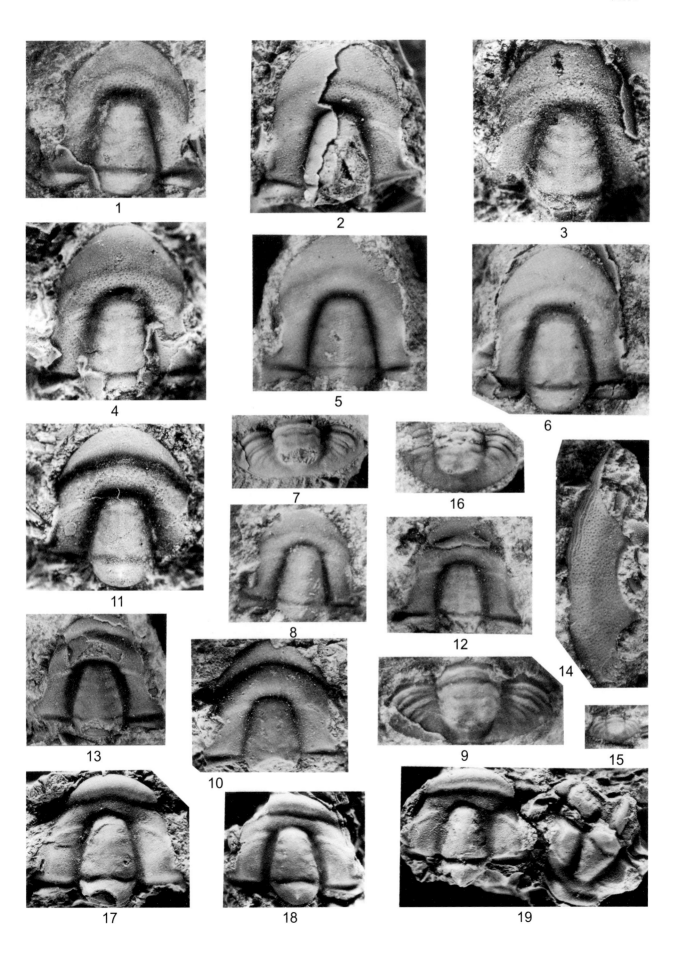

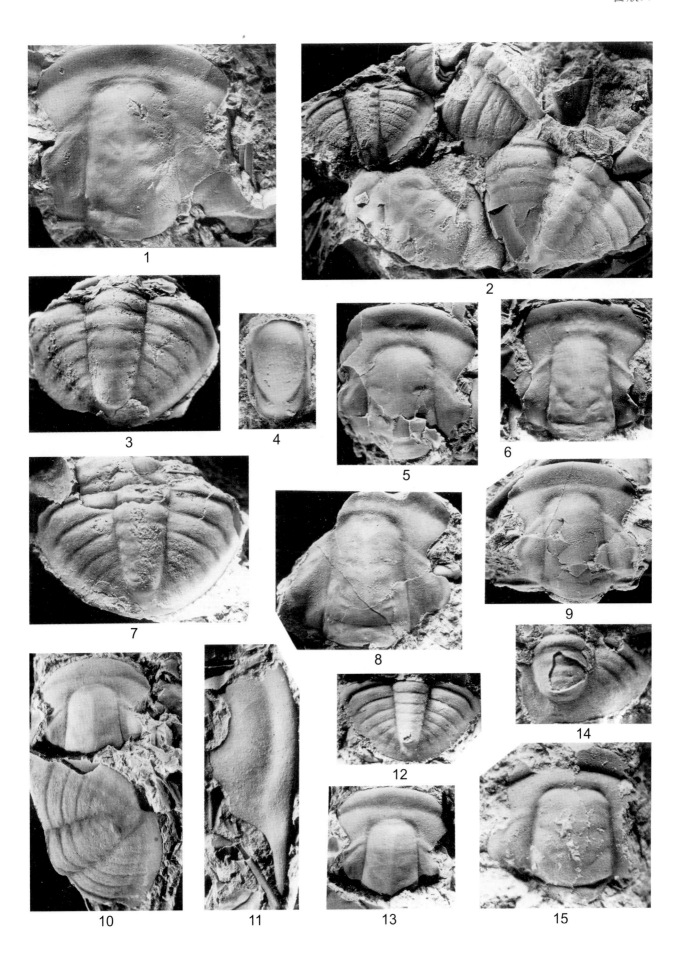

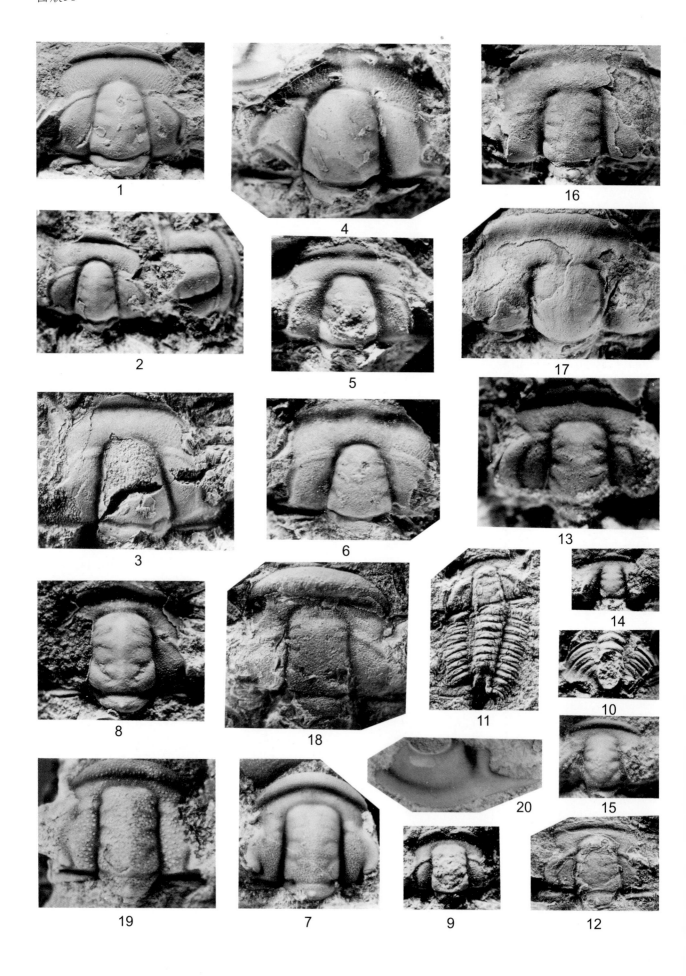

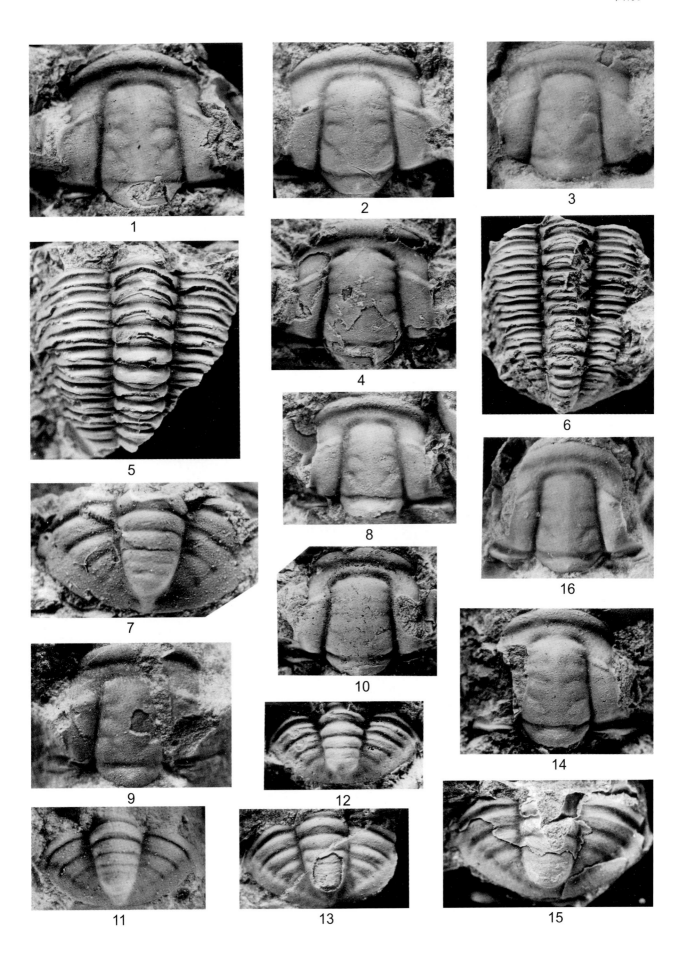

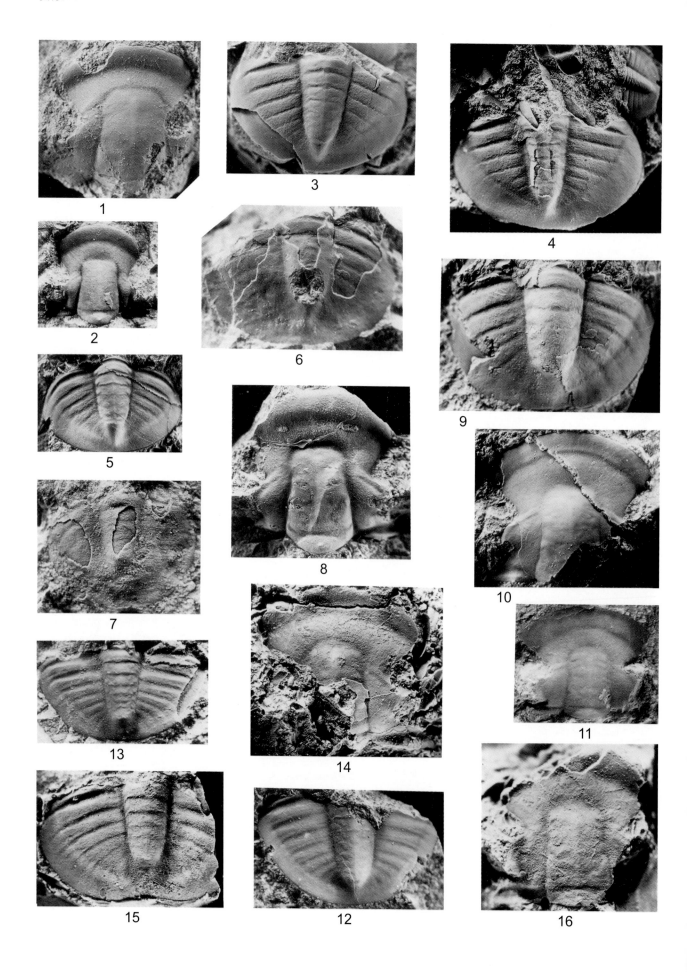

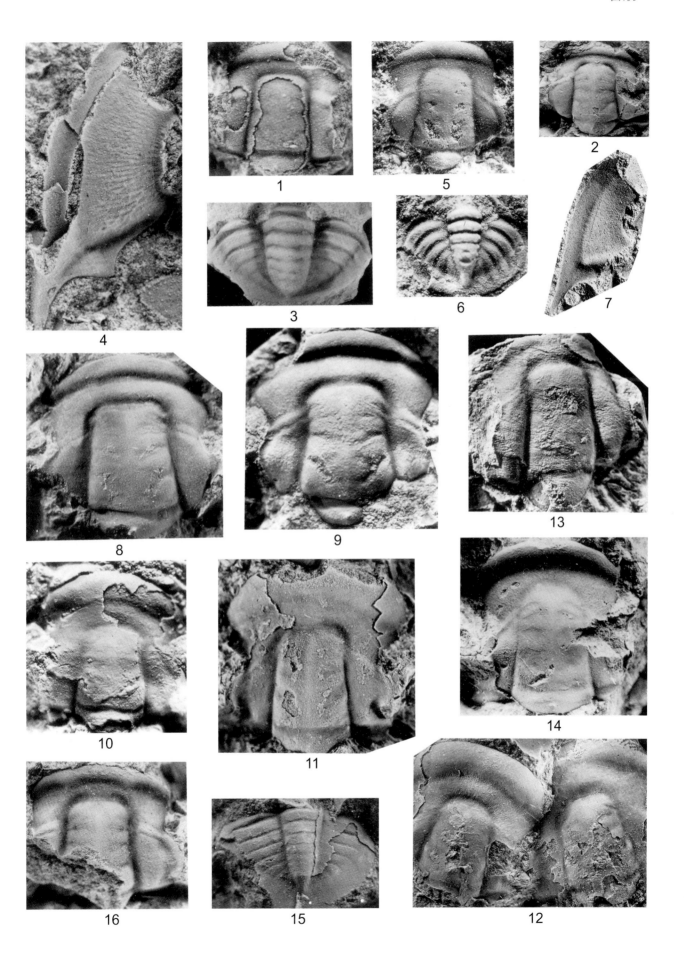

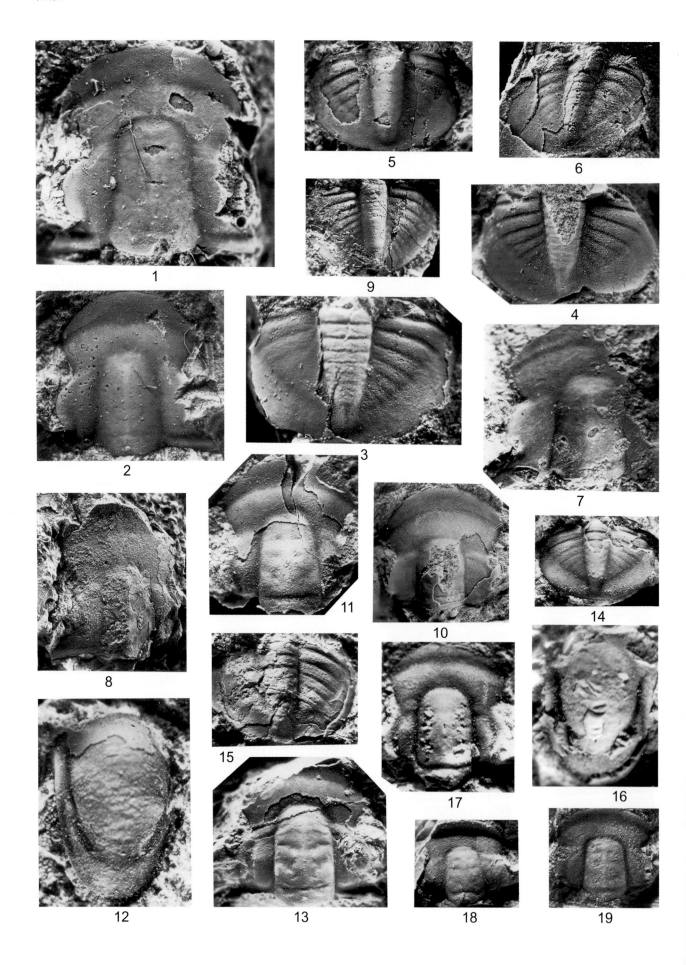

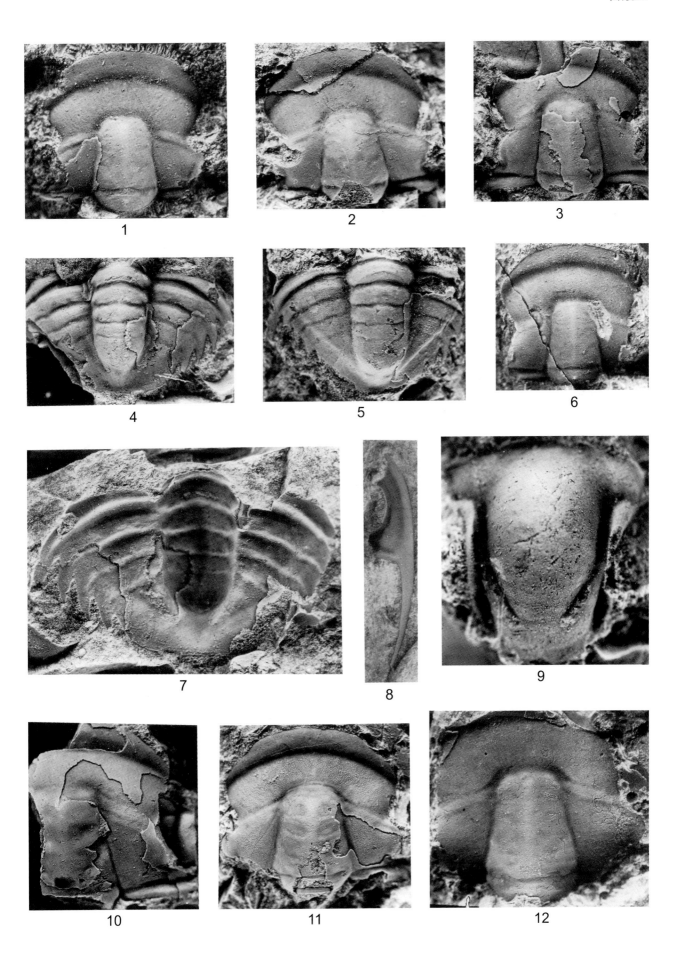

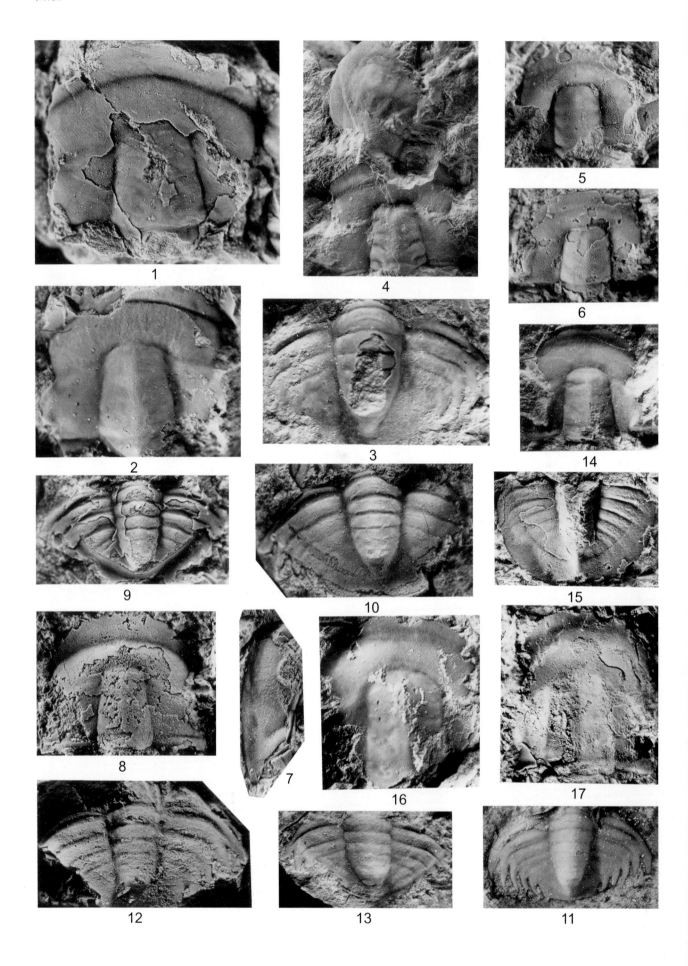

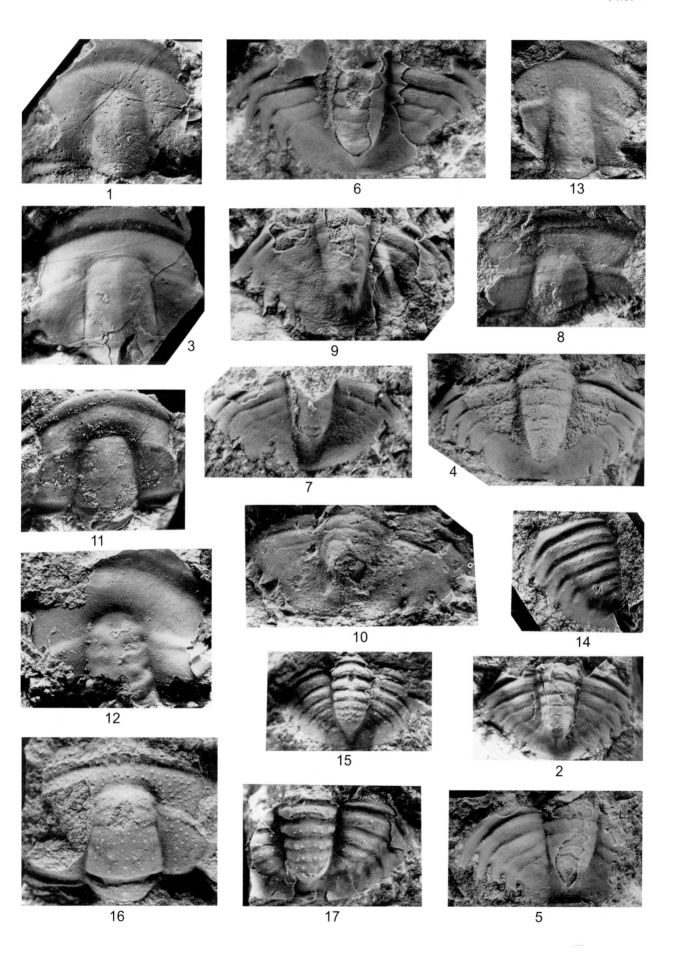

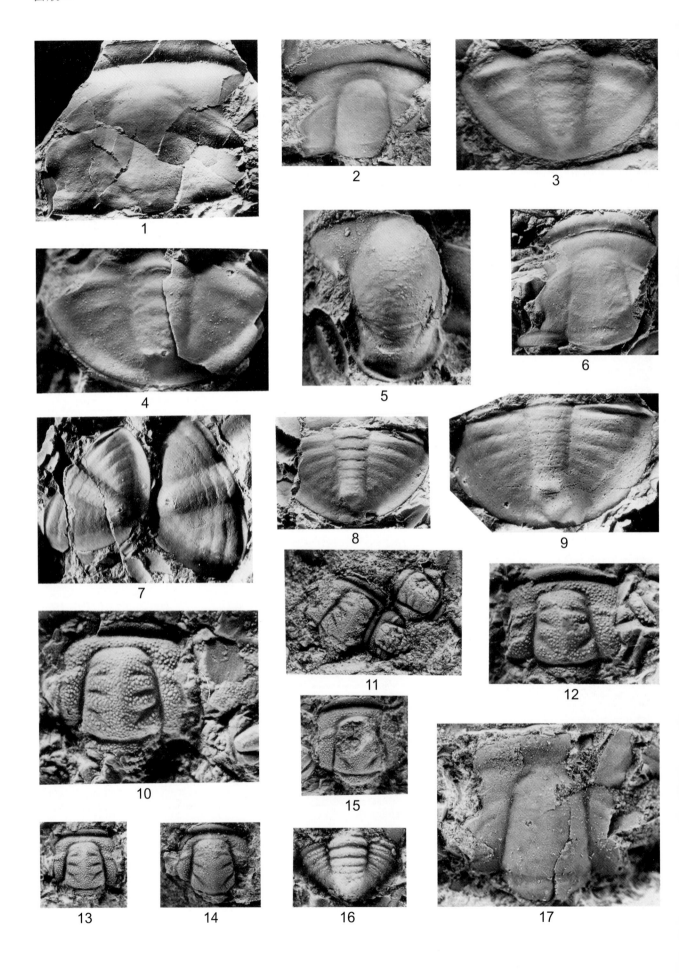

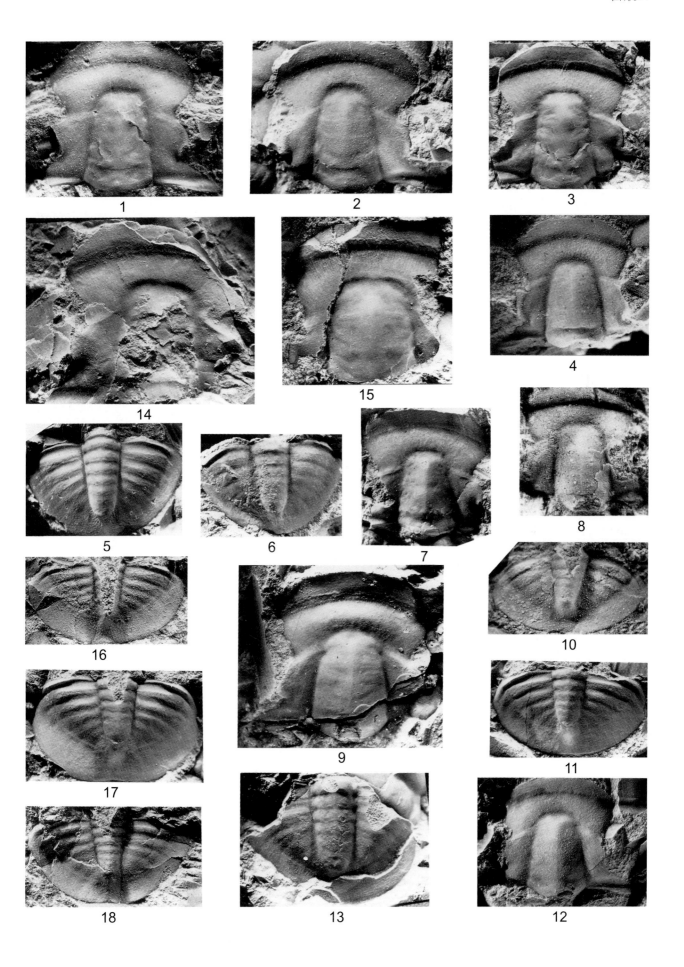

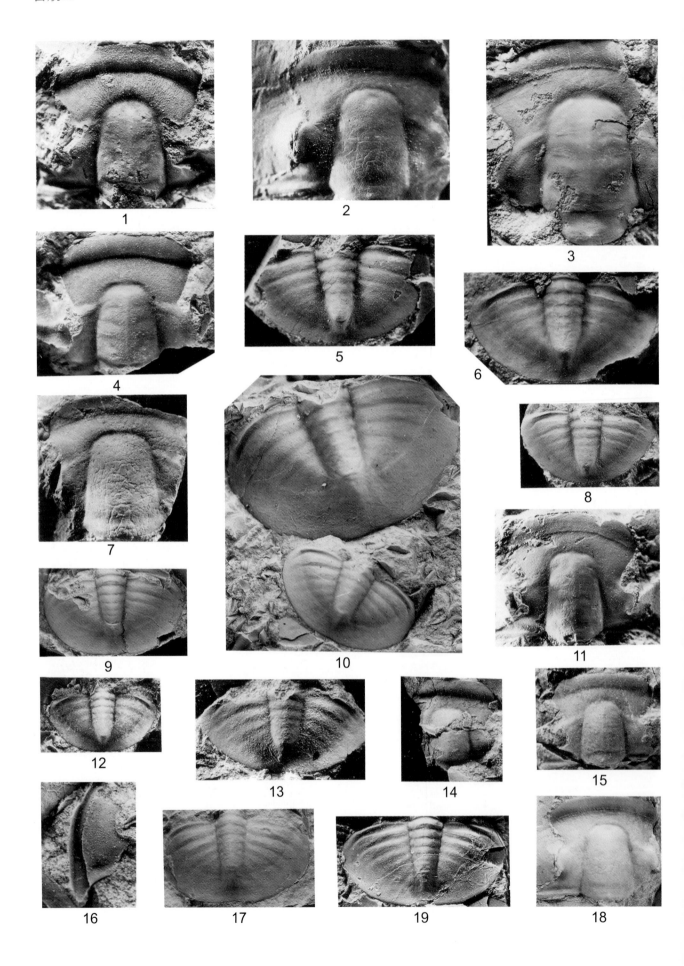

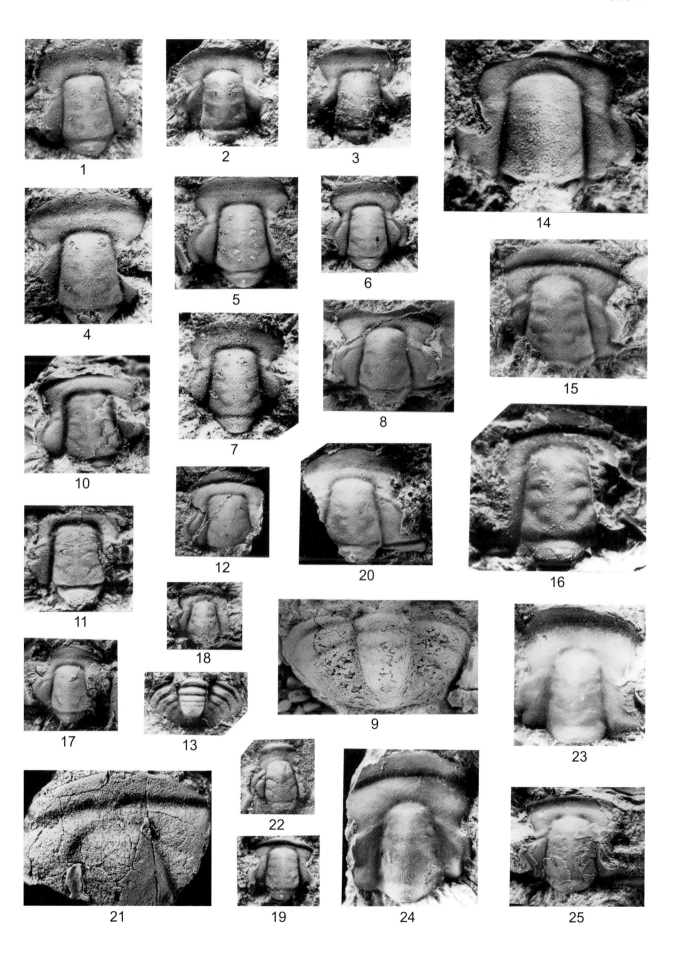

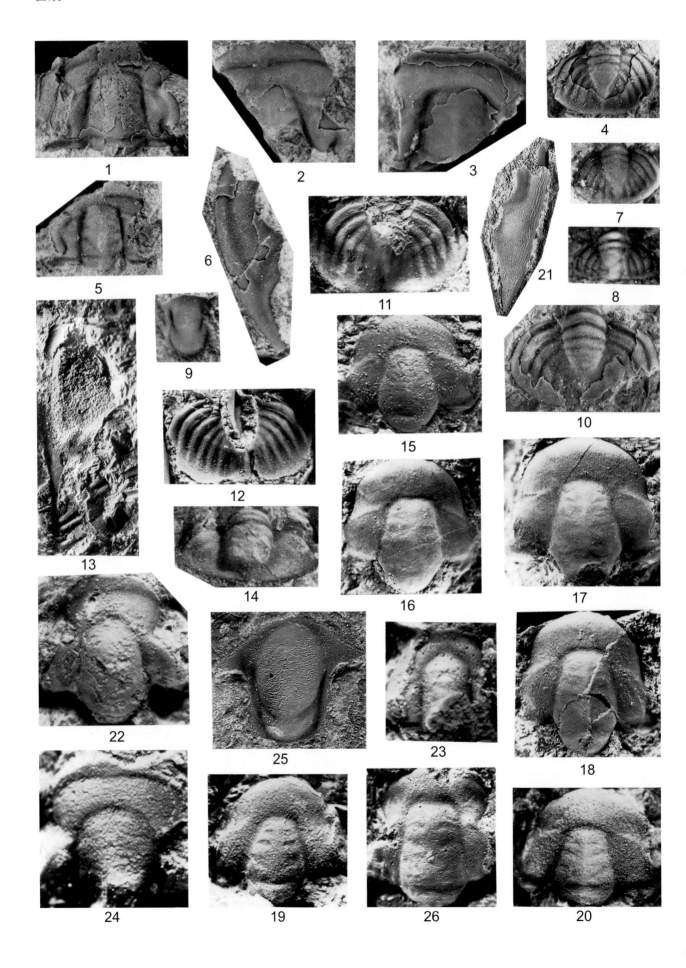

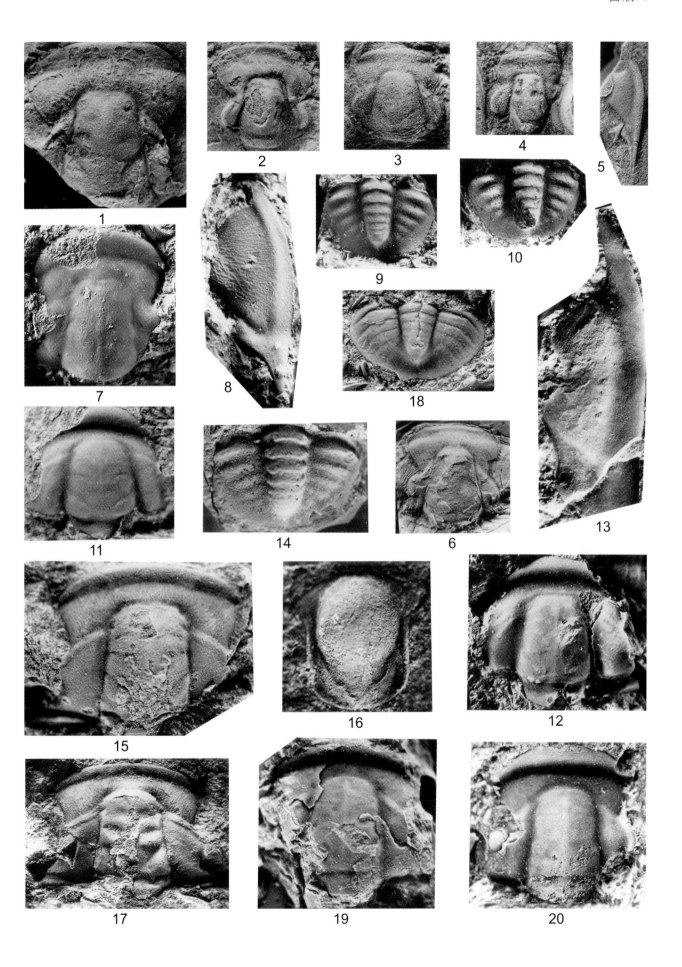

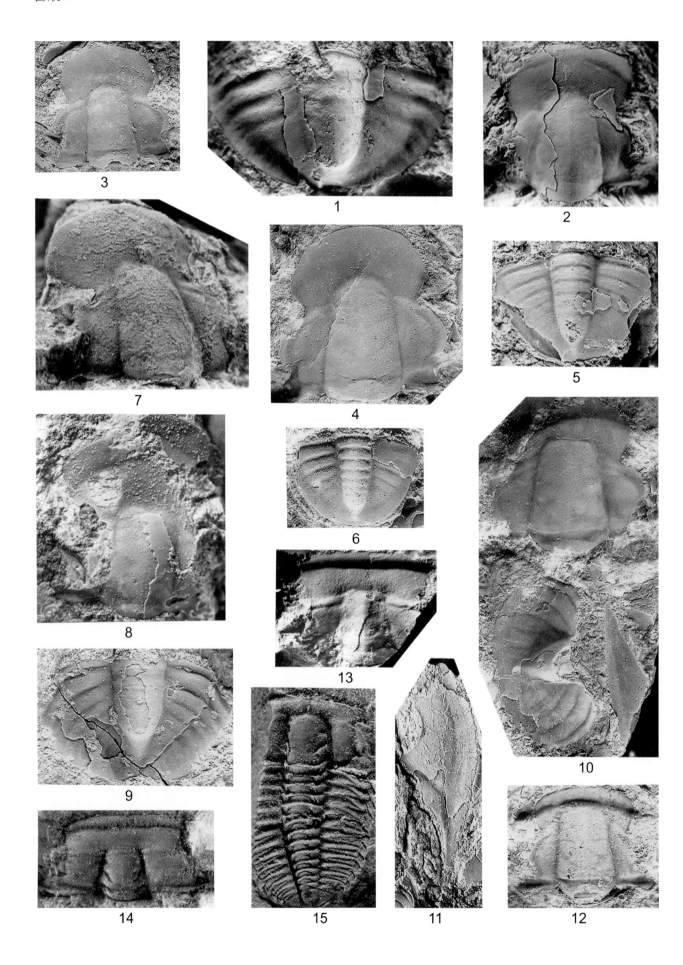

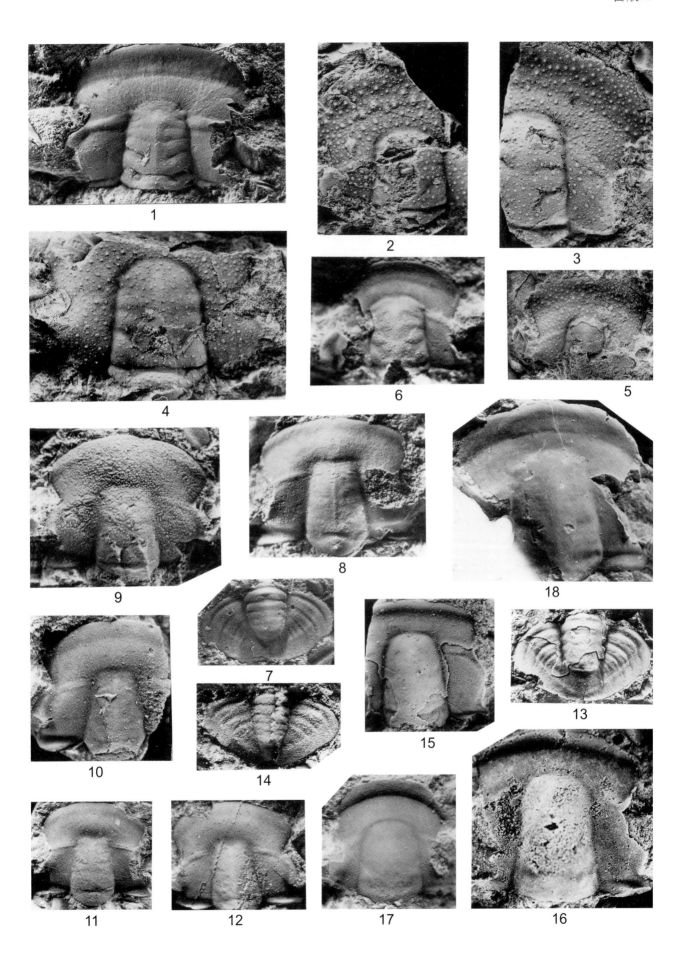

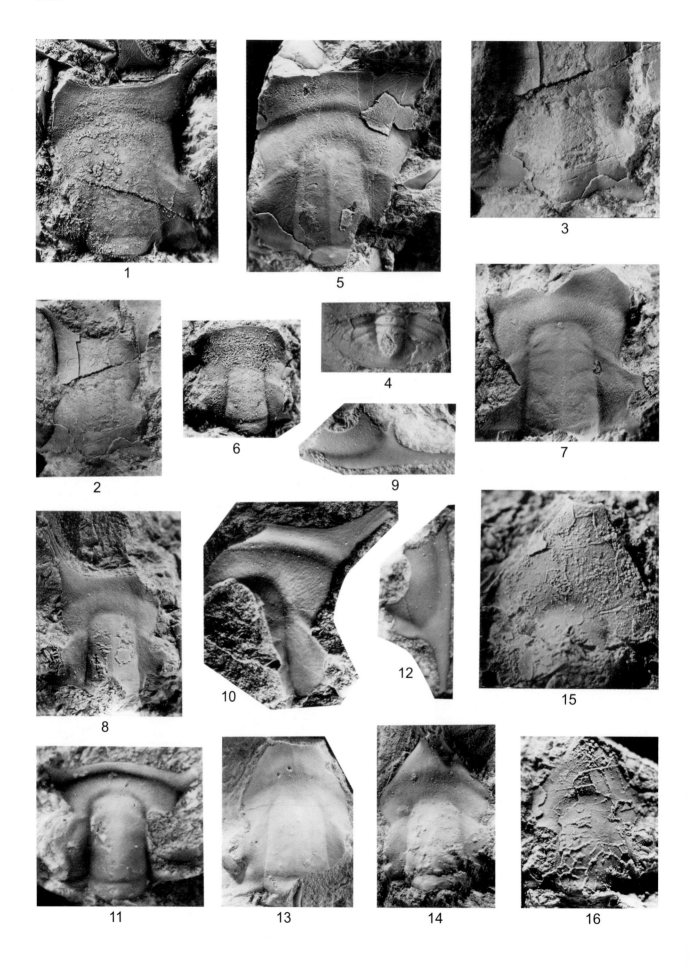

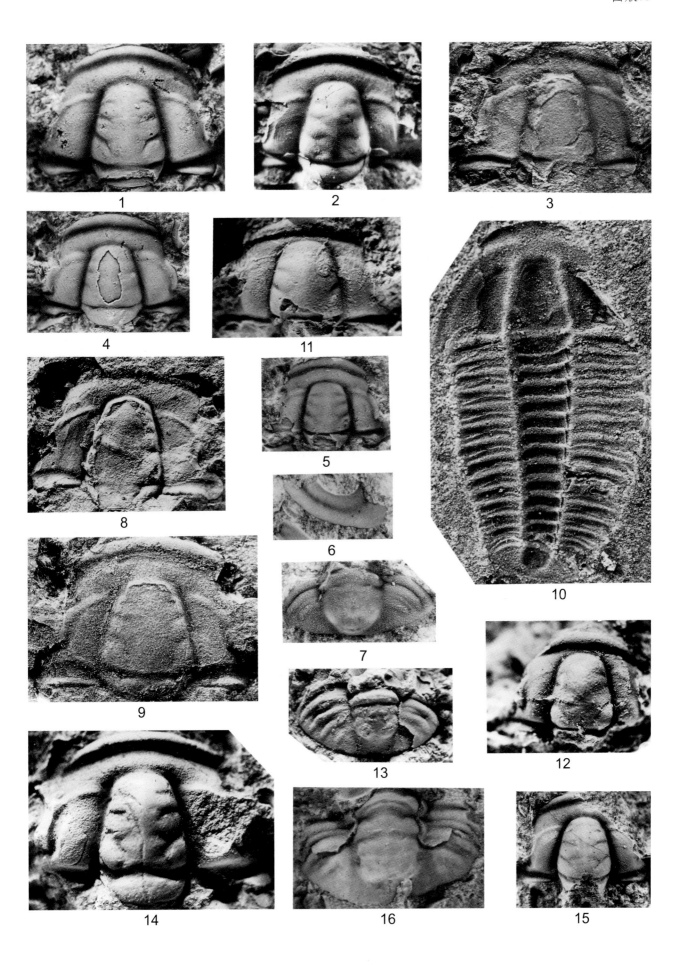

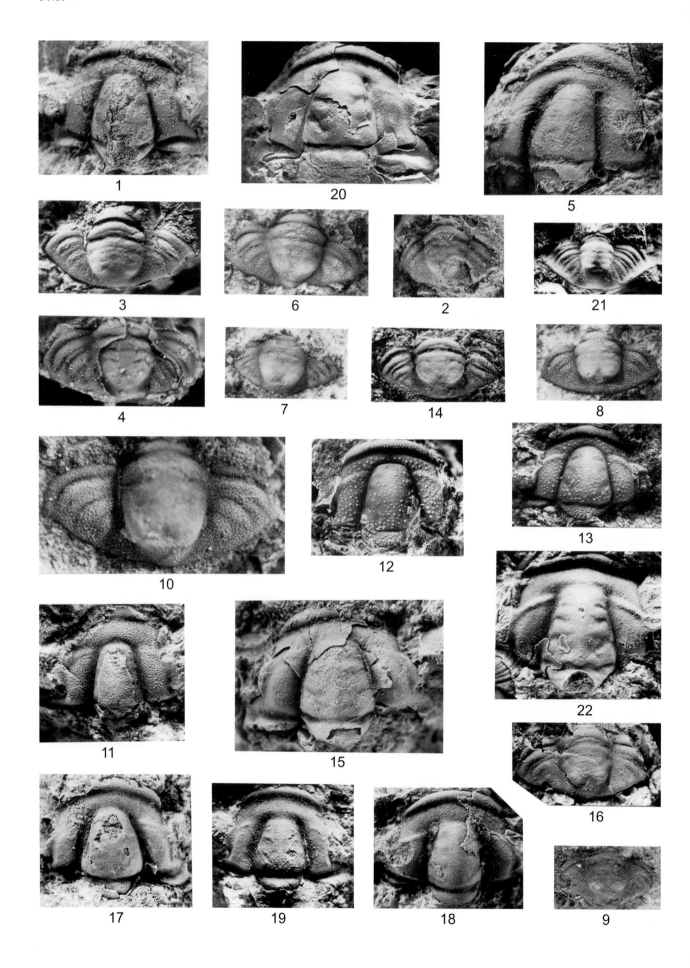

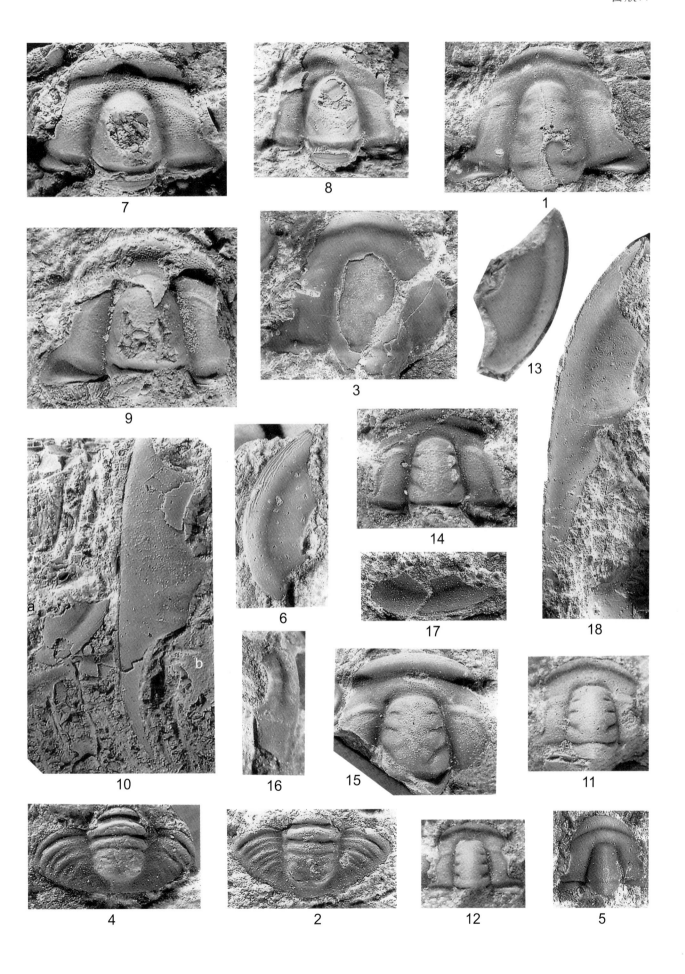

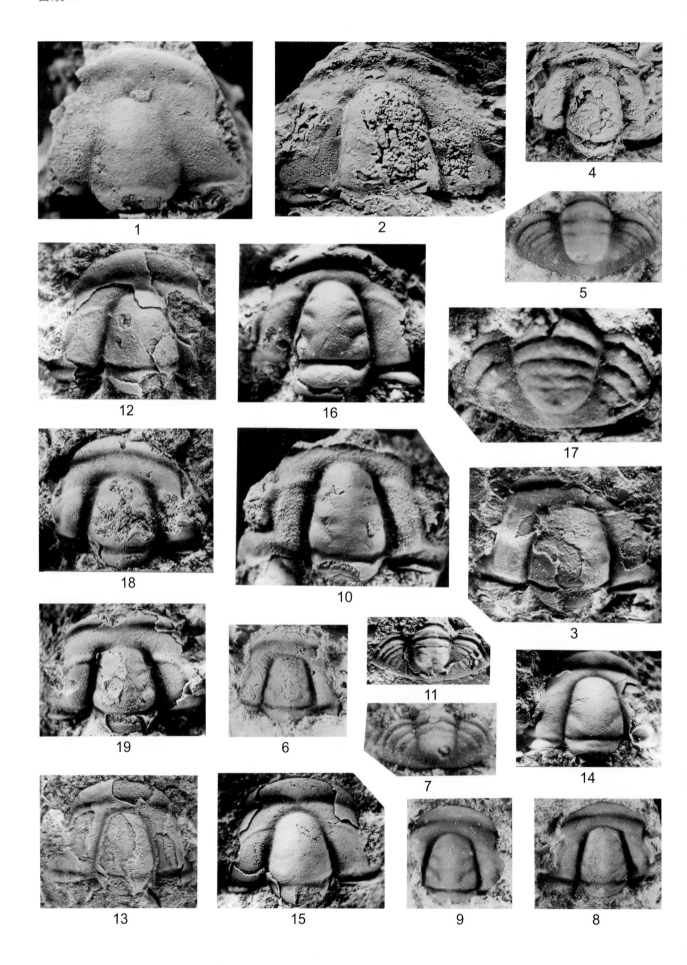

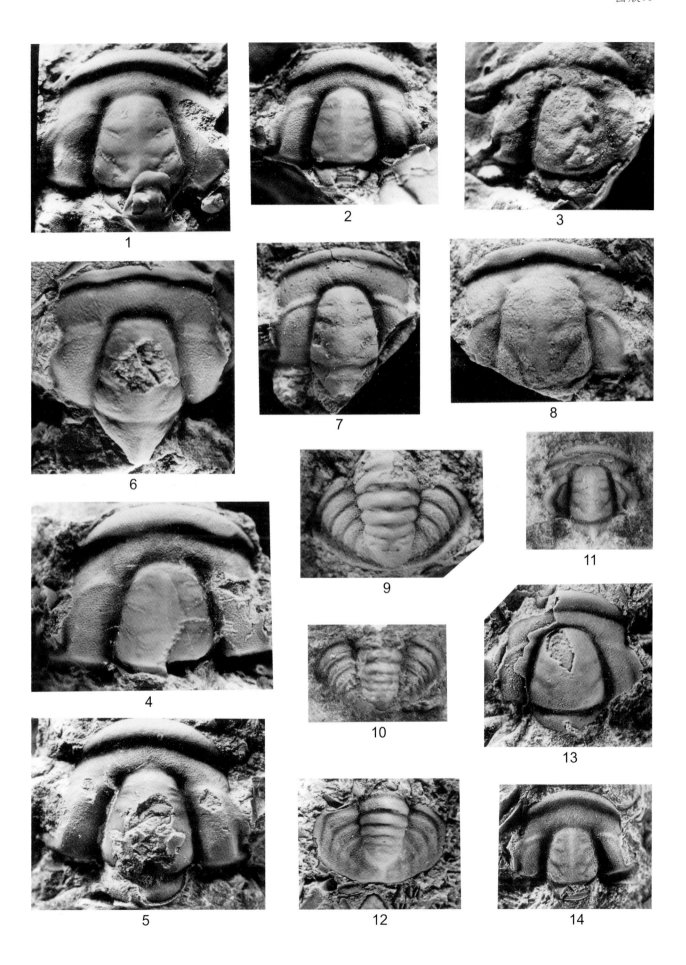

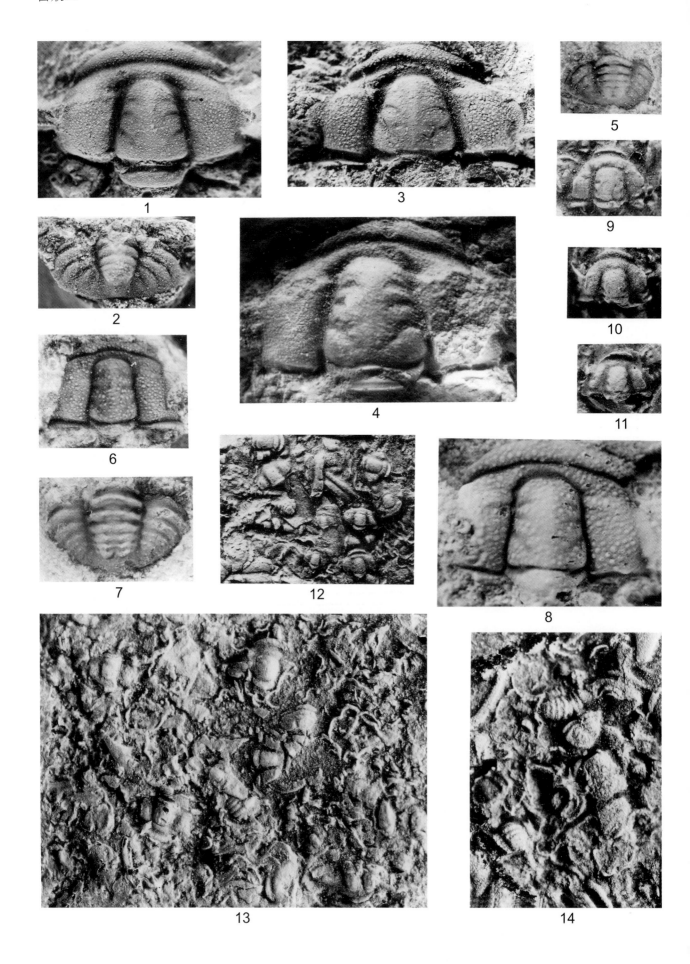

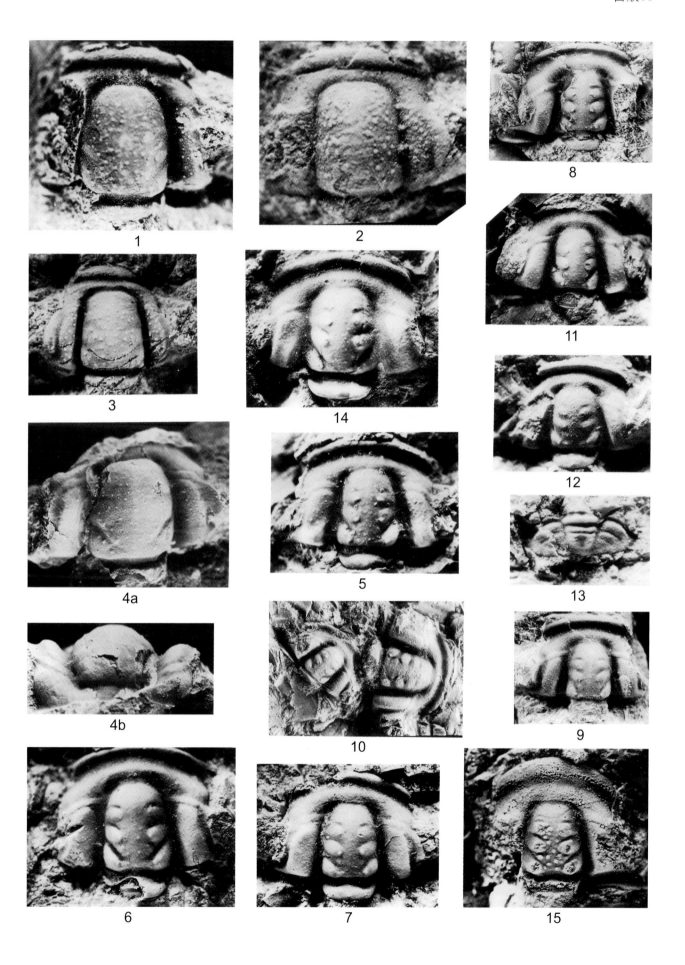

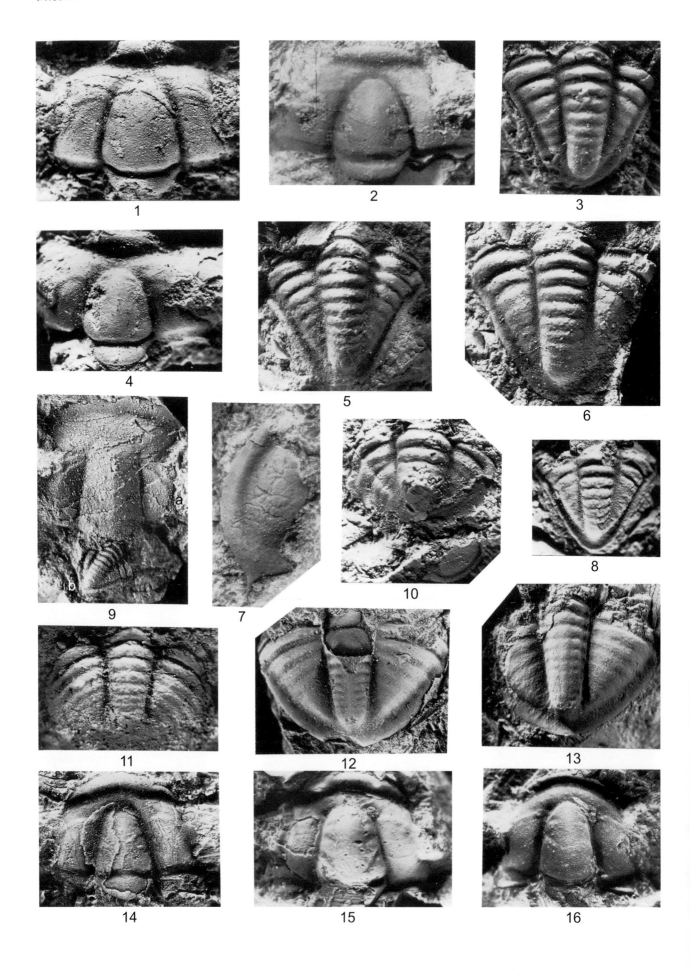

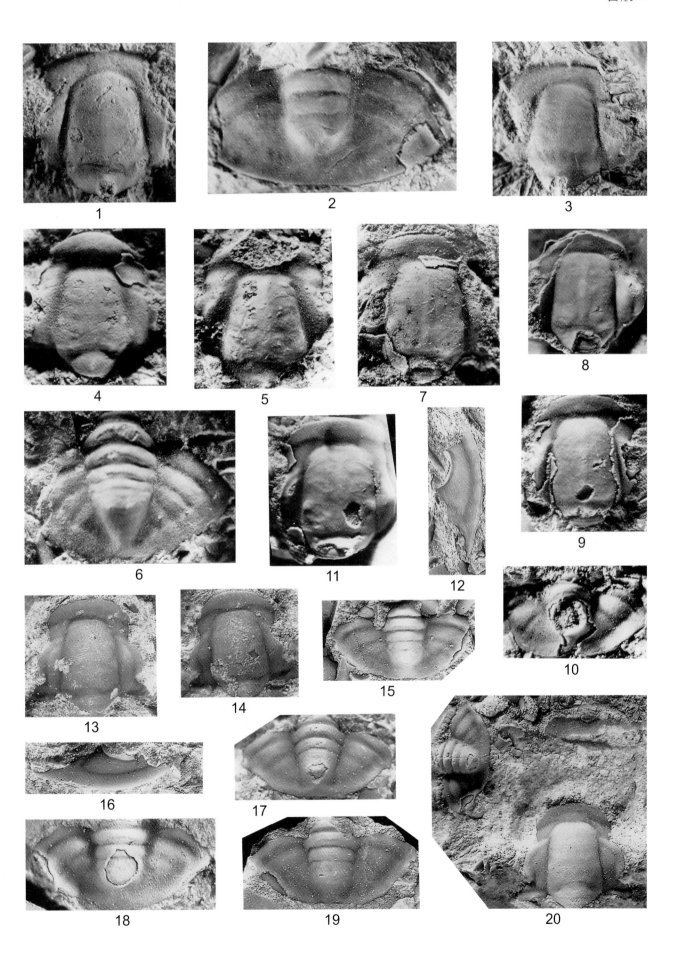

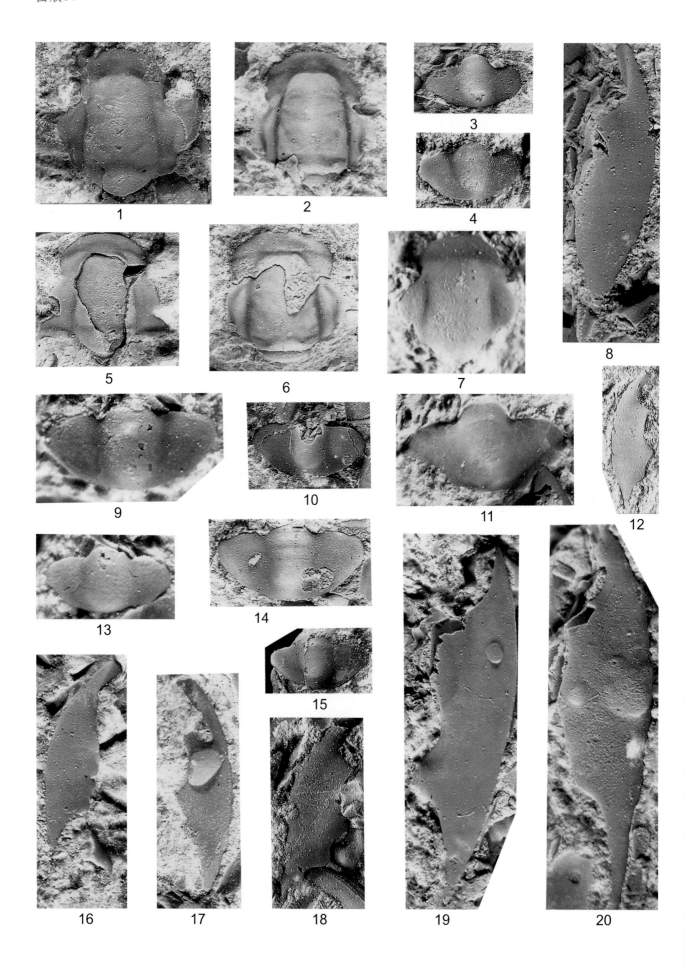

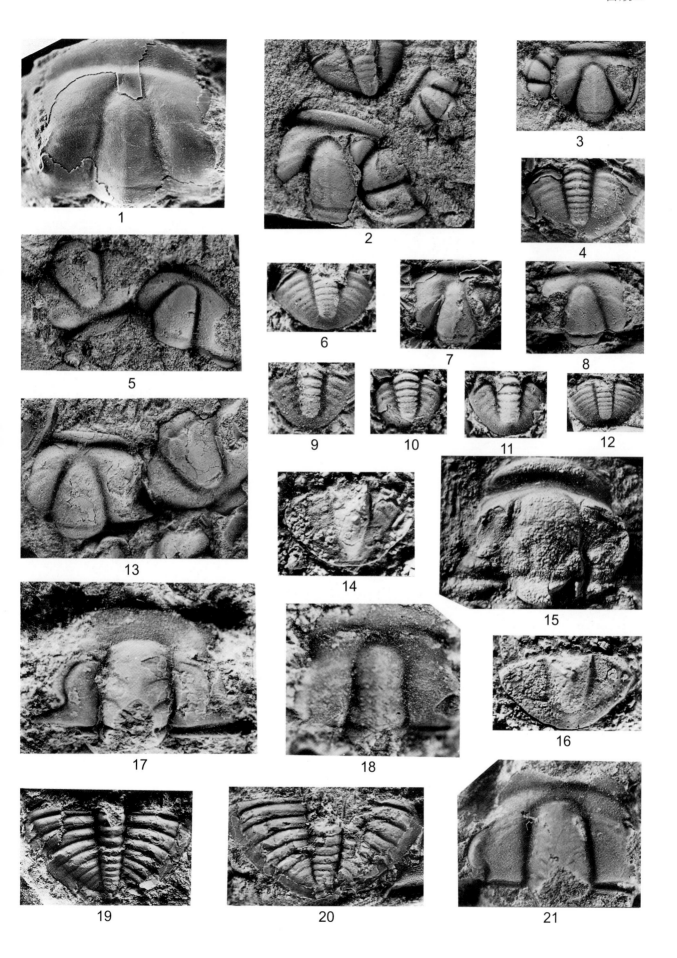

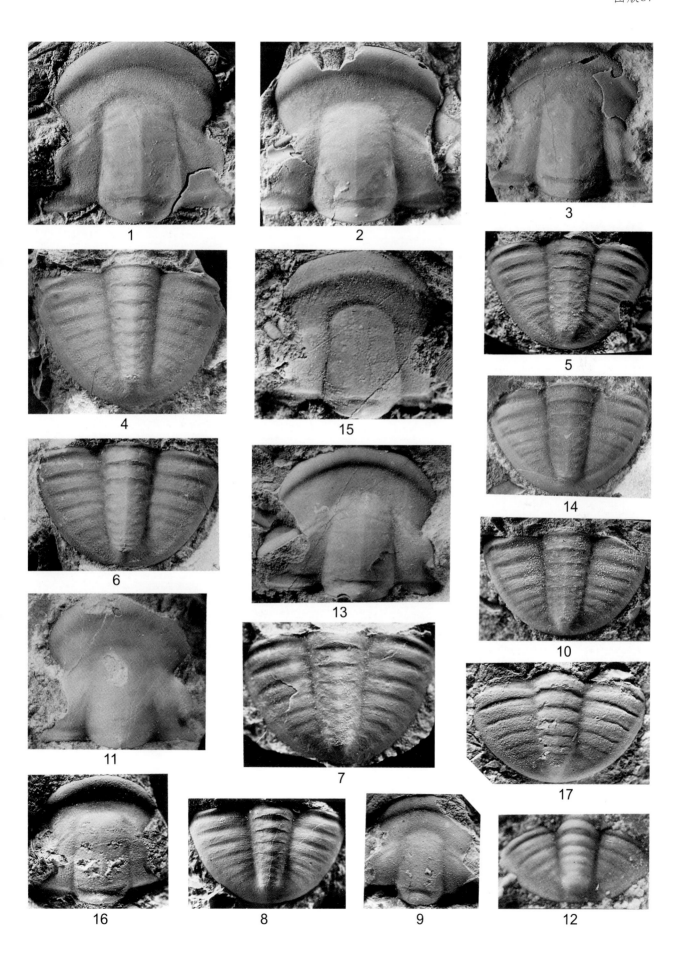

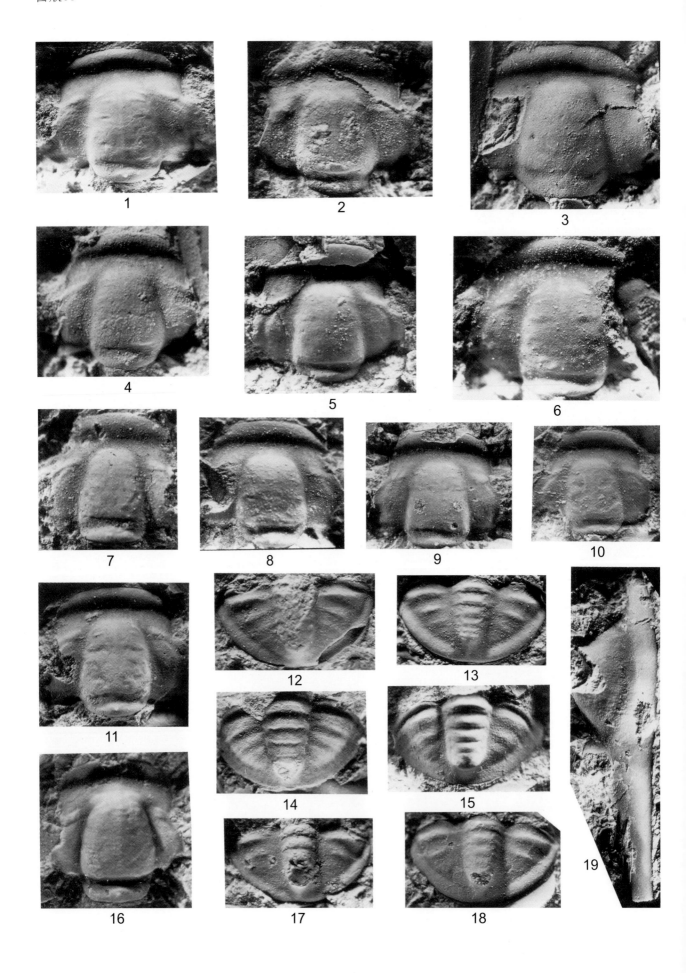

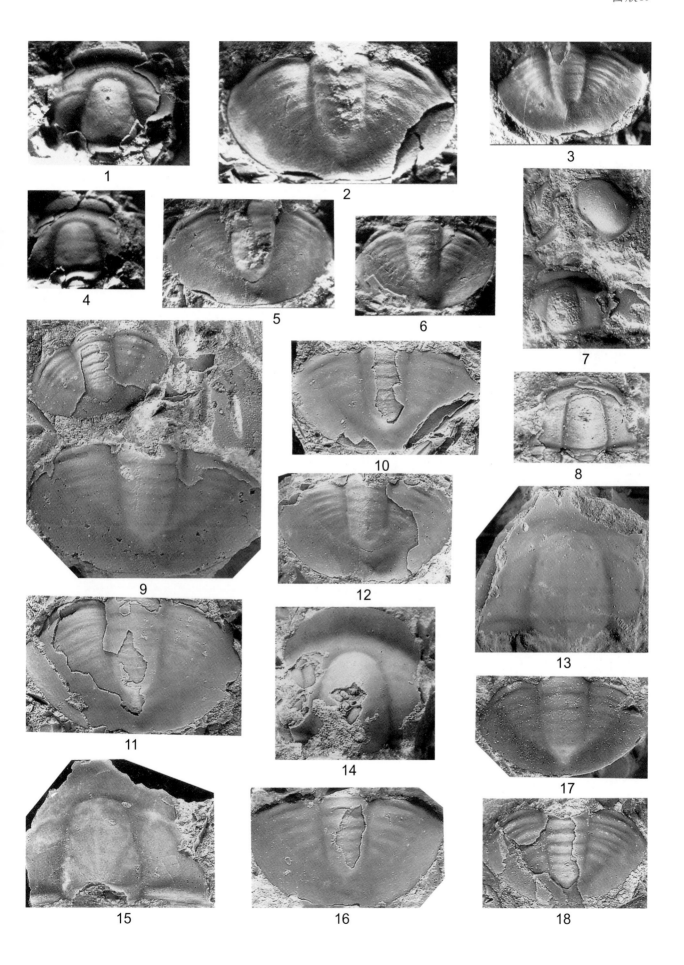

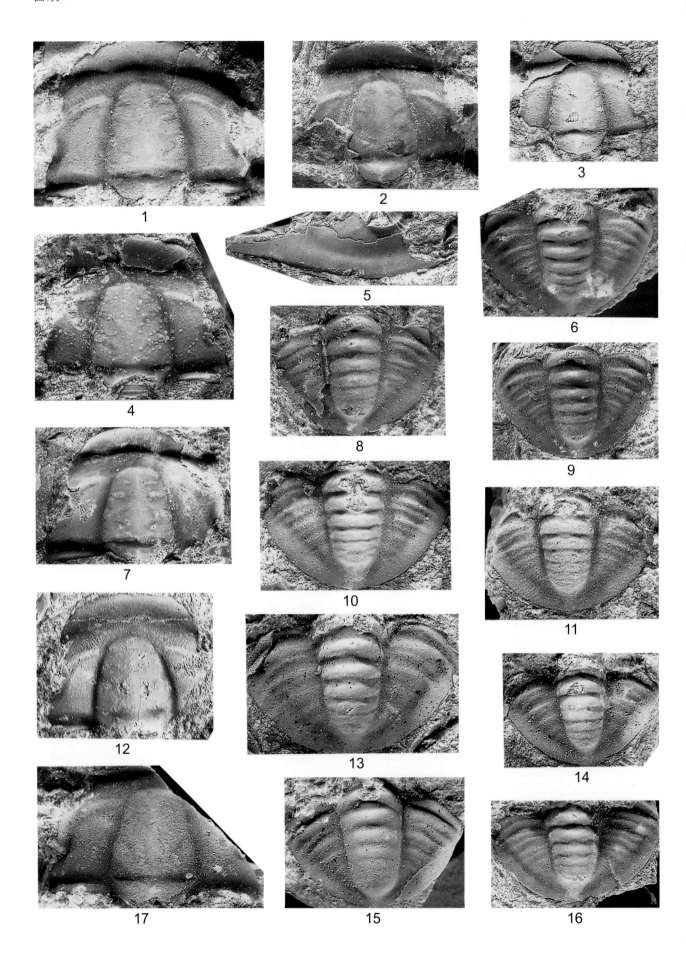

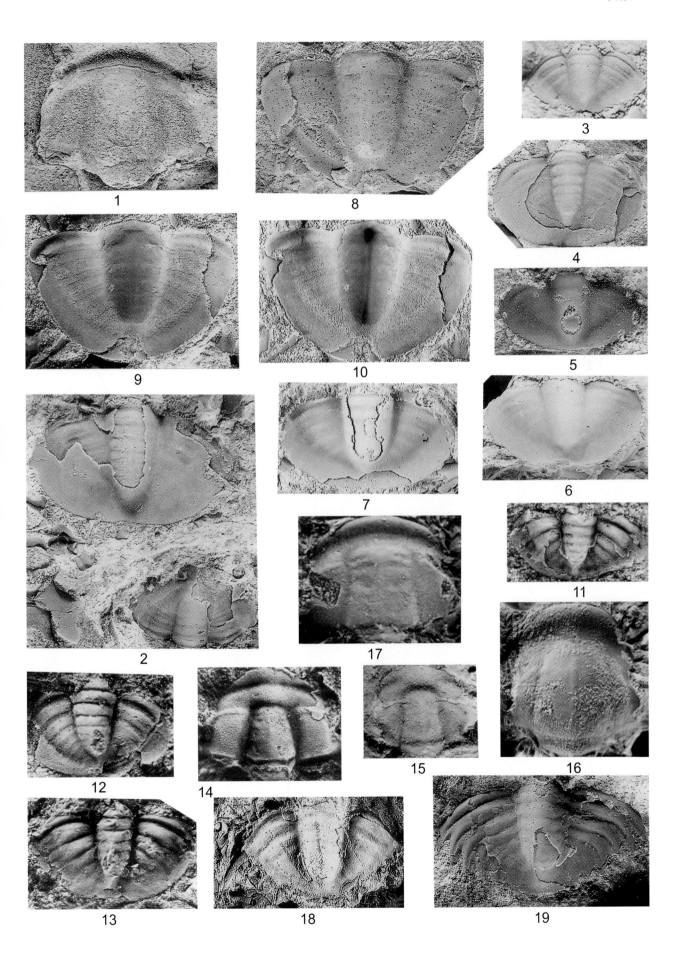

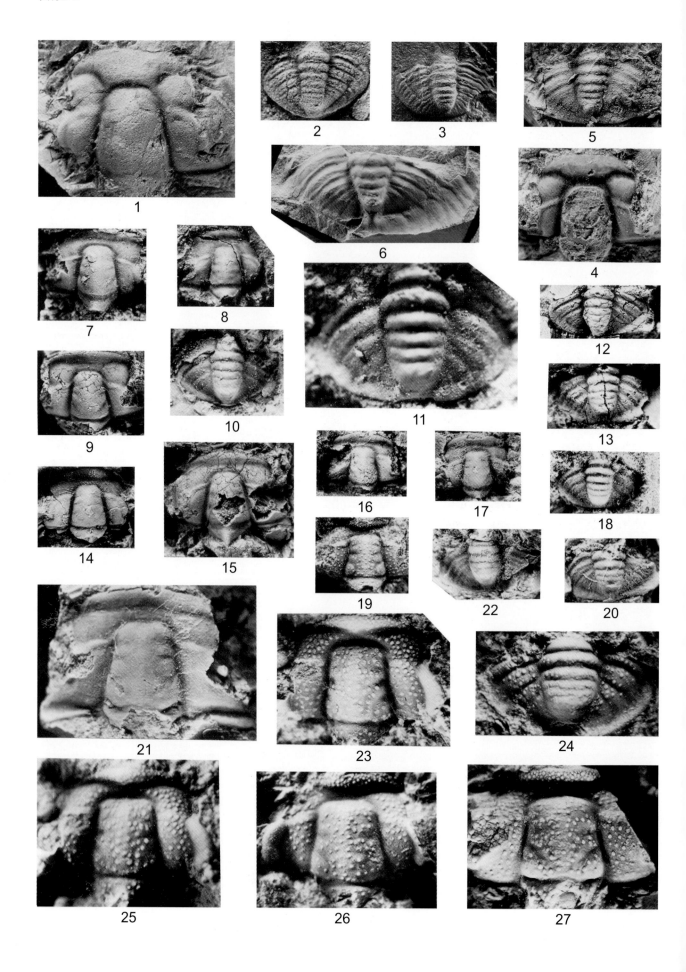

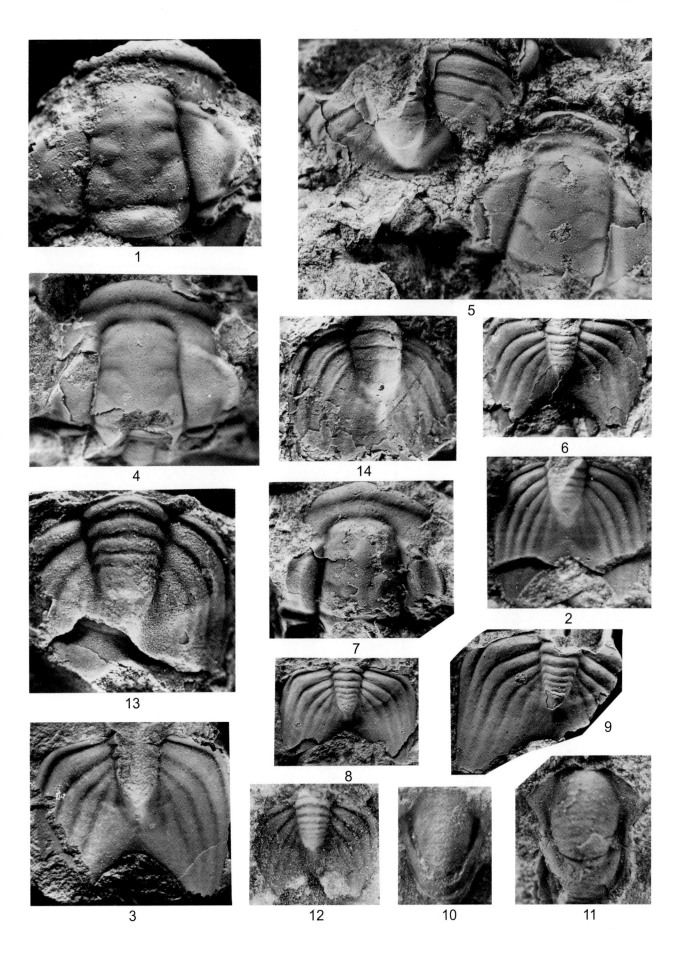

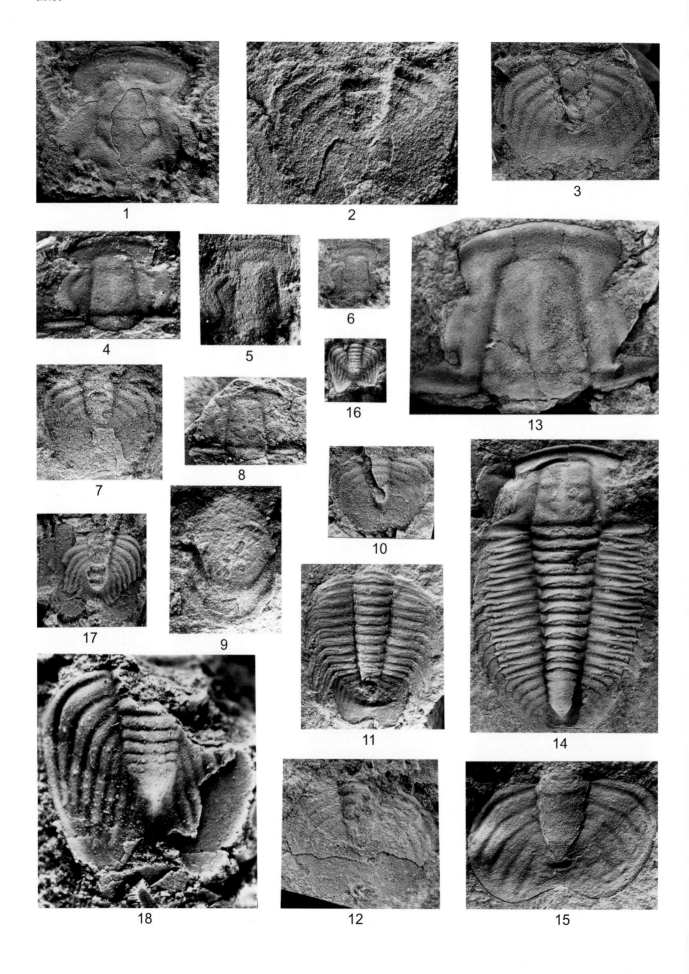

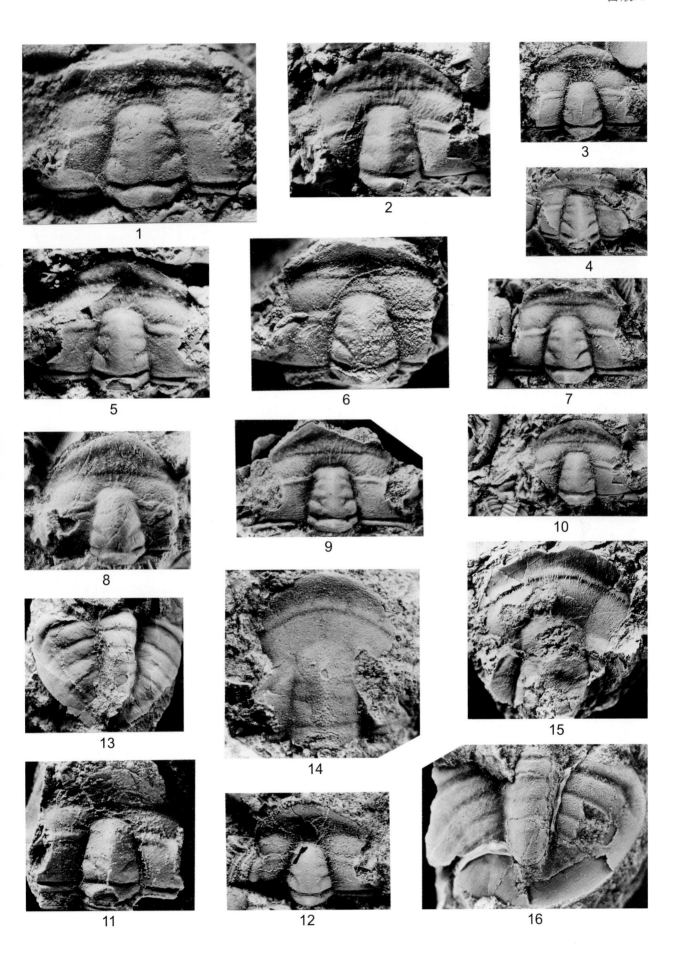

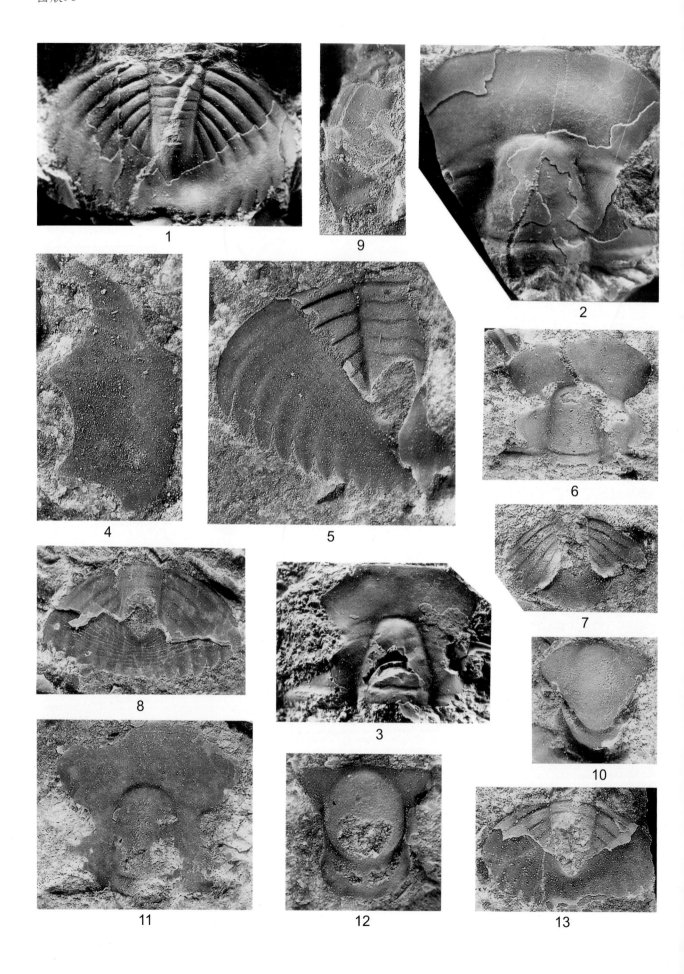

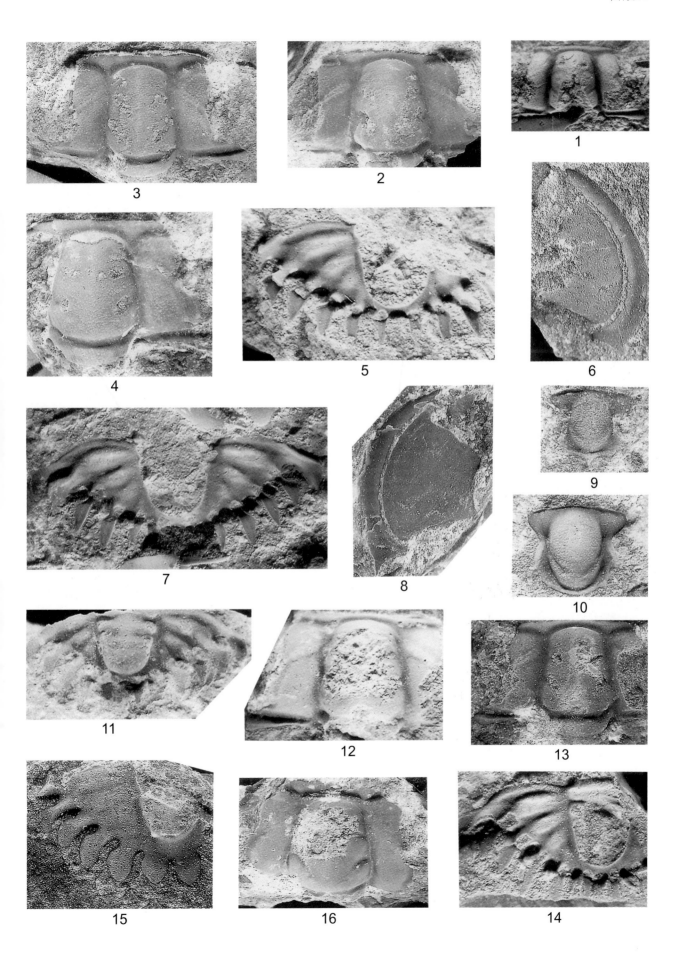

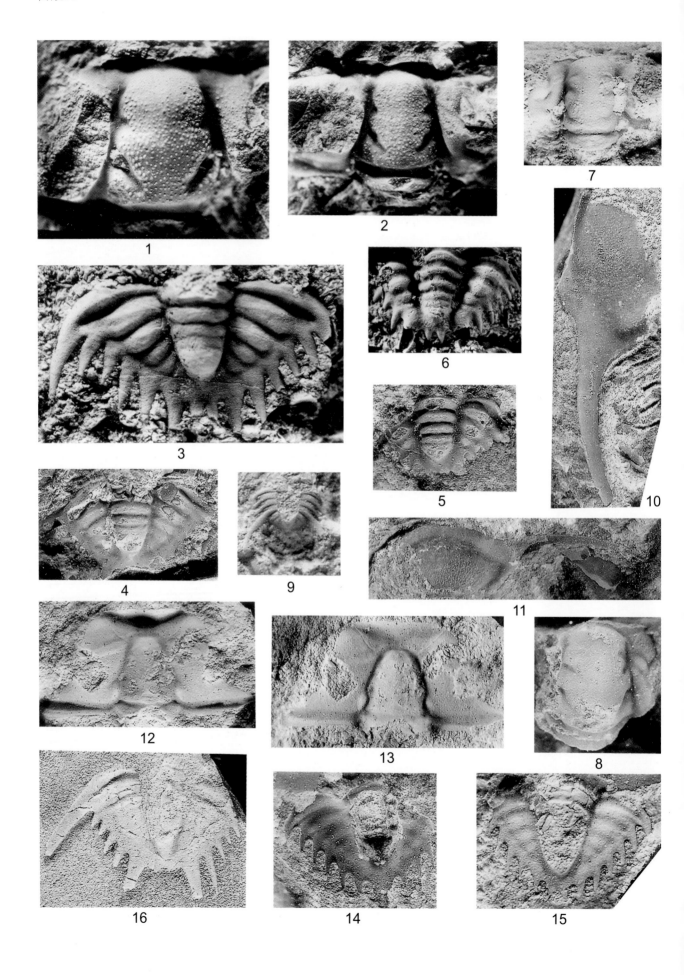